U0805479

生命科学实验指南系列

蛋白质纯化指南

（原书第二版）

Guide to Protein Purification

（Second Edition）

〔美〕R. R. 伯吉斯　M. P. 多伊彻　编著

陈　薇　主译

科 学 出 版 社

北　京

图字：01-2013-4357 号

内 容 简 介

本书为《蛋白质纯化指南》(*Guide to Protein Purification*)第二版的中文译本。原著由来自于美、德、英、澳等国家著名大学、科研机构或生物技术公司的70多位蛋白质科学领域知名专家撰写，对蛋白质纯化相关的技术、材料、试剂、设备等进行了详细介绍。第二版由Elsevier出版集团于2009年出版，对1990年第一版问世以后该领域出现的各种新的技术和方法着重阐述。全书12部分44章，包括建立蛋白质纯化程序，常用技术，重组蛋白质的表达纯化，提取物和亚细胞组分的分离，详细纯化步骤(批量法、层析法、亲合法、电泳法)，膜蛋白和糖蛋白的纯化，纯化蛋白质的特性等内容。

本书既有对实验方案的详细描述，又有对各种实验方案的原理解释和分析探讨，具有操作规范、要点突出、分析透彻、可行性强的特点，是一本非常实用的蛋白质纯化技术工具书。本书即可供从事蛋白质科学研究的科技工作者和研究生作为实验操作指南，也可供生命科学其他领域的研究者作为参考用书。

Elsevier (Singapore) Pte Ltd.
3 Killiney Road, #08-01 Winsland House I, Singapore 239519
Tel: (65) 6349-0200; Fax: (65) 6733-1817

Guide to Protein Purification, Second Edition
Richard R. Burgess and Murray P. Deutscher
Copyright © 2009, Elsevier Inc. All rights reserved.
ISBN-13: 978-0-12-374978-9

This translation of *Guide to Protein Purification* by Richard R. Burgess and Murray P. Deutscher was undertaken by China Science Publishing & Media Ltd. and is published by arrangement with Elsevier (Singapore) Pte Ltd.
Guide to Protein Purification by Richard R. Burgess and Murray P. Deutscher由中国科技出版传媒股份有限公司(科学出版社)进行翻译，并根据中国科技出版传媒股份有限公司(科学出版社)与爱思唯尔(新加坡)私人有限公司的协议约定出版。

《蛋白质纯化指南》(原书第二版)(陈薇主译)
ISBN: 978-7-03-038095-1
Copyright © 2013 by Elsevier (Singapore) Pte Ltd.
All rights reserved. No part of this publication may be reproduced or transmitted in any form or by any means, electronic or mechanical, including photocopying, recording, or any information storage and retrieval system, without permission in writing from Elsevier (Singapore) Pte Ltd. Details on how to seek permission, further information about the Elsevier's permissions policies and arrangements with organizations such as the Copyright Clearance Center and the Copyright Licensing Agency, can be found at our website: www.elsevier.com/permissions.
This book and the individual contributions contained in it are protected under copyright by Elsevier (Singapore) Pte Ltd. and China Science Publishing & Media Ltd. (other than as may be noted herein).

This edition is printed in China by China Science Publishing & Media Ltd. under special arrangement with Elsevier (Singapore) Pte Ltd. This edition is authorized for sale in the People's Republic of China only, excluding Hong Kong SAR, Macau SAR and Taiwan. Unauthorized export of this edition is a violation of the contract.
本书简体中文版由Elsevier (Singapore) Pte Ltd. 授权中国科技出版传媒股份有限公司(科学出版社)在中国大陆地区(不包括香港、澳门特别行政区以及台湾地区)出版与发行。未经许可之出口，视为违反著作权法，将受民事和刑事法律之制裁。
本书封底贴有Elsevier防伪标签，无标签者不得销售。

注 意

本译本由Elsevier (Singapore) Pte Ltd.和中国科技出版传媒股份有限公司(科学出版社)合作完成。相关从业及研究人员必须凭借其自身经验和知识对文中描述的信息数据、方法策略、搭配组合、实验操作进行评估和使用。(由于医学科学发展迅速，临床诊断和给药剂量尤其需要经过独立验证。)在法律允许的最大范围内，爱思唯尔、译文的原文作者、原文编辑及原文内容提供者均不对译文或因产品责任、疏忽或其他操作造成的人身及/或财产伤害及/或损失承担责任，亦不对由于使用文中提到的方法、产品、说明或思想而导致的人身及/或财产伤害及/或损失承担责任。

图书在版编目(CIP)数据

蛋白质纯化指南(原书第二版)/(美)伯吉斯(Burgess,R.R.)等编著；陈薇主译. —北京：科学出版社，2013.7
(生命科学实验指南系列)
书名原文：Guide to Protein Purification (Second Edition)
ISBN 978-7-03-038095-1

Ⅰ.①蛋… Ⅱ.①伯… ②陈… Ⅲ.①蛋白质-提纯-指南 Ⅳ.①TQ936-62

中国版本图书馆 CIP 数据核字(2013)第 147086 号

责任编辑：岳漫宇 贺窑青 / 责任校对：刘小梅
责任印制：赵 博 / 封面设计：耕者设计工作室

科 学 出 版 社出版
北京东黄城根北街 16 号
邮政编码：100717
http://www.sciencep.com
北京天宇星印刷厂印刷
科学出版社发行 各地新华书店经销
*
2013 年 7 月第 一 版 开本：787×1092 1/16
2025 年 1 月第十次印刷 印张：41 1/4
字数：950 000

定价：180.00 元

(如有印装质量问题，我社负责调换)

《蛋白质纯化指南》(原书第二版)译者名单

主 译 陈 薇

副主译 徐俊杰 张金龙

译 者 (以姓氏汉语拼音排序)

陈 薇 迟象阳 董韵竹 郭 强 李亮亮

李 郁 刘 杰 刘 炬 王 晗 吴诗坡

徐俊杰 杨益隆 张金龙 张 军 张晓鹏

张 哲 赵兴卉

译者的话

蛋白质科学是生命科学和医学领域的重要组成部分。随着后基因组时代的到来，伴随结构生物学和蛋白质组学研究的突飞猛进，蛋白质科学的发展进入了一个全新阶段，成为当今生命科学的引领性学科之一。近年来，我国科学家在蛋白质科学研究方面取得了一系列重大进展，特别是在人类蛋白质组计划、重要蛋白质的结构解析、蛋白质药物研发等领域达到了国际先进水平，在受到国际科学界普遍关注的同时，也极大地推动了我国相关学科的发展。

众所周知，蛋白质科学的研究离不开重要蛋白质的分离纯化。近年来，蛋白质纯化技术有了很大发展，新技术、新方法层出不穷。对于从事蛋白质研究的科学工作者来说，迫切需要一本代表国际最新进展、具有实际指导意义的参考工具书。《蛋白质纯化指南》(*Guide to Protein Purification*)第二版由 Elsevier 出版集团于 2009 年出版，是在第一版(1990 年出版)基础上进行修改和更新后的全新版本。本书主编为美国威斯康星大学麦迪逊分校的 Richard R. Burgess 博士和迈阿密大学医学院的 Murray P. Deutscher 博士，编著者包括 70 多位国外蛋白质科学领域的著名学者。全书共 12 部分 44 章，内容囊括了与蛋白质科学相关的克隆、表达、纯化、鉴定、检测等各方面的经典方法及最新技术，是一本全面和实用的蛋白质纯化技术工具书。本书不仅对从事蛋白质科学研究的科技工作者和研究生有较大指导意义，对于生命科学其他领域的研究者也有很大的参考价值。因此，科学出版社与军事医学科学院生物工程研究所携手将其原著第二版译为中文并出版。

军事医学科学院生物工程研究所的中青年科技骨干承担了本书的翻译工作。他们多年来从事一线研究工作，积累了丰富的理论和实践经验。在繁忙的科研工作之余，他们花费了大量的时间和精力投入此书的翻译和校对。在此，我谨向所有参加译校工作的同事表示衷心的敬意和感谢！同时感谢科学出版社的编辑同志在翻译组织、书稿校对、排印出版等方面的大量工作，保证了书稿的质量和及时出版。

本书的翻译专业性强、时间要求紧，对译者的学术和翻译水平提出了很高要求。中译本在内容上忠实于原著，力求准确、流畅，但由于知识水平的限制，在翻译过程中难免存在错漏或不妥之处，敬请各位专家和读者批评和指正。

陈　薇

2013 年 6 月 于北京

前　言

蛋白质生物化学一直是现代生物学研究的重要内容。随着基因组测序数量的巨大增长，很多物种的序列都成为已知，从而推动了基因的克隆与蛋白质的生产，以及对蛋白质性质、结构和功能的研究。重组蛋白异源表达方面的巨大进步极大地提高了我们生产感兴趣的蛋白质的能力。然而，这些蛋白质依然必须被纯化与鉴定——这一点在基因未知的时候尤其重要。

自《蛋白质纯化指南》(酶学方法，第 182 卷)第一版于 1990 年出版以来，该领域发生了很多变化，主要包括基因组学与蛋白质组学的迅速发展、用于蛋白质结构启动(protein structure initiative)计划的高通量表达/纯化、基于蛋白质靶点的高通量化合物筛选以寻找新的药物、膜蛋白表达与纯化需求的增加、纯化标签与可溶性标签的使用、促进和优化蛋白质折叠的重折叠条件的系统性测试、翻译后修饰的质谱分析，以及重组蛋白在非细菌性宿主中的表达。这些变化促使技术、材料、试剂和设备都取得了极大发展。

在《蛋白质纯化指南》第二版中，我们确认了过去 20 年里发生巨大变化的领域，并且介绍了目前在蛋白质纯化各个领域内最有权威的综述和应用最好的方法，我们希望有这些内容的章节对读者有益。此外，我们还收入了有代表性的最常用操作规程、注意事项、技术小贴士及限制因素。尽管许多章节的内容由学术界的专家撰写，但还有大量内容由生物技术与制药工业特定领域的专家所著。我们认为那些在公司里使用、开发、销售或提供技术支持的高层次科学家所撰写的章节是特别有价值的。我们特别鼓励这样的章节，并且努力确保其公正性，以使其不完全集中于某一公司的产品。

本指南独立成卷，包含蛋白质纯化中所有重要的步骤，以及更专业的技术。我们希望本指南对蛋白质纯化领域中的初学者和具有经验的研究者都是宝贵的资源与参考材料，并且在每一个蛋白质生物化学实验室都能占有一席之地。

Richard R. Burgess
Murray P. Deutscher

(陈　薇　译)

前　言

撰 稿 人

Alice Alegria-Schaffer
Thermo Fisher Scientific, Pierce Protein Research, Rockford, Illinois, USA

Marc J. A. Bailey
Nokia Research Centre - Eurolab, University of Cambridge, Cambridge, United Kingdom

John S. Blanchard
Department of Biochemistry, Albert Einstein College of Medicine, Bronx, New York

Helena Block
QIAGEN GmbH, Qiagen Strasse 1, Hilden, Germany

Robert E. Bossio
Department of Chemistry, University of Michigan–Dearborn, Dearborn, Michigan, USA

Nicole Brinker
QIAGEN GmbH, Qiagen Strasse 1, Hilden, Germany

Kimberly Brisack
Bio-Rad Laboratories, Inc., Hercules, California, USA

William H. Brondyk
Genzyme Corporation, Framingham, Massachusetts, USA

Richard R. Burgess
McArdle Laboratory for Cancer Research, University of Wisconsin-Madison, Madison, Wisconsin, USA

Thomas Chappell
Biogrammatics, Inc., Carlsbad, California, USA

Frank R. Collart
Biosciences Division, Argonne National Laboratory, Lemont, Illinois, USA

James M. Cregg
Keck Graduate Institute of Applied Life Sciences, Claremont, California, USA, and Biogrammatics, Inc., Carlsbad, California, USA

Larry J. Cummings
Bio-Rad Laboratories, Inc., Hercules, California, USA

Murray P. Deutscher
Department of Biochemistry and Molecular Biology, University of Miami School of Medicine, Miami, Florida, USA

David R. H. Evans
Process Biochemistry, Biopharmaceutical Development, Biogen Idec. Inc., Cambridge, Massachusetts, USA

Roland Fabis
QIAGEN GmbH, Qiagen Strasse 1, Hilden, Germany

Adam R. Farley
Department of Biochemistry, Vanderbilt University School of Medicine, Nashville, Tennessee, USA

Katherine M. Foley
McArdle Laboratory for Cancer Research, University of Wisconsin-Madison, Madison, Wisconsin, USA

Brian G. Fox
Department of Biochemistry, Dr. Brian Fox Lab, University of Wisconsin-Madison, Madison, Wisconsin, USA

Ashley M. Frank
Biosciences Division, Argonne National Laboratory, Lemont, Illinois, USA

David B. Friedman
Proteomics Laboratory, Mass Spectrometry Research Center, Vanderbilt University, Nashville, Tennessee, USA

Cornelia Fux
Novartis Pharma AG, Department of NBx/PSD: Scale up, Basel, Switzerland

David E. Garfin
Chemical Division, Research Products Group, Bio-Rad Laboratories, Incorporated, Richmond, California

Sabine Geisse
Novartis Institutes for BioMedical Research, Department of NBC/PPA, Basel, Switzerland

Michael A. Goren
Department of Biochemistry, Dr. Brian Fox Lab, University of Wisconsin-Madison, Madison, Wisconsin, USA

Anthony C. Grabski
Department of Research and Development, Semba Biosciences, Inc., Madison, Wisconsin, USA

Reinhard Grisshammer
Department of Health and Human Services, National Institutes of Health, National Institute of Neurological Disorders and Stroke, Rockville, Maryland, USA

Guido Guidotti
Department of Molecular and Cellular Biology, Harvard University, Cambridge, Massachusetts, USA

Rainer Hahn
Department of Biotechnology, University of Natural Resources and Applied Life Sciences, Vienna, Austria

T. K. Harris
Department of Biochemistry and Molecular Biology, Miller School of Medicine, University of Miami, Miami, Florida, USA

Sjouke Hoving
Novartis Institutes of BioMedical Research, Basel, Switzerland

Donald L. Jarvis
Department of Molecular Biology, University of Wyoming, Laramie, Wyoming, USA

Alois Jungbauer
Department of Biotechnology, University of Natural Resources and Applied Life Sciences, Vienna, Austria

M. M. Keshwani
Department of Biochemistry and Molecular Biology, Miller School of Medicine, University of Miami, Miami, Florida, USA

Patricia J. Kiley
Department of Biomolecular Chemistry, University of Wisconsin, Madison, Wisconsin, USA

Jan Kubicek
QIAGEN GmbH, Qiagen Strasse 1, Hilden, Germany

Anasua Kusari
Keck Graduate Institute of Applied Life Sciences, Claremont, California, USA

Jörg Labahn
Institute of Structural Biology (IBI-2), Research Center Jülich, Jülich, Germany

Thomas M. Laue
Department of Biochemistry and Molecular Biology, University of New Hampshire, Durham, New Hampshire, USA

Scott A. Lesley
Genomics Institute of the Novartis Research Foundation, San Diego, California, USA

Sue-Hwa Lin
Department of Molecular Pathology, University of Texas, Houston, Texas, USA

Andrew J. Link
Department of Microbiology and Immunology, Vanderbilt University School of Medicine, Nashville, Tennessee, USA

Dirk Linke
Department I, Protein Evolution, Max Planck Institute for Developmental Biology, Tübingen, Germany

Stuart Linn
Department of Molecular and Cellular Biology, University of California, Berkeley, California, USA

Andrew Lodge
Thermo Fisher Scientific, Pierce Protein Research, Rockford, Illinois, USA

Knut Madden
Biogrammatics, Inc., Carlsbad, California, USA

Barbara Maertens
QIAGEN GmbH, Qiagen Strasse 1, Hilden, Germany

Shin-ichi Makino
Department of Biochemistry, Dr. Brian Fox Lab, University of Wisconsin-Madison, Madison, Wisconsin, USA

Arun Malhotra
Department of Biochemistry and Molecular Biology, University of Miami Miller School of Medicine, Miami, Florida, USA

Justin T. McCue
Biogen Idec Corporation, Cambridge, Massachusetts, USA

Uwe Michelsen
Merck KGaA, Darmstadt, Germany

James E. Noble
Analytical Science, National Physical Laboratory, Teddington, Middlesex, United Kingdom

Akira Nozawa
Department of Biochemistry, Dr. Brian Fox Lab, University of Wisconsin-Madison, Madison, Wisconsin, USA

David G. Rhodes
Lipophilia Consulting, Storrs, Connecticut, USA

Jonathan K. Romero
Process Biochemistry, Biopharmaceutical Development, Biogen Idec. Inc., Cambridge, Massachusetts, USA

Frank Schäfer
QIAGEN GmbH, Qiagen Strasse 1, Hilden, Germany

Dan Simpson
Promega Corporation, Madison, Wisconsin, USA

Mark A. Snyder
Bio-Rad Laboratories, Inc., Hercules, California, USA

Anne Spriestersbach
QIAGEN GmbH, Qiagen Strasse 1, Hilden, Germany

Elizabeth S. Stalder
McArdle Laboratory for Cancer Research, University of Wisconsin-Madison, Madison, Wisconsin, USA

Thomas H. Steinberg
McArdle Laboratory for Cancer Research, University of Wisconsin–Madison, Madison, Wisconsin, USA

Earle Stellwagen
Department of Biochemistry, University of Iowa, Iowa City, Iowa

Vincent S. Stoll
Department of Biochemistry, Albert Einstein College of Medicine, Bronx, New York

Jay Sunga
Keck Graduate Institute of Applied Life Sciences, Claremont, California, USA

Nancy E. Thompson
McArdle Laboratory for Cancer Research, University of Wisconsin-Madison, Madison, Wisconsin, USA

Ilya Tolstorukov
Keck Graduate Institute of Applied Life Sciences, Claremont, California, USA, and Biogrammatics, Inc., Carlsbad, California, USA

Marjeta Urh
Promega Corporation, Madison, Wisconsin, USA

Krishna Vattem
Thermo Fisher Scientific, Pierce Protein Research, Rockford, Illinois, USA

Jörg von Hagen
Merck KGaA, Darmstadt, Germany

Reiner Westermeier
Gelcompany GmbH, Paul-Ehrlich-Strasse, Tübingen, Germany

Matthew Westoby
Process Biochemistry, Biopharmaceutical Development, Biogen Idec. Inc., San Diego, California, USA

Russell L. Wrobel
Department of Biochemistry, Dr. Brian Fox Lab, University of Wisconsin-Madison, Madison, Wisconsin, USA

Aixin Yan
School of Biological Sciences, The University of Hong Kong, Hong Kong, Hong Kong SAR

Sarah Zerbs
Biosciences Division, Argonne National Laboratory, Lemont, Illinois, USA

Kate Zhao
Promega Corporation, Madison, Wisconsin, USA

目　　录

第3部分　重组蛋白的表达与纯化

第 4 部分　提取物和亚细胞组分的制备

第 5 部分　纯化程序:量产法

第6部分 纯化程序:层析方法

第7部分 纯化程序:亲和法

第 8 部分　纯化方法：电泳法

第 9 部分 膜蛋白和糖蛋白的纯化程序

第11部分 其他技术

第12部分 结束语

第 1 章序言

怀着极大的敬意，我们在第二版将本书第一版完整的第 1 章，由已故的 Arthur Kornberg 所著的“为什么要纯化酶”重印。Arthur 是 20 世纪生物化学领域的一位巨匠，他的强项就是酶学——在阅读本章节时，读者们将充分领会到个中缘由。Arthur 的言语中洋溢着他对于鉴定某种酶的活性，并且将该酶纯化至均质(homogeneity)从而可以直接研究其特性的热情。不过他显然也清楚地意识到了酶的“社会性”(social face)，也就是酶类与其他细胞组分的相互作用——由于我们现在进而开始研究细胞组织结构的重要性，酶类的这种“社会性”使其获得了更多的关注。

自这个章节撰写近 20 年来，本领域取得了很多进展，特别是当其基因已知时，相应蛋白质的纯化变得容易很多。然而，当你在研究某种酶的催化特性时，或在解析某种蛋白质的结构时，或是鉴定可能的调节因子时，“纯度，纯度，还是纯度”的告诫依然是极有意义的。当试图了解一个新近发现的细胞反应中的酶类，或是参与某个细胞过程的蛋白质时，蛋白质的纯化依然是头等重要的事情。因此，不管是第一次读，还是重读回味，Arthur 所著的精彩明晰的章节都会让你有所收获。

Murray P. Deutscher

(徐俊杰　译)

第 1 章

为什么要纯化酶?

Arthur Kornberg*

“不要把你纯粹的思想浪费在不纯的酶上!”,这是酶学与化学实践的核心人物 Efraim Racker 的告诫。这句话只是想告诉我们,在将感兴趣的酶从由其他的酶和物质组成的粗制细胞提取物中分离纯化出来之前,试图研究该酶是如何催化一种物质转化为另一种物质通常都是在浪费时间。从破裂的肝脏、酵母或细菌细胞中释放出来的上千种不同酶类的混合物可能含有一些指导原料进行其他重排反应的酶类和特定酶功能的产物。只有当我们将酶纯化到检测不到其他酶活性的程度,我们才能确信,一种单一类型的酶分子仅仅是催化物质 A 转化成物质 B。只有这时,我们才能了解这种酶是如何进行反应的。

纯化酶的努力所获得的回报在 Otto Warburg 于 19 世纪 30 年代发表的一系列振奋人心的文章中得到了阐明。凭借着出自他在 Berlin-Dahlem 的实验室的诸多酶纯化的方法和准则,呼吸过程和糖酵解过程中的关键反应及维生素功能得以阐明。Warburg 的贡献在于他强化了经典的酶学方法,该方法始于 20 世纪之交 Eduard Büchner 对无细胞条件下蔗糖可转化为乙醇的偶然发现。科学家首先通过在无细胞系统中观察到的现象,追踪到细胞功能(如酵母中的乙醇发酵、肌肉中的糖酵解、萤火虫发光或 DNA 的复制)的分子基础。然后再通过将细胞提取物分成几部分并将其纯化至单一成分,以分离相应的酶(或多个酶)。接下来,科学家们希望可以充分了解酶的结构,从而可以解释该酶如何行使催化功能,如何响应调控信号,以及如何与细胞中的其他酶类和结构联系。

借助一个近几十年特别流行的被称为“新古典主义”(neoclassical)的反向过程,科学家首先得到一种蛋白质的结构,然后探索其功能。这种蛋白质最好是分子小且稳定的,可以通过分子克隆扩增,或是可购得商业化产品。通过对该蛋白质及其同源蛋白的深入研究,科学家们期望能得到其如何行使功能的线索。随着“新古典主义”方法越来越受欢迎,人们对传统的研究路线(即从功能入手,以分离相应的结构)的兴趣也在相应下降。

对于一个能够在试管中重建一个细胞可做的任何事情的热诚的生物化学家而言,对酶纯化的发自内心的热忱就是他的信条。实际上,生物化学家利用操作介质(pH、离子强度等)的优势,可通过提高反应物浓度,或是使产物与反应体系分离等方法,更容易进行这些研究。生物化学家的另一个信条是,所有在细胞中进行的反应都是由酶来催化的。化学家有时候会觉得这个说法很难接受。

最近,一位审慎而有名的物理化学家告诉我,我的工作中最吸引他的是 DNA 的复制居然是由酶来催化的!这让我想起 1953 年到圣路易斯时,我在华盛顿大学化学系做的一

---

* 已故

个报告。当我讲述合成和降解乳清酸的酶时，发现听众们正在迅速地溜走。也许他们原本打算听到一些关于乳清酸的有机合成的内容。我使出最后一招，希望能够挽回他们的注意，于是我大声地说，细胞中的每一个化学事件都依赖于一个酶的作用。这时，Joseph Kennedy(现在已故)这位才华横溢的年轻主席突然警醒，说："你的意思是说就像二氧化碳的水合作用(生成碳酸)那么简单的事情也需要酶?"上帝总算把他交给我了。"是的，Joe，细胞中的确有这个酶，称为碳酸酐酶。它可以令这个反应的速率提高100万倍以上。"

酶是令人敬畏的机器，它们具有合适的复杂度。你可能会因努力应付单细胞操作的事情而心神不宁，更不用说那些多细胞生物了；或者，你可能对探测小分子的精细化学而感到无力。熟悉某种酶在主要合成路径中的表现是恰当的做法。为了充分了解酶，必须首先将酶纯化至接近均一。为了将含量为细胞群落中的成千上万种蛋白质的1%的1/10或1/100的某一蛋白质种类分离出来，需要好好策划，并且需要参照快速可靠地检测其催化活性的检测方法。

没有酶能被纯化至绝对的均一。即便在其他蛋白质组分低于纯化蛋白质的1%，并且用最好的检测方法都检测不到时，在反应混合物中依然可能存在几百万种外源分子。通常，这些污染物不会有影响，除非它们属于占优势的一类，并且在研究的组分中具有极高的活性。

只有在了解了纯酶的性质之后，研究其在粗酶状态下的行为才是有意义的。"不要把你纯粹的思想浪费在不纯的酶上"就是明智的信条。我从来不会吝啬于将时间花费在酶的纯化上，不管它是导致了一个反应路径的阐明，新酶的发现，独特的分析剂的获得，还是仅仅获得了纯化过程的实验技能。所以，应强调的是纯度，纯度，还是纯度。

纯化酶的整个过程都是有所回报的，从一开始在破碎细胞的大群的蛋白质中将其释放出来，直到最后将其出色的分离。当将酶从其舒适的细胞巢中取出来时，重要的是需要注意许多不利的因素：高度稀释于不利的溶剂中，接触玻璃表面及严苛的温度，暴露于金属、氧及数不胜数的其他危险中。酶纯化的失败常常归因于其脆弱性及易于变性的特点，但是也应该归咎于科学家的"变性"。正如家长为孩子的行踪和安全担心一样，你不能在不知道这一天的操作步骤纯化到了多少酶，有多少污染的蛋白质依然存在的情况下，就在晚上离开实验室。

为了达到纯化蛋白质的目的，基本的准则是，将酶活性与总蛋白的比率提高至极限。必须严格地记录每一个操作步骤和每一个阶段中蛋白质的活性单位及数量。在这种情况下，酶纯化的实验记录应该经得起审计员和银行监察员的仔细查阅。这并不是说你应该将这个实验作为生意或者是银行来经营，因为它常常看起来像是需要攀登的未知山峰：逻辑喜欢那些成功地提供更高地基的野营地的人。蛋白质的"死亡率"和令人困惑的污染物就如同遭遇不能预料的暴风雨及困境的历险一样；一路上悦人的风景满足了关于在顶峰将会看到什么的期待。纯化酶的最终奖赏相当于在顶峰居高临下地看到的一览无余的美丽风景。此时超越了宏大的远景和最先到达的激动，已经没有必要下山，而是会去勘察更有吸引力的山峦，每一座高山都许诺会有更宏伟的景色呈现。

利用纯化的酶，我们能了解其催化活性和其对调控分子(可提升或降低酶活性)的响应。除了催化和调控方面,酶还有一张“社交”的面孔,可以控制与其他酶类、核酸和膜表面的关键性相互作用。为了获得酶对细胞体系的贡献的观点,我们也必须确定诱导或抑制负责产生酶的基因的因子。追踪代谢或生物合成的酶揭示了细菌根据自己变化的需求而调控酶的产生的不可思议的复杂性。

目前公众的兴趣集中在认识果蝇及线虫的生长和发育,以及它们的细胞和组织。许多实验室致力于研究癌症的异常,并期望它们的研究将为正常的模式提供思路。同时,巨大的努力都投入了对 AIDS 研究,关注于病毒本身,以及其对免疫系统的破坏作用。在上述研究中,对于细胞基因组、病毒功能的操作尝试几乎总是在完整的细胞和生物体中监测的。很少有人尝试在无细胞体系中检测整个过程中的某一个阶段。当今生物学研究依赖完整细胞和生物体,以推测它们的化学过程,这是现代版的生机论(vitalism)。生机论最早由巴斯德提出,并且包含在这之前和之后的许多代生物学家的看法中。

令我感到疑惑的是,人们通常总是忽略了用绝对简单且经过验证的酶学方法解决基础的代谢问题。在能够解释更复杂的现象之前,必须了解分离的物质及其相互作用,这条箴言已经植根于生物化学的历史中,并且现在被完全地常识化。Robert Koch 在一个世纪之前,在鉴定某传染病的致病物时教导我们,必须最先从所有微生物中分离出这种致病微生物。有机化学家甚至更早就知道我们必须通过纯化和结晶以证明某种物质的特性。历史上更近一些时候,维生素发现者们发现如果不把每一种维生素都分离为纯化形式,试图发现其代谢和营养作用都是空谈。因此,只有利用纯化的酶,我们才能清楚地鉴定负责一个独立的代谢活动的分子机器的每一个组件。由于对此深信不疑,我的一个研究生将其表达在了他的个性化车牌上(图 1.1)。

图 1.1　表达对于酶学承诺的个性化车牌

致谢

本文广泛地借用自《酶的情人:一位生物化学家的奥德赛》,哈佛大学出版社,1989。

(赵兴卉　译)

第 1 部分

制定纯化流程

第2章

蛋白质纯化的策略与考虑因素

Stuart Linn*

目录

摘要

在着手纯化一个蛋白质之前，应首先了解所纯化的蛋白质的用途是什么，尤其是需要的量是多少；所需达到的纯度如何；是否一定需要得到其正确折叠的形式；蛋白质是否需要与其他的多肽或辅因子相结合才具有活性等，并根据如上准则，选择合理的检测手段并制订出纯化流程。该流程需要考虑蛋白质的来源、抽提及其应该会接触到的试剂或者最终保存所用的试剂。

令人惊讶的是，设计确定一个恰当的蛋白质纯化流程需要的时间长短与克隆其基因及收集该蛋白质相关信息的时间相关。蛋白质纯化时的步骤、选择的方式数不胜数，为了

* 加利福尼亚大学，分子和细胞生物学系(Berkeley，California，USA)

快速完成纯化方案制订这一繁冗的工作或避免在使用蛋白质之前不得不重新设计纯化流程，必须进行事先的筹划。本章仅指出了设计、组织及实施纯化所需注意的普遍性问题。这些问题将在本书随后的相关章节中详尽介绍并展示其技术细节。

1. 总则

1.1 蛋白质的性质和敏感性

应该了解所需纯化的蛋白质是否可溶或什么试剂可以帮助其溶解；了解该蛋白质在高浓度或低浓度时是否会变得不稳定；这种蛋白质是否对高盐浓度或低盐浓度、高温或低温、高 pH 或低 pH 敏感，或者对氧化(特别是氧气的氧化)敏感。就这些方面而言，通过几个预实验来了解什么试剂是可以在蛋白质纯化中采用的，而哪些物质(如氧气)是在蛋白质纯化过程中必须避免接触的，以及该种蛋白质应该在什么样的条件下储存等是非常值得的。

1.2 蛋白质用途

纯化的蛋白质所需要的量有时候差别很大，用来进行克隆或鉴定时只需数毫克，而用于工业或药物学研究则需要数千克。因此，要重点考虑所需要的原料的量。应该知道将来所需要的纯化蛋白质量规模，而且最终的实验方案要易于放大到该水平。一个流程能否放大的真正的限制因素不仅涉及成本和设备的可用性，而且还涉及物理因素的约束，如层析柱的尺寸限制、电泳热[electrophoresis (ohmic) heating]等。正如下文所述，流程中单个纯化步骤的顺序应该是从高容量/低成本方法到低容量/高成本方法。在某些时候，需要一些可供选择的程序。例如，第一种方案用于获得毫克数量级的蛋白质以满足测序和克隆的需要；第二种方案用于生产千克数量级的克隆与高产量的并具有天然状态的产品。蛋白质研发人员应该预料到形式多样的需求并具有灵活性以便在需要的时候采用新的生产流程。

对于蛋白质浓度的不同要求使得对蛋白质的浓缩成为必然。浓度不仅是蛋白质应用时的要求，也是蛋白质活性、获得量等测定时的要求。蛋白质浓缩技术，如在第 9 章中阐述的那些，通常用在中间纯化步骤之后或最后一个纯化步骤之后。

其他应该考虑的内容包括，蛋白质(如酶、调控蛋白、抗体等)是否必须保持活性，如果需保持活性，那么蛋白质是否必须正确折叠成常规的天然构象(如假设蛋白质存在其他的有细微差别的稳定的构象，那么变性的或过表达的蛋白质的重折叠可能改变其精确的动力学性质)。此外，如果其纯化产物用于测序或鉴定，则一些蛋白质不必保持其天然构象。一般来说，纯化过程中所采用的方法应尽量温和，但一些剧烈条件，如极端的 pH、有机溶剂、去污剂、疏水或强亲和层析介质等条件的确可能获得非常好的纯化效果，对这些条件其实也可以进行尝试。

蛋白质应该如何避开污染物，尤其是避开哪些污染物？例如，用于生产药物制剂的蛋白质以各种指标来衡量时纯度都必须非常高，而聚合酶纯化产物中不能有消化和降解其产物的其他酶类，一些对蛋白质进行添加修饰或去除修饰的蛋白质产品则不能混杂有其功能类似物。

目前得到极大关注的一个考虑因素是多亚基蛋白质的亚基。欲纯化的蛋白质的亚基是什么？所分离得到的复合物的亚基与纯化原材料中的复合物的亚基是否一样？生长阶段、生长条件及原料储存的不同是否会造成亚基的改变？所要研究的蛋白质可能会同时处于数种或多种不同的复合物中或聚合状态中，这会进一步复杂化所需要考虑的因素，也会同时存在多种不同的翻译后修饰物。在上述一种或两种情况下，蛋白质在其多种不同状态中的分布会受到细胞的应激状态的影响，并对其极其敏感，而这些细胞是纯化的原材料。所以当纯化过程中目标蛋白质出现在多个吸收峰内时，应考虑以上情况。这些变量可能会导致无法得到一种简单或成功的纯化方案。这其中一个典型的案例是 p53 蛋白（人 *TP53* 基因的产物），作为“人类基因组的监护人”，其重要性不言而喻，但是由于该蛋白质具有大量的辅助多肽、多种修饰模式及聚集状态，迄今为止对其还未得出满意的纯化方案。

1.3　蛋白质检测方法

一般认为，建立合适的蛋白质检测方法是成功纯化最重要的考虑因素之一。蛋白质检测需要考虑 6 个方面：灵敏度、准确性、精密性、线性、底物的可得性以及时间和金钱成本。

由于蛋白质在层析过程中被稀释等原因，灵敏度成为检测的一个限制因素。在制定检测方案前应对蛋白质的稀释情况和丢失情况进行评估，这样才会有可能对蛋白质进行检测和利用。

检测的准确性和精密度经常是可以相互协调的，但是要清楚地认识到，必须在一定程度上对这两项指标进行控制以使检测方法在保证重复性及足够的回收率方面是可靠的。

关于检测的线性范围，应考虑检测时间和蛋白质的量。随着纯化的进行，线性范围要不断地进行重新评估，特别是对蛋白质活性的检测。例如，当蛋白质污染物去除后，而该污染物是一种抑制因子或刺激因子，则检测的范围将发生改变。此外，在检测操作的孵育过程中，如果高度纯化的蛋白质变得不稳定，那么检测的范围会发生变化。

底物的可得性及成本是指检测方法的实用性。在整个纯化过程中底物是否足够使用？检测方法是否能够在恰当的时间内同时完成对合理数量的分离组分的检测？检测中途补充购进或配制底物，减少用料或剔除某些待检测的组分通常都会对纯化工作造成损害。另外，在一些情况下，如省略后续纯化步骤、副本及综合的色谱纯化组分等特异性对照，都可能会使一些纯化步骤结果的检测出现偏差。

虽然利用凝胶电泳条带判断蛋白质纯度或用免疫学方法检测抗原性来替代蛋白质活性的检测经常显得很有诱惑力，且这种替代在一些例子中是合适的，特别是当我们不要求检测蛋白质活性的时候。但当蛋白质活性事实上正是我们所期待得到的情况时，强烈地不鼓励这种做法。对于一些需要保持活性的蛋白质，如酶类、抗体、激素、调节蛋白质，会改变多聚体二级、三级结构的蛋白质等，活性检测是保证在保持其活性的前提下纯化并获得最佳产量所必需的。

一个影响蛋白质检测的固有因素是检测的条件。最佳检测条件总是凭经验确定的，但需要注意的是最佳检测条件经常会随着纯化的进程而改变。这是由于去除了起妨害作用的抑制因子或刺激因子、总蛋白质浓度降低等因素引起的。此外，应始终注意随着底物或蛋白质的储存、重悬或稀释缓冲液添加进来的物质，因为它们可能会改变检测时的 pH 或离子强度，或者从其他方面影响检测的可靠性。

最后一点与蛋白质检测有关的说明是：对检测方法的要求包括简单性、线性、重复性、特异性和可靠性，但准确性一般不是首先要求考虑的，因为没有一种检测方法可以用于检测所有蛋白质。对于粗提组分，显色反应可能是最好的检测方法。其中 Bradford 方法(Bradford, 1976)最为简单，但我们实验室发现，对于来自于动物细胞或添加去污剂的粗提取物成分，其检测结果并不可靠。随着蛋白质纯化的进行，应该并且必须经常变换不同的蛋白质检测方法。例如，对于层析柱流出液，采用紫外吸收光检测较好，这种方法具有简便、敏感，不对材料产生消耗，甚至可以采用监测器在线检测等特点。当需要极高的灵敏度时，可以采用 210～230 nm 的波长(Tombs et al., 1959; Waddell, 1956)。然而要注意，设置空白对照时要考虑溶液中物质对紫外线的吸收，因为有些非蛋白质污染物，特别是核酸可能会产生很高的紫外线吸收值。要记住，应该进行蛋白质检测以追踪纯化的程度及监测重复性，但这并不是绝对的。在一些情况下，需要得到蛋白质的绝对含量，这必须通过氮含量检测法来实现(详见第 8 章)。

1.4 蛋白质溶液、储存和检测缓冲液中的添加物

一个常见的问题是"为什么这种蛋白质会在 x 缓冲液中悬浮"，而回答常是"如果改变了 x 缓冲液的成分，该蛋白质未必还将悬浮"。首先溶液添加成分的原则是只添加有利于蛋白质稳定的物质。但是在这个方面的确还存在很大的问题，商业所用蛋白质试剂的缓冲液成分非常复杂，配制这种缓冲液的根据可能无法阐明，有时甚至是错误的。其配方可能也因专利保护不予公开。在这种情况下，在进行蛋白质性质研究或将其应用于其他复杂实验中之前，先将这些试剂的缓冲液更换为成分已知的"鸡尾酒式"的缓冲液无疑是一种明智的选择(详见第 9 章)。

出于提高蛋白质稳定性、防止微生物生长、降低冰点或保持蛋白质溶解状态等目的常常添加某种溶质。表 2.1 列举了一些常用的添加剂类别和范例。读者可根据后续章节更深入地了解和研究这些溶质成分。

表 2.1 蛋白质溶液添加剂

分类	举例	用途
缓冲剂	磷酸钾、Tris-HCl、乙酸钠、Hepes-NaOH、	稳定剂
盐	KCl、NaCl、$(NH_4)_2SO_4$	稳定剂
离子型去污剂	脱氧胆酸钠、胆酸钠	稳定剂、促溶剂
非离子型去污剂	Triton X-100、Nonidet P-40、Tween 20、Brij 35	稳定剂
甘油、蔗糖		稳定剂、保存在 0℃ 以下保持非冻结状态
叠氮化钠		抑菌剂

续表

分类	举例	用途
金属螯合剂	EDTA (ethylenediaminetetraacetic acid)、EGTA [ethylene glycol bis (b-aminoethylether) N,N'-tetraacetic acid]	稳定剂
还原剂	BME(β-mercaptoethanol)、DTT(dithiothreitol)、TCEP	稳定剂、还原二硫键
配体	Mg^{2+}、ATP、磷酸盐	稳定剂
蛋白酶抑制剂	PMSF (phenylmethylsolfonyl fluoride)、TPCK (*N*-tosyl-L-phenylalanine chloromethyl ketone)、TLCK (N^{a}-*p*-tosyl-L-lysine chloromethyl ketone)	稳定剂

注：EDTA. 乙二胺四乙酸；EGTA. 乙二胺四乙酸酯；BME. β-巯基乙醇；DTT. 二硫苏糖醇；PMSF. 苯甲基磺酰氟化物；TPCK. 甲苯磺酰苯丙基酸氯甲基酮；TLCK. 甲苯磺酰赖氨酸氯甲酮

蛋白质稳定性实验（如热失活或储存实验）在得知怎样保持一个蛋白质处于稳定、可溶的状态方面是十分有价值的。在此有3点需要注意：①最佳储存条件可能会随着纯化过程而改变；②储存条件可能改变多肽间的相互作用；③最佳储存条件无需与保持蛋白质活性的最佳条件相关。而实际上，用于稳定蛋白质的物质添加到具有活性混合物中时，可能会抑制该蛋白质的活性。当然，在随后的应用中必须考虑这一点。当需要使用蛋白质时，为了使其能够发挥活性，需要去除或稀释干扰物质。

按照我们的经验，还原剂对于来自于还原环境的细菌酶类的储存十分有效，而来自于动物的酶类都能接受表面活性剂或蛋白酶抑制剂。真菌蛋白质也能接受蛋白酶抑制剂，而在各种蛋白质的储存中都应该考虑最适 pH 和盐浓度。

发挥一下逆向思维，在缓冲液和树脂中的哪些物质是必须完全去除的呢？必须特别注意重金属类（如应使用超纯试剂和双蒸水等）和氧化剂，因此所有的缓冲液都应该充氮气脱氧和/或在缺氧的手套箱中进行操作。要谨记，即使每升透析缓冲液中一点点重金属或 O_2 的污染，从摩尔数上来说，对于在进行透析的纯化后的几毫克的蛋白质来说也是相当大的量。

要特别注意，对于高分子质量蛋白质复合物的添加成分的注意事项详见第10章。

1.5　蛋白质溶液的储存

多数蛋白质都倾向于在尽可能低的温度下储存。蛋白质如果不能冰冻，0℃（冰上保存，而不是在冰箱里以使其降解或变性降到最低，并可避免细菌、真菌生长）或在－20℃条件下添加足够的甘油或蔗糖来避免冰冻；如果可以冰冻，则最好在液氮或－70℃条件下保存，注意避免使用无霜冷藏设备。因为在冻融循环中，存在小体积的样品反复溶解的可能性。样本应提前等量小体积分装，避免反复冻融导致蛋白质活性损失。溶解过程应快速，以尽量减少部分溶解在溶液中的蛋白质与浓缩的溶质成分的接触时间。

要注意储存纯化后蛋白质的容器的使用，特别是在蛋白质浓度低时，选择器皿塑料材质要好于玻璃材质。以我们的经验，聚丙烯塑料要好于聚乙烯和聚苯乙烯及其他透明塑料。在极少数情况下，我们需要在这些容器使用前使用惰性的蛋白质包被存储管，如果使用无霜冷藏设备储存蛋白质应使用带有能够严格密封的盖子的存储器皿。其他注意事项详见第10章。

1.6 蛋白质活性的污染

通常情况下，蛋白质没有必要或无法获得纯的单一物质，但是一些特殊的干扰物质（如核酸酶、蛋白酶、磷酸酶类）在最终纯化产物中一定不能出现。以我们的经验，通过采用多种类型的检测方式作为纯度的判定标准，将一种蛋白质从多种物质中纯化出来，通常是非常困难的。而通过在纯化最后一步或倒数第二步对分离组分进行选择，以优化目标蛋白质产量、降低总蛋白质含量（最佳化目标活性），往往更可能获得纯化的成功。

最后，应避免一个令人特别尴尬的错误，尽管这种错误经常出现。应确保纯化产物的活性确实来自于你正在检测的蛋白质。强烈建议使用一些独立的方法（如沉降、非变性凝胶电泳等）从遗传实验和物理准则方面验证目标蛋白质与特异的活性之间是相关的。

2. 蛋白质来源

2.1 前期研究——获得序列信息

如果基因和蛋白质序列未知，并且对这种低丰度蛋白质进行纯化的目的是为了获取其序列信息，那么值得在考虑来源（如器官、组织及培养细胞的类型）问题上花费大量的时间和努力。各种不同来源的材料都应该尝试一下。应该分析这些材料的蛋白质含量（每克起始原材料含目标蛋白质的量或提取每单位蛋白质消耗起始材料的量）、起始特异性蛋白质活性（如果可能的话）或蛋白质稳定性等。如果可能的话，基于微生物独特生长要求的经典微生物分离方法可以得到意想不到的成功。

对于原材料的成本和可得性应加以考虑，尤其是将来可能涉及大规模产品制备时。另外，应该能够得到所使用物种或细胞的遗传学知识和技术以及设想对其进行调控或基因序列的操作。

2.2 作为原始材料的过表达蛋白质

现在，随着在基因操作方面技术的显著进步，无论是为了深入研究其性质，还是只是作为试剂使用，人们总是希望最终蛋白质能够过表达。过表达时采用细菌、真菌、昆虫细胞或哺乳动物等哪一个系统更好（详见第 11～15 章）？采用这些系统表达时应该注意哪些问题？表达后的翻译修饰是否恰当和便于鉴定？是否能够获得具有生物学活性的聚集状态的产物？是否要利用外源表达（如在昆虫细胞中表达哺乳动物蛋白质），是否会由于内源性类似物的存在而引起干扰？是否应该使用突变的宿主细胞进行表达（如缺少相似蛋白质或影响产物活性的核酸酶、蛋白酶等）？

为了获得蛋白质的天然状态，通常会对异多亚基蛋白质的各个亚单位一起进行过表达。为了完成这项工作，必须知道每一个亚基的表达效率，以使该亚基的产量与所需的化学计量大致相当。虽然这些工作通常并不难完成，但是必须花费大量的精力，根据具体的情况，通过优化转染水平和启动子的效率以得到对该共表达系统中的基因进行差异控制的条件。

如果为了纯化或检测而给蛋白质加上了标签，那么这些标签是否会影响后续的研究工作？标签应该放在蛋白质哪个位置？如果标记在N端，过早翻译终止的多肽将污染通过该标签进行亲和纯化的产品。如果标记在C端，则该位置的功能或者结合特性将受到干扰（对该问题的重点讨论详见第16章）。

3. 制备提取物

有关准备提取物的论述详见第4部分，因此，这里只对该问题的一般性问题进行介绍。以我们的经验，细胞破碎的不同方式可能会对目标蛋白质最终的产量和质量产生重大的却又是不可预测的影响。因此，很有必要尝试多种不同的制备方法。

要始终考虑到制备程序的放大问题。体积和时间会变得不合理吗？随后的提取物的澄清操作是否方便放大？一般认为，提取物体积应尽量小，如应尽量对其进行浓缩。如果可能且方便操作，组织、细胞或细胞器差不多都应该在破碎操作前进行分级分离操作。

具有良好的细胞破碎效率的缓冲液，可能会被证明不利于蛋白质稳定性保持或后续操作，在一些极端的例子中，需要立即更换缓冲液或者在完成破碎步骤之后必须马上进行随后的操作步骤。例如，低渗透压、螯合剂、极端pH可能会增加释放目标蛋白质的总量，影响最终提取液中的目标蛋白质的质量；或者过表达的蛋白质在裂解介质中无法保持可溶状态，也可能目标蛋白质在破碎缓冲液中无法处于可溶状态。顺便说一句，溶液的变换在随后的蛋白质纯化过程中是经常需要用到的。例如，将层析组分收集到带有额外的缓冲液成分的管子中，或者当其被洗脱后马上对收集的组分进行透析。

4. 大批量纯化步骤

这些大批量纯化步骤差不多总是在纯化的一开始就使用，因为它们在去除非蛋白质类物质时总是非常有效，并且适用于在制备过程早期的相对较大体积和数量的材料。在蛋白质化学研究的早期就在设计这些步骤上付出了很多的努力，通过采用这些“过时的”操作步骤，经常可以避免一些失败和不必要的时间、成本的浪费。

第4部分详细介绍了该类步骤。温和的步骤包括最常见的“盐析”或者利用有机聚合物进行的相分离操作。一些更剧烈的分离方法对于稳定性好的蛋白质可能非常有效，如加热、极端pH、采用有机溶剂进行的相分配等，然而可能会有一些对蛋白质精细结构的损伤很难预见，即使发生也很难被检测出来。此外，对于具有高载量的离子交换树脂填料，应考虑是将其直接加入到原材料里还是使用层析柱进行批量洗脱。改进和优化这些纯化早期步骤所花费的时间总是非常值得的，即使该步骤只可以去除一半杂质，可能也会使随后的步骤在成本和技术方面变得可行。

5. 纯化的精纯过程

当大批量纯化获得了大量蛋白质，且适度地去除了核酸、多糖、脂类后，蛋白质的纯化就进入到了一个有趣的也是非常引人注目的精纯过程，这一过程近年来已经发展得很完备了。精纯的一般策略是从高载量的步骤到低载量的步骤，并且在可能的时候尝试探索使用特异亲和的材料。

纯化的精纯过程的应用范例和技术细节详见第6部分和第7部分，在此不再赘述。一般而言，在纯化过程中，由一个步骤转换到另一个步骤时，应尽最大可能避免透析或浓缩操作。因为，通过大小和形状进行分离的程序可以同时去除缓冲液里的盐或改变其他的成分。利用高载量的树脂可以在纯化蛋白质的同时将其浓缩，或者目标蛋白质在一个相对较低的盐浓度下从一种树脂上洗脱之后，接下来直接采用在这一盐浓度能够与目标蛋白质相结合的树脂进行纯化。此外，一些步骤（如利用蔗糖或甘油梯度进行沉降）可以将蛋白质留在这些介质之中——这些介质在蛋白质长期保存中适用，但却可能在随后的纯化或研究中不适用。最后，可以调换各纯化步骤的顺序，并且要经常这样尝试，这对于纯化路线的成功设计会起到很大的作用。

有两点需要注意：第一点，以我们的经验，快速稀释一个含有高浓度盐、甘油或蔗糖的蛋白质纯化样品经常会导致其活性的损失。如果已发生过类似情况，可以采用透析和凝胶层析的方法代替稀释。第二点，有时在纯化过程中，蛋白质溶液会变得混浊，该类溶液需先经澄清后才能进行色谱层析纯化，以避免难以承受的流速下降的问题。以我们的经验，在不溶物中很少存在天然蛋白质。

一些无法有效放大的纯化方法（如沉降和HPLC/FPLC）如果放在纯化的终末期，能够用于进行多次等量的小体积的纯化。实际上，在一些情况下，只有当未纯化完全的组分可能更加稳定、可以长时间储存时，这种方法才显得更加合乎需要。

5.1　高容量纯化阶段

一般来说，高容量纯化阶段的纯化包括对离子交换树脂及一般亲和力材料的应用，如染料或玻璃。一种在纯化初期用于大批量物料处理的特殊类型的离子交换树脂经常可以再次成功地应用于该流程的终末期，用于进一步提高纯度（尤其是当pH变化后）或浓缩蛋白质。

5.2　中等容量纯化阶段

中等容量纯化阶段的纯化步骤包括疏水类树脂的应用。该类树脂由于纯化流程所需时间较长使蛋白质长时间与填料结合而导致活性收率降低。许多结合在惰性层析基质上的亲和试剂所形成的树脂也归于此类（如大量DNA、单一的寡核苷酸、抗体、蛋白质配体等）。在这种情况下，必须把时间和精力放在研究洗脱的条件和材料上，从而使蛋白质能够被成功地洗脱并且不影响其亚基结构，不会失去稳定性或失活钝化。游离、未结合的配体常常可以被成功运用，尽管这些介质可能非常昂贵并且有时很难与蛋白质解离。最后，凝胶过滤层析也被认为是具有中等容量纯化的纯化步骤。

5.3　低容量纯化阶段

使用昂贵配体（如底物类似物、复杂多核苷酸序列、单克隆抗体、凝集素等）的亲和层析步骤可能会包括在低容量纯化阶段。由于在操作过程中当蛋白质量略多时沉淀可能会成为一个问题，所以电泳法（包括等电聚焦）也被包含到这一个阶段。超速离心步骤常常仅限于应用在小体积的原料上。HPLC/FPLC 由于成本和层析柱的载量使其应用受到限制。在较大的疏水层析柱会导致蛋白质活性丢失的情况下，采用小的同样的疏水层析柱可能使蛋白质的纯化获得成功。

6. 结论

尽管蛋白质纯化流程的开发和应用往往充满了艰辛，但是其回报却是异常丰厚的。此外，鉴于新技术的加入、用于纯化流程的高品质商业化材料和基因改良的蛋白质原材料的不断涌现，未来蛋白质纯化工作的前景必将是“简便的工作，丰厚的回报”。

（张金龙　译　徐俊杰　校）

参考文献

Bradford, M. M. (1976). A rapid and sensitive method for quantitation of microgram quantities of protein utilizing the principle of protein-dye binding. *Anal. Biochem.* **72,** 248–254.

Tombs, M. P., Souter, F., and MacLagan, N. F. (1959). The spectrophotometric determination of protein at 210 μm. *Biochem. J.* **73,** 167–171.

Waddell, W. J. (1956). A simple ultraviolet spectrophotometric method for the determination of protein. *J. Lab. Clin. Med.* **48,** 311–314.

第3章

生物信息学在蛋白质纯化设计中的应用

Richard R. Burgess *

目录

摘要

目前,数以百计甚至数以千计物种的全基因组测序已经完成,很少有哪个人们所研究的目标蛋白质的全氨基酸序列是未知的。但是,为了各种不同的目的,还是需要获得大量的各种蛋白质,如结构学研究、药物研发、酶学、蛋白质生物化学、工业应用等。看起来似乎知道蛋白质的氨基酸序列可使设计一个有效的蛋白质纯化程序变得更加的容易。我们尝试通过本章的介绍阐明:通过蛋白质序列我们可以预测蛋白质的哪些重要信息、哪些信息是无法得到的。由这些介绍我们可以得知,蛋白质纯化工作在很大程度上仍然是一种经验科学。

---

* 威斯康星大学麦迪逊分校,McArdle 实验室癌症研究组(Madison,Wisconsin,USA)

1. 氨基酸序列中的重要信息

今天的生物化学家通常会面对两种情况:①蛋白质信息已经全部获得,至少已经明确其部分功能;②已经鉴定了基因,其相对应的蛋白质也已经借助双向电泳或质谱进行了转录谱或蛋白质组学研究,但是该蛋白质的功能却尚未明确。在这两种情况下,你已经知道了蛋白质的序列并想纯化它。有几个类型的信息你可以从序列中得知,这些信息可以帮助你设计蛋白质纯化的程序。这些蛋白质相关的性质能够很容易通过随后将介绍的序列分析软件分析获得。

1.1 多肽链的分子质量

计算多肽链蛋白质的分子质量非常简单直接,只需将多肽链中每种氨基酸的数量乘以该氨基酸的分子质量(每一个氨基酸的分子质量要减去 18 Da)所得到的总和累加即可。因为肽链两端分别存在一个游离的氨基和一个游离的羧基,所以要记得在总数上额外加上 18 Da。当然除非采用 N 端测序或质谱的方法检测,否则我们无法知道 N 端起始的甲硫氨酸是否已经被切去。

1.2 电荷与 pH/滴定曲线,等电点

假定蛋白质中每一个可电离的基团都有一个 pK_a(pK_a 是该残基的半数被离子化时的 pH),那么作为 pH 的函数,可以从给定蛋白质的序列计算出蛋白质的总电荷数。蛋白质静电荷为零时的 pH 被定义为其等电点(pI)。pI 在决定采用哪种离子交换层析树脂纯化蛋白质时非常有用。例如,如果假定一个蛋白质是单体并且不存在能够改变该蛋白质的电荷的修饰形式,那么酸性蛋白质(在 pH 7 时带有负电荷)倾向于与带有正电荷的阴离子交换树脂结合,如 MonoQ。而碱性蛋白质(在 pH 7 时带有正电荷)则倾向于与带有负电荷的阳离子交换树脂结合,如 MonoS。如果表面电荷分布不均匀,那么这种通用的原则也会有例外。蛋白质表面可能既会同时存在多个正电荷聚集区又会有多个负电荷聚集区,这样在相同的条件下,蛋白质与阴离子和阳离子交换柱均能结合。

首先可以估计的是,在层析柱中所含缓冲液的 pH 条件下,蛋白质表面的电荷越多与树脂的结合越紧密,也就越需要用更高浓度的盐进行洗脱。当然,如果蛋白质仅是多蛋白质复合物的一部分,其与离子交换的结合特性就无法得知了。

最后需指出,由于一般情况下蛋白质在其 pI 时溶解度最小,所以可以考虑采用等电点沉淀的步骤进行纯化(假设蛋白质不会与其他一个或多个蛋白质形成稳定的复合体)(详见第 20 章)。

1.3 摩尔消光系数

所有未修饰的蛋白质由于含有色氨酸、酪氨酸、二硫键而在 280 nm 波长处有吸收值。Gill 和 von Hippel (1989)及 Pace 等(1995)阐述了相似的方法用来估算给定氨基酸

组成的蛋白质的摩尔吸收系数/摩尔消光系数。这涉及一些基于实验数据的假设，也就是关于暴露在表面的与埋在内部的色氨酸、酪氨酸数量的平均的比例的假设。该方法或许是检测纯化后蛋白质浓度最实用有效的方法。例如，蛋白质含有 6 个色氨酸、7 个酪氨酸，不含二硫键，摩尔消光系数（$\varepsilon_{280\ nm}$）为（6×5500）+（7×1490）+（0×125）=43 430。10^{-5} mol/L 的该蛋白质溶液的吸收值（$A_{280\ nm}$）则为 0.43。比较常用的数值是浓度为 1 mg/mL的该蛋白质溶液的 $A_{280\ nm}$吸收值，该值有时表示为 $E_{280\ nm}^{1\ mg/mL}$，用摩尔消光系数除以蛋白质的分子质量便可得出（如，如果蛋白质分子质量为 30 000 Da，则 $A_{280\ nm}$=43 430/30 000=1.45）。以恰当的缓冲液的 $A_{280\ nm}$吸收值作为对照，并小心操作将会得出蛋白质溶液的浓度（如，如果所测得的 $A_{280\ nm}$值为 0.75，则所检测的蛋白质溶液的浓度为 0.75/1.45=0.52 mg/mL）。

应该强调的是，如果蛋白质含有核酸污染物、其他的 280 nm 处有吸收值的物质（如结合的血红素、铁硫中心核苷酸底物或辅因子）或者荧光修饰物（如带有绿色荧光蛋白），那么这种方法是无效的。

1.4 半胱氨酸含量

笔者总是会看看所尝试纯化的蛋白质是否含有半胱氨酸。如果没有，那么我就不需要往缓冲液中添加诸如二硫苏糖醇（DTT）那样的还原剂了。如果蛋白质来自于大肠杆菌表达，并且含有半胱氨酸，则可以认为在天然蛋白质中不含二硫键，因为细胞质的还原性环境使蛋白质在天然情况下不可能处于氧化状态，除非其定位于周质腔中。一般如果蛋白质含有半胱氨酸，笔者就会在缓冲溶液中添加 DTT，以防止不必要的分子内或分子间二硫键的形成。一般很难预测其他来源的并且含有多个半胱氨酸的蛋白质是否会形成二硫键。

1.5 二级结构

有很多非常合理的方法可以对蛋白质某一个区域进行预测，以便能够得知该区域的二级结构是倾向于形成 α 螺旋还是 β 折叠。但是这些信息很少用于设计蛋白质的纯化流程。

1.6 稳定性

通过蛋白质序列，采用 ProtParam（见下文）预测蛋白质在体内的半衰期和不稳定性指数是可能的。体内半衰期的计算基于 N 端原则（Varshavsky，1997）和蛋白质的 N 端序列，能够给出在哺乳动物细胞、酵母菌或大肠杆菌中表达的蛋白质的近似半衰期的估算。不稳定性指数用于对蛋白质体外稳定性的估计，这种估计基于对你的蛋白质中和一组已知稳定与否的测试蛋白质中存在的某种二肽的分析与比较（Guruprasad et al.，1990）。不稳定指数非常有用，当预测表明蛋白质在体外不稳定时，在纯化时就要非常小心地保持样品始终处于低温或者要在样品中加入蛋白酶抑制剂。

1.7 疏水区和跨膜区

通过对蛋白质氨基酸序列的分析可以找到那些疏水性或亲水性特别强的区域。Kyte 和 Doolittle (1982)的方法就是其中之一，该方法为沿着序列绘制亲水值的曲线。这一方法能够让我们找到潜在的跨膜区域，并且对功能未知的蛋白质，可以预测其是否为膜蛋白。一个跨膜区域通常为一个长达 23 个疏水氨基酸的区段，这些氨基酸形成一个 α 螺旋结构。如果你得知了所感兴趣的蛋白质为膜蛋白，就可以设计相应的方案来进行纯化。

1.8 序列相似性暗示同源性和可能相同的辅因子亲和性

如果蛋白质的功能未知，可以通过检索蛋白质数据库以确定其是否与其他某个已知蛋白质具有很高的相似性。如果序列相似性大到足以证实二者的同源性，并且如果与目标蛋白质相关的同源家族的其他某个成员已经被深入研究，那么你就大概可以知道很多信息。例如，目标蛋白质是否通常以同源二聚体形式存在。这个信息可以帮我们预测该蛋白质在凝胶过滤层析柱上的行为，还可能用来设计合适的蛋白质检测方法。

如上所述，如果通过序列可以确定蛋白质属于某一个蛋白质家族，而这个蛋白质家族的所有其他成员都与特异的辅因子或底物结合，那么可以确定该蛋白质具有相同的属性。例如，如果该蛋白质属于 AAA ATP 酶家族，它很可能将会与固定了 ATP 类似物的亲和层析柱有结合。该亲和纯化步骤能够在纯化流程中起到很大的作用(详见第 26 章)。

1.9 潜在修饰位点

现在能够鉴定出存在于氨基酸序列中的短的氨基酸区段或“模式”(motif)，它们通常是翻译后修饰位点。其中的一些模式为糖基化位点(NX**S** 或 NX**T**)、生物素化位点(AM**K**M)、金属结合位点(锌指)(F/YX**C**$X_{2\sim4}$ CX_3 FX_5 LX_2 **H**$X_{3\sim4}$ **H**X_5)、心肌蛋白激酶识别位点(RRA**S**V)。这些信息对纯化非常有价值。例如，如果蛋白质是糖基化的，那么可能会与凝集素亲和层析柱结合(详见第 35 章)。一些翻译后修饰可以成为一个着力点，目标蛋白质通过它从其他的一些蛋白质中被分离出来。问题是很难预测这些位点是否位于目标蛋白质的表面，或者实际上该位点是否被修饰及在多大程度上被修饰。

1.10 大肠杆菌中过表达蛋白质的可溶性

一些研究认为，如果一个蛋白质在大肠杆菌(*E. coli*)中过表达，那么有可能通过蛋白质序列预测它将是可溶还是不可溶的包涵体形式(Idicula-Thomas and Balaji, 2005; Wilkinson and Harrison, 1991)。很显然，这是非常有用的信息，但是这样重要的信息却是可以通过简单的步骤获得的。只需在过表达蛋白质后破碎细胞，离心裂解产物以将不溶的物质与可溶的分离开来，并且通过十二烷基磺酸钠-聚丙烯酰胺凝胶电泳(SDS-PAGE)分析这两种组分便可。过表达蛋白质可溶部分的比例可以随着细胞生长条件的改变而显著变化，这就意味着基于序列的可溶性预测虽然可能有用，但也是有很大的局限性。

2. 无法从序列中预知的信息

很不幸的是，设计纯化程序所需的绝大多数信息是不能够通过氨基酸序列来预测的。这些无法得到的信息中比较重要的信息列举如下。

2.1 蛋白质三维结构、形状、表面特性

虽然寻找通过氨基酸序列预测蛋白质的三维结构的方法已经花费了巨大的时间和精力，但是目前仍然无法确认预测结构的准确性。在这种情况下，如果目标蛋白质表现出与某个已知结构的蛋白质的高度相似性，那么将其的氨基酸序列“套入”到已知结构中，可以得出目标蛋白质结构的合理估算。

如果没有准确的结构信息，就无法预知蛋白质的形状或详细的表面特性，如疏水区域分布、电荷分布和抗原位点等，也就很难预测其在进行疏水交换层析或离子交换层析时的行为，而蛋白质形状直接影响其斯托克半径(Stokes radius)，不知道其形状便无法预测其在凝胶过滤层析时的行为(同等分子质量的球形蛋白质在凝胶过滤层析时比不对称或雪茄形的蛋白质显得要小)。

2.2 多亚基特征：同源多聚体或异源多聚体

即使我们可以准确地预测蛋白质的三维结构，却仍然不能预测该蛋白质在溶液中是以多体(如六聚体)形式还是以单体形式存在。缺乏这一信息便无法合理地预测其在分子筛层析柱或离子交换层析柱上的行为。更重要的是一些蛋白质是作为多亚基复合体的一部分而存在，无法预测该蛋白质是否在纯化时仍作为一个复合体存在，如果是，其纯化特征可能很大程度上是由与其结合在一起的其他亚基所决定的。

2.3 沉降属性

不同蛋白质的溶解性变化很大，原因还不是很明确。因此，不能预测用多高浓度的硫酸铵能够将目标蛋白质从溶液中沉淀出来。这将在第20章进一步讨论。

3. 结论

我们可以清楚地看到，通过蛋白质氨基酸序列无法预知目标蛋白质在纯化人员所采用的大多数基本分离方法中的行为。到目前为止，分级分离提取物的最佳方法始终是通过硫酸铵沉淀、离子交换层析和凝胶过滤层析。并由此确定目标蛋白质的行为。因此，尽管我们掌握了大量蛋白质的序列信息，但是蛋白质纯化仍然是非常经验性的工作！所以在进行蛋白质纯化时不用过多担心，做实验就可以了。

3.1 蛋白质生物信息学资源

最常用的获得蛋白质序列以及利用这些序列估算蛋白质的各种理化性质的工具是ExPASy(Expert Protein Analysis Software)网站的ProtParam部分，网址是http://www.expasy.org/tools/protparam。ProtParam可以计算多种蛋白质参数，包括分子质量(MW)、理论等电点(theoretical,pI)、氨基酸组成(amino acid composition)、元素组成(atomic composition)、消光系数(extinction coefficient)、预计的半衰期(half-life)、不稳定系数(instability index)、脂溶指数(aliphatic index)、总平均亲水指数等(Gasteiger et al.，2005)。

该软件操作非常简便。找到ProtParam工具，输入Swiss-Prot/TrEMBL登录号(AC)或序列标识符(ID)，也可以直接粘贴序列，然后点击“计算参数”按钮，打印结果即可。

有一个通过DNASTAR(http://www.dnastar.com)可以获得的商业化组件Lasergene(8.0版)，其中包含一个蛋白质序列分析组件，称为“Protean”。其分析功能与ProtParam相似，除此之外还可以预测抗原性、表面可及性、蛋白酶位点图谱并具有非常好的图谱展示功能。

3.2 蛋白质变性条件下的纯化

经过上面的讨论，公平地说，在变性状态下进行蛋白质纯化时，你可以更好地预测蛋白质的行为。如果你不需要担心是否会形成多聚体，那么可以简单地在尿素中变性，通过能够简单预测其结果的离子交换和凝胶过滤层析等方法分离蛋白质，然后再将其重折叠为天然结构(详见第17章)。

(张金龙 译 徐俊杰 校)

参考文献

Gasteiger, E., Hoogland, C., Gattiker, A., Duvaud, S., Wilkins, M. R., Appel, R. D., and Bairoch, A. (2005). Protein identification and analysis tools on the ExPASy server. *In* "The Proteomics Protocols Handbook", (J. M. Walker, ed.), pp. 571–607. Humana Press, Totowa.

Gill, S. C., and von Hippel, P. H. (1989). Calculation of protein extinction coefficients from amino acid sequence data. *Anal. Biochem.* **182,** 319–326.

Guruprasad, K., Reddy, B., and Pandit, M. W. (1990). Correlation between stability of a protein and its dipeptide composition: A novel approach for predicting *in vivo* stability of a protein from it primary sequence. *Protein Eng.* **4,** 155–161.

Idicula-Thomas, S., and Balaji, P. V. (2005). Understanding the relationship between the primary structure of proteins and its propensity to be soluble on overexpression in *E. coli*. *Protein Sci.* **14,** 582–592.

Knuth, M. W., and Burgess, R. R. (1987). Purification of proteins in the denatured state. *In* "Protein Purification: Micro to Macro", (R. R. Burgess, ed.), pp. 279–305. Alan R. Liss, New York.

Kyte, J., and Doolittle, R. F. (1982). A simple method for displaying the hydrophobic character of a protein. *J. Mol. Biol.* **157,** 105–132.

Pace, C. N., Vajdos, F., Fee, L., Grimsely, G., and Gray, T. (1995). How to measure and predict the molar absorption coefficient of a protein. *Protein Sci.* **11,** 2411–2423.

Varshavsky, A. (1997). The N-end rule pathway of protein degradation. *Genes Cells* **2,** 13–28.

Wilkinson, D. L., and Harrison, R. G. (1991). Predicting the solubility of recombinant proteins in *E. coli*. *Biotechnology* **9,** 443–448.

第 4 章

准备纯化工作简表

Richard R. Burgess*

目录

摘要

一旦蛋白质纯化流程已经成熟完备，目标蛋白质的纯化过程、特征及结构/应用等通常会被整理后发表。所以将纯化过程中的主要步骤和所利用的蛋白质的相应性质以纯化概要表格的形式简要列出是非常可取的。在考虑是否重复已发表的蛋白质纯化过程时，读者需要得到这些信息来评价纯化过程，以决定是直接效仿前人步骤还是需要进行较大的变动。在这一章中，作者将介绍实用的蛋白质纯化表格的主要特征并指出作者在一些这类表格里所发现的常见的错误和问题。

1. 引言

作为 *Protein Expression and Purification* 这本杂志的执行编辑和主编，笔者每年要审阅大约 100 篇蛋白质表达与纯化方面的文章，已经连续如此超过了 18 年。给笔者印象深刻的是，有许多稿件没有纯化概要，或缺少必需的信息又或者信息不准确。一个合理的纯化表格所必备的因素用实例说明如下。

假设从 *E. coli* 中纯化某种酶。从 4 L 培养基中获得 10 g 湿重的菌体(10 g 湿重的菌体一般含有大约 2 g 干重的菌体和大约总质量为 1200 mg 的蛋白质)，通过超声裂解细胞获得粗裂解产物，然后将其中的细胞碎片通过离心去除获得粗提取物。制备 45%～50% 饱和硫酸铵分级组分。将以 50%饱和硫酸铵作用所得到的沉淀溶于缓冲液中，并稀释到较低盐浓度以使之适合于二乙胺基乙基纤维素(DEAE)阴离子交换层析柱纯化。层析柱在低盐浓度下冲洗，然后以 0.1～0.6 mol/L NaCl 的线性梯度洗脱，活性洗脱峰在大约 0.25 mol/L 的位置。混合洗脱峰，然后采用 Sephacryl S-300 凝胶过滤层析柱纯化，将蛋

* 威斯康星大学麦迪逊分校，McArdle 实验室癌症研究组(Madison，Wisconsin，USA)

白质置换于含有合适盐浓度的缓冲液中(无梯度地)。活性峰收集组分合并后采用 SDS-PAGE 分析,考马斯亮蓝染色法显示应为单一条带。最终所得产物的比活应与已知的纯的参比品相当。主要组分全部经酶活测定,蛋白质鉴定全部完成。结论数据见表 4.1。

表 4.1　典型的纯化简表

步骤	总蛋白质含量[b]/mg	总活性[c]/unit	比活性/(unit/mg)	总得率/%	纯度/%
粗裂解物[a]	1200	120	0.10	100	0.8
粗提取物	1000	110	0.11	92	0.9
45%~55%浓度硫酸铵沉淀[d]	180	75	0.42	62	3.4
DEAE 层析柱(合并的峰)	24	60	2.5	50	20
Sephacryl 层析柱(合并的峰)	3.6	46	12.5	38	100

a. 从湿重为 10 g 的大肠杆菌沉淀(4 L 细菌培养物)中获得;

b. 蛋白质浓度通过 Bradford 法测定,标准蛋白质为牛血清白蛋白(BSA);

c. 酶活测定按照方法部分所述进行;

d. 在 45%饱和硫酸铵中溶解但在 55%饱和硫酸铵中沉淀的粗提取物组分

一个纯化简表应该让读者可以轻松评估纯化过程,易于发现其中特别有效或无效的纯化步骤,即如果在某步骤发生大的活性丢失能够很容易被发现。

一个合理的纯化简表应包括以下栏目。

(1) 纯化的主要步骤　纯化包括以下典型步骤。

粗裂解(细胞或组织裂解的产物)。由于难以实施,该步骤的检测通常省略。但当重组表达的目标蛋白质是以不溶的包涵体形式表达时,该步骤的检测是有用的甚至是必需的。

粗提取(通过离心去除不溶物后的裂解产物)。

硫酸铵分级沉淀。

收集离子交换层析的目标蛋白质峰。

收集凝胶过滤层析的目标蛋白质峰。

收集亲和层析的目标蛋白质峰。

浓缩和透析最终产物。

溶解包涵体。这些步骤和随后的两个步骤经常用在重组蛋白为以不溶解的包涵体形式表达的情况下,详见第 17 章。

洗涤包涵体。

重折叠、离心和浓缩物料。

(2) 总蛋白质含量(mg)　通常通过标准的蛋白质检测方法确定总蛋白质量,目前最常采用 Bradford 染料结合法(Bradford dye-binding assay)和 BCA 检测法(bicinchoninic acid assay)(详见第 8 章)。在方法部分指出采用什么蛋白质标准品(典型的是 BSA)是很重要的。蛋白质纯化后有时可以采用测量 280 nm 处的吸收值,并通过该蛋白质的摩尔消光系数来进行定量。

(3) 目标蛋白质的总质量或总活性(mg 或 unit)　如果有合适的检测目标蛋白质的

酶学方法，应该在纯化的每一个主要步骤都进行检测。如果目标蛋白质不是酶类，或没有定量检测方法，如果蛋白质在 SDS-PAGE 后考马斯亮蓝染色条带可见，则经常采用先扫描染色后的胶再确定目标蛋白质条带的量。换句话说，用确定后的纯度乘总蛋白质的量便可估计出总目标蛋白质的量。

(4) 比活性(unit/mg)　如果酶的活性可以检测，那么用总活性(nuit)除以总蛋白质的量则得到比活性，单位为 unit/mg。

(5) 总得率(%)　纯化过程中某一步的得率是用该步骤所得到的目标蛋白质的总量(总目标蛋白质或总活性)除以纯化第一步时的目标蛋白质的总起始量(定义为 100%)。

(6) 目标蛋白质纯度(%)　纯度通常通过扫描染色后的 SDS-PAGE 胶检测目的条带的量作为一个组分占胶上的所有条带的量的百分比来检测。如果有可靠的检测方法，且终产物纯度足够，则其比活可以用于检定纯度。例如，如前面某步骤显示的比活性是终产物的 10%，则该步骤蛋白质的纯度为 10%。

(7) 相对纯化倍数　相对纯化倍数的计算不是必需的，因为通过前面各种数值的计算便可以获知该值，但是这项参数却十分实用。具体做法是将起始一步的纯度设定为 1，然后计算每一步相对于第一步的纯度，如表 4.1 中最后一步的总纯化倍数为 125。

2. 脚注的重要性

每个蛋白质及其纯化过程各不相同，因此可以通过脚注的记录使读者了解哪些工作已经完成。应该有一个脚注用来指出正在总结的制备过程中所用原料的量。例如，对于细菌表达的重组蛋白，应该给出制备过程中离心后所收集的菌体的湿重的克数，了解细菌培养所用的体积也很有用，但是这还不够，因为随着生长培养基及培养条件的变化，菌体湿重的值可以为 1～80 g/L。另一个有用的脚注是蛋白质如何定量(如有时候起始阶段使用 Bradford 方法检测，而终产物则通过吸光度和摩尔消光系数进行计算)。

3. SDS-PAGE 对分析主要蛋白质分离组分的价值

笔者认为 SDS-PAGE 凝胶图片对纯化表是非常有价值的补充。如果每个纯化步骤的同样的样品都用凝胶图片展示，那么可以特别容易地看到从最初纯化直到最后纯化完成后的最终目标蛋白质的每一个分离步骤的情况。当上样到凝胶泳道中的各步骤的样品对该步骤的物料的比例都相同时，所得到的凝胶结果才是最有用的。

4. 一些常见的错误和问题

(1) 使用太多有效数字　这是最令我憎恶的错误之一。我甚至怀疑有效数字的概念已经不再被教授，以至于我所评审的纯化论文足有 75%会出现 235.052 mg 这样的蛋白质的量和 46.72%这样的得率的数字。这仅仅是因为计算器或计算机可以将两个数字相除，并给出一个 8 位数字的结果，但不意味着需要把这些数字全部填入图表。需要记住的是，多数蛋白质定量检测方法或酶活性检测的准确度不超过 5%～10%。如果写出23.47 mg，则意味着不是 23.46 mg 也不是 23.48 mg，而是 23.47 mg。也就是说，这部分计算的精确度超过 2000，但其实其准确度是否为 1/20(是 22 mg、23 mg，还是 24 mg)尚不确定。注意任何数值有效数字不要超过 3 个，通常百分比有效数字应为 2 个。此外，如果一个数字来自于 2 个数字的商，而且每一个数字的准确度为±10%，那么其准确度仅为±20%。

(2) 计算错误　许多图表都含有明显的算数误差。请在投稿前多次、重复检查所有数字是否正确。

(3) 用分步得率代替总得率　分步得率是纯化过程中某一步的得率，也就是该步骤之后所得的目标蛋白质或活性与前一步所得的量的比值。一个 4 步纯化的过程每一步的分步得率都是 60%，但是总得率却为$(0.6)^4=0.6\times0.6\times0.6\times0.6=0.13$，或者为 13%。总得率更有用。一个总得率仅为百分之几的流程可能是由于纯化过程冗长且困难，一般情况下都是很稀少或是不稳定的蛋白质。但更多的情况下，这意味着纯化程序还没有优化得很好。

(4) 以总蛋白质得率代替目标蛋白质得率　笔者经常会看到这样的表格，在这些表格里给出的得率为总蛋白质得率，而不是目标蛋白质得率。这种以总蛋白质得率代替目标蛋白质得率的结果为无用信息。得率总是指所获得的总目标蛋白质的量或总活性。

(5) 仅为发表第一手纯化论文而其实产物的量很少　一些读者，特别是许多缺乏经验的读者，总是倾向于认为已经发表的纯化工艺都是经过了很多轮的改进和优化的结果，代表了蛋白质纯化的最佳方法，但其实未必如此。有时候，这些工艺只是一系列步骤的堆积，是经常随意地选择了一些步骤，恰好纯化得到了一些目标蛋白质而已。如果你想纯化这些目标蛋白质，那么最好仔细研究一下这些纯化方案，看它是否值得去尝试和效仿。这正好说明了为什么一个恰当的纯化简表是非常有价值的。如果发现纯化过程中某步骤发生很大的目标蛋白质或活性的丢失，如果出现总得率非常低，终产物纯度不高或相似的分离步骤多次使用，那么可能该纯化流程仅仅能够作为一个起始点，用于作为参考来设计一个更好更有效的纯化方案。

(6) 纯化过程中被纯化蛋白质的融合片段被切割掉怎么计算得率　为了使蛋白质正确折叠或易于折叠，或方便纯化，往往将目标蛋白质与其他蛋白质或标签一起融合表达(详见第 16 章)。却又经常希望最终的产品不含有这些融合的蛋白质或标签，特别是在进行结构研究时。融合的部分必须通过一种或多种蛋白酶酶切去除。如果目标蛋白质为 20 kDa，融合的部分为 40 kDa，则融合蛋白质表达后为 60 kDa。在切除融合部分的步骤中，目标蛋白质的得率似乎减少了 67%。这在纯化简表中如何表述？我建议在这一栏里，目标蛋白质的量应该有两个值：融合蛋白质的毫克数，在圆括号内计算出最终目标蛋白质的毫克数；在切割发生的步骤，可以继续给出已切割产物的毫克数。而第一步切割产物的理论值可以用于计算总得率。

(张金龙　译　徐俊杰　校)

第 2 部分

操作蛋白质和酶的常规方法

第 5 章

建立一个实验室

Murray P. Deutscher *

目录

本章的主要目的是提供一些在任何从事蛋白质纯化工作的实验室中都将会使用到的基本设备、化学药品及辅助材料等的一般信息。有关单件设备的细节、专用仪器和化学品的信息及有用的供应商的信息等将会在本书的各章节里介绍。

尽管任何从事蛋白质纯化的实验室都可能有多种类型的设备、化学药品及辅助材料，但这些材料基本上可分为三大类：①用于蛋白质分级分离的；②用于检测和分析的；③一些其他配套材料。配套材料（如导管、吸管、水浴、搅拌器、计时器、盐类、缓冲液等）对于每一个生化实验室来说都是相同的。它们通常成本最低，但使用最频繁，用量最大，而且是最必不可少的。在一个实验室的建立过程中专注于大型的、昂贵的仪器是一种很自然的现象，但实际上，可用的资金应首先满足配套材料的充足供应（如果购买了一个高级的组分收集器却没有足够的试管可用，这显然是毫无意义的）。要根据实验室工作人员的数量去准备所需要的玻璃器皿、化学药品、一次性耗材等的数量。一份代表性的（但并非完全的）清单如下所述。

1. 配套材料

1.1 玻璃器皿和塑料制品

不同尺寸的导管、烧杯、烧瓶、瓶子、量筒、漏斗及吸管（一次性的材料往往是最有用

* 迈阿密大学医学院，生物化学与分子生物学系（Miami，Florida，USA）

的)；移液管(巴斯德吸管)；移液器吸头；烤盘；塑料容器；大容量的玻璃瓶和广口瓶；冰桶。

1.2 化学药品

高等级蒸馏水；盐类(一般是氯化物或乙酸盐类)；钠和钾的磷酸盐；酶级纯硫酸铵；Tris和其他有机缓冲液；EDTA；酸和碱；还原剂(2-巯基乙醇、二硫苏糖醇、谷胱甘肽)；蛋白酶抑制剂；洗涤剂；甘油。

1.3 一次性耗材

透析袋；浓缩器/分馏器；称量纸和称量舟皿；滤纸；pH试纸；铝箔；玻璃棉；注射器和针头；无菌手套；标识胶带和记号笔；纸巾和毛巾；刀片。

1.4 小型设备及配件

喷灯和打火机；计时器(包括秒表)；旋涡混合器；磁力搅拌器和不同规格的转子；不同规格的手按移液器；镊子、剪刀、药匙；小工具；加热板；均浆器；温度计。

1.5 设备和仪器

冰箱；冰柜(−20℃)，如果资金充足，可购买低温冰柜；水浴(可摇动的及静置的)；天平(顶加载、分析级)；pH计、电极和标准液；烤箱；泵；微量离心机；可以方便使用的冷室、高压灭菌器、制冰机、冷冻干燥机、干冰或液氮。

如果配备上述清单后资金还有剩余，可购买与蛋白质纯化直接相关的其他材料(虽然其中的某些材料也可以被认为是配套材料)，即检测与分析所必需的，或是蛋白质分级分离所需要的材料。在这里有些设备可能是相当昂贵和精密的。应充分考虑这些设备的使用计划，以确定其符合自己的实际需求。在某些情况下，这个设备可能是你的实验室所必需的。然而在其他情况下，如果只打算偶尔使用，则可以从邻近的实验室借用。如果资金和能够用在设备上的费用有限，列一个优先级表是非常有用的。在某些情况下，购买两个同样的经常使用的设备可能比购买一个不常用的新设备更有利。因此，以我的经验，活跃在从事蛋白质纯化实验室里的组分收集器、层析柱和凝胶电泳仪从来就没有够用的时候。

2. 检测和分析的必要条件

在实验室中最重要的检测设备也许要属分光光度计。它可以用来检测蛋白质浓度、测量细菌的生长状况，以及用于多种酶的检测和比色测定。分光光度计应该配备紫外线和可见光光源，覆盖200～800 nm，以最大限度地满足不同的使用要求。玻璃比色皿和石英比色皿是必需的，它们可以分别用于可见光和紫外线光谱范围。配备一套微量比色皿用于分析小体积样本(约0.2 mL)往往是非常有益的。可用一次性比色皿，它们最适合于测量细胞的生长状况。

大多数酶的检测依赖于分光光度法或使用同位素。对于后者，闪烁计数器是必需的。

闪烁计数器的使用意味着同时还要配备准备放射性样品所需的辅助材料、化学药品及其他配件。闪烁计数器非常昂贵，往往是几个实验室之间共享。同样，磷光成像仪（phosphorimager）和荧光成像仪（fluoroimager）是凝胶分析所必需的，但往往也是实验室之间共享。如果经仔细考虑后放射性物质的使用是实验所必需的，那么辐射监测器、屏蔽设备和其他的预防措施也是必要的。

其他两种经常能派上用场的设备是电导仪和屈光计。它们用来测量层析柱上的盐梯度，以及蔗糖、甘油或氯化铯梯度离心的盐梯度。

3. 蛋白质分级分离的必要条件

蛋白质纯化意味着蛋白质的分级分离。蛋白质纯化实验室与通常的生物化学或分子生物学实验室的区别主要在于分级分离设备和材料的数量及类型。后续章节将会详细讨论这些项目，在这里只做简要介绍。

实验室中最常用的设备很可能是离心机。蛋白质纯化实验室的主力是冷冻高速离心机，转速可达 20 000 r/min。这种离心机在实验室中的实用性与其所配套的转子、离心管和离心桶种类的多少直接相关。从几毫升的离心管到 500 mL 的离心桶所适用的转子都可以买到。大转子在蛋白质纯化早期步骤中处理大体积的提取物时是非常有用的。

有时如果想去除或制备亚细胞器，使用超速离心机是比较理想的手段。可以买到以 80 000 r/min 处理适当的大体积样品的离心机，市场上的一些较小机器的转速甚至更高。这些仪器的有效应用可以大大减少制备微粒体或高速离心分离上清液成分所需要的时间。鉴于这些仪器的高成本和低使用频率，它们通常在实验室之间共享。

许多微量分析技术的出现，使迷你型离心机（minifuge）或微量离心机（microcentrifuge）成为一种必备的仪器。在蛋白质纯化实验室中，它虽然不是一个直接用于分级分离的装置，但却是一个必要的补充。基于这些考虑，大型离心机也经常用于不同类型的分析实验，而不仅仅是用于分级分离。

为了分离蛋白质，破碎细胞的装置是必需的。有各种仪器可达到这一目的，包括手动的和马达驱动的匀浆机、搅拌机、超声破碎器和压力元件等。这些将在其他章节中详细讨论。一般情况下，个人实验室装备各种低成本的设备，其余的高成本仪器在实验室之间共享是比较合理的方案。

柱层析是大多数实验室所使用的一种主要的蛋白质纯化方法。进行蛋白质纯化的每个实验室应备有大量不同长度和直径的层析柱，以满足各种纯化目的的需求，因为在纯化规程的不断改进过程中，这些层析柱都可能会用到。应该备有各种不同精度等级（和成本）的层析柱。我们发现，用注射器针头或管道进行液流输入和控制、装有塞子、简单的、重力引流且敞口的层析柱，已经可以满足绝大部分的色谱纯化过程。然而，在许多情况下，预装柱和加压的快速蛋白质液相层析（FPLC）系统可能是首选的设备。

一个可靠的组分收集器是实验室最重要的设备之一。组分收集器的故障可能导致数月的纯化工作被毁掉。在这种情况下，用多余的资金购置一个品质优良的、多功能的组分收集器是一种明智的选择。能加载大量的、不同尺寸规格的试管,拥有不同采集模式的收集器是最实用的收集器。市面上有多种不同类型的组分收集器可供选择,在购买之前应仔细分析哪种型号可以满足预期需求。购买实验室仪器的一个合理的策略是购买一个更精密的仪器以满足某些情况下的特殊需求,并购买一个或多个低成本的简单仪器来满足日常使用。

柱层析的很多其他配件尽管不是必需的,但却实用性很强,包括蠕动泵、各种规格的梯度仪和紫外线监测器。如果需要,梯度仪可以用烧瓶或瓶子自制。在色谱操作过程中,蛋白质洗脱图提供了重要的信息。该信息可以通过使用分光光度计检测各部分洗脱物的吸收值或使用在线紫外线检测器的实时检测来获得。具有不同尺寸流动池的双波长模式的检测器的功能最多(也最昂贵)。

最后,每个实验室都应备有最基本的色谱层析凝胶和树脂,包括阴离子和阳离子交换树脂、不同孔隙度的凝胶过滤介质、羟基磷灰石、疏水层析凝胶或固相染料树脂(immobilized dye resin)。

每一个蛋白质纯化实验室都必须拥有自己的凝胶电泳设备。这些设备用于监测一个蛋白质的纯化过程,或用于分级分离本身。一般来说,配有不同尺寸垫片和梳子的垂直平板凝胶仪已经能够满足多数应用。电泳仪的电源供应器是必需的。如果只购买一个电源供应器,具有可调节的恒流(0～50 mA)、恒压(0～200 V)模式是很有用的。除了制备凝胶所需的化学药品之外,也应该备有多种蛋白质标准品和染色染料。用于凝胶电泳的仪器也可以用于等电聚焦。

本章中所提到的设备、化学药品和辅助材料应该能够引领你进入蛋白质纯化的领域。当你通读了该书,并真正开始进行蛋白质纯化的时候,会发现许多其他的一些东西也是非常有用的。

(吴诗坡　译　张金龙　校)

第 6 章

缓冲液：原理和实践①

Vincent S. Stoll* and John S. Blanchard*

目录

1. 引言

在对酶进行研究时，维持一个稳定 pH 的必要性已经很明确了(Good and Izawa，本系列；Johnson and Metzler，本系列)。生化过程可因氢离子浓度的微小变化而受到严重影响。同时，在一个酶促反应中，许多质子可能被消耗或释放。因此，寻找一种既可以稳定氢离子的浓度而又不干扰所研究酶的功能的缓冲液已经显得更加重要了。Good 等(1966)发展的一系列 *N*-取代牛磺酸(*N*-substituted taurine)和甘氨酸缓冲液为大多数酶提供了生理相关范围(6.1～10.4)的缓冲液，这些缓冲液对大多数酶基本无副作用(Good et al.，1966)。人们发现，这些缓冲液在 50 mmol/L 的浓度下对细胞是无毒的，某些情况下这一浓度还可以更高 (Ferguson et al.，1980)。

2. 理论

当加入少量强酸或强碱时，部分中和的呈弱酸性或弱碱性的溶液具有减缓其 pH 变化的现象，这一观察结果导致了“缓冲”这一概念的产生(Perrin and Dempsey，1974)。缓

* 艾伯特爱因斯坦医学院，生物化学系(Bronx，New York，USA)

① 转载自《酶学方法》182 卷(Academic Press，1990)

冲液由一种酸和它的共轭碱组成，如碳酸盐和碳酸氢盐或乙酸盐和乙酸。一种缓冲液的质量取决于它的缓冲能力(即加入强酸或强碱时对 pH 变化的抵抗力)，以及将其稀释或加入中性盐时 pH 的稳定性。由于下面的平衡状态，加入少量强酸或强碱只能导致去除少量的弱酸性或弱碱性物质，所以溶液的 pH 仅发生少量的变化：

$$\mathrm{HA}(\text{酸}) \rightleftharpoons \mathrm{H}^+ + \mathrm{A}^-(\text{共轭碱}) \tag{6.1}$$

$$\mathrm{B}(\text{碱}) + \mathrm{H}^+ \rightleftharpoons \mathrm{BH}^+(\text{共轭酸}) \tag{6.2}$$

弱酸性或弱碱性溶液的 pH 可以通过汉-哈氏方程(Henderson-Hasselbalch equation)来计算：

$$\mathrm{pH} = \mathrm{p}K_\mathrm{a}' + \log \frac{[\text{碱性物质}]}{[\text{酸性物质}]} \tag{6.3}$$

缓冲液的 $\mathrm{p}K_\mathrm{a}$是溶液中酸性物质和碱性物质的浓度达到平衡时溶液的 pH，这种基本形式的方程在 pH 为 3～11 时是准确的。当 pH 小于 3 或大于 11 时，水的离子浓度必须包含在方程里(Perrin and Dempsey，1974)。由于这里我们所感兴趣的 pH 为 3～11，这一点将会被忽略。

根据 Henderson-Hasselbalch 方程，我们可以推断一种缓冲液缓冲能力的表达式。如果缓冲液在某一浓度下(c)，也就是$[\mathrm{A}^-]+[\mathrm{HA}]$的和是一个常数时，那么引起 pH 微小变化所需的强酸或强碱的量则由式(6.4)给出：

$$\frac{\mathrm{d}[\mathrm{B}]}{\mathrm{dpH}} = 2.303\left\{\frac{K_\mathrm{a}' c[\mathrm{H}^+]}{(K_\mathrm{a}' + [\mathrm{H}^+])^2} + [\mathrm{H}^+] + \frac{K_\mathrm{w}}{[\mathrm{H}^+]}\right\} \tag{6.4}$$

在式(6.4)中，K_w为由水产生的离子，其第二项、第三项仅在 pH 小于 3 或大于 11 时有意义。在我们感兴趣的 pH 范围内(pH 3～11)，从式(6.4)可以得到下面的表达式：

$$\beta_{\max} = \frac{2.303c}{4} = 0.576c \tag{6.5}$$

式(6.5)代表了当 pH= $\mathrm{p}K_\mathrm{a}$时 $\mathrm{d}[\mathrm{B}]/\mathrm{dpH}$ 的最大值。任何缓冲液的缓冲能力取决于浓度(c)。在测定缓冲液的缓冲能力时，可能要计算其 pK 附近超过±1 个 pH 单位范围内溶液的缓冲能力，如图 6.1 中一种古德(Good)缓冲液 HEPES 的情况。可以看出，

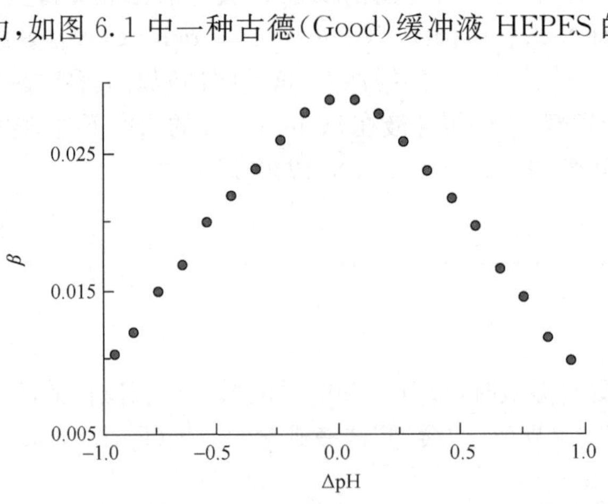

图 6.1 HEPES(0.05 mol/L)缓冲液对应于 ΔpH 超过 $\mathrm{p}K_\mathrm{a}$±1 个 pH 单位范围内的缓冲能力(β)。各点的计算使用式(6.5)，数据来自 Perrin 和 Dempsey(1974)

HEPES 在 pK 时其缓冲能力最强，而在 pK 两端 1 个 pH 单位以外，其缓冲能力迅速降低。在实际应用中，缓冲液不应该超出这个范围使用。

3. 缓冲液的选择

选择一种缓冲液需要考虑的因素很多。当研究一种酶时，必须要考虑它的最适 pH、非特异性缓冲液对它的作用以及它于底物或金属离子的相互作用。当纯化一种蛋白质的时候，成本是一个很重要的考虑因素，同时缓冲液对不同纯化技术的兼容性也是一个需要考虑的问题。表 6.1 列出了一系列的缓冲液，涵盖了广泛的 pH 范围。

表 6.1　特定缓冲液和它们在 25℃ 的 pK

通用名	缓冲液名	pK_a	dpK_a/dt
磷酸盐(pK_1)	—	2.15	0.0044
苹果酸盐(pK_1)	—	3.40	—
甲酸盐	—	3.75	0.0
丁二酸(pK_1)	—	4.21	−0.0018
柠檬酸盐(pK_2)	—	4.76	−0.0016
乙酸盐	—	4.76	0.0002
苹果酸盐	—	5.13	—
吡啶	—	5.23	−0.0014
丁二酸(pK_2)	—	5.64	0.0
MES	2-(*N*-吗啉代)乙磺酸	6.10	−0.011
二甲基胂酸盐	二甲胂酸	6.27	
戊二酸二甲酯	3,3 戊二酸二甲酯(pK_2)	6.34	0.0060
碳酸盐(pK_1)	—	6.35	−0.0055
柠檬酸盐(pK_3)	—	6.40	0.0
Bis-Tris	[二(2-羟乙基) 亚胺基] 三(羟甲基) 甲烷	6.46	0.0
ADA	*N*-(2-乙酰氨基)-亚氨基二乙酸	6.59	−0.011
焦磷酸盐	—	6.60	—
EDPS(pK_1)	*N*,*N'*-二(3-磺丙基) 乙二胺	6.65	—
Bis-Tris 丙烷	1,3-二[三(羟甲基) 甲氨基] 丙烷	6.8	—
PIPES	哌嗪-*N*,*N'*-二(2-乙磺酸)	6.76	−0.0085
ACES	*N*-2-乙酰胺基-2-羟基乙烷磺酸	6.78	−0.020
MOPSO	3-(*N*-吗啉基)-2-羟基丙磺酸	6.95	−0.015
咪唑	—	6.95	−0.020
BES	*N*,*N*-二(2-羟乙基)-2-氨基乙磺酸	7.09	−0.016
MOPS	3-(*N*-吗啉代) 丙磺酸	7.20	0.015

续表

通用名	缓冲液名	pK_a	dpK_a/dt
磷酸盐(pK_2)	—	7.20	−0.0028
EMTA	3,6-内亚甲基-1,2,3,6-四氢化邻苯二甲酸	7.23	—
TES	2-[三(羟甲基)甲氨基]乙磺酸	7.40	−0.020
HEPES	*N*-2-羟乙基哌嗪-*N'*-2-乙磺酸	7.48	−0.014
DIPSO	3-[*N*-二(羟乙基)氨基]-2-羟基丙磺酸	7.60	−0.015
TEA	三乙醇胺	7.76	−0.020
POPSO	哌嗪-*N*,*N'*-双(2-羟基丙磺酸)	7.85	−0.013
EPPS, HEPPS	*N*-2-羟乙基哌嗪-*N'*-3-丙磺酸	8.00	—
Tris	三(羟甲基)氨基甲烷	8.06	−0.028
Tricine	*N*-[三(羟甲基)甲基]甘氨酸	8.05	−0.021
甘氨酰胺	—	8.06	−0.029
PIPPS	1,4-二(3-磺丙基)哌嗪	8.10	—
甘氨酰甘氨酸	—	8.25	−0.025
Bicine	*N*,*N*-二(羟乙基)甘氨酸	8.26	−0.018
TAPS	3-{[三(羟甲基) 甲基] 氨基}丙磺酸	8.40	0.018
吗啉	—	8.49	—
PIBS	1,4-二(4-磺丁基) 哌嗪	8.60	—
AES	2-氨基乙磺酸，牛磺酸	9.06	−0.022
硼酸盐	—	9.23	−0.008
氨	—	9.25	−0.031
乙醇胺	—	9.50	−0.029
CHES	环己氨基乙磺酸	9.55	0.029
甘氨酸(pK_2)	—	9.78	−0.025
EDPS	*N*,*N'*-二(3-磺丙基) 乙二胺	9.80	—
APS	3-氨基丙磺酸	9.89	—
碳酸盐(pK_2)	—	10.33	−0.009
CAPS	3-(环己氨基)丙磺酸	10.40	0.032
哌啶	—	11.12	—
磷酸盐(pK_3)	—	12.33	−0.026

确定蛋白质的最适 pH 是决定使用最佳缓冲液的第一步(Blanchard，本系列)。由于缓冲液的缓冲能力在其 p*K* 时最大,缓冲液应在其 p*K* 附近使用。检测一种酶的最适 pH 时，使用较宽 pH 跨度的一系列相关缓冲液是非常必要的。一旦得到了最佳 pH 的近似值,就可以通过检测这一 pH 范围内的不同缓冲液来确定特异的缓冲效应(specific buffer effect)。

古德缓冲液是相对无副作用的。然而,无机缓冲液确实存在着高度潜在的特异缓冲液效应。很多酶会被磷酸盐缓冲液所抑制,包括羧肽酶、脲酶以及许多激酶和脱氢酶

(Blanchard，本系列)。硼酸缓冲液可以与单糖和寡糖类、核酸的核糖基、吡啶核苷酸以及其他二羟基化合物形成共价复合物。Tris和其他伯胺缓冲液与醛类和酮类可能形成希夫碱加合物。

与金属络合的缓冲液可能会存在其他的问题。在这方面，无机缓冲液可能会通过螯合作用而除去酶发挥活性所必需的金属离子(如激酶类所需的Mg^{2+}、羟化酶类所需的Cu^{2+}或Fe^{2+})。金属缓冲液复合物通过螯合作用或沉淀作用而释放质子的现象也可能是一个潜在的问题。当金属螯合作用是一个需要考虑的问题时，古德缓冲液非常有用，因为已经证明它们的金属结合能力很低(Good et al.，1966)。

一旦发现了一个合适的缓冲液(无相互作用，有适当的p*K*)，就应该选择它的最佳使用浓度。由于高离子强度可能会降低酶的活性，缓冲液的浓度应尽可能低(Blanchard，本系列)。确定一种缓冲液最低可用浓度的一种合理方法是检测该缓冲液在低浓度(10～20 mmol/L)条件下的性质(反应速率或蛋白质的稳定性)。在加入蛋白质之前及之后足够长的时间里，缓冲液pH的变化范围不应该超过±0.05个pH单位。如果pH的变化幅度太大(大于±0.1个pH单位)，那么缓冲液的浓度应提高到50 mmol/L。在由于底物的使用而使溶液中的质子存在可化学计量的消耗或释放的情况下，缓冲液pH的稳定性变得越加重要。

缓冲液可以配制成储存液，然后稀释使用。配制储存液时，温度应接近于缓冲液的工作温度，并在玻璃瓶里进行(塑料瓶可以浸出可吸收紫外线的物质)(Perrin and Dempsey，1974)。缓冲液，特别是胺类缓冲液的p*K*对温度尤其敏感。而羧酸类缓冲液通常对温度是最不敏感的。对于古德缓冲液，温度对其p*K*的影响并不很大。对储存液进行稀释，或向缓冲液中加入盐类时，都应该在加入所有组分后通过测量pH检测这些操作对其pH的影响。

选择一种缓冲液用于蛋白质的纯化需要有一些特殊的考虑。离心、层析分离，以及透析都将需要大量的缓冲液，因此成本成为一个备受关注的问题。Tris和很多无机缓冲液被广泛地应用，因为它们相对便宜。然而像Tris这样的缓冲液虽然价格低廉，而且已经被广泛应用于蛋白质纯化，但它们确实也存在着一些缺点：当pH低于7.5时，Tris是一种很弱的缓冲液，而且它的p*K*是温度依赖的(25℃时pH为8.06的Tris缓冲液在0℃时pH为8.85)。许多伯胺类缓冲液，如Tris和甘氨酸(Bradford，1976)会干扰Bradford染料-结合法蛋白质含量检测(the Bradford dye-binding protein assay)。而一些古德缓冲液，HEPES、EPPS和Bicine则在Lowry法检测时会有假阳性颜色干扰。

光谱法是检测酶催化速率普遍使用的一种方法。使用一种在感兴趣的光谱范围内没有任何吸收的缓冲液是很重要的。古德缓冲液以及表6.1中列出的大多数缓冲液都可以在240 nm以上使用。

4. 缓冲液的制备

一旦选择了一种合适的缓冲液，就需要将它溶解并滴定至所需的pH。在滴定一种缓冲液之前,必须对 pH 计进行校准。校准应该使用市售的包含所需 pH 的标准液。如果有单价阳离子干扰,或正在检测是否有单价阳离子,可以用氢氧化四甲铵来滴定以避开矿物阳离子(mineral cation)。同样,使用别的阴离子,如乙酸盐、硫酸盐或谷氨酸盐替代最常用的抗衡阴离子(counteranion)——氯,可能会对酶的活性或蛋白质-DNA 相互作用产生显著的影响(Leirmo et al.,1987)。储存液应使用高质量的水(最好是去离子的双蒸水)配制,用无菌超滤系统(0.22 μm)过滤缓冲液以防止溶液,特别是 pH 为 6～8 的溶液中细菌或真菌的生长。为了防止重金属干扰,可以添加乙二胺四乙酸(EDTA)(10～100 μmol/L)螯合各种金属离子类污染物。

5. 挥发性缓冲液

在某些情况下,有必要迅速而彻底地去除某种缓冲液。挥发性缓冲液使去除那些可能在随后的操作过程中产生干扰作用的组分成为可能。在电泳、离子交换层析及分离多肽或氨基酸之前的蛋白质消化过程中,挥发性缓冲液是很有用的。除了含吡啶的缓冲液外,很多挥发性缓冲液(表 6.2)在波长较小的紫外线范围内是无吸收的(Perrin and Dempsey, 1974)。挥发性缓冲液一个需要重点考虑的情况是它在氨基酸分析中的干扰作用(如与茚三酮反应)。如果浓度不太高,大部分挥发性缓冲液不会对茚三酮反应产生干扰(如三乙醇胺在浓度小于 0.1 mol/L 时不会产生干扰)。

表 6.2　用做挥发性缓冲液的系统类型*

体系	pH 范围
87 mL 冰醋酸+25 mL 88%甲酸(HCOOH),定容至 11 L	1.9
25 mL 88% 甲酸定容至 1 L	2.1
吡啶-甲酸	2.3～3.5
三甲胺-甲酸	3.0～5.0
三乙胺-甲酸(或乙酸)	3～6
5 mL 吡啶+100 mL 冰醋酸,定容至 1 L	3.1
5 mL 吡啶+50 mL 冰醋酸,定容至 1 L	3.5
三甲胺-乙酸	4.0～6.0
25 mL 吡啶+25 mL 冰醋酸,定容至 1 L	4.7
三甲基吡啶-乙酸	5.5～7.0
100 mL 吡啶+4 mL 冰醋酸,定容至 1 L	6.5
三乙醇胺-HCl	6.8～8.8
氨-甲酸(或乙酸)	7.0～10.0
三甲胺-CO_2	7～12
三乙胺- CO_2	7～12
24 g NH_4HCO_3, 定容至 1 L	7.9
碳酸铵-氨	8.0～10.5
乙醇胺-HCl	8.5～10.5
20 g $(NH_4)_2CO_3$, 定容至 1 L	8.9

* 摘录于 Perrin 和 Dempsey (1974)

6. 广谱缓冲液

某些情况下，需要一种单一的缓冲系统跨越一个很宽的 pH 范围，可能有 5 个或更多的 pH 单位。一种方法是将能够充分覆盖目标 pH 范围的几种缓冲液混合。但这可能会导致非特异的缓冲液相互作用，必须对混合后的缓冲液体系进行校正。另一种方法是应用一系列结构上相关的缓冲液，它们有均匀分布的 p*K*，每一个 p*K* 相隔±1 个 pH 单位(缓冲能力的界限)。古德缓冲液对于这种方法来说是最理想的选择，因为它们结构上相关，并拥有分布相对均匀的 p*K*。当 pH 经过一种缓冲剂的 p*K* 一定范围之后，它变为非参与成分，并因此不会继续发挥作用。这些不参与作用的缓冲液组分可能会显示出非特异的缓冲效应，并提高溶液离子的强度，而过高的离子强度存在潜在的危害作用。对有关可提供宽范围缓冲能力而离子强度恒定的缓冲液混合物已经有了一系列详细的描述(Ellis and Morrison，本系列)。

7. 缓冲液储存液的配方

(1) 甘氨酸-HCl 缓冲液储存液(Sorensen，1909a;1909b)。

A：0.2 mol/L 甘氨酸溶液 (15.01 g 定容至 1000 mL)

B：0.2 mol/L HCl

50 mL A+x mL B，定容至 200 mL：

x	pH	x	pH
5.0	3.6	16.8	2.8
6.4	3.4	24.2	2.6
8.2	3.2	32.4	—

(2) 柠檬酸盐缓冲液储存液(Lillie，1948)。

A：0.1 mol/L 柠檬酸溶液(21.01 g 定容至 1000 mL)

B：0.1 mol/L 柠檬酸钠溶液(29.41 g $C_6H_5O_7Na_3 \cdot 2H_2O$ 定容至 1000 mL)

x mL A+y mL B，定容至 100 mL：

x	y	pH
46.5	3.5	3.0
43.7	6.3	3.2
40.0	10.0	3.4
37.0	13.0	3.6

续表

x	y	pH
35.0	15.0	3.8
33.0	17.0	4.0
31.5	18.5	4.2
28.0	22.0	4.4
25.5	24.5	4.6
23.0	27.0	4.8
20.5	29.5	5.0
18.0	32.0	5.2
16.0	34.0	5.4
13.7	36.3	5.6
11.8	38.2	5.8
9.5	41.5	6.0
7.2	42.8	6.2

(3) 乙酸盐缓冲液储存液(Walpole，1914)。

A：0.2 mol/L 乙酸溶液(11.55 mL 定容至 1000 mL)

B：0.2 mol/L 乙酸钠溶液(16.4 g $C_2H_3O_2Na$ 或 27.2 g $C_2H_3O_2Na \cdot 3H_2O$，定容至 1000 mL)

x mL A+y mL B，定容至 100 mL：

x	y	pH
46.3	3.7	3.6
44.0	6.0	3.8
41.0	9.0	4.0
36.8	13.2	4.2
30.5	19.5	4.4
25.5	24.5	4.6
14.8	35.2	5.0
10.5	39.5	5.2
8.8	41.2	5.4
4.8	45.2	5.6

(4) 柠檬酸盐-磷酸盐缓冲液储存液(McIlvaine，1921)。

A：0.1 mol/L 柠檬酸溶液(19.21 g 定容至 1000 mL)

B：0. 2 mol/L 磷酸氢二钠溶液(53. 65 g $Na_2HPO_4 \cdot 7H_2O$ 或 71. 7 g $Na_2HPO_4 \cdot 12H_2O$，定容至 1000 mL)

x mL A+y mL B，定容至 100 mL：

x	y	pH
44. 6	5. 4	2. 6
42. 2	7. 8	2. 8
39. 8	10. 2	3. 0
37. 7	12. 3	3. 2
35. 9	14. 1	3. 4
33. 9	16. 1	3. 6
32. 3	17. 7	3. 8
30. 7	19. 3	4. 0
29. 4	20. 6	4. 2
27. 8	22. 2	4. 4
26. 7	23. 3	4. 6
25. 2	24. 8	4. 8
24. 3	25. 7	5. 0
23. 3	26. 7	5. 2
22. 2	27. 8	5. 4
21. 0	29. 0	5. 6
19. 7	30. 3	5. 8
17. 9	32. 1	6. 0
16. 9	33. 1	6. 2
15. 4	34. 6	6. 4
13. 6	36. 4	6. 6
9. 1	40. 9	6. 8
6. 5	43. 6	7. 0

(5) 丁二酸缓冲液储存液(G. Gomori，未发表的结果)。

A：0. 2 mol/L 琥珀酸(23. 6 g 定容至 1000 mL)

B：0. 2 mol/L NaOH

25 mL A+x mL B,定容至 100 mL：

x	pH	x	pH
7.5	3.8	26.7	5.0
10.0	4.0	30.3	5.2
13.3	4.2	34.2	5.4
16.7	4.4	37.5	5.6
20.0	4.6	40.7	5.8
23.5	4.8	43.5	6.0

(6) 二甲基胂酸盐缓冲液储存液(Plumel，1949)。

A：0.2 mol/L 二甲基胂酸钠溶液[42.8 g $Na(CH_3)_2AsO_2 \cdot 3H_2O$ 定容至 1000 mL]

B：0.2 mol/L NaOH

50 mL A+x mL B，定容至 200 mL：

x	pH	x	pH
2.7	7.4	29.6	6.0
4.2	7.2	34.8	5.8
6.3	7.0	39.2	5.6
9.3	6.8	43.0	5.4
13.3	6.6	45.0	5.2
18.3	6.4	47.0	5.0
13.8*	6.2		

* 译者注：似有误，疑为 23.8

(7) 磷酸盐缓冲液储存液(Sorensen，1909a；1909b)。

A：0.2 mol/L 磷酸二氢钠(27.8 g 定容至 1000 mL)

B：0.2 mol/L 磷酸氢二钠(53.65 g $Na_2HPO_4 \cdot 7H_2O$ 或 71.7 g $Na_2HPO_4 \cdot 12H_2O$ 定容至 1000 mL)

x mL A+y mL B，定容至 200 mL：

x	y	pH	x	y	pH
93.5	6.5	5.7	73.5	26.5	6.4
92.0	8.0	5.8	68.5	31.5	6.5
90.0	10.0	5.9	62.5	37.5	6.6
87.7	12.3	6.0	56.5	43.5	6.7
85.0	15.0	6.1	51.0	49.0	6.8
81.5	18.5	6.2	45.0	55.0	6.9
77.5	22.5	6.3	39.0	61.0	7.0

续表

x	y	pH	x	y	pH
33.0	67.0	7.1	13.0	87.0	7.6
28.0	72.0	7.2	10.5	90.5	7.7
23.0	77.0	7.3	8.5	91.5	7.8
19.0	81.0	7.4	7.0	93.0	7.9
16.0	84.0	7.5	5.3	94.7	8.0

(8) 巴比妥缓冲液储存液(Michaelis，1930)。

A：0.2 mol/L 巴比妥钠溶液(41.2 g 定容至 100 mL)

B：0.2 mol/L HCl

50 mL A+x mL B,定容至 200 mL：

x	pH	x	pH
1.5	9.2	22.5	7.8
2.5	9.0	27.5	7.6
4.0	8.8	32.5	7.4
6.0	8.6	39.0	7.2
9.0	8.4	43.0	7.0
2.7	8.2	45.0	6.8
17.5	8.0		

浓度大于 0.05 mol/L 的溶液放置时容易结晶,特别是放在低温的地方。

(9) 三(羟甲基)氨基甲烷)(Tris)缓冲液储存液(Hayaishi，本系列)。

A：0.2 mol/L Tris 溶液(24.2 g 定容至 1000 mL)

B：0.2 mol/L HCl

50 mL A+x mL B,定容至 200 mL：

x	pH
5.0	9.0
8.1	8.8
12.2	8.6
16.5	8.4
21.9	8.4*
26.8	8.0
32.5	7.8
38.4	7.6
41.4	7.4
44.2	7.2

* 译者注:似有误,疑为 8.2

(10) 硼酸-硼砂缓冲液储存液(Holmes, 1943)。

A：0.2 mol/L 硼酸溶液(12.4 g 定容至 1000 mL)

B：0.05 mol/L 硼砂溶液(19.05 g 定容至 1000 mL；相当于 0.2 mol/L 硼酸钠)

50 mL A+x mL B，定容至 200 mL：

x	pH	x	pH
2.0	7.6	22.5	8.7
3.1	7.8	30.0	8.8
4.9	8.0	42.5	8.9
7.3	8.2	59.0	9.0
11.5	8.4	83.0	9.1
17.5	8.6	115.0	9.2

(11) 2-氨基-2-甲基-1,3-丙二醇(3-丙二醇)缓冲液储存液(Gomori, 1946)。

A：0.2 mol/L 2-氨基-2-甲基-1,3-丙二醇(21.03 g 定容至 1000 mL)

B：0.2 mol/L HCl

50 mL A+x mL B，定容至 200 mL：

x	pH	x	pH
2.0	10.0	22.0	8.8
3.7	9.8	29.5	8.6
5.7	9.6	34.0	8.4
8.5	9.4	37.7	8.2
12.5	9.2	41.0	8.0
16.7	9.0	43.5	7.8

(12) 甘氨酸-NaOH 缓冲液储存液(Soresen, 1909a；1909b)。

A：0.2 mol/L 甘氨酸(15.01 g 定容至 1000 mL)

B：0.2 mol/L NaOH

50 mL A+x mL B，定容至 200 mL：

x	pH	x	pH
4.0	8.6	22.4	9.6
6.0	8.8	27.2	9.8
8.8	9.0	32.0	10.0
12.0	9.2	38.6	10.4
16.8	9.4	45.5	10.6

(13) 硼砂-NaOH 缓冲液储存液(Clark and Lubs, 1917)。

A: 0.05 mol/L 硼砂缓冲液(19.05 g 定容至 1000 mL;相当于 0.02 mol/L 硼酸钠)

B: 0.2 mol/L NaOH

50 mL A+x mL B,定容至 200 mL:

x	pH
0.0	9.28
7.0	9.35
11.0	9.4
17.6	9.5
23.0	9.6
29.0	9.7
34.0	9.8
38.6	9.9
43.0	10.0
46.0	10.1

(14) 碳酸盐-重碳酸盐缓冲液储存液(Delory and King, 1945)。

A: 0.2 mol/L 无水碳酸钠溶液(21.2 g 定容至 1000 mL)

B: 0.2 mol/L 碳酸氢钠(16.8 g 定容至 1000 mL)

x mL A+y mL B, 定容至 200 mL:

x	y	pH
4.0	46.0	9.2
7.5	42.5	9.3
9.5	40.5	9.4
13.0	37.0	9.5
16.0	34.0	9.6
19.5	30.5	9.7
22.0	28.0	9.8
25.0	25.0	9.9
27.5	22.5	10.0
30.0	20.0	10.1
33.0	17.0	10.2
35.5	14.5	10.3
38.5	11.5	10.4
40.5	9.5	10.5
42.5	7.5	10.6
45.0	5.0	10.7

(吴诗坡　译　张金龙　校)

参 考 文 献

Blanchard, J. S. (this series). Vol. 104, p. 404.
Bradford, M. M. (1976). *Anal. Biochem.* **22,** 248.
Clark, W. M., and Lubs, H. A. (1917). *J. Bacteriol.* **2,** 1.
Delory, G. E., and King, E. J. (1945). *Biochem. J.* **39,** 245.
Ellis, K. J., and Morrison, J. F. (this series). Vol. 87, p. 405.
Ferguson, W. J., *et al.* (1980). *Anal. Biochem.* **104,** 300.
Gomori, G. (1946). *Proc. Soc. Exp. Biol. Med.* **62,** 33.
Gomori, G. Unpublished observations.
Good, N. E., and Izawa, S. (this series). Vol. 24, p. 53.
Good, N. E., Winget, G. D., Winter, W., Connolly, T. N., Izawa, S., and Singh, R. M. M. (1966). *Biochemistry* **5,** 467.
Hayaishi, O. (this series). Vol. 1, p. 144.
Holmes, W. (1943). *Anat. Rec.* **86,** 163.
Johnson, R. J., and Metzler, D. E. (this series). Vol. 22, p. 3.
Leirmo, S., Harrison, C., Cayley, D. S., Burgess, R. R., and Record, M. T. (1987). *Biochemistry* **26,** 2095.
Lillie, R. D. (1948). Histopathologic Technique. Blakiston, Philadelphia, PA.
McIlvaine, T. C. (1921). *J. Biol. Chem.* **49,** 183.
Michaelis, L. (1930). *J. Biol. Chem.* **87,** 33.
Perrin, D. D., and Dempsey, B. (1974). Buffers for pH and Metal Ion Control. Chapman & Hall, London.
Plumel, M. (1949). *Bull. Soc. Chim. Biol.* **30,** 129.
Sorensen, S. P. L. (1909a). *Biochem. Z.* **21,** 131.
Sorensen, S. P. L. (1909b). *Biochem. Z.* **22,** 352.
Walpole, G. S. (1914). *J. Chem. Soc.* **105,** 2501.

第 7 章

酶活性的测定

T. K. Harris* and M. M. Keshwani*

目录

摘要

为了研究和了解活细胞的本质,科学家们不断地应用传统的生化技术旨在对执行某项特定细胞功能所需的组成特定网络的大分子组分进行分级和定性。在最基本的层面上,当处于细胞生理环境中时,化学转化必须快速地进行,否则许多与细胞功能相关的进程无法发生。"酶"这一术语被专门用于界定一类能够特异地、显著地增强化学转换效率的大分子基因产物。单个的酶及酶群(collective group of enzyme)的纯化和鉴定已经是,也仍将是分子生物学前进的原动力,而发展和利用酶促反应检测方法是这一使命的核心。在这里,首先,描述了基本的动力学原理,以便了解化学反应速率和酶在这一速率上的催化效应。其次,描述了多种检测酶催化效率的方法,这些方法与一般的通过产物或反应底物的浓度变化来进行检测和定量的方法有着很大的区别。最后,对用于检测酶活性的反应混合物的成分给予了一个简短的评论。然而,综合论述酶促反应并不在本章的范围之内。这里所呈现的非常核心的原理应该使新的研究者们能够更好地了解所感兴趣的一些酶学检测的逻辑原理和应用。

1. 引言

生物科学的一个主要目标是推断出在活体中发生的所有化学过程的分子机制。绝大

* 迈阿密大学米勒医学院,生物化学和分子生物学系(Miami,Florida,USA)

多数生化反应是由被称之为酶的蛋白质基因产物所主导，这一点已经非常明确了。在这个意义上，酶表现为可精细调节的化学催化剂，它能在时间和空间上极大地增强反应速率。因此，对涉及生物合成、修饰、大分子降解、代谢和信号分子等的生化途径进行阐明时，最终仍会依赖于对酶进行纯化、重构以及直接展示其对特异化学反应进行催化的实验方法。本章的重点是对开发检测酶促反应有效方法时所必须考虑的基本原理进行解释。首先，描述了化学和酶促反应过程的动力学公式。其次，对通常用于检测酶活性的各种实验方法给予了指导性的评论，对必须优化的众多规程和条件给予思考。

2. 催化活性的原理

2.1　化学动力学

化学动力学涉及对反应速率的实验研究，这种研究是为了推断出从反应物(R)到产物(P)的化学转化的动力学机制(图 7.1)(House, 2007; Laidler, 1987)。对于任何给定的化学反应：①“机制”(mechanism)是指整个化学变化基本步骤发生的顺序；②“基本步骤”(elementary step)是指反应物或反应复合物通过一个过渡状态到达一种具有确定的可检测其寿命的化学形态。如果从反应物(R)到产物(P)的化学转化包含有多个基本步骤，在最终产物生成之前的每个基本步骤的产物的化学结构都被定义为反应中间体(intermediate,I)。图 7.1 同样显示每一个有产物产生的基本步骤的特点是具有一个正向微观速率常数(如 k_{+1} 和 k_{+2})。如果某个特殊的基本步骤是可逆的，则对其指定了一个可逆常数(如 k_{-1})。微观可逆的原理指出，与一个基本步骤相联系的物质之间的可逆化学转化只有一种过渡状态存在(即正向反应和逆向反应的过渡态是一样的)。

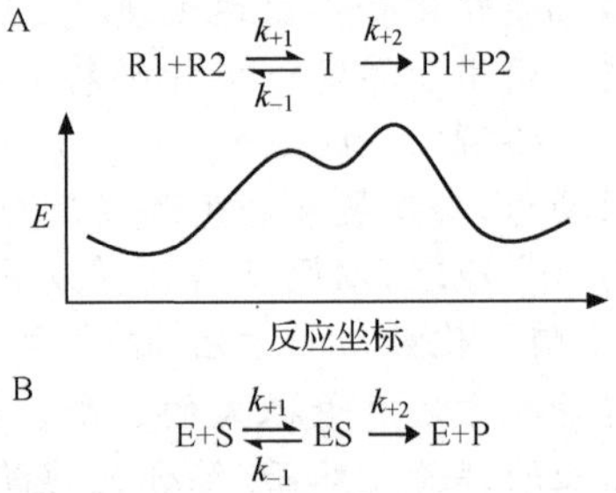

图 7.1　A. 从两种反应物分子(R1 和 R2)到两种产物分子(P1 和 P2)化学转化的基本动力学机制。在这个机制中，由反应物经可逆反应(k_{+1} 和 k_{-1})生成一个中间产物复合物(I)，并经过一个不可逆的反应(k_{+2})被转化成产物。B. 酶(E)催化一个分子底物(S)转变为一个分子产物(P)的过程的基本动力学机制。在这个机制中，先经一个可逆的反应(k_{+1} 和 k_{-1})形成 ES 中间产物复合物，然后经不可逆的反应(k_{+2})生成产物。在该过程中，酶(E)是再生的，并且可再次参与新的催化循环。对于这两种反应机制，可以用一个自由能图(free-energy diagram)描述该过程中典型的能量变化。在此，中间体到产物的反应坐标为横坐标。反应物、中间体和产物的低能级状态的能量被描述为山谷，而化学变化过渡态的能量被描述为山峰

对于一个基本步骤中任何给定的单向转化,“速率定律”(rate law)被用于描述反应率或速率与每个给定反应物浓度之间的数学关系。对于溶液中发生的任何给定的化学反应,瞬时反应速率(v)被定义为化学浓度相对于时间(t)的导数值,它被表述为:①一个给定反应物浓度的降低($v=-d[R]/dt$);②一个给定产物浓度的升高($v=+d[P]/dt$)。反应速率的标准国际单位是 mol/(L·s)。一个单向反应步骤的速率定律表明瞬时速率与不同的反应物浓度值相关,并与以下常数相关:①比例常数(proportionality constant,k);②各浓度值的指数(表7.1)。对于一个给定的化学反应,比例常数定义为正向微观速率常数,它的大小依赖于化学反应的全部反应分子数(molecularity)或级数(order)。表7.1中所定义的速率定律与给定反应物相关的反应分子数由特定浓度的指数所赋予,同时代表了反应物在反应步骤中化学计量的数量。一个简单化学反应的动力学级数(kinetic order)通常与反应分子数是相同的,但必须强调的是,级数是一个指数值,该指数值描述了实验中测定的反应速率对反应物浓度的依赖。一个反应步骤的总体反应分子数或级数是所有浓度项指数的总和。

表7.1 速率定律、级数和速率常数k之间的关系

速率定律*	级数	速率常数k的单位
$v=k$	零级	mol/(L·s)
$v=k[R1]$	关于R1的一级 总体上是一级	s^{-1}
$v=k[R1]^2$	关于R1的二级 总体上是二级	mol/(L·s)
$v=k[R1][R2]$	关于R1的一级 关于R2的一级 总体上是二级	s^{-1}

*对于每个速率定律,反应速率(v)的单位总是 mol/(L·s)

为了更好地了解瞬时反应速率对反应物浓度的依赖,我们将首先考虑一个简单的一级反应(first-order reaction),根据式(7.1)的速率定律,在这一反应中,一个分子反应物R生成一个分子产物P(R→P)。

$$v=\frac{-d[R]}{dt}=\frac{d[P]}{dt}=k[R] \tag{7.1}$$

在式(7.1)中,瞬时反应速率($v=-d[R]/dt=+d[P]/dt$)与提升到一次幂的R的浓度成正比。如果从反应一开始就立即检测反应物R的减少速率或产物P的增加速率(图7.2A),那么,这个初速率(initial velocity)相对于[R]不同初始或启动浓度的二维图会是线性的,其斜率等于一级速率常数,k(s^{-1})(图7.2B)。对于这样的分析,必须非常谨慎以确保初始速率测量的准确性。反应开始后,随着时间的增加,所测得速率的下降与[R]的消耗成正比。因此,常见及好的做法是,在具有小于等于5%的产物转化的时间内,通过反应物的减少或产物的增加而测量初始速率。

为了更好地说明随着时间推移反应速率的下降,式(7.1)的微分率可以对[R]积分,产生一个一级的或单指数的衰减函数,即式(7.2)。积分的极限与反应开始时反应物的初始浓度(即$t=0$时,$[R]=[R]_0$)以及反应开始后一个给定时间点反应物的浓度相对应。图7.3显示对于从反应物到产物简单的一级转化,通过式(7.1)检测瞬时速率(即当Δt很小时,$v=-d[R]/dt$)与通过式(7.2)测定整个时间过程(即在Δt很大的情况下,[R]或

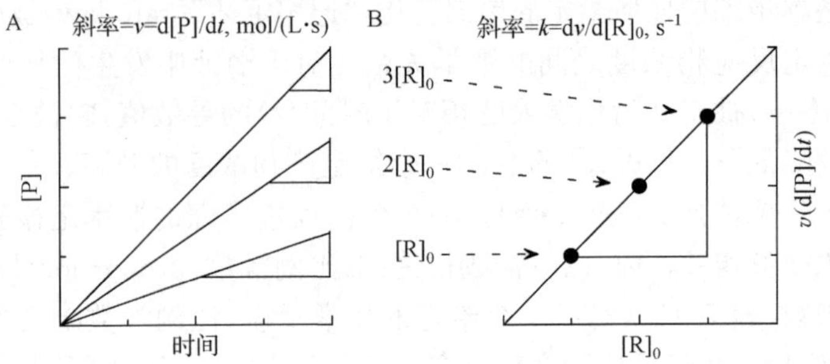

图 7.2　通过检测在不同反应物浓度条件下产物生成的初始速率来测定一级速率常数。A. 产物形成的初始速率[斜率＝v＝d[P]/dt，mol/(L·s)]通过不同的反应物起始浓度(即$[R]_0$、$2[R]_0$、$3[R]_0$)来测定。B. 测定的初始速率相对于不同的反应物起始浓度进行绘图，根据这个相关性的斜率得出由反应物到产物转化的一级速率常数(斜率＝k＝dv/d$[R]_0$，s^{-1})

[P]相对于t)之间的联系。式(7.1)的导数仅仅是浓度曲线一个特定时间点上切线的斜率。

$$\int_{[R]_0}^{[R]} \frac{d[R]}{[R]} = -k\int_0^t dt$$

$$\ln\left(\frac{[R]}{[R_0]}\right) = -kt$$

$$[R] = [R]_0 e^{-kt} \qquad (7.2)$$

如果在$t=0$时没有产物生成，在任何时间点上反应物和产物浓度的和必须等于$[R]_0$(即$[R]+[P]=[R]_0$)。利用这种关系，在式(7.2)中($[R]_0-[P]$)可替代[R]并重新运算得到一级比率，即式(7.3)，它描述了随着时间的推移，对应产物浓度增加的情况(图7.3B)。

$$[P] = [R]_0(1-e^{-kt}) \qquad (7.3)$$

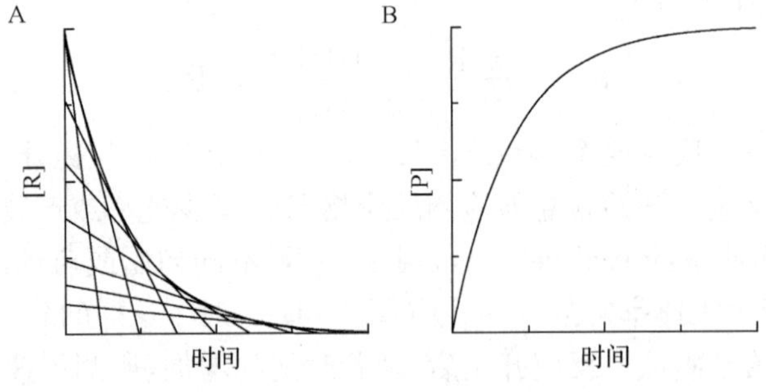

图 7.3　A. 在一级反应中反应物浓度[R]逐渐减少的时间过程，可以看到任何给定反应物浓度(直线)的瞬时速率随着反应物浓度[R]的减少而降低。B. 在相同的一级反应中，产物浓度[P]的增加所对应的时间过程曲线

2.2　基本的酶动力学

酶活性的测量，实际上是一种催化活性的测量(Cook and Cleland，2007；Cornish-Bowden，1995；Segel，1975)。酶或催化剂是通过增加反应速率而参与到化学反应中，但

它们不会出现在终产物中。在这种情况下，酶(E)首先与一个或多个化学反应物或底物(S)(图7.1B，k_{+1}和k_{-1})结合。所产生的酶-底物(ES)复合物是一个中间产物，通过它进行由底物到产物的催化转化，最终释放出完整的酶。因此，它还可以对随后的反应进行催化(图7.1B，k_{+2})。由于k_{+2}比例常数通常包含所有的过程或化学步骤，包括从ES复合物到释放产物这一转化，所以它是一个“假的”一级速率常数(s^{-1})，因而它更通常的被称为转变率(k_{cat} turnover number)即每个活性中心在每个单位时间点上将底物分子转化为产物的最大值。因此，根据式(7.4)中的k_{cat}，瞬时酶促反应速率($v=+d[P]/dt$)与ES复合物的浓度成正比。

$$v=\frac{d[P]}{dt}=k_{cat}[ES] \tag{7.4}$$

式(7.4)对于实验者来说是不切实际的，因为微分率表达式描述了依赖于时间的ES复合物的浓度，包括了它的合成($k_{+1}[E][S]$)和解离($k_{-1}[ES]+k_{cat}[ES]$)，如式(7.5)所示。

$$\frac{d[ES]}{dt}=k_{+1}[E][S]-k_{-1}[ES]-k_{cat}[ES] \tag{7.5}$$

式(7.5)需要依赖于时间的E和S浓度的表达式。为了克服整合所有微分率表达式的困难，可将ES的浓度视为稳态近似(steady-state approximation)。当反应速率在一段时间间隔内接近于一个常数时(如测量初始速率)，那么ES浓度的变化不会太大。因此，式(7.5)等同于零，并重新运算获得式(7.6)，在这里[ES]以[E]和[S]的形式表达。

$$[ES]=\frac{k_{+1}[E][S]}{k_{-1}+k_{cat}}=\frac{[E][S]}{K_m} \tag{7.6}$$

在式(7.6)中，速率常数组合成一个复合常数[$K_m=(k_{-1}+k_{cat})/k_{+1}$]，即米氏常数(Michaelis constant)。当在稳态条件下测定酶促反应的初始速率时，式(7.6)中依赖于时间的[S]近似于其初始浓度$[S]_0$，因为生成的产物的量远比剩余底物的量要少(即因为$[P]\ll[S]$，所以$[S]\approx[S]_0$)。由于依赖于时间的[E]不能接近其初始浓度$[E]_0$，使用质量守恒定律，借此，将$[E]=[E]_0-[ES]$代入式(7.6)中的[E]而得到式(7.7)，并将其重新运算获得[ES]的表达式(7.8)。现在，将这一表达式代入式(7.4)，就得到我们熟悉的米氏方程(Michaelis-Menten Eq)：式(7.9)。它表明产物生成的初始速率与酶的总浓度$[E]_0$成正比。

$$[ES]=\frac{([E]_0-[ES])[S]_0}{K_m} \tag{7.7}$$

$$[ES]=\frac{[E]_0[S]_0}{K_m+[S]_0} \tag{7.8}$$

$$v=\frac{d[P]}{dt}=k_{cat}[ES]=\frac{k_{cat}[E]_0[S]_0}{K_m+[S]_0}=\frac{V_{max}[S]_0}{K_m+[S]_0} \tag{7.9}$$

式(7.9)进一步显示，依据复合米氏常数K_m，有关底物的最初浓度在双曲线的表达方式下，产物形成的初始速率有所不同。在这里，$K_m=(k_{-1}+k_{cat})/k_{+1}$值代表了初始速率达到最大值的一半时底物的浓度，$V_{max}[mol/(L\cdot s)]=k_{cat}[E]_0$代表了产物形成的最大初始速率。在少数情况下，即催化转化成产物的速率远低于底物降解的速率(也就是

$k_{cat} \ll k_{-1}$)时，K_m值接近于真实的ES复合物解离常数，$K_d = k_{-1}/k_{+1}$；此时，系统被描述为正在快速平衡。

如果将测量的初始速率除以反应混合物中酶的总量，那么式(7.9)则表现为式(7.10)的形式，因此，酶的活力定义为瞬时酶促反应速率除以酶的总量($v/[E]_0$)。在

$$活性(s^{-1}) = \frac{v = k_{cat}[S]_0}{[E]_0 K_m + [S]_0} \quad (7.10)$$

下，酶活性的检测具有一种功能，即可通过底物的浓度来得到转换数 k_{cat} 及米氏常数 K_m。k_{cat}/K_m[L/(mol·s)]的比率被命名为特异性常数(specificity constant)，这是一个明显的二级速率常数，涉及由自由酶介导的第一个不可逆反应步骤的性质和反应。

需要重点指出的是，在以上对活性的定义所涉及的情况中，反应混合物中酶活性部位的浓度(单位体积的物质的量)是已知的(如所分析的是纯化的均一形式的酶)。当酶活性的检测在具有其他蛋白质存在的情况下实施时，如粗制细胞裂解物或部分纯化的酶制剂等，分析中所测得的初始速率要除以总蛋白质浓度。在这种情况下，要检测总蛋白质浓度并表示为质量每单位体积。如此，当初始速率的物质的量浓度单位[mol/(L·s)]除以总蛋白质的质量浓度单位(g/L)时，体积项被抵消了，所以，酶比活性(specific enzyme activity)表示为每单位时间每单位质量蛋白质所转化的产物的物质的量。这种方式下特异酶活性的表达通常是 μmol/(min·mg)。如果一个活性单位(U)被定义为每分钟转化1 μmol底物所用的酶的量，那么酶的活性也通常表示为单位每毫克蛋白质(U/mg)。以下各节中将描述多种开展酶学检测的实验方法及注意事项。

3. 酶活性的检测

为了检测一种酶的催化活性，有必要首先鉴定从底物(S)到产物(P)转化所包含的化学变化。迄今为止，在各种关于酶催化活性文章的相关论述中，最典型的分类方式是按照其所催化的化学反应的类型来进行的(如氧化-还原、基团转移、消除、异构化、重排、缩合、羧化作用等)(Frey and Hegeman, 2007)。此外，还应该考虑是否存在机制相似的化学过程：①涉及小分子底物或大分子蛋白质或核酸；②在溶液中易于发生或需要膜结合组分才能进行；③逆反应进行到多大的程度。在任何情况下，酶的分析围绕着以可计量的方式将给定底物和相关产物的理化性质进行区分的能力来设计(Eisenthal and Danson, 2002; Rossomando, 1990)。在很大程度上，类似的活性检测方法已经应用于这些亚群中的各种酶。在以某种已有检测方法为基础来为下面两类酶首次设计检测方法时要慎重，即不同物种来源的同源酶或催化相关化学反应的不同的酶。酶活性检测的中心主题是确保初始速率的测定。为了重申这一要点，常见的和较好的做法是，在具有小于等于5%产物转化的时间内测定反应物减少或产物生成的初始速率。这种做法可以给出在初始底物浓度条件下的最接近起始反应速率的值。

3.1 连续性检测

查阅关于酶检测的文献后，你可能会找到很多合适的检测酶的方法，这些方法可能会

根据是否使用"连续"或"间断"的分析方法而被初步加以区别。连续检测被定义为能够连续监测一个给定底物消失或产物出现的方法；它们通常依赖于光谱技术，如电子紫外-可见光吸收和荧光发射。对于吸收光谱法，摩尔吸收消光系数(ε)可以为有共轭键系统的任何数量的化合物进行质量测定。根据朗伯-比尔定律(Lambert-Beer relationship)($A=\varepsilon cl$)，吸光度(A，无单位)与以下几个方面成正比：①摩尔消光系数[ε，L/(mol・cm)]；②该化合物的浓度(c，mol/L)；③用于测量的比色皿的径长(l,cm)(Segal，1976)。因此，物质的量浓度随着时间或初始速率($v=-\mathrm{d}[\mathrm{S}]/\mathrm{d}t$ 或 $\mathrm{d}[\mathrm{P}]/\mathrm{d}t$)的变化直接由在指定波长上的光谱信号变化[时间($\mathrm{d}A/\mathrm{d}t$)除以 εl)的斜率来计算。而酶的活性最终由初始速率除以酶的物质的量浓度(mol/L)或除以所检测的总蛋白的质量浓度(mg/mL)[分别根据式(7.11)或式(7.12)]来获得。

$$\text{活性}(\mathrm{s}^{-1})=\frac{v}{[\mathrm{E}]_0}=\frac{(\mathrm{d}A/\mathrm{d}t,\mathrm{s}^{-1})}{[\varepsilon,\mathrm{L}/(\mathrm{mol}\cdot\mathrm{cm})](l,\mathrm{cm})([\mathrm{E}]_0,\mathrm{mol/L})} \tag{7.11}$$

$$\text{活性}[\mu\mathrm{mol}/(\mathrm{min}\cdot\mathrm{mg})]=\frac{v}{[\mathrm{E}]_0}=\frac{(\mathrm{d}A/\mathrm{d}t,\mathrm{min}^{-1})}{[\varepsilon,\mathrm{mL}/(\mu\mathrm{mol}\cdot\mathrm{cm})(l,\mathrm{cm})([\mathrm{E}]_0,\mathrm{mg/mL})} \tag{7.12}$$

紫外-可见光吸收光谱法虽然方便进行连续监测和就测定浓度变化来说是准确的，然而对于可检测的酶-底物复合物(ES)和产物的数量以及能够精确检测的浓度范围来说是有局限的。另外，荧光和磷光光谱可用于对反应过程的连续监测，并在大多数情况下提供显著增强的检测灵敏度。然而，必须指出的是，荧光基团的浓度不能通过应用一个相当于摩尔消光系数的普适常量所定量的荧光发射值来进行计算。相反，荧光发射随时间的相对变化可以进行比较。无论如何，荧光和磷光光谱非常适合于利用高通量平台筛选大量复合物中对酶活性有影响的物质。作为药物靶标的大量酶(特别是蛋白激酶和蛋白酶)，对人工肽底物进行化学修饰，以获得一个或多个小分子荧光基团；而这些底物在磷酸化或裂解时会发生荧光发射的变化。在使用基于荧光或磷光的分析之前，研究人员应该彻底地查阅有关这些原理的文献，必须考虑多种性质(如荧光寿命、量子产率和内滤效应)(Lakowicz，2004)。

最后，应该指明的是，众多的"连续"酶法检测能够并已发展到应用于检测没有光谱性质的底物-产物对的反应。在这些情况下，酶的反应体系中包含一个或多个额外的酶，这些酶能与反应中一个给定的产物偶联，可使其得到一个称心的光谱性质(Eisenthal and Danson，2002)。在极大程度上，这样偶联的连续检测方法(coupled continuous assay)已被应用于代谢酶的检测，要求是这些酶的特定产物能够被生色反应的辅酶类[如还原型烟酰胺腺嘌呤二核苷酸(NADH)]等氧化或还原。如果反应产物不是一个直接的显色底物，那么一个额外的酶可能会被引入，用于将该产物转化为可以发生显色反应的底物。在任何情况下，必须确保反应混合物包含足量的附加组分，以确保反应速率完全是由感兴趣的酶单独决定的。换句话说，检测的反应速率应该：①仅依赖目标底物(S)和酶浓度；②不依赖或零级于* 为方便偶联反应而加入的每一个组分的浓度。

* 零级于的意思是某数值的零次方，而零次方的结果等于1，也就是某数值对它没有任何影响

3.2 不连续性检测

不连续性检测定义为因不能连续的监测而选择性的对底物或产物的浓度变化进行监测。例如，当一个给定的底物-产物对光谱性质相似或均不具有光谱性质时可采用此类检测。当然，酶促反应必须在不同的时间点上进行人为的停止或“淬火”(quenched)。然后对“淬火”的样品使用一些方法进行处理，通过这些处理，产物能够有效地从底物中分离，因此，每个时间点上产物和底物的浓度变化就能够被检测到。在建立一个非连续性的酶学测定时，两个方面的设计是关键的：①在特定的时间点上有效的停止或“淬火”酶催化的反应；②从少量形成的用以检测初始反应速率所需的产物(≤5%)中有效的去除大量未反应的底物(≥95%)。这两个方法的要点必须同时被考虑，因为“淬火”后的反应溶液条件必须适用于接下来的步骤，即将底物和产物分离。由于在各种条件下大量的酶能够迅速失活(如加入酸、碱或金属螯合剂等)，所以底物和产物的分离是首要考虑的问题。

高效液相色谱(HPLC)在分辨能力和检测灵敏度上都提供了很宽的范围(McMaster，2007)。例如，包含有小分子物质或大分子物质的各种混合物都能够在其通过一个装有特定固定相的层析柱(如离子交换、尺寸排阻或反相层析)时，根据不同的保留时间而被相互分离。另外，HPLC 系统可安装任意数量的探测器，因此，一个给定光谱性质的化合物在它从层析柱上洗脱下来时可被检测，导致产生一个光谱峰。为了精确计算产物的量，可将已知不同浓度的产物所得出的各峰的积分绘制标准曲线，同时将检测产物的峰进行积分，并与标准曲线相比较。如果指定的产物没有展示出任何光谱性质，可以考虑以下两种方法：①化学修饰底物使其包含一个光谱活性的化合物；②修饰“淬火”后反应混合物中的产物。在后一种情况下，必须确定所有的产物都被修饰，同时，修饰后的产物能够很容易地从剩余的未反应的光谱活性化合物中分离。酶活性的检测可通过式(7.11)和式(7.12)准确地实现，不同之处是将 dA/dt 用 $\Delta A/\Delta t$ 代替(即单点的检测，而不是根据多点的斜率检测)。

当一个给定的底物-产物对没有展现出有用的光谱性质时，在不连续性检测中某个给定时间点上产物的量可以通过放射分析来检测(Eisenthal and Danson，2002)。事实上，放射分析提供了最高等级的灵敏度，并表现出最高等级的广泛实用性。几乎所有酶的底物都可以被合成，并在其即将在酶促反应中经历转移的基团上加入一个同位素原子(radioisotope)，它能够在极微量的情况下被检测到。用于酶检测的最常用同位素是 ^{3}H、^{14}C、^{32}P 和 ^{35}S。对于这 4 种放射性元素，不稳定的原子核会发生缓慢的一级衰减，经过一个被称为 β 粒子放射的过程，形成稳定的同位素，其原子质量与原本的原子相同，但原子数要高一位。对 β 粒子的发射进行闪烁计数为检测一个样品的放射性总量提供了一个很灵敏方法，它直接由次每分钟(cpm)来定量。同位素的半衰期($t_{1/2}$)是一半的原子发生衰变时所需要的时间。^{3}H ($t_{1/2}$=12.3 年)、^{14}C($t_{1/2}$=5700 年)、^{32}P($t_{1/2}$=14.3 天)及 ^{35}S($t_{1/2}$=87.1 天)的半衰期已经被准确测定。从这些数值可以看出，^{3}H 和 ^{14}C 排放的放射性总量在常规的实验室工作时间过程中没有明显的改变，而 ^{32}P 和 ^{35}S 排放的放射性总量在同样的时间内会明显的降低。

制造商将这样的同位素结合到目的分子的指定位置，以获得放射性标记的底物分子，它们具有确定的放射活性[specific (radio)activity, SA](Segal, 1976)。比放射性是指每单位分子(mol)所具有的放射性(cpm)的总和。通常情况下,将小量高放射性的"热"底物分子添加到大量无放射性的"冷"底物分子中。然后对已知浓度的小体积样品进行闪烁计数,以确定底物的放射活性(SA^S, cpm/mol)。通过控制热、冷底物分子混合比例,能够产生一个很宽范围的放射活性,因此,酶活性的检测能够在相同的底物浓度区间内进行。例如,SA=1000 cpm/mmol 的放射性标记底物能够有效地检测由标记转移而形成的 1 mmol 的产物(1000 cpm),而产生 SA=1000 cpm/pmol 的放射性标记底物可以有效地检测 1 pmol 产物。

通常情况下,当产物形式的分子保持于固体载体(如离子交换树脂、纸片或圆盘)的表面,而底物形式的分子游离存在时,可以使用离子交换方法。其他的分离方法可能包括选择性沉淀、溶剂萃取、凝胶电泳等。在进行酶催化反应之前,有必要确定:①放射性标记的产物与具有放射活性的底物可很好的分离;②可进行辨别的产物的量接近于受试对象的总量。通常情况下,要找到一个妥协点,在这个点上,特定的最低量的底物放射"背景"在介质中或在产物被检测的位置上是可接受的。为了进行最准确的分析,要将包含有纯化产物的介质直接进行闪烁计数分析(如离子交换树脂、纸片或圆盘)。尽管电泳后所选择的凝胶区域可以从凝胶中分离出来并直接进行计数,然而,更普遍的做法是使用闪烁板和计算机密度分析对整个凝胶进行空间的放射性定量。

用于进行分析的部分样品中酶所催化的产物的量(mol),通过将产物组分中检测到的放射性总量除以底物的比放射性(cpm/mol)来进行计算;产物的浓度[P],通过将产物的总量除以其所在的体积(L)而得到;初始速率 d[P]/dt,通过进一步将[P]除以反应时间(s)而得到。因此,酶的活性最终通过初始速率除以依据式(7.13)的酶的物质的量浓度或依照式(7.14)的总蛋白质浓度而得到。

$$\text{活性}(\mathrm{s}^{-1}) = \frac{\mathrm{d}[\mathrm{P}]}{\mathrm{d}t[\mathrm{E}]_0} = \frac{\mathrm{cpm}}{(\mathrm{SA^S}, \mathrm{cpm}/\mu\mathrm{mol})(v, \mu\mathrm{L})(t, \mathrm{s})([\mathrm{E}], \mu\mathrm{mol}/\mu\mathrm{L})} \tag{7.13}$$

$$\text{活性}[\mu\mathrm{mol}/(\mathrm{min}\cdot\mathrm{mg})] = \frac{\mathrm{d}[\mathrm{P}]}{\mathrm{d}t[\mathrm{E}]_0} = \frac{\mathrm{cpm}}{(\mathrm{SA^S}, \mathrm{cpm}/\mu\mathrm{mol})(v, \mu\mathrm{L})(t, \mathrm{min})([\mathrm{E}], \mu\mathrm{mol}/\mu\mathrm{L})} \tag{7.14}$$

4. 反应分析混合物的组成

在已经建立了有效的反应物解析、检测和定量方法的前提下,接下来要做的是考虑反应体系本身的配制问题。对于连续的光谱分析,样品的总体积应与所给光谱仪的比色皿的体积相对应。对于可见光吸收的检测(≥325 nm),为了操作简便,1 mL 的一次性塑料比色皿使用得最广泛。由于塑料比色皿增加了对短波长光波的吸收,所以石英比色皿更适用于该光谱范围的检测。随着配有全自动定量绘图酶标仪的荧光计的可用性及实用性的增加,实现了在一个微孔板上同时获得大量小体积反应(≤50 μL)的准确放射读数。对于不连续性的酶分析方法,反应混合物的总体积应能确保有多个(≥3)特定的定量等分,以便可以在不同的时间点取出，进行反应猝灭及产物分析。

对于所有的酶学检测，要准备适当浓度的缓冲液、底物及酶的储存液，从而在配制反应体系时，可在所加入各组分的体积之和小于总反应体积的情况下使每种成分稀释到所需的浓度。剩余的体积用水补齐。缓冲液的 p*K*a 应在反应所需 pH 的±1 的范围内，它的浓度应超过所有含电离基团的其他任何组分。缓冲液储存液中还应包含有维持酶活性和稳定性所必需的其他化合物，如盐类（如 NaCl 或 KCl）、渗透剂（osmolyte）（聚乙二醇、甘油、蔗糖）及还原剂[（如 β-巯基乙醇、二硫苏糖醇或磷酸三氯乙酯（TCEP）]。在制备缓冲液储存液时加入这些组分非常必要。而最终的缓冲液储存液混合物应在反应实际发生的温度下滴定到所需的 pH。使用以下缓冲液时应特别注意：①含氮缓冲液（如 Tris）的 pK_a对温度很敏感；②磷酸盐缓冲液的 pK_a对离子强度特别敏感。事实上，磷酸盐缓冲液的稀释会改变其 pH，因此，储存液浓度下的 pH 必须作相应的调整。

配制反应混合物最好首先加入非酶的组分，按照以下的顺序：①特定体积的水；②特定体积的缓冲液储存液混合物；③特定体积的底物储存液。最好准备酶的储存液，以便只要往混合物中加入相对少量（≤10%体积）的酶以达到指定的总体积而开始进行反应。在把酶加入到混合物中并开始一个连续性的检测时，比色皿或微孔板应立即插入到光谱仪中，按程序开始在指定波长上采集吸收数据或发射数据。对于非连续性分析，应该准备从反应混合物中吸出精确体积的样品，并与精确体积的淬火剂混合，这些操作必须在确定的时间点上重复。在所有的酶的分析中，应该额外配制一个不含有酶的对照组反应混合物，以确定以下实验“背景”：①非经酶催化产物的形成；②因不完全辨别而引起的信号保留。任何这样的背景必须从含有酶的样品所检测到的信号中消除。

5. 讨论

本章介绍了测量酶反应速率的最根本的原理，但它们绝不是这个主题的全部。尽管如此，清楚了解这些原则对有效的利用成熟的分析方法或为新发现的酶建立有效的分析方法是完全必要的。在过去的一个世纪中，无数的研究文章、综述、书籍的章节，甚至是整本的书对酶活性检测的开发、利用和解释进行了报告。本文所引用书的章节或文章为关于检测酶活性的各种话题提供了更综合的论述。

（吴诗坡 译 张金龙 校）

参考文献

Cook, P. F., and Cleland, W. W. (2007). Enzyme Kinetics and Mechanism. Garland Science, Hamden, CT.

Cornish-Bowden, A. (1995). Fundamentals of Enzyme Kinetics. Portland Press, Ltd., London, UK.

Eisenthal, R., and Danson, M. (2002). Enzyme Assays: A Practical Approach. Oxford University Press, Inc., New York, NY.

Frey, P. A., and Hegeman, A. D. (2007). Enzymatic Reaction Mechanisms. Oxford University Press, Inc., New York, NY.

House, J. E. (2007). Principles of Chemical Kinetics. 2nd edn. Academic Press, Burlington, MA.
Laidler, K. J. (1987). Chemical Kinetics. 3rd edn. Prentice Hall, Upper Saddle River, NJ.
Lakowicz, J. R. (2004). Principles of Fluorescence Spectroscopy. 2nd edn. Springer Science+Business Media, Inc., New York, NY.
McMaster, M. C. (2007). HPLC, a Practical Users Guide. 2nd edn. John Wiley & Sons, Inc., Hoboken, NJ.
Rossomando, E. F. (1990). Measurement of enzyme activity. *Methods Enzymol.* **182,** 38–49.
Segel, I. H. (1975). Enzyme Kinetics. John Wiley & Sons, Inc., New York, NY.
Segal, I. H. (1976). Biochemical Calculations. 2nd edn. John Wiley & Sons, Inc., New York, NY.

第 8 章

蛋白质定量

James E. Noble* and Marc J. A. Bailey†

目录

* 国家物理实验室,分析科学研究组(Teddington,Middlesex,United Kingdom)
† 剑桥大学,诺基亚研究中心、欧洲实验室(Cambridge,United Kingdom)

摘要

水溶液样品中蛋白质浓度的测定是从事生化研究与开发的实验室的一项重要工作,其应用范围涉及从酶的研究到为生物制药的批准签发提供数据支持等。分光光度计蛋白质定量分析方法是使用紫外线和可见光光谱对蛋白质的浓度进行快速检测的一种方法,它以蛋白质标准品作为参照,或使用指定的消光系数。这里描述了多种方法,这些方法指出了如何使用下面几种原理进行蛋白质浓度分析:紫外蛋白质光谱测量、基于染料的传统吸光度测量;BCA、Lowry、Bradford检测和基于荧光染料的检测;胺的衍生化和洗涤剂分区检测。没有单一的检测方法能够主导市场,这是由于特定的方法存在着特殊的局限,研究者们在为他们的样本选择最合适的分析方法之前对这些情况都需要进行充分的考虑。很多基于染料的分析方法具有独特的化学反应机制,很容易被普遍存在于生物缓冲液中的化学试剂所干扰。关于什么样的检测方法容易被干扰以及对选择替代方法的讨论也包括在这一章里。

1. 引言

蛋白质的量是蛋白质纯化过程中需要检测的一项重要指标,在计算得率或物料平衡,或测定目标蛋白质的比活/效价(potency)时都要涉及。有各种平台和方法可用于蛋白质定量,这些将会在本书的其他章节进行描述。这一章我们将集中讨论水溶液中蛋白质的分光光度检测,它不需要酶/化学性消化,也不需要在分析前对混合物进行分离操作。

这里描述的分光光度检测法包括紫外吸收光谱法、染料结合分析比色法,以及基于荧光的检测方法。相对于其他方法,这些分析方法能够高通量运行,使用廉价的试剂,并且其使用的仪器能在大多数生化实验室里找到。这些光谱光度测量分析方法需要一个合适的蛋白质标准品或氨基酸序列信息,以对蛋白质浓度进行良好的估计。用于检测水溶液中蛋白质或肽的分析方法的选择取决于很多因素,这些将会在下面进行讨论。大多数分析方法针对的是可溶性的样品,如肽、蛋白质、翻译后修饰的蛋白质(如糖基化)或化学修饰的蛋白质(如聚乙二醇化)等。对于普通的蛋白质纯化程序,基于关键条件,图8.1中的流程图描述了选择最合适的检测分析方法的过程。

如果使用其他的蛋白质纯化技术或有复杂的缓冲体系出现在样品中,为选择合适的分析方法,请参考表8.1或参考其他的一些综述(Olson and Markwell, 2007)。当选择一种分析方法时,需要考虑众多的条件。

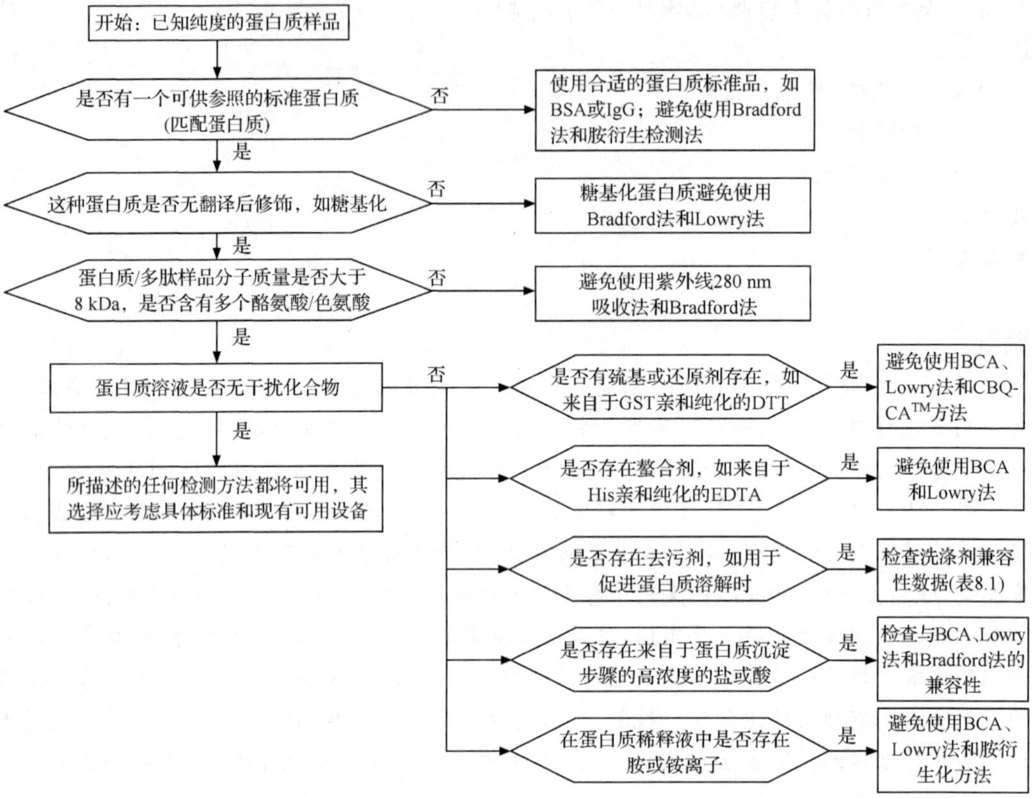

图 8.1 在普通蛋白质纯化过程中选择蛋白质定量检测方法的流程图。此图假设用于分析的样品纯度相对较高，即所定量的分析物是样品的主要成分，如来自亲和层析的分离产物或包涵体提取物。“参考标准蛋白质”是指蛋白质标准品，它是与被测蛋白质相同的已知蛋白质，与被测蛋白质在相同的或可“匹配的”相似的基质中同时进行定量

表 8.1 物质兼容性表格

物质	兼容性浓度[a]					
	BCA[b]	Lowry[c]	Bradford[d]	胺衍生化[e]	荧光洗涤剂[f]	紫外线 $Abs_{280\ nm}$[g]
酸/碱						
HCl	0.1 mol/L	na	0.1 mol/L	na	10 mmol/L	>1 mol/L
NaOH	0.1 mol/L	na	0.1 mol/L	na	10 mmol/L	>1 mol/L
高氯酸	<1%	>1.25%	na	na	na	10%
三氯乙酸	<1%	>1.25%	na	na	na	10%
缓冲液/盐类						
硫酸铵	1.5 mol/L	>28 mmol/L	1.0 mol/L	10 mmol/L	10～50 mmol/L	>50%
硼酸盐	10 mmol/L	不稀释	不稀释	不稀释	不稀释	不稀释
甘氨酸	1 mmol/L	1 mmol/L	100 mmol/L	—	na	1 moL/L

续表

物质	兼容性浓度[a]					
	BCA[b]	Lowry[c]	Bradford[d]	胺衍生化[e]	荧光洗涤剂[f]	紫外线 $Abs_{280\ nm}$[g]
咪唑	100 mmol/L	1 mmol/L	100 mmol/L	na	10～50 mmoL/L	na
HEPES	50 mmol/L	25 mmol/L	200 mmol/L	na	na	na
氯化钾	<10 mmol/L	30 mmol/L	1.0 mol/L	na	20～200 mmol/L	100 mmol/L
PBS	不稀释	不稀释	不稀释	不稀释	不稀释	不稀释
乙酸钠	200 mmol/L	200 mmol/L	180 mmol/L	na	na	na
叠氮化钠	0.2%	0.5%	0.5%	0.1%	10 mmol/L	na
氯化钠	1.0 mol/L	1.0 mol/L	5.0 moL/L	na	20～200 mmol/L	>1 mol/L
三乙醇胺	25 mmol/L	100 mmol/L	na	na	na	na
Tris	250 mmol/L	10 mmol/L	2.0 mol/L	10 mmol/L	na	0.5 mol/L
去污剂						
Brij 35	5%	0.031%	0.125%	na	na	1%
CHAPS	5%	0.0625%	5%	na	na	10%
脱氧胆酸	5%	625 μg/mL	0.05%	na	na	0.3%
Nonidet P-40	5%	0.016%	0.5%	na	na	na
SDS	5%	1%	0.125%	—	0.01%～0.1%	0.1%
Triton X-100	5%	0.031%	0.125%	na	0.001%	0.02%
tween20	5%	0.062%	0.062%	0.1%	0.001%	0.3%
还原剂						
半胱氨酸	na	1 mmol/L	10 mmol/L	na	na	na
DTT	1 mmol/L	0.05 mmoL/L	5～1000 mmoL/L	0.1 mmoL/L	10～100 mmoL/L	3 mmol/L
2-巯基乙醇	0.01%	1 mmol/L	1.0 mol/L	0.1 mmol/L	10～100 mmol/L	10 mmol/L
硫柳汞	0.01%	0.01%	0.01%	na	na	na
螯合剂						
EDTA	10 mmol/L	1 mmol/L	100 mmol/L	na	5～10 mmol/L	30 mmol/L
EGTA	na	1 mmol/L	2 mmol/L	na	na	na
溶剂						
MDSO	10%	10%	10%	na	na	20%
乙醇	10%	10%	10%	na	na	na
甘油	10%	10%	10%	10%	10%	40%
盐酸胍	4.0 mol/L	0.1 mol/L	3.5 mol/L	na	na	na
甲醇	10%	10%	10%	na	na	na
PMSF	1 mmol/L	1 mmol/L	1 mmol/L	na	na	na
蔗糖	40%	7.5%	10%	10%	10～500 mmol/L	2 mol/L

续表

物质	兼容性浓度[a]					
	BCA[b]	Lowry[c]	Bradford[d]	胺衍生化[e]	荧光洗涤剂[f]	紫外线 $Abs_{280\ nm}$[g]
尿素	3.0 mol/L	3.0 mol/L	3.0 mol/L	na	na	>1.0 mol/L
其他						
DNA	0.1 mg	0.2 mg	0.25 mg	na	50～100 μg/mL	1 μg

注：蛋白质样品中不会对分析产生显著损害的干扰化合物的最大浓度值。该指南是一个更新的版本，原版由Stoscheck制作，用以通告与检测干扰现象有关的所有问题。表中涉及的浓度来自于产品说明和相关文献(Bradford，1976；Peterson，1979；Smith et al.，1985；Stoscheck，1990)，但是某些具体的数值范围还未达成共识。测定方法所基于染料种类的不同，甚至蛋白质与染料比率的改变都会使某些化合物的最大可容忍浓度发生变化。表中所列的干扰化合物被选择用以代表这些在蛋白质纯化和酶学检测中通常会遇到的干扰物。

a. na表示试剂没有被测试，"—"代表试剂在被分析的浓度条件下与检测方法不兼容，在一个数字之前有(<)或(>)符号表示容许极限未知，但是分别小于或大于所显示的值；

b. 数字表示使用2.1 mL的最终反应体积，在0.1 mL样品中的浓度；

c. 数字表示使用1.3 mL的最终反应体积，在0.2 mL样品中的浓度；

d. 数字表示使用1.55 mL的最终反应体积，在0.05 mL样品中的浓度；

e. 数字表示CBQCA™检测方法(You et al.，1997)，使用100 μL的最终反应体积，在90 μL样品中的干扰浓度；

f. 数字表示NanoOrange™和Quant-iT™检测方法（Hammer and Nagel，1986和Quant-iT™产品说明）使用200 μL的最终反应体积，分别在40 μL和20 μL样品中的干扰浓度；

g. 数据表示不会产生高于水0.5吸光度的化学品的浓度(Stoscheck，1990)

(1) 样品体积　可用来分析的材料总量，通常基于荧光的检测显示出最好的灵敏度和动态范围(图8.2)。微孔板检测(通过使用较低的检测体积，从而损耗较少的蛋白质样品)提高了灵敏度，其灵敏度相比于比色皿检测要高10倍。

(2) 样品回收率　如果样品量是有限的，那么一种非破坏性的方法，如紫外吸收光谱法可能会更合适。

(3) 通量　如果对多个样品进行分析，应该考虑微孔板兼容的快速一步分析法。

(4) 稳定性(robustness)　相比于荧光检测，基于吸光度的染料结合分析显示了更强的可重复性和稳定性。

(5) 化学修饰　共价修饰，如糖基化(de Moreno et al.，1986；Fountoulakis et al.，1992)或聚乙二醇化(Noble et al.，2007)会对某些分析方法产生干扰。

(6) 蛋白质聚集　一种蛋白质在溶液中的溶解度，对于膜蛋白来说这往往是一个问题。对于许多检测方法，易于聚集的蛋白质能够改变其预期的反应。

出于对自动化、可调控性和灵敏度方面的要求，其他的一些蛋白质定量方法在生化实验室中变得更加常用。本章没有详细介绍的替代方法包括同位素稀释质谱法(ID IC MS/MS)(Burkitt et al.，2008)、凯氏定氮法、氨基酸分析法(Ozols，1990)、质量分析测定法(Blakeley and Zerner，1975)、免疫学方法和荧光染色的定量凝胶电泳法等。

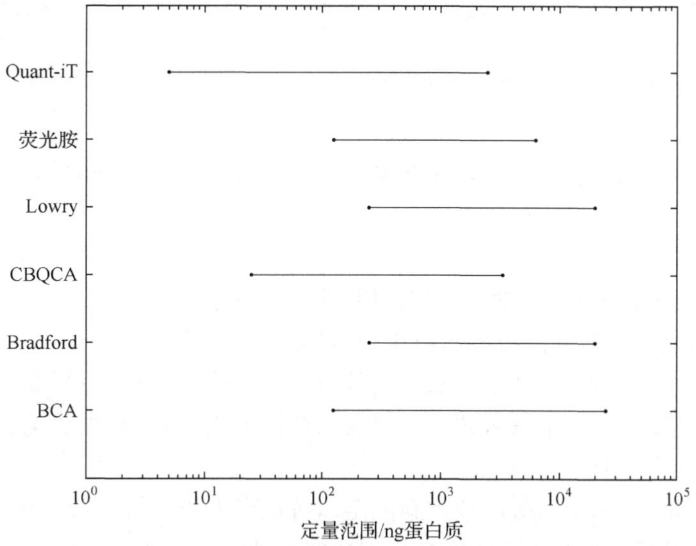

图 8.2　在微孔板形式中进行的基于染料的蛋白质检测方法。图中的标记指明了其定量范围的上限和下限。定量范围定义为可显示良好的精确度，且在拟合反应曲线中没有表现出任何偏差的可定量蛋白质总量(ng)的范围。本图的使用经过了 Noble 等(2007)的允许

2. 试剂配制的一般性指导

对于精细的检测方法，所使用试剂的纯度应该是所能得到的最高纯度，染料应该是光谱级的。理想的去离子过滤水使用的最低要求应该是 18 MΩcm，其总有机碳要低于 6 ppb。所有的缓冲液应该用 0.2 μm 的过滤装置过滤(millipore，sartorius)，以去除细菌和颗粒物杂质。除非特别说明，如果在存储过程中发生沉淀，试剂应丢弃。

3. 紫外吸收光谱分析

3.1　280 nm 处的紫外吸收(范围：20～3000 μg)

由于芳香族氨基酸酪氨酸和色氨酸的存在，蛋白质显示出在 280 nm 附近具有紫外吸收光谱的性质。如果蛋白质的序列中没有或仅有少数几个这样的氨基酸，那么这种方法将会给出错误的结果。因为塑料材料能浸析出塑化剂，并且对紫外线是不透明的，所以通常使用石英比色皿进行样品的检测。同样，缓冲液组分中应该避免含有对紫外线吸收能力强的物质，如一些去污剂，特别是 Triton X-100(表 8.1)；而且，应该使用无蛋白质存在的样品缓冲液来作为“空白”样品进行检测。紫外吸收是估计蛋白质浓度的常规方法，但是，如果蛋白质的摩尔消光系数是已知的，而且假设蛋白质纯度足够高，且样品中不包含对紫外线具有吸收能力的非蛋白质组分，如与核苷酸结合的辅因子、血红素或铁硫中心

等，那么通过紫外吸收，可以使用比尔-兰伯特定律(Beer-Lambert law)精确的对蛋白质进行定量。

比尔-兰伯特定律(摩尔吸光系数)：

$$A = a_m cl \tag{8.1}$$

式(8.1)中，a_m为摩尔消光系数；c 为分析物的浓度；l 为光径长度(cm)。

3.2 方法

对消光系数未知的蛋白质的检测，应使用蛋白质标准品。

(1) 加入空白缓冲液清洗石英比色皿，并对分光光度计归零。

(2) 使用一个新的相同的比色皿或将原比色皿中的缓冲液用样品替换，然后检测280 nm处的吸光度值。如果信号超出了仪器的线性范围(通常是吸收值大于2.0)，将蛋白质用缓冲液稀释后重新测定。

(3) 样品测量后，用空白缓冲液重新测定以矫正产生的任何仪器漂移。

(4) 通过线性标准回归确定未知的蛋白质浓度。

3.3 注释

蛋白质吸收系数的测定将在下面进行讨论，但如果有已知浓度的该蛋白质储存液可用，则可用它作为标准品。如果比色皿的路径长度为1 cm，样本的体积为1 mL，那么浓度(mg/mL)为280 nm处蛋白质的吸光度，通过这一关系，可以非常粗略的估计蛋白质浓度。

混浊的蛋白质样品或含有与入射波长(250～300 nm)具有同等尺寸的悬浮颗粒的样品所引起的光散射可以减少到达检测器的光量，从而导致吸光度明显增加。在分析之前对其用0.2 μm的滤器过滤(这样做不会吸附蛋白质)或者离心可以减少光散射。光散射的校正可以通过检测较低能量(320 nm、325 nm、330 nm、335 nm、340 nm、345 nm和350 nm)的吸光度来实现(假设所检测的蛋白质在这些波长处无明显的吸收)。吸光度对波长的log-log绘图可以产生一个线性回归，它可推回至280 nm处，而由此产生的反对数将给出此波长处散射的贡献(Leach and Scheraga, 1960)。

核酸在280 nm处有强烈的吸收，是蛋白质制品中的常见污染物。纯的蛋白质制品其$A_{280\ nm}$与$A_{260\ nm}$的比值估计为2.0。如果有核酸存在，蛋白质的浓度可以由式(8.2)来得出(Groves et al., 1968)。

$$蛋白质浓度(mg/mL) = 1.55A_{280\ nm} - 0.76A_{260\ nm} \tag{8.2}$$

3.4 205 nm处的紫外吸收(范围：1～100 μg)

肽键吸收光子的最大波长在210 nm以下。然而，肽键的广泛吸收峰允许其在波长较长的情况下进行检测，这将会产生许多实用的优点，主要表现在仪器和检测精度上。由于生物缓冲液中溶剂及各组分的干扰，214 nm和220 nm处的吸光度常被作为一种替代的方法用于检测蛋白质和多肽。

蛋白质中大量肽键的存在导致205 nm处吸光度的检测比280 nm处吸光度检测更

为灵敏，而且显示出较少的蛋白质-蛋白质变异性。大多数 1 mg/mL 的蛋白质溶液在 205nm 处吸光度的摩尔消光系数值为 30～35；然而，一种改进的估算方法可以通过式(8.3)而得到，它充分考虑了定量含色氨酸和酪氨酸的蛋白质时所产生的变化(Scopes，1974)。205 nm 处的吸光度用于定量稀溶液，或用于光程较短的情况。例如，进行柱层析时的连续性检测，或用于检测含少量或不含有芳香族氨基酸残基的肽类。

$$\varepsilon_{205\ \text{nm}}^{1\ \text{mg/mL}} = 27.0 + 120 \times \left(\frac{A_{280\ \text{nm}}}{A_{205\ \text{nm}}}\right) \tag{8.3}$$

3.5　消光系数的计算

特定波长处的消光系数(ε)描述了在该波长处分子所呈现的所有种类光子吸收的总和，摩尔消光系数在式(8.1)中被定义。消光(吸收)系数通常表示为物质的量浓度[mol/(L·cm)]或质量的百分比 $\varepsilon^{1\%}$ ($\%^{-1}\text{cm}^{-1}$)的形式，此处 $\varepsilon^{1\%}$ 定义为 1%蛋白质溶液的吸光度。

从实验得出的 ε 值的偏差，以及由序列数据所衍生的偏差，可能是由于蛋白质样品中的盐类或缓冲液的影响所造成的。来自于各种氨基酸的吸收光谱对环境敏感；因此，如果 pH(pH 为 10.9 时酪氨酸电离)或溶剂极性(变性剂)发生显著变化，在某一个特定缓冲液中蛋白质所衍生的 ε 值可能与另一个缓冲系统有所不同。

如果要测定 $\varepsilon_{280\ \text{nm}}$，就需要有氨基酸的组成成分或蛋白质序列方面的信息。根据蛋白质序列，$\varepsilon_{280\ \text{nm}}$ 可以通过一个标准公式，使用第一原理来计算(Gill and von Hippel，1989)，这一标准公式已被改良 (Pace et al.，1995)。这样的模型利用特殊氨基酸(色氨酸、酪氨酸和二硫键)的吸收系数，在它们很丰富的情况下，对 $\varepsilon_{280\ \text{nm}}$ 进行很好的估算。然而，当这些氨基酸丰度很低时(如胰岛素)，相比较于物理方法，这一模型所表现出的偏差最高达 15%(Pace et al.，1995)。用物理的(经验的)方法测定消光系数包括通过将蛋白质酸水解后进行色谱层析分离来进行的氨基酸分析(AAA 法)(Sittampalam et al.，1988)，以及凯氏定氮法和重量分析法(Kupke and Dorrier，1978)。

4. 基于染料的蛋白质分析方法

阐述了已建立的(非专利)蛋白质定量检测方法。相关试剂可以经济的大量制备，并长时间储存。这些检测方法大多数由相关的供应商提供，如 Sigma-Aldrich 公司、Bio-Rad 公司、Novagen 公司和 Pierce 公司。应当指出的是，供应商制备了不同种类和规格的检测试剂，这些试剂在用于各种特殊蛋白质的检测时使用方法有所差别。商业试剂的使用可以改善检测的长期重复性和检测性能；而且据报道，商业的用于微孔板检测的试剂可以减少试剂因长期储存而产生的染料沉淀问题(Stoscheck，1990)。已知的大多数分光光度计蛋白质定量方法可以适应微孔板形式(通常是 96 孔板)的检测，在这里我们重点介绍那些在分析的配方中需要进行改变的地方。

4.1 蛋白质浓度标准

定量分析中所使用的理想标准蛋白质是处于匹配基质/溶液中的同种的蛋白质，并通过使用高级的方法，如 AAA 法（Sittampalam et al.，1988）或重量分析法（Blakeley and Zerner，1975）将之定量。由于广泛使用的透析、干燥脱水以及存在从商品化制剂带来的盐类，重量分析法容易出现错误。所以制备的标准品应该以较高浓度重新溶解于水中，并于−20℃长期保存。

在实际工作中，并非总能得到相匹配的标准蛋白质；然而，一些市售的标准蛋白质可能会适合使用，最常见的有 BSA、牛 γ-球蛋白或免疫球蛋白（用于抗体定量）。现已得知，在许多分析中，使用 BSA 作为标准品会产生具有误导性的结果，特别是在对蛋白质序列敏感的检测方法，即信号由特定的氨基酸所产生的检测方法（图 8.3）中。以 BSA 作为标准品的检测方法与 AAA 法相比时，对蛋白质序列不敏感的检测方法将给出更好的检测结果（Alterman et al.，2003）。AAA 法是在将蛋白质水解并分离各氨基酸后对特定的氨基酸进行定量，然后根据该蛋白质的肽序列信息计算目标蛋白质的总量。

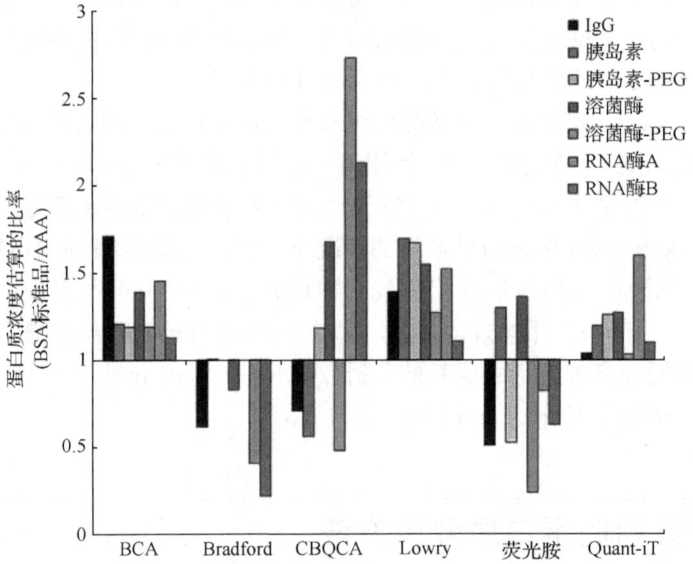

图 8.3 使用基于染料的蛋白质定量分析方法进行蛋白质浓度检测时 BSA 标准品精确度的比较。用 AAA 法确定模型蛋白质的浓度；对于这些检测方法，每个蛋白质的校准曲线均通过基于染料的分析方法制备。在同一块板上同时也制备了采用 BSA 作为标准品的校准曲线（Pierce；浓度由制造商定义），将这些结果与 AAA 法测定的模型蛋白的浓度相比较，用以考查用 BSA 标准品来估计模型蛋白真实浓度时的准确程度。“浓度估算比率”是指使用 BSA 标准品而得出的蛋白质浓度与使用 AAA 法得出的“真实”值的比值，当比值为 1 时说明两种方法得出的值是一样的。变异系数“% CV”与基于染料的蛋白质浓度检测相联系，为 2%～8%，具体数值与所采用的分析方法相关。AAA 法浓度指定通常为 5%的 CV 值，随被分析蛋白质的不同而变化。图形原型来自于 Noble 等（2007），并在获得许可后进行了适当的改编

5. 考马斯亮蓝蛋白质浓度分析法（范围：1～50 μg）

考马斯亮蓝（Bradford）法包括了各种各样的使用考马斯亮蓝 G-250 染料进行蛋白质定量的方法，它最早由 Bradford（1976）所描述。该法的基本机制是染料在酸性 pH 条件下能够与精氨酸、组氨酸、苯丙氨酸、色氨酸和酪氨酸残基（de Moreno et al.，1986）结合，并通过疏水相互作用与蛋白质相互结合（Fountoulakis et al.，1992）。然而，其确切的机制尚未完全清楚（Sapan et al.，1999）。染料与蛋白质结合后，由于其稳定的阴离子形式，可以观察到从 465～595 nm 的一个异染性转变。观察到的大部分信号是由于染料与精氨酸残基的相互作用所产生，导致 Bradford 法存在广泛的蛋白质-蛋白质间的变化（图 8.3）。

5.1　试剂

将 100 mg 考马斯亮蓝 G-250 溶解于 50 mL 95%乙醇中，在不断搅拌的同时加入 100 mL 85%的磷酸。待染料溶解后用水稀释，定容到 1 L。本试剂在室温条件下可稳定保持 1 个月，然而，长期保存需要置于 4℃条件下，如果有沉淀发生，在使用之前需要过滤。

5.2　步骤

（1）准备 100～1500 μg/mL 的标准品，溶于 Bradford 法相兼容缓冲液中。对于较稀的样品，可能通过增加样品在试剂体积中的比率而扩大灵敏度（micro Bradford assay：1～25 μg/mL）。如果样品与染料的比值太高，可能会增加反应混合物的 pH 而导致反应背景较高。

（2）将标准品和待测样品加入到一次性的比色皿中（应该使用一次性的塑料比色皿或微孔板，因为染料会黏附到各种材料容器的表面上）。

（3）Bradford 试剂预热至室温。将 1 mL 染料溶液加入到 25 μL 蛋白质样品中，混匀，室温孵育 10 min。

（4）检测 450 nm 和 595 nm 处的吸光度（可以使用 570～610 nm 的基于滤光器的仪器，对检测性能不会有明显的降低）。

（5）对 595 nm 处的数据作图，或为提高在低反应值处的精度，对 595 nm/450 nm 的比率作图。标准反应曲线可以拟合为一个多项式反应，由此可以估算出待测样品的浓度值。

5.3　注释

Bradford 法的优点有操作方便、灵敏度高和试剂的成本低等。对基于微孔板的检测，试剂的总体积可以减少到 300 μL。由于大多数微孔板分光光度计光源的路径是垂直的，建议使用商业来源的 Bradford 试剂，以减少在长期储存过程中发生的沉淀。

我们观察到各种市售的 Bradford 制剂的反应存在着显著的差别(Noble et al., 2007)。在分析低分子质量的蛋白质或多肽时这种差异更加显著。事实上,据报道,这种方法在应用中存在一个检测分子质量的下限,也就是"阈值",需要一定数量的特定残基以形成可检测到的信号(de Moreno et al., 1986)。有报道称,Bradford 试剂成分的改变会引起特定蛋白质反应的改变。因此,当比较不同供应商或不同制剂的 Bradford 数据时应该特别注意(Chan et al., 1995; Friedenauer and Berlet, 1989; Lopez et al., 1993; Read and Northcote, 1981)。

Bradford 法对各种试剂的干扰是敏感的,详见表 8.1,其中包括大多离子去污剂和非离子去污剂,以及糖基化的蛋白质。如果反应混合物发生沉淀,如检测疏水蛋白或膜蛋白时,反应体系中可以添加 5%~10%(*V/V*)的 1 mol/L NaOH 来助溶。

6. 碱性铜还原分析法(范围:5~100 μg)

碱性铜还原分析法(Lowry 法)(Lowry et al., 1951)和其他能够增强检测性能的方法都是基于一个包括两个步骤的过程。首先,双缩脲反应涉及蛋白质在碱性溶液环境中将铜还原(由 Cu^{2+} 到 Cu^{+});随后是反应增强的阶段,Folin-Ciocalteu 试剂(磷钼酸盐和磷钨酸盐)(Peterson, 1979)被还原后产生一种在 750 nm 处有最大吸光度的蓝色物质。这种检测方法因蛋白质序列的不同而有所变化,因为颜色的产生不仅取决于还原的铜-酰胺类复合物,而且还与酪氨酸、色氨酸有关,在较小的程度上还与胱氨酸、半胱氨酸、组氨酸残基等有关(Peterson, 1977; Wu et al., 1978)。

Lowry 法已经被改良以减少其对干扰物的敏感性、增加动态范围、缩短检测时间以及产生稳定的颜色生成物(Peterson, 1979)。有许多商业来源的改良 Lowry 法(Roche、Pierce、Bio-Rad 和 Sigma),但不同的制剂可能不会得到相同的结果数据,即便是使用相同的标准品、稀释缓冲液或存在相同的干扰物质。

6.1 试剂

(1) Folin-Ciocalteu 试剂 这一试剂的制备方法已有阐述(Lowry et al., 1951),该溶液也可来源于商业渠道(Sigma)。将 10 mL 福林酚试剂(Folin-Ciocalteu's Phenol reagent)与 50 mL 水混匀便可。

(2) 硫酸铜试剂 将 100 mg $CuSO_4 \cdot 5H_2O$ 和 200 mg 酒石酸钠溶于 50 mL 水中。将 10 g 碳酸钠溶于 50 mL 水中,然后边搅拌边慢慢倒入硫酸铜溶液中,当天使用。

(3) 碱性铜试剂 将一份硫酸铜溶液、一份 5% SDS(*m/V*)和两份 3.2%氢氧化钠(*m/V*)混合。这一溶液可以在室温下存放 2 个星期,如果出现沉淀则弃用。

6.2 步骤

(1) 向 1 mL 含量为 5~100 μg/mL 的一系列蛋白质标准品及该浓度范围内的待测样品中分别加入 1 mL 碱性铜试剂,混匀,室温放置 10 min。

(2) 加入 0.5 mL Folin-Ciocalteu 试剂混合物，涡旋使之充分混匀，孵育 30 min。

(3) 孵育完成后再次涡旋混匀，检测 750 nm 处的吸光度。

吸光度的读取范围可以从 650～750 nm，这取决于可用的合适的滤光器(酶标仪)，或者，如果信号太强，不会对检测性能产生显著的影响。Lowry 法不是端点检测(endpoint assay)，所以样品检测应该交错进行以获得更精确的测量值。

(4) 在有限的标准品浓度范围内观察到的反应将是线性的。可用多项式、指数和对数模型拟合数据以扩大反应曲线的动态范围。

6.3　注释

上述的 Lowry 法可适应于微孔板，以减少所加入反应物的体积，产生的动态为 50～500 μg/mL。由于灵敏度、线性及方法学上的进步，Lowry 法已基本被 BCA 法所取代。

Lowry 法对许多干扰性化合物敏感(表 8.1)，对于这些物质可能不会产生线性反应(因而导致要推断复杂的干扰数据)。去污剂、脂类、钾离子和磷酸钠的存在会导致沉淀产生。

7. 二喹啉酸法(范围:0.2～50 μg)

二喹啉酸(BCA)法用二喹啉甲酸替代 Lowry 法中所描述的 Folin-Cioalteu 试剂，在蛋白质检测中提高了灵敏度，增强了对干扰化合物的耐受性(Smith et al., 1985)。由于蛋白质和碱性 Cu^{2+} 的反应，BCA 反应形成一个颜色很深的含一价铜离子(Cu^{+})的紫色复合物。能够导致 Cu^{2+} 还原的氨基酸残基包括半胱氨酸、胱氨酸、色氨酸、酪氨酸和肽键(Smith et al., 1985)。该化学反应是温度依赖性的，当温度提高时，不同的功能基团表现出不同的反应性能，从而导致蛋白质间变异性的减少(Wiechelman et al., 1988)。在高温条件下(60℃相比于 37℃)，由于色氨酸、酪氨酸和肽键反应性较高，所以形成的颜色更深。

大多市售制剂的制备工艺与配方都与 Smith 等(1985)最初描述的制备方法相近，这将在以下小节中进行描述。为了增加检测的灵敏度，人们对某些制剂进行改良，这些试剂可以从商业渠道获得(Pierce 公司、Novagen 公司)。可以通过改变样品与工作试剂的比率以使信号达到最大，或减少对检测的干扰，通常是将 8～20 倍过量的 BCA 工作试剂加入到蛋白质样品中。

7.1　试剂

试剂 A：称取 1 g 2,2′-联喹啉-4,4′-二羧酸二钠(sodium bicinchoninate)、2 g Na_2CO_3、0.16 g 酒石酸钠、0.4 g NaOH 和 0.95 g $NaHCO_3$，定容至 100 mL，用固体或浓 NaOH 调节 pH 至 11.25。

试剂 B：将 0.4 g $CuSO_4 \cdot 5H_2O$ 溶于 10 mL 水中。

试剂 A 和试剂 B 在室温下的稳定性不确定。

将100份试剂A与2份试剂B混合后得到呈绿色的工作液，它可稳定存放1周。

7.2 步骤

(1) 比色皿检测可以通过使用50～150 μL蛋白质样品和3 mL BCA工作试剂进行，而微孔板检测可以使用25 μL蛋白质样品和200 μL BCA工作试剂，这是试剂对蛋白质的一个较低的比值。

(2) 将5～250 μg/mL的样品或标准品于37℃或60℃条件下孵育30 min(在37℃条件下较长时间的孵育可以降低蛋白质-蛋白质的差别)，在读数前将样品温度恢复至室温。在孵育过程中应该盖上微孔板以避免样品蒸发。对于37℃条件下的比色皿分析，样品应交错检测，以确保同等的孵育时间。

(3) 检测562 nm处的吸光度，对于基于滤光器的酶标仪，可以用540～590 nm的波长替代进行检测，不会产生明显的检测性能的降低。

(4) BCA检测法会在一个很宽的浓度范围内呈线性反应。然而，为了扩展分析数据的动态范围，可以用一个二次方反应作为数据分析的模型。

7.3 注释

基于微量的BCA检测可以用于提高检测过程的灵敏度(1～25 μg/mL)。微量检测由于使用更浓的工作液而导致易于产生沉淀，可以买到商业来源的改良的BCA检测(Pierce公司)。BCA法对无论是铜螯合剂(如EDTA)还是那些能够将Cu^{2+}还原的试剂(如DTT)都是敏感的，表8.1中有BCA法对各种试剂最大耐受范围的总结。

8. 胺衍生法(范围:0.05～25 μg)

使用不同荧光探针的胺标记"衍生"法是AAA法中定量氨基酸混合物的一种常见技术。相同的技术可以被用于定量包含有赖氨酸或一个自由N端的蛋白质和多肽，而且，染料要能够接触到赖氨酸和自由N端。与胺反应后，染料显示出荧光大量增加，在动态范围的部分将产生一个随着蛋白质浓度增加的线性反应。有3种染料已经被用于在微孔板中定量蛋白质或氨基酸，包括*O*-邻苯二醛(OPA)(Hammer and Nagel, 1986)、荧光胺(Lorenzen and Kennedy, 1993)和3-(4-carboxybenzoyl) quinoline-2-carboxyaldehyde (CBQCA™)(Asermely et al., 1997; Bantan-Polak et al., 2001; You et al., 1997)。荧光胺可直接与胺功能基团反应，而OPA和CBQCA™则需要加入巯基化合物(2-巯基乙醇)或氰化物(CBQCA™)。一个基于比色皿的检测形式被描述用于OPA检测，通过调节反应物和NaOH的体积，可将之转换为微孔板检测的形式。

8.1 试剂

OPA储存液：将120 mg *O*-邻苯二醛(高纯度等级，购自Sigma公司或Invitrogen公司)溶解于甲醇中，然后用1 mol/L硼酸将其稀释到100 mL，pH 10.4 (用氢氧化钾调节

pH)。加入 0.6 mL 聚氧乙烯(23)十二烷基乙醚[polyoxyethylene(23) lauryl ether],混匀。储存液于室温下可稳定保持 3 周。

8.2 步骤

(1) 于分析前至少 30 min 将 15 μL 2-巯基乙醇加入到 5 mL OPA 储存液中,这一试剂可稳定维持一天。所有荧光样品和相关反应在所有时间内都需要避光。

(2) 蛋白质标准品(0.2~10 μg/mL)和未知浓度的待测样品在分析前需要调节 pH 至 8.0~10.5。将 10 μL 检测样品与 100 μL OPA 储存液(含 2-巯基乙醇)混合,于室温下孵育 15 min。

(3) 加入 3 mL 0.5 mol/L 的 NaOH,混匀。

(4) 在激发光为 340 nm,发射光为 440~455 nm 处,于荧光比色皿内对荧光进行读数。

(5) 在检测的动态范围内蛋白质浓度和荧光之间的联系应该是线性的,可以用来估计未知样品的浓度。

8.3 注释

相比基于吸光度的蛋白质定量分析方法,这 3 种染料都提供了更好的灵敏度和动态范围。由于染料在水溶液中的水溶性和稳定性更佳,所以 OPA 检测法普遍优于荧光胺检测法。

使用胺衍生试剂对蛋白质进行定量具有一定的局限性,因为该检测方法显示出很大的蛋白质与蛋白质间的变异性,其原因是蛋白质中赖氨酸残基的数量不同,同时它需要一个"匹配"的标准品。该检测方法易被缓冲液中含有的甘氨酸、胺、铵离子和许多生物缓冲液中常见的硫醇所干扰,因而限制了它的应用(表 8.1)。检测的重复性取决于反应的 pH、蛋白质样品是否含有残余的酸性物质等。例如,来自于沉淀操作的样品,可减少胺的衍生率(You et al., 1997)。

一种非共价的胺活性染料——Epicocconone,也可用于溶液中总蛋白质量的检测(Sigma),这一方法的机制已有报道(Bell and Karuso, 2003; Coghlan et al., 2005)。

9. 基于去污剂的荧光检测(范围:0.02~2 μg)

当结合于去污剂和蛋白质的接触面时,荧光探针的量子产率能显著增强,这一发现已被用于定量存在于凝胶中的蛋白质,或用于以溶液为基础的定量检测(Daban et al., 1991; Jones et al., 2003)。可以买到用于这种检测方法的两种商品化的制剂——NanoOrange™和 Quant-iT™(Invitrogen)。然而,各试剂间有限的独立检验应用使得难以得到一个完整的批判性分析。因为在检测中需要将样品加热至 90℃以使蛋白质变性,从而降低蛋白质与蛋白质间的变异性(Jones et al., 2003),所以 NanoOrange™检测方法的使用范围是很受限制的。两种检测方法都对去污剂和高浓度盐敏感(表 8.1),这大概是因为后者能破坏蛋白质-染料-去污剂的接触面。Quant-iT™检测方法相比于其他的基于染料的检测方法显示出高灵敏度和动态范围(图 8.2)，而且具有相对较低的蛋白质与蛋白质间的变异性(图 8.3)。

10. 总论

测量方法的选择取决于检测所需的通量、灵敏度和精确度，而且还要关注在基于比色皿的检测中因稀释可能引起的干扰物对检测结果影响的减少。依据经验，无论是在产业界还是学术界，由于需要增加检测通量，微孔板检测正在逐步替代比色皿检测。对于所有的分光光度计技术，检测前仪器需要预热 15 min，任何的校准程序需要在样品分析前完成。分析之前，样品和试剂应该平衡至室温，以避免其凝结至光学设备表面。

10.1 比色皿

一直以来，大多数基于分光光度计的蛋白质检测都是用比色皿来完成的。石英比色皿比较昂贵，因此玻璃比色皿成为首选。然而，这两者在两次测量之间都需要清洗以去除染料及吸附的蛋白质。可以采用一次性的塑料比色皿，在样品量比较多的时候它可以增加检测的通量，此外它还可以用于检测那些易于吸附到比色皿表面的试剂，如 Bradford 试剂。如果信号不稳定或在规定的时间内无法完成检测，采用交错起始的样品分析方式是十分必要的，如在进行 BCA 法和 Lowry 法检测时。添加一个对照池的双光束仪器可以对系统偏差进行补偿，从而得到最精确的检测结果。由于比色皿需要清洗，或使用一次性的比色皿时在每次测量之间需要更换托架上的比色皿，这样可能会导致比色皿定线的变化，因而导致到达检测器的总光量发生明显改变。如果使用的是透射窗很小的小体积比色皿，这一点将显得尤为重要。使用小体积比色皿进行检测时，加样需要特别注意以确保样品覆盖整个透射窗。

装卸和清洗比色皿时要特别小心。应防止指纹污染比色皿的光传递表面。在每个检测之间比色皿应该用水或其他相应的溶剂清洗，然后用氮气流吹干。如果观察到比色皿的光传递表面有涂抹痕迹，可以依次用水、乙醇清洗，并最后用丙酮重新彻底清洗，或使用乙醇和无绒镜头纸去除污渍。如果在测量中蛋白质沉积是一个反复出现的问题，比色皿可以用硝酸清洗过夜，并在使用之前彻底清洗。

10.2 微孔板

大多数蛋白质的检测方式都已经适合于采用微孔板，通常是 96 孔板，以提高速率、通量，降低样品和试剂的使用量。许多商业性荧光检测明确地设计为微孔板检测的形式。酶标仪检测形式具有可以在短期内(通常是 25 s)同时读取多个样品数据的优势，减少了在采用非终点的或不稳定的反应检测时所潜在的时间差异。

蛋白质紫外线测量可以设计为微孔板检测的形式。然而，由于浓缩的蛋白质溶液易形成弯月液面(meniscus)，所以可能会难以计算有效的光程长度(许多商业的微孔板读数器能够估算出有效的光程长度，因此改善了蛋白质定量的计算）。石英96孔板往往比较昂贵，且难以清洁，容易出现划痕而影响透光效果。

微孔板形式蛋白质检测的准备工作应该特别小心。使用小体积的样品（对于某些检测样品量低至5 μL）会增加高黏性溶液的相对吸取量误差。应该在吸取每个样品和试剂时均使用新的移液器吸头以避免孔与孔之间的交叉污染。应该使用光学标准品或固相荧光标准板（Matech）对仪器进行例行校正，以确保所有孔具有相等的透射和光学检测。许多96孔板符合标准的几何形状。然而，以我们的经验，为了确保均等的照度，在进行基于荧光检测之前，分析酶标仪中微孔板的几何形状是有必要的，特别是在使用不同供应商提供的微孔板的情况下。由于检测几何学的不同，相对于比色皿检测，微孔板检测会对样品沉淀更为敏感（常见于Lowry法和Bradford法）。

最近，测量低微升量样品（一般为1～2 μL）的分光光度计已在市场上有销售（Tecan and Thermo Scientific），它不需要比色皿或微孔板，这进一步减少了样品的使用量。

10.3　干扰性底物

许多蛋白质制剂中的干扰物质的含量在不同批次之间是不同的，由于标准品的配方有所不同，难以对此进行有效控制。选择检测方法时应该充分考虑在蛋白质制剂中存在会对检测结果产生干扰的污染物，无论是稳定剂还是纯化时所用的不可替换的物质，还是那些可用一个合适的替代品取代的物质，如还原剂或螯合剂。包含有干扰物质的样品可用相应的标准品进行调节。然而，这将导致动态范围的损失和检测性能的减弱，所以不推荐使用。可耐受的干扰物浓度或总量经常会在检测方法的使用说明中引述，但这取决于检测的配方，表8.1对各干扰物的最大耐受浓度进行了总结。

在进行浓度检测之前可将干扰物去除，然而，这将会增加额外的步骤，而且往往会导致样品的稀释，或由于样品不能够恢复到初始状态而导致浓度估算错误。样品恢复时所产生的变化可以通过与同样经受去除干扰物步骤的标准品相比较以进行补偿。

将蛋白质进行沉淀、分离，再以合适的缓冲液重悬的操作可能为去除无法避免的干扰物提供了最精确的办法。缓冲液成分、去污剂和脂类可以通过使用三氯乙酸（TCA）、高氯酸（PCA）或丙酮将蛋白质沉淀而去除（Olson and Markwell，2007），然而，Triton X-100可以与TCA和PCA共沉淀。

除了沉淀技术，特殊的干扰物可以通过化学处理去除。例如，还原剂可用碘乙酸处理，脂类等可以通过氯仿抽提、挥发，或用强酸/碱中和而去除。

致谢

我们感谢A. Hills的评论以及在准备这一综述中给予的帮助。

（吴诗坡　译　张金龙　校）

参考文献

Alterman, M., Chin, D., Harris, R., Hunziker, P., Le, A., Linskens, S., Packman, L., and Schaller, J. AAARG2003 study: Quantitation of proteins by amino acid analysis and colorimetric assays. Poster available for download from www.abrf.org (http://www.abrf.org/ResearchGroups/AminoAcidAnalysis/EPosters/aaa 2003_poster_print.pdf).

Asermely, K. E., Broomfield, C. A., Nowakowski, J., Courtney, B. C., and Adler, M. (1997). Identification of a recombinant synaptobrevin-thioredoxin fusion protein by capillary zone electrophoresis using laser-induced fluorescence detection. *J. Chromatogr. B Biomed. Sci. Appl.* **695,** 67–75.

Bantan-Polak, T., Kassai, M., and Grant, K. B. (2001). A comparison of fluorescamine and naphthalene-2, 3-dicarboxaldehyde fluorogenic reagents for microplate-based detection of amino acids. *Anal. Biochem.* **297,** 128–136.

Bell, P. J., and Karuso, P. (2003). Epicocconone, a novel fluorescent compound from the fungus epicoccumnigrum. *J. Am. Chem. Soc.* **125,** 9304–9305.

Blakeley, R. L., and Zerner, B. (1975). An accurate gravimetric determination of the concentration of pure proteins and the specific activity of enzymes. *Methods Enzymol.* **35,** 221–226.

Bradford, M. M. (1976). A rapid and sensitive method for the quantitation of microgram quantities of protein utilizing the principle of protein-dye binding. *Anal. Biochem.* **72,** 248–254.

Burkitt, W. I., Pritchard, C., Arsene, C., Henrion, A., Bunk, D., and O'Connor, G. (2008). Toward Systeme International d'Unite-traceable protein quantification: From amino acids to proteins. *Anal. Biochem.* **376,** 242–251.

Chan, J. K., Thompson, J. W., and Gill, T. A. (1995). Quantitative determination of protamines by coomassie blue G assay. *Anal. Biochem.* **226,** 191–193.

Coghlan, D. R., Mackintosh, J. A., and Karuso, P. (2005). Mechanism of reversible fluorescent staining of protein with epicocconone. *Org. Lett.* **7,** 2401–2404.

Daban, J. R., Bartolome, S., and Samso, M. (1991). Use of the hydrophobic probe Nile red for the fluorescent staining of protein bands in sodium dodecyl sulfate-polyacrylamide gels. *Anal. Biochem.* **199,** 169–174.

de Moreno, M. R., Smith, J. F., and Smith, R. V. (1986). Mechanism studies of coomassie blue and silver staining of proteins. *J. Pharm. Sci.* **75,** 907–911.

Fountoulakis, M., Juranville, J. F., and Manneberg, M. (1992). Comparison of the Coomassie brilliant blue, bicinchoninic acid and Lowry quantitation assays, using non-glycosylated and glycosylated proteins. *J. Biochem. Biophys. Methods* **24,** 265–274.

Friedenauer, S., and Berlet, H. H. (1989). Sensitivity and variability of the Bradford protein assay in the presence of detergents. *Anal. Biochem.* **178,** 263–268.

Gill, S. C., and von Hippel, P. H. (1989). Calculation of protein extinction coefficients from amino acid sequence data. *Anal. Biochem.* **182,** 319–326.

Groves, W. E., Davis, F. C. Jr., and Sells, B. H. (1968). Spectrophotometric determination of microgram quantities of protein without nucleic acid interference. *Anal. Biochem.* **22,** 195–210.

Hammer, K. D., and Nagel, K. (1986). An automated fluorescence assay for subnanogram quantities of protein in the presence of interfering material. *Anal. Biochem.* **155,** 308–314.

Jones, L. J., Haugland, R. P., and Singer, V. L. (2003). Development and characterization of the NanoOrange protein quantitation assay: A fluorescence-based assay of proteins in solution. *Biotechniques* **34,** 850–854, 856, 858 *passim.*

Kupke, D. W., and Dorrier, T. E. (1978). Protein concentration measurements: The dry weight. *Methods Enzymol.* **48,** 155–162.

Leach, S. J., and Scheraga, H. A. (1960). Effect of light scattering on ultraviolet difference spectra. *J. Am. Chem. Soc.* **82,** 4790–4792.

Lopez, J. M., Imperial, S., Valderrama, R., and Navarro, S. (1993). An improved Bradford protein assay for collagen proteins. *Clin. Chim. Acta* **220,** 91–100.

Lorenzen, A., and Kennedy, S. W. (1993). A fluorescence-based protein assay for use with a microplate reader. *Anal. Biochem.* **214,** 346–348.

Lowry, O. H., Rosebrough, N. J., Farr, A. L., and Randall, R. J. (1951). Protein measurement with the Folin phenol reagent. *J. Biol. Chem.* **193,** 265–275.

Noble, J. E., Knight, A. E., Reason, A. J., Di Matola, A., and Bailey, M. J. (2007). A comparison of protein quantitation assays for biopharmaceutical applications. *Mol. Biotechnol.* **37,** 99–111.

Olson, B. J., and Markwell, J. (2007). Assays for determination of protein concentration. *Curr. Protoc. Protein Sci.* Chapter 3, Unit 3.4.

Ozols, J. (1990). Amino acid analysis. *Methods Enzymol.* **182,** 587–601.

Pace, C. N., Vajdos, F., Fee, L., Grimsley, G., and Gray, T. (1995). How to measure and predict the molar absorption coefficient of a protein. *Protein Sci.* **4,** 2411–2423.

Peterson, G. L. (1977). A simplification of the protein assay method of Lowry et al. which is more generally applicable. *Anal. Biochem.* **83,** 346–356.

Peterson, G. L. (1979). Review of the Folin phenol protein quantitation method of Lowry, Rosebrough, Farr and Randall. *Anal. Biochem.* **100,** 201–220.

Read, S. M., and Northcote, D. H. (1981). Minimization of variation in the response to different proteins of the Coomassie blue G dye-binding assay for protein. *Anal. Biochem.* **116,** 53–64.

Sapan, C. V., Lundblad, R. L., and Price, N. C. (1999). Colorimetric protein assay techniques. *Biotechnol. Appl. Biochem.* **29**(Pt 2), 99–108.

Scopes, R. K. (1974). Measurement of protein by spectrophotometry at 205 nm. *Anal. Biochem.* **59,** 277–282.

Sittampalam, G. S., Ellis, R. M., Miner, D. J., Rickard, E. C., and Clodfelter, D. K. (1988). Evaluation of amino acid analysis as reference method to quantitate highly purified proteins. *J. Assoc. Off. Anal. Chem.* **71,** 833–838.

Smith, P. K., Krohn, R. I., Hermanson, G. T., Mallia, A. K., Gartner, F. H., Provenzano, M. D., Fujimoto, E. K., Goeke, N. M., Olson, B. J., and Klenk, D. C. (1985). Measurement of protein using bicinchoninic acid. *Anal. Biochem.* **150,** 76–85.

Stoscheck, C. M. (1990). Quantitation of protein. *Methods Enzymol.* **182,** 50–68.

Wiechelman, K. J., Braun, R. D., and Fitzpatrick, J. D. (1988). Investigation of the bicinchoninic acid protein assay: Identification of the groups responsible for color formation. *Anal. Biochem.* **175,** 231–237.

Wu, A. M., Wu, J. C., and Herp, A. (1978). Polypeptide linkages and resulting structural features as powerful chromogenic factors in the Lowry phenol reaction. Studies on a glycoprotein containing no Lowry phenol-reactive amino acids and on its desialylated and deglycosylated products. *Biochem. J.* **175,** 47–51.

You, W. W., Haugland, R. P., Ryan, D. K., and Haugland, R. P. (1997). 3-(4-Carboxybenzoyl)quinoline-2-carboxaldehyde, a reagent with broad dynamic range for the assay of proteins and lipoproteins in solution. *Anal. Biochem.* **244,** 277–282.

第 9 章

蛋白质浓缩和溶质的去除

David R. H. Evans[*], Jonathan K. Romero[*], and Matthew Westoby[†]

目录

摘要

过去十年里，重组 DNA 和蛋白质组学技术的巨大进步，对应用于诊断的生物制品、生物标志物以及商业治疗市场的发展给予了极大的动力。特别是抗体和融合蛋白现在已经成为包括神经疾病、肿瘤和传染病在内的众多临床适应证的一个主要焦点。未来几年内，预计在新奇的一级分子和生物仿制药实体(biosimilar entity)方面将会有突出的增长。伴随着这些进步的是改良的分析、开发和小规模制备的方法，用以阐明生物结构、功能和相互作用。现在已有许多用于去除溶剂的方法，包括冻干、反向萃取、溶质析出(solute precipitation)、透析(溶剂交换)、超滤和层析技术。值得注意的是，在众多微量提取程序和设备发展的支持下，小型化和高通量的蛋白质分析取得了极大的进步，为小规模的样品

* Biogen Idec公司，过程生物化学，生物制药开发(Cambridge，Massachusetts，USA)
† Biogen Idec公司，过程生物化学，生物制药开发(San Diego，California，USA)

制备，包括在分析之前蛋白质样品的浓缩和脱盐等操作提供了多种多样的组合模式。此外，过程控制和微尺度数据监测的进步，大大改良了对于如冻干、沉淀等技术的多重控制，提高了小体积生物制品的回收率。另外，通过使用设计先进的层析填料载体和配基实现了蛋白质结合能力的改良，由此，在制备层析过程中原料流的有效浓度得到显著的提高。

去除溶剂的目的，可能是为了制备或浓缩溶质，以备用于分析，或者是为了使之易于生产或修饰。在这里，我们描述了这些技术的最新进展，集中介绍了小规模制备方法上的改进。

1. 层析

在过去的20年中，蛋白质组学技术的日益广泛应用，使蛋白质浓缩和脱盐的层析技术得到不断革新。蛋白质组学通常需要从少量复杂的混合物中富集蛋白质，包括选择性地浓缩特定种类的蛋白质。由于质谱(MS)和基于抗体检测技术的高灵敏度及可提供详细生化特征的性质，它们在临床诊断、生物药物鉴定以及蛋白质结构与功能的基础性研究等广泛的应用中具有很高的实用性。这些应用需要分析生物体液中含量很低的药物靶标和生物标志物，或采集表达于异源系统的蛋白质的结构及翻译后修饰的详细信息。用于蛋白质组学分析的样品通常来自于水溶液，其中可能包含一系列不挥发的盐类、溶剂、染料、去污剂、离液剂、DNA / RNA 和脂类。这些污染物会降低高灵敏度分析技术的性能，尤其是对于电喷雾电离(ESI)基质辅助激光解吸/电离(MALDI)质谱，它们通过干扰样品电离、形成加合物以及形成离子源污垢等对分辨率和灵敏度造成有害的影响。因此，很多供应商已经开发出众多用于目标蛋白质浓缩，并将它们从污染分子中进行高产率纯化的微型固相萃取程序和设备。

1.1　凝胶过滤

凝胶过滤基质已经被广泛应用于在非变性情况下蛋白质的脱盐。与小分子物质不同，大分子蛋白质不会进入这些树脂的小孔中，从而在流动过程中将盐分除去。通常情况下，填料体积是样品体积的4～20倍，同时柱长与柱径的比值在5～10时，层析柱的分辨率最佳。在脱盐的过程中样品最少被稀释1.25倍，但是，如果选择合适的洗脱剂，即使样品浓度在 μg/mL 的范围内，其损失也可以说是微乎其微。由不同商家提供的基于多聚糖的葡聚糖凝胶介质已经被广泛应用于脱盐，成系列的 Bio-Gel P 丙烯酰胺基质(Bio-Rad, Hercules, CA)，允许用户根据目标蛋白质的分子质量定制介质的凝胶排阻极限。Zeba Spin column (Thermo/Pierce, Rockford, IL)提供了更多的方便，它能够通过离心作用对分子质量大于7000 Da 的蛋白质样品进行快速脱盐而不需要柱平衡和重力流分级分离。通过选择适当的柱子尺寸，可以对体积为2～4000 μL 的浓度低至25 μg/mL 的蛋白质样品提供较高的回收率，同时对分子质量小于1000 Da 的分子具有高达95%的保留度。Zeba Spin matrix 也可以以96孔板的形式使用，以方便同时对多个蛋白质样品进行高通量的非变性脱盐。

1.2 离子交换层析

凝胶过滤蛋白质脱盐的一种替代方法是使用混合床离子交换(IEX)树脂。大尺寸颗粒和表面修饰的混合床 IEX 吸着剂可以有效地捕捉小分子阴离子和阳离子(<1000 Da),最小限度的截留高分子质量的蛋白质分子。脱盐可以通过分批处理模式来实现,或通过一个基质填料床来实现。然而,这种技术一个不良的后果是:在常规 IEX 吸附剂的混合床发生的离子交换可引起蛋白质样品的酸化和沉淀。相比之下,用于牛奶和乳清脱盐的离子滞留基质,通过吸收而不是离子交换来进行盐的摄取,因此,它可以在不发生显著 pH 变化的情况下完成蛋白质的脱盐。可在市场上买到如 AG11 A8 树脂(Bio-Rad, Hercules, CA)。类似于凝胶过滤,这些技术的缺点是在脱盐过程中发生蛋白质样品的稀释,因此可能在后续处理时需要对蛋白质进行浓缩。

1.3 反相层析

反相(RP)层析是分离、脱盐和浓缩蛋白质的一项很流行的技术,一定程度上是由于样品被浓缩在小体积的可通过蒸发而去除的挥发性溶剂中。伴随着常规分析方法——质谱(MS)的到来,各种各样的反相提取形式被商业化,以提高质谱技术操作过程的速度和便利度。这些形式包括微型离心柱、毛细管、微量加样器吸头和微孔板,用于对样品量低至飞摩尔(femtomole)级的蛋白质进行快速脱盐,并洗脱在微升级体积之中。通常情况下,在pH<4和有离子配对剂(如 0.1%~1.0%TFA)存在的情况下可使蛋白质和纯化柱中的胶实现最佳结合。有机组分的存在可能会促进蛋白质与纯化柱中的胶可逆结合,一般为 15%的乙腈或甲醇,或离液剂(如盐酸胍)等。如果含有去污剂类污染物,则可能需要对样品稀释以防止其干扰蛋白质与吸附剂的结合。脱盐操作需要对树脂进行清洗,如使用 5%的甲醇、1%的 TFA 等;通过用可替代的离子配对剂进行实验可能会达到有选择的洗脱。要根据蛋白质的大小对反相吸附剂进行选择,通常使用脂肪族的 C4、C8、C12 和 C18 化合物。基于微量移液器的产品的一个例子是 ZipTips (Millipore, Billerica, MA),它用反相树脂颗粒或 NuTips (Glygen, Columbia, MD)填充,吸头的内壁用结合材料包被,因此减轻了反压力,将样品与吸头表面的非特异相互作用减少到最小。为了同时对多个样品进行高通量脱盐,也可以将反相树脂置于 96 孔板中,其中一个例子就是 ZipPlate 模式(Millipore, Billerica, MA)。

1.4 疏水和亲和层析

除了常用的凝胶过滤、离子交换和反相吸附剂,可用的其他材料,如分批的或置于微型设备中的树脂可以支持多种模式的层析,用于蛋白质的浓缩和脱盐。这些包括疏水、亲水、金属螯合、蛋白质亲和树脂。值得注意的是,当蛋白质样品悬浮于一种有机溶剂并且需要去除污染的盐分或去污剂的时候,亲水介质为反相层析提供了一个有用的替代品。例如,PAGE-Prep 介质(Thermo/Pierce, Rockford, IL),当蛋白质在 50%二甲基亚砜存在的情况下与树脂结合时,它可用于 SDS-PAGE 分析前蛋白质的脱盐。另外,Glygen (Columbia, MD)提供了微量移液器滴头形式的亲水介质(NuTip)。类似于反相介质,亲水性树脂的潜在缺点是蛋白质常常以变性的形式收回。相比之下，更重要的是固定化金属亲和层析（IMAC）吸附剂的使用，以及最近包含有 TiO_2 的介质，已被有选择的用于 MS 分析前对磷肽类的浓缩和脱盐。这一技术在信号转导研究领域具有特殊的应用，因为检测低丰度的磷肽类对了解细胞的反应是至关重要的。最近的一份报道（Hsieh et al.，2007）描述了 TiO_2 纳米颗粒基质的制备，它能够在可防止非特异性结合的含 0.1% TFA 和 50%乙腈（pH 2.0）的溶液中选择性的结合磷肽类。在这种情况下，洗脱由 pH 8.5 的 100 mmol/L 磷酸铵来完成，它与磷酸化肽类的 MALDI-MS 等检测相兼容，不需要进一步的脱盐过程。

使用高效液相色谱（HPLC）技术为质谱（MS）分析准备蛋白质样品的常规操作，推动了供应商们去提供它们的吸着剂，成系列的柱子、套筒和毛细管等不断出现并持续增加。这反过来又允许通过使用柱切换程序使样品制备流线化。这种方法先用一个短的预装柱进行蛋白质样品的快速浓缩和脱盐，接着可以通过使用一个长柱，在同样的 HPLC 系统对蛋白质进行高分辨率的分离。例如，PepMap 微量预装柱（Dionex，Sunnyvale，CA）可用于蛋白质样品的快速浓缩和脱盐，其填充床的长度仅为 5 mm。由于树脂使用的可选择性，分析物的捕集效率由选择的填料所支配，而样品体积的减少改善了随后层析步骤的分辨率。在此背景下，同样值得评论的是，整体分离材料正被越来越多地用于对蛋白质的浓缩和脱盐（Schley et al.，2006）。高达 20 μm 的有效孔径允许溶质快速传递透过整体基质。相比较于在基于颗粒吸附剂的亚微米级孔隙内实现的由较慢的扩散作用所介导的液相传质，整体介质可以实现在高流速低反压力条件下的高效分离，特别有益于通过柱切换进行快速脱盐。然而，在一个更直接的方法里，Mass-Prep column（Waters，Milford，MA）已被用于对疏水性基质中蛋白质的在线脱盐，样品可直接注入 ESI 质谱仪中（Wheat et al.，2007）。此外，MALDI-MS 分析的样品制备可以在不需要微量提取装置的情况下执行。所以，在将蛋白质分别加载到 MALDI 板之前，众多吸附剂已被用于对样品进行分批脱盐。最近发展的一个例子是 ZnO 多聚（甲基丙烯酸甲酯）纳米颗粒吸附剂，在进行 MALDI-MS 之前可以从蛋白质样品中消除饱和水平的 NaCl（6.2 mol/L）、NH_4HCO_3（2.6 mol/L）或 1 mol/L 的尿素（Shen et al.，2008）。相似的，脱盐作用通过使用一个疏水基质直接加入 MALDI 板的板孔中而实现（Jia et al.，2007）。在这种情况下，目标蛋白质被基质捕获，接着通过使用一个最小限量的板上清洗实现样品的干燥、脱盐，此时样品已可以进行 MALDI-MS 分析而不需要进一步的纯化。

1.5　生产规模的层析

类似于分析用的小规模提取，制备规模和生产规模的蛋白质回收往往包括浓缩和脱盐。柱层析仍然是蛋白质纯化的核心技术，这归因于其可实现的高选择性，同时具有方便耐用的填充树脂床，原料在树脂中通过流动而进行传送。商业化生产酶和生物药品通常需要加工数千升的初始原料。为了尽量减少操作的复杂性，减少加工时间，同时有效的控制成本，可能有必要在下游操作过程的早期对原料进行浓缩，去除大部分杂质和不必要的盐分。这可以通过使用直径达 2 m 的大的树脂层析柱床经结合-洗脱层析来实现，其产生的洗脱组分小于上样体积。此外，可开发选择性的树脂，用以纯化相应的蛋白质产品。一个著名的例子是使用Protein A亲和树脂来生产哺乳动物细胞所表达的抗体蛋白。在亲和捕获(由目标分子Fc区域的特定表位所介导)过程中,大部分培养基复合物、盐类及杂质通过柱子而流穿。产品回收通常是通过使用低pH的洗脱液进行洗脱而实现的,洗脱产物一般会减少90%的体积。新一代的protein A亲和树脂已被优化,主要表现在配体的密度、颗粒的结构及传质特性等,以使动态结合能力达到最大,同时最大限度的减少柱循环。这反过来又最大限度的减少了中间体积,同时在整个过程的第一步对样品流进行了有效的浓缩。对于树脂,典型的例子是MabSelect (GE Healthcare, Piscataway, NJ)和ProSep Ultra Plus (Millipore, Billerica, MA),它们的结合能力是每升树脂20~50 g蛋白质,这种结合能力的实现依赖于目标蛋白质的性质及其在柱加载过程中与树脂的接触时间。传统的层析树脂,包括IEX和疏水作用层析(HIC)吸附剂,也经历了同样的优化,体现在粒度、孔隙的大小和配体密度等,以实现对特定分子质量范围内分子的最高结合能力,同时能够进行高效的洗脱。例如,ToyoPearl GigaCap S-650M (Tosoh Biosciences, Tokyo, Japan)是一种阳离子交换树脂,已经被优化用于捕获分子质量约为150 kDa的IgG1分子,它具有高动态结合能力(>100 g/L树脂),同时允许以最小限度的洗脱体积进行回收,通常是2~3个柱体积。最后,混合模式的吸附剂已被开发,该模式允许IEX层析在电导率相对较高的情况下进行高能力的结合,它通过将IEX和疏水基等量的结合到相同的配体而实现。其中的一个例子是Capto MMC树脂 (GE Healthcare, Piscataway, NJ),它结合了一个阳离子交换和疏水基团,在电导率为30 mS/cm的情况下对牛血清白蛋白的结合能力为每毫升树脂45 mg。这一属性是特别有用的,因为,最佳的蛋白质纯化过程通常需要通过使用多个正交模式的层析来实现,它需要使用分开的步骤来执行;而保持原料的电导率在某一个水平上,在不稀释的情况下能与传统的IEX步骤相兼容是非常具有挑战性的。因此,虽然这种类型的吸附剂可能不直接对物料进行浓缩,但它可能会减少下游处理过程中因需要减小电导率而进行的稀释。混合模式树脂更大的吸引力在于它可以提供独特的选择性,这可能会提高整个纯化过程的效率。

2. 电泳

通过凝胶电泳进行蛋白质浓缩通常应用于其随后的分析技术中,用以增强灵敏度。例如,蛋白质印迹法(Western Blot)的灵敏度可通过应用高达250 μL的蛋白质样品,在微型凝胶系统1~2 cm的积层胶上连续进行5次以上的加样而得到增强(Sheen and Ali-Khan, 2005)。这种方法可实现有效的样品浓缩,垂直谱带增宽(band broadening)是它唯一的人为痕迹。在Western Blot之前对稀释样品进行类似的浓缩可通过一个漏斗状的上样孔来完成。毛细管电泳法(CE)可通过堆积作用而实现蛋白质样品的浓缩(参见Shihabi, 2002)。此外,最近的一项报道描述了同时进行蛋白质浓缩和脱盐的毛细管电泳条件。这是一个显著的技术进步,因为蛋白质在毛细管电泳之前通常需要进行脱盐,盐离子可通过焦耳热(Joule heating)和电分散等效应导致谱带增宽。此外,当毛细管电泳样品的离子强度比电解液低时,可达到一个理想的叠加效果,从而导致蛋白质富集并提高分析应用的灵敏度。在毛细管电泳前对蛋白质脱盐可通过标准的反相提取来实现。虽然可以在毛细管电泳实验过程中进行在线脱盐的固相微型床已有报道，然而这种方法可能在技术上仍非常具有挑战性，所以脱盐通常是作为一个分离步骤来执行的。为了克服这些缺点，开发了一种被称为毛细管等电阱的新技术，在毛细管电泳过程中可同时进行蛋白质样品的浓缩和脱盐(Booker and Yeung, 2008)。这种方法使用了不连续的缓冲系统，在毛细管内建立了稳定的 pH 边界。静止的边界在 pI 处捕捉兼性离子的蛋白质，同时消除了污染的离子盐类，这些盐类由于具有恒定的电荷而继续迁移。这一技术有利于回收浓缩和脱盐的蛋白质样品，并用于 MS 或紧接着切换到另一种缓冲系统中，允许对浓缩了的蛋白质进行毛细管区带电泳分析。最后，微流体装置越来越多的找到了它们在生化分析前样品制备中的实用性，部分原因是由于它们能够通过使用一个电场对小量蛋白质样品进行快速的浓缩和脱盐[如参见 Yu 等(2008)]。

3. 透析

透析是基于分子质量大小的液相分离技术，它由透过半透膜的选择性扩散来实现。这种技术被认为是从大分子蛋白质中去除小分子溶质的最流行方法。特别是，这种非变性的脱盐技术允许在良性或生理条件下更换缓冲液，其影响目标蛋白质性质的风险可降到最低限度。

过去的十年里，透析的原理并没有改变，但用于透析的技术和工具却得到了改良。尤其是优化的技术实现了高通量(减少处理时间)，增加了处理样品体积的灵活性(从 10 μL～100 mL)；改进了的透析膜形态减少了蛋白质的吸附和损失，提高了样品处理的方便性。

通常情况下，目的缓冲液(透析液)的体积要比蛋白质样品的体积大若干个数量级。样品被转移到一个密封舱内，暴露于充当半渗透屏障的透析膜。透析膜通常具有特定的孔径，即截留分子质量(MWCO)，它允许分子质量小于这一限度的分子双向自由通过，而大分子物质(如蛋白质)则被截留。透析膜两边的缓冲液浓度梯度驱动溶质从浓度高的区域向浓度低的区域扩散(图 9.1)。扩散运输的流量可以用菲克扩散定律来描述。

$$J = -D\frac{\partial C}{\partial x}$$

式中，J 为扩散流量，其量纲是[(物质的量)$L^{-2}T^{-1}$]；D 为扩散系数，量纲是[L^2T^{-1}]；C 为浓度，量纲是[(物质的量)L^{-3}]；x 为位置[L]。扩散系数与粒子扩散速率的平方成正比，依照斯托克斯-爱因斯坦关系式(Stokes-Einstein relation)，扩散系数取决于温度、流体的黏度和颗粒的大小(Cussler, 1997)。当透析液体积比样品体积大好几个数量级时，透析的效率最高(图 9.1)。体积的差异维持了透析膜两边的浓度差，并确保经扩散从样品装置转移至透析液中的溶质稀释到接近于无法检测的浓度。图 9.1 显示通过一个半透性的透析膜，经选择性扩散而分离小分子(如盐类)和大分子(如大分子物质、蛋白质)的过程，其中包含了不同时间点的各浓度分布剖面图。一旦建立了液体-膜-液体界面，包括跨越半透膜($t=0$)的浓度差，分子将穿过半透膜向浓度低的方向扩散($t>0$)。扩散速率与扩散系数 D 和浓度梯度 $\partial C/\partial x$ 成正比。假设 D 是一个常数，$\partial C/\partial x$ 随着时间的推移在图 9.1 中从左至右逐渐降低，透析的比率也随这一平衡状态临近而不断降低(Cussler，1997)。可更新起始透析液以恢复浓度差，从而推动缓冲液交换得以有效地完成。

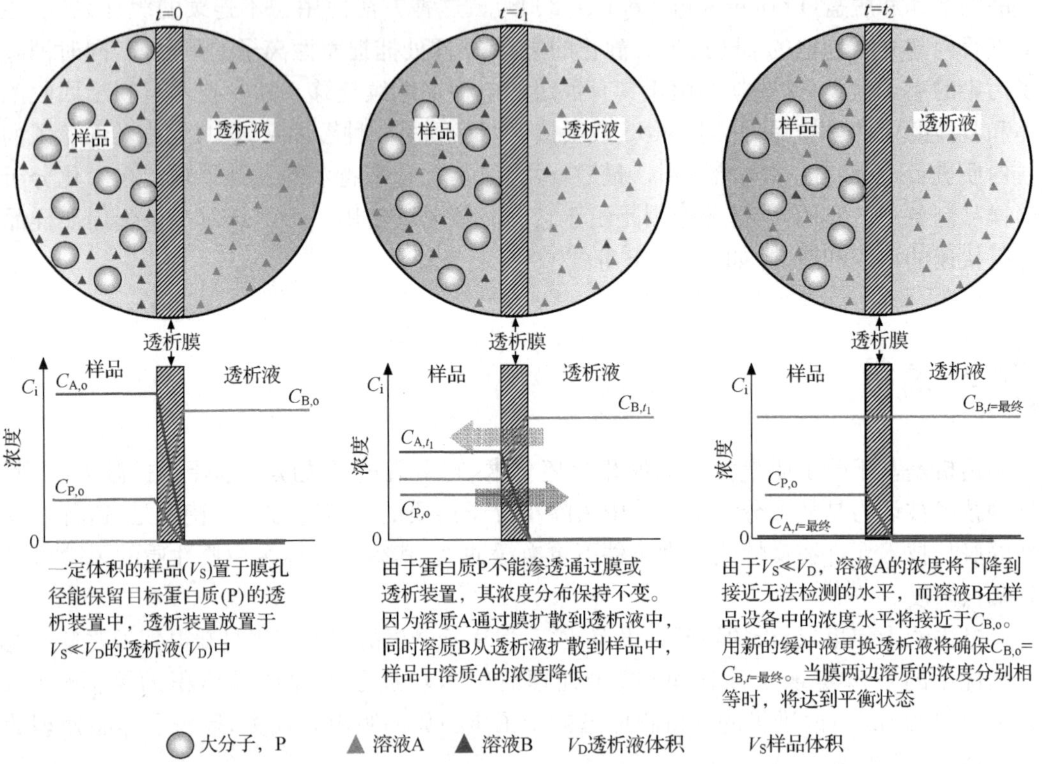

图 9.1　透析过程的示意图。顶部的圆形图提供了在透析过程中“样品”和“透析液”溶质分布的图解表达。底部的图形显示了对应的各个浓度分布剖面图(另见图版)

有几个方面可以影响透析产品的稳定回收，包括缓冲液交换所需的时间、透析系统的设计以及透析膜的化学和形态学特征。完成缓冲液交换所需要的时间取决于几个因素。可以通过提高分子穿过半透膜的固有扩散作用以减少透析过程的时间。基于前述的方程，物质转运可以通过增加膜面积或溶质的流量而得到提高。当样品体积很小时，可以很容易的得到样品相对于透析液的一个很大的比率。然而，蛋白质可吸附到透析膜而导致损失。在这样的背景下，需要评价增加膜面积或增加时间(对于较小的膜面积)所产生的影响。由于溶质的扩散系数随温度而变化，温度升高将加快分子运动，增加内在的扩散系数，从而导致更快的转运。然而，升高温度会对样品的稳定性产生不利的影响。由于样品的完整性往往是最重要的，因此可能需要预先确定能保持蛋白质稳定的最高温度。

透析系统的设计也可以决定进行有效透析的时间和产品回收的效率。溶质从样品中穿过膜扩散进入透析液的边界层。边界层中溶质的浓度高于透析液中其他部位溶质的浓度，从而减少跨越膜的浓度梯度，抑制扩散的进行。然而，可通过介导透析液的对流流动或通过不停的搅拌来减小边界层。

当前，透析膜和透析管的机械设计使其可以对范围广泛的样品量(从 10 μL～100 mL)进行加工处理，其产品的损失可以忽略不计。传统的透析管在其可使用之前要经历复杂的准备。Pierce Biotech (Rockford, IL)提供的 SnakeSkin® 透析管可以简化大体积样品的透析。这一技术的核心为褶状的再生纤维素膜(3.5～10 kDa MWCO)，便于快速准备。在小体积样品透析的情况下，Pierce 提供了简洁的 Slide-A-Lyzer® 微型透析器(10～100 μL)和透析盒 (0.1～30 mL)，用于处理有限的小量生物样品。这些透析器是一次性的杯子，由聚丙烯和再生纤维素制成，使用标准的实验室移液器可以很容易地移取样品。新的设计提高了对宝贵的小量样品的回收率。

3.1　浓缩和亲和结合的应用

蛋白质缓冲液交换的应用主导了透析膜的使用。然而，透析技术在浓缩和大分子亲和结合相互作用领域的应用越来越多。

使用透析膜进行蛋白质的浓缩类似于双水相萃取，通过使用试剂(如聚乙二醇、葡聚糖等聚合物)产生一个双相系统，而透析膜则将这个两相分开(Waziri et al., 2004)。根据该系统的设计，蛋白质可以自由的通过膜并与沉淀剂相互作用，随后得到浓缩，同时产品也得以回收。

这项技术被称为平衡透析，它也被用于在血清结合测定中对候选药品的鉴定，研究抗原-抗体相互作用，以及评估使用其他方法无法检测的低亲和力相互作用。在平衡透析中，膜的选择需要满足以下条件：所需的蛋白质或配体可以自由通过；受体分子只能位于膜一边，且不能透过。当蛋白质扩散穿过膜时，其中的一些蛋白质将结合到受体上，而有些蛋白质则仍保留在溶液中。配体穿过膜并结合到受体上的扩散作用会持续进行，直到达到平衡。配体槽中自由配体的浓度也可以用于检测样品的结合特性(Waters et al., 2008)。

4. 超滤

超滤(UF)所利用的分离机制本质上相当于透析。两种技术都采用半渗透屏障或膜将样品(包含有所需的产品或溶质)从溶液中分离开来。膜的设计允许小分子质量的溶质(如盐)渗过，而所需的产品则完全保留下来。超滤膜非常适用于浓缩生物制剂，因为它们可以在一个较宽的温度范围(2～26℃)内操作，而且不涉及相变化或化学添加剂，从而最大限度地减少了不稳定生物制品的变性和/或降解。将超滤与透析区分的作用有 3 个：①应用；②操作模式；③膜的结构。首先，透析主要用于溶质或缓冲液的交换，而超滤则应用于缓冲液交换或产品的浓缩。其次，透析是通过由半透膜两边的浓度差所驱动的扩散传质作用而进行的，而超滤主要是由膜两边的压力差所驱动的传统的传质而起作用的。由于使用不同的驱动力进行溶质或溶剂的转移，用于超滤的膜的机械强度要比透析膜的大。压力驱动的超滤膜的设计可承受超过 75 psi① 的高压力差。

---

① 1 psi=6.894 76×10^3 Pa，后同

一般情况下，有 3 种模型方法已被用于描述通过超滤进行溶质转运的真实机制(Denisov，1994)。其中的一种超滤转运机制如图 9.2 所示。由压力驱动的液流促使溶质和溶剂向膜的上游表面传递并透过，所施加的压力差被称为跨膜压力(ΔP_{TM})。如果膜可以完全保留住一个给定的溶质(如蛋白质)，就如同通过超滤进行浓缩的情况一样，$C_{滤出液}=0$，保留下的溶质将在膜的上游表面积累，将导致膜表面在边界层厚度 δ 内的浓度增加。这种现象称为“浓度极化”(concentration polarization)。溶质在膜表面的积累会通过几种机制影响溶剂过滤通量(J_v)。首先，积累的溶质可以产生一个沿着膜的渗透压力差，驱动液流从滤液向原料或渗余物的方向流动，从而减少溶剂运输的净速率。对通量的描述见下文和图 9.2。

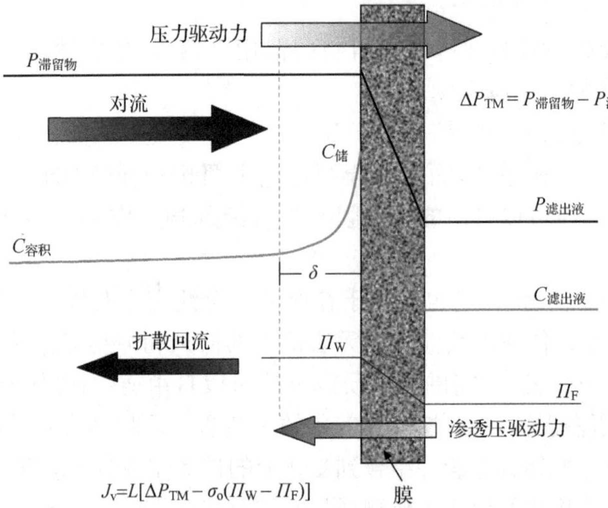

图 9.2 超滤过程溶质对流运输和扩散运输的示意图

$$J_v=L[\Delta P_{TM}-\sigma_o(\Pi_W-\Pi_F)]$$

式中，L 为液压渗透率；σ_o为渗透压反射系数；Π_W 和 Π_F 分别为膜壁处和滤出液处溶质的渗透压(Denisov，1994)。这一模型假设了滤液的流出是外加压力和诱导渗透压之间的差值作用产生的结果，且假设任何膜的污垢或阻力可忽略不计。然而，凝胶极化模型(Cheryan，1986)假设(如同 ΔP_{TM})在膜表面的高浓度存留溶质形成一个凝胶层，为滤液流造成了一个额外的液压阻力。最后一个建模方法假设了膜表面的溶质能够不可逆的将膜阻塞，从而降低了透水性(Cheryan，1986)。

总体而言，这些模型可以让用户更好地了解超滤工艺参数对溶质和溶剂流量的影响，并可以依此优化条件来提高膜的通量。这些模型最重要的应用可能是开发设计可进行大规模浓缩的超滤系统，对昂贵的产品(如用于疾病治疗的蛋白质)进行浓缩，在此，浓缩工艺的生产力和回收率都是至关重要的。而对于实验室规模的超滤，这些因素不是最关键的；但在用于小规模制备的超滤系统的设计中应该考虑这些因素。

4.1 超滤膜

一般情况下，大多数超滤膜包含一个坚固的支撑结构(如 Tyvek®)，并在这一基础上附加了一个非常薄的聚合物层。实际上正是这一薄层提供了选择性通透膜所需的性质，并决定了流阻。用于超滤的膜的生产技术在过去几十年里都没有改变。然而，在膜孔径分布、膜形态和膜修饰等的控制技术方面已经有了显著的改善。超滤膜的3个主要铸造技术分别是空气铸造、浸渍铸造和融化铸造。它们的区别主要在于去溶剂化的方法和设备上(Zeman and Zydney，1996)。目前的膜成分可以适应多种聚合物，这些聚合物可以通过接合、融合、涂敷等方式与超滤膜形成共聚物，从而提高了化学和机械稳定性。纤维素型聚合物提供许多生物技术应用所需的低蛋白质结合。然而，纤维素型膜在暴露于碱性次氯酸盐清洁液时一般会降解。新型纤维素复合膜(如来自Millipore公司的Ultracel®)具有低污染和低蛋白质结合的能力，从而实现优良的产物截留、回收的性质及更高的产率。这些Ultracel膜是将可再生的纤维素膜铸型于多孔性材料衬底上而构成的，相比于传统的膜，这些无缺陷的膜具有优良的稳固性。复合材料技术提供了一个机械强度极高的设计，可耐受极端的操作条件。此外，聚砜(PS)和聚醚砜(PES)高分子膜具有充分的抗碱能力，可以应用于需要用NaOH清洗的情况，但它更容易被含有生物制品的溶液所污染。表面修饰已成为用于减少膜污染的最通用的方法。膜修饰通过使用带负电荷的单体来完成(Rong et al.，2006)，或利用中性聚合物将高分子膜亲水化。几个主要的膜供应商，如Millipore、Pall Corporation、Gelman Sciences、Sartorius和Sterlitech提供了品种多样的改良多聚体膜和陶瓷膜，可以分别满足各种小规模和大规模情况下的生物学应用。

4.2 超滤装置

如前所述，目前的超滤膜和相关的设备可用于溶质或缓冲液交换，并对所需蛋白质进行浓缩。绝大部分小规模的超滤膜设备设计成盲端操作的模式，而大规模的超滤系统采用切向流操作模式(图9.3)。

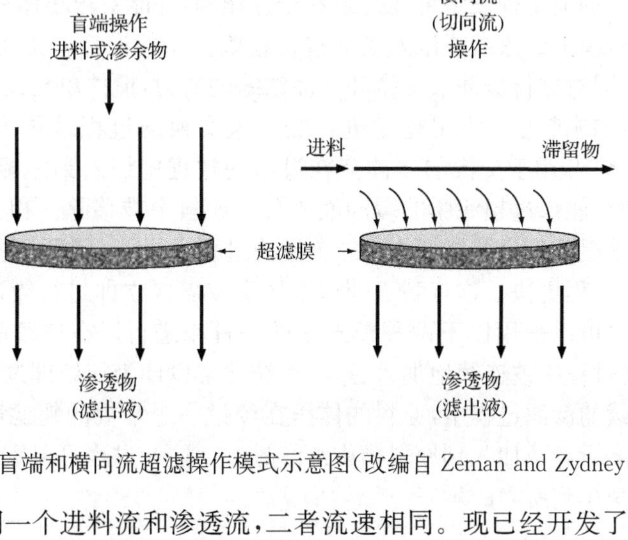

图9.3 盲端和横向流超滤操作模式示意图(改编自Zeman and Zydney，1996)

盲端设备采用一个进料流和渗透流，二者流速相同。现已经开发了多种专门应用于盲端过滤的应用模式。最主要的几种如下所述。

(1) 真空过滤 膜盘放置于支撑板和一个开放的玻璃或塑料漏斗之间。原料液放置于漏斗中，在真空作用驱动下透过膜进入到收集容器中。

(2) 针头式滤器 超滤膜与塑料支撑板结合并封闭于小的盘状单元中，它配备有鲁尔(Luer)接头，可以连接到注射器上。将注射器充满样品，手动驱使滤过液透过滤器以浓缩样品。

(3) 离心式过滤器 膜盘放置于小的离心管中，渗透物收集于膜下管底部的空间里。样品通过离心力驱动穿过超滤膜，浓缩了的样品保留于膜上部。Pall Corporation 提供了宽滤过范围的离心式超滤膜(Nanosep®、MicroSep™、MacroSep®和 Jumbo- Sep™)，用于处理小于 1 mL 到大至 60 mL 的样品，它们包含有 Omega™改良的 PES 膜，其截留分子质量(MWCO)为 10～100 K。Millipore 公司提供了一次性的 Centriplus®离心式过滤设备，通过 Amicon 的低吸附性亲水膜，用于 2～15 mL 样品的浓缩(100 倍)和脱盐。这些装置设计可用于能容纳 50 mL 离心管的大多数离心桶式的或固定角度转头的离心机。最后指出，Millipore 公司的 Amicon Ultra-4 离心机过滤器，它们被设计成能够精确的浓缩(80～100 倍)小体积(1～4 mL)样品，可以用于处理和回收非常宝贵的生物制品。

(4) 多孔滤板 超滤膜整合至 96 孔或 384 孔的多孔过滤板中，用于小样品量(80～300 μL)的高通量浓缩或缓冲液交换。系统可设计为包含各种分子质量筛截(10～100 kDa)的膜，并具有高于 90%的回收率。板的构造模式消除了横向流和孔间混合，并包含有出口末端和防溅罩，以确保清洁的滤液回收。Pall Corporation 提供了 96 孔或 384 孔滤板形式的 The AcroPrep™滤板(Pall Corporation，Meriden，CT)。

(5) 搅拌单元装置 将平板超滤膜盘放置于一个合适的支撑板上，并密封于圆柱形外壳的底部。根据设计，设备中的液体通过悬挂于顶部的一个磁力搅拌棒进行搅动，使用空气作为压力驱动液体进行超滤。Millipore 公司和 Sterlitech 公司都提供了各种规格的设备，处理的样品量为 3～400 mL。这些设备的设计使用了不同的超滤膜来模拟横向流/切向流过滤。

尽管以上介绍的前 4 种设备可能是最易于操作的，并能对很小体积的样本进行处理，然而它们缺少针对膜上的浓缩或浓差极化进行精确控制的设计。相比之下，由于具有搅拌功能，且具有可同时进行缓冲液交换和产品浓缩的能力，搅拌单元设备具有改良的传质功能和对浓缩的控制能力。使用超滤进行缓冲液交换的过程被称为"渗滤"(diafiltration)。在渗滤过程中，用于交换的缓冲液在过滤的过程中加入到滞留物或进料中，当过量的液体滤过膜时，能渗过超滤膜的缓冲液成分从原料中被移除。相比于通过膜两边溶质的浓度差而驱动缓冲液交换的透析法，在超滤过程中，由于膜两侧的缓冲液的对流流动，其缓冲液交换进程更快。这有利于处理不稳定或需要立即进行缓冲液交换的蛋白质或生物制品。渗滤可以采用以下两种模式中的一种来进行。在连续的渗滤中，洗涤(交换)缓冲液在过滤过程中被连续地加入，这一系统通常设计为在处理过程中原料的体积保持恒定。在不连续的渗滤过程中，原料的体积在经过一个常规的超滤后降低到一个预设的量。然后将洗涤缓冲液加入到原料槽中继续过滤。这一过程可以重复直到得到想要的溶质浓度且体积减小到所需的量。

4.3 纯化应用

超滤膜及超滤系统技术的最新进展将超滤的应用由浓缩和缓冲液置换扩展到其他更

加复杂的生物分离领域。相比较于传统的结合-洗脱柱层析，这些新型的基于膜的“纯化”应用已经被它们的低运行成本和易于使用的优点所推动。最近的研究表明，可以利用静电相互作用来提高传统的基于颗粒大小的、基于膜的处理方式的性能，这种方法被称为高性能切向流过滤(Sakena and Zydney, 1994; van Reis et al., 1997)。这些膜旨在通过利用分子和膜孔间的静电相互作用，对那些大小相同但等电点不同的生物分子加以分离。此外，在膜色谱领域(或亲和膜色谱)，使用具有较大孔隙范围的膜(微孔过滤膜)比使用超滤膜具有明显的优势。膜吸附已被接受作为一种替代的方法用于最终的精制色谱步骤来去除痕量杂质(Ghosh, 2002)。有多种商业化的以阴离子或阳离子交换的形式起作用的吸附剂可从 Sartorius 公司和 Pall 公司获得，与基于凝胶颗粒的色谱不同，这些吸附剂的设计使之可以克服相关的扩散传质限制。通常情况下，带电的配体固定在膜孔中，对流流动使溶质分子极为接近配体，从而最大可能的减少了扩散限度。虽然膜吸附具有高通量的优点和实现高生产率的可能性，但这一技术的应用进展一直非常缓慢，因为膜色谱的结合能力比传统的树脂色谱要低，从而导致它在实际应用中受到限制。

5. 冷冻干燥

溶液中溶质的浓缩可以从热力学上通过驱使溶剂变成气态进入顶部空间(蒸发)或煮沸而实现。不幸的是，不稳定的溶质(如蛋白质分子)可以被用于除去溶剂所需的热量快速降解。由于溶液的沸点是溶液的蒸气压等于大气压(顶部空气压力)时的温度，因此，通过增加溶液的温度或通过降低大气压力(如采用真空)都可以使溶剂沸腾。其中后者被称为真空浓缩(vacuum concentration)。在冷冻干燥的过程中，样品的温度比溶液的凝固点要低，溶剂通过升华而被去除。冷冻和真空可同时进行，热量和顶部的空气此时被除去，从而对感兴趣的产品进行浓缩。将要被冷冻干燥的液态蛋白质产品通常含有生物活性成分、溶剂体系和几种膨胀剂及稳定剂。膨胀剂为活性分子提供支撑结构，而稳定剂则在冷冻干燥之前和样品重新组成之后的液态形式下，对目标蛋白质活性的维持发挥重要的作用。冷冻干燥一般分为 3 个主要的步骤(Costantino and Pikal, 2004; Jennings, 1999; Przic et al., 2004)。

(1) 冷冻　冷冻速率会影响最终产品的质量。例如，慢速冷冻会导致大冰晶的形成，它会加快冷冻干燥的速率，但可能会使不稳定的蛋白质变性。相反，当样品冷冻快速进行，会形成小的冰晶，它会使冷冻干燥速率降低，但却能保护蛋白质的稳定性。

(2) 初级干燥　在初级干燥过程中，通过升华作用，大于80%的溶剂从固态直接变为气态。残留的溶剂以湿气的形式仍然吸附在产品上。类似于冷冻速率，干燥速率会影响冻干“蛋糕”的结构和形态，所设计的速率要避免样品融化。

(3) 二次干燥　在二次干燥中，溶剂残留的吸附降低到足以抑制微生物生长或化学反应发生的潮湿水平，但同时仍保持了冻干产品的活性和完整性。产品的物理性质决定了二次干燥的可持续时间。例如，蛋白质通常需要残留水分的存在以维持结构的完整性和生物活性。必要残余水分的量因产品而异，必须凭经验而定。

图 9.4 总结了冷冻干燥器的主要组成和操作过程。尽管冷冻干燥机的设计因操作规模的不同而有所差异,然而其主要部件和系统需求并没有改变。过去十年来的创新提高了所有的不同规模冷冻干燥装置的效率、成本效益、准确性和便利性。这些改进因计算机控制的自动化而被增强。特别是,自动化的样品装载/卸载系统通过最大限度地减少用户的手动操作使这一过程更加精确。增强型实时过程控制和监测的应用,如 SMART Freeze Dryer™ Temperature Monitoring 技术(SP Industries, Warminister, PA)允许在关键的冷冻干燥周期改善温度控制。例如,核磁共振技术(NMR)通过无创的、无接触的重量检测技术取代了传统的称量技术。

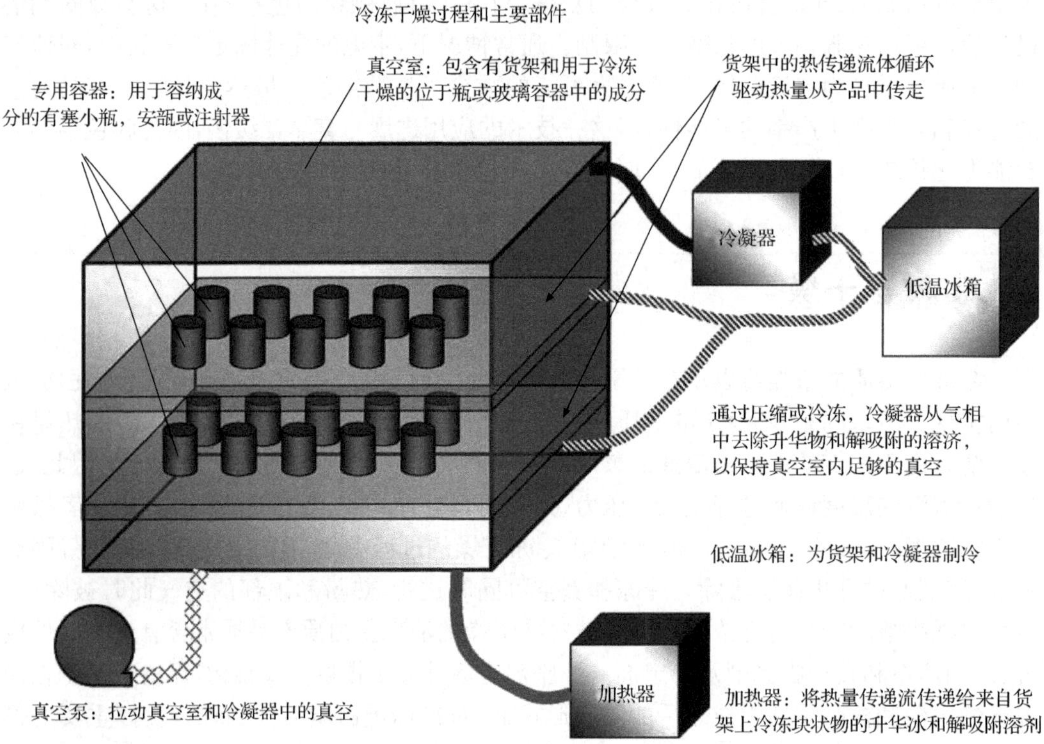

图 9.4 冷冻干燥过程示意图和关键的系统组件

尽管有这些改进,在冷冻干燥过程中固有的局限性依然存在。最困难的挑战之一是实现特定产品的目标含水量。当残留溶质-结合水在二次干燥过程中从产品中被去除时,过度干燥会导致产品稳定性降低。未来的冷冻干燥系统将结合精确的监控系统,使用改进的过程质量流量计技术,精确监控冷冻干燥循环中水分的移除。

与当前提高了性能的中试规模的和大型的冷冻干燥器相称的是,已发展的实验室规模系统可以处理相对小的样品体积。SP Industries 公司、Labconco 公司和 Martin Christ 公司专攻实验室规模系统的开发。新的台式系统为通过干冰进行冷冻干燥提供了简单而经济的设备。例如,特殊的系统配备一个中心井用于提供干冰和溶剂,它可以作为水蒸气收集器和方便的预冷槽。烧瓶、血清瓶和安瓿浸入中心井并在里面旋转而被冻结。此外,紧凑的台式冷冻干燥机被设计为具有快速的干燥速率,它无限制的蒸汽通道、更高效的冷凝器以及具有阀门的多出入口复合管路等设计使得其工作效率达到最大。总体而言，当前及未来的实验室和商用的冷冻干燥器正被设计成包含有微型处理器控制的形式，以减少操作错误，最大限度地减少手动操作，提高整体系统的性能。

6. 沉淀

沉淀是一种常用的纯化技术，用于蛋白质的浓缩和脱盐。蛋白质沉淀是通过加入某种试剂来改变蛋白质的溶解度，从而将蛋白质从一种溶液中以固体的形式分离的过程。蛋白质沉淀问题将在第 20 章中详细讨论。沉淀操作通常成本低廉，易于放大。此外，大部分沉淀往往在包含有 DNA、脂类和杂质蛋白质的初始料液中进行。有多种方法或系统可用于进行沉淀操作。该项操作的难点是如何确定可完成预期目标的最适方法。沉淀反应可以通过加入中性盐、有机溶剂、非离子型亲水聚合物、多价金属离子等来诱导，或通过加入酸或碱来进行等电点沉淀（Harrison et al.，2003）。影响蛋白质溶解度最重要的因素是结构、大小、电荷和溶剂（Ladisch，2007）。一旦蛋白质沉淀，便可以将之通过随后的离心或过滤从溶液中分离。沉淀可以重新溶解到较小体积的溶液中从而达到蛋白质的浓缩，或经洗涤并重新溶解到新溶液中以改变溶液的条件。

有许多市售的滤板或管可以以 96 孔板的形式使用（Anachem，UK；Millipore，Bedford，MA；Pall，Meriden，CT），它们的使用可以实现以最小量的资源来筛选沉淀条件。这些板也可以使沉淀技术自动化，进一步节省了资源。市售的结晶筛选试剂盒内含有能反映蛋白质潜在沉淀/结晶条件的即用型溶液，对探索宽范围的缓冲液、pH 和沉淀剂也非常有用（Hampton Research，Aliso Viejo，CA；Sigma-Aldrich，St Louis，MO）。

许多沉淀方法，包括使用有机溶剂的沉淀和等电点沉淀，可能会导致蛋白质变性或生物活性降低。虽然有损于蛋白质的功能，但这些沉淀方法通常还是被用于去除包含在生物制品溶液中的那些会干扰下游应用和分析的组分。一些分析技术通常采用变性的蛋白质，不需要蛋白质具有生物学活性和其他功能。例如，将蛋白质变性是 SDS-PAGE 分析方法的一部分。对于这些应用，可将蛋白质变性的沉淀方法仍然适用。一些常用的沉淀剂用于样品分析前蛋白质的浓缩和干扰物的消除，包括乙醇、丙酮、氯仿/甲醇、TCA 等。

使用丙酮进行蛋白质沉淀可以通过向蛋白质样品中加入 4∶1 的冷丙酮（－20℃）来完成。然后进行混合、离心，并将上清液丢弃。这一过程可以重复以更好地去除盐类和其他杂质。随后将沉淀物干燥并重溶于目标缓冲液中。一个类似的操作是将 9∶1 体积的冷乙醇（－20℃）加入到蛋白质样品中。使用乙醇的一个优点是它的易燃性小于丙酮。Wessel 和 Flugge（1984）提出了一个氯仿-甲醇沉淀系统，提高了对稀蛋白质溶液的回收率。

TCA 沉淀法被认为是一种将蛋白质从稀溶液中沉淀的非常有效的方法。向蛋白质样品中加入同等体积的 20％TCA，冰浴 30 min。4℃离心，弃去上清液。然后将片状沉淀物用冰丙酮（－20℃）洗涤，4℃再次离心，弃上清液，干燥。沉淀物可以用目标缓冲液溶解。可能需要额外的丙酮洗涤或中和重新溶解的样品，以降低酸度，有利于进一步的分析操作。Sivaraman 等（1997）证明在 TCA 浓度为 15％左右时进行蛋白质沉淀效果最佳。

在许多情况下，实验者希望在沉淀操作后蛋白质的活性和结构仍可以保留。该目标可以通过向蛋白质样品中加入中性盐（盐析）或亲水性非离子型聚合物（如聚乙二醇）来实现。Hofmeister (1887;1890)首先描述了使用中性盐沉淀蛋白质的方法。最常用的盐是硫酸铵，因为它水溶性极高，并对蛋白质的生物活性无有害作用。硫酸铵沉淀通常是通过缓慢地将饱和硫酸铵溶液(41.22 g/100 g 水，25℃) 加入到蛋白质样品中以达到所需要的浓度来完成。不同的蛋白质在硫酸铵中的溶解度有很大的差异，所以，通过预实验来确定目标蛋白质从溶液中沉淀时硫酸铵的浓度可能是非常有益的。蛋白质的这一特性使得将一种蛋白质从其他蛋白质和污染物中通过分步沉淀而进行纯化的设想成为可能。亲水聚合物，如聚乙二醇(PEG)也可以用于沉淀蛋白质而同时保留蛋白质生物活性。使用相对分子质量大于 4000 的聚乙二醇更易于进行蛋白质的沉淀。Atha 和 Ingham (1981)论证了使用浓度为 3%～30% (m/V)的 PEG 4000 对几种蛋白质的沉淀情况。

7. 结晶

结晶是另一种纯化技术，它类似于沉淀作用，可用于蛋白质的浓缩和脱盐。蛋白质结晶是一个强大的分离技术，因为它可同时浓缩、纯化和稳定蛋白质产品(Etzel, 2006)。结晶是一种在水溶液中受控制的沉淀，主要有 4 个变量可用来控制结晶的形态和回收：蛋白质的浓度、沉淀剂的浓度、pH 及温度。结晶类似于沉淀，都是从溶液中形成固体颗粒；但沉淀具有不确定的形态，呈现出小颗粒特征，而结晶是高度有序的，通常呈现出较大的颗粒。多孔板和小型化的高通量筛选系统正被开发，它们与自动化液体处理方法及新型的分析方法相结合，使得对纳升(nanoliter)级样品进行宽范围结晶条件的快速筛选成为可能(Brown et al., 2003)。此外，微流体芯片的应用已被发展用于生物分子的结晶(Teragenics, Watertown, MA)。实际上，对一个蛋白质进行结晶比对其沉淀往往更加困难，为了进行蛋白质的浓缩和脱盐，沉淀往往是一种更常用的办法。此外，当结晶过程被从实验室水平放大时，混合的力度可显著影响晶体的稳固性。

（吴诗坡　译　张金龙　校）

参考文献

Atha, D. H., and Ingham, K. C. (1981). Mechanism of precipitation of proteins by polyethylene glycols. *J. Biol. Chem.* **256,** 12108–12117.

Booker, C. J., and Yeung, K. K. C. (2008). In-capillary protein enrichment and removal of nonbuffering salts using capillary electrophoresis with discontinuous buffers. *Anal. Chem.* **80,** 8598–8604.

Brown, J., Walter, T. S., Carter, L., Abrescia, N. G. A, Aricescu, A. R., Batuwangala, T. D., Bird, L. E., Brown, N., Chamberlain, P. P., and Davis, S. (2003). A procedure for setting up high-throughput nanolitre crystallization experiments. II. Crystallization results. *J. Appl. Crystallogr.* **36,** 315–318.

Cheryan, M. (1986). Ultrafiltration Handbook. Technomic, Lancaster, PA.

Costantino, H. R., and Pikal, M. J. (2004). Lyophilization of Biopharmaceuticals. AAPS Press.

Cussler, E. L. (1997). Diffusion Mass Transfer in Fluid Systems: Mass Transfer in Fluid Systems. 2nd edn. Cambridge University Press.

Denisov, G. A. (1994). Theory of concentration polarization in cross-flow ultrafiltration: Gel-layer model and osmotic–pressure model. *J. Membr. Sci.* **91,** 173–187.

Etzel, M. (2006). Bulk protein crystallization—Principles and methods. *In* "Process Scale Bioseparations for the Biopharmaceutical Industry" (A. Shukla, M. Etzel, and S. Gadam, eds.). Taylor & Francis, Boca Raton, FL.

Ghosh, R. (2002). Protein separation using membrane chromatography: Opportunities and challenges. *J. Chromatogr. A* **952,** 13–27.

Harrison, R. G., *et al.* (2003). Bioseparations Science and Engineering. Oxford University Press, New York, NY.

Hsieh, H.-C., Sheu, C., Shi, F. K., and Li, D.-T. (2007). Development of a titanium dioxide nanoparticle pipette-tip for the selective enrichment of phosphorylated peptides. *J. Chromatogr. A* **1165,** 128–135.

Hofmeister, F. (1887). Zur Lehre von der Wirkung der Sake. *Arch. Exp. Path. Pharm.* **24,** 247.

Hofmeister, F. (1890). Uber die Darstellung von krystallisirtem Eiralbumin und die Krystallisirbarkeit colloider Stoffe. *Z. Physiol. Chem.* **14,** 165.

Jennings, T. (1999). Lyophilization: Introduction and Basic Principles. Interpharm Press.

Jia, W., Wu, H., Lu, H., Li, N., Zhang, Y., Cai, R., and Yang, P. (2007). Rapid and automatic on-plate desalting protocol for MALDI-MS: Using imprinted hydrophobic polymer template. *Proteomics* **7,** 2497–2506.

Ladisch, M. (2007). Bioseparations Engineering: Principles, Practice, and Economics. John Wiley & Sons Inc.

Przic, D. S., Ruzic, D. S., Nenad, N. L., and Petrovic, S. D. (2004). Lyophilization—The process and industrial use. *Chem. Ind.* **58,** 552.

Rong, W., Zhansheng, L., and Fane, A. G. (2006). Development of a novel electrophoresis-UV grafting technique to modify PES UF membranes used for NOM removal. *J. Membr. Sci.* **273,** 47–57.

Sakena, S., and Zydney, A. L. (1994). Effect of solution pH and ionic strength on the separation of albumin from immunoglobulins (IgG) by selective filtration. *Biotechnol. Bioeng.* **43,** 960–968.

Schley, C., Swart, R., and Huber, C. G. (2006). Capillary scale monolithic trap column for desalting and preconcentration of peptides and proteins in one- and two-dimensional separations. *J. Chromatogr. A* **1136,** 210–220.

Shen, W., Xiong, H., Xu, Y., Cai, S., Lu, H., and Yang, P. (2008). ZnO-poly(methyl methacrylate) nanobeads for enriching and desalting low-abundant proteins followed by directly MALDI-TOF MS analysis. *Anal. Chem.* **80,** 6758–6763.

Sheen, H., and Ali-Khan, Z. (2005). Protein sample concentration by repeated loading onto SDS-PAGE. *Anal. Biochem.* **343,** 338–340.

Sivaraman, T., *et al.* (1997). The mechanism of 2, 2, 2-trichloroacetic acid-induced protein precipitation. *J. Protein Chem.* **16,** 291–297.

Shihabi, Z. K. (2002). Transient pseudo-isotachophoresis for sample concentration in capillary electrophoresis. *Electrophoresis* **23,** 1612–1617.

van Reis, R., Gadam, S., Frautschy, L. N., Orlando, S., Goodrich, E. M., Saksena, S., Kuriyel, R., Simpson, C. M., Pearl, S., and Zydney, A. L. (1997). High performance tangential flow filtration. *Biotechnol. Bioeng* **56,** 71–82.

Waters, N. J., *et al.* (2008). Validation of a rapid equilibrium dialysis approach for the measurement of plasma protein binding. *J. Pharm. Sci.* **97**(10), 4586–4595.

Waziri, S. M., Abu-Sharkh, B. F., and Ali, S. A. (2004). Protein partitioning in aqueous two-phase systems composed of a pH-responsive copolymer and poly(ethylene glycol). *Biotechnol. Prog.* **20,** 526–532.

Wessel, D., and Flugge, U. I. (1984). A method for the quantitative recovery of protein in dilute solution in the presence of detergents and lipids. *Anal. Biochem.* **138,** 141–143.

Wheat, T. E., Rainville, P. R., Gillece-Castro, B. L., Lu, Z., Cravello, L., and Mazzeo, J. R. (2007). Fast on-line desalting of proteins for determination of structural information using exact mass spectrometry. *Bioprocess. J.* **6,** 55–59.

Yu, H., Lu, Y., Zhou, Y.-G., Wang, F.-B., He, F.-Y., and Xia, X.-H. (2008). A disposable microfluidic device for rapid protein concentration and purification via direct-printing. *Lab Chip* **8,** 1496–1501.

Zeman, L., and Zydney, A. (1996). Microfiltration and Ultrafiltration. *Marcel Dekker Inc.*

第 10 章

蛋白质稳定性的保持

Murray P. Deutscher *

目录

摘要

蛋白质是一种脆弱的分子，在纯化过程中我们往往需要非常谨慎，以确保它们保持完整和充足的活性。如今，许多蛋白质仍然是在变性的条件下使用各种凝胶电泳技术进行小量的纯化，通过这种方法获得的蛋白质是失活的。然而，即使是在这样的情况下，保持蛋白质的完整形式通常也是很有用的。对于酶，以及其他可分析其生物活性的蛋白质，无论是在其纯化的过程中还是在纯化之后的功能研究中，保持活性通常是最重要的。本章将重点阐述在纯化和储存过程中保持蛋白质稳定所要牢记的重点。其他各章节详细描述了对特定生物系统和特殊种类的蛋白质保持其稳定性的规程。

1. 蛋白质失活的原因

在各种条件下使用不同操作方法从细胞环境中提取蛋白质将会导致其活性的丢失和结构的改变。这些操作包括稀释，改变溶液条件，暴露于各种降解酶、氧气、重金属及各种材料的表面，以及生理条件的变化(如冻融作用)等。意识到这其中的任何一个情况都有可能影响蛋白质、了解可能采取的尽量减少这些影响的预防措施，都将有助于确保一个纯化草案的成功。如果在任何操作过程中发生目标蛋白质的丢失或失活，那么在确定这种情况发生的原因时将通常会提出一个简单的解决方案。因此，如果可能的话，检查蛋白质失活是否伴随着蛋白质的损失或其结构的变化，或者是否蛋白质仍然存在，但已失活。这些不同可能性之间的区别可能表明了什么类型的操作过程是失活背后的问题，因此也指明了一个适当的解决方案是什么。

* 迈阿密大学医学院，生物化学与分子生物学系(Miami，Florida，USA)

2. 常规处理方法

显然，要保持蛋白质的稳定，应避免可以使其变性的处理方法。因此，蛋白质溶液一般不要剧烈搅拌或涡旋，因为这可能会导致蛋白质氧化或表面变性。蛋白质溶液不应暴露于极端的 pH、高温、有机溶剂或任何其他可能促进变性的条件。同样，如果在解冻的状态下长时间储存一种蛋白质溶液，细菌和真菌的生长将会成为一个问题。在这样的情况下，无菌溶液和抗菌或抗真菌试剂可能是必要的。最后，最好使用蒸馏水配制将与蛋白质接触的所有溶液，并且要将蒸馏水储存在无藻类生长的容器中。

3. 浓缩和溶剂条件

从细胞中提取蛋白质不可避免地导致其所在环境的改变。由于蛋白质在体内一般是稳定的，理论上的目标是尝试去复制尽可能接近于细胞的环境，这就意味着高蛋白质浓度、接近中性的 pH、适中的离子强度、还原状态的条件等。实际上，这些条件中有些是与蛋白质纯化相一致的，有些则不是。如前所述，保持高蛋白质浓度（$>$1 mg/mL）通常是一个很好的做法。这将有助于保持蛋白质复合物的状态，可最大限度地减少有害污染物和表面吸附作用的影响，而且为目标蛋白质提供一个普遍稳定的环境。在蛋白质纯化的早期保持高蛋白质浓度是相对比较容易的，但随着蛋白质纯化的进行，这将变得更加困难，除非在每个纯化步骤之后都进行一次浓缩。因为这些后期的过程通常也存在自身的问题，所以除非特殊的稳定性问题变得很明显，否则在大多情况下，你可能不得不接受稀溶液。将浓缩蛋白质的纯化步骤与稀释蛋白质的纯化步骤进行交替的做法可能是有用的。例如，将结合到层析柱上的蛋白质进行一次性洗脱的操作往往会使蛋白质浓缩，而梯度洗脱则趋向于将其稀释。使用结合蛋白质的层析柱进行纯化趋向于浓缩，而凝胶过滤则会稀释。通过明智的安排纯化步骤，可能会避免蛋白质溶液被过多的稀释。

溶液的条件也是极其重要的。虽然不可能描述出适用于每一个蛋白质的一种通用稳定溶液的配制方法，但对于某种蛋白质来说，添加特定的组分通常是有用的。这些条件包括能够避免不必要的 pH 变化的缓冲体系，体系的 pH 通常在中性附近。应该特别注意缓冲液的阴离子，因为很多情况下 Cl^- 可能是有害的。EDTA 通常以约 0.1 mmol/L 的浓度添加，用以螯合可能与蛋白质相互作用或促进氧化的重金属离子。还原剂（如 2-巯基乙醇或二硫苏糖醇）通常用于对抗氧化作用，尤其是半胱氨酸残基的氧化。可优先使用 0.1～1 mmol/L 的二硫苏糖醇，因为它不能和蛋白质形成分子间二硫键，而 2-巯基乙醇可以。溶液中应加入足够的还原剂，如果还原剂过少，蛋白质会在其耗尽后由于失去保护而被氧化。在某些情况下，要加入盐以保持一定的离子强度，但仅限于当它们与下一步的纯化或分析步骤相兼容的情况下使用。同样，5%～20%的甘油往往有助于保持稳定，并且这些浓度适用于大多数纯化步骤。有时，需要加入低水平的非离子去污剂以防止蛋白质聚集或吸附到所使用器材(如玻璃器皿)的表面。最后,加入蛋白酶抑制剂是一个很好的做法,特别是在早期的操作步骤之中。

4. 稳定性实验和储存条件

在一种新蛋白质的纯化过程中,最重要的研究之一是稳定性和存储研究。这意味着在纯化过程的每个步骤之后,一定要检测感兴趣蛋白质的稳定性和存储性。虽然快捷的蛋白质纯化过程是人们所期望的,但经常会发生一些意外情况,特别是在一个新的纯化过程中,在进行下一个纯化步骤之前需要将蛋白质放置一段时间的时候。为此,你需要知道它在不同储藏条件下的稳定性。最简单的测试办法是取少量蛋白质溶液,将它们存储在不同的条件下(如储存于冰上、将其冰冻或在室温下存放,以及加入或不加入稳定剂),然后在不同的时间段检测蛋白质的活性。另外,要知道下一个纯化步骤是什么。一些存储条件对稳定很好,但不利于进一步的纯化。一个恰当的例子是于－20℃将蛋白质存储在50%的甘油(*V*/*V*)通常是保持稳定的一个有用条件,但如果你要进行进一步的纯化,这是相当可怕的。有时可能有必要应用这样的程序,即通过透析去除甘油,但这一般是最后采用的解决措施。

当你完成了纯化流程并准备长时间存储所纯化的蛋白质时,一个不同的情况出现了。在这里,主要关注的是蛋白质的长期稳定性,很多在纯化过程中不实用的条件现在变得可用。这些可能包括加入高浓度的甘油、加入稳定性基质,甚至加入其他蛋白质(如血清白蛋白)。储存条件的选择取决于什么对蛋白质稳定是有效的,以及纯化的蛋白质将要作何用。如果你主要的兴趣是研究酶的活性,那么血清白蛋白的存在可能无关紧要。相比之下,如果你想要研究蛋白质的结构,那么就不希望有其他蛋白质的存在。如果你不确定,最好是将蛋白质分装并存储在不同的条件下。

蛋白质存储的相关问题还有纯化蛋白质溶液的冻融。避免反复冻融的一种方式是将纯化的蛋白质分装成小份,每次按需取出其中的一份或几份融解;另外,将蛋白质存储在非冻结的条件下,如－20℃条件下50%的甘油中。如果需要反复冻融,最好是使用快速的冻融程序。在冷冻过程中,溶质浓缩,蛋白质可能会暴露于异常恶劣的条件中。我们通常将蛋白质速冻于干冰-乙醇浴以避免这个问题。同样,对解冻蛋白质溶液也应该快速地进行,将其置于缓慢搅拌的温水浴中,直到样品溶解到仅剩少量的冰块时取出。在使用过程中,溶液解冻后放置于冰上或室温条件下。最后解冻的溶液应该轻轻地混合,如果溶液在管中可以颠倒,以确保溶质均匀分布。

5. 蛋白质水解和蛋白酶抑制剂

蛋白质水解是蛋白质纯化的一个主要问题。因为在很多情况下目标蛋白质在部分降解时仍能保留生物活性,所以这是一个特别潜在的问题。而且这一现象这可能会导致在进行蛋白质大小和结构分析时得出错误的结论。蛋白质水解可能出现在纯化过程的任何阶段。因为纯化过程总是趋向于消除这些具有水解活性的污染物，所以一般来说总的水解活性在初始的粗提取物中是最高的。然而，粗提物中也存在着很多可能会保护目标蛋白质的蛋白质。在纯化过程中，一种蛋白酶微量的污染甚至会产生很大的影响，因为大部分可接触的蛋白质底物可能都是你所需的目标蛋白质。

如果在特定的情况下蛋白质水解是一个问题，你怎么判断呢？最简单的测试方法是将提取物或部分纯化的蛋白质在温和的温度下孵育(如 30℃)，分时间段取出部分样品进行生物活性的分析。虽然这种方法并非万无一失，因为可能会有其他原因导致蛋白质失活，但大多数蛋白质在这样的条件下不会热失活。如果活性丧失，建议添加蛋白酶抑制剂，因为在纯化过程中即使是将蛋白质保持在 0～4℃的条件下也会发生一些裂解，除非蛋白酶灭活。

细胞中含有多种不同的蛋白酶类。幸运的是，可用蛋白酶抑制剂作用于各种蛋白酶。表 10.1 列出了一些常用的蛋白酶抑制剂。蛋白酶抑制剂用于特定的情况或系统在本书其他章节中有所描述。对于一个新的蛋白质最好的办法是使用混合的能够对不同种类蛋白质起作用的蛋白酶抑制剂。这些蛋白酶抑制剂混合物是可以买到的。一旦获得了保持目标蛋白质稳定性的条件，可以将蛋白酶抑制剂逐一去除以确定哪一个蛋白酶抑制剂是必需的。将会涉及一些反复实验，以便确定哪些抑制剂是纯化过程所需要的而哪些则不是。请注意，蛋白酶抑制剂在一定条件下是有毒的和/或不稳定的。在没有研究清楚它们的性质之前请不要使用。

表 10.1　常用的蛋白酶抑制剂

蛋白酶抑制剂	被抑制的蛋白酶种类	使用浓度
苯甲基磺酰氟化物(PMSF)	丝氨酸蛋白酶	0.1～1 mmol/L
EDTA 和 EGTA	金属蛋白酶	0.1～1 mmol/L
苯甲脒	丝氨酸蛋白酶	约 1 mmol/L
胃蛋白酶抑制素 A	酸性蛋白酶	约 1 μg/mL
亮肽素	巯基蛋白酶	约 1 μg/mL
抑肽酶	丝氨酸蛋白酶	约 5 μg/mL
抗蛋白酶素	巯基蛋白酶	约 1 μg/mL

6. 蛋白质活性丢失

在蛋白质纯化过程中通常听到的哀叹是："我的蛋白质失去了活性。"当这种情况发生时，需要仔细分析情况，以查明原因。最重要的是，你应该仔细计算酶单位，以评估活力损失的程度。对于许多纯化步骤，损失高达 50%的比例是正常的，当然，蛋白质活性损失的情况对每个蛋白质是不一样的。一般来说，包含有将蛋白质与基质结合，并且在结合的过程中可能需要发生构象变化的纯化步骤相比于凝胶过滤来说对蛋白质活性的影响更大。

如果在某一个纯化步骤蛋白质的活性完全丧失，需要考虑其他的可能性。第一种可能是在某些情况下，蛋白质可能与层析柱结合得非常紧密，需要使用更加极端的洗脱程序。根据层析的类型（见本书第 6 部分和第 7 部分），可能需要增加离子强度、使用一个离液序列比较高的盐（如 KBr），或在洗脱液中加入去污剂或乙二醇。

第二种可能是蛋白质活性的发挥需要多个组分，这些组分（如另一个亚基或辅因子）在分级分离过程中被除去了。因此，无论哪一种组分其本身是无活性的，只有在所有组分出现时才可观察到活性。为了测试这种可能性，可将前一步中的所有组分混合到一起，再检测其活性。在某些情况下，有必要将混合物浓缩到原来的体积去观察其活性。如果混合所有的组分后再次检测到了活性，则应该以配对的方式检测这些组分或组分群。经常会发现某个组分有微量的活性而需要第二种组分以达到最佳的活性。此时，所需要的一种组分已经很明确了，而其他组分可以通过测试其刺激活性来确定。

有时在纯化步骤之间蛋白质可能会丧失活性，如在透析或浓缩过程中，或甚至在存储过程中。对于前者，你应该再次检测除去一种可能需要的组分所产生的结果。也有这样的可能性，就是蛋白质依附在透析管或浓缩膜上。对此，用含有一定去污剂的缓冲液冲洗这些管或膜可能会有所帮助。存储过程中的稳定性问题在上面已经有所讨论。

最令人沮丧的情况是以上所有的可能性中没有一种是蛋白质失活的原因。在这种情况下，最可能的解释是蛋白质因变性、水解等确实失活了。如果可以独立检测蛋白质（如 Western Blot 法），这种情况可以直接显示。如果不行，可能需要进行反复实验（trial and error experiment）检测各种条件来寻找失活的原因。有时，最好的办法是避免特殊的纯化步骤。

少量纯化（低于毫克级蛋白质量的纯化）的操作要注意一系列特殊问题。尤其是要特别注意蛋白质因吸附于各种表面而损失的可能性。少量蛋白质与某些表面结合紧密，如玻璃表面和多种塑料表面，常常会高达 1 $\mu g/cm^2$。在少量蛋白质纯化过程中，由于蛋白质的总量本来就很少，所以这些因吸附而损失的蛋白质的量可占到相当大的比例。当然，你应该避免使用聚苯乙烯材料制成的容器（如微量滴定盘），因为它具有较高的蛋白质结合能力。在这样的情况下，管道应仔细地冲洗以确保蛋白质的最大回收率。此外，低浓度非离子型去污剂的存在可能有助于防止蛋白质与表面结合。在整个过程中，小心地计算蛋白质的量是相当重要的，这可能会提醒研究者在哪里发生了不必要的蛋白质损失。

（吴诗坡 译 张金龙 校）

第 3 部分

重组蛋白的表达与纯化

第11章

选择重组蛋白表达的合适方法

William H. Brondyk*

目录

摘要

重组蛋白是研究生物学过程的重要工具。需要使用表达系统来对其进行制备。合适表达系统的选择取决于重组蛋白的特性、重组蛋白的预期应用以及该系统能否生产足够量的蛋白质。在过去的30年中,重组蛋白表达技术已经取得了显著的进展。本章介绍了4种常用表达系统,即大肠杆菌、毕赤酵母、杆状病毒/昆虫细胞及哺乳动物细胞表达系统的特点。大肠杆菌系统是一种快捷的蛋白质表达系统,但其缺少在真核生物内发现的多种翻译后修饰。尽管已经发展出多种方法来克服这种局限,但对许多重组蛋白而言,大肠杆菌仍然缺少足够的能力来使它们进行正确折叠和形成二硫键。与大肠杆菌相比,真核

* Genzyme公司(Framingham,Massachusetts,USA)

的毕赤酵母、杆状病毒/昆虫细胞及哺乳动物系统可以促进蛋白质的正确折叠和进行多种翻译后修饰。最后我们讨论了蛋白质的特性和下游应用如何影响表达系统的选择。

1. 引言

选择合适的重组蛋白表达方法对于能否及时获取所需数量和质量的重组蛋白非常关键。选择了错误的表达宿主可能导致蛋白质的错误折叠或低量表达，缺少必要的翻译后修饰或含有不适当的修饰。选择表达系统时需要考虑的因素包括蛋白质的大小、二硫键的数目、所需翻译后修饰的类型及目标蛋白质的定位。纯化后的重组蛋白的预期应用在决策过程中也是很关键的，其应用领域有四大类：结构研究、体外活性分析、作为抗原制备抗体和体内研究。本章的目的是为研究者选择合适的表达系统提供指导。然而，即便凭借这些指导原则，很多情况下仍然无法预先确定哪种表达系统是最合适的，要想找到最理想的表达系统，必须对多种表达系统进行尝试。

目前，学术界和工业界正在使用大量的表达系统。其中的一些表达系统非常新，并未经过足够的尝试以评价其实用性。而且，一些已经建立的重组蛋白表达系统（如转基因动物），在技术上极具挑战性，需要消耗大量时间，并且极为昂贵，因此对于一般实验室而言并不是可行的选择。就本章而言，我们只讨论大肠杆菌、毕赤酵母、杆状病毒/昆虫细胞及哺乳动物的表达系统（对这些表达系统更详细的介绍见第12～15章）。这4类表达系统都有简单易懂的操作方案，小量制备成本低廉，可以很容易从同行或科研产品公司（如Invitrogen、EMD-Novagen、Stratagene和Promega等）获得。下面将会对这几类表达系统的特点和可以进行的选择进行简要介绍，在此重点关注它们之间的不同之处。最后我们会介绍一些策略以帮助研究者选择最合适的表达系统。

2. 大肠杆菌

大肠杆菌（*Escherichia coli*）是最早用于重组蛋白表达的宿主菌，其在蛋白质表达领域仍被认为是主要的工具。大肠杆菌较短的增殖时间使其成为一种简单快捷的重组蛋白表达系统。因此，评估重组基因在大肠杆菌中的表达只需要不到1周的时间。培养大肠杆菌的培养基价格低廉，而且已有简单直接的方法用于生产过程的放大（详见第12章）。

在大肠杆菌中，重组蛋白通常定位于胞质（cytoplasm）中，也可以定位于周质（periplasm），在少数情况下会分泌到胞外。定位于胞质的蛋白质的表达效率是最高的，其产量通常可以占总生物质（biomass）的30%（Jana and Deb，2005）。然而，重组蛋白过高的表达可能会导致不溶性蛋白聚集体的累积，从而形成包涵体（inclusions body）。不只是真核生物来源的蛋白质会形成包涵体，少数情况下，包括大肠杆菌在内的过表达原核生物来源的蛋白质也会形成包涵体。在大肠杆菌中，蛋白质翻译和折叠的速率比在真核细胞中几乎高10倍，这可能是真核蛋白质形成包涵体的原因（Andersson et al.，1982；

Goustin and Wilt，1982）。在某些情况下，包涵体大大妨碍了获得可溶的活性蛋白质。不过，有时包涵体也能带来好处，其不易被蛋白酶降解，易于离心浓缩，很少被其他蛋白质污染，而且通过努力，也能将其再折叠成有活性的可溶性蛋白质（详见第 17 章）。

2.1　大肠杆菌：温度和分子伴侣

已经有一些技术用于在胞质中尽可能多地形成可溶的正确折叠的蛋白质，而尽可能少地形成包涵体。最容易的方法是在蛋白质表达时降低温度至 15～30℃（Sahdev et al.，2008）。据推测，降低温度会降低蛋白质转录、翻译和折叠的速率，从而使蛋白质能够正确折叠（Vera et al.，2006）。此外，研究显示，低温还会降低热休克蛋白酶（heat shock protease）的活性（Spiess et al.，1999）。一些研究者通过在胞质中与重组蛋白共表达分子伴侣（molecular chaperone）来促进蛋白质的可溶性（Young et al.，2004）。该方法的运用似乎具有蛋白质特异性，因此需要针对每种目标重组蛋白分别进行实验（Baneyx and Mujacic，2004）。

2.2　大肠杆菌：融合标签

在重组蛋白的 N 端或 C 端融合可溶性的融合标签（fusion tag）是提高许多重组蛋白可溶性的另一种方法（Esposito and Chatterjee，2006）。已经证明能够提高重组蛋白可溶性的融合标签包括谷胱甘肽 S 转移酶（glutathione-*S*-transferase，GST）、硫氧还蛋白（thioredoxin）、麦芽糖结合蛋白（maltose-binding protein，MBP）、小分子泛素样修饰蛋白（small ubiquitin-modifier，SUMO）及 NusA 标签（*N*-utilization substrate）。其中 GST 标签和 MBP 标签还有另外的好处，可以用做亲和纯化的标签。然而令人遗憾的是没有哪一种标签能够适用于所有的重组蛋白，必须对多种融合标签的促可溶表达能力进行评估。有多种策略可用于移除重组蛋白的融合标签，广泛的做法是在融合标签和重组蛋白之间插入蛋白酶酶切位点，然后使用特异性的蛋白酶将其切除。有时候，移除标签后重组蛋白可能会变得不可溶，所以必须对这一方法进行谨慎的测试。

2.3　大肠杆菌：二硫键的形成

对于胞质表达，大肠杆菌通常不能促使重组蛋白二硫键（disulfide bond）的正确形成；由于二硫键氧化还原酶系统（Dsb system）催化作用的存在，周质通常是大肠杆菌中唯一可形成二硫键的场所（Andersen et al.，1997；Bardwell，1994）。因此，如果重组蛋白需要形成二硫键，就需要利用一个可切割的信号肽（如 pelB）将其定位于周质。然而，周质表达的一个主要不利之处在于蛋白质的表达量会大大降低。硫氧还蛋白（thioredoxin）和谷氧还蛋白（glutaredoxin）能够促进胞质内半胱氨酸的还原反应，通过对大肠杆菌基因组的改造以破坏 Dsb 系统的硫氧还蛋白还原酶基因（thioredoxin reductase gene，*trxB*）和谷胱甘肽还原酶基因（glutathione reductase gene，*gor*），就可以在胞质内创造更加适于二硫键形成的环境（Bessette et al.，1999）。这些基因工程改造的菌株已由 EMD-Novagen（Origami）公司实现了商业化。如果需要形成更多的二硫键，可以将重组蛋白与硫氧还蛋白融合后在 $trxB^-/gor^-$ 大肠杆菌菌株中进行表达（LaVallie et al.，1993）。

2.4 大肠杆菌:翻译后修饰

最后,必须认识到相比于真核生物,大肠杆菌对蛋白质进行翻译后修饰(posttranslational modification)的能力有限。例如,大肠杆菌不支持酶介导的 *N*-连接的糖基化(*N*-linked glycosylation)、*O*-连接的糖基化(*O*-linked glycosylation)、酰胺化(amidation)、羟基化(hydroxylation)、豆蔻酰化(myristoylation)、棕榈酰化(palmitoylation)和硫酸化(sulfation)。

3. 毕赤酵母

酵母作为另一种表达重组蛋白的强有力的传统工具,已被成功应用于大量蛋白质的表达。酵母既具有大肠杆菌的许多优点,如增殖时间短、基因组易于操作,又具有真核生物的优势,包括改善的蛋白质折叠的能力和大部分的翻译后修饰能力。第一个常规应用于重组蛋白表达的酵母菌株是酿酒酵母(*Saccharomyces cerevisiae*)(Strausberg and Strausberg, 2001)。然而,近 15 年来,毕赤酵母(*Pichia pastoris*)已经成为酵母菌的首选,因为该菌株重组蛋白的表达水平高于酿酒酵母(详见第 13 章)。毕赤酵母是甲醇营养型酵母(methyltropic yeast),可利用甲醇作为其唯一的碳源(Cregg et al., 1985)。毕赤酵母在含甲醇的培养基中生长,会导致其醇氧化酶(alcohol oxidase,AOX)和二羟丙酮合酶(dihydroxyacetone synthase)基因发生强烈的诱导转录(Cregg, 2007)。经过诱导,这些蛋白质可以占到毕赤酵母总生物质的 30%。研究人员将醇氧化酶 I (AOX1) 的严密调控的强启动子整合入大部分重组蛋白表达质粒用来驱动重组蛋白的表达,已经实现了对该甲醇依赖基因诱导作用的利用 (Daly and Hearn, 2005)。毕赤酵母的表达载体会整合到基因组中,而酿酒酵母的表达载体是游离复制(replicating episomally)的质粒型表达载体,这种载体很不稳定。利用毕赤酵母评估重组基因的表达需要 3~4 周,这包括酵母的转化、筛选阳性整合的转化子和蛋白质的表达所需的时间。毕赤酵母一个能打动人的优点是其在合适的培养条件下能够获得极高的细胞密度(Cregg, 2007)。只需使用成本低廉的培养基,毕赤酵母就能达到 120 g/L 的细胞干重密度。需要重点注意的一点是,诱导用培养基中需要含有低百分比的甲醇,在大规模培养中,甲醇的量达到了产生火灾风险的程度,需要采取更高一级的安全措施。

毕赤酵母已经用于获取胞内和分泌表达的蛋白质。与其他真核生物一样,它可以有效地形成二硫键,而且已经成功用于表达含有多个二硫键的蛋白质。为了便于分泌表达,必须对重组蛋白进行改造以使其携带信号肽序列。最常用的信号肽是酿酒酵母的 α-交配因子(α-mating factor)的前-原(pre-pro)序列(Daly and Hearn, 2005)。由于毕赤酵母只分泌很少的内源性蛋白,从培养基中纯化重组蛋白是个相对简单的工作。如果重组蛋白的酶解比较严重,可以利用 pep4 蛋白酶缺陷型毕赤酵母菌株进行表达(Gleeson et al., 1998)。该菌株具有较低的液泡肽酶 A(vacuole peptidase A)活性,该酶负责活化羧肽酶 Y(carboxypeptidase Y)和蛋白酶 B1(protease B1)。

酵母具有翻译后在特异的天冬酰胺残基(*N*-连接)和丝氨酸/苏氨酸残基(*O*-连接)添加聚糖(glycan)的能力。这些聚糖的结构与昆虫和哺乳动物细胞修饰添加的聚糖的结构是很不相同的。在毕赤酵母中,*N*-连接的聚糖是高甘露糖(mannose)型的,通常有 8～17 个甘露糖,而酿酒酵母聚糖含有 50～150 个甘露糖残基(Celik et al., 2007; Gemmill and Trimble, 1999)。与昆虫和哺乳动物细胞相似的是,在酵母中 *N*-连接聚糖的一致序列是 Asn-Xaa-Ser/Thr。有两个研究小组已经通过全面的工程改造获得了两个毕赤酵母的菌株,它们能够产生可以与哺乳动物细胞中相媲美的复杂的 *N*-连接聚糖结构(Hamilton and Gerngross, 2007)。然而,其他研究人员只能使用 Roland Contreras 研究小组开发的菌株,而且必须得到 Research Corporation Technologies 的许可。对毕赤酵母中 *O*-连接聚糖的结构研究还不很充分,但已知其是通过在丝氨酸/苏氨酸残基上添加 1～4 个甘露糖残基形成的 (Goto, 2007; Trimble et al., 2004)。已有数个报道指出,某些特定蛋白质在毕赤酵母中表达时会被添加 *O*-连接聚糖,而在哺乳动物细胞中的内源性表达却不会这样(Daly and Hearn, 2005)。

4. 杆状病毒/昆虫细胞

在昆虫细胞中由杆状病毒(baculovirus)介导的蛋白质表达为重组蛋白制备提供了另外一种手段(详见第 14 章)。杆状病毒是一种裂解性的(lytic)、大的(130 kb)双链 DNA 病毒,其中桃木菌属(*Autographa californica*)病毒是最常用于重组蛋白表达的杆状病毒。杆状病毒通常在来源于秋天行军虫草地贪夜蛾(fall armyworm *Spodoptera frugiperda*)(Sf 9、Sf 21) 的昆虫细胞系中进行增殖,而重组蛋白的表达既可在上述细胞系中完成,也可在来源于拟尺蠖粉纹夜蛾(cabbage looper *Trichoplusia ni*)的细胞(High-Five)中进行(Kost et al., 2005)。起初,构建重组杆状病毒的工作涉及将具有杆状病毒 DNA 侧翼序列的目标基因与杆状病毒的 DNA 共转染昆虫细胞(insect cell),然后筛选出稀有的同源重组体。重组体的鉴定是通过筛选形态改变的空斑(plaque)来实现的,而且通常需要另外的多轮空斑筛选以确保制备的重组病毒中未污染有野生型病毒。这种耗时耗力的重组病毒制备方法在大多数时候已经被位点特异性转座技术(Bac-to-Bac 或 BaculoDirect, Invitrogen) 和改良的同源重组技术(该技术使用在 orf1629 含有一个致死突变的工程杆状病毒)(来自 Oxford Expression Technologies 的 flashBAC,或来自 EMD-Novagen 的 BacMagic) 所取代。因为其重组效率为 100%,这两种方法都省略了分离空斑的操作。1 轮或 2 轮的重组病毒扩增后,研究人员可以使用空斑分析法、更新颖更快速的实时定量 PCR 法或基于抗体的分析法对杆状病毒的浓缩液进行定量 (Hitchman et al., 2007; Kwon et al., 2002)。重组杆状病毒构建和定量方法上的进步已经极大地减少了使用杆状病毒进行表达的时间——缩短至大约 3 周,这其中包含为了优化表达而耗费的时间。

杆状病毒表达系统中最常用的是 polH 启动子和 p10 启动子,二者均能在杆状病毒感染的晚期经诱导产生高水平的表达(Ikonomou et al., 2003)。在此阶段,细胞开始死亡，并伴随着蛋白酶的释放，这些蛋白酶可能会导致重组蛋白降解。为了减少重组蛋白的酶解，已经使用了在细胞裂解周期中较早阶段激活的启动子，如基本启动子(basic promoter)(Ikonomou et al.，2003)。*ChiA* 和 *v-cath* 基因分别编码几丁质酶(chitinase)及一种组织蛋白酶(cathepsin protease)，也可以通过构建二者的基因缺陷型以尽量降低蛋白质水解的作用 (Monsma and Scott，1997)。

杆状病毒介导的蛋白质表达通常既能用于制备胞质表达的重组蛋白，又能用于获取分泌表达的重组蛋白。高效的分泌表达一般需要信号肽的参与。昆虫和哺乳动物的信号序列都能引导重组蛋白进入昆虫细胞的分泌途径。起初，昆虫细胞的培养是在含血清的培养基中进行，这使分泌蛋白的纯化变得复杂。近来新研发的培养基允许使用动物组织或植物组织的蛋白质水解液代替血清，从而大大简化了蛋白质的纯化(Ikonomou et al.，2003)。不过，这种特殊的培养基造价高昂，限制了它在大规模生产中的应用。

昆虫细胞能有效地在重组蛋白中形成二硫键，也能进行绝大部分发现于哺乳动物细胞的翻译后修饰。然而，大部分昆虫细胞中形成的 *N*-连接聚糖都是岩藻糖苷寡甘露糖(fucosylated paucimannose)结构($Man_3GlcNAc_2$-*N*-Asn) (Harrison and Jarvis，2006；Jenkins et al.，1996)。这一发现促使人们于最近构建了能够产生含有常见于哺乳动物细胞中的复杂 *N*-连接聚糖的糖蛋白的昆虫细胞系(Harrison and Jarvis，2006)。一个能够表达数种糖基转移酶的转基因 Sf-9 昆虫细胞系已实现了商业化 (Mimic cell line，Invitrogen)，其产生的 *N*-连接聚糖包含一个双触须样唾液酸化(sialylated)结构。目前仅有几篇文献描述了昆虫细胞产生的 *O*-连接聚糖的结构(Chen et al.，1991；Sugyiama et al.，1993；Thomsen et al.，2004)。

5. 哺乳动物细胞

以前通常认为哺乳动物表达方法是重组蛋白表达效率最低的方法。然而，最近的研究进展已经极大地提高了哺乳动物细胞系的表达水平(详见第 15 章)。例如，有报道称利用稳定转染的中国仓鼠卵巢(Chinese hamster ovary，CHO)细胞，重组抗体的表达水平可以达到几个毫克每升(Figueroa et al.，2007；Wurm，2004)。虽然目前已经测试了多种细胞系和表达策略，但本章我们主要关注人胚肾(human embryonic kidney，HEK293)细胞的瞬时转染和 CHO 细胞的稳定转染。

HEK293 细胞系来源于腺病毒转化的人胚胎肾细胞。利用特定的转染试剂，如阳离子脂质体(cationic lipids)、磷酸钙(calcium phosphate)或聚乙烯亚胺(polyethyleneimine)，HEK293 细胞能够实现较高的瞬时转染效率(＞80%)(Durocher et al.，2002；Jordan et al.，1996)。对于大规模的瞬时转染(＞100 mL)，相比阳离子脂质体，以磷酸钙或聚乙烯亚胺作为转染试剂是更加经济高效的选择(Baldi et al.，2007)。已经有人进行了生物反应器级别的瞬时转染，不过对于大多数实验室来说，这个规模在技术上还是很有挑战性的(Girard et al.，2002)。瞬时转染技术相对简单，而且对于给定的重组蛋白，其评估可在 2 周内完成。

当需要大量的重组蛋白时，通常选择 CHO 细胞作为哺乳动物表达系统。例如，当前市场上大部分治疗用抗体就是用该细胞系生产的。标准的稳定转染 CHO 细胞表达技术涉及使用具有二氢叶酸还原酶(dihydrofolate reductase，DHFR)选择标记表达框和目标基因表达框的载体转染 DHFR 缺陷型的 CHO 细胞 (Wurm，2004)。二氢叶酸还原酶能将二氢叶酸(dihydrofolate)还原为四氢叶酸(tetrahydrofolate)，后者对于嘌呤(purine)、特定的氨基酸和脱氧胸苷酸(thymidylic acid)的从头合成是必需的。氨甲蝶呤(methotrexate)能结合并抑制 DHFR，可作为选择试剂使用，只有整合了 DHFR 选择标记表达框的细胞才能存活。连续提高氨甲蝶呤的浓度能造成 DHFR 基因及与其相连的目的基因的大量扩增。经过至少一轮的氨甲蝶呤筛选后，利用有限稀释法将稳定转染的细胞克隆到多孔板中，就实现了稳定转染细胞群的亚克隆。通常的情况是，筛选得到的亚克隆中只有小部分能够以较高的水平表达重组基因，因为大部分克隆中表达框都整合到了转录不活跃的异染色质区域。不幸的是，整个选择和筛选的过程需要至少 2～3 个月，这是 CHO 表达方法最主要的缺点。不过，目前基于流式技术和自动化技术的高通量技术已经大大简化了高表达克隆的快速筛选和选择(Browne and Al-Rubeai，2007)。另外一个进展是利用位于重组基因表达框两侧的特异性顺式作用 DNA 元件(*cis*-acting DNA element)，它们可以使整合位点的转录变得活跃(Kwaks and Otte，2006)。不幸的是，大部分此类 DNA 元件由公司拥有，实验室使用时必须得到公司的许可。此外，即使有了上述的进展，获得高表达 CHO 克隆株需要的时间依然没有太大的变化。

哺乳动物表达系统主要用于制备分泌的重组蛋白，而不是制备胞内表达的蛋白质。已经开发出了针对 CHO 和 HEK293 细胞系的无血清培养基，这使分泌表达的重组蛋白的纯化变得简单。不过，这种培养基价格不菲，使得大规模的生产非常昂贵。

相较于其他表达系统的宿主，哺乳动物细胞具有最出色的蛋白质折叠和二硫键形成能力。哺乳动物细胞生成的 *N*-连接聚糖和 *O*-连接聚糖的结构变化很大，这不仅取决于蛋白质，也与作为表达宿主的哺乳动物细胞的类型相关 (Jenkins et al.，1996)。此外，细胞的培养条件，如营养成分、pH、温度、氧气的水平以及氨浓度都能够对糖基化产生显著的影响(Butler，2006)。*N*-连接糖基化的糖会是寡聚甘露糖(oligomannose)、杂合聚糖及别的复杂聚糖结构，但所有的结构都会包含一个 $Man_3GlcNac_2$ 核心 (Bhatia and Mukhopadhyay，1998)。寡甘露糖聚糖有 2～6 个附加的甘露糖残基，这些残基可被磷酸化或硫酸化。最常见的复杂聚糖结构具有 2～4 个连接于甘露糖的 Gal β-1,4-$GlcNac_2$ 基团，它能够形成 2 个、3 个和 4 个触须样的分支结构。分支结构末端为唾液酸，分支上还可连接岩藻糖。杂合聚糖同时具有寡聚甘露糖和复杂聚糖结构的特征。可根据其核心结构将 *O*-连接糖基化结构分为 8 类：*O*-乙酰半乳糖胺型糖基化(*O*-GalNAc-type glycosylation)、*O*-乙酰氨基葡糖型糖基化(*O*-GlcNAc-type glycosylation)、*O*-岩藻糖基化(*O*-fucosylation)、*O*-甘露糖基化(*O*-mannosylation)、*O*-葡糖基化(*O*-glucosylation)、磷酸糖基化(phosphoglycosylation)、*O*-葡糖胺聚糖型糖基化(*O*-glycosaminoglycan-type glycosylation)和胶原型糖基化(collagen-type glycosylation) (Peter-Katalinic，2005)。

6. 蛋白质的特性

在选择表达系统时，可以很容易地通过文献调研来确认重组蛋白之前是否已被表达过并对公开出版的表达策略做出评估。借鉴文献报道时，考虑清楚文献中重组蛋白的应用目的与你的预期应用是否相似或相容是很重要的。缺少文献信息时，表达或详细介绍同源蛋白的报道也是很有用的。在过去的十年，表达的蛋白质的数目有了戏剧性地增加，这在一定程度上归功于多种基因组序列的测定、高通量表达方法的发展以及大规模的蛋白质结构计划（protein structure initiative，PSI）。这种趋势很可能会持续下去，这意味着最终前人的大量数据可以使表达系统的选择变得更加简单容易。

6.1 蛋白质的特性：大肠杆菌与密码子用法

一般来说，在重组蛋白表达宿主的选择中，对原核来源的蛋白质应当只选择大肠杆菌进行表达，而不是真核表达系统，因为通常真核生物的翻译后修饰能力和改善的折叠能力对原核蛋白来说是不必要的，甚至是不想要的。对于真核蛋白来说情况就不同了，因为有大量的实例表明，真核蛋白能在大肠杆菌中进行成功地表达（Sahdev et al.，2008）。当使用原核系统表达真核蛋白时，一个非常重要的考虑是：像所有生物一样，大肠杆菌对密码子的使用有偏性，其 tRNA 丰度反映了这一偏性（Gustafsson et al.，2004；Marin，2008）。表达含有数个大肠杆菌稀有密码子的真核蛋白时会受对应的 tRNA 丰度的限制而效率不高。tRNA 短缺会导致翻译移框、氨基酸错误掺入及翻译提前终止等。这个问题在稀有密码子集中分布于 N 端时尤其明显（Kane，1995）。不过，通过合成密码子优化的基因或者使用稀有密码子 tRNA 丰度增加的商业化工程菌株（如 Rosetta 菌株，EMD-Novagen）可以避免这个问题。在多数情况下，如果重组基因是在亲缘关系很远的生物宿主中表达，密码子偏性也需要加以矫正。

6.2 蛋白质的特性：胞质蛋白

对于胞质蛋白来说，选择最佳的表达系统取决于蛋白质的大小和分子内二硫键的数目。对于分子质量为 10～50 kDa 并含有极少二硫键的蛋白质而言，大肠杆菌是实现蛋白质可溶性表达的很好选择（Dyson et al.，2004）。对于更大或具有许多二硫键的蛋白质来说，如果需要可溶性表达，那么通常应优先选择杆状病毒或酵母表达系统。对于 10 kDa以下，有极少甚至没有二硫键的蛋白质，已通过融合可溶性标签，在大肠杆菌中实现了成功表达（Esposito and Chatterjee，2006）。或者，也可以将这些小蛋白质在毕赤酵母中进行分泌表达(Daly and Hearn，2005)。然而，在这一途径中，必须小心监测，因为正常情况下存在于胞内的蛋白质被强制进入分泌途径时可能出现无意产生的糖基化。这可以通过检查序列确认其不含一致的 *N*-连接糖基化位点来实现。遗憾的是，对于 *O*-连接糖基化，没有保守序列，所以必须对分泌的重组蛋白进行分析以确保其不含 *O*-连接聚糖。

6.3　蛋白质的特性:分泌蛋白

所有的表达宿主都可用于生产分泌蛋白。不过,正如之前所述,大肠杆菌缺少大部分发现于真核生物中的翻译后修饰功能。因此,大肠杆菌可能不适于表达分泌的真核蛋白,不过这也在很大程度上取决于下游的应用。

6.4　蛋白质的特性:膜蛋白

对于蛋白质的大量表达来说,膜蛋白极具挑战性。在某些情况下,只表达可溶的、亲水的部分就足够了,此时可以移除跨膜结构域,表达可溶部分。对于完整膜蛋白的表达,如何选择最佳的表达系统还没有明确的指导原则(Sarramegna et al.,2003)。不过,对于大部分真核膜蛋白,由于在折叠和翻译后修饰能力上的限制,大肠杆菌表达系统通常不是一个很好的选择。相对的,研究者已报道利用杆状病毒和酵母表达系统在一定程度上成功地实现了 G 蛋白偶联受体的表达。

6.5　蛋白质的特性:毒性蛋白

对表达宿主有毒的重组蛋白会给表达带来挑战,不过这通常是可以克服的。如果重组蛋白有毒性,确定其毒性是否具有宿主细胞特异性通常是有用的。如果是的话,那么可以选择在一个相容性更好的表达宿主中进行表达。另一个选择是使用严格调控的、可诱导的表达系统,如在大肠杆菌和毕赤酵母中应用的那些表达系统。例如,已经开发了数个精确调控的可诱导大肠杆菌表达系统(Saida, 2007)。在这些系统中,重组基因的表达由可诱导启动子、转录终止子、质粒拷贝数的控制或重组基因编码序列的修饰来调控。在可用的毕赤酵母系统中,AOX1 启动子受诱导机制以及阻遏/去阻遏方法的联合严格调控(Daly and Hearn, 2005)。另外,有数项研究表明杆状病毒/昆虫表达系统可用于表达毒性蛋白(Aguiar et al., 2006; Korth and Levings, 1993)。最后,对于哺乳动物表达系统来说,最简单的选择是瞬转表达。CHO 细胞中的数种可诱导表达系统都需要花费相当多的时间以完成必要的细胞工程改造,而且利用这些表达系统很难获得严格调控的基因表达,而这种严格调控对于防止细胞死亡来说是必需的(Rossi and Blau, 1998)。

7. 重组蛋白的应用

用于结构研究时,重组蛋白的表达要求正确的蛋白质折叠、形成正确的二硫键、均一的重组产物。前面已经介绍了每种表达系统的蛋白质折叠和二硫键形成的内在能力。不均一性的潜在来源包括磷酸化、甲硫氨酸氨肽酶(methionine aminopeptidase)对起始甲硫氨酸的低效切割以及糖基化。不幸的是,不均一的磷酸化常见于重组蛋白激酶的表达,并且每一种表达宿主都有类似报道。在这种情况下,可以通过磷酸酶处理去除重组蛋白上的磷酸基团以获得均一性。当重组蛋白在胞内表达时,可能会出现 N 端甲硫氨酸的不均一性。原核生物和真核生物都含有甲硫氨酸氨肽酶,甲硫氨酸的切割效率受起始甲硫氨酸相邻的氨基酸的影响(Giglione et al.，2004)。通常，该相邻氨基酸侧链的大小与甲硫氨酸切割的效率负相关。然而，在大肠杆菌中，高水平表达的重组蛋白会使酶达到饱和，并改变有效切割的相关规则(Dong et al.，1996)。这种不均一性可以通过小心选择起始甲硫氨酸的相邻氨基酸或利用N端的可切割的标签来避免。糖基化的不均一性可见于糖蛋白在所有真核生物中的表达。不过在昆虫或酵母宿主中这种不均一性通常会低一些(Jenkins et al.，1996)。无论采用何种表达宿主，通常会在试图对重组蛋白进行结晶前除去糖基团。

正常情况下，若制备的重组蛋白用做免疫用抗原时，任何表达宿主都是可用的。对于糖蛋白来说，有时还不清楚聚糖的存在是否会改变重组抗原的免疫原性(Bhatia and Mukhopadhyay，1998；Prasad et al.，1995)。

适用于体外活性研究及体内实验的重组蛋白的制备要求蛋白质正确折叠和二硫键正确形成。对于糖蛋白来说，*N*-连接聚糖的存在以及聚糖基团的结构对这两类应用都有重要的影响，因此在选择真核表达宿主时必须加以考虑。研究表明，*N*-连接聚糖对蛋白质的结构有积极的影响并增加了蛋白质的稳定性(Bhatia and Mukhopadhyay，1998)。在体外，已有研究显示，某些蛋白质配基上的*N*-连接聚糖的结构会影响其与受体结合的亲和力及信号转导。在重组免疫球蛋白中，Fc区保守的*N*-连接聚糖影响了其在体外的效应活性(Presta，2008)。例如，人IgG1的*N*-连接聚糖中岩藻糖的存在降低了抗体依赖的细胞毒性活性(Shinkawa et al.，2003)。在体内，蛋白质上*N*-连接聚糖结构极大地影响了其代谢清除和生物分布。例如，无唾液酸帽的*N*-连接聚糖会被肝受体(hepatic receptor)清除，这类受体包括脱唾液酸糖蛋白(asialoglycoprotein)受体和甘露糖受体(Weigel and Yik，2002)。*O*-连接糖基化的重要性还不明确。如果重组蛋白的糖基化修饰作用还不清楚，那么比较安全的策略是选择与重组基因来源宿主相似的表达宿主。

8. 结论

大肠杆菌、毕赤酵母、杆状病毒/昆虫细胞及哺乳动物表达系统在表达重组蛋白方面各有其优缺点(表11.1)。一个给定的表达系统能否高水平表达蛋白质并获得高质量的产品，这在很大程度上取决于该蛋白质。在选择表达方法时，必须认真地评估重组蛋白的特性及下游的应用。不幸的是，有时候表达方法的选择并不是显而易见的，此时必须对数种表达宿主进行评估。

表11.1 表达方法一览

表达系统	优点	缺点
大肠杆菌	快速的表达方法(数天)；生产用培养基价格低廉，菌体密度高；易于放大；遗传背景清楚	翻译后修饰能力有限；对有些蛋白质很难进行可溶性及正确折叠的表达
酵母	较快的表达方法(数周)；生产用培养基价格低廉，菌体密度高；能实现大部分翻译后修饰，蛋白质折叠能力强	*N*-连接聚糖结构与哺乳动物的不同；诱导培养基含甲醇，大规模生产时需加强安全措施

续表

表达系统	优点	缺点
杆状病毒/昆虫细胞	较快的表达方法(数周);能实现大部分翻译后修饰,蛋白质折叠能力强	N-连接聚糖结构与哺乳动物的不同;细胞密度低,生产用培养基成本高;不易放大
哺乳动物——瞬时转染表达	较快的表达方法(数周);能实现所有的翻译后修饰,蛋白质折叠能力强	细胞密度低,生产用培养基造价高;不易放大
哺乳动物——稳定转染表达	能实现所有的翻译后修饰,蛋白质折叠能力强	耗时长(数月);细胞密度低,生产用培养基成本高;不易放大

(刘 炬 译 郭 强 校)

参考文献

Aguiar, R. W., Martins, E. S., Valicente, F. H., Carneiro, N. P., Batista, A. C., Melatti, V. M., Monnerat, R. G., and Ribeiro, B. M. (2006). A recombinant truncated Cry1Ca protein is toxic to lepidopteran insects and forms large cuboidal crystals in insect cells. *Curr. Microbiol.* **53,** 287–292.

Andersen, C. L., Matthey-Dupraz, A., Missiakas, D., and Raina, S. (1997). A new *Escherichia coli* gene, dsbG, encodes a periplasmic protein involved in disulphide bond formation, required for recycling DsbA/DsbB and DsbC redox proteins. *Mol. Microbiol.* **26,** 121–132.

Andersson, D. I., Boham, K., Isaksson, L. A., and Kurland, C. G. (1982). Translation rates and misreading characteristics of rpsD mutants in *Escherichia coli. Mol. Gen. Genet.* **187,** 467–472.

Baldi, L., Hacker, D. L., Adam, M., and Wurm, F. M. (2007). Recombinant protein production by large-scale transient gene expression in mammalian cells: state of the art and future perspectives. *Biotechnol. Lett.* **29,** 677–684.

Baneyx, F., and Mujacic, M. (2004). Recombinant protein folding and misfolding in *Escherichia coli. Nat. Biotechnol.* **22,** 1399–1408.

Bardwell, J. C. (1994). Building bridges: Disulphide bond formation in the cell. *Mol. Microbiol.* **14,** 199–205.

Bessette, P. H., Aslund, F., Beckwith, J., and Georgiou, G. (1999). Efficient folding of proteins with multiple disulfide bonds in the *Escherichia coli* cytoplasm. *Proc. Natl. Acad. Sci. USA* **96,** 13703–13708.

Bhatia, P. K., and Mukhopadhyay, A. (1998). Protein glycosylation: Implications for *in vivo* functions and therapeutic applications. *Adv. Biochem. Eng. Biotechnol.* **64,** 155–201.

Browne, S. M., and Al-Rubeai, M. (2007). Selection methods for high-producing mammalian cell lines. *Trends Biotechnol.* **25,** 425–432.

Butler, M. (2006). Optimisation of the cellular metabolism of glycosylation for recombinant proteins produced by mammalian cell systems. *Cytotechnology* **50,** 57–76.

Celik, E., Calik, P., Halloran, S. M., and Oliver, S. G. (2007). Production of recombinant human erythropoietin from *Pichia pastoris* and its structural analysis. *J. Appl. Microbiol.* **103,** 2084–2094.

Chen, W., Shen, Q., and Bahl, O. P. (1991). Carbohydrate variant of the recombinant β-subunit of human choriogonadotropin expressed in baculovirus expression system. *J. Biol. Chem.* **266,** 4081–4087.

Cregg, J. M. (2007). Introduction: Distinctions between *Pichia pastoris* and other expression systems. *Methods Mol. Biol.* **389,** 1–10.

Cregg, J. M., Barringer, K. J., Hessler, A. Y., and Madden, K. R. (1985). *Pichia pastoris* as a host system for transformation. *Mol. Cell. Biol.* **5,** 3376–3385.

Daly, R., and Hearn, M. T. W. (2005). Expression of heterologous proteins in *Pichia pastoris*: A useful experimental tool in protein engineering and production. *J. Mol. Recognit.* **18,** 119–138.

Dong, M. S., Bell, L. C., Guo, Z., Phillips, D. R., Blair, I. A., and Guengerich, F. P. (1996). Identification of retained N-formylmethionine in bacterial recombinant mammalian cytochrome P450 proteins with the N-terminal sequence MALLLAVFL...: Roles of residues 3–5 in retention and membrane topology. *Biochemistry* **35,** 10031–10041.

Durocher, Y., Perret, S., and Kamen, A. (2002). High-level and high-throughput recombinant protein production by transient transfection of suspension-growing human 293-EBNA1 cells. *Nucleic Acids Res.* **30,** E9.

Dyson, M. R., Shadbolt, S. P., Vincent, K. J., Perera, R. L., and McCafferty, J. (2004). Production of soluble mammalian proteins in *Escherichia coli*: Identification of protein features that correlate with successful expression. *BMC Biotechnol.* **4,** 32–49.

Esposito, D., and Chatterjee, D. K. (2006). Enhancement of soluble protein expression through the use of fusion tags. *Curr. Opin. Biotechnol.* **17,** 353–358.

Figueroa, B., Ailor, E., Osborne, D., Hardwick, J. M., Reff, M., and Betenbaugh, M. J. (2007). Enhanced cell culture performance using inducible anti-apoptotic genes E1B-19 K and Aven in the production of a monoclonal antibody with Chinese Hamster Ovary cells. *Biotechnol. Bioeng.* **97,** 877–892.

Gemmill, T. R., and Trimble, R. B. (1999). Overview of *N*- and *O*-linked oligosaccharide structures found in various yeast species. *Biochim. Biophys. Acta* **1426,** 227–237.

Giglione, C., Boularot, A., and Meinnel, T. (2004). Review: Protein N-terminal methionine excision. *Cell. Mol. Life Sci.* **61,** 1455–1474.

Girard, P., Derousazi, M., Baumgartner, G., Bourgeois, M., Jordan, M., Jacko, B., and Wurm, F. M. (2002). 100-liter transient transfection. *Cytotechnology* **38,** 15–21.

Gleeson, M. A., White, C. E., Meininger, D. P., and Komives, E. A. (1998). Generation of protease-deficient strains and their use in heterologous protein expression. *Methods Mol. Biol.* **103,** 81–94.

Goto, M. (2007). Protein *O*-glycosylation in fungi: Diverse structures and multiple functions. *Biosci. Biotechnol. Biochem.* **71,** 1415–1427.

Goustin, A. S., and Wilt, F. H. (1982). Direct measurement of histone peptide elongation rate in cleaving sea urchin embryos. *Biochim. Biophys. Acta* **699,** 22–27.

Gustafsson, C., Govindarajan, S., and Minshull, J. (2004). Codon bias and heterologous protein expression. *Trends Biotechnol.* **22,** 346–353.

Hamilton, S. R., and Gerngross, T. U. (2007). Glycosylation engineering in yeast: The advent of fully humanized yeast. *Curr. Opin. Biotechnol.* **18,** 387–392.

Harrison, R. L., and Jarvis, D. L. (2006). Protein *N*-glycosylation in the baculovirus-insect cell expression system and engineering of insect cells to produce "mammalianized" recombinant glycoproteins. *Adv. Virus Res.* **68,** 159–191.

Hitchman, R. B., Siaterli, E. A., Nixon, C. P., and King, L. A. (2007). Quantitative real-time PCR for rapid and accurate titration of recombinant baculovirus particles. *Biotechnol. Bioeng.* **96,** 810–814.

Ikonomou, L., Schneider, Y., and Agathos, S. N. (2003). Insect cell culture for industrial production of recombinant proteins. *Appl. Microbiol. Biotechnol.* **62,** 1–20.

Jana, S., and Deb, J. K. (2005). Strategies for efficient production of heterologous proteins in *Escherichia coli*. *Appl. Microbiol. Biotechnol.* **67,** 289–298.

Jenkins, N., Parekh, R. B., and James, D. C. (1996). Getting the glycosylation right: implications for the biotechnology industry. *Nat. Biotechnol.* **14,** 975–981.

Jordan, M., Schallhorn, A., and Wurm, F. M. (1996). Transfecting mammalian cells: Optimization of critical parameters affecting calcium-phosphate precipitate formation. *Nucleic Acids Res.* **24,** 596–601.

Kane, J. F. (1995). Effects of rare codon clusters on high-level expression of heterologous proteins in *Escherichia coli*. *Curr. Opin. Biotechnol.* **6,** 494–500.

Korth, K. L., and Levings, C. S. (1993). Baculovirus expression of the maize mitochondrial protein URF13 confers insecticidal activity in cell cultures and larvae. *Proc. Natl. Acad. Sci. USA* **90,** 3388–3392.

Kost, T. A., Condreay, J. P., and Jarvis, D. L. (2005). Baculovirus as versatile vectors for protein expression in insect and mammalian cells. *Nat. Biotechnol.* **23,** 567–575.

Kwaks, T. H. J., and Otte, A. P. (2006). Employing epigenetics to augment the expression of therapeutic proteins in mammalian cells. *Trends Biotechnol.* **24,** 137–142.

Kwon, M. S., Dojima, T., Toriyama, M., and Park, E. Y. (2002). Development of an antibody-based assay for determination of baculovirus titers in 10 hours. *Biotechnol. Prog.* **18,** 647–651.

LaVallie, E. R., DiBlasio, E. A., Kovacic, S., Grant, K. L., Schendel, P. F., and McCoy, J. M. (1993). A thioredoxin gene fusion expression system that circumvents inclusion body formation in the *E. coli* cytoplasm. *Biotechnology (NY)* **11,** 187–193.

Marin, M. (2008). Folding at the rhythm of the rare codon beat. *Biotechnol. J.* **3,** 1047–1057.

Monsma, S. A., and Scott, M. (1997). BacVector-3000: An engineered baculovirus designed for greater protein stability. *Innovations* 16–19.

Peter-Katalinic, J. (2005). O-glycosylation of proteins. *Methods Enzymol.* **405,** 139–171.

Prasad, S. V., Mujtaba, S., Lee, V. H., and Dunbar, B. S. (1995). Immunogenicity enhancement of recombinant rabbit 55-kilodalton zona pellucida protein expressed using the baculovirus expression system. *Biol. Reprod.* **52,** 1167–1178.

Presta, L. G. (2008). Molecular engineering and design of therapeutic antibodies. *Curr. Opin. Immunol.* **20,** 460–470.

Rossi, F. M., and Blau, H. M. (1998). Recent advances in inducible gene expression systems. *Curr. Opin. Biotechnol.* **9,** 451–456.

Sahdev, S., Khattar, S. K., and Saini, K. S. (2008). Production of active eukaryotic proteins through bacterial expression systems: A review of existing biotechnology strategies. *Mol. Cell Biochem.* **307,** 249–264.

Saida, F. (2007). Overview on the expression of toxic gene products in *Escherichia coli*. *Curr. Protoc. Protein Sci.* 5.19.1–5.19.13.

Sarramegna, V., Talmont, F., Demange, P., and Milon, A. (2003). Heterologous expression of G-protein-coupled receptors: Comparison of expression systems from the standpoint of large-scale production and purification. *Cell. Mol. Life Sci.* **60,** 1529–1546.

Shinkawa, T., Nakamura, K., Yamane, N., Shoji-Hosaka, E., Kanda, Y., Sakurada, M., Uchida, K., Anazawa, H., Satoh, M., Yamasaki, M., Hanai, N., and Shitara, K. (2003). The absence of fucose but not the presence of galactose or bisecting *N*-acetylglucosamine of human IgG1 complex-type oligosaccharides shows the critical role of enhancing antibody-dependent cellular cytotoxicity. *J. Biol. Chem.* **278,** 3466–3473.

Spiess, C., Beil, A., and Ehrmann, M. (1999). A temperature-dependent switch from chaperone to protease in a widely conserved heat shock protein. *Cell* **97,** 339–347.

Strausberg, R. L., and Strausberg, S. L. (2001). Overview of protein expression in *Saccharomyces cerevisiae*. *Curr. Protoc. Protein Sci.* **Chapter 5,** Unit 5.6.

Sugyiama, K., Ahorn, H., Maurer-Fogy, I., and Voss, T. (1993). Expression of human interferon-$\alpha 2$ in Sf9 cells: Characterization of O-linked glycosylation and protein heterogeneities. *Eur. J. Biochem.* **217,** 921–927.

Thomsen, D. R., Post, L. E., and Elhammer, A. P. (2004). Structure of O-glycosidically linked oligosaccharides synthesized by the insect cell line Sf9. *J. Cell. Biochem.* **43,** 67–79.

Trimble, R. B., Lubowski, C., Hauer, C. R., Stack, R., McNaughton, L., Gemmill, T. R., and Kumar, S. A. (2004). Characterization of N- and O-linked glycosylation of recombinant human bile salt-stimulated lipase secreted by *Pichia pastoris*. *Glycobiology* **14,** 265–274.

Vera, A., Gonzalez-Montalban, N., Aris, A., and Villaverde, A. (2006). The conformational quality of insoluble recombinant proteins is enhanced at low growth temperatures. *Biotechnol. Bioeng.* **96,** 1101–1106.

Waugh, D. S. (2005). Making the most of affinity tags. *Trends Biotechnol.* **23,** 316–320.

Weigel, P. H., and Yik, J. H. N. (2002). Glycans as endocytosis signals: The cases of the asialoglycoprotein and hyaluronan/chondroitin sulfate receptors. *Biochim. Biophys. Acta* **1372,** 341–363.

Wurm, F. M. (2004). Production of recombinant protein therapeutics in cultivated mammalian cells. *Nature Biotechnol.* **22,** 1393–1398.

Young, J. C., Agashe, V. R., Siegers, K., and Hartl, P. U. (2004). Pathways of chaperone-mediated protein folding in the cytosol. *Nat. Rev. Mol. Cell Biol.* **5,** 781–791.

第 12 章

用于外源蛋白生产的细菌表达系统

Sarah Zerbs*, Ashley M. Frank* and, Frank R. Collart*

目录

摘要

蛋白质是所有生物系统的功能分子，它参与了大部分的细胞内化学反应和生物过程。对这些分子的性质和功能的认识是理解化学和生物过程的关键。在这种情况下，对于那

---

* 阿贡国家实验室生物科学部（Lemont, Illinois, USA）

些用于研究功能的生理与生化方法来说，纯化的蛋白质是它们的起始点。按照实验、治疗和商业应用要求的规模及质量制备蛋白质所带来的挑战促使多套外源蛋白表达方法得以研发。由于细菌表达系统为生产蛋白质提供了一个经济的途径，而且只需要很少的专业知识就能建立一个实验室蛋白质生产系统，因此通常将其用于蛋白质的生产。

1. 引言

细菌表达系统，尤其是大肠杆菌表达系统，经常被用于实验室和工业规模的外源蛋白生产(Baneyx, 1999; Terpe, 2006)。在蛋白质生产中细菌表达系统的广泛应用主要缘于其在实验室规模条件下的低成本和低技术要求。细菌表达系统有各种各样的载体和宿主菌可供选择，大部分工程菌的增殖时间短，不仅便于快速评价实验结果，而且降低了技术和设备无菌要求的严格性。经过简单的调整，许多在实验室规模下具有的这些内在优点在大规模的自动生产过程中也具有(Dieckman et al., 2002)。多数情况下，通常用于实验室规模的细菌表达系统也能经过调整适用于一些大规模的项目，这些项目需要产生和筛选数百个表达克隆，或者需要大规模生产选定的蛋白质(Baneyx, 1999; Klock et al., 2005; Terpe, 2006; Yokoyama, 2003)。

尽管有这么多优点，细菌表达系统在表达外源蛋白方面也有许多严重的局限，在制定蛋白质生产与表达策略时需要对此加以考虑。对于真核蛋白 (Dyson et al., 2004) 或需要与助成熟蛋白(maturation protein)共表达的蛋白质 (Londer et al., 2008)，这些局限尤其明显。由于细菌细胞各个部分的生物和化学特性异于真核生物，所以这是在预料之中的。特别的是，像分子伴侣、翻译后修饰蛋白或助成熟蛋白这样的辅助蛋白，在真核生物和原核生物间变化很大。有时这些局限是可以通过使用改造了某些基因的细菌表达菌株来克服的，但也经常会考虑选择其他可替代的表达系统。

2. 使用大肠杆菌生产外源蛋白

有越来越多的细菌表达系统可用于外源蛋白的生产。影响选择某个表达系统的因素包括目标蛋白质的天然性质、使用者的经验及产品的预期用途。大肠杆菌是表达外源蛋白最常用的细菌表达系统。经过对大肠杆菌一个多世纪的广泛研究，在调控机制和可能影响表达结果的宿主辅助蛋白的功能方面，研究人员已经获得了大量的信息。此外，实验室和商业蛋白质生产所需的方法和技术有着广泛的来源。对许多蛋白质制备项目来说，这些可用的资源和极低的技术要求使得大肠杆菌成为初步进行蛋白质表达与筛选的首选宿主。因此，我们将用大肠杆菌作为模型，介绍蛋白质生产的具体方法和技术。在介绍使用大肠杆菌进行蛋白质表达的具体技术之后，我们还将探讨其他可用的细菌表达系统。在此介绍的许多使用大肠杆菌进行蛋白质生产的核心概念和技术可以直接应用于其他细菌表达系统。

3. 设计一个细菌表达方案

细菌表达系统的成功运用依赖于表12.1中以时间顺序列出的一系列有序的步骤。蛋白质生产的起始阶段不是开始实验，而是明确对方案的整套要求以及对表达目标的序列特征和生化特性进行分析。这些步骤对方案的最终成功是很关键的，而且有助于对项目成本和成功可能性进行实际评估。为了与实验部分保持连续性，我们对这些步骤进行了简短的介绍，因为在本章的各节中都有对它们更为详细的阐述。

表12.1 使用细菌宿主生产外源蛋白的方案

阶段	对选择表达系统的影响
概述项目需求	明确需求，如规模、功能、资源和预期用途以选择合适的表达系统
目标分析	利用编码区序列特征、可用的实验数据或历史数据确定和优化表达策略
克隆	克隆的选择包括载体、筛选策略、增强可溶性或有助于纯化的融合标签、诱导剂以及细胞定位序列
选择表达菌株	稀有密码子、蛋白酶、辅助蛋白
表达产物性质分析	表达情况、可溶性、功能

4. 方案需求的评估

表达产物的预期用途对于表达系统的选择和决定其优先次序是很重要的。对于某些应用（如功能解析或药物筛选）来说，保持蛋白的天然功能和特性是必需的；但如果是当成免疫原来使用则关系不大。其他需要实际考虑的因素包括蛋白质产量、时间限制或生产成本。明确项目需求对于确保选择合适的表达系统、克隆策略和所需产品的生产策略是至关重要的(Dieckman et al.，2006)。

5. 目标蛋白质的分析

目标蛋白质的生化和生物学特性对于选择表达策略来说是必须要考虑的，可以通过它们对表达结果和产物的可溶性做出初步预测。通过分析一级序列可以整合一组属性用以预测二级结构、生物学定位（细胞膜、细胞质、周质腔或胞外）、家族归类（折叠和结构域）及推断生化性质（等电点、无序区域、配基）。目标蛋白质的一些特征，如极可能存在的跨膜螺旋，可能要求必须使用为表达膜蛋白设计的系统，或需要使用克隆单个结构域的策略以表达蛋白质的可溶部分。使用目标蛋白质的特征来指导表达宿主的选择和载体的构建有助于获得成熟的、定位适当的蛋白质。可以使用目标蛋白质或同源蛋白质的实验数据和历史数据对序列信息加以补充，从而有助于表达系统的进一步优化。例如，已知某蛋白质需要某种辅基以保持正确的功能，那就必须选择特定的宿主以确保获得具有完整功能的表达产物。一个恰当的例子是：细胞色素 c 的表达受益于表达辅助蛋白的基因工程大肠杆菌的使用，该辅助蛋白能将血红素共价连接至细胞色素前体的多肽链（Londer et al.，2008）。实际上，在缺少目标蛋白质或相似蛋白质历史表达数据的情况下，要预测某个蛋白质表达实验的结果是非常困难的。通常的做法是使用数个表达系统，一开始使用最简单的、性价比最高的表达系统，失败后再使用更复杂的表达系统。

6. 克隆

目标序列的克隆有多种选择，通常可将其分为串联系统和并联系统。串联系统使用广泛，为构建表达载体提供了多种生成目标序列/载体匹配末端的方法，如那些利用限制性内切核酸酶生成目标序列/载体匹配末端的方法。该方法的缺点是对每一个目标序列和载体都需要对限制性内切核酸酶的切割策略加以验证。研究者们对平行系统，或者称为普遍克隆技术的兴趣日渐浓厚，该方法可以很容易地将目的片段转移至多种载体和表达系统而无需考虑目的片段的序列(表 12.2)。这种系统的实例包括 Gateway(Esposito et al.，2009)、Infusion(Zhu et al.，2007)及不依赖连接的克隆技术(ligation independent cloning，LIC)(Aslanidis and de Jong，1990；Haun et al.，1992)。该方法的优点是能够将一个目的片段克隆至多个不同的载体中，可以用经济高效的方式同时评估多个表达策略。

表 12.2　广泛使用的大肠杆菌表达宿主和载体[a]

菌株	特点	参考文献或供应商
HB101 DH5α	亚克隆和制备质粒 DNA 的常用菌株。该菌株降低了重组和限制能力，这有助于质粒的稳定和质粒 DNA 质量的提高	Boyer 和 Roulland-Dussoix（1969）；Woodcock 等(1989)
BL21(DE3)	广泛使用的表达菌株，缺少 lon 和 opmT 蛋白酶。具有 T7 RNA 聚合酶基因的一个拷贝，受 *lacUV5* 启动子驱动。这些修饰使得利用 T7 启动子驱动重组蛋白的稳定表达成为可能。	Studier 和 Moffatt(1986)，multiple suppliers
C41 C43	可以高效地表达毒性蛋白和膜蛋白	Miroux 和 Walker（1996），Lucigen
ABLE 菌株	能够对 ColE1 衍生的质粒进行拷贝数的控制	Stratagene
Origami	K-12 衍生的、*trxB* 和 *gor* 基因发生突变的菌株，可增加胞质内的二硫键形成	Derman 等(1993)，EMD Biosciences
载体		
pET 系列	广泛使用的利用 T7 启动子的可诱导的表达系统	EMD Biosciences
pBAD 系列	阿拉伯糖存在时受到严格调控的表达系统	Guzman 等(1995)；
His GST	常用的纯化用融合标签	Hengen(1995)；Smith 和 Johnson(1988)

续表

菌株	特点	参考文献或供应商
MBPNus	常用的促溶解融合标签	De Marco 等(2004);Kapust 和 Waugh (1999)
Gateway vectors	一系列载体,它们利用一种重组策略使 DNA 片段能够穿梭于不同克隆载体	Hartley 等(2000), Invitrogen
不依赖克隆进行连接的载体	利用退火策略使编码片段的并联克隆成为可能的一系列载体	Aslanidis 和 de Jong, (1990);Haun 等(1992)
pET26b	含有 pelB 前导序列,能将蛋白质定位于周质的载体	Makrides (1996);Matthey 等(1999)

*受 NIH 资助的 PSI 资料档案库(PSI Materials Repository, http://www.hip.harvard.edu/PSIMR/index.htm)和蛋白质表达实验室(Protein Expression Laboratory, http://web.ncifcrf.gov/atp/)负责维护运行一个对一般公众开放的经广泛收集而来的表达菌株和载体的数据库

LIC 是一种经济高效且特别适合细菌表达系统的技术,因为克隆所用的试剂未专利化,且有数家供应商提供相关产品。在 LIC 技术中,特异的核苷酸序列被加至 PCR 引物,这允许克隆任何基因而不需考虑 DNA 的序列。在一种特殊的核苷三磷酸的参与下,通过 T4 DNA 聚合酶的处理即可以获得具有匹配末端的载体和 PCR 片段。这一处理可以在载体和 PCR 片段上产生 10～15 bp 序列互补的单链突出,这些互补的单链突出退火后具有足够的强度,不需要连接就可用于转化。该方法允许 PCR 引物的设计具有一致性,有方向性,能够获得高的克隆效率。虽然有商业化的载体可供使用,但该方法已被用于数个大规模的克隆项目,这些项目可以向个别研究者提供载体资源。下面介绍的操作流程是为了使用中西部结构基因组中心(Midwest Center for Structural Genomics)设计的一套载体而开发的(Eschenfeldt et al., 2009)。只要对添加至扩增引物上的特异序列加以调整,这项技术通常也适用于其他与 LIC 兼容的系统。

7. 制备 T4 DNA 聚合酶处理的 DNA 片段

(1) 在目标序列特异的 PCR 引物上添加合适的 LIC 特异核苷酸序列(如正向引物:TACTTCCAATCCAATGCC;添加终止密码子的反向引物:TTATCCACTTCCAATGTTA)。

(2) 该方法可以经放大后使用微孔板进行(96 个反应),但也可调整至任意数目的反应。混合以下试剂,准备足够用于 96 孔板的 LIC 反应混合物。

① 465 μL 10 × T4 DNA 聚合酶缓冲液。大部分经销商提供的 T4 DNA 聚合酶缓冲液都可取代本部分介绍的 LIC 反应缓冲液。我们经过比较发现,不同的普通 T4 DNA 聚合酶缓冲液对终产物的克隆效率造成的影响不超过 25%。

② 465 μL 分子生物学级的 25 mmol/L dCTP (Promega cat. no. U1221)。

③ 228 μL 100 mmol/L DTT(dithiothreitol)溶液 (Novagen cat. no. 70099)。

④ 60 μL 水。

⑤ 250 单位 T4 DNA 聚合酶(LIC 品质,约 2.5 U/μL,EMD Biosciences/Novagen)。

(3) 将混合物置于冰上，在使用前加入 T4 DNA 聚合酶。用移液器反复吹打几次以使酶均匀分布于反应混合物中。

(4) 向聚丙烯 96 孔板中每孔加入 10.4 μL LIC 反应混合物。

(5) 向 LIC 反应混合物中加入 30 μL(40～100 ng)纯化的 PCR 片段，用移液器反复吹打几次以混匀。室温孵育 30 min。使用多个片段与载体比例的研究表明，退火反应对于目标 DNA 片段的量的变动有着很大的容忍度。

(6) 在 75℃加热块上孵育 20 min，以使 T4 DNA 聚合酶失活。

(7) 在另一块 96 孔板上，将 1～2 μL T4 聚合酶处理过的 PCR LIC 片段和 4 μL (20～50 ng)T4 聚合酶处理过的 LIC 载体进行退火。

(8) 在室温下孵育退火反应 5～10 min。

(9) 使用全部的退火反应体系转化约 50 μL 大肠杆菌感受态细胞，并挑选出转化的克隆(Sambrook and Russell，2001)。

加热后，将 LIC 平板储存于 4℃冰箱，至需要时再取出。LIC 相容载体的制备与上述过程相似，但需使用碱基互补的 dGTP (Eschenfeldt et al.，2009)。在此阶段，所构建的载体可以通过序列分析进行鉴定，或者在完成表达和可溶性分析之后再进行鉴定。

8. 大肠杆菌细胞质中的表达

大部分大肠杆菌表达载体都是设计用于胞内表达的。这些载体经过工程改造，具有不同的筛选标记(selectable marker)、细菌启动子、质粒复制原点(plasmid replication origin)、定位信号(localization signal)及融合标签(表 12.2)。我们在此介绍的方法适用于 T7 启动子 (Novagen，pET 载体系列)，其能够过表达目标蛋白质，表达水平与大肠杆菌中丰度最高的天然蛋白质的水平相当 (Studier and Moffatt，1986)。能够表达 T7 RNA 聚合酶的大肠杆菌菌株[如 BL21(DE3)]对于使用 pET 家族的载体表达蛋白是必需的。这些菌株的变种能够共表达稀有密码子的 tRNA (Carstens，2003)、蛋白质折叠必需的共辅助因子(Baneyx and Palumbo，2003)或是在胞质内有助于二硫键形成和促进重组蛋白活性折叠的那些蛋白质 (Prinz et al.，1997)。这里的方案总结了利用 IPTG 和可诱导系统表达目标蛋白质的过程。

9. 大肠杆菌细胞质中目标蛋白质的表达

(1) 接种单克隆于 2 mL 含有合适抗生素的培养基中。所使用试管的体积至少是培养基体积的 5 倍以保证能充分通气。

(2) 样品在 37℃、250 r/min 条件下培养至 $OD_{600\ nm}$达到 0.4～0.8。培养液变成云雾状但不要完全变浑浊。通常 BL21(DE3)菌体达到此状态需要生长 3～4 h。

(3) 加入 20 μL 100 mmol/L IPTG 至每个培养体系(1 mmol/L 的终浓度)。重新将

诱导的培养物放回37℃、250 r/min的细菌培养器，培养4 h。经过4 h的诱导，培养物会变得完全浑浊。

（4）培养物在37℃诱导3～8 h后应该出现明显的蛋白质表达。取出样品并按下述方法进行分析。

9.1　蛋白质表达及可溶性的分析

确认目标蛋白质的表达通常涉及对蛋白质表达和蛋白质可溶性的评估，以及对预期蛋白质大小的定性确认。大部分用于外源蛋白质表达的大肠杆菌系统都可以产生出足够水平的目标蛋白质来满足采用变性凝胶电泳的方式分析蛋白质的表达/可溶性（图12.1）。这一方法价格低廉，相对简单，且能很快得到结果。表达水平极低的或可溶性极低的蛋白质可能需要更加灵敏的检测方法，如免疫印迹法。

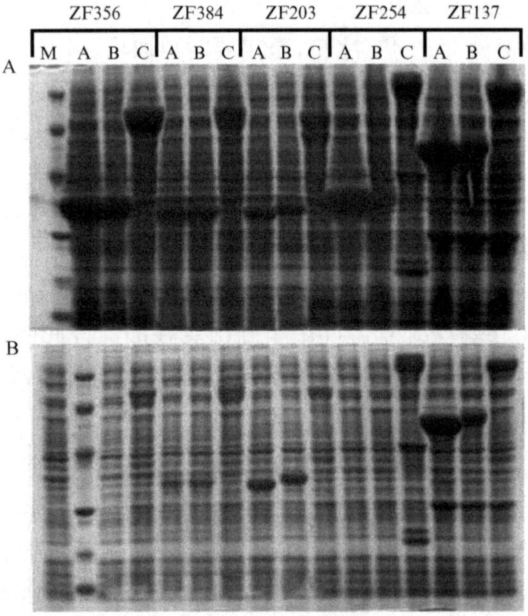

图12.1　一组斑马鱼蛋白的表达及可溶性分析。A. 考马斯亮蓝染色的凝胶显示了在3种不同的载体系统中所表达的蛋白质总产物；B. 考马斯亮蓝染色的凝胶表示同一表达产物中的可溶部分。B图胶中，ZF356和分子质量标准的顺序与A图胶相反。载体“A”表示pMCSG7载体，它产生的融合蛋白在N端融合了能被TEV蛋白酶切割的His标签。载体“B”能将蛋白质定位于周质空间，其产生的N端融合蛋白和载体“A”相似。载体“C”表示pMCSG19，其具有麦芽糖结合蛋白（MBP）融合序列（Donnelly et al.，2006）。蛋白质的检索号依次为：ZF356、AAH56726.1；ZF384、AAH58296.1；ZF203、AAH46038.1；ZF254、AAH47843.1；ZF137、AAH67155.1

10. 大肠杆菌中表达的外源蛋白质的分析

（1）从每个样品中取出200 μL诱导物至干净的微量离心管。14 000 r/min离心

1 min。菌体会形成致密的沉淀，同时出现澄清的上清液。剩余的培养物可用于目标蛋白的可溶性质分析，详见本章 10.1 节。

(2) 倒掉或吸出无用的培养基，小心保留菌体沉淀。加入 50 μL 2×SDS 上样染料，反复吹打几次以重悬菌体。

(3) 将样品煮沸 5 min，在上样前将样品冷却。对于一个 17 孔的 8 cm×10 cm 的考马斯亮蓝染色的凝胶，5 μL 样品通常就足够了。

10.1　蛋白质可溶性的分析

(1) 通过 3500 r/min 离心 10 min，使剩余的菌体培养物中的菌体形成沉淀。小心倒掉无用的培养基，用纸巾蘸干残留的液体。

(2) −80℃冰冻沉淀。为所有的样品准备足够的裂解缓冲液[终浓度：300 mmol/L NaCl、50 mmol/L Na_2PO_4、蛋白酶抑制剂混合物(Protease Inhibitor Cocktail，Sigma)、120 kU/mL 重组溶菌酶(rLysozyme，Novagen)和 25 U/mL 核酸酶(Benzonase，Novagen)]。或者，可以用 Bugbuster(Novagen)或B-PER(Pierce)代替裂解缓冲液。按照试剂说明，使用适用于 2 mL 培养物的试剂。

(3) 取出冰冻的样品，稍微解冻。每个样品加入 180 μL 裂解缓冲液，盖紧盖子后涡旋振荡以重悬沉淀。

(4) 将样品重新置于−80℃，5 min，然后取出并于室温孵育，直到冰完全溶解。再重复冻融一次。样品会变得澄清或是依然保持浑浊。

(5) 3500 r/min，离心 10～15 min，沉淀菌体碎片。

(6) 从每个样品上部取出 50 μL 上清液，小心不要带出菌体碎片。

(7) 向上清液中加入 60 μL 2× SDS 上样染料，煮沸 5 min。用变性凝胶电泳分析样品。对于一个 17 孔的 8 cm×10 cm 的考马斯亮蓝染色的凝胶，5 μL 样品通常就足够了。

(8) (可选)为了检测菌体裂解物中的不溶部分，除去步骤 7 菌体裂解碎片中所有剩余的上清液。小心不要扰动或移走沉淀。

(9) 向沉淀中加入 300 μL 1×SDS 上样染料，盖紧盖子后涡旋振荡至沉淀完全重新悬浮。

(10) 煮沸样品 5 min，在上样至 SDS-PAGE 凝胶前稍加冷却。对于一个 17 孔的 8 cm×10 cm 的考马斯亮蓝染色的凝胶，3 μL 样品通常就足以观察表达情况。

10.2　蛋白质表达结果的分析

在评估表达和可溶性时使用同样的培养系统可以弥补表达水平的差异。在大肠杆菌中蛋白质表达率通常可以超过 80%，但蛋白质的可溶性是该系统的主要限制因素，它与目标蛋白质本身有关(图 12.1)。经过 SDS-PAGE 分析，如果在正确的分子质量位置未检测到目标蛋白质的染色条带，那就可以认为其“不表达”或是“不可溶”。反之，则认为其可以“表达”或“可溶”。这属于定性的评估，必须再进行序列分析和/或质谱分析以确认多肽的身份。我们采用了相对密度排序法，即将目标蛋白质的染色密度与大肠杆菌中天然蛋白质的通常染色密度相比。目的条带可见，但其染色密度比大部分大肠杆菌蛋白质条带的染色密度低，则记为1级水平或是低表达/低可溶性。2级和3级水平（中等或高表达/高可溶性）分别表示染色强度与大肠杆菌中高表达的蛋白质染色强度相当或更高。

10.3 蛋白质表达的自诱导方法

IPTG诱导的一个缺点是需要监测细菌的生长以获得最佳的诱导条件。这一缺点在检测大批量克隆的表达时变得尤为突出。在这种情况下，可以观察到生长速率的不同，从而很难获得所有表达克隆的最佳诱导条件。自诱导系统为我们提供了克服这些困难的方法，并且简化了表达方案（Studier，2005）。目前已报道了数种自诱导系统，它们可以利用pET和其他IPTG诱导的细菌表达系统来提供高水平的蛋白质表达（Blommel et al.，2007）。

11. 使用自诱导培养基方案的小量表达培养

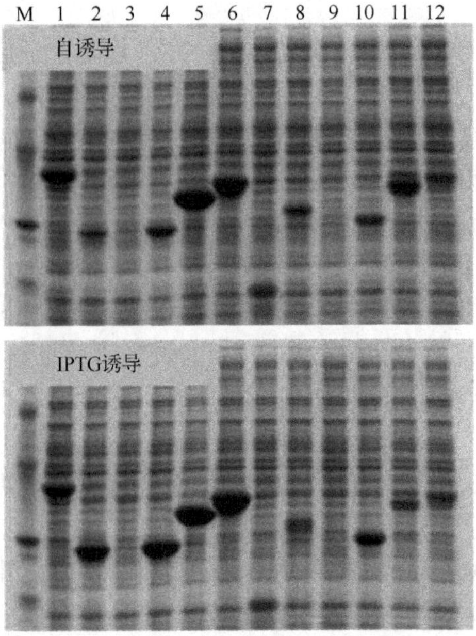

图12.2 考马斯亮蓝凝胶染色分析自诱导培养物和IPTG诱导培养物中目标蛋白质的可溶性。从希瓦氏菌（*Shewanella oneidensis*）基因组DNA中扩增出目标基因并克隆入胞质表达载体pMCSG7（1～6列）或周质表达载体pBH31 SA（7～12列）。用于分析的可溶性组分的制备参见本文所述的方法。目标蛋白质依次为：1. SO 3070；2. SO 2454；3. SO 2444；4. SO 1503；5. SO 1190；6. SO1560；7. SO 0809；8. SO 0837；9. SO 4048；10. SO 1503；11. SO 1190；12. SO 1560

（1）本实验可以使用转化平板上的细菌或冻存菌划出的新鲜菌线的细菌。用于表达的菌株必须具有lac通透酶（lacY，lac permease）和β-半乳糖苷酶（lacZ，β-galactosidase）及T7 RNA聚合酶（T7 RNA polymerase）的基因。

（2）准备自诱导培养基（如Overnight Express Kit，Novagen），并向培养基中加入合适的抗生素。

（3）接种单克隆于2 mL自诱导培养基。所用试管的容纳体积至少是培养液体积的5倍，以保证充分通气。

（4）37℃、250 r/min培养至少16 h，或者25℃、250 r/min培养至少20 h。培养物必须达到静止生长期才能实现最有活力的诱导表达。

单个目标蛋白质的表达和可溶性的评估均可按照前面章节针对IPTG诱导培养所述的方法进行。自身诱导和IPTG诱导的外源蛋白的表达量差不多，但可能会观察到某个目标蛋白质的可溶性会有变化（图12.2）。有时每体积自诱导培养物产出的目标蛋白质可达到常规的IPTG诱导表达的5～20倍（Studier，2005）。

12. 蛋白质的周质表达

细菌蛋白质组中有 8%～12%的蛋白质不定位于胞质中。针对这部分蛋白质的外源表达策略包括：扩增编码区的非信号肽部分，利用胞质表达载体或周质表达载体，通过标准的大肠杆菌克隆和表达流程进行操作，从而得到与胞质蛋白相似的表达结果。该方法也成功用于某些含有二硫键的真核蛋白。通过在目标蛋白质 N 端添加合适的定位信号（如大肠杆菌的 PelB 信号序列），就可将蛋白质定位于大肠杆菌的周质空间。由于周质只占菌体总体积的 20%～40%，总的来说，周质表达的表达量一般低于胞质表达的。直接比较克隆至胞质表达载体的目标蛋白质（图 12.2，目标蛋白质 4～6）与克隆至周质表达载体的目标蛋白质（图 12.2，目标蛋白质 10～12）的表达水平，就可得出此结论。

13. 大肠杆菌周质腔中目标蛋白质的表达

(1) 接种单克隆于 2 mL 含有合适抗生素的培养基。所用试管的容纳体积至少是培养液体积的 5 倍，以保证充分的通气。

(2) 30℃、250 r/min 条件下培养至 $OD_{600\ nm}$达到 0.4～0.8。培养液应该变成云雾状但不要完全变浑浊。通常 BL21(DE3)菌体达到此状态需要生长 3～5 h。

(3) 降低培养容器温度至 19℃，孵育至少 30 min 以使菌体达到平衡。培养物的 OD 值在温度转换期间会继续增加。

(4) 加入 20 μL 100 mmol/L IPTG 至每个培养体系（终浓度为 1 mmol/L）。将培养体系放回培养容器，19℃、250 r/min 过夜培养。经过诱导过夜，培养液会完全变浑浊。

(5) 培养物在 19℃诱导 4 h 后就会有少量表达，12～16 h 后就会有明显的表达。

14. 小规模渗透休克法

如果需要确认一个目标蛋白质定位于周质中，那么渗透休克法可用于分析与胞质组分分开的周质组分。有许多从细菌周质中释放蛋白质的技术可供使用。加入三氯甲烷（chloroform）（Ames et al.，1984）或多黏菌素 B（polymyxin B）（Dixon and Chopra，1986）可以从周质中释放蛋白质。下面介绍的方法成本低廉，使用的是常用的实验室试剂（Neu and Heppel，1965；Nossal and Heppel，1966）。将溶菌酶（lysozyme）加入渗透休克 SET（蔗糖、EDTA、Tris-HCl）缓冲液中可以除去更多的菌体外壁和组分（Birdsell and Cota-Robles，1967；Malamy and Horecker，1964）；这一步产生的原生质体（spheroplast）非常容易裂解，因此胞质蛋白可能会污染周质组分。对于易裂解的菌体，向冷水休克液中加入 0.5 mmol/L 的 $MgCl_2$ 可以稳定原生质体（Neu and Chou，1967）。我们介绍的方法对大部分靶向周质的蛋白质都适用，但对有些靶向周质的蛋白质可能需要优化。比较图 12.3 中 SET 和水中目标蛋白质的量，可说明对不同蛋白质来说抽提结果是不同的。不过，相比于背景宿主蛋白，可溶的外源蛋白富集在休克组分中（图 12.3）。该方法可以放大，作为第一个纯化步骤以减少背景蛋白质和菌体碎片。

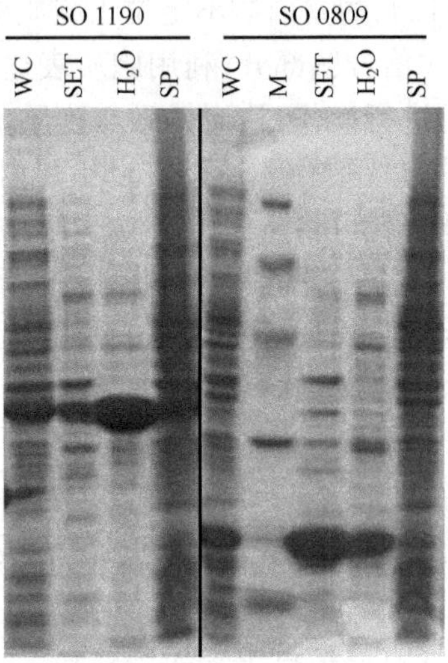

图 12.3　目标蛋白质的来自希瓦氏菌（*Shewanella oneidensis*）的渗透休克组分，该蛋白质的基因被克隆在希瓦氏菌的周质表达载体 pBH31 SA 中。各组分标示：WC. 总蛋白质（whole cell expression）；SET. SET 缓冲液组分（SET buffer fraction）；H_2O. 水休克组分（water shock fraction）；SP. 原生质体组分（spheroplast fraction）；M. 分子质量标准（molecular weight marker）

（1）使用 5 mL 的培养物，经过 4 h 至过夜诱导其蛋白质表达。

（2）3500 r/min、5 min 离心沉淀诱导培养物。倒出或吸出无用的培养基。

（3）用 5 mL 10 mmol/L Tris-HCl，pH 8.0 溶液将菌体清洗 2 次。3500 r/min 离心 5 min，待菌体沉淀后倒掉洗液。可以用涡旋振荡器重悬菌体沉淀。

（4）用 1 mL 10 mmol/L Tris-HCl 重悬菌体后将其转移到一个 1.5 mL 的微量离心管中。14 000 r/min 离心 30 s 沉淀菌体，吸去所有残留的 Tris-HCl 洗液。

（5）用 300 μL SET 缓冲液[50 mmol/L Tris-HCl，pH 7.5；20%（*m*/*V*）蔗糖；1 mmol/L EDTA]完全重悬沉淀。冰上孵育 10 min。

（6）14 000 r/min 离心 30 s～1 min。有些样品可能需要更长的离心时间，因为在 SET 缓冲液中，菌体不易沉淀。从样品上部取出 50 μL 上清液，避免吸出菌体碎片。弃去剩余的上清液，但要保留菌体沉淀。

（7）向沉淀中加入 300 μL 冰冷的无菌水，快速重悬沉淀。冰上孵育 5 min，不要摇动。

（8）14 000 r/min 离心 20～30 s。从样品上部立即取出 50 μL 上清液，避免吸出菌体碎片。

（9）可以用剩余的沉淀重复（6）～（9）步以从周质中释放出额外的组分。

（10）加入 50 μL 2×SDS 上样染料至 SET 缓冲液组分和水休克组分中，并混匀。将样品煮沸 5 min，在上样前稍加冷却。对于一个 17 孔的 8 cm×10 cm 的考马斯亮蓝染色的凝胶，10 μL 样品通常就足够观察条带了。

(11)（可选）在休克处理完成后，为了检测原生质体组分，去除沉淀上所存留的液体。直接向沉淀中加入 500 μL 2× SDS 上样染料并重悬。将样品煮沸 5 min，上样前稍加冷却。对于一个 17 孔的 8 cm×10 cm 的考马斯亮蓝染色的凝胶，3 μL 样品通常就足够观察条带了。该样品可能会非常黏稠，因此需要加入额外的 SDS 上样缓冲液。

15. 用于外源蛋白质生产的其他细菌系统

有许多不同的细菌表达系统可用于表达外源蛋白。许多时候，细菌表达系统的选择通常是由目标蛋白质的特性决定的。尽管大肠杆菌可用于多血红素细胞色素(multiheme cytochromes)的外源表达，但通常会选择另一种宿主来表达含多个血红素基团的细胞色素复合物(complex cytochrome)。希瓦氏菌（*Shewanella oneidensis*）是一种革兰氏阴性菌，通常用于生产这种特殊的蛋白质。该生物的基因组能编码大量预测的细胞色素 c 基因，而且含有能促进细胞色素 c 被正确加工成为成熟蛋白的辅助蛋白（Takayama and Akutsu，2007）。一个经过工程改造的荧光假单胞菌(*Pseudomonas fluorescens*)菌株(Pfenex，DOW Chemical Co.)已经被开发为外源蛋白表达系统，用于大批量发酵和目标蛋白质的高通量小规模筛选。这一经过修饰的革兰氏阴性菌具有多种代谢功能和微生物分泌系统，从而可以使表达产物位于胞质、周质或胞外空间。

利用非致病性革兰氏阳性杆菌表达蛋白质为我们提供了革兰氏阴性宿主菌之外的另一个选择(Schmidt，2004)。这些生物含有天然高效的分泌系统，可以直接将蛋白质表达于培养液上清液中，从而可以提高产量，同时便于纯化。最常用的菌株是工程改造的枯草芽孢杆菌(*Bacillus subtilis*)，其缺乏胞外脂肪水解酶(lipolytic enzyme)和蛋白酶的基因，从而提高了外源蛋白的稳定性。巨大芽孢杆菌(*Bacillus megaterium*)有数个大质粒，它以能够稳定复制和保持这些质粒而闻名。其表达菌株通常具有较低的内在蛋白酶活性，还有一些特点组合在一起能够获得蛋白质的稳定高产。

膜蛋白在基因组编码的蛋白质中占有相当的比例，但对于蛋白质表达来说仍然是个挑战。除了大肠杆菌(Neophytou et al.，2007；Shaw and Miroux，2003)，研究者们还开发了数个其他的膜蛋白表达系统来表达完整的膜蛋白。革兰氏阳性的乳酸菌——乳酸乳球菌(*Lactococcus lactis*)生长密度高，适于大规模的膜蛋白超量生产(Kunji et al.，2003)。有数个营养缺陷型菌株和多环乳酸链球菌素(polycyclic peptide nisin)调控的可诱导表达系统可以使用。用于膜蛋白鉴定的功能筛选可使用全菌进行，因为配基可以直接作用于表达在细胞膜上的膜蛋白。

经过工程改造，光合细菌红细菌属(photosynthetic bacterium *Rhodobacter*)已用于全长膜蛋白的外源表达(Laible et al.，2004)。该系统可以通过在表达外源膜蛋白的同时合成新膜的方式来将外源膜蛋白整合于其自身的内源膜蛋白系统中，这一点是很独特的。这些新的细胞膜形成使细胞质膜的内凹，允许外源膜蛋白整合。红细菌属膜蛋白表达系统非常强有力的一点是在各种情况下表达的蛋白质都几乎等量地定位于膜。膜蛋白的表达和纯化是有难度的，而且用外源表达系统生产的蛋白质的功能必须经过仔细的验证。

16. 其他载体和诱导条件

除了使用不同的细菌宿主外，外源表达系统的优化还可通过控制载体和诱导条件来实现。其中一个已被证明成功用于蛋白质可溶性表达的此类方法使用了pCold载体的冷休克表达系统（Qing et al.，2004）。该系统利用了大肠杆菌细胞的冷休克反应以抑制内源蛋白的产生，同时又增强了目标蛋白质的表达。研究表明，当截短的冷休克蛋白(cspA)mRNA在冷休克的条件(从37℃降温到15℃并保持36 h)下表达时，多聚核糖体就会被占据用来翻译截短的*cspA*基因，而不能形成Ⅲ型核糖体去翻译非冷休克蛋白(non-cold-shock protein)(Jiang et al.，1996)。结果是，只有在*cspA* mRNA中的基因才会被翻译，而内源蛋白的表达则受到抑制。在pCold质粒中，*cspA*启动子之后有一个克隆区，用于插入目的基因，使用1 mmol/L IPTG可以阻遏目标蛋白质的表达，15℃冷休克可以诱导目标基因的过表达。由于宿主背景蛋白的表达极低，该技术表达的外源蛋白通常可以不用纯化，这大大消减了生产成本。

17. 生产规模

大部分细菌表达方案的目标是获得大量的、可溶性的、正确折叠的且有活性的蛋白质。一般来说，目标蛋白质的表达水平和可溶性在大规模细菌培养中会下降。不过，在小规模实验中表现良好的目标蛋白质，放大之后得到满意效果的可能性更大(Moy et al.，2004)。一个常用的提高最终产量的方法是挑选数个小规模实验中可溶性最好的克隆用于大规模生产过程的评估。这一策略的第二部分是优化大规模生产过程中的生长和培养参数，以提高终产物的品质和产量。及时制备和筛选多个细菌表达产物的能力对于使用细菌表达系统进行蛋白质生产是有帮助的。

致谢

已提交的稿件由芝加哥大学阿贡有限责任公司撰写，该公司负责阿贡国家实验室的管理和运行。阿贡是隶属美国能源部科学局的一个实验室。阿贡的管理和运行依照合同DE-AC02-06CH11357来进行。美国政府为其自身或其他代其行事者在上述合同条款中保有一个已缴费的、非独家的、不可撤销的全球性授权，该授权用于由政府进行的或代表政府进行的再版、准备派生作品、向公众分发、公开表演或展示。

（刘 炬 译 郭 强 校）

参考文献

Ames, G. F., Prody, C., and Kustu, S. (1984). Simple, rapid, and quantitative release of periplasmic proteins by chloroform. *J. Bacteriol.* **160,** 1181–1183.

Aslanidis, C., and de Jong, P. J. (1990). Ligation-independent cloning of PCR products (LIC-PCR). *Nucleic Acids Res.* **18,** 6069–6074.

Baneyx, F. (1999). Recombinant protein expression in Escherichia coli. *Curr. Opin. Biotechnol.* **10,** 411–421.

Baneyx, F., and Palumbo, J. L. (2003). Improving heterologous protein folding via molecular chaperone and foldase co-expression. *Methods Mol. Biol.* **205,** 171–197.

Birdsell, D. C., and Cota-Robles, E. H. (1967). Production and ultrastructure of lysozyme and ethylenediaminetetraacetate-lysozyme spheroplasts of Escherichia coli. *J. Bacteriol.* **93,** 427–437.

Boyer, H. W., and Roulland-Dussoix, D. (1969). A complementation analysis of the restriction and modification of DNA in Escherichia coli. *J. Mol. Biol.* **41,** 459–472.

Carstens, C. P. (2003). Use of tRNA-supplemented host strains for expression of heterologous genes in E. coli. *Methods Mol. Biol.* **205,** 225–233.

De Marco, V., Stier, G., Blandin, S., and de Marco, A. (2004). The solubility and stability of recombinant proteins are increased by their fusion to NusA. *Biochem. Biophys. Res. Commun.* **322,** 766–771.

Derman, A. I., Prinz, W. A., Belin, D., and Beckwith, J. (1993). Mutations that allow disulfide bond formation in the cytoplasm of *Escherichia coli. Science* **262,** 1744–1747.

Dieckman, L., Gu, M., Stols, L., Donnelly, M. I., and Collart, F. R. (2002). High throughput methods for gene cloning and expression. *Protein Expr. Purif.* **25,** 1–7.

Dieckman, L. J., Hanly, W. C., and Collart, F. R. (2006). Strategies for high-throughput gene cloning and expression. *Genet. Eng. (NY)* **27,** 179–190.

Dixon, R. A., and Chopra, I. (1986). Leakage of periplasmic proteins from *Escherichia coli* mediated by polymyxin B nonapeptide. *Antimicrob. Agents Chemother.* **29,** 781–788.

Donnelly, M. I., Zhou, M., Millard, C. S., Clancy, S., Stols, L., Eschenfeldt, W. H., Collart, F. R., and Joachimiak, A. (2006). An expression vector tailored for large-scale, high-throughput purification of recombinant proteins. *Protein Expr. Purif.* **47,** 446–454.

Dyson, M. R., Shadbolt, S. P., Vincent, K. J., Perera, R. L., and McCafferty, J. (2004). Production of soluble mammalian proteins in *Escherichia coli*: Identification of protein features that correlate with successful expression. *BMC Biotechnol.* **4,** 32.

Eschenfeldt, W. H., Lucy, S., Millard, C. S., Joachimiak, A., and Mark, I. D. (2009). A family of LIC vectors for high-throughput cloning and purification of proteins. *Methods Mol. Biol.* **498,** 105–115.

Esposito, D., Garvey, L. A., and Chakiath, C. S. (2009). Gateway cloning for protein expression. *Methods Mol. Biol.* **498,** 31–54.

Guzman, L. M., Belin, D., Carson, M. J., and Beckwith, J. (1995). Tight regulation, modulation, and high-level expression by vectors containing the arabinose PBAD promoter. *J. Bacteriol.* **177,** 4121–4130.

Hartley, J. L., Temple, G. F., and Brasch, M. A. (2000). DNA cloning using *in vitro* site-specific recombination. *Genome Res.* **10,** 1788–1795.

Haun, R. S., Serventi, I. M., and Moss, J. (1992). Rapid, reliable ligation-independent cloning of PCR products using modified plasmid vectors. *Biotechniques* **13,** 515–518.

Hengen, P. (1995). Purification of His-Tag fusion proteins from Escherichia coli. *Trends Biochem Sci.* **20,** 285–286.

Jiang, W., Fang, L., and Inouye, M. (1996). The role of the 5'-end untranslated region of the mRNA for CspA, the major cold-shock protein of Escherichia coli, in cold-shock adaptation. *J. Bacteriol.* **178,** 4919–4925.

Kapust, R. B., and Waugh, D. S. (1999). Escherichia coli maltose-binding protein is uncommonly effective at promoting the solubility of polypeptides to which it is fused. *Protein Sci.* **8,** 1668–1674.

Klock, H. E., White, A., Koesema, E., and Lesley, S. A. (2005). Methods and results for semi-automated cloning using integrated robotics. *J. Struct. Funct. Genomics* **6,** 89–94.

Laible, P. D., Scott, H. N., Henry, L., and Hanson, D. K. (2004). Towards higher-throughput membrane protein production for structural genomics initiatives. *J. Struct.*

Funct. Genomics **5,** 167–172.

Londer, Y. Y., Giuliani, S. E., Peppler, T., and Collart, F. R. (2008). Addressing *Shewanella oneidensis* "cytochromome": The first step towards high-throughput expression of cytochromes c. *Protein Expr. Purif.* **62,** 128–137.

Makrides, S. C. (1996). Strategies for achieving high-level expression of genes in *Escherichia coli*. *Microbiol. Rev.* **60,** 512–538.

Malamy, M. H., and Horecker, B. L. (1964). Release of alkaline phosphatase from cells of *Escherichia coli* upon lysozyme spheroplast formation. *Biochemistry* **3,** 1889–1893.

Matthey, B., Engert, A., Klimka, A., Diehl, V., and Barth, S. (1999). A new series of pET-derived vectors for high efficiency expression of *Pseudomonas* exotoxin-based fusion proteins. *Gene* **229,** 145–153.

Miroux, B., and Walker, J. E. (1996). Over-production of proteins in *Escherichia coli*: Mutant hosts that allow synthesis of some membrane proteins and globular proteins at high levels. *J. Mol. Biol.* **260,** 289–298.

Moy, S., Dieckman, L., Schiffer, M., Maltsev, N., Yu, G. X., and Collart, A. F. (2004). Genome-scale expression of proteins from *Bacillus subtilis*. *J. Struct. Funct. Genomics* **5,** 103–109.

Neophytou, I., Harvey, R., Lawrence, J., Marsh, P., Panaretou, B., and Barlow, D. (2007). Eukaryotic integral membrane protein expression utilizing the Escherichia coli glycerol-conducting channel protein (GlpF). *Appl. Microbiol. Biotechnol.* **77,** 375–381.

Neu, H. C., and Chou, J. (1967). Release of surface enzymes in Enterobacteriaceae by osmotic shock. *J. Bacteriol.* **94,** 1934–1945.

Neu, H. C., and Heppel, L. A. (1965). The release of enzymes from Escherichia coli by osmotic shock and during the formation of spheroplasts. *J. Biol. Chem.* **240,** 3685–3692.

Nossal, N. G., and Heppel, L. A. (1966). The release of enzymes by osmotic shock from Escherichia coli in exponential phase. *J. Biol. Chem.* **241,** 3055–3062.

Prinz, W. A., Aslund, F., Holmgren, A., and Beckwith, J. (1997). The role of the thioredoxin and glutaredoxin pathways in reducing protein disulfide bonds in the *Escherichia coli* cytoplasm. *J. Biol. Chem.* **272,** 15661–15667.

Qing, G., Ma, L. C., Khorchid, A., Swapna, G. V., Mal, T. K., Takayama, M. M., Xia, B., Phadtare, S., Ke, H., Acton, T., Montelione, G. T., Ikura, M., *et al.* (2004). Cold-shock induced high-yield protein production in Escherichia coli. *Nat. Biotechnol.* **22,** 877–882.

Sambrook, J., and Russell, D. W. (2001). Molecular cloning: A laboratory manual. Cold Spring Harbor Laboratory Press, Cold Spring Harbor, NY.

Schmidt, F. R. (2004). Recombinant expression systems in the pharmaceutical industry. *Appl. Microbiol. Biotechnol.* **65,** 363–372.

Shaw, A. Z., and Miroux, B. (2003). A general approach for heterologous membrane protein expression in Escherichia coli: the uncoupling protein, UCP1, as an example. *Methods Mol. Biol.* **228,** 23–35.

Smith, D. B., and Johnson, K. S. (1988). Single-step purification of polypeptides expressed in Escherichia coli as fusions with glutathione S-transferase. *Gene.* **67,** 31–40.

Studier, F. W. (2005). Protein production by auto-induction in high density shaking cultures. *Protein Expr. Purif.* **41,** 207–234.

Studier, F. W., and Moffatt, B. A. (1986). Use of bacteriophage T7 RNA polymerase to direct selective high-level expression of cloned genes. *J. Mol. Biol.* **189,** 113–130.

Takayama, Y., and Akutsu, H. (2007). Expression in periplasmic space of *Shewanella oneidensis*. *Protein Expr. Purif.* **56,** 80–84.

Terpe, K. (2006). Overview of bacterial expression systems for heterologous protein production: from molecular and biochemical fundamentals to commercial systems. *Appl. Microbiol. Biotechnol.* **72,** 211–222.

Woodcock, D. M., Crowther, P. J., Doherty, J., Jefferson, S., DeCruz, E., Noyer-Weidner, M., Smith, S. S., Michael, M. Z., and Graham, M. W. (1989). Quantitative evaluation of *Escherichia coli* host strains for tolerance to cytosine methylation in plasmid and phage recombinants. *Nucleic Acids Res.* **17,** 3469–3478.

Yokoyama, S. (2003). Protein expression systems for structural genomics and proteomics. *Curr. Opin. Chem. Biol.* **7,** 39–43.

Zhu, B., Cai, G., Hall, E. O., and Freeman, G. J. (2007). In-fusion assembly: Seamless engineering of multidomain fusion proteins, modular vectors, and mutations. *Biotechniques* **43,** 354–359.

第 13 章

毕赤酵母中的表达

James M. Cregg*,†, Ilya Tolstorukov*,†, Anasua Kusari*,
Jay Sunga*, Knut Madden†, and Thomas Chappell†

目录

摘要

毕赤酵母(*Pichia pastoris*)已经成为重组蛋白生产最常用的酵母菌。它在蛋白质表达方面的优点包括:具有高效且受严格调控的启动子,强烈的倾向于呼吸生长,而不是发酵生长。本章假定读者对分子生物学非常熟悉,我们在此详细介绍利用毕赤酵母进行基因表达时涉及的一些具体操作。它们包括:基于经典酵母遗传学方法的菌株构建、选择载体和菌株的逻辑、电转感受态酵母菌的制备和转化,以及用于检测酵母克隆周围分泌蛋白的蛋白质印迹或酵母印迹法。

* 凯克研究生院应用生命科学研究所(Claremont,California,USA)
† Biogrammatics 公司(Carlsbad,California,USA)

1. 引言

相较于其他表达系统，酵母表达系统在20世纪80年代早期缓慢起步，这主要是由于酿酒酵母（或称面包酵母）(*Saccharomyces cerevisiae*)在表达一些蛋白质时效果不佳(Romanos et al.，1992)。有时在摇瓶培养时表达很好，但放大到发酵罐中培养时表达却往往很差。另外，*N*-糖基化的蛋白质作为一种注射用药物，是生物制药公司主要关注的对象，而酵母系统对于生产这种蛋白质似乎毫无价值，因为酵母的糖链在组成(composition)和结构(configuration)上为高甘露糖型，与人类的糖型相差甚远。这种酵母模式的糖会被人类的免疫系统识别并排斥，这不仅导致酵母来源的糖蛋白在血液内被迅速清除，而且这种过强的免疫反应也可能会导致患者死亡。80年代以来，对于这些问题已有研究，一些种类的酵母菌成为重组蛋白生产的备选系统。作为一种真核微生物表达系统，对于那些在细菌中表达会导致错误折叠、无活性蛋白质聚集或形成包涵体的蛋白质来说，酵母表达系统是一种很理想的替代表达系统。

本章将着重关注这些新型酵母表达系统中最常用的毕赤酵母表达系统。本章仅详细介绍毕赤酵母表达系统独有的操作流程，对于其他常用方法（如琼脂糖凝胶电泳、免疫印迹、常规DNA重组技术等）读者可以参考许多相关的优秀书籍[如Sambrook等(1989)或Ausubel等(2001)的系列丛书]。

2. 其他真菌表达系统

除了毕赤酵母外，其他种类的酵母菌也已经被开发为蛋白质表达系统，其中，多形汉逊酵母(*Hansenula polymorpha*)、奥默毕赤酵母(*Pichia methanolica*)、乳酸克鲁维酵母菌(*Kluyveromyces lactis*)、*Arxula adeninivorans* 和耶罗威亚解脂酵母(*Yarrowia lipolytica*)是大家最为熟知且最为成熟的蛋白质表达系统(Gellissen，2005)。对于毕赤酵母和上述这些酵母菌来说，选择它们的理由以及构建重组体所用方法都是大同小异。

与毕赤酵母一样，汉逊酵母和甲醇必赤酵母都是甲醇营养型酵母，事实上毕赤酵母的所有优点上述两种酵母也都具有(Gellissen，2002)。特别是这三种酵母菌都含有高效的启动子来调控它们的乙醇氧化酶(alcohol oxidase)的表达，该酶能够控制重组蛋白的表达。但不同之处在于：相较于毕赤酵母，另外两种酵母菌表达菌株的构建稍显费力。但这种构建菌株上的费力可以在别的方面得到补偿，多形汉逊酵母中的表达框的拷贝数可以达到100多个。此外，它可以在50℃以上的温度中生长，这可以显著地减少生物过程(bioprocess)的时间从而降低成本。

乳酸克鲁维酵母是继酿酒酵母之后第一个用来表达重组蛋白的酵母菌，因其表达的凝乳酶(rennin)用于奶酪加工而被大家所熟知(van Ooyen et al.，2006)。它与酿酒酵母具有一个共同的优点:乳酸克鲁维酵母也被正式地列在微生物公认安全名单中(generally recognized as safe,GRAS)。

A. adeninivorans 是具有两种形态(dimorphic)的酵母菌,它在重组蛋白的分泌表达方面有一定的优势 (Boer et al., 2005)。它的生长状态有营养体(vegetative yeast)和菌丝体(mycelial)两种,菌丝体能够像丝状真菌那样伸出菌丝。相较于营养体生长阶段,菌丝体生长阶段有更多分泌蛋白合成。此外,它在菌丝体生长状态中不会对分泌蛋白进行 *O*-糖基化。它的生长温度可以高达 48℃,渗透压耐受可以达到 3.4 mol/L(10%)NaCl。

与 *A. adeninivorans* 一样,耶罗威亚解脂酵母也有两种生长状态 (Madzak et al., 2005)。在耶罗威亚解脂酵母中大多数重组基因的表达由 *XPR2* 启动子驱动,在天然状态下 *XPR2* 驱动胞外碱性蛋白酶(alkaline extracellular protease)的表达。该酵母也有其他的一些可以使用的启动子,但都是组成型(constitutive)的。

最后需要指出的是,一些丝状真菌,如粗糙脉孢菌(*Neurospora crass*)、各种曲霉属真菌(*Aspergillus species*)和大孢粪壳(*Sordaria macrospora*)已经被证明能够有效地表达一些重组蛋白,特别是表达分泌蛋白。但是,丝状真菌的操作技术与酵母菌大不相同,在此不多做赘述,有兴趣的读者可以参考相关的优秀综述(Heerikhuisen et al., 2005; Kuck and Poggeler, 2005)。

3. 培养基和微生物操作技术

在实验室水平培养毕赤酵母菌及其他大部分酵母菌的技术与培养大肠杆菌和酿酒酵母菌类似。最常用的丰富培养基是 YPD[1%酵母提取物(yeast extract)、2%蛋白胨(peptone)、2%葡萄糖(dextrose)]培养基,最常用的确定成分培养基是 YNB 培养基[0.67%的含硫酸铵不含氨基酸的酵母氮源(yeast nitrogen base)、2%葡萄糖、50 μg/mL 的任何生长必需的氨基酸和核苷酸]。必赤酵母利用甲醇生长时需要将培养基中的葡萄糖替换成 0.5%的甲醇。交配/产孢(mating/sporulation)培养基由 0.5%乙酸钠、1%氯化钾、1%葡萄糖组成。培养基中加入 2%琼脂后可以制成培养平板(Petri plate)。培养通常在 30℃进行。在 YPD 液体培养基中,毕赤酵母的代时大约是 90 min;在确定成分的培养基中代时大约是 3 h。如果甲醇作为唯一碳源,那么在确定成分培养基中的代时大约是 5 h。

4. 遗传株的构建

尽管毕赤酵母有多种类型的标志物(marker),但满足研究人员的目标标志物组合可能并不存在。因此,构建一套具有最理想标志物的宿主菌是很有必要的。构建菌株的第一步是交配并筛选二倍体(diploid)(Tolstorukov and Cregg, 2008)。因为毕赤酵母在功能上是同宗结合的(homothallic),且同株的细胞间也会发生交配,因此在计划进行交配时不用考虑菌株的交配型。但是,毕赤酵母间的交配效率较低,因此进行交配的菌株具有互补的标记是非常必要的,这些标记能够允许杂交产生的二倍体选择性生长但抑制自身交配产生的二倍体和亲代株的生长。营养缺陷(auxotrophic)标记在使用时最为便利。但是能够影响生长或其他表型的基因突变,如影响对甲醇或某种氮源(甲胺)利用的基因突变也是很好的标记。下面是毕赤酵母交配的操作步骤。

4.1 交配,生成二倍体

(1) 首先从 YPD 平板上挑取待交配菌株的新鲜克隆(不要超过 1 周),然后在另外 2 块 YPD 平板上分别划出多条平行的菌线。

(2) 30℃培养过夜,将 2 块划线平板上的酵母菌转移到 1 块无菌的丝绒布上,此时,要使 2 块平板上的菌线互相垂直。

(3) 将丝绒布上互相交叉的菌线转移到交配/孢子生成平板上,室温下培养 2～3 天后开始交配。

(4) 在培养后,将交配/孢子生成平板上的酵母菌影印复制到另一个含有合适培养基的琼脂平板上筛选互补的二倍体。二倍体克隆会在 30℃孵育 2～3 天后长在划线的交叉处。毕赤酵母二倍体的大小大约是单倍体的 2 倍,通过光学显微镜可以依据孢子的大小和较高的孢子生成效率来辨识。

(5) 在二倍体选择培养基上通过划菌线的方法得到二倍体的单克隆。

(6) 在缺少氮源的情况下,毕赤酵母二倍体能高效地进行减数分裂并生成孢子。为了使二倍体进入这种生命状态,用平板影印法或用接种环直接将新鲜二倍体克隆(生长在添加有葡萄糖的 YPD 平板上)转移到交配/孢子生成平板;在室温培养 3～4 天。所有生成孢子的毕赤酵母在孢子囊中会聚集红色色素,因此生成孢子褐色的二倍体可以很容易地与相对白色的单倍体区别开来。还可以通过普通显微镜或相差显微镜观察培养中出现的大量子囊(asci)来辨识出二倍体。

4.2 随机孢子分析

毕赤酵母孢子很小且彼此黏在一起。这使得通过显微操作技术分离四分孢子(tetrad dissection)变得很难。因此,获得的孢子需要进行随机孢子分析(random spore analysis,RSA),过程如下所述。

(1) 用接种环将毕赤酵母孢子(来自上一过程第 6 步)转移到装有 0.25 mL 无菌水的 1.5 mL离心管中,涡旋振荡混匀。

(2) 在通风橱中向孢子样品中加入 0.25 mL 二乙醚(diethyl ether),室温彻底涡旋振荡大约 5 min。用乙醚处理可以选择性的杀死存留在孢子中的营养体。

(3) 仍然在通风橱中,离心 2 min,吸出上层的乙醚,用下层的水重悬孢子沉淀。取出 10 μL 或 100 μL 重悬液涂布到非选择 YPD 平板。

(4) 30℃培养 4～5 天,挑取单克隆在新鲜 YPD 平板上划线,作为进一步分析用的主平板(master plate)。

(5) 将主平板上的菌落影印复制到含有合适分析培养基的一系列平板上。或者,直接影印复制最初的平板上的 100～600 个克隆。例如,his4 菌株和 arg4 菌株交配后获得的孢子可以在添加有葡萄糖的 YNB 培养基中进行分析。该培养基中的氨基酸添加情况如下：①不添加氨基酸；②添加精氨酸；③添加组氨酸；④添加精氨酸和组氨酸。

（6）比较鉴定平板上各个克隆的表型以发现具有所要表型的克隆。

（7）选择若干具有合适表型的克隆在非选择性培养（如 YPD）平板上划线，从每个克隆划线产生的单克隆中挑取克隆，单个克隆在同一套鉴定平板上重新鉴定。该步骤非常重要，因为毕赤酵母的孢子一个挨一个非常紧密的黏附在一起，因此其萌发产生的克隆通常包含从不止一个孢子分化出来的细胞。孢子聚集的另一个结果是标记基因并不是按照 1∶1 的比例分离（segregate），而是倾向于显性（dominant）表型或野生型表型。例如，上述 his4 菌株和 arg4 菌株交配时，$His^+ Arg^+$ 表型的孢子所占比例超过预计的 25%，而 $His^- Arg^-$ 表型的孢子数量则低于预期。

5. 基因制备和载体选择

在选择毕赤酵母表达载体时首先要考虑的是需要分泌表达还是胞内表达。一般的经验做法是与该蛋白质在天然宿主中的表达途径一样：如果天然宿主是胞内表达该蛋白质，那么就应该在酵母菌中胞内表达；如果天然宿主是分泌表达该蛋白质，那么就在酵母菌中分泌表达。尽管存在例外，但是最好还是遵循这个规则，因为胞内和分泌的环境非常不同，如果在不合适的空间合成蛋白质将导致其错误折叠和失活。人们构建了一系列的载体用于毕赤酵母的表达，这些载体的名称和详细信息可以在 Lin-Cereghino 和 Lin Cereghino（2008）及 http://www.biogrammatics.com（图 13.1）中找到。

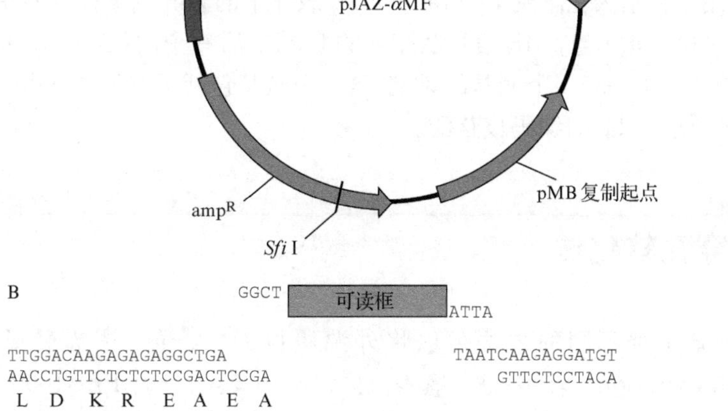

图 13.1 Biogrammatics 表达载体 pJAZ-αMF 的图谱

为了将一段基因克隆入毕赤酵母的表达载体中，可以使用合适的引物通过聚合酶链反应对模板进行扩增。当DNA需要优化或基因需要改变的时候，从头合成法可以使克隆变得简单。在任何情况下，在基因末端都要加上限制性酶切位点以方便克隆。例如，*Eco*RⅠ位点可以加在基因5′端（含有ATG），*Not*Ⅰ位点可以加在3′端，这样就可以很方便地克隆入pPICZ系列载体（Invitrogen，Carlsbad，CA）中，当然，前提是所要克隆的基因序列上不存在这些酶切位点。对来自Biogrammatics公司的毕赤酵母表达载体来说，基因两侧可以添加ⅡS型限制性内切核酸酶的酶切位点和"无缝"克隆序列以构建一个理想的克隆表达载体。

克隆一个分泌蛋白的基因要更复杂一些。当使用该蛋白质的天然分泌信号时克隆过程与胞内表达时一样；但是，当使用外源信号序列时就会面临一些选择，如表达载体上有酿酒酵母α交配因子（αMF）的分泌信号，此时，插入的目标基因就必须要与该信号肽的编码序列形成一个正确阅读框。α交配因子分泌信号常用于分泌表达，因为已经证明它能够很好地分泌表达多种重组蛋白。尽管用αMF可以成功地分泌表达重组蛋白，但有时在目标蛋白质的N端αMF不能被正确地加工。此时，需要对αMF进行修饰或用其他的分泌信号才能获得正确加工的蛋白质。为了正确地加工蛋白质，αMF信号肽序列和目标蛋白质N端之间或许需要插入两个谷氨酸-丙氨酸重复序列。Biogrammatics的载体pJAZ-αMF可以用来构建含有谷氨酸-丙氨酸重复序列的重组体。Biogrammatics的其他载体，如pJAZ-aMF-KR，它在克隆位点上不含有谷氨酸和丙氨酸重复序列。要想在pPICZα载体上利用αMF信号，必须在基因的5′端添加一定的序列，这样当将外源序列连接到载体上时，αMF信号序列可以得到重建（不管αMF中是否含有谷氨酸-丙氨酸重复的编码序列）。通常，用于切割pPICZ载体的*Xho*I位于αMF信号序列中，为了重建信号序列，需要合成一段寡聚核苷酸：

*Xho*Ⅰ
TCT CTC GAG AAA AGA GAG GCT GAA GCT-ABC-DEF…
Ser Leu Glu Lys Arg Glu Ala Glu Ala

"ABC DEF…"表示编码成熟重组蛋白第1个和第2个氨基酸残基的核苷酸序列。这个寡聚核苷酸将与成熟蛋白的基因的5′端形成正确的连接，同时恢复了αMF序列缺失的部分。类似的，用于将基因克隆到Biogrammatics载体中的无缝克隆技术使用IIS型限制性酶切位点，将ABC DEF与αMF信号肽序列的C端最后一个丙氨酸（Ala）的编码序列连接起来。该酶产生了一个4个碱基的黏端，这4个碱基包括了谷氨酸（Glu）的最后一个编码核苷酸和丙氨酸（Ala）的编码核苷酸。

6. 电穿孔转化法

目前至少有4种不同的方法可以将外源质粒DNA导入毕赤酵母中：原生质体（spheroplast-generation）转化法、氯化锂（LiCl）转化法、PEG1000（polyethelene glycol1000）转化法和电转化法（electroporation）。电转化法是最常用的，因此，在此详细列出 Becker 和 Guarante 改良的电转化法的操作步骤。至于其他方法，读者可以参考分子生物学方法毕赤酵母卷(Cregg，2008；Higgins and Cregg，1998)。

7. DNA 的制备

对于所有的转化方法，为了将外源 DNA 整合到毕赤酵母基因组中，人们通常使用线状质粒 DNA。线状质粒 DNA 末端的序列与宿主基因组整合位点的序列同源，通过一次单交换完成外源序列的插入。因此，质粒的线性化位点通常都位于质粒上与毕赤酵母基因组同源的部分，如在启动子序列内(*AOXI* 启动子的 *Pme* Ⅰ 位点)。使用大肠杆菌制备质粒后，用限制性内切核酸酶使其线性化，经纯化和浓缩后其终浓度至少为 100 ng/μL (溶于水中)。至此，转化毕赤酵母用的载体就准备好了。

电转感受态细胞的制备步骤(Lin-Cereghino et al.，2005)。

7.1　实验材料(除了 DTT 和 HEPES 过滤除菌外，所有的溶液都要高压灭菌)

(1) 在 2.8 L 的冯巴赫(Fernbach)摇瓶中配制 500 mL 的液体 YPD 培养基。

(2) 水(1 L)。

(3) 1 mol/L 山梨醇(sorbitol)(100 mL)。

(4) 适量的筛选用琼脂平板。

(5) 1 mol/L 二硫苏糖醇(DTT)(2.5 mL)。

(6) BEDS 溶液(9 mL)：10 mmol/L *N*-二羟乙基甘氨酸-氢氧化钠(bicine-NaOH)，pH 8.3，3%乙二醇(ethylene glycol)，5%二甲基亚砜(dimethyl sulfoxide，DMSO)，1 mol/L山梨醇，0.1 mol/L DTT。

(7) 1 mol/L 羟乙基哌嗪乙硫磺酸(HEPES)缓冲液，pH8.0(50 mL)。

(8) 无菌的 250 mL 离心管。

(9) 无菌的电转杯(electroporation cuvette)。

(10) 电转仪：BTX Electro Cell Manipulator 600 (BTX，San Diego，CA)；Bio-Rad Gene Pulser(Bio-Rad，Hercules，CA)；Electroporator Ⅱ (Invitrogen，San Diego，CA)。电转参数因仪器型号不同而有所不同。使用前请阅读对应型号的说明书(Becker and Guarante，1991；Grey and Brendel，1995；Pichia Expression KitInstruction Manual；Stowers et al.，1995)。

7.2　操作方法

(1) 挑取在琼脂平板上的新鲜毕赤酵母单克隆接种在 10 mL YPD 培养基中，30℃振荡培养过夜。

(2) 将过夜培养的酵母菌接种到装有 500 mL YPD 的 2.8 L Fernbach 培养瓶中，此时 $OD_{600\ nm}$大约为 0.01，培养至 $OD_{600\ nm}$为 1.0 左右(大约 12 h)。

(3) 4℃ 2000 *g* 离心收集细胞，弃上清液，用 100 mL 含有 HEPES(pH 8.0，

200 mmol/L)的 YPD 培养基重悬沉淀，转移到 250 mL 离心管中。

(4) 加入 2.5 mL 的 1 mol/L DTT，轻柔混匀。

(5) 30℃缓慢旋转孵育 15 min。

(6) 向培养物中加入 150 mL 冷水，4℃离心；再用 250 mL 冷水离心清洗。从这步开始，保持细胞在冰冷环境中并且不要振荡重悬细胞(最好用吸管缓慢吹打)。

(7) 用 20 mL 冷的 1 mol/L 山梨醇洗细胞，然后用 0.5 mL 冷的 1 mol/L 山梨醇重悬(细胞悬液的终体积为 1.0～1.5 mL)。

(8) 直接使用这些未经冷冻的感受态细胞能获得最多的转化子。

(9) 每个 1.5 mL 离心管分装 40 μL 感受态细胞，置于－70℃冻存。

7.3 电转步骤

(1) 将 1 μg 溶于水的线状质粒 DNA(体积不要超过 5 μL)加入装有 40 μL 冻存的或新鲜的感受态细胞的离心管中，将混合物转移到在冰上预冷的 2 mm 内径的电转杯中。

(2) 用电转仪制造商建议的针对酵母的参数进行电转(表 13.1)。

表 13.1 所选用电转仪的电转参数

电转仪	电转杯内径/mm	样品体积/μL	电压/V	电容/F	电阻/Ω	电场强度/(kV/cm)	电脉冲长度/ms	参考文献
ECM600(BTX)	2	40	1500	外载(Out)	129	7500	5	Becker 和 Guarance(1991)
Electroporator Ⅱ (Invitrogen)	2	80	1500	50	200	7500	10	毕赤酵母手册
Gene-pulser(Bio-Rad)	2	40	1500	25	200	7500	5	Grey 和 Brendel(1995)
Cell-Porator(BRL)	1.5	20	480	10	低	2670	NS	Lorow-Murray 和 Jesse (1991)；Stowers 等(1995)

(3) 电击后立即加入 0.5 mL 预冷的 1 mol/L 山梨醇和 0.5 mL 预冷的 YPD，然后将电转杯中所有的菌液转移到一个 1.5～2.0 mL 的离心管中。

(4) 将离心管置于 30℃缓慢摇动(100 r/min)，培养 3.5～4 h。

(5) 取 1 份电转产物涂布在选择性琼脂平板上，培养 2～4 天。

(6) 为了避免混合克隆，在进行下一步分析之前，至少需要再一次挑单克隆在选择培养基上划线培养以获得单克隆。

7.4 电转感受态毕赤酵母的快速制备

(1) 在 5 mL YPD 培养基中接种毕赤酵母，30℃摇动培养过夜。

(2) 在装有 50 mL YPD 培养基，能良好通气的大培养瓶中，稀释过夜培养的毕赤酵母菌液至 $OD_{600\,nm}$ 为 0.15～0.20。

(3) 30℃摇动培养至 $OD_{600\,nm}$ 为 0.8～1.0(4～5 h)。

(4) 室温 500 *g* 离心 5 min 收集菌体，弃掉上清液。

(5) 在加有 DTT 的 9 mL 预冷的 BEDS 溶液中重悬沉淀。

(6) 30℃摇动孵育重悬液 5 min。

(7)室温 500 g 离心 5 min 收集菌体，用 1 mL BEDS 重悬(不含有 DTT)。

(8) 按照上述电转化步骤进行电转，或者立即分装细胞并将其冻存在－80℃。

8. 重组蛋白表达菌株的鉴定

酵母表达系统已经成功地用于重组蛋白的大量制备，如 1 L 酵母培养液上清液中能够获得 1～10 g 分泌表达的重组蛋白。但是，可能在初次尝试表达时不能够在考马斯亮蓝染色的凝胶中看到目标蛋白质的条带。因此，非常有必要在使用构建好的重组菌株进行蛋白质表达前，准备好一种或多种更为灵敏的检测方法。可以利用目标产物的酶活性、目标产物上融合的表位标签或目标产物的特异性抗体来进行检测。但关键在于：建立灵敏检测方法的工作应该与表达同时进行或先于表达进行。如下例所示，好的检测方法能够大大方便菌株的构建。

检测酵母表达的外源蛋白最便捷的方法是平板活性实验。该实验可以进行粗略的定量。通过平板影印或别的技术将菌落影印到另一个平板上，能够对 100～1000 个转化子的表达水平进行直接比较。

图 13.2 显示了使用平板活性实验检测分泌表达的肌醇六磷酸酶(phytase)的例子。这种酶可降解肌醇六磷酸(phytate)，它能使琼脂平板上表达该酶的酵母克隆的周围区域变得澄清。澄清区域的大小与肌醇六磷酸酶的分泌量相关。第二个例子，毕赤酵母胞内表达细菌 β-内酰胺酶(β-lactamase)(图 13.3)。通常毕赤酵母的克隆呈黄色，表达 β-内酰胺酶时会由粉色转为紫色。紫色的深度与酶的表达量有关，在这里，也就是与菌株的表达框的拷贝数有关。最后指出：如下所述，可以用高质量的针对标签区域或重组蛋白自身的多克隆抗体或单克隆抗体进行平板抗体实验或酵母印迹实验。

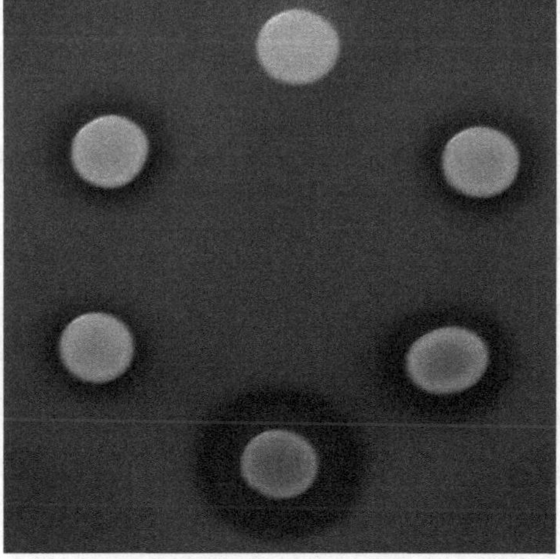

图 13.2　平板分析用于检测挑选出的毕赤酵母菌株组成型分泌表达的肌醇六磷酸酶。最上面的圆点为阴性对照；剩下的 5 个圆点代表了不同肌醇六磷酸酶分泌量的转化子

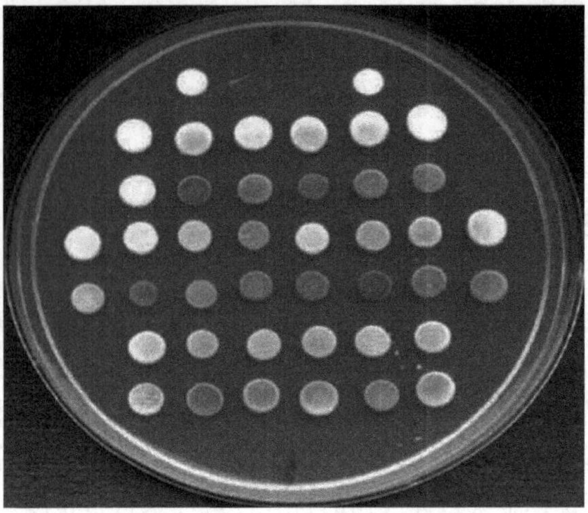

图 13.3　毕赤酵母胞内表达 β-内酰胺酶。平板最上面的两个圆点是不表达 β-内酰胺酶的阴性对照株(另见图版)

转化子被筛选出来后,分离出单细胞并收集在作为主平板的平板上,来源于多个转化子的样品将被用于检测外源蛋白的表达情况。在这之前,可以通过 PCR 筛选含有重组基因的转化子。如下所述,用玻璃珠破碎法在无细胞抽提系统中提取出基因组 DNA,用其作为模板,使用与重组基因两侧互补的引物进行 PCR 反应。根据使用何种启动子表达蛋白(诱导型的和组成型的)和使用哪种表达载体(胞内的或分泌的),有不同的检测方法用于表达蛋白的检测。

(1) 如果目的基因的表达是组成型的,接种单克隆在 YPD 培养基中,良好通气的情况下培养 2～3 天,在这段时间里可以用各种可行的检测方法在不同的时间点分析蛋白质的表达。

(2) 对于甲醇诱导型表达,首先在 YPD 培养基中接种单克隆并培养 17～24 h,然后转移到添加有甲醇的新鲜培养基中诱导。诱导时通气要好,菌的 $OD_{600\ nm}$ 在 10 左右,在装有 2 mL 培养基(含有 0.5%甲醇)的 15 mL 试管中进行。对于胞内表达的蛋白质,甲醇诱导 6～12 h 就足够了。

胞内表达的样品需要制备细胞提取物后进行分析。收集培养 10～12 h 的酵母菌,使用玻璃球破碎法裂解细胞。准备 10～50 个 $OD_{600\ nm}$单位的细胞,用 150 μL 裂解缓冲液重悬。加入等体积用无菌的酸洗过的直径 0.45 mm 的玻璃球。最大转速涡旋振荡混合 1 min,然后将混合物放置冰上 1 min;重复上述操作至少 5 次。或者将装有样品的离心管放置在可以容纳多个离心管的涡旋振荡器中。将振荡器置于 4℃冰盒中或冷室中,以最高速振荡大约 10 min。在显微镜下检查细胞的破碎情况,此时,应该可以观察到 80%～90%的细胞已经破碎。细胞破碎后,将细胞碎片和缓冲液一起转移到一个新的离心管中,另用 100 μL 裂解缓冲液振荡清洗玻璃球然后将洗液转移至上述同一离心管中。4℃高速离心 5 min,将包含目标蛋白质的上层水相转移到新离心管中。这就是用于 SDS-PAGE、蛋白质印迹或酶学分析的粗提蛋白质样品。

分泌蛋白在培养基中积累很缓慢，至少要培养 2 天才能达到高峰。可以振摇诱导2～5 天，期间每 12 h 加入新鲜甲醇至终浓度为 0.5%并收集 50～100 μL 上清样品。上清样品可以进行 SDS-PAGE、蛋白质印迹或酶学反应分析，也可以－20℃冻存。

9. 分析方法的建立——酵母印迹法

使用抗体的各种不同分析方法有许多相似之处。酵母克隆蛋白质印迹法是一种很有用的、酵母特异性的抗体分析方法。它有时候被称为分泌蛋白的酵母印迹法（“Yeastern” Blot）（图 13.4）。对于标准的蛋白质印迹法操作步骤，请参考 Sambrook 等（1989）。

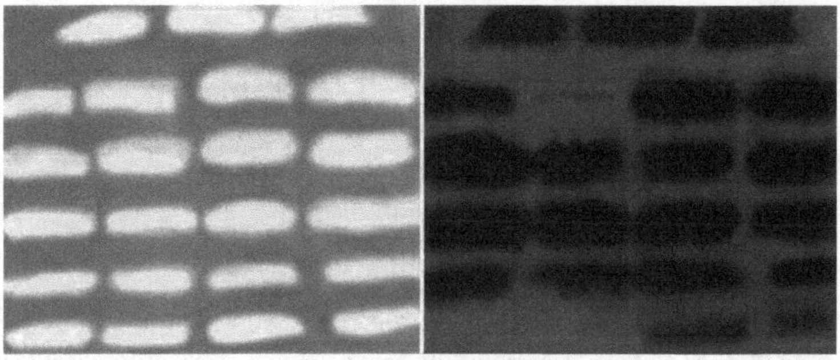

图 13.4　酵母印迹法检测分泌 IgG 重链和轻链的必赤酵母克隆。从左数第二列第二道和最后一行最左边两道为毕赤酵母阴性对照株，结果显示它们没有分泌抗体

酵母印迹是一种很便捷的直接在平板上大量筛选重组蛋白表达菌株的方法。但是，读者应该明白，克隆周围光晕的大小和重组蛋白的量并不总是线性相关，这种方法得出的所有结果都应该用标准的蛋白质印迹法或其他的检测方法加以验证。酵母印迹法的操作步骤如下所述。

（1）将琼脂平板表面的新鲜酵母克隆用标准的平板影印法转移到一张无菌的 Whatman No. 1 滤纸上。滤纸应剪成大小能刚好放进平板中。

（2）将粘有酵母细胞的滤纸放在含有适量诱导培养基的新鲜平板表面，然后培养 1～2 天。

（3）准备一张大小和上述滤纸一样的硝酸纤维素膜，用至少 15 mL 电转缓冲液[25 mmol/L Tris(pH8.5)，0.2 mol/L 甘氨酸，20%甲醇]将该膜浸泡 5 min 或更长时间。在电转缓冲液中再浸湿两张剪好的滤纸。

（4）按照下述方法准备滤纸和硝酸纤维素膜的三明治。

① 将一张滤纸放置在印迹装置的阳极（移除膜之间的所有气泡是很有必要的，可以用移液管在滤纸表面滚动去除气泡）。

② 将浸湿的硝酸纤维素膜放在滤纸上。

③ 将影印有平板上酵母细胞的滤纸放在硝酸纤维素膜的上面。

④ 放置第二层浸湿的滤纸在有酵母细胞的滤纸上层。

⑤ 最后，将阴极板放在三明治的最上层。

(5) 用恒定的电流($1\sim4\ mA/cm^2$)作用1 h将蛋白质转移到硝酸纤维素膜上。

(6) 移走硝酸纤维素膜,将其在15 mL的TBS缓冲液[50 mmol/L Tris-HCl(pH 7.6),150 mmol/L 氯化钠]中洗5 min。之后,将TBS缓冲液换成含有1%~5%牛血清白蛋白(BSA)的TBST(加Tween-20在TBS至终浓度为0.05%)。置硝酸纤维素膜于封闭缓冲液中,室温缓慢摇动1 h。

(7) 将滤膜转移到15 mL TBST中室温摇动5 min。

(8) 准备好15 mL封闭缓冲液稀释的一抗(按照供货商推荐用量稀释,一般为0.5 μg/mL)。

(9) 将膜和一抗在2~8℃缓慢摇动孵育过夜(也可以根据所用抗体,缩短至在室温下孵育1~3 h)。

(10) 用15 mL TBST缓冲液至少洗膜4次(每次5 min),最后用新鲜TBST快速冲洗膜。

(11) 根据供货商推荐的用量在封闭缓冲液中稀释酶标二抗(一般在15 mL封闭缓冲液中加3 μL抗体)。

(12) 将稀释的二抗和膜于室温摇动孵育1 h。

(13) 重复步骤(10)。

(14) 在暗室中,根据供货商的建议,使用显色剂(visualization reagent)处理膜(如Pierce ECL蛋白质印迹底物),然后用滤纸移除膜上多余的液体,将膜放置在塑料的保护盒中,使用X射线感光胶片对整张膜曝光30 s至数分钟。每个克隆周围的信号强度和大小大致可以反映出该克隆/菌株表达分泌重组蛋白的水平。

10. 重组蛋白的翻译后修饰(蛋白酶和糖基化)

在毕赤酵母中包括蛋白酶解和糖基化在内的翻译后修饰会影响重组蛋白的质量。

如果最初的SDS-PAGE分析显示目标蛋白质发生了降解,那么可以尝试毕赤酵母的蛋白酶缺陷株。较低的重组蛋白表达水平和有活性的或有免疫活性的产物小于全长产物显示蛋白酶发生了降解。降解的蛋白质也可能在PAGE电泳上显示为弥散的条带,条带分布在从分子质量的正常大小到较小的位置。毕赤酵母菌株SMD1168(pep4 his4)的大部分*PEP4*基因被删除(Gleeson et al.,1998)。该基因负责活化毕赤酵母液泡中的许多蛋白酶。这些蛋白酶最初以非活性的酶原形式进入液泡,在液泡中被*PEP4*产物激活。尽管分泌型的重组蛋白不会进入液泡,但是它们在培养基中会接触到小量细胞裂解后释放的此类蛋白酶。毕赤酵母在培养时的密度非常高,这会导致在培养基中的液泡蛋白酶浓度达到不能忽视的水平。为了利用PEP4菌株进行表达,你要么使用你的质粒转化SMD1168(pep4 his4)或SMD1168H(pep4)等菌株,要么在已经表达目标蛋白质的菌株上删除*PEP4*基因。为了确定缺失*PEP4*对蛋白质表达是否有利,需要在平行诱导完成后对野生型和*PEP4*缺失株表达的重组蛋白进行检测。注意:平板上保存的*PEP4*缺失株会更快死亡,而且不如野生型菌株容易转化,生长得更慢,在甲醇培养基中更难诱导,尤其是*PEP4*缺失菌株很难与其他非*PEP4*毕赤酵母菌株交配。

如果 SDS-PAGE 显示毕赤酵母中表达的重组蛋白较预期的大，或者大小不一，那么该蛋白质可能被糖基化了。你应该首先检查氨基酸序列以寻找潜在的糖基化位点：ASN-X-Ser/Thr 序列是存在 *N*-糖基化的信号；任何 Ser 或 Thr 位点的—OH 基团都可能出现 *O*-糖基化。可以用肽 *N*-糖苷酶 F(FPNGase F，peptide *N*-glycosidase F) 处理可疑的糖基化蛋白以去糖基化，然后通过 SDS-PAGE 对产物大小进行检测。从 http://www.neb.com/nebecomm/products/productP0704.asp 可以找到一个很好的蛋白质去糖基化的方法。如果经过糖苷酶处理后蛋白质的分子质量变小，而且更为均一，那么几乎可以确定这个蛋白质是被糖基化了。

11. 挑选具有多拷贝表达框的克隆

在毕赤酵母表达系统中，最常用的增加重组蛋白表达量的方法或许就是增加菌株中表达框(expression cassette)的拷贝数(Brierley，1998；Thill et al.，1990)。有两种方法可以用来构建具有多拷贝表达框的菌株。第一种方法是构建一个拥有多个头尾相接的表达框(Brierley，1998)的载体。构建这个载体的关键是载体的表达框的两侧有限制性内切核酸酶的酶切位点，而且必须能够切出互补的末端（如 *Bam*HI-*Bgl*II、*Sal*I-*Xho*I 这样的组合）。重复进行切开和插入的操作会产生一系列表达框拷贝数逐渐增多的载体。这种方案有一个独有的优势(尤其在人用药物制品方面)，即表达框的确切数量非常清楚，而且可以通过 DNA 测序进行直接确认。

第二种方法是利用表达载体上的药物抗性基因作为筛选标记筛选出更强药物抗性的菌株(Scorer et al.，1994)。用于毕赤酵母的抗药基因包括细菌来源的 Kan^R、Zeo^R、Bsd^R 和毕赤酵母来源的 *FLD*1 基因(Shen et al.，1998)。这些基因都可以用于筛选出具有更多表达载体拷贝数，即更高抗药性的菌株。例如，在含有 1～2 mg/mL 抗生素的平板上筛选 zeocin 抗性的毕赤酵母，而不是在常规的含有 100～200 μg/mL 的抗生素平板上进行筛选。但是，无论用哪种药物，载体的拷贝数都变化很大。筛选后，大部分的转化子只含有一个拷贝的载体，即使这些转化子对高浓度的药物有抵抗力。因此，要挑取 50～100 个在高浓度药物条件下筛选出来的转化子进行拷贝数和表达水平分析以鉴定出更好的表达菌株。通过这种方法，携带有 30 个表达框拷贝的菌株可以被筛选出来(Scorer et al.，1994)。重要的是，多拷贝菌株一旦被筛选出来，就能够在一般培养条件下稳定地生长。而且也不必继续在平板或液体培养基中添加高浓度的药物来维持选择压力(在－80℃用含有抗生素的培养基保存筛选出的菌株，然后在非诱导培养基上保存部分菌用于有限数目的实验或进行蛋白质表达分析)。

这种筛选方法的一个缺点是很难获得足够多的克隆用于筛选含有高拷贝表达框的菌株。首先，耐高浓度药物的转化子数量很低，通常只占低耐药性(100 μg/mL 的抗生素)转化子数量的 0.1%～1.0%。因此，只有在最高转化效率的情况下，才可能会有耐高浓度药物的转化子出现。其次，需要 50～100 个转化子来筛选高拷贝菌株，这是因为在显示高耐药性的转化子中，只有 1%～5%是由于细胞内具有多拷贝的表达框，更多的菌株的耐药性来自于其他未知因素。

在某种程度上，由于通过直接筛选获得多拷贝菌株有一定的难度，人们发展了另外一种获得高拷贝和高重组蛋白表达水平的菌株的方法(Sunga et al., 2008)。简单地说，使用更高药物浓度从在较低药物浓度水平筛选出来的只具有一个或几个表达框拷贝的毕赤酵母转化子中筛选获得具有更高拷贝表达框的菌株，也就是在逐渐提高浓度的抗生素平板上划线来进行筛选。例如，在 100 μg/mL 的抗生素平板上筛选获得最初的转化子，接下来将这些转化子在含有 500 μg/mL 的抗生素平板上划线。收集在较高抗生素浓度下能够生长的克隆作为单个菌株，然后确认这些菌株中的一个或多个具有升高的重组蛋白表达水平以及通过 PCR 确认高耐药性的获得缘于含有较多拷贝的载体。一旦某个菌株被确认为是更高表达水平/更多拷贝数的菌株，就重复之前的步骤继续用更高的抗生素浓度(2 mg/mL)进行筛选。再一次获得更高耐药性的菌株并检测重组蛋白的表达量和载体拷贝数。这种反复筛选的过程称为转化后载体扩增法(posttransformational vector amplification，PTVA)。利用这个方法可以获得具有多个头尾相接载体拷贝的菌株，这些载体通常整合进基因组的单一位点。对 PTVA 法筛选得到的克隆的分析显示，它们中有40%的载体拷贝数有 3～5 倍的增加。被称为"头奖"(jackpot)的那些克隆具有 10 个以上的表达载体的拷贝，它们占所筛选出的克隆的 5%～6%，某些克隆的重组蛋白的产量具有相应比例的提高。

尽管这种载体拷贝数扩增过程的分子机制仍然不清楚，但对该过程已经有了一些关键发现。首先，这种扩增能够在含有任何一种载体的菌株中小比例自然地发生。其次，PTVA 过程导致了整个载体的扩增，而不仅仅是扩增载体的一部分，如耐药基因。显而易见，这点在需要获得均一重组蛋白产物时非常重要。再次，DNA 印迹数据表明，所有的拷贝都像原始拷贝一样，在相同的位置插入到毕赤酵母基因组中，且以首尾相连的构象存在。

最后指出的是，PTVA 法对具有其他药物抗性筛选标记的载体同样有效。并不仅限于抗生素载体。因此，这个扩增过程似乎是该种酵母菌对高药物浓度的一个通常的反应。考虑到其他品种的酵母菌也有类似的同源重组系统，这个技术也应该适用于其他种类的酵母菌。

(李亮亮 译 郭 强 校)

参考文献

Ausubel, E. M., Brent, R., Kingston, E., Moore, D. D., Seidman, J. G., Smith, J. A., and Struhl, K. (eds.) (2001). *In* "Current Protocols in Molecular Biology" John Wiley and Sons, Inc., New York.

Becker, D. M., and Guarante, L. (1991). High-efficiency transformation of yeast by electroporation. *Methods Enzymol.* **194,** 182–187.

Boer, E., Gellisson, G., and Kunze, G. (2005). Arxula adeninivorans. *In* "Production of Recombinant Proteins" (G. Gellisson, ed.), pp. 89–110. Wiley-VCH Verlag GmbH and Co. KGaA, Weinheim, Germany. Chapter 5.

Brierley, R. A. (1998). Secretion of recombinant human insulin-like growth factor I (IGF-I). *In* "Methods in Molecular Biology Vol. 103 Pichia Protocols" (D. R. Higgins and J. M. Cregg, eds.), pp. 149–178. Humana Press, Totowa, NJ.

Cregg, J. M. (2008). DNA-mediated transformation. *In* "Methods in Molecular Biology: Pichia Protocols" (J. M. Cregg ed.), 2nd ed. pp. 27–42. Humana Press, Totowa, NJ. Chapter 3.

Gellissen, G. (ed.) (2002). *In* "*Hansenula polymorpha*: Biology and Applications" Wiley-VCH Verlag GmbH and Co. KGaA, Weinheim, Germany.

Gellissen, G. (ed.) (2005). *In* "Production of Recombinant Proteins" Wiley-VCH Verlag GmbH and Co. KGaA, Weinheim, Germany.

Gleeson, M. A. G., White, C. E., Meininger, D. P., and Komives, E. A. (1998). Generation of protease-deficient strains and their use in heterologous protein expression. *In* "Methods in Molecular Biology, Vol. 103, Pichia Protocols" (D. Higgins and J. M. Cregg, eds.), pp. 81–94. Humana Press, Totowa, NJ.

Grey, M., and Brendel, M. F. (1995). Ten-minute eletrotransformation of *Saccharomyces cerevisiae*. *In* "Methods in Molecular Biology, Vol. 47: Electroporation Protocols for Microorganisms" (J. A. Nickoloff, ed.), pp. 269–272. Humana Press, Totowa, NJ.

Heerikhuisen, M., van den Hondel, C., and Punt, P. (2005). Aspergillus sojae. *In* "Production of Recombinant Proteins" (G. Gellissen, ed.), pp. 191–214. Wiley-VCH Verlag GmbH and Co. KGaA, Weinheim, Germany. Chapter 9.

Higgins, D. R., and Cregg, J. M. (eds.) (1998). Methods in Molecular Biology, Vol. 103, Pichia Protocols, Humana Press, Totowa, NJ.

Kuck, U., and Poggeler, S. (2005). Sordaria macrospora. *In* "Production of Recombinant Proteins" (G. Gellissen, ed.), pp. 215–232. Wiley-VCH Verlag GmbH and Co. KGaA, Weinheim, Germany. Chapter 10.

Lin-Cereghino, J., and Lin Cereghino, G. P. (2008). Vectors and strains for expression. *In* "Methods in Molecular Biology: Pichia Protocols" (J. M. Cregg, ed.), pp. 111–126. Humana Press, Totowa, NJ. Chapter 2.

Lin-Cereghino, J., Wong, W. W., Xiong, S., Giang, W., Luong, L. T., Vu, J., Johnson, S. D., and Lin-Cereghino, G. P. (2005). Condensed protocol for competent cell preparation and transformation of the methylotrophic yeast *Pichia pastoris*. *Biotechniques* **38,** 44–48.

Lorow-Murray, D., and Jesse, J. (1991). High efficiency transformation of *Saccharomyces cerevisiae* by electroporation. *Focus* **13,** 65–68.

Madzak, C., Nicaud, J.-M., and Gaillardin, C. (2005). Yarrowia lipolytica. *In* "Production of Recombinant Proteins" (G. Gellissen, ed.), pp. 163–190. Wiley-VCH Verlag GmbH and Co. KGaA, Weinheim, Germany. Chapter 8.

Pichia Expression Kit Instruction Manual p. 63. Version E, Invitrogen, San Diego, CA.

Romanos, M. A., Scorer, C. A., and Clare, J. J. (1992). Foreign gene expression in yeast: A review. *Yeast* **8,** 423–488.

Sambrook, J., Fritsch, E. F., and Maniatis, T. (1989). Molecular Cloning: A Laboratory Manual. 2nd ed. Cold Spring Harbor Laboratory Press, Cold Spring Harbor, NY.

Scorer, C. A., Clare, J. J., McCombie, W. R., Romanos, M. A., and Sreekrishna, K. (1994). Rapid selection using G4118 of high copy number transformants in *Pichia pastoris* for high-level foreign gene expression. *Bio/Technology* **12,** 181–184.

Shen, S., Sulter, G., Jeffries, T. W., and Cregg, J. M. (1998). A strong regulated promoter for controlled expression of foreign genes in the yeast *Pichia pastoris*. *Gene* **216,** 93–102.

Stowers, L., Gautsch, J., Dana, R., and Hoekstra, M. F. (1995). Yeast transformation and preparation of frozen spheroplasts for electroporation. *In* "Methods in Molecular Biology, Vol 47: Electroporation Protocols for Microorganisms" (J. A. Nickoloff, ed.), pp. 261–267. Humana Press, Totowa, NJ.

Sunga, A. J., Tolstorukov, I., and Cregg, J. M. (2008). Post transformational vector amplification in the yeast *Pichia pastoris*. *FEMS Yeast Res.* **8,** 870–876.

Thill, G. P., Davis, G. R., Stillman, C., Holtz, G., Brierley, R., Engel, M., Buckholtz, R., Kinney, J., Provow, S., Vedvick, T., and Siegel, R. S. (1990). Positive and negative effects of multi-copy integrated expression vectors on protein expression in *Pichia pastoris*. *In* "Proceedings of the 6th International Symposium on Genetics of Microorganisms" (H. Heslot, J. Davies, J. Florent, L. Bobichon, G. Durand, and L. Penasse, eds.) Vol. II, pp. 477–490. Societe Francaise de Microbiologie, Paris.

Tolstorukov, I., and Cregg, J. M. (2008). Classical Genetics. *In* "Methods in Molecular Biology: Pichia Protocols" (J. M. Cregg, ed.), 2nd ed. pp. 189–202. Humana Press, Totowa, NJ. Chapter 14.

van Ooyen, A. J., Dekker, P., Huang, M., Olsthoorn, M. M., Jacobs, D. I., Colussi, P. A., and Taron, C. H. (2006). Heterologous protein production in the yeast *Kluyveromyces lactis*. *FEMS Yeast Res.* **6,** 381–392.

第 14 章

杆状病毒-昆虫细胞表达系统

Donald L. Jarvis*

目录

摘要

20 世纪 80 年代早期发表的第一篇关于杆状病毒介导外源基因表达的报道，激起了人们使用杆状病毒-昆虫细胞表达系统生产重组蛋白的兴趣。最初，这似乎是第一个既能够达到细菌表达系统的高产量，又拥有如哺乳动物细胞那样的真核蛋白加工能力的表达系统。但随着实验的不断深入和对基本昆虫细胞生物学认识的逐步增加，这些最初的期望并未完全成为现实。然而，杆状病毒-昆虫细胞表达系统具有高水平表达许多蛋白质的能力，而且，它还拥有一定的真核蛋白加工能力。此外，在过去的 20 年里，最初用于分离杆状病毒表达载体的方法已经得到改进。最初的方法效率低下，而且要求一定的专业技能，这导致一些人在使用该系统时遇到困难。现在，任何接受过基本分子生物学训练的研究人员都能够相对快速高效地分离出重组杆状病毒载体，并使用它在培养的昆虫细胞中生产出目标蛋白质。本章将以介绍基本的杆状病毒-昆虫表达系统的背景信息作为开始，然后重点介绍最近的进展，这些进展极大地方便了普通研究人员对该系统的运用。

---

* 怀俄明大学，分子生物学系（Laramie，Wyoming，USA）

1. 引言

似乎每一篇介绍杆状病毒-昆虫细胞表达系统(baculovirus-insect cell expression system)的综述或论著,都以强调该系统在蛋白质生产方面广受欢迎或广泛使用作为开篇。近 20 年来,这种描述变得越来越正确也越来越多余。写作本书时,在 Pubmed 上使用术语"杆状病毒"、"表达系统"和"载体"进行高级检索可以得到 2000 多条结果。尽管这已经是一个很大的数字,但却大大低估了公开出版的实际使用杆状病毒-昆虫表达系统进行重组蛋白表达的研究报告的数量。而且,这个数字也不包括在生物技术行业中进行的未公开的大量研究。这些研究的数量可以通过在近 20 年来举办的杆状病毒-昆虫细胞技术会议上工业科学家们所做的口头报告的数量加以体现。

《蛋白质纯化指南》第一版(1990)对当时杆状病毒-昆虫细胞表达技术的细节进行了全面的介绍,在此不作赘述,读者可以参考《蛋白质纯化指南》第一版和下面给出的其他参考资料来获得技术细节。在这一版中,会以介绍背景信息为开始,这有助于读者理解杆状病毒-昆虫表达系统的基本原理。接下来会重点介绍一些从第一版出版到现在针对分离重组杆状病毒而发展的新工具、新方法。相比 1990 年,这些工具和方法极大地方便了所有生物医学研究人员对杆状病毒-昆虫细胞表达系统的使用。

2. 杆状病毒生物学和分子生物学的简要回顾

杆状病毒科(Baculoviridae)是一个大的病毒家族,具有相对较大的、双链、环状基因组 DNA[详见 Miller(1997),进行全面的回顾]。杆状病毒的天然宿主是节肢动物(arthropod),主要是昆虫,大多数杆状病毒的宿主范围较窄,常常限于某一昆虫物种。经过最深入研究与开发的杆状病毒科成员是苜蓿丫纹夜蛾核多角体病毒(*Autographa californica* multicapsid nucleopolyhedrovirus,AcMNPV)。与大多数杆状病毒相比,该病毒的分离株有相对较广的宿主范围,能够有效感染大约 25 种不同的鳞翅类昆虫(lepidopteran insect),并且针对某种昆虫能够感染其大多数组织。分离到的 AcMNPV 用于发展最初的重组杆状病毒载体(Pennock et al., 1984; Smith et al., 1983b)。至今,它的基因组仍然作为骨架用于构建大量的杆状病毒载体。因此,尽管杆状病毒载体可以构建自其他种类的杆状病毒,但大部分提到的杆状病毒载体实际上更特异性地是指 AcMNPV 的重组变异体(recombinant variant)。因为对于使用杆状病毒-昆虫细胞表达系统的研究人员来说,这相对而言不是重点,在本节的后面部分我也会使用这种不精确的称谓。

对最初的杆状病毒-昆虫细胞表达系统的发展来说[参考 Summers(2006)获得详细的回顾],AcMNPV 和其他杆状病毒非常重要的一个特点是在病毒感染过程中能够产生多角体(polyhedra)或者包涵体。多角体是在 AcMNPV 感染昆虫细胞的接近感染末期细胞核中出现的大颗粒。在感染的末期,宿主细胞核内有三四十个这种复杂的颗粒,这些颗粒部分是由镶嵌在具有保护作用的次晶阵列(paracrystalline array)之中的子代病毒组成。重要的是，这种次晶阵列是由单一的、病毒编码的多角体蛋白(polyhedrin)组成。因此，显而易见，AcMNPV和其他杆状病毒必须制造大量的多角体蛋白来形成多角体。事实上，多角体蛋白是在AcMNPV感染细胞末期产生的主要蛋白质。通常多角体蛋白占该时期已感染细胞中总蛋白质的一半以上。

杆状病毒具有产生大量多角体蛋白的能力，这非常重要，因为它是开发病毒载体进行外源蛋白生产的驱动力。普遍的基本观点是：可以对杆状病毒的这种表达大量多角体蛋白的能力加以利用来大量生产生物医学研究领域感兴趣的其他蛋白质。当发现多角体蛋白对杆状病毒在昆虫细胞培养物中的增殖不是必需时，人们对此更加确信(Smith et al.，1983a)。因此，将编码多角体蛋白的序列替换为编码目标蛋白质的DNA序列，构建出一种无需辅助的病毒载体在理论上是可行的。通过多角体DNA序列介导的同源重组，转移质粒(transfer plasmid)中的在多角体蛋白启动子控制下的外源基因会取代病毒上的多角体蛋白序列，从而构建出第一个重组病毒。这种想法也就成为了现实(Pennock et al.，1984；Smith et al.，1983b)。

由于AcMNPV和其他杆状病毒产生大量多角体蛋白的能力完全由多角体启动子的强度决定，因此最初设计的重组杆状病毒使用该启动子来控制外源基因的表达，然而，与此相关的是杆状病毒实际上有3种或4种不同的基因，这些基因的表达受到以时间为顺序的调控。首先表达的是早期基因(early gene)，这些基因可以被再分成即刻早期基因(immediate-early gene)和延迟早期基因(delayed-early gene)[参考Friesen(1997)的综述]。早期基因的显著特点是它的启动子与宿主类似，能够被宿主转录机制识别和转录(这些启动子具有的一些重要性质，在此不做讨论)。它们能够在缺少其他杆状病毒因子的情况下在感染的极早期介导病毒基因的表达。因此，杆状病毒早期启动子已经用来在未感染的鳞翅类昆虫细胞中启动外源基因的组成型表达[参考Douris等(2006)，Harrison和Jarvis(2007a)，Jarvis和Guarino(1995)的综述]。这是研发的另一个重要方面：发展转基因昆虫细胞系作为杆状病毒介导的重组蛋白生产的改进的宿主[参考Harrison和Jarvis(2006；2007b)，Shi和Jarvis(2007)的综述]。在杆状病毒感染中另一类表达的基因是晚期基因(late gene)，这些基因是在病毒DNA复制开始后表达的一系列基因[参考Lu和Miller(1997)，Passarelli和Guarino(2007)的综述]。这些基因的突出特点是有病毒特异性的启动子，它们只能被病毒编码的转录机制识别并转录。因此，这些启动子只能在杆状病毒感染的状态下起作用，并在感染晚期病毒特异的转录复合物产生时才被激活。在杆状病毒感染中表达的最后一类基因称为极晚期基因(very late gene)，该基因在病毒DNA复制开始后表达，与晚期基因类似，但是表达时间更晚，接近感染周期的结束。极晚期基因编码的蛋白质有诸如多角体蛋白之类的与多角体形成有关的蛋白质，与晚期基因类似，极晚期基因有病毒特异性启动子，可以被病毒编码的转录复合体识别并转录，因此，也只有在杆状病毒感染的状态下才能发挥功能。事实上，极晚期启动子特异的转录复合物与晚期启动子特异的转录复合物由相同的蛋白质组成，仅多出1种或2种(McLachlin and Miller，1994；Mistretta and Guarino，2005)。晚期启动子和极晚期启动子元件也非常相似，但极晚期启动子多出一个下游的“暴发”序列(burst sequence)，它能够在杆状病毒感染的极晚期引起非常高水平的转录[超转录(hypertranscription)](Ooi et al.，1989)。

3. 杆状病毒表达载体

最简单的经典杆状病毒表达载体是一个重组的杆状病毒，其基因组含有一段外源核酸序列，通常为编码目标蛋白质的 cDNA，在多角体蛋白启动子控制下进行转录。这个嵌合的基因由多角体蛋白启动子和外源蛋白编码序列组成，其位于病毒基因组多角体座位，替代了非必需的野生型多角体基因。在实验室中，重组病毒能够感染昆虫细胞或幼虫(毛虫)，这会使外源 cDNA 在感染的极晚期出现高水平的转录。转录出的 mRNA 经翻译产生目标蛋白质。多角体蛋白启动子似乎总是可以在转录水平上驱动极高水平的外源基因表达，在很多时候可以获得大量的外源蛋白，就像最初推测杆状病毒能够制造出大量的多角体蛋白那样。确实是这样，具有高水平表达重组蛋白的潜能是杆状病毒-昆虫细胞系统的一个主要优点。在此，高水平的含义非常宽泛，是指每升感染杆状病毒的昆虫细胞培养物或 4 g 昆虫细胞(通常细胞密度为 1×10^6 个细胞/mL)产出大于或等于 100 mg 的重组蛋白。此外，在杆状病毒-昆虫细胞系统中高水平表达的蛋白质很少形成包涵体，而包涵体常常在细菌表达系统中形成。任何从事重组蛋白生产的研究人员都清楚，在任何表达系统中蛋白质可以达到的产量和可溶水平很大程度上取决于所研究的蛋白质本身。因此，从 25 年的杆状病毒-昆虫细胞表达系统使用经验得出的结论是：与分泌蛋白相比，该表达系统更易获得细胞核蛋白和细胞质蛋白的高表达。前者的表达水平较后者要低，通常只有每升几毫克到十几毫克(Jarvis，1997)。

杆状病毒-昆虫细胞系统的另一个优点是具有真核蛋白的加工能力，包括对蛋白质进行磷酸化或糖基化等的修饰能力。但是，这种观点有一定的局限，现在已经很清楚地认识到，杆状病毒的鳞翅类昆虫细胞宿主的蛋白质加工与更高等的真核细胞不同。另外的困扰是杆状病毒的感染对宿主蛋白质加工有负面的影响(Azzouz et al.，2000；Jarvis and Summers，1989)。显然，对于任何有兴趣生产需要进行真核修饰的重组蛋白的研究者来说，特别是已知这种修饰直接或间接的影响功能，这些都是需要重点考虑的因素。

最后指出的是，杆状病毒-昆虫细胞系统已被证明对多蛋白质亚基复合物(multiprotein subunit complexe)的生产非常有用[参考 Berger 等(2004)；Kost 等(2005)的综述]。该系统能够产生由多组分构成的病毒颗粒，这样的病毒颗粒是极好的候选疫苗，这体现了该系统在此重要应用领域的强大功能。例如，杆状病毒-昆虫细胞系统已经用来生产由脊髓灰质炎病毒(polio virus)、蓝舌病毒(bluetongue virus)、腺相关病毒(adeno-associated virus)、丙型肝炎病毒(hepatitis C virus)和乳头瘤病毒(papilloma virus)来源的多种蛋白质组成的病毒样颗粒。该病毒样颗粒的产生可以通过构建多个表达单一蛋白质的重组病毒来实现，或者构建一个能够编码多个重组蛋白的单一病毒去感染昆虫细胞。

4. 杆状病毒表达载体技术——早期

如前所述，利用基本的同源重组原理，构建了第一个重组的杆状病毒载体用于表达由多角体蛋白启动子和外源编码序列组成的嵌合基因。该方法的详细技术可以参考本书的第一版(Bradley,1990),也可以参考原作者发表的主要论文及其编写的优秀的技术手册(O'Reilly et al.,1992; Summers and Smith,1987)。因此,和上面一样,这部分在此不再赘述。但是,为了对背景有所了解,对此进行简短地介绍还是很重要的。该常用的方法涉及:①构建具有嵌合基因的细菌转移质粒,该嵌合基因具有来源于病毒基因组多角体区域的侧翼序列(图 14.1);②使用转移质粒与从纯化的野生型 AcMNPV 提取的基因组 DNA 的混合物共转染培养的昆虫细胞(图 14.2)。在共转染的昆虫细胞中,转移质粒与 AcMNPV 基因组通过同源重组产生重组病毒 DNA 分子,该同源重组发生在转移质粒上的目的嵌合基因侧翼序列与病毒基因组多角体蛋白基因的上游和下游序列之间。为了在敲除(knockout)多角体蛋白基因的同时敲入(knock-in)编码目标蛋白质的嵌合基因,这必须是一个发生了双交换的重组(double crossover recombination)。当然,这种重组的发生率相对较低,估计在 0.1%左右(Smith et al.,1983a)。因此,必须将少数重组病毒的子代病毒从共转染产生的大量的亲代病毒的子代病毒中分离出来。通过杆状病毒空斑实验可以很容易地完成分离,但是研究人员要能够从大量的亲代病毒产生的空斑中辨别出重组病毒形成的空斑。最初,可以通过简单的肉眼筛选来进行辨别,因为来自亲本的子代病毒形成的为多角体蛋白阳性的空斑,而重组体子代病毒由于缺少表达多角体蛋白的基因,所以呈现多角体蛋白阴性的空斑。经过专业培训的研究人员能够在解剖显微镜下通过观察实验平板鉴定出多角体蛋白阴性的空斑。因此,有这种辨别能力是筛选成功的关键。多年来,许多研究人员不具有识别多角体蛋白阴性的杆状病毒空斑的能力,这是一个非常严重的问题,它制约着杆状病毒-昆虫细胞系统作为表达重组蛋白生产工具的应用。

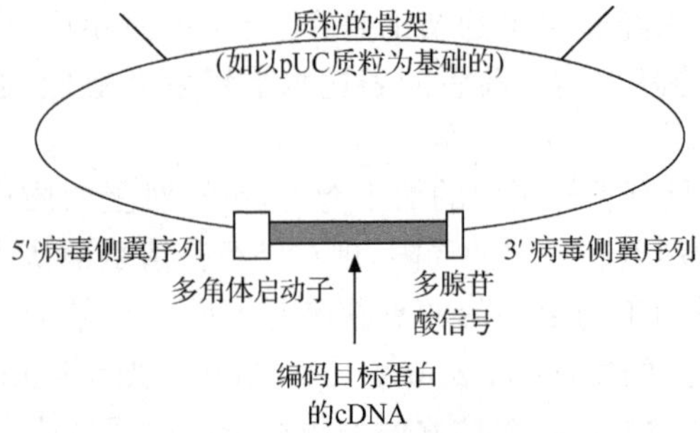

图 14.1 一个简单的杆状病毒转移质粒

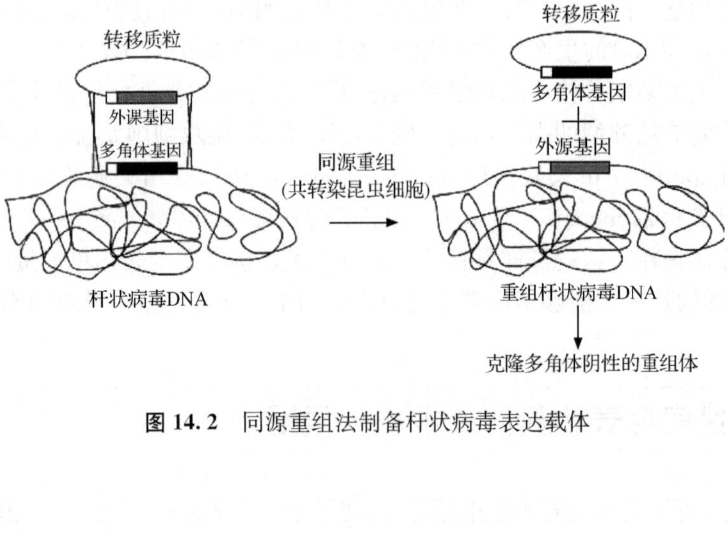

图 14.2 同源重组法制备杆状病毒表达载体

5. 杆状病毒表达载体技术——改进

从 1990 年左右开始，研究人员开始克服了杆状病毒载体分离方面的技术局限，并且通过对上述基本方法的大量改动，在别的方面对该系统也进行了改进。这些改进可以分为两类：一类是转移质粒的改进；另一类是亲代杆状病毒基因组的改进。下面对它们分别进行介绍。

6. 杆状病毒转移质粒的改进

对转移质粒进行了改进是出于两个不同的目的。最重要的目的是使通过肉眼筛选鉴定重组杆状病毒空斑变得简单，从上面描述的原因可知这曾经很难。通常的一种此类改进方法是引入在杆状病毒启动子控制下的嵌合标记基因。例如，大肠杆菌的 β-半乳糖苷酶蛋白与多角体阴性空斑表型相比，对它的肉眼识别更加容易（Vialard et al.，1990）。在转移质粒中引入标记基因是聪明的做法，但也应该注意到该种改进方法存在的潜在问题（O'Reilly et al.，1992）。引入的标记基因不仅能够作为所需要的双交换同源重组的信号，也能够作为在转移质粒和病毒 DNA 之间产生的单交换同源重组（single crossover recombination）的信号。单交换重组的发生概率很高，所产生的重组病毒的基因组包含了细菌复制子在内的转移质粒的全部序列，而且整合位点有一定的随机性。这些重组体在遗传上是不稳定的，新获得的外源基因可能会在 1～2 轮的病毒复制中丢失。尽管有很大的局限性，能将标记基因引入重组病毒基因组的转移质粒还是被广泛使用，对于那些清楚知道潜在的单交换重组陷阱的研究人员来说，它们尤其有用。他们只是使用标记基因进行初筛，然后通过进一步筛选来确定外源基因在基因组中的整合位点，最后确定是否是双交换重组将目的基因转移到了重组杆状病毒载体。

对转移质粒进行改进的第二个目的是方便重组蛋白在杆状病毒-昆虫细胞系统的表达与纯化。这种改进的数量太多因而不能在此逐一讨论，有 3 种通常的改进属于此类，它们包括引入信号肽的编码序列；在蛋白质的 N 端或 C 端引入纯化标签的序列（如 His_6）；将多角体蛋白启动子替换为别的杆状病毒启动子，或者使用多个启动子元件替换多角体蛋白启动子，这样就可以在杆状病毒感染时同时表达多个重组体蛋白。

最近的一个出版物列出了几乎所有的经过上述两类改进的杆状病毒转移质粒，并且简短描述了它们功能上的特色，它是该领域一个很好的信息来源（Possee and King，2007）。但是，有一类改进并未列出但值得进一步的关注，它们是即刻早期（immediate-early）转移质粒，在这些质粒中，多角体启动子被替换为杆状病毒即刻早期基因的启动子，如 AcMNPV 的 *ie*1 基因（Jarvis et al.，1996）。使用来自杆状病毒早期基因的启动子（如 *ie*1 基因）似乎违反之前提及的原则，因为这些启动子比多角体蛋白启动子弱。但是，有一些证据可以表明，在早期启动子控制下重组杆状病毒表达外源基因可以获得更高质量的蛋白质产物，尽管这些早期启动子不能启动同样高水平的转录（Chazenbalk and Rapoport，1995；Hill-Perkins and Possee，1990；Jarvis et al.，1996；Murphy et al.，1990；Rankl et al.，1994；Sridhar et al.，1993）。事实上，这个方法尤其适用于分泌蛋白。如上所述，这些蛋白质在多角体蛋白启动子控制下通常是低水平的表达。在这种情况下，研究人员或许能够利用这种在感染较早期进行外源基因表达的好处，从而避免杆状病毒感染对宿主蛋白加工途径带来的负面作用，同时也能够获得高水平表达的产物。

7. 亲代杆状病毒基因组的改进

就像转移质粒的改进，对亲代杆状病毒基因组的改进也是为了满足各种不同的需要。起初，最主要的目的是找到克服重组杆状病毒载体构建和分离低效率的方法，这也是最初的杆状病毒-昆虫细胞系统存在的主要问题。现在已经知道这个问题的根源在于，在共转染的昆虫细胞系中，转移质粒和亲代杆状病毒 DNA 的同源重组效率很低。最终，研究人员想出了一些直接和间接的方法来解决这个难题。

Kitts 和 Possee 构建出具有线性 DNA 基因组的杆状病毒，向问题的解决迈出了重要的第一步（Kitts et al.，1990）。这种病毒是通过最初的同源重组方法获得的重组杆状病毒，其主要特点是在多角体蛋白基因座位有一段新的 DNA 序列，该序列具有 *Bsu*36I 的酶切位点(图 14.3)。因此，该基因组能够被 *Bsu*36I 线性化并作为亲代病毒 DNA 与转移

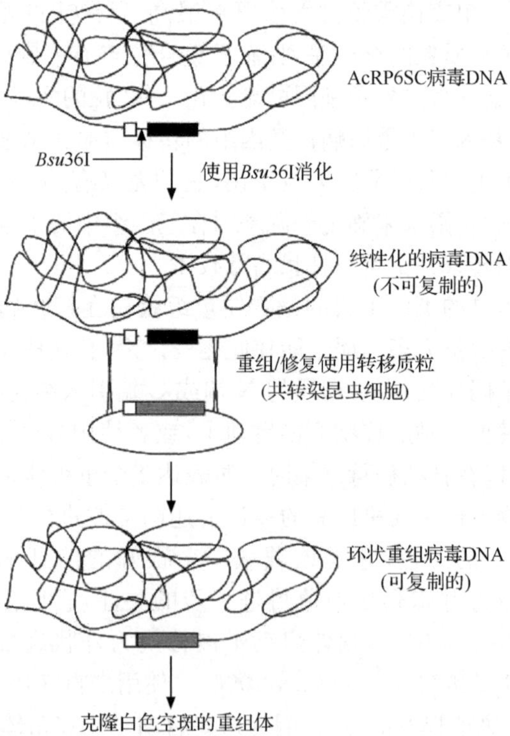

图 14.3 使用线性化的亲代病毒基因组通过同源重组制备杆状病毒表达载体

质粒混合后共转染昆虫细胞。这种方法最大的特点是线状的亲代病毒 DNA 分子不会复制。因此,线性化在很大程度上减少了共转染昆虫细胞中亲本子代的数量。另外,线状病毒 DNA 仍然可以与转移质粒进行同源重组,重组后病毒 DNA 分子重新形成环状结构并恢复复制能力。这些因素加起来,使得共转染的昆虫细胞中重组杆状病毒载体的产生效率从 0.1%增加到 10%～20%,也使该技术得到了极大的简化。Kitts 和 Possee 对该方法做了改进,他们构建了一个称为 BakPAK6 的重组杆状病毒,该病毒可以被 *Bsu*36I 切开。BakPAK6 基因组具有一个位于多角体蛋白基因座位的大肠杆菌 *lacZ* 基因,该基因内有一个 *Bsu*36I 位点,另外还在病毒基因的上游和下游分别引入一个 *Bsu*36I 位点(图 14.4)。重要的是,经过 *Bsu*36I 的消化,*orf*1629 的一部分被删除,*orf*1629 是病毒的一个必需基因,它位于多角体基因的下游,编码了病毒核衣壳的磷蛋白(nucleocapsid phosphoprotein)(Vialard and Richardson, 1993)。将 BakPAK6 作为亲代病毒 DNA,通过共转染昆虫细胞的方法构建重组杆状病毒载体的效率增加到 95%。BakPAK6 的成功刺激了多种线性化的杆状病毒 DNA 的商业化和广泛应用。它们被用做构建重组杆状病毒载体的起始材料。这些商业化的杆状病毒 DNA 中,最主要的包括 ClonTech 商业化的原始的 BakPAK6™病毒 DNA。类似的还有预线性化的称为 BaculoGold™的病毒 DNA (Pharmingen/BD Bio sciences)、Novagend 的 BacVector®、Sigma-Aldrich 的 Diamond-Bac™。此外,一个称为 Bac-N-Blue™(Invitrogen)的是经过轻微改进的线性化病毒 DNA/转移质粒系统,重组后,其基因组内的大肠杆菌 *lacZ* 标志物会得到重建。

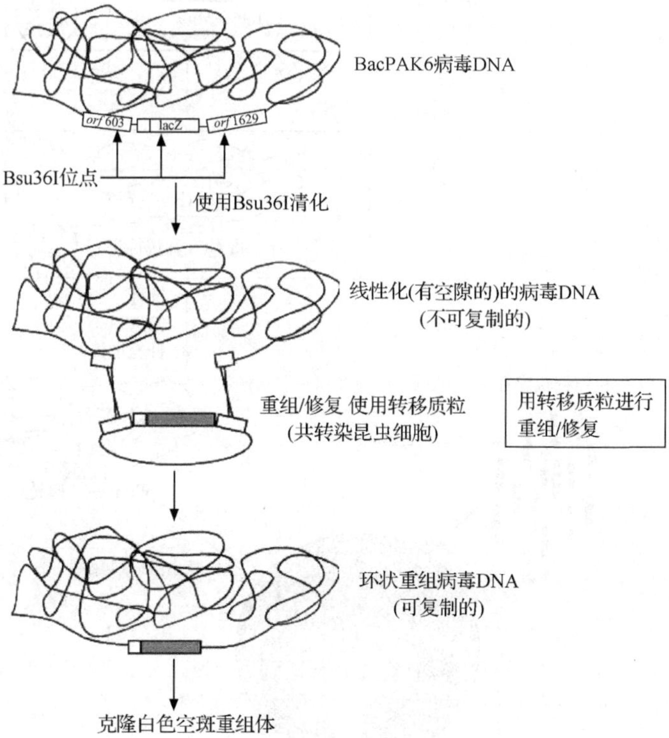

图 14.4　通过与线性化的/有空隙的亲代病毒基因组的同源重组构建杆状病毒表达载体

在本章的此处，强调这些病毒DNA骨架的发展是很重要的，它们有效地解决了本书第一版出版时在构建杆状病毒表达载体时存在的主要问题。这些线状的杆状病毒DNA被商业公司广泛的市场化并且很快就被生物医学研究机构承认和接受，作为重组杆状病毒构建的改良工具。这些工具和方法（见下面相关内容）的出现让具有基础分子生物学背景的实验室普通研究人员能够更容易地运用杆状病毒表达载体。最终，杆状病毒-昆虫细胞系统得到了更广泛地应用，并且作为重组蛋白制备的有效工具得到了普遍地认可。

与此同时，Luckow和他的同事们发展了一种与线性化病毒基因组不同的方法来分离杆状病毒载体。他们的方法利用了遗传转座（genetic transposition），而不是同源重组（Luckow et al.，1993）。该方法通过使用不同的分子机制来产生重组杆状病毒DNA从而使研究人员解决了同源重组的低效问题。该方法的关键在于构建一个新的大肠杆菌菌株，该菌株具有一个包含完整杆状病毒基因组拷贝的能够自主复制的质粒，或称杆粒（bacmid）（图14.5）。杆粒的多角体蛋白区域包含大肠杆菌*lacZ*基因和mini-Att Tn7位点，它是转座的附着位点（attachment site）。这株新构建的大肠杆菌菌株还有一个编码转座酶（transposase）的辅助质粒。使用杆状病毒转移质粒转化该新型大肠杆菌菌株，由于转移质粒上的多角体驱动的目标基因的侧翼序列为Tn7附着位点的左端和右端，该嵌合基因会转座至杆粒上的多角体区域。转座时会导致杆粒上的*lacZ*基因的删除，这就可

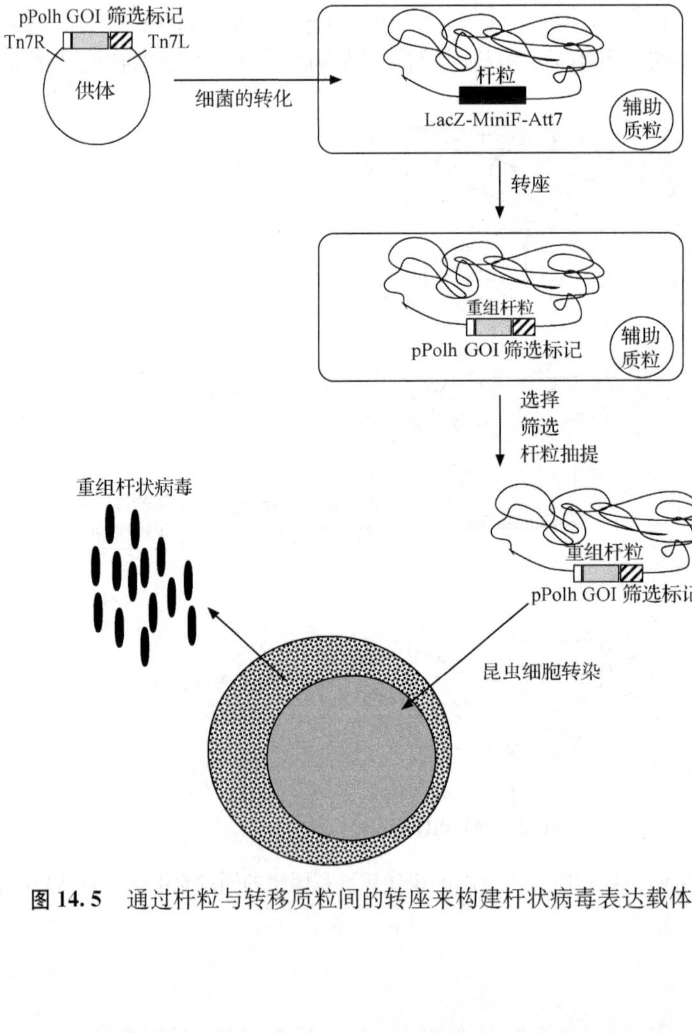

图14.5　通过杆粒与转移质粒间的转座来构建杆状病毒表达载体

以通过在筛选培养基上进行蓝、白斑筛选来鉴别含有重组杆粒的细菌。这样，你就可以从具有白色菌落的大肠杆菌克隆中简便地分离出含有编码目标基因的重组杆粒 DNA 去转化昆虫细胞。DNA 转化会启始病毒的感染并导致子代重组杆状病毒的产生。这种体内转座法可以以 100%的效率产生重组杆状病毒 DNA。它的商业化产品最初称为 Bac-to-Bac™系统，由 Life Technologies 公司开发，而现在可以从 Invitrogen 公司购买。Bac-to-Bac™系统以细菌为中心的特点是很重要的，因为它可以让不熟悉病毒学而更熟悉细菌学和分子生物学的研究人员仍然在自己熟悉的领域工作。但是，该系统存在的一个不足是重组杆状病毒保留了细菌的复制子，与不含有该结构的病毒相比，它使杆粒在昆虫细胞中传代时具有高度的遗传不稳定性[Pijlman 等(2003)及见下文]。

近期，Possee 和 King 的研究小组提出了一种更为聪明的想法，该方法是线性化杆状病毒 DNA 法和杆粒法的交叉杂合 (Possee et al.，2008)。从本质上讲，他们构建了一个新型的具有重组杆状病毒基因组的杆粒，该基因组在多角体座位有一个细菌的复制子(replicon)且缺失了下游的 *orf1629* 基因(图 14.6)。由于存在细菌复制子及缺失了 *orf1629* 基因，这个杆粒可以在大肠杆菌中复制，但是不能在昆虫细胞中复制。因此，可以使用携带有这种杆粒的大肠杆菌方便地制备用于构建重组子代病毒载体的亲代杆状病毒基因组 DNA。你可以简单地从大肠杆菌中分离出病毒 DNA，与转移质粒混合后共转染昆虫细胞。在病毒与转移质粒 DNA 之间的同源重组会同时恢复 *orf1629*，在多角体蛋白基因座敲除细菌复制子并且在相同位置插入目标基因。尽管这种方法没有提高同源重组的效率，但是明显提高了在共转染的昆虫细胞中产生重组杆状病毒的效率，因为亲代病毒 DNA 是有缺陷的，不能自我复制。该方法已经由 Oxford Expression Technologies 进行了商业化，产品为 flash BAC™。flash BAC™系统有一个值得再次强调的特点，如上所示，细菌的复制子在同源重组中被剔除。这样做的优点在于消除了用常规杆粒(保留有细菌的复制子)制备杆状病毒载体时的遗传稳定性问题(Pijlman et al.，2003)。另一个值得再次强调的特点是在 flash BAC™系统中使用的杆粒包含了在昆虫细胞中不能复制的缺陷型杆状病毒基因组。显然，这就意味着在该系统中，需要亲代缺陷型病毒基因组与转

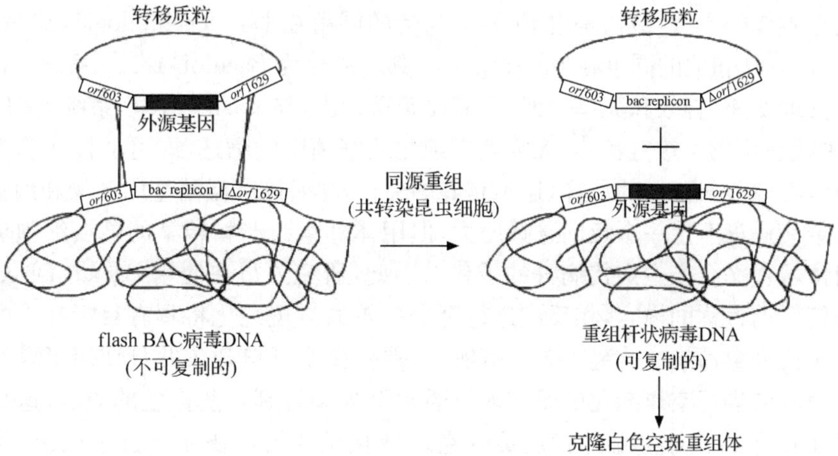

图 14.6　使用 flash BAC 方法构建杆状病毒表达载体

移质粒之间的同源重组来形成不需要辅助的子代杆状病毒。但是，这并不一定意味着共转染的昆虫细胞将只能产生重组的子代杆状病毒。由于遗传互补作用(genetic complementation)，这些细胞也能够产生源于缺陷型亲代病毒基因组的子代病毒。特别的是，在共转染的昆虫细胞中产生的重组病毒能够提供 *orf1629* 的产物，它为缺陷型病毒 DNA 的顺式装配提供了辅助功能。使用 flash BAC™系统制备杆状病毒时至少要进行一轮空斑纯化，然而 Oxford Expression Systems 的商业文献指出这是不必要的。不进行空斑纯化，通过共转染昆虫细胞获得的原始重组病毒将会污染有缺陷型的亲代病毒，它们会干扰接下来的载体复制与外源基因的表达。

制备杆状病毒载体最简单的途径可能是使用一种交叉杂合了 Gateway® 技术与线性化亲代病毒 DNA 技术的方法 (Hartley, 2003; Walhout et al., 2000)。该方法涉及编码目标蛋白质的 Gateway® 进入质粒(entry plasmid)以及线状的亲代病毒 DNA 在体外而不是体内的重组。在这个系统中，亲代病毒 DNA 以线状的形式存在，其基因组中的多角体蛋白编码序列被大肠杆菌 *LacZ* 基因和单纯疱疹病毒(herpes simplex virus)胸苷激酶(thymidine kinase)基因替换，替换序列的两侧有噬菌体 1 的位点特异性重组位点(attR1 和 attR2；图 14.7) (site-specific recombination site)。含有 *LacZ* 基因的病毒呈现出蓝色空斑，在添加有某种核苷类似物(nucleoside analog)，如丙氧鸟苷(gancyclovir)的昆虫细胞中培养，胸苷激酶基因提供了针对亲代病毒 DNA 的阴性选择标记。将线性化的病毒 DNA 与编码目标蛋白质的 DNA 进入质粒混合，目标蛋白质编码序列的侧翼序列为 λ 噬菌体的位点特异性重组序列 (attL1 和 attL2)，在混合物中加入纯的重组酶(recombinase) (LR Clonase™; Invitrogen)，该酶会介导进入质粒和亲代病毒上 att 位点间的位点特异性重组。需要重点指出的是，该体外反应是一种非定量意义上的高效重组反应，其产物为亲代杆状病毒 DNA 与重组杆状病毒 DNA 的混合物。随后，该混合物通过转染进入昆虫细胞，像前面指出的那样，在含有丙氧鸟苷的培养基中培养，丙氧鸟苷能够阻止亲代病毒的复制。经过一轮筛选，子代重组杆状病毒载体的数目得到增加，通过空斑形成实验可以从相对较低水平的子代杆状病毒背景中将其检出。在 β-半乳糖苷酶显色底物存在的情况下，重组体的空斑表型为白色，可以依此很容易地将其鉴定出来。这种在体外获得重组杆状病毒载体的方法，最初是由 Franke 与他的同事在 Life Technologies 研发出来的。然后由 Harwood 和他的同事在 Invitrogen 将其商品化为 BaculoDirect™系统。该系统使用起来非常地快速、有效和简单。但是，需要着重指出，与 flash BAC™系统类似，BaculoDirect™系统在市场上被宣传为“无需空斑纯化或细菌中的筛选，即可从杆状病毒克隆与表达基因”，就像前面指出的那样，这不是好的建议，尽管胸苷激酶基因产物和丙氧鸟苷的存在会对亲代病毒产生一个负向选择压力，但用体外重组产物转染的昆虫细胞仍然既会产生重组体子代又会产生亲代病毒的子代。因此，研究人员在使用 Baculo Direct™系统时不要轻信厂商宣称的内容，相反应进行至少一轮的空斑纯化将具有目标基因的重组杆状病毒从亲代病毒污染中分离出来。事实上，那些接受了该建议并且使用了含有 β-半乳糖苷酶的琼脂层进行空斑纯化的研究人员通常至少会看到一些蓝色的斑点，这显示亲代病毒的存在并肯定了对重组杆状病毒的空斑纯化是明智的决定。公平地说，商业化的 BaculoDirect™系统的操作手册(Invitrogen)包括了在含有 β-半乳糖苷酶的培养基上进行空斑纯化的方法，这提供了很大的便利。

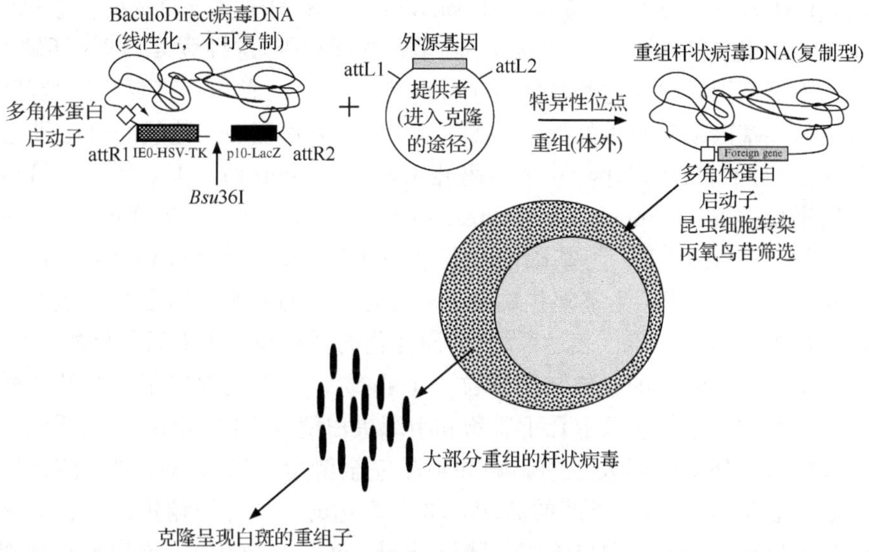

图 14.7 利用 BaculoDirect 方法构建杆状病毒表达载体

在了解了上述体外重组方法的基础上，还应对一些已经公开出版的直接体外重组 DNA 法进行简短的介绍。这些方法涉及对改进后的杆状病毒基因组进行消化及其后与外源 DNA 片段的直接连接。这些方法的一个实例涉及在 AcMNPV 基因组上多角体蛋白启动子下游引入两个 *Bsu*36I 位点（Lu and Miller，1996）。这两个位点的识别序列有着微小的差异。经 *Bsu*36I 位点消化后产生 5′-TTA-3′的单链突出序列（single stranded 5′-TTA- 3′overhanging sequence），该序列可以在 dTTP 存在下被大肠杆菌 DNA 聚合酶 I Klenow 片段转化为 5′-TT-3′的单链突出。这就产生了一个线性的杆状病毒 DNA 分子，任何 DNA 片段都可以与其进行连接，只要它经过 *Eco*RI 酶切后产生 5′-AATT-3′的单链突出，然后再经 Klenow 片段和 dATP 处理为 5′-AA-3′的单链突出。这种改进的主要目的在于给以杆状病毒为基础的 cDNA 表达库的构建提供方便。其他两个直接体外重组的实例都涉及在杆状病毒基因组中引入归巢内切核酸酶（homing endonuclease）的酶切位点。其中一个是在 AcMNPV 基因组中引入一个 I-*Sce*-I 位点来构建一个命名为 Ac-Omega 的重组体（Ernst et al.，1994）。分离自该病毒的基因组 DNA 可以被 I-*Sce*-I 消化后与被同样的酶处理过的 DNA 片段连接。另外一个被命名为 Homingbac 系统，它涉及在许多不同的杆状病毒基因组中引入一个单一的 I-*Ceu*-I 位点（Lihoradova et al.，2007）。从这些病毒中分离的基因组 DNA 被 I-*Ceu*-I 线性化后可与用 *Bst*XI 处理后具有可匹配突出末端的 DNA 片段连接。目前，本段描述的 3 种直接克隆的载体都没有实现商品化，在文献报道中该方法也应用得不多。因此，很难对这几种直接克隆方法是否相对成功或者其杆状病毒骨架能否广泛用于制备杆状病毒表达载体作出评估。

除解决关于重组杆状病毒载体构建的早期技术难题外，一些对亲代杆状病毒基因组进行改进的目的是增强重组载体上外源蛋白的表达。基本的做法是删除这样的一些杆状病毒的基因：①已知这些基因对病毒在培养的昆虫细胞中的复制是不需要，暂且定义为

“附属”(accessory)基因;②认为这些基因通过某些方式干扰了外源蛋白的产生或降解目标蛋白质。此类杆状病毒 DNA 是最初由 Bishop 和同事们研发出的线状病毒 DNA,后来被 Novagen 商品化为 BacVector®-2000。除多角体蛋白外,这种病毒 DNA 还缺少其他 5 种未公开的附属基因。缺失这些基因对于外源蛋白产量的影响一直都不清楚,因为没有相关报道用这些基因缺失与否的杆状病毒 DNA 进行外源蛋白表达量的对比研究。

接着,另外两个非必需基因:一个编码几丁质酶(Hawtin et al., 1995),另一个编码组织蛋白酶样蛋白酶(cathepsin-like protease)(Slack et al.,1995)在 BacVector®-2000 被剔除,所形成的以 AcMNPV 为基础的亲代病毒 DNA 被称为 BacVector®-3000(Novagen)。其他的以 AcMNPV 为基础并缺失了病毒几丁质酶和组织蛋白酶样蛋白酶基因的病毒包括一种被称为 BestBac(表达系统)的商业化的杆粒和一种未商业化的称为 AcBacDCC (Kaba et al.,2004) 的经修饰的杆粒。flash BAC™系统中使用的杆粒同样缺少有功能的几丁质基因。亲代病毒上几丁质酶和组织蛋白酶样蛋白酶的缺失对重组杆状病毒载体的子代病毒的外源基因表达的影响并不是完全清楚,但还是有一些资料可以参考。其中一项研究表明,缺失这两种酶的 AcBacDCC 表达的一个外源糖蛋白比含有这两种酶的杆状病毒载体表达的糖蛋白更不容易降解(Kaba et al., 2004)。这似乎与预期是一致的,删除病毒蛋白酶基因通常会促进重组蛋白和分泌蛋白更好地表达。但是,还需要做更多的工作来确定剔除某个特定的蛋白酶基因是否会广泛的影响外源蛋白在杆状病毒-昆虫细胞系统中的生产。目前还比较少观察到删除病毒几丁质酶基因的潜在影响。曾有研究显示,病毒几丁质酶驻留在内质网上,它通过饱和宿主蛋白转运机器来干扰分泌途径蛋白的产生(Kaba et al.,2004)。如果上述机制是事实,那么删除病毒几丁质酶基因从而达到没有几丁质酶的目的,这样可能会增加分泌蛋白的表达水平。但是,目前还没有公开出版的研究证明单独删除以 AcMNPV 为基础的载体,如 flash BAC™上的几丁质酶基因所产生的影响。研究显示,缺失了几丁质酶的 AcBacDCC 表达的外源蛋白降解减少,但该病毒同时缺失了组织蛋白酶样蛋白酶,这使得结果的解释变得复杂化。另外,已有一篇出版的文献显示单独或全部剔除重组丝虫杆状病毒(recombinant silkworm baculovirus)的几丁质酶或组织蛋白酶样蛋白酶基因对外源蛋白生产的影响[家蚕核型多角体病毒 Bombyx mori nucleopolyhedro virus,(BmNPV),Lee et al., 2006]。在这个系统中,编码昆虫纤维素酶(cellulase)的重组 BmNPV 载体在删除几丁质酶或组织蛋白酶样蛋白酶基因时在蚕中表达的外源蛋白具有更高的水平和更好的酶活性。而且,用缺失这两种病毒酶基因的载体可以获得具有最高酶活性、最高表达量的纤维素酶。你会推测这些结果显示从 AcMNPV 为基础的载体删除病毒几丁质酶基因会有类似的效果。但是,由于在这个研究中是以蚕(silkworm)而不是以昆虫细胞系作为宿主,这种推测的合理性会被削弱。

DiamondBac™是另一个通过删除非必要基因在杆状病毒-昆虫细胞系统中增强重组蛋白表达量的亲代杆状病毒 DNA 的例子。如上所述,DiamondBac™是与 BakPAK6 类似的商业化的、预先线性化的杆状病毒 DNA,但是这种病毒 DNA 还缺少有功能的 *P10* 基因,有研究显示,该基因与宿主细胞的裂解有关 (Williams et al., 1989)。因此,制造商的商业文献指出,用该亲代病毒产生的重组杆状病毒载体感染的细胞会在感染过程中一直保持较高的细胞活性，这会有助于提高重组蛋白的表达水平（Sigma-Aldrich, 2008）。DiamondBac™的另一个让人感兴趣并有潜在用途的特点是，在杆状病毒基因组中的 *P10* 基因被蛋白二硫化物异构酶（protein disulfide isomerase, PDI）基因替代，该基因编码的一种伴侣蛋白能够促进二硫键的形成并有助于蛋白质的折叠。已有公开出版的证据表明，在杆状病毒-昆虫细胞系统中共表达 PDI，可以提高重组 IgG 的可溶性和分泌水平（Hsu et al., 1996）。Sigma-Aldrich 的商业文献指出，*P10* 基因的缺失以及 *PDI* 基因的插入可以将多数重组蛋白的总产量提高接近 10 倍。但是，没有公开发表的研究对重组杆状病毒载体有无 *P10* 基因缺失或 *PDI* 基因插入情况下外源蛋白的生产水平进行比较。因此，在最终的分析中，为了直接确定非必须病毒基因，如病毒的几丁质酶基因、组织蛋白酶样蛋白酶基因和 *P10* 基因的缺失对在杆状病毒-昆虫细胞系统中进行蛋白质生产的总体影响，需要对合适匹配的 AcMNPV 来源的载体进行直接比较研究。

除了 DiamondBac™亲代杆状病毒 DNA 外，已有文献报道有人设计出插入了编码外源蛋白加工酶基因的杆状病毒载体，以此来提高外源蛋白的产量。这之中就有一个重组杆状病毒载体具有在 *P10* 启动子控制下的多分 DNA 病毒（polydnavirus）*vankyrin* 基因（Fath-Goodin et al., 2006）。已经发现某些 *vankyrin* 基因的表达产物可以延长被杆状病毒转染的 Sf9 细胞存活时间，这相应的就能够提高在多角体蛋白启动子控制下共表达的外源蛋白的产量。其他可以归为此类的杆状病毒载体包括具有在杆状病毒 *ie1* 启动子调控下的外源糖基转移酶（glycosyltransferase）基因（Jarvis et al., 2001; Tomiya et al., 2003）或与磷酸胞苷唾液酸（CMP-sialic acid）生物合成相关的酶的基因（Hill et al., 2006）的载体。在载体中使用早期启动子，可以在感染的早期表达这些具有加工功能的蛋白质，使其表达远远早于外源蛋白的表达。这就使得昆虫细胞的内源性 *N*-糖基化功能得到延伸，在目标糖蛋白开始表达之前就具有了对蛋白质进行人源糖基化的能力。

一种转移质粒可以同时将多分 DNA 病毒 *vankyrin* 基因和外源蛋白的基因引入到杆状病毒基因组中，Paratechs 已将这种质粒商品化。类似的，在不久的将来，具有更高级真核 *N*-糖基化功能的亲代杆状病毒 DNA 会被商业化并用于制备重组杆状病毒。这些重组杆状病毒的出现会使对这些类型的病毒载体增加蛋白质表达水平的能力或生产人源化糖蛋白的能力进行全面评估变得更加方便。目前，未曾使用大量的外源蛋白/糖蛋白对这两方面的能力进行过评估。

8. 杆状病毒-昆虫细胞系统的另一半

考虑到目前为止本章的重点都放在了杆状病毒表达载体上，很有必要提醒读者，杆状病毒-昆虫细胞系统是一个由两个部分组成的二元系统。当然，第一个部分就是杆状病毒表达载体，它是一个昆虫病毒，其功能显然就是将编码目标蛋白质的外源基因导入宿主细胞中。杆状病毒表达载体的另一个功能是为在晚期或极晚期启动子控制下的目标基因的转录提供所需的转录复合物。第二个部分就是到目前为止几乎没有提及的宿主，通常是鳞翅类昆虫细胞系，但有时是鳞翅类的昆虫。

鳞翅目昆虫(Order Lepidoptera)包括蛾(moth)和蝴蝶(butterfly),它们是杆状病毒家族中多种病毒(包括 AcMNPV)的宿主。Grace 在 1962 年第一个建立了鳞翅类昆虫细胞系(Grace, 1962)。至今,已经建立了超过 250 种昆虫细胞系(Lynn, 2007)。但是,我们重点关注两个杆状病毒表达载体最常用的鳞翅类昆虫细胞系。其中一个是 Sf9,由 Smith 和 Summers 在 1987 年亚克隆 IPLB-SF-21 而建立的,IPLB-SF-21 细胞系是在 1977 年从草地贪夜蛾(*Spodoptera frugiperda*,又称为秋天行军虫)的卵巢组织中分离出来的。Sf9 细胞可以在很多商业公司购买到,如 Invitrogen 和 Novagen 或者美国模式菌种收集中心(American Type Culture Collection,ATCC)。另外一种是 High Five™,最初是从粉纹夜蛾[*Trichoplusia ni*,又称为甘蓝银纹夜蛾(cabbage looper)]的成熟卵巢组织中分离到的细胞系,在 1992 年由 Granados 和 Wood 的小组称为 BTI Tn 5B-1,后被 Invitrogen商业化为 High Five™。

Sf9 和 High Five™两种细胞系的一个有趣的特点是二者都能够以贴壁或悬浮状态生长。由于这个特点,通过感染数以百万计的在培养板或培养瓶中生长的 Sf9 或 High Five™细胞,可以很方便地进行实验室规模的蛋白质生产实验。贴壁生长的 Sf21 或 Sf9 细胞也常规用于空斑筛选和重组杆状病毒表达载体的定量。另外,Sf9 和 High Five™两种细胞都能够在转瓶(spinner flask)、摇瓶(shake flask)、气升式搅拌槽(airlift, stirred tank)、Wave 生物反应器(Wave bioreactor)中扩大规模来生产大量的重组蛋白。

昆虫细胞培养的条件和方法与大多数研究人员所熟悉的哺乳动物细胞的培养方法大不相同。例如,培养昆虫细胞的最适温度是 28℃而不是 37℃。另外,Sf9 和 High Five™细胞贴壁不紧,在传代培养时不需要 EDTA 或胰酶(trypsin)处理。昆虫细胞的生长不需要含有 CO_2 的培养箱,因为昆虫细胞培养基是用磷酸盐作为缓冲液而不是碳酸盐。Sf9 和 High Five™细胞都可以在有或没有血清的培养基中生长,这两种培养基的来源都很广。事实上,从 1990 年本书的第一版面世以来,多种不同的昆虫细胞培养基都能够从多个不同的制造商那里买到,其中最主要的包括 Expression Systems、Invitrogen (GIBCO)、HyClone 和 Sigma-Aldrich。但是,需要指出的重要一点是,Sf9 和 High Five™细胞会倾向于逐渐适应某种特定的培养基。因此,突然地将 Sf9 和 High Five™细胞的培养基由有血清培养基变换为无血清培养基会导致培养细胞的损失。一个更容易成功的做法是缓慢戒除血清法。例如,在连续的 4 次传代中,你可以将无血清培养基的比例从 0%依次升高至 25%、50%、75%,直至 100%。即使使用这种相对缓慢的血清戒除法,当将细胞刚刚置于不含血清的培养基时,这些细胞也会经历短暂的生长停止或生长缓慢。因此,保持耐心非常重要,因为这些细胞会在新培养基中迟滞生长 1~2 天后恢复正常的生长速率。缓慢血清戒除法不仅对从有血清培养基到无血清培养基的转换有用,还可以用于将昆虫细胞从一种无血清培养基转移到另一种无血清培养基。

9. 杆状病毒表达载体的新一代昆虫细胞宿主

最早的鳞翅类昆虫细胞的遗传转化技术出现在 1990 年 (Jarvis et al., 1990)。那时，研发该技术的初衷在于构建一个稳定转化的昆虫细胞系，它旨在能够持续生产目标重组蛋白而无需使用杆状病毒进行感染。然而，构建这个生产用细胞系所用的载体及方法也为构建具有新型特色的转基因昆虫细胞系提供了条件，这些新型细胞系将能够更好地支持重组杆状病毒介导的外源蛋白的生产。第一个进行宿主细胞改造的案例是要解决本章前面提出的一个问题，即杆状病毒-昆虫细胞系统能够进行真核蛋白加工，但这种加工与更高等真核细胞对蛋白质的加工并不总是相同。对于这个局限，大家了解最多的一个例子是 Sf9 和 High Five™细胞都能够对新合成蛋白质进行 *N*-糖基化，但其对 *N* 连接的糖链(*N*-聚糖)[参考 Harrison 和 Jarvis(2006;2007b)，Shi 和 Jarvis(2007)的综述]的加工却达不到哺乳动物细胞那样的程度。第一个从改造细胞的角度来解决这个问题的方法是使用在 AcMNPV *ie1* 启动子调控下的牛 β-1，4-半乳糖基转移酶(bovine β-1，4-galactosyltransferase)cDNA 转化 Sf9 细胞(Hollister et al.，1998)。该 cDNA 编码 Sf9 细胞中没有的 *N*-聚糖加工酶，导入该酶的目的是使 Sf9 细胞的内源蛋白加工能力得到扩充，这样转基因细胞系生产的 *N*-糖基化糖蛋白的 *N*-聚糖就可以经过进一步的加工，更接近于人源 *N*-聚糖。确实，最终得到的命名为 Sfβ4GalT 的细胞系具有该酶的编码序列，并能够组成型表达这个哺乳动物基因，这使它具有了亲代细胞系不具备的能力：生产具有部分人源 *N*-聚糖结构的外源糖蛋白。但这仅仅是对细胞进行改造的第一步，因为需要对 Sf9 细胞蛋白质 *N*-糖基化途径进行进一步的人源化，而这需要"敲入"更多的其他哺乳动物功能基因。总的来说，可以通过构建 *ie1* 启动子驱动下的编码其他功能的哺乳动物基因，然后用其生成另外的转基因 Sf9 细胞亚克隆来完成这个任务（Aumiller et al.，2003；Hollister and Jarvis，2001；Hollister et al.，2002；Seo et al.，2001)。所构建的每个细胞系都能够支持杆状病毒的复制和杆状病毒介导的外源基因表达，同时也能够组成型地表达所转入的哺乳动物基因。最终，每一个这种转基因的昆虫细胞系较其亲代 Sf9 细胞具有更深入的 *N*-聚糖加工能力，能够产生具有更接近人源 *N*-聚糖糖基的糖蛋白。High Five™细胞也有类似的转基因细胞系，它们转入了在 *ie1* 启动子控制下的两种不同的哺乳动物糖苷转移酶的基因(Breitbach and Jarvis，2001)。Invitrogen 已经将一个最初命名为 SfSWT-1 的源于 Sf9 细胞的转基因昆虫细胞系商业化，其商业名为 MIMIC™，该细胞系具有更深入的 *N*-糖基化途径，在含有血清的培养基中生长时能够表达出人源化的重组糖蛋白。在不久的将来，具有很多哺乳动物基因的更高级的昆虫细胞系会被商业化，这样的细胞系能够在不含血清的培养基中生产具有唾液酸化末端糖基的糖蛋白(Aumiller et al.，2003)。

另有一种很有希望作为改进的杆状病毒表达载体宿主细胞的转基因鳞翅类昆虫细胞系衍生于 Sf9 细胞，它转入了立即早期杆状病毒启动子控制下的多分 DNA 病毒 *vankyrin* 基因(Fath-Goodin et al.，2006)。就像上面讨论的那样，杆状病毒介导的多分 DNA 病毒 *vankyrin* 基因的表达可以使杆状病毒感染的 Sf9 细胞活的更长，从而增加了在多角体蛋白启动子控制下的共表达的外源蛋白的产量。同样的道理，一个经过工程改造能够组成型表达 *vankryin* 基因的转基因 Sf9 细胞系具有更长的寿命，感染携带黄色荧光蛋白基因的重组杆状病毒后能够以更高水平表达黄色荧光蛋白(Fath-Goodin et al.，2006)。Para Techs 公司已经将 3 种不同的衍生于 vankyrin-enhanced(VE)Sf9 的细胞系进行了商品化。

目前已经有了 MIMIC™和 VE 细胞系，将来会出现别的同样类型的转基因昆虫细胞系，它们的出现能够允许研究人员对这些细胞系生产人源化糖蛋白的能力和提高重组蛋白表达水平的能力进行更加全面的分析。这样的分析很重要，因为这两种类型的经过改进的杆状病毒表达载体的宿主都没有使用大量的不同外源蛋白/糖蛋白对其进行广泛的评估。事实上，已有关于 MIMIC™(SfSWT-1)细胞不能够将一种特别的外源糖蛋白，马的黄体生长激素/绒毛膜促性腺激素(equine lutenizing hormone/chorionic gondotropin)(Legardinier et al.，2005) 唾液酸化的报道。这两种马的糖肽类激素是由相同的基因编码的，因而有相同的氨基酸序列。根据对天然产物(Smith et al.，1993)*N*-连接糖蛋白特征的分析，你会预期 MIMIC™(SfSWT-1)细胞产生的重组激素在末端有 α2，3-连接的唾液酸残基。因此，Legardinier 与他的同事获得的结果很可能反映了 MIMIC™(SfSWT-1)细胞不能对马的促黄体生长激素/绒毛膜促性腺激素进行 α2，3-连接形式的唾液酸化，之前从未对该细胞的这种能力做过评价。事实上，最近我们发现，尽管 MIMIC™(SfSWT-1)细胞编码并表达鼠的 α2，3-唾液酸转移酶(α2，3-sialyltransferase)，但却未检测出细胞中有该酶的活性(数据未给出)。现在清楚了 MIMIC™(SfSWT-1)细胞不具有对所有目标外源 *N*-糖基化蛋白进行唾液酸化的能力。研究人员正在尝试构建新的细胞系，它可以进行 α2，6- 和 α2，3-唾液酸化。但是，一种具有 α2，3-唾液酸转移酶活性的新转基因昆虫细胞系也有可能不能唾液酸化所有的目标糖蛋白。而且，如果在 VE 细胞和其他的作为杆状病毒表达载体改进的宿主的转基因细胞系中都出现这种局限，不要感到惊讶。

10. 杆状病毒的基本操作方案

本书第一版的第 10 章中就已经包含了许多重要的关于杆状病毒转移质粒构建、昆虫细胞培养、杆状病毒表达载体的生产、分离和鉴定的较为详细的操作方案，还有在杆状病毒-昆虫细胞培养体系中表达重组蛋白所需的分析方法(Bradley，1990)，这些至今仍然可以使用。此外，也相继出版了大量有关杆状病毒-昆虫细胞培养体系的书籍，这些书籍或其章节都有详细的技术方案 (King and Possee，1992；Murhammer，2007；O'Reilly et al.，1992；Richardson，1995；Summers and Smith，1987)。最后指出，对于本章中提到的那些为便于制备和分离重组杆状病毒表达载体而构建的新型杆状病毒转移质粒和杆状病毒基因组骨架，每个构建者都提供了详细的图谱、序列和使用所需的分步操作方案，这些都可以从他们的网站免费得到。相应地，我也选择了一些在我们实验室使用的，相对小型的，但都是必须的一套经过数次检验的技术方案和大家分享，这些技术方案来源于 Summers 和 Smith(1987)及 O'Reilly 等(1992)编写的杆状病毒使用者“手册”，但在某些部分，根据我们的需要进行了适当地改良。对于本章提到的任何具体方法，转移质粒和亲代杆状病毒载体，读者可以参考下面给出的来源去获取有关的直接详细信息，此处就不再进行复述了。

10.1　昆虫细胞的培养

我们通常在 125 mL 的 DeLong 摇瓶 (Bellco)中培养 50 mL 的 Sf9 细胞培养物，不论使用有血清或无血清培养基。对于有血清培养，我们使用添加了 10%(*V*/*V*)胎牛血清(HyClone)和 0.1%聚醚 F68(pluronic F68)(Sigma-Aldrich)的 TNM-FH 培养基；对于无血清培养，我们使用 ESF 921(表达系统)。在我们的细胞培养中，我们既不将胎牛血清进行热灭活，也不在培养基中添加抗生素，因为使用我们的标准共挑选方法(standard co-selection approach)进行转基因亚克隆的构建时，它们会产生干扰(Harrison and Jarvis, 2007a; Jarvis and Guarino, 1995)。在每周的周一、周三和周五，我们将培养的细胞传代，在周一和周三，Sf9 细胞的接种密度为 0.5×10^6 个细胞/mL，在周五为 0.3×10^6 个细胞/mL。使用标准的台酚蓝染色排除法在血细胞计数器上检测细胞密度 (Murhammer, 2007)。在摇瓶培养中 Sf9 细胞的活力应维持在较高的水平，其倍增时间应在 24 h 左右。对于更大量的细胞，其培养可进行如下放大：100 mL 的细胞在 250 mL 的 DeLong 摇瓶中进行培养，200 mL 的细胞在 500 mL 的 DeLong 摇瓶中，或者 800 mL 的细胞在 2.8 L 的 Fernbach 瓶子(Bellco)中培养。转基因的昆虫细胞系的接种密度各有不同，通常均高于 Sf9 细胞的接种密度。在我们最近的实践中，以与 Sf9 细胞相同的接种密度接种转基因的昆虫细胞系，它们的生长会变慢并且/或者经历一个暂时的停滞，之后再开始以正常速率生长。

10.2　杆状病毒基因组 DNA 的分离

除非你可以一直购买商业来源的已经纯化过的病毒 DNA，因为分离出足够纯度的杆状病毒基因组 DNA 是制备重组杆状病毒表达载体的一个重要方面。采用差速离心方法，我们可以从芽生病毒(budded virus)中分离出病毒 DNA。使用合适的亲代病毒感染 Sf9 细胞，为避免缺失性干扰粒子(defective interfering particle)的产生 (Kool et al., 1991)，应使用较低的感染复数(如 0.01 空斑形成单位/细胞)。如上所述，采用加有胎牛血清和普朗尼克(pluronic)F68 的 TNM-FH 培养基培养细胞 3～5 天，并在相差显微镜下监控细胞的病理学征兆。一旦观察到明显的感染迹象，立即将感染的细胞在无菌的条件下转移到一次性使用的离心管中，大约 1000 *g* 离心 15 min。将澄清的上清液转移到超速离心管(如 33 mL 的 Beckman SW28 离心管)中，之后将含有 5 mmol/L NaCl 和 10 mmol/L EDTA 的 25%(*m*/*V*) 蔗糖溶液小心地加入离心管底部(如 3 mL 的 Beckman SW28 离心管)。再将离心管以 4℃，大约 100 000 *g* 离心 75min(如对于 Beckman SW28 转子，可采用 28 000 r/min)，之后，将上清液倾出，留下芽生病毒的沉淀块。使用蓝色枪头(剪掉尖端，以具有较大的口径)加入一定量的裂解缓冲液(每毫升的初始感染性病毒培养基中加入 0.1 mL)温和重悬病毒沉淀，裂解缓冲液的组成为 10 mmol/L Tris(pH 7.6)、10 mmol/L EDTA 和 0.25%(*m*/*V*)SDS。然后向其中加入蛋白酶 K(10 mg/mL，溶于水) 至终浓度为 500 μg/mL，将其置于 37℃孵育，间或旋转，直至溶液变得澄清，这个过程通常需要 4 h 到一整夜。如果溶液仍是比较浑浊的，那么应加入更多的裂解缓冲液和蛋白酶 K。将所得溶液依次采用苯酚和苯酚-氯仿进行温和的抽提，之后，在 0.3 mol/L

乙酸钠存在下通过乙醇沉淀病毒 DNA。最后，使用 TE 重悬 DNA 沉淀（相对每毫升的初始培养物加入 10 μL 的 Tris-EDTA 缓冲液进行重悬）。重悬的病毒 DNA 浓度可采用分光光度计进行估测，但是，我们发现其非常不可靠。所以，我们一般通过对比法来使该估值更精确：使用 *Eco*RI 或 *Hind*Ⅲ消化 10 μg 的病毒 DNA，然后将消化产物与已知浓度的商业化 DNA 分子质量标准进行琼脂糖凝胶电泳，接着以溴化乙锭或其他 DNA 染色方法染色。应该注意的是，这种方案与 O'Reilly 与其同事（O'Reilly et al.，1992）在杆状病毒表达载体使用手册中所描述的方案在本质上是一样。

10.3　杆状病毒的空斑分析

总的来说，空斑分析是病毒学的一个重要方面。它是确保重组病毒以单一克隆形式被分离出来的最佳方法。进行空斑分析的准备工作包括两个互相独立的步骤：①在培养皿中预接种指示细胞；②将病毒储存液进行一系列的 10 倍梯度稀释。如上所述，我们使用在摇瓶中培养的处于对数期生长期的 Sf9 细胞进行接种，该细胞的生长培养基为含有 10%胎牛血清和 0.1% 普朗尼克 F68 的 TNM-FH。将所需数目的细胞温和离心后丢弃旧的培养基，然后使用新鲜的无添加物的 TNM-FH 重悬细胞，最后将细胞以 0.75×10^6 个细胞/孔的密度接种于 6 孔细胞培养板（corning）。在 28℃下孵育 1 h 以使细胞沉降并贴附于培养板的塑料内壁。相对于培养基中有血清时，培养基中无血清时细胞会更加紧密地附着于培养板。在细胞进行贴壁时，可以将病毒储备液进行一系列的 10 倍梯度稀释，该稀释建立在一个假设之上，即病毒储备液具有的噬斑实验滴度为 1×10^7 pfu/mL。我们采用含有胎牛血清和普朗尼克 F68 的 TNM-FH 作为稀释液，0.1 mL 的病毒液加入 9.9 mL 的稀释液后为 100 倍的稀释，0.5 mL 的病毒液加入 4.5 mL 的稀释液后为 10 倍的稀释。设置好空白稀释液后在无菌的条件下进行稀释，每次转移溶液后采用涡旋混合器混匀。在完成稀释和细胞已经贴附于培养板后进行细胞接种，每个稀释度接种两个细胞孔。将细胞孔中的培养基移除后每孔加入 2 mL 的病毒稀释液。这是该实验中的关键步骤，因为细胞会很快干掉，如操作太慢，培养皿边缘的细胞将会死亡。所以，每次最好只移除两个孔的培养基，并立即加入相同浓度的病毒稀释液，然后，再进行下一对细胞孔和下一个稀释浓度的操作。我们一般采用 10^{-5}、10^{-6} 和 10^{-7} 的病毒稀释度进行感染，以便于得到合理数目的空斑用于计数。再将病毒与细胞置于 28℃孵育 1 h 以使病毒吸附于细胞，这期间应同时制备覆盖培养基（overlay medium）。我们准备了一个 125 mL 的瓶子，瓶子装有 50 mL 2%（m/V）的溶于水的 Seaplaque® 低熔点琼脂糖（Cambrex），将该瓶进行高压灭菌，随后使琼脂糖凝固。所得的瓶装固态琼脂糖可以采用微波处理使其再次融化，之后冷却到大约 60℃与等体积的已经预热到 30℃的 2×Grace's 培养基（每孔需要 3 mL）混合。如果使用蓝、白斑筛选来帮助鉴定假定的重组病毒，那么，此时应将显色底物加入覆盖培养基中。接着将覆盖培养基进行涡旋混合以获得均匀的混合物，再冷却至 40～42℃。最后，将感染的细胞从孵育箱取出，使用移液管彻底吸出病毒接种物，并将 3 mL的覆盖培养基从孔的边缘缓慢地加入到培养孔。同样的，每次先吸出 2 个孔的病毒接种物，再相应加入覆盖培养基，之后进行下一组的操作，避免细胞脱水和死亡。放置 15 min以使覆盖培养基变硬，将培养皿置于封闭的塑料袋中，颠倒后于 28℃孵育 7～10

天。使用解剖显微镜观察空斑并仔细计数，使用所得的空斑数、稀释倍数及感染体积来计算原始病毒储存液的滴度。

（李亮亮　译　郭　强　校）

参考文献

Aumiller, J. J., Hollister, J. R., and Jarvis, D. L. (2003). A transgenic lepidopteran insect cell line engineered to produce CMP-sialic acid and sialoglycoproteins. *Glycobiology* **13,** 497–507.

Azzouz, N., Kedees, M. H., Gerold, P., Becker, S., Dubremetz, J. F., Klenk, H. D., and Eckert, V. R. T. S. (2000). An early step of glycosylphosphatidyl-inositol anchor biosynthesis is abolished in lepidopteran insect cells following baculovirus infection. *Glycobiology* **10,** 177–183.

Berger, I., Fitzgerald, D. J., and Richmond, T. J. (2004). Baculovirus expression system for heterologous multiprotein complexes. *Nat. Biotechnol.* **22,** 1583–1587.

Bradley, M. K. (1990). Overexpression of proteins in eukaryotes. *Methods Enzymol.* **182,** 112–132.

Breitbach, K., and Jarvis, D. L. (2001). Improved glycosylation of a foreign protein by Tn-5B1–4 cells engineered to express mammalian glycosyltransferases. *Biotechnol. Bioeng.* **74,** 230–239.

Chazenbalk, G. D., and Rapoport, B. (1995). Expression of the extracellular domain of the thyrotropin receptor in the baculovirus system using a promoter active earlier than the polyhedrin promoter Implications for the expression of functional highly glycosylated proteins. *J. Biol. Chem.* **270,** 1543–1549.

Davis, T. R., Trotter, K. M., Granados, R. R., and Wood, H. A. (1992). Baculovirus expression of alkaline phosphatase as a reporter gene for evaluation of production, glycosylation and secretion. *Nat. Biotechnol.* **10,** 1148–1150.

Douris, V., Swevers, L., Labropoulou, V., Andronopoulou, E., Georgoussi, Z., and Iatrou, K. (2006). Stably transformed insect cell lines: Tools for expression of secreted and membrane-anchored proteins and high-throughput screening platforms for drug and insecticide discovery. *Adv. Virus Res.* **68,** 113–156.

Elias, C. B., Jardin, B., and Kamen, A. (2007). Recombinant protein production in large-scale agitated bioreactors using the baculovirus expression vector system. *Methods Mol. Biol.* **388,** 225–246.

Ernst, W. J., Grabherr, R. M., and Katinger, H. W. (1994). Direct cloning into the Autographa californica nuclear polyhedrosis virus for generation of recombinant baculoviruses. *Nucleic Acids Res.* **22,** 2855–2856.

Fath-Goodin, A., Kroemer, J., Martin, S., Reeves, K., and Webb, B. A. (2006). Polydnavirus genes that enhance the baculovirus expression vector system. *Adv. Virus Res.* **68,** 75–90.

Friesen, P. D. (1997). Regulation of baculovirus early gene expression. *In* "The Baculoviruses" (L. K. Miller, ed.), pp. 141–170. Plenum Press, New York.

Grace, T. D. C. (1962). Establishment of four strains of cells from insect tissues grown *in vitro*. *Nature* **195,** 788–789.

Harrison, R. L., and Jarvis, D. L. (2006). Protein *N*-glycosylation in the baculovirus-insect cell expression system and efforts to engineer insect cells to produce "mammalianized" recombinant glycoproteins. *Adv. Virus Res.* **68,** 159–191.

Harrison, R. L., and Jarvis, D. L. (2007a). Transforming lepidopteran insect cells for continuous recombinant protein expression. *Methods Mol. Biol.* **388,** 299–316.

Harrison, R. L., and Jarvis, D. L. (2007b). Transforming lepidopteran insect cells for improved protein processing. *Methods Mol. Biol.* **388,** 341–356.

Strausberg, R. L., and Strausberg, S. L. (2003). Overview of protein expression in Saccharomyces cerevisiae. *Curr. Protoc. Protein Sci.* **Chapter 5,** Unit 5.17.

Hawtin, R. E., Arnold, K., Ayres, M. D., Zanotto, P. M., Howard, S. C., Gooday, G. W., Chappell, L. H., Kitts, P. A., King, L. A., and Possee, R. D. (1995). Identification and preliminary characterization of a chitinase gene in the *Autographa californica* nuclear polyhedrosis virus genome. *Virology* **212,** 673–685.

Hill, D. R., Aumiller, J. J., Shi, X., and Jarvis, D. L. (2006). Isolation and analysis of a baculovirus vector that supports recombinant glycoprotein sialylation by SfSWT-1 cells cultured in serum-free medium. *Biotechnol. Bioeng.* **95,** 37–47.

Hill-Perkins, M. S., and Possee, R. D. (1990). A baculovirus expression vector derived from the basic protein promoter of Autographa californica nuclear polyhedrosis virus. *J. Gen. Virol.* **71,** 971–976.

Hollister, J., and Jarvis, D. L. (2001). Engineering lepidopteran insect cells for sialoglycoprotein production by genetic transformation with mammalian β1, 4-galactosyltransferase and alpha 2, 6-sialyltransferase genes. *Glycobiology* **11,** 1–9.

Hollister, J. R., Grabenhorst, E., Nimtz, M., Conradt, H. O., and Jarvis, D. L. (2002). Engineering the protein N-glycosylation pathway in insect cells for production of biantennary, complex N-glycans. *Biochemistry* **41,** 15093–15104.

Hollister, J. R., Shaper, J. H., and Jarvis, D. L. (1998). Stable expression of mammalian beta 1, 4-galactosyltransferase extends the N-glycosylation pathway in insect cells. *Glycobiology* **8,** 473–480.

Hsu, T. A., Watson, S., Eiden, J. J., and Betenbaugh, M. J. (1996). Rescue of immunoglobulins from insolubility is facilitated by PDI in the baculovirus expression system. *Prot. Exp. Purif.* **7,** 281–288.

Jarvis, D. L. (1997). Baculovirus expression vectors. *In* "The Baculoviruses" (L. K. Miller, ed.), pp. 389–431. Plenum Press, New York.

Jarvis, D. L., Fleming, J. A., Kovacs, G. R., Summers, M. D., and Guarino, L. A. (1990). Use of early baculovirus promoters for continuous expression and efficient processing of foreign gene products in stably transformed lepidopteran cells. *Nat. Biotechnol.* **8,** 950–955.

Jarvis, D. L., and Guarino, L. A. (1995). Continuous foreign gene expression in transformed lepidopteran insect cells. *In* "Baculovirus Expression Protocols" (C. D. Richardson, ed.), Vol. 39, pp. 187–202. Humana Press, Clifton, NJ.

Jarvis, D. L., Howe, D., and Aumiller, J. J. (2001). Novel baculovirus expression vectors that provide sialylation of recombinant glycoproteins in lepidopteran insect cells. *J. Virol.* **75,** 6223–6227.

Jarvis, D. L., and Summers, M. D. (1989). Glycosylation and secretion of human tissue plasminogen activator in recombinant baculovirus-infected insect cells. *Mol. Cell. Biol.* **9,** 214–223.

Jarvis, D. L., Weinkauf, C., and Guarino, L. A. (1996). Immediate early baculovirus vectors for foreign gene expression in transformed or infected insect cells. *Prot. Exp. Purif.* **8,** 191–203.

Kaba, S. A., Salcedo, A. M., Wafula, P. O., Vlak, J. M., and van Oers, M. M. (2004). Development of a chitinase and v-cathepsin negative bacmid for improved integrity of secreted recombinant proteins. *J. Virol. Methods* **122,** 113–118.

Kadwell, S. H., and Hardwicke, P. I. (2007). Production of baculovirus-expressed recombinant proteins in wave bioreactors. *Methods Mol. Biol.* **388,** 247–266.

King, L. A., and Possee, R. D. (1992). The baculovirus system: A laboratory guide. Chapman and Hall, London.

Kitts, P. A., Ayres, M. D., and Possee, R. D. (1990). Linearization of baculovirus DNA enhances the recovery of recombinant virus expression vectors. *Nucleic Acids Res.* **18,** 5667–5672.

Kitts, P. A., and Possee, R. D. (1993). A method for producing recombinant baculovirus expression vectors at high frequency. *Biotechniques* **14,** 810–817.

Kool, M., Voncken, J. W., van Lier, F. L., Tramper, J., and Vlak, J. M. (1991). Detection and analysis of Autographa californica nuclear polyhedrosis virus mutants with defective interfering properties. *Virology* **183,** 739–746.

Kost, T. A., Condreay, J. P., and Jarvis, D. L. (2005). Baculovirus as versatile vectors for protein expression in insect and mammalian cells. *Nat. Biotechnol.* **23,** 567–575.

Lee, K. S., Je, Y. H., Woo, S. D., Sohn, H. D., and Jin, B. R. (2006). Production of a cellulase in silkworm larvae using a recombinant Bombyx mori nucleopolyhedrovirus lacking the virus-encoded chitinase and cathepsin genes. *Biotechnol. Lett.* **28,** 645–650.

Legardinier, S., Klett, D., Poirier, J. C., Combarnous, Y., and Cahoreau, C. (2005).

Mammalian-like nonsialyl complex-type N-glycosylation of equine gonadotropins in Mimic insect cells. *Glycobiology* **15,** 776–790.

Lihoradova, O. A., Ogay, I. D., Abdukarimov, A. A., Azimova Sh, S., Lynn, D. E., and Slack, J. M. (2007). The Homingbac baculovirus cloning system: An alternative way to introduce foreign DNA into baculovirus genomes. *J. Virol. Methods* **140,** 59–65.

Lu, A., and Miller, L. K. (1996). Generation of recombinant baculoviruses by direct cloning. *Biotechniques* **21,** 63–68.

Lu, A., and Miller, L. K. (1997). Regulation of baculovirus late and very late gene expression. *In* "The Baculoviruses" (L. K. Miller, ed.), pp. 193–216. Plenum Press, New York.

Luckow, V. A., Lee, S. C., Barry, G. F., and Olins, P. O. (1993). Efficient generation of infectious recombinant baculoviruses by site-specific transposon-mediated insertion of foreign genes into a baculovirus genome propagated in *Escherichia coli*. *J. Virol.* **67,** 4566–4579.

Lynn, D. E. (2007). Available lepidopteran insect cell lines. *Methods Mol. Biol.* **388,** 117–138.

McLachlin, J. R., and Miller, L. K. (1994). Identification and characterization of vlf-1, a baculovirus gene involved in very late gene expression. *J. Virol.* **68,** 7746–7756.

Miller, L. K. (1997). The Baculoviruses. Plenum Press, New York.

Mistretta, T. A., and Guarino, L. A. (2005). Transcriptional activity of baculovirus very late factor 1. *J. Virol.* **79,** 1958–1960.

Murhammer, D. W. (2007). Baculovirus and Insect Cell Expression Protocols. Humana Press, Totowa, NJ.

Murphy, C. I., Lennick, M., Lehar, S. M., Beltz, G. A., and Young, E. (1990). Temporal expression of HIV-1 envelope proteins in baculovirus-infected insect cells: Implications for glycosylation and CD4 binding. *Gen. Anal. Tech. Appl.* **7,** 160–171.

Ooi, B. G., Rankin, C., and Miller, L. K. (1989). Downstream sequences augment transcription from the essential initiation site of a baculovirus polyhedrin gene. *J. Mol. Biol.* **210,** 721–736.

O'Reilly, D. R., Miller, L. K., and Luckow, V. A. (1992). Baculovirus Expression Vectors. W. H. Freeman and Company, New York.

Passarelli, A. L., and Guarino, L. A. (2007). Baculovirus late and very late gene regulation. *Curr. Drug Targets* **8,** 1103–1115.

Pennock, G. D., Shoemaker, C., and Miller, L. K. (1984). Strong and regulated expression of *Escherichia coli* beta-galactosidase in insect cells with a baculovirus vector. *Mol. Cell. Biol.* **4,** 399–406.

Pijlman, G. P., van Schijndel, J. E., and Vlak, J. M. (2003). Spontaneous excision of BAC vector sequences from bacmid-derived baculovirus expression vectors upon passage in insect cells. *J. Gen. Virol.* **84,** 2669–2678.

Possee, R. D., Hitchman, R. B., Richards, K. S., Mann, S. G., Siaterli, E., Nixon, C. P., Irving, H., Assenberg, R., Alderton, D., Owens, R. J., and King, L. A. (2008). Generation of baculovirus vectors for the high-throughput production of proteins in insect cells. *Biotechnol. Bioeng.* **101,** 1115–1122.

Possee, R. D., and King, L. A. (2007). Baculovirus transfer vectors. *Meth. Mol. Biol.* **388,** 55–76.

Rankl, N. B., Rice, J. W., Gurganus, T. M., Barbee, J. L., and Burns, D. J. (1994). The production of an active protein kinase C-delta in insect cells is greatly enhanced by the use of the basic protein promoter. *Prot. Exp. Purif.* **5,** 346–356.

Richardson, C. D. (1995). Baculovirus Expression Protocols. Humana Press, Totowa, NJ.

Seo, N. S., Hollister, J. R., and Jarvis, D. L. (2001). Mammalian glycosyltransferase expression allows sialoglycoprotein production by baculovirus-infected insect cells. *Prot. Exp. Purif.* **22,** 234–241.

Shi, X., and Jarvis, D. L. (2007). Protein N-glycosylation in the baculovirus-insect cell system. *Curr. Drug Targets* **8,** 1116–1125.

Sigma-Aldrich, D. L. (2008). D6192 DiamondBac^{TM} Baculovirus DNA.

Slack, J. M., Kuzio, J., and Faulkner, P. (1995). Characterization of v-cath, a cathepsin L-like proteinase expressed by the baculovirus *Autographa californica* multiple nuclear polyhedrosis virus. *J. Gen. Virol.* **76,** 1091–1098.

Smith, P. L., Bousfield, G. R., Kumar, S., Fiete, D., and Baenziger, J. U. (1993). Equine lutropin and chorionic gonadotropin bear oligosaccharides terminating with SO4–4-GalNAc and Sia alpha 2, 3Gal, respectively. *J. Biol. Chem.* **268,** 795–802.

Smith, G. E., Fraser, M. J., and Summers, M. D. (1983a). Molecular engineering of the Autographa californica nuclear polyhedrosis virus genome: Deletion mutations within the polyhedrin gene. *J. Virol.* **46,** 584–593.

Smith, G. E., Summers, M. D., and Fraser, M. J. (1983b). Production of human beta interferon in insect cells infected with a baculovirus expression vector. *Mol. Cell. Biol.* **3,** 2156–2165.

Sridhar, P., Panda, A. K., Pal, R., Talwar, G. P., and Hasnain, S. E. (1993). Temporal nature of the promoter and not relative strength determines the expression of an extensively processed protein in a baculovirus system. *FEBS Lett.* **315,** 282–286.

Summers, M. D. (2006). Milestones leading to the genetic engineering of baculoviruses as expression vector systems and viral pesticides. *Adv. Virus Res.* **68,** 3–73.

Summers, M. D., and Smith, G. E. (1987). A manual of methods for baculovirus vectors and insect cell culture procedures. *Tx. Agric. Exp. Stn. Bull.* **No. 1555**.

Thomas, C. J., Brown, H. L., Hawes, C. R., Lee, B. Y., Min, M. K., King, L. A., and Possee, R. D. (1998). Localization of a baculovirus-induced chitinase in the insect cell endoplasmic reticulum. *J. Virol.* **72,** 10207–10212.

Tomiya, N., Howe, D., Aumiller, J. J., Pathak, M., Park, J., Palter, K., Jarvis, D. L., Betenbaugh, M. J., and Lee, Y. C. (2003). Complex-type biantennary N-glycans of recombinant human transferrin from Trichoplusia ni insect cells expressing mammalian β1, 4-galactosyltransferase and β1, 2-N-acetylglucosaminyltransferase II. *Glycobiology* **13,** 23–34.

Vaughn, J. L., Goodwin, R. H., Thompkins, G. J., and McCawley, P. (1977). The establishment of two insect cell lines from the insect *Spodoptera frugiperda* (Lepidoptera: Noctuidae). *In Vitro* **13,** 213–217.

Vialard, J., Lalumiere, M., Vernet, T., Briedis, D., Alkhatib, G., Henning, D., Levin, D., and Richardson, C. (1990). Synthesis of the membrane fusion and hemagglutinin proteins of measles virus, using a novel baculovirus vector containing the beta-galactosidase gene. *J. Virol.* **64,** 37–50.

Vialard, J. E., and Richardson, C. D. (1993). The 1, 629-nucleotide open reading frame located downstream of the Autographa californica nuclear polyhedrosis virus polyhedrin gene encodes a nucleocapsid-associated phosphoprotein. *J. Virol.* **67,** 5859–5866.

Walhout, A. J., Temple, G. F., Brasch, M. A., Hartley, J. L., Lorson, M. A., van den Heuvel, S., and Vidal, M. (2000). GATEWAY recombinational cloning: Application to the cloning of large numbers of open reading frames or ORFeomes. *Methods Enzymol.* **328,** 575–592.

Wickham, T. J., Davis, T., Granados, R. R., Shuler, M. L., and Wood, H. A. (1992). Screening of insect cell lines for the production of recombinant proteins and infectious virus in the baculovirus expression system. *Biotechnol. Progr.* **8,** 391–396.

Williams, G. V., Rohel, D. Z., Kuzio, J., and Faulkner, P. (1989). A cytopathological investigation of Autographa californica nuclear polyhedrosis virus p10 gene functions using insetion/deletion mutants. *J. Gen. Virol.* **70,** 187–202.

第 15 章

哺乳动物细胞瞬时基因转移法制备重组蛋白

Sabine Geisse* and Cornelia Fux†

目录

摘要

及时获取足量的、高品质的重组蛋白对于推动药物的发现、小分子化合物的开发及生物治疗药物的研发是至关重要的。在过去的 10 年，哺乳动物细胞的瞬时基因表达（transient gene expression，TGE）技术已经显示出其在蛋白质制备方面是一种非常有潜力的技术，因为 TGE 可以满足对产品的数量和质量以及生产的成本和速率方面的所有先决要求。对 HEK293 和 CHO 细胞系，研究者已经开发了许多经过优化的技术方案，可将其用于任意所需规模的蛋白质制备——体积大至 100 L，数量从毫克到克。除了对当前该领域的科技知识进行综述，我们在下面的章节中还讨论了重组蛋白的小规模、中等规模和大规模表达的详细方案。

1. 引言

包括抗体在内的重组蛋白是药物研发早期阶段必需的工具，有着多种用途。对于治

* 诺华（Novartis）生物医学研究所 NBC/PPA 部（Basel，Switzerland）
† 诺华（Novartis）制药公司 NBx/PSD：放大部（Basel，Switzerland）

疗用蛋白质的生产，几个需要重点关注的生产用细胞系的衡量标准是生长习性(growth behavior)、克隆形成能力(clonality)、稳定性(stability)及生产能力(productivity)，而对于科研用途的重组蛋白的生产则主要考虑成本、简易性、生产速率及足够的产量。

报道显示，在过去的10年，已经开发出了多种高效的瞬时转染(transient transfection)方法，它们可以满足甚至超出了上述需求。目前蛋白质的瞬转表达主要是在HEK293衍生的细胞系中进行，而同时研究人员也在努力发展针对CHO细胞的效率相当的方法。这有利于维持相同的宿主细胞背景，从而在治疗用蛋白质的整个研发过程中可以使产品的性质保持一致。有关当前TGE的详细总结可参考一些最近发表的综述(Baldi et al., 2007; Geisse, 2009; Geisse et al., 2005; Pham et al., 2006)。

2. TGE方法中常用的HEK293和CHO细胞系

Graham和他的同事在1977年建立了最初的HEK293细胞系(Graham et al., 1977; Shaw et al., 2002)，如表15.1所示，从其衍生的数个细胞系当前都已用于大规模的瞬时表达技术中。293 Freestyle细胞是由挑选的生长状况好、表达水平高的293野生株衍生而来的(Zhang et al., 2009)，而TGE实验中可用的其他细胞系中的大部分都是工程改造的细胞系，如表达EB病毒(Epstein-Barr virus, EBV)来源的EB病毒核抗原1(Epstein-Barr Virus nuclear antigen 1, EBNA-1)基因的细胞系。EBNA-1蛋白与表达质粒上的EB病毒的复制起始位点(origin of replication) *oriP* 共同起作用；通过转染，质粒作为染色体外的实体——附加体(episomes)存在于细胞核中，而且在每个细胞周期，它都会被分配到子代细胞中(Kishida et al., 2008; Lindner and Sugden, 2007)。此外，*EBNA-1*基因包含一个核定位信号序列(nuclear localization signal, NLS)以及一个转录增强子元件(transcriptional enhancer element)，这既有利于其入核，又能提高它的转录速率(Dean et al., 1999, 2005; Laengle-Rouault et al., 1998)。

表15.1 HEK293细胞系及瞬转表达系统总览

表达系统	细胞系特征	培养基*	联用的质粒载体	参考文献	评论
HEK. EBNA (HE, 293-EBNA)	EBNA-1转化的HEK293细胞系，最初由Invitrogen商业化	悬浮：如ExCell 293 (SAFC Biosciences), Freestyle 293 (Invitrogen)	pCEP4 (Invitrogen), pEAK8, pcDNA 3.1, pTT (NRC,加拿大)	有许多，如Baldi等(2007)和Pham等(2006)	文献中最常用的细胞系，但Invitrogen已有数年不提供该产品
HEK. EBNA (HE, 293-EBNA)	EBNA-1转化的HEK293细胞系	贴壁：DMEM + 10% FCS + 400 μg/mL G418，不能悬浮	同上	ATCC/斯坦福大学	ATCC CRL-10852
293-SFE (293SF-3F6, NRC)	适应悬浮培养的EBNA-1转化的HEK293细胞系	悬浮：杂交瘤无血清培养基 + 1% BCS	pTT系列质粒	Pham等(2005)	从NRC得到使用该系统的授权

续表

表达系统	细胞系特征	培养基*	联用的质粒载体	参考文献	评论
HEK293 T	SV40 T 抗原转化的 293 细胞系	贴壁：DMEM + 10% FCS，不能用常规方法悬浮	pCMV/myc/ER（Invitrogen）及其衍生载体	Li 等（2007）和 Pham 等(2005)	ATCC CRL-11268，也可从许多实验室得到
293 Freestyle (293-F)	HEK293 的野生型	悬浮：Freestyle 培养基(Invitrogen)	pcDNA 3.1，pC-MV SPORT	Zhang 等（2008）操作手册可从 Invitrogen 网站获得	该细胞系已经经过筛选，可以在 Freestyle 培养基中生长，并且可以使用 293fectin 转染试剂
HKB-11（肾细胞和 B 细胞的杂交细胞）	293 细胞和 B-细胞淋巴瘤细胞系的融合细胞	悬浮：Bayer 拥有专利的培养基	pTAT /TAR 载体（Bayer）	Cho 等(2001)	从 Bayer Healthcare 得到使用该系统的授权

* 根据我们的经验，所有的这些细胞系均可在添加了 10%小牛血清的 DMEM 培养基中或是 1∶2 混合的 DMEM/Ham's F12 培养基中进行贴壁培养

类似的，HEK293T 细胞的特色在于它整合有一个拷贝的 SV40 大 T 抗原(SV40 large T antigen)序列，其通过与表达质粒上的 SV40 复制原点(SV40ori)的相互作用维持质粒在染色体外的存在(extrachromosomal maintenance)。此外，SV40 增强子元件作为 SV40 复制原点的一部分，不仅能结合 SV40 大 T 抗原，而且能结合新合成的胞质内的转录因子，如 AP-1 和 NF-κB，这些转录因子可以运载质粒进入核内 (Dean et al.，1999，2005；Graessmann et al.，1989)。

HKB-11 细胞系由 Burkitt 淋巴瘤衍生的细胞克隆 2B8 与 293 S 细胞融合而来 (Cho et al.，2001；2002)，在保持高的转染效率和重组蛋白产量的同时，还有利于单细胞悬浮培养。

我们实验室对表 15.1 中所述的所有 6 个 HEK293 来源的细胞系的生长习性和可转染性进行了深入的平行检测。对于抗原这样的蛋白质，HEK293-6E 和 HKB-11 细胞在多数情况下效果最佳；而对于抗体的表达，转染 HEK293 T 细胞经常可以得到更高的表达水平(Geisse，2009)。总之，对于给定基因的表达，为了找到最佳的候选细胞株，平行地尝试数个 HEK293 来源的细胞系是很有价值的。

用于瞬时转染表达技术的 CHO 细胞系都是 CHO K1 细胞系的子代细胞或 DG44 和 DUK X B11 的 dhfr 阴性变种 (Gottesman，1987；Kao and Puck，1968；Urlaub and Chasin，1980；Urlaub et al.，1983)。适应悬浮培养的 CHO-S 细胞，由 CHO K1 细胞衍生而来，Invitrogen 最近推出的"Freestyle MAX™系统"就是由 CHO-S 细胞与一种配套的无血清培养基和一种脂质体转染试剂共同组成的(Zhang et al.，2009)。尽管可以证明，表达载体中包含牛乳头瘤病毒(bovine papillomavirus)、多瘤病毒(polyoma virus)和 EBV 的病毒元件可以对蛋白质表达产生有利影响，但经遗传改造的 CHO 亚系的使用目前还并不多(Kivimäe et al.，2001；Kunaparaju et al.，2005；Silla et al.，2005)。

3. 用于 HEK293 和 CHO 细胞的表达载体

为了利用前面所述的 EBV 或 SV40 来源的病毒元件的许多有益功能，HEK293 细胞瞬转表达所用的合适的表达载体就要分别具有 *oriP* 或 *SV40ori* 序列。人巨细胞病毒(cytomegalovirus)来源的立即早期启动子(immediate early promoter)是最常用于驱动转基因表达的启动子(Lee et al.,2007；Makrides，1999；Van Craenenbroeck et al.,2000)，不过,也有使用其他病毒来源的启动子,如鼠 *CMV* 启动子或鼠/人杂交启动子(Meissner et al.,2001；Xia et al.,2006)和非病毒来源的启动子[如人延伸因子 1α(human elongation factor,EF1alpha)](Backliwal et al.,2008a；Pham et al.,2006))。总之,现在还无法证明某一个启动子/细胞系的组合具有显著的优势。况且,转录后水平起作用的遗传元件,如内含子剪接元件(intron splice element)或旱獭肝炎病毒调节元件(Woodchuck hepatitis virus regulatory element,WPRE),通过增加 mRNA 稳定性,增加 mRNA 的出核速率和翻译速率,也在很大程度上影响了蛋白质的产量 (Backliwal et al.,2008a；Klein et al.,2006；Le Hir et al.,2003；Matsumoto et al., 1998)。关于各种表达质粒的设计及其效果的更多细节可见于许多公开的文献中(Backliwal et al.,2008a；Durocher et al., 2002；Meissner et al., 2001；Pham et al., 2006；Xia et al., 2006)(图 15.1)。

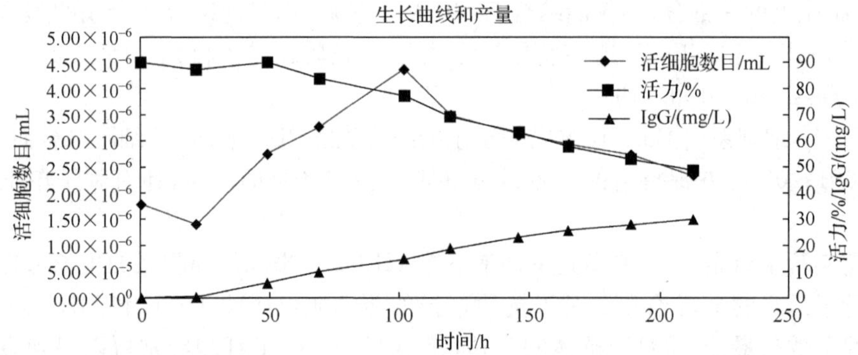

图 15.1 使用 M11V3 培养基(Novartis 公司拥有其专利)在 Wave™ 生物反应器中培养的 HEK293 T 细胞经聚乙烯亚胺(PEI)瞬转后在 213 h 内人 IgG2 抗体的产量。重链和轻链在同一个表达载体上。符号分别表示活细胞数目(菱形)、存活率百分数(方形)和蛋白 A 高压液相色谱测定的抗体滴度(三角形)

不过,必须提到的是,尽管特别订制含有额外增强元件的表达质粒给基因表达带来很多好处,但表达质粒过大可能会对质粒的稳定性和质粒制备时的产量造成不利影响。我们发现,当空载体的大小变为原来的 2 倍或 3 倍时,质粒的产量会有 3～5 倍的下降。由于大规模瞬时转染表达技术需要制备相当大量的质粒 DNA,而且待表达的基因/cDNA 的大小不断增加,所以在为 TGE 技术设计空表达载体时必须要考虑到这一点。

4. HEK293 和 CHO 细胞系的悬浮培养

对于这两种最常用的细胞系来说，它们的瞬时转染大都在悬浮培养（suspension culture）中进行，尽管有时也选择在贴壁培养（adherent cell culture）中进行——贴壁培养可以通过在经典的基于达尔伯克氏改良伊格尔氏培养基（DMEM）的含胎牛血清的培养基中实现，也可在添加血清的无血清培养基中实现，或者将细胞培养在表面覆有如多聚右旋赖氨酸（poly-D-lysine）等物质的组织培养瓶中，从而实现贴壁。

CHO 和 HEK 细胞系易于适应无血清条件，而且多种经过特殊设计的培养基制品（无血清的、无蛋白质的或化学成分明确的）都可以通过商业途径获得。可以通过逐步稀释的方法使细胞戒除对血清的依赖，从而适应无血清悬浮培养的条件；同时，细胞也可从静止培养的组织培养瓶中转移至 Erlenmeyer 摇瓶（shake flask）、旋瓶（spinner flask）或转瓶（roller flask）中进行振荡培养。

适应了悬浮培养的细胞应当表现出好的生长状态（growth behavior）和高的细胞活力（viability）。因此，必须进行细胞计数和活力测定，可以用 Neubauer 血细胞计数器手动完成，也可借助细胞计数设备，如 Cedex™（Innovatis AG, Bielefeld, FRG）或 Vi-Cell™（Beckman Coulter, Krefeld, FRG），而且每周必须稀释两次细胞。特别是在转染的时候，细胞应处于对数生长期（logarithmic growth phase）；因此，在基因转移的前 1～2 天就要开始稀释培养物，这是很重要的。我们在 100 r/min、37℃、5% CO_2 的培养摇床（Kuehner, Climo-Shaker ISF1-X, Kuehner AG, Birsfelden, CH）中使用不同规格的 Erlenmeyer 摇瓶（Corning by Fisher Scientific, Wohlen, CH）培养我们备份用的细胞。对于 HEK293 细胞，我们将细胞密度保持在 3×10^5～4×10^5 个细胞/mL，而对于 CHO 细胞，则要保持在大约 2×10^5 个细胞/mL 的水平。

5. 转染方法

对于脂质体转染（lipofection），可以从商业途径获得许多配方，这些配方都具有单一的专利化组分，而且毫无疑问，它们中的大部分都能非常有效地将质粒 DNA 转入细胞。其缺点是价格不菲——在使用这些试剂时，对于超出数百毫升规模的瞬时转染，经济上是不可行的。大规模的瞬时转染方法要求转染试剂能很容易大量获取，批次间的变化小以保证转染的一致性。尽管也存在一些其他的选择，如将壳聚糖（chitosan）及其衍生物和 14DEA2 作为转染试剂（Dang and Leong, 2006; Jiang and Sharfstein, 2008; Kusumoto et al., 2006），但磷酸钙（calcium phosphate）介导的转染以及基于聚乙烯亚胺（polyethylenimine, PEI）的质粒络合（plasmid complexation）和细胞摄入是仅有的满足这些要求的两种常用技术。

磷酸钙介导转染的详细机制已得到了深入的研究和描述(Batard et al.，2001；Jordan and Wurm，2004；Jordan et al.，1996，1998；Meissner et al.，2001)。类似的，PEI 介导的基因转移的作用机制也成为了研究的重点。对 PEI 转染机制的深入综述超出了本章的讨论范围，不过可以很容易检索到相关的文献(Bertschinger et al.，2006；Eliyahu et al.，2005；Lungwitz et al.，2005；Payne，2007；Vicennati et al.，2008)。

简而言之，这里必须讨论两个方面的内容。对于磷酸钙介导转染和 PEI 转染，细胞培养基与转染试剂相容是很重要的。有研究表明，一些常用的商业化培养基的组分可能会妨碍甚至阻止细胞对质粒的有效摄取 (Bertschinger et al.，2006；Schlaeger and Christensen，1999；Sun et al.，2006)，这就要求或是在转染前更换培养基，或是采用双相表达策略(biphasic expression strategy)：在转染和表达期间使用两种不同的培养基。

此外，用磷酸钙或 PEI 作为转染试剂，很难取得像脂质体转染中 90%～100%那样的转染效率，最好时仅能得到 60%的转染效率。不过，由于它们好的性价比和规模的可放大性，转染效率和产量的下降是可以接受的。最近 Chenuet 和他的同事 (Chenuet et al.，2008) 对磷酸钙和 PEI 转染的比较分析表明，对于 CHO DG44 细胞，PEI 转染的效率更高；而对于能够高产的稳定重组细胞系的构建，采用磷酸钙介导转染的方式，质粒摄入和整合的效果要更好一些，更易于得到高的比产率。

5.1 利用脂质体在 6 孔板中进行小规模转染

在开始大规模转染之前，需要评估表达质粒的完整性和蛋白质产物的功能性。为了达到这些目的，可能还需要结合多个重组体的筛选，快速、小规模的脂质体转染是个可选的方法。下面介绍用于 HEK293 和 CHO 细胞的方法。我们使用的表达载体是一个由多种商业质粒拼接而成的质粒，其特点是具有如 CMV 启动子、内含子剪接元件和 *oriP*(用于在 HEK293-EBNA-1 阳性细胞中进行染色体外复制)这样的元件。插入的 cDNA 片段通常添加了用于蛋白质检测的标签，可用于蛋白质分析和 Protein A 柱的亲和色谱纯化。如下所述。

(1) 在转染当天，收集适量细胞(6 孔板的每孔需 1×10^6 个细胞)，216 *g*(1000 r/min) 离心 5min 使之沉淀。

(2) 将细胞沉淀重悬于培养基中(2 mL/孔)；然后将细胞悬液转移至 6 孔板，使细胞散布在孔中。

(3) 将 6 孔板置于 37℃、5% CO_2的细胞培养箱中。

(4) 为了制备阳离子脂质体/DNA 复合物(lipoplexe)，将 100 μL OPTI-MEM 培养基(Invitrogen)加入 到无菌的聚丙烯管中。

(5) 向聚丙烯管中再加入 2 μg 超螺旋重组质粒 DNA(理想浓度是 1 μg/μL)。

(6) 再向聚丙烯管中加入 7 μL FuGENE® HD 试剂 (Roche Diagnostics，Indianapolis，IN)，轻弹管数秒以混匀。

(7) 将混合物室温孵育 15 min。

(8) 将混合物直接滴加于 6 孔板上的一孔细胞中。

(9) 将 6 孔板在 37℃、5% CO_2的组织培养箱中孵育 72 h。

(10) 收集培养上清液(如果是分泌蛋白)和/或细胞(蛋白质表达于膜上或是胞内)，进行必要的分析实验[如酶联免疫吸附(ELISA)、蛋白质印迹(Western Blot)、高压液相层析亲和色谱(HPLC affinity chromatography)、表面等离子共振(surface plasmon resonance)等]。

注意：

① 采用 FuGENE® HD 试剂进行转染我们已经取得了很好的结果，但我们没有试过的其他厂商提供的脂质体转染试剂可能也会有同样好的效果。不过，必须注意优化转染过程中的一些参数，如 DNA 与转染试剂的比例以及适当培养体积中的细胞数量这样的参数。

② 多于 72 h 的培养/生产后再收集样品也是可行的。不过，由于小体积内相对高的细胞密度，可能会出现营养耗尽、细胞死亡及潜在的蛋白质降解。因此，如果需要延长表达时间再进行蛋白质分析，下面介绍的中等规模的方法可能是更好的选择。

5.2　利用聚乙烯亚胺作为转染试剂在摇瓶中进行中等规模转染

(1) 在转染当天，收集 1.25×10^7 个细胞并在 216 *g*(1000 r/min)离心 5 min 使之沉淀。

(2) 将细胞沉淀重悬于 9 mL 新鲜培养基中，然后将细胞悬液转移至一个 125 mL 的一次性摇瓶。在此阶段更换全部培养基可以提高转染效率。

(3) 阳离子聚合物/DNA 的复合物(polyplex)的形成：取两个 15 mL 的无菌聚丙烯管，各加入 1.75 mL 新鲜培养基。

注意：在 Boussif 和他的同事提出的 PEI 转染的原始方法(Boussif et al., 1995) 中，多聚复合物是在 150 mmol/L NaCl 溶液中形成的。该方法被频繁使用，不过，最近使用在 RPMI 1640 培养基 (Invitrogen) 中形成的多聚复合物转染 HEK293 细胞，或是使用在 ProCHO5 培养基 (Lonza, Vervier, Belgium)中形成的多聚复合物转染 CHO 细胞都取得了同样成功的转染效果 (Backliwal et al., 2008c; Bertschinger et al., 2006)。我们通常使用我们的 M11V3 培养基来络合质粒 DNA，没有任何负面的影响。

(4) 向一只聚丙烯管中加入 50 μg 聚乙烯亚胺无菌储存液：25 kDa 的线性 PEI(polysciences, warrington PA) 溶解于水中，浓度为 1 mg/mL，pH 调至 7.0。

注意：使用前 PEI 储存液应当无菌，经过过滤、分装并冻存于−80℃。基于线性 PEI 的转染试剂也有商业化产品，商品名为 jetPEI™，公司为纽约州纽约市的 Polyplustransfection。

(5) 向另一只聚丙烯管中加入 25 μg 的超螺旋重组质粒。

(6) 轻弹两只管子数秒，室温孵育 15 min。

(7) 将 PEI 溶液用移液器加至溶解的 DNA 溶液中(千万不能反过来加)，轻轻混匀，室温孵育 15 min。DNA∶PEI 的比例为 1∶2(μg∶μg)

注意：

① 如果复合物是在 150 mmol/L NaCl 溶液中形成的，孵育时间大于 10 min 可能会导致 DNA 不能从颗粒中有效释放。而如果使用的是培养基，孵育时间似乎并无影响

(Backliwal et al., 2008b; Bertschinger et al., 2006)。

② DNA∶PEI 的比例是实验成功的关键因素。通常使用的比例是 1∶2～1∶3 (μg∶μg),但对于 CHO 细胞,1∶4～1∶5 的比例最佳(Chenuet et al.,2008)。在 20×10^6 个细胞/mL 这样高的细胞密度下,提前制备转染复合物并非必需——可以直接将质粒 DNA 加入培养物,再加入 PEI 溶液(Backliwal et al.,2008b)。

(8) 向摇瓶中的 9 mL 悬浮培养物加入 3.5 mL 制备好的多聚复合物,将摇瓶置于 37℃、5% CO_2、100 r/min 的定轨摇床平台上孵育。转染的细胞密度为 1×10^6 个细胞/mL。

(9) 孵育 4 h 后,向摇瓶中加入 12.5 mL 培养基,继续孵育 72 h(或更长)。此时,生产阶段的起始细胞密度为 5×10^5 个细胞/mL。

(10) 72 h 后(或者更晚的时间点;转染后 5～6 天似乎是最长时间,否则会发生严重的营养限制)收细胞和/或细胞上清液,以分析重组蛋白的表达。

5.3 利用聚乙烯亚胺在 Wave™ 生物反应器中进行大规模瞬时转染

近些年,一次性的 Wave™ 生物反应器得到了普遍的认可,因为相对于经典的搅拌釜反应器,其保养和操作更加容易。虽然 100 L 工作体积的反应器也实现了商业化,拥有 300 L 工作体积的样机也在开发之中,但最常用的反应器的工作体积是 10 L 和 20 L。是否使用 Wave™ 生物反应器进行 10 L 以下的转染取决于经济可行性——我们更倾向于使用摇瓶进行小规模的生产(Fernbach flasks, Corning)。据报道,也有其他的反应器或振摇设备成功的用于瞬转培养(Muller et al., 2005; Pham et al., 2006; Stettler et al., 2007)。

下面介绍以 HEK293 T 细胞为宿主,使用 M11V3 无血清培养基(Novartis proprietary)进行 10 L 规模的抗体生产的方法。抗体的两条链都克隆至同一个表达载体。

(1) 将一个 20 L 的 Wave™ 袋 (Sartorius Stedim Biotech, Göttingen, Germany) 安装到 Wave™ 工作平台 (Wave-Bioreactor SPS50),并连接到一个 DASGIP 气体混合模块上 (DASGIP, Juelich, Germany)。然后,在袋中接种 4 L HEK293T 细胞培养物,细胞密度约为 1.8×10^6 个细胞/mL。

(2) 我们采用了下列过程参数和条件:气体流速 20 L/h;混合气体包括 21%～25% O_2、0% CO_2;温度 37℃;pH 6.8～7.4;摇摆速率 10 r/min;摇摆角度 7°。

(3) 将 10 mg 质粒 DNA(1 mg/mL) 与 M11V3 培养基混合至终体积为 500 mL,室温孵育 10 min。然后,用 0.22 μm 的 GP EXPRESS PLUS 滤膜(Millipore, Billerica, MA) 将稀释后的 DNA 溶液过滤除菌。

(4) 将 30 mL PEI 溶液 (1 mg/mL) 与 500 mL M11V3 培养基混合,室温孵育 10 min。然后用 0.22 μm 的 GP EXPRESS PLUS 滤膜将稀释后的 PEI 溶液过滤除菌。

注意:PEI 储存液在使用前是应当无菌的,经过过滤的,分装并冻存于 −80℃ 直至使用。

(5) 接下来,将 PEI 溶液加至 DNA 溶液中,室温孵育 15 min 以形成多聚络合物。

(6) 无菌条件下,将 DNA-PEI-M11V3 混合物加至 Wave™ 袋中的细胞培养物中,终体积为 5 L。继续用下列参数孵育 5～6 h：气体流速 25 L/h；混合气体包括 25% O_2、0% CO_2；温度 37℃；pH 6.8～7.4；摇摆速率 10 r/min；摇摆角度 7°。

(7) 然后，向 5 L M11V3 培养基中补加 100 mL RX1 组合补料（补料含有氨基酸、葡萄糖和谷氨酰胺；由 Irvine Scientific，Santa Ana，CA 定做），无菌条件下将其加至 Wave™袋的细胞中。在生产期，采用如下参数：气体流速 30～40 L/h；混合气体包括 30%～40% O_2、0% CO_2；温度 37℃；pH 6.8～7.4（用 pH 9.2 的碳酸氢盐溶液调整，Sigma Aldrich，Buchs，Switzerland）；气体饱和度 60%～100%；摇摆速率 14～18 r/min；摇摆角度 7°。

(8) 转染的细胞在 Wave™生物反应器中培养 10 天，以生产抗体。

注意：为了生产重组蛋白，生产期通常为 5～7 天，但如果目标蛋白质对蛋白酶解敏感，这个时间可以缩短。抗体分子的生产时间可延长至 10 天。

(9) 每天取样，用 Vi-Cell 细胞计数设备（Beckman Coulter）测定细胞密度和成活率。用 Bioprofile 400 分析仪（Labor-Systeme Flückiger，Switzerland）测定营养状态、pH 及气体饱和度。用蛋白 A 高压液相测定 IgG 浓度（图 15.1）。

(10) 10 天后，在无菌条件下收集细胞，横流过滤（cross-flow filtration）（Fresenius Filter PlasmaFlux，0.2 μm）以除去细胞。然后将无细胞的上清液用中空纤维过滤（hollow fiber filtration）（Hemoflow F 10 HPS，Fresenius，Stans，Switzerland，10 kDa cutoff）的方法浓缩 10 倍。

(11) 用 Protein A 亲和色谱和分子筛色谱对浓缩液进行纯化。

对上述这些标准方法有多种改进，这些改进后的方法已经经过测试并发表，其中的一些在下面简短列出。

① 在利用 CHO 细胞系进行生产的过程中，通过转换温度至 30～32℃提高表达速率（Backliwal et al.，2008a；Galbraith et al.，2006）。

② 用微管解聚剂诺考达唑（nocodazole）处理细胞使其细胞周期停滞在 G_2/M 期（Tait et al.，2004）。

③ 用抑制剂，如丁酸钠（sodium butyrate）、丙戊酸（valproic acid）处理去抑制 CHO 和 HEK293 细胞的组蛋白脱乙酰基酶（histone deacetylase）及 DNA 甲基转移酶（DNA methyl transferase）（Backliwal et al.，2008c）。

④ 对细胞系进行遗传改造，以阻止凋亡（apoptosis）或克服未折叠蛋白质应答（unfolded protein response，UPR）造成的抑制作用（Backliwal et al.，2008c；Majors et al.，2007；Tigges and Fussenegger，2006）。

6. 结论

正如该领域中已经发表的大量数据所反映的那样，过去几年，就技术发展和产量而言，通过瞬时转染技术制备重组蛋白已经达到了一个令人印象深刻的状态。不过，尽管有报道指出，利用大规模瞬时转染技术在生物反应器中生产蛋白质，已能获得相当高的抗体滴度——大于 1 g/L(Backliwal et al., 2008a),但现在就想用它替换过程繁琐的构建细胞系方法用于生物治疗药物的生产还为时尚早。我们通过对 100 多个瞬时转染表达实验的观察表明,对于不同的基因,表达量变动很大:一般蛋白质的表达量从 1 mg/L 到超过 170 mg/L;抗体的平均表达量为 20~40 mg/L,但常常分布在两个极端。毫无疑问,在表达载体设计、培养条件优化和可能的细胞系改造方面,我们还需要进一步的技术改进,但这种方法总体上令人印象深刻的成功证明了这种努力是值得的。

致谢

我们感谢我们的合作者 Agne's Patoux、Thomas Cremer、Mirjam Buchs、Sibylle Bossart、Stefan Dalcher 和 Rainer Uhrhahn,感谢他们制订了实验方案,获得了实验数据。特别感谢 Bertram Opalka 教授和 Uniklinikum Essen-Duesburg, FRG 对稿件的非常关键的审阅。

(刘 炬 译 郭 强 校)

参考文献

Backliwal, G., Hildinger, M., Chenuet, S., Wulhfard, S., De Jesus, M., and Wurm, F. M. (2008a). Rational vector design and multi-pathway modulation of HEK 293E cells yield recombinant antibody titers exceeding 1 g/l by transient transfection under serum-free conditions. *Nucleic Acids Res.* **36,** e96.

Backliwal, G., Hildinger, M., Hasija, V., and Wurm, F. M. (2008b). High-density transfection with HEK-293 cells allows doubling of transient titers and removes need for a priori DNA complex formation with PEI. *Biotechnol. Bioeng.* **99,** 721–727.

Backliwal, G., Hildinger, M., Kuettel, I., Delegrange, F., Hacker, D. L., and Wurm, F. M. (2008c). Valproic acid: A viable alternative to sodium butyrate for enhancing protein expression in mammalian cell cultures. *Biotechnol. Bioeng.* **101,** 182–189.

Baldi, L., Hacker, D. L., Adam, M., and Wurm, F. M. (2007). Recombinant protein production by large-scale transient gene expression in mammalian cells: State of the art and future perspectives. *Biotechnol. Lett.* **29,** 677–684.

Batard, P., Jordan, M., and Wurm, F. (2001). Transfer of high copy number plasmid into mammalian cells by calcium phosphate transfection. *Gene* **270,** 61–68.

Bertschinger, M., Backliwal, G., Schertenleib, A., Jordan, M., Hacker, D. L., and Wurm, F. M. (2006). Disassembly of polyethylenimine-DNA particles *in vitro*: Implications for polyethylenimine-mediated DNA delivery. *J. Control Release* **116,** 96–104.

Boussif, O., Lezoualc'h, F., Zanta, M. A., Mergny, M. D., Scherman, D., Demeneix, B., and Behr, J. P. (1995). A versatile vector for gene and oligonucleotide transfer into cells in culture and *in vivo*: Polyethylenimine. *Proc. Natl. Acad. Sci. USA* **92,** 7297–7301.

Chenuet, S., Martinet, D., Besuchet-Schmutz, N., Wicht, M., Jaccard, N., Bon, A. C., Derouazi, M., Hacker, D. L., Beckmann, J. S., and Wurm, F. M. (2008). Calcium phosphate transfection generates mammalian recombinant cell lines with higher specific productivity than polyfection. *Biotechnol. Bioeng.* **101,** 937–945.

Cho, M.-S., Yee, H., Brown, C., Jeang, K.-T., and Cahn, S. (2001). An oriP expression vector containing the HIV Tat/TAR transactivation axis produces high levels of protein expression in mammalian cells. *Cytotechnology* **37,** 23–30.

Cho, M. S., Yee, H., and Chan, S. (2002). Establishment of a human somatic hybrid cell line for recombinant protein production. *J. Biomed. Sci.* **9,** 631–638.

Dang, J. M., and Leong, K. W. (2006). Natural polymers for gene delivery and tissue engineering. *Adv. Drug Deliv. Rev.* **58,** 487–499.

Dean, D., Dean, B., Muller, S., and Smith, L. (1999). Sequence requirements for plasmid nuclear import. *Exp. Cell Res.* **253,** 713–722.

Dean, D., Strong, D., and Zimmer, W. (2005). Nuclear entry of nonviral vectors. *Gene Ther.* **12,** 881–890.

Durocher, Y., Perret, S., and Kamen, A. (2002). High-level and high-throughput recombinant protein production by transient transfection of suspension-growing human 293-EBNA1 cells. *Nucleic Acids Res.* **30,** E9.

Eliyahu, H., Barenholz, Y., and Domb, A. J. (2005). Polymers for DNA delivery. *Molecules* **10,** 34–64.

Galbraith, D. J., Tait, A. S., Racher, A. J., Birch, J. R., and James, D. C. (2006). Control of culture environment for improved polyethylenimine-mediated transient production of recombinant monoclonal antibodies by CHO cells. *Biotechnol. Prog.* **22,** 753–762.

Geisse, S. (2009). Reflections on more than 10 years of TGE approaches. *Protein Expr. Purif.* **64,** 99–107.

Geisse, S., Jordan, M., and Wurm, F. (2005). Large-scale transient expression of therapeutic proteins in mammalian cells. *In* "Therapeutic Proteins", (C. Smales and D. James, eds.), Vol. 308, pp. 87–98. Humana Press, Totowa, NJ.

Gottesman, M. M. (1987). Chinese hamster ovary cells. *In* "Methods in Enzymology", (M. Gottesman, ed.), Vol. 151, pp. 3–8. Academic Press Inc, San Diego.

Graessmann, M., Menne, J., Liebler, M., Graeber, I., and Graessmann, A. (1989). Helper activity for gene expression, a novel function of the SV40 enhancer. *Nucleic Acids Res.* **17,** 6603–6612.

Graham, F. L., Smiley, J., Russell, W. C., and Nairn, R. (1977). Characteristics of a human cell line transformed by DNA from human Adenovirus Type 5. *J. Gen. Virol.* **36,** 59–72.

Jiang, Z., and Sharfstein, S. T. (2008). Sodium butyrate stimulates monoclonal antibody over-expression in CHO cells by improving gene accessibility. *Biotechnol. Bioeng.* **100,** 189–194.

Jordan, M., Koehne, C., and Wurm, F. (1998). Calcium-phosphate mediated DNA transfer into HEK-293 cells in suspension: Control of physicochemical parameters allows transfection in stirred media. *Cytotechnology* **26,** 39–47.

Jordan, M., Schallhorn, A., and Wurm, F. M. (1996). Transfecting mammalian cells: Optimization of critical parameters affecting calcium-phosphate precipitate formation. *Nucleic Acids Res.* **24,** 596–601.

Jordan, M., and Wurm, F. (2004). Transfection of adherent and suspended cells by calcium phosphate. *Methods* **33,** 136–143.

Kao, F.-T., and Puck, T. T. (1968). Genetics of somatic mammalian cells. VII. Induction and isolation of nutritional mutants in Chinese hamster cells. *Proc. Natl. Acad. Sci.* **60,** 1275–1281.

Kishida, T., Asada, H., Kubo, K., Sato, Y. T., Shin-Ya, M., Imanishi, J., Yoshikawa, K., and Mazda, O. (2008). Pleiotrophic functions of Epstein-Barr virus nuclear antigen-1 (EBNA-1) and oriP differentially contribute to the efficacy of transfection/expression of exogenous gene in mammalian cells. *J. Biotechnol.* **133,** 201–207.

Kivimäe, S., Allikas, A., Kurg, R., and Ustav, M. (2001). Replication of a chimeric origin containing elements from Epstein-Barr virus ori P and bovine papillomavirus minimal origin. *Virus Res.* **75,** 1–11.

Klein, R., Ruttkowski, B., Knapp, E., Salmons, B., Gunzburg, W. H., and Hohenadl, C. (2006). WPRE-mediated enhancement of gene expression is promoter and cell line specific. *Gene* **372,** 153–161.

Kunaparaju, R., Liao, M., and Sunstrom, N.-A. (2005). *Epi-CHO*, an episomal expression system for recombinant protein production in CHO cells. *Biotechnol. Bioeng.* **91,** 670–677.

Kusumoto, K., Akao, T., Mizuki, E., and Nakamura, O. (2006). Gene transfer effects on various cationic amphiphiles in CHO cells. *Cytotechnology* **51,** 57–66.

Laengle-Rouault, F., Patzel, V., Benavente, A., Taillez, M., Silvestre, N., Bompard, A., Sczakiel, G., Jacobs, E., and Rittner, K. (1998). Up to 100-fold increase of apparent gene expression in the presence of Epstein-Barr virus *oriP* sequences and EBNA1: Implications of the nuclear import of plasmids. *J. Virol.* **72,** 6181–6185.

Lee, J., Lau, J., Chong, G., and Chao, S. H. (2007). Cell-specific effects of human cytomegalovirus unique region on recombinant protein expression. *Biotechnol. Lett.* **29,** 1797–1802.

Le Hir, H., Nott, A., and Moore, M. J. (2003). How introns influence and enhance eukaryotic gene expression. *Trends Biochem. Sci.* **28,** 215–220.

Li, J., Menzel, C., Meier, D., Zhang, C., Dubel, S., and Jostock, T. (2007). A comparative study of different vector designs for the mammalian expression of recombinant IgG antibodies. *J. Immunol. Methods* **318,** 113–124.

Lindner, S., and Sugden, B. (2007). The plasmid replicon of Epstein-Barr virus: Mechanistic insights into efficient, licensed, extrachromosomal replication in human cells. *Plasmid* **58,** 1–12.

Lungwitz, U., Breunig, M., Blunk, T., and Gopferich, A. (2005). Polyethylenimine-based non-viral gene delivery systems. *Eur. J. Pharm. Biopharm.* **60,** 247–266.

Majors, B. S., Betenbaugh, M. J., and Chiang, G. G. (2007). Links between metabolism and apoptosis in mammalian cells: applications for anti-apoptosis engineering. *Metab. Eng.* **9,** 317–326.

Makrides, S. C. (1999). Components of vectors for gene transfer and expression in mammalian cells. *Protein Expr. Purif.* **17,** 183–202.

Matsumoto, K., Wassarman, K. M., and Wolffe, A. P. (1998). Nuclear history of a pre-mRNA determines the translational activity of cytoplasmic mRNA. *EMBO J.* **17,** 2107–2121.

Meissner, P., Pick, H., Kulangara, A., Chatellard, P., Friedrich, K., and Wurm, F. M. (2001). Transient gene expression: Recombinant protein production with suspension-adapted HEK293-EBNA cells. *Biotechnol. Bioeng.* **75,** 197–203.

Muller, N., Girard, P., Hacker, D. L., Jordan, M., and Wurm, F. M. (2005). Orbital shaker technology for the cultivation of mammalian cells in suspension. *Biotechnol. Bioeng.* **89,** 400–406.

Payne, C. K. (2007). Imaging gene delivery with fluorescence microscopy. *Nanomed* **2,** 847–860.

Pham, P. L., Kamen, A., and Durocher, Y. (2006). Large-scale transfection of mammalian cells for the fast production of recombinant protein. *Mol. Biotechnol.* **34,** 225–237.

Pham, P. L., Perret, S., Cass, B., Carpentier, E., St-Laurent, G., Bisson, L., Kamen, A., and Durocher, Y. (2005). Transient gene expression in HEK293 cells: Peptone addition posttransfection improves recombinant protein synthesis. *Biotechnol. Bioeng.* **90,** 332–344.

Schlaeger, E.-J., and Christensen, K. (1999). Transient gene expression in mammalian cells grown in serum-free suspension culture. *Cytotechnology* **30,** 71–83.

Shaw, G., Morse, S., Ararat, M., and Graham, F. L. (2002). Preferential transformation of human neuronal cells by human adenoviruses and the origin of HEK 293 cells. *FASEB J.* **16,** 869–871.

Silla, T., Hääl, I., Geimanen, J., Janikson, K., Abroi, A., Ustav, E., and Ustav, M. (2005). Episomal maintenance of plasmids with hybrid origins in mouse cells. *J. Virol.* **79,** 15277–15288.

Stettler, M., Zhang, X., Hacker, D. L., de Jesus, M., and Wurm, F. M. (2007). Novel orbital shake bioreactors for transient production of CHO derived IgGs. *Biotechnol. Prog.* **23,** 1340–1346.

Sun, X., Goh, P. E., Wong, K. T., Mori, T., and Yap, M. G. (2006). Enhancement of transient gene expression by fed-batch culture of HEK 293 EBNA1 cells in suspension. *Biotechnol. Lett.* **28,** 843–848.

Tait, A. S., Brown, C. J., Galbraith, D. J., Hines, M. J., Hoare, M., Birch, J. R., and James, D. C. (2004). Transient production of recombinant proteins by Chinese hamster ovary cells using polyethyleneimine/DNA complexes in combination with microtubule disrupting anti-mitotic agents. *Biotechnol. Bioeng.* **88,** 707–721.

Tigges, M., and Fussenegger, M. (2006). Xbp1-based engineering of secretory capacity enhances the productivity of Chinese hamster ovary cells. *Metab. Eng.* **8,** 264–272.

Urlaub, G., and Chasin, L. A. (1980). Isolation of Chinese hamster cell mutants deficient in dihydrofolate reductase activity. *Proc. Natl. Acad. Sci.* **77,** 4216–4220.

Urlaub, G., Käs, E., Carothers, A. M., and Chasin, L. A. (1983). Deletion of the diploid dihydrofolate reductase locus from cultured mammalian cells. *Cell* **33,** 405–412.

Van Craenenbroeck, K., Vanhoenacker, P., and Haegeman, G. (2000). Episomal vectors for gene expression in mammalian cells. *Eur. J. Biochem.* **267,** 5665–5678.

Vicennati, P., Giuliano, A., Ortaggi, G., and Masotti, A. (2008). Polyethylenimine in medicinal chemistry. *Curr. Med. Chem.* **15,** 2826–2839.

Xia, W., Bringmann, P., McClary, J., Jones, P. P., Manzana, W., Zhu, Y., Wang, S., Liu, Y., Harvey, S., Madlansacay, M. R., McLean, K., Rosser, M. P., *et al.* (2006). High levels of protein expression using different mammalian CMV promoters in several cell lines. *Protein Expr. Purif.* **45,** 115–124.

Zhang, J., Liu, X., Bell, A., To, R., Baral, T. N., Azizi, A., Li, J., Cass, B., and Durocher, Y. (2009). Transient expression and purification of chimeric heavy chain antibodies. *Protein Expr. Purif.* **65,** 77–82.

第 16 章

用于蛋白质表达的标签

Arun Malhotra*

目录

摘要

在重组蛋白的表达中，要经常使用标签(tag)来提高目标蛋白质的可溶性及对目标蛋白质进行亲和纯化。大量的标签已经被设计出来用于蛋白质的表达，这使研究人员在对蛋白质表达进行设计时会面临着大量的选择。在此，我们对常用的亲和及可溶性标签进行了评述，并对如何选择和使用这些标签提出了一些指导性的建议。

---

* 迈阿密大学米勒(Miller)医学院，生物化学与分子生物学系(Miami，Florida，USA)

1. 引言

大多数蛋白质都是利用重组表达技术进行制备的。在克隆的过程中，可以将额外的残基或标签添加到目标蛋白质的 N 端或 C 端。这些标签的长度可以从仅仅几个氨基酸残基到全长的蛋白质或结构域，它们可以提高目标蛋白质的产量或者赋予目标蛋白质新的特性，这些特性可以用来对目标蛋白质进行鉴定或者对目标蛋白质进行研究。经常使用术语"融合蛋白"(fusion protein)来代替标签这个术语，融合有时是指两种蛋白质末端的简单连接，而标签通常比较短并且含有接头(linker)区域；在此，融合蛋白与标签这两个术语在我们的使用中是可以互换的。

本章的重点是评述一些常用于提高蛋白质产量的标签，指出它们在使用上的优点和缺点。鉴于标签的种类如此丰富，经常用于不同的组合且具有不同的切割位点，本章不能够逐一列出，我们鼓励读者去一些商业公司和一些公益性的生物材料库(repository source)，如从 Addgene(http://www.addgene.org)或 ATCC(http://www.atcc.org)上查找这些标签。许多标签的详细使用方法已经在《酶学方法》(*Methods in Enzymology*)(如 326 卷和 327 卷)及该领域的专业杂志，如《蛋白质表达与纯化》(*Protein Expression and Purification*)和新推出的《微生物细胞工厂》(*Microbial Cell Factories*)中进行了介绍。大部分表达系统载体的供应商(Amersham/GE Healthcare Inc.、Clontech Inc.、Invitrogen Inc.、New England Biolabs Inc.、Novagen/EMD Biosystems Inc.、Roche Inc.、Sigma-Aldrich Inc. 及其他)提供的操作手册是标签使用方法的另一个重要来源。

用来提高重组蛋白产量的标签大体可以分为纯化标签(purification tag)和可溶性标签(solubility tag)。前一种标签用于通过亲和作用来快速有效地纯化蛋白质；后一种标签用于促进蛋白质的正确折叠，增加其可溶性。表 16.1 和表 16.2 中列举了一些常用于蛋白质表达的纯化标签和可溶性标签。表 16.3 列举了常用于去除标签以回收目标蛋白质的蛋白内切酶。

表 16.1　常用的亲和标签

标签	大小	亲和介质
组氨酸标签(His-tag)	6～10 个组氨酸残基	固相金属离子：镍、钴、铜、锌
GST 标签(谷胱甘肽-*S*-转移酶)	211 个氨基酸残基	谷胱甘肽树脂
FLAG 标签	8 个氨基酸残基(DYKDDDDK) 3× FLAG 标签有 22 个氨基酸残基	抗 FLAG 的单抗
Strep-Ⅱ标签	8 个氨基酸残基(WSHPQFEK)	Strep-Tactin(修饰的链亲素)
蛋白 A(葡萄球菌蛋白 A)	280 个氨基酸残基	固相 IgG
MBP 标签(麦芽糖结合蛋白)	396 个氨基酸残基	交联直链淀粉
CBP(钙调素结合肽)标签	26 个氨基酸残基	固相钙调蛋白质
CBD(几丁质结合结构域)标签	51 个氨基酸残基	几丁质
Halo 标签	约 300 个氨基酸残基	氯化烷烃

表 16.2　常用的可溶性标签

标签名称	大小	蛋白质
MBP	396 个氨基酸残基	麦芽糖结合蛋白
NusA	495 个氨基酸残基	N 利用质 A
Trx	109 个氨基酸残基	硫氧还蛋白
SUMO	约 100 个氨基酸残基	小泛素修饰物
GB1	56 个氨基酸残基	链球菌蛋白 G 的 IgG 结构域 B1
SET/SEP	<20 个氨基酸残基	水溶性增强肽
Halo 标签	约 300 个氨基酸残基	脱卤素酶突变体

表 16.3　常用于移除标签的蛋白内切酶

蛋白酶	酶切位点
肠激酶	DDDDK↑
因子 Xa	IEGRK
凝血酶	LVPRK 标蛋白
PreScission(人鼻病毒 3C 蛋白酶)	LEVLFQ sio
TEV(烟草蚀纹病毒蛋白酶)	ENLYFQ 毒蛋
TVMV(烟草脉络斑点病毒蛋白酶)	ETVRFQG 蛋白
SUMO 蛋白酶(Ulp1 催化核心)	识别 SUMO 的三级结构并在 SUMO 甘氨酸-甘氨酸保守序列的 C 端切割

上述这些标签非常有用,其他标签同样能够与蛋白质融合而有着广泛用途——成像与定位研究的标记物、蛋白质检测和定量、蛋白质之间的相互作用研究、亚细胞定位或亚细胞转导(subcellular localization or transduction)以及其他领域。既然可以以不同的组合添加多个标签,那么记住下面的一点是很重要的:人们正在设计一些能与蛋白质融合且具有上述多种功能的标签(图 16.1)。

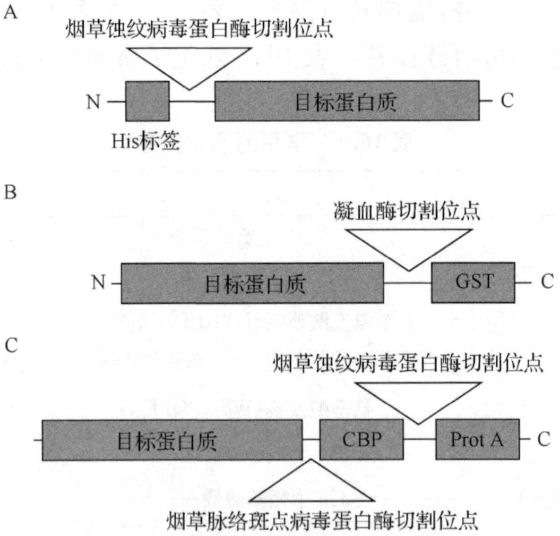

图 16.1　具有单一标签和串联标签的蛋白质的示意图。A. N 端具有组氨酸标签的蛋白质;B. C 端具有 GST 标签的蛋白质;C. C 端具有可去除的(使用烟草脉络斑点病毒蛋白酶)串联亲和标签(TAP 标签)的蛋白质

2. 设计具有标签的蛋白质时需要考虑的因素

2.1　亲和力和可溶性的选择

在大肠埃希氏菌中生产外源蛋白时面临两个挑战：一是所用蛋白质表达系统的表达水平很低；二是所表达的蛋白质被错误折叠进不溶性的聚集体——包涵体中。弱启动子、低转录起始或稀有密码子的存在引起的表达问题都可以通过在装配过表达质粒时将矫正序列(corrective sequence)引入基因中和使用补充了稀有 tRNA 的大肠杆菌来得到解决。将高表达的内源性蛋白质融合在外源目标蛋白质的 N 端不仅是一个提高产量的方法，而且还可以增加目标蛋白质的可溶性：这是可溶性标签的基本原理。

另外，亲和标签对蛋白质的纯化至关重要，它提供了多种策略使目标蛋白质结合在亲和基质上(表 16.1)。一些蛋白质标签既可作为亲和标签，又可作为可溶性标签。例如，谷胱甘肽-S-转移酶(glutathione-S-transferase，GST)可以提高某些蛋白质的可溶性，而可溶标签麦芽糖结合蛋白(maltose binding protein，MBP)也可用于目标蛋白质的亲和纯化。

2.2　标签的选择

亲和标签和可溶性标签在分子质量上差别非常大，因此它们给宿主细胞带来的代谢负担也有很大不同。例如，对一个具有 100 个氨基酸残基的融合有 MBP 标签(43 kDa)的目标蛋白质来说，要想获得 1 mg 的目标蛋白质就必须表达 5 mg 的融合蛋白。亲和标签所要求的纯化费用也各不相同，有树脂本身的成本，也有操作过程中的花费(再生与再使用的难易、洗脱试剂、结合能力等)。Lichty 等(2005) 对 8 种亲和标签在纯化、产量、成本等多个方面进行了比较。目前，也已经开展了许多类似的研究，一些综述对亲和标签(Arnau et al.，2006b；Waugh，2005)和可溶性标签(Esposito and Chatterjee，2006)进行了较好的总结(Terpe，2003)，并列出了它们的优点和不足。

除去费用因素，选择哪种亲和标签通常取决于适合目标蛋白质纯化的缓冲液。组氨酸标签不适用于某些对氧化作用和蛋白质水解损伤敏感的蛋白质的纯化，因为固相金属亲和色谱(immobilized metal affinity chromatographic，IMAC)的介质不耐受还原剂或 EDTA。同样的，使用 IMAC 介质纯化对金属离子敏感的蛋白质时也要非常小心。相反，如果目标蛋白质需要变性环境或需要重折叠，那么组氨酸标签和 IMAC 纯化方法就是很好的选择。

在一些情况下，表达水平也能决定标签的选择——可溶标签如甘露糖结合蛋白(mannan-binding protein，MBP)、硫氧还原蛋白标签(thioredoxin，Trx)、N 利用质 A(N-utilization substance A，NusA)和谷胱甘肽-S-转移酶都有很强的翻译起始信号，能够驱动高水平的表达，这对于结构研究是非常有用的。另外，当需要低水平表达的时候，如当研究复合物或者生理相互作用的时候，特异性更强的表位标签或串联标签就是更加合适的选择。

对已有蛋白标签的比较研究及新标签的研发大多来自于正在进行的结构基因组学(structural genomics)研究,因为蛋白质的制备已经成为了很多此类研究项目面临的一个巨大的障碍[Pedelacq et al.,2002;结构基因组研究联盟(Structural Genomics Consortium)等,2008;Yokoyama,2003]。建议读者利用由它们提出的"先尝试哪一个"(what to try first)这个被广泛认同的策略来选择蛋白标签。许多高通量的研究特别关注单个可溶性标签的效果[如Cabrita等(2006)、Kataeva等(2005)],并且开发了用于监测蛋白质可溶性及正确折叠的报告系统(Listwan et al.,2009;Liu et al.,2006;Waldo et al.,1999)。定向蛋白质进化(directed evolution of protein)也能够用于提高蛋白质的表达量和可溶性(Roodveldt et al.,2005;Waldo,2003)。将标签用于膜蛋白的生产是目前另一个活跃的研究领域。

2.3 何时选择串联标签

目标蛋白质上能够连接多个标签,以便更好地进行蛋白质的纯化、表达及追踪。串联亲和纯化(tandem affinity purification,TAP)标签最初用来进行两步纯化:第一步使用偶联有IgG的小珠子进行纯化,随后将Protein A标签切除;第二步使用外面包裹着钙调蛋白(calmodulin)的小珠子进行纯化(图16.1;Puig et al.,2001)。使用串联标签后,能够在天然条件下对蛋白质进行检测和纯化,即使蛋白质的表达量极低。TAP标签已经被证实对蛋白质复合物的研究非常有用(Bauer and Kuster,2003),而且已经设计出了很多其他种类的TAP标签(Collins and Choudhary,2008)。

可溶性标签(如Trx或NusA),也能够与亲和标签(如组氨酸标签)串联起来用以有效地纯化融合蛋白。在预期蛋白质表达量较低时或抗体特异性(如抗组氨酸标签的抗体)不能满足要求时,也能够加入其他标签用来检测目标蛋白质,如S-标签或FLAG标签。亲和标签也能够连接在靶蛋白的两端。

2.4 如何选择在N端或C端添加标签

标签既可以添加在靶蛋白的N端也可以添加在C端。在N端添加标签的一个优势是可以利用标签上的高效翻译起始位点。源于高表达蛋白质的可溶性标签,如MBP、Trx和NusA,添加在N端时可以更加有效地提高靶蛋白的可溶性(Sachdev and Chirgwin,1998),尽管最近的高通量研究表明在C端添加MBP标签也可以同样有效(Dyson et al.,2004)。在N端添加标签的另一个优势是可以完全去除这些标签,因为大多数内切酶的切割位点在C端或靠近识别位点的C端。

当添加标签时,需要注意保留信号序列的位点或者修饰位点。需要检查融合蛋白的末端序列以确定其对最终蛋白质产物稳定性的影响,尤其是检查N端的序列确认其没有符合宿主细胞N端规则(N-end rule)的降解信号(Bachmair et al.,1986;Wang et al.,2008)。使用模式数据库,如PROSITE,检查带有标签的蛋白质序列以发现因疏忽而引入的能够与别的蛋白质产生相互作用的序列或蛋白酶的切割位点。

2.5 引入酶切位点以去除标签

标签可能会干扰目标蛋白质的结构和功能，所以必须提供在蛋白质表达纯化完成后去除标签的手段。可以在表达序列中引入多个蛋白酶的切割位点以便在纯化的不同阶段去除不同标签(图 16.1)。表 16.3 列出了移除标签所用的蛋白内切酶，这部分还会在本章进一步讨论。

3. 蛋白质亲和标签

3.1 组氨酸标签

组氨酸标签(His-tag)(也称为 6X 组氨酸标签)是最简单、使用最广泛的纯化标签，该标签含有 6 个或更多连续的组氨酸残基。这些残基可以很容易地与固定在纯化用树脂或者微球上的过渡金属离子(如 Ni^{2+} 或 Co^{2+})结合。尽管使用 IMAC 微球的小批量反应或者带有 IMAC 微球的离心柱可以用于表达测试或者小量制备，但组氨酸标签蛋白质纯化的第一步仍然优先选择 IMAC。金属离子可以通过 Ni(Ⅱ)-氨基三乙酸(Ni-nitrilotriacetic acid，Ni-NTA)或 Co^{2+}-羧甲基天冬氨酸盐(carboxymethyl-aspartate)固定在树脂和微球上，树脂和微球有多种商业化来源。IMAC 介质通常具有很高的载量(5～40 mg 带有 His 标签的蛋白质/mL 介质)，价格相对较低，且容易清洁。对于镍亲和介质，可以将金属离子除去(使用含有 EDTA 的缓冲液)，并再装载以多次使用。一些钴亲和树脂(如 Talon，Clontech Inc.)使用了专利化的连接链，它们非常耐用但不能够重新装载金属离子。这种树脂可以重复利用 3 次或 4 次，优点是结合多聚组氨酸标签的特异性更强，在蛋白质洗脱的过程中几乎没有金属离子的泄漏。IMAC 也可以在变性条件下使用，因为组氨酸标签不需要维持一个特别的蛋白质构象来结合金属离子。实际上，在变性条件下由于组氨酸标签暴露得更多，其与 IMAC 介质的结合会变得更强。

组氨酸标签通过组氨酸的咪唑环(imidazole)结合在固相金属上。结合在 IMAC 介质上的有标签的蛋白质可以用含有咪唑的洗脱液(100～250 mmol/L)或者低 pH 洗脱液(pH 4.5～6)很容易地洗脱下来。因为一些内源性蛋白质与 IMAC 介质的结合能力较弱(Bolanos-Garcia and Davies，2006)，所以在上样缓冲液或洗脱缓冲液中加入低浓度的咪唑(5～20 mmol/L)可以使非特异性结合最小化。

尽管 IMAC 方法的温和洗脱条件是组氨酸标签的又一优点，但是一定要注意防止任何所用到的缓冲液中混入 EDTA(EGTA)。上 IMAC 柱的细胞提取物不能含有 EDTA，而且只有不含 EDTA 的蛋白酶抑制剂混合物才可以用于样品制备。Tris 盐也会螯合少量的金属离子，所以要将 Tris 缓冲液的浓度降到最低(50 mmol/L 或更低)。大多数 IMAC 介质对 DTT 或二硫代赤藓醇(DTE)等还原剂敏感，应该使用较低浓度的 β-巯基乙醇(小于10 mmol/L)替代它们。

组氨酸标签很小，这也使其对目标蛋白质的折叠和结构的影响降到了最低。这个标签既可以位于蛋白质的 N 端也可以位于 C 端(图 16.1A)。组氨酸标签可以通过引入的蛋白酶切割位点来去除。一些具有组氨酸标签的蛋白质已经实现了结晶，标签对蛋白质结构的影响很小或完全没有(Carson et al.，2007)。对某些蛋白质来说，组氨酸标签实际上有助于蛋白质晶体的形成[如 Smits 等(2008)]。组氨酸标签也可以与商业来源的该标签特异性的抗体共同用于蛋白质的检测。

也有一些非标准的6X组氨酸形式的组氨酸标签。为了降低电荷或增加稳定性，这些标签的组氨酸序列中散布着别的氨基酸残基，如 HAT-标签和 6×HN 标签，它们能够更好地结合 Co^{2+}-Talon 树脂(Clontech 公司)和 MAT 标签(metal affinity tag)(Sigma-Aldrich 公司)

3.2　GST 标签

GST 是一种表达量很高的 26 kDa 的真核蛋白质。研究显示，当融合在目标蛋白质的 N 端时，克隆自日本血吸虫(*Schistosoma japonicum*)的 GST 能够提高蛋白质的可溶性和表达量 (Smith and Johnson，1988)。当 GST 位于 C 端时(图 16.1B)，其促溶能力相对较弱，但是仍然能够很好地起到亲和标签的作用。GST 可以与固定在树脂上的谷胱甘肽(glutathione)结合，这可用于含有 GST 标签蛋白质的亲和纯化。融合蛋白结合在树脂上以后，可以在中性温和的条件下被游离的还原性谷胱甘肽(10～40 mmol/L)洗脱下来。纯化 GST 融合蛋白所用的树脂，如谷胱甘肽琼脂糖微球(glutathione-sepharose bead)相对来说价格便宜，而且有很高的载量(5～10 mg GST/mL 树脂)，经过再生后可以多次使用。

要结合谷胱甘肽，GST 标签必须以正确的折叠形式存在，因此融合蛋白必须是可溶的且在非变性的条件下才能得到有效的纯化。GST 融合蛋白的表达量通常都很高，因此必须小心检测蛋白质的可溶性。对某些蛋白质来说，GST 具有可溶性标签的功能[如 Kim 和 Lee(2008)]。GST 的底物 1-氯-2,4-二硝基苯(1-chloro-2,4 dinitroben-zene，CDNB)存在时，可以通过比色法(colorimetric assay)对其进行检测 (Habig et al.，1974)；当与树脂上的谷胱甘肽的结合不理想时，这个实验也可以用于监测融合蛋白中 GST 的折叠是否正确以及它的亲和力。同样可以用商业化的抗 GST 抗体来检测这个标签。

GST 标签比较大，这使其更容易被蛋白酶降解，因此 GST 融合蛋白的纯化应快速进行以使它的损失最小化。与含有组氨酸标签的蛋白质不同，可以使用含有 EDTA 的缓冲液制备 GST 标签蛋白样品以减少蛋白质降解。使用还原条件时一定要小心，因为 GST 有 4 个暴露在溶剂中的半胱氨酸，它们与蛋白质的氧化聚集有关。GST 在溶液中会形成同源二聚体，因此对寡聚蛋白来说，选择融合 GST 标签不是一个明智的选择。

GST 与谷胱甘肽的结合及洗脱都相对较慢，所以 GST 融合蛋白需要以较慢的流速上样和洗脱。因为谷胱甘肽在 280 nm 处有很强的吸收，所以在洗脱时对蛋白质的监测要小心仔细地进行。

3.3　其他纯化标签

(1) 表位标签　一些可以被商业来源的抗体识别的短氨基酸序列可以作为检测和纯化蛋白质的标签使用。在分子生物领域中，添加表位标签(epitope tag)作为追踪重组蛋白的一般做法已被广泛运用(Fritze and Anderson, 2000),这种方法有很高的特异性,而且较小的标签可以将对目标蛋白质结构和功能的影响降到最小。这些标签通常加在 N 端或 C 端,也可以加在靶蛋白序列中(在环状结构中或结构域间的暴露于溶剂中的区域)。宿主细胞通常没有与表位标签相同的氨基酸序列,这使得对靶蛋白的检测变得容易。但是,对于纯化来说,表位标签结合的介质价格昂贵(通常是被固定在色谱层析树脂上的单抗),与其他亲和纯化介质相比,不适合大规模的蛋白质制备。标签对应的短肽、低 pH 或其他方法(如将标签结合所需的钙离子螯合掉,或者用盐或多元醇)可以用来洗脱目标蛋白质,但是与其他亲和纯化的方法相比,它们中的一些方法会显得比较剧烈(详见第 28 章)。

FLAG 标签是一种只有 8 个氨基酸残基(DYKDDDDK)的亲水性短肽标签,它可以用来进行目标蛋白质的检测和纯化 (Einhauer and Jungbauer, 2001; Prickett et al., 1989)。除了可以利用一些高特异性的抗 FLAG 单抗,还可以用 FLAG 标签中所含有的肠激酶(enterokinase)酶切位点(DDDK)在纯化后彻底去除标签。FLAG 标签的一个变种是 3×FLAG 标签(Sigma-Aldrich 公司),这种标签由 3 个串联重复的 FLAG 样序列组成(Hernan et al.,2000)。其他常用的表位标签包括流感病毒血凝素表位标签(influenza hemagglutinin epitope tag,HA tag)和 c-Myc 标签(Fritze and Anderson, 2000)。

(2) S 标签 Raines 等(2000)对 S 标签进行过综述,利用了 RNA 酶 S(RNase S)的 N 端的 *S*-肽段(1～20 位)与 *S*-蛋白(21～124 位残基)之间的紧密结合 (Richards and Vithayarhil, 1959)。S 标签系统使用了 *S*-肽段 N 端的 1～15 个氨基酸残基,还有固定在琼脂糖微球上的 *S*-蛋白来纯化目标蛋白质。通常来说,具有 S 标签的载体编码一个位点特异性的蛋白酶切割位点,可以通过将标签切掉或更剧烈的变性条件去破坏 S 标签和 *S*-蛋白之间的相互作用来进行蛋白质的洗脱。

(3) STREP-Ⅱ标签 STREP-Ⅱ标签(WSHPQFEK)利用了生物素(biotin)与链亲和素(streptavidin)之间强大的特异性相互作用(Schmidt and Skerra, 1994)。这个肽标签结合在链亲和素的生物素口袋位置。Strep-Tactin 是经过了优化的能够结合 STREP-Ⅱ标签的重组链亲和素,已经用于亲和介质的制备。结合的目标蛋白质能够被较低水平 (2.5 mmol/L) 的脱硫生物素(desthiobiotin)洗脱下来,脱硫生物素是一种生物素类似物,它能够以可逆的方式竞争性结合 Strep-Tactin (Skerra and Schmidt, 2000)。洗脱条件比较温和,所用缓冲液能够含有高浓度(达到 50 mmol/L)的还原剂(如 DTT 或者 β-巯基乙醇),也能够含有螯合剂(如 EDTA),对于那些对氧化剂敏感的蛋白质来说,STREP-Ⅱ标签是一种极好的纯化方法。Strep-Tactin 层析法的树脂能够再生,可以反复利用数次。虽然大多数细胞提取物都含有少量的天然生物素化的宿主蛋白(biotinylated protein),它们通常不会对纯化造成干扰,但是如果有必要,可以在宿主蛋白中加入亲和素以除去生物素化的宿主蛋白(Schmidt and Skerra,2007)。也有一些研究尝试使用链亲和素/亲和素(streptavidin/avidin)作为融合标签,但是这些标签很难用于亲和纯化,因为这些蛋白质之间的相互作用太强以至于很难被破坏掉。

(4) CBP 标签 钙调蛋白结合肽(calmodulin-binding peptide,CBP)是一种具有 26 个氨基酸残基的短肽。它来源于骨骼肌肌球蛋白轻链激酶(skeletal muscle myosin light

chain kinase)的C端,能够特异性地结合钙调蛋白[参考 Terpe(2003)]。固定在层析介质上的钙调蛋白(如钙调蛋白-琼脂糖凝胶)能够用来纯化具有CBP标签的目标蛋白质。尽管钙调蛋白与CBP结合得非常紧密(亲和力在纳摩尔级),但是这种作用依赖于钙离子,结合的蛋白质可以用含有钙离子螯合剂的温和缓冲液(如EGTA)一步洗脱下来。因为CBP标签包含有蛋白激酶A(protein kinase A)的靶序列,所以该标签的另一种用途是对融合蛋白进行^{32}P同位素标记(Vaillancourt et al.,2000)。因为在真核细胞中很多内源性蛋白质能够与钙调蛋白产生互相作用,所以CBP标签不适用于真核表达系统。

4. 可溶性标签

在重组蛋白表达中,特别是当在细菌中表达真核蛋白时,主要的瓶颈在于蛋白质的正确折叠与可溶性。一些可溶性蛋白已被作为标签用来改善目标蛋白质的折叠。这些标签应该与其他方法共同使用来促进蛋白质的折叠,如诱导后降低培养温度或者共表达伴侣蛋白(Baneyx and Mujacic, 2004; de Marco et al., 2007; Sahdev et al., 2008),为了获得较高可溶性的目标蛋白质,有必要尝试多种可溶性标签(Peleg and Unger, 2008)。对于那些特别难溶的蛋白质来说,可以尝试在变性的条件下纯化蛋白质,然后再进行重折叠(Cabrita and Bottomley, 2004; Jungbauer and Kaar,2007; Qoronfleh et al.,2007;详见第17章)。

4.1 MBP标签

因为MBP标签能够特异性地结合麦芽糖(maltose)和直链淀粉(amylose),所以它不仅可作为一种可溶性标签(di Guan et al.,1988),而且能够有效地用于亲和纯化。MBP是一个43 kDa的大肠杆菌分泌型蛋白,它的表达水平很高并且能够提高融合在其C端的蛋白质的可溶性(Kapust and Waugh, 1999)。近期的研究显示,融合在目标蛋白质C端的MBP也同样有效(Dyson et al.,2004)。MBP很大,这给细胞的代谢带来很大负担,但一个高通量的测试显示,MBP标签是最好的可溶性标签之一(Dyson et al., 2004; Kataeva et al., 2005)。但是,大约有1/4的MBP融合蛋白依然是不溶的,或者在去除了MBP标签后蛋白质变得易于聚集。例如,我们使用大肠杆菌表达人降钙素基因相关肽受体组分蛋白(human calcitonin gene-related peptide-receptor component protein,CGRP-RCP)时发现,通过肠激酶酶切去除N端的MBP标签后出现了目标蛋白质的聚集,虽然该蛋白质已经得到了成功的表达和纯化(Tolun et al.,2007)。每种可溶性标签的促溶效果是不同的,对于那些难溶蛋白质来说,需要尝试多种标签。硫氧还蛋白标签对于CGRP-RCP的表达是无效的,目标蛋白质仍然不溶。Nallamsetty和Waugh(2006)认为,可溶性标签(如MBP或NusA)在目标蛋白质的折叠中提供了帮助,去除标签后那些易聚集的目标蛋白质的可溶性由该蛋白质的自身性质决定,而不是所用的标签。

含有MBP标签的商业化载体具有多种标签去除位点(New England Biolabs公司),可以用于在胞质和周质中表达目标蛋白质。交联直链淀粉(cross-linked amylose)树脂可以用来结合具有 MBP 标签的蛋白质，结合的融合蛋白能够很容易地被含有 10 mmol/L 麦芽糖的洗脱缓冲液洗脱下来。这使得具有 MBP 标签的蛋白质可以在温和的环境中经过简单的一步得到纯化。然而，淀粉亲和纯化法不能够在有还原剂或者变性环境中进行。淀粉树脂会在一定程度上被粗提物中的淀粉酶降解，尤其是生长在丰富 LB 培养基的细胞的提取物，通过在培养基中加入葡萄糖(0.2%)，这种作用可以被降到最低。淀粉树脂可被再生并重复使用多次。

4.2 硫氧还蛋白标签

硫氧还蛋白(thioredoxin，Trx)是一种热稳定的、12 kDa 大小的大肠杆菌胞内蛋白，该蛋白质很容易过表达，而且即使过表达至细胞总蛋白质的 40%以上也仍然是可溶的(LaVallie et al.，1993)，因此在重组蛋白制备中可以将其用做可溶性标签来避免包涵体的形成 (LaVallie et al.，2000)。Dyson 等 (2004) 的实验结果显示，Trx 标签加在目标蛋白质的 N 端可以发挥更好的作用。

硫氧还蛋白会积聚在细胞质膜的黏附位点上 (Bayer et al.，1987)，这使得 Trx 融合蛋白能够经简单的渗透压或冻融处理释放出来，这提供了一种简单的初步纯化。通常会在 Trx 标签外再添加另外的亲和标签，如组氨酸标签，以进行进一步的纯化。

4.3 NusA 标签

N 利用物质 A 转录抗终止因子(*N*-utilizing substance A transcription antitermination factor，NusA)是一个具有 495 个氨基酸残基的大蛋白质，根据一个可溶性统计模型(statistical solubility model)，与外源蛋白融合表达时，NusA 是大肠杆菌蛋白中可溶性最好的，这是选择其作为可溶性标签的原因 (Davis et al.，1999；De Marco et al.，2004)。在一些高通量的筛选测试中，NusA 作为可溶标签与 MBP 效果相似甚至好于 MBP 标签。但是，对不同蛋白质来说会有不同的结果。NusA 标签通常与其他亲和标签一起使用，如组氨酸标签。

4.4 其他可溶性标签

目前，已经研发了一些比较小的溶解性增强标签(solubility enhancement tag，SET)或者溶解性增强肽(solubility enhancement peptide，SEP)标签，这些标签利用高度酸性序列来增强某些目标蛋白质的可溶性(Kato et al.，2007；Zhang et al.，2004)。其他的一些小标签有 GB1 标签(56 个氨基酸残基)，该标签基于链球菌蛋白 G(streptococcal protein G)的 IgG 结合 B1 结构域(Cheng and Patel，2004；Zhou et al.，2001)还有蛋白 A 的 IgG 结合结构域(ZZ 结构域，116 个氨基酸残基；Inouye and Sahara，2009；Rondahl et al.，1992)。这些比较小的标签对制备用于核磁共振(NMR)研究的蛋白质样品尤其有用(Kato et al.，2007)。另外，在使用蛋白质连接法(protein ligation method)创建 NMR 不可见的可溶性标签方面也取得了一些进展(Durst et al.，2008；Kobashigawa et al.，2009)。

研究显示，融合在目标蛋白质 N 端较小的泛素样修饰物(small ubiquitin-like modifier,SUMO)蛋白(大约 11 kDa)能够极大地提高目标蛋白质的稳定性和可溶性 (Marblestone et al. ,2006)。在目标蛋白质纯化完成后,可用识别 SUMO 结构的 SUMO 蛋白酶(Ulp1 的催化结构域)去除该标签 (Lee et al. , 2008; Panavas et al. ,2009)。SUMO 融合系统也已经通过改造用于昆虫细胞和其他真核表达系统 (Liu et al. ,2008)。

Halo 标签是最近构建的模块化标签系统(modular tagging system),该系统具有一个大小为 34 kDa 的、经过改造的卤代烷脱卤素酶(haloalkane dehalogenase)蛋白,它可以结合多种合成的配基 (HaloTag 配基; Promega 公司)。这些配基的成分包括一个与 Halo标签共价结合的恒定的反应性接头和一个可变的报告末端,该末端能够赋予融合蛋白许多有用的性质。因此,单一的标签可以用于活细胞的亚细胞结构成像、细胞标记和分类、亲和纯化及固相支持物上的固定 (Los et al. , 2008)。Ohana 等 (2009) 使用了一个此类标签(HaloTag7)与附着在琼脂糖微球上的氯烷烃接头(chloroalkane linker)进行了亲和纯化。因为 Halo 标签能够以一种高度特异的不可逆的方式与接头共价结合,所以即使极低表达量的蛋白质也能够高效地结合在氯烷烃树脂上。可以使用烟草蚀纹病毒蛋白酶(tobacco etch virus protease,TEV)将目标蛋白质洗脱下来,该酶可以切割位于 Halo 标签和靶蛋白之间的切割位点。令人惊讶的是,使用一组在大肠杆菌中难以表达的重组蛋白进行的测试表明,这种紧凑的单体 Halo 标签可以显著地提高融合蛋白的可溶性 (Ohana et al. , 2009)。在这些实验中,Halo 标签的表现要大大好于 MBP,确实显示出了可溶性标签的功能。

5. 标签的去除

由于蛋白标签可能会干扰目标蛋白质的正常功能,所以在完成其促进溶解或亲和纯化的作用后,标签的去除对于生物学和功能研究很有帮助,对 GST 或 MBP 这样的大标签尤其如此,尽管有一些例子显示融合了标签的蛋白质更易结晶(Smyth et al. , 2003)。

大多数用来向目标蛋白质添加标签的商业化表达载体也引入了具有特殊序列的切割位点,使用重组的蛋白内切酶可以去除标签。融合蛋白的亲和纯化完成后,可以使用蛋白内切酶来处理样品以切掉标签,再过一遍亲和柱后标签与重组蛋白会被分开,收集流穿液就会得到目标蛋白质。重组蛋白内切酶通常也会带有亲和标签,这样就可以在酶切反应完成后将其轻松去除。

表 16.3 列出了一些常用的蛋白内切酶。因为肠激酶和因子 Xa 在识别位点的 C 端进行切割,这样就可以将标签和识别位点序列完整去除,因此它们对去除 N 端的标签非常有用。但是,这两种酶有时特异性不是很强,会在位于其他碱性残基处的次级切割位点进行切割。凝血酶(thrombin)是另一个用于去除标签的蛋白酶,它也具有相似的次级切割位点 (Jenny et al. , 2003; Liew et al. , 2005)。用凝血酶这样的蛋白酶去除标签,尤其是对于大规模的蛋白质制备,与其他高特异性的酶相比,它的好处在于价格低廉且效率更高。

PreScission 蛋白酶是一种具有更长的、更严谨识别序列的特异性更高的蛋白酶。它由来自于人鼻病毒-14(human rhinovirus-14)的蛋白酶 3C(3Cpro)和 GST 标签组成，GST 标签的存在使得该酶对于移除 GST 标签非常有用。另外一种非常特异且受欢迎的蛋白酶是烟草蚀纹病毒蛋白酶 (Kapust et al.,2001)，该酶切割位点后的第一个氨基酸倾向于甘氨酸(表 16.3)，但也能够容忍其他氨基酸残基，只是切割活性会有少许下降。这使得该酶很多时候都能够将 N 端标签完整去除，在目标蛋白质上不会留下任何多余的残基(Kapust et al., 2002)。可以很容易地自己制备大量的烟草蚀纹病毒蛋白酶，通常该酶会带有一个组氨酸标签以易于纯化及在切割反应完成后将其除去 (Tropea et al.,2009)。商业公司出售很多类型的烟草蚀纹病毒蛋白酶，它们有的带有别的亲和标签，有的具有更高的活性及稳定性。

烟草蚀纹病毒蛋白酶的一个变种是烟草脉络斑点病毒蛋白酶，其具有不同的识别序列(Nallamsetty et al.,2004)，能够切开位于两个不同标签之间的切割位点(图 16.1C)。

外切蛋白酶也可以用来去除 N 端标签，如 TAGzyme 系统(Arnau et al.,2006a，可从 Qiagen 公司购买)。这个方法使用了二肽氨基肽酶 I(dipeptide aminopeptidase I, DAPase)来逐步消化 N 端的标签直至一个二肽的终止点。已经设计出了多种类似的系统用于处理不同的序列(Arnau et al.,2006b;2008)。

完整去除 C 端的标签是比较困难的，因为大多数蛋白内切酶只在识别序列的 C 端进行切割。如果有必要完全去除标签，可以设计更加特异的酶切位点，这些位点的识别是以结构为基础的(如 SUMO 蛋白酶;Malakhov et al.,2004)。或者利用自催化蛋白自剪接元件(autocatalytic protein self-splicing element) (Inteins; Saleh and Perler, 2006)。这两种切割系统都加上了亲和纯化标签——SUMO 融合系统(Butt et al., 2005; Lee et al., 2008)：包括蛋白质内含子-几丁质结合结构域(chitin-binding domain,CBD;由 New England Biolabs 公司将其作为商品化的 IMPACT 系统;Chong et al.,1997)或蛋白质内含子-聚羟基丁酸酯结合蛋白(polyhydroxy butyrate-binding)和类似的蛋白质纯化系统(Gillies et al.,2008)。

在一些情况下，标签也可以用化学方法去除。尽管化学切割方法所用试剂价格低廉并且非常有效，但是这些反应需要剧烈的溶剂及导致变性的条件，所以通常只用于小肽的制备。溴化氰(CNBr)可切割甲硫氨酸，当融合蛋白能够被设计成只有一个甲硫氨酸且位于标签和目标肽段之间，可以使用这种试剂(Döbeli et al.,1998; Fairlie et al.,2002)。另外一种化学切割试剂，羟胺(hydroxylamine)，能够切割天冬酰胺与甘氨酸之间的肽键(Hu et al.,2008)。

实际应用中需要考虑的问题：尽管在标签和目标蛋白质之间设计特异性的切割位点相对比较简单，然而标签的有效切割并不会总是发生且也难以预测。对于每一个表达构建体都要用实验检测切割效率。当使用特异性不强的酶时，还要检测可能发生在次级切割位点的切割。通常酶的用量和孵育时间需要摸索以使其最优化。切割效率的最大化对于寡聚蛋白质尤其重要，为了目标蛋白质的高产量，必须去除每一个单体上的标签(Kenig et al.,2006)。需要切割的序列也需要在空间上能够让蛋白酶接触得到，并且相对地没有形成复杂结构;在识别序列和目标蛋白质之间引入数个残基的间隔序列或接头序列，或者将不可能形成二级结构的序列放置在切割位点附近，有时这都可以克服切割效率低下的问题。对于没有亲和标签的蛋白酶来说，柱上切割(将蛋白酶注入结合有融合蛋白的亲和柱)比批式反应(batch reaction)更加有效。

6. 结论

很多种蛋白质标签都可以用于促进重组蛋白的表达和纯化。但是，即使有如此庞大的标签库，结构基因组学的蛋白质制备机构得到可溶性纯蛋白质的成功率也低于50%(Structural Genomics Consortium et al.，2008)。尽管这些大规模的研究项目设计出了许多很好的策略，考虑到蛋白质折叠的多样性及它们之间不同的生物化学性质，并没有一套通用的可溶性或者亲和标签适用于所有蛋白质。标签的选择在很大程度上还是依赖于需要表达的蛋白质以及制备蛋白质的目的。在此，我们已经评述了大部分的有效的蛋白质表达标签以及与它们使用相关的问题。

(李亮亮　译　郭　强　校)

参考文献

Arnau, J., Lauritzen, C., and Pedersen, J. (2006a). Cloning strategy, production and purification of proteins with exopeptidase-cleavable His-tags. *Nat. Protoc.* **1,** 2326–2333.

Arnau, J., Lauritzen, C., Petersen, G. E., and Pedersen, J. (2006b). Current strategies for the use of affinity tags and tag removal for the purification of recombinant proteins. *Protein Expr. Purif.* **48,** 1–13.

Arnau, J., Lauritzen, C., Petersen, G. E., and Pedersen, J. (2008). The use of TAGZyme for the efficient removal of N-terminal His-tags. *Methods Mol. Biol.* **421,** 229–243.

Bachmair, A., Finley, D., and Varshavsky, A. (1986). *In vivo* half-life of a protein is a function of its amino-terminal residue. *Science* **234,** 179–186.

Baneyx, F., and Mujacic, M. (2004). Recombinant protein folding and misfolding in *Escherichia coli*. *Nat. Biotechnol.* **22,** 1399–1408.

Bauer, A., and Kuster, B. (2003). Affinity purification-mass spectrometry. Powerful tools for the characterization of protein complexes. *Eur. J. Biochem.* **270,** 570–578.

Bayer, M. E., Bayer, M. H., Lunn, C. A., and Pigiet, V. (1987). Association of thioredoxin with the inner membrane and adhesion sites in *Escherichia coli*. *J. Bacteriol.* **169,** 2659–2666.

Bolanos-Garcia, V. M., and Davies, O. R. (2006). Structural analysis and classification of native proteins from *E. coli* commonly co-purified by immobilised metal affinity chromatography. *Biochim. Biophys. Acta* **1760,** 1304–1313.

Busso, D., Delagoutte-Busso, B., and Moras, D. (2005). Construction of a set Gateway-based destination vectors for high-throughput cloning and expression screening in *Escherichia coli*. *Anal. Biochem.* **343,** 313–321.

Butt, T. R., Edavettal, S. C., Hall, J. P., and Mattern, M. R. (2005). SUMO fusion technology for difficult-to-express proteins. *Protein Expr. Purif.* **43,** 1–9.

Cabrita, L. D., and Bottomley, S. P. (2004). Protein expression and refolding—A practical guide to getting the most out of inclusion bodies. *Biotechnol. Annu. Rev.* **10,** 31–50.

Cabrita, L. D., Dai, W., and Bottomley, S. P. (2006). A family of *E. coli* expression vectors for laboratory scale and high throughput soluble protein production. *BMC Biotechnol.* **6,** 12.

Carson, M., Johnson, D. H., McDonald, H., Brouillette, C., and Delucas, L. J. (2007). His-tag impact on structure. *Acta Crystallogr. D Biol. Crystallogr.* **63,** 295–301.

Cheng, Y., and Patel, D. J. (2004). An efficient system for small protein expression and refolding. *Biochem. Biophys. Res. Commun.* **317,** 401–405.

Chong, S., Mersha, F. B., Comb, D. G., Scott, M. E., Landry, D., Vence, L. M., Perler, F. B., Benner, J., Kucera, R. B., Hirvonen, C. A., *et al.* (1997). Single-column purification of free recombinant proteins using a self-cleavable affinity tag derived from a protein splicing element. *Gene* **192,** 271–281.

Collins, M. O., and Choudhary, J. S. (2008). Mapping multiprotein complexes by affinity purification and mass spectrometry. *Curr. Opin. Biotechnol.* **19,** 324–330.

Cunningham, F., and Deber, C. M. (2007). Optimizing synthesis and expression of transmembrane peptides and proteins. *Methods* **41,** 370–380.

Davis, G. D., Elisee, C., Newham, D. M., and Harrison, R. G. (1999). New fusion protein systems designed to give soluble expression in *Escherichia coli*. *Biotechnol. Bioeng.* **65,** 382–388.

de Marco, A. (2006). Two-step metal affinity purification of double-tagged (NusA-His6) fusion proteins. *Nat. Protoc.* **1,** 1538–1543.

De Marco, V., Stier, G., Blandin, S., and de Marco, A. (2004). The solubility and stability of recombinant proteins are increased by their fusion to NusA. *Biochem. Biophys. Res. Commun.* **322,** 766–771.

de Marco, A., Deuerling, E., Mogk, A., Tomoyasu, T., and Bukau, B. (2007). Chaperone-based procedure to increase yields of soluble recombinant proteins produced in *E. coli*. *BMC Biotechnol.* **7,** 32.

di Guan, C., Li, P., Riggs, P. D., and Inouye, H. (1988). Vectors that facilitate the expression and purification of foreign peptides in *Escherichia coli* by fusion to maltose-binding protein. *Gene* **67,** 21–30.

Döbeli, H., Andres, H., Breyer, N., Draeger, N., Sizmann, D., Zuber, M. T., Weinert, B., and Wipf, B. (1998). Recombinant fusion proteins for the industrial production of disulfide bridge containing peptides: Purification, oxidation without concatemer formation, and selective cleavage. *Protein Expr. Purif.* **12,** 404–414.

Durst, F. G., Ou, H. D., Löhr, F., Dötsch, V., and Straub, W. E. (2008). The better tag remains unseen. *J. Am. Chem. Soc.* **130,** 14932–14933.

Dyson, M. R., Shadbolt, S. P., Vincent, K. J., Perera, R. L., and McCafferty, J. (2004). Production of soluble mammalian proteins in *Escherichia coli*: Identification of protein features that correlate with successful expression. *BMC Biotechnol.* **4,** 32.

Einhauer, A., and Jungbauer, A. (2001). The FLAG peptide, a versatile fusion tag for the purification of recombinant proteins. *J. Biochem. Biophys. Methods* **49,** 455–465.

Esposito, D., and Chatterjee, D. K. (2006). Enhancement of soluble protein expression through the use of fusion tags. *Curr. Opin. Biotechnol.* **17,** 353–358.

Fairlie, W. D., Uboldi, A. D., De Souza, D. P., Hemmings, G. J., Nicola, N. A., and Baca, M. (2002). A fusion protein system for the recombinant production of short disulfide-containing peptides. *Protein Expr. Purif.* **26,** 171–178.

Fritze, C. E., and Anderson, T. R. (2000). Epitope tagging: General method for tracking recombinant proteins. *Methods Enzymol.* **327,** 3–16.

Gillies, A. R., Hsii, J. F., Oak, S., and Wood, D. W. (2008). Rapid cloning and purification of proteins: Gateway vectors for protein purification by self-cleaving tags. *Biotechnol. Bioeng.* **101,** 229–240.

Habig, W. H., Pabst, M. J., and Jakoby, W. B. (1974). Glutathione S-transferases. The first enzymatic step in mercapturic acid formation. *J. Biol. Chem.* **249,** 7130–7139.

Hernan, R., Heuermann, K., and Brizzard, B. (2000). Multiple epitope tagging of expressed proteins for enhanced detection. *Biotechniques* **28,** 789–793.

Hu, J., Qin, H., Sharma, M., Cross, T. A., and Gao, F. P. (2008). Chemical cleavage of fusion proteins for high-level production of transmembrane peptides and protein domains containing conserved methionines. *Biochim. Biophys. Acta* **1778,** 1060–1066.

Hulo, N., Bairoch, A., Bulliard, V., Cerutti, L., Cuche, B. A., de Castro, E., Lachaize, C., Langendijk-Genevaux, P. S., and Sigrist, C. J. (2008). The 20 years of PROSITE. *Nucleic Acids Res.* **36,** D245–D249.

Inouye, S., and Sahara, Y. (2009). Expression and purification of the calcium binding photoprotein mitrocomin using ZZ-domain as a soluble partner in *E. coli* cells. *Protein Expr. Purif.* **66,** 52–57.

Jenny, R. J., Mann, K. G., and Lundblad, R. L. (2003). A critical review of the methods for cleavage of fusion proteins with thrombin and factor Xa. *Protein Expr. Purif.* **31,** 1–11.

Jungbauer, A., and Kaar, W. (2007). Current status of technical protein refolding. *J. Biotechnol.* **128,** 587–596.

Kaplan, W., Hüsler, P., Klump, H., Erhardt, J., Sluis-Cremer, N., and Dirr, H. (1997). Conformational stability of pGEX-expressed *Schistosoma japonicum* glutathione S-transferase: A detoxification enzyme and fusion-protein affinity tag. *Protein Sci.* **6,** 399–406.

Kapust, R. B., and Waugh, D. S. (1999). *Escherichia coli* maltose-binding protein is uncommonly effective at promoting the solubility of polypeptides to which it is fused. *Protein Sci.* **8,** 1668–1674.

Kapust, R. B., Tözsér, J., Fox, J. D., Anderson, D. E., Cherry, S., Copeland, T. D., and Waugh, D. S. (2001). Tobacco etch virus protease: Mechanism of autolysis and rational design of stable mutants with wild-type catalytic proficiency. *Protein Eng.* **14,** 993–1000.

Kapust, R. B., Tözsér, J., Copeland, T. D., and Waugh, D. S. (2002). The P1′ specificity of tobacco etch virus protease. *Biochem. Biophys. Res. Commun.* **294,** 949–955.

Kataeva, I., Chang, J., Xu, H., Luan, C. H., Zhou, J., Uversky, V. N., Lin, D., Horanyi, P., Liu, Z. J., Ljungdahl, L. G., *et al.* (2005). Improving solubility of *Shewanella oneidensis* MR-1 and *Clostridium thermocellum* JW-20 proteins expressed into *Escherichia coli*. *J. Proteome Res.* **4,** 1942–1951.

Kato, A., Maki, K., Ebina, T., Kuwajima, K., Soda, K., and Kuroda, Y. (2007). Mutational analysis of protein solubility enhancement using short peptide tags. *Biopolymers* **85,** 12–18.

Kenig, M., Peternel, S., Gaberc-Porekar, V., and Menart, V. (2006). Influence of the protein oligomericity on final yield after affinity tag removal in purification of recombinant proteins. *J. Chromatogr. A* **1101,** 293–306.

Kim, S., and Lee, S. B. (2008). Soluble expression of archaeal proteins in *Escherichia coli* by using fusion-partners. *Protein Expr. Purif.* **62,** 116–119.

Kobashigawa, Y., Kumeta, H., Ogura, K., and Inagaki, F. (2009). Attachment of an NMR-invisible solubility enhancement tag using a sortase-mediated protein ligation method. *J. Biomol. NMR* **43,** 145–150.

LaVallie, E. R., DiBlasio, E. A., Kovacic, S., Grant, K. L., Schendel, P. F., and McCoy, J. M. (1993). A thioredoxin gene fusion expression system that circumvents inclusion body formation in the *E. coli* cytoplasm. *Biotechnology (NY)* **11,** 187–193.

LaVallie, E. R., Lu, Z., Diblasio-Smith, E. A., Collins-Racie, L. A., and McCoy, J. M. (2000). Thioredoxin as a fusion partner for production of soluble recombinant proteins in *Escherichia coli*. *Methods Enzymol.* **326,** 322–340.

Lee, C. D., Sun, H. C., Hu, S. M., Chiu, C. F., Homhuan, A., Liang, S. M., Leng, C. H., and Wang, T. F. (2008). An improved SUMO fusion protein system for effective production of native proteins. *Protein Sci.* **17,** 1241–1248.

Lichty, J. J., Malecki, J. L., Agnew, H. D., Michelson-Horowitz, D. J., and Tan, S. (2005). Comparison of affinity tags for protein purification. *Protein Expr. Purif.* **41,** 98–105.

Liew, O. W., Ching Chong, J. P., Yandle, T. G., and Brennan, S. O. (2005). Preparation of recombinant thioredoxin fused N-terminal proCNP: Analysis of enterokinase cleavage products reveals new enterokinase cleavage sites. *Protein Expr. Purif.* **41,** 332–340.

Listwan, P., Terwilliger, T. C., and Waldo, G. S. (2009). Automated, high-throughput platform for protein solubility screening using a split-GFP system. *J. Struct. Funct. Genomics* **10,** 47–55.

Liu, J. W., Boucher, Y., Stokes, H. W., and Ollis, D. L. (2006). Improving protein solubility: The use of the *Escherichia coli* dihydrofolate reductase gene as a fusion reporter. *Protein Expr. Purif.* **47,** 258–263.

Liu, L., Spurrier, J., Butt, T. R., and Strickler, J. E. (2008). Enhanced protein expression in the baculovirus/insect cell system using engineered SUMO fusions. *Protein Expr. Purif.* **62,** 21–28.

Los, G. V., Encell, L. P., McDougall, M. G., Hartzell, D. D., Karassina, N., Zimprich, C., Wood, M. G., Learish, R., Ohana, R. F., Urh, M., *et al.* (2008). HaloTag: A novel protein labeling technology for cell imaging and protein analysis. *ACS Chem. Biol.* **3,** 373–382.

Malakhov, M. P., Mattern, M. R., Malakhova, O. A., Drinker, M., Weeks, S. D., and Butt, T. R. (2004). SUMO fusions and SUMO-specific protease for efficient expression and purification of proteins. *J. Struct. Funct. Genomics* **5,** 75–86.

Marblestone, J. G., Edavettal, S. C., Lim, Y., Lim, P., Zuo, X., and Butt, T. R. (2006).

Comparison of SUMO fusion technology with traditional gene fusion systems: Enhanced expression and solubility with SUMO. *Protein Sci.* **15,** 182–189.

Mueller, U., Büssow, K., Diehl, A., Bartl, F. J., Niesen, F. H., Nyarsik, L., and Heinemann, U. (2003). Rapid purification and crystal structure analysis of a small protein carrying two terminal affinity tags. *J. Struct. Funct. Genomics* **4,** 217–225.

Nallamsetty, S., and Waugh, D. S. (2006). Solubility-enhancing proteins MBP and NusA play a passive role in the folding of their fusion partners. *Protein Expr. Purif.* **45,** 175–182.

Nallamsetty, S., Kapust, R. B., Tözsér, J., Cherry, S., Tropea, J. E., Copeland, T. D., and Waugh, D. S. (2004). Efficient site-specific processing of fusion proteins by tobacco vein mottling virus protease *in vivo* and *in vitro*. *Protein Expr. Purif.* **38,** 108–115.

Ohana, R. F., Encell, L. P., Zhao, K., Simpson, D., Slater, M. R., Urh, M., and Wood, K. V. (2009). HaloTag7: A genetically engineered tag that enhances bacterial expression of soluble proteins and improves protein purification. *Protein Expr. Purif.* **68,** 110–120.

Panavas, T., Sanders, C., and Butt, T. R. (2009). SUMO fusion technology for enhanced protein production in prokaryotic and eukaryotic expression systems. *Methods Mol. Biol.* **497,** 303–317.

Pédelacq, J. D., Piltch, E., Liong, E. C., Berendzen, J., Kim, C. Y., Rho, B. S., Park, M. S., Terwilliger, T. C., and Waldo, G. S. (2002). Engineering soluble proteins for structural genomics. *Nat. Biotechnol.* **20,** 927–932.

Peleg, Y., and Unger, T. (2008). Application of high-throughput methodologies to the expression of recombinant proteins in *E. coli*. *Methods Mol. Biol.* **426,** 197–208.

Potts, J. T., Young, D. M., and Anfinsen, C. B. (1963). Reconstitution of fully active RNase S by carboxypeptidase-degraded RNase S-peptide. *J. Biol. Chem.* **238,** 2593–2594.

Prickett, K. S., Amberg, D. C., and Hopp, T. P. (1989). A calcium-dependent antibody for identification and purification of recombinant proteins. *Biotechniques* **7,** 580–589.

Puig, O., Caspary, F., Rigaut, G., Rutz, B., Bouveret, E., Bragado-Nilsson, E., Wilm, M., and Séraphin, B. (2001). The tandem affinity purification (TAP) method: A general procedure of protein complex purification. *Methods* **24,** 218–229.

Qoronfleh, M. W., Hesterberg, L. K., and Seefeldt, M. B. (2007). Confronting high-throughput protein refolding using high pressure and solution screens. *Protein Expr. Purif.* **55,** 209–224.

Raines, R. T., McCormick, M., Van Oosbree, T. R., and Mierendorf, R. C. (2000). The S.Tag fusion system for protein purification. *Methods Enzymol.* **326,** 362–376.

Richards, F. M., and Vithayarhil, P. J. (1959). The preparation of subtilisin-modified ribonuclease and the separation of the peptide and protein components. *J. Biol. Chem.* **234,** 1459–1465.

Rondahl, H., Nilsson, B., and Holmgren, E. (1992). Fusions to the 5′ end of a gene encoding a two-domain analogue of staphylococcal protein A. *J. Biotechnol.* **25,** 269–287.

Roodveldt, C., Aharoni, A., and Tawfik, D. S. (2005). Directed evolution of proteins for heterologous expression and stability. *Curr. Opin. Struct. Biol.* **15,** 50–56.

Sachdev, D., and Chirgwin, J. M. (1998). Order of fusions between bacterial and mammalian proteins can determine solubility in *Escherichia coli*. *Biochem. Biophys. Res. Commun.* **244,** 933–937.

Sahdev, S., Khattar, S. K., and Saini, K. S. (2008). Production of active eukaryotic proteins through bacterial expression systems: A review of the existing biotechnology strategies. *Mol. Cell. Biochem.* **307,** 249–264.

Saleh, L., and Perler, F. B. (2006). Protein splicing in cis and in trans. *Chem. Rec.* **6,** 183–193.

Sano, T., and Cantor, C. R. (2000). Streptavidin-containing chimeric proteins: Design and production. *Methods Enzymol.* **326,** 305–311.

Schmidt, T. G., and Skerra, A. (1994). One-step affinity purification of bacterially produced proteins by means of the "Strep tag" and immobilized recombinant core streptavidin. *J. Chromatogr. A* **676,** 337–345.

Schmidt, T. G., and Skerra, A. (2007). The Strep-tag system for one-step purification and high-affinity detection or capturing of proteins. *Nat. Protoc.* **2,** 1528–1535.

Skerra, A., and Schmidt, T. G. (2000). Use of the Strep-tag and streptavidin for detection and purification of recombinant proteins. *Methods Enzymol.* **326,** 271–304.

Smith, D. B., and Johnson, K. S. (1988). Single-step purification of polypeptides expressed in *Escherichia coli* as fusions with glutathione S-transferase. *Gene* **67,** 31–40.

Smits, S. H., Mueller, A., Grieshaber, M. K., and Schmitt, L. (2008). Coenzyme- and His-tag-induced crystallization of octopine dehydrogenase. *Acta Crystallogr. Sect. F Struct. Biol. Cryst. Commun.* **64,** 836–839.

Smyth, D. R., Mrozkiewicz, M. K., McGrath, W. J., Listwan, P., and Kobe, B. (2003). Crystal structures of fusion proteins with large-affinity tags. *Protein Sci.* **12,** 1313–1322.

Structural Genomics Consortium, China Structural Genomics Consortium, Northeast Structural Genomics Consortium, Gräslund, S., Nordlund, P., Weigelt, J., Hallberg, B. M., Bray, J., Gileadi, O., Knapp, S., *et al.* (2008). Protein production and purification. *Nat. Methods* **5,** 135–146.

Terpe, K. (2003). Overview of tag protein fusions: From molecular and biochemical fundamentals to commercial systems. *Appl. Microbiol. Biotechnol.* **60,** 523–533.

Tolun, A. A., Dickerson, I. M., and Malhotra, A. (2007). Overexpression and purification of human calcitonin gene-related peptide-receptor component protein in *Escherichia coli. Protein Expr. Purif.* **52,** 167–174.

Tropea, J. E., Cherry, S., and Waugh, D. S. (2009). Expression and purification of soluble His(6)-tagged TEV protease. *Methods Mol. Biol.* **498,** 297–307.

Vaillancourt, P., Zheng, C. F., Hoang, D. Q., and Breister, L. (2000). Affinity purification of recombinant proteins fused to calmodulin or to calmodulin-binding peptides. *Methods Enzymol.* **326,** 340–362.

Waldo, G. S. (2003). Genetic screens and directed evolution for protein solubility. *Curr. Opin. Chem. Biol.* **7,** 33–38.

Waldo, G. S., Standish, B. M., Berendzen, J., and Terwilliger, T. C. (1999). Rapid protein-folding assay using green fluorescent protein. *Nat. Biotechnol.* **17,** 691–695.

Wang, K. H., Oakes, E. S., Sauer, R. T., and Baker, T. A. (2008). Tuning the strength of a bacterial N-end rule degradation signal. *J. Biol. Chem.* **283,** 24600–24607.

Waugh, D. S. (2005). Making the most of affinity tags. *Trends Biotechnol.* **23,** 316–320.

Yokoyama, S. (2003). Protein expression systems for structural genomics and proteomics. *Curr. Opin. Chem. Biol.* **7,** 39–43.

Zhang, Y. B., Howitt, J., McCorkle, S., Lawrence, P., Springer, K., and Freimuth, P. (2004). Protein aggregation during overexpression limited by peptide extensions with large net negative charge. *Protein Expr. Purif.* **36,** 207–216.

Zhou, P., Lugovskoy, A. A., and Wagner, G. (2001). A solubility-enhancement tag (SET) for NMR studies of poorly behaving proteins. *J. Biomol. NMR* **20,** 11–14.

第 17 章

包涵体蛋白溶解后的重折叠

Richard R. Burgess*

目录

摘要

当前绝大部分的蛋白质纯化都是纯化合适宿主表达的克隆重组蛋白，最主要的宿主是大肠杆菌。许多表达的蛋白质都是以称为包涵体(inclusion body，IB)的不溶形式出现。由于在洗涤过的包涵体中的目标蛋白通常相对较纯，因此目标蛋白质的纯化没有太大的问题，但挑战在于溶解包涵体蛋白并将其重折叠(refold)成天然结构(native structure)，以恢复

---

* 威斯康星大学麦迪逊分校，McArdle 实验室癌症研究组(Madison，Wisconsin，USA)

其完整的生物学活性。尽管这一过程的许多操作都很常规(表达、细胞破碎、包涵体的分离、洗涤和溶解),但对每种蛋白质来说,实现其有效重折叠的确切条件却彼此不同的。本章介绍了获得成功重折叠所需的主要技术和策略。

1. 引言

当蛋白质在大肠杆菌和其他表达宿主内高水平表达时,通常会发现它们中的大部分是不溶的,并以称为包涵体的不溶形式存在。尽管包涵体形成的准确机制还不完全清楚,而且可能因蛋白质和表达条件而异,但通常认为是由于目标蛋白质的表达速率快于其折叠出天然结构的速率。如果一种蛋白质发生了部分折叠或者错误折叠,那么它通常会具有暴露在外的疏水区或称为致密区(hydrophobic or "sticky" region),它们会与其他结构相似的蛋白质发生相互作用从而形成聚集物。这些聚集物会形成致密的可使光发生折射的包涵体,其直径为 0.2~0.5 μm。一旦处于包涵体中,该蛋白质就可以免受蛋白水解酶的攻击,并成为包涵体中的主要蛋白质。包涵体之间有很大的不同,有的大部分是天然蛋白质,在温和的条件下相对容易溶解,有的是错误折叠的,高度难溶的不溶性蛋白,需要高浓度的变性剂(denaturant)去溶解[参见 Bowden 等(1991),Ventura 和 Villaverde(2006)的综述]。其中后者是目前最常见的,因此获取天然的、有活性蛋白质的主要障碍就是要找到合适的条件使变性的蛋白质有效地重折叠。获得天然活性重组蛋白所需的重折叠流程和策略是本章关注的焦点。

在 20 世纪 60 年代初,Anfinsen 发现小分子蛋白质可以自发地折叠为天然状态[参见 Anfinsen(1973)的综述]。这一发现导致了如下的热力学假说:天然状态具有最低的自由能(free energy)。尽管这个热力学假设已经成为蛋白质折叠的范式(paradigm),但尚无简单通用的模型描述未折叠蛋白质是如何找到其天然状态的。仍然没有人能用计算机根据蛋白质序列精确预测其结构。

Levinthal(1968)提出了如下的悖论(paradox):未折叠蛋白质分子并没有足够时间寻找所有可能的构象,但它却能迅速找到唯一的天然构象。设想一个假想的 100 个氨基酸残基的小蛋白质,Levinthal 做出如下计算:如果每个残基只有 3 种不同构象(其实可能远多于此),则总的结构数目为 3^{100},即 5×10^{47}。如果从一个构象转换至另一个构象只需要 10^{-13} s,则总的时间为 5×10^{47} 个 10^{-13} s,等于 5×10^{34} s 或 1.6×10^{27} 年! 显然,如果随机尝试所有可能的构象,即使是个小蛋白质,进行正确的折叠也需要太长的时间。从这一悖论发展出了许多关于折叠理论的研究[举例,参见 Clark(2004)、Karplus(1997)]。

为了更好地理解折叠过程,研究者做了大量的实验研究和理论分析。大家的一致结论是,当变性蛋白不再处于变性条件下时,一些二级结构(secondary structure)[α 螺旋和 β 折叠(α-helix and β-sheet)]就会形成,一个疏水的折拢(hydrophobic collapse)的发生导致了"熔球"状态的形成,该"熔球"具有一些二级结构,但没有天然三级结构(tertiary structure),球形状态经过一系列的中间状态,并最终达到能量最低状态,即天然构象(native conformation)。溶液条件对给定蛋白质的折叠途径有很大影响。如果将重折叠的能量漏斗(energy funnel)看做火山顶部深邃的、充满迷雾的火山口,那么其凹凸不平的边缘就是变性状态,而火山口的底部恰好就是其天然构象状态(最低能量状态)。如果你将一个球从边缘上的一个点滚入火山口,其可能就会一直滚入底部。而从不平边缘上的另一个点滚动球,球就可能会掉入一个局部的最低点而不能到达底部。在很大程度上说,寻找有效折叠条件的挑战就是尽量猜测出从边缘上的哪个点开始滚下这个球。

蛋白质重折叠的速率很快,对于无脯氨酸的蛋白质,其半数折叠时间(folding half-time)以秒计,对于有脯氨酸的蛋白质,其半数折叠时间以分钟计[参见 Nall(1994)的综述]。脯氨酸有两种同分异构体(isomer),顺式构象和反式构象(cis and trans configuration),这种同分异构化的半数时间为 1 min。在天然蛋白质中,每个脯氨酸都处于其中一种独特的构象,而在变性蛋白质中,两种同分异构体的平衡混合物由 70%的顺式同分异构体和 30%的反式同分异构体组成。因此,当蛋白质重折叠时,那些处于不正确构象的脯氨酸是不能形成正确结构的,必须等待同分异构化的发生。因此,脯氨酸同分异构化就成为蛋白质正确折叠的限速步骤。蛋白脯氨酸异构酶(protein proline isomerase,PPI)可以加快同分异构化的速率。

虽然在 20 世纪 70 年代末到 80 年代初就第一次实现了通过重折叠溶解的包涵体制备重组蛋白,而且在重折叠的方法和技术上也已取得许多进展,但重折叠任意给定的蛋白质仍然具有相当大的挑战。在过去的 10 年,蛋白质结构计划(protein structure initiative,PSI)已通过其众多的结构基因组研究中心克隆和表达了超过 110 000 种蛋白质(截至 2008 年 12 月),但却只能纯化大约 29 000 种(约占 26%)。在大肠杆菌中,50%的真细菌(eubacterial)和古生菌(archaeal)的蛋白质及大约只有 10%的真核生物的蛋白质能以可溶形式表达(Graslund et al., 2008)。那些不可溶的蛋白质通常会被放弃而不是努力寻找有效的重折叠条件。我相信在这些不溶蛋白中有许多都可以通过寻找合适的重折叠条件加以挽救,下面对寻找合适的重折叠条件进行介绍。

有许多优秀的综述介绍了很多蛋白质重折叠的方法(Baneyx and Mujacic, 2004; Cabrita and Bottomley, 2004; Clark, 2001; Jungbauer and Kaar, 2006; Middelberg, 2002; Panda, 2003; Quronfleh et al., 2007; Singh and Panda, 2005; Swietnicki, 2006; Thatcher and Hitchcock, 1994; Tsumoto et al., 2003; Vallejo and Rinas, 2004)。就像我给每一个即将开始做涉及蛋白质重折叠项目的同事提出的那样,我会试着提出下面的一些建议。

2. 重折叠时通常需要考虑的因素

在许多重折叠的尝试中,最主要的问题是对溶解的包涵体进行稀释或透析时会将变性剂的浓度降低到非变性水平,此时你得到的大部分是沉淀,在高蛋白质浓度下进行重折叠更是如此。从某个方面来说,这与起初细胞内包涵体的形成过程很相似。你想使蛋白质从变性状态到部分折叠的中间物,再到天然结构,使黏性的折叠中间体不去发生聚集和形成沉淀。聚集作用依赖于黏性的折叠中间体(folding intermediate)的碰撞。在低蛋白质浓度条件下，碰撞的可能性就减小了。所以重折叠中最好的总的策略是在尽可能低的蛋白质浓度下进行重折叠。在筛选重折叠条件时，应当寻找那些很少出现蛋白质聚集或溶液浑浊的条件。但即使没有明显的沉淀作用（重折叠缓冲液中稀释的蛋白质并不浑浊），也可能存在很多的"可溶性多聚体"（soluble multimer）。可溶性多聚体通常有 2～20 个单体，其可以溶解，但又没有大到足以引起强烈光散射（浊度）的程度。通常这些可溶的多聚体没有活性，而且倾向于与离子交换树脂（ion exchange resins）紧密结合。

3. 常规流程

考虑到大肠杆菌及其他宿主表达的蛋白质常常会存在于包涵体中，下列这些步骤对于获取有活性的天然蛋白质几乎总是必需的。

（1）细胞生长和蛋白质过表达。

（2）细胞裂解、包涵体的分离和洗涤。

（3）溶解包涵体。

（4）鉴定合适的重折叠条件。

（5）蛋白质的重折叠。

（6）必要时再氧化形成二硫键。

（7）高分辨率的离子交换层析。

（8）鉴定终产物以确定重折叠是否成功。

4. 常规操作方案

下面这个典型流程对许多蛋白质都有很好的效果。本操作方案是根据 Nguyen 等（1993）首先开发的方案改编而成，并用于冷泉港蛋白质纯化与鉴定课程的不溶性重组蛋白纯化部分（Burgess and Knuth，1996）。其他类似的流程也可能给出相似的结果，但我们实验室几乎只使用该流程。下面我们将会对关键步骤进行讨论。

（1）使用含有 1 L LB 培养基的 2 L 培养瓶，在 37℃、振摇条件下培养携带了 pET 载体（克隆有目标基因）的大肠杆菌 BL21（DE3）pLysS 菌株（Studier et al.，1990），直至 $A_{600\ \mathrm{nm}}$达到 0.6。

（2）加入异丙基-β-D-硫化半乳糖苷（IPTG）至 0.5～1 mmol/L，诱导 T7 RNA 聚合酶的表达，然后该酶进行目标基因的转录。

（3）诱导 3～4 h 后，15 000 r/min 离心 15 min 以收获细胞，用小体积的培养上清液重悬细胞，然后将其转移至预先称重的 40 mL 橡树岭（Oak Ridge）离心管中，离心以沉淀细胞。记录细胞沉淀的湿重，并冻存于－80℃待用。用此方法一般每升可得到 1.5～2.0 g湿重的大肠杆菌细胞。

（4）解冻细胞，用 30 mL 裂解缓冲液[50 mmol/L Tris-HCl（pH7.9），0.1 mmol/L

EDTA，5%甘油，0.1 mmol/L DTT，0.1 mol/L NaCl]重悬，然后用 60%的功率超声 3 次或 4 次，每次 20 s，每次间隔 1 min 于冰上冷却。

(5) 加入纯的 Triton X-100(来自 10%的质量体积浓度的储存液)至 1%以分解细胞膜和溶解膜蛋白。将裂解物于冰上孵育 10 min，然后 15 000 r/min 离心 15 min 以沉淀包涵体，最后移走可溶性上清液。

(6) 用 30 mL 含 1% Triton X-100 的裂解缓冲液重悬包涵体，冰上孵育 10 min，然后 15 000 r/min 离心 15 min。

(7) 将去除了上清液的包涵体沉淀用 30 mL 不含 Trinton X-100 的裂解缓冲液重悬以去除 Trinton X-100，然后同上条件离心。得到的沉淀称为洗涤后的包涵体成分，其纯度通常高于 90%。

(8) 将洗涤后的包涵体沉淀重悬于合适的变性剂，并孵育使之变性和溶解，然后 15 000 r/min 离心 15 min 以除去任何残余的不溶物。我们通常使用上述裂解缓冲液(如果用盐酸胍稀释则不含 NaCl)，同时加入 6 mol/L 盐酸胍(guanidine hydrochloride，GuHCl)，8 mol/L 尿素(urea)或 0.3%十二烷基肌氨酸钠[或称为 *N*-月桂酰肌氨酸钠(sarkosyl 或 n-lauroyl sarcosinate)]以使包涵体溶解。

(9) 最近，我们采用了一种相对简单的重折叠实验(见下文)以鉴定出合适的重折叠缓冲液。

(10) 将变性样品中的蛋白质浓度调整至 1 mg/mL。

(11) 将变性蛋白质稀释 15～60 倍，以使变性剂浓度降低至蛋白质可以进行重折叠的程度。通常我们或是快速地稀释，或是缓慢地将变性的包涵体蛋白滴加至烧杯中的重折叠缓冲液中，同时剧烈搅拌以快速混匀。稀释过程在室温下进行，混匀完成后，将溶液静置 1～2 h 以保证重折叠过程的完成，同时也使聚集物形成并出现絮凝物。

(12) 用蛋白质低亲和的 0.22 μm 滤膜(如 Stericup-GV 0.22 mmol/L，500 mL，Millipore ＃ SCGVU05RE)过滤重折叠的蛋白质溶液以去除颗粒状物质(如果有明显的沉淀，其可能会堵塞滤膜，可在过滤之前进行离心)。

(13) 将过滤后的溶液尽可能快地(要在柱子和系统压力限制容许的范围内，希望至少 10 mL/min)泵入 10～15 mL 的离子交换层析柱。如果条件允许，监测 280 nm、260 nm和 320 nm 处的吸光度。其中 320 nm 处的光吸收用于测量光的散射，对于某些蛋白质来说，它可显示多聚体形成的峰。

(14) 用 5～10 个柱体积的添加了 0.1 mol/L NaCl 的缓冲液 A[50 mmol/L Tris-HCl(pH7.9)，5%甘油，0.1 mmol/L EDTA，0.1 mmol/L DTT]冲洗柱子，然后用 10 个柱体积的在相同缓冲液中的 0.1～1.0 mol/L NaCl 的线性梯度洗脱，流速为 5 mL/min，每份收集 3～4 mL。

(15) 用 SDS-PAGE 分析 280 nm 的吸收峰，确定不同收集组分的纯度。如果能够进行酶活性分析，那么分析各收集组分以确定具有最高特异性活性的组分。

(16) 混合各收集峰，用含 50%甘油的裂解缓冲液透析，然后冻存于－20℃或－80℃。

(17) 鉴定混合的收集峰。如果可能，将其特异性活性与该蛋白质标准样品的活性进行比较，该标准品的制备使用的是不涉及重折叠的更常规的方法。

5. 对该常规操作流程的评论

5.1 大肠杆菌中重组蛋白的过表达

获得高水平表达与重折叠是不同的主题，在此不会进一步讨论（可见本部分的第12章）。许多系统可以获得占总细胞蛋白质10%～40%的目标蛋白质表达水平（Makrides，1996；Murby et al.，1996；Sorensen and Mortensen，2005；Studier et al.，1990）（见本章第9节）。通常，研究者需要做实验以确定在什么温度下培养细胞、使用多少诱导剂以及诱导多长时间。当目标蛋白质实现高水平的诱导表达后，通常会将细胞离心，然后冻存于－80℃待用。有些说法认为，将细胞冻存数周会使得包涵体难以重折叠，但据我的经验，我们可以使用冻存了数月的细胞做出很好的重折叠效果。然而遗憾的是，据我所知，尚无系统的研究探讨这一问题。

5.2 包涵体的洗涤

我们最初用2%的去氧胆酸钠（sodium deoxycholate）洗涤包涵体（Burgess and Knuth，1996；Nguyen et al.，1993），但后来发现1%的Triton X-100效果更好、使用更方便。强烈推荐大家使用我称为“美食家”（gourmet）的Triton X-100［Pierce，Surfact-Amps X-100，10%（*m/V*）溶液］，其经过纯化除去有时会在旧的淡黄色瓶子里保存的Triton X-100中发现的过氧化物后，保存在密封于安瓿瓶（ampoule）的氮气中。可以尝试用不同的盐和去污剂作用以观察哪一种能够更有效地洗出包涵体中的杂质，而同时又不会溶解目标蛋白质，有时候也可以用1～2 mol/L的尿素洗涤。一般来说，在溶解包涵体之前，需要洗掉尽可能多的膜成分、DNA及其他蛋白质。

5.3 包涵体的溶解

如之前所说，有些包涵体蛋白接近天然状态，用温和的条件，如非离子去污剂（nonionic detergent）或者甚至0.5 mol/L NaCl就可以将其溶解（Vera et al.，2006）。大多数情况下，这种做法是不行的，而是需要使用更强烈的变性条件。

与前面的裂解缓冲液一样，促溶剂/变性剂（solubilizing agent/denaturant）一般溶于缓冲液中，以控制pH、螯合重金属以及维持还原的环境。通常，用促溶剂重悬包涵体，孵育30～60 min，然后离心除去不溶的物质。由于包涵体中的蛋白质至少是部分变性的，所以溶解可在室温下操作，有时甚至需要给溶液加热以实现完全溶解。例如，当把天然的绿色荧光蛋白（green fluorescent protein，GFP）溶于6 mol/L盐酸胍时，在室温下其仍然具有荧光，但在75℃条件下，其会在1 min以内变性并失去荧光（R. Burgess和N. Thompson，未发表的结果）。对促溶作用更详细的论述可参考Marston和Hartley（1990）的文献。

下面是对几种促溶剂使用上的评论。

（1）盐酸胍　它可能是最常用的促溶剂，通常其在相容缓冲液中的使用浓度为

6 mol/L。在这种强的离液剂中(chaotropic agent),大部分蛋白质会迅速变性,但许多时候在较高温度下孵育会有助于实现蛋白质完全变性。一旦溶解后,稀释至 3 mol/L 盐酸胍通常也没有问题,因为从变性状态到天然状态的变化通常发生于 1～2 mol/L 盐酸胍的水平(Pace, 1986)。通常稀释至约 0.1 mol/L 盐酸胍就可以实现足够低的盐水平,以保证重折叠的目标蛋白质结合于离子交换层析柱(见下文)。

(2) *尿素*　8 mol/L 尿素是常用的促溶剂,尤其用于在变性状态下进一步纯化目标蛋白质(Knuth and Burgess, 1987)。一般 8 mol/L 尿素在促进蛋白质溶解和使蛋白质完全变性方面不如 6 mol/L 盐酸胍那么有效。必须注意到总是存在于尿素溶液中的氰酸盐(cyanate)可能引起蛋白质的氨甲酰化(carbamylation)(本书第 44 章对如何尽量降低尿素中的氰酸盐提出了建议)。

(3) *十二烷基肌氨酸钠或十二烷基磺酸钠(sarkosyl 或 SDS)*　研究者发现,十二烷基肌氨酸钠作为有效的促溶剂,能够帮助蛋白质在更高的浓度下重折叠(Burgess, 1996)。十二烷基肌氨酸钠是一种很强的阴离子变性剂,很像 SDS,但其与蛋白质结合得更弱,比 SDS 更易解离。通常包涵体可以溶解于 0.3%的十二烷基肌氨酸钠,但必须注意的是不能用十二烷基肌氨酸钠溶解等于或超过自身重量的蛋白质。例如,如果你要溶解含有 150 mg 目标蛋白质的洗涤过的包涵体,用 20 mL 0.3%的十二烷基肌氨酸钠(60 mg 十二烷基肌氨酸钠)不能溶解完全。你必须加入至少 50 mL 0.3%的或者 30 mL 0.5%的十二烷基肌氨酸钠。

我们注意到,如果在包涵体中存在许多 Triton X-100,那么需要更多的十二烷基肌氨酸钠来溶解目标蛋白质。几乎可以确定,其原因是 Triton X-100 可以形成大的微团,并且可以吸收一些十二烷基肌氨酸钠形成混合微团,而微团是没有促溶解作用的。

如果将 0.3%的十二烷基肌氨酸钠溶解的目标蛋白质稀释至约 0.01%的十二烷基肌氨酸钠,大部分十二烷基肌氨酸钠就会从蛋白质上解离下来,蛋白质就会重折叠。残余的去污剂似乎是与部分重折叠的蛋白质的疏水区(黏性位点)结合,从而阻止聚集作用。其就如同化学伴侣(chemical chaperone)一般发挥作用。如果你的目标蛋白质能够和 POROS HS 之类的阳离子交换柱(cation-exchange column)结合,那么稀释后的溶液可以经过过滤,然后泵入 10 mL 的柱子,用 10～20 个柱体积的 0.1 mol/L 的 NaCl 缓冲液冲洗,然后用盐浓度梯度洗脱(见本章 5.5 节),目标蛋白质将会结合在柱上,而游离的十二烷基肌氨酸钠则会流穿,结合在蛋白质上的残余的十二烷基肌氨酸钠也会在长时间冲洗中解离。对洗脱蛋白质的实验分析表明,蛋白质中基本上没有(10 个蛋白质分子中少于 1 个十二烷基肌氨酸钠分子)残余的十二烷基肌氨酸钠(R. Burgess, 未发表数据)。不要用 MonoS 柱做此工作,因为十二烷基肌氨酸钠会同该柱子结合,并损坏柱子,而且会污染你的洗脱蛋白质。

SDS 也可以以类似的方式使用,但必须注意的是,使用的 SDS 不能含有长的链烷烃(alkane),如 C14、C16 等。用在 SDS 中变性的 GFP 进行的重折叠实验效果很好(R. Burgess、N. Thompson 和 R. Chumanov,未发表数据),因此应该考虑使用 SDS 作为有效的促溶剂。

已有相关文献报道利用阳离子变性剂氯化十六烷基三甲基铵(cetyltrimethylammonium chloride,CTAC)成功实现了蛋白质的促溶和重折叠(Puri et al., 1992)。即使是盐浓度非常低的蒸馏水也能取得促溶效果(Song, 2009)。

5.4 重折叠

假设你已经按如下方法进行了重折叠实验,那么最基本的稀释变性剂的方法就是将溶解的蛋白质稀释入合适的重折叠缓冲液中。然而,这里有3种方法可用于重折叠稀释。

(1) 反向稀释(reverse dilution) 将重折叠缓冲液加至变性蛋白质中,每次加时都要混匀。该方法已有数个成功的例子[如 Gribskov 和 Burgess(1983)]。然而,仔细想想就会知道,这种稀释方法无疑会在蛋白质开始重折叠的关键时期产生最高的蛋白质浓度。例如,如果蛋白质以1 mg/mL的浓度溶解于6 mol/L盐酸胍,那么如果加入2～5体积的重折叠缓冲液(稀释至1～2 mol/L盐酸胍),就可能会在蛋白质浓度为330～160 μg/mL时经历重折叠的过渡状态。

(2) 瞬间稀释(flash dilution) 将变性蛋白质快速加入重折叠缓冲液。例如,将10 mL 6 mol/L盐酸胍中的重折叠蛋白质一次性加入590 mL的合适的重折叠缓冲液中以稀释60倍,同时快速混匀。在重折叠时,蛋白质浓度会成为16 μg/mL,远低于反向稀释的水平,导致蛋白质聚集的可能性较小。

(3) 滴注稀释(drip dilution) 一滴一滴地非常缓慢地将变性蛋白质滴入重折叠缓冲液中,滴加需要1 h。理论上,这应当是最佳的方法,因为蛋白质总是在极低的浓度下进行重折叠[参见 Singh 和 Panda(2005),Vallejo 和 Rinas(2004)的综述]。例如,如果你将0.1 mL上述溶解的蛋白质滴入590 mL重折叠缓冲液中,那么蛋白质浓度只有0.16 μg/mL。因为你滴入的样品量增加得很少,所以蛋白质总是保持在低浓度,而且当最后一滴被加入时,蛋白质浓度为16 μg/mL。然而,如果变性蛋白质经过了1 h的滴加,而且蛋白质有效地重折叠至天然状态的半数重折叠时间只有1～3 min,那么部分重折叠的黏性蛋白的浓度总是很低,因而它们就不会发生聚集。耗费1 h,一滴一滴加入溶解蛋白,这会让人感到厌烦,但可以使用设置为极低流速的蠕动泵将变性蛋白质在1 h这段时间内加入。这样做的重复性更好,而且显著减少了研究生的精力消耗。

蛋白质稀释后将其静置30～60 min,然后按常规流程中介绍的那样进行过滤。否则,当将蛋白质溶液上样至柱子(见下文)时,非常小的颗粒状的物质就可能会堵塞柱子,引起压力升高,从而使实验中途失败,或是需要将流速降得很低以至于上样就要花费数小时。

5.5 高分辨率的离子交换层析

蛋白质经过重折叠和过滤后,最后一步的高分辨率离子交换层析柱用于完成下面5项重要工作。

(1) 浓缩蛋白质(如从600 mL浓缩到4～8 mL)

(2) 去除变性剂(在流穿液中)

(3) 去除次要的杂质(在流穿液中,或是与柱子的结合弱于或强于与目标蛋白质的结合) 如果使用高分辨的阴离子交换柱,如 POROS HQ 或 MonoQ,任何 DNA 污染物都会紧密结合在柱子上，使用 0.6～0.9 mol/L 的 NaCl 可以洗脱下来。如果非常希望在终产物中没有大肠杆菌的脂多糖(lipopolysaccharide，LPS)，可以在开始用盐浓度梯度洗脱之前用异丙醇(isopropanol)冲洗柱子以大大减少 LPS。

(4) 选择均一的，有活性的单体　如果有通过非重折叠技术纯化的天然蛋白质的样品，那么就能知道在同样的离子交换柱上用何种盐浓度可以将其洗脱。如果在相同的盐浓度下，重折叠样品洗脱出了一个主要的峰(peak)，那么就可以部分地确信该蛋白质得到了正确重折叠，因为如果使用的柱子具有高分辨率，那么错误折叠的分子可能会有(但不是一定的)略微不同的洗脱结果。

(5) 除去可溶的蛋白质多聚体　在重折叠样品中常有可溶的多聚体(见本章 5.7 节)。如果你选择的重折叠溶液很合适，那么多聚体也可能会极少；否则，它们会是重折叠产物的主要成分。这些可溶的 N 聚体与单体相比带有 N 倍的电荷。由于有更多的电荷，其倾向于与离子交换柱结合得更紧密，洗脱下来也更晚。如果蛋白质是用于结晶以测定结构，去除多聚体是很重要的一步，因为不均一相的材料不大可能结晶。

以我的经验，大多数情况下，从柱子中洗脱出的第一个主峰中的蛋白质都会是高品质的、纯的、具有完整生物活性的蛋白质。

5.6　再氧化以形成正确二硫键

如果你的蛋白质不含半胱氨酸，这就不是问题。然而，大部分蛋白质都含有半胱氨酸，而且许多都有作为三维结构重要组成部分的二硫键。由于大肠杆菌的胞质是还原性很强的环境，大部分内源蛋白质都处于还原状态。如果你向裂解缓冲液中加入还原剂，如 0.1～1 mmol/L 的 DTT，你通常可以使蛋白质保持在还原状态，防止其在上述的再折叠的早期步骤中形成不想要的或不正确的二硫键。然而，只要你重折叠目标蛋白质，如果其能够形成二硫键，你就必须在某些阶段允许蛋白质的再氧化以形成二硫键。含有半胱氨酸，但一般不含二硫键的蛋白质中，其半胱氨酸未处于形成二硫键所需的精确的几何构型中[见 Anthony 等(2002)]。因此，虽然经常会存在大量可能的错误的二硫键，但其并不会轻易形成。最好的策略是在氧化还原缓冲液(redox buffer)中进行蛋白质的重折叠。这种缓冲液(见下文)含有还原剂和氧化剂的混合物，可以允许二硫化物发生"洗牌"(shuffling)[见 Gilbert(1994)]。二硫化物的"洗牌"是由二硫键反复形成和还原组成的。如果在错误折叠的蛋白质中形成了不正确的二硫键而且不能被还原，蛋白质就会被冻结在错误构象而不能达到天然状态。如果这个二硫键得以还原，蛋白质就会继续在半折叠中间状态之间变化，直到形成正确结构。如果形成了正确的键，它就可以稳定最终的天然蛋白质。即使偶尔被还原，蛋白质也会处于稳定状态，而且通过再氧化又能形成正确的键。因为这个原因，仅在溶解缓冲液中而不在重折叠缓冲液中加入还原剂，常常也可以取得成功。重折叠后，可以使蛋白质经历缓慢的空气氧化(在空气中暴露 1～2 天)，常常能获得正确的二硫键结构。关于更多的再氧化的内容可见 Vallejo 和 Rinas(2004)及 Kirsten 和 Raines(2003)的文献。

形成二硫键的一些经典方法如下所述。

(1) 空气氧化 不加还原剂暴露在空气中数天。

(2) 氧化还原缓冲液 如还原型谷胱甘肽(GSH)/氧化性谷胱甘肽(GSSG)(10/1,3 mmol/L GSH/0.3 mmol/L GSSG)。有多种氧化还原对(redox pair)在使用,它们包括还原型谷胱甘肽(GSH)和氧化型半胱氨酸、二硫苏糖醇(DTT)和谷胱甘肽。为了取得最佳的二硫化物的再氧化效果,还原形式与氧化形式的摩尔比有时是不同的。

(3) 蛋白质二硫键异构酶(protein disulfide isomerase,PDI) 该酶可以催化二硫化物的"洗牌"(Kersteen and Raines, 2003)。也可以使用小分子 PDI 类似物(mimics)(Woycechowsky et al., 1999)。

5.7 鉴定

在浏览涉及重折叠的论文时,我发现最常见的问题是研究者不知道他最终得到的蛋白质是否进行了正确的折叠、是否是单分散性的(monodisperse)以及是否具有完整的生物活性。常见的方法是酶学分析或生物学分析,但通常没有任何标准。你可以见到诸如"由于终产物具有活性,这显示其进行了正确的折叠而且具有完整的活性"这样的描述。然而只有与已知的、具有完整活性的标准品进行比较后才能评估终产物具有多少活性。没有比较,你只能知道其有活性,但无法确定活性蛋白质的百分比是 100%、10%、0.1%还是 0.01%。如果可能的话,对重折叠过程所得到的终产物的特异性与活性进行这种测定是必须的。

另有一项重要的鉴定是确定重折叠蛋白质的大小。是单体(单分散性)还是含有大量可溶的多聚体[非均相分散(heterodisperse)]。晶体学家通常使用动态光散射(dynamic light scattering,DSL)来确定纯化的、重折叠或未重折叠的蛋白质是否是单分散性的。另一个方法是由加利福尼亚州 La Jolla 市的诺华研究基金会基因组研究所(Genomics Institute of the Novartis Research Foundation,GNF)的 Mark Knuth 开发的,利用分析性分子筛色谱技术(analytical size exclusion chromatography,ANSEC)分析终产物。我们发现该方法非常有用,因为即使非常少量的蛋白质也能用该法分析。通常,我们用 12 mL 的 Shodex KW-802.5 柱子和含有 0.25 mol/L NaCl 的缓冲液,以 0.5~1.0 mL/min 的流速分析 20~50 μg 的样品,同时监测 280 nm 和 215 nm 的紫外线吸收。当柱子用合适的分子质量标准进行校准后,就可以快速地确定大部分蛋白质是否处在所预测大小的单体形成的单一的峰内(单分散性,好情况),或者大部分蛋白质是否更早地被洗脱,这意味着多聚体的形成导致其分子质量较大(非均相分散,糟糕的情况)。这一步骤的分析是一套完整的重折叠测试实验的重要组成部分(见下文)。

不能用圆二色谱(circular dichroism,CD)或免疫印迹(Western Blot)分析确定活性或单分散性。大量的实例表明,有许多蛋白质与天然的标准品具有非常相近的或相同的 CD 谱,而且在免疫印迹分析中结果很好,但其实不具备单分散性或者不具有活性。

6. 蛋白质重折叠条件的筛选实验

6.1 系统的重折叠筛选

在前面所述的常规流程以及讨论中,我们假设已经知道了针对目标蛋白质的合适重折叠溶液。然而,这是设计有效的重折叠方案时最不可缺少也是最困难的部分。在早期叙述的蛋白质重折叠论文中,通常只选用一种重折叠溶液,它或者有效或者无效。那些有效的就发表出来,而无效的则通常舍弃。这导致的结果就是早期成功进行重折叠的蛋白质是那些通常在许多不同的条件下都能很容易地重折叠的蛋白质。近年来,人们越来越明白许多蛋白质只能在非常特殊的条件下才能重折叠。挑战已经变为如何对许多可能的条件进行筛选以从中挑选出能有效地促进蛋白质重折叠的条件。最重要的一个进展是使用部分因子原理(fractional factorial approach)去系统地确定许多不同变量的影响(Armstrong et al., 1999; Cowieson et al., 2006; Quronfleh et al., 2007; Tre saugues et al., 2004; Vincentelli et al., 2004;Willis et al., 2005)。

已经开发了数种商业化的产品用于帮助研究者鉴定合适的蛋白质重折叠条件。关于蛋白质重折叠条件筛选和相关操作方案的更多信息可参考下面的公司网站。

AthenaES QuickFold™ (15-solution kit), http://www.athenaes.com/QuickFold-ProteinRefolding Kit;

EMD/Novagen's iFOLD1™、iFOLD2™ 和 iFOLD3™ (96-solution kit), http://www.novagen.com;

Pierce Biotechnology's ProMatrix™ (96-solution kit components), http://www.fishersci.com。

随着这种筛选技术使用经验的积累和新的辅助方法的鉴定,这个名单很可能会变长,筛选技术也会继续进步。必须注意的是,对于那些买不起这些昂贵试剂盒的研究者来说,没有什么可以阻止他们设计一套自己的测试溶液及制订自己的蛋白质重折叠筛选方法以满足他们特殊的需求,这里的关键是系统的平行筛选多种重折叠条件。

6.2 重折叠中的变量

存在许多的溶液变量(如 pH、温度、盐浓度、氧化还原环境和二价离子的存在)和添加剂(additive)(已有报道显示它们能够提高溶解的包涵体蛋白的重折叠效率)。在设计前面提到的商业化蛋白质重折叠筛选产品时已经考虑到了这些变量和添加剂,它们也为那些想要设计自己的蛋白质重折叠筛选方法的研究者提供了示例。下面讨论了这些变量。其他的关于蛋白重折叠的综述对其中一些变量有更详细的讨论(Armstrong et al., 1999; Cowieson et al., 2006; Middelberg, 2002; Quronfleh et al., 2007; Schein, 1991; Singh and Panda, 2005; Trésaugues et al., 2004; Vallejo and Rinas, 2004; Vincentelli et al., 2004; Willis et al., 2005)。

(1) pH 大部分蛋白质重折叠在 pH 5~9 内完成,在我们实验中,大部分蛋白质在

pH 8～8.5 时重折叠效果最好。一般来说，所使用的 pH 距蛋白质等电点（蛋白质不带净电荷，最倾向于沉淀时的 pH）至少相差一个单位是个不错的想法。

(2) 温度 目前，没有明显的趋势表明有任何广泛适用的最佳蛋白质重折叠温度。大部分研究者在接近室温的条件下进行蛋白质重折叠。这个温度对于防止蛋白质的热损伤足够低，对于增加分子的热力学运动又足够高，分子的热运动对于溶解瞬时错误折叠构象和达到天然构象可能是非常重要的。有人也许会说更高的温度会加强可能导致聚集的疏水相互作用，但它也会加强将疏水残基埋在天然构象内部时所需的疏水相互作用。

Xie 和 Wetlaufer（1996）发表了一篇非常有趣的文章，该文涉及在 4 mg/mL 的蛋白质浓度下，1 mol/L GuHCl 和 50 mmol/L Tris 硫酸（Tris sulfate），pH 7.5 的条件下，在不同温度下重折叠碳酸酐酶 II（carbonic anhydrase II）。其结果表明在低温（4～12℃）下重折叠 120 min，然后温度"跳跃"（temperature-leap）至 36℃并持续 30 min，这样可以得到非常好的酶活回收率（>90%）。他们认为在低温下疏水相互作用会被减小，从而尽可能的降低了聚集作用，同时允许蛋白质缓慢的转变为一种无活性的或无聚集倾向的中间体。当温度从 4℃"跳跃"至 36℃时，这种中间体就会转化为有高活性的天然形式。

(3) 盐浓度 可能需要某些盐来起到"盐溶"（salting in）作用以增加天然蛋白质的可溶性（见本书第 20 章）。通常使用 50～100 mmol/L 的盐。在对 6 mol/L 盐酸胍稀释 60 倍时，盐酸胍的终浓度就变为 0.1 mol/L。为了不影响与合适的离子交换层析柱的结合，通常避免加入其他盐以使盐浓度就保持在足够低的水平。

(4) 氧化还原试剂 前面关于再氧化的章节已经讨论了使用氧化还原缓冲液辅助二硫键的形成。在一些商业化试剂盒中，包含有无还原剂溶液、有还原剂溶液，以及含有不同比例的还原剂和氧化剂的氧化还原缓冲液。

(5) 二价阳离子 该变量还未经过全面的探索研究，但已知天然蛋白质通常含有二价阳离子（如 Mg^{2+} 或 Zn^{2+}）作为其结构的一部分。显然，任何能够稳定蛋白质天然结构的因素都会利于重折叠向天然构象的方向进行，而远离蛋白质的聚集。

(6) 精氨酸和其他氨基酸 有大量的文献描述了使用精氨酸（arginine）来促进溶解蛋白的重折叠，以及解释其如何减弱了聚集作用（Arakawa et al., 2007; Baynes et al., 2005; Das et al., 2007; Dong et al., 2004; Reddy et al., 2005）。似乎精氨酸可以通过降低蛋白质间相互作用的速率来减弱聚集作用。Das 等认为这是由于精氨酸在溶液中形成了超分子组装体（supramolecular assembly）。其缺点之一是通常在 0.5～1.0 mol/L 浓度下使用，这也是其最有效的范围。如果不经稀释或透析，此浓度就会妨碍后续的 Ni^{2+} 螯合亲和层析柱色谱，并会阻止大部分蛋白质与离子交换层析柱的结合。已经发现天然的渗透保护剂（osmoprotectant）脯氨酸有时无论在体外还是体内也能增强蛋白质可溶性。

(7) 甘油和糖[蔗糖、甘露糖醇（mannitol）、山梨糖醇（sorbitol）和海藻糖（trehalose）] 我们已经发现在许多时候甘油都是非常好的蛋白质重折叠添加剂，通常的使用浓度为 5%～30%。Shimamoto 等（1998）使用的一个极端的方法涉及将包涵体用 6 mol/L 盐酸胍溶解至 2～10 mg/mL，加入甘油至 50%（V/V），在 75%甘油中透析以除去变性剂，然后快速稀释至 5%～10%的低甘油浓度。已经发现一些糖为 0.5～1.5 mol/L 时能成功地促进蛋白质重折叠（Bowden and Georgiou, 1988）。

(8) 其他化学添加剂　大量的各种各样的论文报道使用诸如聚乙二醇(polyethylene glycol,PEG)(Cleland et al., 1992)、环糊精(cyclodextrin)(Rozema and Gellman, 1996),以及各种非去污剂磺酸甜菜碱(nondetergent sulfobetaine,NDSB)(Expert-Bezancon et al., 2003)这样的物质来促进特定蛋白质的重折叠。有报道称特定的离子液体(ionic liquid)(如熔点低于 100℃有机盐),例如,N'-烷基-N-甲基咪唑氯化物(N'-alkyl-N-methylimidazolium chloride)可作为重折叠添加剂(Lange et al., 2005)。乙基(ethyl)和丙基衍生物(propyl derivative)在 0.5～1.0 mol/L 的浓度下表现出了与左旋精氨酸(L-arginine)相当的增加蛋白质活性和重折叠产量的作用。

(9) 去污剂　理论上,去污剂在重折叠时应该可以帮助阻止聚集作用。在低浓度下,它们与暴露的疏水区或黏性区微弱结合,并将其掩盖,从而阻止聚集作用。当它们的浓度降低时,就会从蛋白质解离从而允许蛋白质天然构象的形成。这被认为是十二烷基肌氨酸钠能够很好地起作用的原因。在高浓度下,其为变性剂,在低浓度下其就作为人工分子伴侣,阻止了聚集作用从而促进重折叠。

(10) 离液剂(chaotropic agent)(高浓度下的变性剂)　由于聚集作用是由部分折叠的中间体之间的相互作用导致的,有时在重折叠溶液中加入非变性剂量的离液剂(chaotrope)对解离聚集体是有用的,同时不会损伤更稳定的天然结构。常用 1 mol/L 尿素和 0.5 mol/L 盐酸胍。

(11) 目标蛋白质特异的添加剂　如同前面关于特定二价阳离子的潜在好处的论据一样,诸如合适的底物、辅因子(cofactor)、或必需的血红素基团(heme group)等物质的存在可以稳定目标蛋白质天然结构,提高其重折叠产量。

6.3　一个实用的、经济的、合理的方法

有了所有的重折叠筛选方法,你还必须获得某种读出(readout)来显示哪种条件最有效。最好的情况是你的目标蛋白质是已知的酶,且很容易分析。你只需将你溶解的蛋白质稀释至不同的重折叠缓冲液中,等待一些时间以完成重折叠(通常为数小时),然后取一部分稀释的溶液分析其酶活性。

如果你想检测各种条件对重折叠 GFP 这样的荧光蛋白的影响就更简单了,因为只有当 GFP 折叠正确时荧光才能恢复,而且在折叠中和折叠后也很容易通过合适的荧光平板读取器进行测量。这给蛋白质重折叠的教学提供了非常好的训练方法,并且已被用于冷泉港的蛋白质培训课程中(R. Burgess、N. Thompson、R. Chumanov, 未发表的结果)。

然而,近来研究的大部分蛋白质既不是酶,也没有简单的生物学分析方法。如何知道哪种重折叠条件效果最好呢,下面的操作方案已经被使用并取得了巨大成功的(R. Chumanov 和 R. Burgess, 未发表的结果)。该操作流程相当普通,利用了蛋白质聚集导致的溶液的浑浊(Tre'saugues et al., 2004; Vincentelli et al., 2004)。

(1) 准备洗涤过的包涵体,溶解于前面提到的几种不同的离液剂中,并离心除去不溶物。蛋白质浓度应当为 3～5 mg/mL。

(2) 根据你认为可能起作用的变量和添加剂,准备一套待测溶液。

(3) 用移液器吸取 10 μL 溶解的蛋白质,将其移入 96 孔微量滴定板(Linbro,平底,

聚苯乙烯)的合适数目的孔中。

(4) 加入 190 μL 待测的重折叠溶液,在室温下用移液器上下混匀数次以进行 20 倍的瞬间稀释。

(5) 等待 15～60 min,读取 320 nm 的吸光度。溶液是不吸收光的,但蛋白质聚集物会散射光从而降低测量到的透射光的量。这种方法效果很好,因为波长越短,光的散射越强,蛋白质在 320 nm 没有吸收,而 320 nm 又是我们可以使用的最短波长,因为平板会对更短的波长有很大的吸收。在 320 nm 塑料导致的空白孔的吸光度大约为 0.2,可以用溶液浑浊导致的表观吸光度读数减去该值以得到校正的浊度。

(6) 可以使用减去平板吸光度后得到的吸光度数值对溶液编号作图,这样可以看出哪种溶液的浊度最低。校正后的浊度值一般为 0.0～0.4。我们常常发现多种条件都可以得到低的甚至是为零的校正浊度。使用不同的溶解试剂,如 6 mol/L 盐酸胍、8 mol/L 尿素或 0.3%十二烷基肌氨酸钠将蛋白质变性通常会得到稍有不同的结果。

(7) 选择 2 种或 3 种可以直接上样(经过过滤)至分析性分子筛色谱柱(ANSEC,见本章 5.7 节)的最好条件。为了在大规模重折叠中真正有用,其同时还必须能够直接上样至合适的离子交换层析柱,其盐浓度应约为 0.1 mol/L NaCl。将溶液(约 200 μL)从相应的孔中取出,用注射器式滤器过滤或用微量离心管离心,上样至 12 mL 的 ANSEC 层析柱。一个能够得到低浊度和经 ANSEC 层析柱分析大部分为单体的条件就是可能用于目标蛋白质大规模重折叠的条件。

7. 其他的重折叠流程

尽管本章的重点是通过将溶解后的包涵体蛋白稀释于合适的重折叠溶液使其重折叠,但还有几种别的重要的蛋白质重折叠方法需要进行简要地介绍。

(1) 柱上重折叠(on-column refolding)　这是研究与应用的一大活跃领域。其基本原理是当结合在柱子中的离子交换树脂上或是停留于凝胶过滤树脂的孔道中时,变性蛋白是受到约束或隔离的,如果变性剂浓度逐渐下降,它就会发生重折叠,但不大可能会聚集。该想法最早是由 Tom Creighton 在 20 世纪 80 年代末提出的,现在已经广泛用于各种不同的层析柱,如离子交换、亲和、金属螯合亲和、疏水相互作用以及凝胶过滤层析。例如,你可以将 8 mol/L 尿素溶解的包涵体蛋白上样至离子交换柱,先用 8 mol/L 尿素冲洗掉一些杂质,再用逐渐降低的尿素浓度梯度冲洗,最后用盐浓度线性梯度洗脱。另外一个方法是预先给凝胶过滤层析柱加一个逆向的变性剂梯度。柱子的顶端为 8 mol/L 尿素,柱子中部线性地下降至 0 mol/L 尿素,柱子的下半部分则为 0 mol/L 尿素。研究者将变性蛋白质加至柱子,然后让变性剂在低流速下进入柱子。蛋白质会快于缓冲液(因为蛋白质会部分或全部被小珠子排斥在外)沿着柱子向下走,而且逐步进入越来越低浓度的变性剂环境中直至其开始重折叠并从柱子中洗脱出来。其难点在于确定逆向梯度的陡度(steepness)和体积。最近的几篇综述和论文很好地总结了各种相关的操作方案和应用(Jungbauer and Kaar, 2006; Jungbauer et al., 2004; Oganesyan et al., 2005; Swietnic-

ki，2006；Veldkamp et al.，2007)。尽管柱上重折叠方法看起来很理想，但实际中常常是随着变性剂浓度降低，蛋白质会沉淀在柱子上并损失掉。这通常是由于许多研究者倾向于上过量的样品或是从蛋白质已经变得饱和的一端上样。在这种情况下，蛋白质受到树脂的约束也无济于事，因为与树脂结合的蛋白质之间的距离相当近，在重折叠时仍然足以发生聚集。有时会起作用的一个通用步骤是将变性剂中的蛋白质以远远低于饱和的量分批结合与树脂上(显然不适用于分子筛色谱)，然后用树脂装柱子，最后在柱子上进行接下来的洗涤和洗脱步骤。

(2) 使用如蛋白质和化学伴侣之类的折叠催化剂，如脯氨酸异构酶(peptidyl proyl cis-trans isomerase，PPI)和二硫键异构酶(protein disulfide isomerase，PDI)　另外一个非常好的方法是将不同的酶和分子伴侣共价连接至凝胶过滤层析柱的树脂，然后在柱子中重折叠。单独或是组合在一起进行固定的酶包括：PPI(催化脯氨酸的异构化)、PDI(促进硫化物的"洗牌")、催化二硫键形成的 DsbA 和 DsbC 以及辅助折叠的分子伴侣 GroEL/GroES(Baneyx and Mujacic，2004；Jungbauer et al.，2004；Paul et al.，2007；Swietnicki，2006)。

(3) 高压重折叠　根据 Quronfleh 等(2007)的总结，大量论文报道了将包涵体暴露于高的静液压下(hydrostatic pressure)(1.5～2.5 kbar①)可以成功实现包涵体的溶解。他们宣称将包涵体暴露于特定范围的高压下可以在不变性的条件下将聚集的蛋白质解聚。据报道，通过在不同的缓冲液中加压、维持高压及缓慢降压可以实现可溶性活性酶的高回收率。尽管该方法已由 Barofold(Boulder，CO)实现了商业化，开发了特殊的压力容器(PreEMP™高压容器)，但该设备使用范围并不广。有时尽管包涵体溶解了，蛋白质大部分还处于可溶的多聚体状态。与本章大部分内容所讨论的用变性剂溶解和重折叠类似，研究者必须通过筛选多种条件，才能找到获得活性蛋白质最优回收率所需的合适条件。

(4) 碱性 pH 转换(alkaline pH shift)以溶解和重折叠　Singh 和 Panda(2005)认为，包涵体中的蛋白质大部分是折叠的，如果不加至高浓度的盐酸胍或尿素溶液中，蛋白质能够更高效地重折叠。他们称包涵体蛋白[重组人生长激素(recombinant human growth hormone)]在 pH12.5 条件下能够很好地溶于 2 mol/L 尿素，浓度可达 2 mg/mL，但保持有重要的二级结构。将溶解后的包涵体蛋白稀释于 2 mol/L 尿素，pH8.0 的溶液中，可以得到 40%的活性回收率。

8. 重折叠数据库：REFOLD

可以从 http://refold.med.monash.edu.au 进入一个储存蛋白质重折叠信息的数据库。

该数据库是由 S. Bottomley 和他在蒙纳士大学(Monash University)的同事共同开发的，它有超过 1000 种已经成功实现重折叠的蛋白质，它还介绍了各种重折叠技术、细胞破碎方法、融合蛋白技术及重折叠样品制备相关的技术方案及这些技术方法使用频率的

① 1 bar=10^5 Pa，后同

统计信息(Chow et al., 2006)。例如,几乎85%的实例使用多种形式的稀释和透析除去变性剂,而大约12%的实例则利用柱上重折叠。

9. 提高可溶性蛋白比例的策略

确定可溶物和不溶物比例的标准方法是制备细胞裂解液然后离心以沉淀不溶物(未破碎的细胞、细胞碎片和包涵体)。用SDS-PAGE分析总蛋白质(粗裂解物)、可溶部分(上清液)、不溶部分(沉淀)3种成分,并通过染色强度或Western Blot分析比较3种成分中目标蛋白质条带的强度。如果绝大部分目标蛋白质都在可溶部分中,就可以认为蛋白质是可溶的。如果大部分在沉淀中,就可以认为蛋白质是不溶的。通常,可溶和不溶组分都含有目标蛋白质。尽管这个方法通常可以准确地估计可溶蛋白的比例,但我曾见过两个特例,其结果是误导性的。第一个是当细胞裂解不完全时,沉淀部分的SDS凝胶带型就会与细胞裂解液相似。这就要求使用更加有效的裂解条件(见本书第18章)。有时由于存在可溶性的多聚体,或是包涵体沉淀效率不高,研究者会看到相当一部分目标蛋白质位于可溶组分中。如果超声过于剧烈,有时包涵体会被破碎成为不能完全沉淀的小颗粒。这可以通过时间更久、更有力的离心加以补救。由于大量的大DNA分子导致裂解液过黏,包涵体也会沉淀不完全。利用Benzonase之类的核酸酶处理裂解液可以降低黏度。

尽管我认为对大部分表达的蛋白质都能找到有效的重折叠条件,如果可能的话,许多研究者还是强烈地希望减少包涵体的形成,增加可溶部分的比例。在许多表达系统中蛋白质表达量是相当高的,只要有20%的蛋白质可溶,就能得到数量相当可观的可用更标准的方法纯化的蛋白质。下面列出了一些可以增加可溶蛋白产量的策略(见Schein(1989)以及本书第11章、第12章)。

(1) 在较低的温度下诱导过表达,如20℃ 20世纪80年代末,Schein(1989)经观察发现在低于大肠杆菌正常生长温度37℃的条件下诱导目标蛋白质表达可以增加可溶成分的比例。尽管细胞在低温下生长相当缓慢,但通常使用的温度为20~25℃。其基本原理似乎是这样的:在低温下,转录和翻译变慢,这导致蛋白质会有更多的时间折叠出天然结构,并且部分折叠的、黏性的折叠中间体在胞内的浓度会较低,从而聚集作用和包涵体的形成都会减少(Vera et al., 2006)。

(2) 向培养基中加入0.4 mol/L蔗糖 该方法是由Bowden和Georgiou(1988)报道的。引起该现象的原因可能在于高渗引起了渗透休克反应(osmotic shock response),该反应增加了胞内谷氨酸、脯氨酸和海藻糖(trehalose)的水平,从而为蛋白质重折叠提供了更加有利的环境。

(3) 与分子伴侣共表达 已知DnaK/J和GroEL/ES之类的分子伴侣可以抑制细胞内的蛋白质错误折叠和聚集。因此可以通过另外引入含有这几种分子伴侣的基因的质粒来增加这几种蛋白质的水平。

(4) 在42℃短暂热休克细胞,然后降温至20℃后诱导表达 这是一种简易的方法,不需要如前面一样与分子伴侣共表达,而是利用天然的热激反应增加DnaK/J和GroEL/ES

的水平。一个比较合理的流程是在 35℃下将细胞培养至 $A_{600\ nm}$ 约为 0.5，然后快速升温至 42℃，维持 15～20 min 以诱发热激反应，然后降温至 20～25℃，并诱导目标蛋白质表达 4～8 h。

(5) 与复合物的多个亚基共表达　观察发现对于能形成稳定异源二聚体的两种蛋白质来说(表述为蛋白质 X 和蛋白质 Y)，如果在大肠杆菌内单独表达时则大部分不可溶，但如果将其共表达，它们会再折叠，形成正常的二聚体(XY)，而且可溶。这样的表达载体已由 EMD/Novagen 实现了商业化，称为 Duet vectors。

(6) 与易于再折叠的蛋白质融合表达　如 NusA、Trx、MBP、GST、SUMO 和 Halo 标签之类的可溶性标签(见本书第 16 章)。

(7) 在大肠杆菌胞质内形成二硫键　大肠杆菌胞质是还原性的，可以阻止大部分的二硫键形成。突变谷胱甘肽还原酶(*gor* 基因)和硫氧还蛋白还原酶(*trxB* 基因)可以增强大肠杆菌胞质内的二硫键形成(Bessette et al., 1999)。菌株 AD494(DE3)和 BL21trxB(DE3)是 *trxB* 缺陷型的。Novagen 的 Origami 菌株是 *trxB* 和 *gor* 缺陷型的。

10. 结论

重组蛋白在大肠杆菌中过表达经常会在胞内形成不溶性的包涵体。包涵体易于纯化和溶解，但找到合适条件以高效地重折叠溶解后的包涵体蛋白有时是困难的。最好的通用策略似乎就是平行地筛选不同的重折叠条件以找到酶活性回收率最大或蛋白质聚集作用引起的浊度最低且可溶的多聚体最少的条件。有多种添加剂被证明可能有助于蛋白质重折叠，但蛋白质重折叠时阻止聚集作用和沉淀作用最确定的方法是在低浓度下进行重折叠。

(刘　炬　译　郭　强　校)

参考文献

Anfinsen, C. B. (1973). Principles that govern the folding of protein chains. *Science* **181,** 223–230.

Anthony, L. C., Dombkowski, A. A., and Burgess, R. R. (2002). Using disulfide bond engineering to study conformational changes in the β'260–309 region of *E. coli* RNA polymerase β' during σ70 binding. *J. Bacteriol.* **184,** 2634–2641.

Arakawa, T., Ejima, D., Tsumoto, K., Obeyama, N., Tanaka, Y., Kita, Y., and Timasheff, S. N. (2007). Suppression of protein interactions by arginine: A proposed mechanism of the arginine effects. *Biophys. Chem.* **127,** 1–8.

Armstrong, N., De Lencastre, A., and Gouaux, E. (1999). A new protein folding screen: Application to the ligand binding domains of a glutamate and kainite receptor and to lysozyme and carbonic anhydrase. *Protein Sci.* **8,** 1475–1483.

Baneyx, F., and Mujacic, M. (2004). Review. Recombinant protein folding and misfolding in *E. coli*. *Nat. Biotechnol.* **22,** 1399–1408.

Baynes, B. M., Wang, D. I. C., and Trout, B. L. (2005). Role of arginine in the stabilization of proteins against aggregation. *Biochemistry* **44,** 4919–4925.

Bessette, P. H., Åslund, F., Beckwith, J., and Georgiou, G. (1999). Efficient folding of proteins with multiple disulfide bonds in the *E. coli* cytoplasm. *Proc. Natl. Acad. Sci. USA* **96,** 13703–13708.

Bowden, G. A., and Georgiou, G. (1988). The effect of sugars on β-lactamase aggregation in *E. coli*. *Biotech. Prog.* **4,** 97–101.

Bowden, G. A., Paredes, A. M., and Georgiou, G. (1991). Structure and morphology of protein inclusion bodies in *E. coli*. *Biotechnology (NY)* **9,** 725–730.

Burgess, R. R. (1996). Purification of overproduced *E. coli* RNA polymerase sigma factors by solubilizing inclusion bodies and refolding from Sarkosyl. *Meth. Enzymol.* **273,** 145–149.

Burgess, R. R., and Knuth, M. (1996). Purification of a recombinant protein overproduced in *E. coli*. *In* "Strategies for Protein Purification and Characterization: A Laboratory Manual", (D. Marshak, J. Kadonaga, R. Burgess, M. Knuth, W. Brennan Jr., and S.-H. Lin, eds.), pp. 205–274. Cold Spring Harbor Press, New York.

Cabrita, L. D., and Bottomley, S. P. (2004). Protein expression and refolding—A practical guide to getting the most out of inclusion bodies. *Biotechnol. Annu. Rev.* **10,** 31–54.

Chow, M. K., Amin, A. A., Fulton, K. F., Whisstock, J. C., Buckle, A. M., and Bottomley, S. P. (2006). REFOLD: An analytical database of protein refolding methods. *Protein Expr. Purif.* **46,** 166–171.

Clark, E. D. (2001). Protein refolding for industrial processes. *Curr. Opin. Biotechnol.* **12,** 202–207.

Clark, P. L. (2004). Protein folding in the cell: Reshaping the folding funnel. *Trends Biochem. Sci.* **29,** 527–534.

Cleland, J. L., Builder, S. E., Swartz, J. R., Winkler, M., Chang, J. Y., and Wang, D. I. (1992). Polyethylene glycol enhanced protein refolding. *Biotechnology* **10,** 1013–1019.

Cowieson, N. P., Wensely, B., Listwan, P., Hume, D. A., Kobe, B., and Martin, J. L. (2006). An automatable screen for the rapid identification of proteins amenable to refolding. *Proteomics* **6,** 1750–1757.

Das, U., Hariprasad, G., Ethayathulla, A. S., Manral, P., Das, T. K., Pasha, S., Mann, A., Ganguli, M., Verma, A. K., Bhat, R., Chandrayan, S. K., Ahmed, S., Sharma, S., Kaur, P., Singh, T. P., and Srinivasan, A. (2007). Inhibition of protein aggregation: Supramolecular assemblies of arginine hold the key. *PLoS ONE* **2,** e1176.

Dong, X.-Y., Huang, Y., and Sun, Y. (2004). Refolding kinetics of denatured-reduced lysozyme in the presence of folding aids. *J. Biotechnol.* **114,** 135–142.

Expert-Bezancon, N., Rabilloud, T., Vuillard, L., and Goldberg, M. E. (2003). Physico-chemical features of non-detergent sulfobetaines active as protein folding helpers. *Biophys. Chem.* **100,** 469–479.

Gilbert, H. F. (1994). The formation of native disulfide bonds. *In* "Mechanisms of Protein Folding", (R. H. Pain, ed.), pp. 104–136. IRL Press, Oxford.

Graslund, S., *et al.* (2008). Protein production and purification. *Nat. Methods* **5,** 135–146.

Gribskov, M., and Burgess, R. R. (1983). Overexpression and purification of the sigma70 subunit of *E. coli* RNA polymerase. *Gene* **26,** 109–118.

Ignatova, Z., and Gierasch, L. M. (2006). Inhibition of protein aggregation *in vitro* and in vivo by a natural osmoprotectant. *Proc. Natl. Acad. Sci. USA* **103,** 13357–13361.

Jungbauer, A., and Kaar, W. (2006). Review. Current status of technical protein refolding. *J. Biotechnol.* **128,** 587–596.

Jungbauer, A., Kaar, W., and Schlegl, R. (2004). Folding and refolding of proteins in chromatographic beds. *Curr. Opin. Biotechnol.* **15,** 487–494.

Karplus, M. (1997). The Levinthal paradox: Yesterday and today. *Fold. Des.* **2,** S69–S75.

Kersteen, E. A., and Raines, R. T. (2003). Minireview. Catalysis of protein folding by protein disulfide isomerase and small-molecule mimics. *Antioxid Redox Signal.* **5,** 413–424.

Knuth, M. W., and Burgess, R. R. (1987). Purification in the denatured state. *In* "Protein Purification: Micro to Macro", (R. R. Burgess, ed.), pp. 297–305. Alan R. Liss, New York.

Lange, C., Patil, G., and Rudolph, R. (2005). Ionic liquids as refolding additives: N'-alkyl and N'-(ω-hydroxyalkyl) *N*-imidazolium chlorides. *Protein Sci.* **14,** 2693–2701.

Levinthal, C. (1968). Are there pathways for protein folding? *J. Chim. Phys.* **65,** 44–45.

Makrides, S. C. (1996). Strategies for achieving high-level expression of genes in *E. coli*. *Microbiol. Rev.* **60,** 512–538.

Marston, F. A. O., and Hartley, D. L. (1990). Solubilization of protein aggregates. *Meth. Enzymol.* **182,** 264–276.

Middelberg, A. P. J. (2002). Preparative protein refolding. *Trend Biotechnol.* **20,** 437–443.

Murby, M., Uhlen, M., and Stahl, S. (1996). Review. Upstream strategies to minimize proteolytic degradation upon recombinant production in *E. coli*. *Protein Expr. Purif.* **7,** 129–136.

Nall, B. (1994). Proline isomerization as a rate limiting step. *In* "Mechanisms of Protein Folding", (R. H. Pain, ed.), pp. 80–103. IRL Press, Oxford.

Nguyen, L., Jensen, D. B., and Burgess, R. R. (1993). Overproduction and purification of sigma32, the *E. coli* heat-shock transcription factor. *Protein Expr. Purif.* **4,** 425–433.

Oganesyan, N., Kim, S.-H., and Kim, R. (2005). On-column protein refolding for crystallization. *J. Struct. Funct. Genomics* **6,** 177–182.

Pace, C. N. (1986). Determination and analysis of urea and guanidine hydrochloride denaturation curves. *Meth. Enzymol.* **131,** 266–280.

Panda, A. K. (2003). Bioprocessing of therapeutic proteins from the inclusion bodies of *E. coli*. *Adv. Biochem. Eng. Biotechnol.* **85,** 43–93.

Paul, S., Punam, S., and Chaudhuri, T. K. (2007). Chaperone-assisted refolding of *E. coli* maltodextrin glucosidase. *FEBS J.* **274,** 6000–6010.

Puri, N. K., Crivelli, E., Cardamone, M., Fiddes, R., Bertolini, J., Ninham, B., and Brandon, M. R. (1992). Solubilization of growth hormone and other recombinant proteins from *E. coli* inclusion bodies by using a cationic surfactant. *Biochem. J.* **285,** 871–879.

Quronfleh, M. W., Hesterberg, L. K., and Seefeldt, M. B. (2007). Review. Confronting high-throughput protein refolding using high pressure and solution screens. *Protein Expr. Purif.* **55,** 209–224.

Reddy, R. C. K., Lilie, H., Rudolph, R., and Lange, C. (2005). L-Arginine increases the solubility of unfolded species of hen egg white lysozyme. *Protein Sci.* **14,** 929–935.

Rozema, D., and Gellman, S. H. (1996). Artificial chaperone-assisted refolding of carbonic anhydrase B. *J. Biol. Chem.* **271,** 3478–3487.

Schein, C. H. (1989). Production of soluble recombinant proteins in bacteria. *Biotechnology* **7,** 1141–1147.

Schein, C. H. (1991). Optimizing protein refolding to the native state in bacteria. *Curr. Opin. Biotechnol.* **2,** 746–750.

Shimamoto, N., Kasciukovich, T., Nagai, H., and Hayward, R. S. (1998). Efficient solubilization of proteins overproduced as inclusion bodies by use of an extreme concentration of glycerol. *J. Tech. Tips Online* **23,** t01576.

Singh, S. M., and Panda, A. K. (2005). Review. Solubilization and refolding of bacterial inclusion body protein. *J. Biosci. Bioeng.* **99,** 303–310.

Song, J. (2009). Insight into insoluble proteins with pure water. *FEBS Lett.* **583,** 953–959.

Sorensen, H. P., and Mortensen, K. K. (2005). Review. Advanced genetic strategies for recombinant protein expression in *E. coli*. *J. Biotechnol.* **115,** 113–128.

Studier, F. W., Rosenberg, A. H., Dunn, J. J., and Dubendorff, J. W. (1990). Use of T7 RNA polymerase to direct expression of cloned genes. *Meth. Enzymol.* **185,** 60–89.

Swietnicki, W. (2006). Folding aggregated proteins into functionally active forms. *Curr. Opin. Biotechnol.* **17,** 367–372.

Thatcher, D. R., and Hitchcock, A. (1994). Protein folding in biotechnology. *In* "Mechanisms of Protein Folding", (R. H. Pain, ed.), pp. 229–261. IRL Press, Oxford.

Trésaugues, L., Collinet, B., Minard, P., Henkes, G., Aufrère, R., Blondeau, K., Liger, D., Zhou, C.-Z., Janin, J., and van Tilbeurgh, H. (2004). Refolding strategies from inclusion bodies in a structural genomics project. *J. Struct. Funct. Genomics* **5,** 195–204.

Tsumoto, K., Ejima, D., Kumagai, I., and Arakawa, T. (2003). Practical considerations in refolding proteins from inclusion bodies. *Protein Expr. Purif.* **28,** 1–8.

Vallejo, L. F., and Rinas, U. (2004). Review. Strategies for the recovery of active proteins through refolding of bacterial inclusion body proteins. *Microb. Cell Fact.* **3,** 11–22.

Veldkamp, C. T., Person, F. C., Hayes, P. L., Mattmiller, J. E., Haugner, J. C. III, de la Cruz, N., and Volkman, B. F. (2007). On-column refolding of recombinant chemokines for NMR studies and biological assays. *Protein Expr. Purif.* **52,** 202–209.

Ventura, S., and Villaverde, A. (2006). Protein quality in bacterial inclusion bodies. *Trends Biotechnol.* **24,** 179–185.

Vera, A., Gozalez-Montalban, N., Aris, A., and Villaverde, A. (2006). The conformation quality of insoluble recombinant proteins is enhanced at low growth temperatures. *Biotechnol. Bioeng.* **96,** 1101–1106.

Vincentelli, R., Canaan, S., Campanacci, V., Valencia, S., Maurin, D., Frassinetti, F., Scappucini-Calvo, L., Bourne, Y., Cambillau, C., and Bignon, C. (2004). High-throughput automated refolding screening of inclusion bodies. *Protein Sci.* **13,** 2782–2792.

Willis, M. S., Hogan, J. K., Prabhakar, P., Liu, X., Tsai, K., Wei, Y., and Fox, T. (2005). Investigation of protein refolding using a fractional factorial screen: A study of reagent effects and interactions. *Protein Sci.* **14,** 1818–1826.

Woycechowsky, K. J., Wittrup, K. D., and Raines, R. T. (1999). A small-molecule catalyst of protein refolding *in vitro* and *in vivo*. *Chem. Biol.* **6,** 871–879.

Xie, Y., and Wetlaufer, D. B. (1996). Control of aggregation in protein refolding: The temperature-leap tactic. *Protein Sci.* **5,** 517–523.

第 4 部分

提取物和亚细胞组分的制备

第 18 章

蛋白质纯化所需的生物提取物制备的研究进展

Anthony C. Grabski *

目录

摘要

细胞裂解和蛋白质提取的可选方法很多,如酶裂解、渗透休克、超声及压力裂解。每一种方法都有其固有的优点和缺点。一般来说,强力的机械方法能够降低提取物的黏度,但是也会由于产热和氧化作用导致一些不稳定的蛋白质失活,而温和的处理方式可能使得目标蛋白质无法从细胞中释放出来,而且所得到的提取物黏度很高。根据目标蛋白质表达所采用的细胞类型的不同,细胞提取物会含有大量的核酸、核糖体、脂类、细胞壁多糖、糖类、壳多糖、各类小分子及种类数以千计的杂质蛋白质。从成分如此复杂的大分子混合物中提取和回收其中的一种蛋白质是很具有挑战性的工作。这些挑战中排在第一位的可能也是最重要的是:如何能够获得在下游的过程中便于处理的,且其中的不稳定的目标蛋白质并没有失活或降解的细胞提取物。所采用的细胞裂解技术必须快速有效地裂解细胞,提取蛋白质,并且使其酶解或氧化程度最低,同时需要降低由于细胞碎片和基因组DNA污染所引起的高黏度。过去的20多年所发展的先进的化工设备和试剂对在此之前已经建立的裂解程序进行了完善,使得这项工作取得了更大的成功。本章将概述这些进展,并对于一些蛋白质提取的最普遍的流程进行详细介绍。

* Semba生物科学公司,研究和开发部(Madison, Wisconsin, USA)

1. 引言

早期的蛋白质化学家主要研究一些小分子的细胞外蛋白质。它们稳定、丰度高、易于纯化，不需要裂解细胞便可获得。而表达量处于生理水平的某一种细胞内蛋白质的含量可能小于细胞蛋白质总量的0.001%，很难提取和回收并保证其不被酶降解，不失去其酶活性（生物学活性）。现代的重组蛋白生产通过基因工程改造大肠杆菌（*Escherichia coli*）使得目标蛋白质的表达量超过细胞总蛋白质量的40%。重组的酵母菌，如酿酒酵母（*Saccharomyces cerevisiae*）、毕赤酵母（*Pichia pastoris*）、乳酸克鲁维酵母（*Kluvyeromyces lactis*）等都能够表达复杂的需翻译后修饰的蛋白质（Spencer and Spencer，1997）。从这些宿主细胞中回收细胞内的重组蛋白需要高效的细胞裂解和蛋白质提取技术。细胞裂解的规程已经从不同方面被详细地综述和介绍，包括实验室规模和生产规模的细胞裂解、不同的细胞类型的裂解、机械非机械方法的裂解等（Andrews and Asenjo，1987；Cull and McHenry，1990；Dignam，1990；Engler，1985；Gegenheimer，1990；Harrison，1991；Hopkins，1991；Jazwinski，1990；Middelberg，1995）。标准的细胞裂解的设备和流程直到1995年都没有发生根本性的改变（Foster，1995）。然而，结构和功能基因组学的发展需要新的试剂及自动化的方法来对从基因序列到纯化后的蛋白质这一过程进行流水化作业（Grabski et al.，2002）。

蛋白质组学和结构基因组学需要这种蛋白质提取方法，它能够允许同时将几百个蛋白质在不同的载体和宿主的组合上进行筛选（Stevens et al.，2001）。在这种多因素平行筛选（multiparallel screen）中鉴定出来的能够正确折叠的表达水平高的最佳组合被放大到毫克级规模来生产，以便获得纯品进行功能和结构分析（Dieckman et al.，2002；Lesley，2001；Stevens and Wilson，2001；Zhu et al.，2001）。这种高通量（high-throughout，HT）的蛋白质表达和纯化策略加速了能够在微量和大量规模上高效裂解细胞和提取蛋白质的试剂及仪器的发展和优化。

2. 化学法和酶法细胞裂解

微量的细胞裂解经常通过化学法或酶法或二者共同采用来完成。例如，超声和弗式细胞压碎器（French press 均质机）都不便于用在收集小于或等于5 mL的培养液的情况，而且应用这些机械的方法经常会遇到过度的产热和样品被氧化等问题。微量细胞裂解的简化方面的重大进步是以去垢剂为基础的试剂的发展，如B-Per®（Chu et al.，1998）和BugBuster®（Grabski et al.，1999）。这些试剂的使用不需要昂贵的设备，并且作用非常快速和便于使用。是非常方便有效的高通量的制备细胞提取物的方法。高活性的酶和酶的混合试剂已经被用来提高裂解效率和降低提取物的由于消化不完全的基因组DNA所导致的高黏度。单独使用或联合使用这些商业上可获得的裂解试剂和酶（表18.1）能够有效地裂解细菌、酵母、植物、昆虫和高等真核生物的细胞，并从中提取蛋白质。以去垢剂为基础的从真核细胞和组织中获取提取物和蛋白质富集物以及亚细胞组织、细胞器的方法由 Michelsen 和 von Hagen 在本书的第 19 章中详细介绍。

表 18.1　商业化的细胞裂解试剂和酶

生产商	试剂	细胞类型	生产商网站
EMD chemicals Novagen	BugBuster®，YeastBuster™ CytoBuster™，PopCulture®，rLysozyme™，Benzonase®，Lysonase™，M-Pek，S-Pek	细菌，酵母，昆虫细胞，哺乳动物细胞	www. emdbiosciences. com
Epicentre	EasyLyse™，OmniCleave™ ReadyLyse™	细菌	www. epicentre. com
Promega	FastBreak™	细菌	www. promega. com
Roche	Complete™ Lysis(B、M、Y)	细菌，哺乳动物细胞，酵母	www. roche-applied-science. com
Semba Biosciences, Inc.	Recombinant Lysozyme，Benzonase®，Liquisonic™	细菌	www. sembabio. com
Sigma Aldrich	CelLytic™（B、IB、M、MEM、MT、NuClear™、P、PN 和 Y）	细菌，哺乳动物细胞，植物细胞，酵母	www. sigmaaldrich. com
Thermo FisherPierce	Pop-PERS®（B-、I-、M-、NE-、P-和 Y-Per®）	细菌，昆虫细胞，哺乳动物细胞，植物细胞，酵母细胞	www. thermofisher. com

化学法裂解细胞的另外一个方面的进步是在高通量自动化处理样品方面的应用。改进后的试剂和方法可以不收集细胞，直接从大肠杆菌培养液中提取重组蛋白。(Grabski et al.，2001；2003；Stevens and Kobs，2004)。传统的蛋白质纯化方法首先需要收集细胞，这一步骤为浓缩细胞并去除其中残余的培养基成分(Burgess，1987；Deutscher，1990；Scopes，1994)。该步骤与一些机械法裂解细胞步骤一样难以自动化和按比例缩小并同时进行多个蛋白质的小量提取。浓缩后的去垢剂为基础的试剂(表 18.1)，如 PopCulture™、FastBreak™和 B-PER®能够直接与高活性的溶菌酶、核酸酶联合应用，从而克服这些生物工艺上的障碍，实现自动化。高通量的提取和纯化试剂的优势在于不需要多次离心以从培养基中分离细胞和澄清粗提取物，也不需要机械裂解(Nguyen et al.，2004)。这些创新允许从全部培养基提取物中亲和吸附目标蛋白质，使得细胞培养、蛋白质提取和纯化能够在一个试管中全部完成。

一些细菌裂解试剂中的活性成分是非离子去污剂或兼性离子去污剂(zwitterionic detergent)，这些试剂的功能是裂解细胞膜和细胞壁结构，削弱细胞的结构以便于通过渗透冲击、冻融、噬菌体溶菌酶或鸡卵白溶菌酶的酶解裂解细胞。除了极少数个例以外，革兰氏阳性菌通过溶菌酶单独处理就能够轻易裂解(Cull and McHenry，1990)。革兰氏阴性菌很难仅通过溶菌酶单独作用裂解，因为其外侧磷脂双分子层(lipid bilayer)必须首先经过可渗透化处理(permeabilize)以暴露出其肽聚糖,细胞壁才能被酶降解。Tris缓冲液中添加的EDTA能够使双分子层中大约50%的多聚阴离子脂多糖(polyanionic lipopolysaccharide)暴露出来(Lieve, 1974)。但是EDTA会干扰固定化金属亲和层析(immobilized metal affinity chromatography,IMAC),而后者是重组蛋白下游纯化中最常用到的步骤。去垢剂型裂解试剂对细胞外膜渗透化处理非常有效,而且不会对IMAC产生干扰。然而去垢剂为基础的细胞裂解试剂有几个缺点,一些用去垢剂提取的蛋白质的溶解性可能会由于去垢剂与蛋白质的相互作用而得到提高。这些蛋白质溶解性高低取决于去垢剂与蛋白质的比例。用这些去垢剂提取一些特定蛋白质的溶解性可能会与以放大的机械性方法提取的蛋白质的溶解性不符。去垢剂和去垢剂中的杂质会干扰下游纯化过程和最终的结构鉴定(Swiderek et al., 1997),而且应该避免使用基于疏水作用的层析分离方法(Marshak et al., 1996)。尽管存在这些缺点,以去垢剂为基础的裂解试剂仍然广泛地应用于现代的基因组学之中。需要被裂解的细胞的结构决定了工作中所需的去垢剂的化学性质和浓度,在这些裂解试剂中的去垢剂确切的类型和浓度均已被专利保护。本章所提到的几篇文献(Neugebauer, 1990; Chu and Mallia, 2001; Eshaghi et al., 2005; Kashino, 2003)在蛋白质提取和增溶方面提供了很有价值的信息,按照配方合理地配制提取试剂便可很方便地完成相关操作。

酵母比细菌更加难以裂解。它们致密而复杂的细胞壁占细胞干重的25%。典型的成分是通过共价键、二硫键、氢键和疏水作用力相互交联的葡聚糖类、纤维素、甘露糖蛋白和壳多糖。为了较为高效地裂解细胞,酵母菌应该在对数生长晚期和稳定生长早期收集,因为进入稳定生长期时间越长的酵母菌的细胞壁越厚,而且出芽酵母菌(budding yeast)的细胞壁上也会出现密集的芽痕(budding scar)或芽体(aggregate)。应该在裂解缓冲液或商业化的裂解试剂之中添加蛋白酶抑制剂,也可以采用蛋白酶缺陷的菌株来表达蛋白质。还可以采用如Y-Per®和YeastBuster™(表18.1)这样的试剂来裂解酵母菌。通过控制操作那些在细胞壁合成(biogenesis)过程中起作用的基因来裂解酵母的新方法是以前已经成熟的机械法和酶法裂解酵母的补充(Drott et al., 2002)。

相比较机械法和化学法而言,酶法处理微生物细胞使之裂解并降低裂解物的黏度有几个显著的优点:水解酶对目标细胞的细胞壁成分具有高度特异性,它们作用温和,不产生剪切力;不会导致高温或氧化等作用的破坏;操作过程中不需要特殊的专用器械。酶法处理细胞、提取蛋白质可以与机械裂解法相结合来提高目标蛋白质释放的选择性,提高提取物的产量和获取速率,减小对产品的损伤,降低黏度以利于下游操作(Andrews and Asenjo,1987; Grabski et al., 1999)。改良的生物工程酶类和酶制剂(表18.1)包括具有高度特异活性的噬菌体溶菌酶,如rLysozyme™、Ready-Lyse™;重组的溶菌酶和非特异性的核酸酶,如Benzonase®和OmniCleave™;溶菌酶-核酸酶混合剂(cocktails),如Liquisonic™、Lysonase™和EasyLyse™,重组的溶菌酶Ready-Lyse™和rLysozyme™噬菌体裂解酶具有高特异的比鸡卵白溶菌酶高出200多倍的活性。浅色锯杆菌(*Serratia marcesens*)的核酸酶,可用的有高纯度的重组酶Benzonase®,是已知的最无特异性的(promiscuous)核酸酶。这种酶能够消化所有形式的DNA和RNA(Meiss et al., 1995; Nestle and Roberts, 1969)。相比较牛胰脱氧核糖核酸酶I(bovine pancreatic DNase I)而言,

Benzonase®更加平等地攻击各种底物，这使其对于降低由于 DNA 所导致的提取物的黏度方面具有出色的选择性。Zymolase®和葡聚糖酶类溶细胞酶(lyticase glucanase)是对于酵母菌细胞裂解及酵母原生质体的获得方面非常有用的酶类。

酶法处理的潜在问题限制了其应用，特别是在工业化规模的细胞裂解方面。这一问题包括添加的水解酶本身及酶制剂中所含的其他成分使下游的纯化变得复杂化；回收产物在裂解时发生降解；水解酶的最适温度、pH 可能与目标产物不相兼容等。大多数水解酶在应用上的限制性和昂贵的价格妨碍了它们在工业规模上的应用(Hopkins，1991)。

3. 机械法裂解细胞

超声和高压裂解已经被高效地应用于微生物、植物和动物细胞的裂解。这些方法已经采用了几十年，其设备和原理已经被详细阐明(Harrison，1991；Hopkins，1991；Middelberg，1995)。超声裂解是通过调谐的探头或机臂的共鸣(15～25 kHz)所引发的高频超声波振荡产生的剪切力来工作的。在音速的压力波作用下，液体中产生微小气泡并随后塌陷，该过程所产生的内爆产生具有足够能量的冲击波从而使细胞壁裂解，并且剪切核酸使样品的黏度降低。

高压匀浆机(high-pressure homogenizer)和压力挤出机(pressure extruder)是通过使强制加压后的细胞悬液通过狭窄的孔口阀(orifice valve)来工作的。这种阀可能只是一个简单的限流针孔阀(restricting needle valve)(如弗氏细胞压碎器)，也可能是更加复杂的带有组合的阀座和冲击环的设计(如在 APV Manton-Gaulin 匀浆机中)。裂解的机制是借助于在压力挤出的喷嘴处的压差和剪切力来裂解细胞。压力匀浆机裂解细胞的多种机制已经被提出，包括紊流(turbulence)、空化(cavitation)、黏性剪切(viscous shear)和碰撞(impingement)(Kleinig and Middelberg，1998；Pandolfe，1999)。普遍认为在破碎过程中并不存在完全单一的作用机制。然而，空化和碰撞被认为是细胞裂解的主要作用因素(Shirgaonkar et al.，1998；SPX Corp.，2009)。

用玻璃珠研磨悬液中的细胞来裂解细胞是在实验室规模和生产规模下都比较常用的操作步骤，如上文所提到的玻璃珠研磨机法(球磨机法，bead milling)和玻璃珠匀浆法(bead homogenization)，玻璃珠研磨机法可以在实验室内利用简单的像电磁搅拌器、涡旋混合器或搅拌器来进行操作，也可以采用市售的专用的高速研磨机、振荡器和搅拌器来完成。细胞裂解程度与细胞浓度、珠子的直径和材料、珠子在悬液中所占的比例、处理时间和所受到的作用力相关(Ramanan et al.，2008)。这种方法对于一些很难裂解的细胞，如酵母菌、孢子、微藻类(microalgae)效率很高，已经成功应用于细菌、植物、动物细胞的裂解，也在大规模真菌的裂解中被优先采用(Hopkins，1991)。已经有人对球磨机方法的过程和原理进行了综述(Harrison，1991；Middelberg，1995)。一般来说，细胞通过与研磨剂及反应池本身相接触被挤压，研磨、产生的剪切力使细胞被裂解。

机械法裂解细胞技术所需的专用机器经历了功能上的革新，出现了很多新的设备。大多数机械法不易于应用在 5 mL 或更少的培养基所回收的细胞的处理，而且过度的产热和氧化作用也是机械法裂解细胞所常见的问题。虽然在某些案例中，纯化过程中所残留的去垢剂可能会对蛋白质的生物化学性质或晶体学性质产生干扰，但是96孔板和其他型号微孔板专用的多头超声探头(96-well sonicator head and microplate horn)已经得到了应用(Misonix，Inc. Farmingdale，NY；www.misonix.com)。这种物理的高通量的细胞裂解方法是行之有效的。SonicMan 高通量超声系统(MatriCal，Inc. Spokane，WA；www.matrical.com)是分为96孔、384孔或1536孔的单独或组合的系统单元。该系统采用触屏控制，并采用了一次性垫圈销盖(disposable gasketed pin lid)来防止孔和孔之间的交叉污染，还有微孔板滑道可以使其直接进入到自动操作站内。其他新的超声仪，如BioSpec的产品是无线的手持Sonozap超声波匀浆机。1/8英寸①直径的自动调谐探头应用在0.3～5 mL小量样品上是很理想的。Pressure Bioscience(www.pressurebiosciences.com)公司研究出了台式(bench top)的Barocycler™、手持的PCT Shredder样品制备系统。这些设备能够在专用的PULSE™管中形成快速、高压力(最高可达35 kpsi)环流。这种1.2～1.5 mL的管内带有冲压的(ram)有孔的圆盘(lysis disk)，这些圆盘使流体产生很高的压力，从而很容易就能裂解植物、动物、昆虫和微生物的细胞(Garrett et al.，2002)。FastPrep(快速核酸提取仪)(MP Biomedicals，Irvine，CA；www.mpbio.com)、Geno/Grinder (SPEX Certiprep，Inc.，Metuchen，NJ；www.spexcsp.com)、MagNA Lyser (Roche Diagnostics，Penzberg，Germany；www.roche.com)、Mikro-Dismembrator(Sartorius Stedim Biotech，Aubagne，France；www.sartorius-stedim.com)、Mini-Bead Beater (BioSpec Products，Bartlesville，OK；http://www.biospec.com)和Retsch Mixer Mill (Retsch GmbH，Haan，Germany；www.retsch.com)等产品包含了处理几毫升体积样品的所有类型的球磨机。这些设备不具有真正意义上的高通量，但是能够高效地处理1～5 mL体系中的极不易裂解(recalcitrant)的细胞。

微流体匀浆机(microfluidics microfluidizer)(Newton，MA；www.microfluidicscorp.com)不同于其他类型的高压匀浆机。这种设备通过气压泵作用使细胞悬液通过固定几何形状的微孔道，从而使之加压、加速及分流。之后当离开装置出口时两股高速运动的流体直接相互碰撞产生高剪切力和压差以裂解细胞。微流体匀浆机型号从适合实验室用的能够处理25 mL小量样品的M-110P，到生物制药工业规模的、处理量达到900 L/h，具有完整的过程控制监控器，支持CIP的M-700，这一系统已经在21CFR和环鸟苷酸(cGMP)等产品上得到了验证。Constant Systems Ltd. (Low March Daventry，Northants，England；www.constantsystems.com)设计了液压传动的裂解设备，这种设备的功能类似于原始的弗氏细胞压碎器，通过施加歧化力(disruptive force)使物料在压力作用下挤出，但不同的是其参数可调，裂解过程可以控制，并且具有很好的重现性。Constant Systems 的设备系列从单次上样(每次1～20 mL)工作台到连续处理(405～565 mL/min)模式均可提供，包括触屏监测和控制、冷却夹套和在位清洗/在位灭菌(CIP/SIP)等功能。Avestin，Inc. (www.avestin.com)提供的EmulsiFlex高压匀浆机处理量为1.0～1000 L/h。这种匀浆机采用气泵或电动活塞泵，产生的裂解压力为500～30 000 psi。这

① 1英寸=2.54 cm，后同

些设备都配有为细胞提取物降温的热交换设备，并且能够进行 SIP 在位灭菌以符合生产企业的药品生产质量管理规范(GMP)要求。Glas-Col，LLC (Terre Haute，IN；www.glascol.com)公司的 BioNeb 细胞裂解系统采用 10～250 psi 的压力进行气压喷雾以裂解(break open)细胞，这种方法的好处是不会产热。雾化孔道里的层流产生使细胞裂解的剪切力，这种力的大小与所采用的压力、气体的类型(氩气＜氮气＜氦气)和流体的黏度等因素相关。雾化后的液滴越小，物料黏度越高，采用的气压越高，所产生的剪切力越大(Surzycki et al.，1996)。

4. 结束语

如果能够根据细胞的类型和规模进行适当的调整，本章中所介绍的细胞裂解的方式、试剂和设备都是可用且高效的。但一定有人会问：在具体的某一项应用中，哪种方法才是最佳的？针对这个问题，已经有人对细胞的裂解方式与所得到的提取物中的蛋白质含量之间的关系进行了研究(Benov and Al-Ibraheem，2002；De Mey et al.，2008；Guerlava et al.，1998；Ho et al.，2008)。高压匀浆机和球磨机等物理方法对于大规模的裂解来说是最佳的方法，因为这类方法效率高、成本低，能够快速地对不同体积的物料进行处理。超声法、化学试剂法(包括去垢剂、酶法处理)、冻融法及酶法与化学法或物理法相结合的裂解方法也是非常高效的，在实验室里经常用到，尤其是小体积情况下。每种蛋白质的独特性和不同的宿主细胞结构的差别，使细胞裂解和提取物制备技术的选择及优化很大程度上是依赖于经验的。然而，总是可以找到能够成功地提取和制备生物制品的工具及方法，并且这些方法总是与现代的结构和功能蛋白质组学的需求同步发展的。

5. 细胞裂解的流程、试剂和技巧

下文所述的以细胞提取物的产品质量为出发点的各种策略和指导方针适用于大多数下游纯化及分析过程。尽管介绍的重点是在小规模或较大的实验室规模的大肠杆菌裂解上，但是一些技术还是可以用于其他来源的细胞裂解和细胞内蛋白质提取，并且是可以放大的。广泛的蛋白质纯化方面的文献为这里列出的一些蛋白质提取物制备方针及蛋白质纯化和鉴定提供了补充信息(Burgess，1987；Deutscher，1990；Harris and Angal，1989；Hopkins，1991；Marshak et al.，1996；Scopes，1994)。

5.1　缓冲液成分

细胞裂解缓冲液的成分和体积不仅对细胞的有效裂解至关重要，而且还将影响随后的纯化过程及目标蛋白质从细胞中释放出来后的稳定性和回收率。每种提取的蛋白质都是独特的，理论上应该有一种与其自身的生化性质和预期的纯化流程都相适应的提取及纯化的缓冲液存在。在大多数的案例中，如果几个基本条件符合了，多数的普通提取缓冲液都能取得很好的结果。这些基本条件包括 pH、离子强度、防止降解和改善稳定性的添加剂、缓冲液与细胞的比例等。一个对于通过缓冲液成分和其他方法保持酶活性的非常好的参考资料是 Scopes(1994)的蛋白质纯化(Protein Purification)。pH 和缓冲液的技术信息都能够通过 Dawson 等(1986)找到,其中包括制备 pH 1～13 的缓冲液的表格、缓冲液性质和盐的影响、温度、稀释度。

提取缓冲液的 pH 选择应该在蛋白质等电点之上或之下至少一个单位。这种不同于 pI 的 pH 能够通过保持蛋白质表面的正电荷或负电荷来防止等电沉淀,还有利于离子交换作为纯化的一个步骤。为了保持缓冲能力和最小电导率的增加,缓冲液的离子强度应该为 20～50 mmol/L,所采用缓冲盐类的 pK_a 在所采用的 pH 0.5 单位以内。典型细胞细胞质的离子强度为 150～200 mmol/L,这其中含有很高浓度的与离子化蛋白质相互作用的带电荷的生物活性分子。裂解缓冲液至少应含有 50～100 mmol/L 的 NaCl。提高裂解缓冲液的离子强度将会降低这些离子的相互作用力,并且减少带电粒子的沉淀。这些沉淀会吸附蛋白质,虽可以通过离心或过滤的步骤去除但因此会造成目标蛋白质的损失。最后,缓冲液中应添加可以防止蛋白质降解、提高蛋白质稳定性的物质作为必需的成分。这包括蛋白酶抑制剂(表 18.2)、还原剂[如二硫苏糖醇(dithiothreitol,DTT)]、磷酸三(β-氯乙基)酯[tris(2-carboxyethyl)phosphine,TCEP]、三(3-羟基丙基)膦[tris(hydroxyprophl)phosphine,THP]、二价阳离子、辅因子、kosmotropes(如甘油、山梨醇或海藻糖)。水溶的无气味磷化氢类的 TCEP 和 THP 都非常稳定,并且比大多数通常使用的硫氢基还原剂 β-巯基乙醇(β-mercaptoethanol)和 DTT 等对保持还原状态的二硫键更加有效(Cline et al.,2004; Getz et al.,1999; Han and Han,1994)。可以添加非离子的和两性的去垢剂以增加疏水性蛋白质的溶解度。还原剂、蛋白酶抑制剂和去垢剂会干扰一些纯化过程及检验检测分析方法的结果。在选用缓冲液中所采用的化学制剂和其浓度时,这些成分的潜在干扰必须要考虑。对于大肠杆菌细胞裂解所采用的万金油缓冲液 B(buffer B)为:50 mmol/L Tris-HCl 或者是磷酸钠 pH 7.5～8.0、50 mmol/L NaCl、5%甘油、0.5 mmol/L EDTA 和 0.5 mmol/L DTT。推荐采用酵母的裂解缓冲液(buffer Y)和昆虫细胞的裂解缓冲液(buffer I)的配方在下文中会给出。

表 18.2　蛋白酶抑制剂

抑制剂	所抑制蛋白酶	储存溶液	有效浓度
Aprotinin	丝氨酸	10 mg/mL PBS	0.6～2.0 μg/mL
Benzamidine	丝氨酸	50 mg/mL H_2O	0.5～4.0 mmol/L
E-64[L-transepoxysuccinyl-leucylamido-(4-guanidino)butane]	半胱氨酸	5.0 mg/mL H_2O	1.0～10 μmol/L
EDTA(ethylenediaminetetraacetic acid)	金属离子	1.9 g/10 mL H_2O	1.0～10 mmol/L
Leupeptin	丝氨酸/半胱氨酸	50 mg/11 mL H_2O	10～1001 mol/L
PMSF(phenylmethylsulfonyl fluoride) AEBSF[4-(2-aminoethyl) benzenesulfonyl fluoride hydrochloride], AEBSF 比 PMSF 毒性更小	丝氨酸	120 mg/mL H_2O	0.1～1.0 mmol/L

续表

抑制剂	所抑制蛋白酶	储存溶液	有效浓度
Pepstatin A	天冬氨酸	5 mg/7.3 mL(1.0 mmol/L)甲醇或 DMSO	1.0～10 μmol/L
Complete tablets[a]	广谱	片剂	1×复合抑制剂
Inhibitor cocktails I-VII[b]	广谱	100×	1×复合抑制剂
Inhibitor mixes B、FY、G、HP、M、P[c]	广谱	100×	1×复合抑制剂

a www.roche.com;

b www.emdchemicals.com;

c www.serva.de

为了有效地裂解菌体,并保证通过离心和过滤去除不溶的细胞组分沉淀物质后的提取液的回收效率,用来重悬细胞的缓冲液的体积至少要达到原始细胞体积的 3 倍以上。因为不溶物会吸附约自身体积 50%的液体,所以至少采用 3 倍体积的缓冲液才能保证最高 85%的液体回收率。蛋白质在高浓度下更加稳定,但是高浓度的提取液难以操作,并且会发生蛋白质聚集。尽管裂解缓冲液与细胞体积的比例为 3∶1 可以得到浓度更高的提取液,但是 5～10 倍体积的缓冲液是更加优先选择的,而且能够得到更多的可溶性的蛋白质和更低的提取物黏度。

5.2 细胞裂解缓冲液

缓冲液 B:50 mmol/L Tris-HCl (pH 8.0), 50 mmol/L NaCl, 5% 甘油,0.5 mmol/L EDTA, 0.5 mmol/L DTT 或 1.0 mmol/L THP, 0.5mmol/L 苯甲脒(benzamidine), 1.0 mmol/L 4-氨乙基苯磺酰氟盐酸盐 AEBSF[4-(aminoethyl) benzenesulfonylfuoride hydrochloride, AEBSF]。

缓冲液 I:50 mmol/L 磷酸钠(Na_3PO_4,sodium phosphate)(pH7.5),150 mmol/L NaCl,5%甘油, 0.03%聚氧化乙烯月桂醚(Brij 35,非离子型去垢剂),0.5 mmol/L EDTA,0.5 mmol/L DTT 或 1.0 mmol/L THP,1.0% Triton X-100,0.5 mmol/L 苯甲脒,1.0 μmol/L 胃蛋白酶抑制剂 A,1.0 mmol/L AEBSF。当用于昆虫细胞时,为避免细胞核裂解,用 1.0%的 NP-40 代替 Triton X-100。

缓冲液 Y:50 mmol/L Tris-HCl(pH8.0),150 mmol/L LiCl,10%乙二醇(ethylene glycol),0.5 mmol/L EDTA,2.0 mmol/L THP,0.1% Triton X-100,0.5 mmol/L 苯甲脒,1.0 μmol/L *N*-(反式-环氧丁二酰基)-L-亮氨酸-4-胍基丁基酰胺[trans-Epoxysuccinyl-L-leucylamido(4-guanidino)butane, E-64],1.0 μmol/L 胃蛋白酶抑制剂 A,1.0 mmol/L AEBSF。

注意:在这些缓冲液中,蛋白酶抑制剂可以添加也可以被省略(表 18.2),这要看目标蛋白质对蛋白酶水解的敏感性,以及所需要的抑制剂的量和种类。如果起始的蛋白质分离步骤是离子交换色谱法,那么缓冲液 I 和缓冲液 Y 的离子强度可以降低或者提取完毕后再进行稀释。

5.3 小规模大肠杆菌细胞裂解规程

5.3.1 去垢剂为基础的裂解试剂

10 mL 裂解试剂溶液的配方：10 mL B-Per 或 BugBuster，20 μL Lysonase Bioprocessing Reagent。如果需要减少蛋白质水解和增加目标蛋白质可溶性及稳定性可以添加，如 EDTA、蛋白酶抑制剂、5%～10%甘油和还原剂等添加剂。选择缓冲液的成分及其浓度时要考虑到随后的纯化和检测的需要。

(1) 将 1 mL 培养基加入 2 mL×96 孔板中，或者将 5 mL 培养基加入 24 深孔的平板中，并用透气的封口膜或 BugStopperTM 封口帽(cap mat)封口以培养菌体和表达目标蛋白质。

(2) 离心收集菌体。

(3) 吸出并弃去培养基。

(4) 用移液器重悬菌体于 100～200 μL 裂解缓冲液中。

(5) 混合并在摇床上振荡 10 min 以进行反应。

(6) 吸取 10 μL 混合液以进行全菌体裂解物分析。

(7) 离心 5 min 后取出 10 μL 上清液以分析可溶性蛋白质。剩余的上清液则可用于其他分离或分析操作。

(8) 出现在不溶组分中的目标蛋白质的量可以通过比较第(6)步的全部菌体提取物和第(7)步中的可溶性蛋白质之间的差别来间接估计。典型的样品比较方法是电泳、酶联免疫吸附实验(ELISA)或酶学分析。不溶组分的直接检测可通过吸出可溶性的上清液后，将剩余的沉淀部分溶于 SDS-PAGE 上样缓冲液中之后进行电泳的方式得出。

注意：制备 SDS-PAGE 的蛋白质样品的程序和技巧在 Grabski 和 Burgess (2001)中可以得到。这篇文章提供了 SDS-PAGE 样品缓冲液的配方、蛋白质样品制备、凝胶上样建议，并且给出了分析难以分析的样品的替代方法。

5.3.2 去垢剂为基础的全培养物细胞裂解试剂

10 mL 裂解试剂的配方：10 mL PopCulture、FastBreak 或 B-Per Direct，200 μL Lysonase Bioprocessing Reagent。随后的规程能够在多孔板利用自动液压传动平台来完成，在一块平板上可以采用多通道移液器来对多种培养物同时进行操作。用于将亲和树脂从培养物提取物和经过处理的溶液中分离的多孔过滤板能够从多个制造商获得。利用专门的磁性针板(magnetic pin plate)或者平台来分离磁珠已获得成功。

(1) 在 2 mL×96 孔的板中加入 1 mL 或者在 10 mL× 24 深孔的平板内加入 5 mL 培养基培养细胞并表达目标蛋白质，并用透气的封口膜或者 BugStopperTM 封口帽封口。

(2) 添加 1/10 培养基体积的裂解试剂。

(3) 用移液器混合，并在摇床上振荡 10 min 以使反应充分进行。

(4) 取出 50 μL 全细胞裂解液混合物以用于分析。样品可采用电泳、ELISA 或酶法分析。直接的 SDS-PAGE 分析和考马斯亮蓝染色分析需要高表达水平和很大的样品上样量或通过沉淀的方法来检测被稀释的蛋白质样品。用特别的滤板(Pall,Millipore,3M)能够从蛋白质溶液中去除蛋白质聚集体和包涵体,从而在这一步能够很容易的检测蛋白质的可溶性表达水平。

(5) 直接将平衡好的亲和捕获树脂(affinity capture resin)或亲和磁珠加入到未经处理的细胞裂解物中。典型的加量为 50～100 μL 凝胶浆(在捕获缓冲液中含有 50%的凝胶浆)/mL 起始培养基体积,根据凝胶对重组蛋白的捕获能力和目标蛋白质的表达水平来决定具体添加量。

(6) 用 10～30 倍凝胶体积的漂洗缓冲液来清除杂质。

(7) 用 3 倍体积的洗脱缓冲液洗脱目标蛋白质。

5.3.3　冻融法加酶法裂解

10 mL 裂解试剂的配方:10 mL 浓度为 50～100 mmol/L 的裂解缓冲液(采用甘氨酸、乙酸钠、Tris-HCl、磷酸钠或 HEPES 中的某一种取决于所期望使用的 pH),50～300 mmol/L NaCl,30 μL Lysonase Bioprocessing Reagent。例如,EDTA、去垢剂、蛋白酶抑制剂、5%～10%甘油和还原剂等可以按需要添加到裂解缓冲液中用于减少目标蛋白质的水解,增加其溶解性和稳定性。当选择裂解缓冲液成分及其浓度时要考虑到下游的纯化及分析过程的要求。

冻融法裂解细胞的效率取决于细胞悬液的密度、冻融的循环数、冰冻的速率。但是实验表明,其对于大肠杆菌中的蛋白质释放的效率低于球珠涡旋法(bead vortexing)、弗氏压碎器或超声(Benov and Al-Ibraheem,2002)。然而,当结合溶菌酶裂解时,对于不稳定蛋白质来说其是一种温和的释放方法,并且不需要特殊的装置。缓慢的冻融循环破裂细胞膜,将细胞壁暴露使之与酶接触并被降解。

(1) 将 1 mL 培养基放在 2 mL×96 孔板中,或者将 5 mL 培养基放在 10 mL×24 深孔的平板中,并用透气的封口膜或 BugStopperTM 封口帽封口以培养细胞并表达目标蛋白质。

(2) 离心使菌体形成沉淀。

(3) 吸出并弃去残余培养基。

(4) 将菌体置于－20℃至完全冰冻。

(5) 用移液器加入 100～200 μL 裂解试剂并重悬菌体。

(6) 将之置于摇床上室温振荡反应 10 min。

(7) 再次将悬液重新置于－20℃至完全冻结。

(8) 室温溶解,混匀,并取出 10 μL 全细胞裂解混合物以备分析。

(9) 离心 5 min,取出 10 μL 上清液以分析可溶性蛋白质,剩余的已经澄清的上清液则可用于其他纯化或检测过程。

(10) 不溶组分中目标蛋白质的量可以通过比较第(8)步获得的全细胞裂解液和第(9)步获得的可溶性蛋白质样品之间的差别间接分析得出。典型的比较分析方法是电泳、

ELISA或酶法。不溶组分的直接分析可以通过吸出上清液后，将沉淀部分溶于SDS-PAGE上样缓冲液中，并SDS-PAGE分析得出。

5.4 克级规模大肠杆菌机械裂解

5.4.1 超声

以下所述超声流程适用于2～50 g菌体的裂解。

(1) 用已称重去皮的离心桶或离心管9000 *g*离心15 min以收集菌体。

(2) 倾出并弃去培养基，将离心桶倒置在纸巾上以去除残余的培养基，记录菌体湿重。

(3) 将菌体置于−20℃完全冻结，并于一周内处理以获得最佳的结果。长期储存菌体应置于−80℃以使蛋白酶水解最小化。新鲜的未冻结的菌体也可以使用，但是由于细胞膜还很完整，使得用溶菌酶对菌体进行预处理的效率很低。

(4) 用手持匀浆机在低转速情况下将菌体按照7～10 mL/g的比例完全重悬于4℃的裂解缓冲液中，避免剧烈的搅拌产生气泡以防止氧化作用。

(5) 可选择的：加鸡蛋中提取的溶菌酶(0.2 mg/mL)或重组的溶菌酶(60 KU或0.2 μL/mL)并添加核酸酶，如DNase(10 μg/mL)或Benzonase®(1.0 μL/mL)。

(6) 将悬浮液置于玻璃烧杯内，并置于冰上超声60～90 s。通过调整机器设定、探针插入深度和超声持续时间防止过热和打空。注意：操作时不能使超声探头接触到玻璃烧杯，以防止玻璃破裂。对于100 mL菌体悬液来说，用Branson Model S-450 sonifier (Branson Sonic Power Co., Danbury, CT; www.bransonultrasonics.com)采用1/2英寸直径的探头，设定4组超声，每组8次，占空比为70%，通常就能达到裂解效果。每次超声间隔几分钟，并置于冰上搅拌。如果需要，在此处取出50 μL样品(在离心之前)用于分析全菌体的蛋白质。

(7) 4℃、15 000 *g*离心15 min，将上清液转移到另一个容器中，小心操作，不要搅动菌体沉淀。依照下一个分离步骤对颗粒的耐受情况，可溶的组分可以通过低蛋白质吸附的滤器过滤进一步澄清。如果采用注射器式滤器(syringe filter)进行澄清，可以以串联的方式在上面放置0.8 μm滤膜，下面放置0.45 μm滤膜。大孔径的滤器在流路中首先防止小孔径尺寸滤器处的污垢沉积过快。最终澄清的上清液含有菌体蛋白质的可溶的组分，并且可以直接进行色谱层析或其他下游的分离或分析操作。

5.4.2 高压匀浆

下面所介绍的批量化的高压匀浆操作适用于采用APV Gaulin匀浆机(APV Fluid Handling, Delevan, WI; www.apv.com)、Microfluidizer或Constant System的液压破碎仪处理湿重为50～500 g菌体的操作。高于500 g菌体的裂解应该采用多批次的处理方法，或采用之前所提到的连续的菌体裂解设备。

(1) 接着上面所说的超声处理方法的第(3)步和第(4)步的方式重悬新鲜或冰冻的菌体，如果采用瓦林式(Waring)或小型混合器(Waring Products, Torrington, CT;

www. waringproducts. com)，则注意需要低速重悬菌体，不要过度搅拌并且在全程保持提取物处于冷却状态。算上裂解之后漂洗裂解设备的缓冲液，重悬的体积应该少于 10 mL/g的比例。混合之前，从已经计算好的重悬体积中取出 50～100 mL 的裂解缓冲液放在一边备用。这些缓冲液将用来在样品处理之后冲洗设备。用这些缓冲液冲洗可以将设备死体积中的残余提取物冲出。

(2) 如果采用 Gaulin 细胞裂解器，在裂解大肠杆菌时，在 10 000 psi 压力下处理两次。当处理难以裂解的菌体，如酵母菌，可能需要更多的处理次数或持续循环处理。如果采用的是 Microfluidizer 或液压式的细胞匀浆机，则按照厂商的操作说明进行操作。在处理过程中，特别是小体积的操作时，样品会发生非常明显的产热现象。在处理过程中，通过将收集管路浸入到干冰乙醇浴(dry ice ethanol bath)中将裂解液冷却到 5～10℃。通过持续搅拌和定时将管路从冷浴(cooling bath)中移出来减少裂解液在收集管底部和边上的冻结。

(3) 4℃、15 000 *g* 离心 30min 裂解液。倾倒出上清液并用 Miracloth(EMD Biosciences-Calbiochem, Gibbstown, NJ; www. emdbiosciences. com)将之过滤到另一个容器中，小心不要搅动沉淀。可溶组分按照随后的分离步骤对颗粒的忍耐度可以用较小孔径的低蛋白质吸附的滤器进行进一步澄清。最终澄清的上清液中含有菌体蛋白质的可溶组分，并且可以用于进行色谱层析或其他下游的分离或分析操作。

(王 晗 译 张金龙 校)

参考文献

Andrews, B. A., and Asenjo, J. A. (1987). Enzymatic lysis and disruption of microbial cells. *TIBTECH* **5,** 273–277.

Benov, L., and Al-Ibraheem, J. (2002). Disrupting *Escherichia coli*: A comparison of methods. *J. Biochem. Mol. Biol.* **35,** 428–431.

Burgess, R. R. (1987). *In* "Protein Purification: Micro to Macro", (R. R. Burgess, ed.), Alan R. Liss, New York.

Catley, B. J. (1988). Isolation and analysis of cell walls. *In* "Yeast: A Practical Approach", (I. Campbell and J. H. Duffus, eds.), pp. 163–183. IRL Press, Washington.

Chu, R., and Mallia, K. (2001). Method for recovery of proteins prepared by recombinant DNA procedures. U. S. Patent 6,174,704.

Chu, R., Mallia, K., Brennan, T., and Klenk, D. (1998). Recombinant protein extraction from *E. coli* using B-PER® Bacterial Protein Extraction Reagent. *Previews* **2,** 12–13.

Cline, D. J., Redding, S. E., Brohawn, S. G., Psathas, J. N., Schneider, J. P., and Thorpe, C. (2004). New water-soluble phosphines as reductants of peptide and protein disulfide bonds: Reactivity and membrane permeability. *Biochemistry* **43,** 15195–15203.

Cull, M., and McHenry, C. S. (1990). Preparation of extracts from prokaryotes. *In* "Guide to Protein Purification", (M. P. Deutscher, ed.), *Meth. Enzymol.* **182,** pp. 147–153.

Dawson, R. M. C., Elliott, D. C., Elliott, W. H., and Jones, K. M. (1986). pH, buffers, and physiological media. *In* "Data for Biochemical Research", pp. 417–448. Oxford University Press, Inc., New York.

De Mey, M., Lequeux, G. J., Maertens, J., De Muynck, C. I., Soetaert, W. K., and Vandamme, E. J. (2008). Comparison of protein quantification and extraction methods suitable for *E. coli* cultures. *Biologicals* **36,** 198–202.

Guide to protein purification. Deutscher, M. P. (ed.) (1990). *Meth. Enzymol.* **182,** pp. 147–203.

Dieckman, L., Gu, M., Stols, L., Donnelly, M. I., and Collart, F. R. (2002). High-throughput methods for gene cloning and expression. *Protein Expr. Purif.* **25,** 1–7.
Dignam, J. D. (1990). Preparation of extracts from higher eukaryotes. *In* "Guide to Protein Purification", (M. P. Deutscher, ed.), *Meth. Enzymol.* **182,** pp. 194–203.
[1]Drott, D., Bahairi, S., and Grabski, A. (2002). Yeast Buster protein extraction reagent for fast, efficient extraction of proteins from yeast. *inNovations* **15,** 14–16.
Engler, C. R. (1985). Disruption of microbial cells. *In* "Comprehensive Biotechnology", (C. L. Cooney and A. E. Humphrey, eds.), Vol. 2, pp. 305–324. Pergamon Press, Toronto.
Eshaghi, S., Hedren, M., Abdel Nasser, M. I., Hammarberg, T., Thornell, A., and Norlund, P. (2005). An efficient strategy for high-throughput expression screening of recombinant integral membrane proteins. *Protein Sci.* **14,** 676–683.
Foster, D. (1995). Optimizing recombinant protein recovery through improvements in cell-disruption technologies. *Curr. Opin. Biotechnol.* **6,** 523–526.
Garrett, P. E., Tao, F., Lawrence, N., Ji, J., Schumacher, R. T., and Manak, M. M. (2002). Tired of the same old grind in the new genomics and proteomics era? *TARGETS* **5,** 156–162.
Gegenheimer, P. (1990). Preparation of extracts from plants. *In* "Guide to Protein Purification", (M. P. Deutscher, ed.), *Meth. Enzymol.* **182,** pp. 174–193.
Getz, E. B., Xiao, M., Chakrabarty, T., Cooke, R., and Selvin, P. R. (1999). A comparison between the sulfhydryl reductants tris(2-carboxyethyl) phosphine and dithiothreitol for use in protein biochemistry. *Anal. Biochem.* **273,** 73–80.
[1]Grabski, A., and Burgess, R. R. (2001). Preparation of samples for SDS-polyacrylamide gel electrophoresis: Procedures and tips. *inNovations* **13,** 10–12.
[1]Grabski, A., McCormick, M., and Mierendorf, R. (1999). BugBuster™ and Benzonase®: The clear solutions to simple efficient extraction of *E. coli* proteins. *inNovations* **10,** 17–19.
[1]Grabski, A., Drott, D., Handley, M., Mehler, M., and Novy, R. (2001). Extraction and purification of proteins from *E. coli* without harvesting cells. *inNovations* **13,** 1–4.
[1]Grabski, A., Mehler, M., Drott, D., and Van Dinther, J. (2002). Automated purification of recombinant proteins in a 96-well format with RoboPop™ Kits and robotic sample processing. *inNovations* **14,** 2–5.
[1]Grabski, A., Mehler, M., and Luedke, R. (2003). Automated methods for solubility screening and recombinant protein purification. *Amer. Biotechnol. Lab.* **35,** 34–38.
Guerlava, P., Izac, V., and Tholozan, J.-L. (1998). Comparison of different methods of cell lysis and protein measurements in *Clostridium perfringens*: Application to the cell volume determination. *Curr. Microbiol.* **36,** 131–135.
Han, J. C., and Han, G. Y. (1994). A procedure for quantitative determination of tris (2-carboxyethyl)phosphine, an odorless reducing agent more stable and effective than dithiothreitol. *Anal. Biochem.* **220,** 5–10.
Harris, E. L. V., and Angal, S. (eds.) (1989). *In* "Protein Purification Methods, a Practical Approach", IRL Press, Oxford.
Harrison, S. T. L. (1991). Bacterial cell disruption: A key unit operation in the recovery of intracellular products. *Biotechnol. Adv.* **9,** 217–240.
Ho, C. W., Tan, W. S., Yap, W. B., Ling, T. C., and Tey, B. T. (2008). Comparative evaluation of different cell disruption methods for the release of recombinant hepatitis B core antigen from *E. coli. Biotechnol. Bioproc. Eng.* **13,** 577–583.
Hopkins, T. R. (1991). Physical and chemical cell disruption for the recovery of intracellular proteins. *In* "Purification and Analysis of Recombinant Proteins", (R. Seetharam and S. K. Sharma, eds.), pp. 57–83. Marcel Dekker, Inc., New York.
Jazwinski, S. M. (1990). Preparation of extracts from yeast. *In* "Guide to Protein Purification", (M. P. Deutscher, ed.), *Meth. Enzymol.* **182,** pp. 154–174.
Kashino, Y. (2003). Separation methods in the analysis of protein membrane complexes. *J. Chromatgr. B* **797,** 191–216.
Kleinig, A. R., and Middelberg, A. P. J. (1998). On the mechanism of microbial cell disruption in high-pressure homogenization. *Chem. Eng. Sci.* **53,** 891–898.
Lesley, S. A. (2001). High-throughput proteomics: Protein expression and purification in the postgenomic world. *Protein Expr. Purif.* **22,** 159–164.
Lieve, L. (1974). The barrier function of the gram-negative envelope. *Ann. N.Y. Acad. Sci.* **235,** 109–129.

Marshak, D. R., Kadonaga, J. T., Burgess, R. R., Knuth, M. W., Brennan, W. A., and Lin, S.-H. (1996). Solubilization and purification of the rat liver insulin receptor. *In* "Strategies for Protein Purification and Characterization: A Laboratory Manual", pp. 275–336. Cold Spring Harbor Laboratory Press, New York.

Meiss, G., Friedhoff, P., Hahn, M., Gimadutdinow, O., and Pingoud, A. (1995). Sequence preferences in cleavage of dsDNA and ssDNA by extracellular *Serratia marcescens* endonuclease. *Biochemistry* **34,** 11979–11988.

Middelberg, A. P. J. (1995). Process-scale disruption of microorganisms. *Biotechnol. Adv.* **13,** 491–551.

Nestle, M., and Roberts, W. K. (1969). An extracellular nuclease from *Serratia marcescens*. *J. Biol. Chem.* **244,** 5219–5225.

Neugebauer, J. M. (1990). Detergents: An overview. *In* "Guide to Protein Purification", (M. P. Deutscher, ed.), *Meth. Enzymol.* **182,** pp. 239–253.

Nguyen, H., Martinez, B., Oganesyan, N., and Kim, R. (2004). An automated small-scale protein expression and purification screening provides beneficial information for protein production. *J. Struct. Funct. Genom.* **5,** 23–27.

Pandolfe, W. D. (1999). Homogenizers. *In* "Wiley encyclopedia of food science and technology", (F. J. Francis, ed.), pp. 1289–1294. John Wiley and Sons, Inc., New York.

Ramanan, R. N., Ling, T. C., and Ariff, A. B. (2008). The performance of a glass bead shaking technique for the disruption of *E. coli* cells. *Biotechnol. Bioproc. Eng.* **13,** 613–623.

Scopes, R. K. (1994). Protein Purification: Principles and Practice. 3rd edn. Springer Verlag, New York.

Shirgaonkar, I. Z., Lothe, R. R., and Pandit, A. B. (1998). Comments on the mechanism of microbial cell disruption in high-pressure and high-speed devices. *Biotechnol. Prog.* **14,** 657–660.

Spencer, J. F. T., and Spencer, D. M. (1997). Yeasts and the life of man: Part II: Genetics and molecular biology of industrial yeasts and processes. *In* "Yeasts in Natural and Artificial Habitats", (J. F. T. Spencer and D. M. Spencer, eds.), pp. 243–263. Springer-Verlag, Berlin.

SPX Corp. (2009). *In* "Cell Disruption by Homogenization", pp. 1–18; Pub. #3006-01-06-2008-US.

Stevens, J., and Kobs, G. (2004). Taking the spin out of cell lysis. *Promega Notes.* **86,** 23–24.

Stevens, R. C., and Wilson, I. A. (2001). Industrializing structural biology. *Science* **293,** 519–520.

Stevens, R. C., Yokoyama, S., and Wilson, I. A. (2001). Global efforts in structural genomics. *Science* **294,** 89–92.

Surzycki, S., Togasaki, R. K., and Kityama, M. (1996). Process and apparatus for fragmenting biomaterials. *U. S. Patent* **5**(506), 100.

Swiderek, K. M., Alpert, A. J., Heckendorf, A., Nugent, K., and Patterson, S. D. (1997). Structural analysis of proteins and peptides in the presence of detergents: Tricks of the trade. *ABRF News Article Methodol.* **8,** 17–25.

Zhu, H., Bilgin, M., Bangham, R., Hall, D., Casamayor, A., Bertone, P., Lan, N., Jansen, R., Bidlingmaier, S., Houfek, T., Mitchell, T., Miller, P., *et al.* (2001). Global analysis of protein activities using proteome chips. *Science* **293,** 2101–2105.

第 19 章

亚细胞器及亚细胞结构的分离

Uwe Michelsen* and Jörg von Hagen*

目录

摘要

功能蛋白质组学的主要挑战之一是进行复杂蛋白质混合物的分离,以便能够检测出低丰度的蛋白质并且对受到环境参数影响的蛋白质进行可靠的定量及定量分析。成功地进行这类分析的先决条件是在进行蛋白质的分离之前,样品制备的操作步骤是标准化及具有可重复性的。由于全蛋白质组的复杂性,尤其是真核生物的蛋白质组和蛋白质特性的多样性(divergence),对于特定物种的部分蛋白质组进行标准化的操作有利于其蛋白质组覆盖度的最大化及提高低丰度蛋白质的可见概率和使其便于进行下一步的分析。本章中,我们将对经典的离心技术及更为高级的以免疫亲和为基础的哺乳动物细胞中细胞器和亚细胞器区室富集及分离方法的具体步骤进行详细介绍,这些技术和方法在当前被研究的最为透彻。

* 德国默克(Merck K GaA, Darmstadt, Germany)

缩写

2D	Two-dimensional	二维的
DDF	Differential detergent fractionation	不同的去污剂分级分离
DRF	Detergent-resistant fraction	抗去污剂分级分离
DRM	Detergent-resistant membrane	抗去污剂膜
EMSA	Electro mobility shift assay	电子迁移位移实验
g	Gravity unit	重量单位
GPCR	G-Protein coupled receptor	G 蛋白偶联受体
HM	Homogenization medium	均一化的培养基
IEF	Isoelectric focussing	等电聚焦
iTRAQ	Isotope tags for relative and absolute quantification	用于相对和绝对定量的同位素标记
LC	Liquid chromatography	液相色谱
LOPIT	Localization of organelle proteins by isotope tagging	同位素标记定位细胞器蛋白质
M	Molar	质量的
β-MCD	β-Methylcyclodextrin	β-甲基环糊精
MS	Mass spectrometry	质量光谱法
MudPIT	Multidimensional protein identification technology	多维蛋白质鉴定技术
PBS	Phosphate buffered saline	磷酸盐缓冲液
PMSF	Phenylmethylsulfonyl fluoride	苯甲磺酰基氟化物
RAM	Restricted access material	限进介质
RP	Reversed phase	反相
SCX	Strong cation exchange	强阳离子交换
SDS	Sodium dodecyl sulfate	十二烷基磺酸钠

1. 引言

在蛋白质组学的研究中，所有富集技术的一个关键步骤是亚细胞的分级分离，它对于胞内细胞器和多蛋白质复合物的分析是尤其重要的。为了降低样品的复杂性，亚细胞的分级分离应采用一种灵活的和操作性强的方法来进行，且与高分辨率的 2D 凝胶/质量光谱法，或独立的凝胶技术联合使用时才能达到最佳效果。

在过去的几十年，不同亚细胞区室的分级分离已经在以生物化学为研究方向的实验室里作为标准解决方案的一部分被确立。亚细胞分级分离的效率可以通过标志酶活性的分析来检测，而其主要目标就是为了鉴定单个的新的蛋白质。当时，蛋白质的鉴定技术是十分有限的，且亚细胞区室特异蛋白质亚型的鉴定很费时、灵敏度差，甚至是不可能完成的。

通过增加它们的复杂度，有机体可以获得范围更大的组成成分以满足环境改变的需要。而复杂度的增加可以通过以下两种方式来实现：细胞分化和细胞内的区室化。对于给定有机体的细胞亚型，它们具有各自特殊的性质且用途不同，如神经元、生殖细胞或上皮细胞。而且，特定的细胞功能也是被区室化的，如遗传物质的储存、蛋白质的降解或细胞动力的产生。

因此，亚细胞水平的蛋白质鉴定对于细胞功能的研究是至关重要的。有些蛋白质仅在某一特定的生理状态下与某种亚细胞结构相关，而在另一种状态下则定位于细胞的其他位置。在不同区室间的蛋白质易位、细胞表面和细胞内部空间之间的蛋白质循环或者核质和细胞质间的穿梭运动，对于哺乳动物细胞来说是都是十分常见的。为了能够监控基因产物在亚细胞水平上的分布，经典的蛋白质组学方法应再次聚焦于亚细胞水平。这种方法非常适于检测细胞的生命活动是如何进行的。

最后，需要注意的是许多当前的蛋白质组学分析方案旨在对组织样本进行比较性的分析。而组织样本要比培养的细胞样本更加复杂，因为任何一个组织均含有众多不同类型的细胞，并且还含有可能不是分析目标的结缔组织样的结构。这就意味着在样本制备过程中想要避免人为因素造成的误差将会遇到更大的困难。对于所有类型样本的蛋白质组学工作流程概述如图 19.1 所示，均为细胞器和亚蛋白质组富集的重要步骤。

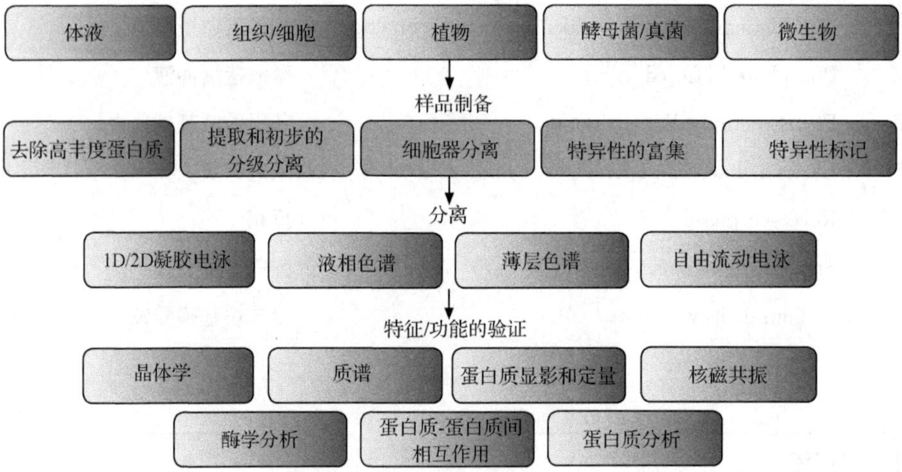

图 19.1　蛋白质组学工作流程示意图

以图 19.1 所示的流程为基础，本章接下来的内容将细分为 3 个部分来总结最为重要的和卓有成效的用于富集及分离的样本制备技术。

此时，需要提出来的一个重点是，目前并没有建立基于各种下游分离技术的一般性工作流程。而所有不同的分析技术均需要一种特异性的样本制备方法，从而可以确保样本的制备和所选择的分析技术具有相容性。关于特定样本和多种类型样本制备的更为详细的信息可参见 *Proteomics Sample Preparation*（von Hagen，2008）。其中所述的方法都是基于富集的技术，且并没有说明仅适于纯化细胞器蛋白质组的方法。此外，所给出的概述性的操作步骤仅仅是制备工作的一个启示性的指导，还需根据样本的种类、组织和细胞的类型进行适当地优化。

与此相反，基于色谱原理的技术，如多维蛋白质鉴定技术（MudPit）（Washburn et al.，2001）、PF2D（Billecke et al.，2006）或自由流电泳（free flow electrophoresis，FFE）（Weber et al.，2004）通常用于降低蛋白质组的复杂性，且依赖于细胞器的预富集。这些分离技术已被简明阐述，具体实验方案在很多资料中都可以找到。

2. 亚蛋白质组的提取和初步分离

2.1　密度速率离心

2.1.1　介绍

离心是一种常用的样本制备技术，它是基于混合物中各种组分的密度和颗粒大小的差异来完成分离的。若没有布朗运动和热混合（thermal mixing）现象的存在，则是不需要进行离心处理的。如样本中的各种组分具有不同的密度和形状，且给予足够的时间，样本组分最终将以 1 g 的加速度沉降于离心管底部。而该过程可以采用离心进行加速。密度速率离心便是根据不同颗粒具有不同临界速率的现象来进行的。这一临界速率可以利用斯托克斯定律（Stoke's law）来确定：

$$V_t = \frac{2R^2(\rho_s - \rho)a}{(9\mu)}$$

式中，V_t 为生物分子的临界速率；μ 为介质的黏度；R 为颗粒的半径；ρ_s 为颗粒的密度；α 为离心加速度；ρ 为介质的密度。

临界速率是颗粒半径和密度的函数。所以，一般来说，较大和较重的颗粒会更快地穿过介质，并在更短的时间内沉降于离心管的底部。因典型的细胞匀浆混合物含有不同大小、密度及形状的细胞器，所以，它们能够通过沉降速率进行分离。当以超过重力沉降的速率进行离心时沉降的时间会缩短，这主要是由于斯托克斯方程中参数 a 的值得到了相当大程度的提高（表 19.1）。

表 19.1　细胞器的密度和大小

细胞器/区室	直径/μm	密度/(g/cm^3)
细胞核	3～12	1.4
线粒体	0.5～2	1.15
高尔基体	—	1.08
溶酶体	0.5～0.8	1.2
过氧化物酶体类	0.5～0.8	1.25
质膜	0.05～3	1.15

续表

细胞器/区室	直径/μm	密度/(g/cm³)
光面内质网	0.05～3	1.16
核酸	0.03	1.7
核糖体	0.03	1.6
可溶性蛋白质	0.001～0.002	1.3

通过差速离心获得的每个组分含有的细胞器的类型很少，这些类型的细胞器具有相似的沉降速率。因沉降速率与颗粒的大小和密度均相关，所以还可以仅根据密度的不同，而不考虑颗粒大小的方法来对差速离心所得的组分进一步地进行分离。这种方法就是众所周知的密度梯度离心法(density gradient centrifugation)(图 19.2)。

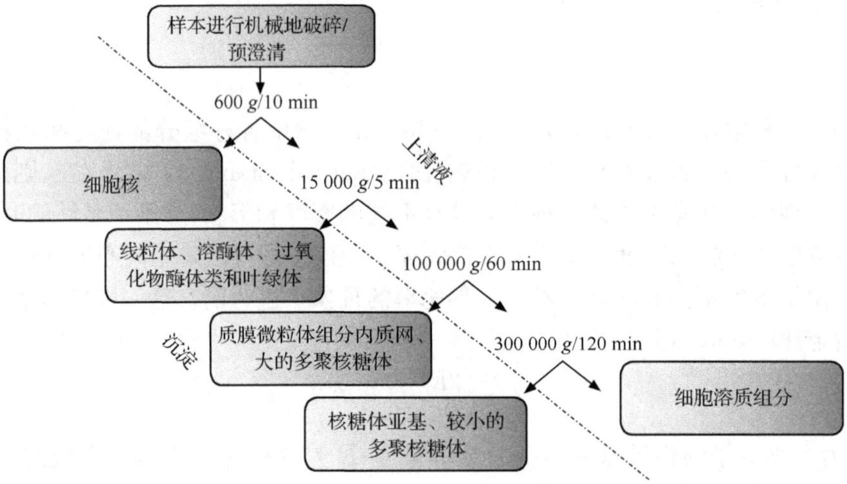

图 19.2 通过对澄清的机械破碎的细胞匀浆液进行差速离心来进行细胞的分级分离

步骤如下所述。

(1) 将细胞匀浆液以 100 *g* 离心 2 min 去除未破损的细胞。

(2) 以 600 *g* 离心上清液 10 min，以沉淀细胞核。

(3) 以 15 000 *g* 离心上清液 5 min，以沉淀线粒体、叶绿体、溶酶体和过氧化物酶体。

(4) 以 100 000 *g* 超速离心 60 min，以沉淀质膜、内质网碎片和较大的多聚核糖体。

(5) 接着以 300 000 *g* 离心 2 h 后，上清液中仅余不能够被沉淀的胞质组分。

2.1.2 进一步降低蛋白质组的复杂性

(1) 自由流动电泳 自由流动电泳(free-flow electrophoresis，FFE)是一种高度通用的技术，它可以用于分离多种自身带电荷的或可以使之带电荷的(chargeable)物质，如低分子质量的有机化合物、多肽、蛋白质、蛋白质复合物、细胞膜、细胞器甚至整个细胞。《蛋白质科学中的通用方案》(*Current Protocols in Proteins Sciences*)(Weber et al., 2004)已经给出了较为详细的操作规程。这种技术主要用于已经通过上述步骤进行预纯化所得细胞器提取物的纯化，因此它是一种唯一的附加的分离技术。

(2) 多维蛋白质鉴定技术 多维蛋白质鉴定技术(multidimensional protein identification technology，MudPIT)是一种基于无凝胶的二维高效液相色谱(HPLC)的方法，它最初由 John Yates III 的实验室(Washburn et al.，2001)所开发。复杂的蛋白质混合物在变性后经蛋白酶消化，再采用填充有强阳离子交换(strong cation exchange，SCX)树脂和紧接着的反相(reverse phase，RP)介质的毛细管来进行分离。该层析柱再与一个四元的 HPLC(quaternary HPLC)系统相连，而 HPLC 又与串联质谱仪相偶联。

此外，还有一些其他的以正交方式使用的可以高效降低蛋白质组复杂性的层析树脂，如采用等电聚焦(IEF)层析柱的限进介质(restricted access material，RAM)(Willemsen et al.，2004)或 PF2 D 系统(Billecke et al.，2006)。这种方法可用于处理通过本章 2.2 节所述的密度速率离心或密度梯度离心所得预纯化的细胞器，来降低其细胞器蛋白质组学的复杂性。

2.2 密度梯度离心

2.2.1 介绍

通过向试管的底部加入糖的结晶可以很容易建立密度梯度(Fisher and Cline，1963)。糖首先会溶解于溶液，再慢慢向顶端扩散，这是一个耗时的过程，且可重现性并不高。一个更具可行性的方法是在试管中分层加入浓度依次降低的蔗糖溶液，这样便可在底部形成最重的溶液层，而顶端的溶液层最轻。最后，将细胞组分加入到蔗糖溶液的顶层。如果一种颗粒的密度高于其周围的溶液，那么它会下沉直到其周围溶液的密度与颗粒本身的密度完全相同为止。而离心操作还可以加速该过程。不同于上述的差速离心技术，此时离心时间不再重要，只要整个系统能够达到准平衡状态(quasiequilibrium)即可。

本章将对经典的密度梯度离心用于线粒体的分离做一个更为详尽的论述，而后者在当前的关于细胞凋亡的研究中是一个重点。而对于其他细胞器的富集，则应参考 *Methods in Enzymology* 中较前章节的内容(Storrie and Madden，1990)。本部分对于溶酶体、去核后的上清液(postnuclear supernatant)、线粒体和细胞核等的分离给出了详细的方案，同时，也相应地描述了其中所涉及的标记酶活性和完整细胞的检测分析方法(图 19.3)。

2.3 线粒体的富集

特定的线粒体蛋白质及其复合物的蛋白质组学的分析可以为研究线粒体的功能提供重要的信息(Edelman et al.，1966)。在将组织匀浆和细胞匀浆进行差速离心后，通常采用珀可(Percoll)梯度进行线粒体碎片的纯化。

这种方法的一个缺点就是成功分离后必须去除 Percoll，因为在进行下一步分析时不能有 Percoll 存在。为了易于从已经分离的线粒体碎片中去除 Percoll，一些研究人员采用了如下所述的在梯度缓冲液中加入蔗糖的方法来进行。需要注意的是，这样也会带来一些问题，因为二糖类物质能够通过膜孔蛋白通道进入线粒体基质，进而可能影响对所得

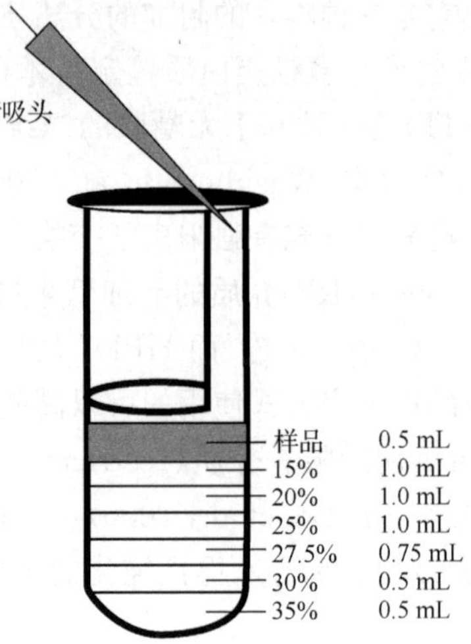

图 19.3　蔗糖梯度的建立。15%～35%的蔗糖密度梯度。这种梯度是通过逐步向试管中加入密度递减的蔗糖溶液来制备的，因此最先加入的是35%的蔗糖溶液。首先，将Beckman异质同晶聚合物离心管垂直放置于管架上；其次，如上所述将固定于支架的移液管的尖端接触离心管的内壁

结果的生理学解释。

上述的蔗糖梯度分离方法是一种优化的用于线粒体蛋白质精细分离的方法。它的使用可以降低样本的复杂性，并可将样本分解为至少10个组分。蔗糖梯度的方法是针对初始体积为0.5 mL，蛋白质浓度为5 mg/mL的样本而设计的。样本应溶解于非离子型去污剂中，即线粒体蛋白应完全溶解于20 mmol/L的*n*-十二烷基-*β*-D-麦芽糖苷[1%(*m*/*V*)月桂醇麦芽糖苷]中，且经过检测其蛋白质浓度为5 mg/mL。通过这种处理方法，线粒体膜将会被破坏，但之前已经嵌入有多亚基复合物的线粒体膜仍会保持完整，如此，则需要采用下述的步骤继续进行处理。

2.3.1　材料和设备

(1) 蔗糖溶液：浓度15%、20%、25%、27.5%、30%和35%(*m*/*V*)。

(2) 蛋白酶抑制剂混合物。

(3) 磷酸盐缓冲液(PBS)：1.4 mmol/L KH_2PO_4，8 mmol/L Na_2HPO_4，140 mmol/L NaCl，2.7 mmol/L KCl，pH 7.3。

(4) 200 mmol/L *n*-十二烷基-*β*-D-麦芽糖苷[10%(*m*/*V*)月桂酰麦芽糖苷]。

(5) 水平式超速离心机及转子(swing-out ultracentrifuge and rotor)。

(6) 异质同晶聚合物离心管。

如上所述将细胞进行裂解及匀浆。优先采用机械破碎方法(Goldberg，2008)，避免加入去污剂，因其可能导致线粒体和其他细胞区室的渗漏。

2.3.2　一般方案

(1) 使用PBS清洗细胞2次。

(2) 使用含有磷酸酶抑制剂和蛋白酶抑制剂的 PBS(1 mL/10^9个细胞)重悬细胞。以 Potter-Elvehjem 型或杜恩斯(Dounce)匀浆器(通过活性染色检验)破碎细胞，次数多于 20 次。

(3) 可以选择性采用 5 个或更多的冻融循环，5 次或更多的超声(每超声 5 s，暂停 5 s)，弗式细胞压碎器、高压匀浆(500～1000 bar，循环 2 次)或玻珠研磨机等方法，依照相应的厂家所提供的方案对细胞进行处理。为了进行下一步的处理，于 4℃以 500 *g* 离心 5 min将裂解液进行预澄清处理。

2.3.3　步骤

(1) 向最高蛋白质浓度为 5 mg/mL 的线粒体膜的 PBS 悬浮液中加入月桂醇麦芽糖苷，使其终浓度为 1%。

(2) 混匀后置于冰浴孵育 30 min。

(3) 以 70 000 *g* 离心 30 min。

(4) 收集上清液，弃去沉淀。

(5) 向样品中加入蛋白酶抑制剂混合物，并将其放置于冰浴直至离心操作开始。

(6) 如蔗糖梯度制备完成，则可以观察到不连续的蔗糖层分布。将样品小心地加入离心管中梯度的顶层，操作时应保持离心管的稳定。

(7) 将异质同晶聚合物离心管置于较大的水桶型转子中，设置为最低的加速度和减速度，以 4℃、130 000 *g* 离心 16 h。

(8) 小心地从上往下取出 500 μL 的组分进行分析。其余的组分放置于－80℃冻存。

2.3.4　其他密度梯度的制备

对于大量的蛋白质，也可制备相应地多重的梯度或者也可以将之前的梯度按比例放大。例如，40 mg 的线粒体可以通过总体积为 40 mL 的蔗糖梯度溶液来进行分离。

(1) 如下所述采用蔗糖溶液：55%(5 mL)、50%(5 mL)、35%(10 mL)、30%(10 mL)和 25%(2 mL)。

(2) 向梯度溶液的顶层加入 8 mL 的线粒体上清液(溶解于 1%的月桂酰麦芽糖苷，以 72 000 *g* 离心 30 min)。

(3) 将加速度和减速度设置为最低，以 4℃、115 000 *g* 离心 17 h。

除了经典的蔗糖密度梯度的介质以外，也可以采用其他供应商提供的不同介质分离亚细胞结构和细胞器。其中最为突出的介质为蔗聚糖(Ficoll) (Kurokawa et al., 1965), Percoll (Pertoft et al., 1977)、Nycodenz (Rickwood et al., 1982)和 Optiprep (van Veldhoven et al., 1996)。相关的更为详尽的方案可参考相应的供应商所提供的操作手册。

2.4　内膜的富集(LOPIT)

2.4.1　介绍

一种新蛋白质的定位鉴定对于确定其功能是一个十分重要的步骤，且有助于我们对细胞区室的研究。为了便于进行蛋白质的定位，所制备的细胞器必须不能含有污染物。对于某些细胞器，如线粒体，制备大量的均一产物是相对容易的。然而，内膜系统中的高尔基体和内质网却是很难相互分离。此外，与这类细胞器有关的一些蛋白质会通过内膜系统转运到最终目的地或在细胞区室间循环。所以，区分真正的细胞器驻留物质和污染物会是一项很困难的工作。

已经有多种能够将蛋白质定位于细胞器的技术。这里我们所讨论的样品制备方法就必需用到上述新出现的方法之一——通过同位素标记来定位细胞器蛋白质(localization of organelle protein by isotope tagging，LOPIT)。

LOPIT 的工作流程包括采用平衡密度梯度离心法(equilibrium density gradient centrifugation)进行细胞器的部分分离。将各梯度组分之间的蛋白质的相对丰度(relative abundance)与已知的细胞器标记物信息相比，相对丰度可以通过稳定的同位素标记方法和串联质谱法(MS/MS)来检测，而在胰蛋白酶肽中存在的伯胺基团可与同位素标记相对和绝对定量(isobaric tag for relative and absolute guantitation，iTRAQ)试剂发生衍生作用(Ross et al., 2004)。LOPIT 技术可应用于多种样本类型的蛋白质的定位研究，包括培养的细胞、组织和整个有机体。

该方法首先进行的是细胞生物膜粗提物的收集和通过一个致密介质部分分离细胞器。细胞器分离的程度可通过一维的 SDS-PAGE 和借助于特异性抗体的 Western Blot 来监测。另外，对于特定的细胞器，也可选择采用检测其酶活性特征来监测。这方面的详细讨论可参见 *Methods in Enzymology* 中 Storrie 和 Madden (1990)的论述(表 19.2)。

表 19.2 不同细胞器的酶和底物标记物

细胞器	酶和底物
细胞核	DNA，RNA，Parp
线粒体	细胞色素 c 氧化酶，琥珀酸脱氢酶
质膜	碱性磷酸二酯酶Ⅰ，G 蛋白偶联受体(GPCR)
溶酶体	β-半乳糖苷酶，β-己糖胺酶，酸性磷酸酶
核内体	过氧化物酶
过氧化物酶体	过氧化氢酶
高尔基体	α-甘露糖苷酶Ⅱ，半乳糖转移酶
光滑内质网	葡萄糖-6-磷酸酶
粗糙内质网	RNA
胞质溶胶	乳酸脱氢酶
细胞骨架	波形蛋白，角蛋白

通过使用 iTRAQ 试剂标记胰蛋白酶消化的肽段的方式来定量标记选定的富含特定细胞器的梯度组分。标记的多肽混合物可以采用强阳离子交换层析(SCX chromatography)来分离，且进一步的分离可通过反相色谱偶联串联的质谱法(LC-MS/MS)来完成。最终以 MS/MS 产生的各片段的检测数据来进行多肽的鉴定及定量，并通过统计学的方法进行分析。这里所述的方案是基于 Sherrier 等(1999)的工作形成的，可依据不同来源

的生物膜再进行优化(Ford et al., 1994; Graham et al., 1994)。一个典型的制备过程为用 Polytron 均浆器在相同体积的匀浆介质中使用两个 7 s 的脉冲处理 60 g 的组织。在这个制备阶段,所采用匀浆介质的量和匀浆时间对于最小化的破碎细胞器是至关重要的。所使用的初始材料应该足够在每个梯度组分中产生最少 100 μg 的将用于 iTRAQ 标记的生物膜蛋白质。分离方案的第一部分为使用平衡密度梯度离心法对细胞生物膜进行分级分离。利用 16%的碘克沙醇(iodixanol)梯度可以分离高尔基体、内质网、液泡、质膜、线粒体和质体。

在回收完步骤(8)中的组分后,采用针对不同细胞器标志性蛋白质的特异性抗体进行蛋白质印迹分析来确定梯度组分中膜的分离程度是很重要的。选择可用于进行下一步清洗步骤的组分。碳酸盐缓冲液较高的 pH 破坏了膜周边蛋白质与细胞生物膜之间的静电作用。另外,闭合的小囊泡也会转移到细胞生物膜的薄层中,并释放出可溶性的蛋白质,如 Sadowski 等(2006)和 Shadforth 等(2005)所述,所产生的沉淀物正好可以用做 iTRAQ 的标记反应物。

2.4.2　材料与设备

(1) 匀浆缓冲液:250 mmol/L 蔗糖。10 mmol/L HEPES-NaOH(pH 7.4),1 mmol/L EDTA(pH 8.0),1 mmol/L DTT。

(2) Optiprep 储存液:60%的碘克沙醇水溶液。

(3) 系统缓冲液:60 mmol/L HEPES-NaOH (pH 7.4),6 mmol/L EDTA (pH 8.0),6 mmol/L DTT。

(4) 碘克沙醇缓冲溶液:将 1 体积的系统缓冲液加入到 5 体积的 Optiprep 储备液中配制而成。

注意:所有的溶液需现用现配,且使用前一直放置于 4℃保存。

2.4.3　步骤

(1) 在 4℃、2200 *g* 离心 5 min,对匀浆液进行预澄清处理,以去除完整的细胞、细胞核和细胞壁碎片。

(2) 将上清液轻轻倒入到一个干净的离心管中,按上一步骤条件再次离心。

(3) 将所得的上清液分成 6 等份,移入 6 个离心管中,然后在离心管底部加入 6 mL 18%碘克沙醇缓冲溶液。

(4) 采用超速离心机,在 4℃、100 000 *g* 离心 2 h。

(5) 从中间相收集细胞生物膜的粗提物(一般为 6~8 mL)。

(6) 采用碘克沙醇缓冲溶液稀释细胞膜提取物,并使用碘克沙醇缓冲溶液原液将碘克沙醇的浓度调整为 16%。

(7) 将经过调整的溶液倒入到 2 个聚碳酸酯离心管中,使用超速离心机,将减速度设为最低,在 4℃、350 000 *g* 离心 3 h。

(8) 从聚碳酸酯离心管中每个梯度的顶部收集 20 个 0.5 mL 的密度组分。

(9) 向每个所选择的 0.5 mL 的密度组分中加入 800 μL 的 162.5 mmol/L 的Na_2CO_3,

使其终浓度为100 mmol/L。

(10) 于冰浴中孵育30 min,使用超速离心机,在4℃、100 000 *g* 离心25 min,弃去上清液。

(11) 使用1 mL的去离子水于4℃清洗沉淀,如上步骤离心10 min,弃去上清液。

2.5 不同去污剂的分级分离

2.5.1 介绍

为了溶解蛋白质,尤其是含有大量疏水性区域的蛋白质,必须采用去污剂类的两亲水脂分子(amphipathic molecule)。典型的去污剂均含有极性基团和疏水性基团。它们在较长的疏水链末端或尾部含有一个极性头。与纯粹的极性或非极性分子相反,去污剂在水中具有独特的性质。它们的极性基团可与水分子形成氢键,由于疏水作用烃链会聚集。这些特性使得去污剂可溶解于水中。在水溶液中,它们形成被称为微胶粒(micelle)的规则球形结构。由于去污剂具有两亲的特性,所以它们能够使疏水性的化合物溶解在水中。接下来所述的方案使用的去污剂具有增强的抽提效率,它使4种不同的亚蛋白质组组分得到富集(Ramsby et al., 1994)(图19.4)。

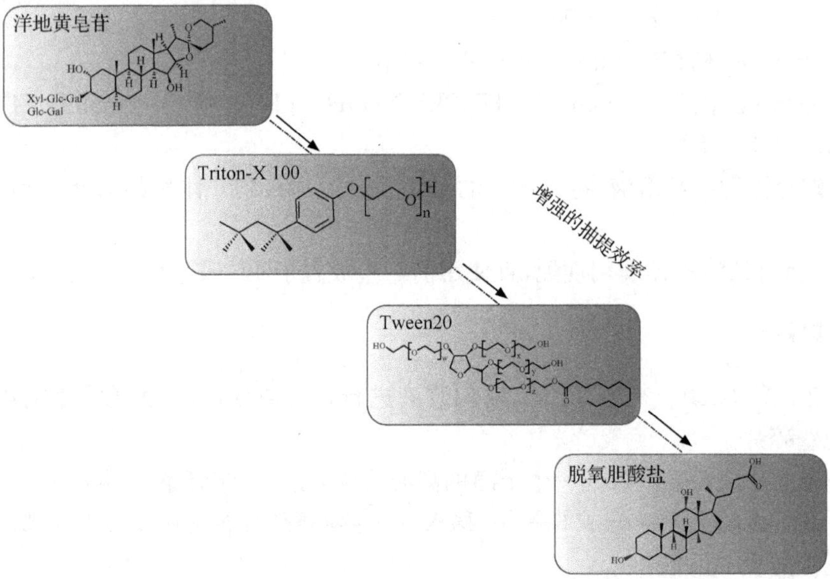

图19.4 广泛使用的去垢剂,从洋地黄皂苷到脱氧胆酸钠,它们的抽提效率逐渐增加

去垢剂能够根据蛋白质的亚细胞定位来使它们在天然状态下得到简单的分级分离,从而可得到4个富集的亚蛋白质组(图19.4):①细胞溶质的;②细胞膜或细胞器膜的;③可溶性的及DNA相关的核蛋白(soluble and DNA-associated nuclear);④细胞骨架蛋白质。顺序抽提法正是基于此规律。

由于总蛋白质组的复杂性和蛋白质性质的多样性(divergence),对于特定的有机体,制备其标准化的部分蛋白质组会有利于将其进行下一步分析。这类分析通常需要目标蛋白质维持在非变性状态及它们的亚细胞定位也可以确定。蛋白质拓扑学的变动和空间上的重新分布导致其定位于其他的亚细胞区室等都是非常重要的细胞活动，且对于生物学的进程，如信号转导或细胞凋亡都是至关重要的。细胞器的选择性纯化不能进行这种分析。此外，匀浆化技术的使用，通常会需要大量的初始原料，且一般相对于组织培养的细胞，匀浆技术在处理组织时更为有效(Abdolzade-Bavil et al., 2004)。

上述的方案能够简单地将总蛋白质组分级分离成为 4 个不同的亚细胞组分。最近，一些不同的相关方案已经以试剂盒的形式被商业化，可以从相应的供应商得到(如由美国圣地亚哥的 Calbiochem 提供的 ProteoExtract kits) (图 19.5)。

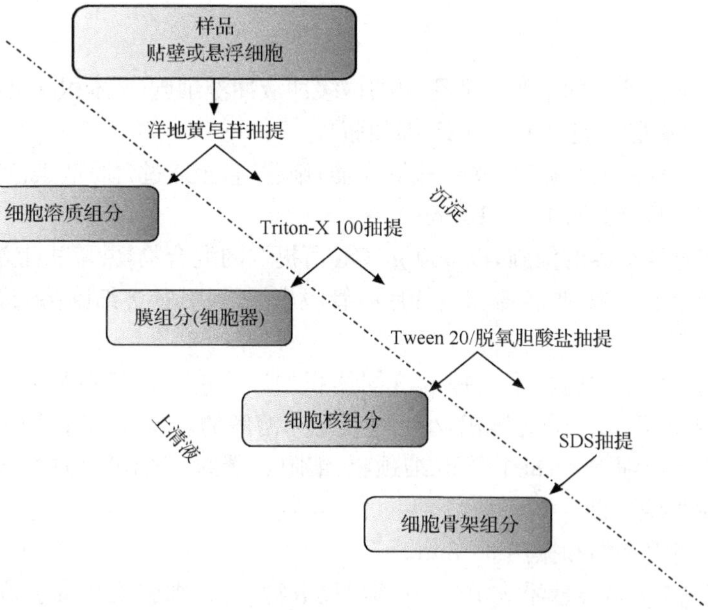

图 19.5　DDF 方案。基于非超速离心的细胞器富集工艺

2.5.2　试剂与设备

(1) 100 mmol/L EDTA：称取 3.36 g EDTA 溶解于 100 mL 的水中。室温储存。

(2) 100 mmol/L 苯甲磺酰基氟化物(PMSF)：称取 174 mg 的 PMSF 溶解于 10 mL 的异丙醇中。

(3) 哌嗪-*N*,*N*′-双(2-乙磺酸) (PIPES)储存缓冲液(10×)：以 0.45 μm 无菌过滤器过滤后，于 4℃避光储存。

(4) 细胞溶质蛋白抽提缓冲液(0.015%洋地黄皂苷，pH 6.8，4℃)：取一个有小搅拌棒的烧瓶，先加入 4 mL 10×的储存缓冲液，然后将 18.75 mg 的洋地黄皂甙(calbiochem)通过加热溶解于其中，再加入 1 mL 的 PMSF。与余下的 6 mL 10×的储备缓冲液和 5 mL EDTA 合并。加水定容至 100 mL。

(5) 细胞膜蛋白质抽提缓冲液(0.5% Triton X-100，pH 7.4，4℃)：合并 10 mL 10×的储备缓冲液、0.1 mL PMSF、3 mL EDTA 和 5 mL 新鲜制备的 10% Triton X-100，加

水定容至 100 mL。

(6) 细胞核蛋白质抽提缓冲液(1% Tween-40/0.5% 11-脱氧皮质固酮(DOC),pH 7.4,4℃):分别将 0.5 g DOC 和 1 mL Tween-40 各溶解于 2.5 mL 10×的储备缓冲液中(如必要时可加热助溶),合并后加入 5 mL 10×的储备缓冲液和 1 mL PMSF,加水定容至 100 mL。

(7) 细胞骨架溶解缓冲液(5% SDS,10 mmol/L 磷酸钠,pH 7.4):对于非还原型缓冲液,溶解 0.5 g 的 SDS 于 5 mL 20 mmol/L pH 7.4 的磷酸钠缓冲液中。加水定容至 10 mL。对于变性缓冲液,再加入 1 mL 的 β-巯基乙醇。最后加水进行适当调整。

2.5.3　步骤

(1) 采用冰浴冷却的细胞溶质蛋白抽提缓冲液冲洗细胞(5 体积/g 湿重,轻微涡旋振荡重悬细胞)或单层细胞(1 mL/T25 细颈瓶)。

(2) 冰上孵育并温和振荡(平台式混合器)细胞,直至通过台盼蓝染色实验表明 95%～100%的细胞已是可渗透的(5～10 min)。

(3) 对于悬浮培养的细胞,以 500 *g* 离心所提取的混合物,并除去上清液。

(4) 对于单层细胞,倾斜培养瓶并用吸管吸出提取物(富含细胞溶质蛋白质的组分),再储存于－70℃。

(5) 使用与用于细胞质蛋白提取液同体积的冰浴冷却的细胞膜蛋白质提取缓冲液(相对于初始材料湿重 5 倍的体积)小心地重悬未溶解的颗粒,以获得均一的悬浮液。

(6) 对于单层细胞,向每个 T25 细颈瓶(细胞含量约 5×10^6 个)中均加入 1 mL 的细胞膜蛋白质提取缓冲液。

(7) 冰上孵育并温和振荡 30 min。

(8) 以 5000 *g* 离心悬浮液 10 min 移出提取物(富含细胞膜和细胞器蛋白质的组分)或倾出单层细胞。

(9) 等量分装,储存于－70℃。

(10) 以用于细胞膜蛋白质提取时一半的细胞核蛋白质提取缓冲液重悬悬浮培养的不溶性颗粒。

(11) 4℃、6000 *g* 离心 10 min,使残余的不溶于去污剂的组分形成沉淀,移除提取物(富含细胞核蛋白质的提取物)。

(12) 对于每个与 T25 细颈瓶相当量的单层细胞,采用 0.5～1 mL 的细胞核蛋白质提取缓冲液提取。

(13) 等量分装,储存于－70℃。

(14) 对不溶于去污剂的颗粒,采用冰浴冷却的 PBS(pH 7.4,1.2 mmol/L PMSF)冲洗,然后通过重悬(聚四氟乙烯树脂/玻璃匀浆器),并设定 4℃、12 000 *g* 离心 20 min 的方法机械破碎 DNA 或加入 1000 单位的 Benzonase 核酸酶(EMD/Novagen)将核酸进行酶解。

(15) 采用－20℃的 90%丙酮清洗悬浮培养的沉淀 1 次,冻干,再置于已经去了皮重的离心管中称重。所得的样品储存于－70℃。

(16) 对于单层细胞,采用 PBS 进行原位(*in situ*)清洗,其中残余的去垢剂不溶组分

（细胞骨架）可直接加入 0.5～1 mL 不含 β-巯基乙醇非变性的细胞骨架溶解缓冲液进行重悬。储存于－70℃。

2.6　膜质筏的富集（去垢剂不溶组分分离）

2.6.1　介绍

膜质筏是一种位于细胞膜的富含胆固醇的微区（microdomain）。从胆固醇的运输、细胞吞噬现象到信号转导等许多细胞膜的功能的实现，都要归功于膜质筏。自然条件下的细胞膜信号转导复合物的分析需要依赖于目标复合物制订相应的操作方案。还并没有总结出针对各种类型样本的一般性操作方案。而能够给出一个方案就是一个良好的开端。为便于进一步地优化，表 19.3 给出了通常用于分离细胞膜蛋白质和膜质筏的一些温和去污剂的简要总结。

表 19.3　通常用于溶解膜筏、细胞膜蛋白质复合物和跨膜蛋白质的去污剂

名称	缩写	类型[a]	相对分子质量	cmc /(mmol/L)[b]	cmc(*m*/*V*) /%[c]	溶解的百分含量/%
n-十二烷基-β-D-麦芽糖苷	DDM	N	510.6	0.17	0.0087	1
n-十一基-β-D-麦芽糖苷	UDM	N	496.6	0.59	0.029	1
n-癸基-β-D-麦芽糖苷	DM	N	482.6	1.8	0.087	1
Cymal 7	Cymal 7	N	522.5	0.19	0.0099	1
Cymal 6	Cymal 6	N	508.5	0.56	0.028	2
n-辛基-b-D-吡喃葡萄糖苷	nOG	N	292.4	18	0.53	2
十二烷基二甲基氧化胺	LDAO	Z	229.4	1～28	0.023	1
3[(3-胆酰胺基丙基)-二甲氨基]丙磺酸	CHAPS	Z	614.9		0.49	1
Triton X-100	TX-100	N	647	0.23	0.015	1(*V*/*V*)

a 去污剂的类型：N 为非离子型，Z 为两性离子型；
b cmc 为临界胶团浓度，取决于溶液的环境及温度。细胞膜蛋白质的溶解和纯化必须在 cmc 值之上进行操作；
c 用于去污剂筛选时的百分含量（*m*/*V*）

采用温和型去污剂也有一个缺点：通过各种疏水性跨膜区定位于细胞膜的药理学上相关的蛋白质不易有效提取。对于不同的标记物，如小窝蛋白-1 和脂阀结构蛋白（flotillin），除了可采用碳酸钠和 OptiPrep 外，还可运用磁珠免疫隔离（immunoisolation）的方法进行富含膜筏的含有不同标志物（如小窝蛋白 1、脂阀结构蛋白 1 等）亚群的分离（Shah and Sehgal，2007）。最近，另一个基于非去污剂提取的方法声称其可有效地提取穿过若干个跨膜区的细胞膜蛋白质（*7TMs or GPCRs*；Nakamura et al.，2008），它同时为采用 2 个步骤的操作全面深入地研究 G 蛋白偶联受体（GPCR）跨膜信号转导复合物开辟了一条道路。其中，可首先采用温和的去污剂富集膜筏，再采用如上所述的新颖的化学方法或基于化学方法的通过小分子的稀释富集这类混合物的完整提取组分，之后联合如上 2 个步骤来富集和提取膜筏及细胞膜信号转导复合物。

2.6.2　材料与设备

(1) TNE缓冲液[25 mmol/L Tris-HCl (pH 7.5)、50 mmol/L NaCl、5 mmol/L EDTA]含1%(译者注:似原文有误,疑为含1%Triton X-100)。

(2) 蛋白酶和磷酸酶抑制剂(calbiochem)。

(3) Nycodenz。

(4) 外开式的离心机和相应的转子。

(5) 异质同晶聚合物离心管。

2.6.3　步骤

(1) 在细胞培养瓶中铺上$2.0\times10^7\sim3.0\times10^7$的培养细胞(贴壁的或悬浮的)。

(2) 预温处理的PBS清洗细胞2次。

(3) 在无血清的培养基中,于37℃下采用β-MCD(10 mmol/L)处理细胞45 min和/或胆固醇处理1 h。

(4) 需要时,在进行处理之后或72 h时感染刺激细胞。

(5) 采用含有1% Triton X-100的预冷TNE缓冲液750 μL裂解细胞,再加入蛋白酶和磷酸酶抑制剂,于冰浴中孵育30 min。

(6) 采用70%的Nycodenz 1500 μL与裂解物混合,再溶解于TNE缓冲液中。

(7) 取上述混合液加入到容积为4 mL的异质同晶聚合物超速离心管的底部。

(8) 再向离心管底部加入TNE缓冲液,配制25%、21.5%、18%、15%和8%的Nycodenz,混匀。

(9) 采用外开式转子,设定4℃、200 000 *g*离心4 h。

(10) 从每个离心管的顶端到底部取350 μL的组分进行Western Blot分析。

(11) 分析Western Blot结果,以验证小窝蛋白1呈阳性(3~6部分)或有抗洗涤剂的细胞膜组分的存在。

2.7　细胞核和组蛋白的富集

2.7.1　介绍

通过信号转导事件和在体外分析染色质时发生于DNA的其他进程对研究转录的调节通常是十分重要的。染色质的基本单位为核小体核心,它包含由两组相同的核心组蛋白H2A、H2B、H3和H4形成的组蛋白八聚体,上面缠绕着145 bp的左手超螺旋的DNA。在体内,染色质与连接组蛋白(如H1)相关,而后者有助于核小体的有序组装。与连接组蛋白相连的颗粒称为核小体(或染色体),而无连接组蛋白的颗粒称为核小体核心。接下来所述的方案分为两个部分:包括清洗后的细胞核颗粒的制备和核心组蛋白的纯化。

2.7.2　清洗后的细胞核颗粒的制备

核小体和游离组蛋白的分离需要以清洁的细胞核为初始原料。本方案中,采用匀浆和非离子化去污剂 NP-40 处理培养的细胞获得细胞核。采用含有去污剂的缓冲液清洗细胞数次，以除去细胞膜，从而得到含有相对清洁的细胞核颗粒。之后，采用 NaCl 提取以去除大多数与染色质轻微结合的蛋白质。然而，相对于其他提取细胞核的方法，以 NP-40 进行清洗可导致提取物活性丢失。如需要将细胞核和染色质同时都提取出来，那么应采用如下所述的方法提取细胞核，而所得的细胞核颗粒可用于制备染色质(Schnitzler, 2001)。

材料与设备

(1) 2 mol/L NaCl。

(2) 细胞核沉淀缓冲液 2 (NPB)：0.6 mol/L KCl，10% (V/V)甘油。

(3) Dounce 匀浆器及 B 型研棒。

(4) 细胞核沉淀缓冲液(NPB)。

20 mmol/L HEPES，pH 7.5；3 mmol/L $MgCl_2$；0.2 mmol/L EGTA。

(5) 于 4℃下可储存数周。临用前加入：3 mmol/L 2-巯基乙醇、0.5 mmol/L PMSF、1 μmol/L 胃酶抑素 A(pepstatin A)、1 μmol/L 亮抑蛋白酶肽(leupeptin)。

(6) 亮抑蛋白酶肽。

配制 1 mmol/L 的水溶液作为储存液，于－20℃下可储存 1 年。

(7) 溶菌缓冲液(lysis buffer, LB)。

20 mmol/L HEPES, pH 7.5；0.25mol/L 蔗糖；3 mmol/L $MgCl_2$；0.5% (V/V) Nonidet P-40 (NP-40)。

(8) 于 4℃下可储存数周。临用前加入：3 mmol/L 2-巯基乙醇、0.5 mmol/L PMSF、1 μmol/L 胃酶抑素 A、1 μmol/L 亮抑蛋白酶肽。

注意：除了另有说明，所有的溶液均放置于冰浴或 4℃。

步骤

(1) 3×10^9 个细胞(HeLa) 用 1 L PBS 清洗两次。

(2) 采用 40 mL 的 Lysis 缓冲液重悬颗粒沉淀。

(3) 以 B 型研棒的 Dounce 匀浆器设定约 15 次冲击裂解细胞。通过光学显微镜监测细胞的裂解效果。

(4) 4℃、3000 *g* 离心 15 min。

(5) Lysis 缓冲液重悬颗粒沉淀 2 次，再以 NPB 重悬 1 次。

(6) 采用 2 倍沉淀体积的 NPB 重悬细胞核，并测量悬浮液的总体积。

(7) 温和搅拌的同时，滴加 1 个总体积的 NPB2。

(8) 于 4℃下，持续温和搅拌 10 min。

(9) 4℃、17 500 *g* 离心 30 min，获得细胞核颗粒沉淀。

(10) 采用液氮或干冰冷冻细胞核颗粒，于－80℃可储存 1 年以上。

2.8　核心组蛋白的纯化

2.8.1　介绍

上述的 4 个核心组蛋白可以通过将染色质碎片结合于羟基磷灰石树脂，很容易地进行纯化。羟基磷灰石可与DNA强有力地结合(Simon and Felsenfeld, 1979)。采用0.6 mol/L NaCl可洗脱组蛋白H1,以2.5 mol/L NaCl可将核心组蛋白从结合DNA的树脂中洗脱下来(Zagariya et al., 1993)。

2.8.2　材料与设备

(1) 细胞核颗粒沉淀(如上所述)。

(2) 含有及不含有2.5 mol/L NaCl的羟基磷灰石(HP)缓冲液(如下所述)。

(3) BioGel HTP粉末(Bio-Rad),吸附容量为每克干粉吸附0.6 mg的DNA。

(4) 2 cm×15 cm的层析柱及配件。

(5) Centriprep-10浓缩器(Amicon; optional)。

(6) 其他检测蛋白质浓度及SDS-PAGE所用的试剂和设备。

(7) HP缓冲液:50 mmol/L磷酸钠(pH 6.8),0.6 mol/L NaCl。于4℃下可储存数周。临用前加入:1 mmol/L 2-巯基乙醇,0.5 mmol/L PMSF。

2.8.3　步骤

(1) 采用25 mL的HP缓冲液重悬含有约6 mg DNA的约2 mL细胞核颗粒。

(2) 于4℃下,温和搅拌10 min。为了避免蛋白质水解,可向HP缓冲液中加入1 μmol/L胃酶抑素A和1 μmol/L亮抑蛋白酶肽。

(3) 加入10 g BioGel HTP干粉(羟磷灰石)。

(4) 加入HP缓冲液制备1∶1的浆液。将其倒入到2 cm×15 cm的层析柱中,并收集洗脱液。

(5) 采用300 mL HP缓冲液(30 mL/h)清洗树脂。于步骤(3)[译者注:似原书有误,疑为步骤(4)]及第一个柱体积清洗所得的洗脱液含有H1。

(6) 采用含有2.5 mol/L NaCl的HP缓冲液洗脱核心组蛋白,收集8 mL的组分。

(7) SDS-PAGE分析核心组蛋白的纯度。

(8) 如有必要采用Centriprep-10浓缩器将核心组蛋白的浓度浓缩至10 mg/mL。

(9) 分为若干等份进行分装,干冰冻结,于−80℃可储存4年。

2.9　细胞核提取物的富集

2.9.1　介绍

蛋白质与DNA的相互作用对于许多细胞活动过程,包括DNA的复制、重组和修复、转录及病毒的组装等的控制是十分重要的。电泳迁移率检测(EMSA)技术和凝胶滞留分析法都是可用于研究基因的调控及确定蛋白质-DNA相互作用的技术手段。

2.9.2　材料与设备

(1) 细胞核缓冲液1(NB1):25 mmol/L HEPES(pH 7.9)、5 mmol/L KCl、0.5 mmol/L $MgCl_2$、1 mmol/L DTT、100 mmol/L PMSF,定容至100 mL。

(2) 细胞核缓冲液 2 (NB2):100 mL NB1+1 mL NP-40 [1%聚乙二醇苯基醚(IGEPAL)]。

(3) 细胞核缓冲液 3 (NB3):1∶1 混合 NB1 与 NB2。

(4) 细胞核缓冲液 4 (NB4):25 mmol/L HEPES(pH 7.9),350 mmol/L NaCl。

(5) 亮抑蛋白酶肽、PMSF、抑肽酶、胃酶抑素和 DTT (Calbiochem)。

(6) IGEPAL CA-630 (Sigma)。

注意:在操作过程中,所有的组分(缓冲液、蛋白酶抑制剂等)必须置于冰浴中。

2.9.3　步骤

下述方案适于对 10^7 个细胞进行操作。

(1) 去除培养基并加入 1 mL 冰浴冷却的 PBS。

(2) 将细胞刮入 PBS 中,再将其转移到 eppendorf 离心管中,以 10 000 *g* 离心 5 min。

(3) 去除上清液,用 200 μL 的 NB1 重悬沉淀颗粒(可按比例进行放大或缩小)。

(4) 加入 200 μL 的 NB2,于 4℃旋转 15 min。

(5) 2500 *g* 离心 1 min。

(6) 将上清液转移到一个新的 eppendorf 离心管中(富含细胞质蛋白质组分)。

(7) 再次加入 100 μL 的 NB3,轻轻混合。将洗液转移到步骤(6)中制备的细胞质蛋白溶液中。如颗粒沉淀被扰动,可能需要进行短时间的离心处理。

(8) 加入 500 μL 的 NB4,于 4℃旋转 1 h。

(9) 在最大速率下旋转 10 min,所得的上清液即为细胞核蛋白质样本。

2.10　用于细胞器富集的免疫亲和试剂

2.10.1　介绍

即使是经过差速和平衡密度梯度离心后,所得的细胞组分通常还是会含有 1 种以上的细胞器。对于不同细胞器的分离,自 1975 年起已经开始使用抗体(Thompson and Miller, 1975)来进行分离,且其分离效果在很大程度上取决于抗体的质量。除了抗体的使用,也通常采用细胞器标记,生物素标记质膜及通过抗生蛋白链菌素来进行分离都已经成为常规操作(Zeheb and Orr, 1986)。采用各种细胞器特异性膜蛋白的单克隆抗体,可以通过免疫技术来进一步对经过预富集的密度梯度组分进行纯化。其中有一个对于外表面由网格蛋白包被的一类特殊的小囊泡进行纯化的例子。针对网格蛋白的抗体结合于 protein A 或 protein G(取决于抗体的亚型和种属),再偶联于固定相(如琼脂糖、高聚物树脂)或者允许正交分离,而不仅仅是通过重力的方式分离的磁性颗粒,这种磁性颗粒效果更佳,它可能会影响粗提物中较大的细胞器。目标特异性抗体可选择性地与细胞膜粗提物中的小囊泡结合,之后,可通过低速离心或磁性分离将整个抗体复合物分离出来。

所有的细胞中均含有十几个或更多不同类型大小(直径 50～100 nm)和密度相同的小型膜囊泡(small membrane limited vesicle)。由于它们具有相似的大小和密度,所以很难采用离心技术将这些小囊泡分开。对这类特定小囊泡的纯化,免疫技术具有非常显著的作用。

2.10.2　材料与设备

（1）protein A/protein G偶联于固定相，缓冲液为含有1% BSA、100 mmol/L NaCl和0.01% NaN_3，pH 7.0的HEPES。

（2）单克隆抗体或多克隆抗体。

（3）洗涤缓冲液Ⅰ（wash buffer Ⅰ，WB1）：20 mmol/L HEPES，pH 7.0；1% BSA。

（4）洗涤缓冲液Ⅱ（wash buffer Ⅱ，WB2）：20 mmol/L HEPES，pH 7.0；100 mmol/L NaCl。

（5）洗脱缓冲液（elution buffer，EB）：0.1% SDS，50 mmol/L Tris，pH 6.5；100 mmol/L DTT和10%甘油。

2.10.3　步骤

如上所述进行细胞裂解液的预澄清。

（1）4℃，温和搅拌，过夜孵育裂解液、抗体（依据供应商提供的信息）、protein A/protein G和固定相（30 μL 1∶1的浆液）。

（2）4℃、500 *g* 离心5 min。

（3）采用500 μL的洗涤缓冲液Ⅰ洗涤颗粒沉淀，重复3次。

（4）采用500 μL的洗涤缓冲液Ⅱ洗涤颗粒沉淀，重复2次。

（5）采用30 μL洗脱缓冲液洗脱包被的小囊泡/细胞器，如果需要则在温和的提取条件下进行。

（6）以5000 *g* 离心1 min。所得的上清液即为富含网格蛋白包被的小囊泡的溶液（图19.6）。

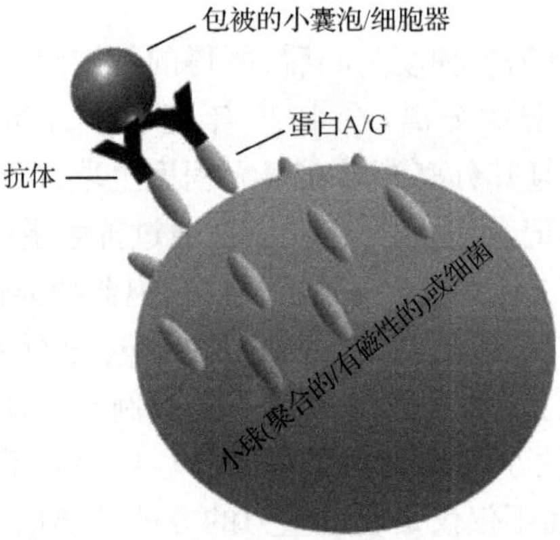

图19.6　细胞器和小囊泡的亲和分离示意图

（王　晗　译　张金龙　校）

参考文献

Abdolzade-Bavil, A., Hayes, S., Goretzki, L., Kröger, M., Anders, J., and Hendriks, R. (2004). Convenient and versatile subcellular extraction procedure, that facilitates classical protein expression profiling and functional protein analysis. *Proteomics* **4,** 1397–1405.

Billecke, C., Malik, I., Movsisyan, A., Sulghani, S., Sharif, A., Mikkelsen, T., Farrell, N. P., and Bögler, O. (2006). Analysis of glioma cell platinum response by metacomparison of two-dimensional chromatographic proteome profiles. *Mol. Cell Proteomics* **5,** 35–42.

Edelman, M., Epstein, H. T., and Schiff, J. A. (1966). Isolation and characterization of DNA from the mitochondrial fraction of Euglena. *J. Mol. Biol.* **17,** 463–469.

Fisher, W. D., and Cline, G. B. (1963). A density gradient for the isolation of metabolically active thymus nuclei. *Biochim. Biophys. Acta* **68,** 640–642.

Ford, T., Graham, J., and Rickwood, D. (1994). Iodixanol: A nonionic iso-osmotic centrifugation medium for the formation of self-generated gradients. *Anal. Biochem.* **220,** 360–36612.

Goldberg, S. (2008). Mechanical/physical methods of cell disruption and tissue homogenization. *Methods Mol. Biol.* **424,** 3–22.

Graham, J., Ford, T., and Rickwood, D. (1994). The preparation of subcellular organelles from mouse liver in self-generated gradients of iodixanol. *Anal. Biochem.* **220,** 367–373.

Kurokawa, M., Kato, M., and Sakamoto, T. (1965). Distribution of sodium-plus-potassium-stimulated adenosine-triphosphatase activity in isolated nerve-ending particles. *Biochem. J.* **97,** 833–844.

Nakamura, E., Kozaki, K., Tsuda, H., Suzuki, E., Pimkhaokham, A., Yamamoto, G., Irie, T., Tachikawa, T., Amagasa, T., Inazawa, J., and Imoto, I. (2008). Frequent silencing of a putative tumor suppressor gene melatonin receptor 1 A (MTNR1A) in oral squamous-cell carcinoma. *Cancer Sci.* **99,** 1390–1400.

Pertoft, H., Rubin, K., Kjellén, L., Laurent, T. C., and Klingeborn, B. (1977). The viability of cells grown or centrifuged in a new density gradient medium. *Percoll. Exp. Cell Res.* **110,** 449–457.

Ramsby, M. L., Makowski, G. S., and Khairallah, E. A. (1994). Differential detergent fractionation of isolated hepatocytes: Biochemical, immunochemical and two-dimensional gel electrophoresis characterization of cytoskeletal and noncytoskeletal compartments. *Electrophoresis* **15,** 265–277.

Rickwood, D., Ford, T., and Graham, J. (1982). Nycodenz: A new nonionic iodinated gradient medium. *Anal Biochem.* **123,** 23–31.

Ross, P. L., Huang, Y. L. N., Marchese, J. N., Williamson, B., Parker, K., Hattan, S., Khainovski, N., Pillai, S., Dey, S., Daniels, S., *et al.* (2004). Multiplexed protein quantitation in Saccharomyces cerevisiae using amine-reactive isobaric tagging reagents. *Mol. Cell. Proteomics* **3,** 1154–1169.

Sadowski, P. G., Dunkley, T. P., Shadforth, I. P., Dupree, P., Bessant, C., Griffin, J. L., and Lilley, K. S. (2006). Quantitative proteomic approach to study subcellular localization of membrane proteins. *Nat. Protoc.* **1,** 1778–1789.

Schnitzler, G. R. (2001). Isolation of histones and nucleosome cores from mammalian cells. *Curr. Protoc. Mol. Biol.* Chapter 21, Unit 21.5.

Shadforth, I., Dunkley, T., Lilley, K., and Bessant, C. (2005). i-Tracker: For quantitative proteomic using iTRAQ. *BMC Genomics* **6,** 145.

Shah, M. B., and Sehgal, P. B. (2007). Nondetergent isolation of rafts. *Methods Mol. Biol.* **398,** 21–28.

Sherrier, D. J., Prime, T. A., and Dupree, P. (1999). Glycosylphosphatidylinositol-anchored cell-surface proteins from Arabidopsis. *Electrophoresis* **20,** 2027–2035.

Simon, R. H., and Felsenfeld, G. (1979). A new procedure for purifying histone pairs H2A + H2B and H3 + H4 from chromatin using hydroxylapatite. *Nucleic Acids Res.* **6,** 689–696.

Storrie, B., and Madden, E. A. (1990). Isolation of subcellular organelles. *Methods Enzymol.* **182,** 203–225.

Thompson, E. B., and Miller, J. V. (1975). Enrichment of polysomes synthesizing a specific protein by use of affinity chromatography. *Methods Enzymol.* **40,** 266–273.

Van Veldhoven, P. P., Baumgart, E., and Mannaerts, G. P. (1996). Iodixanol (Optiprep), an improved density gradient medium for the iso-osmotic isolation of rat liver peroxisomes. *Anal. Biochem.* **237,** 17–23.

von Hagen, J. (2008). Proteomics Sample Preparation. New York: Wiley VCH, New York.

Washburn, M. P., Wolters, D., and Yates, J. R. (2001). Large-scale analysis of the yeast proteome by multidimensional protein identification technology. *Nat. Biotechnol.* **19,** 242–247.

Weber, P. J., Weber, G., and Eckerskorn, C. (2004). Isolation of organelles and prefractionation of protein extracts using free-flow electrophoresis. *Curr. Protoc. Protein Sci.* Chapter 22, Unit 22.5.

Willemsen, O., Machtejevas, E., and Unger, K. K. (2004). Enrichment of proteinaceous materials on a strong cation-exchange diol silica restricted access material: protein-protein displacement and interaction effects. *J. Chromatogr. A.* **1025,** 209–216.

Zagariya, A., Khrapunov, S., and Zacharias, W. (1993). Rapid method for the fractionation of nuclear proteins and their complexes by batch elution from hydroxyapatite. *J. Chromatogr.* **648,** 275–278.

Zeheb, R., and Orr, G. A. (1986). Use of avidin-iminobiotin complexes for purifying plasma membrane proteins. *Methods Enzymol.* **122,** 87–94.

第 5 部分

纯化程序：量产法

第 20 章

蛋白质沉淀技术

Richard R. Burgess*

目录

摘要

蛋白质纯化过程中,继细胞溶解后最常用的第 2 个步骤就是某些可快速且沉淀大量蛋白质的步骤。这可以通过改变溶液的环境——主要是利用改变目标蛋白质相对于其他蛋白质及提取的细胞内大分子在溶液中的溶解度来实现。本章我们将集中讨论两种应用最广泛的沉淀方法:硫酸铵(ammonium sulfate, AS)沉淀和聚乙烯亚胺(polyethyleneimine, PEI)沉淀。尽管这两种方法的工作原理完全不同,但是若仔细优化均能够使目标蛋白质显著地富集。

* 威斯康星大学麦迪逊分校,McArdle 实验室癌症研究组(Madison,Wisconsin,USA)

1. 引言

实验室规模以及更大规模地蛋白质分离,需要一种可快速、大量地去除胞内蛋白质及其他组分的方法。操作过程中,尽早去除蛋白酶以避免蛋白质降解尤其重要。这种沉淀方法必须是快速、温和、易放大并且比较廉价的。并且除了分离作用外,还能够起到显著浓缩蛋白质的作用。在过去的100年里,虽然人们已经使用过多种不同的沉淀方法,但是AS沉淀一直都得到了最广泛的应用,尤其对于酸性蛋白质。此外,PEI沉淀的应用也正日益普及。接下来,将会对这两种方法进行详细的讨论,随后对其他几种沉淀方法做简单概述,并针对沉淀过程中沉淀的处理和纯化效率的最大化提出一般性建议。关于多种类型蛋白质沉淀方法的综述性资料可以参见Scopes(1994)的论述,该综述涉及的范围广泛并且非常有参考价值。Englard 和 Seifter (1990)所发表的综述也很优秀,其内容主要涉及AS沉淀和有机溶剂沉淀。

2. AS沉淀

2.1 原理

虽然有些其他盐类也可以用做沉淀剂,但是AS的特点突出,故而最具有应用价值。AS可很好地稳定蛋白质的结构、可溶性极好、相对价廉、纯物质容易获得,且25℃时其饱和溶液的密度(4.1 mol/L,ρ=1.235 g/cm^3)低于另一种盐析剂磷酸氢二钾 (3 mol/L,ρ=1.33 g/cm^3)。

图20.1所示为典型的蛋白质溶解度曲线,是以蛋白质溶解度的对数对应AS浓度函数绘制而成。该曲线的特征是,在盐浓度较低的区域蛋白质的溶解度随盐浓度的升高而增大(称为"盐溶"),而在盐浓度较高的区域蛋白质的溶解度随盐浓度升高而减小(称为"盐析")。该曲线后半部分可以通过等式 $\log_{10} S=\beta-K_s(\Gamma/2)$来描述。其中,$S$为蛋白质在溶液中的溶解度,以mg/mL表示;$\Gamma/2$为离子强度;β和$K_s$为所涉及的蛋白质的特征常量。$K_s$为盐析曲线的斜率,而β为盐析曲线外延至离子强度为0时的蛋白质溶解度的对数值。一般地,大多数蛋白质均具有相似的K_s值,而β值却有很大的区别。

假设图20.1所示曲线适用于目标蛋白质,并且其在细胞提取物中的浓度为1 mg/mL。最上方的水平虚线与溶解曲线交叉点为 $\log S=0$(S=1 mg/mL)时AS的百分饱和度为26%。这意味着若将AS增加到26%饱和度,所用的目标蛋白质都会溶解。若将AS增加到32%饱和度(中间的水平虚线),$\log S=-1$(S=0.1 mg/mL),将有90%的目标蛋白质会变得不可溶而析出。对于这种提取方法,一种较好的策略就是使AS达到26%~32%的百分饱和度:首先,使AS的百分饱和度达到26%,选择分离出不溶性的物质,之后提高AS饱和度至32%,并收集沉淀物,其中会含有90%的目标蛋白质。对于那些饱和度26%时沉淀以及在饱和度32%时无法沉淀的杂质蛋白质和细胞组分,可以通过沉淀

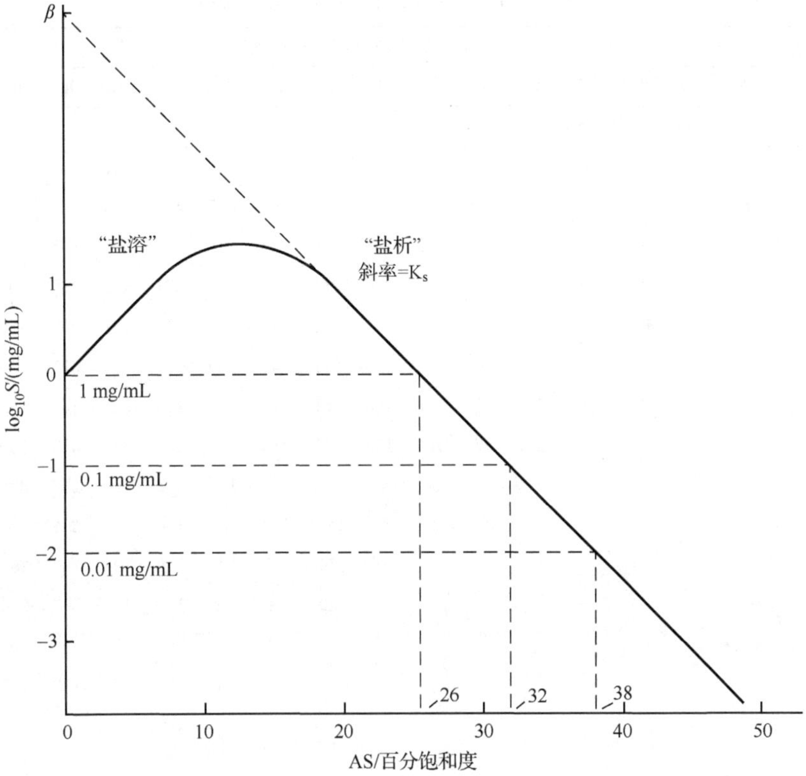

图 20.1　一种假定蛋白质的 AS 溶解曲线。表示假定蛋白质的溶解度对数对 AS 百分饱和度的函数。"盐析"线符合文中所述的等式 $\log S=\beta-K_s(\Gamma/2)$，其中，$\Gamma/2$ 为离子强度，这里以 AS 的百分饱和度表示

去除。

建议考虑采用缓冲液将提取物稀释 10 倍。此时，目标蛋白质在提取物中的初始浓度为 0.1 mg/mL 或 $\log S=-1$。提高 AS 的饱和度到 32%，目标蛋白质不会发生沉淀。为了获得 90%目标蛋白质沉淀，应该提高 AS 的饱和度至 38%（下方的水平虚线）或者采取 32%～38%的 AS 饱和度区间。最终可能不得不将提取物稀释后，使用超过之前 10 倍量的 AS 来获取目标蛋白质。这说明限定提取物浓度是十分重要的。

目标蛋白质不一定具有如图 20.1 所示的溶解曲线，所以必须先进行下文所述实验确定适宜的 AS 浓度。

2.2　基本操作程序

在 AS 的应用方面有多种不同的操作方法，最常见的是向蛋白质提取液中加入固体 AS 以达到所需的百分饱和度。参考表 20.1 加入固体 AS 很方便，且具有可重现性和实用性。

（1）一般在较低百分饱和度时，目标蛋白质不会发生沉淀，而在较高百分饱和度时会有 90%以上的蛋白质析出。

表 20.1　AS 的终浓度:在 0℃时的百分饱和度

AS 的初始浓度（0℃时的百分饱和度）	0℃时的百分饱和度																
	20	25	30	35	40	45	50	55	60	65	70	75	80	85	90	95	100
	1 L 溶液加入固体 AS 的量/g																
0	106	134	164	194	226	258	291	326	361	398	436	476	516	559	603	650	697
5	79	108	137	166	197	229	262	296	331	368	405	444	484	526	570	615	662
10	53	81	109	139	169	200	233	266	301	337	374	412	452	493	536	581	627
15	26	54	82	111	141	172	204	237	271	306	343	381	420	460	503	547	592
20	0	27	55	83	113	143	175	207	241	276	312	349	387	427	469	512	557
25		0	27	56	84	115	146	179	211	245	280	317	355	395	436	478	522
30			0	28	56	86	117	148	181	214	249	285	323	362	402	445	488
35				0	28	57	87	118	151	184	218	254	291	329	369	410	453
40					0	29	58	89	120	153	187	222	258	296	335	376	418
45						0	29	59	90	123	156	190	226	263	302	342	383
50							0	30	60	92	125	159	194	230	268	308	348
55								0	30	61	93	127	161	197	235	273	313
60									0	31	62	95	129	164	201	239	279
65										0	31	63	97	132	168	205	244
70											0	32	65	99	134	171	209
75												0	32	66	101	137	174
80													0	33	67	103	139
85														0	34	68	105
90															0	34	70
95																0	35
100																	0

注:翻印于 Englard 和 Seifter (1990),摘自于 Dawson 等(1969)

(2) 加入固体 AS 以达到较低百分饱和度。高速搅拌的同时小心缓慢地加入 AS,这样可以避免局部浓度超过目标值。有些人会采用研钵和研棒细心地将固体 AS 研磨成细粉状,以使其可以快速溶解。一旦 AS 全部溶解,就可以使沉淀持续 30 min 左右。这是一种折中的方法,既可以等待数小时使沉淀缓慢达到平衡,同时又可以与纯化过程同步进行,并且不延误进程。通常应在一个小冰桶或冷室内进行所有的操作。

(3) 在一个预冷的旋转器中,设置为 10 000 *g*,离心 10 min,以去除不溶性物质。

(4) 小心倒出上清液,并测量其体积。依据表 20.1 所示的以百分饱和度从低到高的顺序加入 AS 以确定所需 AS 的质量。继续伴以快速的搅拌并缓慢加入 AS,以避免局部形成较高盐浓度,之后静置 30 min,使其形成沉淀。

(5) 如步骤(3)中所示进行离心。尽量去除上清液,若之前已经仔细地进行了沉淀的预实验,则沉淀中会含有 90%或更多的目标蛋白质。该蛋白质可溶解于适宜的缓冲液中,经过透析、脱盐和稀释后,便可用于下一步的纯化操作。

2.3　AS沉淀实验的实施

一般地，提高10%的AS饱和度可以使90%目标蛋白质发生沉淀，所以我们应该限制“AS区间”的范围，使其不超过10%（如蛋白质刚好在30%的饱和度溶解，但是在40%饱和度时发生沉淀，将此称为30%～40%的AS区间）。

如图20.2所示方法，仅采用两步离心操作便可以确定最佳AS沉淀条件。基本上，首先将细胞提取物置于一个容器中，如取10 mL样品分别加入到5个离心管中。依据表20.1向离心管中分别加入固体AS，使其饱和度分别达到20%、30%、40%、50%和60%，静置30 min使蛋白质沉淀，接着离心去除不溶性的物质。沉淀即分别为20%、30%、40%、50%和60%饱和度AS沉淀。测定相应上清液的体积，并再次加入AS，分别提高10%的饱和度。继续混匀后，使溶液静置30 min，待其沉淀后离心。所得的5份沉淀即为20%～30%、30%～40%、40%～50%、50%～60%和60%～70%的AS区间。再将其分别溶解于缓冲液，进行酶活力和总蛋白质含量的分析，必要时也可进行SDS凝胶分析。仍具有活力的大多数蛋白质的大多数活力应在其中一个区间中。例如，30%～40%区间活力为一半，40%～50%区间活力为一半，那么35%～45%区间可能会是最佳AS浓度范围。虽然这种实验看起来显得比较繁琐，但是在沉淀步骤中确定可以富集更多蛋白质的最佳条件时，这无疑是一种十分有效的方法。

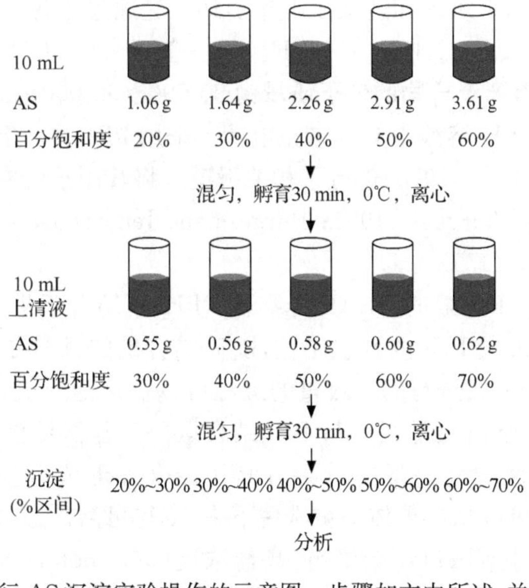

图20.2　进行AS沉淀实验操作的示意图。步骤如文中所述，并有相关的说明

2.4　说明、问题、解决方法

（1）得到的沉淀并不结实　在离心之后，若AS沉淀形成得不结实，那么将很难将上清液完全倾出。一个简单的解决方法是将离心时间延长50%，那么在离心管底部的沉淀物将会有更多的时间变得致密。松散沉淀物形成的另一个原因是其中存在DNA，它增加了溶液的黏度，从而降低沉淀形成的速率。如是黏度的问题，一个方法是可通过更长时间

的超声处理来破碎细胞,使DNA被剪切成更短的片段来解决;另一个方法是采用重组的核酸酶Benzonase(EMD/Novagen)进行处理。

(2) *在高浓度AS中形成球状悬浮物* 因为较高浓度AS的密度与蛋白质聚集体的密度相当,所以通过离心处理后,AS沉淀物可能会以悬浮物的形式存在,而不是以沉淀的形式存在于离心管底部。这很可能是因为蛋白质中含有部分脂类或者周围存在一些非离子化的去污剂与蛋白质结合使其密度降低。

(3) *很难按照已经发表的方案进行操作* 许多已经发表的方案并不是按照既定AS饱和度(在0℃、20℃或25℃时的饱和度)或提取物的蛋白质浓度来进行的。因此需要注意的是,沉淀所需的AS量取决于蛋白质的浓度。

(4) *不得不中断AS沉淀步骤* 若须停止沉淀,可以将蛋白质保留在AS沉淀中。蛋白质在AS中是十分稳定的,析出蛋白质的悬液或沉淀都是如此。

3. PEI沉淀

3.1 原理

PEI,其商品名称为聚乙烯亚胺(polymin P),它是由巴斯夫(BASF)生产的一种碱性阳离子聚合物,大量地用于纺织和造纸工业中。PEI是通过乙烯亚胺的聚合作用得到的碱性多聚体,其结构为:$CH_3CH_2N—(—CH_2CH_2—NH—)_n—CH_2CH_2NH_2$。经典$n$值为700~2000,相应所得到聚合物的分子质量为30 000~90 000 Da。因亚氨基的pK_a值为10~11,所以在中性pH溶液中PEI带正电荷。采用PEI进行蛋白质分离起源于Boehringer Mannheim,Zillig等(1970)进行了相关报道。将其用于蛋白质纯化的更多实例可参见几篇已发表的综述(Burgess, 1991; Burgess and Jendrisak, 1975; Jendrisak, 1987; Jendrisak and Burgess, 1975)。

可以认为PEI类似于可溶的DEAE纤维素。PEI可结合于带负电荷的大分子,如核酸和酸性蛋白质,进而形成PEI的网状结构,随后结合的酸性分子会快速形成沉淀。这种结合是以化学计量的方式进行的。较重的沉淀可以快速地形成,并可通过5000 r/min离心5 min收集。酸性蛋白质是否可与PEI结合取决于盐溶液的浓度。在较低盐浓度(0.1 mol/L NaCl)时,微酸性的蛋白质会与PEI结合并形成沉淀,但是在中等盐浓度(0.4 mol/L NaCl),它可以从多聚体上被洗脱下来,变得可溶。强酸性蛋白质在低盐浓度中会与PEI结合,但在中等浓度不会溶解,高盐浓度(0.9 mol/L NaCl)时才能被洗脱下来。应该注意的是,当蛋白质从PEI颗粒中被洗脱下来时,蛋白质和PEI本身都会变得可溶。所以,在返回到低盐浓度前,需要将PEI从蛋白质中去除(参见本章3.2~3.5节)。

3.2 PEI的不同使用方式

存在以下3种不同的PEI沉淀使用策略。

策略A:在高盐浓度(1 mol/L NaCl)采用PEI沉淀。该方法会沉淀核酸,同时几乎所有的蛋白质留存于上清液中。

策略 B(对于中性或碱性蛋白质而言)：在 0.1 mol/L NaCl 的条件下采用 PEI 沉淀，可去除核酸和酸性蛋白质。同时目标蛋白质留存于上清液中。

策略 C(对于酸性蛋白质，如 *E. coli* RNA 聚合酶)：这种方案将会在下文中进行详细的讨论，它是以 Burgess 和 Jendrisak (1975)的方法为基础，并由 Burgess 和 Knuth (1996)改善。

3.3　策略 C 的基本操作程序

(1) 配制 10%(*V/V*)[5%(*m/V*)]的 PEI 储存液。PEI(*m/V*)常以 50%(*m/V*)的黏稠液体状态存在(来自于 MP Biochemicals 的 PEI，其相对分子质量 M_w = 50 000～100 000，也可采用其他来源，如 Sigma 和 Aldrich，M_w = 750 000)。取 10 mL PEI，用双蒸水 H_2O 稀释至 70 mL，并以浓盐酸(3.8～4.0 mL)调节 pH 至 7.9。最后以双蒸水 H_2O 定容至终体积为 100 mL。储存液在冷室或室温下是稳定的。应该注意的是，有些公司提供的 PEI 溶液已经用双蒸水 H_2O 进行 1∶1 稀释，以降低溶液的黏稠度，有利于溶液的配制。其浓度仅为 25%(*m/V*)。

(2) 在 30 mL 含有 50 mmol/L Tris-HCl(pH 7.9)、5%甘油、0.1 mmol/L EDTA、0.1 mmol/L DTT 和 0.15 mol/L NaCl 的缓冲液中通过超声破碎 *E. coli* 细胞(约 3 g 的细胞沉淀物)。再以 15 000 r/min 离心 15 min 去除细胞碎片。所有的操作均在冰浴中进行。

(3) 将 PEI 沉淀实验应用于具体的体系(如下所述)。例如，加入 pH 7.9 10%(*V/V*) PEI，使其终浓度为 0.3%(*V/V*)，混合 5 min，直到形成稠密的白色沉淀物。

(4) 5000 r/min 离心 5 min。注意：不要离心太实，否则沉淀不易重悬。将 0.3%的 PEI 上清液弃去，保存用于下面的分析。干燥沉淀物 1～2 min，尽量去掉残留的上清液。

(5) 用上述含有 0.4 mol/L NaCl 的缓冲液 30 mL，充分重悬 0.3% PEI 沉淀物。如果条件允许，可以采用 Tissue Tearor 匀浆器(BioSpec Products, Inc. Cat # 985370-07)，它可以很好地重悬沉淀物，有效地以物理形式洗掉陷入沉淀内的蛋白质，并洗脱与沉淀物 PEI 结合较弱的微酸性蛋白质。静置 5 min，接着以 5000 r/min 离心 5 min，并倾出 0.4 mol/L NaCl 的缓冲液。

(6) 用上述含有 0.9 mol/L NaCl 的缓冲液 30 mL，充分重悬 0.4 mol/L NaCl 沉淀物。这种洗脱液中含有更多的酸性蛋白质(如 *E. coli* RNA 聚合酶)，但同时会使核酸留存于沉淀物中(可采用 1.6 mol/L NaCl 洗去核酸)。静置约 5 min，混匀后以 15 000 r/min 离心 10 min。

(7) 0.9mol/L NaCl 的洗脱液，需加入固体 AS 使其饱和度达到 60%(每 10 mL 加入 3.61 g)。持续混合至少 30 min 形成沉淀。以 15 000 r/min 离心 10 min。使沉淀物去水 5 min。该沉淀物中含有 AS 沉淀的蛋白质，而几乎所有的 PEI 都会留存于上清液中。但还是会有微量的 PEI 陷入到沉淀物中，通常不会影响下面的操作。如有必要更彻底地去除这些微量的 PEI，可以采用含有 60%饱和度 AS 的缓冲液重悬该沉淀物，并再次离心。

这种操作程序一般可以使RNA聚合酶从其他蛋白质中得到6倍纯化，回收率大于90%，在1～2 h内可去除几乎所有的核酸。

3.3.1　补充说明

(1) 需着重强调的是，从0.9 mol/L NaCl洗脱液中去除PEI是必要的。如果仅采用稀释或透析的方法达到低盐浓度，蛋白质还是会与PEI结合，并再次发生沉淀。

(2) 我们发现，即使存在1%的Triton X-100，PEI沉淀还是会发生。

(3) 与AS沉淀不同，当用缓冲液10倍稀释提取物时，需要加入同样量的PEI(如对于正常的提取物，用0.3%的PEI可以很好地沉淀目标蛋白质，而对于10倍稀释的提取物，仅需要加入0.03%的PEI，便可以达到相同的沉淀效果，当然，所用的体积为提取物的10倍)。这表明PEI可以紧密地结合酸性组分，本质上即为对其进行滴定。

3.4　PEI沉淀实验的实施

既然我们不能预测需要多少量的PEI才能沉淀某一酸性蛋白质，或者需要采用多大浓度的盐将蛋白质从PEI上洗脱下来，那么，建议还是先进行简单的PEI沉淀和洗脱实验(Burgess and Jendrisak, 1975; Burgess and Knuth, 1996)。基本上，该实验的步骤如下所述。将6个200 μL样品分别装于6个微量离心管，再加入10%(*V*/*V*)的PEI，使其终浓度分别达到0%、0.1%、0.2%、0.3%、0.4%和0.5%(*V*/*V*)。高速混合微量离心管1 min。进行上清液的酶活性或SDS凝胶电泳分析，如有需要，还可采用Western Blot检测沉淀所有目标蛋白质所需最小量的PEI。我们假设其为0.3%。接着，如上所述准备6个微量离心管，且每个离心管中均含有少量的0.3% PEI沉淀物，再加入200 μL含有0 mol/L、0.2 mol/L、0.4 mol/L、0.6 mol/L、0.8 mol/L和1.0 mol/L NaCl的缓冲液。充分重悬。静置15 min，离心，如上所述分析上清液中的目标蛋白质。将不能洗脱任何蛋白质的最高盐浓度溶液作为清洗液，将可以洗脱所有目标蛋白质的盐浓度溶液作为洗脱液。

3.5　实例：采用PEI沉淀与DNA结合的碱性蛋白质

最近，有研究者(Duellman and Burgess, 2008)设法纯化由*E. coli*表达的强碱性蛋白质，爱泼斯坦-巴尔病毒核抗原(Epstein-Barr virus nuclear antigen 1, EBNA1)。我们在0.1 mol/L NaCl的条件下，进行了PEI沉淀实验，以研究是否可以沉淀核酸和酸性蛋白质，并将碱性的EBNA1留存于上清液中(采用策略B)。意外的是，当加入少许PEI(0.15%)，EBNA1可以沉淀，但是当加入更多的PEI(0.4%)却不能沉淀EBNA1。这表明EBNA1与DNA已经结合，继而与DNA一起被沉淀。但是，在更高浓度的PEI存在时，PEI会优先与DNA结合，并置换出EBNA1。我们发现，可以采用0.15%的PEI进行沉淀，0.3 mol/L NaCl进行清洗，0.8 mol/L NaCl进行洗脱。这样能够在使EBNA1得到很好富集的同时，还可以快速地去除核酸。

4. 其他方法

本章已经着重讨论过 AS 沉淀和 PEI 沉淀。下述内容将会简单地论述用于蛋白质沉淀的其他方法，大量文献已详细描述了这些方法[见 Englard 和 Seifter(1990)；Ingham(1990)；Scopes(1994)]。

4.1　乙醇和丙酮沉淀

采用有机溶剂，如乙醇和丙酮进行沉淀处理，该方法已经有超过 100 年的使用历史，但是最为大众所熟知的是 Cohen 和 Edsall 的经典研究成果，他们将其用于人血清蛋白质的分离。该沉淀方法的操作必须在较低的温度下进行，以避免蛋白质变性。

4.2　等电点沉淀

蛋白质在其等电点会变得不可溶，此时，它带有的净电荷为 0，且蛋白质分子之间的电荷排斥力相对最小，因而相互之间能够很容易地靠近。蛋白质在很低的离子强度下不易溶解，那么同样也可以在很低的盐浓度或无盐时进行等电点沉淀操作。

4.3　热沉淀

本方法中，将细胞提取物加热到一定的温度，此时许多蛋白质会发生变性而沉淀，但目标蛋白质因其更稳定仍会保持可溶性状态。该方法尤其可用于纯化 *E. coli* 表达的嗜热菌酶类，具体的操作可将细胞提取物加热到足够高的温度，使几乎所有的 *E. coli* 蛋白质变性沉淀，而将热稳定的酶留存于溶液中。

4.4　聚乙二醇(非离子型聚合物)沉淀

本方法可参见 Ingham(1990)的综述。

5. 沉淀分离蛋白质的常规操作

(1) 在清洗或洗脱阶段，充分重悬蛋白质沉淀是十分重要的。虽然沉淀看起来十分结实，但仍有大量的上清液陷入其中，且会附着于离心管的管壁。如之前所提到的一样，尽量干燥沉淀物以除去其中存在的上清液。如果沉淀比上清液量大，建议采用 10 倍体积的适宜缓冲液进行重悬，以去除陷入到沉淀物中的上清液蛋白质。例如，用 40%饱和度的 AS 进行沉淀时，可采用 40%饱和度 AS 重悬沉淀然后再次离心。清洗 PEI 沉淀是一个非常有用的步骤，推荐采用与 Tissue Tearor 类似的匀浆器，可以将沉淀打碎并形成均匀的悬浮液。如果重悬不充分，那么清洗步骤将不能起到有效的去除核酸的效果，且分离作用也会相应降低。

(2) 混合时应避免泡沫形成。若有空气混入蛋白质溶液中会促进蛋白质的氧化,同时在空气-水界面可引起蛋白质的变性。

(刘 杰 译 张 军 校)

参考文献

Burgess, R. R. (1991). The use of polyethyleneimine in the purification of DNA binding proteins. *Meth. Enzymol.* **208,** 3–10.

Burgess, R. R., and Jendrisak, J. J. (1975). A procedure for the rapid, large-scale purification of *E. coli* DNA-dependent RNA polymerase involving Polymin P precipitation and DNA-cellulose chromatography. *Biochemistry* **14,** 4634–4638.

Burgess, R. R., and Knuth, M. W. (1996). Purification of a recombinant protein overproduced in *E. coli*. *In* "Strategies for Protein Purification and Characterization: A Laboratory Manual", (D. Marshak, J. Kadonaga, R. Burgess, M. Knuth, W. Brennan, Jr., and S.-H. Lin, eds.), pp. 219–274. Cold Spring Harbor Press, Cold Spring Harbor, NY.

Dawson, R. M. C., Elliot, D. C., Elliot, W. H., and Jones, K. M. (1969). *In* "Data for Biochemical Research." 2nd edn., p. 616. Oxford University Press, Oxford.

Duellman, S. J., and Burgess, R. R. (2008). Large-scale Epstein-Barr virus EBNA1 protein purification. *Protein Expr. Purif.* **63,** 128–133.

Englard, S., and Seifter, S. (1990). Precipitation techniques. *Meth. Enzymol.* **182,** 287–300.

Ingham, K. C. (1990). Precipitation of proteins with polyethylene glycol. *Meth. Enzymol.* **182,** 301–306.

Jendrisak, J. J. (1987). The use of PEI in protein purification. *In* "Protein Purification: Micro to Macro", (R. Burgess, ed.), pp. 75–97. A.R. Liss, New York.

Jendrisak, J. J., and Burgess, R. R. (1975). A new method for the large-scale purification of wheat germ DNA-dependent RNA polymerase II. *Biochemistry* **14,** 4639–4645.

Scopes, R. K. (1994). Protein Purification, Principles and Practice. 3rd edn. pp. 7–101. Springer-Verlag, New York.

Zillig, W., Zechel, K., and Halbwachs, H. J. (1970). A new method of large scale preparation of highly purified DNA-dependent RNA-polymerase from *E. coli*. *Hoppe Seylers Z. Physiol. Chem.* **351,** 221–224.

第 21 章

用于去除核酸的 Affi-Gel BLUE 和核苷酸结合蛋白质的初步富集

Murray P. Deutscher*

目录

摘要

本章内容:将提取物或上清液组分上样于 Affi-Gel Blue 层析柱,并进行分批洗脱。这是处理蛋白质的前期程序,可以快速有效地去除核苷酸,并且在浓缩样品的同时纯化核苷酸结合蛋白质。

蛋白质纯化方案中前期步骤的重点在于:①如何处理大量体积和大量原料的样品;②如何去除核苷酸;③如何富集目标蛋白质,即使富集的程度很小,同时也兼顾①和②。

在蛋白质纯化的初始步骤中,通常是以相当大体积的浓缩提取液开始。这可能是十分繁琐的,因此操作者一般会采用批量操作程序,如部分分级沉淀抽提物,也可以减小原料体积,如以小体积缓冲液复溶沉淀。对此常用的沉淀剂包括硫酸铵、乙醇或丙酮、聚乙二醇和聚乙烯亚胺(详见第 20 章)。

在粗提物中存在的核酸会带来诸多问题,所以,应在早期纯化步骤中予以去除。高分子质量的 DNA 会导致溶液的黏度升高,使样品难于处理。DNA 和 RNA 还会对后续的分析产生干扰,尤其是对作用于核酸的酶类。这样,可能会在分析提取物时,很大程度上低估酶的活力。更重要的是,核酸会妨碍后续的纯化步骤。大量 DNA 和 RNA 形成多聚阴离子,会与层析树脂竞争性结合蛋白质。基于这些原因,在早期去除核酸十分必要。对此已有多种方法可用,其中之一是用核酸酶进行处理,并用特定试剂进行沉淀或结合于阴离子交换树脂。

理想的早期纯化步骤是,在浓缩样品的同时,可以去除核酸并且能够使目标蛋白质得到一定程度的富集。我们发现一种作用显著的树脂,即 Affi-Gel Blue。多年来,Affi-Gel Blue 作为亲和层析树脂已经用于数百种蛋白质的纯化,主要是用于纯化步骤的后续阶段(见 Bio-Rad Bulletin 1107,biorad. com)。通过这种方法,部分目标蛋白质可以与树脂结合,并可采用梯度盐或特异性的配体进行洗脱。本章将重点讨论 Affi-Gel Blue 在纯化早期程序中的使用,一般采用直接混合的形式实现纯化目的。

* 迈阿密大学医学院,生物化学和分子生物学系(Miami, Florida,USA)

Affi-Gel Blue 是一种交联的琼脂糖小球,染料 Cibacron Blue F3GA 通过共价键的方式附着其上。连接有这种染料的其他载体也是可以购买得到的,但是并未采用这里介绍的相关程序进行验证。Cibacron Blue 染料具有离子性、疏水性和芳香性特征,因此对于大多数蛋白质均具有亲和性。有一大类酶可强有力地与这种染料结合,这些酶含有核苷酸辅助因子或可作用于含核苷酸的底物,包括 DNA 和 RNA。所以,对于这组酶类,上述提到的这种方法是十分有用的[如 Deutscher 和 Marlor(1985)]。

1. 典型的方案

对于上清液组分,可在低速(S10)或高速(S100)的条件下进行上样。一般更倾向于在高速条件下上样,因为可以排除核糖体或微粒体的干扰。所用层析柱的大小取决于样品量的多少。一个有用的经验方法则是样品中每 100 mg 蛋白质用 1 mL 填装凝胶(50～100 目)。依据生产厂商(Bio-Rad, Bulletin 1107)提供的说明,1 mL 填装的 Affi-Gel Blue 可结合 11 mg 白蛋白。一般地,在上述条件下,仅有总蛋白质的 5%～10%蛋白质可结合于柱上,所以,这里建议的蛋白质与凝胶量的比例足矣。然而,对于每种提取物,都应该对流穿物质采用特异性分析以确保目标蛋白质完全结合于层析柱。若不能进行上述分析,应适当调整该比率。直径较大的层析柱,应该采用较高的流速。

我们发现一种缓冲液作为起始的层析用缓冲液和适当的稳定剂比较有效,其配方为含有 0.1 mol/L KCl 的 10 mmol/L Tris-HCl, pH 7.5。样品应适应 0.1 mol/L KCl。与上述情况类似,该配方条件下,也同样只有不到总蛋白质 10%的蛋白质量结合于层析柱。而且,未结合的核酸会被清洗下来。完成上样之后,继续采用相同的溶液清洗层析柱,直至洗脱液 $A_{280\ nm}$停止下降。再采用含 1 mol/L KCl 的相同缓冲液分批洗脱目标蛋白质和结合的蛋白质。尽管还是会观察到一些拖尾现象,但是通常运行 2 个柱体积的缓冲液足以将大多数蛋白质洗脱下来。多数情况下,这种通用程序已经可以足够去除大多数的核酸,使样品得到浓缩,并使目 标蛋白质得到 5～10 倍的纯化。

也可改良该方案以适于更多种样品的纯化。用含有一定浓度 KCl 的溶液进行中间洗脱步骤,该浓度下能够尽量去除外源性蛋白质,而不是目标蛋白质。之后,可以采用最低浓度 KCl 洗脱目标蛋白质,同时必须使其他外源性蛋白质仍处于结合状态。这种增强型方案需要进行反复的洗脱实验,也会有失败的情况,但通常可以使目标蛋白质达到 20 倍的纯化。某些情况下,目标蛋白质可能与层析介质结合得十分紧密,因而需要更强的洗脱条件。我们发现 1 mol/L KBr 是一个不错的选择,但是,所得的洗脱液应快速进行透析处理,因为 Br^- 可以导致某些蛋白质变性。或者可以选择将 KCl 的浓度增加到 2 mol/L,可能会获得良好效果。

Affi-Gel Blue 层析柱可以进行重复使用,但是该柱也应采用若干个柱体积的 2 mol/L 盐酸胍或 1.5 mol/L 硫氰酸钠进行再生处理,然后用初始的缓冲液进行平衡。随后可向该层析柱加入叠氮化钠,于低温储存。在上述条件下,层析柱和树脂均可稳定地保存数年。

(刘 杰 译 张 军 校)

参考文献

Deutscher, M. P., and Marlor, C. W. (1985). Purification and characterization of *Escherichia coli* RNase T. *J. Biol. Chem.* **260,** 7067–7071.

参考文献

[illegible]

第 6 部分

纯化程序:层析方法

第 22 章

离子交换层析

Alois Jungbauer* and Rainer Hahn*

目录

摘要

离子交换层析是一种用于蛋白质分离的最常用层析方法。此方法具有通用性和一般性,适于进行蛋白质的发现、高分辨率纯化及工业化生产。其分离条件在生理性盐浓度和 pH 范围内,因此大多数情况下均可以得到天然的蛋白质。本章将为离子交换层析的结合、洗脱条件及固定相选择提供建议。

1. 引言

蛋白质、多聚核苷酸和其他生物大分子通常会在其表面呈现带电荷基序(moiety),因而可以与离子交换剂相互作用。离子交换层析是一种可分离蛋白质和质粒的工具,具有通用性和一般性,可以用于分析和制备。从离子交换层析技术的早期应用到现阶段,具体方法已经经过了相当程度地改进。在早期用离子交换剂进行蛋白质分离时,由于层析介

* 自然资源和应用生命科学大学,生物技术系(Vienna, Austria)

质的性质较软,导致流速非常低。通常层析柱的重力流速和线性流速只有1~2 cm/h。这就导致纯化周期需要持续数天。因此,为了保持蛋白质的生物活性并且防止微生物的生长,纯化过程必须在冷室内进行。现在,离子交换层析的线性流速可以达到500 cm/h。与20年前相比,已提高2个数量级。无论何种情况下需要考虑蛋白质溶液的稳定性时,离子交换层析均可以在室温下进行。纯化条件的改进及纯化周期的加快,在很大程度上得益于20世纪80年代早期快速蛋白质液相色谱(FPLC)的引入(Jungbauer, 1993)。自此以后,离子交换剂得到不断改进(Jungbauer, 2005)。其发展历程中最新的飞跃是整体柱(monolith)的引入(Jungbauer and Hahn, 2008)。用这种层析介质在5 min之内就可能分离蛋白质(Jungbauer and Hahn, 2004)。

离子交换层析因其较高的分辨率而得到普及。浓度较低的蛋白质和聚核苷酸溶液可以被迅速浓缩,同时纯化。通常,一些简单的盐类缓冲液便能完全满足需要,所用浓度即为蛋白质出现所谓盐溶效应时的浓度。在该范围内,随着盐浓度的增加,蛋白质的溶解度随之提高。相比之下,疏水作用层析却总是无法达到该效果。疏水作用层析要求的盐浓度,通常在蛋白质出现盐析效应的范围内。

离子交换层析的一个缺点是一般与质谱法不相容——尤其是在电离模式下。离子会严重干扰蛋白质和多肽的电离。

离子交换层析用于蛋白质和生物大分子的纯化及分离,一般有以下4种情况。

(1) 从头纯化(*de novo* purification)　仅可获得有限的化合物分子结构信息。通常仅了解蛋白质溶液或细胞提取物的生物活性,因而只能通过其生物活性来鉴别该化合物。在这种情况下,就需要直觉。仅能以有限的规则,同时观察蛋白质在离子交换柱上呈现的生物学活性,指导对缓冲液和其他材料的选择。实际上这部分工作是探索性的,而且通常要联合数种方法来鉴别蛋白质。而最困难的情况是对蛋白质复合物的鉴定。纯化过程中,复合物通常会遭到破坏,并且生物学活性丧失;或者即使没有丧失生物活性,但是复合物的生物物理特性也要比单个蛋白质的复杂许多。

(2) 已知等电点、分子质量和一级结构的蛋白质纯化　对此,可以采用合理的规则开发纯化方案。最常用的就是蛋白质在大于pI的pH条件下与阴离子交换剂结合,在小于pI的pH条件下与阳离子交换剂结合。可以很容易通过蛋白质的一级结构序列计算pI。只要蛋白质不发生翻译后修饰,如糖基化和磷酸化等,这种设计规则就会起作用。随后,蛋白质表面的电荷会发生实质性的改变,继而相关规则失效。也可能观察到在与pI相同的pH条件下,某些蛋白质也可以与离子交换剂结合。这种情况可以解释为蛋白质表面电荷分布不均匀,而结合以一种固定的模式出现。当然,如果分析的蛋白质是多蛋白质复合体的一部分,那么,所有预测都将是没用的(详见第3章)。

(3) 蛋白质的制备及工业化分离　在这种情况下,蛋白质的纯化方案已经存在,其重点在于生产率、生产能力或规模放大。对于该方案,着重强调的是最大化/优化动态结合能力、层析柱的空间构象及保留时间。在工业化的环境下,精细的梯度混合很难实现,因此通常以分步洗脱代替梯度洗脱。并且,压力降(pressure drop)同样是一个要考虑的重要参数。

(4) 蛋白质突变体和/或亚型的高分辨率分离　如果蛋白质经过翻译后修饰或化学

修饰(如脱酰胺作用;或被人为地修饰,如聚乙二醇化),那么此时尽管蛋白质具有相同的一级结构,但其表面结构不同,与离子交换剂的相互作用也不同。不同的亚型可能具有不同的生物学活性,所以,这种高分辨率的纯化就会显得十分重要。离子交换层析还常用于将完整蛋白质与截断型蛋白质分离。

2. 原理

离子交换层析用于蛋白质分离的原理的最简单解释是,基于带相反电荷分子间的相互吸引力。蛋白质表面所带的电荷取决于其 pI 和环境 pH。构成离子交换剂的基础介质通常为多孔珠形式,可以为蛋白质的吸附提供足够大的表面积。固定于基础介质上的带电配基可以带正电荷也可以带负电荷。为提高介质的结合容量,可将带电荷的多聚体取代小分子配基植于介质上。无论电荷配基的分子大小,我们可以将其分为阳离子交换剂和阴离子交换剂。阳离子交换剂带负电荷,而阴离子交换剂带正电荷。大于 pI 时,蛋白质带负电荷,可与阴离子交换剂结合;小于 pI 时,蛋白质带正电荷,可与阳离子交换剂结合。前面我们已经讨论了这种简单规则的局限性。离子交换剂本身就相当于酸或碱,而电荷的歧化反应取决于其 pH。强的离子交换剂,本身相当于一种强酸或强碱,在较宽的 pH 范围内,所带的电荷不会发生改变;但是,弱离子交换剂却会发生改变。可根据此特性开发离子交换剂的选择性或采用 pH 梯度洗脱。

带电样品与离子交换剂的结合可以通过 Boardman 和 Partridge(1955)提出的质量作用定律进行描述。Fred Regnier 和其研究组扩展了此定律 (Kopaciewicz et al., 1983)。蛋白质的保留时间和盐浓度决定了其与基质表面相互作用的结合位点数量。一般在低盐浓度时使蛋白质结合,而在高盐浓度时洗脱蛋白质(图 22.1)。等度洗脱的洗脱窗口(elution window)很低,因此通常以线性盐浓度梯度洗脱蛋白质。

K 为蛋白质在流动相和固定相间的分布系数。它与盐的浓度和结合位点间的相互作用力(z)成反比;见式(22.1):

$$\log K = \log(K_e q_o^z) - z\log(\mathrm{Na}^+) \qquad (22.1)$$

式中,K_e为蛋白质与固定相的亲和力;q_o为离子交换的容量。Steve Cramer 和其研究组又进一步细化了它们之间的相互关系,并且将吸附蛋白质的离子交换剂表面隐蔽的电荷也纳入了考虑的范畴(Brooks and Cramer, 1992)。

可以发现寡核苷酸、多聚核苷酸和蛋白质与交换剂表面结合的位点数量各异(Yamamoto et al., 2007)。尤其是小分子的寡核苷酸,其结合位点的数目与基序的数量相关。超过某一尺度后,结合位点的数目并不随之呈线性增加,反而水平会下降。质粒可以与许多结合位点结合,所以能在较低的盐浓度,甚至于 800 mmol/L 时与结合位点结合。而蛋白质通常仅在携带少量电荷时才能够与结合位点结合。

与蛋白质表面带电荷基序相比,蛋白质内部的结合位点数目非常少。仅能观察到 10 个结合位点(图 22.2)。

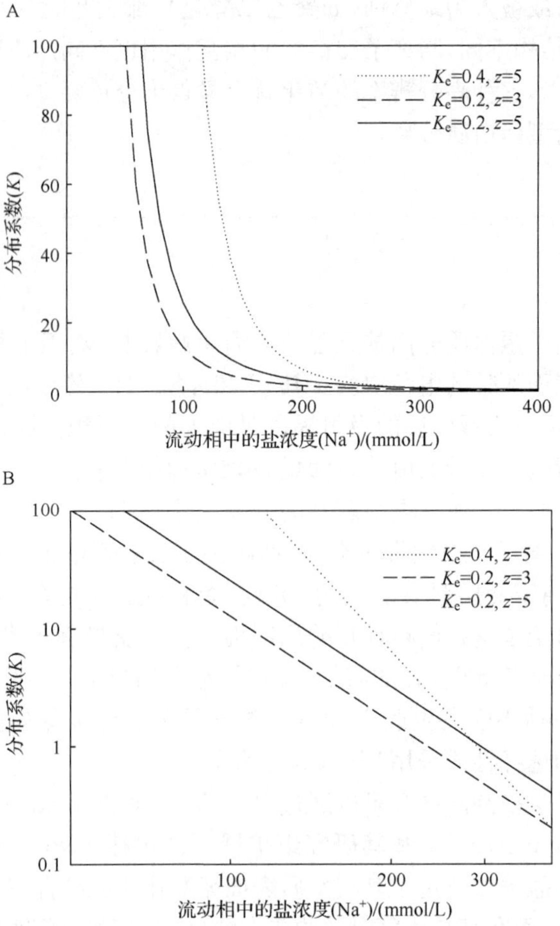

图 22.1 离子交换层析中蛋白质的保留时间与盐浓度间的关系。A. 线性曲线；B. log-log 关系曲线

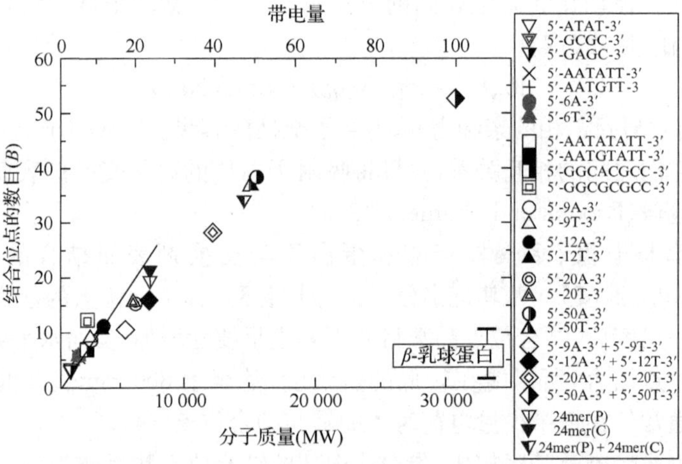

图 22.2 结合位点的数量与分子质量或 polyA 和 polyT DNA 带电量间的关系。以 β-乳球蛋白的结合位点质为对照。图来源于 Yamamoto 等（2007）

3. 固定相

在过去的几十年里离子交换介质与固定相平行发展。介质需要具备的特性包括更好的机械稳定性、更少的非特异性吸附、更高的结合容量及更快的质量传递。这些也是新介质开发的主要动力来源。从操作角度看，这些特性在某种程度上是互不相容的(Mueller, 2005)。而这些特性都是层析操作人员所希望的，因此新材料的开发策略必须平衡上述这些相互矛盾的特性。大颗粒要求低压降，但是通过颗粒的多孔网络扩散的途径较长，造成质量传递速率较慢。较大的孔隙可以提高质量传递的速率，但同时会减少可利用的表面积，进而降低平衡状态的容量。机械稳定性也同样会受到过大尺寸孔径的影响。同时，固定相的化学组成(天然的或合成的高分子，无机材料)也会对多孔球状材料制备产生固有限制。传统上，典型的纯化生物分子常用的固定相由含液体填充孔的颗粒形介质构成。已经有多种材料用做层析填料(Janson and Ryden, 1998)，其中最常用的有多糖(纤维素、葡聚糖和琼脂糖)、合成有机聚合物(聚丙烯酰胺、聚甲基丙烯酸酯、聚苯乙烯)和无机材料(二氧化硅、羟基磷灰石)。为生产物理稳定的功能性填料，需对材料进行化学交联，并连接功能性配基。原材料在生产中体现出的物理和化学条件(溶剂、介质的浓度和交联剂、温度等)决定了固定相的特性。这类颗粒的尺寸为 2～200 μm，2 μm 用于分析，200 μm用于低压制备。孔隙尺寸为 10～100 nm。在多数情况下，层析介质呈现典型的颗粒和孔隙大小分布并用于制备时，介质的平均表面积为 5～100 m^2/mL 胶。相对于早期采用单种材料为基础的多孔介质，现今最大的改进是复合材料介质的发明，后者可以同时具有两种不同介质的特性。此外还可用其他类型的材料(Mueller, 2005)。其中一个例子就是向后续交联的刚性介质的孔隙中填充高分子材料。这些介质的特征在于蛋白质的固体(或表面类型)扩散特性，这种机制是通过孔隙内部形成的凝胶实现的。另外，更为常用的方法是通过移植技术将高分子聚合物黏附于介质表面。这种介质已经显示出极高的结合容量和加速的质量传递，但是确切的机制未知。这类介质还对某些盐类显示出较强的耐受性，所以可以将其直接用于发酵培养液或含有适度盐的原料储存液。其他值得一提的改进还有灌流介质(Afeyan et al., 1990)和整体柱(Tennikova et al., 1990)的引入。在灌流层析中，压力快速下降，继而在可渗透的大孔隙内引起流体对流，而表面积大的较小孔隙提供结合容量。整体柱是聚合化的单一整体，其中流体的传输仅仅取决于通过通道时形成的对流，进而驱动全部流动相穿过整个介质填料。需要分离的组分被输送至位于流通孔隙表面的活性基团上，如此形成一个相互作用的网络。选择阳离子交换剂分离蛋白质可参照表 22.1。阳离子交换剂的可选范围非常大，可能超出表 22.1 的范围。表 22.1 中选出的典型交换剂具有不同传输机制，并且列出了可购买获得的材料。

这里并没有讨论用于分析的固定相。与阳离子交换剂相似，我们同样可凭此选择相同介质填料用于阴离子交换剂，只是配基不同。一些供应商也同样会提供相同的介质填料，但具有不同的颗粒直径和/或配体。

表 22.1 适于制备型蛋白质分离的阳离子交换剂的选择

固定相名称	供应商	基础介质	颗粒平均直径/μm	质量传递机制	典型的应用及特征
SP Sepharose fast flow	GE Healthcare	交联琼脂糖	90	孔隙扩散	制备型蛋白质的捕获
Capto S	GE Healthcare	高度交联琼脂糖、并具有柔软葡聚糖表面膨胀剂	90	未知(可加速传递)	制备型蛋白质的捕获;耐受盐,结合容量非常高
UNOsphere rapid S	Bio-Rad	聚丙烯酰胺相互交织的网络	80	平行扩散(孔隙和表面扩散)	制备型蛋白质的捕获;结合容量非常高
S-HyperD M	Pall	陶瓷外壳,内填充聚丙烯酰胺软胶	80	表面扩散	制备型蛋白质的捕获;结合容量非常高
CIM SO_3	BIA Separations	聚甲基丙烯酸酯整体柱	1~2	对流的质量传递	超速分离的离析物;可捕获较大的生物分子
Fractogel EMD SO_3-M	Merck	带有聚丙烯酰胺表面膨胀剂的聚甲基丙烯酸酯	65	未知(可加速传递)	制备型蛋白质的捕获;耐受盐,结合容量非常高
POROS HS	Applied Biosystems	具有穿透孔隙的聚苯乙烯-二乙烯苯	50	孔隙扩散,较高流速时为对流质量传递	制备型蛋白质的纯化,分辨率得到了提高
Source 30 S	GE Healthcare	亲水性包被的聚苯乙烯-二乙烯苯的 monobeads	30	孔隙扩散	制备型蛋白质的纯化,分辨率得到了提高
Toyopearl SP-650 M	Tosoh Bioscience	聚甲基丙烯酸酯	65	孔隙扩散	制备型蛋白质的捕获
GigaCap S	Tosoh Bioscience	具有柔软的聚合表面膨胀剂的聚甲基丙烯酸酯	65	未知(可加速传递)	制备型蛋白质的捕获;耐受盐,结合容量非常高

4. 结合条件

根据离子交换平衡的一般性原理,很显然,应在很低的盐浓度条件下对蛋白质进行上样(图 22.1)。盐浓度也必须适当地调节,这具体取决于离子交换剂配体的密度。通常推荐的盐浓度为 10~100 mmol/L 的缓冲液,其电导率相应为 1~4 mS/cm。来源于细菌培养物的一般性原料或细胞培养物,其电导率一般为 15~40 mS/cm。这样,所得到的蛋白质溶液必须进行稀释或脱盐处理。稀释是一种简单的方法,但仅适用于小规模。更适宜的方法便是进行透析、渗滤或者以分子筛层析进行脱盐。实验室规模的处理,建议采用分子筛层析。可以使用离心管简易柱、预装柱或自己灌装的层析柱。最大的上样体积为层析柱总体积的 1/3。限制性因素是蛋白质溶液的黏度。黏性指进(viscous fingering)使样品扩散加剧，必须减少上样量。

表面移植的离子交换剂能够在原料的电导率较高时上样(Necina et al.，1998)。有时，也可以直接用澄清原料上样。但是该原料的电导率必须较低。经过嫁接的表层可以结合许多离子，平衡状态会向着允许蛋白质吸附的状态转移。必须折中考虑结合容量和原料的预处理进行。作为直接上样这种简单处理的交换条件，必须考虑更低的结合容量(图 22.3)。现代离子交换剂可以在很高的流速下使用，所以即使是结合容量较低也是可以接受的。

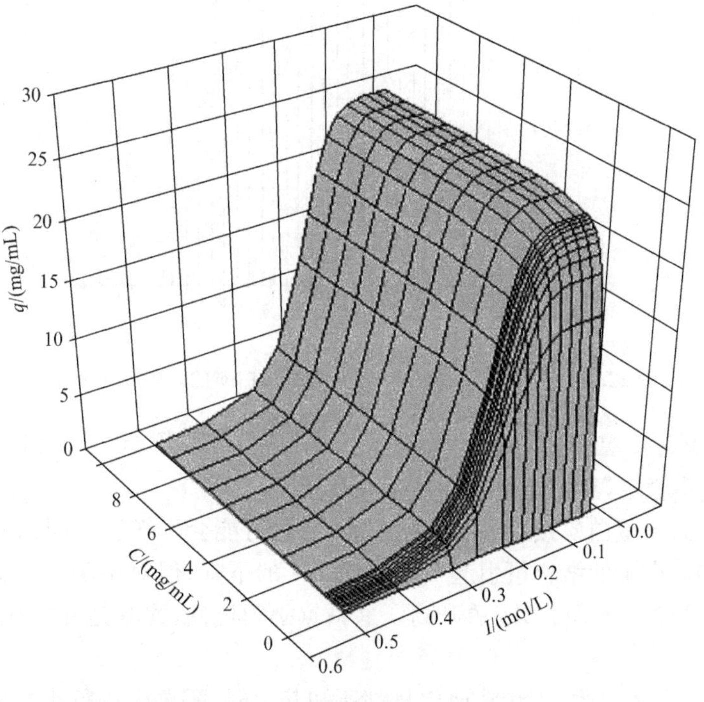

图 22.3　蛋白质溶液中，蛋白质的结合容量、蛋白质的浓度和盐浓度间的关系。I 为上样缓冲液的离子强度；C 为平衡状态下流动相中蛋白质的浓度；q 为固定相中蛋白质的浓度

根据蛋白质等电点选择缓冲液种类。大于等电点，蛋白质带负电荷，可与阴离子交换剂结合；而小于等电点时，蛋白质带正电荷，可与阳离子交换剂结合。实际上，选择取决于杂质的分布和蛋白质的稳定状态。具有高等电点的蛋白质，一般宜采用阳离子交换剂进行纯化，并且这类蛋白质很容易被纯化。图 22.4 所示为蛋白质等电点的柱状图。显然，弱酸性的蛋白质更难于纯化，因为原料中可能会存在一些 pI 很接近的杂质，并且含量可能很高。

蛋白质结合的第 2 条原则，选择缓冲液的 pK_a 应接近于所选 pH，最多只能有 1 个单位 pH 左右的差别。

第 3 条原则，缓冲液本身不能与离子交换剂结合，如乙酸盐或 Tris。所以，不应将乙

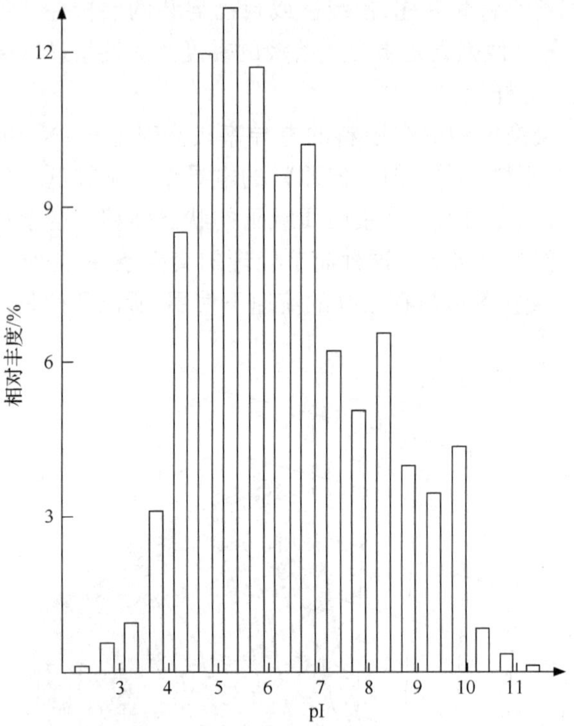

图 22.4 依据 G. Righetti 13 所得的蛋白质的等电点分布图

酸盐用于阴离子交换层析,Tris 也不能应用于阳离子交换层析。若缓冲液与交换剂结合,可引起 pH 不稳定,且操作条件不具有可重复性。

第 4 条原则,当蛋白质接近离子交换剂表面时,可能会暴露于不同的 pH。对于阳离子交换剂,水和氢离子的结合可引起 1 个单位 pH 的下降;但对于阴离子交换剂,氢氧根离子的结合可引起 1 个单位 pH 的升高。这一点必须记住,尤其是在纯化不稳定性的蛋白质时。

当我们对目标蛋白质 pI 和其他信息都所知甚少时,需要先进行小规模的探索实验,采用分批或层析柱,以寻求最佳的结合条件。分批的方式,离子交换剂可填装于小型测试的离心管或微孔板中;选择适宜的缓冲液,改变 pH 或/和盐浓度,使填料达到平衡状态,接着加入蛋白质样品溶液;先检测上清液中的蛋白质,之后,再向其中加入盐,从柱中洗脱蛋白质,并再次检测上清液中的蛋白质。采用微孔板的优势是多次实验可平行操作。通过离心可以很容易地将固相和液相分开。当前,一些层析材料供应商也提供即买即用的微孔板。

目前,有些供应商也已经设计出相应的小规模预装柱,它们可以通过注射器或实验室设备进行操作。采用这类微型柱可以很容易地优化结合条件,同时又不会浪费珍贵的样品。离子交换剂的结合容量极高,因此优化过程非常消耗原材料。这类小型柱,如来自于 Atoll(Weingarten, Germany)的 MediaScout MiniColumns,其内径为 5 mm,床高为 10 mm(图 22.5)。每个均有 0.2 mL 层析吸附剂,需要以合适的密度预装,并且对于每种树脂材料均需要分别矫正，这样也是为了在更大体积层析柱中重复操作。

图 22.5　采用正位移吸式移液器进行预装微型柱的机械化操作，各个柱子所处的位置与微孔板的孔位相当。Atoll 允许复制本图(Weingarten, Germany)

在某些步骤中，需要采用不同的溶液。通过正位移吸式移液器(positive displacement pipette)控制流速。适用体积范围从微升到毫升，这取决于所用移液管的类型。

5. 洗脱条件

已经结合的蛋白质的洗脱可以通过以下 4 种方式来实现。

(1) 线性盐梯度。

(2) 分步盐梯度。

(3) pH 梯度。

(4) 置换展开(displacement development)。

有时可以联合采用 pH 和盐梯度进行洗脱，但很难优化，而且经常不能获得稳定的条件。对于高分辨率的分离，宜采用线性盐梯度和 pH 梯度洗脱；分步盐梯度洗脱则适于浓缩蛋白质。置换层析(displacement chromatography)适于分离性质相关的蛋白质，但因其更难于优化，一般很少采用。

蛋白质的滞留窗口一般很小；在较低的盐浓度条件下，蛋白质填料结合紧密，但随着盐浓度提高，不能完全保持结合状态；图 22.1 比较了流动相中 k' 和盐浓度的关系。所以，在离子交换层析中，一般采用线性梯度，甚至是使用更复杂的分段梯度洗脱。

分辨率(R_s)：

$$R_s = 2\frac{t_A - t_B}{W_A + W_B} \qquad (22.2)$$

式中，两种不同化合物的保留时间为 t_a 和 t_B；基线以上的峰宽为 W_a 和 W_B，它们均取决于梯度 β 的斜率。而它可以定义为

$$\beta = \frac{C_M - C_M^0}{t_G} \qquad (22.3)$$

式中,C_M^0 和 C_M分别代表缓冲液的初始浓度及终浓度;t_G为梯度时间。化合物的滞留取决于标准化梯度斜率(γ),形式复杂。对其详细讨论超出本章的内容。具体分析可见 Yamamoto 等 (1988)的论述:

$$\gamma=\frac{\beta L}{v}=\frac{\beta V_0}{Q} \tag{22.4}$$

式中,L 为层析柱的长度;v 为间隙速率;V_0为无效体积;Q 为流速。

分辨率随标准化斜率(γ)升高。根据式(22.4),有 3 种提高分辨率的途径可供参考。

(1) 增宽梯度范围。

(2) 增加柱长/柱体积。

(3) 降低间隙速率/流速。

以上 3 个参数可以同时发生变化。式(22.4)有助于将一个成功的洗脱条件转用于大体积层析柱。维持 γ 恒定不变即可获得相同的分辨率。

此时,由于两种离子柱体积存在 7 倍的差异,造成其分辨率分别为 5.00 min 和 4.97 min(图 22.6)。

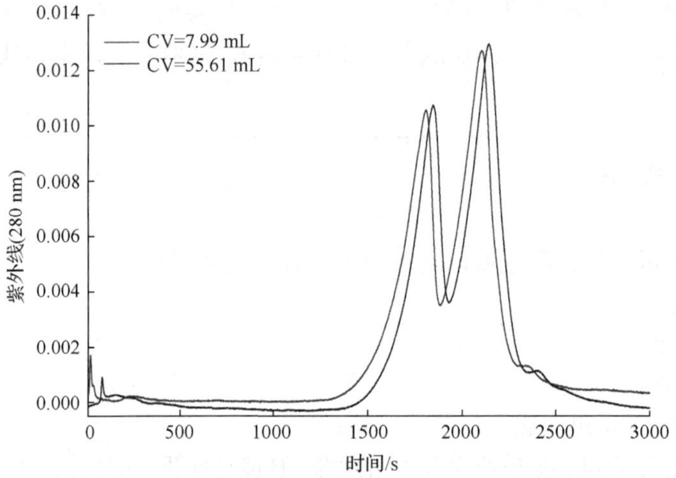

图 22.6 采用 Source30Q(GE Healthcare, Uppsala, Sweden)分离 α-乳球蛋白亚型。根据层析柱的体积固定流速、梯度的持续时间和上样量,故 γ 保持不变。流速 30 CV/h。层析柱尺寸大小为 1 cm×10 cm 和 2 cm×17.7 cm。Jorgen Mollerup 允许使用本图(另见图版)

由于蛋白质的保留时间和 γ 间存在相互关系,可以观察到,与较陡梯度相比,较平缓梯度的盐峰浓度较低。所以,并不总是在同一盐浓度下洗脱蛋白质。分辨率取决于 γ 的倒数。

$$R_s \propto \frac{1}{\gamma}\sqrt{\frac{L}{\mathrm{HETP}}} \tag{22.5}$$

梯度较平缓(γ 低)时分辨率高。分辨率还会受到粒度大小的影响。可以通过 $\sqrt{L/\mathrm{HETP}}$ 反映,$\sqrt{L/\mathrm{HETP}}$ 可简化为 $\sqrt{N}$,其中 N 为理论板数,是蛋白质层析分离质量传递的限制因素。在这种情况下,对于预装好的层析柱,HETP 与流速和颗粒直径的平方成比例。

所以，降低颗粒直径可以从根本上提高分辨率。一旦采用非孔隙材料，HETP 就仅与颗粒直径成比例。因此，要达到超高的分辨率，所用材料的颗粒直径应该在 5 μm 以下，并通常制造成非孔隙颗粒。

随着梯度范围增加，峰体积也会随之增加。分步梯度可以看成为非常陡的线性梯度。实际上，从来不会用一步洗脱。所以，与线性梯度洗脱相比，采用分步梯度进行蛋白质的洗脱时，盐浓度应更低。

6. 离子交换层析柱的操作

以下是离子交换层析柱操作的一般性步骤。此外还需要一些专用步骤以确保离子交换剂在使用时保持稳定。这些步骤如下：

(1) 加载盐溶液；
(2) 平衡层析柱；
(3) 蛋白质上样；
(4) 洗去未结合物质；
(5) 洗脱；
(6) 再生；
(7) 消毒处理。

一般操作条件如表 22.2 所示。

表 22.2　离子交换层析分离蛋白质的一般操作条件概述

步骤	缓冲液摩尔浓度	缓冲液体积
加载盐溶液	≥1mol/L	≥1 CV
平衡	10～100 mmol/L	达到 10 CV
蛋白质上样	与平衡缓冲液相似	取决于动态的结合容量
洗去未结合物质	含有最终添加物的平衡缓冲液	≥1 CV
洗脱		
线性梯度	0～500 mmol/L 盐	10 CV
分步梯度	150～500 mmol/L 盐	1 CV
线性 pH 梯度	<50 mmol/L	
手动 pH 梯度	≤10 mmol/L	
再生	1 mol/L 高浓度盐	1 CV
消毒处理		≥1 h 剩余时间

因为平衡离子必须要彻底地饱和带电荷的配基，所以，盐溶液的加载是至关重要的。本步骤通常采用含有 1 mol/L NaCl、物质的量浓度为 10～100 mmol/L 的缓冲液进行。很少使用 KCl。二价离子应避免使用。加载缓冲液的体积应至少为 1 个柱体积，以确保层析柱饱和。需要在线或离线监测电导率方可进一步进行优化。

平衡层析柱时,采用的缓冲液应适宜于蛋白质结合。依据具体情况确定缓冲液的类型、pH及盐浓度。本章结合条件部分中已经陈述了关于适宜缓冲液的粗略选择。平衡过程应至少需要10个柱体积缓冲液。采用较大体积的缓冲液是为了获得更稳定的pH环境。因为不同的离子经过层析柱的移动是不一样的,所以与相同电荷的离子相比,相反电荷的离子更可能保持不动。这样,不同的离子便可以依次流过层析柱。为维持中性电荷,pH要随之发生改变。该现象的详细解释可参见Pabst和Carta(2007)的报道。尤其是对于弱离子交换配体,相应地需要更大体积的平衡缓冲液才能达到实际所需的pH环境。

蛋白质溶液上样时,应采用与平衡缓冲液一致的pH和电导率。通常情况下,不太可能达到该条件,尤其是当初始原料中的离子组成与缓冲液完全不同时,所以在上样的过程中会发生pH转变。当采用分子筛层析、透析或渗滤对蛋白质溶液脱盐后,可以达到与缓冲液相同的离子组成,进而获得相对最稳定的上样条件。

完成蛋白质溶液上样后,冲洗掉未结合物质。通常首先尝试平衡缓冲液。为了在洗脱中获得的目标蛋白质纯度更高,可以采用多步的清洗程序。例如,对于结合紧密的目标蛋白质,可用稍高盐浓度的平衡缓冲液冲洗。可以向冲洗缓冲液中加入某些化合物,而所加入的这些化合物似乎很具有蛋白质特异性。目前,已有多种方案采用了在冲洗缓冲液中加入某些物质,它们均具有一定的蛋白质特异性。这些物质可以是尿素、糖类和乙二醇等。

洗脱会受到线性或分步盐梯度或置换展开的影响。一般最好先采用线性的盐梯度洗脱,维持梯度约10个柱体积。在最简单的情况下,梯度操作需两种缓冲液,平衡缓冲液(buffer A)和用于加载相反电荷离子所用缓冲液(buffer B)。大多数情况下,并不需要后半段的梯度,因为多数蛋白质都可以在150～500 nmol/L盐浓度下从传统的离子交换剂上洗脱下来。所以,通常最大梯度达到50% B足矣。分步洗脱也可通过buffer A和buffer B实现。也应该意识到也许永远都不会获得一种理想的适用于层析柱的分步洗脱。首先,盐滞留以及HPLC的盲端体积都是决定取样时间的因素;其次,因为缓冲液混合器的特性,仅能获得S形曲线(Kaltenbrunner and Jungbauer, 1997)。根据分步洗脱中选择的盐浓度,蛋白质会随着盐峰前端移动或移至盐峰前端的后方。Yamamoto等(1988)将其命名为Ⅰ型或Ⅱ型洗脱。当浓缩的洗脱物被冲洗出来后,所选择的盐浓度必须适于Ⅰ型洗脱。此时的盐浓度可能要比相应采用线性梯度洗脱所达到的最大盐浓度高一些。Ⅰ型洗脱所需的缓冲液小于1个柱体积。

pH梯度洗脱更难于优化。所以,最好首先根据蛋白质的pI找到一种条件——此时蛋白质不与离子交换剂结合。若低于pI,宜采用阴离子交换剂;若高于pI,宜采用阳离子交换剂。因此必须降低或提高pH。请记住,离子交换剂本身相当于一种酸或碱,生成pH梯度应遵循滴定曲线。要获得线性的pH梯度是十分困难的,但是采用含有二元醇的硼酸盐缓冲液可以实现,如甘露醇(Kaltenbrunner et al., 1993)。第4种洗脱方式就是采用手动调节的pH梯度进行洗脱。当采用10 mmol/L的较低浓度缓冲液洗脱时,使用盐可以导致pH梯度,这种梯度的形成是因为不同种类盐移动情况不同。这种手动调节的pH梯度,可以用于高分辨率,另外也有利于蛋白质峰集中(Pabst et al., 2008a;2008b)。

这种情况下，也需要数个柱体积的缓冲液。

对于层析柱的再生，最佳的条件是使用与最初加载盐溶液相同的缓冲液。这种情况仅在处理相对清洁的原料时才可能出现。可以将两个步骤合并为一个步骤。尤其是当脂类、内毒素和其他黏性物质承载于离子交换柱时，推荐使用具有腐蚀性的试剂进行再生，优选 1 mol/L NaOH。NaOH 的最大使用浓度取决于固定相的耐受性，一般使用 1 个柱体积的量已经足够，但是对于非常顽固的杂质，应将层析柱浸于 NaOH 溶液中。可将 1 个柱体积 NaOH 泵入层析柱后，停止流动，使 NaOH 滞留于层析柱中数小时。

NaOH 处理同样起消毒作用。它确实可以减少层析柱中的细菌数量，但不是对层析柱灭菌。要将层析柱进行灭菌处理是十分困难的(Jungbauer and Lettner, 1994; Jungbauer et al., 1994)。装好的层析柱中存在非常多的盲端孔，灭菌剂只能通过扩散至这些孔内。氧化剂通常与固定相以及设备不相容。对于较小的层析柱，可以采用高压蒸汽灭菌，并可在无菌条件下连接于系统。一般不必对层析柱进行灭菌处理。

层析柱需要用再生缓冲液仔细洗净后才能储存，必要时还要进行灭菌处理，储存时用相反电荷离子将层析柱完全饱和。层析柱饱和后，可采用缓冲液进行清洗和储存，如 20%的乙醇。实验室使用时，推荐向储存溶液中加入相关的杀菌剂，通常采用 NaN_3。

7. 实例：复杂蛋白质混合物的分离

采用离子交换层析分离复合蛋白质混合物的一个典型例子就是从乳清中分离蛋白质。它可以进行一定程度的工业化放大，但也可作为一个廉价的检测体系用于离子交换剂的评价。实际上，我们也已经通过这种蛋白质混合物来比较不同供应商所提供的离子交换剂的吸附能力(Hahn et al., 1998)。

7.1　牛奶的预处理

将牛奶在室温下，以 4420 *g* 离心 30 min 进行去脂处理。再采用 5 mol/L HCl 将脱脂牛奶的 pH 调节至 4.7。酪蛋白沉淀发生之后，将溶液进一步搅拌 30 min，以期沉淀彻底。再在 17 700 *g*、4℃条件下离心 30 min。得到乳清后，再以蒸馏水进行稀释，直至溶液的电导率达到 2.7 mS/cm。若稀释过程使溶液的 pH 发生变化，应再按照上述方法调节 pH 至 4.7。最后，将所得乳清溶液以 0.45 μm 的 Millipak-60 滤器(Millipore, Bedford, MA, USA)过滤处理，用于下一步的层析分离操作。

7.2　层析条件

将阳离子交换树脂装填 HR 10 柱和 HR 16 柱(GE Healthcare, Uppsala, Sweden)。柱直径分别为 30 mm/10 mm 和 35 mm/16 mm(高度/内径)。层析用缓冲液为柠檬酸体系，用 1.0 mol/L NaOH 调节 pH。以 1 mol/L NaCl、20 mmol/L 柠檬酸再生，以 pH 4.7、电导率为 2.7 mS/cm 的 20 mmol/L 柠檬酸平衡。平衡缓冲液冲洗掉未结合的蛋白质后，用 NaCl 浓度持续增大的连续梯度洗脱结合蛋白质。

图 22.7 为层析图谱。收集流穿液和洗脱液,并采用分子筛层析和 SDS-PAGE 进行分析。

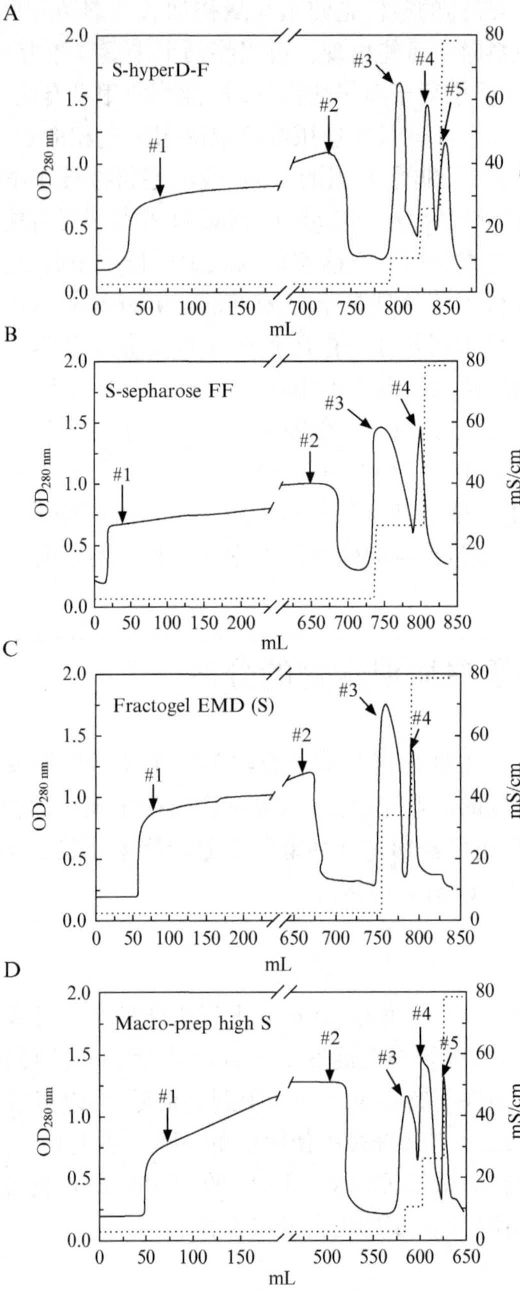

图 22.7 采用阳离子层析纯化牛乳清蛋白。将澄清的乳清分别上样于 4 种不同的阳离子交换层析柱(3.5 cm×31.6 cm),平衡缓冲液为 20 mmol/L 柠檬酸(pH 4.7)。流速为 3.3 mL/min (200 cm/h)。用连续梯度的 NaCl 缓冲液洗脱结合蛋白质。采用分子筛层析分析未结合蛋白质和洗脱组分(图 22.8)。依据 Hahn 等(1998)所述方法作图分析。A. S-HyperD-F;B. S-Sepharose FF;C. Fractogel EMD SO S;D. Macro-Prep High-S Support。….理论盐梯度;-. 280 nm 处紫外线吸光值

图 22.8 为加载步骤起始和结束时流穿液组成的比较。

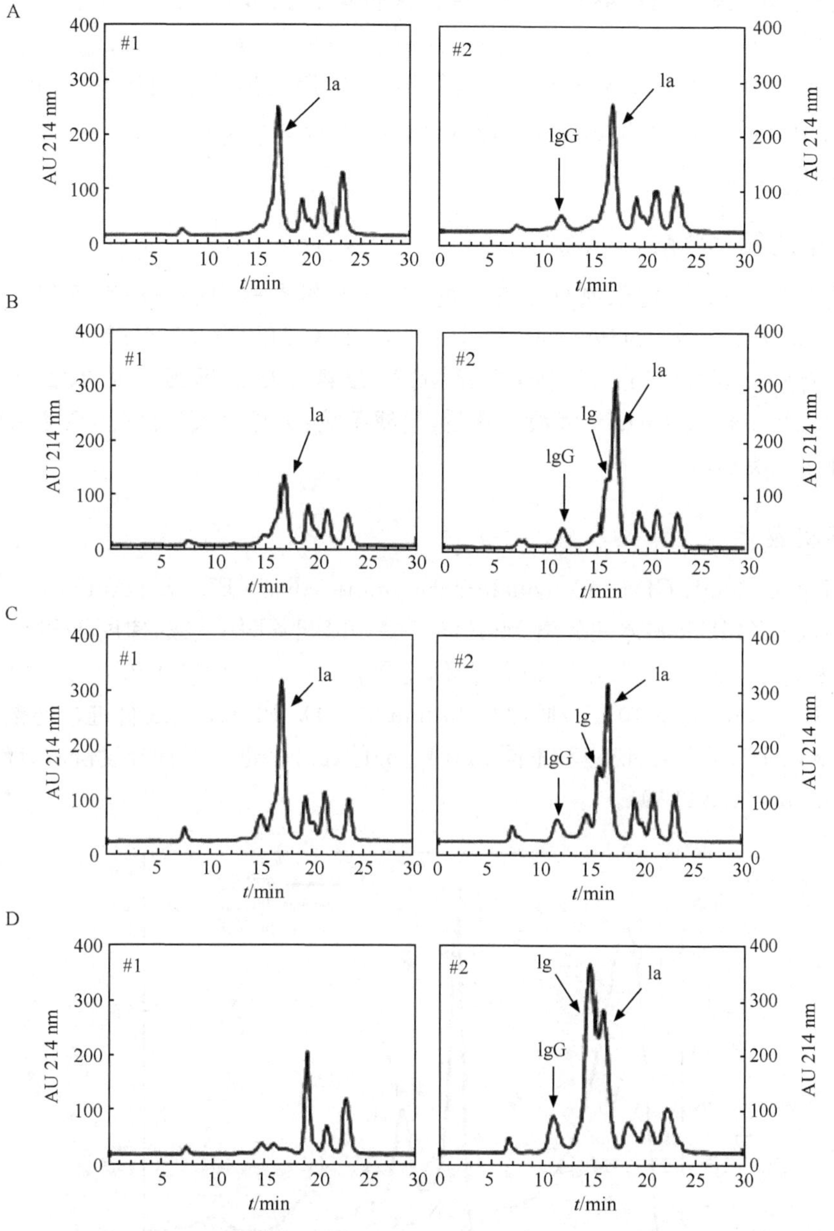

图 22.8　牛乳清吸附于阳离子交换剂后，采用 Superdex 200 分子筛层析分析未结合物质（流穿液）。图 22.1 所示为分析流穿液的组分。A. S-HyperD-F 1 和 S-HyperD-F 2；B. S-Sepharose FF 1 和 S-Sepharose FF 2；C. Fractogel EMD SO S 1 和 Fractogel EMD SO S 2；D. Macro-Prep High-S Support 1 和 Macro-Prep High-S Support2。lg. 乳球蛋白；la. 乳清蛋白

即使都是采用阳离子交换剂，其选择性也是不同的。针对变化各异的材料，很难预测交换剂的选择性。

8. 实例:采用整体柱进行高分辨率的分离

一个令人印象深刻的高分辨率分离的例子是,用阴离子交换剂整体柱(Podgornik and Podgornik, 2004)分离锰过氧化物酶(manganese peroxidase, MP)。该分离过程在3 min内即可完成。

8.1 Mn过氧化物酶的制备

在装有100 mL氮源限制性培养基的500 mL锥形瓶中摇瓶培养黄孢原毛平革菌(*Phanerochaete chrysosporium*) MZKI B-223 (ATCC 24725),温度控制至32℃。生长培养基中含有1 mmol/L Mn^{2+},仅利于合成MnP。培养4天后,即当MnP的活力最高时,收集250 mL *P. chrysosporium* 菌液。随后,过滤菌液,冻存过夜后融化,离心去除其中存在的黏性多糖类物质。

8.2 层析条件

采用含0.34 mL CIM QA (quaternary amine) disk (BIA Separations, Ljubljana, Slovenia)的CIM disk整体柱分离MnP同工酶。以配备两个泵的梯度HPLC系统进行实验,其中进样阀为100 μL不锈钢上样环,将具有10 mm光程的可变波长监视器设置为280 nm或409 nm,流量10 μL,通过0.25 mm的I.D. PEEK毛细管进行连接。用不同浓度(10 mmol/L到1 mol/L)和不同pH(4~6)的乙酸钠进行线性梯度洗脱分离同工酶,流速4 mL/min (图22.9)。

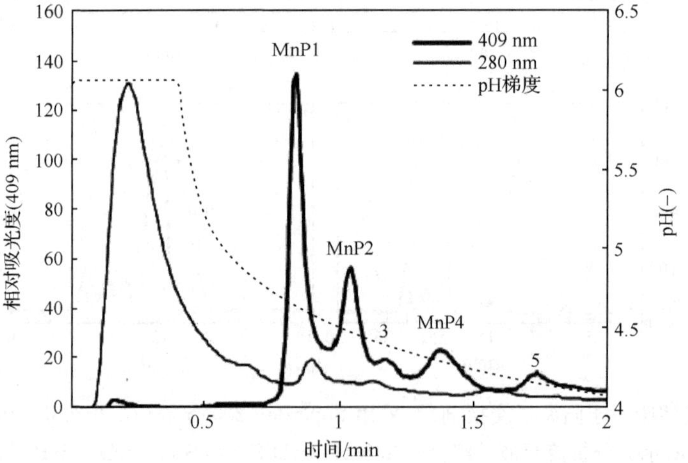

图22.9 联合使用pH梯度及浓度梯度分离Mn-过氧化物酶突变体。固定相.CIM QA disk整体柱。流动相.缓冲液A,10 mmol/L乙酸钠(pH 6);缓冲液B,20 mmol/L乙酸钠(pH 4);梯度,100 s内完成0%~100%缓冲液B;样品,100 μL脱盐蛋白质溶液;流速,4 mL/min;检测,280 nm波长下紫外线,409 nm波长下Vis,在线pH计

这种快速的纯化方法可以在2 min内完成对亚型及两种其他类型突变体的分离。该

方法还适用于蛋白质的制备和分析。

（刘　杰　译　张　军　校）

参考文献

Afeyan, N. B., Gordon, N. F., Mazsaroff, I., Varady, L., Fulton, S. P., Yang, Y. B., and Regnier, F. E. (1990). Flow-through particles for the high-performance liquid chromatographic separation of biomolecules: Perfusion chromatography. *J. Chromatogr.* **519,** 1–29.

Boardman, N. K., and Partridge, S. M. (1955). Separation of neutral proteins on ion-exchange resins. *Biochem. J.* **59,** 543–552.

Brooks, C. A., and Cramer, S. M. (1992). Steric mass-action ion exchange: Displacement profiles and induced salt gradients. *AIChE J.* **38,** 1969–1978.

Hahn, R., Schulz, P. M., Schaupp, C., and Jungbauer, A. (1998). Bovine whey fractionation based on cation-exchange chromatography. *J. Chromatogr. A* **795,** 277–287.

Janson, J.-C., and Ryden, L. (1998). Protein Purification: Principles, High Resolution Methods, and Applications 2nd edn. Wiley-VCH, New York.

Jungbauer, A. (1993). Preparative chromatography of biomolecules. *J. Chromatogr.* **639,** 3–16.

Jungbauer, A. (2005). Chromatographic media for bioseparation. *J. Chromatogr. A* **1065,** 3–12.

Jungbauer, A., and Hahn, R. (2004). Monoliths for fast bioseparation and bioconversion and their applications in biotechnology. *J. Sep.. Sci.* **27,** 767–778.

Jungbauer, A., and Hahn, R. (2008). Polymethacrylate monoliths for preparative and industrial separation of biomolecular assemblies. *J. Chromatogr. A* **1184,** 62–79.

Jungbauer, A., and Lettner, H. (1994). Chemical disinfection of chromatographic resins, Part 1: Preliminary studies and microbial kinetics. *BioPharm* **7,** 46–56.

Jungbauer, A., Lettner, H., Gurrier, L., and Boschetti, E. (1994). Chemical sanitization in process chromatography, Part 2: *In situ* treatment of packed columns and long-term stability of resins. *BioPharm* **7,** 37–42.

Kaltenbrunner, O., and Jungbauer, A. (1997). Simple model for buffer blending in ion-exchange chromatography. *J. Chromatogr. A* **769,** 37–48.

Kaltenbrunner, O., Tauer, C., Brunner, J., and Jungbauer, A. (1993). Isoprotein analysis by ion exchange chromatography using a linear pH gradient combined with a salt gradient. *J. Chromatogr.* **639,** 41–49.

Kopaciewicz, W., Rounds, M. A., Fausnaugh, J., and Regnier, F. E. (1983). Retention model for high-performance ion-exchange chromatography. *J. Chromatogr. A* **266,** 3–21.

Mueller, E. (2005). Properties and characterization of high capacity resins for biochromatography. *Chem. Eng. Technol.* **28,** 1295–1305.

Necina, R., Amatschek, K., and Jungbauer, A. (1998). Capture of human monoclonal antibodies from cell culture supernatant by ion exchange media exhibiting high charge density. *Biotechnol. Bioeng.* **60,** 689–698.

Pabst, T. M., and Carta, G. (2007). pH transitions in cation exchange chromatographic columns containing weak acid groups. *J. Chromatogr. A* **1142,** 19–31.

Pabst, T. M., Carta, G., Ramasubramanyan, N., Hunter, A. K., Mensah, P., and Gustafson, M. E. (2008a). Separation of protein charge variants with induced pH gradients using anion exchange chromatographic columns. *Biotechnol. Prog.* **24,** 1096–1106.

Pabst, T. M., Antos, D., Carta, G., Ramasubramanyan, N., and Hunter, A. K. (2008b). Protein separations with induced pH gradients using cation-exchange chromatographic columns containing weak acid groups. *J. Chromatogr. A* **1181,** 83–94.

Podgornik, H., and Podgornik, A. (2004). Separation of manganese peroxidase isoenzymes on strong anion-exchange monolithic column using pH-salt gradient. *J. Chromatogr. B Analyt. Technol. Biomed. Life Sci.* **799,** 343–347.

Tennikova, T. B., Belenkii, B. G., and Svec, F. (1990). High-performance membrane chromatography. A novel method of protein separation. *J. Liq. Chromatogr.* **13,** 63–70.

Yamamoto, S., Nakanishi, K., and Matsuno, R. (1988). Ion-exchange chromatography of proteins Marcel Dekker, New York.

Yamamoto, S., Nakamurá, M., Tarmann, C., and Jungbauer, A. (2007). Retention studies of DNA on anion-exchange monolith chromatography: Binding site and elution behavior. *J. Chromatogr. A* **1144,** 155–169.

第 23 章

凝胶过滤[①]

Earle Stellwagen*

目录

蛋白质纯化的层析技术中,凝胶过滤比较独特,它是基于蛋白质分子质量的相对大小而分离。与传统的过滤相反,通过凝胶过滤柱后,并没有任何蛋白质留存于其中。凝胶过滤优缺点明显;优点在于,脆性蛋白质与层析固定相结合并不会破坏其功能;缺点在于,和凝胶不结合则限制层析的分辨率。

1. 原理

凝胶过滤是采用多孔珠作为层析固定相。以这类珠构建的凝胶柱有两种可测的液体体积:外部体积,即珠间存在的液体体积;内部体积,珠内部孔隙中存在的液体体积。大分子物质仅与外部体积相称,而小分子物质与内部体积和外部体积均相称。蛋白质混合物上样于不连续层析柱或凝胶柱顶部的离散区域,然后渗滤通过整个层析柱。较大的蛋白质分子不能进入内部体积,因此会首先从凝胶柱后出现;而较小的蛋白质分子可以进入内部的体积,故而会较晚出现。

凝胶过滤非常重要的尺寸指标是:可进入内部体积的孔隙直径和蛋白质分子的流体力学直径。后者可以定义为蛋白质可诱发的球状体积,因为球形会很迅速地嵌入溶液中。

* 爱荷华大学,生物化学系(Iowa City, Iowa, USA)

① 转载自《酶学方法》182 卷(Academic Press, 1990)

相对于颗粒的平均孔隙直径，如果蛋白质的流体学直径较小，可以进入所有的内部体积，可以称为可进入凝胶介质(being included in the gel matrix)。而有些蛋白质的流体学直径与颗粒的平均孔隙直径相当，它们只可以进入部分的内部体积，称之为部分无法进入凝胶介质。还有一些蛋白质，其流体学直径大于平均孔隙直径，因此不能进入内部体积，可以称之为无法进入凝胶介质。

这些概念的形成使凝胶过滤法逐步被更名为分子筛层析法。从分子筛层析柱中洗脱的蛋白质混合物顺序与其流体学直径大小相反。如果混合物中所有的蛋白质均已知，或者是可以假设其具有相同的外形，那么，蛋白质的洗脱顺序将与其分子质量大小相反。本部分的讨论将根据蛋白质分子质量分析其大小，因为在应用过程中普遍假设蛋白质混合物中仅含有球状蛋白质。应牢记的是，流体力学体积是指有效的蛋白质尺寸(operative protein dimension)。此外，不对称的蛋白质也会出现在洗脱液中，与分子质量大小相似的球状蛋白质相比，它们的分子质量非常大。

2. 操作

采用分子筛层析获得的洗脱图谱如图 23.1 A 所示。零洗脱体积(zero elution volume)是指上样于层析固定相的样品体积。无法进入介质的分子的洗脱体积定义为无效体积 V_0，它表示颗粒外部的体积。可以进入介质的分子的体积定义为总体积 V_t，它表示颗粒内部体积及外部体积的总和。介于两者之间的洗脱体积即为 V_e。分配系数为 K_{av}，具体关系见式(23.1)：

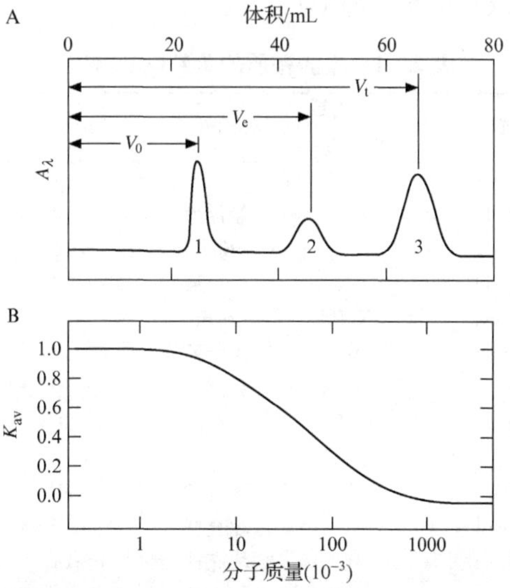

图 23.1　分子筛介质的层析效能。A. 较简单的洗脱图。纵坐标为在某一固定波长 λ 下的吸光值，横坐标为样品通过层析柱后的流出液体积。若流出液的流速是恒定的，那么，横坐标将以时间表示。组分 1 为无法进入凝胶介质部分，洗脱体积 V_0；组分 2 为部分无法进入凝胶介质组分，洗脱体积 V_e；组分 3 为可进入凝胶介质组分，洗脱体积 V_t。每个组分逐个地通过层析柱，可以为各洗脱组分定位。B. 式(23.1)所示分配系数 K_{av} 随蛋白质分子质量对数值变化的 S 形曲线图，这些蛋白质具有相似的曲线图

$$K_{av} = \frac{V_e - V_0}{V_t - V_0} \tag{23.1}$$

蛋白质分子质量决定分配系数,两者之间的半对数曲线如图 23.1 B 所示。基于分子质量的大小分离蛋白质最好在上述 S 形曲线的中央线性区域,该区域涉及的 K_{av} 值为 0.2～0.8。这一范围可以作为分子排阻介质的分离范围。

在分离范围内,S 形曲线的斜率越大,表示介质的分辨率越大。相应地,在分离分子质量相似的蛋白质时,最宜采用分离范围较窄的介质。

任何一种分子筛层析柱可以只从流出液中分离的蛋白质均少于 10 种。之所以发生这种较低的分辨率,一是因为在层析过程中,没有任何蛋白质留存于柱中;二是因为在颗粒周围出现非理想流动。因此,如果目标蛋白质比混合物中大多数蛋白质的分子质量大或者小,就可能显著改善分子筛层析纯化(倍数)。由于上述情况并不具有普遍性,研究者只能期望适度提高纯化(倍数)。因此,在纯化方案中将分子筛层析尽量放在纯化程序的后期是明智的,此时其他蛋白质数量少,并且前面的步骤已经采用完全不同特性的方法对蛋白质混合物进行了分离。例如,经过离子交换层析合并的分离组分,很可能还是一个蛋白质的混合物,它们具有相同的净电荷,只是分子质量不同。

2.1　介质

一些传统的高效分子筛介质的特性如表 23.1～表 23.4 所示。需要注意的是,供应商在其产品目录的索引中使用了多种术语及缩写,包括凝胶过滤层析(gel-filtration chromatography, GFC)、凝胶渗透层析(gel-permeation chromatography, GPC)和分子筛层析(size-exclusion chromatography, SEC)。

表 23.1　凝胶基质的参数(稳定性)

名称	供应商	化学组成及性质[a]	外观性质	pH	温度/℃	颗粒直径/μm
传统型						
BioGel A	Bio-Rad	AG	悬浮液	4～13	1～30	40～300[b]
BioGel P	Bio-Rad	PA	粉末	2～10	1～80	40～30[b]
Sephacryl HR	Pharmacia	DX	悬浮液	2～13	1～100	25～75
Sephadex G	Pharmacia	DX/PA	粉末	2～10	1～100	20～300[b]
Sepharose	Pharmacia	AG	悬浮液	4～10	1～40	45～200[b]
Ultrogel A	IBF	AG	悬浮液	3～10	2～36	60～140
Ultrogel AcA	IBF	AG/PA	悬浮液	3～10	2～36	60～140
高效能型						
Protein Pak	Waters	S	填充柱	2～8	1～90	10
Shodex	Showa Denko	S	填充柱	3～7.5	10～45	9
Superose	Pharmacia	AG	填充柱	1～14	4～40	10～13
SynChropak	SynChrom	S	填充柱	2～7	1～60	5～10
TSK-SW	Toyo-Soda	S	填充柱	3～7.5	1～45	10～13
Zorbax	DuPont	S	填充柱	3～8.5	1～100	4～6

a 采用下列的符号来表示基质的化学特性:AG. 交联的琼脂糖;PA. 交联的聚丙烯酰胺;DX. 交联的葡聚糖;DX/PA. 丙烯基葡聚糖和双丙烯酰胺的共聚物;AG/PA. 琼脂糖和聚丙烯酰胺的混合物;S. 键合硅;

b 各个介质均具有较窄的分离范围

表 23.2　粉末状基质的相关参数[水合作用时间(h)]

名称	编号	分离范围[a]/kDa	膨胀体积/(mL/g)	20℃	90℃	线性流速[a, b]/(cm/h)
BioGel	P-60	3～60	14	4	1	5
	P-100	5～100	15	4	1	5
	P-2 000	30～200	29	4	1	4
	P-3 000	60～400	36	4	1	3
Sephadex	G-50	2～30	10	3	1	5
	G-100	4～150	18	72	5	5
	G-150	5～300	25	72	5	3
	G-200	5～600	35	72	5	2

a 所列值适用于中等筛孔尺寸颗粒；

b 所指线性流速适合于中等高分辨率层析。体积流速为柱横截面积(cm^2)乘以线性流速，以 mm/h 表示

表 23.3　悬浮液基质的相关参数

名称	编号	分离范围/kDa	线性流速[a]/(cm/h)
BioGel	A-0.5 m	<10～500	18
	A-1.5 m	10～1500	18
	A-5 m	10～5000	18
Sephacryl	S-200 HR	5～600	15
	S-300 HR	10～1500	15
	S-400 HR	20～8000	15
Sepharose	CL-6B	10～4000	18
Ultrogel	A6	25～2400	5
	A4	55～9000	4
	AcA 54	5～70	4.5
	AcA 44	10～130	4.5
	AcA 34	20～350	4
	AcA 22	10～1200	2.5

a 所指线性流速适合于中等高分辨率层析。体积流速为柱横截面积(cm^2)乘以线性流速，以 mm/h 表示

表 23.4　填充柱基质相关参数

名称	编号	孔隙直径 /Å	直径×长度/mm	分离范围/kDa
Protein Pak	60	50	7.8×300	1～20
	125	125		2～80
	300	300		10～500
Shodex	WS 802.5	150	8×300[a]	4～150
	WS 803	300		10～700
	WS 804	500		10～2000

续表

名称	编号	孔隙直径 /Å	直径×长度/mm	分离范围/kDa
Superose	12	—	10×300	1～300
	6	—		5～5000
SynChropak	60	60	7.8×300[b]	5～30
	100	100		5～130
	300	300		15～800
	500	500		30～2000
TSK	G2000SW	125	7.5×300[c]	5～60
	G3000SW	250		1～300
	G4000SW	500		5～1000
Zorbax	GF-250	150	9.4×250	4～500
	GF-450	300		5～900

a 也有 8 mm×500 mm 和 20 mm×300 mm 规格；

b 也有 21.5 mm×250 mm 规格；

c 也有 21.5 mm×600 mm 和 55 mm×600 mm 规格

传统介质具有经济性和流速慢的特点。这些介质常以散装的形式销售，研究者可以根据需要分离样品的体积来填装任意尺寸的层析柱。其正常流速如表 23.2 所示，体积流速为柱横截面积(cm^2)乘以线性流速(mm/h)。填装层析柱的流速大约为层析分离过程中的 5 倍。

高效介质具有使用方便、流速快和成本高的特点。这类介质常以填充柱的形式销售，研究者通常可以采用已有的高效层析方法进行纯化。较小的分析型层析柱大约为 8 mm×300 mm，正常情况下其蛋白质载荷量为数毫克以下，流速为 1 mL/min 左右。更大的制备型层析柱的填充颗粒的直径一般为 30 μm。20 mm×300 mm 左右规格的层析柱，其蛋白质载荷量为 10～100 mg，操作流速约 5 mL/min。对于非常大的层析柱来说，其蛋白质载荷量可以达到 2 g，流速可达 30 mL/min。

2.2 样品的制备

样品蛋白质的浓度一般不应超过 50 mg/mL，并且应采用离心处理后获得的澄清溶液，如有必要，应以低流速上样防止不溶性微粒形成。既然在层析分离的过程中，蛋白质预处理后才使用相关的溶剂，那么该溶剂的使用就是无关紧要的。

2.3 层析用溶剂

可以用于层析柱的溶剂种类很宽泛，只需满足如表 23.1 中所示的系统规定的参数、pH 和温度等。但是，蛋白质与介质可以通过静电作用或范德华作用结合。为了将结合降至最低，所用溶剂的离子强度应不小于 0.2 mol/L。由于大多数蛋白质本身在室温下是比较稳定的，而蛋白质样本中存在的任何蛋白水解酶都会催化多肽水解，此时只需要降低温度就可以减慢水解速率。然而,纯化阶段的蛋白质水解已成为日益突出的问题,因为对于蛋白酶来说,目标蛋白质富集后蛋白酶的作用底物也变得更丰富。在某些情况下,我们还需要向层析溶剂中加入较昂贵的蛋白酶抑制剂或效应物,以便维持目标蛋白质的功能。也可以采用一些比较经济可行的方法,用含有昂贵抑制剂组分的溶剂平衡 1 个柱体积,之后再进行蛋白质样品上样。完成上样之后,溶剂中便不需要加入昂贵的抑制剂组分。

在玻璃圆柱内可以用简单的溶剂进行层析柱灌装,如采用含有 0.02%叠氮化钠的 0.1 mol/L NaCl 进行平衡,可以防止微生物的生长。在不锈钢圆筒中灌装层析柱,首选的储存溶剂为甲醇,可以避免其中的盐溶液加速对容器的腐蚀。

2.4　*初筛*

为了优化分子筛层析的纯化效果(倍数),需要采用最容易分离目标蛋白质的介质。同样的,初筛可以用于估测目标蛋白质的分子质量,以及区分其他蛋白质的分子质量。除了蛋白质样品外,用于进行初筛的工具还包括分子筛层析柱、分布收集器、总蛋白质含量测定仪器、目标蛋白质含量测定仪器及蛋白质分子质量标准混合物。蛋白质总量的测定可以采用紫外分光光度法或者比色法(见 182 卷,Stoscheck 所著第 6 章)。用于上样的蛋白质样品浓度必须足够大,这样,洗脱液组分中目标蛋白质功能检测才具有可信性。可以推测,经过层析分离之后,目标蛋白质浓度至少被稀释 1 个数量级。

蛋白质分子质量标准混合物通常称之为凝胶过滤标准,可以向一些供应商购买,包括 Bio-Rad Laboratories (Richmond, CA)、Pharmacia LKB Biotechnology (Piscataway, NJ)和 Sigma Chemical (St. Louis, MO)。这类用于校准的混合物含有一些经过鉴定的蛋白质,它们各自的分子质量和组分均已知,且具有确定的 V_0 和 V_t。研究者也可以选择已经纯化的组分作为校准混合物。葡聚糖蓝(blue dextran)和 DNA 限制性片段通常用于测定 V_0。重要的是,不要利用小分子质量的芳香族或杂环化合物测定 V_t,因为这类分子尤其容易与分子筛层析介质发生可逆性吸附。

如有现成的高效分子筛分析柱和层析方法,那么初筛的工作将会既快速又简单。用于初筛的层析柱,其分离范围应比较宽广。在分析柱前应放置保护柱,以便截留之前未曾注意到的颗粒性物质。可采用注射方式进行上样,这样可以保证上样体积的最小化,也适合于层析柱流出液中目标蛋白质的分析。如果溶剂的吸光度允许,应采用吸光度流量探测仪,并将检测波长设置在更灵敏的 225 nm 处以监测流出液的蛋白质浓度,或者也可以设置在相对不太灵敏的 280 nm 处进行监测。若没有吸光度流量探测仪,应收集流出液组分并分析总蛋白质量及目标蛋白质量。最后,将凝胶过滤标准混合物采用注射上样,并以相同的波长监测流出液。比较凝胶过滤标准混合物、样品中总蛋白质及目标蛋白质的洗脱图,可方便选择介质,并通过该介质优化分子筛层析的纯化效率(倍数)。

如没有现成的高效分析柱,那么必须采用分离范围较宽的传统介质进行初筛。一般应选择容易进行灌装成柱的介质。接下来将会详细说明以传统介质灌装层析柱。同样的,利用凝胶过滤的标准混合物、样品总蛋白质和目标蛋白质的洗脱图进行初筛,借此来确定用于优化分子筛层析纯化的介质。

2.5 传统介质层析

用于蛋白质纯化的传统介质的体积一般应为所需分离样品体积的30～100倍。将灌装所需量的介质悬浮于层析溶剂中,并将温度调节至分离操作时所需条件。悬浮液的体积不应超过预计灌装柱体积的2倍。轻轻摇晃悬浮液除去细小颗粒,吸去上清液,直至约90%颗粒已沉降稳定。最后,将重悬物放置于负压条件下以减少溶解空气的体积。用抽滤瓶和实验室抽吸器均可以达到此目的。

如介质呈干粉状,那么在去除细小颗粒前,应先将其溶胀于层析溶剂中。该介质可以在室温或100℃条件下溶胀,这取决于研究者可利用的时间。如表23.2所示,在不破坏介质的前提下,于100℃下溶胀介质更快。

层析柱制备应在商业化设计的或实验室临时制作的玻璃或透明塑料的圆筒中进行。该圆筒长度与直径的比例一般为20～100。临时制作可采用如下程序。柱子的底部可以放置一个末端较窄、长度较短且较厚的橡皮塞,同时周围以毛细管围绕。垂直放置圆筒,并将其安全地置于将进行层析分离操作的位置。将橡皮塞插入圆筒末端底部。以可弯曲的短管与突出的玻璃管连接,并将夹卡装置附于管道上控制通过圆筒柱液体的流速。再将一个酰胺纤维或聚四氟乙烯树脂材料的网状物放入圆筒柱内部,并推至底部使其正好与橡皮塞相互接触。关紧夹卡装置,向圆筒柱中倒入介质悬浮液。过量的悬浮液则位于底部有出口和开关装置的容器,如分液漏斗中,且该出口要以一个可弯曲的管道与圆筒柱的顶端和带有短玻璃管孔的橡皮塞相连。这种组装设备,在分液漏斗中悬浮液的表面和接于圆柱体底部的可弯曲管道间是封闭的。液体的流速通过与圆筒柱分液漏斗的相对高度进行控制。装柱时的流速可采用5倍于表23.2所示的流速。一旦填装好层析柱所需高度,便可关闭夹子和开关,去除多余的介质悬浮液,并以分液漏斗作为容器使层析用溶剂流穿层析柱。应使层析柱溶剂顶端一直维持在数厘米的高度,以缓冲加入层析溶剂时产生的冲击力,进而保证已经填装好的层析柱顶端不受影响。切记不要使填装好的层析柱变干,因为这样会在层析柱中形成通道,进而严重影响蛋白质的分离。

上样时应关闭开关,移除圆筒柱顶端的橡皮塞,且将汇集于圆筒柱顶端的溶剂排过层析柱,直至溶剂浸入已装层析柱顶端之下。之后,关闭夹子,将样品或标准溶液小心加入,尽量减少对已装层析柱顶端的影响。接着,打开夹子,使样品溶液进入层析柱内,直至其恰好低于层析柱的顶端。再关闭夹子,并加入少量的层析用溶剂,注意尽量减少对已装层析柱顶端的影响。溶剂进入层析柱后,再关闭夹子,加入更多的层析溶剂,以形成所需的溶剂高度。用分液漏斗供给层析溶剂,并通过可弯曲的管道密封连接于层析柱的顶端。最后调整分液漏斗的高度并维持所需流速。

柱后流出液的吸光度可以通过流量控制器在所需波长下进行连续监控。重要的是,层析柱底部的管状材料和监控器中的流动光学元件均应具有较小的直径,这样可以防止在层析柱中出现液体的对流混合现象。还有一点也是很重要的,所用的可弯曲管道,其材料对层析溶剂的紫外线吸光度值应无影响。另外,柱后流出液还可以通过分级收集器直接收集,之后,再进行分离组分的总蛋白质和目标蛋白质的分析检测。滴数计是可以达到这一目的的理想工具。

2.6　放大

采用传统介质进行分子筛层析很容易放大规模，可以增大柱体积以适应需分离纯化的样品体积。样品体积非常大时，相对于制备极大尺寸层析柱来说，最好的处理办法是重复层析。表 23.4 所示为可购买的半制备用或制备用规模的高效层析柱，并且有些供应商也会为研究者提供散装介质用于灌装层析柱。尽管这类较大的高效层析柱十分昂贵，但是可以为研究者节省相当多的时间，而且还有多种不同的用途，故而从长期来看，这种投资还是值得的。

2.7　故障排除

2.7.1　分辨率低

分辨率低是使用者普遍的感受，因为分子筛层析本身就存在分辨率差的缺点。虽然如此，还是可以通过改变一些操作参数来提高分辨率。首先，由于流速与分辨率呈反相关，故降低流速可以提高分辨率。其次，采用直径更小的颗粒可以提高分辨率。最后，采用分离范围更窄的介质也许会有帮助。

2.7.2　流速慢

流速慢通常是由于样品中存在的颗粒物质堵塞了过滤装置或层析介质。处理方法：首先采用反向流清洗层析柱，配以增溶性的试剂，如离子型或非离子型的去污剂；蛋白质变性剂，如尿素或盐酸胍；有机溶剂，如甲醇；或者在保证介质稳定的前提下，将其短暂暴露于强酸或强碱。如上述的操作仍不能达到效果，对于传统介质，建议拆分层析柱，分别进行清洗，之后再重装；对于高效层析柱，建议可将该层析柱送至 Phenomenex 或其他供应商处，进行有偿清理及重装，或者采用简单的方式用新的层析柱进行替换。具有重装层析柱设备的实验室也可自己进行清洁并重装高效层析柱。

2.7.3　色谱峰倾斜

色谱峰倾斜主要是由上样不正确所引起的。对于传统层析柱，上样时可加入惰性有色组分以监测样品质量，如葡聚糖蓝或重铬酸钾。如果样品在层析柱中的出现不规律，那么在洗脱图中将会出现不对称峰。高效层析柱的进样器可以拆卸并清洗。拖尾峰一般因蛋白质与介质的吸附所致。这种情况是可以改善的，通过将更易溶的盐作为层析溶剂中的主要离子组分，如高氯酸钠代替氯化钠。在使用高效层析柱时，如出现拖尾现象，则表明二氧化硅颗粒的包被材料损耗过大，需要改换层析柱。斜峰也可能是因蛋白质聚合的不同状态间的可逆平衡所致。例如，血红蛋白可以呈现二聚体和四聚体间的动态平衡。既然聚合作用主要围绕蛋白质分子质量而变化，那么介质就要有助于解离，而化学平衡有助于聚合。对于这种动态互换，这些相反的作用力就会引发斜峰出现。层析溶剂的 pH、温度或化学组分的改变也可能使化学平衡发生变化，进而导致仅一种多聚体显著增加。

2.7.4 目标蛋白质消失

至少有两个原因会导致这种现象发生。第一个原因是目标蛋白质与层析柱介质适度结合,洗脱峰范围较宽,导致洗脱的目标蛋白质出现于V_t之后,很难将其与基线噪声区分。若发生这种情况,应将蛋白质的增溶剂,如非离子型去污剂或适当浓度的蛋白质变性剂加入至层析溶剂。第二个原因是功能性蛋白质复合物分解为不同分子质量的离散蛋白质,这些离散蛋白质本身不能维持其原有功能。将不同组分混合也许有助于各组分蛋白质的络合,进而使其功能得到恢复。

2.8 补充信息

事实上,所有供应商在提供分子筛层析介质及预装层析柱的同时,也都相应给出了该产品的详细使用说明。这些说明对于研究者来说是非常有帮助的,并且一般都是免费的。

(刘 杰 译 张 军 校)

第 24 章

羟基磷灰石柱用于蛋白质层析

Larry J. Cummings*, Mark A. Snyder*, and Kimberly Brisack*

目录

摘要

球形羟基磷灰石的引入,使蛋白质科学家可以用同一个填装层析柱多次分离纯化蛋白质。生物医药企业的纯化方式已经由以单一层析柱纯化复杂样品转变成通过上游柱层析步骤获得较简单的样品,如亲和层析柱、离子交换层析柱或疏水相互作用层析柱。多重层析柱联合使用可以获得高纯度的蛋白质样品,用以上样于球形羟基磷灰石,同时降低宿主细胞蛋白质、内毒素及 DNA 的含量,并减少蛋白质聚合。羟基磷灰石的吸附与解吸附涉及其多种性质,本章将对此进行讨论。羟基磷灰石表面与常用离子、金属和磷酸盐之间的化学作用会影响层析柱的寿命。在平衡过程中,层析柱吸附低离子强度缓冲液中的水合氢离子,可以适应流出液 pH 变化。当柱后的流出液变成酸性时,可观察到水合氢离子解吸附,且量巨大,持续时间也很长。具备高缓冲能力的缓冲试剂可以降低这种酸性 pH 转换形成的量和持续时间。本章将综述稳定的球状颗粒和微晶状羟基磷灰石颗粒层析柱的填装方法。多种层析介质与羟基磷灰石联合可应用于抽提蛋白质和重组蛋白的纯化,尤其是单克隆抗体的纯化,本章将对相关内容进行综述。

---

* Bio-Rad Laboratories 公司(California,USA)

1. 引言

羟基磷灰石(hydroxyapatite, HA)是一种以磷酸钙为原料的羟基化物,其大量地用于蛋白质的层析分离主要是在1991～2009年,并且最初只是用于重组蛋白的纯化。HA的使用方法参照 Tiselius 等 (1956)的论述和 Gorbunoff (1985)的综述。尽管微晶状 HA 仍在以工业化规模量生产,但是应用时通常采用分批模式,而不是填充柱。因为在应用过程中需要多重柱层析循环,晶状结构在功能上并不稳定。HA 供应商开发了球状结构的生产工艺,使其可用于多重柱层析循环中。其中一个工艺是将微晶状的 HA 置于琼脂糖凝胶颗粒中,如法国专利 2231422、英国专利 1468692、瑞士专利 597893 和德国专利 2426501 中所述的 HA Ultrogel® 吸附剂。Thompson 和 Miles (1973)报道了另一种方法,利用微晶状 HA 制备大球状体,并采用陶瓷的硬化工艺处理,直径 50～600 μm。在20世纪70年代早期,BDH Ltd 对 HA 球状陶瓷化颗粒进行了商业化生产。琼脂糖-HA 对于蛋白质的吸附容量即使不低于微晶状的 HA,也只是与其相似。球状的陶瓷化颗粒与微晶状 HA 对牛血清白蛋白的洗脱图相似。不规则颗粒状的多孔陶瓷化 HA 由 Clarkson Chromatography 生产。这种 HA 经常应用于重组蛋白的下游加工 (CHT™ Ceramic Hydroxyapatite, Bio-Rad Laboratories)。这种球状颗粒是采用纳米颗粒喷雾干燥法生产,获得的多孔颗粒大小为 20 μm、40 μm 和 80 μm。以机械方式改变颗粒大小使其分布范围较窄,再以高温烧结的方式使已改变大小的颗粒具有机械稳定性和多孔性。正如 Kadoya 等(1986)和 Ichitsuka 等(1992)所讨论的,将这些颗粒填装后,其表面积相当于微晶状 HA 颗粒的 12～20 倍。增加表面积会相应提高商业化的多孔Ⅰ型和Ⅱ型 CHT™ 对蛋白质的吸附能力。对于Ⅰ型层析柱,采用 pH 6.8 的 10 mmol/L 磷酸盐缓冲液,每克干重树脂可以吸附超过 25 mg 的溶菌酶;而Ⅱ型层析柱,由于其表面积较小,吸附的蛋白质量为 12～19 mg/g。这种关系已经被 Zhu 等 (2009)在研究多孔及无孔生物陶瓷对蛋白质的吸附时得到了证实。

这种更新型的结实的 HA 材料常用于生产工业化规模量的重组蛋白,如琼脂糖-HA 和陶瓷化 HA。20～600 L 的较大层析柱常用于多步层析的循环操作,因此,层析柱需使用大量的直接接触缓冲液,并且均为美国药典(USP)级试剂和注射用水制备的缓冲液。这些较大规模的工艺也暴露了一些关于 HA 的新问题,如金属材料的吸附及流出液 pH 偏移。本章接下来的内容将综述蛋白质吸附与解吸附的机制、HA 的化学特性、纯化规程的发展过程、实验室规模和生产规模用层析柱的制备,并对近期 HA 用于蛋白质层析的情况作简要回顾。

2. 机制

从 1971 年 (Bernardi, 1971; Gorbunoff, 1990)就已经开始定期发表关于 HA 对蛋

白质吸附与解吸附的综述。最近的一篇文献(Kandori et al., 2004)引用了较早阐述的机制,酸性蛋白质通过 C (钙)-位点结合,而碱性蛋白质通过 P (磷酸盐)-位点结合。C-位点和 P-位点首先由 Kawasaki 等(1986)提出,随后 Gagnon (1996)对其进一步探讨并强调了 C-位点在单克隆抗体纯化中的重要性:部分单克隆抗体的结合是通过钙配位络合物(calcium coordination complexe)与抗体中的羧基簇(carboxyl cluster)发生作用。HA-蛋白质间的相互作用可简化为下述内容:氨基可以吸附于 P-位点,但受到 C-位点的排斥;对于羧基来说,情况相反且更复杂。尽管胺类可以结合于 P-位点,但是其羧基最初是通过静电作用与 C-位点相互吸引的,与 C-位点的结合还涉及比阴离子交换更强的螯合配位键。例如,Kawasaki(1991)所述,对于蛋白质和其他溶质与 C-位点的相互作用,磷酰基比羧基更强。

Don 等(2007)进一步的研究工作围绕骨-蛋白质间的相互作用展开,目的是研究蛋白质中净电荷为 0 的—OH 基和—NH_2 基与 HA 表面的机械作用。受控分子动力模拟表明,HA 表面与骨形态形成蛋白(bone morphogenetic protein)(用于骨形成的生长因子)的—OH 基和—NH_2 基通过水桥(water-bridged)H-键形成强相互作用。Shen 等(2008)用纤连蛋白片段(FN-Ⅲ10)证实了 Don 等的观察结果。上述及一些类似研究均支持 C-位点和 P-位点模型。HA 表面已经分别建议用于组氨酸标记蛋白质(如六聚组氨酸标记的蛋白质)的纯化,以及富含组氨酸的免疫球蛋白 G(IgG)的纯化(Ng et al., 2007)。在这种情况下,基于六聚组氨酸标记的和未标记的融合蛋白质的共洗脱,钙-组氨酸的相互作用会显得很轻微。蛋白质吸附机制与 Gorbunoff(1990)先前所述一致,引入水桥 H-键作用机制是对其进行了改进。

如果上样缓冲液中含有磷酸盐,那么有些蛋白质将不会吸附于 HA。Ferguson 等(1980)提出,在这种情况下通常可以使用 Good's 缓冲液。例如,Schirch 等(1985) 纯化的大肠杆菌表达的丝氨酸羟甲基转移酶,首先通过阴离子交换获得组分均一的样品,再以 pH 7.0,20 mmol/L *N*,*N*-2-(2-羟乙基)-2-氨基乙磺酸(BES)作为上样缓冲液平衡 HA 层析柱,继而采用较小的磷酸盐梯度洗脱。

通过逆转 P-位点相互作用、C-位点相互作用的两种形式和/或 H-键,可以实现蛋白质解吸附。线性和分步梯度的磷酸盐缓冲液是最常用的解吸附试剂。另外,Freitag 和 Breier (1995)提出蛋白质可通过它们所带的净正电荷与 HA 表面所带净负电荷间的静电作用而固定在层析柱中,但可以向磷酸盐缓冲液中加入阴离子使蛋白质去吸附,或加入阳离子通过它们所带的净负电荷与 HA 表面的净正电荷相互作用而使那些固定的蛋白质解吸附。Gorbunoff (1984a;1984b)及 Gorbunoff 和 Timasheff (1984)发表的一系列文章已经讨论了 Cl^-、F^-、ClO_4^-、SCN^- 和磷酸盐的作用。Schlatterer 等(2006)采用氟化物离子将前列腺素 D 合酶从陶瓷化 HA 层析柱上解吸附。该酶来自于牛的脑脊髓液,吸附后,以含有 NaF 的 10 mmol/L pH 6.25 的磷酸钠缓冲液进行一系列地解吸附。他们分别以 150～750 mmol/L NaF 和 375～750 mmol/L NaF 作为线性梯度。

解吸附作用也明显受缓冲液 pH 的影响。根据 Ogawa 和 Hiraide (1996)的研究,在较低的磷酸盐浓度条件下,pH 大于 7.0 时蛋白质的洗脱比 pH 小于 7.0 时更迅速,且Ⅰ型和Ⅱ型多孔陶瓷化 HA 的洗脱顺序是相似的,但是对于Ⅰ型层析柱,蛋白质解吸附需要更强的磷酸钠缓冲液。与此类似,在 pH 为 5.5~6.8 时,缓冲液的 pH 同样会影响多孔陶瓷化氟磷灰石层析柱蛋白质的解吸附。表 24.1 比较了在上述范围内,采用规格为 1.1 cm×15 cm 的Ⅰ型陶瓷化 HA 和陶瓷化氟磷灰石层析柱分离多种蛋白质的洗脱时间。该层析柱采用 pH 10、0.2 mol/L 磷酸盐缓冲液灌装,再以 pH 5.5、pH 6.0 或 pH 6.8 的 5 mmol/L 的磷酸钠缓冲液平衡。蛋白质的洗脱顺序并不是仅仅取决于其 pI。根据 Gorbunoff (1984a;1984b)的观点,某些蛋白质的解吸附还取决于它们的结构及羧基的含量。

表 24.1 陶瓷化羟基磷灰石Ⅰ型(CHTⅠ)和陶瓷化氟磷灰石(CFT)层析柱对蛋白质洗脱时间(min)的影响

蛋白质	pI	pH 6.8		pH 6.0		pH 5.5	
		CHTⅠ	CFT	CHTⅠ	CFT	CHTⅠ	CFT
α-乳清蛋白	4.5	24.3	22.3	27.4	23.7	33.2	29.2
运铁蛋白	4.7	24.2	23.7	30.8	31.8	46.6	50.0
牛血清白蛋白	4.8	24.3	22.3	29.7	24.2	43.0	39.3
卵清蛋白	5.0	22.0	22.0	24.3	23.8	30.7	27.3
碳酸酐酶	5.3	24.3	22.6	29.1	27.6	43.0	39.8
过氧化氢酶	5.4	23.5	22.0	29.7	24.1	35.1	35.7
伴清蛋白	6.8	32.6	33.7	38.7	37.9	46.4	46.1
肌红蛋白	7.0	30.3	29.4	34.8	33.1	46.5	44.7
核糖核酸酶 A	9.7	30.8	31.4	34.1	35.9	40.5	42.5
α-胰凝乳蛋白酶原	9.8	34.9	31.1	37.9	37.2	51.3	50.0
溶菌酶	10.5	31.6	30.7	34.9	34.9	41.8	42.1
细胞色素 c	10.6	45.0	43.4	49.9	49.2	63.1	60.6

注:蛋白质溶于 5 mmol/L 的磷酸盐缓冲液。用其冲洗层析柱 10 min,速率 1 mL/min,随后分别用 pH 5.5、pH 6.0和 pH 6.8 的磷酸钠进行线性梯度洗脱,时程 50 min,线性洗脱的浓度终点为 0.4 mol/L。各个蛋白质的保留时间不包括用 5 mmol/L 磷酸盐缓冲液清洗的 10 min

3. 化学特性

3.1 HA 表面的阳离子和阴离子修饰

钙离子和镁离子通过形成磷酸盐-Ca 或磷酸盐-Mg 桥而改变 HA 表面,尽管最初提出是在 20 多年前,但是最近 Gorbunoff (1984a;1984b)和 Gagnon 等 (2009)才使用 Ca-修饰的陶瓷化 HA 表面对从 Mab 和 Fc 抗体组分中纯化 Fab 进行改进。这些研究表明,在经过 20 个柱体积的较低浓度磷酸盐缓冲液的处理之后,Ca-修饰的陶瓷化 HA 可以恢复天然形式。

如 Krane 和 Glimcher (1962)所述,HA 同样具有高度的焦磷酸盐(pyrophosphate, PPi)和多聚磷酸盐亲和力。在无水的磷酸二氢钠和磷酸氢二钠中,PPi 是一种污染物,而且对于相应的两种钾盐来说或许也是一种污染物。相对于 HA 对蛋白质的吸附与解吸附，磷酸盐缓冲液中存在的 PPi 既有优点也有缺点。如图 24.1 所示，采用无水的磷酸钠配制的磷酸盐缓冲液对牛血清白蛋白、卵清蛋白、α-胰凝乳蛋白酶原 A 和细胞色素 c 进行分离。图 24.2 所示为采用 $Na_2HPO_4 \cdot 7H_2O$ 和 $NaH_2PO_4 \cdot H_2O$ 配制的磷酸钠缓冲液进行上述蛋白质的分离。用于层析柱的磷酸钠缓冲液是采用无水磷酸钠配制的，且进行了 4 个程序的循环以尽量降低 PPi 的影响（图 24.1）。PPi 有助于 HA 对蛋白质的层析分离，尤其是对于一些弱吸附的蛋白质。然而，我们还必须谨慎操作，保证在所有的实验间高阶磷酸盐的水平均保持一致，以避免人为失误。

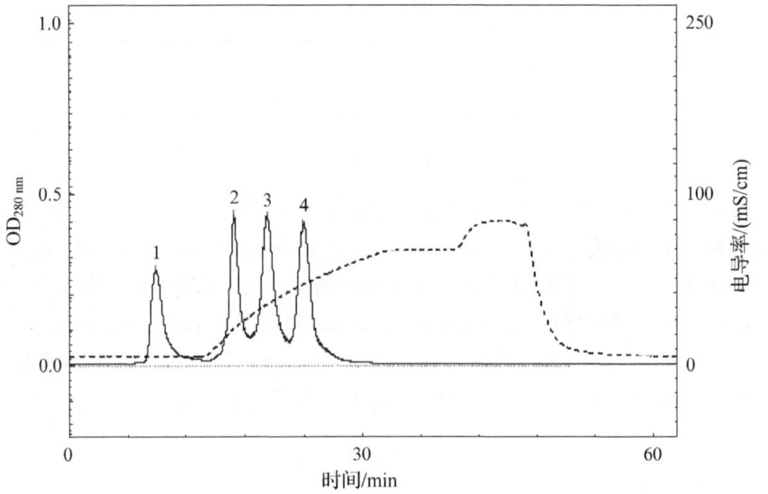

图 24.1　采用无水磷酸盐配制的磷酸盐缓冲液分离蛋白质混合物。1. 牛血清白蛋白；2. 卵清蛋白；3. α-胰凝乳蛋白酶原 A；4. 细胞色素 c。层析柱规格：10 mm×40 mm；流速：2.5 mL/min；温度：20℃。程序：进样，5 min 等梯度的缓冲液 A；20 min 完成 0%～80%缓冲液 B 的线性梯度；10 min 等梯度的 80% 缓冲液 B；10 min 等梯度的 100% 缓冲液 B；15 min 等梯度的缓冲液 A。缓冲液 A：10 mmol/L 磷酸钠，pH 6.8；缓冲液 B：400 mmol/L 磷酸钠，pH 6.8。试剂：无水磷酸二氢钠和磷酸氢二钠。虚线表示柱后流出液的相对电导率

3.2　金属的吸附

多次使用后，金属物质的累积会导致层析柱褪色。褪色原因可见于牙齿研究者对龋齿的研究、医学研究者对骨骼完整性研究和组织液处理人造骨骼或尸体植入（cadaver implant）的研究以及材料科学家对土壤污染物和金属吸附的检测。

依据 Shepard 等（2000）的研究，在进行若干个重组蛋白纯化循环后，陶瓷化 HA 层析柱会发生褪色。其层析工艺中，陶瓷化 HA 柱层析是继阳离子交换和阴离子交换层析之后的第 3 个步层析。他们得出的结论是，使陶瓷化 HA 褪色的金属物质有多种来源：工艺用设备、试剂、水及发酵营养物。然而，层析柱褪色不会影响它们对于重组蛋白的纯化。农学家解释为 HA 会优先吸附多价金属（Ma et al.，1994），并且证实 HA 对二价重金属具有高吸附力。在陶瓷化 HA 层析柱褪色的过程中可以观察到很多这种金属物质，尤其是 Fe、Al、Zn 和 Mn。

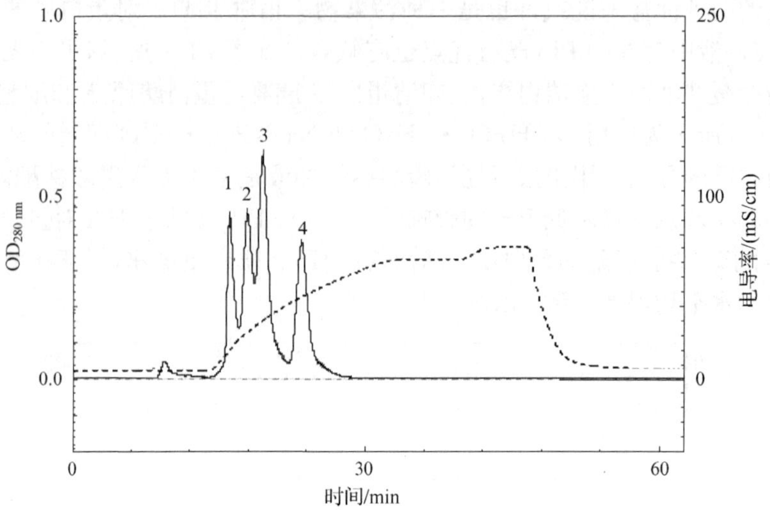

图 24.2　采用含水磷酸盐配制的磷酸盐缓冲液分离蛋白质混合物。1. 牛血清白蛋白;2. 卵清蛋白;3. α-胰凝乳蛋白酶原 A;4. 细胞色素 c。层析柱规格:10 mmol/L×40 mmol/L;流速:2.5 mL/min;温度:20℃。程序:进样,5 min 等梯度的缓冲液 A;20 min 完成 0%～80%缓冲液 B 的线性梯度;10 min 等梯度的 80%缓冲液 B;10 min 等梯度的 100%缓冲液 B;15 min 等梯度的缓冲液 A。缓冲液 A:10 mmol/L 磷酸钠,pH 6.8;缓冲液 B:400 mmol/L 磷酸钠,pH 6.8。试剂:$Na_2HPO_4 \cdot 7H_2O$ 和 $NaH_2PO_4 \cdot H_2O$。虚线表示柱后流出液的相对电导率

3.3　HA 的可溶性

层析过程中会使用大量的缓冲液,这会使层析柱的顶端产生空隙或者在 HA 中形成通道。HA 的溶解度常量为 2.4×10^{-59},相当于约 4 ppm①。磷酸根离子和碱性 pH 抑制 HA 的溶解。然而,HA 可以从非常稀的溶液中吸附蛋白质,如 1 mmol/L (pH 6.8) 磷酸盐缓冲液,并且可以是无缓冲能力的碱性金属溶液,通常为 1 mmol/L 的 NaCl、KCl 或两性离子缓冲液。Schirch 等(1985)证实某些酸性蛋白质仅在水中被吸附。正如 Scopes (1993)所解释的,较低的无缓冲载荷条件可降低对 HA 表面 pH 的控制。研究者们(Schroder et al., 2003)指出,可以在磷酸盐缓冲液中使用 4-对氧氮己环丙磺酸(4-morpholinepropanesulfonic acid, MES) 来保持磷酸盐洗脱,同时还能够维持上样缓冲液和洗脱缓冲液的 pH。然而,即使使用磷酸盐抑制 HA 的溶解,但其溶解性仍是一个危险因素。例如,采用 20 mmol/L、pH 6.5 的磷酸钠平衡层析柱,并用平衡缓冲液上样,继而在 20 mmol/L 磷酸钠缓冲液中增加 NaCl 浓度进行连续洗脱。如此不断循环后,层析柱中会形成空隙并且压力增加。这些空隙和产生的压力是由于 HA 受到了化学损伤,这主要是 HA 表面积累的水合氢离子的解离导致的。图 24.3 所示为流出液的 pH 变化以及水合氢离子吸附(A 和 B)和解吸附吸附(C 和 D)区域。

① 1 ppm=1×10^{-6},后同

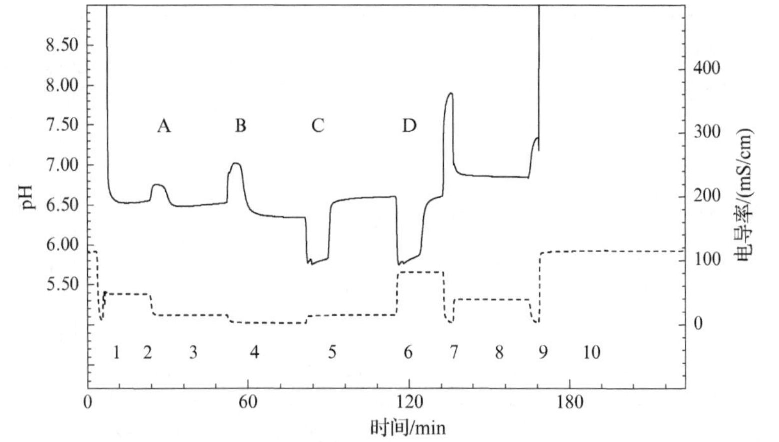

图 24.3　相对于缓冲液的顺序，洗脱液 pH 的改变情况。层析柱规格：11 mmol/L×230 mmol/L；流速：7.0 mL/min；温度：20℃。程序：1. 用 20 mmol/L、pH 6.5 磷酸钠冲洗层析柱中的 0.1 mol/L NaOH，冲洗 3 min；2. 以 500 mmol/L 磷酸钠/0.1 mol/L 的 NaCl 调整 pH 运行 17 min；3. 20 mmol/L磷酸钠/低浓度 NaCl，pH 6.5 运行 29 min；4. 20 mmol/L，pH 6.5 磷酸钠运行 29 min；5. 20 mmol/L 磷酸钠/低浓度 NaCl，pH 6.5 运行 34 min；6. 20 mmol/L 磷酸钠/低浓度 NaCl，pH 6.5 运行 18 min；7. 20 mmol/L 磷酸钠清洗钙离子 3 min；8. 用 500 mmol/L 磷酸钠/0.1 mol/L NaCl，pH 6.5 再生，运行 29 min；9. 用 20 mmol/L 磷酸钠清洗柱中浓缩的磷酸盐，运行 3 min；10. 0.5 mol/L NaOH 清洗，运行 29 min。A 点和 B 点表示此处由 pH 6.5 的输入缓冲液变为更具碱性的流出液。C 点和 D 点表示此处由 pH 6.5 的输入缓冲液变为更具酸性的流出液。虚线表示柱后流出液的相对电导率。实线表示柱后流出液的 pH

Harding 等（2005）认为水合氢离子的吸附与解吸附是 HA 电荷零点（zero point charge）发挥作用。并且研究（Skartsila and Spanos，2007）证明了电荷零点、pH、水合氢离子吸附与解吸附和钙离子含量间的关系。Skartsila 和 Spanos 所测得的电荷零点并不一致，分别为 7.3±0.1 和 6.5±0.2。这些研究同时还解释了输入缓冲液的 pH 与柱后流出液 pH 偏差间的区别。可以如此合理假设：改变输入缓冲液的 pH 或提高其缓冲能力，能够降低 pH 变化的强度，同时也可能缩短该变化所持续的时间。然而，先前已经提到，当磷酸盐的浓度太高时，有些蛋白质无法吸附于 HA。如一些工艺开发工程师指出的，在某些情况下，即使 5 mmol/L 的磷酸盐都能够抑制蛋白质的吸附（McCue et al.，2007）。选择合适的缓冲液可以有助于保持目标蛋白质的完整性，同时利于其吸附于 HA。这一步骤在平衡时最好已经完成，平衡时应该没有任何的磷酸盐，然后加载缓冲液。但是在经过几个循环后，填充柱便失效了。研究表明，低至 2 mmol/L 的磷酸盐可以延长层析柱的寿命，同时又兼顾目标蛋白质的纯度。磷酸盐与 MES 或与 3-(*N*-吗啉代)丙磺酸（MOPS）及少量的钙离子联合使用，可充分抑制 HA 的溶解。这些工艺开发工程师并没有明确地提到 pH 转换（McCue et al.，2007）。图 24.4 所示为采用 MES 缓冲液的优点，可以将图 24.3 中所观察到的 pH 变化及其持续时间最小化。两种系统缓冲液的含高浓度 NaCl 的洗脱组分中均可以检测到钙离子。对于 0.02 mol/L 磷酸钠缓冲液，钙离子浓度为 36 ppm；对于 75 mmol/L MES/0.02 mol/L 的磷酸盐缓冲液，钙离子浓度为 5 ppm。

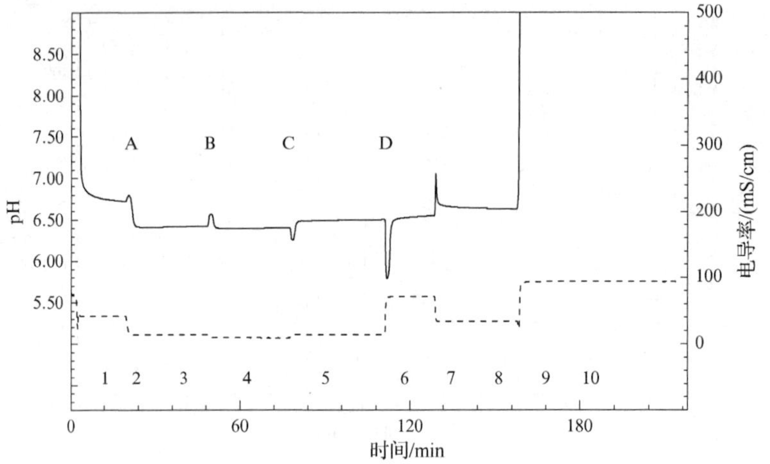

图 24.4 相对于采用的缓冲液的顺序,流出液 pH 的变化情况。除了缓冲液 1、3、4 和 5 中含有 75 mmol/L MES 外,所用缓冲液的顺序与图 24.3 一致。虚线表示柱后流出液的相对电导率。实线表示柱后流出液的 pH

4. 纯化操作规程的开发

大多数蛋白质能在具有较低离子强度的、浓度低至 1 mmol/L 的磷酸盐缓冲液中吸附于 HA。对于已经吸附的蛋白质,通常采用含有 NaCl 或 KCl(盐)的高浓度磷酸盐洗脱。用其他类型解吸附溶液洗脱蛋白质并不常见。

如果蛋白质样品中含有大量的盐,那么可以对其进行足够地稀释,但磷酸盐的浓度不得低于 1 mmol/L,以保证样品能吸附于 HA。如应用其他缓冲液,其浓度应足以控制 pH。首先以线性盐梯度进行洗脱,检测蛋白质是否能够解吸附。若蛋白质仍结合于层析柱,那么可以采用线性磷酸盐梯度作为洗脱液进行重复操作。检测蛋白质的纯度,确定洗脱蛋白质所需盐浓度或磷酸盐浓度,并将其用于纯化方案中的洗脱步骤。比较分步洗脱和梯度洗脱所得蛋白质的纯度。需要时可依此调整纯化方案。如果需要将其他类型的结合蛋白质和生物组分与层析柱解吸附,可以先采用 3 个柱体积的、不含其他盐类的、低离子强度(LIS)的磷酸盐进行清洗,再以 3～5 个柱体积的、0.5 mol/L pH 7 的磷酸盐缓冲液,3 个柱体积的、LIS 缓冲液以及 3～5 个柱体积的 0.5～1 mol/L NaOH 进行清洗。准备用于下一轮分离的层析柱时,可以先采用 3 个柱体积的 LIS 缓冲液,再以 3 个柱体积的、pH 与平衡缓冲液一致的、0.5 mol/L 磷酸盐缓冲液清洗层析柱,最后加载 3 个柱体积的上样缓冲液。

5. 实验室规模层析柱的填装

实验室规模 HA 层析柱的填装方案因 HA 的来源不同而异。填装 HA Ultrogel 吸附剂时采用的层析柱，其高/径比值为 1～6，直径为 1.6～5.0 cm。准备填装用吸附剂时，应采用温和地翻转容器或者塑料搅拌器搅动的方式。将适当体积的吸附剂浆液倒入真空容器中，且后者的体积应约为目的填装层析柱体积的 2 倍。然后，向其中另外加入约 40%的水稀释浆液。轻轻混合后，连接真空泵除去其中未溶解的空气。再缓慢地搅拌已脱气的吸附剂，以获得均匀的悬浮液。再一次性地将其倒入层析柱中，尽量不要使空气进入浆液流中。待悬浮液沉降 5～10 min，直至层析柱顶端出现 1 cm 清晰可见的清液层。再将入口适配器插入层析柱中，并与液相层析设备相连，继而采用水或者平衡缓冲液，以流速为 55～250 cm/h 运行，具体流速取决于所需填充床的高度；对于 20 cm 高的填充床可用 55 cm/h 的流速，5 cm 高的填充床则用 250 cm/h 的流速。调整入口适配器的位置，使其接触填充床的表面，进而排除截留的空气。若有空气突然侵入层析柱中，须按照上述步骤重新进行填装。

CHT 是一种球状的多孔陶瓷化介质。可与之相配的层析柱包括带有可变高度适配器的 Millipore Vantage™ L 和 Waters AP，额定压力在 3 bar 以上。可根据填充床的尺寸及 CHT 的密度计算所需 CHT 的重量。例如，一个 1.1 cm 内径×20.0 cm 高度的填充柱，其体积为 19 mL，需装入 12 g CHT。用塑料搅拌器将 CHT 悬浮于 3.5 倍体积的填充缓冲液（0.2 mol/L $Na_2PO_4 \cdot 7H_2O$，pH 9～10）中。选择的填充缓冲液，应至少具有 0.1 mol/L 的离子强度并至少含有浓度为 20 mmol/L 的缓冲组分，pH 为 6.8～10。静置悬浮液，使封闭于填料颗粒中的空气分离出来。将填充延长管连接于层析柱，这样便可以一步处理所有悬浮的陶瓷状 HA。向层析柱/延长装置中灌入填装缓冲液，并使其高度达到 1～2 cm。用塑料搅拌器搅拌烧杯中的填料颗粒使其悬浮，再倒入到层析柱/延长装置中。用填充缓冲液清洗剩余的陶瓷化 HA，再倒入层析柱/延长装置中。打开层析柱的出口，通过重力流动作用填装陶瓷化 HA，直至高度恒定。关闭层析柱的出口，移走延长管，然后插入入口适配器，使其降低至正好能够接触到重力作用填装的陶瓷化 HA 表面。再将其与液相层析设备相连，打开层析柱的出口，用 3 个柱体积的填充缓冲液，以 250 cm/h 的流速平衡填充的陶瓷化 HA。调整适配器的位置，使其刚好可以接触到因上述流动后所产生的陶瓷状 HA 表面。若有空气突然侵入到填充床中，通常可以在层析柱的调节步骤中将其排除。层析柱的调节步骤：先采用 3 个柱体积的平衡缓冲液，再以 3 个柱体积的 0.5～1 mol/L NaOH、3 个柱体积的 0.4～0.5 mol/L 的磷酸钠缓冲液（pH 6.5～7.2）和 3 个柱体积的平衡缓冲液处理层析柱，使其适应新的环境。平衡缓冲液一般为离子强度较低的缓冲液，如 2～20 mmol/L 的磷酸盐，当磷酸盐的浓度为 2～10 mmol/L 时，需向其中加入 Good's 缓冲液。

微晶型 HA 可以从不同的公司购买到。将 Bio-Gel® HTP 和 HT 填充至层析柱之前，须进行相关的准备工作。缓慢地倾出 HT 的上清液后，加入等体积的填充缓冲液。

通过旋转容器悬浮HT,将2倍于所需灌装层析柱体积的悬浮液倒入烧杯中。沉淀悬浮液30 min,再轻轻倒出上清液,其中可能含有细微颗粒。对于HTP,每2.5 mL目标填装体积对应1 g干粉。将粉末放置于烧杯中,容器体积应为目标填装体积的2～6倍,并用塑料搅拌棒缓慢将其混合。沉淀悬浮液30 min,再轻轻倒出上清液,其中可能含有细微颗粒。加入与目标填充体积相当的填充缓冲液,得到50%(V/V)悬浮液。用塑料搅拌棒轻轻搅拌以悬浮HT或HTP。以漏斗或层析柱延长装置将所有的悬浮液灌注到层析柱中。10 min后,打开层析柱的排出口,通过重力流作用灌装层析柱。不要让空气突然侵入填充床中。当层析柱顶端剩余约2 cm缓冲液时,关闭排出口,移走延长管或漏斗,再插入入口适配器,使其下降以排除其接入通路产生的空气。继续降低适配器的位置,直至其恰好接触到重力形成的填充床表面。若采用DNA Grade Bio-Gel HTP,准备工作和填装均与HTP相似。HT和HTP的最大流速为100 cm/h;DNA Grade Bio-Gel HTP的最大流速为40 cm/h。对于Calbiochem Hydroxylapatite Fast Flow及其高分辨率层析柱的预处理及填装分别与HTP和DNA Grade Bio-Gel HTP相似。Clarkson公司的陶瓷化HA与Hypatite C的预处理及填装也与HTP和HT相似。

HA的供应商通常不会列出全部的HA产品目录。表24.2所列为HA和陶瓷化HA目前的一些供应商。

表24.2　HA来源

来源	产品名称	颗粒尺寸
Bio-Rad Laboratories	Bio-Gel HT	微晶型
	Bio-Gel HTP	微晶型
	DNA-级别 Bio-Gel HTP	微晶型
	陶瓷化羟基磷灰石Ⅰ型	20 μm、40 μm和80 μm
	陶瓷化羟基磷灰石Ⅱ型	20 μm、40 μm和80 μm
Clarkson Chromatography	陶瓷化羟基磷灰石	53～124 μm
	Hypatite C	微晶型
Pall Corporation	HA Ultrogel	60～80 μm,琼脂糖凝胶颗粒中的微晶型
Sigma-Aldrich	羟基磷灰石Ⅰ型	微晶型
GFS Chemicals	钙羟磷灰石	微晶型
Spectrum Chemicals	钙羟磷灰石	微晶型

6. 生产规模层析柱的填装

对于填充良好的大规模层析柱,从其顶端到底端,其中的填料是连续均匀分布的,并表现为最佳的层析效能。CHT的填装方法有数种,如何选择取决于所用的层析柱类型及设备。在填装层析柱前,应参阅层析柱、介质转移设备和介质填装设备的相关指导手册。

开放性层析柱的最大填充床高度不能高于介质固位板(釉料或网状物)表面间距离的

50%，如 EasyPack™(Bio-Rad Laboratories)、BPG™(GE Healthcare)和 Moduline 2™(Millipore)。例如，若该距离为 54 cm，那么最大的填充高度则为 27 cm。同时计算填充柱的体积。每升填充床体积，使用 630 g 干粉及 1.79 L 填充缓冲液，以制备成 50%(*V*/*V*)的浆液。关闭层析柱的排出口，导入填充缓冲液，随后加入干粉。用塑料搅拌器搅动 CHT-缓冲液的混合物使干粉水化，将两者混合形成均质的浆液。再逆向搅拌以尽量减少浆液的移动。根据生产商的说明书安装顶端的适配器，并将其插入至层析柱管体中。5 min后形成无树脂区，降低适配器使内部空气可以通过顶端的入口排出，并用填充缓冲液清洗适配器上的流动收集器和入口的线路。填充流速为 200～300 cm/h，并运行 2 个柱体积的填充缓冲液。一旦固定填充床，即可调低适配器，使介质固位板和填充柱顶端留有 1～5 mm 的空间。切记不要将适配器降至填充床中，避免造成 CHT 颗粒的不可逆损伤。

对于封闭型的层析柱，如 InPlace™(Bio-Rad Laboratories)和 Bio-Process™ LPLC (GE Healthcare)层析柱，应在外部准备浆液，再进行填装。同开放型层析柱一样，其最大的填充床高度不能高于介质固位板(釉料)表面间距离的 50%。并计算填充柱的体积。每升填充床体积，采用 630 g 干粉及 1.79 L 填充缓冲液，制备成 50%(*V*/*V*)浆液。将填充缓冲液倒入介质浆液罐中，随后加入干粉。通过剪切力较小的水翼叶轮(A3 型)搅动 CHT-缓冲液的混合物，使干粉水化，并将两者混合形成均质的浆液。再用介质转移装置将全部浆液转移至层析柱中。以 50 cm/h 的流速排除浆液中的气泡。停止运行，静置 5 min形成无树脂区后，降低适配器使内部空气可以通过顶端的入口排出，并用填充缓冲液清洗适配器上的流动收集器和入口的线路。填充时轴向流速为 200～300 cm/h，以压缩填充床。继续调低适配器的位置，直至介质固位板和填充柱顶端间相距 1～5 mm。当填装不锈钢的 InPlace 或 LPLC 层析柱时，保持轴向流直至适配器达到距目标高度之上的 2 cm 后，降低流速到 10 cm/h，直至适配器的信号传感器与填充床顶端接触。

目前还并没有采用微晶型 HA 填充生产规模层析柱。HA Ultrogel 用于大直径的浅层析柱。填装这类层析柱及介质需要得到相应供应商的帮助。

关于填装的生产用层析柱的评价，可根据管理机构的建议进行，这也是终端用户通常需要的。美国食品与药物管理局及欧洲、加拿大、日本和亚洲的相应机构已经发布了评价填装层析柱的指导意见。一些层析介质的供应商也提出了对于实验室规模和生产规模层析柱评价的简单方法，但是并没有必要将两者的结果相关联。一些生物医药公司的创新者(Teeters and Quiñones-García, 2005)是非常睿智的，他们提出采用停留时间分布(residence time distribution, RTD)来追踪层析柱使用期限内填装层析柱的状态。

7. 应用

在重组蛋白的纯化方案中，采用线性或分步的磷酸盐洗脱仍是占据主导地位的解吸附策略。对于在毕赤酵母(*Pichia pastoris*)中表达的人过氧化氢酶，采用 3 步工艺——硫酸铵沉淀、阴离子交换层析和 HA 层析，可使其纯度达到 95%。以 0.05～0.3 mol/L、pH 6.8 的磷酸盐线性梯度，可以将重组的过氧化氢酶从 HA 层析柱上洗脱。Shi 等

(2007)从培养基中获得分泌的过氧化氢酶,最终得率为 60%。如 Hsieh 等(2003)、Stránská 等(2007)、Luellau 等(1998)和 Nuss 等(2008)所述,用 HA 层析柱,并以线性或分步梯度的磷酸盐可以纯化多种蛋白质。

di Salvo 等(2004)在大肠杆菌中表达了人源及两种大肠杆菌来源的吡哆醛激酶。先用硫酸铵沉淀含有该酶的细胞裂解物颗粒,再采用磷酸盐缓冲液将其溶解,之后以 3 种类型的层析介质——疏水作用凝胶、阴离子交换树脂和陶瓷化 HA 进行纯化。对于人吡哆醛激酶的 HA 纯化,采用 20 mmol/L *N*,*N*-2-(2-羟乙基)-2-氨基乙磺酸钠 (BES)、pH 7.3 作为吸附缓冲液,以线性梯度到 100 mmol/L、pH 7.3 的磷酸氢二钾进行洗脱。Stuhlfelder 等(2002)用阴离子交换层析、凝胶过滤和陶瓷化 HA 层析进行了番茄(*Lycopersicon esculentum*)细胞培养物的茉莉酸甲基水解酯酶(methyl jasmonate hydrolyzing esterase)的纯化。在 HA 的纯化步骤中,采用 20 mmol/L 的磷酸氢二钾、20 mmol/L 的 β-巯基乙醇和 0.3 mmol/L 的氯化钙,pH 6.8 作为吸附缓冲液;以线性梯度到 500 mmol/L 的磷酸氢二钾、20 mmol/L 的 β-巯基乙醇,pH 6.8 的缓冲液进行洗脱。在最近的一个实用型专利中,发明者采用多级的层析工艺(亲和层析、疏水作用层析、HA 层析和阴离子交换层析)纯化重组红细胞生成素(recombinant erythropoietin, rEPO) (Schumann et al., 2007):在采用陶瓷化 HA 纯化步骤中,以 20 mmol/L Tris、5 mmol/L $CaCl_2$、250 mmol/L NaCl、9%异丙醇、pH 6.9,作为吸附缓冲液。用 10 mmol/L Tris、0.5 mmol/L $CaCl_2$、10 mmol/L K_2HPO_4,pH 6.8,作为 rEPO 的洗脱缓冲液。在关于 rEPO 的另一个纯化工艺中,发明者用 HA Ultrogel 吸附剂,以含有 1 mol/L NaCl 和 2 mmol/L $CaCl_2$ 的 0.05 mol/L Tris 缓冲液(pH 7.5)平衡吸附蛋白质。用含 0.005%(*m*/*V*)聚山梨醇 80 的 20 mmol/L 磷酸盐缓冲液(pH 7.5)洗脱 rEPO。

免疫球蛋白的纯化也可以采用多步骤的层析工艺进行。例如,Leibl 等(1996)先后用肝素-亲和层析和陶瓷化 HA 层析,从人血清的 Cohn FrⅢ中进一步纯化人免疫球蛋白 A (IgA)。其中陶瓷化 HA 层析步骤,以 10 mmol/L 的磷酸盐、137 mmol/L 的 NaCl,pH 7.4 缓冲液平衡,同时辅以 IgA 肝素组分。再以 15.3 mmol/L 的磷酸盐、287 mmol/L 的 NaCl,pH 6.8 的缓冲液洗脱吸附的 IgA 单体,之后采用阴离子交换、分子筛、亲和层析进一步纯化 IgA,去除其中的 IgG。在另外一个例子中,采用疏水性电荷诱导层析(hydrophobic charge induction chromatography) 从鼠的腹水中分离单克隆 IgG(Mab)。Guerrier 等(2001)用 HA gel 分离 Mab 组分,先以 10 mmol/L、pH 8 的磷酸钠平衡,再以 0.5 mol/L 的 KCl、10 mmol/L(pH 6.8)的磷酸钠洗脱。Sinacola 和 Robinson (2002)将 HA 作为精制步骤,可以从有活性的 scFv 中去除单链抗体(scFv)聚集物和无活性的单体 scFv。用 200 mmol/L NaCl、1 mmol/L 乙二胺四乙酸缓冲液和 100 mmol/L Tris-HCl,pH 8.3 平衡时,有活性的 scFv 不能吸附于 HA。

临床上,高滴度表达的 Mab 通常含有大量的免疫球蛋白聚集物。在磷酸盐洗脱体系中,HA 表面对单体和多聚体的选择性一般是相同的。可以用 NaCl 从 HA 上面的多聚体中纯化单体(Sun, 2003)。详细描述可见美国专利 20050107594。用 0.5 mol/L、pH 6.8 的磷酸钠可以去除多聚物、内毒素和 DNA。采用磷酸盐进行洗脱时,Gagnon (2008) 通过向缓冲液中加入 PEG 可使多聚体的去除效果显著地提高。若洗脱液中加入高浓度的 PEG，单体将不会吸附于层析柱，而多聚体、内毒素和 DNA 仍处于吸附状态。

（刘 杰 译 张 军 校）

参考文献

Bernardi, G. (1971). Chromatography of proteins on hydroxyapatite. *Methods Enzymol.* **22,** 325–339.

di Salvo, M. L., Hunt, S., and Schirch, V. (2004). Expression, purification, and kinetic constants for human and *Escherichia coli* pyridoxal kinases. *Protein Expr. Purif.* **36,** 300–306.

Dong, X., Pan, H.-H., Wang, Q., and Wu, T. (2007). Understanding adsorption–desorption dynamics of BMP-2 on hydroxyapatite (001) surface. *Biophys. J.* **93,** 750–759.

Ferguson, W. J., Bell, D. H., Braunschweiger, K. I., Braunschweiger, W. R., Good, N. E., Jarvis, N. P., McCormick, J. J., Smith, J. R., and Wasmann, C. C. (1980). Hydrogen ion buffers for biological research. *Anal. Biochem.* **104,** 300–310.

Freitag, R., and Breier, J. (1995). Displacement chromatography in biotechnological downstream process. *J. Chromatogr. A.* **691,** 101–112.

French patent 2231422, British patent 1468592, Swiss patent 597893, and German patent 2426501.

Gagnon, P. (1996). Purification tools for monoclonal antibodies. p. 87. Validated Biosystems Inc., Tucson, AZ.

Gagnon, P. (2008). Improved antibody aggregate removal by hydroxyapatite chromatography in the presence of polyethylene glycol. *J. Immunol. Methods* **336,** 222–228.

Gagnon, P., Cheung, C.-W., and Yazaki, P. (2009). Reverse calcium affinity purification of Fab with calcium derivatized hydroxyapatite. *J. Immunol. Methods* **342,** 115–118.

Gorbunoff, M. J. (1984a). The interaction of proteins with hydroxyapatite: I. Role of protein charge and structure. *Anal. Biochem.* **136,** 425–432.

Gorbunoff, M. J. (1984b). The interaction of proteins with hydroxyapatite: II. Role of acidic and basic groups. *Anal. Biochem.* **136,** 433–439.

Gorbunoff, M. J. (1985). Protein chromatography on hydroxyapatite columns. *Methods Enzymol.* **117,** 370–380.

Gorbunoff, M. J. (1990). Protein chromatography on hydroxyapatite columns. *Methods Enzymol.* **182,** 329–339.

Gorbunoff, M. J., and Timasheff, S. (1984). The interaction of proteins with hydroxyapatite: III. Mechanism. *Anal. Biochem.* **136,** 440–445.

Guerrier, L., Boschetti, E., and Flayeux, I. (2001). A dual-mode approach to the selective separation of antibodies and their fragments. *J. Chromatogr. B* **755,** 37–46.

Harding, I. S., Hing, K. A., and Rashid, N. (2005). Surface charge and the effect of excess calcium ions on the hydroxyapatite surface. *Biomaterials* **26,** 6818–6826.

Hsieh, H.-Y., Calcutt, M. J., Chapman, L. F., Mitra, M., and Smith, D. S. (2003). Purification and characterization of a recombinant alpha-*N*-acetylgalactosaminidase from *Clostridium perfringens*. *Protein Expr. Purif.* **32,** 309–316.

Ichitsuka, T., Kawamura, K., Ogawa, T., Sumita, M., and Yokoo, A. (1992). Packing material for liquid chromatography *US Patent 5039408.*

Kadoya, T., Ebihara, M., Ishikawa, T., Isobe, T., Kobayashi, A., Kuwahara, H., Ogawa, T., Okuyama, T., and Sumita, M. (1986). A new spherical hydroxyapatite for high performance liquid chromatography of proteins. *J. Liq. Chromatogr.* **9,** 3543–3557.

Kandori, K., Ishikawa, T., and Miyagawa, K. (2004). Adsorption of immunogamma globulin onto various synthetic calcium hydroxyapatite particles. *J. Colloid Interface Sci.* **273,** 406–413.

Kawasaki, T. (1991). Hydroxyapatite as a liquid chromatographic packing. *J. Chromatogr.* **544,** 147–184.

Kawasaki, T., Ikeda, K., Kuboki, Y., and Takahashi, S. (1986). Further study of hydroxyapatite high-performance liquid chromatography using both proteins and nucleic acids, and a new technique to increase chromatographic efficiency. *Eur. J. Biochem.* **155,** 249–257.

Kawasaki, A., Kirihara, S., and Mukai, K. (2008). Method for production of erythropoietin *WO/2008/068879.*

Krane, S. M., and Glimcher, M. J. (1962). Transphosphorylation from nucleoside di and triphosphates by apatite crystals. *J. Biol. Chem.* **237,** 2991–2998.

Leibl, H., Eibl, M. M., Mannhalter, J. W., Tomasits, R., and Wolf, H. (1996). Method for the isolation of biologically active monomeric immunoglobulin A from plasma fraction. *J. Chromatogr. B* **678,** 173–180.

Luellau, E., Freitag, R., Vogt, S., and von Stockar, U. (1998). Development of a downstream process for isolation and separation of immunoglobulin monomers, dimers, and polymers from cell culture supernatant. *J. Chromatogr. A* **796,** 165–175.

Ma, Q. Y., Logan, T. J., and Traina, S. J. (1994). Effects of aqueous Al, Cd, Cu, Fe(II), Ni, and Zn on Pb immobilization by hydroxyapatite. *Environ. Sci. Tech.* **28,** 1219–1228.

McCue, J. T., Cecchini, D., Dolinski, E., and Hawkins, K. (2007). Use of an alternative scale-down approach to predict and extend hydroxyapatite column lifetimes. *J. Chromatogr. A* **1165,** 78–85.

Ng, P. K., Gagnon, P., and He, J. (2007). Mechanistic model for adsorption of immunoglobulin on hydroxyapatite. *J. Chromatogr. A* **1142,** 13–18.

Nuss, J. E., Choksi, K. B., DeFord, J. H., and Papaconstantinou, J. (2008). Decreased enzyme activities of chaperones PDI and BiP in aged mouse livers. *Biochem. Biophys. Res. Commun.* **365,** 355–361.

Ogawa, T., and Hiraide, T. (1996). Effect of pH on gradient elution of different proteins on two types of Macro-Prep ceramic hydroxyapatite. *Am. Lab.* **28,** 31–34.

Schirch, V., Angelaccio, S., Hopkins, S., and Villar, E. (1985). Serine hydroxymethyltransferase from *Escherichia coli*: Purification and properties. *J. Bacteriol* **163,** 1–7.

Schlatterer, J. C., Baeker, R., Kehler, W., Klose, J., Schlatterer, B., and Schlatterer, K. (2006). Purification of prostaglandin D synthase by ceramic and size exclusion chromatography. *Prostaglandins Other Lipid Mediat.* **81,** 80–89.

Schroder, E., Jonsson, T., and Poole, L. (2003). Hydroxyapatite chromatography: Altering the phosphate-dependent elution profile of protein as a function of pH. *Anal. Biochem.* **313,** 176–178.

Schumann, C., Hesse, J.-O., and Mack, M. (2007). Method for purifying erythropoietin *US Patent Application Publication, US2007/0293420 A1.*

Scopes, R. K. (1993). Protein Purification Principles and Practice. 3 edn. pp. 172–175. Springer, New York.

Shen, J. W., Pan, H.-H., Wang, Q., and Wu, T. (2008). Molecular simulation of protein adsorption and desorption on hydroxyapatite surfaces. *Biomaterials* **29,** 513–532.

Shepard, S. R., Brickman-Stone, C., Koch, G., and Schrimsher, J. L. (2000). Discoloration of ceramic hydroxyapatite used for protein chromatography. *J. Chromatogr. A* **891,** 93–98.

Shi, X.-L., Feng, M.-Q., Shi, J.-H., Shi, J., Zhong, J., and Zhou, P. (2007). High-level expression and purification of recombinant human catalase in *Pichia pastoris. Protein Expr. Purif.* **54,** 24–29.

Sinacola, J. R., and Robinson, A. S. (2002). Rapid refolding and polishing of single-chain antibodies from *Escherichia coli* inclusion bodies. *Protein Expr. Purif.* **26,** 301–308.

Skartsila, K., and Spanos, N. (2007). Surface characterization of hydroxyapatite: Potentiometric titrations coupled with solubility measurements. *J. Colloid Interface Sci.* **308,** 405–412.

Stránská, J., Chmelík, J., Peč, P., Popa, I., Řehulka, P., Šebela, M., and Tarkowski, P. (2007). Inhibition of plant amine oxidases by a novel series of diamine derivatives. *Biochimie* **89,** 135–144.

Stuhlfelder, C., Lottspeich, F., and Mueller, M. J. (2002). Purification and partial amino acid sequences of an esterase from tomato. *Photochemistry* **60,** 233–240.

Sun, S. (2003). Removal of high molecular weight aggregates from an antibody preparation using ceramic hydroxyapatite chromatography. *In* "Third International Hydroxyapatite Conference", Lisbon, Portugal.

Teeters, M. A., and Quiñones-García, I. (2005). Evaluating and monitoring the packing behavior of process-scale chromatogragphy columns. *J. Chromatogr. A* **1069,** 53–64.

Thompson, A. R., and Miles, B. J. (1973). New materials, especially for chromatography. *Methodol. Dev. Biochem. Prep. Tech.* **2,** 95–101.

Tiselius, A., Hjertén, S., and Levin, O. (1956). Protein chromatography on calcium phosphate columns. *Arch. Biochem. Biophys.* **65,** 132–155.

Zhu, X. D., Fan, H. S., Li, D. X., Luxbacher, T., Xiao, Y. M., Zhang, H. J., and Zhang, X. D. (2009). Effect of surface structure on protein adsorption to biphasic calcium-phosphate ceramics in vitro and in vivo. *Acta Biomater.* **5,** 1311–1318.

第 25 章

疏水作用层析在蛋白质纯化中的理论及应用

Justin T. McCue*

目录

摘要

疏水作用层析(hydrophobic interaction chromatography, HIC)是蛋白质纯化技术中一个非常有价值的工具。HIC 用于蛋白质纯化的规模很广泛——分析及制备规模均可。HIC 可用于去除溶液中存在的多种杂质,包括不需要的产品相关杂质。尤其是,HIC 常用于去除产品中的聚合形式,因其与单体疏水特性不同,故一般可以有效去除。本章中,我们将介绍 HIC 基础理论及如何从水溶液中纯化蛋白质。在理论背景前提下,描述了 HIC 吸附剂方面的最新技术,包括通常使用的及可购买得到的商业化吸附剂。接着介绍 HIC 吸附剂应用的基本程序,以便为读者用 HIC 进行蛋白质纯化提供出发点。

1. 原理

疏水性蛋白质溶解于水溶液中时会发生自我聚集或自身相互作用。这种自我聚集是形成多种生物学相互作用的基础,如蛋白质的折叠、蛋白质-底物间的相互作用及蛋白质

* Biogen Idec 公司(Cambridge, Massachusetts, USA)

通过细胞膜的跨膜运输(Janson and Rydén, 1997)。疏水作用层析可用于分析和制备规模的蛋白质纯化。HIC 主要利用大分子中存在的疏水性区域与层析吸附剂上的疏水性配体结合。这种相互作用发生于有利于疏水相互作用的环境,如高盐浓度溶液。

对于非极性分子,水(极性溶液)本身不是一种好的溶剂。在这种环境下,蛋白质会发生自我聚集或者形成聚集体,使其自身处于最低的热力学能状态。在蛋白质发生自我聚集以前,水分子会在其每个分子周围形成高度有序结构(图 25.1 A)。在极性溶液中,非极性分子(如蛋白质)的自我聚集受到环境中净熵值增加的驱动。在蛋白质聚集过程中,暴露于极性溶剂的蛋白质疏水位点整体表面区域减少,从而形成缩小结构(高熵的)环境,这是一种更有利的热力学状态。

吸附于吸附剂的疏水性配体与相关的蛋白质之间也存在着同样的相互作用(聚集)(图 25.1 B)。蛋白质和疏水性配体间的聚集或疏水性相互作用主要受总体熵值增加的驱动(与蛋白质和吸附剂间无相互作用发生时的情况相比)。

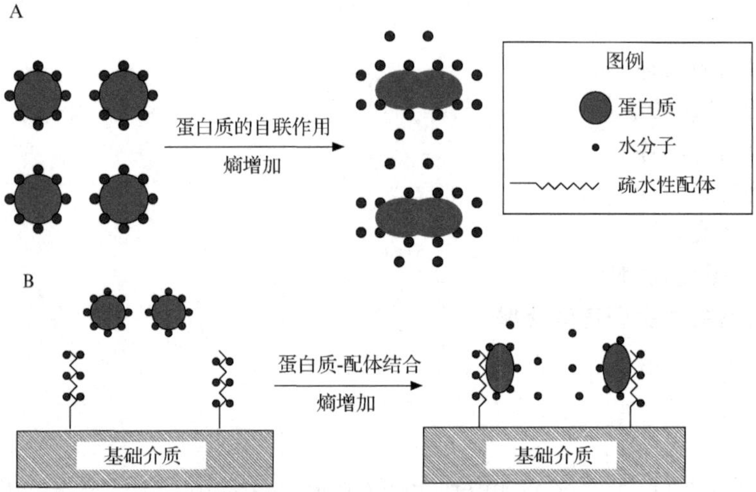

图 25.1 水溶液中,蛋白质间的疏水作用示意图(A)和蛋白质与 HIC 吸附剂的疏水性配体间的示意图(B)

溶液的极性可以通过加入盐或有机溶剂控制,进而增强或减弱 HIC 吸附剂与蛋白质间的疏水作用。相关离子对疏水作用的影响遵循众所周知的霍夫迈斯特序列(Hofmeister serie)(Hofmeister, 1988)。一些促进疏水作用的阴离子如下所示,从左至右依次降低(Påhlman et al., 1977):

$$PO_4^{3-} > SO_4^{2-} > CH_3COO^- > Cl^- > Br^- > NO_3^- > CLO_4^- > I^- > SCN^-$$

可以促进疏水作用的离子称为易溶剂(lyotrope),干扰(减弱)疏水作用的离子则称为离液剂(chaotrope)。在上述的系列离子中,磷酸根离子具有最强的促进疏水作用的能力,而氢氰酸根离子则具有最强的干扰疏水作用的能力。

对于阳离子,霍夫迈斯特序列如下(以减弱疏水作用强度排列):

$$NH_4^+ > Rb^+ > K^+ > Na^+ > Cs^+ > Li^+ > Mg^{2+} > Ca^{2+} > Ba^{2+}$$

两种最常见的用于促进水溶液中疏水作用的易溶盐为硫酸铵和氯化钠。用 HIC 纯化蛋白质时,通常使用这两种盐。

除了盐外，也可以使用有机溶剂改变疏水作用的强度(Fausnaugh and Regnier, 1986; Melander and Horvath, 1977)。有机溶剂，包括二醇类、乙腈和醇类通常用于减弱或分散疏水作用。有机溶剂改变了流动相的极性，故而可以降低发生相互作用的可能性。它们可能在洗脱阶段加入，这样就可以干扰疏水作用，并将结合较强的目标蛋白质洗脱。

在蛋白质的若干个特性中，疏水性是一种复杂的功能，包括氨基酸序列以及某一溶液中的三级结构和四级结构(Ben-Naim, 1980; Tanford, 1980)。疏水性尺度(hydrophobicity scale)是针对某些特殊的氨基酸而言，建立在水中和有机溶剂中的溶解性基础上(Jones, 1975; Nozaki and Tanford, 1971; Tanford, 1962; Zimmerman et al., 1968)。蛋白质的经验疏水性尺度(Chotia, 1976; Krigbaum and Komoriya, 1979; Manavalan and Ponnuswamy, 1978; Rose et al., 1985; Wertz and Scheraga, 1978)取决于暴露在蛋白质表面的氨基酸成分以及氨基酸的疏水性程度。目前，关于复杂蛋白质疏水性的预测能力仍仅能达到半定量水平，而进行的相关实验通常需要精确地了解蛋白质在给定溶液中的疏水性。

2. HIC 吸附剂的最新技术

HIC 吸附剂由可以与疏水配体偶联的基础介质组成。这种基础介质一般为多孔珠，其直径为 5～200 μm，可以为配体的附着和蛋白质的结合提供更大的表面积。常见的基础介质包括琼脂糖、甲基丙烯酸酯、聚苯乙烯-二乙烯苯和二氧化硅(表 25.1)。用于分析时，吸附剂的颗粒直径在较低的范围(5～20 μm)。采用较小的颗粒可以在分析型分离时获得最大分辨率。用于制备规模时，通常需要采用较大的颗粒(≥20 μm)。制备规模层析柱使用大颗粒是因为存在与层析柱硬件相关的压力降限制。

表 25.1　一些商业化 HIC 吸附剂的特性

基础介质	可用配体类型	吸附剂生产商
交联琼脂糖类	丁基(Butyl)	GE Healthcare
	辛基(Octyl)	
	苯基(Phenyl)	
聚苯乙烯-	苯基(Phenyl)	GE Healthcare
二乙烯苯		AppliedBiosystems
甲基丙烯酸酯	丁基(Butyl)	
	丁基醚(Ether)	TosoHaas
	苯基(Phenyl)	EM Industries
	己基(Hexyl)	
二氧化硅	丙基(Propyl)	J. T. Baker
	二醇(Diol)	Synchrom
	戊基(Pentyl)	Supelco
		YMC

HIC 吸附剂含有多种疏水性尺度的配基。这种配基含有烷基或芳香链。作为通用规则,配基的疏水性结合强度会随着有机链长度的增加而提高。最常见配基包括丁基、辛烷基和苯基,它们可以通过不同的耦合方法与基础介质连接(Hjertén et al., 1974; Ulbrich et al., 1964)。芳香族配基,如苯基,还可以通过"π-π 效应"与吸附的化合物发生相互作用,从而进一步加强疏水作用(Porath and Larsson, 1978)。

配体的疏水作用强度还受到基础介质上负载配基(配基密度)的影响。当负载的配基密度较大时,疏水作用强度随着增强。为了获得可重复的效能,生产商在生产 HIC 吸附剂时,通常需要范围较窄的配基密度,这样才能确保吸附剂批间效能一致。

3. HIC 吸附剂的使用方法

3.1 介绍

HIC 吸附剂可直接用于对蛋白质复合物的纯化。其纯化程序由如下一系列步骤组成,本部分将比较详细地介绍该内容。

3.2 吸附剂的选择

某一给定蛋白质的疏水性通常是未知的,所以在选择最终的吸附剂前,需要进行若干个吸附剂的筛选。筛选过程就是为了测定该吸附剂与蛋白质的结合强度,决定有哪些候选的吸附剂可用于蛋白质的纯化。吸附剂疏水性的初步筛选用于决定复合物的疏水性以及何种吸附剂可以有效纯化蛋白质,筛选应该包括较广范围的疏水性结合特性的吸附剂。

吸附剂可以以预装柱的形式从吸附剂供应商处购买,或需要使用者自行填装。在需要填装层析柱的情况下,应参考供应商的填装说明。可采用与理论塔板高度相当的尺寸来验证层析柱是否正确填装。一旦填装好,吸附剂供应商通常会提供一些操作使用范围的建议,包括允许的流速范围、层析操作的条件和层析柱清洁方法等。不同的吸附剂,可接受的操作条件是不同的,在使用之前应仔细阅读产品的销售文件。

3.3 原料/样品的准备

在样品上样于层析柱之前,必须采用高浓度盐的缓冲液提高蛋白质混合物(将要采用 HIC 吸附剂纯化的样品)的盐浓度,目的在于使目标蛋白质能够与吸附剂结合。蛋白质在高盐浓度下可能发生沉淀,所以,在选择盐溶液之前,应先评估蛋白质复合物在给定盐溶液中的溶解性。缓冲液的 pH 对于蛋白质结合于 HIC 吸附剂的影响并不呈一般性的趋势,但是可以影响相互作用的强度(Hjertén et al., 1974)。选择缓冲液的 pH,应该确保蛋白质和吸附剂在该环境下能够稳定(如避免使用极端 pH 溶液)。在调整蛋白质上样的步骤中,盐的浓度可以为 0.5~2.0 mol/L,并且可提高浓度以确保蛋白质能够有效结合于吸附剂。蛋白质结合于吸附剂所需要的盐浓度在很大程度上取决于盐种类的选择,如 3.2 部分所述盐种类。在大多数情况下,选择蛋白质结合于吸附剂的适宜盐浓度需进行相关的预实验。

3.4 吸附剂的准备

在蛋白质原料上样前，应首先采用与原料相似组分（盐浓度）和 pH 的高盐浓度缓冲液平衡层析柱，以确保蛋白质可以紧紧地结合于吸附剂上。该步骤称为平衡。

平衡结束之后，用合适的流速将调整后的原料（含有目标蛋白质）上样于 HIC 层析柱。完成上样后，通常用平衡缓冲液清洗层析柱，再洗脱目标蛋白质。洗脱前，额外的清洗步骤是为了去除不需要的蛋白质杂质。该清洗步骤所用的盐浓度处于中间水平——小于上样步骤时的盐浓度，但大于洗脱步骤的盐浓度。

3.5 产物洗脱

蛋白质结合于吸附剂上之后，必须再将目标蛋白质洗脱，并收集层析柱柱后的流出液。多数情况下，洗脱过程用于将不需要的蛋白质从目标蛋白质中分离或者去除。不需要的蛋白质可能与吸附剂结合的不是那么紧密，因而会先于目标蛋白质被洗脱。另外一些情况下，不需要的蛋白质会与吸附剂结合更加紧密，并会在目标蛋白质被洗脱之后仍与吸附剂结合。这种情况通常发生在 HIC 分离蛋白质多聚体时，目标蛋白质多聚体与吸附剂的结合比单体与吸附剂的结合更加紧密。在洗脱步骤中，流出液组分可能含有高纯度产品，但在其之前或之后也会含有大量的不需要的蛋白质杂质。洗脱过程（梯度洗脱中）简图如图 25.2 所示。图 25.2 说明用 HIC 分离纯化时，在洗脱步骤中，应将柱后流出液进行等份收集，这样才可以获得适宜纯度的产品。在本章 3.6 节中，将会进一步详细描述梯度洗脱过程。

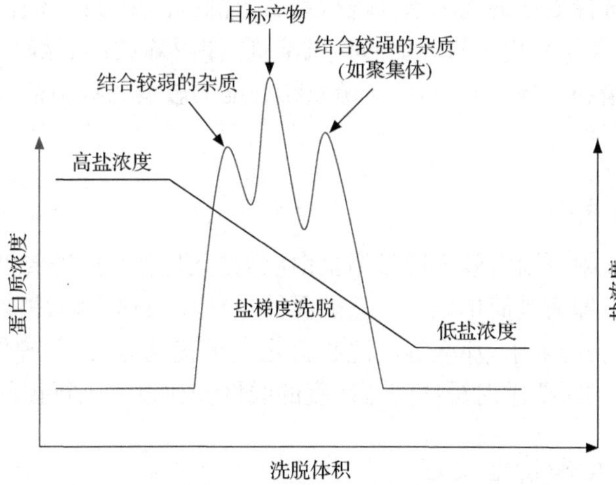

图 25.2 疏水作用层析分离蛋白质混合物过程中梯度洗脱的层析简图。
图中，随着盐浓度线性降低（从高盐浓度到低盐浓度），杂质和目标蛋白质都被洗脱下来

洗脱过程，可采用分步（等度）或梯度方式进行。4 种最常见的洗脱结合蛋白质的方法（按照从最常见到最少见排列）如下所述。

（1）降低盐浓度（相对于结合条件）。盐浓度的降低会相应地减弱蛋白质和配基间的

疏水作用,进而蛋白质被解吸附并从层析柱上洗脱下来。

(2) 加入有机溶剂。有机溶剂(如乙烯或丙二醇)的加入可以改变溶液的极性,从而可以干扰疏水作用。

(3) 提高盐浓度(采用离液盐)。离液盐的加入可以干扰疏水作用。

(4) 加入去污剂。去污剂可以用做蛋白质置换剂,主要用于 HIC 纯化膜蛋白(Janson and Rydén, 1997)。

在洗脱步骤中,将蛋白质从 HIC 吸附剂上洗脱的最常用方法是降低盐浓度。用 HIC 纯化新的蛋白质组分时,同样首先采用该方法。上述其他方法的缺点在于,需要额外加入物质(如离液盐和有机溶剂),而这些物质可能影响蛋白质的稳定性。但是,洗脱与吸附剂结合比较紧密的蛋白质时,还是需要这些试剂的。每种蛋白质都必须逐个评价,以确定采用适宜的洗脱方法。纯化过程中所用的 HIC 吸附剂也可能影响洗脱方法的有效性。

3.6　梯度洗脱

蛋白质纯化中,梯度洗脱是一种用于筛选不同 HIC 吸附剂的十分有效方法。梯度洗脱时,盐的浓度以设定的体积,从高到低逐渐降低(线性方式)。初次筛选与蛋白质结合的吸附剂时,盐浓度甚至会降低至 0 mmol/L,以便于确定产品洗脱时的盐浓度。典型的梯度洗脱通常以 10 个柱体积洗脱缓冲液作为起始点,收集流出液组分并评价产品的纯度。降低盐浓度的梯度(进行较大体积的洗脱时)是为了提高蛋白质分离的分辨率(Yamamoto et al., 1988)。

梯度洗脱后,蛋白质仍处于与吸附剂结合的状态,表明应采用更弱的易溶盐使蛋白质与吸附剂结合或者选择更强的洗脱条件进行蛋白质洗脱。更强的洗脱条件包括使用有机溶剂。制备规模中,通常采用不易燃烧的有机溶剂(如丙烯或乙二醇)。分析规模所用的有机溶剂可能为乙腈和乙醇。同样,对于疏水结合能力较弱的吸附剂,可能需要相应地选择减弱疏水作用的强度。

3.7　分步(等度)洗脱

在确定合适的吸附剂及有效洗脱目标蛋白质的盐浓度后,如需要也可采用等度洗脱。采用等度洗脱的优点即为其简单性——只需要简单地转换输入缓冲液(从高到低的盐浓度)。如需简化对设备的要求,那么等度洗脱就是一种优选方法,而梯度洗脱则需要具有多个工作泵的设备,同时要求对缓冲液盐浓度的线性变化过程进行控制。

3.8　吸附剂的再生和清洁处理

多个循环的层析分离后,HIC 吸附剂仍是可以重复使用的,且具有相对较长的使用期限。但是,吸附剂也必须进行清洁和再生处理,以确保经历多次循环使用后其性能仍可重现。吸附剂的供应商一般都会提供再生处理方法,在使用之前应仔细阅读。一般地,清洁规程取决于基础介质和疏水性配基的稳定性。对于结合能力强的蛋白质,通常推荐采用 6 mol/L 盐酸胍。如之前的步骤中已使用去污剂,那么再生时采用乙醇或甲醇 (GE Healthcare, 2006)。清洁处理时,腐蚀性的溶液(1.0 mol/L NaOH)可用于大多数的吸附剂(SiO_2 除外)。供应商同样还会提供适宜的储存条件信息。吸附剂储存溶液的选择应基于可防止微生物的生长，但同时又不会影响配基或基础介质的稳定性。

(刘　杰　译　张　军　校)

参 考 文 献

Ben-Naim, A. (1980). Hydrophobic Interactions. Plenum Press, New York.

Chotia, C. (1976). Surface of monomelic proteins. *J. Mol. Biol.* **105,** 112.

Fausnaugh, J. L., and Regnier, F. E. (1986). Solute and mobile phase contributions to retention in hydrophobic interaction chromatography of proteins. *J. Chromatogr.* **359,** 131–146.

GE Healthcare (2006). Data File No. 18-1127-63 AC.

Hjertén, S., Rosengren, J., and Påhlman, S. (1974). Hydrophobic interaction chromatography. *J. Chromatogr.* **101,** 281–288.

Hofmeister, F. (1988). On regularities in the albumin precipitation reactions with salts and their relationship to physiological behavior. *Arch. Exp. Pathol. Pharmakol.* **24,** 247–260.

Janson, J.-C., and Rydén, L. (eds.) (1997). Protein Purification: Principles, High-Resolution Methods, and Applications, 2nd edn., p. 284. Wiley-VCH, New York.

Jones, D. D. (1975). Amino acid properties and side-chain orientation in proteins. *J. Theor. Biol.* **50,** 167–183.

Krigbaum, W. R., and Komoriya, A. (1979). Local interactions as a structure determinant for protein molecules. *Biochim. Biophys. Acta* **576,** 204–248.

Manavalan, P., and Ponnuswamy, P. K. (1978). Hydrophobic character of amino acid residues in globular proteins. *Nature* **275,** 673–674.

Melander, W., and Horvath, C. (1977). Salt effects on hydrophobic interactions in precipitation and chromatography of proteins: An interpretation of the lyotropic series. *Arch. Biochem. Biophys.* **183,** 200–215.

Nozaki, Y., and Tanford, C. (1971). The solubility of amino acids and two glycine peptides in aqueous ethanol and dioxane solutions. Establishment of a hydrophobicity scale. *J. Biol. Chem.* **246,** 2211–2217.

Påhlman, S., Rosengren, J., and Hjerten, S. (1977). Hydrophobic interaction chromatography on uncharged Sepharose derivatives. *J. Chromatogr.* **131,** 99–108.

Porath, J., and Larsson, B. (1978). Charge-transfer and water-mediated chromatography. I. Electron-acceptor ligands on cross-linked dextran. *J. Chromatogr.* **155,** 47–68.

Rose, G. D., Geselowitz, A. R., Lesser, G. J., Lee, R. H., and Zehfus, M. H. (1985). Hydrophobicity of amino acid residues in globular proteins. *Science* **229,** 834–838.

Tanford, C. (1962). Contribution of hydrophobic interactions to the stability of the globular conformation of proteins. *J. Am. Chem. Soc.* **84,** 4240–4247.

Tanford, C. (1980). *In* The Hydrophobic Effect 2nd edn. Wiley, New York.

Ulbrich, V., Makes, J., and Jurecek, M. (1964). Identification of giycidyl ethers. Bis(phenyl-) and bis(a-naphthylurethans) of glycerol a-alkyl (aryl)ethers. *Collect. Czech. Chem. Commun.* **29,** 1466–1475.

Wertz, D. H., and Scheraga, H. A. (1978). Influence of water on protein structure. *Macromolecules* **11,** 9–15.

Yamamoto, S., Nakanishi, K., and Matsuno, R. (1988). Ion-Exchange Chromatography of Proteins Mercel Dekkar, New York.

Zimmerman, J.M, Eliezer, N., and Simha, R. (1968). The characterization of amino acid sequences in proteins by statistical methods. *J. Theor. Biol.* **21**(2), 170–201.

第 7 部分

纯化程序:亲和法

第 26 章

亲和层析:常规方法

Marjeta Urh*, Dan Simpson*, and Kate Zhao*

目录

摘要

从复杂的混合物中纯化某种特定分子或一组分子,可以采用层析方法,其中亲和层析是最多样化和有效的方法之一。这种方法以两个分子间高度特异的生物相互作用为基础,如酶与底物、受体与配基或抗体与抗原。这些相互作用通常是可逆的。应用过程中,

* Promega 公司(Madison, Wisconsin, USA)

通过固定其中一个相互作用分子以达到纯化的目的。例如,将亲和配基结合在固体介质上建立固定相,而靶分子存在于流动相。一定程度上认识和理解靶分子与配基间相互作用的特性,有利于选择合适的亲和配基和纯化程序,也是亲和纯化成功的必要条件。随着亲和纯化的日益普及,很多普遍使用的亲和介质偶联配基已经商品化,并且即买即用。但某些情况下,需要研发新的亲和层析材料,将配基偶联至介质并保持其分子特异的结合能力。本章将讨论选择配基、适合的化学吸附作用和介质时需要考虑的重要因素。并介绍近年来开发的具有独特功能的介质,这些介质突破了传统材料的某些局限性。亲和层析可以显著节省时间,并达到几百或更高的纯化倍率。但其成功取决于使用的方法。因此,优化纯化程序,对于有效捕获靶标并保证最大回收效率是非常重要的。

1. 引言

亲和层析是一种选择性纯化方法。以两个分子间高度特异性的生物相互作用为基础,从复杂的混合物中选择性地纯化一个或一组分子。这种相互作用通常是可逆的。纯化通过两相的相互作用完成,其中一个分子(配基)固定到载体表面,其结合物(靶标)作为复杂混合物的一部分存在于流动相中。通常捕获后采用清洗和洗脱步骤,即可回收高纯度的蛋白质。生物相互作用具有高度选择性,因此纯化可以一步、迅速地完成,纯化能力可达几百倍甚至几千倍。亲和层析的其他用途包括:浓缩低浓度物质;根据生物学功能分离蛋白质,如分离有活性蛋白质与无活性蛋白质、分离同一蛋白质的不同生物学功能形式。

近几十年来,亲和层析的应用范围变得更广。这是由于支撑材料的开发已经取得巨大的进展,包括流穿微球(flow-through bead)、磁珠和整体柱材料以及其他新型配基,这些配基具有各种各样令人感兴趣的生物学特性。该方法并非仅用于特定生物大分子的分离纯化,也迅速发展为生物相互作用研究的首选方法,可以用于质谱样品制备或特定污染物去除。

亲和层析的发展是从利用结合在不溶性淀粉上的淀粉酶开始(Starkenstein, 1910)的,正是这种固相载体材料的开发以及配基与固相介质吸附的化学作用使亲和层析成为可能(Campbell et al.,1951; Cuatrecasas et al.,1968; Lerman, 1953a; 1953b)。在这一重大进展之后,亲和层析在很多方面得到迅猛发展,如开发更多的固相载体材料和亲和配基、改进方法。在从复杂的混合物中纯化生物分子时,亲和层析成为了最有吸引力的方法。亲和层析法可通过特定的相互作用配基纯化任何生物分子,但本章将蛋白质纯化作为重点。目前已有一些优秀的相关综述和书籍出版(Hage et al.,2006; Hirabayashi, 2008; Labrou, 2003; Ostrove, 1990; Zachariou, 2007),本文不会对迄今为止所有开发的蛋白质和及其方法进行回顾,而是对不同的载体材料、配基、化学吸附作用和纯化方法的优化提出通用原则和需要关注的要点,同时探讨亲和层析的一些最新进展。

2. 亲和介质的选择

亲和纯化的成功取决于是否选择了合适的固相载体和配基。理想的亲和介质(如吸附配基的固相载体)应该具备孔隙大、理化性质高度稳定的特征。亲和介质可以选择性的捕获相应靶标,既保证较弱的非特异性吸附,又可以在整个过程中维持良好的流动特征。优选介质应具备便宜、易获取和使用简便的特点。亲和介质可以是商品化的,或通过适当的化学作用将配基吸附在固相载体上(详见本章第 4 节)。下文将详细讨论如何选择合适的亲和介质(GE Healthcare, 2007; Gustavsson and Larsson, 2006; Zachariou, 2007),并对一些需要重点考虑的因素进行总结。

2.1 固相载体材料的基本特征

介质颗粒及孔隙应大小一致,且具有良好的流动性能。介质的表面积与孔隙呈负相关,这直接影响固定化配基数量,继而影响载量。孔隙与排阻限制相关,即一定尺寸范围或大小(分子质量)的蛋白质不能进入孔隙。大孔不受排阻限制作用的影响,允许大分子无阻碍地接近固定化配基,但会降低表面积和配基密度,进而降低纯化效率。根据 Renkin 方程(Renkin,1954),孔隙的大小应该至少达到一个生物分子平均大小的 5 倍以上,才能更容易接近固定化配基。假设蛋白质平均大小为 60 Å,孔隙的大小应至少为 300 Å 或更高。大多数常用载体都会满足这一要求(表 26.1)。交联可以增加一些软凝胶介质的机械稳定性,但会减少孔隙率(孔体积),进而降低连接配基数量和结合能力。在大多数情况下,应具体问题具体分析,综合考虑孔隙和表面积,以达到最佳应用效果。

表 26.1 市售介质的例子

名称	供应商	介质材料	颗粒大小/μm	排阻极限/Da
Sepharose™ CL6B	GE Healthcare	Agarose	40～165	10 000～1 000 000
Sepharose™ CL4B	GE Healthcare	Agarose	40～165	30 000～5 000 000
Bio-gel A-5m medium	Bio-Rad	Agarose	75～300 (50～200 目)	10 000～5 000 000
Perloza^MT 100 medium	Iontosorb	Cellulose	100～250	2 000 000
Perloza^MT 50 medium	Iontosorb	Cellulose	100～250	100 000
All TechMacrosphere	Grace	Silica	7	孔径 60～300Å
Bio-gel P-100 medium	Bio-Rad	Polyacrylamide	90～180	5000～100 000
Sephacryl™	GE Healthcare	Cross-linked ally dextrose	50	1000～100 000
Poros 50	AppliedBiosystems	Cross-linked poly (styrenedivinylbenzene)	50	孔径 50～100 nm

此外,粒子的直径和粒度分布也是需要重点考虑的因素。理论上,较小颗粒更利于外部流动相和粒子内部间更快的物质转移,流速高且保持高效的亲和捕获。但是会导致更

高的流动阻力,发生粒子崩裂的概率更高,如对颗粒和样品中的变性蛋白质等污染物的敏感性增加导致高负压。很大程度上粒度的选择取决于分离目的和方法。10 μm 颗粒最适合用于 HPLC 分离,400 μm 颗粒适合于制备样品。为避免较小颗粒填充空隙体积并限制流速,粒度分布应尽可能均一。

2.2 选择性

亲和介质的一个主要特点是其选择性。复杂样品中蛋白质的选择是特异性的,这是由偶联在介质上的特异性配基决定的,其他组分与配基的结合作用是惰性的。由于通常用于离子强度低的溶液,所以支持物应具有亲水性并带有一定电荷,但这些电荷也会导致负面的相互作用,即离子相互作用。很多商品化固相载体都可满足这些要求,有的是其天然结构,有的表面包被合适的材料。常见载体(如球状琼脂糖和纤维素)都可以从供应商处购买,如 GE Healthcare 的琼脂糖凝胶(Sepharose)、Bio-Rad 的 Affigel(表 26.1)。非特异性选择由固相载体自身特性决定,如聚苯乙烯珠的疏水性、二氧化硅表面的负电荷。用于结合特殊配基时,应对介质进行修饰,此时也会导致非特异性吸附。针对这些情况,应根据靶标的特征精心设计、筛选并优化化学吸附作用、配基、配基和介质间隔物的选择性和效能,同时降低非特异性结合。

2.3 稳定性

使用过程中,亲和介质的理化性质必须稳定,这样载体材料本身以及吸附的配基才不会与所用溶剂发生反应,样品中可能存在的酶和微生物也不会使其被降解或破坏。通常制造商会提供商品化亲和介质的化学相容性,应将其作为成功制订纯化程序的指导原则。交联琼脂糖通常可以承受宽 pH 范围(如 pH 3~12)、大多数水溶剂(包括变性剂)、有机溶剂、修饰剂和酶的作用。而如玻璃和二氧化硅等材料在碱性条件下会水解而不稳定,因此,通常在吸附配基前需要在这些材料表面进行涂层。介质也应该能承受物理作用力(如压力,尤其是装柱时)并在纯化过程中保持不变。高压能够压缩介质,使其崩裂。与较坚固的载体,如二氧化硅、聚苯乙烯和其他高度交联材料相比,琼脂糖珠及其他软凝胶介质更容易受到压力影响。

整体柱是孔隙大、非颗粒型的单一介质,可以用许多不同的材料制造,如琼脂糖凝胶、二氧化硅、GMA/EDMA 、晶胶(cryogel)(Mallik and Hage, 2006; Plievaa et al., 2009)。整体柱除具有亲和载体很多必备的特性外,还有以下特点:流穿孔隙大、没有无效体积、形成对流而非扩散以及高流速缩短运行时程,并因此得到广泛应用。此外,在柱层析过程中,介质不会被压缩,压力塌陷较少,可承受较宽的 pH 范围和剧烈的化学作用。但与传统介质相比,整体柱也具有局限性,如载量低,每种整体柱的亲和载体均需要特殊的制备程序,而且目前可用的亲和形式有限等(Mallik and Hage, 2006)。

2.4 磁性亲和珠

通过在每个步骤中亲和珠的迅速再生(如结合、流穿、洗脱),磁性分离可显著缩短纯化过程,而且与传统的柱洗脱相比可减少样品的稀释倍数。黏性材料会堵塞层析柱,可用该方法。磁性无需样品预处理(如离心或过滤)除去不溶物和微粒等物质,因此可以简化纯化过程。将磁性分离应用于高通量分析,可以大大缩短纯化过程(Saiyed et al.,2003)。这需要将其小型化,并且可以进行多条件平行筛选,如筛选适合蛋白质表达的生长条件和纯化用缓冲液。

顺磁颗粒(paramagnetic particle)存在修饰和不修饰两种形式。修饰通常采用亲和配基(如链霉素、GSH、protein A 等),或者偶联特异性识别的聚合物,如单克隆抗体和多克隆抗体(Koneracka et al., 2006)。除用于目标蛋白质纯化,也用于固定,继而作为诱饵,从一个复杂的生物混合物中提取与其相互作用的分子。详见第 16 章。

3. 配基的选择

选择合适的配基,需要对配基和靶分子之间的天然相互作用有一定的认知及理解。靶分子与配基的相互作用必须是特异性结合,并且在不同的结合和洗脱条件下均应该稳定。此外,制订亲和纯化的方案时,需着重考虑能否购买到商品化配基,还是需要从头研制配基和介质。后者的成功在很大程度上取决于对蛋白质结构和相互作用特性的已有认识,需要采用分子模建、化学合成和有机偶联联合以及对选择性结合的分析。事实证明,设计一个新型配基、开发合适的偶联化学作用和介质的时间和精力过于冗长和昂贵,因此这种情况下使用非亲和纯化技术可能是一个更好的选择,如离子交换和疏水相互作用。

3.1　设计和选择配基的一般注意事项

在开发一个新的亲和纯化材料时,配基和靶分子之间的亲和力是最重要的注意事项。低亲和力会降低结合效率,导致回收率下降。亲和力过高,苛刻的洗脱条件会导致目标蛋白质洗脱效率低或使其灭活,进而降低回收率。一般来说,亲和常量为 $10^6 \sim 10^8 mol^{-1}$ 时,可用于亲和纯化。与目标蛋白质结合的亲和配基,在与亲和介质连接前最好先进行评估。要注意的是固定后配基的亲和力可能与在溶液中的亲和力不同,某些情况下,甚至可能改变特异性。

共价偶联是将配基吸附于介质的首选方法,可以降低在纯化过程中滤去配基的风险。然而,在没有活性基团存在的情况下也可以使用非共价吸附策略,或是用于降低配基变性的风险,如非特异性吸附、生物特异性的相互作用(生物素-链霉素)、包封(entrapment)及最近开发的分子印迹(Alexander et al., 2006)。详情请参阅本章第 4 节。

配基与靶标之间结合能力的降低,除亲和力弱这一因素外,也可能是因为基质或其他配基导致的空间位阻引起的。配基和介质之间间隔物的介入能够降低介质造成的空间位阻(Hage et al.,2006)。设计间隔臂(spacer arm)时,应该考虑其长度和疏水性两方面,因为可以通过增强亲水性而减少配基与靶标外其他分子的非特异性相互作用。间隔长度的优化也很重要,间隔太短也许不能缓解介质的空间位阻效应,间隔太长则可能会促进非特异性的相互作用,或者可能会形成自身折叠从而限制特异性的相互作用。表面的配基密度也要进行优化。非常高的配基密度可能产生反作用,造成结合能力丧失,原因可能是结合位点靠的太近形成空间位阻,或是强结合力限制洗脱效率(Hage et al.,2006)。

其他因素也可能影响最佳配基的选择,如能否消毒、配基的稳定性、适当的储存条件和价格等。

3.2 固定化配基的特征

亲和树脂是否具备在重复应用中保持性能相似的能力是判断其实用性的一个重要因素。因此,确定最佳反应条件以保证性能一致显得十分重要,包括优化合成所需的配基数量。确定合成中所需最佳配基量可以防止配基过多造成浪费,进而降低成本。

对于共价连接,一般需要分析介质可连接的配基数量,并确定偶联条件如何影响固定配基的数量。确定配基密度的一个简单方法,是分析反应后剩余的配基数量。偶联完成后,用初始的配基总量减去剩余的配基数量。根据配基的性质,应采用不同的检测方法,如分光光度法、BCA 法(检测蛋白质)、Ellman's 埃尔曼试剂(检测巯基)、荧光检测或其他检测方法(Guilbault, 1988; Langone, 1982)。

某些情况下,如通过氨基酸分析或元素分析,可以直接检测载体上的配基,但是这会破坏材料,因此只适合少量检测。结合能力评估可以间接评价固定化配基,使亲和介质处于纯化所需条件下,评估保留在介质上的靶分子数量。这种方法与亲和介质的性能直接相关,因此可能是固定化配基最有意义的检测形式。最大载量需在平衡状态下评价,通常以缓慢的流速或以直接混合的结合模式进行。注意:由于动态结合受到流速、介质孔隙内质量转移以及亲和常量的影响,因此动态结合能力可能与最佳结合能力不同。

3.3 运载特定配基的亲和介质

近年来,我们见证了针对不同靶分子的亲和配基以及商品化特异性介质的迅猛发展。常用商品化配基的概述见表 26.2,但并未涵盖所有可购买的配基。现有大多数可购买的亲和介质连接的配基通常称为"组特异性配基"(group specific ligand),表现为对一组结构或功能相似的蛋白质形成亲和连接,可以用于纯化具有类似功能的不同目标蛋白质。在下面的章节中,我们描述一些亲和介质常用配基。

表 26.2 常用配基及其特异性

配基	特异性
Cibacron Blue F3G-A	白蛋白、激酶、脱氢酶、需要带有辅助因子的腺苷酸的酶、NAD^+
Blue B	激酶、脱氢酶、核酸结合蛋白
Orange A	乳酸脱氢酶
Green A	HAS、脱氢酶
Polymixin	内源蛋白质
Benzamidine	丝氨酸蛋白酶(凝血酶、胰蛋白酶、激肽释放酶)
Biotin	链霉亲和素、生物素
Gelatin	纤维连接蛋白
Heparin	DNA 结合蛋白、丝氨酸蛋白酶抑制剂、(抗凝血酶 III)、生长因子、脂蛋白、激素受体、凝血因子、DNA、RNA

续表

配基	特异性
Lysine	纤溶酶原、rRNA、dsDNA
Arginine	与 arg 有亲和力的丝氨酸蛋白酶、纤维连接蛋白、凝血酶原
ADT	与 $NADP^+$ 有亲和力的酶
AMP	NAD 依赖脱氢酶、ATP 依赖的激酶
NAD、NADP	脱氢酶
Lectins	糖蛋白、多糖、糖脂
Calmodulin	钙调蛋白结合蛋白、ATP 酶、腺苷酸环化酶、激酶、磷酸二酯酶
Protein A	许多抗体亚型的 Fc 区域，物种依赖，与 IgA、IgM 和 IgD 弱相互作用
Protein G	许多抗体亚型的 Fc 区域，物种依赖
Protein L	抗体的 κ 轻链（Fab，单链可变区域 scFv）

3.4　免疫球蛋白结合蛋白质

免疫球蛋白的恒定区（Fc）与 Protein A 或 Protein G 之间可以结合，以此为基础的抗体纯化是亲和纯化中最有效并且常用的方法之一。Protein A 来源于金黄色葡萄球菌，Protein G 来源于链球菌。两者均为细菌相关蛋白，可以与 IgG 类抗体结合——这些抗体可以为不同亚型，也可以来源于不同有机体。目前有很多关于 Protein A 和 Protein G 亲和力差异的详细说明，如供应商提供的商品化产品说明（Guss et al.，1986；Hage et al.，2006）。此外，最近 Protein B 和 Protein L 作为免疫球蛋白结合蛋白应用广泛。Protein B 是一类 A 链球菌的表面蛋白，可以结合某些人 IgA 型抗体，Protein L［马格努斯消化链球菌（*Peptostreptococcus magnus*）］能够与 kappa 轻链相互作用，且不影响抗体的抗原结合位点（Faulmann et al.，1991；Hermanson，1992）。因此 Protein L 成为唯一的适合纯化缺乏 Fc 区抗体的蛋白质。

大多数情况下，在中性或接近中性 pH 的条件下抗体结合能力较好，但不同样品的最适 pH 并不相同，这取决于具体使用的蛋白质。Protein A 在 pH 8.2 时结合抗体的能力最强，Protein L 为 pH 5，Protein G 为 pH 7.5，但 Protein G 也可以在 pH 7～7.5 时使用。样品洗脱常为酸性 pH（2.5～3.0）环境，为避免样品在低 pH 洗脱过程中变性或丧失生物活性，将其收集在中性或弱碱性缓冲液中。为防止低 pH 洗脱造成生物稳定性丧失，需要探索盐梯度与 pH 梯度结合的洗脱方式。

3.5　凝集素

凝集素是一组多样化蛋白质，可以结合碳水化合物，具有高度的特异性。每一种凝集素都具有自己特异的使用方案。常用于从复杂的糖复合物中亲和纯化或浓缩碳水化合物基团，如多糖、糖脂和糖蛋白。还可以根据糖基化的特点，特异性分离不同的糖结构模式（glycolform）。现在，凝集素不仅应用于纯化含糖分子，也可以用于质谱分析时浓缩糖蛋白亚类（Hirabayashi，2008）。详见第 34 章。

目前有超过100种的商品化凝集素,包括结合形式和单体形式,其中大部分是植物来源。来源于直生刀豆(*Canavalia ensiformis*)的凝集素,即刀豆球蛋白A(Con A)是最常用的凝集素(Hermanson, 1992),其可以与α-D-甘露糖、α-D-葡萄糖和*N*-乙酰葡糖胺亲和结合。另外两个广泛使用的凝集素是麦胚凝集素(WGA)和榴莲凝素(jacalin)。WGA结合唾液酸和含有的*N*-乙酰-D-氨基葡萄糖残基的分子,榴莲凝素结合D-半乳糖基团。

通常在中性pH、含糖条件下,将凝集素偶联到树脂上,这可以保护糖结合位点。靶分子通常也需要在中性pH条件下与凝集素结合。需要注意的是,有些凝集素需要二价金属离子的存在,这样更有利于靶分子结合,如ConA结合需要Ca^{2+}和Mn^{2+}。在洗脱缓冲液中加入过量的特异性糖分子进行洗脱,也可以进行梯度或分段洗脱。洗脱后,可通过透析或分子排阻的方法除去游离糖。

3.6　仿生配基

大部分的亲和层析配基是天然存在的,其优点在于具有高度选择性和强结合能力,但也存在某些缺点。这种配基稳定性低,需要进行纯化,使用过程中批间差异大,易被其他生物分子污染,对灭菌方法敏感,并且成本高。为了克服这些局限性,加速亲和层析在治疗性蛋白质纯化中的应用,仿生型配基(biomimetics)——合成亲和配基或变构的亲和配基已经成为研发重点,这是一种模仿天然生物配基结合方式和结构的物质。

活性纺织染料适用性强,呈现出多种竞争性生物分子具有的表面极性和空间构向性特征,可在水溶液中作为很多蛋白质的竞争性抑制剂、辅酶或效应分子,是应用最广泛的仿生配基之一(Madoery and Minchiotti, 2006; Stellwagen, 1990)。包括应用最广泛的Cibacron Blue F3G染料在内,大多数仿生配基都含三嗪支架(triazine scaffold),将其修饰后可以提高特异性,这也是仿生染料-配基概念的基础。在过去的几十年里,开发了充足的应用于蛋白质的广谱的,也即非特异性的纯化染料,包括针对血液蛋白(白蛋白)、还原酶、脱羧酶、糖酵解酶、核酸酶、水解酶、裂解酶、合成酶和转移酶等,并且将染料作为配基的亲和层析材料已经商品化(表26.2)(Labrou and Clonis, 1994;2002)。除了拓展商品化材料外,特制的仿生材料日显优越并逐渐普及。通过模拟靶蛋白中的肽段、天然生物识别基序或暴露表面的互补残基,进而设计针对特异性靶蛋白的配基,这可通过设计合理的组合文库再经合成、筛选进行制备(Cecília et al.,2005; Labrou, 2003; Lowe et al., 2001)。通过亲核取代反应在碱性条件下用载体表面的羟基取代染料中的氯,可以将含三嗪的染料固定在亲和介质(如琼脂糖、葡聚糖和纤维素)上(Labrou, 2000; Labrou and Clonis, 1994; Labrou et al.,1995)。

3.7　共价亲和层析

通常亲和层析是以靶分子与配基之间的可逆的相互作用为基础,但也可以通过共价相互作用分离特殊的靶分子(Blumberg and Strominger, 1972; GE Healthcare, 2007; Hage, 2006)。

靶分子中的巯基与纯化介质上固定的活化巯基之间就是一种共价连接作用。可通过用2-巯基乙醇、TCEP(乙基)或二硫苏糖醇还原半胱氨酸的二硫键,洗脱结合的蛋白质。

最近研发了另一种以共价结合为基础的纯化，即特异性的氯化烷烃配基(chloroalkane)和 HaloTag 蛋白之间的共价相互作用，如图 26.1 所示(Los et al., 2008; Ohana et al., 2009)。HaloTag 是一个 34 kDa 单体蛋白融合标签，可以根据需要通过基因技术与蛋白质 C 端或 N 端融合。HaloTag 蛋白由细菌卤代烷烃脱卤素酶(haloalkane dehydrolase)演变而来，首先对其活性位点进行修饰，以形成具有特异氯化烷烃配基的永久共价键。接着再通过突变增加蛋白质的稳定性，并达到类似于生物素-链霉素的结合速率。在此基础上开发了一种基于 HaloTag 性质进行纯化的层析介质，即带有氯化烷烃配基的 HaloLink 树脂。该层析介质对 HaloTag 融合蛋白的共价捕获结合速率快，克服了传统亲和纯化中平衡相关的局限性，能够实现对极低丰度靶蛋白的高效捕获。此外，这种层析介质可以接受多种严格的洗脱条件，不会损失结合的蛋白质。虽然共价联合有其优势，但在洗脱目标蛋白质方面也面临着挑战。由于 HaloTag 和氯化配基之间的共价键不可逆，因此不能利用传统方法从树脂上洗脱蛋白质。但是，目标蛋白质可以由特定的蛋白酶(TEV)释放，其识别位点位于两个基团(HaloTag 和融合靶蛋白)之间。一旦被酶切，HaloTag 融合的蛋白质就会被释放，而 HaloTag 仍保持结合在树脂上，形成高纯度的无标签蛋白(Urh et al., 2008)。

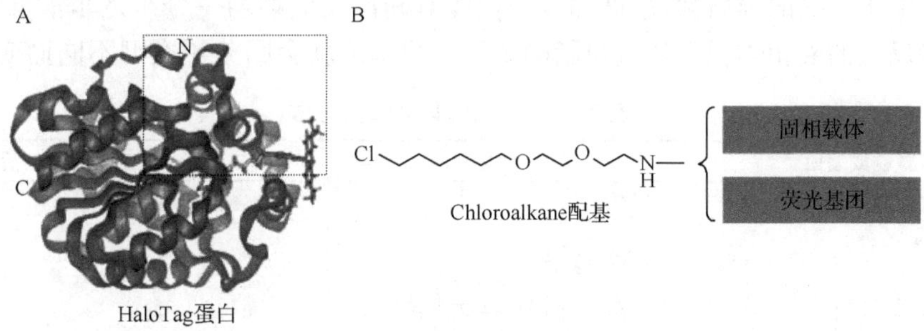

图 26.1　HaloTag 技术由两部分组成。A. 左侧为共价结合 HaloTag-TMR 配基中的 HaloTag 蛋白。N 端和 C 端如图示。B. 氯代配基。不同的功能团(荧光染料或其他)或固相载体表面与氯代配基连接，HaloTag 蛋白与该配基共价结合后被赋予不同的功能特征，包括固定蛋白质和荧光标记

根据 HaloTag 自身的特性，除了前面描述的利用 HaloTag 纯化融合蛋白以外，还可以将 HaloTag 融合物固定作为亲和配基。类似于 Protein G，可以用于纯化能与 HaloTag 融合蛋白特异性结合的抗体或其他蛋白质。该系统的优点在于，与其他共价固定技术不同，HaloTag 的固定化是通过活性位点进行单点吸附，因此可以定向。其他共价固定技术中蛋白质的结合是随机的，可能会导致多个吸附位点和定位不正确。单点定向吸附能力可增加系统的有效性和再生能力，HaloTag 融合物与介质共价结合，可以改进特异性抗体纯化方法或 HaloTag 结合蛋白的分离方法。

4. 化学吸附作用

一些传统介质，如脂糖、纤维素、二氧化硅、玻璃及合成的高分子支持物，其表面与亲

和配基形成共价化学吸附,本节将简要回顾其中较常见的吸附形式。从策略上分析,化学吸附作用可以分为3个部分:①介质表面或树脂(介质);②连接组分或树脂活性的成分(间隔);③亲和配基。配基活性基团的类型和可用性限定了其如何与介质表面吸附。常见的基团是伯胺基、巯基和羧基。也可将配基修饰构建活性基团,如碳水化合物的氧化或正交活性基团的共价吸附,为配基的固定方式提供更多的选择。合成小分子的吸附策略趋于遵循与生物大分子相同的化学途径,但是在设计时往往也会有不同的考虑。

4.1 表面活化

制备共价亲和介质表面首先从表面活化开始。介质表面以两种方式接受配基,直接接受或通过活化连接物而接受配基,后者目的在于物理"隔离"配基与介质表面。表26.3总结了典型化学吸附,其中列出了已经构建的介质表面,并与用于吸附活化表面的配基主体进行对照。已经有多种已经商品化的预活化介质表面,所涉及的化学吸附类型多数可见表26.3。如果配基表面已有合适的化学基团,那么其他要考虑的就可简化为明确最优的反应环境,这要权衡偶联反应发生的条件和影响配基稳定性的条件。大多数配基的偶联反应在水溶液中进行,控制缓冲液的pH,反应时间为1～20 h,反应温度介于4℃和室温之间。由于反应的异质性,浓度和混匀程度对确保反应物均一分布是非常重要的。尽可能保持反应的液相体积不超过树脂的2倍。配基浓度会因分子类型不同而变化,但是

表26.3 常用的化学吸附方法

颗粒或表面	活化和/或连接物	亲和配基的活性基团
软凝胶:琼脂糖、纤维素	溴化氰	胺
合成载体:	醛(还原氨化)	胺
聚丙稀酰胺珠(polyacrylamide beads)、Trisacryl、聚丙烯酰胺葡聚糖(sephacryl)、Ultragel、吖内酯珠(Azlactone beads)、甲基丙烯酸甲酯[Methacrylate (TSK凝胶)]、Eupergit、聚苯乙烯[Polystyrene (Poros载体)]	激活羧基酯(琥珀酰亚胺酯)	胺
	羰基	胺
	羧基(激活与耦合共同作用)	胺
	FMP激活	胺、硫醇
	二乙烯基砜	胺、硫醇
	吖内酯(Azlactone)	胺、硫醇
	环氧树脂(bisoxirane,环氧氯丙烷)	胺、硫醇
	纯钛表面经三氟代乙烷磺酰氯(tresyl chloride)	胺、硫醇
	卤乙酰(haloacetyl)(碘或溴)	硫醇
	马来酰亚胺(Maleimide)	硫醇
	吡啶基二硫化物(Pyridyl disulfide)	硫醇
	胺	羧基(激活与耦合共同作用)
	肼	糖类(还原的高碘酸)
无机物:	3-(缩水甘油醚氧基丙基)三甲基氧基硅烷[3-(Glycidyloxypropyl) trimethoxy-silane]	胺
控制了孔径的玻璃、二氧化硅、氧化铝、沸石等	3-(氨丙基)三甲氧基硅烷	羧基(激活后)、醛

对于蛋白质，以 2.5～10 mg/mL 作为起始浓度是合适的。偶联反应可有较宽的 pH 和缓冲范围，这取决于活化化学作用和配基活性（Hermanson，1992）。不同系统的表面活化效率各异，因此，封闭多余的表面反应基团以中和或降低非特异性反应是必要的。

4.2　配基吸附

对于多肽、蛋白质或核酸，通常采用的共价吸附是，通过胺反应将配基上的氨基吸附在树脂表面。溴化氰活化表面与伯胺发生反应形成亚胺碳酸盐是最常见的胺反应吸附。最典型的伯胺是赖氨酸侧链（Hermanson，1992；Porath et al.，1967）（详见第 28 章）。这种活化形式的优点在于可以使用商业化的预活化树脂，与蛋白质的偶联效率几近 100%。虽然过去一直普遍使用这种方法，但也存在许多缺点：①连接导致配基从树脂上脱落；②配基直接吸附到介质表面，无间隔；③由于溴化氰具有毒性，需要增加安全防范。而且，可能需要通过交联限制这种固定方式存在的缺陷（Korpela and Hinkkanen，1976；Kowal and Parsons，1980）。

酰胺键的共价吸附是一种替代溴化氰活化作用的方法，可以通过活化的羧基表面（如 *N*-羟基琥珀酯）形成，或者用偶联试剂对羧基进行原位活化，如 *N*-乙基-*N*-（3-二甲氨基）碳二亚胺（EDC）（Wilchek et al.，1984；1994）。另一种可选择的较稳定的方法是仲胺化连接。伯胺（赖氨酸或 N 端）和醛活化表面形成希夫碱（Schiff 碱）中间体，后者经过还原烷基化形成仲胺。还原烷基化的吸附方法偶联条件温和，据报道与其他方法相比可以保留更多的酶活性，因此这种机制广泛应用于将酶固定于碳水化合物表面（琼脂糖或纤维素）（Hermanson，1992）。

胺反应连接也是小分子配基与介质表面吸附的常用方法。首要的是预先设计配基中用于吸附的胺基。很多可以用于胺固定的化学试剂也适用于硫氢基（或硫醇基）活化固定。在概念上，巯基固定与胺基固定相同，但前者依赖于半胱氨酸与活性表面的反应。对于巯基特异性固定，两个最突出的策略是通过卤代乙烷（碘或溴）和马来酰亚胺活化介质表面（Mallik et al.，2007）。巯基连接反应是可逆的，这也是其优点。用还原剂如 DTT 或 TCEP 处理，可去除表面的二硫键连接（Brena et al.，1993）。

可以通过前面介绍的方法将抗体或糖蛋白固定到表面，也可以采用修饰碳水化合物的方式，这种方法可能更具有定向性（Oates et al.，1998；Vijayendran and Leckband，2001）。通过碳水化合物固定，需要采用温和氧化物（如高碘酸盐）使碳水化合物的糖残基发生成醛反应。氧化形成的醛用于将蛋白质或抗体固定至酰肼化表面。这种方法通常用于抗体、糖蛋白、糖聚合物和核糖核酸（O'Shannessy and Wilchek，1990）。

在大多数情况下，采用前面讨论的活性基团中的一种进行配基吸附就足够了。但某些情况下，需要增加连接物与介质表面间隔的距离。一种方法是用间隔物对目的配基进行正交修饰，另一种活性集团会优先识别吸附在表面上的正交标签。这需要用合适的活性基团修饰表面和配基。目前常见的所谓“点击化学”（click chemistry）就是这种方法的具体体现，即铜（I）催化的叠氮末端炔烃化的 1,3-偶极环加成反应形成 1,2,3-三唑（Chandran et al.，2009；Gauchet et al.，2006）。这种方法的优点是，化学作用温和，具有独一无二的选择性，并且活性基团可以在配基和介质表面之间随意转换。由于反应本身需要催化,因此与常用的硫醇和胺标记后活性基团相比,反应基团本身更加稳定。

5. 纯化方法

亲和纯化程序从适当处理样品和介质开始,接着是靶标的选择性结合(捕获),清洗除去非特异性背景,最后洗脱结合靶标。亲和纯化的成功取决于一些值得注意的因素,包括树脂上配基的数量和配基的可用程度、相互作用的强度以及固定蛋白质的完整性等。通常优化结合和清洗条件是为了将靶标及固定配基之间的反应最大化。然后从根本上转换成减弱相互作用的条件,释放靶标。建议进行小规模实验,以选择最佳的纯化条件。下面章节简要概括一些常见的应用问题和影响亲和纯化的原因。

5.1 样品制备

制备纯化样品时,选择的条件应能保持目的靶标适宜倍数和功能。强烈建议除去不溶物、降低黏度,因为这些因素都可能堵塞层析柱,降低流速,增加反压。

一些蛋白质在高浓度时有聚合倾向,导致表观分子质量增加,降低扩散速率,减少亲和介质的捕获。此时,为了降低聚合,增强对蛋白质的捕获和回收能力,需要将样品或细胞裂解液稀释至较大体积。但是,如果样品太稀,结合率和捕捉效率会降低,特别是对于低亲和力的结合物。

5.2 结合和洗涤

结合效率与蛋白质-配基间相互作用的强度和动力学相关,受到相互作用的特性、应用靶标的浓度、固定配基量及结合流速影响。式(26.1)为结合过程的简化,假设摩尔比为1∶1时,K_a 为关联平衡常数,[L]为配基浓度,[T]为靶蛋白浓度, [LT]为复合物浓度。$K_a=[LT]/([L]\times[T])$,也可以表示为 k_a/k_d,k_a 为二阶联合速率常数,取决于 L 和 T 两者的浓度,k_d表示一阶解离常数,不依赖于配基浓度。K_a 为总靶标与结合靶标的比值,K_a 越高,吸附率越高,结合效率越高。通常情况下,介质上配基的浓度为 $10^{-4}\sim10^{-2}$mol/L。K_a 值为 $10^4\sim10^6$ mol/L 时,可以实现有效结合。

$$L+T\underset{k_d}{\overset{k_a}{\rightleftharpoons}}LT \tag{26.1}$$

通常在环境压力下,使样品缓慢流过用亲和介质装填的层析柱,可将其亲和固定至固相载体。一般来说,较高流速会降低结合效率,特别是在配基与蛋白质间相互作用较弱或层析柱中的物质转移速率很慢时。结合程序也可以以直接混合的形式进行,将树脂和样品持续混合。尤其在处理大体积样品时,通常直接混合可以节省时间,有效地促进靶标和固定配基间的接触。但是,直接混合也会增加非特异性结合。在纯化过程中,优化树脂用量是很好的解决方法。在结合过程中,多余的树脂会增加非特异性结合,而且树脂的再吸附性会降低靶标回收率,因此要优选使结合靶标达到饱和的树脂用量。除非在某些特殊情况下才需要降低靶标回收率。

接下来的程序是洗涤。通过清洗去除非特异性结合的蛋白质。例如,通过增加盐浓度(0.1～0.5 mol/L)或改变 pH 降低离子相互作用;通过降低盐浓度,改变 pH,或加入表面活性剂(如 Triton X-00)去除疏水相互作用。也可用少量的竞争物去除与配基结合较弱的污染物。为了最大程度去除杂质,最小限度损失靶标,应慎重决定清洗缓冲液的体积(如 5～10 个柱体积)和流速。

5.3 洗脱

实质上,从树脂上洗脱结合靶标是结合的可逆过程。因此优化条件降低 K_a,即可削弱靶标和配基之间的相互作用。洗脱条件不应使靶蛋白质变性,除非这些条件与下游程序兼容。

有两种不同类型的洗脱方法,即特异性洗脱和非特异性洗脱。特异性洗脱过程中,介质或竞争配基或竞争靶标,通过这种形式攻击蛋白质-配基复合物,继而将靶蛋白释放至溶液中。用于洗脱的竞争介质的浓度和量(体积)依赖于其亲和力,这种亲和力与固定复合物的亲和力相关。与亲和力强的添加物相比,竞争介质的结合越弱越需要更高的浓度和更大的体积。对于弱的竞争介质,比配基高 10 倍是较好的浓度起点。特异性洗脱通常是温和的,更可能保留蛋白质的活性。这种方法的缺点在于,洗脱慢,洗脱峰宽,需要从回收的蛋白质中去除竞争介质。对于非特异性洗脱,应控制溶剂条件降低关联速率常量[式(26.1)],该常量应趋近于零,同时增加解离速率常量,进而削弱整体亲和力(K_a),导致复合物解离。根据配基与蛋白质之间的相互作用机制优化洗脱条件,如增加盐的浓度、降低离子相互作用或通过改变 pH 来改变质子化/离子化状态,从而调节氢键强度、疏水相互作用及静电相互作用。从固定的 Protein A 或 Protein G 上洗脱抗体就是一个改变 pH 的例子。然而 Protein A/Protein G 与抗体的亲和力非常强[K_a 为 $10^8/(mol/L)^{-1}$ 左右)],需要不同洗脱条件组合达到最大程度的抗体释放。通常,亲和作用需要靶蛋白质正确地三维折叠,因此离液剂或影响蛋白质折叠的试剂可用于洗脱目标蛋白质,但是,必须注意保证靶标的正确折叠在洗脱后迅速恢复天然条件。当亲和力弱时,高浓度靶分子结合后,通过稀释以解离、洗脱复合物。这种方法即等度洗脱(isocratic elution)。

(李 郁 译 张 军 校)

参考文献

Alexander, C., Andersson, H. S., Andersson, L. I., Ansell, R. J., Kirsch, N., Nicholls, I. A., O'Mahony, J., and Whitcombe, M. J. (2006). Molecular imprinting science and technology: A survey of the literature for the years up to and including 2003. *J. Mol. Recognit.* **19,** 106–180.

Blumberg, P. M., and Strominger, J. L. (1972). Isolation by covalent affinity chromatography of the penicillin-binding components from membranes of *Bacillus subtilis*. *Proc. Natl. Acad. Sci. USA* **69,** 3751–3755.

Brena, B., Ovsejevi, K., Luna, B., and Batista-Viera, F. (1993). Thiolation and reversible immobilization of sweet potato beta-amylase on thiolsulfonate-agarose. *J. Mol. Catal.* **84,** 381–390.

Campbell, D. H., Luescher, E., and Lerman, L. S. (1951). Immunologic adsorbents: I. Isolation of antibody by means of a cellulose-protein antigen. *Proc. Natl. Acad. Sci. USA* **37,** 575–578.

Cecília, A., Roque, A., and Lowe, C. R. (2005). Advances and applications of de novo designed affinity ligands in proteomics. *Biotechnol. Adv.* **24,** 17–26.

Chandran, S. P., Hotha, S., and Prasad, B. L. V. (2009). Tunable surface modification of silica nanoparticles through "click" chemistry. *Current Science* **95,** 1327–1333.

Cuatrecasas, P., Wilchek, M., and Anfinsen, C. B. (1968). Selective enzyme purification by affinity chromatography. *Proc. Natl. Acad. Sci. USA* **61,** 636–643.

Faulmann, E. L., Duvall, J. L., and Boyle, M. D. (1991). Protein B: A versatile bacterial Fc-binding protein selective for human IgA. *Biotechniques* **10,** 748–755.

Gauchet, C., Labadie, G. R., and Poulter, C. D. (2006). Regio- and chemoselective covalent immobilization of proteins through unnatural amino acids. *J. Am. Chem. Soc.* **128,** 9274–9275.

GE Healthcare (ed.) (2007). Affinity chromotography, principle and methods. GE Healthcare.

Guilbault, G. G. (ed.) (1988). *In* "Analytical uses of immobilized biological compounds for detection, medical and industrial uses," Dordrecht, Boston, MA.

Guss, B., Eliasson, M., Olsson, A., Uhlen, M., Frej, A. K., Jornvall, H., Flock, J. I., and Lindberg, M. (1986). Structure of the IgG-binding regions of streptococcal protein G. *EMBO J.* **5,** 1567–1575.

Gustavsson, P.-E., and Larsson, P.-O. (2006). Support materials for affinity chromatography. *In* "Handbook of Affinity Immobilization," (D. S. Hage, ed.), pp. 15–34. CRC press/Taylor and Francis Group, Boca Raton, FL.

Hage, D. S. (ed.) (2006). *In* "Handbook of affinity chromatography," CRC press/Taylor and Francis Group, Boca Raton, FL.

Hage, D. S., Bian, M., Burks, R., Karle, E., Ohnmachi, C., and Wa, C. (2006). Bioaffinity Chromatography. *In* "Handbook of Affinity Immobilization," (D. S. Hage, ed.), pp. 101–126. CRC press/Taylor and Francis Group, Boca Raton, FL.

Hermanson, G. T. (ed.) (1992). *In* "Immobilized affinity ligand techniques," Academic Press, San Diego, CA.

Hirabayashi, J. (2008). Concept, strategy and realization of lectin-based glycan profiling. *J. Biochem.* **144,** 139–147.

Koneracka, M., Kopcansky, P., Timbo, M., Ramchand, C. N., Saiyed, Z. M., and Trevan, M. (2006). Immobilization of enzymes on magnetic particles. *In* "Immobilization of Enzymes and Cells," (J. M. Guisan, ed.), pp. 217–228. Humana Press.

Korpela, T., and Hinkkanen, A. (1976). A simple method to introduce aldehydic function to agarose. *Anal. Biochem.* **71,** 322–323.

Kowal, R., and Parsons, R. G. (1980). Stabilization of proteins immobilized on Sepharose from leakage by glutaraldehyde crosslinking. *Anal. Biochem.* **102,** 72–76.

Labrou, N., and Clonis, Y. D. (1994). The affinity technology in downstream processing. *J. Biotechnol.* **36,** 95–119.

Labrou, N. E. (2000). Dye-ligand affinity chromatography for protein separation and purification. *Methods Mol. Biol.* **147,** 129–139.

Labrou, N. E. (2003). Design and selection of ligands for affinity chromatography. *J. Chromatogr. B Analyt. Technol. Biomed. Life Sci.* **790,** 67–78.

Labrou, N. E., and Clonis, Y. D. (2002). Immobilized synthetic dyes in affinity chromatography. *In* "Theory and Practice of Biochromatograph," (M. A. Vijayalakshimi, ed.), pp. 235–251. Taylor and Francis Group, London.

Labrou, N. E., Karagouni, A., and Clonis, Y. D. (1995). Biomimetic-dye affinity adsorbents for enzyme purification: Application to the one-step purification of *Candida boidinii* formate dehydrogenase. *Biotechnol. Bioeng.* **48,** 278–288.

Langone, J. J. (1982). Applications of immobilized protein A in immunochemical techniques. *J. Immunol. Methods* **55,** 277–296.

Lerman, L. S. (1953a). A biochemically specific method for enzyme isolation. *Proc. Natl. Acad. Sci. USA* **39,** 232–236.

Lerman, L. S. (1953b). Antibody chromatography on an immunologically specific adsorbent. *Nature* **172,** 635–636.

Los, G. V., Encell, L. P., McDougall, M. G., Hartzell, D. D., Karassina, N., Zimprich, C., Wood, M. G., Learish, R., Ohana, R. F., Urh, M., Simpson, D., Mendez, J., *et al.* (2008). HaloTag: A novel protein labeling technology for cell imaging and protein analysis. *ACS Chem. Biol.* **3,** 373–382.

Lowe, C. R., Lowe, A. R., and Gupta, G. (2001). New developments in affinity chromatography with potential application in the production of biopharmaceuticals. *J. Biochem. Biophys. Methods* **49,** 561–574.

Madoery, R., and Minchiotti, M. (2006). Cibacron Blue-Eupergit, an affinity matrix for soybean (*Glycine max*) phospholipase A_2 purification. *Enzyme and Microb. Technol.* **38,** 869–872.

Mallik, R., and Hage, D. S. (2006). Affinity monolith chromatography. *J. Sep. Sci.* **29,** 1686–1704.

Mallik, R., Wa, C., and Hage, D. S. (2007). Development of sulfhydryl-reactive silica for protein immobilization in high-performance affinity chromatography. *Anal. Chem.* **79,** 1411–1424.

O'Shannessy, D. J., and Wilchek, M. (1990). Immobilization of glycoconjugates by their oligosaccharides: Use of hydrazido-derivatized matrices. *Anal. Biochem.* **191,** 1–8.

Oates, M. R., Clarke, W., Marsh, E. M., and Hage, D. S. (1998). Kinetic studies on the immobilization of antibodies to high-performance liquid chromatographic supports. *Bioconjug. Chem.* **9,** 459–465.

Ohana, R. F., Encell, L. P., Zhao, K., Simpson, D., Slater, M. R., Urh, M., and Wood, K.V (2009). Halotag7: A genetically engineered tag that enhances bacterial expression of soluble protein and improves protein purification. *Protein Expr. Purif.* **68,** 110–120.

Ostrove, S. (1990). Affinity chromatography: General methods. *Methods Enzymol.* **182,** 357–371.

Plievaa, F. M., De Seta, E., Galaevb, I. Y., and Mattiasson, B. (2009). Macroporous elastic polyacrylamide monolith columns: Processing under compression and scale-up. *Sep. Purif. Technol.* **65,** 110–116.

Porath, J., Axen, R., and Ernback, S. (1967). Chemical coupling of proteins to agarose. *Nature* **215,** 1491–1492.

Renkin, E. M. (1954). Filtration, diffusion, and molecular sieving through porous cellulose membranes. *J. Gen. Physiol.* **38,** 225–243.

Saiyed, Z., Telang, S., and Ramchand, C. (2003). Application of magnetic techniques in the field of drug discovery and biomedicine. *Biomagn. Res. Technol.* **1,** 2.

Starkenstein, E. (1910). Ferment action and the influence upon it of neutral salts. *Biochem. Z.* **24,** 210–218.

Stellwagen, E. (1990). Chromatography on immobilized reactive dyes. *Methods Enzymol.* **182,** 343–357.

Urh, M., Hartzell, D., Mendez, J., Klaubert, D. H., and Wood, K. (2008). Methods for detection of protein-protein and protein-DNA interactions using HaloTag. *Methods Mol. Biol.* **421,** 191–209.

Vijayendran, R. A., and Leckband, D. E. (2001). A quantitative assessment of heterogeneity for surface-immobilized proteins. *Anal. Chem.* **73,** 471–480.

Wilchek, M., Knudsen, K. L., and Miron, T. (1994). Improved method for preparing N-hydroxysuccinimide ester-containing polymers for affinity chromatography. *Bioconjug. Chem.* **5,** 491–492.

Wilchek, M., Miron, T., and Kohn, J. (1984). Affinity chromatography. *Methods Enzymol.* **104,** 3–55.

Zachariou, M. (ed.) (2007). *In* "Affinity Chromatography, Methods and Protocols," Humana Press, Totowa, NJ.

第 27 章

固定化金属亲和层析:综述

Helena Block*, Barbara Maertens*, Anne Spriestersbach*, Nicole Brinker*, Jan Kubicek*, Roland Fabis*, Jörg Labahn†, and Frank Schäfer*

目录

摘要

本章回顾了固定化金属亲和层析(IMAC)的发展,并介绍其最重要的应用。总结 IMAC 的应用领域,包括蛋白质分级分离和蛋白质组学、蛋白质固定和检测,以及一些特殊应用,如免疫球蛋白的纯化和 Chelex 方法。带组氨酸标签的重组蛋白纯化是与 IMAC 最相关的应用,本章详细总结并重点关注其最先进的材料、方法、步骤,并阐述该方法的局限性和技术上的最新改进。

---

* QIAGEN GmbH, Qiagen Strasse 1(Hilden, Germany)
† Jülich 研究中心,结构生物学研究所(IBI-2)(Jülich, Germany)

1. IMAC 配基和固相离子的概况

Porath 等(1975)首先定义了固定化金属亲和层析(IMAC)的概念,并证实其可行性。已知在水溶液中,过渡金属离子(如 Zn^{2+}、Cu^{2+}、Ni^{2+} 和 Co^{2+})与组氨酸和半胱氨酸间具有亲和作用,IMAC 正是以此亲和力为基础(Hearon, 1948)。将此方法延伸应用,使金属离子“强固定”于载体达到蛋白质分级分离的目的。Porath 用亚氨基二乙酸(IDA)作为螯合配基,将金属离子固定于琼脂糖,这种螯合剂目前仍然用于许多商品化 IMAC 树脂。早在 1975 年,Porath 就推测固定金属离子与含组氨酸蛋白质的亲和力不仅仅可以用于 IMAC。事实上,他的推测完全正确。

Porath 的观点发表后几年内,通过对多种蛋白质和肽纯化,成功评价了新的 IMAC 技术,Sulkowski(1985)总结并首次发表了 IMAC 相关综述。IMAC 从用于血清的粗分离开始,很快成为现在使用最广泛的亲和层析技术(Biocompare, 2006; Derewenda, 2004)。如果不是层析技术普遍应用,IMAC 也不会成为这么普及的方法。20 世纪 70 年代末,重组技术和现代分子生物学快速成熟,80 年代发明了螯合配基次氨基三乙酸(NTA),随后又进一步改进。这些进步也加速了 IMAC 的发展(Hochuli et al., 1987)。在此期间,通过 NTA 载体,在 DNA 模板水平上对重组蛋白进行遗传修饰,形成延长的寡聚组氨酸(His 标签)多肽(Hochuli et al., 1988),这种重组蛋白纯化方法代表了 IMAC 最重要的应用。His 标记蛋白质与固定化金属离子相互作用的主要机制(图 27.1)。

一种机制可能是金属离子与 His 标签的组氨酸残基 n 和 $n+2$ 相互作用。IMAC 配基与含连续组氨酸 His-标签或其他可选标签结合,即是这种作用模式的体现。通常,连续 His 标签因其无序的特性而显得灵活。因此可以想象,即使是在单一的分子内部,也可以存在其他相互作用模式,如 $n:n+1$、$n:n+3$、$n:n+4$ 等方式(Jacob Piehler,私人交流)。

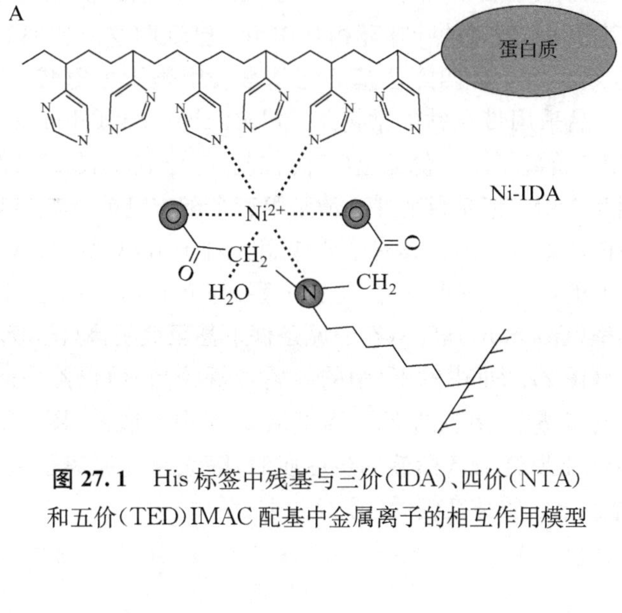

图 27.1　His 标签中残基与三价(IDA)、四价(NTA)
和五价(TED)IMAC 配基中金属离子的相互作用模型

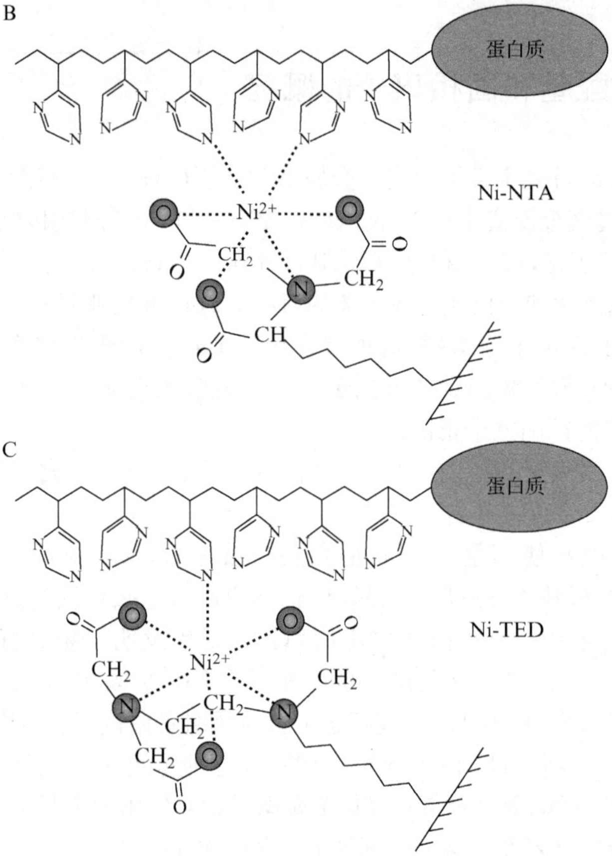

图 27.1 His 标签中残基与三价(IDA)、四价(NTA)和五价(TED)IMAC 配基中金属离子的相互作用模型(续图)

如图 27.1B 中球状突出部分所示,NTA 配基使 Ni^{2+} 呈四价配位(四配位基,配位数 4),另外两个配位键用以与残基的咪唑环相互作用。已证明这一比率对于纯化带有 His-标签的蛋白质最有效。另一种四配位基的配基是羧甲基天冬氨酸(CM-ASP;Chaga et al., 1999),商业化产品采用带电钴的钴树脂(cobalt-charged Talon resin)。与四配位基的配基相比,IDA 使二价离子呈三价配位(三配位基,配位数 3,图 27.1A),剩余 3 个自由配位键与咪唑环相互作用。但是目前并不清楚第三个配位键能否参与空间相互作用。配位数似乎对纯化蛋白质组分的质量具有重要作用。对于 IDA 和 NTA 层析,其对蛋白质的回收率通常是相似的(图 27.2Ⅳ)。但是据观察,与 NTA 相比,通常 IDA 配基具有更高的金属离子脱落率(Hochuli,1989),在还原条件下甚至会更高(图 27.2Ⅲ)。如图 27.2 所示,尽管洗脱组分(图 27.2Ⅲ中的 E)中的金属含量较高,但仍然在同一数量级。但是很明显在平衡和清洗步骤中,更多的 Ni^{2+} 离子从 IDA 树脂脱落(图 27.2Ⅲ中的 W)。与 NTA 纯化相比,在纯化带有 His 标签的蛋白质时,除大量金属离子浸出外,屡次使用同一个 IDA 介质会导致蛋白质纯度较低(图 27.2Ⅰ、Ⅳ)。

金属离子从三配位基的配基脱落后产生带电基团,可作为阳离子交换剂,结合于蛋白质表面的正电基团上,这可能是纯度较低的原因。使用五配位配基使离子配位非常紧密,金属离子脱落程度最低(图 27.2Ⅲ)。是否有很少的金属离子脱落对蛋白质制剂非常重要,具备这种特征表示该树脂是有效的并且是可选的。然而,在这种情况下,仅剩余一个配位键用于结合 His 标签,因此与 IDA 和 NTA 相比,这种配基的 His 标记蛋白质回收率通常较低(图 27.2Ⅱ)。

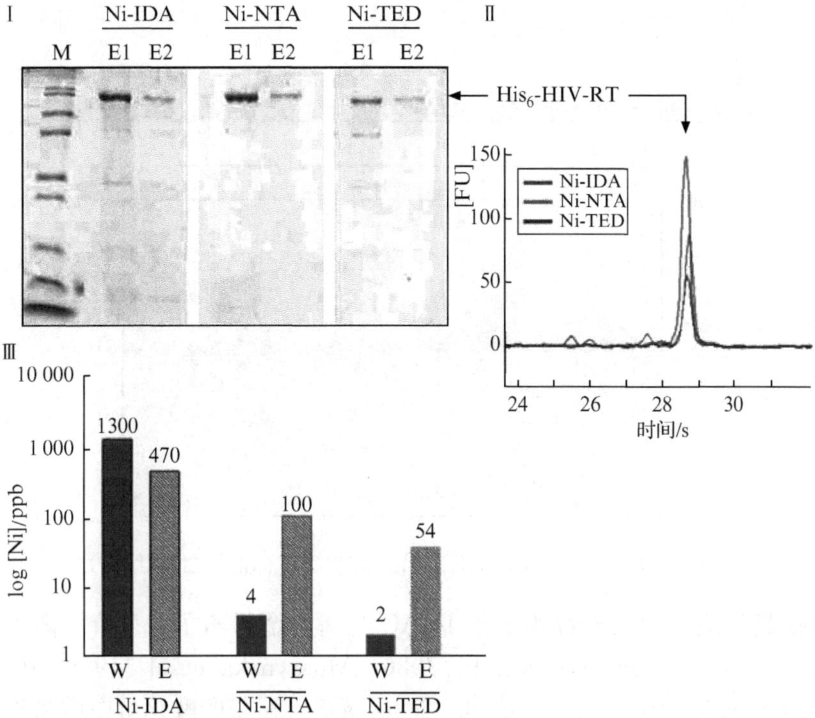

图 27.2　NTA、IDA 和 TED 介质纯化 His 标记蛋白质。Ⅰ. 在大肠杆菌 BL21(DE3)中表达 H_6-HIV- RT,在含有 1 mmol/L DTT 的标准条件下通过 Ni-IMAC 纯化[IDA、NTA,标准条件见本章 2.10 节或参见生产商建议(TED)]。SDS-PAGE 和考马斯亮蓝染色分析等量 IMAC 洗脱组分(E1、E2)。Ⅱ. 生物分析仪 2100 实验室单芯片分析混合洗脱组分。叠加 H_6-HIV- RT 相应电泳峰。各混合组分峰面积与蛋白质含量直接相关。Ⅲ. 测定Ⅰ和Ⅱ中 H_6-HIV- RT 纯化过程的清洗(W)及混合洗脱组分(E)的镍含量。镍含量在德国 Bochum 的 Wessling 实验室用 ICP-MS 测定,以 μg/L 为单位(part per billion,ppb)。Ⅳ. QIAgene 载体携带优化的人类基因,用于表达大肠杆菌 BL21(DE3)LB 培养过程中的图示蛋白质。将澄清的裂解液分成两份,分别用 Ni-NTA(NTA)和 Ni-IDA(IDA)纯化 His 标记蛋白质。SDS-PAGE 和考马斯亮蓝染色分析如下组分:L. 澄清的裂解液;F. IMAC 流穿组分;W. 清洗组分;E. 洗脱组分峰。Ⅴ. 大肠杆菌中表达 H_6 标记蛋白质片段分别为 α、β、γ 和 δ;标准条件下分别用载有 Ni^{2+} 或 Co^{2+} 的 NTA 和四配位配基 CM- ASP 纯化:1. Ni-NTA;2. Co-NTA;3. Co-CmAsp;4. Ni-CmAsp。SDS-PAGE 和考马斯亮蓝染色分析等量(2 μL)洗脱组分峰(另见图版)

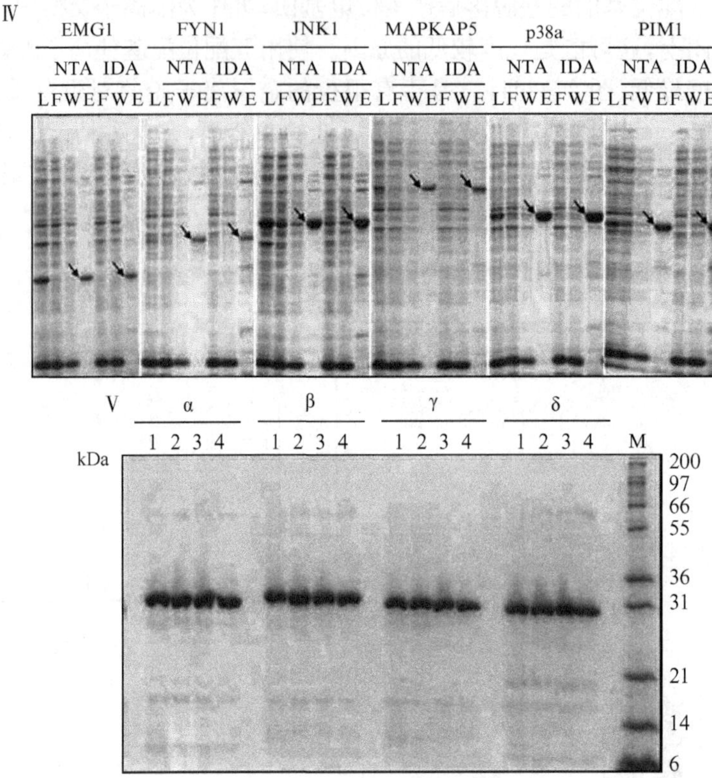

图 27.2 NTA、IDA 和 TED 介质纯化 His 标记蛋白质(续图)

应根据具体应用目的选择固定于 IMAC 配基的金属离子。三价阳离子，如 Al^{3+}、Ga^{3+} 和 Fe^{3+} (Andersson and Porath, 1986; Muszynska et al., 1986; Posewitz and Tempst, 1999)或四价 Zr^{4+}(Zhou et al., 2006)更适合捕获磷酸化蛋白质和磷酸化肽，二价 Cu^{2+}、Ni^{2+}、Zn^{2+} 和 Co^{2+} 常用于纯化 His 标记蛋白质。联合使用四配位配基，可以确保固定化牢固，而且金属离子(Ni^{2+}、Co^{2+})保留两个自由配位键与生物高分子相互作用时，接受能力更高，同时回收率和洗脱蛋白质纯度无明显变化。图 27.2E 所示为使用这种配位方式的典型纯化结果。其中源自不同基因的多个蛋白质片段，通过固定在 NTA 和 Cm- ASP 四配位配基上的 Ni^{2+} 及 Co^{2+} 被纯化。

2. IMAC 的应用

最初，IMAC 利用天然蛋白质与金属离子固有亲和力进行纯化(Porath et al., 1975)，现在已经成为广泛组合的应用技术。在层析纯化方面，扩展了蛋白质种类，从最初的金属蛋白质到抗体、磷酸化蛋白及重组 His 标记蛋白。IMAC 用于蛋白质组学研究，通过质谱技术，浓缩细胞的混合蛋白质组分后，进行差异分析(磷酸化蛋白质组学、金属蛋白质组学)。其中，IMAC 可以是传统的珠状介质，或将配基固定于类似于 SELDI(surface-enhanced laser desorption/ionization)芯片的功能表面。以芯片为基础的应用还包括表面等离子体共振(SPR),可以对 His 标记蛋白质的固定进行功能定量以及动力学分析。此外,在所谓的 Chelex 技术中,从复杂样品(如血液)中进行核酸 PCR 扩增前,需要耗尽抑制剂,这一步骤中应用了 IMAC 原理(Walsh et al., 1991)。以下部分将简要讨论与 IMAC 应用最相关的部分。随后详细讨论 IMAC 的主要应用——His 标记蛋白质的纯化。本节包括 IMAC 存在的问题、局限性、解决方案以及这一领域的最新进展。

2.1　检测和固定

在寻求利用 His 标记蛋白质与固定化金属离子的特异性和高亲和性的过程中,IMAC 配基已被应用于蛋白质与蛋白质之间的相互作用,其中蛋白质必须稳定地固定在表面上。下面简要描述包括酶联免疫吸附实验(ELISA)和芯片技术在内的两个应用,其中 ELISA 用做诊断工具,芯片技术用于功能分析。

Ni-NTA 配基吸附到微孔板表面,用于固定可溶且结构完整的 His 标记抗原,进行血清学研究。利用 His 标记的直接固定化比标准 ELISA 有优势。标准 ELISA 是将蛋白质随机吸附到塑料表面,这会造成蛋白质结构破坏,隐藏部分蛋白质表面及抗体可能结合的位点。相比之下,以 IMAC 为基础的 ELISA 可以筛选构象依赖性单克隆抗体(Padan et al., 1998),增加免疫吸附检测灵敏性(Jin et al., 2004)。

将 His 标记蛋白质固定于芯片表面用于研究与其他分子的相互作用(如通过 SPR),是一种应用广泛的蛋白质鉴定方法。“稳定性”是降低固定分子“渗出”的重要因素。基于上述适于结合的特性,NTA 配基常用于固定(Knecht et al., 2009; Nieba et al., 1997)。但是,生物素化蛋白与链霉亲和素包被载体的相互作用被认为更加稳固。根据多价螯合头(multivalent chelator head)概念——仅一个配基上即可载有 3 个 NTA 基团,对于玻璃表面固定的 His 标记蛋白质来说,即使在低浓度状态下,也可保证固定功能的稳定性,这是一个巨大的进步(tris-NTA;Lata and Piehler, 2005; Zhaohua et al., 2006)。这一进步提供了一个能够替代链霉亲和素/生物素蛋白为基础的固定方式,并且在下面的纯化过程中,可以使用 His 标记蛋白质,不需要生物素化。我们已经合成 tris-NTA 配基,并将其与磁性琼脂糖珠偶联,以测试这种方法是否可以应用于 His 标记蛋白质的纯化,这样也许可以实现更加特异地、从复杂样品中的单步回收。初步数据(图 27.3)表明,事实可能确实如此。应用两种介质从草地夜蛾来源的无细胞裂解反应中分离的 AKT1 激酶,其中 tris-Ni-NTA 珠纯化后纯度略高。这些研究结果是否具有普遍性,以及 tris-NTA 层析方法是否可以大规模商品化仍有待评估。

IMAC 配基也已成功替代抗体作为指示剂,用于多种类型的免疫印记。将 His 标记蛋白质转移到硝酸纤维素膜上,通过 Ni-NTA 与碱性磷酸酶或辣根过氧化物酶偶联,进行显色或化学发光反应检测(Lv et al., 2003),或者与量子点偶联进行荧光检测(Kim et al., 2008)。这意味着在不要求高特异性的情况下,其可以替代抗体检测法成为一种快速而且经济的选择,并因此受到欢迎。tris-NTA 偶联物的出现提高了 NTA 偶联检测法的特异性(Lata et al., 2006;Reichel et al., 2007)。

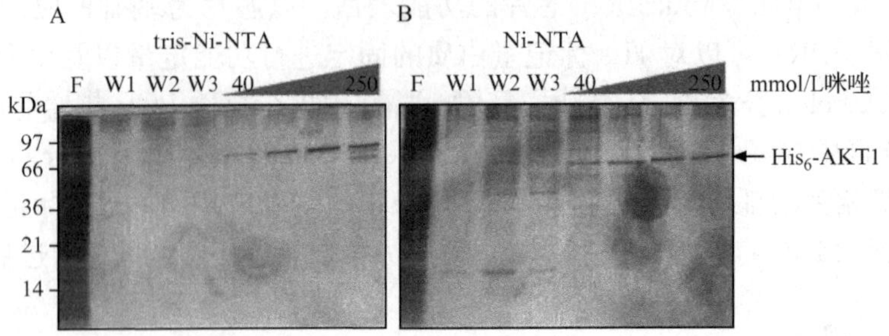

图 27.3　Tris- Ni-NTA 和 Ni-NTA 磁珠纯化 His_6 标记 AKT1 激酶。100 μL 反应体系;以 pIX4.0 作为载体;C 端 His_6 标记 AKT1(EasyXpress Insect Ⅱ system)表达于无细胞的昆虫细胞裂解液中。在含有 0.05%(V/V)Tween-20 的标准条件下,用磁性管夹,通过 tris-Ni-NTA 化(A)或 Ni-NTA 化(B)的磁性琼脂糖珠进行纯化(见本章 2.10 节)。SDS-PAGE 和银染等量分析如下纯化组分:F. 未结合蛋白质;W1、W2. 清洗组分 1 和清洗组分 2 (10 mmol/L 咪唑);W3. 清洗组分 3(20 mmol/L 咪唑);40～250. 洗脱组分(分别为 40 mmol/L、60 mmol/L、100 mmol/L 和 250 mmol/L 咪唑)。抗-HIS 免疫印迹法鉴别纯化后 His_6 标记 AKT1(数据未显示)

2.2　蛋白质组分的纯化

最初,IMAC 的研发是针对含金属离子和组氨酸的蛋白质的一种基团分离方法(Porath et al.,1975)。现在将 IMAC 的这些功能用于蛋白质组学研究。在蛋白质组学研究中,为保证低丰度蛋白质分析灵敏性,降低系统(蛋白质组)复杂度是必不可少。因此,蛋白质组学越来越多地使用预分离方法对检测过程中可能丢失的蛋白质进行浓缩,如液相、反相、离子交换和亲和色谱(如 IMAC)(Loo, 2003; Stasyk and Huber, 2004)。最近,已经有 IMAC 应用于蛋白质组学方面的综述(Sun et al., 2005),主要是磷酸化蛋白质、磷酸化肽和金属结合蛋白质的浓缩。在浓缩像细胞裂解液或血液这样的复杂样品时,使其流过 IMAC 介质再经清洗,继而通过不同 pH 或高浓度的咪唑洗脱目的组分,然后用质谱法(MS)分析洗脱组分,或者经二维凝胶电泳进一步分离后用 MS 法或液质谱联用法(LC-MS)分析。

Fe^{3+}、Al^{3+} 和 Ga^{3+} 是研究磷酸化蛋白质的优选离子,通常将其固定于 IDA。适用于金属蛋白质组学 MAC 分析的离子是铜、镍、锌和铁元素,这些都是生命必需元素。金属蛋白质组是指一组具有金属结合能力的蛋白质,并且最近已经有了一些关于这种蛋白质组学方面的综述(Shi and Chance, 2008; Sun et al., 2005)。可以利用这些金属结合蛋白质与某种固定化 Me^{2+} 结合的能力(如 Me^{2+}-NTA),或是利用在不带电荷的 IMAC 配基(如 NTA)上捕捉 Me^{2+},与其结合形成 Me^{2+}-蛋白质的能力,达到浓缩的目的。

蛋白质组的 IMAC 芯片分析方法也有报道(Slentz et al., 2003),并且可以作为临床筛查含磷酸化基团和组氨酸的蛋白质及多肽的工具(SELDI-IMAC)。

潜在结合位点(磷酸基团中的氧、碱中的氮和氧、核苷酸中的羟基)与固定化金属离子之间亲和作用的差异性是一种复杂的现象,这种现象是 IMAC 用于结合和分离单、双或更多聚合形式核苷酸的基础(Hubert and Porath, 1980;1981)。

抗体与固定化金属离子的亲和相互作用可以应用于 IMAC 分离技术,这是一种完全不同的基团特异性分离方法。重链内部的金属离子结合位点是这种相互作用的分子基础(Hale and Beidler,1994),并且已经对抗体中组氨酸残基的排列形式进行了分析(Porath and Olin, 1983)。许多作者曾报道了不同来源免疫球蛋白与 IMAC 介质的吸附(人 IgG, Porath and Olin, 1983; 人源化小鼠 IgG, Hale and Beidler, 1994; 山羊 IgG, Boden et al., 1995)。已成功使用多种形式 IMAC 纯化抗体,包括凝胶(Hale and Beidler, 1994; Vancan et al., 2002)、甲基丙烯酸酯聚合物(Mészárosová et al., 2003)和中空纤维柱(Serpa et al., 2005)。与传统的 Protein A/Protein G 层析相比,盐洗脱性质温和、成本低及 IMAC 介质的耐用性,都成为 IMAC 方法的优点(Serpa et al., 2005)。

要想完整概括 IMAC 配基的应用,就要提到 Chelex 法。经典的 IMAC 法是利用过渡金属离子的亲和力,通过固定化金属离子纯化肽/多肽。与传统方法不同,Chelex 阐述了一种核酸样品制备方法,利用该技术耗尽样本中 PCR 金属离子抑制剂后再用于下面的步骤(Walsh et al., 1991)。类似于 IDA,不带电荷的配基与常用的琼脂糖介质偶联,即为 Chelex 树脂(如 Bio-Rad Chelex 100)。程序简单概括如下:有/无蛋白酶 K 条件下,将血液或组织样本与 Chelex 树脂一同孵育,然后分离含有核酸的上清液和树脂颗粒。获得的核酸组分虽然纯度不高,但已经从样本中去除金属离子,因此适合用于 PCR 扩增,否则高温下可能催化裂解 DNA,进而抑制 PCR 反应。Chelex 法快速、廉价,因此主要用于对活检和穿刺获得的少量样本进行的小片段 DNA 扩增(García González et al., 2004; Gill et al., 1992)。

2.3　His 标记蛋白质的纯化

2.3.1　His 标签及其对蛋白质表达的影响

IMAC 最重要的应用是纯化 His 标记重组蛋白,融合表达的 His 标签为含有 6 个或更多组氨酸残基的片段(图 27.1)。His 标签具有相当高的亲和力和特异性,因此在大多数情况下,IMAC 一步纯化足以制备一定纯度的目标蛋白质,且可满足很多应用的要求。标签的结构(即位置、顺序和长度)可以从多个水平影响蛋白质生产:表达率、与 IMAC 配基的结合能力、蛋白质三维结构、蛋白质晶体的形成等,而且其虽然对溶解度和活性影响轻微,但也有一定作用。His 标签最常见的形式是由 6 个连续的组氨酸残基(H_6)组成,可以提供 6 个金属结合位点。大多数情况下,结合/解离平衡转换能力越高,使平衡倾向于结合的方向,越可能具有稳定的结合能力(表 27.1;Knecht et al., 2009)。Biacore 检测结果显示,在 pH 7.0~7.4 时,六聚组氨酸标记蛋白质与 Ni-NTA 的解离速率为 1×10^6～1.4×10^8(Knecht et al., 2009;Nieba et al., 1997)。然而,平面芯片表面的流动性、配体密度和蛋白质浓度与多孔隙琼脂糖颗粒非常不同。此外, His 标记蛋白质与 IMAC 配基相互作用的稳定性受标签的可接近程度和蛋白质表面全部螯合残基(组氨酸、半胱氨酸、天冬氨酸和谷氨酸)数量的影响(Bolanos-Garcia and Davies, 2006; Jensen et al., 2004),因此在很大程度上这种相互作用是独立的。也就是说,通常即使在苛刻的条件下,如果 His 标签是易接近的(大多数情况下均是如此),那么对于柱层析,蛋白质与 Ni-TNA 的亲和力（或称为活性更合适）也是足够高的。表 27.1 列出了文献报道过的标签序列，以及最近在我们实验室测试的一些未发表的标签序列。

表 27.1 已经报道的 His 标签序列

His 标签		参考文献/供应商
H H H H H H	H_6	Hochuli 等(1988)
H H H H H H H H	H_8	pQE-TriSystem、pTriEx
H H H H H H H H H H	H_{10}	pQE-TriSystem-5, -6
H H H H H H H H H H H H H H	H_{14}	
H Q H Q H Q H Q H Q H Q	$(HQ)_6$	Pedersen 等(1999)
H N H N H N H N H N H N	$(HN)_6$	US 专利 7176298
H G H G H G H G H G H Q	$(H\ G/Q)_6$	Pedersen 等(1999)
H H Q H H A H H G	$(HHX)_3$	Pedersen 等(1999)
K D H L I H N V H K E H A H A H N K	HAT	Imai 等(2001)；US 专利 7176298
$(H\ X^*)_{3\sim6}$	$(HX^a)_n$	US 专利 5594115
$H\ X_1\ H\ R\ H\ X_2 H^b$	$(HXH)_2R$	US 专利应用 2004/0029781

注:用一个字母代表氨基酸序列编码

a X 可以是 D、E、P、A、G，V、S、L、I 和 T；

b X_1 可以是 A、R、N、D、Q、E、I、L、F、P、S、T、W、V；X_2 可以是 A、R、N、D、C、Q、E、G、I、L、K、M、P、S、T、Y、V

与可溶性蛋白的“标准”纯化相比，在表面活性剂存在的情况下，回收膜蛋白遇到的情况是不同的（见本章 2.10 节），因为表面活性剂胶粒可能会部分或完全覆盖 His 标签。这种情况下，需要使用更长的标签序列或通过连接物，使 IMAC 树脂与蛋白质结合（Mohanty and Wiener，2004）。表 27.1 所示为推荐使用的各种长度 His 标签以及包含其他可选序列的 His 标签，并且已经改善了这些标签与 IMAC 树脂的结合能力。但是，无论是对于我们还是其他实验室（Knecht et al.，2009），这些改进标签的应用价值都不能超过经典的 Hn 标签。研究表明，比标签序列本身更重要的就是其结合位置（N 端或 C 端）以及在 N 端的氨基酸序列。据报道，N 端邻近甲硫氨酸的氨基酸的作用在于防止 N 端甲硫氨酸加工，对于一般的大肠杆菌（Dalbøge et al.，1990；Hirel et al.，1989）蛋白质表达率有积极作用。通过我们和其他研究者对这些报告的评估，确认赖氨酸和精氨酸位于蛋白质 N 端的第二位时，具有这种效果（Pedersen et al.，1999；Schäfer et al.，2002 a；Svensson et al.，2006）。然而，N 端 His（Strep Ⅱ）标签的高成功率，不仅源于第二个氨基酸对表达的刺激作用，似乎也因为该位置的标签序列会持续影响翻译起始区的 mRNA 结构。通过分析蛋白质的表达水平和溶解性，对细菌和真核生物表达的几种蛋白质进行了 N 端和 C 端 His（Strep Ⅱ）标签位置比较（图 27.4）。在大多数情况下，N 端标签更利于蛋白质表达。

mRNA 5′区的系统研究表明，通常翻译起始区形成的发夹结构因阻止核糖体与 mRNA结合而导致低表达（Cèbe and Geiser，2006）。采用序列优化破坏发夹结构稳定性可以改善表达。当蛋白质 N 端表达 H_6 标签时，可以获得类似的结果。如图 27.4 所示，产生这种效果的原因在于，可以保护翻译起始区 mRNA 二级结构的启动子功能。其他研究者也观察到了类似的结果（Busso et al.，2003；Svensson et al.，2006），这可能是 N 端

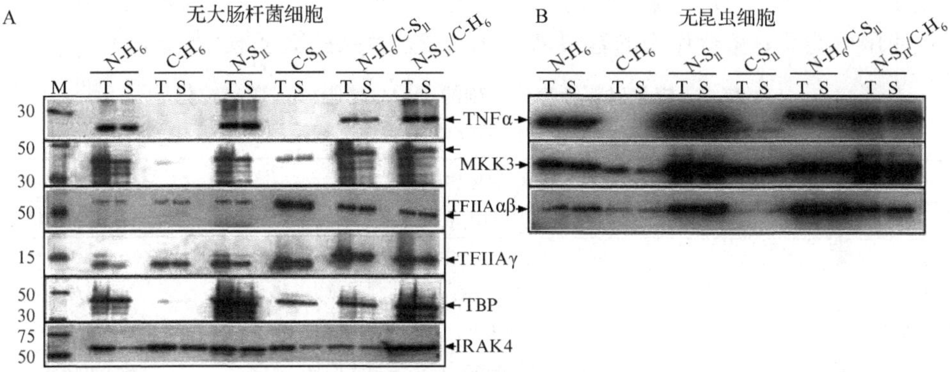

图 27.4　His 标签的位置对蛋白质表达的影响。用 Easy Xpress Linear Template Kit，采用两步 PCR，以 PCR 产物为模板，在大肠杆菌（A）和昆虫细胞（B）中表达蛋白质（分别使用 Easy Xpress Protein Synthesis 和 EasyXpress Insect Ⅱ Kits），收获细胞裂解液。Linear Template Kit 中的启动子引物，用于避免 mRNA 翻译起始区的二级结构形成，同时引入以下标签序列：$N\text{-}H_6$、N 端 HIS_6 标签；$C\text{-}H_6$. C 端 HIS_6 标签；$N\text{-}S_{II}$. N 端 Strep Ⅱ标签；$C\text{-}S_{II}$. C 端 Strep Ⅱ标签；$N\text{-}H_6/C\text{-}S_{II}$. N 端 HIS_6 和 C 端 Strep Ⅱ标签；$N\text{-}S_{II}/C\text{-}H_6$. N 端 Strep Ⅱ和 C 端 His_6 标签。等量的总蛋白质（T）和可溶性蛋白质（S，离心后上清液，15 000 *g*，10 min）上样于 SDS 凝胶。用 Penta anti-His 和 anti-Strep 混合抗体进行 Western Blot 检测可见蛋白质条带。蛋白质的分子质量（kDa）为：肿瘤坏死因子 . 21；磷酸三丁酯 . 38；TFIIAαβ. 55；TFIIAγ. 12. 5；MKK3. 39；IRAK4. 55。M. His 标记蛋白质分子量标准（kDa）

His 标签具有吸引力的原因。然而在某些情况下，C 端 His 标签对蛋白质的表达率和溶解度有更明显的效果，如 IRAK4（图 27.4）。最近报道的在大肠杆菌中表达昆虫毒素，也观察到了类似的效果，其 C 端 His 标签表达形式具有更高的溶解度和热稳定性（Xu et al.，2008）。作者认为 C 端标签可以稳定蛋白质的整体结构。其他研究团队发现，与无标签蛋白质相比，His 标签会使溶解度略有下降，但与 C 端融合时可提高蛋白质产量（Woestenenk et al.，2004）。总而言之，这些数据提示，蛋白质的 N 端和 C 端标记突变体虽然不一定能够合理表达蛋白质、提高重组蛋白的量，但至少可以增加机会。将标签放置于 C 端，可以避免干扰膜运输，保证蛋白质分泌表达。

2.4　用 IMAC 纯化蛋白质的基本考虑

与其他亲和层析相比，IMAC 纯化 His 标记蛋白质有几个优势，正因如此，IMAC 成为应用最广泛的层析技术（Biocompare，2006；Derewenda，2004）。除了成本低廉和使用简便，IMAC 的耐用性无疑是其最突出的特点：①His 标签与配基在非变性或如 8 mol/L 尿素或 6 mol/L 盐酸胍等变性条件下均可以发生相互作用（Hochuli；1988），继而原位折叠（Jungbauer et al.，2004）；②氧化还原条件亦然；③蛋白质结合能够广泛耐受各种类型的化学物质（表 27.1 总结了 Ni-NTA IMAC 的化学兼容性和局限性）；④即使在高蛋白质浓度条件下，IMAC 的高亲和力和特异性也可以实现高捕获率；⑤纯化工艺具有可放大性。

尽管 IMAC 具有广泛的兼容性，但有其局限性。显然，螯合试剂本身就是一个缺点，要避免使用。例如,EDTA,是一种高效金属蛋白酶抑制剂,只能在低浓度应用。并且需要避免使用可能具有螯合作用的基团,如 Tris、铵盐及某些氨基酸(表 27.2)。

表 27.2　应用以琼脂糖为基础的 IMAC 树脂(Ni-NTA)纯化带有 His 标签的蛋白质时的化学相容性试剂及相应限值

IMAC 的化学相容性			
组成	最大使用浓度	组成	最大使用浓度
缓冲液		**盐**	
磷酸钠	推荐,极限未知	NaCl	4mol/L
柠檬酸磷酸盐	极限未知	$MgCl_2$	4mol/L
Tris-HCl、HEPES、MOPS	100 mmol/L	$CaCl_2$	5 mmol/L[c]
柠檬酸	60 mmol/L	$NaHCO_3$	不推荐
表面活性剂(在 300 mmol/L NaCl 溶液中)		铵盐	不推荐
n-十六烷基-*β*-D-麦芽糖苷 (*n*-hexadecyl-*β*-D-maltoside)	0.0003% (*m*/*V*)	**蛋白酶抑制剂**	
n-正十四烷基-*β*-D-吡喃麦牙糖苷 (*n*-tetradecyl-*β*-D-maltopyranoside)	0.005% (*m*/*V*)	EDTA	1 mmol/L[a]
n-正十三烷基-*β*-D-吡喃麦牙糖苷 (*n*-tridecyl-*β*-D-maltopyranoside)	0.016% (*m*/*V*)	常用蛋白酶抑制剂[d]	在有效浓度内相容
十二烷基聚乙二醇醚(Brij 35)	0.1% (*V*/*V*)	混合试剂(无 EDTA)	1×浓度
毛地黄皂苷(digitonin)	0.6% (*m*/*V*)	**变性剂**	
Cymal 6	1% (*m*/*V*)	尿素	8mol/L
n-壬基-*β*-D-吡喃葡萄糖苷 [*n*-nonyl-*β*-D-glucopyranoside (NG)]	1% (*m*/*V*)	Gu-HCl	6mol/L
十烷基-*β*-D-吡喃麦芽糖苷 [*n*-decyl-*β*-D-maltopyranoside (DM)]	2% (*m*/*V*)	**氨基酸**	
***n*-十二烷基-*β*-D-麦芽苷** [*n*-dodecyl-*β*-D-maltoside (DDM)]	2% (*m*/*V*)	组氨酸	1～2 mmol/L[b]
单十二烷基九乙二醇醚(C12-E9)	1% (*m*/*V*)	甘氨酸	不推荐
n-辛基-*β*-D-吡喃葡萄糖苷 [*n*-octyl-*β*-D-glucopyranoside (OG)]	1.5% (*m*/*V*)	半胱氨酸	不推荐
Triton X-100、tween、NP-40	2% (*V*/*V*)	谷氨酸	不推荐
Triton X-114	2% (*V*/*V*)	天冬氨酸	不推荐
Fos-cholines	0.05% (*m*/*V*)	精氨酸	500 mmol/L
十二烷基二甲基氧磷 (dodecyldimethyl-phosphineoxide)	0.15% (*m*/*V*)	**有机溶剂**	
***N*,*N*-二甲基十二烷胺-*N*-氧化物** [*N*,*N*-dimethyldodecylamine-*N*-oxide (LDAO)]	0.7% (*m*/*V*)	异丙醇	60% (*V*/*V*)[e]
CHAPS	1% (*m*/*V*)	乙醇	20% (*V*/*V*)
十二烷酰基肌氨(laurosyl-sarcosine)	1% (*m*/*V*)	**还原试剂**	
SDS	0.3% (*m*/*V*)[a]	β-ME	20 mmol/L
其他试剂		TCEP	20 mmol/L

续表

IMAC 的化学相容性			
组成	最大使用浓度	组成	最大使用浓度
乙二醇二乙醚二胺四乙酸(EGTA)	1 mmol/L[a]	DTT	10 mmol/L
咪唑(Imidazole)	10～20 mmol/L[b]	DTE	10 mmol/L
血红蛋白(Hemoglobin)	不推荐	甘油	50% (V/V)

注：此表提供了一些最相关的物质及其浓度，可能不完整或不能代表与 His 标记蛋白质纯化相兼容的最大浓度。缩略语：β-ME. β-巯基乙醇；TCEP. tris(2-carboxyethyl)phosphine hydrochloride；DTT/DTE. 二硫苏糖醇/二硫赤藓糖醇；Gu-HCl. 盐酸胍。

a 已成功地用于指定的浓度，但应尽可能避免；

b 在高浓度条件下，会使 His 标记蛋白质解离；

c 应避免与磷酸钠盐联合使用；

d 包括如抑肽酶(aprotinin)、亮肽素(leupeptin)、PMSF 及相关的丝氨酸蛋白酶抑制剂：胃蛋白酶抑制剂、木瓜蛋白酶抑制剂(antipain)、抑氨肽酶(bestatin)、E64、苯甲脒(benzamidine)；

e 根据 Franken 等(2000)的描述，此条件下可以完成 Ni-NTA 层析柱纯化，同时去除内毒素，但是在此浓度下，层析介质不能重复使用(数据未显示)。缩略语：β-ME. β-巯基乙醇；TCEP. 三-(2-甲酰乙基)膦盐酸盐；DTT/DTE. 二硫苏糖醇/二硫赤藓糖醇；Cu-HCl. 盐酸胍

直到最近才关注到一个问题，即 IMAC 使用的强还原剂(如 DTT)，会将镍还原，因而可能导致蛋白质制剂中镍浓度增加。然而，我们发现中等浓度的 DTT 完全可以用于 NTA 纯化。如图 27.5A 所示，DTT 浓度达到 10 mmol/L 时，HIV-1 反转录酶(RT)的纯化效率未受影响。RT 的活性也未受影响，而且反应终点(图 27.5B)和实时定量 RT-PCR

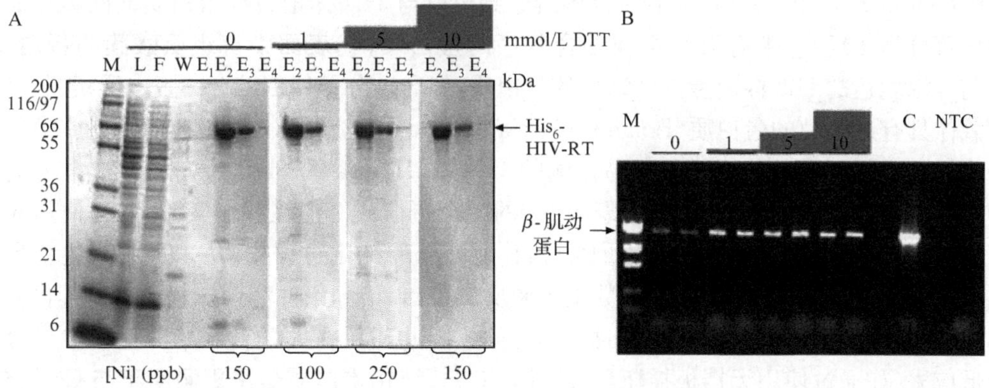

图 27.5　还原条件下的 IMAC。A. 在含指定 DTT 浓度的标准条件下纯化的 HIS_6 标记 HIV-1 反转录酶(RT)。等量不含 DTT 纯化色谱馏分(M. 分子质量标记；L. 裂解液；F. 穿过组分；W. 洗涤组分；E. 洗脱组分)，与相同体积的含有 DTT 的洗脱组分 2～4，通过 SDS-PAGE 进行分析，并用考马斯亮蓝染色。收集洗脱组分，并在德国 Bochum 的 Wessling 实验室，用 ICP-MS 分析镍含量。镍浓度用 μg/L(parts per billion, ppb)表示。B. 含指定浓度 DTT 条件下纯化的 HIV-1 RT，等量的纯化产物用于 1.5 kb β-actin cDNA 反转录，随后进行 PCR 扩增，PCR 产物用琼脂糖凝胶电泳分析，溴化乙锭染色。为保证 RT 全部活性，还原条件为 DTT 含量至少 1 mmol/L(无 DTT 条件下，RT 扩增较弱)。C. Omniscript 阳性对照，等量 Omniscript RT 蛋白质用于反转录；NTC. 无模板阴性对照

(未提供数据)显示,高浓度重金属离子未产生抑制效应。尽管DTT可能会还原镍离子,使凝胶柱床颜色改变,但是配基上镍离子的浸出不会增加(图27.5A),还原条件下处理树脂后,可以使其重复使用和再生(未提供数据)。研究结果提示,DTT会还原镍而引发树脂颜色变化,但树脂仍保有其功能。目前TCEP越来越多地替代DTT和β-巯基乙醇(β-ME)用于IMAC纯化,它是一种无味、不含巯基的还原剂,对还原二硫键更具有选择性,且在水溶液中更稳定。我们建议Ni-NTA柱层析中TCEP使用浓度为1~5 mmol/L。

2.5 IMAC应用于蛋白质共纯化,如何实施

多数情况下,通过一步IMAC纯化,即可得到纯度很高的蛋白质(图27.2 A、D、E和图27.5 A;Bornhorst and Falke, 2000; Schmitt et al., 1993)。层析中使用的IMAC树脂量与样品中需要纯化的His标记重组蛋白量是相关的,两者的关系越近,蛋白质纯度越高。原因在于,那些天然具有能与金属离子相互作用的表面基序蛋白质也可能与树脂结合。与可折叠的His标签相比,这种结合的亲和力较弱。因此,大部分His标记蛋白质取代了具有天然或偶然表面基序的蛋白质。不过,也有一些蛋白质的局部螯合氨基酸(如组氨酸)密度较高,以至于几乎不可避免地会与固定化金属离子结合。一般来说,哺乳动物系统含有天然连续组氨酸的丰度比细菌系统高(Crowe et al., 1994)。人体细胞的转录因子TFIIA的α亚基是一个非常重要的例子,它有7个连续的暴露在表面的组氨酸残基,可以是天然来源并以天然条件利用IMAC纯化(DeJong and Roeder,1993; Ma et al., 1993)。使用抗His标签抗体进行Western Blot检测,通常可以检测到TFIIA的55 kDa(αβ前体)或35 kDa(α亚基)。另外一个例子是带有11个连续组氨酸的人类转录因子YY1(Shi et al., 1991)。在大肠杆菌中观察到可以与His标记目标蛋白质共同纯化的蛋白质可分为4组:①带有天然金属结合基序的蛋白质;②表面带有组氨酸簇的蛋白质;③与异源表达的His标记蛋白质结合的蛋白质,如通过分子伴侣结合的蛋白质;④与琼脂糖载体具有亲和力的蛋白质(Bolanos-Garcia and Davies,2006)。大肠杆菌蛋白质中的某一个蛋白质是否会被共纯化是不易预测的。例如,21 kDa的SlyD蛋白经常被报道会在使用Ni-NTA时共同纯化。它是属于组②的一个蛋白质。但在我们实验室,在使用大肠杆菌BL21(DE3)、DH5α、M15(pREP4)和其他菌株的纯化过程中,从未观察到这个蛋白质。这也许是因为,这些杂质中多数是应激反应蛋白,培养条件和菌株状态都对其含量有影响,结果表现为目标蛋白质制备时样本污染。因此建议在大肠杆菌培养过程中尽可能降低应力(如通过使用无挡板摇瓶)。此外,一些共纯化蛋白质似乎更倾向于与Co结合,而不是Ni(或其他离子),而有些则相反。

一些消除共纯化蛋白质或在早期预防共纯化蛋白质吸附的方法已经得到评价,部分方法将在下面章节中讨论。这些方法包括:①采取其他的纯化步骤;②调整His标记蛋白质与树脂的比例;③使用不表达该蛋白质的工程宿主菌;④使用替代的载体;⑤切割标签后使用反向色谱技术。

可以附加合适的纯化步骤,包括经典的色谱技术,如离子交换层析(IEX)和体积排阻色谱(SEC)。IEX分离能力更高,而SEC不仅可以按分子的大小分离并去除超高分子质量的聚合物,也可以用于脱盐,为下一步程序提供合适的条件。因此,类似于结构生物学

中心这种高通量实验室,需要进行蛋白质结晶或 NMR 质谱时,通常将附加的 SEC 作为标准化程序(Acton et al., 2005; Gräslund et al., 2008)。虽然 IMAC-SEC (与 IMAC-IEX 对应)作为标准化程序,不必考虑蛋白质的化学特性(如 pI),但是一根 SEC 色谱柱的分离范围并不适用于所有的分离目的,因此也许需要具有一系列的 SEC 柱。IEX 和 SEC 应用还有另一个问题,即为了充分利用这些技术,需要类似于自动化层析系统这样的昂贵设备,而这些设备通常不具备多并行程序,因而会导致低通量。IMAC 亲和纯化通常采用结合-洗涤-洗脱程序,可以以台式/重力流的模式进行。通过将另一种亲和标签(如 Strep Ⅱ、GST 或 Flag)引入表达结构,可以两步纯化获得高纯度的蛋白质制剂,可以通过台式两步亲和层析程序完成(Cass et al., 2005; Prinz et al., 2004)。

如前所述,调整回收 His 标记蛋白质的量以适应 IMAC 树脂的结合能力,可以避免与 IMAC 树脂具有亲和能力的蛋白质共纯化,有助于提高蛋白质纯度。然而,蛋白质的 His 标记蛋白质的量通常是未知的,除非通过预实验估计目标蛋白质的含量。除此之外,更好的选择也许是使用敲除相关基因的工程菌表达目标蛋白质,以去除这些共纯化蛋白质。然而据我们所知,还未见到相关报道,而且利用基因敲除菌株生产蛋白质的经验还非常少。据报道,大肠杆菌菌株在缺乏 17 种会与 IMAC 树脂结合的蛋白质时仍可用于生产,其中包括一些重要的功能蛋白质,如超氧化物歧化酶和铁摄入调控子(Bolanos-Garcia and Davies, 2006),并且这种菌株在应激条件下,如蛋白质过表达时仍然是可用于生产。但是这似乎也并不现实。

有报道采用一种不同的方法改进 IMAC 回收蛋白质的纯度,即对琼脂糖载体进行葡聚糖包裹。这种构建的层析载体已经广泛使用(Sepharoses、Superflow、Agaroses),可以防止蛋白质通过结合介质发生共纯化(Mateo et al., 2001)。然而葡聚糖包埋珠不容易形成商品化 IMAC 树脂,并且这种方法仅可以排除与琼脂糖有亲和作用的蛋白质,却不能排除与固定化金属离子或目标蛋白质结合的杂质。硅胶 IMAC 载体也可以防止蛋白质与琼脂糖的亲和吸附,并且具有良好的压力稳定性,使其适用于高分辨率 HPLC。但通常硅胶树脂结合能力低,且对高 pH 消毒程序耐受能力有限。最近,一种称为亲和沉淀的方法(Hilbrig and Freitag, 2003),避免了使用固相色谱载体,并已应用于 IMAC(Matiasson et al., 2007)。这种方法是将 IMAC 配基与一种活性聚合物进行化学偶联,当与 His 标记蛋白质结合,一旦 pH 或温度等环境条件发生变化,这种聚合物即可凝集并可通过离心分离沉淀。该应用程序仍较为复杂,但是一旦形成简单耐用的商业化材料,那么这种方法就可能会在 IMAC 应用中发挥重要作用。使用溶液形式的配基,可以克服 His 标记蛋白质与固定化配基间的空间位阻,以及微孔色谱介质对物质运输的限制。而且,这符合生产规模层析使用一次性材料的趋势要求。

最近还报道了另一种方法,可用于无细胞表达后裂解液的蛋白质分离(Kim et al., 2006)。在加入模板和蛋白质表达前,将大肠杆菌裂解液与 Ni-NTA 亲和琼脂糖磁珠预孵育,可以去除与 Ni-NTA 有亲和力的蛋白质。文献结果显示 S30 提取物的表达能力保持不变,并且比未经预处理相比,该方法 Ni-NTA 纯化的 His 标记蛋白质组分的纯度较高。

虽然上述预处理策略可以提高 MAC 蛋白质纯度,并且已证实在多数情况下均有用,但也不是普遍适用。然而,有一种方法几乎适用于所有提高纯度的要求,即用 His 标记蛋白酶切割 His 标签后进行反相 IMAC 层析,该方法的另外一个优点是可以保持天然或近似天然的蛋白质结构(Block et al. ,2008)。这一策略克服了共纯化问题。在相同或相似的条件下用蛋白酶对蛋白质进行水解,加样于相同层析柱,与 IMAC 树脂结合的蛋白质,如第一步纯化中的杂质,会再次结合于同一树脂,而裂解的无标签目标蛋白质收集在流穿组分中[反相 IMAC 或负相 IMAC(Subtractive-IMAC)]。可以用自身带有(不可裂解的) His 标签的外源或内源蛋白酶进行水解(Nilsson et al., 1997; Polayes et al., 2008)。用外源蛋白酶处理方法的优点在于速率更快,能形成无载体来源氨基酸的天然结构蛋白质(Arnau et al., 2006; Block et al., 2008; Pedersen et al., 1999)。这种方法尤其适合蛋白质结晶或生物制药等类似的下游应用。值得注意的是,该方法只要求单一层析柱即可达到非常高的纯度。如图 27.6 所示,将肿瘤坏死因子以 IMAC 一步纯化获得的形式(A、B、C、D)结晶,或以上述反相 IMAC 获得的形式(A、E、F、G)结晶。虽然 SDS-PAGE 和考马斯亮蓝染色显示,Ni-NTA 纯化的 His 标记肿瘤坏死因子(TNFα)纯度很高(图 27.6A,泳道 IMAC),但二维凝胶银染分析可见杂质(图 27.6B)。通过反相 IMAC 去除杂质,得到极高纯度的蛋白质制剂(图 27.6E)。而且,图 27.6 显示 His 标签影响蛋白质结晶。在 SEC 层析中,有标签的和成熟的天然结构肿瘤坏死因子均可以以三聚体形式洗脱(图 27.6C、F),但需要在极其不同的条件下结晶,因此得到的晶体形式也不同(His_6-TNFa:四方形,图 27.6 D;TNFa:菱形,图 27.6G)。但是,每种形式计算分析得到的结构均与 pdb 数据库中同一形式的结构一致(数据未显示)。然而,当我们试图以相同的实验流程处理 His 标记白介素 IB(IL-1B)和天然成熟状态 IL-1 时, His 标记的细胞因子却无法结晶(Block et al., 2008; 数据未提供)。我们的数据证实了其他一些研究者观察到的带有标签蛋白质的结晶现象,也提示设计表达形式时,提供切割标签的方法是有意义的。

2.6 IMAC 应用于工业规模的蛋白质生产

考虑到 His 标签潜在的免疫原性及 IMAC 介质浸出的镍会导致过敏,直到最近才将 IMAC 用于工业规模制备蛋白质,如生物制药。然而,四价配位 IMAC 纯化得到的蛋白质制剂中检测到的镍浓度是比较低的,并且生物制剂的预期每日剂量中镍含量远远低于标准的每日镍摄入量和身体长期累积负荷(Block et al., 2008)。His 标记蛋白质已经成功用于预防接种(Kaslow and Shiloach, 1994; Stowers et al., 2001)或商品化药物(未出版)。此外,用蛋白酶去除重组蛋白中的人工序列,并将其用于人类,已经在上述内容中讨论。IMAC 是容易将柱床体积从毫升到升线性放大的层析方法(Block et al., 2008; Hochuli et al., 1988; Kaslow and Shiloach, 1994; Schäfer et al., 2000),而且生物制药生产过程中,Ni-NTA Superflow 层析柱的体积可以达到 50 L(F. Schäfer,私人交流)。IMAC 介质的化学兼容性范围很宽,如高离液剂、盐、有机溶剂和表面活性剂(表 27.2),可以改变其范围以适应每个蛋白质生产的特殊需要。例如,层析过程中加入表面活性剂(Triton X-114,Block et al., 2008)或有机溶剂(60%异丙醇,Franken et al., 2000)等一些试剂,进行清洗,可以去除蛋白质产物中的细菌内毒素(脂多糖)。已经证明 IMAC 在工业生产中的适用性,可以预计,因其耐用并且很少需要进行个体条件优化,将来应用会越来越广泛。

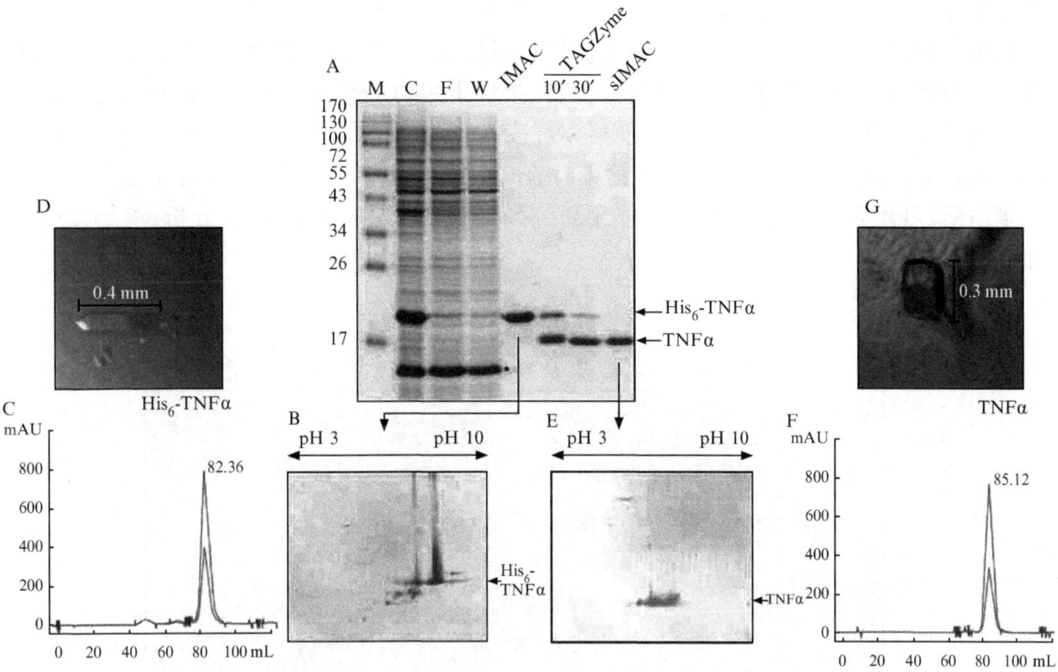

图 27.6　通过 His 标签切割和反相 IMAC 去除共纯化蛋白质。A. 大肠杆菌表达 His_6-TNFα,经 Ni-NTA SUPERFLOW 纯化后通过 TAGZyme exoproteolytic 系统处理(Schäfer et al., 2002a)。B、E. 分别为 His_6-TNFα 和 TNFα 的二维凝胶电泳和银染分析(Block et al., 2008)。对于 His6-TNFα 和 TNFα,第一相中 pI 6.7 和 pI 5.8 间的次带,与报道的酵母系统制备的 TNFα 一致(Eck et al., 1988)。C、F. 用尺寸排阻色谱(SEC)HR 10/30 Superdex 200 进行分析,运行 1× TAGZyme 缓冲液(Schäfer et al., 2002a)。D、G. His_6-TNFα 的四方晶体(D)在 2.7 mol/L $MgSO_4$、MES、pH 5.5 中形成,衍射波长 2.5 Å (homelab X-ray source, FR591 Nonius Bruker), TNFα 的菱形晶体(G)在 1.8 mol/L NH_4SO_3、200 mmol/L Tris-HCl、pH 7.8 中形成,衍射波长 2.0 Å(ESRF synchrotron), D 和 G 中典型晶体尺寸(mm)用 bar 表示

2.7　IMAC 的高通量自动化

IMAC 工艺耐用、普遍适用且应用广泛,因此也是蛋白质表达和溶解度并行筛选的理想工具。主要是以简易的 96 孔形式进行,将琼脂糖 IMAC 树脂或磁珠 IMAC 树脂置于 SBS footprint filter、96 孔磁性微孔板或板式离心机上(Braun et al., 2002; Büssow et al., 2000)。由于表达完整,并且 IMAC 纯化的结合-清洗-洗脱流程很容易微型化形成微孔板形式,因此也适合自动化液体处理实验室自动设备(见综述,Lesley, 2001)。自动化程序包括工作流程的不同部分,范围较广,可以是部分流程自动化,如手工制备大肠杆菌裂解液(Lanio et al., 2000)、大肠杆菌或昆虫细胞裂解、裂解液澄清、蛋白质纯化(Garzia et al., 2003; Schäfer et al., 2002b; Scheich et al., 2003);也可以实现从克隆构建到蛋白质分析的全部流程自动化(Acton et al., 2005; Hunt, 2005; Koehn and Hunt, 2009)。最近,我们增添一系列的规程和耗材可供选择,均针对大肠杆菌、真核细胞或无细胞裂解液的 His 标签蛋白质纯化:理论上,新实验室自动化设备可以从各种各样的样本中分离微

克至毫克级别蛋白质(随机进样选项),现成的预充式样品盒提供酶、缓冲液和 Ni-NTA 磁珠用于裂解和纯化。图 27.7 描述了使用一组构建体,对 24 个序列进行优化,以筛选适合于人类蛋白质生产的表达纯化形式。天然条件下可以获得 1.4~35 mg 的高纯度蛋白质。无法在天然条件下纯化的蛋白质可以在变性条件下进行。用抗 His-抗体进行 Western Blot 分析,可以证明无孔间交叉污染存在(数据未提供)。这种高通量纯化实验获得的蛋白质,可用于功能分析(如相互作用研究)、随机突变蛋白质的特性分析、溶解度分析和克隆筛选。

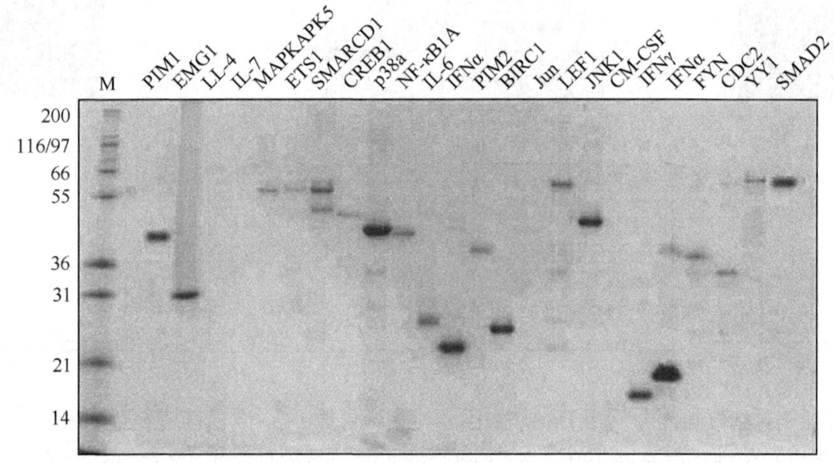

图 27.7　通过新自动化平台进行高通量蛋白质纯化筛选。将带有优化人类基因的 QIAgene 构建体转入大肠杆菌 BL21(DE3)细胞,置于 96 深孔板中,于 1 mL LB 液体培养基中培养,表达图示蛋白质。离心收获细胞,将沉淀置于 QIAsymphony SP 设备的样本输入抽屉中。重悬并裂解细胞,从粗制裂解液中纯化 His_6 标记蛋白质,QIAsymphony 盒设置中可以选择 Ni-NTA 磁性琼脂糖珠和缓冲液。SDS-PAGE 和考马斯亮蓝染色分析洗脱组分,每个样品 5μL。各蛋白质预期值(kDa)如下:PIM1. 40;EMG1. 30;IL-4. 15. 5;IL-7. 18;MAPKAPK5. 55;ETS1. 55;SMARCD1. 60;CREB1. 50;p38a. 40;IFNα. 20;PIM2. 40;BIRC5. 30;Jun. 50;LEF1. 55;JNK1. 45;CM-CSF. 15;TNFα. 17;IFNγ. 17; FYN. 40; CDC2. 35;YY1. 66;SMAD2. 55;M. 分子质量标记(kDa)

通常表达筛选的下一步,是将少量蛋白质或克隆规模放大至毫克级产量,用于动物免疫、结构研究或药代动力学研究。单一蛋白质可以使用标准 AkTA 或 FPLC 系统来纯化。已开发的 AKTA 系统(AkTAxpress)可以略增加纯化通量。具备较高通量、低复杂度、也更利于一步(主要为 IMAC)亲和纯化(Steen et al., 2006; Strömberg et al., 2005)的设备已有报道,该系统正用于如人类蛋白质图谱计划等高通量项目中(Hober and Uhlén, 2008)。

2.8　特殊应用:膜蛋白纯化

在过去的几年中,由于膜蛋白作为药物靶点的巨大作用,因此在所有蛋白质种类中最受关注。事实上,目前商业化药物以及研发靶标中 50%以上是膜蛋白(Drews, 2000)。而且膜蛋白几乎占人类蛋白质组的 30%。但与可溶性蛋白质相比,很少有人熟悉膜蛋白生物学和结构特征,公共数据库中膜蛋白结构的代表性不足就反映了这一现象,如 pbd 不足 1%。结构测定仍是难题。但是最近,随着新表面活性剂的开发和相应的最适合复溶和纯化的表面活性剂的筛选,用标准化的 IMAC 程序进行膜蛋白的纯化已经日显简单(Eshaghi et al.,2005; Klammt et al., 2005; Lewinson et al., 2008)。通过对超过 10 种细菌和人类来源的膜蛋白的检测,以 IMAC 的兼容性、复溶效果和 Ni-NTA 纯化效率作为依据,筛选了超过 50 种常用的表面活性剂,最终筛选到 7 种有效表面活性剂,具体如下:Cymal 6 (Cy6)、*n*-nonyl-*β*-D-glucopyranoside (NG)、*n*-octyl-*β*-D-glucopyranoside (OG)、*n*-decyl-*β*-D-maltopyranoside (DM)、*n*-dodecyl-*β*-D-maltoside (DDM)、FOS-choline-16 (FC16)和 *N*, *N*-dimethyldodecylamine-N-oxide (LDAO)。在筛选过程中,分析了大肠杆菌或昆虫细胞膜分离组分的复溶效果,并对每一种情况下至少一种表面活性剂存在时 IMAC 的纯化效率进行检测,均得到较好效果。图 27.8 显示表面活性剂筛选,并采用 Ni-NTA 柱纯化 His 标记人源 Caveolin 1。

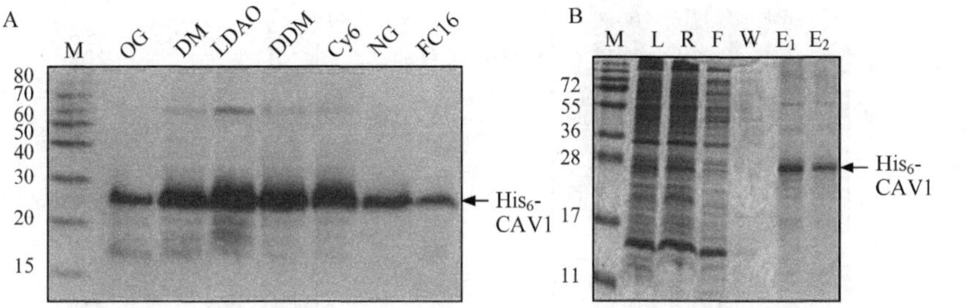

图 27.8 表面活性剂筛选和在 LDAO 存在的条件下用 IMAC 纯化大肠杆菌 C41(DE3)表达的 His_6 标记人源 Caveolin 1。优化基因以适应大肠杆菌表达,合成并克隆至 pQE- T7 载体,N 端带有 His_6 标签。A. 表面活性剂筛选:200 mL 大肠杆菌培养物分离的膜组分,分成 7 份与表面活性剂混合,20 000 *g* 离心,Western Blot(抗 His_5 抗体)分析等量表面活性剂-可溶性蛋白质复合物。表面活性剂如正文所述。B. Caveolin 1 纯化图;30 mmol/L LDAO,200 mL 大肠杆菌培养物,Ni-NTA Superflow 纯化 Caveolin 1 (CAV1)。SDS-PAGE 和考马斯亮蓝染色分析:M. 分子质量标记(kDa);L. 大肠杆菌总裂解液;R. 复溶后上清液(IMAC 层析柱上样液);F. IMAC 流穿组分;W. 清洗组分;E. 洗脱组分

表 27.2 中列出了与 IMAC 兼容的表面活性剂,但可能并不完整。其中包括具有良好复溶性的表面活性剂。在与某种表面活性剂联合使用时,His 标记膜蛋白与 IMAC 树脂似乎无法结合。这些现象取决于蛋白质-表面活性剂的结合体,似乎表面活性剂微粒包裹在蛋白质颗粒周围,部分或完全隐藏了 His 标签。普遍使用的较长标签序列,如 H_{10} 标签,似乎可以克服这种膜蛋白回收率的限制并且提高 IMAC 树脂的亲和性(Byrne and Jormakka, 2006; Grisshammer and Tucker, 1997; Mohanty and Wiener, 2004; Rumbley et al., 1997)。

2.9 特殊应用:锌指蛋白纯化

考虑到技术上的需要,将在下文中介绍另一个大蛋白质超级家族是含有锌指结构的蛋白质组。仅 C2H2 锌指转录因子就已经超过 600 种,占人类蛋白质组的 2%以上

(Knight and Shimeld, 2001)。在这些蛋白质中,每个指状结构均为两个半胱氨酸和两个组氨酸残基形成的空间构相与锌离子配位而成,单独一个多肽通常包含 4 个或 5 个这样的基序。以类似的四价配位螯合金属离子的形式纯化金属蛋白质正是 IMAC 纯化应用的最佳体现。

尽管四价配位的 IMAC 配基与金属离子相互作用强,但不能排除树脂中的金属离子锌会与锌指中的锌离子发生交换。镍是 IMAC 蛋白质纯化中最常用的金属离子,具有与锌颇为相似的理化性质,因此在这样的金属结合基序中很容易替代锌。而且通常 I MAC 树脂中镍含量(约 15 mmol/L)远远高于 His 标记目标蛋白质的浓度(μmol/L 范围)。为了分析介质和金属蛋白质间可能发生的金属离子交换,我们在大肠杆菌中表达 His_6 标记 C2H2 锌指转录因子 YY1,并同时使用 Ni-NTA 和 Zn-NTA 纯化。Ni-IMAC 和 Zn-IMAC 都可获得高纯度 YY1(图 27.9A,泳道 E)。

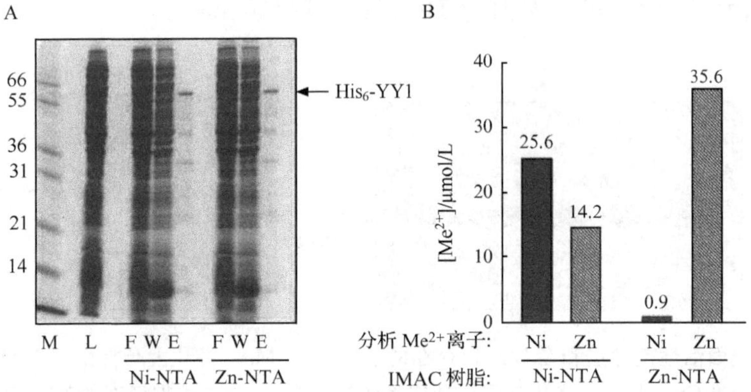

图 27.9　用 Ni-IMAC 和 Zn-IMAC 纯化 His_6 标记锌指蛋白 YY1。A. IMAC 纯化。His_6 标记 YY1 在大肠杆菌 BL21(DE3)中表达,裂解液澄清按下述进行。NTA 树脂用 $ZnCl_2$ 按下述方法处理生成 Zn-charged NTA (Zn-NTA)。用相同的澄清后裂解液在标准条件下进行蛋白质纯化(见本章 2.10 节),SDS-PAGE 和考马斯亮蓝染色分析等量层析组分(L. 澄清的裂解液;F. 流穿组分;W. 清洗组分;E. 洗脱组分)。洗脱组分的蛋白质浓度用 Bradford 法测定,分别为 0.3 mg/mL(6.7 μmol/L,Ni-NTA)和 0.25 mg/mL(5.6 μmol/L,Zn-NTA)。B. 金属离子定量检测。两种层析的洗脱组分在 4℃ NPI-10 缓冲液中透析 16 h,换液 3 次,去除溶液中金属离子。德国 Bochum 的 Wessling 实验室,ICPMS 法分析透析后的蛋白质和新制透析缓冲液中的镍及锌的含量,结果值为蛋白质样品中含量减去缓冲液中含量。将镍(58.7)和锌(65.4)的平均相对分子质量(ppm,mg/mL)转换成摩尔单位

ICP-MS(intercoupled plasma mass spectrometry)常用于定量分析生物系统中的痕量金属元素,用该方法测定两种方式制备的 YY1 中的镍含量和锌含量(Shi and Chance, 2008)。Zn-IMAC 纯化的蛋白质制剂中含有 35.6 mmol/L,相当于每个 YY1 多肽约有 6 个 Zn^{2+},而 Ni^{2+} 可以归结为缓冲液来源的痕量残余(图 27.9B,右)。然而,Ni-IMAC 回收的蛋白质含有超过 25 mmol/L Ni^{2+} 和 14.2 mmol/L Zn^{2+} (图 27.9B,左),相当于每个 YY1 多肽离子约有 6 个金属离子(Me^{2+})。

Me^{2+} 与多肽的摩尔比为 6,高于数据库报道的 YY1 中的四锌指结构(http://

www. uniprot org/uniprot/P25490)，某种程度上可以解释为与额外的金属离子在蛋白质的其他部位结合。图 27. 9B 中的数据提示，对于 YY1，带电荷的 IMAC 配基和锌指间存在着明显的金属离子交换。如果采用金属离子亲和纯化 C2H2 锌指基序，就需要选择带有锌离子的 IMAC 配基，进而获得完整且均质的锌指组分。

2.10 蛋白质纯化方案

本节中将简要介绍标准的 IMAC 操作规程。优化的四价配位树脂(如 Ni-NTA)操作程序也同样适用于三价配位的树脂(IDA-based)。TED 树脂使用不同，下面将附生产商推荐程序(如在咪唑浓度极低的条件下洗脱蛋白质，相应地清洗缓冲液中咪唑也应保持低浓度)。

这部分将提供 Ni-NTA 琼脂糖树脂(Superflow，Agarose)的纯化、清洗和再生的相关建议。Ni-NTA 手册(QIAGEN 公司，2003)中已经详细描述了相关内容，这部分可以看成是该内容的更新。下面提供的缓冲液会根据个别蛋白质的需求补充(如创造还原条件、用甘油稳定蛋白质或提供辅助因子)。

2.10.1 天然条件下纯化 His 标记蛋白质

(1) 用基础缓冲液 NPI -10(50 mmol/L NaH_2PO_4、300 mmol/LNaCl、10 mmol/L 咪唑，pH 8. 0)加入适合的裂解试剂裂解细胞。

大肠杆菌裂解时，建议使用终浓度 1 mg/mL 的标准的蛋清溶菌酶，该裂解形式非常有效(如果细胞已冻结)，且溶菌酶价格低廉。非常确定的是，溶菌酶可以从 IMAC 树脂中清洗下来，不会存在于洗脱组分中(图 27. 5A、图 27. 6A 和图 27. 8；Block et al.，2008)。另一种合适的方法是使用表面活性剂[如 1%(V/V)CHAPS 或专用溶液]或物理处理(超声、高压/降压匀浆)。昆虫或哺乳动物细胞来源的培养物，推荐用 1% IGEPAL CA-630 (原名称 NP-40)。添加核酸酶有益于降低裂解液的黏度，已证明 Benzonase 核酸酶(3 unit/mL细菌培养物)既耐用又可以在 IMAC 树脂的清洗步骤中去除，并且可以通过商品化的 ELISA 进行检测(Block et al，2008)。冰上孵育裂解 30 min。

(2) 2～8℃，大于等于 10 000 *g* 条件下离心 30 min 澄清裂解，收集上清液。

(3) 用 5 个柱床体积(bv)的 NPI -10 平衡树脂后，将澄清裂解液上样，流速约 1 mL/min(1 mL bv 的层析柱)，或不限速流过(应用重力流速)。

结合时，适宜的线性流速为 155 cm/h，相当于一个直径约 7 mm 的柱流速为 1 mL/min(1 mL HisTrap 和 Ni-NTA Superflow Cartridges)。如果适用于流程操作方式，推荐采用直接混合，对于琼脂糖树脂，一般情况下这是最有效的模式，因此可以将所需体积的裂解液加至平衡后树脂，并在 2～8℃旋转的孵育 1 h。

(4) 用 10 bv 的清洗缓冲液 NPI -20 清洗 Ni-NTA 层析柱(50 mmol/L NaH_2PO_4、300 mmol/L NaCl、20 mmol/L 咪唑，pH 8. 0)。

如已采用直接混合的形式，可将结合后悬浊液倒入流速合适的层析柱。

(5) 用 5 bv 的洗脱缓冲液 NPI -500 洗脱 His 标记蛋白质(50 mmol/L NaH_2PO_4、300 mmol/L NaCl、500 mmol/L 咪唑，pH 8. 0)。

2.10.2 在变性条件下纯化带有His标签的蛋白质

(1) 裂解细胞使用基础缓冲液 B(100 mmol/L NaH_2PO_4、10 mmol/L Tris-HCl、8 mol/L尿素,pH 8.0)。大肠杆菌以及大多数真核细胞可以被 7~9 mol/L 尿素有效地裂解,但偶尔,带有 His 标签的蛋白质形成包涵体不能完全溶解,在这种情况下,建议用盐酸胍取代离液剂尿素(缓冲液 A:100 mmol/L NaH_2PO_4、10 mmol/L Tris-HCl、6 mol/L 盐酸胍,pH 8.0)。为降低裂解液黏度,在变性条件下添加 Benzonase (3 units/mL 终浓度)也可能是有效的,但此时最大的尿素浓度为 7 mol/L(盐酸胍与 Benzonase 不能联合使用)。裂解物在环境温度下孵育 30 min。

(2) 在室温下,大于等于 10 000 *g* 的条件下离心 30 min 进行裂解液澄清,收集上清液。

(3) 用缓冲液 B(或缓冲液 A)对树脂进行 5 个柱床体积(bv)的平衡,随后将澄清的裂解液上样,流穿流速大约为 1 mL/min(1mL bv 的层析柱)或不限制流速(应用重力流速)。结合时,合适的线性流速为 155 cm/h,相当于一个直径约 7 mm 的柱床的体积,其流速为 1 mL/min(1 mL 的 HisTrap 或 Ni-NTA Superflow Cartridges)。如果适用于于实际工作流程,建议在直接混合的模式下进行结合,因为以琼脂糖为基础的树脂在一般情况下这样是最有效的,对于这一点,将需要的树脂用量缓慢的添加到裂解液中,并在 2~8℃进行 1 h 旋转式的孵育。

(4) 对 Ni-NTA 层析柱用 10 bv 的洗涤缓冲液 C 洗涤(50 mmol/L NaH_2PO_4、10 mmol/L Tris-HCl、8 mol/L 尿素,pH 6.3)。

如果已用直接混合法进行结合,在洗涤步骤之前,将结合的悬浊液倒入一个流量合适的层析柱。

如果是用缓冲液 A 处理产生的裂解液,洗涤和洗脱步骤可以转换缓冲液,使用尿素缓冲液或继续使用盐酸胍缓冲液,按照需要调整 pH。

(5) 用 5 bv 的洗脱缓冲液 E(100 mmol/L NaH_2PO_4、10 mmol/L Tris-HCl、8 mol/L 尿素,pH 4.5)洗脱带有 His 标签蛋白质。

2.11 清洗和消毒

对于以 Ni-NTA 为介质的 IMAC 树脂,在从"标准"样品,如大肠杆菌、人体细胞裂解物或上清液中纯化蛋白质的过程中,简单而有效的在位清洗(CIP)方法是将树脂与 0.5 mol/L NaOH 接触 30 min(Schäfer et al.,2000)。树脂已在高达 1 mol/L NaOH 中储存数个月,证明树脂在不降低效能的同时甚至可以承受大于 100 个循环的纯化/ CIP 周期(数据未提供)。非常确定的是,这种 CIP 程序可以在纯化过程中使上样样品中非特异吸附于琼脂糖上的蛋白质发生变性和解吸附,一般也可用于消毒(去热原、病毒、清除微生物;Levison et al.,1995)。如果上样的样品是"不寻常的",如富含脂质的裂解液,则需要调整清洗程序。酸、碱及其他试剂都可以用于清洗,包括乙醇(100%)、异丙醇(30%,*V/V*)、SDS(2%,*m/V*)、乙酸(0.2 mol/L)、氢氧化钠(1 mol/L)或表面活性剂(表 27.2)。

对于反复再利用的 Ni-NTA 柱，我们建议再平衡后采用上述的 CIP 程序处理。需要长期储存（几年）的树脂可保存在 30%（V/V）乙醇中，或如果想选择非易燃试剂，那么可以在 0.01～0.1 mol/L 氢氧化钠中存储。也可以在 10 mmol/L NaN_3 中储存。即使在多次重复使用或长期存放之后，通常也不需要剥离或者再负荷金属离子。

2.12　简化的金属离子剥离和再负荷方法

但是，当 Ni-NTA 树脂已严重损坏或随着结合能力日益下降时，如反复加载富含脂质或含有螯合成分的样品，可以很容易将镍或其他金属离子剥离或再负荷。从第 3 步开始，这种简化的规程也适用于最初购买的未负荷金属离子的 NTA 树脂。

(1) 用 10 bv 的去离子水（dH_2O）将树脂清洗干净（见上文）。

(2) 5 bv pH 8.0 100 mmol/L EDTA 加载于树脂柱床，剥离金属离子。

(3) 用 10 bv dH_2O 清洗树脂。

(4) 2 bv 100 mmol/L 金属离子溶液加载至树脂柱床（如 $NiSO_4$ 和 $NiCl_2$）。

其他成功稳定固定化的金属离子，包括铜（$CuCl_2$、$CuSO_4$）、锌（$ZnCl_2$、$ZnSO_4$）、钴（$CoCl_2$、$CoSO_4$）和铁[$FeCl_3$、$Fe_2(SO4)_3$]。

(5) 用 10 bv dH_2O 清洗树脂，去除所有未结合的金属离子。

(6) 加入存储缓冲液或用至少 5 bv 的起始缓冲液平衡柱立即使用。

3. 结论

本章已经为一般研究，尤其是 His 标记蛋白质生产提出了多种 IMAC 应用方法。IMAC 的耐用性和通用性使其成为使用最广泛的色谱方法之一。近年来，在生产过程中通过修饰树脂和配体材料及优化使用方法，已经显著改善了 IMAC 性能。例如，NTA-和 IDA-介质，两者对 His 标记蛋白质的结合能力增加，每毫升树脂从 5～10 mg 到 50 mg。在重组蛋白纯化领域，我们期待 IMAC 使用方法持续改进并推广，如用于生物制药工业规模生产。

致谢

感谢 Jacob Piehler 对草稿提出的有意义的建议，以及在 Tris-NTA 配基合成方法转让方面的支持。此外，我们感谢 Annette Zacharias-Koch 出色的技术帮助，以及她在草稿准备过程中的支持。部分研究获德国教育与研究部基金资助（BMBF，基金授权号：0313965B）。

（李　郁　译　张　军　校）

参考文献

Acton, T. B., Gunsalus, K. C., Xiao, R., Ma, L. C., Aramini, J., Baran, M. C., Chiang, Y.-W., Climent, T., Cooper, B., Denissova, N. G., Douglas, S. M., Everett, J. K., *et al.* (2005). Robotic cloning and protein production platform of the northeast structural genomics consortium. *Methods Enzymol.* **394,** 210–243.

Andersson, L., and Porath, J. (1986). Isolation of phosphoproteins by immobilized metal (Fe^{3+})affinity-chromatography. *Anal. Biochem.* **154,** 250–254.

Arnau, J., Lauritzen, C., Petersen, G. E., and Pedersen, J. (2006). Current strategies for the use of affinity tags and tag removal for the purification of recombinant proteins. *Protein Expr. Purif.* **48,** 1–13.

Biocompare (2006). Protein chromatography: Tools for protein expression and purification. Biocompare Surveys and Reports, Biocompare Inc., July 10.

Block, H., Kubicek, J., Labahn, J., Roth, U., and Schäfer, F. (2008). Production and comprehensive quality control of recombinant human Interleukin-1β: A case study for a process development strategy. *Protein Expr. Purif.* **27,** 244–254.

Boden, V., Winzerling, J. J., Vijayalakshmi, M., and Porath, J. (1995). Rapid one-step purification of goat immunoglobulins by immobilized metal ion affinity chromatography. *J. Immunol. Methods* **181,** 225–232.

Bolanos-Garcia, V. M., and Davies, O. R. (2006). Structural analysis and classification of native proteins from *E. coli* commonly co-purified by immobilized metal affinity chromatography. *Biochim. Biophys. Acta* **1760,** 1304–1313.

Bornhorst, J. A., and Falke, J. J. (2000). Purification of protein using polyhistidine affinity tags. *Methods Enzymol.* **326,** 245–254.

Braun, P., Hu, Y., Shen, B., Halleck, A., Koundinya, M., Harlow, E., and LaBaer, J. (2002). Proteome-scale purification of human proteins from bacteria. *Proc. Natl. Acad. Sci. USA* **99,** 2654–2659.

Busso, D., Kim, R., and Kim, S.-H. (2003). *J. Biochem. Biophys. Methods* **55,** 233–240.

Büssow, K., Nordhoff, E., Lübbert, C., Lehrach, H., and Walter, G. (2000). A human cDNA library for high-throughput protein expression screening. *Genomics* **65,** 1–8.

Byrne, B., and Jormakka, M. (2006). Solubilization and purification of membrane proteins. *In* "Structural Genomics on membrane proteins" (K. Lundstrom, ed.), pp. 179–198. CRC Press, Taylor and Francis, Boca Raton.

Cass, B., Pham, O. L., Kamen, A., and Durocher, Y. (2005). Purification of recombinant proteins from mammalian cell culture using a generic double-affinity chromatography scheme. *Protein Expr. Purif.* **40,** 77–85.

Cèbe, R., and Geiser, M. (2006). Rapid and easy thermodynamic optimization of the 5′-end of mRNA dramatically increases the level of wild type protein expression in *Escherichia coli. Protein Expr. Purif.* **45,** 374–380.

Chaga, G., Hopp, J., and Nelson, P. (1999). Immobilized metal ion affinity chromatography on Co^{2+}-carboxymethylaspartate–agarose Superflow, as demonstrated by one-step purification of lactate dehydrogenase from chicken breast muscle. *Biotechnol. Appl. Biochem.* **29,** 19–24.

Crowe, J., Döbeli, H., Gentz, R., Hochuli, E., Stüber, D., and Henco, K. (1994). 6xHis-Ni-NTA chromatography as a superior technique in recombinant protein expression/purification. *Methods Mol. Biol.* **31,** 371–381.

Dalbøge, H., Bayne, S., and Pedersen, J. (1990). *In vivo* processing of N-terminal methionine in *E. coli. FEBS Lett* **266,** 1–3.

DeJong, J., and Roeder, R. G. (1993). A single cDNA, hTFIIA/α, encodes both the p35 and p19 subunits of human TFIIA. *Genes Dev.* **7,** 2220–2234.

Derewenda, Z. S. (2004). The use of recombinant methods and molecular engineering in protein crystallization. *Methods* **34,** 354–363.

Drews, J. (2000). Drug discovery: A historical perspective. *Science* **287,** 1960–1964.

Eck, M. J., Beutler, B., Kuo, G., Merryweather, J. P., and Sprang, S. R. (1988). Crystallization of trimeric recombinant human tumor necrosis factor (catechin). *J. Biol. Chem.* **263,** 12816–12819.

Eshaghi, S., Hedrén, M., Ignatushchenko Abdel Nasser, M., Hammarberg, T., Thomell, A., and Nordlund, P. (2005). An efficient strategy for high-throughput expression of recombinant integral membrane proteins. *Protein Sci.* **14,** 676–683.

Franken, K. L. M. C., Hiemstra, H. S., van Meijgaarden, K. E., Subronto, Y., den Hartigh, J., Ottenhoff, T. H. M., and Drijfthout, J. W. (2000). Purification of His-tagged proteins by immobilized chelate affinity chromatography: The benefits from the use of organic solvents. *Protein Expr. Purif.* **18,** 95–99.

García González, L. A., Rodrigo Tapia, J. P., Sánchez Lazo, P., Ramos, S., and Suárez Nieto, C. (2004). DNA extraction Using Chelex resin for the oncogenic amplification analysis in head and neck tumors. *Acta Otorrinolaringol. Esp.* **55,** 139–144.

Garzia, L., André, A., Amoresano, A., D'Angelo, A., Martusciello, R., Cirulli, C., Tsurumi, T., Marino, G., and Zollo, M. (2003). Method to express and purify nm23–H2 protein from baculovirus-infected cells. *BioTechniques* **35,** 384–391.

Gill, P., Kimpton, C. P., and Sullivan, K. (1992). A rapid polymerase chain reaction method for identifying fixed specimens. *Electrophoresis* **13,** 173–175.

Gräslund, S., Nordlund, P., Weigelt, J., Bray, J., Gileadi, O., Knapp, S., Oppermann, U., Arrowsmith, C., Hui, R., Ming, J., dhe-Paganon, S., Park, H.-W., *et al.* (2008). Protein production and purification. *Nat. Methods* **5,** 135–146.

Grisshammer, R., and Tucker, J. (1997). Quantitative evaluation of neurotensin receptor purification by immobilized metal affinity chromatography. *Protein Expr. Purif.* **11,** 53–60.

Hale, J. E., and Beidler, D. E. (1994). Purification of humanized murine and murine monoclonal antibodies using immobilized metal-affinity chromatography. *Anal. Biochem.* **222,** 29–33.

Hearon, J. (1948). The configuration of cobaltihistidine and oxy-bis (cobalthistidine). *J. Natl. Cancer Inst.* **9,** 1–11.

Hilbrig, F., and Freitag, R. (2003). Protein purification by affinity precipitation. *J. Chromatogr. B* **790,** 79–90.

Hirel, P.-H., Schmitter, J.-M., Dessen, P., Fayat, G., and Blanquet, S. (1989). Extent of N-terminal methionine excision from *Escherichia coli* proteins is governed by side-chain length of the penultimate amino acid. *Proc. Natl. Acad. Sci. USA* **86,** 8247–8251.

Hober, S., and Uhlén, M. (2008). Human protein atlas and the use of microarray technologies. *Curr. Opin. Biotechnol.* **19,** 30–35.

Hochuli, E. (1989). Genetically designed affinity chromatography using a novel metal chelate adsorbent. *Biologically Active Mol.* **411,** 217–239.

Hochuli, E., Döbeli, H., and Schacher, A. (1987). New metal chelate adsorbent for proteins and peptides containing neighbouring histidine residues. *J. Chromatogr.* **411,** 177–184.

Hochuli, E., Bannwarth, W., Döbeli, H., Gentz, R., and Stüber, D. (1988). Genetic approach to facilitate purification of recombinant proteins with a novel metal chelate adsorbent. *Biotechnology* **6,** 1321–1325.

Hubert, P., and Porath, J. (1980). Metal chelate affinity chromatography. I. Influence of various parameters on the retention of nucleotides and related compounds. *J. Chromatogr.* **198,** 247–255.

Hubert, P., and Porath, J. (1981). Metal chelate affinity chromatography. II. Group separation of mono- and dinucleotides. *J. Chromatogr.* **206,** 164–168.

Hunt, I. (2005). From gene to protein: A review of new and enabling technologies for multi-parallel protein production. *Protein Expr. Purif.* **40,** 1–22.

Imai, T., Tokunaga, A., Yoshida, T., Hashimoto, M., Mikoshiba, K., Weinmaster, G., Nakafuku, M., and Okano, H. (2001). The neural RNA-binding protein Musashi1 translationally regulates mammalian *numb* gene expression by interacting with its mRNA. *Mol. Cell. Biol.* **21,** 3888–3900.

Jensen, M. R., Lauritzen, C., Dahl, S. W., Pedersen, J., and Led, J. J. (2004). Binding ability of a HHP-tagged protein towards Ni^{2+} studied by paramagnetic NMR relaxation: The possibility of obtaining long-range structure information. *J. Biomol. NMR* **29,** 175–185.

Jin, S., Issel, C. J., and Montelaro, R. C. (2004). Serological method using recombinant S2 protein to differentiate equine infectious anemia virus (EIAV)-infected and EIAV-vaccinated horses. *Clin. Diagn. Lab. Immunol.* **11,** 1120–1129.

Jungbauer, A., Kaar, W., and Schlegl, R. (2004). Folding and refolding of proteins in chromatographic beds. *Curr. Opin. Biotechnol.* **15,** 487–494.

Kaslow, D. C., and Shiloach, J. (1994). Production, purification and immunogenicity of a Malaria transmission-blocking vaccine candidate: TBV25H expressed in yeast and purified using Ni-NTA Agarose. *Biotechnology* **12,** 494–499.

Kim, T.-W., Oh, I.-S., Ahn, J.-H., Choi, C.-Y., and Kim, D.-M. (2006). Cell-free synthesis and in situ isolation of recombinant proteins. *Protein Expr. Purif.* **45,** 249–254.

Kim, M. J., Park, H.-Y., Kim, J., Ryu, J., Hong, S., Han, S.-J., and Song, R. (2008). Western blot analysis using metal–nitrilotriacetate conjugated CdSe/ZnS quantum dots. *Anal. Biochem.* **379,** 124–126.

Klammt, C., Schwarz, D., Fendler, K., Haase, W., Dötsch, V., and Bernhard, F. (2005). Evaluation of detergents for the soluble expression of α-helical and β-barrel-type integral membrane proteins by a preparative scale individual cell-free expression system. *FEBS J.* **272,** 6024–6038.

Knecht, S., Ricklin, D., Eberle, A. N., and Ernst, B. (2009). Oligohis-tags: Mechanisms of binding to Ni^{2+}-NTA surfaces. *J. Mol. Recognit.* **22,** 270–279.

Knight, R. D., and Shimeld, S. M. (2001). Identification of conserved C2H2 zinc-finger gene families in the bilateria. *Genome Biol.* **2,** 1–8.

Koehn, J., and Hunt, I. (2009). High-throughput protein production (HTPP): A review of enabling technologies to expedite protein production. *Methods Mol. Biol.* **498,** 1–18. *In* "High Throughput Protein Expression and Purification" (S. A. Doyle, ed.). Humana Press, Springer.

Lanio, T., Jeltsch, A., and Pingoud, A. (2000). Automated purification of His_6-tagged proteins allows exhaustive screening of libraries generated by random mutagenesis. *BioTechniques* **29,** 338–342.

Lata, S., and Piehler, J. (2005). Stable and functional immobilization of histidine-tagged proteins via multivalent chelator headgroups on a molecular poly(ethylene glycol) brush. *Anal. Chem.* **77,** 1096–1105.

Lata, S., Gavutis, M., Tampé, R., and Piehler, J. (2006). Specific and stable fluorescence labeling of histidine-tagged proteins for dissecting multi-protein complex formation. *J. Am. Chem. Soc.* **128,** 2365–2372.

Lesley, S. A. (2001). High-throughput proteomics: Protein expression and purification in the postgenomic world. *Protein Expr. Purif.* **22,** 159–164.

Levison, P. R., Badger, S. E., Jones, R. M. H., Toome, D. W., Streater, M., Pathirana, N. D., and Wheeler, S. (1995). Validation studies in the regeneration of ion-exchange celluloses. *J. Chromatogr. A* **702,** 59–68.

Lewinson, O., Lee, A. T., and Douglas, C. R. (2008). The funnel approach to the precrystallization production of membrane proteins. *J. Mol. Biol.* **377,** 62–73.

Loo, J. A. (2003). The tools of proteomics. *Adv. Protein Chem.* **65,** 353–369.

Lv, G. S., Hua, G.C, and Fu, X. Y. (2003). Expression of milk-derived antihypertensive peptide in *Escherichia coli*. *J. Dairy Sci.* **86,** 1927–1931.

Ma, D., Watanabe, H., Mermelstein, F., Admon, A., Oguri, K., Sun, X., Wada, T., Imai, T., Shiroya, T., Reinberg, D., and Handa, H. (1993). Isolation of a cDNA encoding the largest subunit of TFIIA reveals functions important for activated transcription. *Genes Dev.* **7,** 2246–2257.

Mateo, C., Fernandez-Lorente, G., Pessela, B. C. C., Vian, A., Carrascosa, A. V., Garcia, J. L., Fernandez-Lafuente, R., and Guisan, J. M. (2001). Affinity chromatography of polyhistidine tagged enzymes: New dextran-coated immobilized metal ion affinity chromatography matrices for prevention of undesired multipoint adsorptions. *J. Chromatogr. A* **915,** 97–106.

Matiasson, B., Kumar, A., Ivanov, A. E., and Galaev, I. Y. (2007). Metal-chelate affinity precipitation of proteins using responsive polymers. *Nat. Protocols* **2,** 213–220.

Mészárosová, K., Tishchenko, G., Bouchal, K., and Bleha, M. (2003). Immobilized-metal affinity sorbents based on hydrophilic methacrylate polymers and their interaction with immunoglobulins. *React. Funct. Polym.* **56,** 27–35.

Mohanty, A. K., and Wiener, M. C. (2004). Membrane protein expression and production: Effects of polyhistidine tag length and position. *Protein Expr. Purif.* **33,** 311–325.

Muszynska, G., Andersson, L., and Porath, J. (1986). Selective adsorption of phosphoproteins on gel-immobilized ferric chelate. *Biochemistry* **25,** 6850–6853.

Nieba, L., Nieba-Axamann, S. E., Persson, A., Hämäläinen, M., Edebratt, F., Hansson, A., Lidholm, J., Magnusson, K., Karlsson, A. F., and Plückthun, A. (1997). Biacore analysis of histidine-tagged proteins using a chelating NTA sensor chip. *Anal. Biochem.* **252,** 217–228.

Nilsson, J., Ståhl, S., Lundeberg, J., Uhlén, M., and Nygren, P.-A. (1997). Affinity fusion strategies for detection, purification, and immobilization of recombinant proteins. *Protein Expr. Purif.* **11,** 1–16.

Padan, E., Venturi, M., Michel, H., and Hunte, C. (1998). Production and characterization of monoclonal antibodies directed against native epitopes of NhaH, the Na^+/H^+ antiporter of *E. coli*. *FEBS Lett.* **441,** 53–58.

Pedersen, J., Lauritzen, C., Madsen, M. T., and Dahl, S. W. (1999). Removal of N-terminal polyhistidine tags from recombinant proteins using engineered aminopeptidases. *Protein Expr. Purif.* **15,** 389–400.

Polayes, D.A., Parks, T.D., Johnston, S.A., and Dougherty, W.G. (2008). Application of TEV protease in protein production. *Methods Mol. Med.* **13,** 169–183. *In* "Molecular Diagnosis of Infectious Diseases" (U. Reischl. ed.). Humana Press, Springer.

Porath, J., and Olin, B. (1983). Immobilized metal ion affinity adsorption and immobilized metal ion affinity chromatography of biomaterials. Serum protein affinities for gel-immobilized iron and nickel ions. *Biochemistry* **29,** 1621–1630.

Porath, J., Carlsson, J., Olsson, I., and Belfrage, G. (1975). Metal chelate affinity chromatography, a new approach to protein fractionation. *Nature* **258,** 598–599.

Posewitz, M. C., and Tempst, P. (1999). Immobilized gallium (III) affinity chromatography of phosphopeptides. *Anal. Chem.* **71,** 2883–2892.

Prinz, B., Schultchen, J., Rydzewski, R., Holz, C., Boettner, M., Stahl, U., and Lang, C. (2004). Establishing a versatile fermentation procedure for human proteins expressed in the yeasts *Saccharomyces cerevisiae* and *Pichia pastoris* for structural genomics. *J. Struct. Funct. Genomics* **5,** 29–44.

QIAGEN (2003). The QIAexpressionist. Handbook for High-Level Expression and Purification of 6xHis-Tagged Proteins. 5th edn. Hilden, Germany: QIAGEN, Hilden, Germany.

Reichel, A., Schaible, D., Al Furoukh, N., Cohen, M., Schreiber, G., and Piehler, J. (2007). Noncovalent, site-specific biotinylation of histidine-tagged proteins. *Anal. Chem.* **79,** 8590–8600.

Rumbley, J. N., Furlong Nickels, E., and Gennis, R. B. (1997). One-step purification of cytochrome bo_3 from *Escherichia coli* and demonstration that associated quinone is not required for the structural integrity of the oxidase. *Biochim. Biophys. Acta* **1340,** 131–142.

Schäfer, F., Blümer, J., Römer, U., and Steinert, K. (2000). Ni-NTA for large-scale processes—systematic investigation of separation characteristics, storage and CIP conditions, and leaching. QIAGEN. *QIAGEN News* **4,** 11–15. Available from http://www1.qiagen.com/literature/qiagennews/0400/Ni-NTA%20for%20large-scale.pdf

Schäfer, F., Schäfer, A., and Steinert, K. (2002a). A highly specific system for efficient enzymatic removal of tags from recombinant proteins. *J. Biomol. Tech.* **13,** 158–171.

Schäfer, F., Römer, U., Emmerlich, M., Blümer, J., Lubenow, H., and Steinert, K. (2002b). Automated high-throughput purification of 6xHis-tagged proteins. *J. Biomol. Tech.* **13,** 131–142.

Scheich, C., Sievert, V., and Büssow, K. (2003). An automated method for high-throughput protein purification applied to a comparison of His-tag and GST-tag affinity chromatography. *BMC Biotechnol.* **3,** 12. Available from www.biomedcentral.com/1472-6750/3/12

Schmitt, J., Hess, H., and Stunnenberg, H. G. (1993). Affinity purification of histidine-tagged proteins. *Mol. Biol. Rep.* **18,** 223–230.

Serpa, G., Augusto, E. F. P., Tamashiro, W. M. S. C., Ribeiro, M. B., Miranda, E. A., and Bueno, S. M. A. (2005). Evaluation of immobilized metal membrane affinity chromatography for purification of an immunoglobulin G_1 monoclonal antibody. *J. Chromatogr. B* **816,** 259–268.

Shi, W., and Chance, M. R. (2008). Metallomics and metalloproteomics. *Cell. Mol. Life Sci.* **65,** 3040–3048.

Shi, Y., Seto, E., Chang, L.-S., and Shenk, T. (1991). Transcriptional repression by YY1, a human GLI-Krüppel-related protein, and relief of repression by adenovirus E1A protein. *Cell* **67,** 377–388.

Slentz, B. E., Penner, N. A., and Regnier, F. E. (2003). Protein proteolysis and the multi-dimensional electrochromatographic separation of histidine-containing peptide fragments. *J. Chromatogr. A* **984,** 97–103.

Stasyk, T., and Huber, L. A. (2004). Zooming in: Fractionation strategies in proteomics. *Proteomics* **4,** 3704–3716.

Steen, J., Uhlén, M., Hober, S., and Ottosson, J. (2006). High-throughput protein purification using an automated set-up for high-yield affinity chromatography. *Protein Expr. Purif.* **46,** 173–178.

Stowers, A. W., Zhang, Y., Shimp, R. L., and Kaslow, D. C. (2001). Structural conformers produced during malaria vaccine production in yeast. *Yeast* **18,** 137–150.

Strömberg, P., Rotticci-Mulder, J., Björnestedt, R., and Schmidt, S. R. (2005). Preparative parallel protein purification (P4). *J. Chromatogr. B* **818,** 11–18.

Sulkowski, E. (1985). Purification of proteins by IMAC. *Trends Biotechnol.* **3,** 1–7.

Sun, X., Chiu, J.-F., and He, Q.-Y. (2005). Application of immobilized metal affinity chromatography in proteomics. *Expert Rev. Proteomics* **2,** 649–657.

Svensson, J., Andersson, C., Reseland, J. E., Lyngstadaas, P., and Bülow, L. (2006). Histidine tag fusions increases expression levels of active recombinant amelogenin in *Escherichia coli*. *Protein Expr. Purif.* **48,** 134–141.

Vancan, S., Miranda, E. A., and Bueno, S. M. A. (2002). IMAC of human IgG: Studies with IDA-immobilized copper, nickel, zinc, and cobalt ions and different buffer systems. *Process Biochem.* **37,** 573–579.

Walsh, P. S., Metzger, D. A., and Higuchi, R. (1991). Chelex 100 as a medium for simple extraction of DNA for PCR-based typing from forensic material. *BioTechniques* **10,** 506–513.

Woestenenk, E. A., Hammarström, M., van den Berg, S., Härd, T., and Berglund, H. (2004). His tag effect on solubility of human proteins produced in *Escherichia coli*: Comparison between four expression vectors. *J. Struct. Funct. Genomics* **5,** 217–229.

Xu, C.-G., Fan, X.-J., Fu, Y.-J., and Liang, A.-H. (2008). Effect of the His-tag on the production of soluble and functional *Buthus martensii* Karsch insect toxin. *Protein Expr. Purif.* **59,** 103–109.

Zhaohua, H., Park, J. I., Watson, D. S., Hwang, P., and Szoka, F. C. (2006). Facile synthesis of multivalent nitrilotriacetic acid (NTA) and NTA conjugates for analytical and drug delivery applications. *Bioconjug. Chem.* **17,** 1592–1600.

Zhou, H., Xu, S., Ye, M., Feng, S., Pan, C., Jiang, X., Li, X., Han, G., Fu, Y., and Zou, H. (2006). Zirconium phosphonate-modified porous silicon for highly specific capture of phosphopeptide and MALDI-TOF MS analysis. *J. Proteome Res.* **5,** 2431–2437.

第 28 章

多羟基反应单克隆抗体的鉴定、生产和使用——用于免疫亲和层析

Nancy E. Thompson* ,Katherine M. Foley* ,Elizabeth S. Stalder* ,and Richard R. Burgess*

目录

摘要

免疫亲和层析是纯化蛋白质和蛋白质复合物的一种有力工具。单克隆抗体(mAb)的使用是免疫亲和层析领域的一次革命,可以持续提供高度均一的抗体。在使用 mAb 之前,需要非常苛刻的条件(通常是变性条件)才能从固定的多克隆抗体上洗脱目标蛋白质。虽然现在使用 mAb 时,仍通过苛刻的条件破坏抗原抗体的相互作用,但利用抗原抗体相互作用的均一性,也开发了多种鉴别试剂和条件的方法。在这些方法中,破坏抗原抗体作用的形式温和,可以保证亲和层析回收活性蛋白质的效率较高。这里我们讨论一种特殊类型的 mAb,即多羟基反应单克隆抗体(polyol-responsive monoclonalantibodies,PR-mAb)。这些自然存在的 mAb,在结合条件下与抗原亲和力高,但在低分子质量羟基化合物(多元醇)和无离液盐(nonchaotropic)同时存在时亲和力低。因此,PR-mAb 可用于温和的免疫亲和层析。PR-mAb 易鉴别,适合用于目标蛋白质有效纯化。

---

* 威斯康星大学麦迪逊分校,McArdle 实验室癌症研究组(Madison,Wisconsin,USA)

1. 引言

所有形式的亲和层析法都需要两个组分间形成特异性相互作用,通过这种作用可以纯化其中一种组分。免疫亲和层析即利用抗原和抗体的特异性相互作用,是遵循亲和层析原理的一个分类[综述见 Subramanian(2002)]。事实上,免疫亲和层析是免疫沉淀程序规模放大的拓展应用,不同的部分在于,层析后需要回收组分(一般为抗原),即活性蛋白质。

能够生产 mAb 是免疫化学领域中的一场革命[综述见 Nelson 等(2000)]。就免疫亲和层析而论,与免疫血清获得的多克隆抗体相比,mAb 有两个优势。首先,mAb 可重复生产并且大量制备;其次,mAb 具有均质性,对洗脱试剂的反应一致。一般来说,纯化的抗体结合到某种类型颗粒上,然后将含有抗原溶液的样品上样(直接混合或于层析柱中进行)。洗去未结合的或结合松散的部分后,从载体上洗脱抗原。

在研发免疫亲和层析程序时,通常最难克服的障碍是洗脱步骤。抗原特定决定簇(表位)与抗体分子重链和轻链可变区中互补决定区(CDR)之间可形成蛋白质环,通常抗原抗体的相互作用是离子、疏水和氢键联合作用的结果,这种联合作用正是来源于上述蛋白质环。理想的温和洗脱抗原的形式是采用抗体表位肽竞争结合。但是,表位并不总是已知的,肽也并不一定能发挥作用,合成所需量也过于昂贵。此外,有时抗体作用表位为非连续序列,不能合成表位模拟肽。此时通常需要在非常苛刻(过高或过低的 pH,变性剂如尿素或离子型去污剂)的条件下洗脱抗原,同时也会使蛋白质失活。

2. 多羟基反应单克隆抗体

我们最先使用了一类特殊的单克隆抗体,并将其用于免疫亲和层析。这些抗体可以用于温和的免疫亲和层析,因为洗脱条件只需要联合使用无离液盐和低分子质量的多羟基化合物(多元醇),此条件下蛋白质呈非变性状态。我们把这种抗体归类为多羟基反应单克隆抗体(PR-mAb)。

我们的实验室研究蛋白质转录。因此,我们分离出的大部分 PR-mAb,是原核或真核系统中与转录相关的 mAb。对于主攻分离的科学家,真核生物转录系统具有重大的挑战性,因为实际上许多因子都是多亚基蛋白质。例如,真核生物的 RNA 聚合酶Ⅱ(RNAPⅡ)含 12 个亚基(12 个不同基因产物)。然而,从启动子起始转录,RNAP Ⅱ还需要转录因子 TFIIA、TFIIB、TFIID、TFIIE、TFIIF 和 TFIIH[综述见 Woychik 和 Hampsey(2002)]。除 TFIIB 外,所有这些转录因子均是由两个或两个以上的亚基组成。大蛋白质复合物是使用 PR-mAb 免疫亲和层析的理想对象。我们已经研发用于大肠杆菌 RNAP(Thompson et al.,1992)和真核生物 RNAP Ⅱ(Thompson et al.,1990)的 PR-mAb,以及针对一些真核生物转移因子(表 28.1)的 PR-mAb。

表 28.1　与文献有关的用于蛋白质纯化的 PR-mAb

PR-mAb	抗原	表位	参考文献
8WG16	RNA 聚合酶 II(RNAP II)C 端最大亚基上的重复七肽	YSPTSPSYSPTSPS	Edwards 等(1990)；Thompson 等(1990)
NT73	大肠杆菌 RNA 聚合酶(*E. coli* RNAP)β′亚基的远 C 端(1392～1404)	SLAELLNAGLGGS	Thompson 等(1992;2003)
8RB13	*E. coli* RNAP 的 β 亚基的 β-flap 区域	PEEKLLRAIFGEKAS	Bergendahl 等(2003)；Probasco 等(2007)；E. S. Stalder 等未发表
4RA2	*E. coli* RNAP 的一个亚基半 C 端	未知	Anthony 等(2003)
1TBP22	人 TBP 的 N 端(1～199)	未知	Thompson 等(2004)
IIB8	人 TFIIB 的 N 端(61～68)	TKDPSRVG	Duellman 等(2004)；Thompson 和 Burgess(1994)
1RAP1	RAP30 的 N 端(1～118)	未知	Thompson 和 Burgess(1999)

PR-mAb 技术应用中最值得注意的是，采用我们的 PR-mAb 8WG16 纯化的酵母 RNAP II(Edwards et al. ,1990)已用于蛋白质复合物结晶(Cramer et al. ,2000)。其他实验室已成功分离出多种 PR-mAb，并应用于纯化目标蛋白质(Jiang et al. ,1995；Lynch et al. ,1996；Nagy et al. ,2002)。也可以对已经确定的 mAb 进行筛选，将其用于多羟基反应。

目前已经发表了一些关于 PR-mAb 的综述(Burgess and Thompson，2002；Thompson and Burgess，1996，2001；Thompson et al. ,2006)。本章中，我们将对其中一些方法进行更新。我们还将介绍采用非常便宜的细胞培养系统制备大量 RP-mAb 的方法，以及以同样的方式用小鼠腹水制备极少量的 mAb。最后，根据抗体的多羟基反应特点，以重组 DNA 的方法，用 RP-mAb 的表位标记无关目标蛋白质，可进而通过温和的多羟基-洗脱法纯化该蛋白质。

2.1　PR-mAb 特性

(1) 通过筛选大量单抗(218 个抗原特异孔)，我们预计 PR-mAb 占单克隆抗体的 5%～10%(Thompson et al. ,1992)。

(2) 在主孔(master-well)阶段进行筛选可以立即鉴定 PR-mAb。

(3) PR-mAb 不受小鼠 IgG 亚型的限制。也已在大鼠的 mAb 中鉴别筛选了 PR-mAb(R. R. Burgess，数据未公开发表)。

(4) 多数 PR-mAb 受不同种盐和多羟基化合物组合的影响。最常见的是 0.75 mol/L 硫酸铵或 0.75 mol/L 氯化钠与 30%～40%丙二醇联合使用。

(5) PR-mAb 可以是高亲和力抗体。事实上，在稀释溶液中，高亲和力是保证 mAb 与抗原有效结合的首要条件。洗脱时成为低亲和力抗体。

(6) 多数(不是全部)PR-mAb 受不同种盐和多羟基化合物组合的影响。经验证，盐包括硫酸铵、氯化钠、乙酸钠和谷氨酸钾；多元醇包括丙二醇、乙二醇、2,3-丁二醇，有时甘油也可。

(7) 盐和多羟基化合物通常用来作为蛋白质稳定剂,其温和洗脱作用可以保留抗原的生物学特性及结构的完整性,甚至可用于多亚基复合物(Cramer et al.,2000;Thompson et al.,1990)。

2.2 mAb 来源

我们采用杂交瘤技术制备 mAb(Harlow and Lane,1988),即将抗原刺激的小鼠脾细胞和骨髓瘤细胞株融合。实验证明应首选高免小鼠;仅 5%~10%的单抗是 PR-mAb,因此需要大量的原始杂交瘤细胞才可能分离出 PR-mAb。但可以使用其他方法制备 mAb,如反转录病毒感染浆细胞(Largaespada et al.,1996),或通过重组技术构建抗体库。

无论何种来源的抗体,必须具备抗原特异性。我们发现,标准(ELISA)是行之有效的方法。接着我们通过改良的 ELISA 法筛选抗体,即 ELISA-elution 检测法。该方法是在标准 ELISA 的基础上,在加入酶联二抗前,增加了用盐和多羟基化合物联合处理特异性的抗原抗体复合物的步骤。接着,用盐/多羟基化合物解离抗原抗体复合物后,通过底物反应进行定量。ELISA-elution 检测法的一般程序如下所述。

2.3 PR-mAb 的 ELISA-elution 检测法

(1) 抗原包被聚苯乙烯微孔板。通常每孔加入 50 μL 含有 30~100 ng 抗原的磷酸盐缓冲液(PBS,pH 7.4)。室温孵育 1 h,保证足够的时间使抗原与聚苯乙烯结合。

(2) 每孔用 200 μL 含 1%脱脂奶粉的 PBS(1% BLOTTO)封闭。通常在 4℃封闭过夜,室温下 2 h 即可。

(3) 将待测抗体(50 μL)加入相邻的两个孔,室温孵育 1 h。通常细胞培养液中的抗体可以直接使用。但是,亲和力非常高的抗体,或滴度非常高的抗体制剂应稀释至非饱和水平使用。

(4) 用含 0.1%tween20 的 PBS(PBST)洗板 5 次,去除未结合的抗体。

(5) 对照孔,每孔加入 100 μL TE 缓冲液[50 mmol/L Tris-HCl(pH7.9),0.1 mmol/L EDTA];待测孔,每孔加入 100 μL 含 0.75 mol/L 硫酸铵和 40%丙二醇的 TE 缓冲液。ELISA 板室温孵育 20 min,偶尔(约每 5 min)轻拍 ELISA 板一侧以混合溶液。

(6) 用 PBST 洗板 5 次。

(7) 1% BLOTTO 稀释商品化辣根过氧化物酶标记的二抗(一般 1∶2000),每孔加入 50 μL。室温孵育 1 h。

(8) 用 PBST 洗板 10 次。

(9) 向孔中加入适当底物。我们使用的是 100 μL 含有 0.03% H_2O_2 和 0.4 mg/mL 邻苯二胺(OPD)的 0.05 mol/L 柠檬酸缓冲液(pH 5.0)。

(10) 酶联板在室温下孵育 5~15 min。成对(TE 和 TE+盐/多元醇对于每种单抗)终止反应,每孔加入 50 μL 1 mol/L H_2SO_4。

(11) 酶联仪读取吸光值。对于 OPD,检测波长为 490 nm。与仅加入 TE 缓冲液的对照孔相比(图 28.1A),经多羟基化合物和盐处理的待测孔中,PR-mAb 的吸光值将降低约 50%。如果无酶联仪可用,吸光值通常降低约 50%时目测也是很明显的。

2.3.1　说明

(1) PR-mAb 筛选可以在主孔阶段(master-well stage)进行操作。杂交瘤细胞筛选用于特异性抗体制备,随后立即进行 PR-mAb 筛选。初步筛选可以在 100 μL 细胞培养液中进行(50 μL 对照缓冲液和 50 μL 含多羟基化合物及盐的缓冲液)(Thompson et al.,1992)。其中一项研究中,在主孔阶段,仅一次融合我们就筛选了 200 个以上杂交瘤细胞用于制备 PR-mAb。

(2) 抗原结合于微孔板上可导致抗原结构的变化。这样可能会导致在溶液中埋藏于蛋白质内部的表位暴露,进而导致假阳性,因为在溶液中 mAb 与目标不反应,这种 mAb 不适用于免疫亲和层析。

(3) 当有数毫升细胞培养液可用时,可以在一块板上检测不同浓度的多元醇和盐对 mAb 的影响(图 28.1B)。

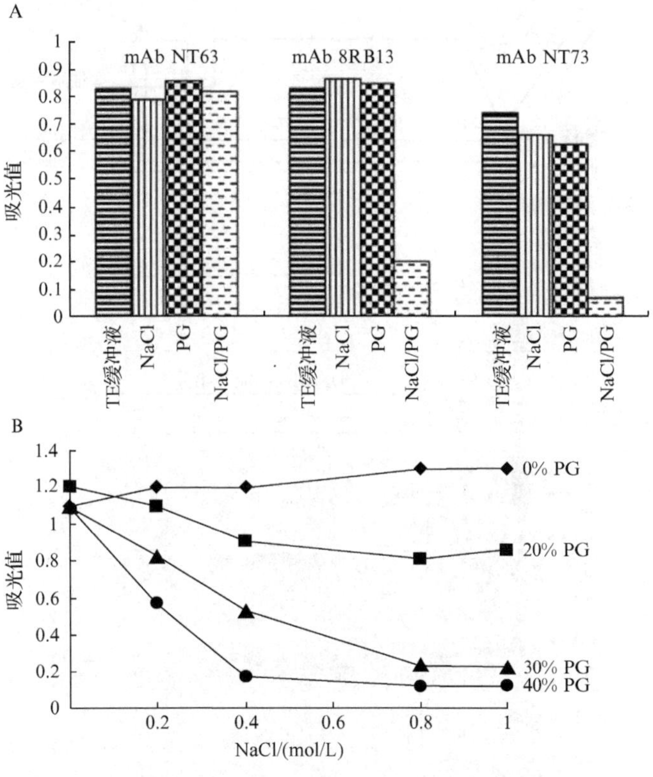

图 28.1　用 ELISA-elution 检测法鉴别和分析 PR-mAb 特征。微孔板每孔包被 100 ng 核 RNAP。A. ELISA-elution 检测法鉴定 PR-mAb 的结果。单抗 NT63 是一种对照单抗,可以与大肠杆菌 RNA 聚合酶反应(Thompson et al.,1992)。单抗 8RB13 和 NT73 是 PR-mAb(Bergendahl et al.,2003;Thompson et al.,1992)。在 0.75 mol/L NaCl 和 40%丙二醇(NaCl/PG)条件下,单抗 NT63 未从抗原上洗脱,但单抗 8RB13 和 NT73 可以用 NaCl/PG 组合洗脱。单独使用 0.75 mol/L NaCl 或 40%丙二醇时,每一种单抗洗脱效果均不佳。B. 不同浓度的 NaCl(0～1.0 mol/L)和丙二醇(PG,0%～40%)同时存在的条件下,使用 mAb 8RB13 进行 ELISA-elution 检测

2.4 连续培养法生产 mAb

在许多情况下,已经不再鼓励用腹水生产小鼠 mAb 的做法。因此,我们已经研发了替代的方法用于生产免疫亲和层析所需的大量 mAb。这部分将介绍一种已经证实非常适合用于这种规模的抗体制备方法。该操作程序中,使用一种商品化的由 Integra Biosciences AG 公司(瑞士)生产的 CELLine Flask 350(CL 350)细胞培养室。美国 Argos Technologies 公司(Elgin,IL)和 Bioraco International 公司(Framingham,MA)也提供这种产品。我们发现这个产品易于使用,能够制备 10~50 mg 抗体,且相同的杂交瘤细胞可重复使用数次。需要具备的条件包括:标准的无菌细胞培养技术、细胞培养罩(cell culture hood)和 37℃恒湿二氧化碳培养箱(5%)。这种培养瓶的示意图如 28.2A 所示。常规操作规程如下所述。

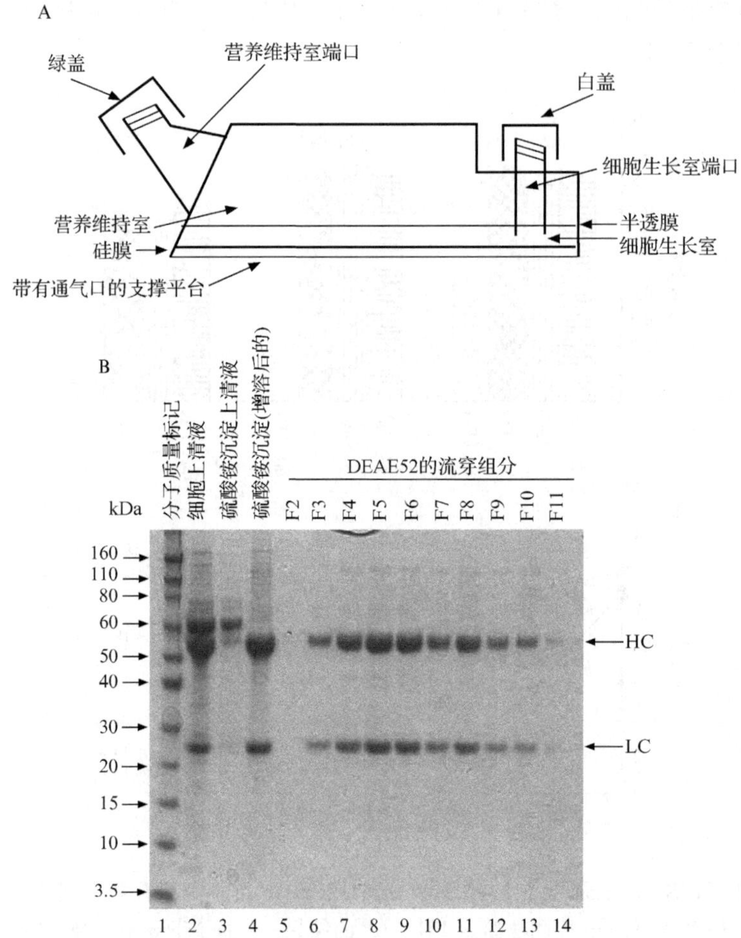

图 28.2 制备 mAb 的 CELLine 瓶。A. CL 350 瓶示意图(摘自制造商手册)。B. 制备 mAb 8RB13 的杂交瘤细胞在细胞培养瓶中培养 3 周。每 3 天收集一次细胞上清液(泳道 2),硫酸铵沉淀纯化(泳道 3 和 4),DE52 层析(泳道 5~14),方法如正文所述。各组分用 4%~12% NuPAGE 凝胶(Invitrogen 公司)分离,MES 缓冲液,GelCode 染色(Pierce)。免疫球蛋白的重链(HC)和轻链(LC)见标示

(1) 准备细胞培养基。准备两种略有差异的培养基用于两个 CL 350 培养皿。杜尔伯科改良伊格尔培养基[Dulbecco's modified eagle medium (DMEM)]含有谷氨酰胺和高浓度的葡萄糖(Gibco/Invitrogen ＃11965),再加入 1 mmol/L 丙酮酸钠(Sigma 公司)、100 单位/mL 青霉素、100 μg/mL 链霉素(Gibco/Invitrogen),作为两种培养基的基础成分。在细胞生长室中,DEME 需添加上述成分和 15%灭活的胎牛血清(Hyclone 公司)。在营养维持室中,DMEM 需添加上述成分和 5%胎牛血清的 DMEM 培养液。我们将细胞生长室用培养基称为"完全培养基"(complete medium),将营养维持室用培养基称为"营养培养基"(nutrient medium)。

(2) 准备用于接种培养瓶的接种液。从液氮罐中取出一管杂交瘤细胞,37℃迅速解冻。将杂交瘤细胞按照约 2×10^4 个细胞/mL 密度用完全培养基铺板。我们使用含有 20 mL培养基的 10 cm 细胞培养板。

(3) 接种培养瓶。准备 5 mL 新鲜的完全培养基,含有 8×10^6～20×10^6 个处于对数生长期的活细胞。在细胞铺于细胞生长室前,将 25 mL 营养培养基加至营养维持室(绿盖)中,浸润营养维持室和细胞生长室之间的膜。悬浮细胞,并用 10 mL 的血清移液管吸出。拧松绿盖,将吸管稳稳插入细胞生长室,向细胞生长室(白盖)中接种 5 mL 悬浮液。缓慢的上下吹打液体,在将液体吹回室内前使气泡上升,进而除去气泡。更换白盖并拧紧。向营养维持室中加入 350 mL 营养培养基,拧紧绿盖。

(4) 收获细胞生长室和培养维持。每隔 3～7 天更换营养维持室中的营养培养基。拧松绿盖,将 10 mL 移液管插入细胞生长室,上下吹打液体,彻底混合细胞。然后将整个细胞生长室中的液体全部转移至离心管。由于渗透通量,体积可能大于 5 mL。取样后用血细胞计数法进行细胞计数,台盼蓝进行活细胞染色检测。取出细胞生长室中的内容物离心沉淀细胞。取出合并含有 mAb 的培养基,将该上清液冻存以备日后纯化。用新鲜的完全培养基重悬细胞。可能需要根据初始接种密度、增长率和换液频率,将细胞分成几份(通常为 1∶2～1∶4)。拧松绿盖,将 5 mL 的细胞倒回至培养皿中(白盖)。去除气泡和拧紧白盖。向营养室中加入 350 mL 培养基,彻底拧紧绿盖。

(5) 培养方式建立后,每隔 3～7 天收获 Integra CL 350 瓶一次。收获时间间隔取决于杂交瘤细胞增长速率和杂交瘤细胞对培养瓶环境的适应能力。这一特点具有细胞系依赖性。

2.4.1　说明

(1) 用 Integra CL 350 瓶培养杂交瘤细胞的效果很好,每毫升细胞培养收获上清液中,可以得到 mAb 0.5～1 mg。通常可连续培养 1 个月左右。

(2) 处理液体:将培养基在 37℃水浴预热。这有助于避免培养瓶中的冷凝作用以及细胞的温度休克。向细胞培养皿(白盖)添加或取出液体时,要先拧松营养培养室的绿盖,以防止留有空气。放入培养箱孵育之前始终拧紧培养瓶的白盖和绿盖。建议使用 10 mL 血清移液管进行操作。将培养基吸出并加入新鲜的培养基,为营养维持室换液。

(3) 接种的最低细胞浓度为 1.5×10^6 个细胞/mL[步骤(2)]。我们尝试降低营养培养基中所需的胎牛血清,但未获成功。一些市场上的新型无血清培养基可以用做营养培养基。

(4) 监测细胞数量和状态很重要[步骤(3)]。有助于确定是否分离细胞,以减少细胞数量,避免总活细胞数大于 1.0×10^8 个。如果细胞活力大大降低,则需要增加换液频率。

(5) 在连续培养过程中,由于每次收获均分离细胞,引起细胞死亡而导致活细胞比例[步骤(4)]下降。培养期末,仅有 30%~40%活细胞是非正常终止的。

(6) 一些杂交瘤细胞在长期连续培养时是不稳定的,并失去产生抗体的能力。因此,在培养期间应监测抗体生成。我们采用标准 ELISA 检测。

(7) CELLine 培养瓶的信息可以在 www. integrabiosciences. COM/celline 获得。

2.5 抗体纯化

为将抗体与载体上可用反应位点间的结合最大化,需要纯化抗体,至少部分纯化也是有益的。可以用多种不同的方法纯化抗体。其中最经济实用的方法是分子排阻色谱或离子交换层析。常用的纯化方法是利用 Protein A、Protein G,或两者混合进行亲和层析,但这种方法耗费较高。小鼠 mAb 属于免疫球蛋白 IgG 4 个亚类之一:IgG1、IgG2a、IgG2b 和 IgG3。小鼠 IgG2a、IgG2b 和 IgG3 可以用 Protein A 层析柱纯化。小鼠 IgG1 与 Protein A 结合的效果差。与小鼠 IgG2a 不同,小鼠 IgG1 与 Protein G 结合效果更好,而 IgG2b 与 Protein A 和 Protein G 均可结合。

根据我们的经验,大部分典型融合实例中的单抗都是 IgG1 亚类。这里我们介绍一种 DEAE 柱(Whatman DE52),可以用于纯化小鼠 IgG mAb,该层析柱既经济,又简单。对于 mAb IgG1,这种方法特别有效。事实上,在我们的操作中,每个纯化后的 IgG1 mAb,经检测纯度均可达 90%左右。此外,许多小鼠的 IgG2a 和 IgG2b 抗体可以通过这种方法纯化。

(1) 无论是腹水或 CELLine 细胞培养上清液中的抗体均需采用硫酸铵沉淀。向 mAb 中加饱和硫酸铵溶液至 45%饱和度。冰上搅拌浆体 20 min。通过这种方式沉淀 mAb,同时大部分血清白蛋白留在溶液中。

(2) 离心分离沉淀(约 6000 *g*,10 min)。向沉淀中加入抗体用缓冲液[50 mmol/L Tris-HCl(pH 6.9),25 mmol/L NaCl],加入量为抗体初始体积的 1/4(CELLine 培养瓶制备抗体)~1/2(腹水)。

(3) 15 min 左右可溶解沉淀,离心使其澄清(约 6000 *g*,10min)。

(4) 4℃条件下,将步骤(3)得到的上清液用 1 L 抗体用缓冲液透析过夜。

(5) 澄清的上清液用于 DE52 柱层析,按照下面“说明”中事项准备层析柱。层析柱用抗体用缓冲液(pH 6.9)平衡,该 pH 条件下,大部分 mAb 流穿,而多数杂质会与层析柱结合。10 mL 原料可用 5 mL DE52 柱。

(6) 收集原料中未与层析柱结合的组分(约 1 mL),每个组分样品进行 SDS-PAGE 检测。CL 350 培养瓶制备 mAb 8RB13(IgG1 型单抗),纯化产物的 SDS-PAGE 结果如图 28.2B所示。根据抗体纯度合并分离组分。

(7) 用 5 mL 含 0.5 mol/L NaCl 的抗体用缓冲液洗脱层析柱,PAGE 分析前保存洗脱液。

2.5.1　说明

（1）DE52 的准备工作十分重要。虽然生产商宣称不需要预循环，但是我们证实预循环大大改善了色谱性能。10 g 树脂混悬于 100 mL 水中，并用 100 mL 水清洗数次，每次清洗可去除细小物（不沉降的小颗粒）。然后用 100 mL 0.1 mol/L HCl 处理树脂30 min，将 HCl 缓慢倒出。至少清洗 3 次树脂，每次用 100 mL 水。最后一次清洗缓慢倒出液体，然后用 0.1 mol/L NaOH 处理树脂 30 min，缓慢倒出液体，至少清洗 3 次树脂，每次用 100 mL 水。用抗体用缓冲液清洗树脂 3 次，每次用 100 mL 缓冲液，并用相同的缓冲液悬浮。用 pH 试纸检测 pH，加入叠氮钠至终浓度 0.02%。树脂分装于一次性试管，存放于冰箱内。

（2）mAb 可来源于腹水。虽然腹水并不纯（纯度 80%～90%），但杂质可能并不影响免疫亲和树脂的性能。

（3）在上述条件下，大多数小鼠 mAb 可流穿 DE52。但仍有少量 mAb 可以结合于层析柱。因此，可以采用高盐洗脱条件[步骤（7）]洗脱抗体。使用盐梯度浓度纯化与 DE52 层析柱结合的 mAb 是必要的。

（4）如果以 CELLine 培养瓶制备 mAb，可不必采用 DE52。

2.6　PR-mAb 在层析载体上的固定

供应商提供了很多种树脂和偶联剂。我们已经对其中的大部分进行了验证，但没有任何一种比用溴化氰（CNBr）衍化的交联琼脂糖更有效。

（1）纯化后 mAb 用偶联缓冲液透析（100 mmol/L $NaHCO_3$、500 mmol/L NaCl，pH 8.3）。移出透析管中的抗体溶液，并用偶联缓冲液调整其体积，每克溴化氰活化的 Sepharose 干粉对应 10 mL，留样（约 100 μL）分析蛋白质浓度。

（2）约需 20 min 溴化氰活化的 Sepharose 干粉即可溶胀于 0.1 mmol/L HCl。每克溴化氰活化树脂干粉可制备 3.5 mL 凝胶。然后在玻璃滤器内清洗树脂，每克树脂用约 100 mL 0.1 mmol/L HCl。

（3）用约 20 mL 偶联溶液快速清洗树脂后，将树脂转移至抗体溶液中。23℃条件下，用实验室旋转器将胶浆液翻转混合 2 h。

（4）用玻璃过滤器收集树脂，保存滤液用于测定未偶联蛋白质含量。

（5）将树脂转移至约 10 mL pH 8.3、1 mol/L 乙醇胺溶液中，23℃翻转混合 2 h，使乙醇胺与残余的溴化氰充分反应。

（6）再次用玻璃过滤器收集树脂，偶联缓冲液（约 50 mL）清洗后，用 100 mmol/L 乙酸钠缓冲液（pH 4.0）清洗。

（7）重复至少 2 次或 3 次步骤（6）中的 2 次清洗。

（8）4℃条件下，将偶联的 Sepharose 保存于 10 mL 含 0.02% NaN_3 偶联缓冲液中。

（9）检测结合前后保存的抗体溶液[步骤（1）和（4）得到的样本]中的蛋白质含量。据此确定偶联效率。

2.6.1　说明

(1) 1 g树脂干粉制备3.5 mL溶胀树脂。我们发现多数情况下,一次处理0.5～2.0 g树脂干粉比较方便。并且证实1 mL溶胀树脂偶联2.5 mg mAb效果较好。因此,3.5 mL(1 g)树脂需要结合8.75 mg mAb。

(2) 溴化氰活化的pH条件是8以上。因此,上述步骤(3)中的抗体溶液应尽快转移至树脂。

(3) 阻断剂[步骤(5)]可依据具体使用目的而异。例如,产自酵母的乙醇胺结合蛋白,如果用乙醇胺作为阻断剂,将会与目标蛋白质共纯化。在这种情况下,0.1 mol/L甘氨酸是比较合适的阻断剂。

(4) 4℃条件下,将树脂储存于0.02% NaN_3中。该条件下,树脂可以稳定储存约6个月。我们注意到,一些抗体储存6个月后会发生剥离。向上述缓冲液中加入50%甘油,存储于20℃(不冻结),可能延长半衰期。

2.7　用PR-mAbs纯化蛋白质

下面我们以mAb NT73或8RB13纯化大肠杆菌来源的RNA聚合酶为例。前面介绍一步免疫亲和层析法可以得到纯度约90%的RNA聚合酶。其他一些与RNA聚合酶结合的蛋白质也会被共同洗脱。该操作规程设定原料为1 L对数生长末期培养液获得大肠杆菌沉淀(2～3 g湿重)。图28.3所示SDS-PAGE结果为利用该方法纯化的结果。

(1) 可以在冰上部分复融沉淀,并用20 mL TEN缓冲液[50 mmol/L Tris-HCl(pH7.9)、0.1 mmol/L EDTA、100 mmol/L NaCl]重悬。

(2) 添加溶菌酶至终浓度250 μg/mL,冰上孵育细胞20 min。或者使用1500 kU重组溶菌酶(EMD/Novagen公司#71110)。

(3) 冰上超声细胞,重复4次,每次工作15 s,间歇15 s。

(4) 15 000 r/min(27 000 g)离心裂解液15 min。

(5) 于23℃将上清液(1～2 mL)上样于免疫亲和柱,收集流穿部分。

(6) 用含100 mmol/L NaCl的TE(约20 mL)清洗层析柱,然后再用含500 mmol/L(原文为500 mL,译者认为原文笔误)NaCl的TE(约5 mL)清洗层析柱。用含100 mmol/L NaCl的TE(约10 mL)再平衡。

(7) 用含0.75 mol/L NaCl和40%丙二醇的TE洗脱层析柱(室温)。冰上收集洗脱组分。

(8) SDS-PAGE电泳分洗脱峰。图28.3中SDS-PAGE结果显示一步层析产物纯度。合并所需组分(图28.3泳道5、泳道6),用合适的储存缓冲液透析[转录蛋白,用50 mmol/L Tris-HCl(pH7.9)、50 mmol/L NaCl、0.1 mmol/LEDTA、0.1mmol/L DTT和20%～50%甘油]。

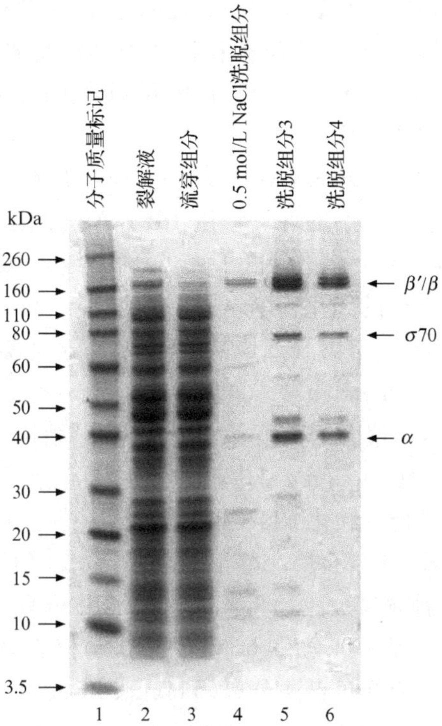

图 28.3　用 mAb NT73-Sepharose 通过一步免疫亲和层析方法纯化大肠杆菌的 RNA 聚合酶，SDS-PAGE(4%～12%)检测结果。细胞裂解参见正文。液体部分(泳道 2)上样于 aNT73-Sepharose(2 mL)。收集流穿样品(泳道 3)。用含 100 mmol/L NaCl 的 TE 缓冲液清洗后，用含 0.5 mol/L NaCl 的 TE 缓冲液快速清洗层析柱(泳道 4)。用含 100 mmol/L NaCl 再次平衡层析柱，然后，用含有 0.75 mol/L NaCl 和 40%丙二醇的 TE 缓冲液将 RNA 聚合酶从层析柱上洗脱下来，收集 1 mL 洗脱组分(泳道 5 和泳道 6)。RNA 聚合酶的亚基如图右侧所示。其他的蛋白质条带大多是 RNA 聚合酶结合蛋白

2.7.1　说明

(1) 用 Benzonase 核酸酶处理裂解液[步骤(3)](EMD/Novagen ＃70746，Madison，WI)，有助于消化核酸和降低黏度(见本书第 18 章)。

(2) 500 mmol/L NaCl 清洗[步骤(6)]有助于消除核酸和 Nus A，后者为一种 RNA 聚合酶结合蛋白。

(3) 室温下洗脱目标蛋白质比 4℃条件下更有效[步骤(8)]，原因未知。

2.8　用 PR-mAb 的交叉反应纯化蛋白质

通常可从非基因工程制备的生物材料中纯化蛋白质或蛋白质复合物。并且发现，使用识别高度保守表位的 PR-mAb 可以使免疫吸附的适用性更强。其中两个应用最成功的 PR-mAb 可以与许多物种的同一种酶发生交叉反应。

mAb 8WG16 与真核生物 RNAPⅡ(表 28.1)最大亚基 C 端的重复七肽产生相互作

用。这一序列是该大蛋白质复合物表面容易靠近的部分，通常称之为 RNAPⅡ的 C 端结构域(CTD)。RNAPⅡ中的 CTD 对于所有物种几乎都是高度保守的。mAb 8WG16 已用于纯化小牛胸腺(Thompson et al.，1990)、酵母(Edwards et al.，1990)和人体细胞(Maldonado et al.，1996)中的 RNAPⅡ。

事实上，PR-mAb 纯化的酵母 RNAPⅡ第一次应用是在 RNAPⅡ晶体化研究方面(Cramer et al.，2000)。我们已经介绍了利用 PR-mAb 纯化 RNAPⅡ(Thompson and Burgess，1996)的详细过程。在大多数情况下，从原料中纯化 RNAPⅡ时需要在使用免疫亲和树脂之前先采用直接混合的纯化程序。

mAb 8RB13 是一个具有高度交叉反应的 PR-mAb，已证实对纯化细菌核 RNA 聚合酶(core RNAP)非常有效(Bergendahl et al.，2003；Probasco et al.，2007)。这种PR-mAb 可与大多数细菌来源的 RNA 聚合酶高度保守的"β-flap"结构域发生反应(E. S. Stalder，未公开发表)。"β-flap"是一个与 sigma 亚基结合的主要位点(Kuznedelov et al.，2002)，因此可用 8RB13-agarose 层析柱纯化 RNA 聚合酶(缺少一个 sigma 亚基)。图 28.4 泳道 3 为由大肠杆菌纯化的核 RNA 聚合酶。鉴于该 mAb 的交叉反应，也可以从枯草芽孢杆菌中纯化核 RNA 聚合酶(泳道 4)。图 28.4 也显示了用 mAb NT73 从大肠杆菌中纯化的 RNA 聚合酶(泳道 2)，这是一种全酶(holoenzyme)与核心酶(core enzyme)的混合物，两种形式酶组分可以用离子交换色谱法分离(Thompson et al.，1992)。纯化大肠杆菌和枯草芽孢杆菌来源核 RNA 聚合酶时，与主要的 sigma 因子对应的肽段是缺失的。

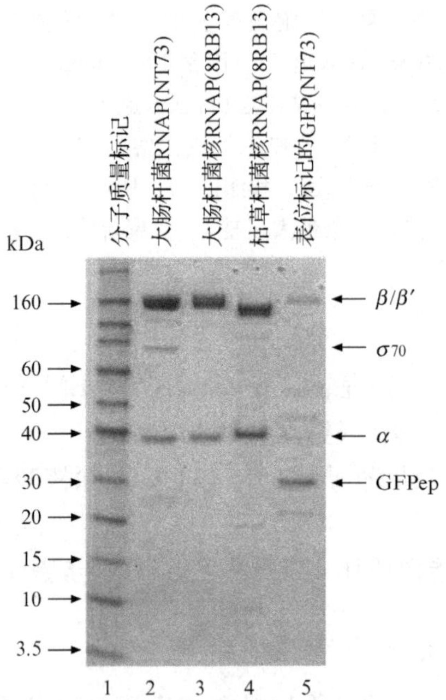

图 28.4　SDS-PAGE(4%～12%)分析 PR-mAb 纯化 RNA 聚合酶和表位标记的 GFP。1. NOVEX Sharp 分子质量标准；2. 用 mAb NT73 纯化的大肠杆菌 RNA 聚合酶；3. 用 mAb 8RB13 纯化的大肠杆菌核 RNA 聚合酶；4. 用 mAb 8RB13 纯化的枯草杆菌核 RNA 聚合酶；5. 用 mAb NT73 纯化的表位标记的绿色荧光蛋白

2.9　使用 PR-mAb 的抗原表位作为纯化标签

我们认为,标准杂交瘤技术分离得到的 5%~10% mAb 都可能是有效的 PR-mAb,即使如此,也可使用另一种方法,即用已确定为 PR-mAb 的 mAb 的表位对蛋白质进行表位标记。纯化标签的方法在第 16 章中已介绍。因此,我们将只简单地介绍这一内容,并且仅涉及与 PR-mAb 和其抗原表位相关的部分。

可以用表位标记蛋白质,并用 PR-mAb 通过多羟基反应纯化蛋白质,这种能力正是抗体自身特性使然,而不是表位存在的情况下反应条件的特征决定的。我们已经为 3 个 PR-mAb 开发了表位标记系统,分别为 NT73、IIB8、8RB13 (Duellman et al.,2004;Thompson et al.,2003;E. S. Stalder,未发表资料)。我们称这些表位为"软性标签(Softags)"(Burgess and Thompson,2002)。表 28.1 中已列出这些表位,且这些标签已获专利授权(Burgess et al.,2007)。

我们所有 PR-mAb 的分离均以全长蛋白质作为免疫原,因此,这类 mAb 表位的定位是一个辛苦的过程。用合成肽作为免疫原分离 PR-mAb 虽然可行但我们并未采用。PR-mAb IIB8PR——可以与人 TFIIB 反应——是通过定点突变、用噬菌体展示技术定位的(Duellman et al.,2004)。而与大肠杆菌 RNA 聚合酶最大亚基反应的两个 PR-mAb (mAb NT73 和 mAb 8RB13),是先通过有序片段梯度法(ordered fragment ladder method)进行非严格定位(Burgess et al.,2000;Rao et al.,1996),然后通过细微缺失分析及寡核苷酸标记无关蛋白质(Thompson et al.,2003;E. S. Stalder,未发表数据)的方式精确定位,这种无关蛋白质我们已有相应抗体。这种寡核苷酸标签的构建是将一段寡核苷酸与目标蛋白质基因融合,这个寡核苷酸包含与目标蛋白质读码框相容的、编码表位的序列。

在该技术的原理论证(proof-of-principle)研究中,我们以绿色荧光蛋白(GFP)为目标蛋白质(Duellman et al.,2004;Thompson et al.,2003)。mAb NT73 的表位标签可以与 GFP 的 N 端或 C 端融合,但对于其他目标蛋白质,可能取决于其末端的可及度。对于 GFP,其晶体结构中两个末端均易靠近(Tsien,1998)。mAb 8RB13 的表位已经用做大肠杆菌和哺乳动物细胞培养系统的标签(E. S. Stalder,未发表)。

我们已经将大肠杆菌 RNAP 来源的表位标签用于纯化大肠杆菌表达系统产生的表位标记 GFP,即便如此仍有内源性 RNAP 存在于裂解液中,同时也有一些 RNAP 被纯化。图 28.4 的泳道 5 显示了大肠杆菌表达、NT73-Sepharose 纯化的表位标记 GFP,其中的表位是针对 mAb NT73 表位。将裂解液加至 300 mmol/L 的 NaCl,同时加入 0.3%聚乙烯亚胺(PEI),可以去除其中的 RNA 聚合酶(见本书第 20 章)。可以通过离心去除沉淀,而表位标记 GFP 仍在溶液中,然后将上清液用于免疫亲和层析。

3. 结论

本部分介绍了 PR-mAb 的分离和鉴定,以及其在温和的免疫亲和层析方面的应用。虽然这里列举的 PR-mAb 应用实例是将其用于纯化转录因子,但是本章概述的方法可以用于任意一种PR-mAb或用某种PR-mAb表位标记的蛋白质。该程序中耗费最大的部分是PR-mAb分离。现在针对某一种蛋白质的mAb非常多,可以利用ELISA-elution检测法对现有mAb进行筛选,继而用于多羟基反应,因此完全可能已存在一种针对你的目标蛋白质的PR-mAb。

公告

威斯康星大学麦迪逊分校的利益冲突委员会(University of Wisconsin Madison Conflict of Interest Committee)要求N. Thompson和R. Burgess公示,本章中提到的许多单克隆抗体均由NeoClone公司销售,他们与该公司具有财务利益。

(李 郁 译 张 军 校)

参考文献

Anthony, J. R., Green, H. A., and Donohue, T. J. (2003). Purification of *Rhodobacter sphaeroides* RNA polymerase and its sigma factors. *Meth. Enzymol.* **370,** 54–65.

Bergendahl, V., Thompson, N. E., Foley, K. M., Olson, B. M., and Burgess, R. R. (2003). A cross-reactive polyol-responsive monoclonal antibody useful for isolation of core RNA polymerase from many bacterial species. *Protein Expr. Purif.* **31,** 155–160.

Burgess, R. R., and Thompson, N. E. (2002). Advances in gentle immunoaffinity chromatography. *Curr. Opin. Biotechnol.* **13,** 304–308.

Burgess, R. R., Arthur, T. A., and Pietz, B. C. (2000). Mapping protein-protein interaction domains using ordered fragment ladder far-Western analysis of hexahistidine-tagged fusion proteins. *Meth. Enzymol.* **328,** 141–157.

Burgess, R. R., Thompson, N. E., and Duellman, S. J. (2007). Immunoaffinity chromatography using epitope tags to polyol-responsive monoclonal antibodies. US Patent No. 7,241,580.

Cramer, P., Bushnell, D. A., Fu, J., Gnatt, A. L., Maier-Davis, B., Thompson, N. E., Burgess, R. R., Edwards, A. M., David, P. R., and Kornberg, R. D. (2000). Architecture

Duellman, S. J., Thompson, N. E., and Burgess, R. R. (2004). An epitope tag derived from human transcription factor IIB that reacts with a polyol-responsive monoclonal antibody. *Protein Expr. Purif.* **35**, 147–155.

Edwards, A. M., Darst, S. A., Feaver, W. J., Thompson, N. E., Burgess, R. R., and Kornberg, R. D. (1990). Purification and lipid layer crystallization of yeast RNA polymerase II active in transcription initiation. Proc. *Natl. Acad. Sci. USA* **87**, 2122–2126.

Harlow, E., and Lane, D. (1988). Antibodies: A Laboratory Manual. Cold Spring Harbor Press, Cold Spring Harbor, NY11724.

Jiang, Y., Zhang, S. J., Wu, S. M., and Lee, M. Y. (1995). Immunoaffinity purification of DNA polymerase delta. *Arch. Biochem. Biophys.* **230,** 297–304.

Kuznedelov, K., Minakhin, L., Niedziela-Majka, A., Dove, S. L., Rogulja, D., Nickels, B. E., Hochschild, A., Heyduk, T., and Severinov, K. (2002). A role for the interaction of the RNA polymerase flap domain with the sigma subunit in promoter recognition. *Science* **295,** 855–857.

Largaespada, D. A., Jackson, M. W., Thompson, N. E., Kaehler, D. A., Byrd, L. G., and Mushinski, J. F. (1996). The ABL-MYC retrovirus generates antigen-specific plasmacytomas by *in vitro* infection of activated B lymphocytes from spleen and other murine lymphoid organs. *J. Immunol. Methods* **197,** 85–95.

Lynch, N. A., Jiang, H., and Gibson, D. T. (1996). Rapid purification of the oxygenase component of toluene dioxygenase from a polyol-responsive monoclonal antibody. *Appl. Environ. Microbiol.* **62,** 2133–2137.

Maldonado, E., Drapkin, R., and Reinberg, D. (1996). Purification of human RNA polymerase II and general transcription factors. *Meth. Enzymol.* **274B,** 72–100.

Nagy, P. L., Griesenbeck, J., Kornberg, R. D., and Cleary, A. (2002). A trithorax-group complex purified from *Saccharomyces cerevisiae* is required for methylation of histone H3. *Proc. Natl. Acad. Sci. USA.* **99,** 90–94.

Nelson, P. N., Reynolds, G. M., Waldron, E. E., Ward, E., Giannopoulos, K., and Murray, P. G. (2000). Demystified: Monoclonal antibodies. *J. Clin. Pathol. Mol. Pathol.* **53,** 111–117.

Probasco, M. D., Thompson, N. E., and Burgess, R. R. (2007). Immunoaffinity purification and characterization of RNA polymerase from *Shewanella oneidensis*. *Protein Expr. Purif.* **55,** 23–30.

Rao, L., Jones, D. P., Nguyen, L. H., McMahan, S. A., and Burgess, R. R. (1996). Epitope mapping using histidine-tagged protein fragments: Application to *Escherichia coli* RNA polymerase sigma70. *Anal. Biochem.* **241,** 141–157.

Subramanian, A. (2002). Immunoaffinity chromatography. *Mol. Biotechnol.* **20,** 41–47.

Thompson, N. E., and Burgess, R. R. (1994). Purification of recombinant human transcription factor IIB (TFIIB) by immunoaffinity chromatography. *Protein Expr. Purif.* **5,** 469–475.

Thompson, N. E., and Burgess, R. R. (1996). Immunoaffinity of RNA polymerase and transcription factors using polyol-responsive monoclonal antibodies. *Meth. Enzymol.* **274B,** 513–526.

Thompson, N. E., and Burgess, R. R. (1999). Immunoaffinity purification of the RAP30 subunit of the human transcription factor IIF (TFIIF). *Protein Expr. Purif.* **17,** 260–266.

Thompson, N. E., and Burgess, R. R. (2001). Preparation and use of specialized antibodies. Identification of polyol-responsive monoclonal antibodies for use in immunoaffinity chromatography. *Curr. Protoc. Mol. Biol. Sect. VI* (Suppl. 54), 11.18.1–11.18.9.

Thompson, N. E., Aronson, D. B., and Burgess, R. R. (1990). Purification of eukaryotic RNA polymerase II by immunoaffinity chromatography: Elution of active enzyme with protein stabilizing agents from a polyol-responsive monoclonal antibody. *J. Biol. Chem.* **265,** 7069–7077.

Thompson, N. E., Hager, D. A., and Burgess, R. R. (1992). Isolation and characterization of a polyol-responsive monoclonal antibody useful for gentle purification of *E. coli* RNA polymerase. *Biochemistry* **31,** 7003–7008.

Thompson, N. E., Arthur, T. M., and Burgess, R. R. (2003). Development of an epitope tag for the gentle purification of proteins by immunoaffinity chromatography: Application to epitope-tagged green fluorescent protein. *Anal. Biochem.* **323,** 171–179.

Thompson, N. E., Foley, K. M., and Burgess, R. R. (2004). Antigen-binding properties of monoclonal antibodies reactive with human TATA-binding protein (TBP) and use in immunoaffinity chromatography. *Protein Expr. Purif.* **36,** 186–197.

Thompson, N. E., Jensen, D. B., Lamberski, J. A., and Burgess, R. R. (2006). Purification of protein complexes by immunoaffinity chromatography: Application to transcription machinery. *Genet. Eng.* **27,** 81–100.

Tsien, R. Y. (1998). The green fluorescent protein. *Annu. Rev. Biochem.* **67,** 509–544.

Woychik, N. A., and Hampsey, M. (2002). The RNA polymerase II machinery: Structure illuminates function. *Cell* **108,** 453–463.

第 8 部分

纯化方法：电泳法

第 29 章

单向凝胶电泳[①]

David E. Garfin*

目录

无论是在纯化过程中鉴定和监测蛋白质，还是评估已纯化蛋白片段的同质性，十二烷基磺酸钠-聚丙烯酰胺凝胶电泳（sodium dodecyl sulfate-polyacrylamide gel electrophoresis，SDS-PAGE）都是一种非常好的方法。SDS-PAGE 通常可用于估算蛋白质亚基分子质量与确定已纯化蛋白质亚基组分。SDS-PAGE 的规模还可以放大以用于制备模式，

* Bio-Rad Laboratories 公司，产品研究组化学部（Richmond，California，USA）

① 转载自《酶学方法》182 卷（Academic Press，1990 年）

从而获得足量蛋白质供进一步的研究之用。此外，二维分析法（two-dimensional analysis）将等电聚焦同 SDS-PAGE 相结合（Dunbar，1987，本书），是一种能够在单个凝胶中分辨数千种多肽的高分辨率蛋白质分离法。若同印迹方法相结合，SDS-PAGE 则可成为分析蛋白质最有力的方法之一。

研究者还发明了许多其他的电泳系统，在这里就不一一概述了。特别指出的是，本章节将不予讨论各种连续缓冲系统和非连续缓冲系统的区别，也未把替代的胶体介质（support matrix）考虑在内。梯度胶（含不同大小孔径的胶）因其可以通过形成梯度的诸多已知方法中任意一种相对简单的变通方法制备，同样也略去不予讨论。所以本章仅描述最普通（也最可靠）的分析型 SDS-PAGE 的步骤（Laemmli，1970）。如果读者希望了解更多电泳过程中的实践或理论方面的知识，可以参照 Allen 等（1984）、Andrews（1986）、Chrambach（1985）和 Hames（1981）的文章以获得大量本领域文献。或许部分问题需采用替代步骤才能解决（Allen et al.，1984；Andrews，1986；Blackshear，本系列；Bury，1981；Chrambach，1985；Hames，1981；Neville，1971；Neville and Glossmann，本系列），但是本书所介绍的 SDS-PAGE 方法将满足本领域大部分应用的需要。

1. 背景

尽管关于凝胶电泳的详细理论十分复杂且如今仍不完备（Bier et al.，1983；Chrambach and Jovin，1983；Jovin，1973），其基本概念却不难理解。简言之，在电泳分离时，带电粒子可在外加电场影响下向反向电极迁移。粒子的运动受周围凝胶介质的干扰而减慢，正好形成了分子筛。在电场力与分子筛的相反作用的共同影响下，组成样本的蛋白质将表现出不同的迁移速率。

一般来说，用凝胶电泳进行分离是基于大分子的大小、形状及净电荷。那些基于蛋白质的天然构象进行分离的系统无法区分开大小、形状和电荷这 3 种因素对电泳迁移率的影响。因此，不同分子质量的蛋白质在这些系统中可能表现出相同的迁移率。所以，尽管用于天然蛋白质的 PAGE 法在蛋白质混合物分离与分类中有着一定价值，这些方法却无法用于估算制剂的纯度或是测定未知蛋白质的分子质量。

SDS-PAGE 则克服了非变性 PAGE 的局限性，它可使样本混合物中所有的蛋白质拥有一致的流体动力学及电荷特性。在样本制备的过程中，蛋白质需经过热 SDS 处理。SDS 作为阴离子去污剂能够与大部分蛋白质紧密结合并使结合物的表面带上负电荷（Nielsen and Reynolds，本系列），每毫克蛋白质能结合约 1.4mg SDS。SDS 能打断蛋白质中所有的非共价键，展开大分子。再加入能还原二硫键的试剂，如 2-巯基乙醇或是二硫苏糖醇，可使蛋白质进一步变性至构成蛋白质的亚基状态。经去污剂处理的多肽复合物的电泳迁移率被认为与它们的分子质量呈一致的函数关系。SDS 与多肽的复合物（SDS derivative）向正极迁移，迁移速率与它们的分子质量的对数成反比（Nevile，1971；Neville and Glossmann，本系列；Shapiro et al.，1967；Weber and Osborn，1969）。因此，结合 SDS 的多肽在凝胶中的运动是可以预见的，低分子质量复合物要比高分子质量复合物迁移得更快。这意味着可以通过蛋白质在标准 SDS-PAGE 凝胶中的相对迁移估算出其分子质量，并且，凝胶中的单一条带可以作为判断蛋白质纯度的标准。

大部分电泳在由两块玻璃板组成的凝胶板的垂直电泳槽中进行（Andrews，1986；Hames，1981）。这种平板设计提供了均一性，使得在同一块凝胶中可以直接比较不同的样品。凝胶的厚度由放置在两块玻璃板间的垫片确定，样品孔则通过凝胶聚合过程中塑料梳齿的嵌入而形成。电泳槽提供了凝胶形成过程中组件的密封，并保持了电泳过程中凝胶与电泳缓冲液的接触。因为凝胶板中热量分散不均匀会导致条带变形，更好的电泳仪能提供散热的手段。

常规凝胶长为 16～20 cm，宽 16 cm，厚度为 0.5～3.0 mm，可容纳约 25 个样品。厚凝胶比薄凝胶能容纳更多的总蛋白质量，但相应地，其在电泳散热方面的效率却较低，染色和脱色也更为困难。凝胶厚度为 0.75 mm 或 1 mm 是比较折中的尺寸，兼具适当的蛋白质载量、良好的染色速率以及最少的条带热变形。典型的电泳时间为 4～5 h。

小版电泳槽（迷你槽）适用于快速分析，并且适合相对不复杂的样品。这些电泳槽的设计使得完成分析的时间相对于常规电泳槽要快 2～3 倍。这种凝胶长约为 7 cm、宽为 8 cm，非常容易操作。每块凝胶可容纳约 15 个样品，一次典型的电泳过程可在 1 h 内完成（不包括准备和凝胶聚合时间）。常规凝胶对于复杂样品的分辨率比迷你胶更好，这是因为蛋白质条带的分离效果随着 SDS-PAGE 凝胶长度的增加而提高。

2. 聚丙烯酰胺凝胶

聚丙烯酰胺凝胶的制备通过丙烯酰胺单体（CH_2=CH-CO-NH_2），以及一种交联的共聚单体，*N*，*N'*-亚甲基双丙烯酰胺的共聚作用而完成（Allen et al.，1984；Andrews，1986；Chrambach，1985；Chrambach and Rodbard，1971；Hames，1981）。凝胶形成的机制是烯类加成聚合，受由过硫酸铵（引发剂）和加速剂四甲基乙二胺（TEMED）组成的自由基发生系统催化。TEMED 引起过硫酸盐中自由基的形成，这些自由基继而催化聚合反应。氧作为一种自由基清除剂可干扰聚合作用，因此在可重复的凝胶的制备过程中，通过适当的排气而移除丙烯酰胺溶液中的溶解氧是至关重要的。

带有双官能团的亚甲基双丙烯酰胺与其相邻的聚丙烯酰胺链交联形成纤维孔，而凝胶的筛分性能便是由凝胶纤维孔的三维网状结构所决定的（Rodbard and Chrambach，1970）。在一定范围内，随着凝胶中丙烯酰胺浓度的增加，其有效凝胶孔隙减小。凝胶有效孔隙可以用筛分性能来定义，也就是说，这种筛分性能表现在它在蛋白质分子迁移时给予的阻力。按照惯例，给定的凝胶通过一对数字（%T、%C）来表征，%T 指整个单体的重量百分比（每 100 mL 中丙烯酰胺＋交联剂的克数），%C 指凝胶中交联剂的比例（在整个单体中的百分比）。%T 在实际应用中的极限为 3%～30%。控制孔隙大小的因素是复杂的，但通常凝胶孔隙的大小随着%T 的增加而减小。对于任何给定的固定%T，在大约 5% C 的条件下凝胶孔隙为最小值，此时无论是增加还是减少交联剂的浓度都会引起孔隙的增加（Allen et al.，1984；Andrews，1986；Chrambach，1985；Chrambach and Rodbard，1971；Hames，1981）。

采用高质量的试剂是制备重复性好、分辨率高的凝胶的先决条件。这一点对于丙烯酰胺尤其重要，它是凝胶单体混合物中含量最丰富的物质。丙烯酰胺制备过程中，最主要的污染物为残余的乙烯酸、线状聚丙烯酰胺及离子杂质。此外，缓冲液组分应该达到试剂级，并且凝胶电泳中的所有阶段的用水都只能使用蒸馏水或去离子水。

在SDS-PAGE中，SDS的质量是首要的重要因素。例如，C_{10}、C_{14}和C_{16}烷基硫酸盐的杂质具有不同的蛋白质结合能力，会造成单一蛋白质在凝胶中形成多重条带（Margulies and Tiffany，1984）。对于极碱性或极酸性的蛋白质，各种各样的糖蛋白及脂蛋白，因其不寻常的组分，即使在纯SDS的条件下，电泳时也进行着不规则地迁移（Allen et al.，1984；Andrews，1986；Hames，1981）。

3. 方法原理

最流行的电泳方法是Laemmli发展起来的SDS-PAGE系统（Allen et al.，1984；Andrews，1986；Blackshear，本系列；Hames，1981；Laemmli，1970）。这是一种由两块相邻接却不同的凝胶组成的非连续系统：一块是分辨胶或称分离胶（下层），另一块是积层胶（上层）。这两种胶具有不同的孔隙度、pH及离子强度。此外，凝胶中与电极缓冲液中的可动离子也不相同。缓冲液的不连续性将大体积的样品浓缩在积层胶中，这比在相同样品量却没有浓缩到积层胶时具有更好的分辨率。样品一旦被浓缩到积层胶后，蛋白质在分离胶中就会被分离。

Laemmli的SDS-PAGE系统组成包括4个组分。从槽顶部向下为电泳缓冲液、样品、积层胶及分离胶。样品在低电导率缓冲液（0.06 mol/L Tris-HCl，pH 6.8）中制备，上样于高电导率电极缓冲区（0.025 mol/L Tris、0.192 mol/L 甘氨酸，pH 8.3）与积层胶缓冲区（0.125 mol/L Tris-HCl，pH 6.8）之间。当电源接通时，跨过样品溶液形成的电压降驱动蛋白质进入积层胶。电泳缓冲液中的甘氨酸离子跟随样品中的蛋白质进入积层胶。一个移动界面区域迅速形成，高度移动的氯离子在前，移动相对较慢的甘氨酸离子在后（Allen et al.，1984；Andrews，1986；Blackshear，本系列；Bury，1981；Hames，1981；Wyckoff et al.，1977）。一个局部高电压梯度形成于领先和尾随的离子面间，使得SDS-蛋白质复合物形成一个薄层（样品堆叠）并且在氯离子和甘氨酸离子的相间迁移。粗略地估计，所有的SDS-蛋白质复合物浓缩至非常狭窄的区域，以界面清晰的高蛋白质浓度薄层进入分离胶，而不必考虑样品的高度（蛋白质混合物在活性染料作用下衍生出预染蛋白质分子质量标准，积层现象已通过预染蛋白质分子质量标准得到明显的论证）。大孔积层胶（4%T）主要作为传送性介质（anticonvective medium），并不阻碍大部分蛋白质的迁移。当蛋白质处于积层胶和分离胶之间的界面时，因分离胶具有限制性的孔径，蛋白质受到的阻力会急剧增大。（过大的蛋白质在进入分离胶时将会停留在界面上。）一旦进入分离胶，蛋白质在介质的筛分功能下会持续减速。甘氨酸离子在运动中追赶上蛋白质，并且在由Tris和甘氨酸形成的具一致pH（pH 9.5）的空间中移动。在分子筛的作用下，SDS-多肽复合物基于各自的分子质量而分离。

4. 步骤

SDS-PAGE 所需的仪器和试剂可从不同供应商处获得。虽然电泳槽的设计各有差异，但其操作步骤通常可按下文所概述的进行。由于各种可用的电泳槽大小不一，为简便起见，在此给出方便尺寸的单位配方。所需体积的溶液可以通过这些单位配方的加倍来准备。除特别指出外，SDS-PAGE 所用的试剂均可制备成浓缩储备液。

4.1　储备液

(1) 丙烯酰胺浓缩液(30%T、2.7%C)：将 29.2 g 丙烯酰胺和 0.8 g 双丙烯酰胺溶解于 70 mL 去离子水中。当丙烯酰胺完全溶解后，加水定容至 100 mL。采用 0.45 μm 滤膜将溶液进行真空抽滤。将丙烯酰胺储备液于 4℃保存在深色瓶中，且保存时间不得超过 1 个月。警示：丙烯酰胺单体是一种神经毒素。应避免吸入丙烯酰胺粉末，不得用嘴进行丙烯酰胺溶液的移液，在处理丙烯酰胺粉末或含丙烯酰胺的溶液时均需戴上手套。未用完的丙烯酰胺的处理方法为，加入双丙烯酰胺(如果丙烯酰胺溶液中不存在双丙烯酰胺)，诱导聚合作用，并丢弃凝固化的胶。

(2) 1.5 mol/L Tris-HCl，pH 8.8，浓缩的分离胶缓冲液：将 18.2 g Tris 碱溶解于约 80 mL 水中，HCl 调节 pH 至 8.8，再加水定容至 100 mL。4℃保存。

(3) 0.5 mol/L Tris-HCl，pH 6.8，浓缩的积层胶缓冲液：将 6.1 g Tris 碱溶解于约 80 mL水中，HCl 调节 pH 至 6.8，再加水定容至 100 mL。4℃保存。

(4) 10%(*m/V*)十二烷基磺酸钠(SDS)：将 10 g SDS 溶解于约 60 mL 水中，再加水定容至 100 mL。

(5) 样品储备缓冲液[0.06 mol/L Tris-HCl(pH6.8)、2%SDS、10%甘油、0.025%溴酚蓝]：

水	4.8 mL
0.5 mol/L Tris-HCl，pH6.8	1.2 mL
10% SDS	2.0 mL
甘油	1.0 mL
0.5%溴酚蓝(*m/V* 水溶液)	0.5 mL

室温下保存。SDS-还原缓冲液通过在使用样品储备缓冲液前，每 0.95 mL 储备液中加入 50 μL 2-巯基乙醇而制备。

4.2　催化剂

(1) 10%过硫酸铵(APS)：将 100 mg APS 溶解于 1 mL 水中，APS 溶液现配现用。

(2) TEMED(*N*，*N*，*N*′，*N*′-四甲基乙二胺)：使用瓶中未经稀释的 TEMED。阴凉，干燥，避光保存。

4.3 电泳缓冲液

电泳缓冲液：0.025 mol/L Tris、0.192 mol/L 甘氨酸、0.1%(*m*/*V*)SDS，pH8.3(每 100 mL 电泳缓冲液中含有 0.3 g Tris 碱、1.4 g 甘氨酸、1 mL 10% SDS)。不用调节电泳缓冲液的 pH；仅将试剂溶解在一起并且确保 pH 在 8.3 附近(±0.2)。电泳缓冲液可被制备成 5×的浓缩液，每升含有 15 g Tris 碱、72 g 甘氨酸及 5 g SDS。5×的电泳缓冲浓缩液必须保存在玻璃容器中。使用之前，用 4 倍体积水稀释。

4.4 凝胶制备

使用去污剂彻底清洁玻璃板、垫片、齿梳以及凝胶装置的上层缓冲液池，再用水冲洗干净。在装配设备时应戴手套。首先灌制分离胶，然后再用积层胶覆盖。

(1) 装配倒胶装置，根据厂商说明或通过计算确定凝胶用量。在分离胶上使用 1～2 cm的积层胶。通过在两块玻璃板间插入形状良好的齿梳，并使外部的玻璃板比齿梳的齿部低 1～2 cm，以此来决定所倒的分离胶的高度。

(2) 混合除 APS 和 TEMED 外的所有在表 29.1 中的试剂，制备合适的分离胶单体溶液；一次性塑料烧杯为较方便的混合容器。表 29.1 中提供了两种胶配方，可满足通常所遇到的不同分子质量的需求。若想要制备其他浓度的丙烯酰胺凝胶(Andrews，1986；Blackshear，本系列；Hames，1981)，仅需调节配方中使用的 30%单体储备液和水的用量。在真空放置至少 15 min 以去除溶液中的气泡(如放置于钟形玻璃器或干燥器中)。

表 29.1 SDS-PAGE 分离胶[a]的配方

组分	7.5% T[b]	12% T[c]
水	4.85 mL	3.35 mL
1.5 mol/L Tris-HCl，pH8.8	2.5 mL	2.5 mL
10% SDS	0.1 mL	0.1 mL
丙烯酰胺/双丙烯酰胺(30% T，2.7% C)	2.5 mL	4.0 mL
10% APS[d]	50 μL	50 μL(0.05%)
TEMED	5 μL	5 μL(0.05%)

a 任何所需体积的单体溶液都可通过 10 mL 配方的加倍来制备。将表中的前 4 项组分混合并置于真空下 15 min 除气后，加入 APS 和 TEMED 开始聚合；

b 适用于分子质量为 40～250 kDa 的经 SDS 处理的蛋白质；

c 适用于分子质量为 10～100 kDa 的经 SDS 处理的蛋白质；

d 配制 10%的 APS 时，将 100 mg APS 溶解于 1 mL 的水中，现配现用

(3) 温和地将 APS 和 TEMED(表 29.1)混匀入已除气的单体溶液中。利用移液器和吸耳球，将单体溶液加入到凝胶玻璃板间直到分离胶的界限处的标记。立刻在单体溶液上覆盖仲丁醇或叔戊醇的水饱和溶液以排除空气，防止空气存在于单体混合物表面带来的抗聚合作用。放置 45 min～1 h 待凝胶聚合。约 15 min 后覆盖层的下方会开始出现很明显的界面，证明聚合作用的发生。本质上说，聚合作用约 90 min 才可完成，然而 1 h 后就可以将积层胶倒入(Bio-Rad Lab，Bull. No. 1156)。没用完的单体在烧杯中聚合后丢

弃凝胶。

(4) 制备 10 mL 积层胶单体溶液(4% T、2.7% C),混合如下成分:

水	6.1 mL
0.5 mol/L Tris-HCl,pH6.8	2.5 mL
丙烯酰胺储备液(30%T)	1.3 mL
10% SDS	0.1 mL

真空放置至少 15 min 以排除单体溶液中的气泡。

(5) 用水彻底冲洗分离胶的顶部,并在此上方放置滤纸吸干水分。在凝胶玻璃板间放置形状良好的齿梳,使之倾斜微小角度以使气泡顺利逸出。

(6) 在每 10 mL 除气单体溶液中加入 50 μL 10% APS 和 10 μL TEMED,将积层胶溶液倒在分离胶的顶部。使齿梳在其适当位置排成一行,注意不要将气泡困入齿部的下端。可见的积层胶聚合作用应该在约 10 min 内发生。因为齿梳已经将氧气从齿孔的表面排除出去,故不再需要任何覆盖物。放置 30～45 min 待凝胶聚合。没用完的单体在烧杯中聚合并丢弃。

某些时候,可能需要将凝胶放置过夜再使用。在这种情况下,为维持两种凝胶之间界面离子的不连续性,最好在使用凝胶之日再倒入积层胶。保存时,应彻底清洗分离胶的顶部并覆盖分离胶缓冲液(0.375 mol/L Tris-HCl、0.1% SDS,pH8.8),以防止凝胶脱水和离子损耗。同时,保存过程中凝胶连同夹板的顶部也需用塑料膜包裹。

4.5　样品制备

因常用生化缓冲液通常可耐受 SDS-PAGE,故样品一般不需要经过预处理。带型变形,如条带的收缩或扩张,可能是样品中盐成分过多而引起的。对样品进行脱盐处理可以补救这些变形现象。

(1) 制备待测样品所需量的 SDS-还原缓冲液,每 0.95 mL 样品储备缓冲液中加入 50 μL 2-巯基乙醇(2-巯基乙醇的终浓度为 5%)。

(2) 用至少 4 倍体积的完全 SDS-还原缓冲液对样品进行稀释(尽管对于有些样品而言,用 2 倍体积稀释已经足够)。样品量视孔的宽度及凝胶的厚度而定,常规凝胶加样量为 20～50 μL,迷你胶加样量为 5～30 μL。为使染色时条带易见,每个条带应加入约 1 μg(考马斯亮蓝 R-250 染色)或 0.1 μg(银染)的蛋白质(见下文)。

(3) 将装有样品的试管悬置于热水浴中,95℃加热稀释后的样品 4 min。不要保存制备好的样品。

4.6　电泳

装配电泳仪,将电泳缓冲液加入到上层和下层池中,移除积层胶中的齿梳。利用微量进样器或微量吸移管将制备好的样品装载入积层胶的孔中,使其在电泳缓冲液底部成层。样品中的甘油为样品下沉至孔底提供了必要的密度条件,溴酚蓝示踪染料则使样品上样过程可见。最后,将导线连到电泳装置上,并接通电源。SDS-PAGE 中,下层电极为阳极,上层电极为阴极。

在电泳过程中，电能会转化成热能并导致条带变形和扩散。通常，电泳时会在电泳槽散热能力允许的范围内选择一个能使电泳运行尽可能迅速的电压。换言之，在不影响理想分离效果并不导致条带变形的前提下，电泳速率越快越好。

许多可用电源都能控制电量，选择时大多只是一种偏好的问题。一般说来，恒定电流会比恒定电压电泳时间更短，但产热更多(Allen et al.，1984)。电泳初期，随着氯离子的迁出凝胶的阻力会增大。因此，使用恒流电泳时电压会上升，而恒压电泳时电流会下降。

在电泳开始初期高电流产生的热量的驱散方面，拥有薄玻璃板的小版电泳槽比常规大小的槽表现得更有效率。因此，我们建议凝胶在常规电泳设备中采用恒定电流(16～24 mA/mm 凝胶厚度)，而在迷你电泳设备中采用恒定电压(20～30 V/cm 凝胶长度)。还可使用再循环冷却剂以达到提高电压和电流来缩短电泳时间的目的。上样后应立即开始电泳，通常电泳持续至溴酚蓝示踪染料到达凝胶底部。

4.7 对于方法的评注

Laemmli 的 SDS-PAGE 方法(Allen et al.，1984；Andrews，1986；Blackshear，本系列；Hames，1981；Laemmli，1970)是早前 Ornstein(1964)和 Davis(1964)应用于分离天然血清蛋白质方法的改进版。Ornstein-Davis 系统(Ornstein，1964；Jovin，1973)中积层胶和分离胶中使用的缓冲液是不同的(非连续的)，这是该系统正常运行所需的。然而，SDS 的加入对 Ornstein-Davis 技术基本原理做了重要修改，因为这种去污剂的特质支配了整个系统(Allen et al.，Chrambach，1985；Wyckoff et al.，1977)。

Laemmli SDS-PAGE 系统的必要组分包括 Tris-HCl 凝胶缓冲液、Tris-甘氨酸-SDS 电泳缓冲液及 SDS-还原型样品缓冲液。在系统中加入 SDS 后，在配制积层胶时实际没有必要采取与分离胶不同的 pH 和离子强度。积层胶配制时，无论条件是如上所述还是采用分离胶缓冲液(0.375 mol/L Tris-HCl，pH 8.8)，都可以观察到相似的分辨率。这是因为在此范围内 SDS-多肽复合物的运动对 pH 是不敏感的(Allen et al.，1984)。当一次配制许多凝胶以保存日后使用时，对于积层胶和分离胶采用相同的缓冲液就显得非常方便。

另外，SDS 的完全加入对分辨率的影响非常大 (Wyckoff et al.，1977)。微型电泳装置中，在 30～50 μL 样品中加入 200 μg 以上的 SDS 可以使蛋白质条带扩宽和摊开。对稀释的、大容量的样品，通过将处理样品中的 SDS 终浓度降至 0.5%，并且制备凝胶过程中不加 SDS，将有利于限制系统中 SDS 的总量。因为 SDS 迁移率大于蛋白质的迁移率，故电泳时电泳缓冲液中的 SDS 很快超过蛋白质。因此为了将 SDS 维持在足够饱和蛋白质的水平上，凝胶必须可以从电泳缓冲液中得到不断补充的 SDS(Chrambach，1985)。

4.8 方法的变更

Laemmli SDS-PAGE 系统(Allen et al.，1984；Andrews，1986；Blackshear，本系列；Hames，1981；Laemmli，1970)中，完全变性分解的蛋白质并不总是最合适的。对于某些分析，人们所感兴趣的可能是测定个别完整的、低聚体形式的蛋白质的分子质量。在其他的实验中，人们的兴趣集中于天然的非变性状态的蛋白质的生物活性。通过 2-巯基乙醇和 SDS 这两种变性剂的选择，可以根据需要调节条件以分离出完全变性的、部分变性的或天然状态的蛋白质。

移除样品缓冲液中的 2-巯基乙醇，可以维持蛋白质亚基间的共价连接。若不加入还原剂，样品蛋白质的链内或链间二硫键可保持完整。由此生成的 SDS-蛋白质复合物的电泳迁移率较之那些在解离条件下获得的复合物会有相应改变。电泳时，寡聚 SDS-蛋白质的迁移率低于其完全变性的 SDS-多肽组分的迁移率。此外，单链多肽的电泳行为同样受到还原剂的影响。单链蛋白质的链内二硫键可以保持其紧密构象，在 SDS 存在的情况下，这种紧密构象能够或多或少地被保持下来。因此电泳时，一些不加 2-巯基乙醇的 SDS-蛋白质比加入还原剂导致结构伸展的蛋白质迁移速率更快。蛋白质通常会对还原剂表现出独特的反应，故通过比较含有或不含 2-巯基乙醇的 SDS-PAGE 可以了解到很多信息（Marshall，1984）。

为了不加还原剂而分离蛋白质，可以制订上述 SDS-PAGE 步骤，并且无需在样品缓冲液中加入 2-巯基乙醇。需要注意的是，寡聚 SDS-蛋白质复合物比其 SDS-多肽亚基迁移得更慢。因此，为使寡聚物在介质中移动适当的距离，可能有必要使用比采用全变性方法时更低浓度（%T）的胶。此外，未还原的蛋白质可能不会被 SDS 完全饱和，因此，这类蛋白质可能不会以恒重比率结合该去污剂。这使得应用 SDS-PAGE 方法测定这类分子的分子质量不如测定完全变性的多肽的分子质量明确，因此，蛋白质分子质量标准与未知蛋白质必须构象相同，才能进行有效的比较。

将 Laemmli 法中的 SDS 和 2-巯基乙醇移除，就成为用于检测天然蛋白质的经典 Ornstein-Davis PAGE 法（Davis，1964；Ornstein，1964）。这是一种为了将血清蛋白质全谱都分离出来而设计的高分辨率天然 PAGE 方法。因为这种体系意在广泛地分离各种蛋白质，其分辨率并不适用于某些蛋白质迁移的限定范围。尽管存在一些可满足不同需求的高分辨率天然 PAGE 系统（Allen et al，1984；Andrews，1986；Blackshear，本系列；Chrambach，1985；Hames，1981），但 Ornstein-Davis 法足够适用于大多数通常遇到的蛋白质混合物的分离。由于单一的天然系统不能区分蛋白质电泳运动时电荷与构象因素的效应，天然 PAGE 法比 SDS-PAGE 法更加难以测定分子质量。

这里所述的步骤对天然 PAGE 法做了较简易的修改。仅仅是移除了样品缓冲液中的 2-巯基乙醇，并将凝胶、样品和电泳缓冲液配方中的 10% SDS 换成等体积的水。除样品处理外，如未特别指出，则按照前述步骤进行。样品应该在非变性缓冲液[0.06 mol/L Tris-HCl(pH 6.8)、10%甘油、0.025%溴酚蓝]中稀释，遵循变性凝胶电泳时样品制备的准则，但样品不加热。

5. 凝胶中蛋白质的检测

我们提供了 3 种最简单和最可靠的用于检测 SDS-PAGE 凝胶中蛋白质的方法，它们完全能够满足大部分情况的需要。考马斯亮蓝 R-250 是最常用的蛋白质染色剂，也是常规实验中的推荐之选。银染法是凝胶中蛋白质染色的最敏感方法，当使用电泳评估制备纯度时（如在抗原制备时）应采用此法。铜染法是近期发展起来的迅速且灵敏的染色方法。对于其他检测方法的讨论，包括放射性标记及凝胶中蛋白质的定量方法，也可以由

Dunbar(1987)、Andrews(1986)、Allen 等(1984)、Hames(1981)和 Merril(本书)等所著文献中了解到。

电泳结束之后，移除凝胶装置，分开玻璃板。凝胶可能会粘在其中一块玻璃板上。移除间隔条，切除并丢弃积层胶。将带有胶的玻璃板放入固定液或着色液中，使凝胶漂离玻璃板。凝胶着色的所有步骤都必须在室温下适当的容器(如玻璃皿或洗照片用的托盘)内温和搅动进行(如放在定轨摇床平台上方)。由于指纹会沾染，故在凝胶染色时总需要戴上手套。通过对凝胶拍照，或将其放置于滤纸上并利用市场上可买到的干燥器进行干燥处理，便可获得已染色凝胶的永久性记录。

5.1 考马斯亮蓝 R-250 染色

考马斯亮蓝 R-250 染色是蛋白质检测的标准方法(Allen et al.，1984；Andrews，1986；Hames，1981；Wilson，本系列)。若要使蛋白质条带较易观察，每个条带需含有 0.1～1 μg 蛋白质。

(1) 制备染色液：将 0.1%考马斯亮蓝 R-250(*m*/*V*)溶解于 40%甲醇(*V*/*V*)、10%乙酸中(*V*/*V*)。当染料溶解后过滤染色液。染色液可重复利用。室温保存。

(2) 使用过量的染色液浸泡凝胶，时间为 30 min。

(3) 使用大量过量的 40%甲醇、10%乙酸进行脱色。脱色液需更换几次，直到背景色的移除已让人满意。

该步骤中所使用的酸性乙醇溶液并不完全能固定凝胶中的蛋白质。这会造成在薄凝胶染色和脱色时一些低分子质量蛋白的损失。故在凝胶浸入染色液之前，若先将其放置在 40%甲醇(*V*/*V*)、10%三氯乙酸(*m*/*V*)中孵育 1h，即可得到永久的固定效果。

5.2 银染法

这种方法由 Merril 和其同事发明，其灵敏度可比染料染色法高 100 倍以上(Allen et al.，1984；Merril et al.，1981，本系列)，容易观察到那些含有 10～100 ng 蛋白质的条带。试剂可从 Bio-Rad Laboratories 公司的试剂盒中获得。

反应时间随凝胶厚度而改变。

(1) 在 400 mL 40%甲醇、10%乙酸(*V*/*V*)(或 40%甲醇、10%三氯乙酸)中对凝胶中的蛋白质进行固定，时间可为 30 min 至过夜。

(2) 在 400 mL 10%乙醇、5%乙酸(*V*/*V*)中固定凝胶两次，时间为 15～30 min。

(3) 将凝胶浸泡于 200 mL 新鲜的氧化剂溶液(0.0034 mol/L 重铬酸钾、0.0032 mol/L 硝酸)中 3～10 min。

(4) 用 400 mL 水洗凝胶 3 次或 4 次，每次 5～10 min，直到黄色被洗去。

(5) 将凝胶浸泡在 200 mL 新鲜银试剂(0.012 mol/L 硝酸银)中 15～30 min。

(6) 用 400 mL 水洗凝胶 1～2 min。

(7) 用显影剂(0.28 mol/L 碳酸钠、1.85%多聚甲醛)洗凝胶 1 min。

(8) 更换新鲜的显影剂，孵育 5 min。

(9) 再一次更换显影剂，等待显影直到获得满意的染色结果。

(10) 用 5%乙酸(V/V)停止显影。

有时在银染凝胶中 50～70 kDa 区域内可看到垂直条痕和独立于样品的条带。这些伪迹是不慎引入样品的污染物的还原反应所造成的(Pchs,1983)。在对样品进行 SDS-还原缓冲液处理后,再加入过量的碘乙酰胺,便可消除这些伪迹。

5.3　铜染法

迅速、单步式的 SDS-PAGE 凝胶染色法可通过将凝胶浸入氯化铜中来完成(Lee et al.,1987)。其染色结果,即电泳图中负染图像在灵敏度方面介于考马斯蓝和银染之间。

(1) 用水简单清洗凝胶。

(2) 将凝胶浸泡于 0.3 mol/L $CuCl_2$ 5 min。

(3) 用水清洗凝胶 2～3 min。

这种方法表现结果为负染凝胶,即在不透明的蓝绿背景中显示出清晰的蛋白质条带。蛋白质条带很容易观察到,并可在黑色表面上进行凝胶显影。采用此方法时,蛋白质并非永久固定,其可在螯合铜之后被定量洗脱(Lee et al.,1987)。当铜染凝胶变干燥时,其电泳图案会丢失。故必须及时拍照,采用考马斯亮蓝复染或储存在水中。

6. 蛋白质分子质量标准

蛋白质分子质量标准混合物可用于凝胶标定。PAGE 标准物是一些分子质量精确已知的蛋白质混合物经统一染色混合而成。它们处于不同分子质量范围。在电泳之前标准物浓缩储备液在样品缓冲液中稀释,并以和样品蛋白质相同的处理方式进行处理。这些蛋白质用做分子质量检测的参考标准。

近期预染 SDS-PAGE 蛋白质分子质量标准开始得以使用。染料分子与蛋白质分子质量标准品的结合使得它们的分子质量发生较大且难以预测的改变,故它们不能应用于分子质量检测。然而,预染蛋白质分子质量标准在追踪电泳过程时非常有用,并且在凝胶印迹时评价蛋白质转移效率方面很有价值。

7. 分子质量测定

蛋白质分子质量的测定可通过将其与若干分子质量已知的蛋白质分子质量标准进行迁移率比较而完成(Allen et al.,1984;Andrews,1986;Blackshear,本系列;Chrambach,1985;Hames,1981)。在凝胶电泳完成后,染色之前,标记出溴酚蓝示踪染料的位置,以鉴定出电泳离子界面的前沿。这些可以通过在凝胶边缘切口或者将在印度墨汁中浸泡过的针头插入凝胶中染色前沿实现。染色之后,测量每种蛋白质(蛋白质标准品或未知蛋白质)从分离胶顶部的迁移距离。用每种蛋白质的迁移距离除以追踪染料的迁移距离,从而得到的标准化的迁移距离,称为蛋白质的相对迁移(相对于染色前沿),通常以 R_f 表示。建立蛋白质标准品分子质量对 R_f 值函数的(半)对数图。注意图案微呈 S 形。只要不是分子质量范围的极限值，均可以通过 log M_r对 R_f的曲线作图进行线性回归分析或插值法分析来估算未知分子质量。需要牢记的是，通过 SDS-PAGE 得出的分子质量是那些多肽亚基的分子质量，而不是那些天然的寡聚蛋白质的分子质量。

8. 制备型电泳

最令人满意的回收 SDS-PAGE 分离的蛋白质以进一步研究的方法是从凝胶中切除出条带并提取蛋白质。人们做了很多尝试以设计出适合常规蛋白质纯化的连续洗脱设备，在这些设备中，电泳凝胶底部出现的条带被馏分收集器带走（Andrews，1986；Chrambach，1985；Chrambach and Nguyen，1979）。制备型凝胶设备的稀缺显示出在发展通用型的有用设备方面缺乏成功案例。理想的制备型凝胶电泳应该能够产出高水平毫克乃至克级单体的蛋白质，使蛋白质从相应的分析型凝胶的分离物中纯净地恢复出来。然而，总体来说，条带变形和较差的洗脱限制了大多数仪器所能达到的分辨率，使得它们只有在用于相对较简单的蛋白质混合物时才有较好的效果。将凝胶电泳扩大至制备水平的种种困难导致了设备的笨重，也使得在追求最好的结果时需要大量专门的技术。因此，蛋白质一般都经分析型凝胶分离而获得（Harrington，本书）。

以蛋白质分离为目的而使用的凝胶在制备时可使用特殊的制备型齿梳（Andrews，1986；Chrambach，1985）。这些宽样品孔齿梳横跨了整个凝胶的宽度，并通常为蛋白质标准品提供一个独立狭窄的参照孔。凝胶的最大样品上样量最终取决于感兴趣的蛋白质从样品混合物中与相邻蛋白质分离开的效果好坏。由于随着用样量的增加条带会变宽，故随着样品上样量增多，分离时相应分辨率的损失终究会变得难以接受。与分析型凝胶相比，制备型凝胶中每单位横截面的蛋白质上样量多 10～50 倍属允许范围。因此，使用一些大平板凝胶时，数十毫克的蛋白质均可得以回收。

因为不需要固色剂，铜染法是一种在制备型 SDS-PAGE 中可以使条带可视化的可取方法。将目标条带从凝胶中切除下来，浸泡在 0.25 mol/L EDTA、0.25 mol/L Tris-HCl（pH 9）的溶液中进行脱色，溶液需更换 3 次（每次 10 min）。脱色之后，将凝胶切片浸泡入适当的洗脱缓冲液中。

蛋白质通常通过简单扩散作用进入适当的缓冲液或通过凝胶的溶解作用（Andrews，1986；Harrington，本书）自浸泡的凝胶片中抽提出来。在后一种方法中，不同于双丙烯酰胺的交联剂被聚合入凝胶中（Allen et al.，1984；Andrews，1986）。例如，与 N,N'-双（丙烯酰）胱胺（N,N'-bisacrylylcystamine，BAC）相交联的凝胶在 2-巯基乙醇或二硫苏糖醇中可溶，与 N,N'-二羟基乙烯双丙烯酰胺（N,N'-dihydroxyethylenebisacrylamide，DHEBA）和 N,N'-酒石酸双丙烯酰胺（N,N'-diallyltartardiamide，DATD）相交联可使凝胶在高碘酸中可溶。一旦凝胶溶解，就必须通过凝胶过滤或离子交换色谱法将蛋白质从过剩的凝胶介质中分离出来。

电泳洗脱是一种能从凝胶切片中恢复蛋白质的有效方法（Andrews，1986；Charambach，1985；Dunbar，1987）。此方法最简版中，采用凝胶柱状电泳的设备，使蛋白质受电泳作用脱离凝胶切片，并进入透析袋。设备可以进行小量迅速的蛋白质回收，并且在大部分情况下产量要高于70%。洗脱时大约需要3 h，在0.025 mol/L Tris、0.192 mol/L 甘氨酸、0.1%SDS(pH 8.3)的溶液(标准SDS-PAGE电泳缓冲液)中以10 mA/管进行。通过透析或离子交换色谱法可以移除洗脱后样品中的SDS(Furth，1980)。

（张 哲 译 赵兴卉 校）

参考文献

Allen, R. C., Saravis, C. A., and Maurer, H. R. (1984). *Gel Electrophoresis and Isoelectric Focusing of Proteins: Selected Techniques*. de Gruyter, Berlin.

Andrews, A. T. (1986). *Electrophoresis: Theory, Techniques, and Biochemical and Clinical Applications*. 2nd edn. Oxford University Press, New York.

Bier, M., Palusinski, O. A., Mosher, R. A., and Saville, D. A. (1983). *Science* **219,** 1281.

Blackshear, P. J. (this series). Vol. 104, p. 237.

Bury, A. F. (1981). *J. Chromatogr.* **213,** 491.

Chrambach, A. (1985). *The Practice of Quantitative Gel Electrophoresis*. Weinheim, VCH.

Chrambach, A., and Jovin, T. M. (1983). *Electrophoresis* **4,** 190.

Chrambach, A., and Nguyen, N. Y. (1979). *In* "Electrokinetic Separation Methods", (P. G. Righetti, C. J. Van Oss, and J. W. Vanderhoff, eds.), p. 337. Elsevier, Amsterdam.

Chrambach, A., and Rodbard, D. (1971). *Science* **172,** 440.

Davis, B. J. (1964). *Ann. NY Acad. Sci.* **121,** 404.

Dunbar, B. S. (1987). *Two-Dimensional Electrophoresis and Immunological Techniques*. Plenum, New York.

Dunbar, B. S., Kimura, H., and Timmons, T. M. (this volume). Chapter 34.

Furth, A. J. (1980). *Anal. Biochem.* **109,** 207.

Görg, A., Postel, W., Weser, J., Günther, S., Strahler, J. R., Hanash, S. M., and Somerlot, L. (1987). *Electrophoresis* **8,** 122.

Hames, B. D. (1981). *In* "Gel Electrophoresis of Proteins: A Practical Approach", (B. D. Hames and D. Rickwood, eds.), p. 1. IRL Press, Oxford.

Harrington, M. (this volume). Chapter 37.

Jovin, T. M. (1973). *Biochemistry* **12,** 871, 879, 890.

Laemmli, U. K. (1970). *Nature (London)* **227,** 680.

Lee, C., Levin, A., and Branton, D. (1987). *Anal. Biochem.* **166,** 308.

Margulies, M. M., and Tiffany, H. L. (1984). *Anal. Biochem.* **136,** 309.

Marshall, T. (1984). *Clin. Chem.* **30,** 475.

Merril, C. R. (this volume). Chapter 36.

Merril, C. R., Goldman, D., Sedman, S. A., and Ebert, M. H. (1981). *Science* **211,** 1437.

Merril, C. R., Goldman, D., and Van Keuren, M. L. (this series). Vol. 104, p. 441.

Neville, D. M. Jr. (1971). *J. Biol. Chem.* **246,** 6328.

Neville, D. M., and Glossmann, H. (this series). Vol. 32, p. 92.

Nielsen, T. B., and Reynolds, J. A. (this series). Vol. 48, p. 3.

Ochs, D. (1983). *Anal. Biochem.* **135,** 470.

Ornstein, L. (1964). *Ann. NY Acad. Sci.* **121,** 321.

Rodbard, D., and Chrambach, A. (1970). *Proc. Natl. Acad. Sci. USA* **65,** 970.

Shapiro, A. L., Vinuela, E., and Maizel, J. V. Jr. (1967). *Biochem. Biophys. Res. Commun.* **28,** 815.

Timmons, T. M., and Dunbar, B. S. (this volume). Chapter 51.

Weber, K., and Osborn, M. (1969). *J. Biol. Chem.* **244,** 4406.

Wilson, C. M. (this series). Vol. 91, p. 236.

Wyckoff, M., Rodbard, D., and Chrambach, A. (1977). *Anal. Biochem.* **78,** 459.

第 30 章

等电聚焦和二维凝胶电泳

David B. Friedman*, Sjouke Hoving†, and Reiner Westermeier‡

目录

摘要

到目前为止，在单次分析时用于分离完整蛋白质的所有技术中，具最高分辨率的一直是等电聚焦(IEF)和 SDS-PAGE 的结合使用，最初被 O'Farrell(1975)所提出。这种分析平台在过去的 25 年里具有一些可见的重要进展和应用，包括使用固定 pH 梯度(IPG)的胶条获得较好的重复性(Bjellqvist et al.，1982)、使用羟乙基二硫化物(hydroxyethyldisulfide，HED)获得的碱性等电聚焦的分辨率(Olsson et al.，2002)，以及在全局角度下完整蛋白质的差异表达蛋白质组的量化(DIGE；Unlu et al.，1997)。本章节中在讲述二维

* 范德堡大学质谱研究中心蛋白质组实验室(Nashville，Tennessee，USA)
† 诺华生物医学研究所(Basel，Switzerland)
‡ Gelcompany GmbH，Paul-Ehrlich-Strasse(Tübingen，Germany)

凝胶电泳的原理和理论的同时会强调这些主要改进之处，也会强调一般二维凝胶电泳最佳使用方案的方法细节。

1. 引言

对于复杂混合物，如全细胞裂解物或富集的亚细胞组分，通过两步正交的分离(orthogonal seperation)，二维凝胶(2D 胶)电泳可以很好地分离成几百个至上千个单个蛋白质①(图 30.1)。第一次分离基于电荷，即使用变性等电聚焦电泳；第二次分离基于表观分子质量，即使用变性十二烷基磺酸钠-聚丙烯酰胺凝胶电泳(SDS-PAGE)②。二维凝胶实验在观察经带电荷的翻译后修饰的蛋白质的亚型方面效果极好，如磷酸化作用和硫酸化作用(增加电荷)、或乙酰化作用(中和电荷)。它们同样可用于检测造成蛋白质分子质量和等电点变化的差异拼接及水解切割。近年来，二维凝胶电泳还被广泛地运用于差

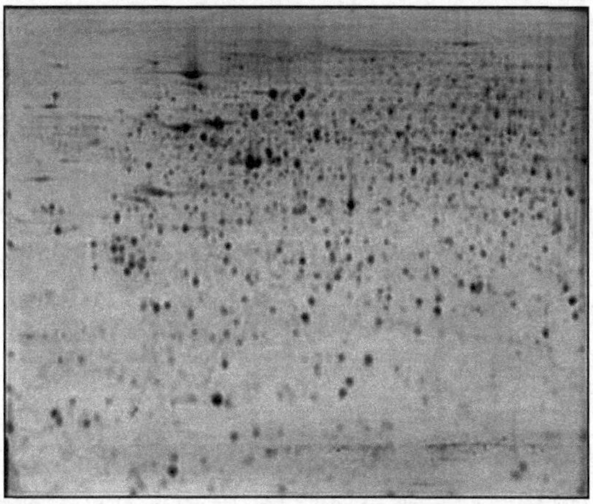

图 30.1　高分辨率二维凝胶(24 cm pH 4～7)。HeLa 细胞提取物中的 400 μg 细胞蛋白质通过两个正交维度的分离。第一维基于电荷量用等电聚焦方法，第二维基于表观分子质量用 SDS-PAGE 凝胶电泳法。用 Sypro Ruby 荧光染料对凝胶进行染色。通常情况下几百至几千的单个蛋白质，包括翻译后修饰亚型和蛋白质水解产物均可以分离和定量

① 尽管有这样的分辨率，一些具有极端分子质量和等电点的蛋白质(分子质量小于 10 kDa 或大于 200 kDa，等电点小于 3 或大于 11)、具极端疏水性的蛋白质(如具有多个跨膜结构域的完整膜蛋白)以及低丰度蛋白质都难以在凝胶上得到分离和检测。这些情况下，可以通过正交技术(orthogonal technology)获得补充数据，如液相色谱串联质谱(LC-MS/MS)，这就具有了检测这种蛋白质的能力。LC-MS/MS 法之所以能够提高灵敏度，是因为蛋白质的检测是基于液相色谱识别的一次性的蛋白酶裂解所产生的肽(surrogated peptide)。但是，正因如此，LC-MS/MS 法在鉴定经带电修饰或成批地翻译后修饰得到的多种蛋白质亚型上困难重重，而这些修饰却可以通过二维凝胶电泳轻松地检测和定量(尤其是在无目标的探索性实验中)。此外，借助二维凝胶电泳平台进行的完整蛋白质表达的定量，如今可通过 DIGE 荧光差异凝胶电泳技术完成。利用这种技术，可以容易地分析必要数量的多种实验条件下的独立的生物学重复(replicate)，从而为蛋白质组探索提供统计学上强有力的数据

② 尽管变性等电聚焦最常用于分辨率最高的第一维分离[最早由 O'Farrell(1975)描述]，但其他技术，如用于分析蛋白质复合物的 blue native PAGE(Schagger and von Jagow，1991)以及在阳离子去污剂存在时用于分离疏水膜蛋白的酸性 PAGE(Hartinger et al.，1996)，常用于更为特殊的研究。而 SDS-PAGE 大多用于第二维分离

异表达蛋白质组实验，尤其是自2000年早期荧光差异凝胶电泳(DIGE)技术商业化后(Friedman and Lilley，2009；Lilley and Friedman，2004；Unlu et al.，1997)。

在基于现代二维凝胶的蛋白质组实验中，通过二维凝胶电泳获得的完整蛋白质分辨率通常与蛋白质(点)的切取、胶内酶解以及使用复杂数据库的搜索算法以实现蛋白质鉴定的质谱分析相联系。所有高端的蛋白质组学技术都含有很多挑战性的操作步骤，此外还需使用专业的仪器。通常一次二维凝胶电泳实验的成功取决于操作者的操作技术。通过引入严格的分析条件和第一个多重凝胶系统的发展，Anderson 和 Anderson(1978a；1978b)使这个技术具有了显著地可靠性，并更具重复性。

1.1 等电聚焦的基本原理

等电聚焦(IEF)是一种能根据分子内的质子接受点的 pK_a 值所决定的电荷量分离两性分子(如蛋白质和肽类)的电泳分离方法。对于蛋白质和肽类而言，这些点位可以位于N端和C端的自由氨基及羧酸，也可以位于精氨酸、赖氨酸、组氨酸、天冬氨酸和谷氨酸残基的侧链。等电点是两性分子特有的物化参数，它是分子净电荷为零时的pH。等电聚焦具有极高的分辨能力，包括分离能够改变电荷的蛋白质翻译后修饰(如磷酸化作用、乙酰化作用/去乙酰化作用)。虽然这一方法可应用于若干类型的两性复合物的分离，但章节将只讨论蛋白质分离的方法论。

等电聚焦电泳样品的制备需要高浓度离液剂、两性离子去污剂、还原性巯基及载体两性电解质，以防止在蛋白质之间形成聚集物和复合物。制备高分辨率的等电聚焦电泳，必须确保样品中不存在非蛋白质离子，因为需要保证高电阻以在最小电流的状态下产生高电场(8000～10 000 V)。通常用蛋白质沉淀法减少此种污染物(见本章3.2节)。理想情况下，等电聚焦电泳样品中的唯一离子便是蛋白质本身。随后，该样品便用于含有与样品相同添加物的等电聚焦凝胶中，并在电场中分离。在蛋白质到达其等电点后，将凝胶孵育在SDS缓冲液中，再根据蛋白质表观分子质量，用SDS-PAGE平板凝胶进行分离(分子质量是主要影响因素，但也受到疏水性影响，并且蛋白质形状也有着较小影响)。

用于二维凝胶电泳的现代等电聚焦法采用薄聚丙烯酰胺凝胶作为分子筛，该分子筛具有固定的pH梯度(IPG)。这种凝胶中的丙烯酰胺浓度较低(丙烯酰胺总量通常为4%～5%)，因为此基质不能对高分子质量蛋白质有所限制。将蛋白质加入此基质中，再加上电场。在pH梯度上低于(也就是酸性强于)自身pI的蛋白质将带正电荷，并向电场的阴极移动。相反地，在pH梯度上碱性强于自身pI的蛋白质将向电场的阳极移动。pI表示蛋白质电中性时的pH，因此当蛋白质在pH梯度上的值等于pI时，不受电场影响。这样一来，蛋白质便会停止移动，并且牢牢保持在与自身pI相等的pH处。这一方法具有得天独厚的聚焦效果——当蛋白质从其pI点处扩散时，便会带上电荷，从而电场又会迫使其移回等电点。

在等电聚焦过程的最后，蛋白质便会高度聚集在其等电点上，因此探测时灵敏度非常高。即使是微小的电荷差异也能区别开，并且可以采用更大的分离距离和更小的梯度间隔来提高分辨率(Hoving et al.，2000)。如有需要，还可以用蛋白质标准品标定校准曲线来估计蛋白质的等电点。

1.2　等电聚焦的pH梯度类型

1.2.1　载体两性电解质

在由自由溶液中的混合两性缓冲液构成的pH梯度中分离蛋白质这一概念，是由Vesterberg和Svensson(1966)提出的，Vesterberg在几年后便将这一概念转化为可行的方法(Vesterberg，1972)。由于自然形成的氨基酸和多肽在其等电点时具有很弱的缓冲能力，所以缓冲液需要通过化学方法进行合成。

Ampholines®(两性电解质)是首批以此为目的而投入市场的试剂，该试剂是脂肪族寡氨基酸和寡碳酸的混合物，包含600～700种不同的同系物，这些同系物的等电点为pH 3～10。这些复合物在等电点时具有很强的缓冲能力，并能在电场的作用下形成pH梯度。混合物的分子质量小于1 kDa时最适宜，并且因为高亲水性不会与蛋白质结合。等电点范围明确后，将有助于提高pH梯度相差较小的混合物的分辨率。

载体两性电解质是近年发展起来的，与Amphonlines®试剂相比，它们是由不同种的试剂合成的，并可从多种商业渠道中购得。尽管这些产品都能在电场作用下形成pH梯度，但它们的pH梯度具体分布、缓冲力的分布以及同系物数量却是不同的(Righetti et al.，2007)，因此它们的聚焦模式也不尽相同。

基于载体两性电解质的等电聚焦大多是在聚丙烯酰胺凝胶中进行的，O'Farrell(1975)提出的最初的二维凝胶电泳过程在薄凝胶管(一维时为柱状胶)中的载体两性电解质梯度中完成等电聚焦。但是这些长软型的凝胶不易操作，且随着电泳时间增加，pH梯度也会变得不稳定，从而引起阴极漂移。虽然一些实验室仍然采用载体两性电解质技术，但是这一技术方法大多被IPG胶条所替代，我们将在下面讨论IPG胶条。

1.2.2　固定的pH梯度

随着用于等电聚焦的聚丙烯酰胺基质中固定pH梯度这一概念的引入，二维凝胶电泳在方法论上有了重要的发展(Bjellqvist et al.，1982)。这一重要的技术发展克服了载体两性电解质系统的一些不足，如梯度漂移(特别是在阴极区)、机械不稳定性以及不同次电泳之间和实验室之间的技术差异。IPG胶条技术极大地推动了二维电泳方法论，并大大提高了实验室内部及不同工作组间的重复性(Gorg et al.，2000；2004)，如今已经成为等电聚焦的备选方法，并可从一些商业渠道获得。

在现代IPG胶条技术中，pH梯度是由酸性和碱性缓冲组组成的。这些缓冲组是在制备凝胶时与聚丙烯酰胺基质共聚合而成的。只需要不到10种不同的具酸性和碱性pK_a值的丙烯酰胺衍生物便足以获得任意的pH梯度。需要制备2种含有计算好的丙烯酰胺衍生物混合体的单体溶液：酸性梯度端溶液的制备需加入一部分甘油用以在倒胶时稳定梯度。这些pH梯度凝胶的铺制是以共价结合的薄膜衬底为支撑的。在凝胶制备完成后，需用蒸馏水将聚合催化剂和非反应混合物从介质中洗去，以便产生等电聚集所必需的极低电导(Westermeier，2005)。

IPG胶长期保存时需干燥，并需在使用前不久进行再水化处理。IPG胶的主要好处在于不存在阴极漂移问题，因为梯度是固定于基质上的。IPG 胶主要应用于变性条件下的等电聚焦，作为高分辨率二维凝胶电泳的第一维所使用；其中仍然使用载体两性电解质，并且为了提高导电性和蛋白质的溶解度，在样品中和 IPG 胶的再水化溶液中都要加入载体两性电解质。

如今可以从一些供应商处购买到预制的 IPG 胶条，这些胶条具有各种长度和 pH 梯度，可以实现蛋白质裂解产物中选定的蛋白质组分的最优化分离与呈现。尤其是，胶条的 pH 梯度有非常宽的范围（如 pH 3～11），有中间范围（如 pH 4～7、pH 7～11），还有狭窄范围（如 pH 4～5、pH 5.5～6.5）。胶条长度同样非常多样，短至 7 cm，长至 24 cm。典型胶条宽度为 3 mm，平均厚度约为 0.5 mm（图 30.2）。为了实现预期实验目的，需要挑选具有最优 pH 范围和长度的胶条（Hoving et al.，2000）。例如，7 cm、pH 3～11 的 IPG 胶条可以为小样式凝胶提供最好的范围，但是总体来说，它们为蛋白质组范畴的、基于探索性质的实验提供的分辨率和灵敏性是最低的。

图 30.2 固定 pH 梯度（IPG）胶条，图示准备水化上样的手工过程。将样品加于重溶胀槽中，然后用镊子夹住 IPG 胶条的一端（夹在 IPG 胶条长度以外的塑料衬片上），小心地将胶条放置于蛋白质样品溶液之上（胶面朝下，塑料衬片在上）。随后加 2～3 mL 石蜡油，没过胶条以防止再水化过程中发生尿素结晶。IPG 胶条可由供应商提供，胶条均带有条形码以帮助追踪样品。A. 样品与再水化溶液混合，干 IPG 胶条、铂电极接头；B. 被水浸湿的滤纸片、经样品/再水化溶液进行再水化预处理的 IPG 胶条；C. 被水浸湿的滤纸片、样品、再水化预处理后的 IPG 胶条；D. 被样品浸湿的纸桥、再水化预处理后的 IPG 胶条

IPG 胶条提供几种样品上样模式。再水化上样和杯状上样是两种主要使用的方法，还有主动再水化的修改方法和纸桥上样（图 30.3）。本章 3.3 节和 3.4 节对这些方法有非常具体的介绍。样品上样方法的选择取决于 pH 梯度的类型和样品。因为 IPG 胶条有一个平整的表面，所以如果需要，可以应用于水平平板 SDS 凝胶电泳。

1.3 SDS-PAGE

Laemmli（1970）描述的 SDS-PAGE 在很长一段时间内作为各种生化分析中分辨完整蛋白质的备选方法。这主要是因为对于疏水性很强的蛋白质，SDS 是最好的增溶去污

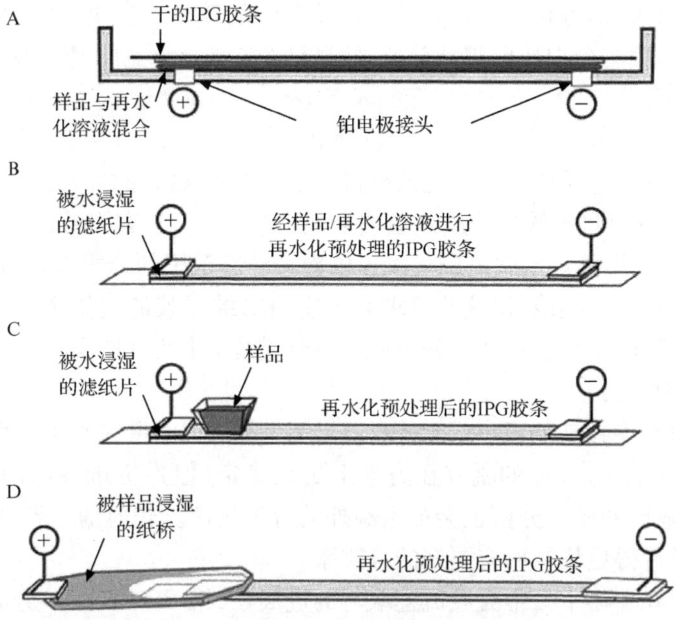

图 30.3 用于等电聚焦的固定 pH 梯度(IPG)胶条上样的不同装置。A. IPG 胶条胶面向下,主动再水化上样后方能进行等电聚焦;B. 样品再水化入 IPG 胶条,要进行等电聚焦,需将胶条按有样品的一面朝上放置;C. 在正极,样品通过上样杯加入预先再水化过的 IPG 胶条,这种装置特别有利于碱性 pH 梯度的等点聚焦电泳;D. 改变上样杯的形状,通过纸桥将样品引入正极。经许可后复制,Westermeier Naven and Heopker(2008), Proteomics in Practice,2nd edition,Wiley-VCH Verlag GmbH & Co. KGaA

剂,所有的蛋白质,包括碱性很强的蛋白质,都向同一方向移动,分离取决于各自的表观分子质量(通常称为分子质量)。

1.3.1 分离原理

当将过量的 SDS 加入到蛋白质溶液中时,蛋白质会形成一些阴离子微粒,其每个质量单位带一个恒定的净负电荷。蛋白质的三级结构和二级结构被破坏,肽链被解开。为了使肽链完全展开,需要使用诸如 2-巯基乙醇或二硫苏糖醇等还原剂把半胱氨酸之间的二硫键打开。Ibel 等(1990)认为,这些复合物的多肽表面部分被覆盖,部分被打开,犹如项链一般。在电泳过程中所有的 SDS 微粒都移向正极,其电泳迁移率主要取决于分子质量,但也会受蛋白质疏水性的影响。如果将蛋白质的迁移距离对表观分子质量的对数作图,就会得到一条在线性范围内的 S 形曲线。在共迁移的蛋白质分子质量标准的辅助下,就可以估算多肽的分子质量。

1.3.2 胶的类型

一般来讲,SDS-PAGE 可以在各种各样的基础缓冲体系中进行;但是,Laemmli(1970)创立的不连续缓冲体系是最常用的体系,在胶中使用 pH 8.8 的 Tris-HCl,在电泳缓冲液使用 SDS-Tris-甘氨酸。对于一维分离,pH 6.8 的低浓度积层胶使样品缓慢进入胶内，而不发生聚集，而且在分离起始时有压缩条带的效果。但是，在二维凝胶电泳中通常不使用积层胶，因为蛋白质已被预分离，而且已经在3 mm宽的IPG胶条内被高效浓缩(详见本章3.6节)。

标准的基质是含有12.5% T(全部为丙烯酰胺)和2.6%C(用于交联的双丙烯酰胺)的均一胶层。但一些应用中对于确定的范围需要精确分离。例如，对于高分子质量蛋白质需要更低的%T；而对于低分子质量蛋白质，更高的%T会有更好的解析度，所以浓度要提高。梯度SDS-聚丙烯酰胺凝胶可以提供更大动态范围的分辨率，但是其灌胶的一致性和可重复性是极大的挑战，但这些要求对于使用二维凝胶的定量蛋白质组学是至关重要的。多孔梯度凝胶显示出更宽的分子质量线性范围，并且可提高一些较难解析的蛋白质的分辨率，如糖蛋白。

SDS电泳可在夹在玻璃板中的盒式垂直装置中运行，也可在水平平面上进行。胶的厚度为1.5～0.5 mm。较厚的凝胶在力学上更加稳定，但是更难染色，而且会产生额外的样品损失，对随后的质谱分析也会产生额外的背景噪声。较薄的凝胶更易有效地冷却，因此电泳可以进行得更快从而有更好的分辨率。

相对于过去几十年中二维凝胶流程取得的进展，二维SDS-PAGE分离几乎没有什么变化。垂直电泳系统的使用更普遍，同时跑1块或12块甚至更多块胶的设备也已经出现。在历史上水平平板装置也是可行的，而且因其低试剂消耗量(如SDS电泳缓冲液)、样品的处理方法以及较短电泳时间带来的提高分辨率的潜力，现在有复兴的迹象。一些进展包括：使用有弹性的塑料支持物[包括用于差异凝胶电泳(DIGE)和其他基于荧光的技术的弱荧光介质]，用于同时灌制多块可重复的丙烯酰胺梯度和不同丙烯酰胺配方的凝胶的特别装置，以增加凝胶的保质期和耐用性。

1.4 碱性pH梯度分辨率的提高

相对于酸性pH梯度，碱性pH梯度的高分辨率等点聚焦更具有挑战性，这既是由于阴极漂移的作用，又是由于维持蛋白质可溶性的还原剂的丢失(DTT是弱酸，在pH大于8时带电，因此会与梯度的碱性区域分离)。阴极漂移作用最早通过引入非平衡pH梯度电泳(NEpHGE)得到解决(O'Farrell et al.，1977)。但是在pH大于8时还原剂丢失的问题仍然存在，而且由于半胱氨酸不再受到保护，导致多肽与尿素发生非特异反应、肽段背向折叠(backfolding)和聚集，造成二维凝胶碱性区域中蛋白质点的伪迹(artifact)和水平拖尾(streaking)。

用膦类化合物，如TBP或TCEP替换巯基试剂可以部分防止这类效应，但是由于这些试剂在电场中不稳定，会产生额外的伪迹。在等电聚焦之前，用碘乙酰胺、乙烯基吡啶或单体丙烯酰胺预先将蛋白质烷基化，都会因多肽烷基化不完全及等电点的变化而产生额外的伪迹。

过量使用羟乙基二硫醚(hydroxyethyl disulphide，HED)[商品化后商品名为DeStreak(GE Healthcare)]提供了pH下保持巯基处于还原状态(通过质量作用)的方法，显著提高了使用IPG胶条的碱性等点聚焦电泳的分辨率(Olsson et al.，2002)。特别是在阳极样品入口联合使用上样杯上样或纸桥上样时效果更佳，因为上样时碱性蛋白质都带着相同的酸性电荷进入梯度胶条，然后向阴极移动从而达到等电点（而不是令它们向两个方向都移动）。

当蛋白质进入到 IPG 胶条时，半胱氨酸侧链上的巯基会立即被氧化成高度稳定的二硫化物混合物。这是一种高特异性的，可以阻止不需要的副反应的平衡反应（图 30.4）。使用 DeStreak 方法制备样品时可以采用小量的 DTT，那么蛋白质便可在聚焦前保持还原状态。然而需要注意的是，过量的 DTT 会将 HED 还原成 2-巯基乙醇，这会导致更多拖尾①。

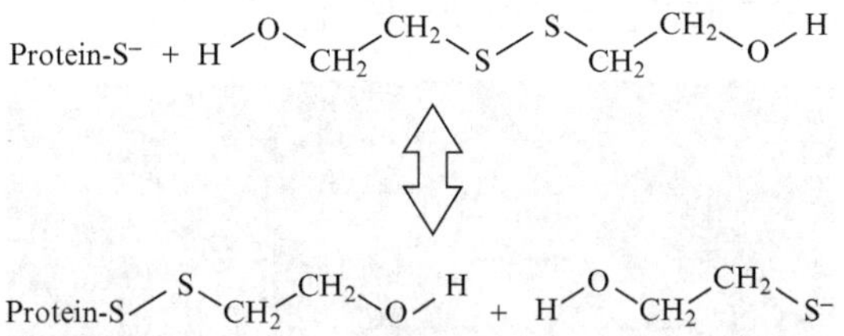

图 30.4 根据 Olsson 等（2002）利用羟乙基二硫醚（HED）氧化蛋白质巯基。产生的二硫化物混合物是稳定的，并可以在碱性区域的等电聚焦过程中阻止二硫键的再形成；而标准还原剂 DTT 则会带电并迁移出这一梯度区域，产生拖尾和伪迹

1.5 差异凝胶电泳

即便 IPG 胶条重复性越来越高，样品制备和电泳条件更加严格，凝胶之间还是存在差异。差异表达蛋白质组实验的成功依靠对单独采集（生物学上的）样本的重复的测量，同样也需要技术上的重复（对同一生物样本的重复测量）以控制分析中产生的差异，如样品采集、处理和凝胶之间的变化。通过运用 DIGE 技术（Friedman and Lilley，2009；Lilley and Friedman，2004；Unlu et al.，1997）可以解决这些方面的挑战。

1.5.1 染色和检测

近来，二维凝胶电泳所用的荧光染料在发展和应用上获得了重大进步。这些染料用于检测和定量溶解在凝胶中的完整蛋白质种类。荧光染料特别提供了检测的敏感性，其敏感程度至少大于等于银染法（约 1 ng），并且还将丰度的线性动态范围极大地提高了 3～4 个数量级（银染和考马斯亮蓝 R-250 染色法通常提供低于 1 个数量级的动态范围）。

1.5.2 DIGE 和定量分析算法

1997 年，DIGE 法开始使用（Unlu et al.，1997），此法将混合样品的荧光标记的动态范围与灵敏度应用于同一块胶中，排除了共分析样本中的分析性偏差（几种凝胶之间的）。现在这一方法也能在一系列 DIGE 胶中应用，利用混合的样本内对照，使迁移模式配准成

① 当在碱性 pH 梯度（pH 7～11、pH 3～11）使用 Destreak 时，100 μL 样品可以含有高至 20 mmol/L 还原剂。Destreak 也可用于其他 pH 梯度，此时其对于还原剂的耐受程度与用于碱性 pH 梯度时有所不同（改写自 Destreak《再水化溶液手册》，GE Healthcare）

为可能，从而标准化丰度比（abundance ratio），为多变量实验提供了非凡的统计支撑（Karp and Lilley，2005）。

简而言之，这一方法要求事先用光谱区别明显的荧光染料（Cy2、Cy3 和 Cy5）标记多种样本，然后将样本混合并在同一二维凝胶中分析。这一方法能排除几种凝胶之间的偏差，并且相互独立的荧光影像也能被单独记录，用于单个分辨特征（resolved feature）中的蛋白质丰度变化的直接定量（图 30.5）。这里用到了两种不同的标记概念："最少量"标记，即将占蛋白质总量约 5%的赖氨酸中的 ε-氨基进行标记；"充分"标记，即将蛋白质混合物中所有可标记的半胱氨酸"充分饱和"地进行标记。

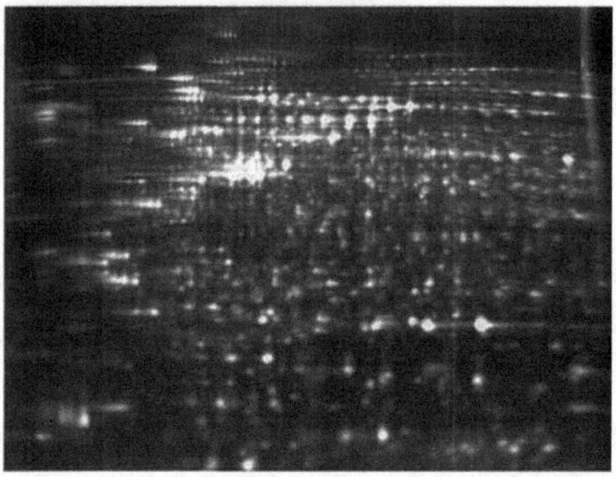

图 30.5 DIGE 胶的荧光影像，24 cm pH 4～7（12%二维凝胶），呈伪彩色。样本在分离之前由 Cy2[蓝色；标记 100 μg 人类人胃腺癌细胞（AGS 细胞）]、Cy3（绿色；标记 100 μg 受 *H. pylori* 菌株 26695 感染的人类 AGS 细胞）、Cy5（红色；标记 100 μg 受剔除 cag 致病岛的 *H. pylori* 菌株 26695 感染的人类 AGS 细胞）进行标记。每种 Cy 染料信号是利用在 100 μm 分辨率下相互独立的激发光谱和发射光谱获得的，并在 1～100 000 的灰度强度下以 16 位深度记录。用 Cy2 来标记混合的样本内参照，这使得通过多块 DIGE 胶进行的多个实验条件下独立重复样品（分别以 Cy3 和 Cy5 标记）的具有统计学强度的差异表达实验成为可能（另见图版）

在一系列含有不同的由 Cy3 或 Cy5 标记的凝胶中分析用 Cy2 标记的内参照时，DIGE 法最见成效，并有统计依据。重要的一点是，该 Cy2 标记的内参照是由实验中所有样本等量混合而成，并在多凝胶实验的每一块凝胶中都存在。由于个体样本（由 Cy3 或 Cy5 标记）与等份的 Cy2 基准混合物相混合，每种分辨特征（resolved feature）便可直接与凝胶中 Cy2 基准混合物中的同源特性（cognate feature）联系起来。凝胶中的 Cy3∶Cy2 与 Cy5∶Cy2 之间的各种比例便能在不受几种凝胶之间偏差的干扰之下算得，这些比例可用于实验中另一些样本中这一特性的所有其他衡量标准，不但技术性（分析性）误差极小，而且有着强有力的统计学功效（Karp and Lilley，2005）。

DIGE 法也直接适用于多变量统计分析之中，如主成分分析和系统聚类。这些附加的统计工具能够有效地帮助人们发现一组实验样本中的差异。重要的是，还能帮助确定差异中的主因素是否能够描述生物性，或者能够揭示样本之间未曾预料到的（或是在准备样本时被带入的）差异，或者能够精准定位出能对实验刺激或分类作出集体反应的蛋白质亚群[如见 Franco 等(2009);Friedman 等(2006;2007);Hatakeyama 等(2006);Suehara 等(2006)。综述见 Friedman 和 Lilley(2009);Lilley 和 Friedman(2004)]。

1.5.3　软件分析工具

现在,一些软件程序能辅助完成二维凝胶实验(无论是 DIGE 还是其他)的定量分析。这些程序最大的区别,便是在探测蛋白质特性(界线)和几种凝胶之间校准(alignment)/配准(registration)(如基于载体的图像变形)时的算法有所不同。总体而言,这些程序都提供了强有力的伴有单变量(如 t 分布检验和方差分析)和多变量(如主成分分析和系统聚类)的统计分析的分析工具,非常利于估量个体蛋白质特性和整体表达模式的丰度变化,该类模式能够将描述生物学表型的变化和那些在实验中未预料的偏差辨别区分。

2. 材料

2.1　设备

(1) 等电聚焦(IEF)电泳系统。几种版式都可以从一些商业渠道中获得。大多数可同时对 12 根 IPG 胶条进行等电聚焦电泳。

(2) 可产生至少 3500 V,最好为 8000～10 000 V 电压的程序控制供电系统。

(3) 第二维 SDS-PAGE 多凝胶系统。几种版式可通过在一次实验中同时进行 2 块、4 块、6 块、12 块及更多块凝胶电泳。

(4) 恒温循环器(大多数第二维系统都需要;需核对特定的销售商)。

(5) IPG 干胶条溶胀盘(immobiline drystrip reswelling tray)(GE Healthcare)。

(6) 上样杯(当等电聚焦的梯度 pH 大于 8 时需要)。

(7) 旋转摇动混合器(rotary shaker)。

(8) 图像采集设备,(如光密度测定仪、平台式扫描仪、荧光成像仪(为得到 DIGE 的最好结果,必须与 Cy 染料兼容)。

2.2　溶液与试剂

大多数试剂和现成的溶液可从许多供应商处获得。除个别指明外,所有溶液均要现配现用。所有用于制备溶液的水电阻率都要在 18.2 mΩ · cm;本文中涉及的"水"都是如此。

(1) 各种 pH 范围的各式 IPG 胶条和相应的两性电解质和/或 IPG 缓冲液均可从一些商业渠道中获得。包括宽范围(pH 3～11,线型和非线型梯度均有)、中等范围(如 pH 4～7、pH 7～11)和窄范围(如 pH 5～6、pH 5.5～6.7)。胶条还有各种长度,从低分辨率的 7 cm 胶到高分辨率的 24 cm 胶。

(2) 根据 Rabilloud(1998)的样品缓冲液:7 mol/L 尿素、2 mol/L 硫脲、4%(m/V) CHAPS、1%(m/V)DTT、2%(V/V)Pharmalytes 3～10 和蛋白酶抑制剂(Complete,罗氏公司,每 50 mL 溶液加一片)。若样品中含有较多的疏水性蛋白质,如下所述的 ASB14

裂解缓冲液将会对此有利：7 mol/L 尿素、2 mol/L 硫脲、2%脒基磺基甜菜碱-14(amidosulfobetaine-14)和 50 mmol/L pH 8.0 的 Tris-HCl。样品缓冲液分装成小份储存在－80℃，且只能解冻一次。DIGE 实验中，可使用不含 DTT，且不含 Pharmalytes 或 IPG 缓冲液的 Rabilloud 缓冲液。关于此技术的其他特殊之处，可以从其他详细的方法章节中找到(Friedman and Lilley，2009)。

(3) 羟乙基二硫化物(hydroxyethyldisulphide，DeStreak，GE Healthcare)作为液体试剂，或作为完整的样品缓冲液中一种组分供应，用于碱性 pH 范围的等电聚焦。

(4) 细胞裂解缓冲液。上述样品缓冲液(7 mol/L 尿素、2 mol/L 硫脲、4% CHAPS)可用于溶解蛋白质。或者，如果在裂解之后进行沉淀/净化步骤，还可以使用 TNE 缓冲液[50 mmol/L pH 7.6 的 Tris-HCl、150 mmol/L NaCl、2 mmol/L pH 8.0 的 EDTA、2 mmol/L DTT、1%(*V*/*V*)NP-40]和 RIPA 缓冲液(50 mmol/L pH8.0 的 Tris-HCl、150 mmol/L NaCl、1% NP-40、0.5%脱氧胆酸、0.1%SDS)进行裂解。

(5) 用于 SDS-PAGE 的现成溶液：30% 丙烯酰胺：双丙烯酰胺(37.5：1)、*N*,*N*,*N*,*N*′-四甲基乙二胺(TEMED)及过硫酸铵都可从许多供应商处获得(如 National Diagnostics、Bio-Rad、GE Healthcare)。

(6) 4×分离胶缓冲液：1.5 mol/L pH8.8 的 Tris-HCl。

(7) 水饱和正丁醇①。

(8) 10×SDS-PAGE 电泳缓冲液(1 L)：30.25 g Tris 碱、144.13 g 甘氨酸及 10 g SDS(0.1%)。

(9) 平衡溶液：50 mmol/L pH8.8 的 Tris-HCl、6 mol/L 尿素、30%(*V*/*V*)甘油、2%(*m*/*V*)SDS 和 0.01%(*m*/*V*)溴酚蓝。

(10) 二硫苏糖醇(干燥保存)。

(11) 碘乙酰胺(干燥避光保存)。

3. 方法

3.1 蛋白质样品制备

稳定的样品制备对于任何成功的生物分析性测定都是至关重要的。为了增加实验的重复性，并将预期外的变异降至最小，使用的缓冲液和材料都应该是质量最好的，并且在采购时需特别小心。应该使用小分子蛋白酶和磷酸酶抑制剂，如抑肽酶(aprotinin)、亮抑肽酶(leupeptin)、胃蛋白酶抑制剂(pepstatin A)、木瓜蛋白酶抑制剂(antipain)、4-(2-氨乙基)苯磺酰氟(AEBSF)、钒酸钠(sodium orthovanadate)、冈田酸(okadaic acid)及微囊藻素(microcystin)等(或采用这些小分子抑制剂的商品化试剂盒)。值得注意的是，不要采

① 将等量的丁醇和水混合并剧烈振荡。令两相分离过夜，用丁醇相覆盖在胶上。未被水完全饱和的丁醇会从凝胶的顶部吸水。近期的修正方法为使用含 0.1% SDS 溶液的传统喷雾瓶，在凝胶的顶部小心喷出细雾以彻底覆盖凝胶顶部(凝胶/覆盖界面将会不明显)

用会在二维凝胶中溶解的抑制剂（如大豆胰蛋白酶抑制剂）[①]。

（1）只要样品随后会沉淀以移除非蛋白质离子组分（可严重干扰等电聚焦的成分，详见本章 3.2 节），则基本上可以使用任何一种蛋白质提取缓冲液。随后用一种与二维凝胶相兼容的缓冲液重悬样品。在许多情况下蛋白质提取物无需沉淀，直接在这种缓冲液中制备和分析。不用将额外的离子化合物加入到样品中，下述缓冲液已含有充分的高离液活性（chaotropic activity）。

① 标准二维凝胶电泳裂解缓冲液（Rabilloud，1998）：7 mol/L 尿素、2 mol/L 硫脲、4% CHAPS、2 mg/mL DTT 及 50 mmol/L pH 8.0 的 Tris-HCl。

② 用于膜相关蛋白质时有所调整：7 mol/L 尿素、2 mol/L 硫脲、2%脒基磺基甜菜碱-14 及 50 mmol/L pH 8.0 的 Tris-HCl。

缓冲液系统包含其他盐和去污剂，尤其是十二烷基磺酸钠，可更有效地提取蛋白质，但必须在进行等电聚焦前先沉淀。例如，

③ TNE：50 mmol/L pH 7.6 的 Tris-HCl、150 mmol/L NaCl、2 mmol/L pH 8.0 的 EDTA、2 mmol/L DTT 及 1%（*V*/*V*）NP-40。

④ RIPA 缓冲液：50 mmol/L pH 8.0 的 Tris-HCl、150 mmol/L NaCl，1% NP-40、0.5%脱氧胆酸及 0.1% SDS。

（2）迅速重悬细胞以抑制蛋白酶解活性是至关重要的。将提取物 15 000 *g* 或 100 000 *g*离心 10 min，除去可干扰等电聚焦的不溶性蛋白质和磷脂。

（3）某些情况下，超声可断裂核酸使其在随后的净化步骤中与磷脂一同被除去，从而提高样品质量。核酸和磷脂这两种非蛋白质类阴离子组分都会干扰等电聚焦（详见本章 3.2 节）。建议将样品放置冰上，并使用超声仪尖端探头进行短脉冲处理。

（4）在所有的步骤中，使体系保持冷环境是很重要的，尤其是含有尿素的样品绝不能被加热。尿素过热（超过 37℃）会加速异氰酸盐（一种尿素的自然分解产物）的形成，反过来将使自由氨基甲酰化。当该反应发生在蛋白质上时（发生在氨基末端的残基上或在赖氨酸残基的 ε-氨基上），会阻止这些位点的质子化，引起等电点的酸性漂移。二维凝胶电泳中大量样品氨基甲酰化造成的结果是漂亮的蛋白质斑点串，看起来好像是翻译后修饰，但却完全是伪迹。

（5）测量蛋白质浓度可采用各种标准方法。需注意要采用与蛋白质提取缓冲液相兼容的方法。例如，CHAPS 和硫脲（尽管完全适合于蛋白质提取）将会干扰 Bradford 或 BCA 实验，导致数据错误和不可靠。遇到这些情况时，应该在定量前沉淀分装出来的小份样品，再重溶于适当的缓冲液中，或采用与定量实验相兼容的去污剂。

（6）对于细胞培养实验，蛋白质浓度可由细胞数目估算得出。例如，对于由 697 前-B 淋巴瘤细胞株制备得到的蛋白质样品（可从德国微生物菌种保藏中心获得，Deutsche Sammlung von Mikroorganismen und Zellkulturen GmbH，DSMZ No：ACC42），10^7个细胞约对应 1 mg 蛋白质提取物。为了移除生长培养基组分（尤其是血清蛋白质），在收集

---

① 一本优秀实用的具有许多窍门和技巧而又尊重基本方法的二维电泳手册可通过此网址免费下载：http://www5.gelifesciences.com/aptrix/upp01077.nsf/Content/2d_electrophoresis~2delectrophoresis_handbook

细胞前必须要彻底地清洗细胞(至少用PBS清洗2次)。需用细的移液器tip头将最终的细胞沉淀中所有的PBS小心吸去。细胞沉淀(通常每管10^8个细胞)保存在−80℃①。

(7) 细胞提取物此时可以用于脱水的梯度胶条，可以通过胶内再水化或是杯上样完成。在加入样品前，应该加入适当的两性电解质或是IPG缓冲液，大多数只需0.5%(V/V)(但如果需要的话增量到2%也可以接受)。如果样品缓冲液中没有溴酚蓝，加入少量(可加入干固体的少许晶粒，或者几微升溴酚蓝水溶液)以作为等电聚焦的失踪染料，同时也作为杯上样过程中的视觉辅助。或者，样品可无期限地先保存在−80℃。

3.2　样品净化与沉淀

正如前述，有时非蛋白质离子(如盐、磷脂)的存在会降低IPG胶条的电阻，干扰等电聚焦，因此在不使胶条过热的情况下难以获得需要的高电压以进行高分辨率聚焦。由于大部分商品化的等电聚焦仪器都将许多胶条集合在并联电路上，其中一个胶条出现电阻显著性差异将会对其他胶条分离造成不利影响。

通常一次净化或沉淀步骤可以移除这些干扰离子，或者至少使所有样品标准化至具有相似电阻。沉淀不仅可以同时移除多种污染物，而且还能有效瓦解复合物和不可逆地抑制蛋白酶活性。最有效的沉淀方法是使用甲醇和三氯甲烷[根据Wessel和Flugge(1984)]或使用三氯乙酸、脱氧胆酸盐和丙酮[根据Arnold和Ulbrich-Hofmann(1999)]。在等电聚焦前，蛋白质必须在增溶液中再溶解(详见本章3.1节)。此外，一些用于蛋白质二维凝胶分析的沉淀试剂盒也可从一些商业渠道获得。Wessel和Flugge(1984)方法的改编版描述如下。

(1) 将预定量的蛋白质提取物用水补足体积至100 μL。

(2) 加入300 μL水(3倍体积)。

(3) 加入400 μL甲醇(4倍体积)。

(4) 加入100 μL氯仿(1倍体积)。

(5) 剧烈涡漩振荡并离心。蛋白质沉淀物将出现在分界面上。

(6) 将水/甲醇混合物从分界面顶端去除，小心不要扰动分界面。沉淀的蛋白质通常不会形成一个可见的白色分界面，因此注意不要破坏分界面。

(7) 再次加入400 μL甲醇以清洗沉淀。

(8) 剧烈涡漩振荡并离心。蛋白质沉淀物便沉积于试管底部。

(9) 去除上层清液，并用真空离心机将蛋白质沉淀简单地干燥。

(10) 在适量的可兼容二维凝胶的缓冲液中重悬这些蛋白质沉淀(详见本章3.1节)。

当用沉淀法作为净化步骤时，建议蛋白质起始浓度为1～10 mg/mL。如果蛋白质样本过稀，在清除沉淀后将很难定量地回收蛋白质。冻/融也应控制在最少量，通常1 mL

---

① 当使用二维凝胶样品缓冲液从细胞沉淀中获得蛋白质提取物时，溶液中加有2%(V/V) Pharmalytes 3～10能有效防止DNA聚集。迅速在细胞(如10^8个细胞)中加入1 mL样品缓冲液(Rabilloud, 1998)可达到最好的细胞裂解效果。通常也会加入核酸酶(DNA酶、RNA酶和Benzonase核酸酶)，但是在这种高变性缓冲液中它们的功效却受到质疑。

分装量或更少的冷冻样本就已足够。对于 DIGE 实验而言，沉淀步骤极大地满足了标记样本在不含游离氨且酸碱平衡的二维凝胶电泳样本缓冲液的需求。

3.3　使用酸性范围的 IPG 胶进行等电聚焦

大多数商品化的等电聚焦仪器每次电泳时都能够装载至多 12 条独立的 IPG 胶条。重要的一点是，要将同一次电泳中待测的每根 IPG 胶条都尽可能保持同一水平，因为在大多数配置中，单个的 IPG 胶条会在正电极和负电极之间形成一个并联电路。任何 IPG 胶条若在组分中(特别是在离子成分方面)异于其他胶条，便会影响到所有胶条的分辨率，有时这种消极影响是巨大的。因此，强烈建议只同时聚焦同一 pH 梯度的相同长度的 IPG 胶条，所用的样品也要来源于同一实验(如样本类型和组分要尽可能相同)①。

以下方法用于 24 cm ，pH 4～7 的 IPG 胶条。

(1) 将 IPG 胶条在含有蛋白质总量高达 0.5～2 mg 的二维凝胶样品缓冲液中再水化(详见本章 3.1 节)，对于每根 24 cm 的胶条，需要在再溶胀托盘中将蛋白质样品稀释或重悬至终体积 450 μL。用 2～3 mL 的石蜡油覆盖胶条防止尿素结晶②。

(2) 加入样品的胶条的再水化过程至少要经过 12 h，但更建议在室温下进行一夜。一些蛋白质，特别是高分子质量蛋白质需要更长的时间才能在再水化过程中进入胶条内。

(3) 在完全再水化后，将胶条移入水平电泳系统，并将此系统的冷却块温度恒定于 20℃。

(4) 将潮湿的吸干纸铺于再水化的 IPG 胶条两端，电极放置到位，并把石蜡油覆盖在胶条之上③。

(5) 表 30.1 为典型的聚焦方案④。

---

① 在 DIGE 技术中使用一系列凝胶多重地分析多种样本混合物时，不同胶条含有不同样品量的可能性因适当的上样随机化而减到最少，如此，各 IPG 胶条就含有了的相同的样品多样性。举例来说，在使用 4 个生物重复的对照样本和已处理样本的三染料实验中(用 Cy3 和 Cy5 分别随机标记 8 种样品，并用 Cy2 标记混合的样品内参照)，4 种凝胶中每一种都包括一组对照样品、一组处理的样品和一份 Cy2 标记的混合样品内参照

② 确保再水化溶液均匀分布在整个胶条上是很重要的。首先使样本充分分布在再水化胶条上，然后将再水化后的 IPG 胶条小心覆盖(塑料衬面朝上)以确保样本在被覆盖的胶条之下均匀分布。用石蜡油覆盖 IPG 胶条，以防止高浓度尿素的结晶(在室温下约 10 mol/L 尿素可达到饱和)

③ 将潮湿的吸干纸(这是一种浸湿的滤纸，但不是过饱和的)置于电极和 IPG 胶条两端之间，将会形成一个凹槽围积过量的离子和等电点超出梯度胶条 pH 范围的蛋白质。在极端情况下，有可能在等电聚焦过程中更换吸干纸。石蜡油可防止胶条变干以及尿素/硫脲的结晶，也可防止二氧化碳进入系统之中。空气中的二氧化碳会溶于 IPG 胶条之中，形成 pK 6.3 的缓冲液从而改变 pH 梯度

④ 等电聚焦大多在水平平板型设备中完成。聚焦效应需要高电场强度，因此就需要高电压电源。等电聚焦必须在严格控制的温度下进行，因为蛋白质和缓冲液的 pK 会因温度变化而变化。因此，若使此方法具可重复性，必须有一个可靠的冷却系统。起始时必须使用低电压以防止蛋白质的聚集。在胶条上采用电压/时间梯度效果会很好，它可以最大限度减小 IPG 胶条间盐负荷不同而造成的导电性的差异。在 8 000～10 000 V 高电压下得到的实验结果最为理想，因为总伏特小时数对于高分辨率聚焦最为重要。理想梯度和总伏特小时数要随着胶条长度、pH 范围和商业配方的不同而变化

表 30.1 使用 IPG 胶条等电聚焦的推荐方案[a]

模式	电压/V	时间/h	Vh
24 cm pH 4～7 IPG 胶条的电压方案			
Step and hold 模式	500	1	
Gradient 模式	1 000	1	
Gradient 模式	10 000	3	
Step and hold 模式	10 000	5	
总计		10	65.0 kV·h
24 cm pH 3～11NL 或 pH 3～10NL IPG 胶条的电压方案			
Step and hold 模式	150	2	
Step and hold 模式	300	2	
Step and hold 模式	500	2	
Gradient 模式	1 000	4.5	
Gradient 模式	10 000	4.5	
Step and hold 模式	10 000	1.5	
总计		16.5	45.0 kV·h
24 cm pH 7～11NL IPG 胶条的电压方案			
Step and hold 模式	150	2	
Step and hold 模式	300	2	
Step and hold 模式	500	2	
Gradient 模式	1 000	3.5	
Gradient 模式	10 000	3.5	
Step and hold 模式	10 000	5	
总计		18.0	73.8 kV·h

a 为达到最佳实验结果，等电聚焦开始时应接入较低电压，然后如表 30.1 所示慢慢增加电压到最大值。在一些情况下，在 pH 4～7 方案中最好能增加额外的低电压步骤。归根结底，最后的 kV·h 值是高分辨率等电聚焦中最重要的一个因素

再水化上样是二维凝胶电泳样品导入的最简便方法，这一方法使得样品缓冲液中的蛋白质样品在 IPG 胶条吸收样品溶液时被动导入，且蛋白质可以在整个 pH 梯度中均匀分布。在一些商品化的等电聚焦仪器中，IPG 胶条的再水化和聚焦可以用相同设备仪器完成，无需人工操作。这种仪器也可以进行所谓的主动再水化，即在胶条再水化上样过程中接入低电压(30～50 V)，在一些情况下，主动再水化可以促进样品应用，因为这促使盐离子向电极移动，去除了蛋白质中的蛋白酶，并帮助大分子进入凝胶之中。然而，等电聚焦过程中的 IPG 胶条再水化方法(正面朝下)有些时候也会出现较低分辨率的情况，这是由于等电聚焦胶条的多余的机械应力加在了聚焦托盘和塑料凝胶衬底之间，蛋白质数量较多时这种情况尤为常见。在这些情况下，使用聚焦仪器，并让塑料衬底直接与聚焦托盘接触(凝胶便会正面朝上)，可利于更为复杂困难的样品(图 30.3)。

(6) 可选项：主动再水化(在一些设备配置下可以进行)。当梯度胶条正面朝下并和电极接触时，样品的再水化即可发生。再水化过程中，电极会在胶条上产生较低(通常 30～50 V)电场。在一些情况下，主动再水化能够促使高分子质量蛋白质进入梯度胶条之中。在这种配置下，等电聚焦仪器一开始聚焦于正面朝下的梯度胶条之上，而这时并不需要人工干预。

3.4　使用碱性范围的 IPG 胶进行等电聚焦

再水化上样的一大优点便是省去了许多人工操作步骤。然而，它也有许多不足之处，特别是在碱性 pH 范围中，因为在碱性环境中蛋白质会在胶条表面聚集，并在二维凝胶中留下水平拖尾。

与酸性范围相比，IPG 胶条在碱性范围的电泳条件有所不同。在碱性 pH 环境下的等电聚焦过程，存在着还原剂 DTT 的水转运与迁移。为了将这些影响降到最低，蛋白质样品通常在阳极一端进行杯上样，而不是进行凝胶内再水化(图 30.3)。碱性胶的最大蛋白质载量低于酸性胶。强烈建议，每杯蛋白质上样不要超过 0.5 mg，以防拖尾。

以下方法用于 pH 3～11 和 pH 7～11 的 24 cm IPG 胶条。

(1) 确保最终样品体积不超过上样杯容量(通常为 100～120 μL，具体参照制造商规定的容量)[①]。

(2) 在溶胀盒中，IPG 胶条在含有羟乙基二磺化物(HED)的再水化缓冲液(不含蛋白质样品)(DeStreak；Olsson et al.，2002)中进行再水化。在这一阶段，可加入终浓度为 0.5%的 IPG 胶条缓冲液，用以水平等电聚焦和垂直 SDS-PAGE。由于在再水化过程中无蛋白质存在，可将时间缩短至 6 h(为了让再水化和聚焦在同一天进行)，但是通常推荐将这一时间持续在 12 h 以上。

(3) 在完全再水化后，将 IPG 胶条放置于水平电泳系统，并将此系统冷却块温度恒定于 20℃。

(4) 将潮湿的吸干纸铺于再水化的 IPG 胶条两端，电极放置到位。将上样杯小心放置在阳极(即梯度的酸性一端)正下方，这样一来，杯底便可直接和 IPG 胶条顶部接触并密合，但不会破坏凝胶。再将石蜡油覆盖于胶条之上[②]。

(5) 确保石蜡油不会漏入杯中，然后向杯中加入 10～20 μL 的石蜡油，小心地用移液器在石蜡油下移取样品(具体每杯最大样本容量应参照制造商规定的容量)[③]。

(6) 表 30.1 为典型的聚焦方案[④]。

---

① 上样杯中的蛋白质浓度不应过高(小于 10 mg/mL)，以避免加样时蛋白质沉淀。如果可能的话，应该用样品缓冲液稀释样品

② 见 P407 脚注③

③ 滤纸桥上样是杯上样技术的改进，它需要用到一张含有蛋白质样品溶液的干净滤纸板，并置于梯度胶条两端中的一端。滤纸桥上样和杯上样技术都需要更多操作步骤，并且会导致等电点与上样点接近的蛋白质损失。然而，这些技术可使所有蛋白质带上相同性质的电荷，且不会在电泳迁移至 IPG 胶条的过程中形成复合物，因此，在一些情况下，特别是应用于 pH 范围大于 8 的等电聚焦时，实验结果更为理想

④ 见 P407 脚注④

3.5 IPG胶的平衡

等电聚焦完成后，在进行第二维电泳之前有必要先对IPG胶条分两个步骤进行平衡。电渗（electroendosmotic effect）会导致一维到二维转换的效果变差，而平衡缓冲液中含有6 mol/L尿素和30%的甘油，可降低电渗的影响（Sanchez et al.，1997）。并且，平衡缓冲液中含有2%（*m*/*V*）SDS，使蛋白质带上负电荷以进行SDS-PAGE。在平衡过程中及后续一维到二维的转换过程中，蛋白质的损失主要是因为蛋白质被IPG胶基质较强吸收以及冲洗的原因。大部分蛋白质损失都发生在平衡过程的前几分钟，而在平衡过程的第二个步骤中，蛋白质损失极少（Sanchez et al.，1997）。

（1）在聚焦完成之后，将石蜡油从IPG胶条上移除，并将IPG胶条孵育在平衡缓冲液之中。这一步骤可以在各种容器、密封管，甚至是在平底的IPG胶条聚焦支持面上进行，以最大限度减少对胶条的操作。

（2）胶条首先在25～100 mL的平衡缓冲液中进行平衡（15～20 min），缓冲液中还含有1%～2%（*m*/*V*）的DDT以减少二硫键。

（3）将溶液倒掉，替换成等体积含碘乙胺酰[为DTT用量的2.5倍（*w*/*w*）]的平衡缓冲液，再孵育15～20 min，使已形成的巯基被脲甲基（净分子质量增加57 Da）烷基化。这样能够防止巯基在二维SDS-PAGE时再次氧化，从而防止蛋白质拖尾①。

（4）这时便可将平衡后的IPG胶条在二维SDS-PAGE凝胶上进行电泳，或包两层塑料膜，将其冷冻储存在－20℃或－80℃数月。对于标记DIGE的样本来说，以此方法储存可在至少一周内不影响Cy染料的性能。如有需要，可在聚焦之后，用此方法直接将IPG胶条冷冻，将平衡和还原/烷基化步骤留到需要二维分离时再完成。

3.6 SDS-PAGE：第二维

在平衡过程结束之后，胶条便可用于第二维（SDS-PAGE）。当超过一块凝胶需要进行电泳时（在比较蛋白质组学中很常见），凝胶一起进行电泳可获得最具可重复性的结果。通常需要使用可承载10～12个大规格（24 cm×20 cm）SDS-PAGE凝胶的电泳槽，这种电泳槽在市面上可以买到。为了提高重复性、降低电泳过程中SDS的损耗，建议使用冷却系统使缓冲液保持在20℃。

自制的凝胶使用普遍、价格适宜，但需要大量人力重复制备。现成的预制凝胶在市面上也可购得，包括用于DIGE的使用弱荧光支撑介质的凝胶。不同交联剂比例（丙烯酰胺∶双丙烯酰胺）的丙烯酰胺浓缩液也可使用。对于一般用途而言，12%均一孔径凝胶（12% T、26% C）能够在便于制备和分辨率上达到最好的折中效果。梯度凝胶在更广的质量范围中分离效果和分辨率更好，但却更难大规模重复制备。重复制备梯度凝胶专用的制胶器也可在市面上买到。

人工灌制的凝胶可借助多凝胶制胶器单独制作或批量制作。每份多凝胶灌制时所需

---

① 尽管一些科学论文认为可以在等电聚焦前将蛋白质烷基化，通常并不建议这么做，因为这一做法很难保证100%烷基化

要的丙烯酰胺溶液总量可根据每块独立凝胶的设置和装备提前确定。下面是终体积为 2.3 L 的多凝胶制备的一个例子。若要求更小体积，成比例地调整用量即可。

(1) 通常，用塑料板将有 1.0 mm 或 1.5 mm 厚度带有垫片的玻璃板分开，以防止凝胶聚合作用以后玻璃板之间相互粘连。如果需要，可在凝胶灌制之前在玻璃板之间放入写字的 Whatman 滤纸，以便给每块凝胶一个唯一的连续识别号码。

(2) 在真空瓶中加入 920 mL 30%(m/V)丙烯酰胺-双丙烯酰胺溶液，其中丙烯酰胺：双丙烯酰胺为 37.5：1，再加入 575 mL 1.5 mol/L pH 8.8 的 Tris-HCl 及 770 mL 水[见步骤(4)]。

(3) 混合物抽气处理 10 min，以移除微小气泡，这些气泡在某些情况下会干扰聚合作用，并在蛋白质染色后引起点拖尾。

(4) 可选项：脱气后，可将 SDS 加入到丙烯酰胺溶液中，终浓度为 0.01%(35 mL 水中加入 2.3 g)。然而，许多研究表明，这一阶段不需加入 SDS 也可以获得品质好的溶液，最有可能是因为携带蛋白质通过凝胶的 SDS 在平衡阶段和/或电泳缓冲液作用下已经与蛋白质结合(并且在电泳开始阶段，电场产生时，凝胶中的任何 SDS 都会在蛋白质进入凝胶前离开凝胶)。如今许多商业渠道都会提供含有或不含 SDS 的预制凝胶。若本步骤不使用 SDS，则要在步骤(2)中将 770 mL 加水量替换成 805 mL[见步骤(2)]。

(5) 在灌胶之前，要采取温和方式或用一个搅拌棒混匀，在丙烯酰胺混合物中加入 700 mg 过硫酸铵(APS，现用现配)和 300 μL TEMED(根据不同灌胶装置，丙烯酰胺混合物用量减小时，APS 和 TEMED 的用量也应成比例地减少)。

(6) 制备多凝胶所用的槽需要从底部开始浇注，至离玻璃板顶部 2 cm 的高度即可。小心地在凝胶上覆盖 1.0～1.5 mL 缓冲液饱和的异丁醇，使聚合作用开始[①]。

(7) 在聚合作用完成之后，清理制胶玻璃板上剩余的聚丙烯酰胺残留物，用水或 SDS 电泳缓冲液覆盖，用双层塑料薄膜封盖，可在 4℃保存几周。

(8) 若先前的第一维 IPG 胶条(已平衡和还原/烷基化)被冷冻过，在解封和操作这些胶条前先放置几分钟使其完全解冻。冲洗并除去第二维凝胶玻璃板顶部空间中的水或 SDS 电泳缓冲液。

(9) IPG 胶条应该浸泡在 SDS 电泳缓冲液中，随后放置在 SDS-PAGE 凝胶装配的顶部孔空间内。梯度胶条背后的塑料衬片需要黏附在其中一块玻璃板的内表面(如果可以的话通常是较长的那块玻璃板)，并且随后可以简单地用薄卡片或尺子轻触放入合适位置(确保卡片或尺子压力是作用在塑料衬片上而不是 IPG 凝胶上)。SDS 电泳缓冲液覆盖在电泳槽内后，使用同样的轻触步骤可以轻易地移除气泡，实现 IPG 胶条与二维凝胶的良好接触。装置装配完毕后，在第二维电泳运行中不可以再移动 IPG 胶条。

(10) 可选项。为确保 IPG 胶条和凝胶良好接触，可以使用琼脂糖溶液以保持 IPG

---

① 灌制大量的凝胶需要一些练习。将催化剂用量降至最少以防止凝胶聚合作用过于迅速，聚合过于迅速会导致制胶槽过热。理想情况下，聚合作用初始阶段时，丁醇下层的清晰凝胶表面的变化是可以观察到的，这一过程需要 30～60 min。随后，清洗凝胶，覆盖凝胶缓冲液，室温保存。如果需要的话催化剂用量可以增加 10%。"快速"聚合作用应该在 1 h 或 2 h 内发生，在这之后可以将丁醇(这里原文是异丙醇，有误)换成水或是 SDS 电泳缓冲液。然而，理想情况下应使凝胶聚合过夜以保证聚合完成，并且需用塑料薄膜轻轻封盖在凝胶顶部以防止覆盖面的蒸发(尤其在丁醇过夜放置时)

胶条处于适合位置。琼脂糖溶液需保温在65℃并先被加入到凝胶顶部。随后立即将平衡后的IPG胶条放在凝胶上面。有些人赞成这么做，但这确实是一个笨拙的方法，并且若在胶条放置完毕和气泡移除前琼脂糖溶液就凝固的话，将会变得难以处理[①]。

(11) 可选项。蛋白质分子质量标准可在旁侧进行电泳(通过小块纸片上样)。

(12) 初期将电流设置为每块凝胶5～10 mA以使蛋白质进入凝胶，随后设置电流为每块凝胶20 mA，15℃过夜直至蓝色前沿到达凝胶末端。有条件的话采用恒定功率，至少在第1 h要将功率设置为每块胶小于1 W，随后功率每块胶不大于15 W直到完成，这是最优设置，因为电泳时随着盐和离子离开凝胶，电压和电流强度将会发生改变。

电泳完成之后，固定凝胶并采用各种各样的可视和荧光染色技术对凝胶染色。通过荧光成像，DIGE胶可在第二维电泳完成后立即成像。随后可以将凝胶放在冰箱或4℃冷藏间里保存几个月。经二维电泳并长时间保存后的蛋白质，采用质谱分析仪来鉴定是没有任何问题的[②]。

(张 哲 译 赵兴卉 校)

参考文献

Anderson, N. G., and Anderson, N. L. (1978a). Analytical techniques for cell fractions. XXI. Two-dimensional analysis of serum and tissue proteins: Multiple isoelectric focusing. *Anal. Biochem.* **85,** 331–340.

Anderson, N. L., and Anderson, N. G. (1978b). Analytical techniques for cell fractions. XXII. Two-dimensional analysis of serum and tissue proteins: Multiple gradient-slab gel electrophoresis. *Anal. Biochem.* **85,** 341–354.

Arnold, U., and Ulbrich-Hofmann, R. (1999). Quantitative protein precipitation from guanidine hydrochloride-containing solutions by sodium deoxycholate/trichloroacetic acid. *Anal. Biochem.* **271,** 197–199.

Bjellqvist, B., Ek, K., Righetti, P. G., Gianazza, E., Gorg, A., Westermeier, R., and Postel, W. (1982). Isoelectric focusing in immobilized pH gradients: Principle, methodology and some applications. *J. Biochem. Biophys. Methods* **6,** 317–339.

Franco, A. T., Friedman, D. B., Nagy, T. A., Romero-Gallo, J., Krishna, U., Kendall, A., Israel, D. A., Tegtmeyer, N., Washington, M. K., and Peek, R. M. (2009). Delineation of a carcinogenic *Helicobacter pylori* proteome. *Mol. Cell. Proteomics* **25,** 25.

Friedman, D. B., and Lilley, K. S. (2009). Difference gel electrophoresis (DIGE). *In* "The Protein Protocols Handbook" (Walker John, ed.), 3rd edn. pp. 379–408. Humana Press, Totowa, NJ.

Friedman, D. B., Stauff, D. L., Pishchany, G., Whitwell, C. W., Torres, V. J., and Skaar, E. P. (2006). *Staphylococcus aureus* redirects central metabolism to increase iron availability. *PLoS Pathog.* **2,** e87.

Friedman, D. B., Wang, S. E., Whitwell, C. W., Caprioli, R. M., and Arteaga, C. L. (2007). Multi-variable difference gel electrophoresis and mass spectrometry: A case study on TGF-beta and ErbB2 signaling. *Mol. Cell. Proteomics* **6,** 150–169.

① 琼脂糖覆盖面的制备方法需要保证其在相对较低的温度下依然保持液态。为了实现这一目的，要采用低熔点的琼脂糖混合物[如Bio-Rad Laboratories公司0.4%(*m*/*V*) standard low M_r和Sigma公司的0.1%(*m*/*V*)具有低凝胶温度的琼脂糖type VII-A-low gelling temperature]，将其在1× SDS电泳缓冲液中溶解，可加入少许溴酚蓝作为示踪染料。

② 若要长期保存，可加入(可选)0.02%(*m*/*V*)叠氮化钠以防止细菌和真菌生长。对于DIGE胶及其他凝胶贴在其中一块玻璃板上的情况，可以将凝胶和玻璃板整体保存，这样可使保存过程中的脱水最小化。

Gorg, A., Obermaier, C., Boguth, G., Harder, A., Scheibe, B., Wildgruber, R., and Weiss, W. (2000). The current state of two-dimensional electrophoresis with immobilized pH gradients. *Electrophoresis* **21,** 1037–1053.

Gorg, A., Weiss, W., and Dunn, M. J. (2004). Current two-dimensional electrophoresis technology for proteomics. *Proteomics* **4,** 3665–3685.

Hartinger, J., Stenius, K., Hogemann, D., and Jahn, R. (1996). 16-BAC/SDS-PAGE: A two-dimensional gel electrophoresis system suitable for the separation of integral membrane proteins. *Anal. Biochem.* **240,** 126–133.

Hatakeyama, H., Kondo, T., Fujii, K., Nakanishi, Y., Kato, H., Fukuda, S., and Hirohashi, S. (2006). Protein clusters associated with carcinogenesis, histological differentiation and nodal metastasis in esophageal cancer. *Proteomics* **6,** 6300–6316.

Hoving, S., Voshol, H., and van Oostrum, J. (2000). Towards high performance two-dimensional gel electrophoresis using ultrazoom gels. *Electrophoresis* **21,** 2617–2621.

Ibel, K., May, R. P., Kirschner, K., Szadkowski, H., Mascher, E., and Lundahl, P. (1990). Protein-decorated micelle structure of sodium-dodecyl-sulfate–protein complexes as determined by neutron scattering. *Eur. J. Biochem.* **190,** 311–318.

Karp, N. A., and Lilley, K. S. (2005). Maximising sensitivity for detecting changes in protein expression: Experimental design using minimal CyDyes. *Proteomics* **5,** 3105–3115.

Laemmli, U. K. (1970). Cleavage of structural proteins during the assembly of the head of bacteriophage T4. *Nature* **227,** 680–685.

Lilley, K. S., and Friedman, D. B. (2004). All about DIGE: Quantification technology for differential-display 2D-gel proteomics. *Expert Rev. Proteomics* **1,** 401–409.

O'Farrell, P. H. (1975). High resolution two-dimensional electrophoresis of proteins. *J. Biol. Chem.* **250,** 4007–4021.

O'Farrell, P. Z., Goodman, H. M., and O'Farrell, P. H. (1977). High resolution two-dimensional electrophoresis of basic as well as acidic proteins. *Cell* **12,** 1133–1141.

Olsson, I., Larsson, K., Palmgren, R., and Bjellqvist, B. (2002). Organic disulfides as a means to generate streak-free two-dimensional maps with narrow range basic immobilized pH gradient strips as first dimension. *Proteomics* **2,** 1630–1632.

Rabilloud, T. (1998). Use of thiourea to increase the solubility of membrane proteins in two-dimensional electrophoresis. *Electrophoresis* **19,** 758–760.

Righetti, P. G., Simo, C., Sebastiano, R., and Citterio, A. (2007). Carrier ampholytes for IEF, on their fortieth anniversary (1967–2007), brought to trial in court: The verdict. *Electrophoresis* **28,** 3799–3810.

Sanchez, J. C., Rouge, V., Pisteur, M., Ravier, F., Tonella, L., Moosmayer, M., Wilkins, M. R., and Hochstrasser, D. F. (1997). Improved and simplified in-gel sample application using reswelling of dry immobilized pH gradients. *Electrophoresis* **18,** 324–327.

Schagger, H., and von Jagow, G. (1991). Blue native electrophoresis for isolation of membrane protein complexes in enzymatically active form. *Anal. Biochem.* **199,** 223–231.

Suehara, Y., Kondo, T., Fujii, K., Hasegawa, T., Kawai, A., Seki, K., Beppu, Y., Nishimura, T., Kurosawa, H., and Hirohashi, S. (2006). Proteomic signatures corresponding to histological classification and grading of soft-tissue sarcomas. *Proteomics* **6,** 4402–4409.

Unlu, M., Morgan, M. E., and Minden, J. S. (1997). Difference gel electrophoresis: A single gel method for detecting changes in protein extracts. *Electrophoresis* **18,** 2071–2077.

Vesterberg, O. (1972). Isoelectric focusing of proteins in polyacrylamide gels. *Biochim. Biophys. Acta* **257,** 11–19.

Vesterberg, O., and Svensson, H. (1966). Isoelectric fractionation, analysis, and characterization of ampholytes in natural pH gradients. IV. Further studies on the resolving power in connection with separation of myoglobins. *Acta. Chem. Scand.* **20,** 820–834.

Wessel, D., and Flugge, U. I. (1984). A method for the quantitative recovery of protein in dilute solution in the presence of detergents and lipids. *Anal. Biochem.* **138,** 141–143.

Westermeier, R. (2005). Electrophoresis in Practice (4th edn). Method 10 - IEF in immobilized pH gradients, pp. 257–273. Wiley-VCH.

第 31 章

蛋白质凝胶染色法：介绍与概述

Thomas H. Steinberg*

目录

摘要

科学家在实验室面对蛋白质无数的生化形式时，一定会经常问：我的蛋白质够纯吗？最常见的回答便是：进行一次变性 SDS-PAGE。这一凝胶电泳又带来了一系列新的考虑因素，包括检测、定量和鉴定，因此接下来的问题便自然而然地围绕着合适的蛋白质凝胶染色和检测方法而展开。总蛋白质图谱可通过诸如考马斯蓝法和银染色法的色度方法，或者采用越来越常用的荧光染色法来确定。在染色之后可对蛋白质定量，其中基于荧光和使用仪器的定量方法灵敏度最高、线性范围最好。一些基于荧光的方案能够可靠地检测出蛋白质翻译后修饰(如磷酸化和糖基化作用)。使用两种或两种以上不同的染色剂依次进行染色和检测，可以获得修饰蛋白质占总蛋白质的比例，或可以在定量灵敏度的两个层面上评价蛋白质纯度。染色方法和方案的选择不仅取决于检测和定量的严格程度，也取决于可用仪器和记录方法。其他的染色方法考虑因素包括预期的下游分析步骤。例

---

* 威斯康星大学麦迪逊分校，McArdle 实验室癌症研究组(Madison，Wisconsin，USA)

如，若在染色之后要进行质谱分析法或是肽测序，则不能使用某一些染色方法。非固定染色法允许在凝胶染色之后进行蛋白质印迹法检测。选择何种染色方案归根到底还是取决于每个实验室的习惯和预算，以及人们的求知欲望。

1. 介绍

本章讲述了基于电泳的蛋白质检测法，重点讨论总蛋白质检测、常见蛋白质翻译后修饰(PTM)检测、磷酸化作用检测和糖基化作用检测的现有方法。自从本卷首次出版的20年以来，SDS-PAGE以及随后的蛋白质染色法，在纯化方案所有阶段中，依然是确定含蛋白质混合物组分和特性的一种重要的实验室程序。呈现蛋白质图谱的常规作法，包括了从纯化每个步骤(从细胞裂解物到最终产物)的取样以评价多肽组分、纯度、定量的整个过程。因此，每个步骤取出的样本应能逐步地展现出更为简洁的多肽谱，从而显示出目标蛋白质所占百分比的逐渐增加。

前几章所总结的蛋白质电泳和检测方法仍然与本部分内容相关(Dunbar et al.，1990；Garfin，1990a；1990b；Merril，1990)。

SDS-PAGE蛋白质分析法的广泛使用，使得标准化电泳仪器、试剂、预制多孔一维和二维平板凝胶(微型凝胶；大约8 cm×8 cm，厚度1.0 mm)以及即用型染色剂型或简单快捷的染色试剂盒在市场上纷纷涌现，并已常规使用。除此之外，以蛋白质组为导向的电泳技术也应运而生，借助大幅度二维凝胶电泳和切下蛋白质斑点的质谱分析法来分析复合蛋白质混合物。基于凝胶的方法学在蛋白质组分析中的应用，进一步推动了用于总蛋白质的现存色度法染色剂进一步商业化发展，以及用于总蛋白质和蛋白质翻译后修饰的新型荧光染色剂的发展，从而促进了高灵敏度检测仪器和简单记录方法的发展，同时还使荧光和色度信号的定量更加准确。近来一篇蛋白质组方案的纲要介绍了在二维及一维凝胶中检测蛋白质的方法和应用以及后续的分析方法(Walker，2005)。最近一些关于蛋白质组在凝胶中检测蛋白质的综述文章概括了凝胶染色和检测法的历史及范围(Miller et al.，2006；Patton，2000；2002；Smejkal，2004)。显然，蛋白质组分析和蛋白质纯化过程中，在凝胶中鉴定蛋白质的考虑因素和方法有所交集。

酶谱分析法(zymography)是一种在凝胶内分析酶活力的方法，它作为一种基于凝胶的蛋白质鉴定补充方法，已超出了本章范围。最近出版了一本酶谱方案的完全手册(Manchenko，2003)。基于活性的蛋白质组作为相关新兴研究领域，能够利用小分子探针将报告部分与复杂混合物(如细胞裂解物或整个细胞)中特定种类的活性酶的催化部位以共价方式连接。这一日益流行的方法可运用于凝胶内实验，用以酶的鉴定和酶纯度追踪(Jessani and Cravatt，2004；Paulick and Bogyo，2008)。

在一般纯化方案中，一种精确评估蛋白质谱的检测方法就已经足够。SDS-PAGE中的蛋白质检测，可在凝胶电泳之前通过荧光染色剂的共价修饰对样品进行标记，或者，更常用的是在电泳之后利用有机染料或金属沉积进行非共价染色。翻译后修饰可由在总蛋白质中针对修饰部分的专门染色配方和方案进行检测。翻译后修饰(PTM)检测方法总是需要一个蛋白质中含有目标PTM的对照组泳道，以及另外几个不含有目标PTM的对照。如果选择性PTM检测中使用了荧光剂，则需要注意，蛋白质的自发荧光会成为一种干扰因素，特别是使用了由紫外线激发的、发射光呈蓝色或绿色的荧光染料。因此还必须加入另外一组经过化学方法或酶学法处理过的去除了PTM的样本作为对照。

2. 常规考虑

所有凝胶染色方案的共同特征都基于良好的实验室操作规范：清洁、谨慎操作和关注细节。电泳后凝胶染色通常在有盖子的聚碳酸酯或聚丙烯器皿中完成。残余染色剂的积累会影响实验结果，尤其在荧光染色时。因此要用70%～100%的乙醇或甲醇清洗器皿，然后再用清水冲洗干净。在摇床平面或是轨道振荡器上孵育凝胶，保持适度的速率（如60 r/min）。凝胶应在溶液中浮动自如，而不是黏着在器皿底部或是漂浮在固定液、清洗液或染色液上部。如果用到了积层胶，则必须将其去除；如果采用的是商品化的、"预置的"凝胶，则应该切除凝胶孔和凝胶底部，以减少人为造成的染色剂沉淀，特别是如果样本缓冲液中还残存着球状SDS，这些SDS会和溴酚蓝示踪染料共同运动。下列所述所有方法和方案所用的都是纯水（去离子水或是双重蒸馏水）。

在历史上，标准凝胶染色方案包括几个连续程序，有些程序包括不止一个步骤，而有一些程序过程中则需要用水或缓冲液清洗。普遍程序如下所述。

（1）将凝胶固定，以固定住凝胶中的蛋白质，并且去除SDS、缓冲液或是其他干扰成分。

（2）用有机染料或银染剂将凝胶染色。

（3）需要抑制染色反应或脱色以减弱背景。

固定常通过酸性乙醇混合物（如7%～10%乙酸、30%～50%甲醇）完成。有机染料和脱色液通常用与固定液相同的溶剂配制。由于几十年来，文献著作之中可以找到上百种蛋白质染料和染色方案（通常是又长又费事的方案，互相较量着检测灵敏度或是另外的特点），染色剂、染色试剂盒及染色方案的商品化对于勤恳的科学家来说，称得上是一种恩赐，尽管伴随商品化发展专利方面的考虑使得科学家无法清楚地认识和了解其中一些试剂。那些帮助扩大产品知名度的商品名称也令人困惑。例如，"Gelcode"指一条产品链，包括一系列针对总蛋白质和特别针对翻译后修饰的染色产品；而"SYPRO"则代表一些化学性质不同的总蛋白质凝胶染色剂。如有好奇心希望更详细地了解，化学品安全说明书介绍了缓冲液组分，专利文献使我们获悉需要的较重要的物理或化学信息，以便完全理解一种染色方法或原料组分。许多试剂盒会以公开的文献资料作为基础，并且会优先选择那些反映更多而不是更少关于知识来源和产品组分的供应商。

即使是同一种染色配方，凝胶染色方案可根据时间因素及检测时所需要的定量精确性而发生改变。不足为奇的是，对于及时满足与合理定量及基于环境和废液处理考虑的不含强酸、有机溶剂或重金属的染色配方与方案，都有很强的市场需求。因此供应商通常为总蛋白质检测配方提供"快速方案"。这包括固定和染色步骤的缩短，以及较常见的、通过微波炉谨慎地加热来加速染色和脱色。考虑到商业化染色剂的使用，查阅产品手册和公司网站是很重要的，因为产品会频繁更新，还会拥有几个详尽准确的备选方案。

3. 仪器：检测和记录

显然，通过目测进行检测已成为蛋白质凝胶染色的基础；可以通过染色后凝胶的摄影来完成记录，也可先干燥染色凝胶，再将这些凝胶粘在实验记录本上。若需要定量数据，如今相对廉价的平台式扫描仪或安装有可见光或紫外线灯箱的相机就可以满足大多数的纯化检测和记录的需求。在过去的20年里，由于荧光检测的需要，检测和记录的仪器(经常带有定量软件)已经演变成广泛适用于荧光和比色两种蛋白质检测形式。荧光检测可如目测一样简单，通过手持式发光二级管"钥匙链"手电筒检测；也可如全自动多重影像站一样复杂，具有横跨4个或5个数量级的线性检测能力，以及相应的强大的图像分析和定量软件。

先进仪器的制造商通常提供一些重要信息，如关于蛋白质比色和荧光染色的最佳采集模式和数据分析，还经常提供经过验证的方案和商业或开放源(open-source)的染色配方应用的实例。对于荧光应用，通常其激发和发射不仅由波长设置决定，而且还可以由常用的荧光染料或DNA/蛋白质染色剂产品的名称决定(如Cy染料、溴化乙锭、SYBR染料、SYPRO染料)。近几年，各种各样的带有LED或其他廉价过滤单色光源的简单透照仪，搭配上橙色滤镜发射盖，为许多紫外线可激发染料的检测提供了安全廉价的检测模式。

4. 总蛋白质的检测

4.1　总蛋白质色度法染色

简便的目视检测、相对简单的使用及广大熟悉方法的用户基础群，使得考马斯亮蓝(CBB)一直是最普遍使用的总蛋白质凝胶染色剂。如需要比考马斯亮蓝染色更高的检测敏感度，那么银染法是可选择的色度方法。如果需要对切下的蛋白质进行质谱分析，则首选不会引入共价蛋白质修饰的染色方法。

4.1.1　考马斯亮蓝染色

考马斯亮蓝R-250及其二甲基衍生物考马斯亮蓝G-250均为三苯代甲烷二磺酸盐染料，能将蛋白质条带染成亮蓝色。染色条带通过静电作用同质子化了的碱性氨基酸(赖氨酸、精氨酸和组氨酸)相互作用，并通过疏水作用与芳香族残基的疏水缔合。染料不与聚丙烯酰胺高亲和力结合，但却会渗透凝胶介质并与其低亲和力结合，因此需要脱色步骤，除非染液为胶体配方。通常采用考马斯亮蓝作为终点染色剂，其为固定和染色步骤提供重要的灵活应变的时间。考马斯亮蓝染色剂是非共价且可逆的，并且不会干扰随后切下的蛋白质条带的质谱分析。

考马斯亮蓝R-250的染色在酸性乙醇条件下完成，用量为考马斯亮蓝R-250 0.025%～0.10%(*m*/*V*染液)、30%～50%(*V*/*V*)甲醇(或乙醇，不及甲醇常用)搭配

7%～10%(V/V)乙酸溶液。染料溶解后将溶液用 Whatman 1 号滤纸过滤，产生稳定的组成。固定和染色通常在约 10 倍凝胶体积的溶液中完成，如标准的微型凝胶需要 50 mL。为追求最敏感和始终一致的结果，凝胶的固定和染色需要在同样的乙酸溶液中进行。在此条件下，凝胶发生收缩。在 7%乙酸中脱色，减少乙醇可以使凝胶恢复完整大小。脱色通常需要几次溶液的更换，加入染料吸附纸或泡沫橡胶/塑料可加速脱色。

在完全分析考马斯亮蓝染色法后，可得知，胶体配方不利于染色剂有效进入胶体介质之中，而会特定结合在蛋白质带上，从而使定量可靠，灵敏度也越加接近上文所述标准考马斯亮蓝 R-250 染色法，使低背景的染色成为可能。用于胶体染色剂时，考马斯亮蓝 G-250 要优于考马斯亮蓝 R-250。初始配方是将 0.1%考马斯亮蓝 G-250 溶解在 2%(m/V)磷酸，6%(m/V)硫酸铵中(Neuhoff et al.，1985)。一种改善的广泛使用的配方为，将 10%(V/V)硫酸铵溶解在 2%(m/V)磷酸中，随后加入 5%(m/V)考马斯亮蓝 G-250 储备水溶液至终浓度为 0.1%(m/V)；染色前需先加入甲醇至终浓度为 20%(V/V)(Neuhoff et al.，1988)。添加甲醇可增加单分散染料的比例，会导致染色加快，条带明显，但一些背景色也会变明显；增加硫酸铵的浓度会驱使染料变成胶体状态。此外，更新的配方建议加大染料和磷酸浓度，即最终配方中应含有 0.12%(m/V)染料、10%(m/V)硫酸铵、10%(m/V)磷酸及 20%(V/V)甲醇，所有成分形成单一的稳定溶液。制备时，需要依次在水中加入上述量的磷酸、硫酸铵及粉状染料，至终体积的 80%，然后加入甲醇至终体积(Candiano et al.，2004)。胶体染料溶液不能过滤。

大部分商业渠道可获得的考马斯亮蓝染料配方，是在上述各种配方和方案的基础上衍生而来的。

关于固定的建议众多，在电泳后用水清洗凝胶以除去染料溶液中的多数 SDS，清洗时间可以是几小时至过夜，该简单程序有助于观察到良好的结果。蛋白质条带在几分钟内就可以观察到，背景起初澄清，最后呈淡蓝色。染色之后用水清洗凝胶以减弱背景。最近有一个简单实用的考马斯亮蓝染色方案的总结，包括一种“热”考马斯亮蓝染色方案，即在 90℃用基于乙酸的考马斯亮蓝 R-250 染液配方染色；或是一种“快速”的 50℃下基于三氯乙酸的考马斯亮蓝 G-250 胶体染料的方案(Westermeier，2006)。可由商业渠道获得的一些方案还包括利用简单的基于微波炉加热的方案来加速考马斯亮蓝 G-250 胶体染料的染色(和脱色)。

4.1.2 银染法

人们普遍认为银染法是其他所有超灵敏的染色方法的标准，是最复杂和可变的蛋白质凝胶染色方法学，已有好几十个已出版的方案，所有的方案都需要若干个阶梯式的步骤；蛋白质检测的基础是将与蛋白质相结合的银离子还原成金属银，或者如较少情况下在某些方案中出现的，造成局部的硫化银沉淀。银染法可以作为极限检测灵敏度的严格标准，而定量不是一个简单的任务，它取决于显色步骤的复合物的性质和不同蛋白质间的银信号灵敏度的差异。有商业渠道可获得的银染试剂盒，试剂盒采用各种文献中的经过验证的方案和试剂混合物，能够为初次使用者提供可重复的结果。对于那些想要改进和优化用于常规内部使用的“自制”银染试剂和方案的人来说，这也是一种重要的学习和基准确立工具。Merril(1990)、Rabilloud(1990)和 Poland 等(2005)修订和总结了银染法的原理、方法及方案。

关键步骤通常如下所述。

(1) 固定凝胶，以固定蛋白质条带，并移除凝胶中的干扰物质，如 SDS、缓冲液和盐，这些物质会结合银并造成背景染色。

(2) 用能够结合蛋白质并提高银结合能力的物质，或是能够干扰剩余未结合的银造成的背景染色的物质来孵育凝胶。总之，这些各种各样的方法都和敏化作用有关。

(3) 银离子浸泡处理凝胶。

(4) 结合的银离子还原成不溶且可见的金属银，便出现了有色度的银染信号。

(5) 终止显色过程，以防止凝胶介质中的背景染色遮掩住蛋白质条带。后两个步骤对时间的依赖导致了技术的复杂性，步骤(2)～(4)中几次需要一定时间的清洗步骤也是如此。

银染法在银试剂和相应显影条件的基础上明显存在区别。碱性法将碱性环境下一种银的二元胺复合物作为银试剂，并在酸性甲醛溶液中显影；酸性法将弱酸性硝酸银作为银试剂，并在碱性甲醛溶液中显影。酸性染色法最近变得更受欢迎，因为它相对于碱性法降低了成本，并且背景染色也更容易控制。

目前有很多增敏剂。芳香族磺酸盐(如二磺酸萘或磺基水杨酸)能结合蛋白质，也能结合银；剩余的与蛋白质结合的 SDS 也可以加强银的结合力。同样的，已被考马斯亮蓝染色的凝胶，如果再进行银染，同样可以提高银染的强度。戊二醛作为增敏剂得以广泛使用，其原理在于引入了还原性醛基，能同蛋白质中的自由氨基相结合。硫化试剂，如连四硫酸盐或硫代硫酸盐能在蛋白质附近引入自由 S^{2-}，该离子会立即与银离子反应并形成不溶的硫化银。

因为在固定和增敏过程中使用戊二醛会造成蛋白质修饰，故银染后进行的蛋白质质谱分析会有问题。那些能同质谱分析相兼容的方法都不使用戊二醛，而这可能会使敏感性相对降低。增敏步骤若依靠连四硫酸盐和硫代硫酸盐，显影步骤将会相应地延长。因此，若银染后需要质谱分析，可以先对胶体进行考马斯亮蓝染色，再进行无戊二醛的银染步骤，这是一种便捷的两步估算出蛋白质样品纯度的色度方法。

4.1.3　Zn^{2+} 反染法

在 SDS-PAGE 后，不依靠固定剂或有机染料，使用金属阳离子快速对蛋白质染色的方法有很多。Zn^{2+} 反染法利用的是蛋白质和蛋白质-SDS 复合物结合及隔离环境中的 Zn^{2+}，而在此环境中咪唑和 Zn^{2+} 之间因沉淀反应会产生咪唑锌($ZnIm_2$)，并产生不透明的背景，同透明的蛋白质-SDS-Zn^{2+} 区域形成对比。该技术是一种非固定步骤，在随后预期的微量分析，如洗脱条带的生物分析或酶分析中很有帮助，并且能同质谱分析或微量测序方法相兼容。该染色法迅速快捷，但检测灵敏度低于考马斯亮蓝染色法。

用于 1 mm 厚度的凝胶的 Zn^{2+} 快速反染法步骤如下所述。

(1) 电泳之后，将凝胶浸泡在 0.2 mol/L 咪唑、0.1% SDS 中 15 min。

(2) 弃去咪唑溶液，再将凝胶浸泡入 0.3 mol/L 硫酸锌孵育 30～45 s 显影。

(3) 弃去上述显影液，用水清洗凝胶若干次，每次 1 min。

(4) 将凝胶保存在 0.5%(*m*/*V*)碳酸钠中。

显影过度会有问题，但是可以通过将凝胶泡在 100 mmol/L 甘氨酸以溶解过量的 $ZnIm_2$来解决。尽管不透明背景下的透明蛋白质条带没有像考马斯亮蓝染色法或银染法那样有明显的颜色对比，但是可以在黑色背景下照明凝胶成像(Fernandez-Patron，2005；Fernandez-Patron et al.，1998)。

4.2　总蛋白质荧光法染色

荧光染色法结合了检测灵敏度(可与银染法媲美)与染色流程简便性(与考马斯亮蓝染色或 Zn^{2+} 反染法相同)，且其线性定量范围较比色法大 10～100 倍。检测依赖于仪器，需要一个单色激发光源、能将波长较长的发射光从波长较短(也更亮)的激发光中分离出来的选择性光学滤镜以及一个检测模块。对于许多荧光染料，可通过目视检测，但是其灵敏度不及采用摄像或仪器的方法。任何荧光染料都会带来一定程度的光漂白，这是曝光的结果。许多市面上可购买的荧光染料已得到改进，光稳定性相对较好。尽管如此，在目测和图像采集前，仍要小心避免将凝胶过久暴露于的外界强光之下。本章讨论的荧光染色法和染料的激发与发射的极限值在表 31.1 中呈列。通常，光激发和发射的颜色经常以大类区分，即紫外线(UV)250～400 nm；蓝光 400～500 nm；绿光 500～550 nm；黄光/橙光 550～580 nm；红光 580～650 nm；近红外线 650～850 nm。这也是下面讨论的目的。

表 31.1　荧光蛋白质凝胶染料

蛋白质凝胶荧光染料	染色目标	激发峰/nm	发射峰/nm	供应商
Nile red	总蛋白质	270、550	600	Sigma-Aldrich
SYPRO Orange	总蛋白质	280、470	569	Life Technologies
SYPRO Red	总蛋白质	280、547	631	Life Technologies
SYPRO Tangerine	总蛋白质	280、490	640	Life Technologies
SYPRO Ruby	总蛋白质	280、450	610	Life Technologies
Deep Purple	总蛋白质	400、500	610	GE Healthcare
Krypton	总蛋白质	520	580	Thermo Fisher
Krypton Infrared	总蛋白质	690	718	Thermo Fisher
Flamingo	总蛋白质	270、512	535	Bio-Rad
LUCY 506	总蛋白质	505	515	Sigma-Aldrich
LUCY 569	总蛋白质	569	580	Sigma-Aldrich
C16-FL	总蛋白质	470	530	Life Technologies
Pro-Q Diamond	磷蛋白质	555	580	Life Technologies
Phos-tag 300/460	磷蛋白质	300、460	630	Perkin Elmer
Phos-tag 540	磷蛋白质	540	570	Perkin Elmer

续表

蛋白质凝胶荧光染料	染色目标	激发峰/nm	发射峰/nm	供应商
Pro-Q Emerald 300	糖蛋白质	288	533	Life Technologies
Pro-Q Emerald 488	糖蛋白质	512	525	Life Technologies
Krypton glycoprotein	糖蛋白质	654	673	Thermo Fisher
Glycoprofile III	糖蛋白质	430	480	Sigma-Aldrich
TAMRA alkyne	O-GlcNAc	545	580	Life Technologies
Dapoxyl alkyne	O-GlcNAc	370	580	Life Technologies

注：本表总结了本文中讨论的荧光蛋白质凝胶染料的特异性、激发极限值、发射极限值和供应商。网站如下，括号里的附加说明为研发制造相应荧光染料的部门：Bio-Rad Laboratories，http://www.bio-rad.com；GE Healthcare (Amersham)，http://www.gehealthcare.com；Life Technologies (Invitrogen，Molecular Probes)，http://www.lifetechnologies.com；Perkin Elmer，http://www.perkinelmer.com；Sigma-Aldrich，http://www.sigma-aldrich.com；Thermo Fisher Scientific (Pierce)，http://www.thermofisher.com

荧光染料通常可分为两类：在蛋白质条带部位表现出显著加强荧光效果的荧光染料和特异地结合蛋白质条带而不与凝胶基质结合的自发荧光染料。最早商品化的总蛋白质荧光染料，SYPRO Orange 和 SYPRO Red 凝胶染料于 19 世纪 90 年代出现。这些染料最初是用于凝胶中染色 DNA 的常规荧光检测，其检测方法是，先经 300 nm 紫外线透射，随后进行宝利来一步摄影(polaroid photography)。开发上述商品化荧光染料的目的是建立类似于溴化乙淀或 SYBR Green DNA 染色法一种简单的、一步式的总蛋白质特异染色和记录的工作流程，并且具有超越考马斯亮蓝染色方法的检测灵敏度。总蛋白质染料进一步的发展，产生了一些检测灵敏度范围近似于甚至超越了银染法的商业产品或配方。那些不需要在电泳前为样品加上共价标签的荧光凝胶染色法，与之后洗脱蛋白质条带的质谱分析相兼容。

4.2.1 尼罗红蛋白质凝胶染色剂

尼罗红(Nile red)是一种吩嗯嗪酮类染料，当其从水转入到疏水环境，如 SDS 微粒或蛋白质-SDS 复合物中时，便显示出强烈的荧光增强作用。尼罗红不会与 SDS 单体发生显著作用。利用这一特点开发出了一种适合 SDS 凝胶的迅速的不用固定的总蛋白质染色法。该方案要求电泳在非标准条件下进行，即电泳缓冲液 SDS 含量为 0.05%(m/V)，要低于去污剂的临界胶束浓度，而不是通常应用于一维和二维 SDS-PAGE 的 0.1%(m/V)的 SDS 含量。蛋白质样品制备要符合规格(Garfin，1990a；1990b)，如此 SDS-蛋白质复合物在电泳时才会保持稳定，蛋白质条带的迁移也被认为是正常的。这种方法简单快速：将尼罗红储备液(0.4 mg/mL 保存在 DMSO 中)在水中稀释 200 倍，至终浓度为 2 μg/mL，每块凝胶加入超过 10 倍胶体积的染液(如一块 5 mL 的微型凝胶需要 50 mL 染色液)并立即充分搅动。染料在水中会快速地沉淀，故最理想的染色应该为 2～5 min，超过这个时间效果也不会增强。染色之后，用水简单地清洗凝胶。可用紫外线或绿光光源激发，蛋白质条带会出现淡红色。本法检测灵敏度与考马斯亮蓝染色法相似。因为没有固定，尼罗红染色的凝胶在随后电泳印迹转移时有较好的转移效率(Daban，2001；

Daban et al.，1991)。染料的沉淀会在凝胶介质中形成高荧光背景，并且染料对 SDS 胶团的亲和性加上染料的不溶性使得该方法不能用于电泳缓冲液中含 0.1% SDS 的 SDS-PAGE。染料的光稳定性也存在问题。

4.2.2 SYPRO Orange、SYPRO Red 和 SYPRO Tangerine 蛋白质凝胶染色剂

SYPRO Red 和 SYPRO Orange 蛋白质凝胶染色剂是由 Steinberg 等(1996a；1996b)和 Haugland 等(1997)描述的，SYPRO Tangerine 蛋白质凝胶染色剂是由 Steinberg 等(2000b)和 Yue 等(2003)描述的，所有这三种染色剂也同样经 Steinberg 等(2005)讨论过。这些染色剂含有一个亲水官能团、一个芳香族的荧光团及一个脂肪族尾部，使染料既具有良好的水溶性，又具有很强的插入蛋白质-SDS 复合物、SDS 微粒或膜的能力，非极性环境下还有强烈的荧光增强作用。这些特征，再加上良好的化学和光学稳定性，可使染料以简便多样的染色步骤通用于标准缓冲液条件(0.1% SDS)SDS-PAGE 后的染色，其检测敏感度超越了胶体考马斯亮蓝 G-250 染料。非标准缓冲液条件下(0.05% SDS)，这些染料与尼罗红相比染色敏感度可增加 4 倍，但这对它们的使用不是必需的。

SYPRO Orange 和 SYPRO Red 为受专利保护的磺丙基氨基氨基苯乙烯基(sulfo-propylaminostyryl)染料，在市面上可以买到，其规格为溶解于 DMSO 中的 10 mmol/L 储备液。染色方法很简单：①SDS-PAGE 后，将凝胶放在染色液里；②图像采集之前，用水简单清洗凝胶。

制备染色液时，在乙酸[标准为 7%(V/V)，2%～10%都有同样效果]中将染料稀释 5 000倍至 2 μmol/L。染色液通常需要现配，但也能稳定保存数月。电泳之后将凝胶放在凝胶体积 10～20 倍(一块 5 mL 的微型凝胶对应 50～100 mL)的染色液中，染色液放在聚丙烯或聚碳酸酯碟中并持续温和地搅拌。将装有凝胶的染色液碟置于紫外线灯箱或蓝光透照仪中可定期监控染色情况，还可以通过手持式紫外线灯或蓝光 LED 监测染色情况。通常对于 10 μg 的细胞裂解物，在荧光背景下 10 min 或 15 min 就可以看到大量蛋白质的荧光条带。随着染色过程进行，蛋白质条带信号增加，而背景减弱、丰度较小的蛋白质的条带也变得更明显。对于 1 mm 厚的凝胶，染色可以在 1 h 内完成，且凝胶在染色液中放置数日都是稳定的。蛋白质-SDS-染料复合物在稀释的乙酸中是稳定的，但剩余的 SDS 会从凝胶中扩散出来，造成弱背景现象。因此应该最小限度地脱色。图像采集之前，需要用水清洗凝胶以移除凝胶表面的剩余染料、SDS 和乙酸，清洗时水需要更换两次，每次清洗需要 2～3 min。

SYPRO Tangerine 蛋白质凝胶染料为一种受专利保护的咔唑基乙烯基(carbazolyl vinyl)染料，根据推荐的染料稀释液和预期用途，可将其与 SYPRO Orange 和 SYPRO Red 蛋白质凝胶染色剂区分开来。这种蛋白质染料可在中性 pH 缓冲液(50 mmol/L 磷酸盐、150 mmol/L NaCl，pH 7.0)中使用，此时蛋白质条带不会被固定，而且随后可进行酶谱分析、洗脱、复性，从而用于分析其离体活性或电转印迹。商业渠道获得的染料为 10 mmol/L的储备液；染色液由此稀释 5000 倍至 2 μmol/L，现用现配。染色过程与 SYPRO Orange 相同，1 h 内可完成；图像采集之前用水清洗凝胶。利用紫外线光源或蓝光光源来完成光谱激发。

4.2.3 SYPRO Ruby 蛋白质凝胶染色剂和其他基于钌的配方

诸如 SYPRO Ruby 蛋白质凝胶染色剂这样的用于检测凝胶中或印迹上的蛋白质的基于有机金属钌离子的发光染色剂，可以用简单的终点染色法步骤，提供与银染法相媲美，甚至超越银染法的荧光检测敏感度，还被引入 SDS-PAGE 后(Berggren et al.，2000)或等电聚焦电泳后(Steinberg et al. 2000a)的即用型染色液配方中。这些染料的发展与配方是以胶体考马斯亮蓝染色方案为基础，其中的有机组分螯合发光的钌(II)，并且以同考马斯亮蓝染色法类似的方式为非共价蛋白质提供了基础，即首先与碱性氨基酸发生离子作用，其次再发生疏水作用。(4，7-二苯基-1，10-菲绕啉酯)钌[ruthenium II tris (bathophenanthroline disulfonate)]制备、染色方案及与 SYPRO Ruby 蛋白质凝胶染色法的比较的详细说明告诉我们，SYPRO Ruby 的染色原理与钌染色法很相似；质谱分析反映出二者的一些微小差异，这些差异是由它们专有的化学性质引起的。随后 SYPRO Ruby 凝胶染色剂得到改进，最初配方的性能得到提升，成为了一种适用于 SDS-PAGE 和等电聚焦凝胶的即用型染色液(Berggren et al.，2002)。因此 SYPRO Ruby 与钌染色法的不同之处不仅在于荧光化学方面，更重要的在于染色液配方方面，即其拥有稳定的即用型染色液和相对简单的染色方案。

(1) 用 50%(*V*/*V*)甲醇、10%(*V*/*V*)乙酸固定凝胶，固定时间为 30 min 至过夜。

(2) 凝胶用 SYPRO Ruby 染料染色。这是一种终点染色法，染色 3 h 至过夜，性质稳定。

(3) 用 10%(*V*/*V*)甲醇、7%(*V*/*V*)乙酸进行简单的凝胶脱色。

利用基于微波炉的方案可以加快染色过程的进行。SYPRO Ruby 蛋白质凝胶染料具有相对较高的消光系数和量子产率，因此它十分亮眼，化学稳定性和光稳定性都很高。光谱的激发可借助紫外线或是蓝光光源；蛋白质带目测呈橘红色。荧光蛋白质染色的机制在于该染料与蛋白质条带和凝胶介质结合的差异性，凝胶介质不与染料结合。因此蛋白染色剂本身是不具荧光性的。SYPRO Ruby 蛋白质凝胶染料亮度大、稳定性高、检测灵敏度强且便于使用，加上其蛋白质组应用的文献之多以及积极的市场营销攻势，该产品为其后蛋白质凝胶染色剂的发展提供了比较标准，正如银染法仍然是检测灵敏度的比较基准一样。

4.2.4 Epicocconone 蛋白质凝胶染色剂：Deep Purple 和 Lighting Fast 蛋白质凝胶染色剂

Epicocconone 蛋白质凝胶染色剂是一种从真菌黑附球菌(*Epicoccum nigrum*)中提取的荧光团，用于总蛋白质染色试剂盒中。该染料被冠以了多种商品名称，包括 Deep Purple 和 Lighting Fast 总蛋白质凝胶染料，方案各异。下面是一种方案。

(1) 将 SDS-PAGE 凝胶在 7.5%(*V*/*V*)的乙酸中固定 1 h。

(2) 用水清洗凝胶(2×30 min)。

(3) 荧光团储备液在水溶液中稀释后，将凝胶在该水溶液中染色 1 h。

(4) 将凝胶在 0.05%(*V*/*V*)的氨水中孵育(3×10 min)；

(5) 立即捕捉影像，可用紫外线、可见蓝光或可见绿光激发。

该染色剂的灵敏度可与 SYPRO Ruby 蛋白质凝胶染料相媲美，或者较之更好（Bell and Karuso，2003；Mackintosh et al.，2003）。染色是可逆的，并与质谱分析兼容。暗红色的信号并非特别显著，其灵敏度完全取决于染色剂的荧光特性，因此背景较弱。该染色方法似乎需要痕量的在乙酸固定后仍然与蛋白质形成复合物的 SDS。这种染色剂在水中仅发出微弱的荧光（绿色），但是在经 SDS 处理的蛋白质存在的情况下，荧光增强并发生红移。Epicocconone 蛋白质凝胶染料已被证实能与赖氨酸反应，形成可被碱水解的荧光加合物，因此产生荧光并使得染色具有可逆性（Coghlan et al.，2005）。浓缩的染色储备液必须冷冻保存，在使用前解冻。考虑到稳定性因素，影像捕捉应该在染色结束后立即进行。

4.2.5 荧光素衍生物

含有烃类尾部的荧光素衍生物是很有效的蛋白质凝胶染色剂。将 5-十二酰基氨基-(C12-FL)、5-十六酰基氨基-(C16-FL) 及 5-十八酰基氨基-荧光素-(C18-FL) 用于一些类同于经典考马斯亮蓝 R-250 染色法的样品染色方案中，可证明该染色剂敏感度比得上银染法。最有效的荧光团为 C16-FL。例如，凝胶染色时染液为 30%(*V*/*V*) 乙醇、7.5%(*V*/*V*) 乙酸、1 μmol/L 染料，染液更换两次。再用水清洗，水也要更换两次，最后用 7.5% 乙酸脱色。染色剂具荧光性，易知其基本原理是同结合在复合蛋白质中的残余 SDS 相结合；可兼容质谱分析（Kang et al.，2003）。荧光素的光谱激发和发射分别由蓝光和绿光完成。

4.2.6 Krypton 蛋白质凝胶染色剂

Krypton 蛋白质凝胶染色剂是受专利保护的羟基喹啉（hydroxyquinoline）类染料配方，激发光谱为绿色，荧光显色为橙色（Wolf et al.，2007）。Krypton Infrared 蛋白质凝胶染色剂含受专利保护的香豆素/氟喹诺酮和/或玛蒂娜（Martina）型染料，激发光谱为红光/近红外线，发射光谱为近红外线（Czerney et al.，2008）。可以买到这些产品的 10× 的组分并需要先稀释成可用的溶液。这些产品在检测灵敏度和动态线性范围方面同 SYPRO Ruby 和 Deep Purple 蛋白质凝胶染色剂相当。染色方案依照标准的固定-染色-快速脱色的工作流程，并在快速染色方面得到改进，因此整个染色过程可在 1～4 h 完成；若要追求最高灵敏度和信号线性度，可以延长此方案的时间。这些染色剂均可以和质谱分析兼容使用。

4.2.7 Flamingo 蛋白质凝胶染色剂

Flamingo 蛋白质凝胶染色剂是受专利保护的基于香豆素的花青染料配方（Berkelman，2006）。该染色方案需要在染色前完成固定。可以买到的染料为 10× 的储备液，使用前用水稀释即可。当染料与蛋白质结合时表现出荧光增强作用。该染色剂背景较弱，报道称短脱色步骤可使背景进一步减弱。激发光谱在绿光范围内，信号为橙色/红色。该染色剂被认为与银染和 SYPRO Ruby 相当，并且也可以兼容质谱分析。

4.2.8　LUCY 蛋白质凝胶染色剂

LUCY 蛋白质凝胶染色剂是受专利保护的三甲川花青(trimethinecyanine)染料配方，在 SDS/蛋白质混合物中表现出荧光增强作用。染色通常在稀释的乙酸中进行，方法与 SYPRO Orange 一样。据报道该染色剂也能与质谱分析兼容(Kovalska et al.，2006)。

4.3　预电泳样品标记

琥珀酰亚胺酯是一种用于电泳前蛋白质样品的共价氨基标记的电荷平衡的花青染料(Cy dye)，它的研发和使用已成为荧光二维差异凝胶电泳(2-D DIGE，一种非常重要的蛋白质组技术)的基础(Minden et al.，2002；Tonge et al.，2001；Waggoner et al.，1993)。DIGE 在第 30 章中有更详细的讨论。有许多荧光复合物的琥珀酰亚胺酯以及其他能反应的荧光共价蛋白质标记物也同样被广泛使用(Haugland，2005)。如今拥有了广泛的仪器基础，对任何荧光标记的蛋白质制备物组分进行凝胶分析已是常规步骤。

5. 磷蛋白的检测

作为基本的细胞信号机制，指定氨基酸残基的可逆磷酸化作用的重要性已无需争辩。当前磷蛋白染料具有受专利保护的构型，即磷酸基结合部分共价连接于荧光团。检测的方式是选择性结合磷酸化的氨基酸，但是没有荧光增强作用。从某种程度上讲，许多可溶的荧光复合物都可作为总蛋白质染色剂。一种选择性磷蛋白染料需要含有一个磷酸基结合部分、一个对总蛋白质的自发荧光很低的荧光团、一种可抑制非特异性总蛋白质染色的组分及一个促进残余的非特异染色解离的脱色方案。每个多肽中与总蛋白质染色剂靶定的氨基酸数量相比，靶定的磷酸基仅有少数。磷蛋白检测敏感性通常和用胶体考马斯染色剂或 SYPRO Orange 染色剂进行总蛋白质检测时处于同一水平，而不及银染剂或 SYPRO Ruby 染色剂那么敏感。凝胶中蛋白质磷酸化检测需要有适当的对照，包括展示已知的磷酸化状态(阳性对照)或去磷酸化状态(阴性对照)的蛋白质，并且如果可以的话，还需有用活性磷酸酶对样品进行处理的对照。在检测到磷蛋白信号后，需要用一种总蛋白质染色剂对凝胶进行染色。市面上可以买到的磷蛋白染色剂可与随后的考马斯亮蓝染色剂、银染剂或总荧光染色剂(如 SYPRO Ruby)兼容，但不能与依赖 SDS 的荧光染色剂(如 SYPRO Orange)兼容。磷蛋白染料可与随后的分析步骤，如质谱分析或肽测序相兼容。

5.1　Pro-Q Diamond 磷蛋白凝胶染色剂

Pro-Q Diamond 磷蛋白凝胶染色剂(Life Technologies)系一种即用型配方，是根据磷酸肽(phosphopeptide)固定金属亲和层析的原理发明的，利用的是溶液中荧光团连接的金属螯合部分，这种溶液含金属离子、盐和可与水混溶的有机溶剂，用缓冲液调 pH 至 4(Agnew et al.，2006)。这种染色方案需要在甲醇/乙酸溶液中固定，用水清洗以去除固定剂，用 Pro-Q Diamond 配方进行染色，随后在含 1,2-丙二醇混合物中脱色，在乙腈中脱色效率更高[如 50 mmol/L 乙酸钠(pH4)、15%～20% 1,2-丙二醇或 15%～20%乙腈]。微型凝胶中的磷蛋白检测需至少 1～2 ng 的 β-酪蛋白(一种五磷酸化蛋白质)或 8 ng 胃蛋白酶(一种单磷酸化蛋白质)，该检测法具有 1000 倍的线性动态检测范围。总蛋白质染色后，再使用 Pro-Q Diamond 染色剂可得知蛋白质的体外磷酸化状态或去磷酸化状态。

5.2 Phos-tag 磷蛋白染色剂

可以买到 Phos-tag 磷蛋白染色剂(Perkin Elmer)的试剂盒包装，其采用与 Pro-Q Diamond 染色剂相同的通用染色策略，却有与之不同的缓冲液组分。这些染色剂含有已有充分描述的 Phos-tag 结合部分，即醇盐-桥的双核锌(II)配合物。该分子是根据可逆的磷酸锌(II)配合物的酶学原理设计的。解离常量为 25 nmol/L 的 Phos-tag 苯基磷酸盐复合物与其他磷酸基结合部分的微摩尔解离常量的对比已有描述(Kinoshita et al.，2004；Koike et al.，2007)。在某些情况下，Phos-tag 技术对基于凝胶的磷蛋白分析比直接胶内磷蛋白染色更有效(Kinoshita et al.，2006；Yamada et al.，2007)。可买到的 Phos-tag 凝胶染色剂试剂盒，可以选择双荧光，最大激发光谱为：Phos-tag 磷蛋白凝胶染色剂 300 nm/460 nm(双激发最大值)或 540 nm。近期报道称，使用 Phos-tag 300/460 染色剂来检测一种具细菌性应答调节子的天冬氨酸磷酸化(Barbieri and Stock，2008)。

6. 糖蛋白的检测

6.1 通用糖蛋白检测

糖基化是真核细胞中最常见的蛋白质翻译后修饰。寡糖通常连接于天冬酰胺侧链(*N*-连接糖基化)或丝氨酸和苏氨酸羟基侧链(*O*-连接糖基化)。凝胶中蛋白质电泳后染色时，通常先用高碘酸氧化邻近的糖基，然后根据希夫碱机制进行酰肼结合。

6.1.1 显色：酸性品红染色剂

市面上可以买到的试剂盒都是基于一种利用酸性品红染色剂(Zzcharius et al.，1969)的显色方法，包括 Gelcode(Thermo Scientific)和 Glyco-Pro(Sigma-Aldrich)糖蛋白染色试剂盒。凝胶在 50%甲醇中固定、清洗，并在 1%高碘酸盐中孵育从而氧化邻近的糖基，再清洗，用品红亚硫酸盐试剂孵育，在还原剂(偏亚硫酸氢钠或硼氢化钠)中孵育，清洗，再保存在稀乙酸中。糖蛋白指示通过品红条带完成，品红条带在染色反应进行时开始出现，随后显色缓慢增强。

6.1.2 荧光通用糖蛋白染色剂

Pro-Q Emerald 300 和 Pro-Q Emerald 488 糖蛋白凝胶染色试剂盒(Life Technologies；数字表示各自的常用激发光源)、Krypton 糖蛋白染色试剂盒(Thermo Scientific Pierce)和 Glycoprofile III 荧光糖蛋白染色试剂盒(Sigma-Aldrich)均是利用高碘酸盐氧化后与荧光酰肼结合而进行染色。使用这些试剂盒时，不需要进行后续的还原反应(如和偏亚硫酸氢钠进行还原反应）。

大多数可买到的荧光酰肼都有自发荧光。亮绿荧光的 Pro-Q Emerald 300 酰肼试剂在溶液中不显荧光，在同小分子醛结合时就显弱荧光性。染色后的糖蛋白条带是亮绿色的，结合后的染料可作为成核位点使溶液中浓度接近饱和的自由试剂沉淀（Haugland et al.，2005）。Pro-Q Emerald 300 和 Pro-Q Emerald 488 糖蛋白染料试剂盒的使用已有一些细节方面的讨论（Hart et al.，2003；Steinberg et al.，2001）。这些研究发现了 Pro-Q Emerald 300 糖蛋白染料是最灵敏的选择性糖蛋白染料，在使用时却只适用于紫外线光源。研究中的数据和观察结果都突出表明，许多荧光酰肼会显示总蛋白质的非特异染色。此外，染料稀释液组分也会影响其选择性。通过选择那些已经充分了解其特性的蛋白质和/或通过糖苷酶消化后的样品，以此作为含有蛋白质的已知糖基化状态的对照，在待测样品电泳时将其作为对照泳道是很有帮助的。未经高碘酸盐氧化的平行胶也许可以指示固有的非特异蛋白质染色，或是由于其他氧化反应而造成的内源醛或酮的染色。最后需要注意的是，通过荧光扫描仪可以检测出酸性品红亚硫酸盐染色的蛋白质条带。扫描仪需 532 nm 激光和 675 nm 长通过滤镜，比起可见的色度法极限，其敏感度增加 2～4 倍。

6.2　*O* 型 *N*-乙酰氨基葡萄糖的检测

6.2.1　叠氮化物-炔烃"点击化学"试剂

许多蛋白质经 *N*-乙酰氨基葡萄糖（*O*-GlcNAc）以 β-连接方式 *O* 型连接到丝氨酸和苏氨酸残基上，从而获得显著的修饰。这种翻译后修饰体现了可控方式下磷酸化作用的位点特异的相互性。因此 *O*-GlcNAc 糖基化可能扮演一种动态"阴-阳"角色，介导磷酸化调节的信号，以及其他特异的蛋白质信号（Golks and Guerini，2008；Hart，1999）。从历史上看，基于凝胶的 *O*-GlcNAc 检测仍有一定问题，但如今已经可以实现用于凝胶检测的敏感的 *O*-GlcNAc 特异荧光标记。

这一方法是基于铜（Ⅰ）催化的叠氮化物和炔烃间的 Huisgen [3＋2]环加成反应，是一种"点击化学"反应（Agnew et al.，2008；Clark et al.，2008）。蛋白质（于纯化的任意阶段）经 Click-iT *O*-GlcNAc 酶标系统（Life Technologies）酶促标记（4℃过夜），这种标记使用的是一种允许条件下的突变型 *β*-1，4-半乳糖基转移酶（Gal-T1 Y289L），这种酶可以将 UDP-半乳糖中的叠氮化物修饰的半乳糖（GalNAz）转移到目标蛋白质的 O 型 *N*-乙酰氨基葡萄糖残基上（Ramakrishnan and Qasba，2002）。叠氮化物修饰的 *O*-GlcNAc 糖基化的蛋白质随后经铜（Ⅰ）催化的点击反应被荧光标记，该反应使用的是四甲基罗丹明-炔烃（TAMRA-alkyne）或 Dapoxyl 炔烃染料，染料各自为 Click-It TAMRA 或 Click-iT Dapoxyl 蛋白质分析检测试剂盒（Life Technologies）中的催化试剂。被标记的蛋白质经 SDS-PAGE 被分离，再通过适当仪器进行图像采集。酶标试剂盒含有一种阳性对照蛋白质，*α* 晶型。该技术已被证明可利用 TAMAR 炔烃检测试剂来检测微型凝胶中的 10～40 fmol 的 *O*-GlcNAc，并且可与下游的质谱分析相兼容。被标记的蛋白质同样可以用总蛋白质染色剂或其他翻译后修饰——特异的染色剂（如 Pro-Q Diamond 磷蛋白染色剂或 Pro-Q Emerald 300 糖蛋白染色剂）染色。

（张　哲　译　赵兴卉　校）

参考文献

Agnew, B., Beechem, J., Gee, K., Haugland, R., Liu, J., Martin, V., Patton, W., and Steinberg, T. (2006). *Compositions and methods for detection and isolation of phosphorylated molecules*. United States Patent 7102005.

Agnew, B., Buck, S., Nyberg, T., Bradford, J., Clarke, S., and Gee, K. (2008). Click chemistry for labeling and detection of biomolecules. *Proc. SPIE* **6867,** 686708.

Barbieri, C. M., and Stock, A. M. (2008). Universally applicable methods for monitoring response regulator aspartate phosphorylation both *in vitro* and *in vivo* using Phos-tag base reagents. *Anal. Biochem.* **376,** 73–82.

Bell, P. J. L., and Karuso, P. (2003). Fluorescent compounds. United States Patent Application 20030157518.

Berggren, K., Chernokalskaya, E., Steinberg, T. H., Kemper, C., Lopez, M. F., Diwu, Z., Haugland, R. P., and Patton, W. F. (2000). Background-free, high sensitivity staining of proteins in one- and two-dimensional sodium dodecyl sulfate-polyacrylamide gels using a luminescent ruthenium complex. *Electrophoresis* **21,** 2509–2521.

Berggren, K. N., Schulenberg, B., Lopez, M. F., Steinberg, T. H., Bogdanova, A., Smejkal, G., Wang, A., and Patton, W. F. (2002). An improved formulation of SYPRO Ruby protein gel stain: Comparison with the original formulation and with a ruthenium II tris (bathophenanthroline disulfonate) formulation. *Proteomics* **2,** 486–498.

Berkelman, T. R. (2006). *Coumarin-based cyanine dyes for non-specific protein binding*. United States Patent Application 20060166368.

Bhalget, M. K., Diwu, Z., Haugland, R. P., and Patton, W. F. (2001). *Luminescent protein stains and their method of use*. United States Patent 6316267.

Candiano, G., Bruschi, M., Musante, L., Santucci, L., Ghiggeri, G. M., Carnemolla, B., Orecchia, P., Zardi, L., and Righetti, P. G. (2004). Blue silver: A very sensitive colloidal Coomassie G-250 staining for proteome analysis. *Electrophoresis* **25,** 1327–1333.

Clark, P. M., Dweck, J. F., Mason, D. E., Hart, C. R., Buck, S. B., Peters, E. C., Agnew, B. J., and Hsieh-Wilson, L. C. (2008). Direct in-gel fluorescence detection and cellular imaging of O-GlcNAc-modified proteins. *J. Am. Chem. Soc.* **130 ,** 11576–11577.

Coghlan, D. R., Mackintosh, J. A., and Karuso, P. (2005). Mechanism of reversible staining of protein with epicocconone. *Org. Lett.* **7,** 2401–2404.

Czerney, P. T., Desai, S., Lehmann, F. G., Murtaza, Z. S., Schweder, B. G., Wenzel, M. S., and Wolf, B. D. (2008). *Protein probe compounds, compositions, and methods*. United States Patent Application 20080026478.

Daban, J.-R. (2001). Fluorescent labeling of proteins with Nile red and 2-methoxy-2, 4-diphenyl-3(2H)-furanone: Physicochemical basis and application to the rapid staining of sodium dodecyl sulfate polyacrylamide gels and Western blots. *Electrophoresis* **22,** 874–880.

Daban, J.-R., Bartolome, S., and Samso, M. (1991). Use of the hydrophobic probe Nile red for the fluorescent staining of protein bands in sodium dodecyl sulfate-polyacrylamide gels. *Anal. Biochem.* **199,** 169–174.

Dunbar, B. S., Kimura, H., and Timmons, T. M. (1990). Protein analysis using high-resolution two-dimensional polyacrylamide gel electrophoresis. *In* "Meth. Enzmyol." (M. P. Deutscher, ed.) **182,** pp. 441–459. Academic Press, San Diego, CA.

Fernandez-Patron, C. (2005). Zn^{2+} reverse staining technique. *In* "The Proteomics Protocol Handbook" (J. M. Walker, ed.), pp. 215–222. Humana Press, Totowa, NJ.

Fernandez-Patron, C., Castellanos-Serra, L., Hardy, E., Guerra, M., Estevez, E., Mehl, E., and Frank, R. W. (1998). Understanding the mechanism of the zinc-ion stains of biomacromolecules in electrophoresis gels: generalization of the reverse-staining technique. *Electrophoresis* **19,** 2398–2406.

Garfin, D. E. (1990a). One-dimensional gel electrophoresis. *In* "Meth. Enzmyol." (M. P. Deutscher, ed.) **182,** pp. 425–441. Academic Press, San Diego, CA.

Garfin, D. E. (1990b). Isoelectric focusing. *In* "Meth. Enzmyol." (M. P. Deutscher, ed.) **182,** pp. 459–478. Academic Press, San Diego, CA.

Golks, A., and Guerini, D. (2008). The O-linked *N*-acetylglucosamine modification in cellular signaling and the immune system. *EMBO Rep.* **9,** 748–753.

Hart, G. W. (1999). The O-GlcNAc modification. *In* "Essentials of Glycobiology" (A. Varki, J. Esko, H. Freeze, G. Hart, and J. Marth, eds.), 2nd edn. p. 653. Cold Spring Harbor Laboratory Press, Cold Spring Harbor, NY.

Hart, C., Schulenberg, B., Steinberg, T. H., Leung, W.-Y., and Patton, W. F. (2003). Detection of glycoproteins in polyacrylamide gels and on electroblots using Pro-Q Emerald 488 dye, a fluorescent periodate Schiff-base stain. *Electrophoresis* **24,** 588–598.

Haugland, R. P. (2005). *The Handbook: A Guide to Fluorescent Probes and Labeling Technologies.* 10th edn. Invitrogen, Carlsbad, CA, 1126pp.

Haugland, R. P., Singer, V. L., Jones, L. J., and Steinberg, T. H. (1997). *Non-specific protein staining using merocyanine dyes.* United States Patent 5616502.

Haugland, R. P., Steinberg, T. H., Patton, W. F., and Diwu, Z. (2005). *Reagents for labeling biomolecules having aldehyde or ketone moieties.* United States Patent 6967251.

Jessani, N., and Cravatt, B. F. (2004). The development and application of methods for activity-based protein profiling. *Curr. Opin. Chem. Biol.* **8,** 54–59.

Kang, C., Kim, H. J., Kang, D., Jung, D. Y., and Suh, M. (2003). Highly sensitive and simple fluorescence staining of proteins in sodium dodecyl sulfate-polyacrylamide-based gels by using hydrophobic tail-mediated enhancement of fluorescein luminescence. *Electrophoresis* **24,** 3297–3304.

Kinoshita, E., Takahashi, M., Takeda, H., Shiro, M., and Koike, T. (2004). Recognition of the phosphate monoester dianion by an alkoxide-bridged dinuclear zinc(II) complex. *Dalton Trans.* 1189–1193.

Kinoshita, E., Kinoshita-Kikuta, E., Takiyama, K., and Koike, T. (2006). Phosphate-binding tag, a new tool to visualize phosphorylated proteins. *Mol. Cell. Proteomics* **5,** 749–757.

Koike, T., Kawasaki, A., Kobashi, T., and Takahagi, M. (2007). *Method for labeling phosphorylated peptides, method for selectively adsorbing phosphorylated peptides, complex compounds used in the methods, process for producing the complex compounds, and raw material compounds for the complex compounds.* United States Patent 7202093.

Kovalska, V., Kryvorotenko, D., Losytskyy, M., Nording, P., Rueck, A., Schoenenberger, B., Yarmoluk, S., and Wahl, F. (2006). *Detection of polyamino acids using trimethincyanine dyes.* United States Patent Application 20060207881.

Mackintosh, J. A., Choi, H.-Y., Bae, S.-H., Veal, D. A., Bell, P. J., Ferrari, B. C., Van Dyk, D. D., Verrills, N. M., Paik, Y.-K., and Karuso, P. (2003). A fluorescent natural product for ultrasensitive detection of proteins in one-dimensional and two-dimensional gel electrophoresis. *Proteomics* **3,** 2273–2288.

Manchenko, G. P. (2003). *Handbook of Detection of Enzymes on Electrophoretic Gels.* 2nd edn. CRC Press, LLC, Boca Raton, xiv+554pp.

Merril, C. R. (1990). Gel-staining techniques. *In* "Meth. Enzmyol." (M. P. Deutscher, ed.) **182,** pp. 477–488. Academic Press, San Diego, CA, xxix+894pp.

Miller, I., Crawford, J., and Gianazza, E. (2006). Protein stains for proteomic applications: Which, when, why? *Proteomics* **6,** 5385–5408.

Minden, J., Waggoner, A., and Fowler, S. J. (2002). *Difference detection methods using matched multiple dyes.* United States Patent Application 20020177122.

Neuhoff, V., Stamm, R., and Hansjorg, E. (1985). Clear background and highly sensitive protein staining with Coomassie Blue dyes in polyacrylamide gels: A systematic analysis. *Electrophoresis* **6,** 427–488.

Neuhoff, V., Arold, N., Taube, D., and Ehrhardt, W. (1988). Improved staining in polyacrylamide gels including isoelectric focusing gels with clear background at nanogram sensitivity using Coomassie Brilliant Blue G-250 and R-250. *Electrophoresis* **9,** 255–262.

Patton, W. F. (2000). A thousand points of light: The application of fluorescence detection technologies to two-dimensional gel electrophoresis and proteomics. *Electrophoresis* **21,** 1123–1144.

Patton, W. F. (2002). Detection technologies in proteome analysis. *J. Chromatogr. B* **771,** 3–31.

Paulick, M. G., and Bogyo, M. (2008). Application of activity-based probes to the study of enzymes involved in cancer progression. *Curr. Opin. Genet. Dev.* **18,** 97–106.

Poland, J., Rabilloud, T., and Sinha, P. (2005). Silver staining of 2-D gels. *In* "The Proteomics Protocol Handbook" (J. M. Walker, ed.), pp. 215–222. Humana Press, Totowa, NJ.

Rabilloud, T. (1990). Mechanisms of protein silver staining in polyacrylamide gels: A 10-year synthesis. *Electrophoresis* **11,** 785–794.

Rabilloud, T., Strub, J. M., Luche, S., van Dorsselaer, A., and Lunardi, J. (2001). A comparison between Sypro Ruby and ruthenium II tris (bathophenanthroline disulfonate) as fluorescent stains for protein detection in gels. *Proteomics* **1,** 699–704.

Ramakrishnan, B., and Qasba, P. K. (2002). Structure-based design of beta-1, 4-galactosyltransferase-I (beta 4Gal-T1) with equally efficient *N*-acetylgalactosaminyltransferase activity: Point mutation broadens beta 4Gal-T1 donor specificity. *J. Biol. Chem.* **277,** 20833–20839.

Smejkal, G. B. (2004). The Coomassie Chronicles: Past, present and future perspectives in polyacrylamide gel staining. *Expert Rev. Proteomics* **1,** 381–387.

Steinberg, T. H., Jones, L. J., Haugland, R. P., and Singer, V. L. (1996a). SYPRO orange and SYPRO red protein gel stains: One-step fluorescent staining of denaturing gels for detection of nanogram levels of protein. *Anal. Biochem.* **239,** 223–237.

Steinberg, T. H., Haugland, R. P., and Singer, V. L. (1996b). Applications of SYPRO orange and SYPRO red protein gel stains. *Anal. Biochem.* **239,** 238–245.

Steinberg, T. H., Chernokalskaya, E., Berggren, K., Lopez, M. F., Diwu, Z., Haugland, R. P., and Patton, W. F. (2000a). Ultrasensitive fluorescence protein detection in isoelectric focusing gels using a ruthenium metal chelate stain. *Electrophoresis* **21,** 486–496.

Steinberg, T. H., Lauber, W. M., Berggren, K., Kemper, C., Yue, S., and Patton, W. F. (2000b). Fluorescence detection of proteins in sodium dodecyl sulfate-polyacrylamide gels using environmentally benign, nonfixative, saline solution. *Electrophoresis* **21,** 497–508.

Steinberg, T. H., Pretty On Top, K., Berggren, K., Kemper, C., Jones, L., Diwu, Z., Haugland, R. P., and Patton, W. F. (2001). Rapid and simple single nanogram detection of glycoproteins in polyacrylamide gels and on electroblots. *Proteomics* **1,** 841–855.

Steinberg, T. H., Agnew, B. J., Gee, K. R., Leung, W.-Y., Goodman, T., Schulenberg, B., Hendrickson, J., Beechem, J. M., Haugland, R. P., and Patton, W. F. (2003). Global quantitative phosphoprotein analysis using Multiplexed Proteomics technology. *Proteomics* **3,** 1128–1144.

Steinberg, T. H., Hart, C. R., and Patton, W. F. (2005). Rapid, sensitive detection of proteins in minigels with fluorescent dyes: Coomassie Fluor Orange, SYPRO Orange, SYPRO Red, and SYPRO Tangerine stains. *In* "The Proteomics Protocol Handbook" (J. M. Walker, ed.), pp. 215–222. Humana Press, Totowa, NJ.

Tonge, R., Shaw, J., Middletown, B., Rowlinson, R., Rayner, S., Young, J., Pognan, F., Hawkins, E., Currie, I., and Davison, M. (2001). Validation and development of fluorescence two-dimensional differential gel electrophoresis proteomics technology. *Proteomics* **1,** 377–396.

Waggoner, A. S., Ernst, L. A., and Mujumdar, R. B. (1993). *Method for labeling and detecting materials employing arylsulfonate cyanine dyes.* United States Patent 5268486.

Walker, J. M. (ed.) (2005). *In* "The Proteomics Protocols Handbook", Humana Press, Totowa, NJ, xvii+988pp.

Westermeier, R. (2006). Sensitive, quantitative, and fast modifications for Coomassie blue staining of polyacrylamide gels. *Pract. Proteomics* **6**(Suppl. 2), 61–64 (online journal).

Wolf, B.D, Desai, S., Czerney, P. T., Lehmann, F. G., Schweder, B. G., and Wenzel, M. S. (2007). *Protein detection and quantitation using hydroxyquinolone dyes.* United States Patent Application 20070281360.

Yamada, S., Nakamura, H., Kinoshita, E., Kinoshita-Kikuta, E., Koike, T., and Shiro, Y. (2007). Separation of a phosphorylated histidine protein using phosphate affinity polyacrylamide gel electrophoresis. *Anal. Biochem.* **360,** 160–162.

Yue, S. T., Steinberg, T. H., Patton, W. F., Cheung, C.-Y., and Haugland, R. P. (2003). *Carbazolylvinyl dye protein stains.* United States Patent 6579718.

Zacharius, R. M., Zeli, T. E., Morrison, J. H., and Woodlock, J. J. (1969). Glycoprotein staining following electrophoresis on acrylamide gels. *Anal. Biochem.* **30,** 148–152.

第32章

凝胶中蛋白质的洗脱

Richard R. Burgess*

目录

摘要

新的蛋白质生化技术的发展,使我们在对某蛋白质了解越来越多的同时所耗费的分析材料越来越少(大约微克级别)。聚丙烯酰胺凝胶电泳,最初是一种严格意义上的分析方法,在某些情况下可变成一种高分辨率的制备方法。本章将集中介绍SDS凝胶中蛋白质的洗脱,并着重于获得蛋白质的酶活或生物活性的恢复。

1. 引言

SDS-PAGE在确定样品中多肽的数量和大小方面已被证明是极有用的分析方法。若能熟练运用的话,它还具有分离许多大小不一的单体蛋白质的能力。许多人在凝胶电泳应用的早期希望可以利用凝胶的高分辨率特性来获得小量的纯净蛋白质。如今许多方

* 威斯康星大学麦迪逊分校,McArdle实验室癌症研究组(Madison,Wisconsin,USA)

法的发展使我们得以实现这一期望。这些方法如下所述。

(1) 蛋白质从凝胶中转移至硝酸纤维素膜或聚偏二氟乙烯(PVDF)膜上 随后可选取合适的抗体，用蛋白质印迹分析法完成蛋白质的检测和定量(详见第 33 章)。很多时候，至少可以恢复一部分蛋白质，以重新获得其酶学功能，或是在蛋白质铺盖技术(far-Western)分析中与另一种蛋白质结合[如参见 Burgess 等(2000)]。在膜上对蛋白质进行 Edman 降解可以提供有限的 N 端氨基酸序列的信息。

(2) 仍处于凝胶介质中的蛋白质的酶分析 这已经被广泛应用(Manchenko，2003)。

(3) 制备型凝胶电泳 本过程中，受到电泳作用的蛋白质离开凝胶端并进入到小室中，在小室内可收集到蛋白质组分。许多制备型电泳的商业化产品已经可以买到。

(4) 凝胶中蛋白质的洗脱和复性 这一方法已成为几个广泛综述的主题(Harrington，1990；Seelert and Krause，2008)。将蛋白质从凝胶中洗脱可基于众多目的，包括：蛋白质化学，水解切割；氨基酸组成及序列测定；用胰酶消化多肽并进行 MALDI-TOF 以对其进行鉴定；作为用来产生抗体的抗原；鉴定与酶活性相关的多肽。

本章将着重于这 4 个从 SDS 凝胶中洗脱蛋白质的方法，尤其着重于在洗脱后蛋白质的酶活性或生物活性的恢复。

2. 通过扩散来洗脱凝胶中的蛋白质

将 SDS 从蛋白质中移除的早期方法由 Weber 和 Kutter(1971)发表，但当用于微量的蛋白质时，这个方法既麻烦又会造成大部分蛋白质的损失。

这一领域较多的早期方法已经发表(Hager and Burgess，1980)，但却需要重新讨论(but bears revisiting)。基本步骤包括凝胶电泳本身、将目标蛋白质在凝胶中定位、从凝胶中洗脱蛋白质、移除 SDS 及复性蛋白质以进行随后的研究或使用。

2.1 凝胶的制备和蛋白质的保护

最近似于标准的话，各种凝胶配方中的任意一种均可以使用。其中有一些需要重点考虑的地方。聚丙烯酰胺凝胶的聚合过程涉及自由基的产生以推动聚合反应发生。因此，在灌胶时应该等待至少 12 h 以确保聚合作用完成。由于反应初始会创造出一个氧化环境，你需要采取预防措施来保护蛋白质不被氧化。这很容易完成，可将廉价而分子质量小的，在电泳时跑在大多数蛋白质前面的内部载体蛋白质(如 β-乳球蛋白)加入到将要上样的样品中；这些载体蛋白会消耗掉凝胶中残留的氧化剂。同样还需要在上层液池里的缓冲液中加入阴离子巯基复合物(我们使用 0.1 mmol/L 巯基乙酸钠)，它们会在电泳过程中穿过凝胶，破坏凝胶中任何具有潜在氧化能力的物质和剩余的自由基。半胱氨酸同自由丙烯酰胺反应会产生半胱氨酸-S-丙酰胺，凝胶中若含有巯基也可以减少此反应(Chiari et al.，1992)。

应该选用只含有十二烷基形式(C12)的高质量 SDS，因为不纯的 SDS 可能含有不同量的 C14 或 C16，它们对蛋白质的结合比 C12 更强，且非常难于去除(Kunitani and Kresin，1989)。

2.2　蛋白质在凝胶中的定位

凝胶电泳开始后，就需要确定凝胶中的含有目标条带或特定分子质量条带的位置。当然，如果你不知道你的酶条带的大小，你可以将凝胶切成几部分，将每一部分的蛋白质洗脱出，并对所有部分都进行酶活性分析。起初，我们通过将凝胶浸泡在冷的0.25 mol/L KCl 中 5 min，再用冷蒸馏水脱色 1 h 来确定我们所感兴趣的条带。现在我们知道，你几乎可以用任何方便的方法来对凝胶染色，包括锌-咪唑（Castellanos-Serra and Hardy，2001）法；或是使用新的非常敏感的荧光蛋白染料，如 SYPRO Ruby（详见第 31 章）。甚至你可以使用考马斯亮蓝染料。在一次实例中，我们成功地对经考马斯亮蓝染色、脱色、干燥，保存 10 年的条带完成了复性！另外一种方法是在凝胶侧翼泳道上对有颜色的标准分子质量蛋白质（可从许多公司获得）进行电泳。这种方法可以指导我们根据分子质量信息将凝胶的特定部位切割出来。

2.3　通过扩散来洗脱蛋白质

人们常常会忽视这一简单的步骤，该步骤廉价、有效，并且能够同时处理多个样品。下述典型的方案是基于 Hager 和 Burgess（1980）所述方法修改而成。

（1）用冷的双蒸水冲洗 SDS 凝胶，冰冷的 0.25 mol/L KCl 和 1 mmol/L DTT 染色 5 min，确定条带位置。用双蒸水冲洗并用冷双蒸水和 1 mmol/L DTT 脱色 10～60 min。或者，可以将一个凝胶泳道划分成许多 3～5 mm 长的部分，将每一部分放入试管中，按上述方法清洗。

（2）将凝胶薄片碾碎于 1 mL 洗脱缓冲液中。最初我们使用一种 3.5 mL 的硅化处理的 Pyrex 玻璃试管（10 mm×75 mm）和小型 Teflon 研磨棒（Kontes，K886001 size 19），但如今采用 0.3 mL 的洗脱缓冲液、1.5 mL 聚丙烯离心管和一次性聚丙烯研磨棒（如 Kontes 捣碎棒，K749521-1500）。洗脱缓冲液为 50 mmol/L pH7.9 Tris、0.1 mmol/L EDTA、1 mmol/L DTT，0.15 mol/L NaCl、25 ～ 100 μg/mL BSA（可不加）及 0.1% SDS。

（3）一旦凝胶被碾碎，需将小的凝胶碎片在旋转器中孵育 1～8 h 使其被动扩散。在 Hager 和 Burgess（1980）的方法中，洗脱动力学表明 8.75% 聚丙烯酰胺凝胶介质中，36 kDa多肽的洗脱半衰期小于 30 min，150 kDa 多肽的洗脱半衰期为 1～1.5 h（完全洗脱分别需要 4 h 和 16～24 h）。

（4）将混合物在离心机中以最大速率离心 2 min，使破碎的凝胶沉淀。随后将上清（蛋白质洗脱液）转移到干净的微量离心管中。

2.4　SDS 的移除和浓缩

由于洗脱效率在洗脱缓冲液中含有 0.1%SDS 时为最高，所以在洗脱之后必须移除 SDS。丙酮沉淀法是最有效的方法，不仅移除了 SDS，而且还浓缩了蛋白质。基于 Hager 和 Burgess（1980）的典型步骤如下所述。

（1）将 4 倍体积的冷丙酮（－20℃）加入到蛋白质洗脱液中，使样品在干冰-乙醇浴中沉淀 30 min。由于样品会在干冰-乙醇冰浴中冻结，在离心前要把样品短暂地放在冰水浴中解冻。

(2) 离心机中用最大离心速率离心 5 min。移除并丢弃上清液。在采用 0.16 μg 放射性 RNA 聚合酶的测试实验中我们发现，当洗脱缓冲液中的载体 BSA 浓度为 0 μg/mL、15 μg/mL 和 100 μg/mL 时，聚合酶相应的回收率为 71%、90%和 99%(Hager and Burgess，1980)。

(3) 测试表明 99.9%以上的 SDS 留在丙酮上清液中。可以通过使用 1 mL 冰冷的 80%丙酮清洗沉淀，再次离心以清除残余的 SDS。

2.5 酶活性的恢复

(1) 丙酮沉淀物需干燥 10 min。

(2) 沉淀物在含有 20 μL 6 mol/L 的盐酸胍(GuHCl)的稀释缓冲液[稀释缓冲液为 50 mmol/L Tris(pH 7.9)、20%甘油、0.1 mmol/L EDTA、1 mmol/L DTT、0.15 mol/L NaCl、20～100 μg/mL BSA(可不加)和 0.1% SDS]中溶解并变性。溶解作用在室温下 20 min 之内发生。

(3) 通过加入 1.0 mL 稀释缓冲液迅速将溶解的蛋白质稀释 50 倍，室温下复性 1～12 h。

(4) 通过恰当的分析方法对复性的蛋白质进行分析。

2.6 目标酶的预实验

对目标酶进行初步实验，观察其在 6 mol/L 及稀释后的盐酸胍中否具有复性的能力，以此可测试指定蛋白质的复性能力。如果恢复良好，再对其在 SDS 洗脱缓冲液中变性，丙酮沉淀，6 mol/L 盐酸胍溶解和稀释后的活性恢复进行测试。

2.7 方法的局限性

尽管扩散洗脱法用途很广，但并不能适用于所有的酶。如果酶活性是依赖于两个或更多不同大小的多肽，或需要可分离的辅因子，如亚铁血红素(在 SDS 凝胶电泳过程中会离开催化蛋白质)时，该方法无法使用。如果蛋白质具有可能影响再折叠的翻译后修饰，如糖基化或蛋白酶解加工，或存在一些难于改进的必要二硫化物时，该法同样难以使用。

2.8 众多应用

即使有上述的局限性，扩散洗脱法已使很多蛋白质成功复性。这包括 DNA 拓扑异构酶、DNA 连接酶、细菌 σ 因子(Haldenwang et al.，1981；Wiggs et al.，1981)、真核转录因子、H-Ras GTP 酶、甲基还原酶、着丝粒结合蛋白和蛋白质/RNA 核糖核酸酶的蛋白质组分。该法已经用于细菌、酵母、人、果蝇及许多其他物种的酶类。该法还可用于含有多个相同亚基的酶。如果将适当的凝胶切片混在一起，该法还可用于含有不同亚基的蛋白质。本法已经成功用于含有必需的 S—S 桥的蛋白质。

3. 用反相 HPLC 代替 SDS 凝胶电泳法

上述讨论的对 Hager 和 Burgess 方法的巧妙改动已经由 Prokipcak 等(1994)发表。他们将 SDS 凝胶和丙酮沉淀法替换成反相高效液相色谱法(RP-HPLC)和冻干法。将蛋白质应用到一台 C4 反相高效液相色谱仪中,以 0%~50%乙腈/0.1% TFA 的梯度进行洗脱。洗脱后的蛋白质组分经冻干,在小体积的 6 mol/L 盐酸胍中重悬,稀释至再折叠,并进行酶活性分析。

4. 电泳洗脱

上述方案详细描述了利用扩散法洗脱凝胶中的蛋白质,许多操作应该完全适用于电泳洗脱。比起扩散法,尽管这些方法会在较短时间内较高效率的完成洗脱,但它们却更加昂贵并难以扩大规模以应用于多个凝胶片。

Schleicher and Schuell Elutrap™和 Bio-Rad Model 422 Electroeluter™是两种应用最广的商业电泳洗脱装置。这两种装置均涉及将含有目标蛋白质条带的凝胶片放入装置,以及通过蛋白质电泳使蛋白质从凝胶片中洗脱出来的步骤,蛋白质通过大孔薄膜或玻璃筛(frit),进入带有只允许小分子或小于约 5 kDa 的蛋白质通过的小孔薄膜的小室。用移液器将目标蛋白质从小室中吸出并按要求使用。这些商业产品更为详细的使用方法可以从 Harrington(1990)及 Seelert 和 Krause(2008)的优秀综述中和公司资料中找到。

另外一种商业方法为 ProteoPLUS ™ elertoeluter。一个小螺帽试管中装入上游和下游蛋白质截留膜,这些膜在将试管放于电泳槽时它会允许电流通过。在蛋白质从凝胶片中洗脱出后,可在同一试管里进行透析以供后续使用。该方法应用的一个例子由 Lei 等(2007)给出。

Bio-Rad Whole Gel Eluter 的一整块平板凝胶可电转移成 26 个部分。通常一个蛋白质样品上样于一个凝胶宽度的泳道上,进行 SDS 凝胶电泳。Eluter 的 26 个凹槽平行于蛋白质条带。蛋白质转移出凝胶后,进入到凹槽中,并进入收集箱。

另一项近期研究进展包括将一整块平板凝胶的多个单独组分洗脱入多孔板中,以用于蛋白质组学分析(Antal et al.,2007)。

5. 总结

高分辨率凝胶电泳分离的蛋白质条带可以从凝胶中回收并用于大量应用中。通过压碎凝胶,使蛋白质从凝胶中扩散出来以完成从凝胶片中洗脱蛋白质;或者可给凝胶片加上电场,将洗脱出的蛋白质捕获在合适的膜结合装置上。可以获得亚微克至 100 μg 蛋白质，通常会将其复性来获得酶活性。

（张 哲 译 赵兴卉 校）

参考文献

Antal, J., Banyasz, B., and Buzas, Z. (2007). Shotgun electrophoresis: A proteomic tool for simultaneous sample elution from whole SDS-polyacrylamide gels slabs. *Electrophoresis* **28,** 508–511.

Burgess, R. R., Arthur, T. M., and Pietz, B. C. (2000). Mapping protein–protein interaction domains by order fragment ladder far-Western analysis using His-tagged proteins. *Meth. Enzymol.* **328,** 141–157.

Castellanos-Serra, L., and Hardy, E. (2001). Review. Detection of biomolecules in electrophoresis gels with salts of imidazole and zinc II: A decade of research. *Electrophoresis* **22,** 864–873.

Chiari, M., Righetti, P. G., Negri, A., Ceciliani, F., and Ronchi, S. (1992). Preincubation with cysteine prevents modification of sulfhydryl groups in proteins by unreacted acrylamide in a gel. *Electrophoresis* **13,** 882–884.

Hager, D. A., and Burgess, R. R. (1980). Elution of proteins from sodium dodecyl sulfate-polyacrylamide gels, removal of SDS, and renaturation of enzymatic activity: Results with sigma subunit of *E. coli* RNA polymerase, wheat germ DNA topoisomerase, and other enzymes. *Anal. Biochem.* **109,** 76–86.

Haldenwang, W. G., Lang, N., and Losick, R. (1981). A sporulation-induced sigma-like regulatory protein from *B. subtilis*. *Cell* **23,** 615–624.

Harrington, M. G. (1990). Elution of protein from gels. *Meth. Enzymol.* **182,** 488–495.

Kunitani, M. G., and Kresin, L. M. (1989). Analysis of alkyl sulfates in protein solutions by isocratic and gradient ion chromatography. *Anal. Biochem.* **182,** 103–108.

Lei, Z., Anand, A., Mysore, K. S., and Sumner, L. W. (2007). Electroelution of intact proteins from SDS-PAGE gels and their subsequent MALDI-TOF MS analysis. *Methods Mol. Biol.* **355,** 353–363.

Manchenko, G. P. (2003). Handbook of detection of enzymes on electrophoresis gels. 2nd edn. CRC Press LLC, Boca Raton.

Prokipcak, R. D., Harris, D. J., and Ross, J. (1994). Purification and properties of a protein that binds to the C-terminal coding region of human c-Myc mRNA. *J. Biol. Chem.* **269,** 9261–9269.

Seelert, H., and Krause, F. (2008). Review: Preparative isolation of protein complexes and other bioparticles by elution from polyacrylamide gels. *Electrophoresis* **29,** 2617–2636.

Weber, K., and Kutter, K. (1971). Reversible denaturation of enzymes by sodium dodecyl sulfate. *J. Biol. Chem.* **246,** 4504–4509.

Wiggs, J., Gilman, M., and Chamberlin, M. (1981). Heterogeneity of RNA polymerase in *Bacillus subtilis*: Evidence for an additional sigma factor in vegetative cells. *Proc. Natl. Acad. Sci. USA* **78,** 2762–2766.

第33章

Western Blot 的过程与优化，着重于化学发光检测

Alice Alegria-Schaffer*, Andrew Lodge*, and Krishna Vattem*

目录

* Thermo Fisher Scientific, Pierce 蛋白质研究所(Rockford, Illinois, USA)

摘要

免疫检测是指利用抗体和抗原之间反应的检测方法。检测方法的选择，如酶联免疫吸附实验(ELISA)或蛋白质印迹法，取决于研究者的偏好和需求。如果研究者希望量化低丰度靶蛋白，就可以使用化学发光 ELISA；如果研究者希望鉴定高丰度蛋白质，那么比色蛋白质印迹法就足够了；如果实验中存在多种目标，通常则会使用复合荧光法。

本章重点介绍蛋白质印迹法。尽管也会讨论比色检测法和荧光检测法，但是化学发光检测法用到的更多，因此将详尽讨论。本章还介绍讨论了化学发光信号的具体信息、影响信号强度和持续时间的因素以及印迹的几种类型，并为如何获得半定量数据提供了数据和建议。尽管传统蛋白质印迹法通常用于定性，本章提供了利用特定对照进行有效定量分析的信息。使用该方法会出现的常见问题和可能的解释也已详细地列入文中。通常的结论是：根据我们的实验，假带是由大量目标物或抗体交叉反应造成的。本章还包括蛋白质印迹的基本方案，用以解决常见问题和优化影响实验结果的具体因素。

1. 蛋白质印迹法

蛋白质印迹(Western Blotting)法是在混合的复合物中鉴定和定量特定蛋白质的一种有效且常用的方法(Towbin et al.，1979)。这一技术对固定在硝酸纤维素膜或聚偏二氟乙烯(PVDF)膜上的蛋白质样本进行非直接的检测。在常规的蛋白质印迹中，蛋白质样本首先通过 SDS-PAGE 进行分离，然后电转移到膜上。在用不相关的蛋白质封闭膜之后，用与靶抗原结合的一抗(多克隆抗体或单克隆抗体)与膜孵育。接着清洗膜，再用可与一抗发生反应的酶联二抗孵育。然后再次清洗膜，将其在合适的酶底物中孵育。如果使用比色底物的话，信号可以目测，如果用化学发光和荧光底物，则可利用 X 射线胶片或成像设备测得信号。

蛋白质印迹方法学中几个最重要的进步包括高灵敏度增强化学发光底物、成像系统和最近出现的多种见光稳定的荧光剂。超高灵敏度的化学发光底物(Mattson and Bellehumeur，1996；Walker et al.，1995)的广泛应用几乎取代了同位素标记的探针的使用。用^{125}I 标记的蛋白质 A 或蛋白质 G 曾一度广泛用做二级检测剂，但如今增强化学发光底物就可检测到低至飞克(femtogram)数量级的蛋白质，并且具有高信噪比。

电荷耦合元件(charged-coupled device，CCD)成像仪在大多数实验室中都十分常见。成像仪具有较大动态范围和高程度曝光控制，这使得背景信号能够自由调节。此外，成像仪所附带的分析软件能够完成光密度分析。尽管 X 射线胶片仍然应用广泛且灵敏度更高，但是 CCD 成像系统却可以避免处理胶片和显影的麻烦，并且也不会产生化学废物。

近来，荧光剂染料发展迅速，这要归功于新一代荧光团。与传统荧光团相比，它们在亮度、光稳定性及 pH 灵敏度上有着巨大的进步。通过荧光检测的蛋白质印迹检测法通常用于同一印迹中需要检测两种不同靶抗原时。而荧光团对的选择基于它们不同的可区分开的激发-发射光谱。易辨别的颜色差异能够使多色检测实验顺利完成。最值得注意的是，这些新型荧光染料结合软件的运用，可实现细胞信号通路的检测和定量(Choudhary et al.，2007；Tipsmark et al.，2008)。

2. 蛋白质印迹法的种类

2.1　直接与间接

直接蛋白质印迹法是指利用标记报告系统的一抗直接与靶蛋白结合。间接蛋白质印迹法则利用标记的二抗(RamLau，1987)与未标记的一抗相结合(图 33.1)。由于无需与二抗孵育，直接蛋白质印迹法比间接蛋白质印迹法耗时较短。此外，直接蛋白质印迹法也避免了因二抗交叉反应所造成的背景信号 (Bergendahl et al.，2003)。直接蛋白质印迹法还可同时探测多种靶物质。但是有时在免疫反应中，标记一抗会有不利影响，并且即便在最好的情况，标记过的一抗也无法进行信号放大。因此，直接蛋白质印迹法的灵敏度通常要低于间接检测法，并且只能在靶抗原丰度较高时使用。能够放大信号并不使用二抗的间接检测法称为一抗生物素化。用生物素化的试剂标记一抗通常使每个抗体分子带有超过一个生物素。每一个生物素都能够和酶联的亲和素、链霉亲和素或 Thermo Scientific NeutrAvidin Protein① 发生反应。这些多酶体系催化了合适的底物的转化，以此放大信号。基本上，亲和素偶联物替代了二抗，并且其物质的量浓度和二抗原本的物质的量浓

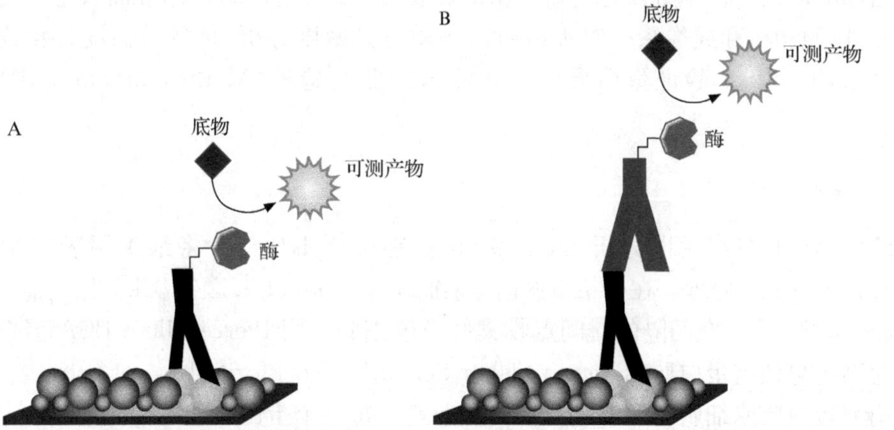

图 33.1　直接与间接蛋白质印迹法原理图。在直接检测法中，标记的一抗在膜上与抗原结合，并与底物发生反应，形成可以检测的信号。在间接检测法中，未标记的一抗与抗原结合，然后标记的二抗与一抗结合，并与底物发生反应(另见图版)

---

① DyLight™、MemCode®、NeutrAvidin®、Pierce®、Restore® 和 SuperSignal® 都是 Thermo Fisher Scientific 的注册商标

度几乎相同。但是需要注意，如果用于凝胶中的样本是天然生物素化的，尤其是在使用高灵敏度底物时，产生的信号很有可能会干扰靶蛋白的检测。

2.2 far-Western

有时，针对一种特定抗原的抗体在蛋白质印迹分析时并不适用，或者无法获得。然而当靶蛋白结合物可充当探针时，印迹法仍然可行。这种类型的应用便称为 far-Western Blot，通常用于蛋白质-蛋白质相互作用的发现或确认。关于这个主题的变化颇多，并涉及前文所述的所有方法策略。此时标记过的结合物就相当于一抗，可通过与^{35}S 体外翻译反应进行标记。也可以将探针生物素化，并用亲和素或类似亲和素的偶联物检测，这样能够更好地放大信号。必须注意探针不宜过度标记，因为这会减弱它与靶物质的反应能力。或者，可将带标记的重组探针在细菌中表达（标记可选择 GST、HA、c-Myc 或 FLAG），通过识别这些标签的标记抗体实现检测（Burgess et al.，2000）。

2.3 半定量蛋白质印迹法

通常认为蛋白质印迹法是定性的，但当加入特定对照时，它也可成为一种定量方法。当 ELISA 无法用于某种样本，或是当生物样本中的某种组分会干扰 ELISA 时，半定量蛋白质印迹法便表现出其优势。一般来说，针对某种蛋白质的抗体也能对与这种蛋白质密切联系的蛋白质表现出同等专一性。在这种情况下，ELISA 会产生假阳性或过高估计了靶蛋白丰度。由于蛋白质印迹法需要用凝胶电泳分辨蛋白质，分子质量间的差异可以用来单独区分和定量靶蛋白（Sato et al.，2002；Xing and Imagawa，1999）。

为了评估定量蛋白质印迹法的有效性和准确性，我们要用纯化的靶蛋白作为内对照，绘制出标准曲线。样本必须含有足够量的靶蛋白，使其量控制在标准曲线范围之内。可借助 CCD 照相机和成像系统对蛋白质印迹进行光密度分析，将条带强度转化为定量尺度。最后用 ELISA 验证蛋白质印迹法测出的曲线趋势（Mathrubutham and Vattem，2005）。

2.3.1 检测方法

培养 A431 细胞用以分析 IκBα 和 p53。在分析 IκBα 时，将细胞用表皮生长因子（EGF；10 ng/mL）处理。在分析 p53 时，将细胞用 50 μmol/L 顺铂（Cis）或 5 μg/mL 阿霉素（Dox）处理 1 h。在间隔的时间点收集并裂解细胞。用 Pierce Micro BCA 蛋白质检测试剂盒测定总细胞蛋白质（Thermo Fisher Scientific，Rockford，IL）。

用纯蛋白质或细胞裂解物进行蛋白质印迹。每一个蛋白质印迹都要绘制一条标准曲线。IκBα 和 p53 的线性范围用重组 IκBα（Upstate Biotechnology，Lake Placid，NY）和重组 p53（Active Motif，Carlsbad，CA）测定，IκBα 为 0.0015～50 ng、p53 为 1.8750～60 ng。在封闭之后，将膜置于 4℃，由在封闭缓冲液中稀释的 1μg/mL 抗-IκBα 抗体（Upstate Biotechnology）或抗-p53 抗体（Active Motif）孵育过夜。然后清洗膜，将其用辣根过氧化物酶（HRP）联二抗在室温下培养 1 h（由 10 μg/mL 储备液 1∶1000 稀释），再次清洗。用

SuperSignal① West Dura 底物（Thermo Fisher Scientific）检测信号。用 Kodak 20000MM 成像站成像，并用成像站附带的印迹密度分析软件分析蛋白质条带密度。

定量蛋白质印迹数据可通过 p53 和 IκBα 的 ELISA 实验进行验证（Assay Designs，Ann Arbor，MI），根据制造商说明书完成 ELISA。

2.3.2　结果及讨论

蛋白质印迹的光密度分析表明，IκBα 的线性范围为 0.097～3.12 ng，p53 的线性范围为 1.87～60 ng。在这个范围内提供了极佳的阳性内对照，并能抵消蛋白质印迹法效率的差异。

在蛋白质印迹分析中，在用 EGF 处理后的前 5 min 内 IκBα 的水平保持恒定，但在 30 min后迅速降低 30%，最后，在接下来的 24 h 内逐渐上升（图 33.2）。蛋白质印迹光密度分析表明，p53 水平在用 Dox 处理后的前 8 h 变化很小，在这之后的 20～30 h 迅速上

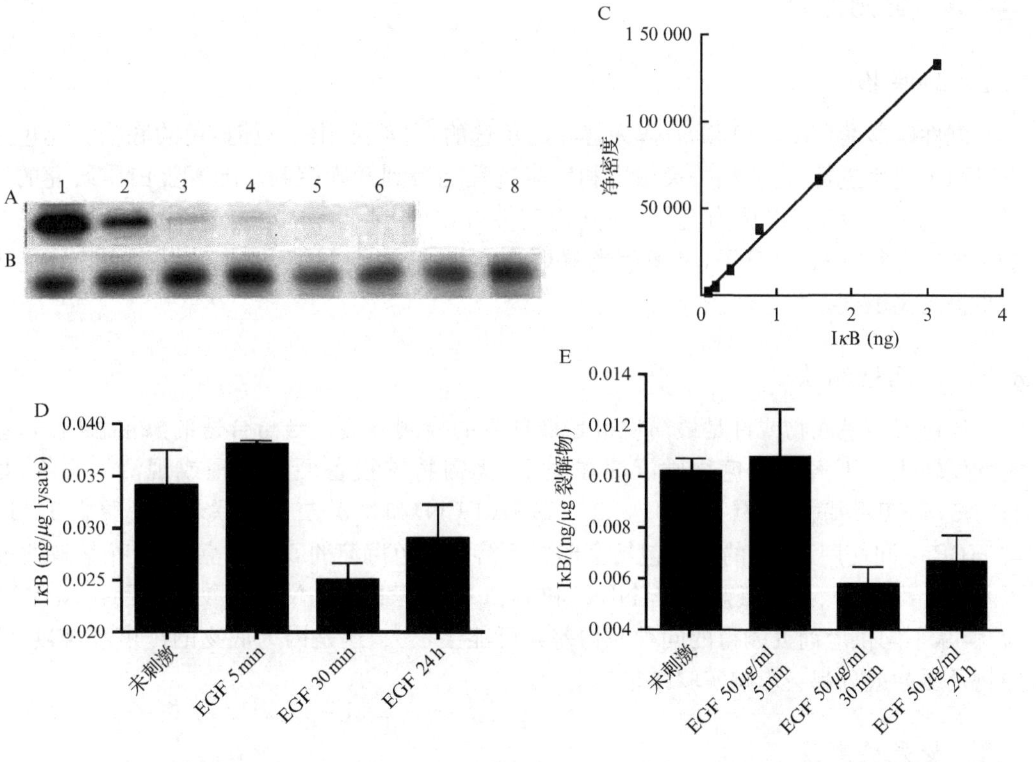

图 33.2　EGF 处理后细胞中 IκBα 的定量。A. 蛋白质印迹法检测已知量的重组 IκBα（rIκBα），绘制标准曲线。1～6 泳道含 0.15～0.012 ng 的 rIκBα。B. EGF 处理后的 A431 细胞裂解物经蛋白质印迹法检测 IκBα。处理方法如下：1、2 泳道未处理；3、4 泳道用 50 ng 的 EGF 处理 5 min；5、6 泳道用 50 ng 的 EGF 处理 30 min；7、8 泳道用 50 ng 的 EGF 处理 24 h。C. 重组 IκBα 标准曲线（$r^2=0.99$）。D. 定量蛋白质印迹法检测不同 EGF 处理时间下的 IκBα 量的差异。E. ELISA 定量结果

① SuperSignal®技术由美国专利 6 432 662 保护

升。若用 Cis 处理，p53 水平则在 30 h 内逐渐上升（数据未显示）。

IκBα（图 33.2）和 p53 水平变化趋势可用 ELISA 验证，并和已发表的数据一致（Kwok et al.，1994；Sun and Carpenter，1998）。在 p53 的实验中，尽管通过蛋白质印迹法得出的数据已被 ELISA 所验证，但是，仔细比较这些数据可以发现，在 20～30 h，蛋白质印迹对 p53 的数量变化更为灵敏。在 20～30 h 存在着大量 p53，但是 ELISA 无法检测出这段时间中 p53 正在逐渐增加，而蛋白质印迹法却可以做到。相反，在前 8 h 内，p53 水平相对较低，ELISA 比定量蛋白质印迹法更能较好地检测 p53 的变化。

虽然蛋白质印迹法和 ELISA 同属免疫检测法，但其应用各异，且通常所用的免疫试剂也有所不同。绝对蛋白质数量差异的产生大抵是因为用于对照组、一抗特异性的重组蛋白有所差异，以及每种技术中蛋白质的相互作用各不相同。

3. 检测方法

3.1 酶联物

碱性磷酸酶（AP，140 kDa）作为曾经的首选酶，通常可用做沉淀显色的底物。比色反应以稳定速率进行，这使相关灵敏度和反应进程能得到精确控制。随着蛋白质研究的发展，HRP（40 kDa）变得更为流行，因其稳定性好，分子质量更小。这些特性就能使每个 IgG 结合更多的 HRP 分子，灵敏度也就更强。此外，用于 HRP 的化学发光底物还能进一步提高灵敏度。

3.2 比色检测法

比色或显色底物或许是最简便也是最划算的检测方法。当与合适的酶接触时，这些底物便转化为不溶的有色物质沉淀在膜上，无需特殊设备便可处理或观测。底物，如 3,3′,5,5′-四甲基联苯胺（TMB）、4-氯-1-萘酚（4-CN）和 3,3′-二氨基联苯胺盐酸盐（DAB）与 HRP 一同使用。AP 的底物包括会形成不溶浓紫色沉淀的 5-溴-4-氯-3-吲哚基磷酸-p-甲苯胺盐（BCIP）、氯化氮蓝四唑（NBT）和 Fast Red（萘酚 AS-MX 磷酸盐＋Fast Red TR 盐）。从不同供应商处购得的同种底物差异可能会很大，这是因为底物的浓度和纯度、添加物及缓冲成分都会影响实验结果。

3.3 荧光检测法

借助荧光检测的蛋白质印迹法通常用于同一印迹中有两种不同靶物质和需要高灵敏度的实验中。荧光染料（通常称为“荧光团”，即“fluorophore”或简称“fluor”）是一种特殊分子，它在某一波长吸收一个光子能量时化学键被激发，回到基态时能发射出一个波长大于吸收光的光子。化学性稳定，具有合适范围的高效（强烈）激发和发射波长的小分子荧光团可用于检测抗体的化学标签或标记，以及其他生物分子探针。

一些基于荧光剂的系统使用荧光蛋白（如藻红蛋白）或生物发光报告系统，但是这些方法十分耗时，在检测多种靶物质时具有局限性，并且通常不具有人工合成荧光染料那样的光稳定性和灵敏度。利用精选的荧光染料组所标记的特定探针，荧光技术实现了多种靶物质的探测，并适用于更多型号的荧光设备。

尽管荧光黄、罗丹明和氨基甲基香豆素乙酸盐（AMCA）染料是传统的荧光团，它们都具有许多局限性。特别是这些传统染料具有相对较低的荧光强度，容易发生光漂白。新一代的荧光团克服了这些局限性（表 33.1），并且在亮度、光稳定性和 pH 灵敏度方面都有巨大的改进。这些新型荧光团可覆盖整个可见光谱及大部分的红外线光谱。

表 33.1　常用荧光染料的光谱特质*

荧光染料	发射光	Ex/Em[a]	ε[b]
DyLight Fluor 405、Alexa Fluor[c] 405、Cascade Blue	蓝	400/420	30 000
DyLight Fluor 488、Alexa Fluor 488、fluorescein、FITC	绿	493/518	70 000
DyLight Fluor 549、Alexa Fluor 546、Alexa 555、Cy Dye 3[d]、TRITC	黄	560/574	150 000
DyLight Fluor 594、Alexa Fluor 594、Texas Red	红	593/618	80 000
DyLight Fluor 633、Alexa Fluor 633	红	638/658	170 000
DyLight Fluor 649、Alexa Fluor 647、Cy Dye 5	红	654/673	250 000
DyLight Fluor 680、Alexa Fluor 680、Cy Dye 5.5	近红外	692/712	140 000
DyLight Fluor 750、Alexa Fluor 750	近红外	752/778	220 000
DyLight Fluor 800、IRDye 800	红外	777/790	270 000

* 表中所列的是具有代表性的消光系数。具体一种荧光染料和类似物的消光系数根据染料的纯度、溶剂及分子结构（包括活性反应基团和其他部分的位置和组成）的不同而各不相同。

a 光的激发和吸收最大值（单位：nm）；

b 摩尔消光系数[L/(mol · cm)]；

c Alexa Fluor® 是 Molecular Probes Inc 的注册商标；

d Cy® 是 Amersham Pharmacia Biotech UK Limited Corp 的注册商标

当进行荧光蛋白质印迹实验时，通常选择弱荧光（处理的）膜，因为膜聚合物在光谱可见范围内的自发荧光会对检测造成干扰。鉴定靶物质时，选择激发-发射光谱不重叠的荧光剂是十分关键的。一对典型的荧光剂包括 Thermo Scientific DyLight① Fluors 549 和 Thermo Scientific DyLight Fluors 649 或是 DyLight Near-infrared (IR) Fluors 680 和 DyLight Near-infrared (IR) Fluors 800。近红外线荧光剂十分有用，因为蛋白质样本和膜聚合物的自发荧光不太可能出现在这些光谱范围中，从而可以实现更低的背景和更高的灵敏度（Patonay and Antoine，1991；Sowell et al.，2002）。

3.4　化学发光检测法

最常用的蛋白质印迹法底物是基于鲁米诺的底物，该底物能够产生化学发光信号。化学发光是一种能够产生光形式能量的化学反应（图 33.3）。鲁米诺在 HRP 和过氧化氢缓冲液存在下被氧化，形成一种处于激发态的产物，从激发态衰退至基态时能发出光。光

① DyLight™、MemCode®、NeutrAvidin®、Pierce®、Restore® 和 SuperSignal® 都是 Thermo Fisher Scientific 公司的注册商标

发射仅在酶与底物反应下才会进行，因此，与酶反应的底物一旦耗尽，信号输出也就会停止。相反，如 TMB 等比色底物，即便在反应终止后，也能在膜上留下可见沉淀物。

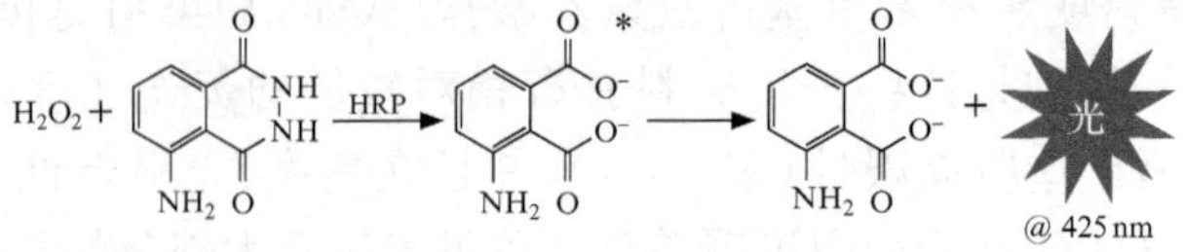

图 33.3　化学发光反应示意图。鲁米诺(luminol)在 HRP 和过氧化氢存在下被氧化，形成一种处于激发态的产物(3-氨基邻苯二甲酸酯)，从激发态衰减至基态时能发出 425 nm 的光

4. 化学发光信号

4.1　信号捕捉

虽然化学发光蛋白质印迹法十分常用，但是对于难于捕获的信号的捕捉却很棘手。蛋白质印迹法要用到一系列需要技巧的技术，因此许多因素都会导致无法捕捉到信号。由于变量较多(表 33.2)，问题印迹的问题诊断和排除就如同大海捞针一样困难。传统的方案在检测某一个蛋白质时通常都是无效的。例如，一抗可能无法识别变性状态下的固定化抗原。尽管在非变性环境下蛋白质可保持天然状态，但这却使得目标蛋白质分子质量的确定更具挑战。此外，超大型或疏水蛋白质通常会阻碍有效的膜转移。另外，小型蛋白质(小于等于 10 kDa)会从膜孔中穿出，无法与膜结合。因此，为确保能够用于检测靶物质，Towbin 的原始方案一再被修改。这些修改包括使用不同的试剂进行间接检测或标记的一抗进行直接检测。有时可以完全跳过转移这一步骤，在凝胶内完成检测(Desai et al.，2001)。

表 33.2　影响蛋白质印迹法实验结果的因素

因素	可变特性
靶抗原	构型、稳定性、有效的抗原决定簇、多肽大小
聚丙烯酰胺凝胶	制造商、聚丙烯酰胺百分比、存放时间、批次
膜	制造商、类型、批次
一抗	特异性、滴度、亲和力、孵育时间、温度
HRP 偶联物	酶活化水平及活性、来源动物、浓度
封闭缓冲液	蛋白质类型、浓度、交叉反应性能
洗涤液	缓冲液、体积、持续时间、频率
底物	灵敏性、制造商批次、存放时间
检测方法	胶片存放时间、成像设备制造商、曝光时间

4.2　信号强度和持续时间

在蛋白质印迹法中所有因素都最优化的情况下，化学发光信号可以持续 6～24 h，具体持续时间取决于所使用的特定底物。产生了多少光、这些光能持续多久，则取决于具体使用的底物以及系统中酶与底物之间的比例。尽管用于一个印迹的底物量相对恒定，呈现的酶的数量却和添加量以及其他因素有关(见表 33.1)。在蛋白质印迹系统中，酶联物过多是导致信号易变、背景太深、信号持续时间短及灵敏度低的单一的最主要的原因。

最理想的信号发射曲线是缓慢衰减的(图 33.4)，因为这表明系统中的每一组分都达到了最优化，并能产生可重复的结果。信号衰减的太快会造成差异，使得灵敏度低及信号记录不足。持续时间长的信号能最大限度减小因转移效率、底物制造商批次和其他因素造成的差异。

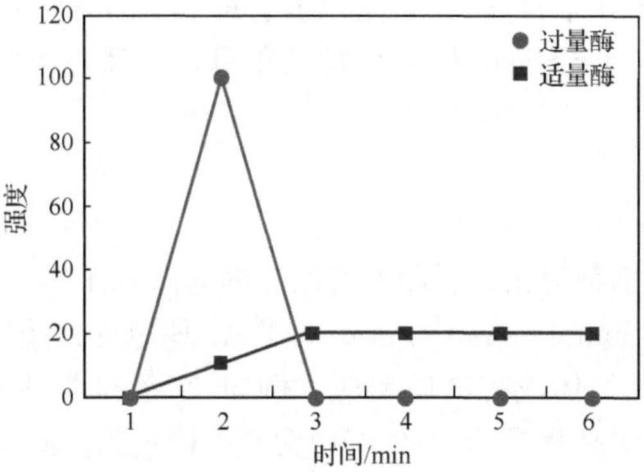

图 33.4　信号发射曲线示例。当化学发光蛋白质印迹法系统中酶过量时，信号输出便在加入底物后到达峰值，并且快速消耗底物。在一个理想的系统中，信号输出在大约加入底物后 3 min 达到峰值，并稳定数小时

虽然 HRP 在底物存在的情况下能保持活性，但是随着和底物接触时间的延长，HRP 也会失活。在氧化反应中产生的自由基可与 HRP 结合，这种方式让酶无法再与底物反应。系统中过量的 HRP 也会产生大量的自由基，这增加了 HRP 失活的可能性。自由基还会破坏抗原、抗体和膜，降低膜再标记的有效性。

4.3　蛋白质印迹的优化

每一个蛋白质印迹系统都必须经过优化以获得一致的实验结果。许多因素都会影响信号的强度和持续时间，每一种因素都可被优化，我们将在以下几节中讨论。本章末尾关于方案的一节包括了优化步骤的具体指导和建议。

4.3.1　印迹膜

膜组分似乎不能影响 HRP-鲁米诺反应以及后续的信号产生。然而，硝酸纤维素膜和 PVDF 膜的确在蛋白质结合特性上有所不同。一般来说，硝酸纤维素膜能更好地与蛋白质结合，条带更清晰，有时候灵敏度也更高。而 PVDF 膜疏水性更强，不易浸湿，有时会产生更多背景信号，然而，它具有较大的抗张强度和良好的操纵特性。为获得最好的实验结果，需要根据经验来确定蛋白质印迹系统最优化的膜类型、制造商和批次。一旦证明某种膜在系统中有效，最好在整个研究过程中都使用这一批次的产品。

4.3.2　靶蛋白

不同蛋白质的转移效率有着很大不同。在特定的设置的条件下，蛋白质迁出凝胶的能力及结合膜的倾向有所不同。转移效率依赖于一定因素，如凝胶组分、凝胶与膜的接触程度、电极的位置、转移的持续时间、蛋白质大小和组分、电场强度及是否加入去污剂。低离子强度缓冲液和低电流的条件可使大多数蛋白质达到最优转移。使用与免疫印迹相兼容的或可逆的染料对膜进行染色，可评估转移效率（Sasse and Gallagher，2008）。用于膜染色的一些常见蛋白质染料包括：丽春红 S，一种可随时间褪色的红色染料；考马斯染料，一种可紧密结合蛋白质并干扰免疫印迹的敏感的蓝色染料；Thermo Scientific MemCode①染料（Thermo Fisher Scientific），一种简单可逆的蓝色染料（Antharavally et al.，2004）。

4.3.3　封闭缓冲液

很多不同的封闭试剂都对蛋白质印迹有效。因为没有任何一种封闭剂适用于所有系统，故有必要进行检验（Spinola and Cannon，1985）。理想的封闭缓冲液具有最大的信噪比，而且不会与系统中的抗体或靶物质反应。例如，在亲和素-生物素系统中使用 5%脱脂牛奶作为封闭剂可造成高背景，因为牛奶中含有不同量的内源生物素，可与亲和素蛋白结合。当变换底物、抗体或靶物质时，仅仅因为对于这一新系统封闭缓冲液不再是最理想的，就可能引起信号减弱或背景增强。

在封闭缓冲液中加入表面活性剂，如去污剂 Tween-20②，可为某些系统带来好处。表面活性剂阻止封闭试剂与靶物质的非特异结合，或将膜上抗体可以结合的疏水位点封闭，从而使背景最弱化。然而，加入过多的去污剂会造成封闭不充分。通常我们使用终浓度为 0.05%的去污剂。但是，为了得到最好结果，我们要确定去污剂是否增强了某个特殊系统及确定去污剂的理想浓度。通常使用高质量低污染的去污剂。

4.3.4　抗体

不只是作用于抗原的一抗的亲和力很重要，一抗和二抗浓度同样对信号强度有很大影响。一抗或/和二抗浓度不当会造成印迹上 HRP 过多。采用最小一抗浓度比较有利，因为这样能推动靶物质的特殊结合并降低背景。

如果印迹不能产生足够的信号，就将所有的检测试剂从印迹中移除（剥离），并使用不同的一抗或不同的抗体浓度重新标记，这种做法常常可以节约珍贵的样品，并且节省时间；然而，不充分的剥离可使有活性的 HRP 残留在印迹上并产生信号。将底物加在被剥离的印迹上，随后便可检测出印迹上是否残留活性 HRP。同样，剥离无法移除的大量失活 HRP 分子会抑制一抗与靶物质的结合。剥离并重新标记印迹是一种获得特殊系统相

---

① DyLight™、MemCode®、NeutrAvidin®、Pierce®、Restore®和 SuperSignal®都是 Thermo Fisher Scientific 的注册商标

② Tween®是 ICI Americas 的注册商标

关信息的有效方法，但并不是一种确定理想系统参数的决定性方式。

4.3.5 检测方法

习惯上，使用胶片来检测蛋白质印迹的化学发光信号。它不需要昂贵的设备，并能提供极佳的灵敏度，但却只有狭窄范围的线性检测强度。通常需要调整胶片的曝光时间以得到具可出版质量的印迹结果，这会消耗时间并造成浪费。将曝光后的胶片浸泡在 Thermo Scientific Reagents 系列产品中可以移除曝光过度产生的额外信号（图 33.5）。这些试剂可以均匀地移除胶片中的银，在优化胶片表观的同时维持信噪比。

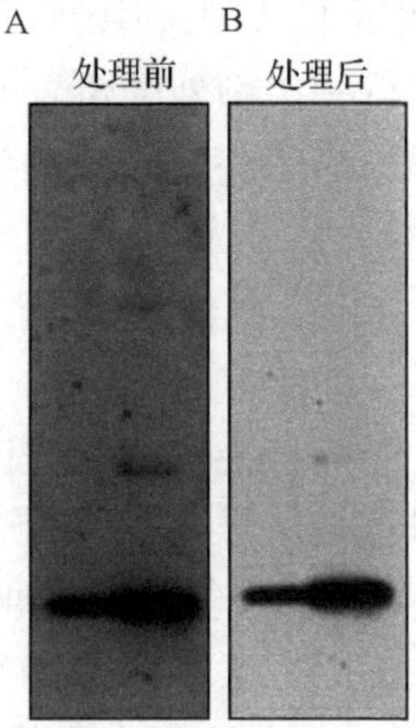

图 33.5 用化学方法处理 X 射线胶片以降低背景信号。重组人 TNFα 经 SDS-PAGE 分离并转移到硝酸纤维素膜上。用鼠抗人 TNFα 和羊抗鼠-HRP 抗体标记印迹，用 SuperSignal West Dura Substrate 检测印迹。A. 印迹于胶片上曝光 30 s，会产生很多背景斑点。B. 随后用 Pierce Background Eliminator 处理胶片 2 min 以消除斑点

CCD 照相机及附带的分析软件可以调整背景水平并完成密度测定。与胶片相比，成像仪在检测方面具有一定优势，因其有较大的动态范围和高程度的曝光控制，可在没有高背景或高强度信号干扰数据的情况下尽可能地完成图像记录。此外，理想的曝光时间可防止条带信号饱和，并能观察到密度的微小变化。相比较而言，胶片具有较小的动态范围，条带信号也会迅速达到饱和。当信号强度较高时，胶片的低动态范围使其快速饱和，并且曝光控制的局限性通常会产生过度曝光的图像。

5. 常见问题及其原因

5.1 没有信号

初次曝光时未捕获到化学发光信号，表明该蛋白质印迹系统需要优化。通常，信号缺失由系统中酶量（即 HRP）过多造成。当信号不能被检测到时，采用更少量的酶联物似乎有违我们的直觉。然而，若要得到成功的信号记录，酶和底物量的恰当平衡是必要的。酶催化的底物氧化是不可逆的，因此，一旦底物被氧化，就不能再与酶反应而发光。因为酶

活性持续存在，底物就成了限制性因素，并且一旦底物耗尽，信号输出就终止了。在活性酶量不足的情况下发生信号缺失是很少见的。蛋白质印迹系统中的任何因素都会造成酶量过多或不足。

为了产生能够被捕获的信号，需要调整系统参数。制备新凝胶并使用较少样品或滴定抗体能获得可重复的结果。当优化抗体浓度时，需要对印迹成像两次：第一次在加入底物后立即进行；第二次在孵育底物一段时间后（如 1 h）进行。第二次检测能提供理想酶浓度的相关信息，并有助于优化参数。

并且，如果初次曝光未捕获到信号，则在底物中进行二次孵育可能会产生信号（若一些 HRP 仍有活性）。将所有的检测试剂从印迹中剥离并再标记印迹可以在优化参数的同时节省珍贵的样品。在底物中进行一次额外的孵育并剥离印迹仅仅只能再次获取系统的一些相关信息。如果想要了解印迹与印迹之间的一致性和对比性，就必须在每一次实验中采用相同的条件和相同的步骤。

5.2 信号快速消失

当一个特定系统产生的化学发光信号会快速消失时，需要根据前述方法对蛋白质印迹系统做一些优化。好消息是可以获得信号，表明此次印迹已经有所优化。有些时候尽管所有的参数都是相同的，但特定系统依然会产生比通常消失得更快的信号。系统全面优化后会将这一类型的结果最小化。原方法经内部的轻微改动，就能得到虽不是最优化但却也能获得成功的系统，如转移效率以及在保存和操作过程中样品及抗体活性的改变。

5.3 背景过强

产生高背景信号的原因可能是封闭不充分，抗体与封闭蛋白质发生了交叉反应，或是使用了过量的酶联物。有时研究人员认为某种特定的底物能产生背景或增强背景。这种底物通常在酶不存在时自身无法产生信号。当使用比先前更为敏感的底物时，如果不调整参数以补偿底物灵敏度，就会产生高背景。采用最适浓度的抗体将会促进其对靶蛋白的特异结合并产生低背景。

5.4 新的底物无法产生信号

有时，某个特定系统中唯一发生改变的变量为一瓶新的或批号不同的底物时，可能无法捕获到信号。通常，该结果是由尚未完全优化的蛋白质印迹系统造成的。蛋白质印迹的底物本身就是可变的。许多制造商仅仅控制最小灵敏度，这使得新底物可能比先前使用的批次的更加敏感。在全面优化的印迹系统中，底物敏感度的变化和其他的变量一样，都是微小或不显著的。

5.5 膜上呈现棕色或黄色条带

当 HRP 被氧化和失活时会呈现棕色。一定量的酶联物中，总是会有一部分被氧化。在优化后的系统中，被氧化的 HRP 的量极小并无法从印迹上观察到。黄色或棕色条带的出现表明有大量的 HRP 存在，因而被氧化和失活的部分是可见的。会产生黄色带的印迹系统需要通过可采用更少量的酶联物进行优化。此外，过多 HRP 存在某一局部位置时，则会在酶活作用下产生大量自由基。自由基会使 HRP 失活，并破坏抗体、靶抗原和膜，抑制有效的再标记。

5.6　条带或整个印迹在暗室发光

若底物孵育后的条带或整个印迹发光，可认为系统中存在过多的 HRP。该现象表明 HRP 连接的二抗需要进一步稀释，并且可能的话一抗也要稀释。蛋白质印迹系统中涉及的许多因素都可以引起酶量过多。若整个印迹都在发光，那就很有必要对封闭和清洗也进行优化。

5.7　假带/空心带

那些成晕轮状（条带中间无信号）或黑色背景下整个条带都显白色的蛋白质条带通常被称为假带。白色区域内底物耗尽时就会导致这一结果的发生。

我们并不明确假带产生的特殊原因。因此，我们检测了几种能够造成这一结果的因素。我们会在下面章节中简要描述研究结果，下述章节会反映一些常见引起假带效果的原因，包括在凝胶中加入了过多的靶蛋白，以及使用了会与封闭液组分发生交叉反应的抗体（Vattem and Mathrubutham，2005）。

5.7.1　分析方法

培养 A431 细胞（ATCC）并用顺铂处理。对细胞进行裂解、超声，并离心收集上清液。用 Thermo Scientific Pierce① 公司的 BCA Protein Assay 估计总蛋白质浓度。

将不同量的纯化的 IκBα 蛋白（Upstate Biotechnology）或 30 μg A431 细胞裂解物转移到硝酸纤维膜上。膜用兔抗 IκBα 抗体（1 mg/mL 储备液；1∶5000 稀释；Upstate Biotechnology）或兔抗 p53 抗体（1 mg/mL 储备液，1∶1000 稀释；GENEKA）过夜孵育。将 HRP 酶联二抗（10 μg/mL 储备液；1∶1000 稀释）加入到印迹上，在室温孵育 1 h。加入 Thermo Scientific SuperSignal① West Pico 或 West Dura 化学发光底物（Thermo Fisher Scientific）（0.5 mL 和 5.0 mL）并孵育不同时间。在不同时间将膜曝光于 X 射线胶片上。

5.7.2　结果与讨论

用 1∶1000、1∶5000 或 1∶20 000 稀释的 10 μg/mL 二抗储备液处理的膜上的蛋白质条带没有显著差异。但是，1∶50 000 稀释的二抗（0.2 ng/mL）会特异地提高假带出现的可能性。这一效果在 IκBα 含量超过 200 ng 的泳道中显得格外明显（图 33.6）。此外，完成实验 64 h 后，当信号强度轻微减弱时，无论二抗稀释度为多少，假带在所有 IκBα 含量超过 200 ng 的泳道中都会变得更加明显（结果未列出）。

30 s 短时间底物孵育会使蛋白质含量超过 200 ng 的泳道中显出假带。通常较长时

---

① DyLight™、MemCode®、NeutrAvidin®、Pierce®、Restore® 和 SuperSignal® 都是 Thermo Fisher Scientific 的注册商标

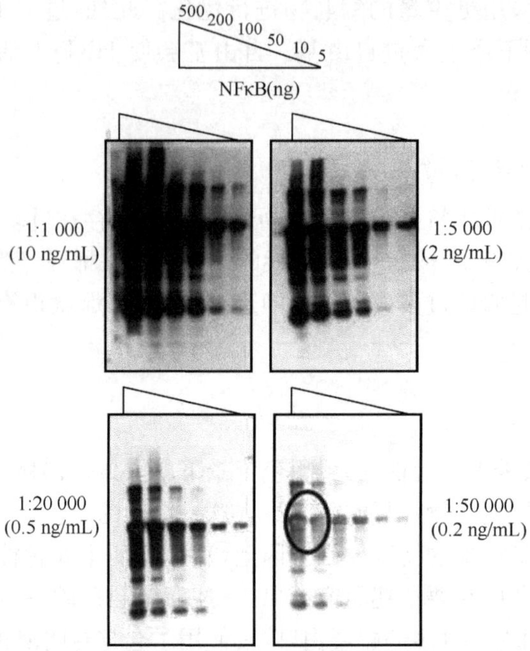

图 33.6 二抗浓度对假带出现的影响。采用不同的二抗浓度来完成蛋白质印迹。假带（椭圆形所示）出现在 IκBα 含量超过 200 ng 的泳道中。膜用 SuperSignal West Pico 底物孵育 5 min，曝光 30 s 至 X 射线胶片上

间的底物孵育会延长信号持续时间。使用 West Pico 或 West Dura 底物能检测到低至 10 ng的蛋白质，甚至在完成蛋白质印迹的 64 h 后依然可以检测到信号。West Dura 比 West Pico 的底物更敏感和持久。尽管 West Dura 在检测 5 ng 蛋白质时能产生极强信号，但泳道中含量超过 100 ng 会导致信号迅速消失，这强调了高灵敏度检测系统下采用适量靶蛋白的重要性。

通常用脱脂牛奶溶液孵育印迹以最小化背景信号。改变封闭液中牛奶的浓度不会产生假带。令人吃惊的是，封闭液中含 0.5%脱脂牛奶可以增强低丰度蛋白质的检测（图 33.7A）；然而，抗体同封闭蛋白质的交叉反应确实会引起假带。如果一抗或二抗同牛奶蛋白质相结合，这些封闭的位点化学发光，产生深色背景，而样品蛋白质集中于膜表面，形成白色条带（图 33.7B）。

高浓度的酶联二抗与大量靶蛋白结合时会增强底物的催化作用，从而导致信号迅速消失，使这些区域内的底物迅速耗尽。膜上转移的大量蛋白质可与大量 HRP 连接的二抗相结合。这些免疫复合物集中区域内产物（也就是信号）的过度产生会使底物迅速耗尽，造成假带。总之，凝胶过量上样、二抗浓度过高、底物孵育未达到最优化的时间，以及抗体与封闭区的交叉反应均可引起假带。在使用高灵敏度检测系统时，优化蛋白质印迹参数对于防止假带的产生是极其至关重要的。

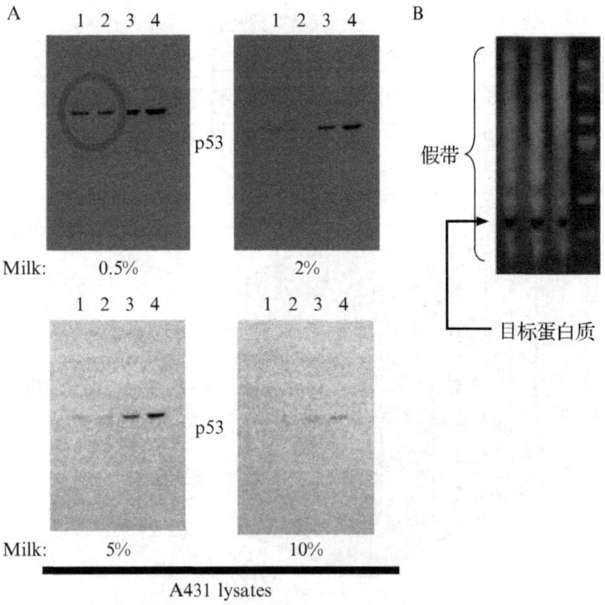

图 33.7 低浓度的脱脂牛奶可增强低丰度蛋白质的检测，但是抗体同牛奶蛋白质发生的交叉反应会导致假带出现。A. 1～4 泳道是细胞裂解样品，分别取自 50 μmol/L 顺铂处理后的不同细胞收集期（0 h、8 h、20 h 和 30 h）。封闭和抗体孵育可用不同浓度的脱脂牛奶。低浓度牛奶（0.5%）可加强 p53 的检测。B. 膜用 5%脱脂牛奶封闭缓冲液孵育 48 h。一抗结合于封闭区域，产生假带

6. 使用化学发光底物的印迹法和操作规程的优化

6.1 使用化学发光底物的蛋白质印迹法

（1）凝胶电泳分离蛋白质样品。

（2）制备转移缓冲液。采用 400 mL 超纯水制备 Tris-甘氨酸转移缓冲液，再加入 100 mL甲醇。4℃下使用和保存该转移缓冲液。注：转移缓冲液：25 mmol/L Tris、192 mmol/L 甘氨酸（pH8.0），20%甲醇。

（3）为湿转移制作凝胶“三明治”（图 33.8）。对于半干的转移，在阴极和阳极间按同样的步骤制作三明治。注：在三明治装配前将衬垫和滤纸浸泡在转移缓冲液中。

（4）将蛋白质从凝胶转移到膜上。湿转移时如果使用为 8 cm×10 cm 凝胶设计的迷你转移装置，则 40 V 转移 90 min，并保持缓冲液温度为 4℃。半干型转移时，15 V 转移 90 min。注：通过凝胶染色或膜可逆染色来确定转移是否成功。

（5）取下膜，在封闭缓冲液中室温（RT）摇晃孵育 20～60 min，以封闭膜上的非特异结合位点。

（6）用含 10%封闭液的一抗溶液孵育膜并振摇 1 h。如果需要的话将印迹在 2～8℃过夜孵育。

（7）清洗膜 3 次，每次 5 min，可用 Tris-盐缓冲液（TBS）、磷酸盐缓冲液（PBS）或其他

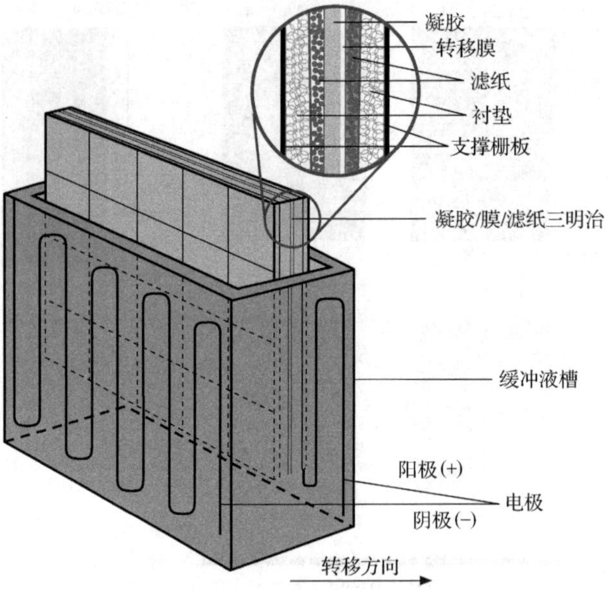

图 33.8　电泳转移装置和印迹步骤

含 0.05%tween20 的生理清洗缓冲液。倘若使用了酶联一抗，接下来进入步骤(10)。

(8) 用含 10%封闭液的酶联物(表 33.3)孵育膜 1 h，室温下振摇。

表 33.3　使用 Thermo Scientific 的化学发光底物时的一抗与二抗浓度

底物	ECL	WestPico[a]	WestDura[a]	WestFemto[a]
一抗浓度/(μg/mL)	0.2～10	0.2～1.0	0.02～1.0	0.01～0.2
二抗浓度/(μg/mL)	67～1000	10～50	4～20	2～10

a Thermo Scientific 公司 SuperSignal 产品家族的产品

(9) 清洗膜 5 次，每次 5 min 以除去未能结合的酶联物。酶联物孵育后彻底清洗膜是至关重要的。

(10) 制备底物。使用足量底物以确保膜完全浸湿(0.1 mL/cm^2)，且膜不能变干。

(11) 用电化学发光(ECL)孵育膜 1 min，或使用 SuperSignal 底物孵育 5 min。

(12) 将膜从底物中移出并放置在塑料片保护器内。尽管塑料保鲜膜也能起作用，但是硬质的塑料片做成的保护器作用更好。移除所有在膜和膜保护器表面之间的气泡。

(13) 通过胶片或冷 CCD 照相机进行印迹成像。

6.2　蛋白质印迹去除方案

采用化学发光底物的众多好处之一个就是能够移除所有检测试剂(Kaufmann et al.,1987)。这些移除方法对于沉淀底物是无效的，并且用于荧光染料显色的膜时结果各异。

(1) 制备蛋白质印迹膜剥离液。使用下述剥离液中的一种：

① Restore Western Blot Stripping Buffer(Thermo Fisher Scientific 公司产品)；

② 0.1 mol/L 甘氨酸-HCl(pH 2.5～3.0)；

③ 50 mmol/L Tris-HCl(pH7)、2% SDS、50 mmol/L DTT。注：现配现用。

(2) 将待除去印迹的膜放在蛋白质印迹剥离液中。使用足量溶液确保膜完全潮湿(每 8 cm×10 cm 膜对应约 20 mL 剥离液)。注：可能会出现一些靶蛋白的变性和损失。

(3) 室温孵育 5～15 min。为追求最佳结果，需要优化孵育时间和孵育温度。某些相互作用至少需要 15 min，可能还需要 37℃孵育。如果使用缓冲液③，70℃孵育 30 min。

(4) 将印迹从蛋白质印迹膜剥离液中移出，用洗涤缓冲液清洗(PBS/TBS 或其他含有 0.05% Tween-20 的生理缓冲液)。

(5) 要测试酶联物和一抗是否完全移除，可进行下列实验。若两种情况下都能检测到信号，就重复步骤(2)～(4)，剥离时间额外增加 5～15 min 或将温度提高至 37℃。优化去除时间和温度以确保在不损伤抗原的同时将抗体完全移除。

① 要测试酶联物是否完全移除，将膜用底物孵育并印迹成像。5 min 胶片曝光后若没有信号被检测到，那么表示酶联物已经被成功移除。

② 要测试一抗是否完全移除，将膜用酶联物孵育并用洗涤缓冲液清洗。再用底物孵育并印迹成像。5 min 胶片曝光后若没有信号被检测到，那么表示一抗已经被成功移除。

确定膜已经恰当地剥离以后，开始进行第二次检测实验。通常，印迹可以被剥离和再检测数次，但可能会需要更长的曝光时间或更敏感的底物。如果抗原不稳定，之后的再检测可能会导致信号衰减。需要对单独系统进行分析。注：剥离后通常不需要再次封闭薄膜，但在某些系统中却需要这么做。

6.3 抗原浓度的优化

(1) 用 SDS-PAGE 样品缓冲液制备不同浓度的蛋白质样品。测试较大范围的蛋白质浓度，需要注意所使用底物的检测极限。

(2) 凝胶中每种浓度的样品要等量，通过电泳进行分离。将样品转移到膜上。

注：最佳浓度的粗指示可使用点印迹。使用尽可能少的量将抗原稀释物点在干燥膜条上。使膜干燥 5～10 min 或直到没有可见潮湿痕迹，再进行步骤(3)。

(3) 用标准封闭试剂封闭膜，加入一抗，随后将酶联物结合膜。如果还没有确定最优稀释度，就根据底物敏感度采用中等范围的稀释度。

(4) 清洗膜，加入底物。按要求进行印迹成像。

6.4 膜封闭的优化

(1) 用电泳分离蛋白质样品并转移至膜上，或如先前所述将蛋白质样品点在膜上。

(2) 根据待测试的条件的个数，将膜条从膜上切下来。下述组合物应该用每一种封闭剂测试。①封闭剂＋一抗＋酶联物＋底物；②封闭剂＋酶联物＋底物；③封闭剂＋底物。

(3) 将膜条加入到各种封闭液中，确保其完全浸泡在溶液中。每个膜条都室温振摇孵育 1 h。

(4) 在各组中加入含 10%封闭剂的一抗和/或酶联物。如果还没有确定最优稀释度，就根据底物敏感度采用中等范围稀释度。

(5) 清洗膜，加入底物。按要求进行印迹成像。

注：将封闭后的膜用底物孵育，以检查封闭剂或样品中内源的过氧化酶活性。如果检测到信号，就在封闭步骤后使用其他的封闭缓冲液或使用过氧化酶抑制剂。封闭缓冲液用量大时会最大限度地减少非特异信号。

6.5 一抗浓度的优化

(1) 电泳分离蛋白质样品并转移到膜上。或者，如本章 6.3 节所述将蛋白质样品点在膜上。用适当封闭剂封闭膜。根据待测试的一抗条件的个数将膜条从膜上切下来。

(2) 在含 1/10 体积封闭剂的清洗缓冲液中制备一抗的稀释液，并将其加入到膜条上。室温孵育 1 h。

(3) 清洗膜条，室温下用酶联物孵育 1h。再次清洗并用适当的底物显现信号。用胶片或 CCD 照相机检测信号。

注：先用一抗工作液孵育膜，再用酶联物工作液孵育，以检查一抗与封闭剂的非特异性结合。如果观察到信号，通过使用其他的封闭剂或较少量的一抗来解决此问题。

6.6 膜清洗的优化

(1) 使用洗涤缓冲液，如 PBS 或 TBS 或其他含 0.05%tween20 的生理缓冲液。

(2) 一抗孵育后，振摇清洗膜至少 3 次，每次 5 min；酶联物孵育后，振摇清洗膜至少 5 次，每次 5 min。

(3) 如果在最终检测中出现非特异性背景，使用更大量的洗涤缓冲液或增加每次清洗的用量和时间。如果仍没有改善，问题就在于其他变量。

6.7 酶联物浓度的优化

当检测一个新的蛋白质印迹系统的最佳浓度时，一个简单的实验通常可以补救许多因信号变动带来的问题。

(1) 在 3 个(或更多)凝胶孔中加入同样用量的目标物。

(2) 电泳分离蛋白质样品并转移到膜上。封闭非特异结合位点，结合一抗。

(3) 清洗后，将含目标物的印迹切成膜条。

(4) 以不同酶联物浓度结合膜条。例如，对于 SuperSignal West Pico Substrate 使用 1∶40 000、1∶60 000 和 1∶80 000 的稀释度(取自 1 mg/mL 储备液)。室温下振摇孵育条带 1 h。

(5) 清洗膜条，加入底物。底物孵育后，进行膜条成像。

(6) 等待 1～2 h，再次进行膜条成像。

(7) 结果评估。选取能产生最强信号的稀释度。

6.8 检测方法的优化

(1) 电泳分离蛋白质样品并转移到膜上，或如本章 6.3 节描述将蛋白质样品点在膜上。

(2) 封闭非特异结合位点，在含有 1/10 封闭剂的体系中结合一抗和酶联物。

(3) 如果抗体浓度尚未优化，选择一个中等范围的稀释度。每次孵育后都要清洗膜。

(4) 根据待测试的底物曝光条件的个数从膜上切下膜条。制备待测试的底物工作液。

(5) 以制造商说明为准，用底物孵育膜条一段时间。

(6) 用镊子将底物中的膜条移出，在纸巾上轻拍条带边缘以移除过剩的底物。

(7) 将膜条放在塑料薄膜上，按不同时间长度对其成像。选取一个有清晰信号和低背景的时间。注：CCD 照相机可能比胶片需要稍长的曝光时间。

（张　哲　译　赵兴卉　校）

参考文献

Antharavally, B. S., Carter, B., Bell, P. A., and Mallia, K. A. (2004). A high-affinity reversible protein stain for Western blots. *Anal. Biochem.* **329**(2), 276–280.

Bergendahl, V., Glaser, B. T., and Burgess, R. R. (2003). A fast western blot procedure improved for quantitative analysis by direct fluorescence labeling of primary antibodies. *J. Immunol. Methods* **277,** 117–125.

Burgess, R. R., Arthur, T. M., and Pietz, B. C. (2000). Mapping protein–protein interaction domains using ordered fragment ladder far-Western analysis of hexahistidine-tagged fusion proteins. *Methods Enzymol.* **328,** 141–157.

Choudhary, S., Lu, M., Cui, R, and Brasier, A. R. (2007). Involvement of a novel Rac/RhoA guanosine triphosphatase-nuclear factor-kappaB inducing kinase signaling pathway mediating angiotensin II-induced RelA transactivation. *Mol. Endocrinol.* **21**(9), 2203–2217.

Desai, S., Dworecki, B., and Cichon, E. (2001). Direct immunodetection of antigens within the precast polyacrylamide gel. *Anal. Biochem.* **297,** 94–98.

Kaufmann, S. H., Ewing, C. M., and Shaper, J. H. (1987). The erasable Western blot. *Anal. Biochem.* **161,** 89–95.

Kwok, T. T., Mok, C. H., and Menton-Brennan, L. (1994). Up-regulation of a mutant form of p53 by doxorubicin in human squamous carcinoma cells. *Cancer Res.* **54,** 2834–2836.

Mathrubutham, M., and Vattem, K. (2005). Methods and considerations for quantitative Western blotting using SuperSignal® Chemiluminescent Substrates. *In* "Thermo Fisher Scientific Application Note # 12". www.thermo.com/pierce.

Mattson, D. L., and Bellehumeur, T. G. (1996). Comparison of three chemiluminescent horseradish peroxidase substrates for immunoblotting. *Anal. Biochem.* **240,** 306–308.

Patonay, G., and Antoine, M. D. (1991). Near-infrared fluorogenic labels: New approach to an old problem. *Anal. Chem.* **63,** 321A–327A.

Ramlau, J. (1987). Use of secondary antibodies for visualization of bound primary reagents in blotting procedures. *Electrophoresis* **8,** 398–402.

Sasse, J., and Gallagher, S. R. (2008). Detection of proteins on blot transfer membranes. *Curr. Protoc. Immunol.* **Chapter 8,** Unit 8.10B.

Sato, M., Nishi, N., Shoji, H., Kumagai, M., Imaizumi, T., Hata, Y., Hirashima, M., Suzuki, S., and Nakamura, T. (2002). Quantification of Galectin-7 and its localization in adult mouse tissue. *J. Biochem.* **131,** 255–260.

Sowell, J., Strekowski, L., and Patonay, G. (2002). DNA and protein applications of near-infrared dyes. *J. Biomed. Opt.* **7,** 571–575.

Spinola, S. M., and Cannon, J. G. (1985). Different blocking agents cause variation in the immunologic detection of proteins transferred to nitrocellulose membranes. *J. Immunol. Meth.* **81,** 161.

Sun, L., and Carpenter, G. (1998). Epidermal growth factor activation of NF-kappaB is mediated through IkappaBalpha degradation and intracellular free calcium. *Oncogene* **23,** 2095–2102.

Tipsmark, C. K., Strom, C. N., Bailey, S. T., and Borski, R. J. (2008). Leptin stimulates pituitary prolactin release through an extracellular signal-regulated kinase-dependent pathway. *J. Endocrinol.* **196**(2), 275–281.

Towbin, H., Staehelin, T., and Gordon, J. (1979). Electrophoretic transfer of proteins from polyacrylamide gels to nitrocellulose sheets: Procedure and some applications. *Proc. Natl. Acad. Sci. USA* **76,** 4350–4354.

Vattem, K., and Mathrubutham, M. (2005). Factors that cause the appearance of ghost bands when using chemiluminescent detection systems in a Western blot. *In* "Thermo Fisher Scientific Application Note # 11". www.thermo.com/pierce.

Walker, G. R., Feather, K. D., Davis, P. D., and Hines, K. K. (1995). SuperSignal™ CL-HRP: A new enhanced chemiluminescent substrate for the development of the horseradish peroxide label in Western blotting applications. *J. NIH Res.* **7,** 76.

Xing, C., and Imagawa, W. (1999). Altered MAP kinase (ERK1, 2) regulation in primary cultures of mammary tumor cells: Elevated basal activity and sustained response to EGF. *Carcinogenesis* **20,** 1201–1208.

第 9 部分

膜蛋白和糖蛋白的纯化程序

第 34 章

去污剂：综述

Dirk Linke*

目录

摘要

分子生物学实验室每天都会使用去污剂。去污剂是细胞裂解缓冲液(如质粒提取试剂盒中提供的)、电泳和蛋白质印迹缓冲液的成分。更重要的是，去污剂也被用于清洁实验室玻璃器皿和实验人员的双手。对于这些日常应用，没有必要详细了解去污剂的性质——知道它们在起作用就是了。但对于去污剂参与的膜蛋白的分离与纯化，日常的应用方案却无法作为参考。很多膜蛋白只在很少几种去污剂缓冲液体系中稳定，而且不同的膜蛋白要求使用的去污剂不同。然而不幸的是，去污剂的性质被认为是胶体科学或物理和化学研究的范畴，因此虽然去污剂的物理和化学数据多的惊人，但是这些数据对生化学家而言并不直观。本章的目的就是概述膜蛋白科学中常用去污剂的物理和化学性质，并且解释这些性质如何被用于蛋白质纯化。

* Max Planck 研究所发育生物学，蛋白质进化，一室(Tübingen，Germany)

1. 引言

什么是去污剂(detergent)? 去污剂这一术语被用于不同的场合。家用去污剂是复杂的混合物,包括表面活性剂(用于溶解脂肪)、磨料(用于打磨)、螯合剂(用于抵消离子对水硬度的贡献)、氧化剂(用于漂白)、酶(用于降解脂肪、蛋白质或复杂的碳水化合物)、色素、香料、增白剂、缓冲液成分(用于稳定 pH)以及一些可以改变起泡性或抑制细菌和真菌生长的稳定成分。这一术语有时也被用于将肥皂与其他的清洁剂(去污剂)区别开来。在分子生物学实验室,去污剂是表面活性剂(surfactant)的同义词。表面活性剂是润湿剂,可以减小液体表面张力和液体间的界面张力。本章将详细讨论去污剂这些性质的化学和物理基础。显然,表面活性剂是更准确的术语,但是在学术文献中,表面活性剂只用于物理化学和胶体科学范畴;而在生物化学中,去污剂这一术语被广泛使用,并且本章的作者并不试图改变这一现状——从这里开始,去污剂被当做是表面活性剂的同义词。

历史上,首先被使用的去污剂是皂荚和肥皂(或者更准确地说,是其中的脂肪酸盐)。肥皂由植物油和动物脂肪制成,它们被碱液水解以产生脂肪酸盐和甘油。这一加工过程在古巴比伦和古埃及就已被使用,并且于中世纪早期在中东被化学家完善。皂荚是从植物,如皂荚草[石碱草(*Saponaria officinalis*)]或无患子皂苷[无患子属(*Sapindus*)]中提取的天然的去污剂。与肥皂不同,来自毛地黄[purple foxglove (*Digitalis purpurea*)]的皂荚/洋地黄皂苷(digitonin)被用于了膜蛋白科学。第一个合成的去污剂于第一次世界大战期间在德国被开发和使用,因为当时肥皂非常稀缺。从那以后,在很多家庭应用中,合成的去污剂替代了肥皂的作用。如今实验室使用的绝大多数去污剂最初都是被作为洗衣或工业去污剂的成分研制的。

2. 去污剂结构

去污剂(或表面活性剂)是结构非常多样化的有机化合物。一般来说,去污剂分子由两部分组成:一部分是伸展的疏水性的烃;另一部分是极性的或带电荷的头基(head-group)。最简单的情况是,去污剂的碳氢化合物部分是没有支链的饱和烷烃,其疏水性随着链的长度增加而增强。其他的情况下,去污剂的亲油性部分可由不饱和的或有支链的烷烃、芳香烃或类固醇组成,有时是以组合的形式出现。而亲水头基的组成则更加多样化。

基于亲水头基的 4 种基本类型,去污剂最简单的分类为非离子型、阴离子型、阳离子型或兼性离子型去污剂。表 34.1 罗列了去污剂 4 种类型的典型代表。其他的分类系统被用于把握去污剂结构和性质的复杂度。一种标准分类法是基于亲水亲油平衡值(hydrophile-lipophile balance number,HLB),它描述了去污剂分子亲水和亲油部分的类型及大小之间的平衡,并且决定了去污剂的水溶性(Neugebauer,1990)。表面活性物质 HLB 值为 0~40,而去污剂 HLB 值为 12~15。较低 HLB 值(<10)的非离子型去污剂不溶于水,并被用做消泡剂或油包水(W/O)型乳化剂(emulsify water in oil),而较高 HLB

表 34.1　实验室常用去污剂及其性质

去污剂	头基	尾基	临界胶束浓度/(mmol/L)(25℃)	聚集数	分子质量/Da	胶束分子质量/kDa	浊点(℃)[a]低盐缓冲液	PubChem Substance ID[b]	注释
非离子型									
Big CHAP	Gluconamidopropyl moieties (2X)	胆固醇衍生物	2.9～3.4	10	878.1	9	—	SID:26758300	
脱氧-Big CHAP	Gluconamidopropyl moieties (2X)	胆固醇衍生物	1.1～1.4	11	862.1	11	—	SID:26758553	
洋地黄皂苷	复杂多糖	胆固醇衍生物	—	60～70	1229.3	—	—	SID: 168187	天然化合物批次间差异很大
Brij-35 (C12E23)	线性 PEG(23X)	线性烃醇(C12)	0.09	40	1199.6	48	>100	SID: 24898176	
C12E8	线性 PEG(8X)	线性烃醇(C12)	0.11	123	538.8	66	74～79	SID: 24898996	
C10E4	线性 PEG(4X)	线性烃醇(C10)	0.64～0.81	54	334.5	18	20	SID: 3729667	
C10E6	线性 PEG(6X)	线性烃醇(C10)	—	74	422.6	31	—	SID: 24874132	
C8E4	线性 PEG(4X)	线性烃醇(C8)	6.5～8.5	—	306.4	26	35～40	SID: 24900138	
C8POE	线性 PEG	线性烃醇(C8)	6.6	—	330 (均值)	—	58		不同头基长度的分子混合物(E=2～9)
Triton X-100	线性 PEG	*p*-(2,2,4,4-Tetramethylbutyl) phenol	0.17～0.3	100～150	630 (均值)	80	64～65	SID: 7889640	不同头基长度的分子混合物(均值 9.6),强紫外线吸收
Triton X-114	线性 PEG	*p*-(2,2,4,4-Tetramethylbutyl) phenol	0.2～0.35	—	540 (均值)	—	20～25	SID: 24902129	不同头基长度的分子混合物(均值 7～8)用于相分离的典型去污剂强紫外线吸收

续表

去污剂	头基	尾基	临界胶束浓度/(mmol/L)(25℃)	聚集数	分子质量/Da	胶束分子质量/kDa	浊点(℃)[a]低盐缓冲液	PubChem Substance ID[b]	注释
非离子型									
NP-40	线性 PEG	*p*-(2,2,4,4-Tetramethylbutyl) phenol	0.3	100～150	600(均值)	60～90	63～67	SID：813297	不同头基长度的分子混合物(均值 9.0) 强紫外线吸收
Tween-20	聚山梨酯(polysorbate)	线性脂肪酸(C12)	0.059	—	1230(均值)	—	76	SID：47207229	不同头基长度的分子混合物
Tween-80	聚山梨酯(polysorbate)	线性脂肪酸，不饱和的(C18：1)	0.012	58	1310(均值)	76	93	SID：7848130	不同头基长度的分子混合物
B-Dodecylmaltoside	β-Glycosidic maltose	线性烃醇(C12)	0.15	98	510.6	70	<0	SID：691815	
B-Decylmaltoside	β-Glycosidic maltose	线性烃醇(C10)	1.6	—	482.6	—	<0	SID：24894148	
B-Octylglucoside	β-Glycosidic maltose	线性烃醇(C8)	20～25	84	292.4	25	<0	SID：205023	
B-Octylthioglucoside	β-Glycosidic maltose	线性烃醇(C8)	9	—	308.4	—	7	SID：698369	
甲戊氨酯-8 MEGA-8	*N*-甲基葡糖胺	线性脂肪酸(C8)	58	—	321.5	—	—	SID：737553	
甲戊氨酯-9 MEGA-9	*N*-甲基葡糖胺	线性脂肪酸(C9)	19～25	—	335.5	—	—	SID：737552	

续表

去污剂	头基	尾基	临界胶束浓度/(mmol/L)(25℃)	聚集数	分子质量/Da	胶束分子质量/kDa	浊点(℃)[a]低盐缓冲液	PubChem Substance ID[b]	注释
非离子型									
甲戊氨酯-10 MEGA-10	N-甲基葡糖胺	线性脂肪酸(C10)	6～7	—	349.5	—	—	SID：751715	
十二烷基二甲基氧化胺 LDAO	N-氧化物	线性烃胺	2.1～8.3	74	229.4	17	—	SID：158752	也可被当做兼性去污剂
兼性去污剂									
CHAPS	Dimethylammonium-1-propanesulfonate	胆固醇衍生物	6.5	4～14	614.9	6		SID：684915	
CHAPSO	Dimethylammonium-1-propanesulfonate	胆固醇衍生物	8	11	630.9	7		SID：698662	
SB-10	Dimethylammonium-1-propanesulfonate	线性烃醇(C10)	25～40	41	307.6	12.5		SID：738617	兼性离子 3-10 Zwittergent 3-10
SB-12	Dimethylammonium-1-propanesulfonate	线性烃醇(C12)	2～4	55	335.6	18.5		SID：661588	兼性离子 3-10 Zwittergent 3-12
SB-14	Dimethylammonium-1-propanesulfonate	线性烃醇(C14)	0.1～0.4	83	363.6	30		SID：661589	兼性离子 3-10 Zwittergent 3-14

续表

去污剂	头基	尾基	临界胶束浓度/(mmol/L)(25℃)	聚集数	分子质量/Da	胶束分子质量/kDa	浊点(℃)[a]低盐缓冲液	PubChem Substance ID[b]	注释
阴离子去污剂									
胆酸盐、钠盐(cholate, sodium salt)	羧酸	胆固醇衍生物	9～15	2	430.6	0.9		SID: 152893	通常作为钠盐
脱氧胆酸钠、钠盐(desoxycholate, sodium salt)	羧酸	胆固醇衍生物	4～8	4～10	414.6	1.7～4.2		SID: 668198	通常作为钠盐
月桂酰肌氨酸(肌氨酰)、钠盐[Lauroylsarcosine (Sarkosyl)、sodium salt]	氨基乙酸甲酯	线性脂肪酸(C12)		2	293.4	0.6		SID: 151872	通常作为钠盐
十二烷基硫酸钠[Sodium dodecylsulfate, SDS]	硫酸盐	线性烃醇(C12)	7～10	62	288.4	18		SID: 152210	也可作为锂盐，低温具有更好的溶解度

续表

去污剂	头基	尾基	临界胶束浓度/(mmol/L)(25℃)	聚集数	分子质量/Da	胶束分子质量/kDa	浊点(℃)[a]低盐缓冲液	PubChem Substance ID[b]	注释
阳离子去污剂									
十六烷基三甲基铵硝酸盐(cetyltrimethyla-mmonium bromide，CTAB)	Quarternary amine	线性烃(C16)	0.9	170	364.5	62		SID：148809	通常作为溴化盐或盐酸盐
Dodecyltrimethylammonium bromide (DTAB)	Quarternary amine	线性烃(C12)	15	70	280.3	20		SID：159639	通常作为溴化盐或盐酸盐

a 注意浊点会受缓冲液成分影响，见正文；

b 链接到 PubChem 结构和注释(http://www.ncbi.nlm.nih.gov/sites/entrez? db=csubstance)；

数据整理自多篇综述（Arnold and Linke，2007；2008；Helenius et al.，1979；Hinze and Pramauro，1993；Neugebauer，1990）和商品化的去污剂的技术资料

值(>16)的非离子型去污剂被用做稳定剂。需要注意的是,HLB是一个根据去污剂分子结构计算出的值,并不是一个测量出的参数。对于非离子型去污剂的分类来说,HLB是一个很好的工具,但它并不适用于比较离子型和非离子型去污剂。例如,SDS是一个很好的实验室去污剂,它的HLB值为40,而任何一个有这么高HLB值的非离子物质都不会是有用的去污剂。

3. 溶液中去污剂的性质

去污剂在溶液中会形成有确定大小的球形聚集物,被称为胶束(micelle)。在这些胶束中,去污剂分子的疏水尾部形成球体的核,而亲水头位于与溶液接触的界面。一个胶束中去污剂分子的数目被称为聚集数(aggregation number)。去污剂分子的整体形状决定了其是否倾向于形成胶束。这一倾向性可用堆积参数(packing parameter)P定义:

$$P = \frac{v}{al}$$

式中,v为疏水链(detergent chain)的体积;a为极性头的横截面积;l为疏水链的碳链长度。如果P值较小(<1/3),能够形成球形胶束,而P值较大(>1/2)时,去污剂分子倾向于排列成层状聚集物(lamellar aggregate)(图34.1)(Neugebauer,1990)。同样存在如圆柱状的过渡形态胶束。已经表明,堆积参数P值一般与上述提到的HLB参数相关,较小的HLB值导致了较大的P值。

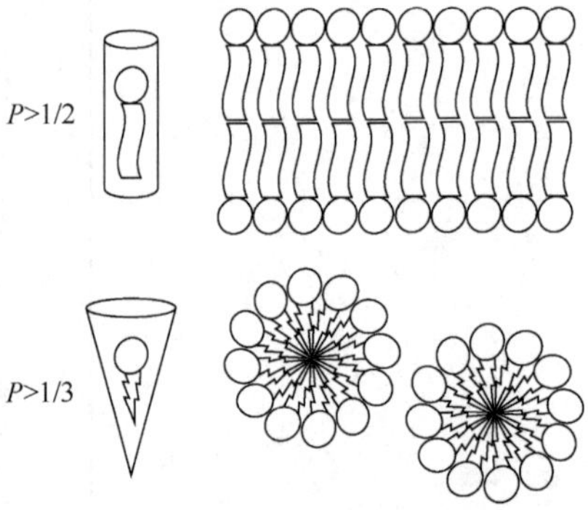

图34.1 胶束的形成取决于去污剂的分子形状。而这可用堆积参数P进行极好的描述,即计算亲水头的体积与疏水链体积和长度的比值

胶束的形成是膜蛋白增溶的基础。膜蛋白的疏水部分被去污剂分子覆盖,只有亲水部分能够伸出周围的胶束。因此,理解影响胶束形成和解构的所有物理参数是很重要的。除了上文提到的堆积参数P,去污剂的浓度以及温度、pH、离子浓度和缓冲液中的其他添加物都具有重要作用。

3.1 相图和临界胶束浓度

只有在一定的浓度和温度范围内去污剂才能够形成胶束。相图可以很好地描述这一现象。在给定的温度下,能够形成胶束的最小的去污剂浓度称为临界胶束浓度(critical micellization concentration，CMC）。在CMC以下，溶液中只有去污剂单体存在；而高于CMC时，溶液中去污剂单体与去污剂胶束处于平衡。另外，在高去污剂浓度下，也有通常不与水相混溶（immiscible）的非胶束相存在。这些非胶束相实际上是液晶（liquid-crystalline），它们可以是六角、反六角或层状（hexagonal、reverse hexagonal或lamellar）结构（图34.2为薄层状结构）。另外一种通常在较高温度条件下出现的相型被称为相分离（phase separation），描述胶束的一种无序聚集状态。

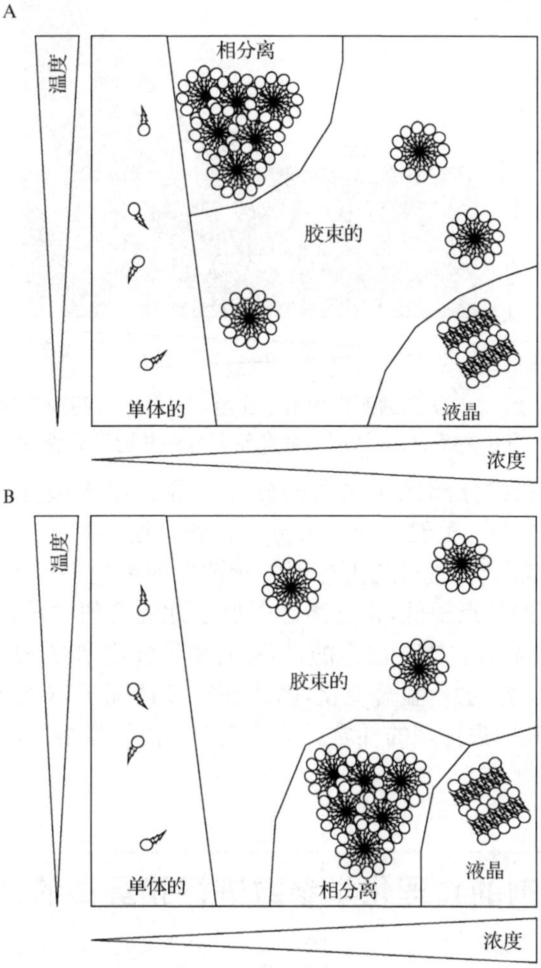

图34.2 简化相图。A. 具有较低混溶边界的去污剂。大多数非离子型去污剂属于这一类。B. 具有较高混溶边界的去污剂。许多有糖基的和兼性离子的去污剂属于这一类。需要注意的是液晶相也可以包含六角形排列的（hexagonally packed）柱状胶束

3.2 温度效应：去污剂溶解度、克拉夫特点、浊点和相分离

如同溶液中去污剂的浓度一样，温度对于去污剂的溶解度和相态（phase behavior）也具有非常大的影响。由于膜蛋白通常在胶束的帮助下溶解，因此对于给定的去污剂，了解在什么温度和浓度范围内才完全形成胶束非常重要。克拉夫特点（Krafft point）是指这

样一个温度，即当温度高于克拉夫特点时，去污剂的溶解度将增高到其临界胶束浓度以上（温度在克拉夫特点以下时，胶束不能形成）。对于每一种去污剂，克拉夫特点都是一个特异的温度值(Gu andSjoblom，1992)（图 34.3）。浊点(cloud point)也是如此，其指胶束开始聚集且不混溶于水时的温度。

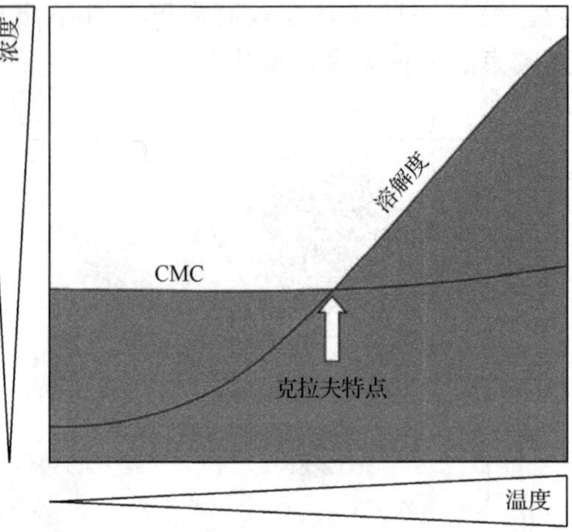

图 34.3 克拉夫特点的定义。灰色的面积指出了在给定温度时去污剂溶解时的可能浓度。高于克拉夫特点，去污剂溶解度显著增加并能形成胶束

相图中胶束溶液和相分离区域之间的分界线称为混溶边界(consolute boundary)(Arnold and Linke，2007)。虽然对于大部分去污剂，浊点都处于相对较高的温度上，相分离必须高于浊点才能出现[越过此去污剂的所谓低混溶边界(lower consolute boundary)]，也有一些去污剂的浊点很低，相分离必须低于此温度值才能出现(越过此去污剂的所谓高混溶边界)(图 34.2)。需要注意的是，随着离子强度增强，去污剂的性质(相图、克拉夫特点、浊点、混溶边界)会有显著变化，因此在很多情况下，对于给定的缓冲液系统必须通过实验方法确定其中去污剂的性质。这一点对非离子型溶质，如聚乙二醇、糖或甘油等也是如此。

4. 利用去污剂的物理化学参数进行膜蛋白的纯化

正如上文所述，为了使膜蛋白保持可溶，胶束的存在必不可少。因此，膜蛋白溶液需要包含一个浓度大于其临界胶束浓度的去污剂；并且去污剂的量要足够多以溶解溶液中所有的膜蛋白(简单地说，每一个蛋白质分子至少应该有一个胶束)。当蛋白质浓度较高或采用的去污剂的临界胶束浓度很低(如 β-dodecylmaltoside)时，去污剂的量就会成为一个问题。溶液中胶束的物质的量浓度可从去污剂的两个特定性质，即聚集数(胶束中去污剂分子的个数，其依赖于堆积参数)和去污剂单体的分子质量计算出。表 34.1 列出了常见实验室去污剂的所有相关参数，包括胶束的分子质量。

膜蛋白纯化的第一步通常是对天然膜的增溶。同样的，溶液中需要足够的去污剂以将所有的蛋白质容纳于胶束中。此外，膜脂质和去污剂能够形成混合胶束，这会改变胶束

本身的性质。对于每个增溶步骤，去污剂∶蛋白质和去污剂∶脂质的最佳比例都需要确定，然而这是一个需要反复实验（trial-and -error）的过程。选择哪种去污剂很大程度上取决于对膜蛋白打算进行怎样的下游操作。需要注意的是，一些去污剂选择性的溶解特定种类的膜。例如，肌氨酰（sarkosyl）和聚乙二醇辛基苯基醚（Triton X-100）可以溶解细菌的内膜，而不能溶解外膜（Arnold and Linke，2008），而洋地黄皂苷可以选择性的溶解真核生物的质膜（Mooney，1988）。

相分离效应可被用于膜蛋白的分离（Arnold and Linke，2007）。理论上，这适用于所有的去污剂。基本的思路是通过添加盐类或其他缓冲添加剂将去污剂的浊点改变到环境温度，或通过改变温度跨越混溶边界。需要注意，采用的高盐浓度或高温要对纯化的膜蛋白没有损伤。相分离发生后，可以收集包含膜蛋白的去污剂富集相（detergent-rich phase），而可溶的蛋白质和其他亲水物质仍在液相。由于去污剂富集相只占总体积的一小部分，这一方法也可以用于浓缩膜蛋白。在这之后，需要用如透析等方法去除过量的去污剂。

5. 去污剂的去除及置换

膜的溶解需要高含量的去污剂，但这样高的浓度通常不利于下游的应用，因此需要降低去污剂的浓度，这当然用简单的稀释的方法就可以。在需要低浓度去污剂的情况下，有几种方法可以特异地降低去污剂含量。如果胶束的大小与要研究的膜蛋白的大小显著不同，利用低去污剂缓冲液，大小排阻层析能够有效的去除或置换去污剂。透析也能够去除或置换去污剂，但要考虑所使用的去污剂是否能够透析。能够透析的去污剂要么其胶束小至可整体穿过透析袋，要么其临界胶束浓度高至相对大量的去污剂以单体而不是胶束的状态存在。其他去除去污剂的有效方法包括使用能够结合去污剂的 Biobead 或类似的疏水树脂（Rigaud et al.，1998），或添加能够与去污剂单体形成包合络合物（inclusion complex）的环糊精（cyclodextrin）（DeGrip et al.，1998）。另外，亲和或离子交换色谱层析能够将蛋白质结合到柱子上，洗去多余的去污剂，然后用合适的低去污剂含量的缓冲液洗脱蛋白质（Arnold and Linke，2008）。

6. 选择合适的去污剂

可惜的是，没有适合于所有膜蛋白的去污剂。这样需要检验每一对膜蛋白和去污剂的组合，但还是有一些普遍的规则可以利用。通常来说，离子型去污剂比非离子型或兼性去污剂对蛋白质伤害大。像 SDS 或 CTAB 这样的去污剂能够完全变性蛋白质，这在 PAGE 或 DNA 分离技术中是有利的，但是对于分离和纯化完好的膜蛋白，这些去污剂很少使用。经验规则是，头基较大和烃链较长的去污剂性质较温和，而较短烃链的去污剂更倾向于变性蛋白质或破坏膜蛋白复合物（Privé，2007）。

即使找到一个适合于某一膜蛋白的去污剂（如能够增溶膜蛋白但不使之失活），它仍有可能与下游的应用不相容。甚至简单的生化检测都会被存在的去污剂影响。这一部分列出了许多已知的不相容组合。该列表远未完备，因此每当使用去污剂缓冲液，都应考虑其对实验可能带来的不利影响。同样需要注意的是，去污剂的纯度也会产生重大问题。许多去污剂含有痕量的过氧化物或合成工艺中残量的有机溶剂(Ashani and Catravas，1980)。对于很多灵敏的应用，强烈建议使用最高纯度的去污剂，并且始终新鲜制备去污剂溶液以避免氧化或水解。

6.1 分光法

在Triton X-100和相关的具有芳香环结构去污剂(如NP-40，一种Triton X-100的衍生物)存在的条件下，用紫外线吸收法测量蛋白质浓度是不可能的，因为它们会强烈吸收280 nm波长的紫外线。许多测量蛋白质浓度的色度方法(colorimetric assay)与去污剂都不相容。一般来说，BCA法比Bradford法和Lowry法更耐受去污剂，但在许多情况下，不得不通过沉淀的方法去除去污剂。商业供给商已经对已知的色度测量法进行了很多改进，至少部分地克服了这些问题。当样品含有去污剂时，强烈建议在检测时参考相应的说明书。值得注意的是，最近发展了一种基于过渡金属复合物(transition metal complex)的在660 nm波长进行比色读数的新测量技术(专利申请中)，它甚至能够在还原剂和螯合剂存在的条件下与大部分去污剂相容(Antharavally et al.，2009)。

许多其他的光谱技术都会受到去污剂的影响。例如，对于线性和圆二色光谱(linear and circular dichroism spectroscopy)，去污剂的手性头基(chiral headgroup)能够产生显著的信号；对于红外光谱，去污剂的亲水基因和疏水基团在与蛋白质生化相关的波长处都有吸收。去污剂还能够紧密结合疏水染料，对其荧光光谱或其他比色检测中的性质都会产生影响。

6.2 质谱和核磁共振检测

由于去污剂能被电离，它们对质谱检测通常会有不利影响，在不同的检测系统中会导致强信号。经验规则是，MALDI-MS比ESI-MS更耐受去污剂，但是一般来说还是需要将去污剂去除。已经发展了一些特殊的去污剂以克服这些问题，如用于MALDI-MS的可裂解(cleavable)的去污剂(Norris et al.，2003)或用于ESI-MS的氟化(perfluorinated)去污剂(Ishihama et al.，2000)。目前也已有专门的应用于质谱和核磁共振(nuclear magnetic resonance，NMR)波谱法的去污剂。去污剂胶束会增加待分析蛋白质的表观分子质量，使蛋白质在溶液中移动减慢，并导致更强的各向同性信号(isotropic signal)。例如，dihexanoylphosphatidylcholine的小的脂质样去污剂已经成功地用于膜蛋白的NMR研究(Fernandez and Wuthrich，2003)。

6.3 蛋白质结晶

去污剂会给蛋白质结晶分析带来许多问题。首先，最基本的问题是去污剂是另一个需要在实际检验(empirical screen)中核实的参量，因此增加了一层复杂度。对于某一膜蛋白结晶而言，需要找到最佳的去污剂及其最佳浓度。其次，在蛋白质结晶(crystallization screen)通常的高盐或高PEG条件下，去污剂倾向于相分离。最后，但同样重要的是，去污剂的纯度也是一个问题。例如，在 β-dodecylmaltoside 缓冲液中甚至痕量的 α-dodecylmaltoside 都能毁坏结晶的质量（Fromme and Witt，1998）。

7. 结论

对于去污剂参与的膜蛋白研究，最重要的结论是，必须要考虑甚至检测某一膜蛋白和去污剂的组合是否适合于分离和纯化的步骤，以及是否适合于下游的应用。甚至更为复杂的是，在没有一定量的膜脂质存在的条件下，一些膜蛋白是不稳定的。这意味着有时膜蛋白的溶解和纯化不能是完全的，并且有时混合的去污剂（或脂类）也许比单一的成分更合适。商业上可供选择的去污剂混合物部分实现了这一点，它们有时的确能够稳定膜蛋白。突出的例子是从植物中提取的杂质很多是洋地黄皂苷，或者是 Triton X-100，它实际上包含几种具有不同聚乙二醇头基长度的种类。生物化学家倾向于将缓冲液配方调配的越简单越好（本章节的作者也不例外），因此在文献中极少会发现像将离子型和非离子型这样故意混合的去污剂。一个确切的原因是，对于混合的去污剂，如临界胶束浓度、浊点或胶束尺寸这样的参数是不可能预测的。因此，至少在一定程度上，找到正确的去污剂仍需要反复的实验。

致谢

本章作者感谢 Andrei Lupas 的持续支持。Max Planck Society，the German Science Foundation (SFB766/B4)和 Bill & Melinda Gates Foundation (Grand Challenges Explorations Program)是资金的提供者，非常感谢。

（杨益隆　译　张晓鹏　校）

参考文献

Antharavally, B. S., Mallia, K. A., Rangaraj, P., Haney, P., and Bell, P. A. (2009). Quantitation of proteins using a dye-metal based colorimetric protein assay. *Anal. Biochem.* **385,** 342–345.

Arnold, T., and Linke, D. (2007). Phase separation in the isolation and purification of membrane proteins. *Biotechniques* **43,** 427–440.

Arnold, T., and Linke, D. (2008). The use of detergents to purify membrane proteins. *Curr. Protoc. Protein Sci.* **Chapter 4,** 4.8.1–4.8.30.

Ashani, Y., and Catravas, G. N. (1980). Highly reactive impurities in Triton x-100 and Brij 35: Partial characterization and removal. *Anal. Biochem.* **109,** 55–62.

DeGrip, W. J., van Oostrum, J., and Bovee-Geurts, P. H. M. (1998). Selective detergent-extraction from mixed detergent/lipid/protein micelles, using cyclodextrin inclusion compounds: A novel generic approach for the preparation of proteoliposomes. *Biochem. J.* **330,** 667–674.

Fernandez, C., and Wüthrich, K. (2003). NMR solution structure determination of membrane proteins reconstituted in detergent micelles. *FEBS Lett.* **555,** 144–150.

Fromme, P., and Witt, H. T. (1998). Improved isolation and crystallization of photosystem I for structural analysis. *Biochim. Biophys. Acta Bioenerg.* **1365,** 175–184.

Furth, A. J., Bolton, H., Potter, J., and Priddle, J. D. (1984). Separating detergent from proteins. *Methods Enzymol.* **104,** 318–328.

Gu, T. R., and Sjoblom, J. (1992). Surfactant structure and its relation to the Krafft point, cloud point and micellization—Some empirical relationships. *Colloids Surf.* **64,** 39–46.

Helenius, A., McCaslin, D. R., Fries, E., and Tanford, C. (1979). Properties of detergents. *Methods Enzymol.* **56,** 734–749.

Hinze, W. L., and Pramauro, E. (1993). A critical review of surfactant-mediated phase separations (cloud-point extractions)—Theory and applications. *Crit. Rev. Anal. Chem.* **24,** 133–177.

Ishihama, Y., Katayama, H., and Asakawa, N. (2000). Surfactants usable for electrospray ionization mass spectrometry. *Anal. Biochem.* **287,** 45–54.

Mooney, R. A. (1988). Use of digitonin-permeabilized adipocytes for cAMP studies. *Methods Enzymol.* **159,** 193–202.

Neugebauer, J. M. (1990). Detergents: An overview. *Methods Enzymol.* **182,** 239–253.

Norris, J. L., Porter, N. A., and Caprioli, R. M. (2003). Mass spectrometry of intracellular and membrane proteins using cleavable detergents. *Anal. Chem.* **75,** 6642–6647.

Privé, G. G. (2007). Detergents for the stabilization and crystallization of membrane proteins. *Methods* **41,** 388–397.

Rigaud, J. L., Levy, D., Mosser, G., and Lambert, O. (1998). Detergent removal by non-polar polystyrene beads—Applications to membrane protein reconstitution and two-dimensional crystallization. *Eur. Biophys. J. Biophys. Lett.* **27,** 305–319.

第 35 章

膜蛋白的纯化

Sue-Hwa Lin* and Guido Guidotti†

目录

摘要

在生物进程中膜蛋白扮演着关键性的角色。为了了解膜蛋白如何发挥作用，纯化膜蛋白以完全掌握它的特性是非常重要的。膜蛋白很难纯化，它们含量低，并且需要去污剂才能在水溶液中溶解。选择合适的去污剂在膜蛋白纯化中非常重要，它必须与该膜蛋白的溶解和纯化相适应。这一章的目的是给出以下问题的概述：细胞膜的分离；用于膜蛋白溶解的去污剂选择；去污剂的选择如何影响膜蛋白的纯化。

1. 引言

膜蛋白在生物进程中具有关键性的作用。它们参与细胞与细胞之间、细胞与细胞基质之间的相互联系，细胞器及细胞的形成过程，各种离子、代谢产物和蛋白质的跨质膜运输，RNA 的跨核膜运输等。鉴于膜蛋白在多种细胞功能中的重要性，目前针对各种疾病的药物约有 50%都以其为靶点。

为了了解膜蛋白如何发挥作用并且开发针对蛋白质特定位点的药物，纯化膜蛋白以完全掌握它们的特性非常重要。然而，在所有已纯化并经过生化鉴定的蛋白质中，只有非

* 德克萨斯大学分子病理学系(Houston，Texas，USA)
† 哈佛大学分子和细胞生物学系(Cambridge，Massachusetts，USA)

常少的一部分是膜蛋白。这在很大程度上是由于膜蛋白更难纯化，因为大多数膜蛋白的含量低，而且它们整合在脂双层膜中，需要去污剂才能使其在水溶液中变得可溶。选择合适的去污剂在膜蛋白纯化中非常重要，它必须与该膜蛋白的溶解和纯化相适应。膜蛋白纯化的基本原则与可溶性蛋白质大体相同，但是需要在纯化方案上有所修改以适应去污剂的要求——去污剂对于维持膜蛋白的可溶性和生物学功能必不可少。

与 DNA 和 RNA 不同，用一套单一的方法纯化所有的蛋白质，尤其是膜蛋白是不可能的。每一个膜蛋白的物理性质、去污剂的偏好和纯化的条件都是独特的。第 41 章概述了去污剂的性质。本章阐述了分离质膜以及增溶和纯化膜蛋白的方法。

2. 膜的制备

从细胞或组织中分离质膜是纯化膜蛋白的第一步。由于缺少能有效分离去污剂增溶的膜蛋白的生化方法，因此在质膜成分纯化上投入一些时间会对后续步骤的结果有利。

大多数膜蛋白的含量较低，因此选择易于大量获取并能高表达目的膜蛋白的组织或细胞系就很重要。最近，人们对于将细胞表面蛋白质作为鉴定不同细胞系或干细胞的标示物的研究兴趣逐渐增加。而作为其影响之一，如何从有限数量细胞中获取足量的细胞膜，并能较好富集质膜标示物的酶活性，已经成为膜分离领域新的关注点。

制备细胞膜成分需要打碎组织或细胞，最常用的方法是用杜恩斯匀浆器（Dounce homogenizer）将组织或细胞在等渗的蔗糖缓冲液中（0.25mol/L，pH 7～8）匀浆。膜蛋白整合在细胞膜内时相对比较稳定。而细胞破碎时可能会释放蛋白酶，因此蛋白质水解导致的失活是膜纯化过程中最需要考虑的问题。商业上有方便的片剂形式提供的蛋白酶抑制剂的鸡尾酒式混合剂，如完全蛋白酶抑制剂鸡尾酒式混合剂[complete protease inhibitor Cocktail (Roche，Indianapolis，IN)]。膜蛋白的胞外结构域直接接触氧化环境，并且大部分的巯基都以二硫键形式存在，这些二硫键都是蛋白质在内质网中加工时形成的。因此，还原剂在这一步骤中也许不需要。实际上，高浓度的还原剂会改变现存二硫键的构象，导致膜蛋白酶活性失活或配体结合活性丧失。由于二硫键结构和糖基化修饰，相对而言，膜蛋白的胞外结构域对蛋白质水解具有较高的抵抗性。然而也有例外。例如，Ca^{2+}依赖的细胞黏附分子 Cadherins，当 Ca^{2+} 被 EDTA 除去时易受蛋白质水解。相反，介导膜蛋白信号转导的胞内区通常易被蛋白质水解。如胰岛素受体，如果在匀浆和后续膜分离步骤中没有足够量的蛋白酶抑制剂，其受体酪氨酸激酶活性将会极大的丧失。

最常用的膜分离方法采用差速离心和蔗糖密度梯度离心的组合。由于脂质和蛋白质组成上的差异，细胞膜具有不同的密度使其可与其他细胞器分离。差速离心可以从细胞匀浆中去除可溶性蛋白质、大部分的线粒体和细胞核。蔗糖密度梯度可进一步分离不同密度的细胞膜。然而，多步离心过于冗长并且只能获得质膜的一小部分。一般许多质膜在较早的离心步骤中丢失。因此，这种方法更适合于从较易获取的组织中分离细胞膜。在生化研究中，大鼠的肝脏就是最常用于分离细胞质膜的组织之一。已经有了很多从大鼠肝脏中分离不同膜成分的方法。Neville(1968)使用的方法是在低渗溶液中匀浆肝脏，随后采用不连续的蔗糖梯度离心，这种方法能够非常好的回收肝脏质膜并且已经得到了广泛应用。

在只使用少量组织培养细胞的情况下，需要增加质膜蛋白的回收率的同时不牺牲膜的纯度。亲和基质提供了一种简单快速的膜纯化方法。传统的琼脂糖或丙烯酰胺亲和基质不能用于分离细胞膜，因为它们会沉淀相对密度高的细胞器（如细胞核）。化学方法处理的磁珠可与多种蛋白质偶联，这已经成为了亲和基质的一种新形式。与传统的琼脂糖或丙烯酰胺亲和基质不同，磁珠能够用磁铁方便的从混合物中分离出来，因此可用于分离细胞器并且与细胞器的密度无关。只需简单地将装有磁珠的离心管靠近磁铁，磁珠即可在离心管中接近磁铁的一端被回收，从而轻易地从混合物中分离出来。因此，磁珠可作为离心的替代方法。这一性质对于将质膜与其他细胞器分离会具有很大优势。我们最近用固定凝集素的磁珠从培养的上皮细胞中纯化出了膜蛋白（Lee et al.，2008）。这个步骤利用了以下事实，即一些膜蛋白是糖基化的并且能够结合凝集素——糖结合蛋白。在这一过程中，生物素化的凝集素伴刀豆蛋白 A（concanavalin A，ConA）与链霉亲和素（streptavidin）磁珠相结合，从而将 ConA 固定于磁珠。带有 ConA 的磁珠与匀浆的细胞裂解液混合，磁珠在离心管的一端被回收，从而将与磁珠不结合的其他细胞器去除。5′核酸酶是一个膜蛋白，与前列腺 PC-3 细胞或宫颈 HeLa 细胞总的细胞裂解物相比，它的活性在ConA 的磁珠回收后得到了增强，从而表明细胞膜与 ConA 磁珠有结合。凝集素磁珠方法的一个缺陷是，我们无法使用竞争性糖 α-甲基甘露糖（alpha-methyl mannoside）将细胞膜从 ConA 磁珠上洗脱下来。这可能是因为竞争性的糖不能进入细胞膜和 ConA 磁珠之间的结合位点。因此，我们使用去污剂将膜蛋白从 ConA 磁珠上溶解下来。利用去污剂增溶膜蛋白会在本章第 3 节中介绍。

3. 天然膜蛋白的增溶

膜蛋白嵌入脂双层中。整合膜蛋白至少有一段蛋白质序列嵌入细胞膜中，而外周蛋白则通过静电相互作用或某些情况下通过疏水相互作用与细胞膜相联系。用高盐或高 pH 溶液可以从膜上解离外周膜蛋白（Schindler et al.，2006），如 0.5mol/L NaCl。由于这一过程中不使用去污剂，外周膜蛋白可以用与可溶蛋白质类似的方法纯化。

在纯化前，整合膜蛋白需要从脂双层中增溶出来，从而成为单独的蛋白质。具有两亲性（amphipathic）的去污剂通常用于从细胞膜中增溶整合膜蛋白。去污剂也许可分为 3 种类型：离子型、非离子型和兼性离子型（zwitterionic）。本书第 41 章讨论了去污剂的不同类型。因此，接下来我们只讨论去污剂在膜蛋白纯化方面的应用。

去污剂处理后的细胞膜在 105 000 g、4℃离心 1 h 后，如果膜蛋白在上清液部分，则认为膜蛋白从细胞膜中“溶解”出来了。去污剂溶解膜蛋白的这一过程可被分为几个阶段。第一阶段，去污剂结合细胞膜。随着去污剂含量的增加，去污剂开始裂解细胞膜。去污剂含量的进一步增加会导致形成脂质/蛋白质/去污剂的复合物。这时，膜蛋白被“溶解”。此时还需要额外的去污剂将上述复合物“脱脂”（delipidate）为蛋白质/去污剂复合物和脂质/去污剂复合物。一般来说，去污剂和蛋白质的比例为 1～2 时就足以将膜蛋白溶解为脂质/蛋白质/去污剂复合物，比例为 10 左右或更高时会导致复合物的脱脂

(Hjelmeland,1990)。对于特定的膜蛋白,溶解膜蛋白的最佳去污剂和蛋白质比例需要通过实验确定。

去污剂的选择可以简单地表述为选择能够对目标蛋白质起作用的去污剂。非变性去污剂能够增溶膜蛋白而并不使其失活或功能丧失。在可供选择的去污剂中,Triton X-100、胆酸钠(sodium cholate)、CHAPS、辛基葡糖苷(octylglucoside)在大多数情况下是"非变性"的,虽然在溶解过程中会损失一部分的活性。

去污剂的存在会在多个方面影响蛋白质的纯化。去污剂会影响蛋白质活性的检测,如去污剂会影响细胞膜转运蛋白的转运活性,而对受体来说,去污剂则会影响其配体结合活性。由于蛋白质不再与细胞膜联系在一起,测量转运活性需要将可溶膜蛋白重组合到磷脂囊泡中。并且对于特定的受体,也需要能将没有结合的配体从配体-受体复合物中分离出来的方法。这些要求也许会限制增溶时使用的去污剂类型。例如,如果后续需要将膜蛋白重组合到磷脂囊泡中,则应该使用具有高临界胶束浓度的去污剂(胆酸钠、CHAPS、辛基葡糖苷),因为它们更易通过透析方法去除。

一些类型的去污剂会干扰蛋白质的某些检测。聚氧乙烯的衍生物,如 Triton X-100、C12E9 和 tween 系列会在考马斯亮蓝 G-250 染料结合测量(又被称为 Bradford 检测)中产生假阳性(Bradford,1976)。而胆酸钠或脱氧胆酸钠会在 Bradford 测量中产生沉淀。Triton X-100 和 NP-40 在 280 nm 波长处有吸收从而会在色谱中干扰紫外线吸收方法监测洗脱蛋白质。这需要改变蛋白质检测方法或选择与蛋白质检测方法兼容的去污剂。双金鸡宁酸(bicinchoninic acid,BCA)蛋白检测方法(Smith et al.,1985)可兼容某些去污剂。有一种基于 Lowry 蛋白质检测法(Peterson,1977)的改良方法,通过脱氧胆酸盐和三氯乙酰酸(trichloroacetic acid,TCA)首先将蛋白质从溶液中沉淀出来,这能够避免去污剂的干扰并可在整个纯化过程中测量蛋白质的浓度。然而,改良的 Lowry 法与 Bradford 法相比需要花费较长的时间。

某些情况下,去污剂的纯度非常重要。例如,去污剂中的杂质会干扰 X 射线结构分析或质谱分析。聚氧乙烯衍生物,如 Triton X-100、Lubrol PX、tween、Brij 系列包含了各种长度的聚合物并且在化学上是不均一的。而辛基葡糖苷、十二烷基麦芽苷和 CHAPS 则具有非常明确的化学组成,可以得到相对高的纯度。非离子型去污剂,包括如 Triton X-100 和 tween 系列的聚氧乙烯衍生物,在离解蛋白质复合物方面没有离子型去污剂有效,但许多蛋白质在非离子去污剂中更稳定。

筛选能够溶解整合膜蛋白的去污剂,必须首先辨别那些能够增溶但不失活膜蛋白的去污剂。在满足这些要求后,还需要考虑其他因素,包括与蛋白质检测、鉴定和层析方法的兼容性。去污剂与各种层析方法的干扰将会在本章第 4 节讨论。

筛选去污剂时,需要制备如 1 mg/mL 特定蛋白质浓度的细胞膜组分,随后加入0.2～20 mg/mL 不同浓度的去污剂溶液。通常在去污剂/蛋白质的比例为 0.1～10(w/w)时能够发生增溶。溶液在 0～4℃孵育 30～60 min,随后 4℃、105 000 g 离心 1 h。接下来在上清液和沉淀中检测目标蛋白质的活性。如果大部分的活性出现在上清液中,则说明此去污剂适合该膜蛋白。如果活性在上清液中没有出现而出现在沉淀中,则此去污剂不能从细胞膜中溶解出该蛋白质或去污剂加入的量不够。而如果活性在上清液和沉淀中都没有检测到，则此去污剂使目标蛋白质失活。

4. 膜蛋白的纯化

一旦使用了合适的去污剂将膜蛋白从细胞膜中增溶出来，就可以分离目标蛋白质了。传统色谱层析技术，如凝胶过滤、亲和、离子交换和层析聚焦（chromatofocusing）等都可以用于膜蛋白纯化。然而，在去污剂存在条件下使用色谱层析需要注意以下几点。

（1）使用足量的去污剂，以维持整合膜蛋白在缓冲液中处于可溶形式并防止蛋白质聚集。

（2）由于大多数去污剂具有疏水性，基于蛋白质疏水性的蛋白质分离方法，如苯基-琼脂糖凝胶和反相层析也许不适于膜蛋白的纯化。

（3）增溶膜蛋白的离子型去污剂，如胆酸盐或脱氧胆酸盐，不适用于离子交换层析。非离子型或兼性去污剂则可用于基于电荷的制备技术，包括离子交换层析和制备电泳。

（4）含糖基的去污剂也许会干扰特定的凝集素层析，如辛基葡糖苷会干扰 ConA 层析。

（5）由于溶解的膜蛋白处于去污剂胶束中，在凝胶过滤中膜蛋白具有更大的表观分子质量。能形成大分子质量胶束的去污剂，如 Trtion X-100，会使溶解的膜蛋白的分子质量增加 60～100 kDa。因此，大多数蛋白质会出现在高分子质量部分，从而使基于分子大小的蛋白质分离变得困难。

（6）膜蛋白与去污剂胶束的结合，特别是具有大胶束尺寸或本身为离子型的去污剂，会遮蔽膜蛋白的电荷。因此，离子交换层析分离膜蛋白的能力也许不如非膜蛋白。

（7）整体而言，亲和层析是目前纯化整合膜蛋白最有用和最成功的方法，并且在各个纯化阶段都能使用。由于离子交换层析对缓冲液的离子强度敏感，而凝胶过滤要求相对小体积的浓缩样本，因此亲和层析可以用于纯化、浓缩以及在不同层析步骤中进行盐置换。几种常用的膜蛋白纯化的亲和层析方法将在下面的部分中阐述。

4.1　凝集素亲和层析

有 3 种类型的亲和层析分别使用一般配体（如凝集素）、特异性配体（如酶抑制剂、激素）和抗体。固定的凝集素是亲和层析的常见形式。凝集素是糖结合蛋白，可用于快速并温和地纯化质膜糖蛋白。凝集素-糖的相互作用可逆并且可以被单糖抑制。由于膜蛋白常常是糖基化的，因此凝集素层析对于纯化膜蛋白非常有用。目前已经鉴定了大量的凝集素，其中使用最广泛的是 ConA[结合右旋甘露糖 α(*α*-D-mannose)]和麦胚凝集素[germ agglutinin，结合唾液酸和乙酰氨基葡萄糖 β(sialic acid and *β*-D-GlcNAc)]。这里需要提及使用凝集素亲和层析的几个方面。首先，目标蛋白质是否能够与特异的凝集素结合需要实验验证。由于不同的组织具有不同的糖基化酶，有时在相同动物的不同组织表达的同一糖蛋白也许会具有不同的凝集素结合特异性。其次，特定的凝集素的亲和层析纯化的是一组具有特定糖基化类型的糖蛋白，因此并不能达到配体或抗体亲和层析方法达到的纯化程度。最后，凝集素对特定类型的去污剂敏感。虽然非离子型去污剂，如 Triton

X-100(可至2.5%,m/V)对ConA或麦胚凝集素配体结合活性的影响可以忽略,但一些离子型去污剂,如SDS也许会失活凝集素。

下面是一个使用凝集素柱纯化膜蛋白的实验方案范例。

(1) 转移2 mL麦胚凝集素(WGA)-琼脂糖到一次性的塑料柱子(PolyPrep,Bio-Rad Laboratories)中,清洗WGA-琼脂糖亲和基质。用10 mL清洗缓冲液[50 mmol/L HEPES(pH 7.4)、0.1%去污剂]充满柱子,让洗液流过柱子以除去未结合的WGA和保存缓冲液。

(2) 在溶解的细胞膜提取物中加入清洗过的WGA-琼脂糖。在室温转动或振荡器上振荡30 min,使WGA-琼脂糖和可溶细胞膜提取物混合。

(3) 600 r/min离心1 min以沉淀WGA-琼脂糖。用移液管吸出上清液。加入10倍体积(基于WGA-琼脂糖的体积)的洗液,颠倒数次。

(4) 重复步骤(3)两次。

(5) 加入2 mL洗液到WGA-琼脂糖,再将WGA-琼脂糖移回柱子。用5～10倍柱体积的洗液清洗。定时进行蛋白质检测,如用考马斯亮蓝蛋白质检测方法直到蛋白质水平降至背景值,即与洗液中蛋白质水平相似。

(6) 加入一半柱体积的洗脱缓冲液,如50 mmol/L HEPES(PH 7.4)、0.1%去污剂、0.25mol/L *N*-乙酰氨基葡糖,从WGA-琼脂糖上洗脱糖蛋白。收集洗脱部分。

(7) 加入一半柱体积的洗脱缓冲液,收集洗脱部分。

(8) 重复步骤(7)4次。

(9) 检测洗脱液中的蛋白质浓度。例如,从每份洗脱液中吸出5 μL并用考马斯亮蓝方法检测蛋白质浓度。将适当的部分汇集在一起。

4.2　配体亲和层析

配体亲和层析成功的关键是配体和受体的亲和要足够强,能够允许纯化步骤中的结合和清洗。配体通常通过偶联固定到亲和基质(affinity support)上。由于去污剂的存在,配体(或抑制剂)和受体的亲和性也许会被改变。因此,如果使用配体亲和柱纯化,关键在于选择不会显著降低受体和配体亲和活性的去污剂。

4.3　抗体亲和层析

如果有可用的抗体,则使用特定膜蛋白的固定化抗体是纯化膜蛋白最有力的方法。抗体在非离子型去污剂中相对比较稳定,因此能够与溶解的细胞膜制备物中的去污剂兼容。困难在于从免疫亲和柱上洗脱膜蛋白(详见第28章)。

5. 去污剂的去除和置换

如果将去污剂完全去除,大多数膜蛋白会聚集并沉淀。因此,为了保持膜蛋白的功能,在去除一种去污剂的同时通常会引入另一种去污剂。在一些情况下,如在起始增溶阶段,样品中过量的去污剂会干扰蛋白质的活性和浓度测量,这时需要去除过量的去污剂。

在另一些情况下，用于增溶的起始去污剂也许不适于后续的层析或分析步骤，有必要置换为另一种去污剂。例如，离子型去污剂与离子交换层析和等电聚焦不兼容，需要将其置换为非离子或兼性去污剂。如果膜蛋白需要重组合到磷脂囊泡中，需要改为具有高临界胶束浓度的去污剂，从而可以通过透析方法除去去污剂而使膜蛋白重组合到磷脂囊泡中。去污剂是否容易去除与其性质具有很大关系。高临界胶束浓度（>1 mmol/L）的去污剂，如胆酸盐和辛基葡糖苷，透析或超滤就能轻易去除。低临界胶束浓度（<1 mmol/L）的去污剂，如非离子型去污剂 Triton X-100、C12E9、Brij、Tween，很难通过透析去除，可以使用层析基质吸附、凝胶过滤、平衡的方法。去污剂的去除和置换方法见第 41 章。

6. 重组整合膜蛋白的表达和纯化

蛋白质结构研究或为了生产针对膜蛋白的抗体，通常需要表达和纯化重组的整合膜蛋白以获得足量蛋白质。膜蛋白通常采用哺乳动物细胞或昆虫细胞表达。信号序列对于将蛋白质靶定到内质网非常重要，它会影响蛋白质的合成和翻译后的修饰。因此，标签通常加在序列末端以避免影响蛋白质的膜靶向过程。有时，来自其他蛋白质的信号序列被用于提高膜靶向的效率。小的标签，如 His_6 标签或短肽标签，不会给蛋白质带来很大的改变，还能提高异源细胞表达膜蛋白的概率。金属亲和层析具有高亲和能力且不受去污剂的影响，对于表达和纯化膜蛋白来说是一个好的选择。其他亲和表位标签，如 FLAG、Myc 或 HA 也能使用。然而，用固定抗体纯化蛋白质能力有限并且成本比金属亲和层析高得多。

多篇文献中都可找到表达和纯化膜蛋白的例子。一个例子是用昆虫细胞表达和纯化细胞黏附分子 CEACAM1（Phan et al. ，2001）。在这个研究中，被表达的整合膜蛋白 C 端有一个 7 个组氨酸的标签并采用了原始信号序列，结果发现重组的 CEACAM1 蛋白定位于细胞膜。细胞被裂解后用 Triton X-100 溶解细胞膜，并用金属亲和层析一步纯化带 His 标签的 CEACM1。

（杨益隆　译　张晓鹏　校）

参 考 文 献

Bradford, M. M. (1976). A rapid and sensitive method for the quantitation of microgram quantities of protein utilizing the principle of protein-dye binding. *Anal Biochem*. **72,** 248–254.

Hjelmeland, L. M. (1990). Solubilization of native membrane proteins. *Methods Enzymol.* **182,** 253–264.

Lee, Y. C., Block, G., Chen, H., Folch-Puy, E., Foronjy, R., Jalili, R., Jendresen, C. B., Kimura, M., Kraft, E., Lindemose, S., Lu, J., McLain, T., Nutt, L., Ramon-Garcia, S., Smith, J., Spivak, A., Wang, M. L., Zanic, M., and Lin, S. H. (2008). One-step isolation of plasma membrane proteins using magnetic beads with immobilized concanavalin A. *Protein Expr. Purif.* **62,** 223–229.

Neville, D. M. J. (1968). Isolation of an organ specific protein antigen from cell surface membrane of rat liver. *Biochim. Biophys. Acta* **154,** 540–552.

Peterson, G. L. (1977). A simplication of the protein assay method of Lowry *et al.* which is more generally applicable. *Anal. Biochem.* **83,** 346–356.

Phan, D., Han, E., Birrell, G., Bonnal, S., Duggan, L., Esumi, N., Gutstein, H., Li, R., Lopato, S., Manogaran, A., Pollak, E. S., Ray, A., *et al.* (2001). Purification and characterization of human cell-cell adhesion molecule 1 (C-CAM1) expressed in insect cells. *Protein Expr. Purif.* **21,** 343–351.

Schindler, J., Jung, S., Niedner-Schatteburg, G., Friauf, E., and Nothwang, H. G. (2006). Enrichment of integral membrane proteins from small amounts of brain tissue. *J. Neural Transm.* **113,** 995–1013.

Smith, P. K., Krohn, R. I., Hermanson, G. T., Mallia, A. K., Gartner, F. H., Provenzano, M. D., Fujimoto, E. K., Goeke, N. M., Olson, B. J., and Klenk, D. C. (1985). Measurement of protein using bicinchoninic acid. *Anal. Biochem.* **150,** 76–85.

第 36 章

重组 G 蛋白偶联受体的纯化

Reinhard Grisshammer*

目录

摘要

对于大多数 G 蛋白偶联受体(G-protein-coupled receptor,GPCR)的结构和功能的分析需要表达和纯化它们的活性形式。重组的嵌膜受体的生产量取决于特定 GPCR 和生产宿主的组合优化。表达的最优化仍然是一个反复尝试的过程。在纯化之前,必须使用去污剂将受体从细胞膜上提取出来。为了保持受体活性,选择合适的用于膜蛋白增溶和纯化的去污剂非常关键。初始的富集步骤可以用带有常用标签(如聚组氨酸标签)的亲和层析实现。如果第一步纯化没有得到纯的受体蛋白,可以通过后续使用受体-特异配体的层析柱纯化到均一物质。如果没有合适的固定化配体,也可以使用分子排阻层析或其他技术。很多 GPCR 被去污剂从质膜提取出来后会变得不稳定,稳定性的测量会在本章讨论。本章将给出一个能够得到毫克量级有活性的神经降压素受体(neurotensin receptor)纯化步骤的例子。

* 国立卫生研究院卫生和人类服务部,国家神经性障碍和中风研究所(Rockville,Maryland,USA)

1. 引言

天然的整合膜蛋白的量并不充足。因此对其的结构测定和功能分析需要:①重组膜蛋白的生产系统;②能分离得到有活性的膜蛋白(而不是没有功能、折叠错误的膜蛋白)的纯化策略。表达并纯化原核和真核的膜蛋白在文献中都有报道。读者可以参考如 Grisshammer 和 Tate(1995;2003)及 Grisshammer 和 Buchanan(2006)的文献,也可以查询本书的第 35 章。GPCR 作为真核生物的整合膜蛋白,参与细胞间的交流和感觉信号转导[见 Gether 和 Kobilka(1998)]。本章是对 GPCR 的专题讨论。

对于如 GPCR 的整合膜蛋白,本章不涉及其表达的所有可能策略细节,但是这里总结了一些关键点。①目前还没有一个通用的可高效表达功能受体的策略。一些 GPCR 能高水平的积聚在细胞膜上,而其他某些相关的受体却很难检测到。而且虽然推测具有相似性,但在特定的表达宿主中的不同的 GPCR 表现却十分不同。所以 GPCR 的重组表达仍然是一个反复实验的过程。例如,在表达对比研究中,已经完成的尝试包括使用甲醇营养型毕赤酵母(Andre et al.,2006)、杆状病毒昆虫细胞系统(Akermoun et al.,2005)和西门利克森林病毒系统(Hassaine et al.,2006)等。目前已经有了 GPCR 在常用表达宿主表达的研究总结(Sarranmegna et al.,2003)。②通常真核宿主似乎能够比原核宿主更好的表达有功能的、嵌膜的 GPCR(Grisshammer,2006)。但有一些例外。例如,已经在大肠杆菌中成功表达了神经降压素受体 NTS1(Grisshammer et al.,1993;White et al.,2004)、M1 蕈毒碱乙酰胆碱受体(Hulme and Curtis,1988)、腺苷 A2a 受体(Weiß and Grisshammer,2002)和大麻素 CB2 受体 632 (Calandra et al.,1997;Yeliseev et al.,2005)。③已经有了很多关于重组表达整合膜蛋白的描述性报道。然而,目前只有少数文献[见 Bonander 等(2005;2009);Griffith 等(2003);Wagner 等(2006;2007)]讨论了特定宿主细胞对于膜蛋白过表达的反应机制。

纯化受体从概念上可以分成两步:第一步用合适的去污剂将受体从膜中提取出来(增溶);第二步使用如常规的亲和标签、与该受体特异结合的配体层析柱、分子排阻色谱和其他方法纯化受体。最重要的是,必须注意选择实验条件以保持膜蛋白在整个纯化过程中处于活性状态。这一点怎么强调也不过分,因为很多 GPCR 一旦被去污剂从质膜中提取出来就会变得不稳定。

2. 蛋白质增溶的一般注意事项

提取嵌膜受体需要使用去污剂(详见第 34 章)。去污剂的正确选择对于长时间维持溶解受体的活性状态非常关键。*N*-十二烷基-β-D-麦芽苷(*N*-Dodecyl-β-D-maltoside,DDM)是温和的非离子型去污剂,通常用于 GPCR 的增溶。添加脂样的胆甾醇半琥珀酸酯(cholesteryl hemisuccinate)可以提高受体的稳定性。短链的去污剂通常要比长链去污剂作用猛烈,但只要它们不损害要研究的 GPCR 的完整性,也是可以接受的。

溶解的受体必须被看成是去污剂-脂质-受体的复合物，而不是单纯的受体蛋白质。这意味着溶解后的受体的生化特性，如大小、形状或等电点与单独根据氨基酸序列计算出的结果是不一样的。同样，去污剂-脂质-受体的复合物不能被理所当然的当成是均质的。因为在增溶过程中脂质与受体一样结合去污剂，因此去污剂和膜的比例会决定受体周围去污剂和脂质结合的量。在纯化的过程中脂质和去污剂的结合量会发生改变。

增溶的过程必须优化，使其能够在维持溶液中特定 GPCR 最稳定的同时得到最高的提取效率。通过放射性配体结合分析和总蛋白质含量测定，可以监测去污剂对加入的膜的系统变异(systematic variation)效应。这需要计算实验的 B_{max} 值(nmol 功能性受体/mg 蛋白质)并将其与纯化的功能性受体的特异性结合的理论值相比较。如果没有可用的功能性检验方法，则可以使用具有良好生化行为的如对称的分子排阻层析谱作为受体完整性的指标。

因为在受体提取前可溶蛋白质已被去除，增溶之前的膜制备过程其实已经包含了一步初始的纯化步骤，目的受体对污染物的比例也会因此提高。实际上在第一步纯化过程中，受体也可从总细胞裂解物中而不是从溶解的细胞膜中富集。

3. 蛋白质纯化的一般注意事项

3.1　去污剂溶液中 GPCR 的稳定性

很多 GPCR 在去污剂溶液中都不是十分稳定[除了视紫红质(rhodopsin)，只要其保持在非信号黑暗状态 (De Grip,1982)]。导致不稳定的一个可能原因也许是 GPCR 结构上固有的柔性，即受体在去污剂溶液中具有多种构象，而其中的一些构象会使蛋白质聚集。在纯化过程中去除脂质也会引起不稳定。已经有很多方法用于提高 GPCR 在去污剂溶液中的稳定性。例如，加入反向激动剂(inverse agonist) /拮抗剂(antagonist)配体(Cherezov et al. ,2007;Hanson et al. ,2008;Jaakola et al. ,2008;Warne et al. ,2008)会使受体处于无信号失活状态，这通常比活性状态更稳定[见 Kobilka 和 Deupi(2007)]，如胆甾醇半琥珀酸酯(cholesteryl hemisuccinate)的脂质或脂样物质(Jaakola et al. ,2008;Tucker and Grisshammer,1996;Weiß and Grisshammer,2002)和甘油(Tucker and Grisshammer,1996)在纯化中会提高受体的稳定性。定点突变也已经用于产生稳定性更高的 GPCR(Magnani et al. ,2008;Roth et al. ,2008;Sarkar et al. ,2008;Serrano-Vega et al. ,2008;Shibata et al. ,2009)，因而能耐受更大范围的去污剂。

3.2　一般的亲和层析

去污剂溶液中 GPCR 的生化和药理性质可以粗略地分为两类。①由放射性配体结合分析和 G 蛋白核苷酸交换实验(White et al. ,2007)评价，在优化的缓冲条件下，能够纯化到活性形式的均质受体被称为功能性受体。②在某些情况下(Kobilka,1995;White et al. ,2004)，存在去污剂可溶的却不能结合特异性配体的受体种类。笔者把后一种称为非功能性的、未正确折叠(至少在受体识别方面)但仍是去污剂可溶的受体种类。

重组克隆技术使得在给定受体的N端或C端引入常用的亲和标签变得容易。例如，受体N端的Flag表位标签可用于M1抗体亲和层析柱(Kobilka,1995)或受体C端的多聚组氨酸尾用于固定金属亲和层析(immobilized metal affinity chromatography,IMAC)(Grisshammer and Tucker,1997;Hanson et al.,2008;Hulme and Curtis,1998;Jaakola et al.,2008;Klaassen et al.,1999;Kobilka,1995;Warne et al.,2003;Weiß and Grisshammer,2002;Yeliseev et al.,2005)。一种识别牛视紫红质C端的抗体层析柱(1D4 antibody;Molday and MacKenzie,1983)可用于一步纯化视紫红质(Oprian et al.,1987;Reeves et al.,1999)和C端融合了1D4表位标签的β-肾上腺素能受体(Chelikani et al.,2006)。

亲和标签的准确位置(如远离受体的跨膜核心或接近跨膜螺旋)决定了受体和亲和树脂的结合步骤应该采用批量混合(in batch)或采用柱上(in column)方式。太接近跨膜核心的亲和标签也许会部分地被受体蛋白周围的去污剂层遮蔽，因此不易接近亲和树脂。这种情况下长时间混合加载会更有效地捕获受体(Weiß and Grisshammer,2002)。而亲和标签暴露良好的受体可直接加载到树脂填充的层析柱上，较短的暴露时间就能使纯化标签与亲和树脂结合。批量混合纯化步骤必须手动操作，而层析柱加载可以自动操作(White et al.,2004)。虽然与蛋白质结合的去污剂的准确含量依赖于各去污剂的性质，但作为一般的指导原则，低临界胶束浓度的去污剂比高临界胶束浓度的去污剂在膜蛋白周围形成更大的去污剂层[见 Bamber 等(2006)]。因此，与高临界胶束浓度的去污剂相比，低临界胶束浓度去污剂会降低亲和标签与树脂的可接近性。

许多实验室使用IMAC作为第一步富集步骤。商品化的树脂类型有 Ni^{2+}-NTA 树脂(Ni^{2+}-nitrilotriacetate,Qiagen)、Talon 树脂(Co^{2+}-carboxymethylaspartate,Clontech)和 IDA 树脂(iminodiacetate,Zn^{2+},Ni^{2+},Co^{2+},GE Healthcare)。然而，不同IMAC树脂的性质稍有不同(Weiß and Grisshammer,2002)。例如，与 Talon 树脂相比，Ni^{2+}-NTA 树脂不仅能更强的结合目标膜蛋白，也会结合更多的污染物。受体的表达水平(如目标受体和杂质的比例)决定了第一步纯化的效率。表达量越高，第一步纯化效率越高。用一步IMAC纯化突变的 β_2-肾上腺素能受体能够达到大于90%的纯度(Hanson et al.,2008)。某些情况下，IMAC树脂结合去污剂增溶受体的能力低于与可溶蛋白质结合的能力(Weiß and Grisshammer,2002;White et al.,2004)。

纯化的时间和步骤都应该保持到最小值，因为纯化的所有阶段都会引起蛋白质的损失。

3.3 受体-特异配体亲和层析

用一般的亲和标签富集受体之后，可能需要第二步纯化以分离到纯净、有功能的受体蛋白。这主要是因为：①第一步纯化得到的受体还不够纯，仍有其他污染物。例如，用XAC(xanthine amine congener，拮抗剂)层析柱纯化腺苷A2a受体可去除其中的一个主要污染物(Weiß and Grisshammer,2002)。类似的，用NT[神经降压肽(neurotensin)，激动剂]层析柱(Whiteet al.,2004)纯化神经降压肽受体NTS1可得到均一物质；用阿普洛尔(alprenolol，非选择性β-肾上腺素能受体拮抗剂)琼脂糖层析柱纯化β-肾上腺素能受体

(Warne et al.,2003)。从一般亲和树脂上洗脱的受体可能包含功能性的和非功能性、错误折叠的受体,而后续受体-特异配体亲和层析也能去除非功能性的受体部分。②一个(或两个连续的)一般亲和标签步骤能得到几乎纯净的受体,然而却是功能性和非功能性受体的混合物。一般亲和标签不能从错误折叠但仍是去污剂可溶的受体中分辨出正确折叠的受体。受体的错误折叠可能发生在表达宿主中,也会因在去污剂溶液中不稳定而发生。受体-特异配体亲和层析柱能够从错误折叠的受体中分辨出有功能的受体。例如,阿普洛尔层析柱可被用于分离有功能的 β_2-肾上腺素能受体(Kobilka,1995)。③在粗溶的受体中加入生物素化的肽配体(PACAP38)及亲和素树脂,一步纯化方案能够制备高度富集的垂体腺苷酸环化酶促多肽(pituitary adenylate cyclase-activating polypeptide,PACAP)。

3.4　*去污剂增溶 GPCR 的分析*

去污剂增溶的、有功能的受体含量可以通过放射配体结合(radioligand-binding)实验确定。理想状态下,放射配体应以较高的亲和力结合受体,并表现缓慢的解离速率,从而在从游离配体分离出配体-受体-去污剂复合物的过程中,能够避免非平衡状态中导致的可能的假象(artifact)产生。Hulme(1990)概述了受体结合研究。对于具有亲水性而不会掺入空的去污剂胶束的标记配体,放射配体结合分析的效果最好。相反,疏水性的配体会插入空去污剂胶团而导致非特异的高背景信号。

推荐使用氨基黑分析法(amido black assay) (Schaffner and Weissmann,1973)检测蛋白质的含量。在去污剂和配体存在的条件下,许多检测蛋白质含量的方法不准确。氨基黑分析包含一个沉淀步骤用于去除去污剂、配体或其他缓冲成分。需要注意的是,不是所有的蛋白质与染料(如氨基黑)有相同的结合力,这意味着如果受体与染料的结合与参比蛋白质(BSA)不同,则蛋白质浓度测定也许会有偏差。

从配体结合数据和蛋白质含量分析,可以计算出 B_{max} 的实验值(nmol 功能性受体/mg 蛋白质)并将其与纯的功能受体特异结合的理论值比较。需要注意的是,因为不同的氨基酸组成,B_{max}理论值对每个 GPCR 都是特异的。如果实验值与理论 B_{max}值匹配,则说明纯化到了活性受体。

4. 增溶和纯化重组神经降压肽受体 NTS1

NTS1 增溶、纯化和分析的更详细的描述见 White 和 Grisshammer(2007)的文献,这里主要讨论其要点。NTS1 融合蛋白纯品的获得可通过联合使用 IMAC 层析柱和 NTS1 特异配体层析柱实现。

将 NTS1 与麦芽糖结合蛋白(maltose-binding protein,MBP)融合可在大肠杆菌中实现具有功能的嵌膜 NTS1 表达 (Grisshammer et al.,1993)。表达质粒编码含信号肽序列的 MBP 及其后的受体。在大肠杆菌中前导肽酶去除信号肽后,用于纯化的 NTS1 融合蛋白 MBP-T43NTR-TrxA-H10(NTS1-624)的序列组成依次为:成熟的大肠杆菌 MBP (Lys^1 到 Thr^{366})、N 端截断的大鼠神经降压素 I 型受体 NTS1(T43NTR,THr^{43} 到 Tyr^{424})(Tanaka et al.,1990)、大肠杆菌硫氧还蛋白(TrxA,Ser^2 到 Ala^{109})[TrxA 会增加融合蛋白的表达量，见 Tucker 和 Grisshammer(1996)]和 10 个组氨酸标签(H10)(Grisshammer and Tucker，1997)。表达在低温(22℃)中进行，由一个低拷贝表达质粒的弱启动子驱动。这避免了新生受体链导致的大肠杆菌转位和膜插入机制过载的可能性。在任何给定的时间点蛋白质产量都很少，但 2 天后就能观察到积累的正确折叠的受体。纯化 10 mg 的 NTS1 融合蛋白通常需要 250 g 湿重的大肠杆菌菌体，相当于 50 L 的培养规模(White et al.，2004)，这很容易通过发酵实现。

在大肠杆菌中 NTS1 融合蛋白的表达量处于中等水平(即污染物和目的受体的比值高)。因此，需要一个优化的能够有效富集受体融合蛋白的 IMAC 方案。为达到这一目的，在 Ni^{2+}-NTA 层析柱纯化中，采用了 10 个组氨酸残基的 C 端标签而不是 6 个(Grisshammer and Tucker，1997)。Ni^{2+}-NTA 树脂和 10 组氨酸标签受体的紧密结合允许使用含 50 mmol/L 的咪唑的严格洗涤步骤。这个浓度的咪唑去除了结合于 Ni^{2+}-NTA 树脂的绝大部分大肠杆菌的污染物，但不会洗脱目的融合蛋白。这一策略不仅可以从粗制的膜中有效的纯化受体，而且也能很好应用于全细胞裂解产物(Grisshammer and Tucker，1997)。

NiB 缓冲液中的高钠离子浓度和高咪唑浓度会减弱 NT 和 NTS1 的亲和力，从而会阻碍从 Ni^{2+}-NTA 层析柱上洗脱下的功能性受体与 NT 层析柱的直接结合。因此须用缓冲液将 NaCl 和咪唑的浓度从 200 mmol/L 稀释到 70 mmol/L，以使功能性的 NTS1 能够结合到 NT 层析柱上。NTS1 和 NT 的结合对 NaCl 敏感，可用高浓度的 NaCl 将受体从 NT 层析柱上有效的洗脱下来(图 36.1)。

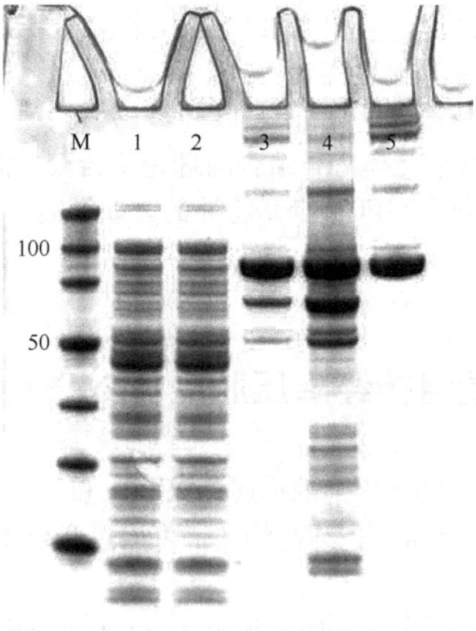

图 36.1 神经降压素受体 NTS1 的纯化。融合蛋白 NTS1-624 来自 250 g 大肠杆菌细胞，先用 100 mL Ni^{2+}-NTA 层析柱纯化，再用 20 mL NT 层析柱纯化。纯化的过程用 SDS-PAGE(NuPAGE 4%～12% Bis-Tris 胶，Invitation，1X MES 缓冲液)和考马斯亮蓝 R-250 染色检测。泳道 M、Novagen Perfect Protein Marker(15～150 kDa)；泳道 1. 10 μg 上清液；泳道 2. 10 μg Ni^{2+}-NTA 层析柱流穿液；泳道 3. 5 μg Ni^{2+}-NTA 层析柱洗脱；泳道 4. 10 μg NT 层析柱流穿液；泳道 5. 5 μg NT 层析柱洗脱。NT 层析柱流穿液中错误折叠受体开始是去污剂可溶的但随着时间而聚集(R. Grisshammer，未公布结果)。再版于 White 等(2004)

4.1 NTS1融合蛋白的增溶

(1) 除非另有说明,所有的步骤均在4℃或在冰上操作。

(2) 室温下用锤子压碎塑料薄板之间的250 g冷冻细胞。将细胞放入Waring搅拌器。

(3) 加入500 mL冷的2X增溶缓冲液[100 mmol/L Tris-HCl(pH 7.4)、60%(*V/V*)甘油、400 mmol/L NaCl]。运行搅拌器使细胞充分重悬。

(4) 将细胞悬液转入有磁棒的烧杯中。由于搅拌器会将空气引入悬浮液,这一步很难确定体积。因此最终的体积在第(11)步调节。

(5) 在搅拌的过程中,加入蛋白酶抑制剂储备液各1 mL(PMSF,70 mg/mL溶于乙醇;亮抑酶肽,1 mg/mL溶于水;抑肽素A,1.4 mg/mL溶于甲醇)、5mL 1 mol/L $MgCl_2$(终浓度为5 mmol/L)、0.6mL DNaseI溶液(10 mg/mL,Sigma D-4527)和50 mL冷H_2O。

(6) 在搅拌的过程中,滴加100 mL CHAPS/CHS储备液[6%(*m/V*)(3-[(3-cholamidopropyl) dimethylammonio]-1-propanesulfonate)/1.2%(*m/V*) cholesteryl hemisuccinate Tris salt in H_2O]。CHS自身不溶于水,需要在CHAPS中溶解。

(7) 在搅拌过程中,滴加100 mL DDM储备液[10%(*m/V*)水溶十二烷基-β-D-麦芽糖苷]。

(8) 继续搅拌15 min。

(9) 超声33 min(8 s/g细胞),1 s开,2 s关,第4级(Misonix公司超声波破碎仪,0.5英寸,平底探头)。保持样品处于冰水浴以避免超声过程中局部加热。这一温和的超声步骤能加强受体的增溶效率。

(10) 每种蛋白酶抑制剂额外各加入1 mL。

(11) 边搅拌边滴加冷的H_2O至终体积1 L。

(12) 再搅拌样品30 min。

(13) 超速离心样品1 h[Beckman 45Ti转子或同等转子,45 000 r/min(235 000 *g*于r_{max})]。

(14) 回收增溶后受体(上清液中)。

(15) 边搅拌边滴加咪唑储备液(2 mol/L,用HCl调节到pH 7.4,终浓度50 mmol/L)。0.22 μm滤器过滤样品。此时可用IMAC层析柱和神经降压素亲和层析柱从此上清液中纯化受体。

4.2 固定化金属亲和层析纯化NTS1融合蛋白

此纯化可用Akta Purifier(GE Healthcare)层析系统的两柱模式在冷室全自动完成,细节详见White和Grisshammer(2007)及White等(2004)的文献。纯化仪装备有气体传感器、样品泵P950、改良的进样阀、一根100 mL的Ni^{2+}-NTA层析柱、一根20 mL的NT层析柱和分离组分收集器Frac950。所有的纯化步骤也可用更简单的设置操作,即先用IMAC层析柱纯化,随后将Ni^{2+}-NTA层析柱的洗脱液稀释后再上样加载到NT层析柱上。

(1) 用 NiA 缓冲液[50 mmol/L Tris-HCl(pH 7.4)、30%(*V/V*)甘油、50 mmol/L 咪唑、200 mmol/L NaCl、0.5%(*m/V*)CHAPS/0.1%(*m/V*)CHS 和 0.1%(*m/V*)DDM]平衡装有 100 mL 的 Ni^{2+}-NTA Superflow 填料的(Qiagen)层析柱(XK50,GE Healthcare)。

(2) 使用装备有气体感应器从而能够检测上样结束的样品泵,以 2 mL/min 的流速将上清液上样到 Ni^{2+}-NTA 层析柱上。收集 Ni^{2+}-NTA 层析柱流穿液待分析。

(3) 上样结束后,用 15 倍柱体积的 NiA 缓冲液 2 mL/min 的流速冲洗 Ni^{2+}-NTA 层析柱。

(4) 以 2 mL/min 的流速,4 倍柱体积的 NiB 缓冲液(NiA 缓冲液加上 200 mmol/L 咪唑)洗脱 Ni^{2+}-NTA 层析柱。

(5) 包含 NTS1 的融合蛋白洗脱收集液的总体积为 120 mL 左右。

4.3 用神经降压素层析柱纯化 NTS1 融合蛋白

在去污剂存在的条件下,神经降压素对于其受体具有纳摩尔级的亲和力;因此,这一性质可用于高效的亲和纯化(Grisshammer et al.,1999;Tucker and Grisshammer,1996)。NT 树脂是基于 N 端生物素化的 NT(biotin-*β*-Ala-*β*-Ala-Gln-Leu-Tyr-Glu-Asn-Lys-Pro-Arg-Arg-Pro-Tyr-Ile-Leu-OH)结合到四聚体的亲和素(adidin)树脂上。亲和素具有高等电点,必须琥珀酰化以减少大肠杆菌蛋白与亲和基质的结合(Tucker and Grisshammer,1996)。生物素化的 NT 由固相肽合成法制备。

(1) 用 NT70 缓冲液[50 mmol/L Tris-HCl(pH 7.4)、30%(*V/V*)甘油、1 mmol/L EDTA、70 mmol/L NaCl、0.5%(*m/V*)CHAPS/0.1%(*m/V*)CHS、0.1%(*m/V*)DDM]平衡装有 20 mL NT 填料的 XK26 层析柱。

(2) 用 NT0 缓冲液[50 mmol/L Tris-HCl(pH 7.4)、30% (*V/V*)甘油、1 mmol/L EDTA、0.5% (*m/V*)CHAPS/0.1% (*m/V*) CHS、0.1% (*m/V*) DDM]稀释 Ni^{2+}-NTA 层析柱洗脱液,分别将咪唑和 NaCl 的浓度稀释到 70 mmol/L。稀释可用 Akta Purifer 完成(White et al.,2004),也可手动进行。

(3) 0.4 mL/min 的流速将稀释的 Ni^{2+}-NTA 层析柱洗脱液上样到 NT 层析柱上。收集 NT 流穿液待分析。

(4) 用 8 倍柱体积的 NT70 缓冲液以 0.7 mL/min 流速冲洗 NT 层析柱。

(5) 以 0.5 mL/min 流速用 NT1K 缓冲液(NT0 缓冲液加 1 mol/L NaCl)洗脱受体。

(6) 纯化完成后,先用 A3 缓冲液[50 mmol/L Tris-HCl(pH 7.4)、1 mmol/L EDTA、1 mol/L NaCl]、再用 B3 缓冲液[50 mmol/L Tris-HCl(pH 7.4)、1 mmol/L EDTA、3 mmol/L NaN_3)冲洗 NT 层析柱。B3 缓冲液可用做储备缓冲液。

5. 纯化的 NTS1 分析

NTS1 的制备质量可用氚标记的神经降压素($[^3H]$NT)放射配体结合实验(radioligand-binding assay)评价。$[^3H]$NT 非常亲水并且“不黏”,因而背景结合低。去污剂增溶的 NTS1 融合蛋白以纳摩尔级亲和力结合激动剂。其解离速率低，可以用离心辅助的凝胶过滤将配体-受体-去污剂的复合物从游离配体（游离配体不能结合游离去污剂胶束）中分离出来（White et al.，2004）。[^{3}H]NT 和配体-受体-去污剂复合物的大小差异足够大，不会导致游离[^{3}H]NT 的“渗漏”。对于常规分析，[^{3}H]NT 的浓度设定为 2 nmol/L。在一些假定条件下，可以修正相对占位（fractional occupancy）[质量作用定律预测，平衡状态下受体相对占位是配体浓度的函数：相对占位=[配体]/([配体]+K_D)]。假定一个受体分子有一个配体结合位点，可以计算出 NTS1-624 融合蛋白（分子质量为 96.5 kDa）的特异结合（B_{max}）理论值为 10.4 nmol/mg。蛋白质的含量由氨基黑分析法（Schaffner and Weissmann，1973）确定。

如起始量为 250 g 湿重的大肠杆菌菌体，则预期的结果如下：上清液（约 930 mL，约 16 mg 蛋白质/mL，约 0.2 nmol NTS1/mL，10～12 pmol NTS1/mg 蛋白质）；Ni^{2+}-NTA 层析柱洗脱（约 120mL，约 0.25 mg 蛋白质/mL，约 1.2 nmol NTS1/mL，约 5 nmol NTS1/mg 蛋白质）；NT 层析柱洗脱（约 14 mL，约 0.7 mg 蛋白质/mL，约 7 nmol NTS1/mL，约 10 nmol NTS1/mg 蛋白质）。

6. 总结

在大肠杆菌中表达了具有功能的 NTS1 受体融合蛋白。通过混合的去污剂将受体从总细胞提取物中（而不是从制备的细胞膜）增溶出来，并通过固定金属亲和层析富集。Ni^{2+}-NTA 层析柱洗脱液中混合的污染物通过神经降压素层析柱纯化得到去除。上述的纯化操作简单、稳定，能够产生纯净的、具有功能的 NTS1 融合蛋白。

致谢

重组 G 蛋白偶联受体的研究由美国国立卫生所及美国家神经性障碍和中风研究所内部研究项目资助

（杨益隆 译 张晓鹏 校）

参考文献

Akermoun, M., Koglin, M., Zvalova-Iooss, D., Folschweiller, N., Dowell, S. J., and Gearing, K. L. (2005). Characterization of 16 human G protein-coupled receptors expressed in baculovirus-infected insect cells. *Protein Expr. Purif.* **44,** 65–74.

Andre, N., Cherouati, N., Prual, C., Steffan, T., Zeder-Lutz, G., Magnin, T., Pattus, F., Michel, H., Wagner, R., and Reinhart, C. (2006). Enhancing functional production of G protein-coupled receptors in *Pichia pastoris* to levels required for structural studies via a single expression screen. *Protein Sci.* **15,** 1115–1126.

Bamber, L., Harding, M., Butler, P. J., and Kunji, E. R. (2006). Yeast mitochondrial ADP/ATP carriers are monomeric in detergents. *Proc. Natl. Acad. Sci. USA* **103,** 16224–16229.

(Epub ahead of print)Bonander, N., Darby, R. A., Grgic, L., Bora, N., Wen, J., Brogna, S., Poyner, D. R., O'Neill, M. A., and Bill, R. M. (2009). Altering the ribosomal subunit ratio in yeast maximizes recombinant protein yield. *Microb. Cell Fact* **8,** 10.

Bonander, N., Hedfalk, K., Larsson, C., Mostad, P., Chang, C., Gustafsson, L., and Bill, R. M. (2005). Design of improved membrane protein production experiments: Quantitation of the host response. *Protein Sci.* **14,** 1729–1740.

Calandra, B., Tucker, J., Shire, D., and Grisshammer, R. (1997). Expression in *Escherichia coli* and characterisation of the human central CB1 and peripheral CB2 cannabinoid receptors. *Biotechnol. Lett.* **19,** 425–428.

Chelikani, P., Reeves, P. J., Rajbhandary, U. L., and Khorana, H. G. (2006). The synthesis and high-level expression of a beta2-adrenergic receptor gene in a tetracycline-inducible stable mammalian cell line. *Protein Sci.* **15,** 1433–1440.

Cherezov, V., Rosenbaum, D. M., Hanson, M. A., Rasmussen, S. G., Thian, F. S., Kobilka, T. S., Choi, H. J., Kuhn, P., Weis, W. I., Kobilka, B. K., *et al.* (2007). High-resolution crystal structure of an engineered human beta2-adrenergic G protein-coupled receptor. *Science* **318,** 1258–1265.

De Grip, W. J. (1982). Thermal stability of rhodopsin and opsin in some novel detergents. *Methods Enzymol.* **81,** 256–265.

Gether, U., and Kobilka, B. K. (1998). G Protein-coupled receptors II. Mechanism of agonist activation. *J. Biol. Chem.* **273,** 17979–17982.

Griffith, D. A., Delipala, C., Leadsham, J., Jarvis, S. M., and Oesterhelt, D. (2003). A novel yeast expression system for the overproduction of quality-controlled membrane proteins. *FEBS Lett.* **553,** 45–50.

Grisshammer, R. (2006). Understanding recombinant expression of membrane proteins. *Curr. Opin. Biotechnol.* **17,** 337–340.

Grisshammer, R., and Buchanan, S. K. (eds.) (2006). "Structural Biology of Membrane Proteins", The Royal Society of Chemistry, Cambridge, UK.

Grisshammer, R., and Tate, C. G. (1995). Overexpression of integral membrane proteins for structural studies. *Q. Rev. Biophys.* **28,** 315–422.

Grisshammer, R., and Tate, C. G. (eds.) (2003). "Special Issue on Overexpression of Integral Membrane Proteins". *Biochim. Biophys. Acta* **1610,** pp. 1–153.

Grisshammer, R., and Tucker, J. (1997). Quantitative evaluation of neurotensin receptor purification by immobilized metal affinity chromatography. *Protein Expr. Purif.* **11,** 53–60.

Grisshammer, R., Duckworth, R., and Henderson, R. (1993). Expression of a rat neurotensin receptor in *Escherichia coli*. *Biochem. J.* **295,** 571–576.

Grisshammer, R., Averbeck, P., and Sohal, A. K. (1999). Improved purification of a rat neurotensin receptor expressed in *Escherichia coli*. *Biochem. Soc. Trans.* **27,** 899–903.

Hanson, M. A., Cherezov, V., Griffith, M. T., Roth, C. B., Jaakola, V. P., Chien, E. Y., Velasquez, J., Kuhn, P., and Stevens, R. C. (2008). A specific cholesterol binding site is established by the 2.8 Å structure of the human beta2-adrenergic receptor. *Structure* **16,** 897–905.

Hassaine, G., Wagner, R., Kempf, J., Cherouati, N., Hassaine, N., Prual, C., Andre, N., Reinhart, C., Pattus, F., and Lundstrom, K. (2006). Semliki Forest virus vectors for overexpression of 101 G protein-coupled receptors in mammalian host cells. *Protein Expr. Purif.* **45,** 343–351.

Hulme, E. C. (ed.) (1990). "Receptor Biochemistry—A Practical Approach", IRL Press at Oxford University Press, Oxford.

Hulme, E. C., and Curtis, C. A. M. (1998). Purification of recombinant M1 muscarinic acetylcholine receptor. *Biochem. Soc. Trans.* **26,** S361.

Jaakola, V. P., Griffith, M. T., Hanson, M. A., Cherezov, V., Chien, E. Y., Lane, J. R., Ijzerman, A. P., and Stevens, R. C. (2008). The 2.6 angstrom crystal structure of a human A2A adenosine receptor bound to an antagonist. *Science* **322,** 1211–1217.

Klaassen, C. H., Bovee-Geurts, P. H., Decaluwe, G. L., and Degrip, W. J. (1999). Large-scale production and purification of functional recombinant bovine rhodopsin with the use of the baculovirus expression system. *Biochem. J.* **342,** 293–300.

Kobilka, B. K. (1995). Amino and carboxyl terminal modifications to facilitate the production and purification of a G protein-coupled receptor. *Anal. Biochem.* **231,** 269–271.

Kobilka, B. K., and Deupi, X. (2007). Conformational complexity of G-protein-coupled receptors. *Trends Pharmacol. Sci.* **28,** 397–406.

Magnani, F., Shibata, Y., Serrano-Vega, M. J., and Tate, C. G. (2008). Co-evolving stability and conformational homogeneity of the human adenosine A2a receptor. *Proc. Natl. Acad. Sci. USA* **105,** 10744–10749.

Molday, R. S., and Mackenzie, D. (1983). Monoclonal antibodies to rhodopsin: Characterization, cross-reactivity, and application as structural probes. *Biochemistry* **22,** 653–660.

Ohtaki, T., Ogi, K., Masuda, Y., Mitsuoka, K., Fujiyoshi, Y., Kitada, C., Sawada, H., Onda, H., and Fujino, M. (1998). Expression, purification, and reconstitution of receptor for pituitary adenylate cyclase-activating polypeptide. Large-scale purification of a functionally active G protein-coupled receptor produced in Sf9 insect cells. *J. Biol. Chem.* **273,** 15464–15473.

Oprian, D. D., Molday, R. S., Kaufman, R. J., and Khorana, H. G. (1987). Expression of a synthetic bovine rhodopsin gene in monkey kidney cells. *Proc. Natl. Acad. Sci. USA* **84,** 8874–8878.

Reeves, P. J., Klein-Seetharaman, J., Getmanova, E. V., Eilers, M., Loewen, M. C., Smith, S. O., and Khorana, H. G. (1999). Expression and purification of rhodopsin and its mutants from stable mammalian cell lines: Application to NMR studies. *Biochem. Soc. Trans.* **27,** 950–955.

Roth, C. B., Hanson, M. A., and Stevens, R. C. (2008). Stabilization of the human beta2-adrenergic receptor TM4-TM3-TM5 helix interface by mutagenesis of Glu122(3.41), a critical residue in GPCR structure. *J. Mol. Biol.* **376,** 1305–1319.

Sarkar, C. A., Dodevski, I., Kenig, M., Dudli, S., Mohr, A., Hermans, E., and Plückthun, A. (2008). Directed evolution of a G protein-coupled receptor for expression, stability, and binding selectivity. *Proc. Natl. Acad. Sci. USA* **105,** 14808–14813.

Sarramegna, V., Talmont, F., Demange, P., and Milon, A. (2003). Heterologous expression of G-protein-coupled receptors: Comparison of expression systems from the standpoint of large-scale production and purification. *Cell Mol. Life Sci.* **60,** 1529–1546.

Schaffner, W., and Weissmann, C. (1973). A rapid, sensitive, and specific method for the determination of protein in dilute solution. *Anal. Biochem.* **56,** 502–514.

Serrano-Vega, M. J., Magnani, F., Shibata, Y., and Tate, C. G. (2008). Conformational thermostabilization of the beta1-adrenergic receptor in a detergent-resistant form. *Proc. Natl. Acad. Sci. USA* **105,** 877–882.

Shibata, Y., White, J. F., Serrano-Vega, M. J., Magnani, F., Aloia, A. L., Grisshammer, R., and Tate, C. G. (2009). Thermostabilization of the neurotensin receptor NTS1. *J. Mol. Biol.* **390,** 262–277.

Tanaka, K., Masu, M., and Nakanishi, S. (1990). Structure and functional expression of the cloned rat neurotensin receptor. *Neuron* **4,** 847–854.

Tucker, J., and Grisshammer, R. (1996). Purification of a rat neurotensin receptor expressed in *Escherichia coli*. *Biochem. J.* **317,** 891–899.

Wagner, S., Bader, M. L., Drew, D., and De Gier, J. W. (2006). Rationalizing membrane protein overexpression. *Trends Biotechnol.* **24,** 364–371.

Wagner, S., Baars, L., Ytterberg, A. J., Klussmeier, A., Wagner, C. S., Nord, O., Nygren, P. A., Van Wijk, K. J., and De Gier, J. W. (2007). Consequences of membrane protein overexpression in *Escherichia coli*. *Mol. Cell Proteomics* **6,** 1527–1550.

Warne, T., Chirnside, J., and Schertler, G. F. (2003). Expression and purification of truncated, non-glycosylated turkey beta-adrenergic receptors for crystallization. *Biochim. Biophys. Acta* **1610,** 133–140.

Warne, T., Serrano-Vega, M. J., Baker, J. G., Moukhametzianov, R., Edwards, P. C., Henderson, R., Leslie, A. G., Tate, C. G., and Schertler, G. F. (2008). Structure of a beta1-adrenergic G-protein-coupled receptor. *Nature* **454,** 486–491.

Wei*ß*, H. M., and Grisshammer, R. (2002). Purification and characterization of the human adenosine A2a receptor functionally expressed in *Escherichia coli*. *Eur. J. Biochem.* **269,** 82–92.

White, J. F., and Grisshammer, R. (2007). Automated large-scale purification of a recombinant G-protein-coupled neurotensin receptor. *Curr. Protoc. Protein Sci.* 6.8.1–6.8.31.

White, J. F., Trinh, L. B., Shiloach, J., and Grisshammer, R. (2004). Automated large-scale purification of a G-protein-coupled receptor for neurotensin. *FEBS Lett.* **564,** 289–293.

White, J. F., Grodnitzky, J., Louis, J. M., Trinh, L. B., Shiloach, J., Gutierrez, J., Northup, J. K., and Grisshammer, R. (2007). Dimerization of the class A G protein-coupled neurotensin receptor NTS1 alters G protein interaction. *Proc. Natl. Acad. Sci. USA* **104,** 12199–12204.

Yeliseev, A. A., Wong, K. K., Soubias, O., and Gawrisch, K. (2005). Expression of human peripheral cannabinoid receptor for structural studies. *Protein Sci.* **14,** 2638–2653.

第 37 章

整合膜蛋白在单室脂质体中的无细胞翻译

Michael A. Goren*, Akira Nozawa*, Shin-ichi Makino*, Russell L. Wrobel*, and Brian G. Fox*

目录

* 威斯康星大学麦迪逊分校，生物化学系，Brian Fox 教授实验室（Madison，Wisconsin，USA）

摘要

单室脂质体(unilamelar liposome)存在时,小麦胚芽无细胞翻译是一种生产整合膜蛋白的有效方法。本章介绍了表达载体、mRNA 制备、脂质体存在时两种无细胞反应的类型、一种密度梯度超速离心纯化完整脂蛋白体(proteoliposome)的简单高效方法,以及由这种温和制备整合膜蛋白的方法推进的一些性质研究。体外转移新合成的膜蛋白到脂质体中,便可直接测量它们的功能活性,我们将其与现有的方法(用去污剂从生物膜中提取膜蛋白,再将其转入脂质体中进行功能研究)进行了对比。

1. 引言

膜蛋白提供了相应的分子机制,使得有用的分子能够可控地进入细胞,并且允许细胞内的产物输出到胞外。细胞膜上的酶合成了组成细胞膜的分子(如饱和与不饱和脂肪酸、磷脂、甘油酯、鞘脂、甾醇、聚异戊二烯)。细胞膜上的酶复合物负责电子传递,产生电化学梯度,而精细的细胞膜 ATP 酶马达利用这些梯度产生 ATP。膜蛋白还能收集光,提供变构的受体而将外部分子与细胞膜的结合信息通过信号级联转导为细胞反应;在胚胎干细胞分化组装为更复杂的组织时提供必需的表面接触;帮助激发针对病原体感染的抗原反应等。膜蛋白和酶的功能极富多样性,它们对维持细胞的正常功能非常重要,以上例子仅仅是管窥一窥。

对整个过程(整合膜蛋白的表达、转移至脂双层和参与的辅因子)的控制是实验中面临的巨大挑战,如能实现则具有很大的科学价值。此外,如找到能够处理渐增的结构复杂度的新方法,以便能够表达和简易纯化出充分折叠的功能性膜蛋白或复合物(包含在容易处理的脂环境或在功能兼容的去污剂混合物中),同样具有很大的价值。

最近关于结构基因组学的研究表明,无细胞翻译也许是应对这些挑战的唯一可能方式。虽然无细胞蛋白质翻译技术已经存在了很长时间,但现阶段它正被重新认识 (Endo and Sawasaki,2006;Klammt et al. ,2004;Schwarz et al. ,2007;Spirin and Swartz,2008;Vinarov et al. ,2006;Yokoyama,2003)。这一方法利用原核(Boyer et al. ,2008;Kigawa et al. ,2004;Klammt et al. ,2006;Schwarz et al. ,2007;Wuu and Swartz,2008;Yokoyama,2003)或真核(Endo and Sawasaki,2006;Madin et al. ,2000)来源的提取物实现蛋白质合成,提供了与目前表达绝大部分重组蛋白使用的大肠杆菌或其他活细胞平台不同的另一种选择。由于无细胞翻译将蛋白质和酶的表达与细胞动态平衡分离开来,因此消除了活宿主表达系统中的可变因素(Hall et al. ,2005)。无细胞系统能够翻译在细胞中形成复合体的蛋白质(Matsumoto et al. ,2008)、包涵体形式的蛋白质(Klammt et al. ,2004;Schwarz et al. ,2007)、在细胞中会分解的蛋白质(Goren and Fox,2008;Yokoyama,

2003)以及对细胞有毒性的蛋白质(Klammt et al.,2004;Madin et al.,2000;Schwarz et al.,2007)。无细胞翻译极大地加快了评估蛋白质表达条件的速率,简化了纯化重组蛋白的步骤,并且有可能实现克隆序列验证之后直至纯化蛋白质功能验证的所有步骤的自动化。

由于无细胞翻译系统是一个开放的系统,所以它允许在蛋白质合成反应中加入多种类型的试剂,从而能够应对生物的复杂性。一些例子中添加的试剂包括增溶蛋白质的去污剂(Klammt et al.,2007),能收集活性形式膜蛋白的脂质体(Goren and Fox,2008;Nozawa et al.,2007),能重构催化活性的辅因子、辅酶和金属离子(Abe et al.,2004;Boyer et al.,2008;Goren and Fox,2008),能使异质蛋白质和蛋白质-蛋白质复合物共翻译的多重 mRNA(Matsumoto et al.,2008)或其他影响翻译后修饰的酶(Goerke and Swartz,2008;Kanno et al.,2007)。此外,无细胞翻译可通过将没有标记的氨基酸简单的替换为包含如^{2}H、^{13}C或^{15}N(用于 NMR)同位素的氨基酸或硒代甲硫氨酸(selenomethionine,SeMet,用于确定 X 射线衍射相),来实现多种不同类型的氨基酸标记策略(Klammt et al.,2004;Matsuda et al.,2007;Vinarov and Markley,2005)。而且,无细胞翻译不需要营养缺陷和专门的给养就可以实现残基的选择性标记,并且能够直接掺入非天然的氨基酸(Kiga et al.,2002)。其另一个优势是小麦胚芽无细胞翻译已经成功的自动化,可在 50 μL的小体积中以 24 孔、96 孔和 384 孔的形式筛选,也可在多至 6 mL 的体积中以 6 孔和 24 孔的形式生产蛋白质。

2. 无细胞翻译系统概述

本章阐述了小麦胚芽提取物的使用,这是一个具有高稳定性和高产量的真核无细胞翻译系统(Kanno et al.,2007;Madin et al.,2000)。由于小麦胚芽提取物是真核来源,因此翻译和初始蛋白质的折叠机制与细菌翻译不同(Endo and Sawasaki,2006)。此外,这一真核系统还可具有独特的蛋白质伴侣和易位因子,会帮助某些蛋白质的表达(Goren and Fox,2008)。这在下面例子中会有涉及。

图 37.1 给出了无细胞翻译步骤的示意图,并展示了绿色荧光蛋白(green luorescent protein ,GFP,使用的图片得到了日本 Ehime 大学无细胞科学和技术研究中心 Yaeta Endo教授的允许,他既是我们的合作者,也是良师益友)表达的不同时间点的图像。在这项工作中,目的基因克隆到一个专门的表达载体,其转录 mRNA 的 5′端加了转录增强子,3′端加了非翻译序列。SP6 RNA 聚合酶转录基因,产生的高纯度的 mRNA 随后用于翻译反应。表达载体和 mRNA 制备的质量和数量对于成功完成高产率的无细胞翻译非常关键,但却常被忽略(Tyler et al.,2005;Vinarov et al.,2006)。与 mRNA 模板一起,无细胞翻译使用了外源加入的氨基酸作为蛋白质合成的底物。

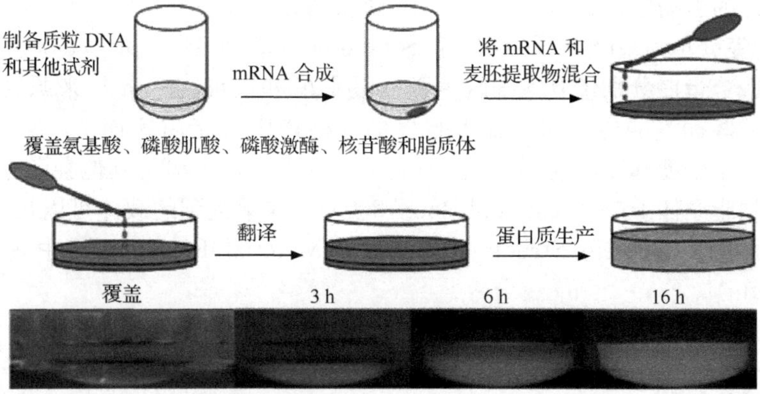

图 37.1　双层模式无细胞翻译反应的步骤图示。将特定载体制备的 mRNA 加入翻译混合物，并用氨基酸、其他底物和需要的添加剂覆盖，反应随即开始。这张照片显示了 16 h 周期内 GFP 翻译的实验过程（另见图版）

3. 表达载体

表 37.1 总结了相应的表达载体。pEU 是为麦胚无细胞翻译系统优化的原始的无细胞翻译载体（Madin et al.，2000），经改进后加入了 5′-*Sgf*I 和 3′-*Pme*I 限制性酶切位点以及在多克隆位点内的毒性筛选元件（toxic selection cassette）（Blommel et al.，2006），适用于通量的 Flexi 载体克隆（Promega）。这一载体命名为 pEU-FV，用于表达没有纯化标签的蛋白质，而 pEU-His-FV 和 pEU-HSBC 的载体可表达 N 端带有 His_6 纯化标签的蛋白质。pEU-NGFP 和 pEU-GFPC 载体在目标蛋白质的 N 端或 C 端融合了 GFP。这些载体在对照研究和在纯化过程中简易地检测翻译的融合蛋白非常有用（Drew et al.，2001）。

表 37.1　用于无细胞翻译并与 Flexi 载体兼容的载体

名称	产物[a]	用途
pEU	目标蛋白质	表达筛选，天然蛋白质
pEU-FV	目标蛋白质	表达筛选
pEU-His-FV	His_6-目标蛋白质	表达筛选；His_6 纯化
pEU-HSBC	His_6-目标蛋白质	表达筛选；His_6 纯化
pEU-NGFP	GFP-目标蛋白质	表达筛选；检测
pEU-GFPC	目标蛋白质-GFP	表达筛选；检测
pEU-Nb5R	目标蛋白质-（细胞色素 b_5 还原酶 N 端锚定肽）[b]	自发将 N 端锚定肽连接到脂质体
pEU-Cb5	目的蛋白质-（细胞色素 b_5 C 端锚定肽）[c]	自发将 C 端锚定肽连接到脂质体

a 目标序列、结构域或翻译蛋白质的标签。例如，pEU-GFPC 产生 C 端融合 GFP 的目标蛋白质，即 GFP-目标蛋白质；

b N 端锚定肽序列为 GAQLSTLGHMVLFPVWFLYSLLM；

c C 端锚定肽序列为 TLITTIDSSSSWWTNWVIPAISAVAVALMYRLYMAED

如果设计的引物序列合理，可以用烟草蚀纹病毒(tobacco etch virus，TEV)蛋白酶切除 GFP 标签(Blommel and Fox，2007；Sobrado et al.，2008)。pEU-Nb5R 和 pEU-Cb5 载体表达的融合蛋白分别带有人细胞色素 b_5 还原酶和人细胞色素 b_5 来源的细胞膜锚定信号。带有这些标签的融合蛋白能够自发的在翻译中与脂质体连接(Nomura et al.，2008)，因此适于密度梯度超速离心纯化(Goren and Fox，2008)。其他翻译后修饰也可将蛋白质锚定到脂质体上(Nosjean and Roux，2003)。这里提到的载体可以从 NIH 蛋白质结构计划材料库(Protein Structure Initiative Material Repository)中得到(http://psimr.asu.edu)。

4. 基因克隆

这一方法需要两步 PCR (Blommel et al.，2006；Thao et al.，2004)。图 37.2 提供了 pEU-HSCB 的载体图谱和用于克隆 His6-细菌视紫红质的引物设计例子(Blommel and Fox，2007)。使用这一载体和引物设计方案，TEV 蛋白酶能够切除 MGHHHHHHA-IAENLYFQ 序列，从而丝氨酸成为成熟蛋白质的第一个氨基酸。烟草花叶病毒 omega 序列为翻译增强子序列(Sawasaki et al.，2000)。将 *Sgf*I 和 *Pme*I 酶切位点加入相应引物中标明的位置，便可用 Flexi Vector cloning 方法(Blommel et al.，2006)将克隆的基因转移到表 37.1 中提到的任一(或所有)载体以及许多其他商品化的载体(见 http://www.promega.com for other examples)中。当相应的转化物在含有 5%蔗糖的平板上生长时，图 37.2 中显示的 sacB-CAT 盒能够提供毒性筛选。这种方式能够更有效的筛选包含目的基因的阳性克隆，同时 sacB-CAT 也提供了针对氯霉素的抗性。pF1K 同源区增强了在不同 Flexi 载体间转移克隆基因的效率(Blommel et al.，2006)。

图 37.2B 给出的例子中，第一步 PCR 使用的 5′正向引物含有基因特异的核苷酸序列，并在 5′末段加入了一段能够编码部分 TEV 酶切位点的不变序列。图 37.2C 中显示的 3′反向互补引物包含了基因特异的核苷酸和 *Pme*I 位点。可以通过在设计引物时替换特异基因序列以克隆其他基因。

第二步 PCR 使用了通用的正向引物(图.37.2B)，其中含有能补全 TEV 酶切位点的序列和 *Sgf*I 位点。通用的反向 PCR 引物用于复制 *Pme*I 位点并加入附加的核苷酸(图 37.2C)。在第二步 PCR 中，将第一步 PCR 的部分产物加入含有通用正向引物和反向引物的新 PCR 反应体系中，从而获得可正确用于 Flexi Vector cloning 的 PCR 产物。

4.1 材料和试剂

基因特异引物(25 nmol，标准脱盐纯化)可以从 IDT(Coralville，IA)得到。

dNTP 混合物(每一种核苷酸 10 mmol/L)来自 Promega(Madison，WI)。

Pfu Ultra II 融合热启动 DNA 聚合酶来自 Stratagene (La Jolla，CA)。

包含 *Sgf*I 和 *Pme*I 内切核酸酶的 10 × Flexi Enzyme Blend 来自 Promega。

PCR 板(T-3069-B)来自 ISC Bioexpress(Kaysville，UT)。

PCR 板的黏性盖子(4306311)来自 Applied Biosystems(Foster City，CA)。

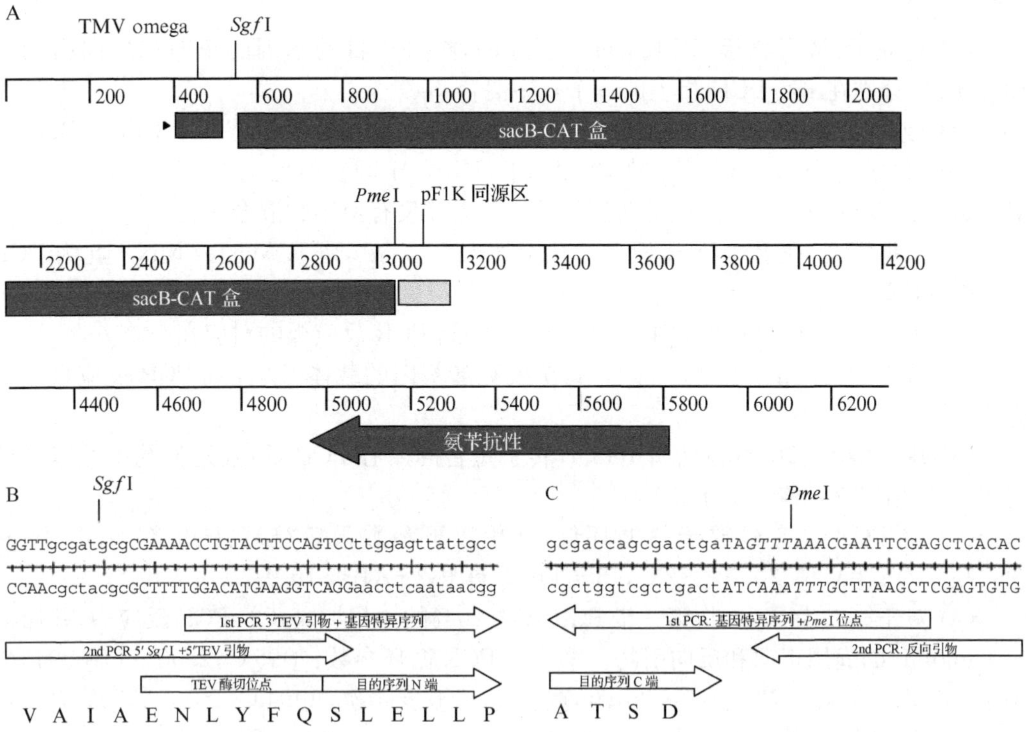

图 37.2　A. pEU-HSCB 线性图展示载体构建的重要特征。TMV omega 序列(蓝框)增强了翻译效率。PF1K 同源序列(黄框)阻止载体两个主链连接。B. 克隆盐杆菌视紫红质的 5′引物(GenBank M11720.1)。第一步 PCR 正向引物为 5′-ACCTGTACTTCCAGTCCttggagttattgcc,大写的核苷酸对应 3′TEV 引物,小写核苷酸对应基因特异序列。第二步通用正向引物为 5′-GGTTgcgatcgc-CGAAAACCTGTACTTCCAGTCC,小写的为 *Sgf*I 位点。第一步正向引物和通用正向引物间有 18 bp 的重叠。TEV 蛋白酶识别序列为 ENLYFQ/S,在 Q 和 S 之间酶切。C. 盐生嗜盐菌(*Halobacterium salinarium*)视紫红质的 3′引物(GenBank M11720.1)。第一步 PCR 反向互补引物为 5′-GCTCGAATTC*GTTTAAAC*TAtcagtcgctggtcgc,大写的斜体核苷酸对应 *Pme*I 位点,小写的核苷酸对应基因特异的序列。第二步通用反向引物为 5′-GTGTGAGCTCGAATTCGTTTAAAC。第一步反向引物和通用反向引物间有 18 bp 的重叠(另见图版)

PCR 板用 Allegra 6R 离心机、GH3.8 转子(Beckman Coulter,Fullerton,CA)离心。

MJ DNAEngine、DYAD、Peltier 热循环仪(MJ Research,Waltham,MA)用于热循环反应。

4.1.1　实验方案

以下步骤用于 PCR 扩增目的基因并添加克隆需要的序列。含有测序验证过的基因序列的载体用做 PCR 的模板。这些可以从其他来源或研究计划中获得。如果目的基因没有内含子,这一 PCR 的实验方案也能用于基因组 DNA,或用于经反转录的 mRNA (Thao et al.,2004)。

如果作为模板的载体和用于 PCR 产物克隆的 Flexi 载体具有相同的抗生素抗性,则可在 PCR 反应中加入 *Dpn*I 酶 37℃孵育 1 h。*Dpn*I 能够消化模板载体同时保持 PCR 产物完全无损。

(1) 建立 PCR 引物板(PCR primer plate),将每个目的基因的正向和反向引物各 10 μmol/L分别在 ISC PCR 板上的一个孔中混合。

(2) 建立 PCR Master Mix,含有 2.195 mL 水、250 μL 10×*Pfu* Ultra II Buffer、25 μL dNTPs(每个 10 μmol/L)和 50 μL Pfu Ultra II 融合热启动 DNA 聚合酶。这一 Master Mix 足够 96 个反应,也可适当的扩大。丢弃没有使用的混合物。

(3) 根据需要,在 ISC PCR 板上每孔中加入 23.0 μL PCR Master Mix。此为 PCR 反应板(PCR reaction plate)。

(4) 加入自 PCR 引物板的 1 μL 引物混合物到 PCR 反应板的对应孔中。

(5) 分别加入 1 μL(约 100 ng)含每个要克隆基因的载体 DNA 到 PCR 反应板上对应孔中。

(6) 用 Allegra 6R 离心机和 6H3.B 转子短暂的离心 PCR 反应板,使孔中的液体到底部,然后用封口带覆盖板子。

(7) 将 PCR 反应板放于热循环仪,并用以下参数设定循环:①95℃,2.00 min;②94℃,20 s;③50℃,20 s;④72℃,15 s/kb;⑤重复②~④步 19 次。

(8) 对于第二步 PCR,将第一步 PCR 产物 20%的体积加入新的 PCR 反应中,并加入 0.2 μmol/L 的通用正向和反向引物。第二步 PCR 循环参数:①95℃,2.00 min;②94℃,20 s;③50℃,20 s;④72℃,15 s/kb;⑤重复②~④步 4 次;⑥94℃,20 s;⑦55℃,20 s;⑧72℃,15 s/kb;⑨重复⑥~⑧步 24 次;⑩72℃,3.00 min;⑪4℃保存。

(9) PCR 反应完成后,用琼脂糖凝胶电泳分析适当大小的产物。

5. PCR 产物纯化

PCR 产物在 *Sgf*I/*Pme*I 酶切前需纯化。

5.1 材料和试剂

PCR 纯化试剂盒[Quickstep 2 PCR purification kit (EdgeBio,Gaithersburg,MD)],含有 SOPE 树脂、安全的无菌密封带、Performa Ultra 96 孔平板和 V-Bottom 96 孔板。

5.1.1 实验方案

(1) 加 4 μL 充分混悬的 SOPE 树脂到 20 μL PCR 产物(来自上述 FLEXI-TEV PCR 实验方案)。

(2) 用安全的无菌密封带密封板子并涡旋。悬液室温静置。同时准备 Performa Ultra 96 孔平板。

(3) 去除 Performa Ultra 96 孔平板顶部和底部的黏性密封,加上盖子。

(4) 将 Performa Ultra 96 孔平板叠在一个 96 孔平底微量培养板之上。

(5) 将此装置放入有衬垫的离心用平板托架(plate carrier)。

(6) 850 *g* 离心 5 min。

(7) 短暂离心使 SOPE/PCR 混合物富集到孔的底部。缓慢用移液器将 SOPE/PCR 反应混合物直接转移到 Performa Ultra 96 孔平板。确保液体流进胶基质。加上盖子。

(8) 将 Performa Ultra 96 孔平板叠在 96 孔 V-bottom 微量培养板之上。

(9) 将此装置放入离心机平板托架，850 *g* 离心 5 min。保留内含纯化 PCR 产物的洗出液。PCR 产物在准备使用前可以保存在－20℃。

6. Flexi 载体和 PCR 产物酶切反应

以下步骤是在连接前用 *Sgf*I 和 *Pme*I 消化 pEU 载体变体和纯化的 PCR 产物。使用 Flexi Vecotr 系统克隆的额外描述参见其他文献(Blommel and Fox，2007；Blommel et al.，2006)。成功的 Flexi Vector 克隆重要的是避免过度消化 PCR 产物和 Flexi 载体。*Sgf*I 具有星号活性，过度消化会去除黏性末端，使消化后的载体变为平末端，这会导致载体自连并产生无插入片段的高背景克隆。

6.1　试剂

5×Flexi 消化缓冲液(Promega)；10×*Sgf*I/*Pme*I 酶混合剂(Promega)；pEU 载体变体(表 37.1)；纯化 PCR 产物[自 PCR 产物纯化实验方案第(9)步]。

6.1.1　实验方案

(1) 建立 pEU 载体酶切 Master Mix。含有 158.3 μL 无菌去离子水、44.0 μL 5×Flexi 消化缓冲液、2.2 μL 10×*Sgf*I/*Pme*I 混合酶和 13.5 μL 目的 pEU 载体变体(如 150 ng/μL的纯化 pEU-His-FV)。混合酶稠密容易沉降，因此将其加入成分前须充分混匀。

(2) 将 pEU 载体酶切 Master Mix 放于热循环仪，并用以下参数设定循环：①37℃，40.00 min；②65℃，20.00 min；③4℃直至需要。

(3) 建立 PCR 产物消化 Master Mix。含有 638 μL 无菌去离子水、220 μL 5×Flexi 消化缓冲液、22 μL 10×*Sgf*I/*Pme*I 混合酶。这一 Master Mix 可以满足 96 个反应，也可适当的扩大。丢弃没有使用的混合物。

(4) 将 8.0 μL 的 PCR 产物酶切 Master Mix 加入 ISC PCR 板的每个孔。此为 PCR 消化板(PCR digest plate)。

(5) 在 PCR 消化板的每个使用过的孔中，加 2.0 μL 纯化的 PCR 产物。

(6) 将 PCR 消化板放于热循环仪，并用以下参数设定循环：①37℃，40.00 min；②65℃，20.00 min；③需要前保存在 4℃。如果转化没有产生克隆，或者克隆仅含目的插入片段的载体，则降低 37℃孵育的时间以减小星号活性。

7. 连接反应

酶切和纯化后的 PCR 产物及 pEU 变体载体在本步骤中连接。为了获得最高效率的连接反应,要点是使用高浓度的连接酶。

7.1 试剂

10×T4 DNA 连接酶缓冲液(Promega);高浓度的 T4 DNA 连接酶(Promega);pEU 变体载体(自 Flexi 载体消化反应第(2)步);

纯化后的 PCR 酶切产物[来自 PCR 产物酶切反应第(6)步]。

7.1.1 实验方案

(1) 建立连接 Master Mix,包含 225 μL 无菌去离子水、110 μL 10 × T4 连接酶缓冲液和 50 μL 高浓度的 T4 DNA 连接酶。

(2) 向新 PCR 板的每个孔中加入:5.0 μL 纯化后的 PCR 酶切产物、2.0 μL 消化的 pEU 载体和 3.5 μL 连接 Master Mix。此为连接板(ligation plate)。

(3) 将连接板在热循环仪中 25℃孵育 3 h。

(4) 立即转化或在 4℃过夜保存连接板。

8. 转化反应

以下步骤为连接反应产物转化感受态细胞。按照制造商的实验方案,Invitrogen 和 Promega 的感受态细胞均已成功使用。

8.1 材料和试剂

用于转化的 10 G 化学感受态细胞(Lucigen,Middleton,WI);10 G 细胞回收液(Lucigen);连接板[来自连接反应第(4)步];Fisherbrand 无菌一次性培养皿(60 mm×15 mm)(Fisher Scientific,Pittsburgh,PA);YT 琼脂平板,含有 0.5%(*m*/*V*)葡萄糖、50 μg/mL卡那霉素,并含有 5%蔗糖用于筛选 pEU-HSCB 载体(图 37.2);ColiR oller 平板珠 (Novagen,Gibbstown,NJ)。

8.1.1 实验方案

(1) 将 10 G 化学感受态细胞从−80℃冰箱取出放于冰上融化。

(2) 均分 10 μL 细胞到预冷的 PCR 板或 strip 管中。

(3) 加入 1.0 μL 连接产物后用移液枪头尖搅匀。

(4) 冰上孵育至少 5 min。将热循环仪设置锁定到 34℃。

(5) 34℃热休克 30 s(小的反应体积要按制造商的说明)。

(6) 转化反应物放回到冰上,孵育 2 min。

(7) 从冰上移出,加入 80 μL 处于室温的复苏培养基。

(8) 37℃孵育 1 h。不要摇动。

(9) 在孵育转化物的同时,标记 96 个含有合适抗生素和 A1-H12 的 YT 板底部,并在每个板中加入 5~10 个无菌 ColiRoller 玻璃珠。

(10) 向每个对应标记的板子中加入全部的转化反应物。圆周运动摇动板子使液体分散。翻动板子小心将 ColiRoller 珠移出到合适的废液容器中，或者放入 100％乙醇以备下次使用。

(11) 37℃过夜孵育板子。

9. 质粒 DNA 的纯化

所有用于体外转录和翻译的试剂必须是无 RNA 酶的。因此，所有用于制备无细胞反应的玻璃器皿一定要在 180℃烘烤 3 h 以去除 RNA 酶。此外，要戴手套，并在处理试剂时避免说话和打喷嚏以防止手上和唾液中的 RNA 酶污染。除非另有说明，所有缓冲液必须用 0.2 μm 滤器过滤除菌，保存在－20℃。

另外，除非另有说明，用 18 MΩ 的水(Milli-Q water，Millipore，Billerica，MA)制备所有试剂。焦碳酸二乙酯(DEPC)处理的水不能用于本实验方案，因为 DEPC 的降解产物会抑制体外转录和翻译反应。

9.1　试剂

用于蛋白酶 K 的 10×缓冲液包含 100 mmol/L Tris-HCl(pH 8.0)、50 mmol/L EDTA和 1％(m/V) SDS。

蛋白酶 K 购自 Sigma/Aldrich(St. Louis，MO)。在 1.0 mL 10×蛋白酶 K 的缓冲液中加入 0.5 mg 蛋白酶 K 以制备 10×蛋白酶 K 溶液。将此蛋白酶 K 溶液分装为 10 μL 并保存在－80℃。

9.1.1　实验方案

(1) 从 pEU-His-FV 转化子中挑单克隆转接 150 mL 的 2 × YT 培养液，在摇床中 37℃过夜培养。离心收集细胞。

(2) 用 Marligen 公司高纯度质粒大提试剂盒[Marligen high-purity plasmid Maxiprep kit(Marligen Biosciences，Ijamsville，MD)]，依照制造商的说明书纯化质粒。用 500 μL Milli-Q 水重悬每个分离的 DNA 沉淀并测量 260 nm 的吸光度以确定质粒 DNA 的浓度。质粒 DNA 的通常产量为 600～900 μg。

(3) 商品化试剂盒制备的载体 DNA 通常含有痕量的 RNA 酶污染。为了成功转录和翻译，这一污染物必须去除。在 1×蛋白酶 K 缓冲液中，用 50 ng/μL 的蛋白酶 K 37℃孵育至少 60 min 处理纯化的质粒，以除去痕量的 RNA 酶污染。

(4) 残余蛋白质可加入同体积 1∶1 的苯酚/氯仿溶液到制备的质粒中，剧烈涡旋，用 F2402H 转子和 Allegra 21R 离心机或相当的仪器 14 000 r/min(18 000 g)、4℃离心以去除。将上层水相转移到新的管中并重复抽提步骤，转移水相到新管中。

(5) 向步骤(4)中获得的液相加入 0.1 倍体积的 3 mol/L 乙酸钠(pH 5.2)和 2.5 倍体积的乙醇，混匀。－20℃冰冻 10 min 以沉淀质粒 DNA。

(6) 用 F2402H 转子和 Allegra 21R 离心机 14 000 r/min(18 000 g)、4℃离心。

500 μL冰浴的70%乙醇清洗沉淀。

(7) 如上述条件再次离心5 min，弃去上清液，充分风干目的质粒DNA的沉淀。

(8) 用400 μL Milli-Q水溶解质粒DNA沉淀，并测量260 nm的吸光度以确定质粒DNA的浓度。用Milli-Q水调节体积使每个载体DNA浓度为1 μg/μL。1 μg/μL质粒DNA的$A_{260\ nm}$为20(40倍稀释为0.5)。

10. mRNA制备

在无细胞翻译中，mRNA是蛋白质合成反应必要的反应物。为了获得最高的转录效率，必须加入足够量的mRNA以饱和翻译反应中的核糖体。

10.1　试剂

含Mg转录缓冲液(5×)：400 mmol/L HEPES-KOH(pH 7.8)、100 mmol/L乙酸镁、10 mmol/L盐酸精脒(spermidine hydrochloride)和50mmol/L DTT。−20℃保存。

NTP溶液：含有25 mmol/L的ATP、GTP、CTP和UTP，分别由0.2 μm滤器无菌过滤的100 mmol/L NTP(Milli-Q水溶解)制备。NTP溶液保存在−80℃。

SP6 RNA聚合酶和RNA酶抑制剂(RNasin)购自Promega。

10.1.1　实验方案

(1) 在使用前即时制备转录混合物，包含2×含Mg的转录缓冲液、8 mmol/L NTP、3.2 unit/μL SP6 RNA聚合酶和1.6 unit/μL RNA酶抑制剂。

(2) 将质粒DNA[自质粒DNA纯化第(8)步]分别加入PCR板中，每孔2.5 μL。在PCR板中，每孔再加入2.5 μL的转录混合物并混匀。此为转录板(transcription plate)。

(3) 密封转录板以避免蒸发导致的浓缩。37℃孵育转录板4 h。如果转录反应进行无误，会形成焦磷酸镁的白色沉淀，使转录溶液浑浊。

(4) 用C0650转子和Allegra X-22R离心机6230 r/min(4000 *g*)、26℃、5 min离心转录反应物，除去白色沉淀。为了避免共沉淀mRNA，反应物不能冷冻。转移上清液到一个新管中。澄清的溶液将作为mRNA溶液用于翻译反应。

11. 脂质体的制备

将单室脂质体加入无细胞翻译反应中以捕获新翻译的膜蛋白。这一步骤提供了与用去污剂增溶膜蛋白不同的另外一种方法。去污剂的存在会导致不能直接测定膜蛋白的功能。

11.1　材料和试剂

大豆完全抽提物(20%卵磷脂)购自Avanti Polar Lipids (Alabaster，AL)。

脂质再水化缓冲液(lipid rehydration buffer)：25 mmol/L HEPES(pH 7.5)、

100 mmol/L NaCl。

0.4 μm 和 0.1 μm 的径迹蚀刻聚碳酸酯膜(Track-etch polycarbonate membrane)，购自 Nucleopore(Pleasanton,CA)。

用于制备单室脂质体的迷你型挤压机购自 Avanti Polar Lipids。

11.1.1　实验方案

(1) 将 1 g 大豆完全抽提物(20%卵磷脂)溶解于 3 mL 氯仿。

(2) 用 N_2 气流冲洗脂质溶液以去除大部分有机溶剂。真空干燥剩余脂质 30 min。

(3) 用 67 mL 的脂质再水化缓冲液重悬干的脂质。涡旋脂质溶液直到匀质。3～5 个冻融(freeze/thaw)循环会帮助脂质的水化。

(4) 通过迷你型挤压机形成单室脂质体。先将脂质体溶液穿过 0.4 μm 的 Track-etch 聚碳酸酯膜 11 次，再穿过 0.1 μm 的 Track-etch 聚碳酸酯膜 11 次。

(5) 分装脂质体并快速冷冻。此方法制备的脂质体可以在－80℃保存。

12. 小麦胚芽翻译反应

图 37.3 比较了双层反应(bilayer reaction)和透析反应(dialysis reaction)的建立方法。双层反应利用提取物和上层缓冲液的密度差异将提取物和 mRNA 与其他反应物相互隔离。这种情况下，底物和产物的扩散发生在整个缓冲液界面。由于装置简单，双层无细胞翻译反应可以自动操作(Sawasaki et al.,2002a;Tyler et al.,2005;Vinarov et al.,2004;2006)。根据我们的结果，双层反应可以生产约 0.2 mg/mL 的不同膜蛋白。然而，由于扩散稀释了反应，产量受到限制。

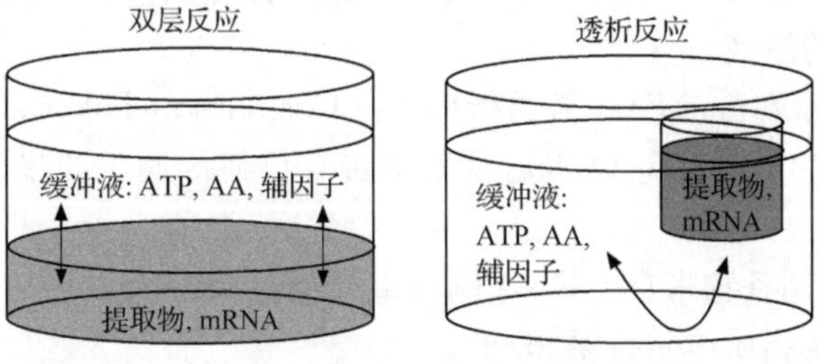

图 37.3　两种无细胞翻译的图示。双层法中，利用两种溶液的密度差异，使提取物和 mRNA 与 ATP、氨基酸、辅因子及其他缓冲添加剂相互隔离(图 37.1)。透析法中，提取物和 mRNA 阻留在透析膜中。对于此两种方法，扩散都会导致底物、产物和添加剂在提取物及缓冲液间转移

透析反应是另一种进行无细胞翻译的方法(图 37.3)。反应杯底部的 12 kDa 截留膜阻留了浓缩的小麦胚芽提取物、mRNA 和表达的蛋白质。而扩散会补充 ATP、氨基酸、辅因子和其他持续翻译需要的添加剂，并去除抑制物。无细胞翻译的透析法比双层法的表达量高 5～10 倍，因为在双层法翻译的过程中，提取物的组分会因扩散而稀释，但透析法不会。因此在标准反应中，透析法能产生从 0.2 mg/mL 到大于 2mg/mL 范围内的纯的膜蛋白(Goren and Fox,2008)。虽然不太适合自动化，但透析反应能在实验台上操作，

并能从 50 μL 扩大到 10 mL 或更大体积而不会有容积生产率(volumetric productivity)的总体改变。这一方法可用较小的体积对少数蛋白质进行简单筛选;而对于已经通过小规模方案了解了性质并发现可以深入研究的蛋白质,也可用较大的体积进行规模化生产。采用双层和透析反应的自动批次化的无细胞翻译的实验方案都已经发表(Endo and Sawasaki,2006;Sawasaki et al. ,2002a;Vinarov et al. ,2006)。对于完整膜蛋白的翻译,我们发现加入单室脂质体能够有效的改良翻译反应(Goren and Fox,2008;Nozawa et al. ,2007)。

12.1 材料和试剂

WEPRO2240 小麦胚芽提取物来自 CellFree Sciences,Ltd. (Yokohama,Japan),其 $OD_{260\ nm}$大约为 240,并且不含有氨基酸。-80℃保存提取物,实验台上解冻,将未使用的裂解物在保存前速冻。添加入翻译反应时,用 1×反应缓冲液将提取物从浓缩的商业化制剂稀释到最终 $OD_{260\ nm}$为 60。

未标记的氨基酸来自 Advanced ChemTech (Louisville,KY)。20 种未标记的氨基酸混合物用 Milli-Q 水制备,每一种氨基酸浓度为 2 mmol/L。因为一些氨基酸在这些溶液中不可溶,因此不要过滤。

5×反应缓冲液:150 mmol/L HEPES-KOH(pH 7.8)、500 mmol/L 乙酸钾、12.5 mmol/L乙酸镁、2 mmol/L 盐酸精胀、20 mmol/L DTT、6 mmol/L ATP、1.25 mmol/L GTP、80 mmol/L 磷酸肌酸钠和 0.025%(*m/V*)叠氮化钠。-80℃保存。

1×覆盖缓冲液(overlay buffer)由 5 倍稀释 5×反应缓冲液得到。在覆盖缓冲液中加入氨基酸溶液使得每种氨基酸终浓度达到 0.3 mmol/L。

肌酸激酶来自 Roche Applied Sciences (Indianapolis,IN)。用 Milli-Q 水溶解为 50 mg/mL的溶液,保存在-80℃。使用前将储备液稀释到 1 mg/mL。避免反复冻融储备液。丢弃已稀释的溶液。

12 kDa 分子质量筛截(MWCO)透析杯来自 CosmoBio (Tokyo,Japan)。使用前检查膜是否完整,加入 500 μL Milli-Q 水后观察是否有任何渗漏。如果没有渗漏,使用前去除水。

纯化的 mRNA 制备物来自 mRNA 制备第(4)步。

脂质体溶液来自脂质体制备第(6)步。

24 深孔金字塔底板(pyramid-bottom plate),最大体积 10 mL(Articwhite,Bethlehem,PA)。

96 孔 U 底板(Greiner Bio-One,Monroe,NC)。

12.1.1 双层反应实验方案

(1) 制备 20 μL 翻译混合物,混合 2 μL 的 15 mg/mL 脂质体溶液、4.25 μL Milli-Q 水,2.75 μL 的 5×反应缓冲液、3.75 μL 的 2 mmol/L 未标记氨基酸、1 μL 的 1 mg/mL 肌酸激酶和 6.25 μL 的 WEPRO2240 小麦胚芽提取物。根据需要的反应个数,扩大相应的体积并加入约 10%额外的体积补偿操作损失。

(2) 向 96 孔 U 形底板的单孔中加入 5 μL 的 mRNA 制备物。

(3) 在每个孔中的 mRNA 样品中再加入 20 μL 翻译混合物，混匀。

(4) 小心加入 125 μL 1×覆盖缓冲液以形成双层。注意不要破坏双层结构，否则会稀释提取物并减少蛋白质产量。

(5) 26℃孵育反应 20 h，期间不要破坏双层结构。

(6) 蛋白质翻译水平可通过变性 SDS-PAGE 确定，肌酸激酶作为内参。

12.1.2　透析反应实验方案

(1) 用双层反应实验方案中第(1)步描述的翻译混合物 50 μL 溶解纯化的 mRNA 沉淀。

(2) 将翻译混合物放入 12 kDa MWCO 透析杯中。

(3) 制备储备透析缓冲液，混合 6.5 mL Milli-Q 水、2.0 mL 5×反应缓冲液和 1.5 mL的 2 mmol/L 未标记氨基酸。超声混合液 5 min，然后用 0.2 μm 滤器过滤。将 2.5 mL 储备透析缓冲液加到 24 深孔板中的每个孔中。

(4) 将透析杯悬浮到储备透析缓冲液中。注意在透析杯下不要有起泡，否则会影响添加物的补给。

(5) 用 Saran 包装膜(Saran wrap)覆盖 24 深孔板以阻止储备透析缓冲液蒸发。26℃孵育翻译反应 16 h。

(6) 蛋白质翻译水平可通过变性 SDS-PAGE 确定，肌酸激酶作为内参。

13. 密度梯度超速离心纯化

图 37.4 显示了纯化含有膜蛋白(小麦胚芽无细胞翻译技术生产)的脂蛋白体示意图。在密度梯度装配好后，一步离心可以将脂蛋白体与无细胞提取蛋白质分离开。在大多数情况下，脂蛋白体在 30% Accudenz 溶液和上层缓冲液的分界面被极大的浓缩。

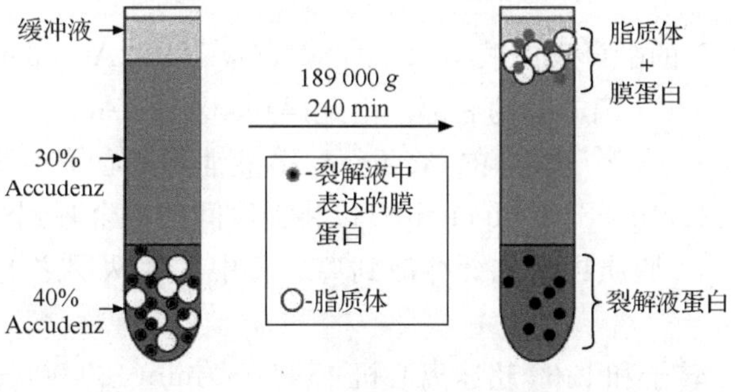

图 37.4　纯化含有用小麦胚芽无细胞翻译生产的膜蛋白的脂蛋白体示意图

图 37.5 显示了用变性 PAGE 分析分离的脂蛋白体示意图，脂蛋白体是由硬脂酰基-辅酶 A 脱氢酶(hSCD1)和细胞色素 b_5(cytb5)在小麦胚芽提取物中共翻译获得的。在脂质体存在时，hSCD1 占到了翻译后总蛋白质的约 4%。从 50 μL 翻译反应体系密度梯度

纯化得到了 24 μg 纯度大于 80%的 hSCD1，酶的比活提升了 25 倍，并且从提取物中近乎获得了酶活性 100%的回收。

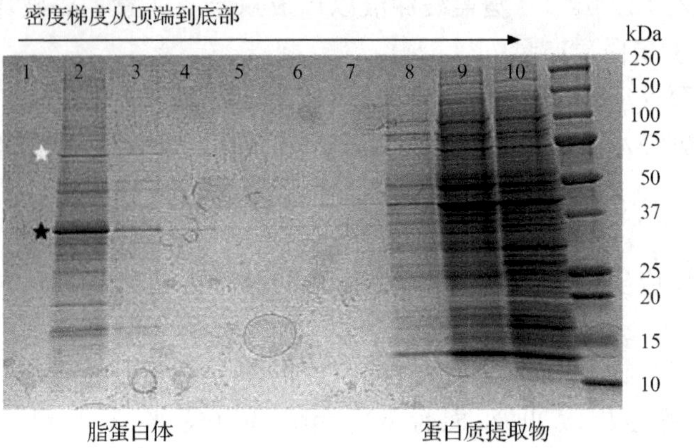

图 37.5 变性 PAGE 分析无细胞翻译获得的 hSCD1 的密度梯度。密度梯度的组分顺序已标出。hSCD1(★)和植物类热休克蛋白 70(Hsp70-like)(☆)在第 2 泳道标出，表明了上层缓冲液(第 1 泳道)和余下的 30% Accudenz 层的分界面。小麦胚芽提取物的大部分保留在 40%的 Accudenz 层中。最右边的泳道为分子质量标准(kDa，沿图边标示)。改编自 Goren 和 Fox (2008)

13.1 材料和试剂

Accudenz 来自 Accurate Chemical and Scientific (Westbury，NY)。在 25 mmol/L HEPES(pH 7.5)中制备 80%(*m*/*V*)和 30%(*m*/*V*)的溶液，含有 100 mmol/L NaCl 和 10%(*m*/*V*)的甘油。室温保存这些溶液。

超洁净(Ultraclear)离心管(5 mm 内径 × 41 mm 高度)购自 Beckman Coulter(Fullerton，CA)。

脂质再水化缓冲液为 25 mmol/L HEPES(pH 7.5)，含 100 mmol/L NaCl。

13.1.1 实验方案

(1) 仔细将 75 μL 的翻译反应液与 75 μL 80%(*m*/*V*)的 Accudenz 溶液混合，然后将混合的样品放于 ultraclear 离心管的底部。由此得到 40%的 Accudenz 层。

(2) 仔细将 350 μL 30%(*m*/*V*)的 Accudenz 溶液铺到离心管中混合物的上层。使用凝胶上样的移液枪头(gel loading pipet tip)，以将梯度间的混合减到最少。

(3) 仔细铺 100 μL 脂质再水化缓冲液到离心管中其他两层之上。由此得到密度梯度管。

(4) 用 SW 50.1 转子和 L-60 超速离心机 45 000 r/min(189 000 *g*)4℃至少离心密度梯度管 4 h。离心需要的时间依赖于生产出的脂蛋白体的性质，因此需要优化密度梯度和离心时间以获得对不同蛋白质的最好分离效果。

(5) 从梯度的顶端到底部依次仔细移出 60 μL 以分离密度梯度。分别在 1.5 mL 离心管中保存各个分离组分。通常来说，脂蛋白体会迁移到 30%(*m*/*V*)Accudenz 溶液和脂质再水化缓冲液的分界面上。

（6）用变性 SDS-PAGE 分析各个组分的蛋白质含量。

14. 脂蛋白体的性质

如何将增溶的膜蛋白从去污剂转移到脂质体以进行功能分析已经有过极好的介绍(Rigaud and Levy,2003)。本章中,脂质体是蛋白质生产和纯化过程中的内在部分,因此无需进一步处理便可立即进行功能分析。密度梯度离心能够温和地从无细胞翻译反应中回收脂蛋白体,并高度浓缩以达到功能分析的要求,而且花费的时间和精力也是最小的。这对于发现和描述细胞膜蛋白组的性质具有显而易见的优势(Sawasaki et al.,2002b;Wu et al.,2003)——膜蛋白质组在所有蛋白质中占有很大比重,但目前对它们的了解仍然很少。

这里的例子是通过小麦胚芽提取物共翻译或单独翻译获得 hSCD1 脂蛋白体和 cyt5b 脂蛋白体,并分析不同的组合对[14]C 标记的硬脂酰-辅酶 A(18∶0)到油酰基-辅酶 A(18∶1)的转换能力(Goren and Fox,2008)。图 37.6 显示了分析结果。无细胞提取物的对照(泳道 9)没有脱氢酶活性。细胞色素 b_5 和 Fe^{2+} 对于 hSCD 活性是必需的(泳道 1～3 对比泳道 4～8),此外铁和血红素需优化以获得最大的活性(泳道 4～8)。而且,在本例中,hSCD1 和细胞色素 b_5 共翻译与分别翻译再将两种脂蛋白体混合两种方式具有相当的催化活性(泳道 6 对比泳道 8)。

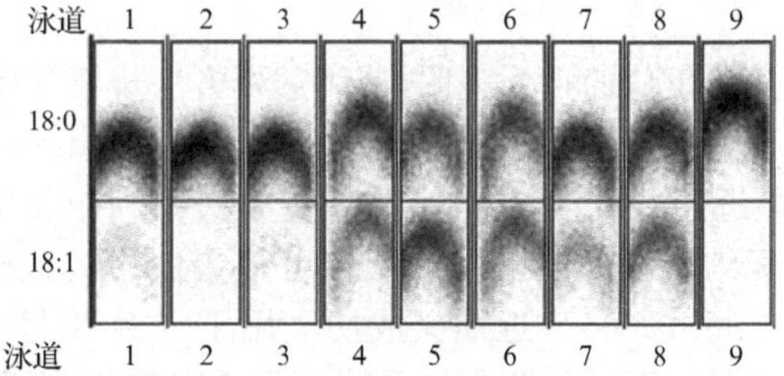

泳道	1	2	3	4	5	6	7	8	9
hSCD1(μmol/L)	2.9	–	2.9	2.9	2.9	2.9	2.9	2.9	–
细胞色素b_5(μmol/L)	–	5.8	5.8	5.8	5.8	5.8	5.8	5.8	–
Fe^{2+}(μmol/L)	29	–	–	29	29	29	29	29	29
Hemin(μmol/L)	–	5.8	5.8	–	2.9	5.8	11.6	5.8	5.8
转化率	3	–	2	33	54	43	17	42	–

图 37.6　对无细胞翻译生产、密度梯度离心纯化的人硬脂酰基-辅酶 A 脱氢酶和人细胞色素 b_5 复合物各种组合的催化活性观察。人细胞色素 b_5 还原酶的可溶结构域在大肠杆菌中表达并加入到这些实验中。同样证实了加入 Fe^{2+}(hSCD1 活性需要)和血红素(细胞色素 b_5 活性需要)的影响。泳道 1. hSCD1 加铁;泳道 2. 细胞色素 b_5 加血红素;泳道 3. 共翻译 hSCD1 和细胞色素 b_5 并添加血红素;泳道 4. 共翻译 hSCD1 和细胞色素 b_5 并添加 Fe^{2+};泳道 5. 共翻译 hSCD1 和细胞色素 b_5 并添加 Fe^{2+} 和 0.5 等分的血红素;泳道 6. 共翻译 hSCD1 和细胞色素 b_5 并添加 Fe^{2+} 和 1 等分的血红素;泳道 7. 共翻译 hSCD1 和细胞色素 b_5 并添加 Fe^{2+} 和 2 等分的血红素;泳道 8. 分别翻译和纯化的 hSCD1 和细胞色素 b_5 混合并添加 Fe^{2+} 和 1 等分的血红素;泳道 9. 共翻译 hSCD1 和细胞色素 b_5 并添加 Fe^{2+} 和 0.5 等分的血红素。改编自 Goren 和 Fox(2008)

在很多情况下，无细胞提取物不会有在全细胞、微粒体和其他不纯的天然膜蛋白制备物中存在的竞争性酶反应。竞争性酶反应存在的可能性可通过将无细胞提取物作为对照来进行实验验证。一经验证，无细胞提取物的低反应背景将会对未知膜蛋白或复合物的功能发现具有重要的意义。此外，没有竞争性背景反应也有利于进一步的性质鉴定，如利用通常用于纯的可溶蛋白质分析的位点突变、抑制剂和其他一些催化方法等。

通过联合蛋白质水解消化和质谱仪，功能性脂蛋白体同样推进了无细胞翻译的膜蛋白的拓扑学研究（Speers and Wu，2007；Wu et al.，2003）。在某些情况下，无细胞翻译利用放射性氨基酸、人造氨基酸进行蛋白质合成的能力或用特征质量标签锚定一个或多个氨基酸的能力都能够促进这些研究。

进一步的纯化可能需要用去污剂溶解蛋白脂质体，这与从组织中利用微粒体纯化制备膜蛋白的要求相似。然而，无细胞翻译、脂质体和密度梯度离心的组合使得后续的纯化从一个很高的纯度开始。随着去污剂的加入，可以观察到蛋白脂质体光散射的减少，这提供了一种优化去污剂的简单鉴定方法（Seddon et al.，2004；Womack et al.，1983）。利用核磁共振、分析型超速离心和凝胶过滤等新方法能够深入了解给定去污剂产生单分散蛋白质-去污剂胶束的能力（Maslennikov et al.，2007；Slotboom et al.，2008），这种能力通常被认为是蛋白质和去污剂相容性的指标。只要使用的去污剂与无细胞翻译反应和新生的膜蛋白增溶作用相互兼容，在去污剂存在时使用无细胞翻译膜蛋白也是可能的（Klammt et al.，2007；Nozawa et al.，2007）。

15. 规模化的注意事项

双层或小量透析反应的行为表明，使用透析方法规模化生产蛋白质是最有效的方式。进行大规模透析反应的相关方法已经整理成书出版（Madin et al.，2000；Spirin and Swartz，2008）。就在最近，一种自动化的透析装置解决了利用无细胞翻译生产大量蛋白质的需求。小麦胚芽无细胞翻译已被用于众多可溶蛋白质的核磁共振结构解析（Phillips et al.，2007；Tyler et al.，2005），近期又成功应用于一例 X 射线结构解析（Makino et al.，2009）。类似的，大肠杆菌无细胞翻译系统也已被有效地用于可重折叠的膜蛋白的生产，以及用于制备硒代甲硫氨酸（SeMet）标记的蛋白质样品[以用做结构测定，如 EmrE（*E. coli* multidrug resistance E）]（Klammt et al.，2007；Chen et al.，2007）。如需制备用于大规模生产蛋白质的足量 mRNA，需要在 50 mL 锥形管中进行总体积为 4 mL 的转录反应，包含 1×转录加 Mg 缓冲液、4 mmol/L NTP、0.05 mg/mL 质粒 DNA、0.5 单位/μL 的 SP6 RNA 聚合酶和 0.25 单位/μL 的 RNA 酶抑制剂。37℃孵育此反应 3～5 h。

16. 同位素标记进行结构研究

在麦胚抽提物中需要加入氨基酸作为蛋白质合成的底物，因此 SeMet、^{2}H—、^{13}C—、^{15}N—或其他同位素标记的氨基酸可以被轻松加入。除了丙氨酸转氨酶（betachloro-L-alanine)、天冬氨酸转氨酶(氨基氧乙酸)和谷氨酰胺合成酶(左旋甲硫氨酸硫酰亚胺)的作用外(可被相应化合物抑制),麦胚抽提物中的氨基酸并不会发生显著的新陈代谢(Endo and Sawasaki,2006;Morita et al.,2004)。这样一来,已翻译蛋白质中同位素富集的水平与反应中用到的氨基酸前体水平相匹配。^{15}N、^{13}C 和 ^{15}N 标记的氨基酸来源于剑桥同位素实验室(Andover,MA)或有其他来源。核磁共振研究中,用 Milli-Q 的水制备 8 mmol/L ^{15}N 标记的氨基酸和 5 mmol/L ^{13}C、^{15}N 标记的氨基酸。这些制备品可采用同样的终浓度替换到上述标准实验方案中。同样的,制备 2 mmol/L 的 SeMet(Acros Organics,Morris Plains,NJ)作为储备液并如之前描述替代甲硫氨酸。

17. 总结

这里描述的无细胞翻译方法操作简单,可显著节省实验者的精力和时间,并且需要强调的是,无细胞翻译能够生产其他方法不能获得的完整膜蛋白和具有催化活性的酶。作为对比,其他在活体中表达膜蛋白的制备方法需要花费大量的时间、精力和材料。应用无细胞翻译方法可以容易地获得均一的膜蛋白样品,并以此为起点,可开展催化活性检测、纯化操作、抗体生产、结构测定和许多其他的研究。与在活体宿主中表达、用去污剂提取膜蛋白并再将其转移到脂质体或脂双层中进行功能研究的顺序不同,无细胞翻译的研究提供了另一个富有吸引力的方法。有理由相信,这一方法的进一步应用会开创膜蛋白结构和功能研究的新道路。

(杨益隆 译 张晓鹏 校)

参考文献

Abe, M., Hori, H., Nakanishi, T., Arisaka, F., Ogasawara, T., Sawasaki, T., Kitamura, M., and Endo, Y. (2004). Application of cell-free translation systems to studies of cofactor binding proteins. *Nucleic Acids Symp. Ser. (Oxf.)* **48,** 143–144.

Blommel, P. G., and Fox, B. G. (2007). A combined approach to improving large-scale production of tobacco etch virus protease. *Protein Expr. Purif.* **55,** 53–68.

Blommel, P. G., Martin, P. A., Wrobel, R. L., Steffen, E., and Fox, B. G. (2006). High efficiency single step production of expression plasmids from cDNA clones using the Flexi Vector cloning system. *Protein Expr. Purif.* **47,** 562–570.

Boyer, M. E., Stapleton, J. A., Kuchenreuther, J. M., Wang, C. W., and Swartz, J. R. (2008). Cell-free synthesis and maturation of [FeFe] hydrogenases. *Biotechnol. Bioeng.* **99,** 59–67.

CellFree Sciences, Ltd. Yokohama, Japan. http://www.cfsciences.com.

Chen, Y. J., Pornillos, O., Lieu, S., Ma, C., Chen, A. P., and Chang, G. (2007). X-ray structure of EmrE supports dual topology model. *Proc. Natl. Acad. Sci. USA* **104,** 18999–19004.

Drew, D. E., von Heijne, G., Nordlund, P., and de Gier, J. W. (2001). Green fluorescent protein as an indicator to monitor membrane protein overexpression in *Escherichia coli*. *FEBS Lett.* **507,** 220–224.

Endo, Y., and Sawasaki, T. (2006). Cell-free expression systems for eukaryotic protein production. *Curr. Opin. Biotechnol.* **17,** 373–380.

Goerke, A. R., and Swartz, J. R. (2008). Development of cell-free protein synthesis platforms for disulfide bonded proteins. *Biotechnol. Bioeng.* **99,** 351–367.

Goren, M. A., and Fox, B. G. (2008). Wheat germ cell-free translation, purification, and assembly of a functional human stearoyl-CoA desaturase complex. *Protein Expr. Purif.* **62,** 171–178.

Hall, J. F., Ellis, M. J., Kigawa, T., Yabuki, T., Matsuda, T., Seki, E., Hasnain, S. S., and Yokoyama, S. (2005). Towards the high-throughput expression of metalloproteins from the *Mycobacterium tuberculosis* genome. *J. Synchrotron Radiat.* **12,** 4–7.

Kanno, T., Kitano, M., Kato, R., Omori, A., Endo, Y., and Tozawa, Y. (2007). Sequence specificity and efficiency of protein N-terminal methionine elimination in wheat-embryo cell-free system. *Protein Expr. Purif.* **52,** 59–65.

Kiga, D., Sakamoto, K., Kodama, K., Kigawa, T., Matsuda, T., Yabuki, T., Shirouzu, M., Harada, Y., Nakayama, H., Takio, K., Hasegawa, Y., Endo, Y., *et al.* (2002). An engineered *Escherichia coli* tyrosyl-tRNA synthetase for site-specific incorporation of an unnatural amino acid into proteins in eukaryotic translation and its application in a wheat germ cell-free system. *Proc. Natl. Acad. Sci. USA* **99,** 9715–9720.

Kigawa, T., Yabuki, T., Matsuda, N., Matsuda, T., Nakajima, R., Tanaka, A., and Yokoyama, S. (2004). Preparation of *Escherichia coli* cell extract for highly productive cell-free protein expression. *J. Struct. Funct. Genomics* **5,** 63–68.

Klammt, C., Lohr, F., Schafer, B., Haase, W., Dotsch, V., Ruterjans, H., Glaubitz, C., and Bernhard, F. (2004). High level cell-free expression and specific labeling of integral membrane proteins. *Eur. J. Biochem.* **271,** 568–580.

Klammt, C., Schwarz, D., Lohr, F., Schneider, B., Dotsch, V., and Bernhard, F. (2006). Cell-free expression as an emerging technique for the large scale production of integral membrane protein. *FEBS J.* **273,** 4141–4153.

Klammt, C., Schwarz, D., Dotsch, V., and Bernhard, F. (2007). Cell-free production of integral membrane proteins on a preparative scale. *Methods Mol. Biol.* **375,** 57–78.

Madin, K., Sawasaki, T., Ogasawara, T., and Endo, Y. (2000). A highly efficient and robust cell-free protein synthesis system prepared from wheat embryos: Plants apparently contain a suicide system directed at ribosomes. *Proc. Natl. Acad. Sci. USA* **97,** 559–564.

Makino, S.-I., Bingman, C. A., Berge, S., Larkin, A., Fox, B. G., Phillips, G. N. Jr, and Markley, J. L. (2009). *Crystal structure of agmatine iminohydrolase produced by wheat germ cell-free translation* (in preparation).

Maslennikov, I., Kefala, G., Johnson, C., Riek, R., Choe, S., and Kwiatkowski, W. (2007). NMR spectroscopic and analytical ultracentrifuge analysis of membrane protein detergent complexes. *BMC Struct. Biol.* **7,** 74.

Matsuda, T., Koshiba, S., Tochio, N., Seki, E., Iwasaki, N., Yabuki, T., Inoue, M., Yokoyama, S., and Kigawa, T. (2007). Improving cell-free protein synthesis for stable-isotope labeling. *J. Biomol. NMR* **37,** 225–229.

Matsumoto, K., Tomikawa, C., Toyooka, T., Ochi, A., Takano, Y., Takayanagi, N., Abe, M., Endo, Y., and Hori, H. (2008). Production of yeast tRNA (m(7)G46) methyltransferase (Trm8-Trm82 complex) in a wheat germ cell-free translation system. *J. Biotechnol.* **133,** 453–460.

Morita, E. H., Shimizu, M., Ogasawara, T., Endo, Y., Tanaka, R., and Kohno, T. (2004). A novel way of amino acid-specific assignment in ^{1}H–^{15}N HSQC spectra with a wheat germ cell-free protein synthesis system. *J. Biomol. NMR* **30,** 37–45.

Nomura, S. M., Kondoh, S., Asayama, W., Asada, A., Nishikawa, S., and Akiyoshi, K. (2008). Direct preparation of giant proteo-liposomes by *in vitro* membrane protein synthesis. *J. Biotechnol.* **133,** 190–195.

Nosjean, O., and Roux, B. (2003). Anchoring of glycosylphosphatidylinositol-proteins to liposomes. *Methods Enzymol.* **372,** 216–232.

Nozawa, A., Nanamiya, H., Miyata, T., Linka, N., Endo, Y., Weber, A. P., and Tozawa, Y. (2007). A cell-free translation and proteoliposome reconstitution system for functional analysis of plant solute transporters. *Plant Cell Physiol.* **48,** 1815–1820.

Phillips, G. N. Jr., Fox, B. G., Markley, J. L., Volkman, B. F., Bae, E., Bitto, E., Bingman, C. A., Frederick, R. O., McCoy, J. G., Lytle, B. L., Pierce, B. S., Song, J., *et al.* (2007). Structures of proteins of biomedical interest from the Center for Eukaryotic Structural Genomics. *J. Struct. Funct. Genomics* **8,** 73–84.

Rigaud, J. L., and Levy, D. (2003). Reconstitution of membrane proteins into liposomes. *Methods Enzymol.* **372,** 65–86.

Sawasaki, T., Hasegawa, Y., Tsuchimochi, M., Kasahara, Y., and Endo, Y. (2000). Construction of an efficient expression vector for coupled transcription/translation in a wheat germ cell-free system. *Nucleic Acids Symp. Ser.* **44,** 9–10.

Sawasaki, T., Hasegawa, Y., Tsuchimochi, M., Kamura, N., Ogasawara, T., Kuroita, T., and Endo, Y. (2002a). A bilayer cell-free protein synthesis system for high-throughput screening of gene products. *FEBS Lett.* **514,** 102–105.

Sawasaki, T., Ogasawara, T., Morishita, R., and Endo, Y. (2002b). A cell-free protein synthesis system for high-throughput proteomics. *Proc. Natl. Acad. Sci. USA* **99,** 14652–14657.

Schwarz, D., Klammt, C., Koglin, A., Lohr, F., Schneider, B., Dotsch, V., and Bernhard, F. (2007). Preparative scale cell-free expression systems: New tools for the large scale preparation of integral membrane proteins for functional and structural studies. *Methods* **41,** 355–369.

Seddon, A. M., Curnow, P., and Booth, P. J. (2004). Membrane proteins, lipids and detergents: Not just a soap opera. *Biochim. Biophys. Acta* **1666,** 105–117.

Slotboom, D. J., Duurkens, R. H., Olieman, K., and Erkens, G. B. (2008). Static light scattering to characterize membrane proteins in detergent solution. *Methods* **46,** 73–82.

Sobrado, P., Goren, M. A., James, D., Amundson, C. K., and Fox, B. G. (2008). A protein structure initiative approach to expression, purification, and *in situ* delivery of human cytochrome b5 to membrane vesicles. *Protein Expr. Purif.* **58,** 229–241.

Speers, A. E., and Wu, C. C. (2007). Proteomics of integral membrane proteins—Theory and application. *Chem. Rev.* **107,** 3687–3714.

Spirin, A. S., and Swartz, J. R. (eds.) (2008). *In* "Cell-Free Protein Synthesis-Methods and Protocols", WILEY-VCH Verlag Gmbh & Co., Weinheim.

Thao, S., Zhao, Q., Kimball, T., Steffen, E., Blommel, P. G., Riters, M., Newman, C. S., Fox, B. G., and Wrobel, R. L. (2004). Results from high-throughput DNA cloning of *Arabidopsis thaliana* target genes using site-specific recombination. *J. Struct. Funct. Genomics* **5,** 267–276.

Tyler, R. C., Aceti, D. J., Bingman, C. A., Cornilescu, C. C., Fox, B. G., Frederick, R. O., Jeon, W. B., Lee, M. S., Newman, C. S., Peterson, F. C., Phillips, G. N. Jr., Shahan, M. N., *et al.* (2005). Comparison of cell-based and cell-free protocols for producing target proteins from the *Arabidopsis thaliana* genome for structural studies. *Proteins* **59,** 633–643.

Vinarov, D. A., and Markley, J. L. (2005). High-throughput automated platform for nuclear magnetic resonance-based structural proteomics. *Expert Rev. Proteomics* **2,** 49–55.

Vinarov, D. A., Lytle, B. L., Peterson, F. C., Tyler, E. M., Volkman, B. F., and Markley, J. L. (2004). Cell-free protein production and labeling protocol for NMR-based structural proteomics. *Nat. Methods* **1,** 149–153.

Vinarov, D. A., Loushin Newman, C. L., and Markley, J. L. (2006). Wheat germ cell-free platform for eukaryotic protein production. *FEBS J.* **273,** 4160–4169.

Womack, M. D., Kendall, D. A., and Macdonald, R. C. (1983). Detergent effects on enzyme activity and solubilization of lipid bilayer membranes. *Biochim. Biophys. Acta* **733,** 210–215.

Wu, C. C., MacCoss, M. J., Howell, K. E., and Yates, J. R. 3rd. (2003). A method for the comprehensive proteomic analysis of membrane proteins. *Nat. Biotechnol.* **21,** 532–538.

Wuu, J. J., and Swartz, J. R. (2008). High yield cell-free production of integral membrane proteins without refolding or detergents. *Biochim. Biophys. Acta* **1778,** 1237–1250.

Yokoyama, S. (2003). Protein expression systems for structural genomics and proteomics. *Curr. Opin. Chem. Biol.* **7,** 39–43.

第 10 部分

纯化蛋白质的特性

第 38 章

蛋白质纯度测定

David G, Rhodes * and Thomas M. Laue†

目录

摘要

任何方法都不能直接定量蛋白质样品的纯度。通常情况下，蛋白质纯度测定涉及评价特定杂质的含量或仅仅验证蛋白质样品中是否存在杂质。无论最终目的是为了解释分析数据、验证过程质量，还是为了确保生物药剂产品的安全性，样品纯度的测定都是至关重要的环节。本章将重点介绍蛋白质样品中蛋白质类杂质的检测方法及其可行性和局限性。

在评价样品纯度之前，首先需要鉴定待测杂质的类型，如核酸、碳水化合物、脂质、无关蛋白质、同工酶类、失活蛋白质，进而确定在特定溶液条件中，能够区分假定杂质和目标蛋白质的理化特性(化学分析或物理特征)。而纯度则是指待测杂质含量低于某个特定水平。需要注意的是，上述说明中并没有要求描述杂质的性质。纯化过程可能已将某一杂质的浓度降低到检测下限以下，但色谱峰中还有残留。毫无疑问，表观纯度取决于所选择的测定方法及其灵敏度。由于大多数分离方法都能够有效地去除非蛋白质类杂质，因此

---

* 亲脂性咨询(Storrs, Connecticut, USA)

† 新罕布什尔大学，生物化学与分子生物学系(Durham, New Hampshire, USA)

本章节将主要介绍蛋白质样品中蛋白质类杂质的检测方法。有关核酸、脂类、碳水化合物杂质的检测方法在本系列其他卷中有所介绍。

随着蛋白质类生物制品的流行，蛋白质纯度已经成为药品管理的重大问题。人用药品注册技术要求国际协调会(The International Conference on Harmonisation, ICH)关于生物制品的质量指导原则(ICH Q6B，1998)中考虑到了原料药(基体材料，bulk substance)和药物产品(药物剂型或成品)中的杂质成分，并认可了生物分子(如蛋白质)的固有异质性(inherent heterogeneity)。指导原则中阐明："除了评价原料药和药物产品的纯度——可能由预期产品和多种产品相关物质组成——之外，制造商还应评价可能出现的杂质成分。这些杂质可能是过程相关或者产品相关，它们可能是结构已知的、部分定性的，抑或是未经鉴定的。"该指导原则进一步区分了过程相关的杂质(由生产过程产生，包括宿主细胞蛋白质、宿主细胞 DNA、细胞培养诱导物、抗生素以及其他下游生产过程产生的杂质)和产品相关杂质，"包括生产或储存过程产生的分子变异体(molecular variant)，这些分子变异体在活性、有效性和安全性等特性上都无法达到预期产品的效果。"该指导原则认可了上述的分析能力。例如，有关原料药指导原则中提到"生物工程制品和生物制品的绝对纯度很难测定，结果往往依赖于所选择的测量方法……因此，通常将多种方法结合来评价原料药的纯度。选择和优化分析过程，应该着重考虑目的产品与产品相关物质以及与杂质的分离。"有关药物产品的讨论类似于原料药，但是还介绍了产品降解以及由于辅料(excipient)干扰而造成的产品相关杂质的测定方法。

目前有一些高灵敏度的方法可用于检测样品中的杂质(表 38.1)。其中每种方法测定分子的一种特定物理特性。方法的选择依赖于以下标准：①可用于检测的蛋白质的量；②待测杂质的性质；③所需的检测精度；④所需的检测灵敏度；⑤可能干扰到该方法的蛋白质及其溶剂特性。最为简单和常用的方法是，经一次或多次分离后证实只有一种组分可被检测到。若纯度标准为只可以存在一种可检测物质，则需用多种分离手段检测杂质。当所选择的某种检测方法无法从主要分析物中分辨出一种未知杂质时，推荐使用正交的方法(orthogonal)。最后，谨慎处理样品非常重要，这样可以防止在制备分析所用的样品过程中改变其杂质谱。并且，洁净的环境、适宜的温度及适当材质的容器都会为分析提供帮助。

表 38.1 杂质检测方法

方法	分馏[a]	样品复性[b]	量级	简易度[c]	成本[d]	测定特性
电泳法						
变性凝胶	+	±	ng～μg	+	+	链长度
非变性凝胶	+	+	ng～μg	+	+	电荷/大小
等点聚焦	+	+	ng～μg	+	±	等电点 pH
色谱法						
胶过滤	+	+	μg	+	+	大小、r_g
离子交换	+	+	μg	+	+	静电荷
亲和	+	+	μg	+	±	特异性结合
反相	+	+	μg	+	±	极性
沉降法						
速率	+	+	μg	+	±	质量/大小

续表

方法	分馏[a]	样品复性[b]	量级	简易度[c]	成本[d]	测定特性
平衡	±	+	μg	±	−	质量、结合
光散射法						
静态	−	+	μg	+	±	质量/大小
动态	−	+	μg	+	±	质量/大小
质谱	+	−	ng-μg	−	−	质量/质荷比
组成	−	−	Variable	+	±	组成成分
活性	−	−	Variable	+	+	活性中心

a +,分析过程中样品分馏;分离出独立的组分;±,不完全分馏,无可独立分离的组分;−,样品未分馏;

b +,测量后样品完全复性;±,有利条件下样品能够复性;−,分析过程中样品被破坏;

c +,方法简单;±,略有难度;−,需特殊设备和专业技术;

d +,设备和供应成本相对较低;±,某些设备和供应成本较高;−,设备和供应成本高昂

很多合适的方法已经在本卷中的其他地方详细介绍,这里不再赘述。有一些分子质量或分子大小的检测方法在本卷其他章节也有概述,因此在本章的讨论中,有时会引用/参考相关章节的细节(Rhodes et al., 2009)。本章的重点将放在介绍更适用于检测杂质而不是定量测定大小、质量等其他分子参数的方法上。此外,本章还概述了方法选择的原则,一些方法的局限和优势,并描述了一些不涉及分离的纯度测定方法。

1. 蛋白质的组成和活性分析

一些方法能够量化氨基酸、特定辅基团或活性位点的摩尔数,可以用来评价蛋白质样品的纯度。如果已知纯蛋白质的活性,那么单位活性测量可以用来检测相对纯度。这些方法是间接的,因为总要将分析物假设为不含杂质的纯品,并将该假设纯品的量作为参照。这些方法主要适用于纯化过程早期的多相系统,或适用于需要特殊环境来保持活性的分子(如膜蛋白)。一般需要检测两项:第一项是分析所用样品中蛋白质(或原料)的总量;第二项是定量已知的活性对象或其他特殊的分析对象。然后根据蛋白质的总量,计算出相应的预期分析对象的量。纯度则以分析对象的测定量和预期量的比值表示。使用末端基团分析法(Chang, 1983)、特殊辅助基团定量分析法和酶活定量分析法(Biggs, 1976)等都可以非常好的量化纯度。本方法的详细信息 Rhodes 等(2009)在本书中有介绍。

1.1 问题和局限

蛋白质的组成和活性分析仅能说明是否有杂质存在,通常很少能提供有关杂质的性质信息(如大小和电荷)。除非杂质干扰到测定过程或蛋白质活性,活性检测可能无法提供有关杂质的任何信息。因此,实验者无法得到足够线索以去除杂质。

2. 电泳法

电泳法提供了最简单、成本最低，并且在确定样品中蛋白质组分数目方面灵敏度最高的手段，因此最为常用。由于成本极低且相当简单，这些方法常被用做蛋白质纯度第一步筛选，甚至应用于初期高异质性的样品。本书中其他章节介绍了 SDS 凝胶电泳以及利用电泳测定分子质量和大小的方法(Rhodes et al., 2009)。这些方法都可以单独测定样品的纯度，方法的选择取决于希望检测待测蛋白质的何种性质(表 38.1)。如果预期杂质与目标蛋白质分子质量有差距，SDS 凝胶电泳可以分辨出杂质。对于分子质量相近但氨基酸组成不同的分子，SDS 凝胶电泳一般不能区分，但是在非变性凝胶电泳中它们有不同的电泳迁移率。另外，几乎任何大小的蛋白质都可以通过等电聚焦法分离。有关等电聚焦法在本书的其他章节中有所介绍(Friedman, 2009)，这里不做详述。

根据采用的电泳检测方法的类型，所需样品量从纳克级到微克级。由于每种杂质在特定样品中占据固定的质量分数(weight fraction)，而杂质的检测依赖于其总量，因此上样量过载的胶也许能够更有机会检测到某种杂质。然而，样品上样量的上限取决于样品溶解度，并且需要基于分辨率的考虑(Lunney et al., 1971)。一般后者的限制性更强，因为样品浓度较高或者大体积样品量会导致谱带扩张和变形。由于过载造成的谱带扩张将难以分辨具有相似电泳迁移率的杂质。然而，电泳这种最灵敏的谱带检测方法(需要的样品量最小)不适于回收样品。如果蛋白质样品已变性或者已在极端条件下溶解，一般很难再回收活性蛋白质。如果使用的是非变性电泳，则可通过电泳提取(electrophoretic extraction)从凝胶中回收样品(Friedman, 2009; Garfin, 2009)。但是变性电泳可能无法回收天然蛋白质[例外请参见 Burgess, (2009)]。复性成功与否很大程度上取决于蛋白质的结构。较大或多亚基的蛋白质恢复天然构象的可能性比小单体蛋白质要小。

2.1 *方法*

制样的方法根据所选用电泳方法的性质而定。读者可参考本卷其他章节中有关非变性凝胶电泳和等电聚焦电泳的讨论。最常用的 SDS 凝胶电泳是蛋白质纯度检测的“第一线”(front-line)方法。由于通常纯度评价是非定量的，因此不需要关心诸如极端大小分子的非线性迁移、蛋白质修饰造成的迁移异常以及 SDS 结合不均匀等 Rhodes 等(2009)讨论过的问题。另外，需要考虑样品处理和制备过程中的一致性和均一性，以及分离过程中样品所处的环境。例如，制备均一的蛋白质样品时，未彻底还原二硫键将会使结果表现出异质性。同样，凝胶交联不均一导致的胶内迁移率差异，也会造成对结果的错误判断，但是适当的重复和对照会使这种可能性降到最低。

通常，实验者并不知道一个样品中所有蛋白质组分的大小，因此很难预测胶的浓度，从而以最佳效果分离一组蛋白质组分。梯度胶(gradient gel)，也称为分级孔隙胶(gels of graded porosity)，能够覆盖非常宽的分子质大小范围。尽管梯度胶不可能产生最好的特定分离效果，但是它可以覆盖最宽分子质量范围，从而最大可能的鉴定某种杂质。分辨杂质的能力主要取决于所选择的胶浓度梯度范围。梯度的设计应该使目标蛋白质条带处于中间的胶浓度。胶顶端丙烯酰胺的浓度(低浓度)应该足够低,从而使大分子质量的杂质能够进入到凝胶基质中。胶底部(高浓度)浓度应该足够高,使小分子蛋白质能够保持在凝胶基质中。通常预制梯度胶的最低浓度是 4%丙烯酰胺,高浓度极限标准为 20%。如果这个范围不合适,可以制备低至 2%、高至 40%浓度范围的胶。分子质量大约 1 MDa 的蛋白质应该能够穿过 2%的凝胶基质。通常大多数梯度胶的丙烯酰胺高浓度不超过 30%。即使在长时间电泳中也仅有非常少数的多肽能够穿透 30%凝胶。梯度胶的浓度范围决定着胶的分辨率。因此,虽然 2%～30%的梯度胶能够检测最宽范围的分子大小,但是在分离分子质量几乎相同的两种蛋白质时,分辨效果却不如 8%～16%的梯度胶。梯度的选择很大程度上取决于研究者对整个待测系统的了解。例如,如果不存在特别小和特别大的分子,则最好选择窄的浓度梯度范围的胶或浓度恒定的胶。

如果需要特殊的梯度,制作梯度胶的过程与制作常规聚丙烯酰胺凝胶的过程差距甚微,与用于沉降的蔗糖梯度制作过程也很类似。与常规聚丙烯酰胺凝胶制备过程相比,梯度胶制备难点在于两块不同丙烯酰胺浓度的胶必须平行制作。而比蔗糖梯度制作麻烦是因为梯度胶有丙烯酰胺聚合的时间限制。目前已有一些商业化梯度形成仪,而具体技术方法上的不同可以通过查找相关文献来了解。

梯度胶的电泳过程类似于常规电泳法[Rhodes 等(2009) 及本书中其他部分介绍]。胶分析所用的染色手段由预期污染物决定。可以通过将其他方法与电泳法结合来完成二维凝胶电泳分析,由此增强电泳方法的潜在灵敏度及其获得的信息。一般第二维是梯度 SDS-PAGE,而第一维可能是非变性凝胶电泳、等电聚焦(isoelectric focusing gel)或者不同条件下的变性电泳(如没有二硫键还原)。

等电聚焦也能检测宽泛范围的污染物,而且可以与电泳方法联用。商业化预制凝胶在同一块胶上的等电点覆盖范围可达 3～10。等电聚焦步骤见本书其他章节,这里不复述。等电点覆盖范围广是一个相当大的优势,而对于等电点相差细微的蛋白质,可以通过减小等电点范围(如 4～5、5～8)来提高区分的灵敏度。除了能够分离等电点不同的分子,等电聚焦法还可通过其他性质来分辨污染物。

2.2　问题和局限

鉴于凝胶电泳法的简单和低成本,通常将其作为纯度评价的首选方法。然而,在采用该方法时也需要谨记一些潜在的问题。对于变性凝胶,可能出现假阴性和假阳性现象。如果发生杂质共迁移(comigrating)或者杂质无法进入凝胶的情况,则会出现假阴性。因此应该将整块胶,包括浓缩胶和分离胶都染色,并且需要检验蛋白质染料是否合适。例如,样品条带若残留于上样孔或处于浓缩胶和分离胶之间,表明存在高分子质量的杂质,或者杂质溶解度有限。同时,常用的蛋白质染色剂(protein stain),如考马斯亮蓝与纤维状蛋白质及糖蛋白的结合力较弱,如此将低估此类杂质的含量。而假阳性的产生,可能是由于样品制备时发生共价修饰,或者胶不均一和氧化剂残留。非变性凝胶中也会出现类似问题,此外目标蛋白质或杂质净电荷的不确定性也会导致意外发生(Rhodes et al., 2009)。如果杂质的静电荷为零或者与目标蛋白质相反,杂质将不会出现在胶上,除非使用中心上样水平凝胶(center-loaded horizontal gel),也可以尽可能加宽非变性凝胶电泳的 pH 范围解决该问题。

等电聚焦相关伪迹(artifact)的产生主要是由于用来生成 pH 梯度的多聚两性电解质颗粒与蛋白质相互干扰,造成条带(一般是弥散的)在胶上的结果与目标蛋白质的等电点无关。检测这种可能性的一种方法是从中选择一条条带分离出蛋白质,并且用相同的等电聚焦过程分析分离出的蛋白质。如果原结果分布反映了样品中的实际异质性,则分离出的蛋白质只能形成与原始同样的点。然而,如果原始条带是假象,那么分离出的蛋白质将重现原来的分布模式,包括虚假条带。

3. 色谱法

3.1 凝胶过滤色谱法

凝胶过滤色谱法是检测与目的分子大小不同的杂质的最简单方法之一。这一方法无破坏性并且非常快速。因为这是一种“区带方法”(zonal method),样品通过凝胶柱时会被稀释,因此需设置恰好高于最小检测限度的起始浓度。而确切使用量则取决于用本方法检测杂质时的灵敏度。

3.1.1 方法

本卷介绍的测定蛋白质大小的样品和凝胶柱制备的方法,在本章中将用来评价杂质(Rhodes et al., 2009)。两种应用唯一的区别在于,后者所用检测方法不仅需要对目标蛋白质的灵敏度高,对杂质同样要求高灵敏度。尽管评价样品纯度时并不需要校准凝胶柱,但这样做有两个好处。首先,实验者使用校准凝胶柱可以获得有关杂质大小的信息;其次,使用校准凝胶柱可以在检测杂质存在的同时测定分子质量。为此,通常需要进行两个测定:第一个是蛋白质的非特异测定(如测 280 nm、220 nm 吸光度);第二个是特异检测(酶活检测、免疫学检测、质谱、多角度光散射检测等),用来确认所分析蛋白质的身份。杂质在色谱图中可能表现为独立的峰,也可能使洗脱谱变宽[如肩台(shoulder)]。原则上,洗脱谱应该接近高斯分布(边缘有微小的偏移,见问题和局限)。如果分析蛋白质峰有强烈偏移、峰有肩台,或者特异和非特异测定结果不相符,说明样品中存在杂质。

3.1.2 问题和局限

凝胶过滤色谱法检测分子大小的灵敏度低于电泳法。一般来说,凝胶过滤实验需要的材料量大于电泳法所需。由于凝胶过滤色谱通常在天然状态下进行,因此结果可以反映样品异质性。如果蛋白质以一系列稳定的寡聚物形式存在(如脂肪酸合酶),在凝胶过滤色谱将表现出异质性。同样,发生快速、可逆的自联作用的蛋白质会表现出异常的浓度依赖性洗脱谱。这些情况下,可通过进一步测定来区分异质性和分子偶联。例如,从不对称峰和加宽峰中选取不同部分来重复胶过滤色谱法,或采用本章和本卷介绍的其他方法测定选取的部分。这些方法都可以提供目的分子的有用信息。

3.2　反相高效液相色谱法

另一个应用广泛的色谱分离方法就是反相高效液相色谱法(reversed phase HPLC)。这种方法用诸如改性硅介质等非极性基质作为固定相，进行极性递减的梯度洗脱。例如，在含 0.05%三氟乙酸(TFA)的缓冲液中，蛋白质将通过疏水性氨基酸与 C-18 改性硅介质结合，从而结合于固定相，再从 0.05%三氟乙酸逐渐提高到一定量合适的有机溶剂洗脱蛋白质，如乙腈、甲醇或乙醇等，通常三氟乙酸含量保持一致。流动相中的有机溶剂减小了蛋白质与固定相的亲和力，从而将蛋白质洗脱下来。与其他梯度洗脱方法一样，缓慢的梯度洗脱可以获得最佳分辨率，但是首次实验时最好先进行快速梯度洗脱，如此可以得到主要分析物的洗脱最适溶剂条件，并可以根据与固定相亲和力不同来筛选可能的杂质。蛋白质的检测通常是基于 215～220 nm 处的紫外线吸光度来检测肽段，而不是采用 280 nm检测的芳香族氨基酸方法。暂且不论准备时间，梯度洗脱可在 1 h 内完成，大部分优化后的洗脱步骤将在 15～20 min 内完成。

由于该方法简单且快速，具备现成的合适设备，能够灵活应用多种不同特性来分离亲和蛋白质，因此已普遍应用于蛋白质样品的纯度筛选检测。如有必要，可采用多种不同的流动相使样品可以在不同梯度和条件下得到分离，来确定主要分析物的纯度。该方法还可以与其他方法联用[如质谱法(见下文)]来确定蛋白质身份并获得可能存在杂质的信息。值得注意的是，由于有机溶剂的存在，洗脱下来的蛋白质可以预见到有一定程度的变性，不一定能够保持天然构象。使用 C-4 或 C-8 固定相能够将变性可能性降低到最小，这是因为它们与蛋白质有较弱的亲和力，较低浓度的有机流动相就可用来洗脱。许多针对特定蛋白质的操作方案已经发表，HPLC 设备制造商也提供了许多产品信息。

4. 沉降速率测定法

沉降速度法(sedimentation velocity method)能够简单快速且非破坏性的来评价一个蛋白质的纯度，这种方法对分子质量和分子大小的比值非常灵敏。关于沉降速率测定法在 Rhodes 等(2009)的文献中有简要介绍。一般来说，当使用沉降速率测定法来检测蛋白质纯度时，实验者能够找到的沉降组分不止一种。该方法的优点在于测定的材料范围非常广(尤其是使用折射式光学系统时)，但最大的局限在于，它对分子质量相差小的样品的灵敏度不如电泳技术，甚至区带沉降(band sedimentation)也不可避免这种问题。

4.1　方法

本卷中(Rhodes et al., 2009;Cole et al., 2008)详细介绍了除区带沉降法之外的一些方法，如样品制备、选择合适的光学系统及实验结果的分析。如何准备离心来实施速率区带沉降实验(rate-zonal sedimentation)可参考设备说明书。利用超速分析离心机来实施区带沉降法的细节可以参考 Eason (1984)或 Ralston (1993)的文献，数据的分析类似于凝胶过滤色谱法。

差示沉降系数分布(differential sedimentation coefficient distribution),g(s)(Cole et al.,2008)分析,是非常有效的杂质检测方法。由于这种方法是模型非依赖性的,因此多组分的存在形式将会是不同 s(沉降系数)值的峰,或是代表主要分析物的峰加宽。另外,与凝胶过滤层析法相同,尽管蛋白质纯度很高,自身结合蛋白质的沉降行为表现为峰加宽或多峰,使用平衡超离心或其他方法可以帮助解决这个问题。

5. 质谱法

由于质谱法可以直接测定一个样品中共价质量的分布,因此这种方法能够非常简便、灵敏地测定杂质。质谱不仅可以检测杂质的存在,还可以描述杂质的质量特征,因此质谱法常被用于鉴定杂质的来源。除了能够直接测定蛋白质分子质量大小,通过串联质谱(MS/MS 或 MS^2)法,如碰撞诱导解离(collision induced dissociation,CID)、电子转移解离(electron transfer dissociation,ETD)、电子捕获解离(electron capture dissociation,ECD)及红外多光子解离(infrared multiphoton dissociation, IRMPD)等,还可以鉴定共价改性修饰特征和位点。其中,CID 和 IRMPD 可以测定相当小的蛋白质(<15 kDa),而 ETD 和 ECD 可用于分子质量较大的蛋白质(约 50 kDa)。除此之外,共价修饰键改性及其位点的测定可以用任意一种常用的蛋白质水解法,如胰酶或溴化氰(CNBr)(Link,2009)。在使用飞行时间质谱(time-of-flight mass analyzer)分析前,CID 可通过四级杆碰撞反应池(quadrupole collision cell)实现(Q-tOF configuration)。ETD、ECD 和 IRMPD 常用于离子阱分析仪(ion-trap analyzer),如线性离子阱(linear ion trap)、轨道阱(orbitrap)、轨道阱及傅里叶变换离子回旋共振质谱仪(fourier transform ion cyclotron resonance mass spectrometer)。

与光散射法类似,将质谱法与其他方法联用(如凝胶分离色谱)可以达到最佳的效果。由于杂质可能与主要分析物有相同的质荷比,因此将质谱法与其他分离方法联用可以增加样品纯度测定的准确度。例如,如果在凝胶排阻层析的洗脱峰中出现不对称峰,质量检测将帮助区分其是由大小不同的杂质所导致,还是由于自身相关的分子所导致。不同于光散射法基于回转半径 r_g(the radius of gyration)测量而计算质量,质谱法对蛋白质的质量测量更加准确。

6. 光散射法

如 Rhodes 等(2009)所述,目前一些仪器能够进行静态或动态光散射来测定单个样品,或者监控高效液相色谱和场级(FFF)分离过程。通过对分子大小和表观分子质量的连续测定,增强了鉴定洗脱蛋白质的能力,能够区别待分析物、待分析物多种形式的聚集体或杂质。光散射法非常简单且无破坏性,并且目前的仪器能够提供一个洗脱时间函数的分子质量图。这样,如果一个紫外线检测峰不对称,多角度光散射(multiple angle light scattering，MALS)；也称多角度激光散射(multiple angle laser light scattering，MALLS)分析结果则可能表现为峰的主要部分的表观分子质量为 mol/L，而边缘为 2 mol/L，这说明可能存在二聚体。需要注意的是，倍数分子质量的存在并不证明一定存在自身结合，还需采用不同的方法验证该结果。尽管 MALS 结果不如质谱准确，但是所需的设备更便宜且操作简单。

（迟象阳　译　张晓鹏　校）

参考文献

Biggs, R. (1976). Tests for fibrinolysis, thrombin clotting time test. *In* "Human blood coagulation, hemostasis and thrombosis" (R. Biggs, ed.), 2nd edn. p. 722. Blackwell, Oxford.

Chang, J. Y. (1983). Amino acid analysis in the picomole range by precolumn derivatization and high-performance liquid chromatography. *Methods Enzymol.* **91,** 41–48, this series.

Cole, J. L., Lary, J. W., Moody, T. P., and Laue, T. M. (2008). Analytical ultracentrifugation: Sedimentation velocity and sedimentation equilibrium. *Method Cell Biol.* **84,** 143–179.

Eason, R. (1984). *In* "Centrifugation: A practical approach". (D. Richard, ed.), 2nd edn. p. 251. IRL Press, Washington, DC.

Lunney, J., Chrambach, A., and Rodbard, D. (1971). Pore gradient electrophoresis. *Anal. Biochem.* **40,** 158–173.

Q6B (1998). ICH Q6B Specifications: Test procedures and acceptance criteria for biotechnological/biological products.

Ralston, G. (1993). Introduction to analytical ultracentrifugation Beckman Instruments, Fullerton, CA.

Rhodes, D. G., Bossio, R. E., and Laue, T. M. (2009). Determination of size, molecular weight, and presence of subunits. This volume.

第 39 章

蛋白质亚基的存在及其大小和分子质量的测定

David G. Rhodes*，Robert E. Bossio†，and Thomas M. Laue‡

目录

摘要

蛋白质的大小或表观分子质量也许是最常用来区分分子性质的。作为许多分离方法的基础,分子质量或者仅仅分子大小就可以直接提供分子复杂程度的信息,如分子是否易于大量生产,或者某个分析方法是否可能有效。而了解目的多肽是否能够自身结合,或是否与其他多肽组成一个异质复合物,将为生物合成或机制研究提供帮助。本章简要介绍一些关键方法来确定分子大小及其分子质量,以及是否存在亚基,重点介绍方法的基础、能力和局限。

* 亲脂性咨询(Storrs,Connecticut,USA)

† 密歇根大学迪尔伯恩分校,化学系(Dearborn,Michigan,USA)

‡ 新罕布什尔大学,生物化学与分子生物学系(Durham,New Hampshire,USA)

1. 引言

蛋白质分子大小是许多分离方法的基础，并且是一种对已知分子或未知杂质（如 20 kDa产物）的简单方便的描述词。但是，尽管方法学和数据处理方面已经有了显著提高，如果要精确估计分子大小仍需谨慎。本章中，“大小”是指蛋白质的物理维度，分子质量则表示蛋白质量。本章也会考虑蛋白质的不对称性[或轴比（axial ratio）]，因为分子质量这一性质通常会影响分子表观大小的测定。

许多蛋白质组装成大的聚合物，而每个组成链称为一个亚基（subunit；Timasheff and Fasman，1971）。然而，亚基概念的界定因不同研究者的研究背景而异，需要考虑被研究的系统，以及该系统的工作目标。在本章所讨论的内容中，独立的蛋白质亚基被定义为不含连续的多肽骨架的蛋白质组分。因此，通过二硫键或非共价相互作用相连接的肽段都被认定为亚基，尽管这些亚基可能都是同一个多肽链的水解产物。

确定蛋白质大小和分子质量的方法可分为 3 个广泛的类别：化学分析法（chemical analysis），如组成分析法或对影响溶剂性质的分子作用（如蒸汽压、冰点和沸点）进行分析；传输法（transport method），基于应对外力作用下（如电场力作用、离心力作用，机械力作用）分子的移动；散射法（scattering method），基于入射辐射（如光、X 射线、中子）与分子的相互作用。由于这些方法针对分子的不同特性，因此方法的选择依赖于研究者需要了解研究系统的哪个方面以及所需准确度。表 39.1 概述了许多方法的能力、优点和局限。除了这些标准，蛋白质和方法需要相互兼容，要考虑到可用的蛋白质样品量、可到达的纯度水平（Rhodes and Laue，2009）、溶剂需求，以及其他可能干扰具体方法的任何蛋白质特性。这些方法对于其他的分子性质检测也很有效，这会在下面单个技术的讨论中涉及。许多技术都可以彼此联用（如黏度与沉降系数法、组成和 SDS 凝胶电泳法、高效液相色谱及质谱）。这里并没有列出所有方法，还有一些方法（如辐射失活和 cDNA 分析）可能仅适用于一些特殊情况。

表 39.1　蛋白质特征测定方法比较[a]

方法	大小	形状	分子质量	亚基	主要方法	污染物灵敏度[b]	精密度	准确度	简易度	样品大小	参考文献
化学方法											
组成依数性	×	×	−	×	Y	L、H、N	−	−	−	μg～mg	
蒸汽压	×	×	−	×	Y	L、N	−	−	+	mg	
渗透压	×	×	+	×	Y	L、N	+	+	+	mg	Kupke (1960)
传输方法 沉降											
平衡	×	×	+	+	Y	L、N	+	+	+	mg	
速率	+	+	−	+	Y		+	−	+	mg	
凝胶过滤色谱	+	−	±	+	N		±	±	+	μg～mg	

续表

方法	大小	形状	分子质量	亚基	主要方法	污染物灵敏度[b]	精密度	准确度	简易度	样品大小	参考文献
电泳											
SDS 变性	×	×	+	+	N		±	±	+	μg	
非变性	+	−	−	±	N		±	±	+	μg	
黏度	+	+	±	−	N	L	±	±	+	mg	Yang (1961)
质谱	−	−	+	+	Y		+	+	±		
场流分离	+	±	−	−	N		±	±	±	mg	
散射方法											
X 射线衍射晶体学	+	+	+	−	Y		+	+	−	mg	Knox (1972)
低角度散射	+	+	−	−	Y	L、H	−	−	−	mg	Glatter 和 Kratky (1982)
罗利光散射	+	+	+	−	Y	H	−	−	−	mg	Timasheff 和 Townend (1970)
电子显微镜	+	+	×	−	Y		−	−	±	ng-μg	Topf 等 (2008)

a ×. 不可用；−. 不适用；±. 可取；+. 适用；

b L 检测低分子质量污染物灵敏度高；H. 检测高分子质量污染物灵敏度高；N. 检测非蛋白质污染物灵敏度高

我们选择了其中一些最常用或最有效的方法进行详细介绍，如需了解其他方法的详细内容见表 39.1 所列参考文献。

2. 化学方法

2.1 组成

2.1.1 概述

尽管组成检测目前仅用于一些特别的情况，但是这些方法能够提供氨基酸或特定辅基团物质的量，因而可以用公式 $M_{min}=m/n$ 估计一些蛋白质的最小分子质量，其中 M_{min} 为蛋白质的分子质量估计值(g/mol)，m 为分析中所用的蛋白质量，n 为分析中测量所得的蛋白质相关组分的摩尔数。针对特定辅基团进行氨基酸分析、末端分析、定量分析(Noble and Bailey，2009)，可以获得非常好的定量值。这种基于组分的分子质量分析法所需的材料量依赖于所使用方法的灵敏度。由于许多新型分析技术在 nmol～pmol 级都非常灵敏，因此可能仅需要微克甚至更少的样品就能满足分析要求。

质量估计误差和特定成分的分析误差均决定了最小分子质量估计的误差。因此，最小分子质量估计误差将会由上述两个参数的测量方法决定。将不同组分的分析数据结合可提高准确度。因此，建议采取基于氨基酸分析、末端基团定量分析或非蛋白质因子定量的独立估计方法。

由于组分分析法只能提供一个最小分子质量，因此可将这些数据与其他方法得到的结果结合得到蛋白质的质量。一个精确的组分分析可以与其他低准确度的全分子质量检测方法联用来产生高准确度结果。也许，这种手段最常用的例子就是氨基酸分析[Burgess(2009)的文献中介绍了目前较常用的基于序列的方法，更多见 Bartolomeo 和 Maisano (2006)的文献]和 SDS 凝胶电泳法的结合。理论上，应通过测定能代表整个氨基酸组成的最小整体来估计 M 值。实际上，所有 20 个不同氨基酸浓度的不确定性使得这个方法本身就不十分可靠。然而，SDS 凝胶电泳获得的近似分子质量可以帮助指导从相对浓度中选择近似绝对浓度，提示研究者对于一个数值是该向上舍入(round up)或者向下舍入(round down)。

2.1.2　方法

蛋白质量最准确的测量方法应该是测量蛋白质在挥发性缓冲液(如碳酸氢铵)中的干重。在非挥发性缓冲液中可根据含蛋白质溶液样品和仅缓冲液的样品干重的质量差距来计算蛋白质量，但是这样做准确度低并且不适合部分挥发性的缓冲液。蛋白质浓度检测常常用来代替干重测量(质量的值为质量浓度和体积的乘积)。浓度检测可以用折光法、分光光度法或化学法测量。这些方法的精度是可接受的，但准确度常常有限，主要问题是难以标准化(Nozaki，1986)。尤其对于糖蛋白、脂蛋白或其他组成较为特殊的蛋白质，分析方法也许仅对一些蛋白质特定组分(如肽键)敏感。这些列出的检测方法中，折光仪[或示差折光检测器(differential refractometry)]对浓度测量是准确度最高的，氨基酸分析也是一种合适的定量方法。

2.1.3　问题和局限

基于组成的最小分子质量分析对样品纯度较为敏感。任何影响质量估计或定量分析的杂质都会影响测量的准确度。由于这些分析都不能对初始物质进行分离，杂质或异质成分将会影响最终结果。因此分析之前样品必须进行纯化。样品纯度的要求取决于杂质的性质、质量估计或分析方法对杂质的敏感性。所有这些方法，都必须假定每摩尔的蛋白质中仅含一个摩尔或者一个整数摩尔值的分析组分。由于没有可用的四级结构的信息，仅可得到一个最小分子质量。例如，对血红蛋白或肌红蛋白中血红素铁的定量分析将会产生近乎相同的表观分子质量，尽管事实上完整的血红蛋白分子质量是肌红蛋白的 4 倍。

2.2　依数性

2.2.1　概述

溶质溶解到溶液中减少了溶剂的化学势，并且导致了一些可见的现象，这种共同的现象称为依数性(colligative property)(Tinoco et al., 2002)。基于这个现象它们的关系为

$$\mu_a - \mu_a^0 = RT\ln(\gamma_a X_a) \quad (39.1)$$

式中，μ_a 为一个溶质“a”(cal①/mol)的化学势；$\mu_a{}^0$ 为 μ_a 的标准状态；R 为气体常数[8.3144×10^7 cal/(mol，^{0}K)]；T 为温度(K)；γ 为溶质“a”的活性系数；X_a 为“a”的摩尔成分。当 X_a 小于 1 时，μ_a 小于 $\mu_a{}^0$。理论上，通过已知量的溶质对溶液活性的改变程度可以确定任何一种溶质的分子质量。这样任何一种溶质(包括蛋白质)的分子质量，都可以通过测量冰点的下降、沸点的升高、渗透压或蒸汽压来确定。由于像蛋白质大小的分子造成的冰点或沸点的改变通常很小，并且在这些极端温度时蛋白质分子一般不稳定，因此不适用于研究蛋白质溶液。另外，蒸汽压和渗透压可被用来测量蛋白质分子质量，但是这里不详细讨论。

蒸汽压、冰点和膜渗压计都有商品化的产品，蒸汽压和膜渗透压计在临床和制药业中最为常用的。蒸汽压和冰点渗压计可以可靠地在水中测量 25 000 左右的分子质量，而膜渗压计可用来测量分子质量大于 20 000 的蛋白质。通常要求蛋白质溶液的浓度为 0.1～1 mg/mL，样品体积为 10～200 μL。与测量组成的方法一样，这些方法对样品质量的准确度要求都比较高。应该注意到，任何依数性测量获得的分子质量都是一个平均值，并且易于受到低分子质量杂质的影响。其他信息可参见 Tinoco 等 (2002)的文献和产品说明书。

3. 传输方法

3.1 沉降平衡法

3.1.1 概述

沉降平衡法是一种测量蛋白质天然分子质量的准确和有效的方法(Cole et al., 2008)。这种方法简单，无破坏性并且相对快速。所有描述沉降平衡的参数都易于测量或估计。该方法有几个独特的能力，可以量化广泛的化学系统的分子质量、化学计量和结合常数。例如，通过在中性的有浮力(非沉降)的去污剂中进行沉降，可以测量能够溶于该去污剂的蛋白质的分子质量(Fish, 1978)。还有许多其他方法无法分析的系统都能用沉降平衡法成功评价。然而，由于沉降平衡法通常需要精密而且昂贵的仪器，而且其他方法已经可以达到许多目的并获得足够的数据，因此随着强大的沉降速率分析法的成熟，沉降平衡法的使用率已大大不如过去。虽然如此，沉降平衡法仍是目前定量研究蛋白质-蛋白质结合的最有效的检测方法之一，在研究具有弱或中等结合常数的蛋白质系统上起到了无法替代的作用。

3.1.2 方法

沉降平衡实验的目的是沿着离心池的径向轴产生一个可测的蛋白质浓度梯度。完成

① 1 cal=4.19J，全书同

沉降平衡的时间取决于溶液柱(solution column)的长度、减少后的分子质量(reduced molecular weight)值(σ)及扩散常数。由于达到平衡的时间取决于柱长的平方,许多离心池和技术采用短柱(0.75 mm 或 3 mm 长)(Ralston, 1993)。利用这些离心池,不同的蛋白质可在几分钟到数小时内达到平衡。在给定的转速下,采用 30～60 min 间隔来测量浓度分布,如若浓度分布不随时间改变,则说明已经达到了平衡。一些软件(如 Hetero-Analysis)可帮助自动化完成该过程(Cole et al., 2008)。

沉降平衡实验可量化减少后的分子质量(σ)。它被定义为

$$\sigma = \frac{M(1-\bar{v}\rho)\omega^2}{\pi} \tag{39.2}$$

式中,$\bar{v}$为蛋白质的微分比容 (mL/g);ρ(g/mL)为溶液密度;$\omega^2(s^{-2})$ 为转子角速度的平方($\omega = rpm.\ \pi/30$)(下面沉降速率的描述介绍了使用 $\bar{v}$ 和 ρ 的方法)。σ 可以描述为

$$\frac{\mathrm{d}\ln[c_r]}{\mathrm{d}r^2} = \frac{\sigma}{2} \tag{39.3}$$

式中,C_r 为转子径向位置"r"的溶质浓度。如此可以确定 σ 为溶质浓度的自然对数关于 $r^2/2$ 的函数的斜率。每个径向位置(或者相应的每个浓度)都可以计算得到一个斜率值。这种方式得到的分子质量是重量平均值。

或者,σ 也可以通过非线性最小二乘法拟合方程来获得,该方程描述浓度分布(如关于 $r^2/2$ 的函数),此处不予讨论(Johnson et al., 1981)。这些方程来自各种模型的热力学第一定律,包括蛋白质的结合和非理想状态模型。

一个典型的沉降平衡离心实验需要 3～4 个浓度,每个浓度需 100～200 μL 溶液,浓度范围一般从 0.1 mg/mL 到约 3 mg/mL。这些溶液需要用含相同组分的合适的缓冲液配制。沉降平衡离心实验通常在不同转速下进行,低速时离心槽顶部和底部的浓度比 3～5,高速时离心的弯月面中已完全不含溶质。

即使没有分析型离心机(analytical centrifuge),沉降平衡时的浓度分布也可以用多种方法测得。如果测量中用到了制备离心机(preparative centrifuge)(Attri and Minton, 1986)或"气动离心机"(airfuge)(Bock and Halvorson, 1983),可将离心物质分离后使用任一与蛋白质浓度相适应的检测方法。由于任何浓度测量方法都可用到(如酶活),因此采用制备离心机进行沉降平衡的分析时,可用来检测复杂混合物和高浓度溶液中的分子质量(Howlett et al., 2006)。但是需要通过不同时间长度的离心实验来确保混合物体系达到了平衡状态。而且,在转子减速或离心组分分离时,由于浓度梯度的破坏,这些离心方法的准确度有所缺失。然而,有必要在不同时间点通过一些实验来确保混合物体系达到了平衡状态,但在转子减速或离心组分分离时,由于浓度梯度的破坏,这些离心方法的准确度有所缺失。分析型超速离心机可以缓解此类问题,因为其可在离心进行中离心组分保持平衡时,通过光学方法检验溶液成分。

目前有 3 种光学系统可用于标准分析型离心机:紫外线或可见光吸收扫描仪、瑞利干涉仪(rayleigh interferometer)和荧光检测器。这 3 种系统能提供互补信息,如某些场合需用荧光和吸收光学的选择性及灵敏性,而有时则需要瑞利干扰仪系统的精确度和准确度。荧光系统拥有卓越的灵敏度(低达 100 pmol/L 的荧光素),但是需要荧光分子或荧光

标记分子(Kroe and Laue, 2009)。荧光光学系统的精度类似于吸收光学系统,但是准确度有限,因为荧光基团的量子产率(quantum yield)对分子所在的环境非常敏感。

必须精确计算离心半径,分析超速离心机的光学系统可以提供这些信息(Ralston, 1993)。使用制备离心机时,则需通过几何学计算半径。原始文献(original article)介绍了如何计算不同转子和离心槽的半径(Attri and Minton, 1986; Bock and Halvorson, 1983)。

3.1.3 问题和局限

沉降平衡分析的核心问题是获得分析用的足量高纯度的蛋白质。即使对于高纯度的蛋白质,在平衡分析前进行沉降速率分析还是有益的(Cole et al., 2008)。瑞利干涉仪光学系统仅需要 20 μL 浓度 1 mg/mL 的溶液即可测量分子质量,而且一些荧光溶质的浓度可以更低。尽管这种方法所用的材料量少于通常凝胶电泳,但是少量杂质的存在可能会增加解释数据的难度,特别当杂质是未知或者未预料到的情况时。如果使用制备离心机,并且测量方法灵敏度较高时,需要的材料量也可以较少,但是准确度较低。同样需注意的是,沉降平衡法的分离程度达不到沉降速率、凝胶过滤和凝胶电泳的水平。尽管如此,离心力一定程度上还是分离了溶液,去除了一些大颗粒(如粉尘、絮凝物、聚合物)。这意味着尽管分析型离心需要一些合适的技术,但不需要像散射法那样仔细的纯化样品。需注意缓冲液成分同样在离心力场中得到分离,因此最好选择 $\bar{v}$ 接近溶剂($\bar{v}\rho = 1$)的缓冲液。Tris 等缓冲液适用于沉降实验,而磷酸盐缓冲液则可能在某些情况下会引起问题(Yphantis, 1964)。充分的透析和仔细填充离心槽可以将缓冲液沉降的问题降低到最小。

有些方法可检测用于沉降平衡法分析的样品中的杂质。其中一种是绘制表观分子质量(可通过 lnc 关于 $r^2/2$ 的函数图的局部斜率获得)作为浓度函数的图[M(c)]。如果 M(c)图与转子速率无关,那么可以十分确定样品是纯的。Rhodes 和 Laue (2009)的文献中简要介绍了更多测量异质性的高灵敏度方法。

3.2 沉降速率法

3.2.1 概述

沉降速率法是一种简单、非破坏性的测定蛋白质流体力学特性的方法。它相较于凝胶色谱法的优势在于可以作为一种基本方法(不需要标准)来测定流体力学参数。由于沉降分析法是基于第一定律,因此可以应用于其他任何方法都无法分析的系统。通过沉降速率实验获得的主要结果是沉降系数(s),沉降系数是通过测量蛋白质的浮力质量(buoyant mass)及其摩擦系数(frictional coefficient)的比值而获得:

$$s = \frac{M(1-\bar{v}\rho)}{N_0 f} \tag{39.4}$$

式中,s 为斯维德伯格单位(svedberg unit)($\times 10^{-13}\ s^{-1}$)表示的沉降系数;N_0 为阿佛伽德罗常量(Avogadro's number);f 为蛋白质摩擦系数。扩散系数(D)(cm^2/S),由式(39.5)定义,同样可以通过速率离心实验测量中出现的边界扩散获得。

$$D=\frac{\mathrm{RT}}{N_0 f} \tag{39.5}$$

s/D[式(39.6)]的值提供了基于运输的蛋白质分子质量的测量方法，没有任何大小或形状的要求，也不需要与蛋白质标准的相似性。

$$\frac{s}{D}=\frac{M(1-\bar{v}\rho)}{\mathrm{RT}} \tag{39.6}$$

或者，如果已知准确的分子质量，测量沉降系数可以确定摩擦系数 f 。首先，f°与蛋白质分子质量、密度一致的无水球体的预期分子质量摩擦系数可以通过斯托克斯方程(Stokes equation)来计算：

$$f^{\circ}=6\pi\eta r_{\text{sphere}}=\frac{6\pi\eta}{[(M\bar{v}3)/(4\pi N_0)]^{1/3}} \tag{39.7}$$

式中，η 为溶液的黏度；r_{sphere}为等价球体的半径。利用式(39.5)至式(39.7)，可以计算得到 f/f°的值，并与标准和理论值比较来估计蛋白质的不对称和整体形状。

有了强大的计算机程序来分析数据，沉降速率法的使用范围变得比沉降平衡法更广泛(Cole et al.，2008)。建议任何样品在沉降平衡分析前都先进行沉降速率分析。

3.2.2　方法

尽管已经有一些方法可适当提高制备离心的准确度，沉降速率法最好还是用分析型超速离心机进行。分析设备的优势在于其准确度(±1%～3%)比制备型设备高了几乎一个数量级。并且，在整个实验过程中都可实时获得数据，因此能够观测进而更好理解任何异常行为。制备离心机的益处在于可以使用一些灵敏或特异的测量方法，如 ELISA，因此可用于一些样品纯度未知的情况。具体方法可见分析型超速离心机的使用(Ralston，1993)及制备离心机的使用(Freifelder，1973；Martin and Ames，1961)。

如前所述，任何沉降实验的主要测量都获得了浓度关于径向位置的函数。沉降系数可以通过分子沉降距离的自然对数关于时间的函数图的斜率来确定($\mathrm{d}\ln r/\mathrm{d}t$)：

$$s=\frac{(\mathrm{d}\ln r/\mathrm{d}t)}{\omega^2} \tag{39.8}$$

式中，r 为分子边界到转子中心的距离；t 为从实验开始的时间，通常取转子达到最终速率的 2/3 的时间。如果实验中待测样品处于分子薄层状态，r 取到最大浓度的点。而对于宽区域或边界实验，r 则取到浓度 0 到平衡浓度的中间点。为了适当的解释和比较，沉降系数需要校正成水温为 20℃和蛋白质浓度为 0($s^{\circ}_{20,\mathrm{w}}$)的标准条件：

$$s^{\circ}_{20,\mathrm{w}}=s_{\text{observed}}\left(\frac{1-\bar{v}_{20,\mathrm{w}}\rho_{20,\mathrm{w}}}{1-\bar{v}_{20,\mathrm{w}}\rho_{T,\mathrm{b}}}\right)\left(\frac{\eta_{T,\mathrm{b}}}{\eta_{20,\mathrm{w}}}\right)\left(\frac{\eta_{T,\mathrm{b}}}{\eta_{T,\mathrm{w}}}\right) \tag{39.9}$$

式中，V、p、η 分别为处于实验温度(T)或 20℃，并处于缓冲液(b)或水(w)中的微分比容、密度和黏度。利用在 T 和 20℃条件下水黏度表及缓冲液的黏度测量值，可用来校正温度对沉降系数的影响。密度可以通过测量或查表计算。扩散系数(diffusion coefficient)由界面在分析池中的扩散程度确定。可得到$[c/(\mathrm{d}c/\mathrm{d}r)_{\max}]^2$ 关于时间的函数图，$(\mathrm{d}c/\mathrm{d}r)_{\max}$是在最大梯度点的浓度梯度，多数情况下为界面中间点(Ralston，1993)。用该线的斜率用来确定 D，扩散系数

$$D=\left(\frac{1}{4\pi}\right)\left(\frac{\mathrm{d}[c/(\mathrm{d}c/\mathrm{d}r)_{\max}]^2}{\mathrm{d}t}\right) \tag{39.10}$$

尽管用这种方法可以确定 s 和 D,但是主要还是用来描述这些参数间的关系,因为强大的分析软件使得不必绘制这些数据。相反,沉降速率的数据被直接拟合为 lamm 方程的解(Cole et al., 2008)。这些拟合程序可以为许多模型和分析方案提供很好的分子质量和相关常数的定量分析。

s/D 的值[式(39.6)],或通过数据分析软件获得的 M 估计值是浮重(buoyant molecular weight)或减少后的分子质量(reduced molecular weight),$M(1-\bar{v}\rho)/RT$。M 值的确定需要其他实验测量。溶剂密度(ρ)可以非常容易的检测或通过查表计算获得。蛋白质的微分比容($\bar{v}$)可以测量得到,但通常是利用 Cohn 和 Edsall 法及氨基酸 $\bar{v}$ 值表,通过蛋白质组成计算获得(McMeekin and Marshall, 1952)。碳水化合物的 $\bar{v}$ 值可从 Gibbons (1972) 和 Durschlag (1986)的文献中获得。其他常用的蛋白质相关组分的值可查询 Steele 等 (1978) 或 Reynolds 和 McCaslin(1985)的文献。对于准确度要求高的实验,$\bar{v}$ 可使用系数 4.3×10^{-4} $cm^3/(g^0\cdot K)$进行温度校正(高于 4~40℃)(Durschlag,1986)。pH、缓冲液组分及优先水合(preferential hydration)对 $\bar{v}_r$ 的影响通常被忽略,除非使用了高浓度的变性剂。对于测定包含 8 mol/L 尿素或 6 mol/L 盐酸胍的溶液中简单蛋白质的等电位表观微分比容(Π),可以特别运用 Prakash 和 Timasheff (1985)提供的方法。同样,在含不同浓度的 NaCl、Na_2SO_4、$MgSO_4$、甘氨酸、β-丙氨酸、α-丙氨酸、甜菜碱及 $CH_3COO\cdot Na$ 的溶液中,简单蛋白质的微分比容可以通过 Arakawa 和 Timasheff (1985)的方法测得。然而,如果蛋白质中包含一定水平(>10%,w/w)的非氨基酸组分(如糖蛋白类、脂蛋白类)或者如果轴比大于 10,这些方法的准确度都不高。

一旦确定了准确的分子质量和 $\bar{v}$ 估计值,沉降数据中可得到流体力学解释。首先使用式(39.7)计算得到 f°。测量所得摩擦系数与 $f^\circ(f/f^\circ)$的比值将会大于 1。注意到 f 必须是使用 $s^\circ_{20,\mathrm{w}}$ 计算而得:

$$f=\frac{M(1-\bar{v}\rho)}{N_0 s^\circ_{20,\mathrm{w}}} \tag{39.11}$$

所有变量的描述如上。$s^\circ_{20,\mathrm{w}}$的确定如式(39.9)介绍。

摩擦系数比 f/f°大于 1 的原因有两个。第一,蛋白质存在水分子结合层,当蛋白质沉降时结合层也随之沉降。虽然与之结合的水分子可与溶剂中其他的水分子自由交换,但总体上结合层增加了蛋白质有效半径。从式(39.7)中可以看到,有效半径中任何增加都会导致 f 的增大。第二,摩擦系数取决于能与溶液接触的蛋白质的表面区域。对于一个给定质量和浓度的分子,球体则是暴露最小表面区域的形状,因此任何分子不对称性都将会增大 f。分子不对称程度可以通过测量旋转椭球体轴比(a/b)估计,扁长(拉长)的或扁平(拉伸)的旋转椭球体都会导致一致的 f/f°。应该清楚的是,用旋转椭球体构建的不对称模型是数学模型,计算的结果与分子也许并不相似。然而,如果能够测量一个多亚基蛋白质的单独亚基的不对称性,同时也能测量整个寡聚体的不对称性,那么就可以使用 a/b 值的变化来区分亚基可能的排列(Cantor and Schimmel, 1980)。

3.2.3　问题和局限

沉降速率法为分子生物学家提供了测量流体力学数据的最好的而且是唯一的基本方法。电泳和凝胶过滤法都需要分子质量标准，这局限了数据解释。在本章中介绍的所有方法中，沉降分析法的问题和局限是文献记录最完整的并且最容易克服的。

沉降要求最高的方面是需要足够的用于分析的材料。如果采用标准光学系统流行的 Beckman XL-A 分析用超速离心机，需要 0.5 mL 蛋白质浓度在 0.1～1 mg/mL 才能获得良好数据。

对于和缓冲液组分有着显著结合的蛋白质（如去污剂增溶蛋白质），沉降系数的解释会变得困难，因为结合组分将会通过 4 个参数：M、$\bar{v}$、ρ、f 来影响 s 的测量。这 4 个参数中，M、$\bar{v}$、f 通常最易受结合组分的影响，而且不同于沉降平衡法，沉降速率法无法“取消”这些组分的影响。因此，测得的沉降系数是这种带有结合组分的蛋白质复合物很难从中提取出蛋白质本身的信息。

3.2.4　衍生方法

蛋白质浓度对 s 的影响可以通过测量不同蛋白质浓度的 s 值来评价。一般来说，随着蛋白质浓度的增加，s 呈现近似的线性减少。

另一个应用广泛的用于估计蛋白质分子质量的方法的是，由 Martin 和 Ames (1961) 引入的蔗糖浓度梯度沉降法。这个方法，利用悬挂吊式离心桶在溶液中得到一个蔗糖线性梯度。蔗糖浓度通常在离心管顶部约 5%，离心管底部 20%。实际浓度范围不如梯度的线性和可重现性重要。将未知样品铺在一个梯度上方，然后将一系列已知分子质量的标准蛋白质铺在另一与之平衡的梯度上。离心过程需要一定时间（一般 12～24 h），然后将位于不同梯度上的物质分组分收集。这些分离组分中的蛋白质浓度可通过光谱光度测量法、酶法或其他测定方法来测定。

本方法基于一个事实，即在线性蔗糖梯度中，分子移动的距离在给定速率下是关于离心时间的一个线性函数。除此之外，这个距离与 s 也线性相关，未知蛋白质移动的距离和标准蛋白质移动的距离比值，等于它们沉降系数的比值。而沉降系数近似等于分子质量比值的 2/3 次方。这个方法仅能得到 s 和 M 的近似值，但是很简单，不需要特殊设备，而且如果采用合适的方法可以估计非常少量材料的 s、M。

3.3　凝胶过滤（分子排阻）色谱法

3.3.1　概述

凝胶过滤色谱法是用于估计蛋白质分子质量的最高效、最简单的方法之一。由于这种方法能够分离样品，并且可以应用特异测定目标蛋白质的方法（如酶学和免疫方法），因此样品纯度不需要太高。这种方法是非破坏性的，可以在相当短的时间内完成，并且具有中等的准确度，只要目标蛋白质的形状与用于校准分析柱的蛋白质标准大致一致即可（Ackers，1970）。

凝胶色谱法测定蛋白质分子质量依赖于未知蛋白质和一些分子质量已知的蛋白质标准的洗脱体积之间的比较。通过蛋白质标准分子质量的对数值和洗脱体积（或 K_{av}，见下述）的函数图来估计未知蛋白质的分子质量。（值得注意的是，实际的依赖因素是有效水合半径的对数值，或称蛋白质的"斯托克斯半径"[(Stokes radius)，如能将蛋白质标准拟合至该变量则更佳]。蛋白质标准的洗脱体积（elution volume，V_e）应该覆盖从无效体积（void volume，V_0；固定相外的体积）到内部体积（included volume，V_i；固定相孔中可进入的体积）的范围。尽管本部分讨论涉及洗脱体积，但是绝大部分 SEC 的数据报告都采用洗脱时间。在给定流速下，洗脱时间和洗脱体积成比例。而蛋白质行为的柱非依赖性测量值 K_{av}，比起简单的洗脱体积来说，更有利于结果的比较。

$$K_{av} = \frac{V_e - V_0}{V_t - V_0}, \tag{39.12}$$

式中，K_{av}为允许蛋白质进入的固定胶体积比例（stationary gel volume fraction）；V_t为凝胶的总柱床体积。比起 V_e更推荐使用 K_{av}是因为，在给定凝胶类型的情况下，K_{av}值在不同的柱子间仅产生细微变化。下面介绍的方法可以用于天然和变性蛋白质，因此同时也提供了一种检测亚基存在的方法。然而使用变性溶剂进行凝胶过滤，通常需要比进行变性凝胶电泳用的原料要多，因此不常用。

3.3.2　方法

操作原理及凝胶介质和凝胶多孔性的选择已有详细介绍（Stellwagen，2009）。目前已有能分离非常广泛分子大小范围的 SEC 固定相介质，但可能分辨率无法满足特定需求。在一些情况下，测量范围小的固定相可以提供很高的分辨率，但是选择时需考虑目标蛋白质的大小在凝胶的分离范围内。通常，只要蛋白质无法和基质结合，固定相的选择就较为随意。如果在给定的多孔性需求时有多种凝胶颗粒可以选择，应该用最小颗粒，因为这将提高柱的分辨率。需查阅制造商手册注意有关溶剂的任何限制，但是一般来说，几乎任何一种自由流动（free-flowing）含水缓冲液系统都可采用。建议使用中等离子强度缓冲液，可将蛋白质与基质静电相互作用减到最小。要想得到最好的结果和最高的分辨率，应使用细长的柱子。柱子的准备、柱子的缓冲液平衡及流速的选择都应按照制造商的说明。通常流速越低，分辨率越高，因为溶质可以随时和凝胶基质充分平衡，但如果流速太慢则会导致过度扩散并影响到分辨率。所有样品应该在平衡柱子所用的相同的缓冲液中。上样的样品体积应该少于柱床体积的 2%。除此之外，整个分析过程中柱子的流速应该保持恒定，从而根据流速来预计洗脱体积（Ackers，1970）。

洗脱体积（V_e）是从柱子上洗脱下来的体积，从一半的样品流过凝胶床的顶部开始计算，直到目标蛋白质最大值（峰）被洗脱下来。柱子无效体积（V_0）可以使用商品化的大小不一的葡聚糖蓝（M=2 000 000）测量，并在 540 nm 或 280 nm 波长下监测流穿液。内部体积（V_i）可以利用处于不同 pH 或电导（应避免极端条件影响柱子）的缓冲液作为样品，或者包含少量染料（如溴酚蓝）来测量。内部体积是小分子的洗脱体积和利用无法进入凝胶的大分子测得的无效体积（V_0）的差值。在选择染料时要格外注意，因为许多芳香族化合物与固定相具有亲和性，这将会导致异常的高 K_{av}值和 V_i 值。

蛋白质标准的分子质量应覆盖所选固定相的可分离范围，以保证被分析的蛋白质的分子质量在标准之内。要想达到最好的结果，至少使用 4 种不同标准。已有商品化含预染蛋白质的试剂盒。任何能够简单地检测目标蛋白质的分析方法都可用到。无论什么原因只要柱子需要重装，都需重新校准柱子。

使用柱色谱法(column chromatography)测量变性蛋白质的分子质量会有一些特殊问题(Fish，1978)。这个方法假定未知蛋白质的形状与标准蛋白质的相同，这意味着蛋白质需要完全变性，包括还原二硫键。因此缓冲液应该是包含还原剂或巯基的烷基化物，从而防止二硫键再次形成。标准品和未知样品都应经过同样处理和在同样的缓冲液条件下分析。校正过程如上所述。这一方法并不常用。

3.3.3　问题和局限

使用凝胶排阻色谱法测定分子大小时，误差的最主要来源是未知样品的大小和密度与蛋白质标准品的差异。由于蛋白质标准品一般都是致密的球状蛋白，这意味着纤维状蛋白质或者含纤维状区域的蛋白质，在凝胶柱上的行为将会不规则。这种分子不对称性的标志之一就是，分析时减小流速，未知蛋白质的 K_{av} 值却升高，而蛋白质标准品的 K_{av} 值却保持不变。

由于这种技术测定的是蛋白质的大小而不是分子质量，因此如果用来估计能与其他分子形成复合物的蛋白质(如去污剂增溶蛋白质、广泛糖基化蛋白质)的分子质量时，结果将不可靠。最后，如果蛋白质与固定相之间有亲和(蛋白质表现偏小)或相斥(蛋白质表现偏大)相互作用，都会导致不准确的结果。可以使用两种不同化学类型的固定相(如琼脂糖、丙烯酰胺)测定分子质量，或者改变缓冲液条件，从而检测蛋白质与柱子的相互作用。如果有极端的相互作用，K_{av}将会明显表现出不可接受的异常值。如果 $K_{av}>1$，表面蛋白能与柱子结合，此时应该用不同固定相。相反，如果 $K_{av}<0$，柱子此时已无法起到排阻作用，亟需重装并重新校正或更换。

虽然使用凝胶过滤测量分子质量的准确度通常不高，但分子排阻色谱和光散射法联用功能十分强大，并且目前应用非常广泛(见下文)。这种情况下，凝胶过滤用于通过大小分离样品。

3.4　电泳法

3.4.1　概述

目前应用最为普遍的测定蛋白质分子大小的方法是电泳法。电泳法简单，成本低，快速且能够测定蛋白质的范围非常广，准确度足够满足许多需求。因此，被用于大多数蛋白质系统，并且几乎总是在性质研究中使用。SDS 凝胶电泳是应用最广的测定变性蛋白质表观分子质量的方法(Garfin，2009)，但是研究分子大小、形状和分子质量信息的电泳法并不仅限于此。例如，不一定要加 SDS 到凝胶中，尽管它应用普遍；几乎在任何缓冲液条件中都可以完成蛋白质样品的非变性凝胶电泳。而且，目前染色方法的灵敏度使得电泳法可应用于量非常少的蛋白质样品(Garfin，2009)。

3.4.2 方法

基本步骤与前面(Rhodes and Laue，2009；Garfin，2009)所介绍的变性蛋白质电泳法相同，除了缓冲液组分是据研究者的需求而定外。这里有一些限制，虽然胶同样是在变性条件下，但胶制备用的缓冲液不能包含还原剂。除此之外，由于蛋白质暴露的环境可能影响其电荷、结合或形状，凝胶中缓冲液的组成需要仔细控制。因此，必须谨慎考虑催化剂的相对比例，保证在凝胶中没有过量氧化剂残留。预制凝胶并不昂贵且通常具备较好的质量控制，但是也很难保证其中缓冲液的组分完全是实验所需组分。常用的最简单的方法是预电泳以去除任何可能的聚合产生的副产物。或者，如果凝胶设备的几何构造能够允许胶板暴露(如水平或垂直胶板，两个玻璃板中的一个可以移动或者稍后替换)，在电泳之前可用需要的缓冲液透析凝胶。由于通常胶板相当薄，数小时的透析一般足够。透析也可以用来在凝胶聚合后引入还原剂，或者用不同缓冲液条件下透析同时制备的一组凝胶(这样可假定胶的孔隙一致)。

蛋白质大小的电泳分析基于一个简单的原理：电场中一个荷电粒子，在正比于所带电荷和所处电场强度的力作用下穿过周围的介质，并受与速率、粒子半径及介质黏度成正比的摩擦力作用。与 SDS 凝胶电泳相同，研究者可通过控制凝胶基质的孔隙来控制黏度。另外，在非变性条件下，由于电泳运行时 pH 引起的蛋白质固有电荷的改变，将显著影响蛋白质迁移。这个差异非常重要，在 SDS 凝胶电泳中，电荷主要由与蛋白质结合带负电荷的 SDS 决定，样品总是从凝胶的负极向正极迁移。在非变性电泳中，迁移的方向取决于缓冲液的 pH 与蛋白质的等电点(pI)的关系。如果蛋白质等电点未知(并且样品量非常有限，不允许通过等电聚焦实验检测)，可以使用水平电泳设备，这样起始孔在凝胶的中间。否则，可使用相关蛋白质的等电点来进行"最佳估计"。

迁移性同样会受到所选缓冲液条件的影响。改变缓冲液条件可影响蛋白质结合或导致构象改变，但除此之外，在指定 pH 下不同蛋白质的相对迁移率通常是相当恒定的。然而绝对迁移率受平衡离子浓度的影响非常大。

对于非变性凝胶电泳迁移率数据的分析类似于 SDS 凝胶电泳(SDS gel)。唯一的显著区别在于，在非变性系统中，不能假定蛋白质有相同的电荷密度，也不能假定蛋白质都为长杆形状。正如凝胶排阻色谱法一样，有必要比较样品和一系列标准品的迁移性(Rodbard and Chrambach，1971)。弗格森分析(Ferguson analysis)方法可以用来鉴定区分两个组分特性(大小和/或电荷)，并且能够在无筛分效应时推断预期迁移性(Andrews，1986)。弗格森曲线的斜率(相对迁移率的对数值 R_f，相对于胶浓度)和斯托克斯半径 r_s 成比例。用这种关系插值推理未知的 r_s 比起其他方法更可靠，如用关于标准品分子质量的弗格森曲线斜率。分析过程仅涉及用一组不同整体浓度凝胶(至少 5 个)电泳分析未知蛋白质和一些标准品，然后将 R_f 对数值对所有标准品和未知蛋白质的胶浓度作图。作标准品的斜率关于(已知)r_s 的函数图，未知样品的 r_s 从这个曲线和测量所得斜率中获得。所用凝胶的浓度范围取决于研究蛋白质的大小，但是在某些浓度上限，蛋白质不能进入胶中。此时应使用一组浓度跨度小的凝胶，减小覆盖范围。

3.4.3　问题和局限

尽管在很多种不同条件下，非变性条件电泳都可以提供关于蛋白质物理特性的信息，但是需认识到，这是一种区带方法（zonal method），并且浓度的影响（或者稀释效应的影响）非常大。因此一般不推荐使用该方法进行结合行为的定量研究。

同凝胶排阻色谱法一样，这不是一个基础方法：它取决于合适标准品的选择。标准品通常是球状的未经修饰的可溶蛋白质。因此，当该方法用于分析具有高度不对称性的蛋白质，或者有着独特的非蛋白质修饰的蛋白质时，将会产生错误的结果。弗格森分析可以帮助解释由电荷差别导致的迁移性的差异，但是过大的电荷密度将会产生异常的结果。

由于在非变性凝胶电泳中缓冲液条件可由不同研究者选择，因此变化很大。应该注意溶液中负责产生电流的组分。高离子强度可能导致蛋白质流动异常缓慢，而低离子强度缓冲液可以使蛋白质在非常低的电流情况下正常电泳。鉴于这种多变性，并且由于蛋白质完整性更重要，应该尤其注意功耗并注意去除凝胶中产生的热量。

3.5　黏度

所有变量中，溶液黏度取决于存在的任何溶质的量和性质。剪切力下溶液中的颗粒的响应将取决于颗粒的摩擦系数，摩擦系数代表着颗粒与运动中溶液的机械作用（Yang，1961）。颗粒的反应同样取决于颗粒的质量，质量决定着获得给定运动所需的能量（Yang，1961）。由于蛋白质内在黏度很大程度上取决于分子不对称性，因此黏度测量是蛋白质形状的一个非常灵敏的指标。此外，可以将黏度数据与沉降数据结合从而计算蛋白质分子质量。有很多不同的流变学测量装置，它们的使用相当简单，但是必须在严格对照条件下完成。

3.6　场流分离法

场流分离法（field-flow fractionation，FFF）是以在一窄带通道（narrow channel）（100～500 μm）中，目标粒子处于与层流方向垂直的力场作用为基础的方法（Liu et al.，2006）。由于通道中层流呈抛物线形，中间的流速最快，边缘流速最低，受外力影响最大的分子离通道边缘更近，并且运动更慢，而未离开中心的分子运动则较快。这个施加到分子上的外力可能是通过离心、电泳、磁力或机械流动产生。横向流方法最常用，称为流动场场流分离（flow-FFF，fFFF）。这一方法中，半透膜能使溶剂（而非蛋白质）流出通道底部，如此产生了一个浓度梯度，使通道底部的浓度高于顶部和中部。为对抗该浓度梯度产生的扩散作用，小分子更快地扩散到流速快的通道中部。大分子扩散较慢因而在通道边缘缓慢运动。

这种方法的优势在于其非破坏性，并且在任何缓冲液体系中都可以用。只要调整合适的流速，这一方法能够分辨的分子大小范围非常广。目前的仪器使用高效液相色谱部件和高自动化系统，使得该过程更加简便。一个标准的实验过程仅需 30 min。虽然如此，这个方法还是充满了技术挑战，并且需要一定时间和努力来促进方法发展。最后，这个方法非常适合于分辨不同大小的分子（单体、二聚体），但是粒径分布结果是相对的，很难将其转换成绝对大小。因此,FFF通常被用做光散射法的分离方法,从而获得绝对分子质量(Liu et al., 2006)。

3.7　质谱法

质谱法可以通过测量蛋白质样品产生的离子 m/z,而检测蛋白质的内在性质——蛋白质量。这一特性与温度、密度、浓度无关。电喷雾电离质谱(electrospray ionization mass spectrometry,ESI-MS)的进步大大充实了生物化学家的工具箱(Faullet al., 2008)。ESI-MS和其他MS可以与液相色谱(liquid chromatographic,LC)(如毛细管电泳、分子排阻色谱层析、普通或反向液相色谱)联用,帮助鉴定色谱峰,并且仅需要相对少的样品量(1~5 μg)而获得额外信息。MS分析所得的蛋白质分子质量不仅可以用来鉴定蛋白质,还可以测定蛋白质纯度(Baldwin et al., 2001)、定性定量的分析共价修饰和降解产物。ESI飞行时间(time-of-flight,TOF)方法十分温和,在分析过程中蛋白质几乎未发生任何降解。获得的典型数据形式为一组关于 m/z 的函数的峰值,代表了蛋白质的不同离子化状态。例如,一个30 kDa的蛋白质能得到40以上 H^+,并且在质谱谱图(30 000m/40z=750m/z)处以峰值形式展示,并标记为$[M+40H]^{40+}$。不同的电荷状态,如$[M+39H]^{39+}$、$[M+38H]^{38+}$、$[M+37H]^{37+}$组成了一个类高斯分布(Gaussian-like distribution)。去卷积软件(如公共网站 http://ncrr.pnl.gov/software/)可用来确定原始分子的分子质量。较小的峰揭示存在杂质或降解物。这种方法能够获得高精度(±0.01%)的蛋白质分子质量,并且可以用于修饰(如糖基化、烷基化或聚乙二醇化)蛋白质。然而,需要注意修饰中出现的任何异质物质,如可变的糖基化和可变长度的聚乙二醇,都会在质谱谱图中有所表现。这个方法在评价蛋白质纯度方面也有较好的应用(Baldwin et al., 2001),但是将会增加分子质量的计算复杂程度。

与其他方法相比质谱法有一个卓越的优势,即对样品纯度要求不高。尽管高纯度会简化分析,但该方法能够在一次实验中鉴定出不同的蛋白质组分。另外,如果是因为分析物与污染物亲和造成的纯化困难,可能同时观察到一个分析物-污染物峰,这是由于ESI-MS能够保持非共价相互作用。通过稀释样品可能解离这些非共价加成物,从而使杂质可以被观察到。

由于缓冲液必须是可挥发性的,因此缓冲液的选择需慎重。传统的缓冲液,如Tris或磷酸盐缓冲液并不适用。典型的缓冲液有甲酸、三氟乙酸(TFA)、乙酸、甲酸铵、乙酸铵、碳酸氢铵、七氟丁酸。并不是所有缓冲液都通用于一切情况。目前已经知道TFA可抑制离子形成,因此只有低浓度(0.1%或更少)TFA才可接受。这些并不是常用的缓冲液系统,并且改变缓冲液可能会影响蛋白质,因此非常有必要设置适当的对照来确保结果的正确解释。

由于待分析蛋白质在缓冲液中被传送到ESI-MS设备中,因此它相对直接地将色谱分离和质量测定结合起来。这一质量测定的补充结果和通过SEC色谱获得的大小测定结果,在分析聚合蛋白质时特别有效。尽管质谱法可以作为一种基础检测器,但是最通常的做法是将MS和常规检测器,如紫外线吸收系统结合起来使用。通过这种设计,SEC-HPLC法获得的洗脱谱可以用基于质量的鉴定峰来解释。例如,一个SEC峰向一边不对称倾斜可能是由于存在杂质，或者形成了多聚体。而在质谱谱图中，杂质有可能表现出一个不同的质量峰，而聚合作用将会导致质量峰是母峰的整数倍。

3.7.1　方法

这种特殊的 ESI-MS 技术因仪器的不同而异，但是这里提供一些通用的指南。如上所述，如果要直接呈递到质谱仪，样品必须处于挥发性缓冲液中。磷酸盐、Tris 相关缓冲液都会引起离子抑制和质量漂移，这种现象是因形成钠、钾、平衡离子及蛋白质之间的非共价加和物。这些盐可以用挥发性缓冲液透析或者色谱法去除。如果样品是用 LC/MS 分析，这些小的缓冲液组分将与大蛋白质分离，此时无需透析。当蛋白质加入到一个盐缓冲液平衡的柱子时，在盐到达 ESI 之前，可使用分流阀来将盐峰转化成废液。冻干粉形式的样品可以用甲醇或乙腈与含甲酸或乙酸的水的混合物来溶解，通常水和有机物比为 1∶1，其中酸含量为 5%或更低（一般 0.1%）。疏水蛋白质可采用更高的有机物浓度。

除了使用上述建议的挥发性缓冲液，同样重要的是要确保蛋白质与缓冲液环境充分平衡，并且使用合适的酸或碱（氨、乙酸、甲酸或三氟乙酸）对缓冲液进行滴定。此外，对于某些缓冲液来说，浓度限值相对较低。流速取决于仪器，在某些情况下，需要一个分流器从而只使一小部分柱子流穿液进入 MS。大部分 LC/MS 设备能够在无分流器的情况下以高至 1 mL/min 的流速运行。也有带有非常小毛细管道（内径≤25 μL）的电喷雾电离源（ESI source），称为 nano-ESI。这些 ESI 源可在非常低的流速下（10～100 nL/min）运行，并且经常与毛细管 LC 柱联用，组成 Capillary LC/nano-ESI-MS。尽管提高了灵敏度，但是如果没有谨慎地操作以避免灰尘混入溶剂和样品，可能会堵塞系统。

分析单个样品时蛋白质质谱分析速率非常快（<1 min），如果是 LC/MS 分析则可能需要 1 h。新型的超高压液相色谱分析（UPLC）则带来了减少分析时间的同时提高色谱分辨率的希望。

4 种最近发展的离子化方法提供了大分子蛋白质电离的替代模式。分别是解吸附电喷雾离子化（desorption electrospray ionization，DESI）、实时直接分析（direct analysis in real time，DART）、激光消融电喷雾离子化（laser ablation electrosprayIonization，LAESI）、基质辅助激光解吸附电喷雾离子化（matrix assisted laser desorption electrospray ionization，MALDESI）。这些方法表现出了离子化蛋白质的能力，并可能在 ESI 和基质辅助激光解吸附离子化（matrix-assisted laser desorption ionization，MALDI）无效时使用（Faull et al.，2008）。MALDESI 方法将 MALDI 的优点，如操控高分子质量蛋白质的能力，与 ESI 的多位点荷电（multiple charging）能力结合在一起。这些电离方法可能克服个别方法中可能遇到的限制。

在质谱仪方面，一种替代平台——离子迁移质谱（ion mobility spectrometry，IMS）正在给蛋白质分析注入新的活力。IMS 分离离子是基于离子通过电场时与气体[通常是氦气（He）]冲撞的迁移性。具有较大形状/碰撞截面的蛋白质离子在电场中比碰撞面积较小的小离子迁移速率慢。蛋白质的聚合及纯度信息也可通过横截面信息获得。在某些方面 IMS 与 TOF 类似，但却通过不同的测量手段（IMS 利用气相离子的形状而 TOF 利用质量测量）揭示蛋白质纯度信息。IMS 也可以与质谱仪结合，可以在质量分析后进行多维分离。尽管这一方法还在起步阶段,但随着该方法的逐步成熟,已经备受关注并在蛋白质纯度分析中寻得了一席之地。

3.7.2 问题和局限

解释 MS 数据时最重要的因素是要理解结果的来源。例如,出现 22、44、66 或 88 质量漂移是由于钠的加成,Na^+ 置换了 H^+,但是保持整体电荷状态。类似的,39 质量漂移是钾加成信号,铵的加成(质量漂移为 17)也能观察到。使用超纯溶剂可以将这种加成减低到最小,但是很难完全去除。

由于这种方法报告的是 m/z,因此理论上,单体和双倍电荷的二聚体没有任何区别。虽然电荷去卷积算法不能解决这个问题,除 TOF 外的质谱仪却可以。例如,傅里叶变换离子回旋加速器(FTICR MS)及离子阱质谱仪的超高质量分辨能力可通过离子的同位素峰测定电荷状态,从而解决这种不确定性。这些质谱仪可以清楚地区分单电荷单体和双倍电荷的二聚体。也可通过稀释样品至无法观测到二聚体而最小化二聚体的形成。如果配体结合较强以致稀释都无法分开,则可使用较高浓度的有机溶剂、酸或者二者结合来解离非共价复合物。对酸敏感的去污剂可以用来初步分离非共价复合物,但是一旦 pH 较低,这些去污剂会解离成互不干扰的不稳定的单体。

类似的,如没有额外信息,单峰可能来自一个宽范围的荷质组合。幸运的是,对于蛋白质来说,正常观测到的多电荷状态可通过去卷积得到明确的结果。存在结合紧密的配体会有一定问题,但是可以靠改变 pH、增加溶液中有机溶剂含量或者稀释溶液直到复合物分离。

对于一些蛋白质电喷雾过程不足以得到有用的信号,如 ESI 很难电离非常大的蛋白质(>150 kDa)。ESI 也对基质敏感,如高盐浓度溶液会减弱信号。这种情况下可采用替代的电离模式。MALDI 在这些情况下很适用,因为这种模式可以处理非常大(1 MDa)的蛋白质,并且能耐受高盐浓度。色谱分离后对单独的色谱峰用冻干法,可用于 LC/MALDI 分析。MALDI 趋向于形成单电荷离子,所以蛋白质离子很大程度上可观测到它们的 $[M+1H]^+$ 峰。这可以简化谱图分析,因为二聚体峰会表现为 2 倍的 m/z,这就完全避免了 2 倍电荷二聚体问题。

质谱法受到了一定限制,因为蛋白质通常并非仅含一种同位素。蛋白质中 ^{13}C、^{15}N、^{34}S 或其他同位素的存在会使蛋白质量增加,这会导致较宽的 TOF 质量谱图峰。这种增宽最终会使蛋白质离子的 m/z 分子质量包络加宽,从而导致蛋白质分子质量的不确定。此时,会难以辨认由于形成加成物、结合配体、二聚体或多聚体形成导致的峰。尽管这一问题在 6~7 MDa 以下通常不明显,但是它确实为该方法设定了上限。这个问题在一些研究中可以避免。例如,用氨基酸或其他去除同位素的初始物来制造蛋白质——它们所含的 ^{13}C、^{15}N、^{34}S 等类似同位素比天然的同位素丰度低。

同时要提及的是,利用基于质谱方法优势的同时需付出相应的成本。截至笔者书写时,TOF 设备需 250 000~500 000 美元,而 FTMS 设备约需要 2 000 000 美元。

4. 散射方法

光散射法(light scattering method)通常用来获得分子质量和回转半径(radius of gyration),但是特定的散射法能够提供扩散系数、分子质量及热力学参数(Chu, 1974; Cottingham, 2005; Timasheff and Townend, 1970)。主要的光散射方法所用仪器已经发展到可以与 HPLC 和 FFF 设备结合,并几乎纳入了所有数据分析功能。应用简单和可及性使得这些强有力的蛋白质鉴定方法再度流行。

光散射法的基础是,入射光振荡电磁场与蛋白质中电子作用,产生振荡偶极子。这些振荡偶极子发射光线,其强度和方向取决于许多因素,包括分子的大小和结构。

Zimm 关系构成了现在称为"静态"光散射的基础。

$$\frac{Kc_2}{R(\theta)} \mid = \frac{1}{M_w P(\theta)} + 2A_2C_2 \tag{39.13}$$

式中,$R(\theta)$为散射角以及浓度依赖的 Rayleigh 比,与溶液的散射光强度超出纯溶剂散射光强度部分成正比;C_2为蛋白质浓度;M_w为样品中蛋白质或其他物质的重均分子质量。A_2为第二维里系数(second virial coefficient);K 为常数$[4\pi^2(dn/dc_2)^2 n_0/N_0\lambda^4]$,$dn/dc_2$为溶质的折射增量,$N_0$为阿佛伽德罗常数,$n_0$为溶剂折射率,$\lambda$ 为入射光波长;$P(\theta)$为与和关于散射光强度的角相关的参数,可与以下方程近似:

$$P(\theta) = 1 - \frac{16\pi^2 {n_0}^2}{3\lambda^2}\bar{r}_g^2 \sin^2\frac{\theta}{2} + \cdots \tag{39.14}$$

式中,$\bar{r}_g$ 为分子回转半径均方根值,根据不同 θ 值绘制 $Kc_2/R(\theta)$关于 $\sin^2(\theta/2) + Kc_2$ 的函数图,可以计算得到 $\bar{r}_g$。这是根据已知 c_2近似估计 $\bar{r}_g$,但是许多情况下都可接受,并且很多整合入 HPLC 的设备都会用到该数据。通过测定不同 c_2 值,可以外推到 $c_2=0$ 和 $\theta=0$,这些线与纵坐标$[Kc_2/R(\theta)]$相交会得到 M_w。

"动态"光散射[也称为光子相关光谱法(photon correlation spectroscopy)或准弹性光散射(quasielastic light scattering)]是基于溶液中运动着的散射中心(蛋白质)之间时间依赖的相消干涉或相长干涉。强度变化关于时间的标准化自相关作用函数$[g(\tau)]$可描述如下:

$$g(\tau) = \exp(-\Gamma\tau) \tag{39.15}$$

式中,Γ 为$[(4\pi n_0/\lambda)\sin(\theta/2)]^2 D$。扩散系数与式(39.5)和式(39.7)分子大小及分子质量相关。动态散射光测量的数据可以以 r_g 分布形式展示,并从中测定多重散射种类的存在。

在激光光照下并使用一系列固定的角探测器,可以同时测得动态和静态光散射。通过静态光散射可以测得回转半径、分子质量,而从动态光散射中可以测得扩散系数、流体力学半径、粒径分布及分子质量。重要的是要注意到这些由界面友好的系统完成的计算中的假设。例如,大部分的计算会假设所有颗粒都是球体。与质谱测量一样,当与色谱分离方法结合时可以极大的增强光散射方法的能力。用彼此正交的方法,如 SEC 或 FFF

和光散射法鉴定同一个蛋白质，可以通过比较来验证任何假设的有效性。强大、重复性好和易于操作的特点使SEC-多角度光散射法(SEC-multiple-angle light scattering，SEC-MALS)成为制药工业鉴定蛋白质聚集体的主要方法(Wen et al.，1996)。

如果光散射法未与色谱分离联用——色谱法本身能够提供非常有效的过滤，即需要保持非常严格的条件避免溶液中出现"灰尘"。有非常少量的大颗粒存在就能轻易控制散射信号，妨碍结果。但这种依赖性也反映了这一方法检测大的蛋白质聚合或复合物的能力。

4.1 电子显微镜

电子显微镜(electron microscopy)是一种直接成像法，因此一直以来都是一种测定大蛋白质或亚基复合物分子大小和形状的具有吸引力的方法，。这一领域中最初的工作是用来鉴定大复合物，如血蓝蛋白质复合物的形状(van Bruggen and Wiebenga，1962)，后来发展到膜蛋白晶体阵列成像(Sletyr et al.，1988)，而最近用来对蛋白质结构进行冷蚀刻电子显微镜(cryo-EM)分析(Topf and Sali，2005；Topf et al.，2008)。本方法提供了分子天然大小和形状的详细信息，并且尤其适用于与许多分析方法不相容的膜相关蛋白质分析。电子显微镜的分辨率本身有一定限制，但是通过低温制备和将大量图片信号平均，可以获得高分辨率的电子密度图。密度图可与结构填充算法结合获得蛋白质分子的详细结构图。这一模型需要对蛋白质序列有所了解，因此不是一个可以通过实验测定蛋白质分子质量的方法，但却是一个巧妙的高分辨率测定分子大小和形状的手段。尽管cryo-EM法不是一个实验室常用的测定蛋白质大小的技术，但其大大促进了以前研究异常困难的蛋白质科学领域的进展。

5. 蛋白质亚基的存在

为测定是否存在亚基，通常需要在易于聚集和可能促进解离的条件下鉴定一个或多个系统的特性。因此，研究者应当对于适合蛋白质聚集或解离的条件有初步了解，或者需要调查很多已被证明在其他情况下导致解离的条件。找到合适的条件可能需要研究者付出大量劳动，但如果计划得当，也会得到许多关于系统特性的额外信息。在开展有关聚集或解离条件的深度寻找之前，采用极端的条件作为初步的探索非常有用。通常可先在一些(一般是生理性的)缓冲液中进行分离实验，然后在强变性条件下重复。

一种非常简单、快速，而且低成本的研究亚基的方法，可采用先在非变性条件下进行电泳，此时使用的缓冲液与蛋白质被分离时所有缓冲液相同，随后在解离或变性条件下进行第二维电泳。变性条件的性质取决于亚基的种类和预期能够发现的结合的种类。例如，第二维电泳可以在极端pH、含尿素或SDS、加或不加其他缓冲组分(如钙)的条件下进行。缓冲液条件改变而导致的迁移率改变应该通过分析第二维来解释和理解。也就是说，分析应该基于在结合和可能的解离缓冲液条件下的分子表观大小。如果需要研究二硫键亚基存在的可能性，可采用无还原剂的SDS凝胶电泳作为第一维，含还原剂的SDS

凝胶电泳作为第二维。由于胶内二硫化物烷化很困难,因此推荐在二次电泳缓冲液中加入巯基乙酸盐以避免再氧化。表观分子质量的差异或者在第二维中出现多个组分都预示着存在二硫键亚基。通过非变性电泳推断出的表观分子质量差距,与在完全变性条件下(SDS-PAGE)电泳得到的表观分子质量相比较,也能够预示亚基的存在,但是必须考虑到一种可能性,即由极端的不对称性和固有电荷引起的分子的电泳行为。

某些亚基可能处于结合和解离状态的平衡点,在这种情况下确定亚基存在的最终手段是需要将平衡状态转换到结合或者解离状态从而实验测量分子的表观大小。解离意味着研究的样品需要极度稀释,因此需要采用灵敏度非常高的方法。

沉降平衡法是一种测定天然蛋白质分子质量的非常有用的方法,也因此可用来测量亚基在最后装配中的化学计量。这是通过将天然分子质量和在变性条件下(如变性凝胶电泳)进行分离实验获得的蛋白质分子质量相比较而实现的。如果蛋白质是由分子质量一致的亚基组成的,将天然蛋白质分子质量与变性蛋白质分子质量相除就可获得亚基的化学计量。同样,对于包含多个链的蛋白质,比较天然蛋白质分子质量和单体蛋白质分子质量的总和,常常能够测得天然复合物中不同亚基的化学计量。但当遇到亚基分子质量间相差较大的情况,或者天然结构中包含大量的单体,这种估计方法是不精确的。

虽然这里这一主题需要补充太多的细节,但是值得注意的是,沉降平衡是测定质量行为驱动大分子结合的结合常量的最有用的方法之一(Johnson et al., 1981)。本方法的实验研究方法基本在前文已有介绍。有一些实验在某些浓度下完成,该浓度范围涵盖了质量发生显著改变(由于结合导致的)的情况,本章没有对这些实验进行介绍。结合常量可用图解方法来估计,或者用非线性最小二乘法分析获得更准确的数据(Johnson et al., 1981)。

速率离心也可以简单筛选溶液中的多组分。沉降系数的完整分布 $G(s)$ (Demeler et al., 1997)基于沉降边界外推法(extrapolation of the sedimentation boundary)来排除沉降过程中的扩散作用。这个方法是模型独立的,并且非常适合于测定一个样品中异质分配、结合行为或者任何非理想特性。目前也已经研究出了一些类似的和相关的方法(Schuck, 2000; Stafford,1992)。从这些方法中,可以容易的比较单体、多聚体以及多种类型解离亚基的表观分子质量。

凝胶渗透色谱法在测定亚基在最后装配中的化学计量(stoichiometry)时也很有用。同样的,也是通过比较凝胶过滤测定的天然分子质量和变性条件下(如 SDS 凝胶电泳)获得的分子质量。通过这种方法可以检测到结合,理论上还可以使用天然分子质量和变性分子质量的比值测量化学计量。

凝胶色谱法对检测蛋白质系统相互作用同样有效。例如,如果目标蛋白质是一个处于迅速的组装-拆装平衡状态的多亚基分子,那么峰型将是不对称的。其前沿将会非常陡峭,而后沿弥散。同样,随着蛋白质上样浓度的增加而增加的 K_{AV} 值也通常暗示发生了这种相互作用,并需要更加详尽的分析(Ackers, 1970)。

(迟象阳　译　张晓鹏　校)

参考文献

Ackers, G. K. (1970). Analytical gel chromatography of proteins. *Adv. Protein Chem.* **24,** 343–446.

Andrews, A. T. (1986). *Electrophoresis: Theory, Techniques, and Biochemical and Clinical Applications.* Clarendon Press, Oxford.

Arakawa, T., and Timasheff, S. N. (1985). Calculation of the partial specific volume of proteins in concentrated salt and amino acid solutions. *Methods Enzymol.* **117,** 60.

Attri, A. K., and Minton, A. P. (1986). Technique and apparatus for automated fractionation of the contents of small centrifuge tubes: Application to analytical ultracentrifugation. *Anal. Biochem.* **152,** 319–328.

Baldwin, M. A., Medzihradszky, K. F., Lock, C. M., Fisher, B., Settineri, T. A., and Burlingame, A. L. (2001). Matrix-assisted laser desorption/ionization coupled with quadrupole/orthogonal acceleration time-of-flight mass spectrometry for protein discovery, identification, and structural analysis. *Anal. Chem.* **73,** 1707–1720.

Bartolomeo, M., and Maisano, F. (2006). Validation of a reversed-phase HPLC method for quantitative amino acid analysis. *J. Biomol Tech.* **17,** 131–137.

Bock, P., and Halvorson, H. (1983). Molecular weight of human high-molecular-weight kininogen light chain by equilibrium sedimentation in an air-driven ultracentrifuge. *Anal. Biochem.* **137,** 172–179.

Burgess, R. (2009). Use of bioinformatics in planning a protein purification. *Methods Enzymol.* **463,** 21–28.

Cantor, C. R., and Schimmel, P. R. (1980). *In* "Biophysical Chemistry", Part II p. 565. Freeman, San Francisco, CA.

Chu, B. (1974). Laser Light Scattering. Academic Press, New York.

Cole, J. L., Lary, J. W., Moody, T. P., and Laue, T. M. (2008). Analytical ultracentrifugation: Sedimentation velocity and sedimentation equilibrium. *Methods Cell Biol.* **84,** 143–179.

Cottingham, K. (2005). Versatile TOFMS. *Anal. Chem.* **77,** 227–231.

Demeler, B., Saber, H., and Hansen, J. C. (1997). Identification and interpretation of complexity in sedimentation velocity boundaries. *Biophys. J.* **72,** 397–407.

Durschlag, J. (1986). *In* "Thermodynamic Data for Biochemistry and Biotechnology," (H. Hinz, ed.), p. 46. Springer-Verlag, Berlin.

Faull, K. F., Dooley, A. N., Halgand, F., Shoemaker, L. D., Norris, A. J., Ryan, C. M., Laganowsky, A., Johnson, J. V., and Katz, J. E. (2008). An introduction to the basic principles and concepts of mass spectrometry. *Compr. Anal. Chem.* **52,** 1–46.

Fish, W. W. (1978). *In* "Methods in Membrane Biology," (E. E. Korn, ed.), **Vol. 4**, p. 289. Plenum Press, New York.

Folta-Stogniew, E. (2000). Oligomeric states of proteins determined by size-exclusion chromatography coupled with light scattering, absorbance, and refractive index detectors. *Methods Mol. Biol.* **328,** 97–112.

Freifelder, D. (1973). Zonal centrifugation. *Methods Enzymol.* **27,** 140–150.

Garfin, D. (2009). One-dimensional gel electrophoresis. *Methods Enzymol.* **463,** 495–514.

Gibbons, R. A. (1972). *In* "Glycoproteins," Part A, (A. Gottschalk, ed.), p. 31. Elseveier, Amsterdam.

Glatter, O., and Kratky, O. (1982). *Small Angle X-Ray Scattering.* Academic Press, New York.

Harding, S. E., Sattelle, D. B., and Bloomfield, V. A. (1991). Laser light scattering in biochemistry. *Biochem. Soc. Trans.* **19,** 477–516.

Howlett, G. J., Minton, A. P., and Rivas, G. (2006). Analytical ultracentrifugation for the study of protein association and assembly. *Curr. Opin. Chem. Biol.* **10,** 430–436.

Johnson, J. F., Martin, J. R., and Porter, R. S. (1977). *In* "Physical Methods of Chemistry," (A. Weissberger and B. W. Rossiter, eds.),**Vol. 1**, Part VI, p. 63. Wiley, New York.

Johnson, M. L., Correia, J. J., Yphantis, D. A., and Halvorson, H. R. (1981). Analysis of data from the analytical ultracentrifuge by nonlinear least-squares techniques. *Biophys. J.* **36,** 575–588.

Knox, J. R. (1972). Protein molecular weight by x-ray diffraction. *J. Chem. Educ.* **49,** 476–479.

Kroe, R. R., and Laue, T. M. (2009). NUTS and BOLTS: Applications of fluorescence-detected sedimentation. *Anal. Biochem.* **390,** 1–13.

Kupke, D. W. (1960). Osmotic pressure. *Adv. Protein Chem.* **15,** 57–130.

Liu, J., Andya, J. D., and Shire, S. J. (2006). A critical review of analytical ultracentrifugation and field flow fractionation methods for measuring protein aggregation. *AAPS J.* **8,** E580–E589.

Martin, R., and Ames, B. (1961). Method for determining the sedimentation behavior of enzymes: Application to protein mixtures. *J. Biol. Chem.* **236,** 1372–1379.

McMeekin, T. L., and Marshall, K. (1952). Specific volumes of proteins and the relationship to their amino acid contents. *Science* **116,** 142–143.

Noble, J. E., and Bailey, M. J. A. (2009). Quantitation of protein. *Methods Enzymol.* **463,** 73–96.

Nozaki, Y. (1986). Determination of the concentration of protein by dry weight—A comparison with spectrophotometric methods. *Arch. Biochem. Biophys.* **249,** 437–446.

Prakash, V., and Timasheff, S. N. (1985). Calculation of partial specific volumes of proteins in 8 *M* urea solution. *Methods Enzymol.* **117,** 53.

Ralston, G. (1993). *Introduction to Analytical Ultracentrifugation.* Beckman Instruments, Fullerton, CA.

Reynolds, J. A., and McCaslin, D. R. (1985). Determination of protein molecular weight in complexes with detergent without knowledge of binding. *Methods Enzymol.* **117,** 41–53.

Rhodes, D. G., and Laue, T. M. (2009). Determination of protein purity. *Methods Enzymol.* **463,** 691–724.

Rodbard, D., and Chrambach, A. (1971). Estimation of molecular radius, free mobility, and valence using polyacylamide gel electrophoresis. *Anal. Biochem.* **40,** 95–134.

Schuck, P. (2000). Size-distribution analysis of macromolecules by sedimentation velocity ultracentrifugation and Lamm equation modeling. *Biophys. J.* **78,** 1606–1619.

Sletyr, U. B., Messner, P., Pum, D., and Sara, M. (1988). *In* "Crystalline Bacterial Cell Surface Layers." Springer-Verlag, Berlin.

Stafford, W. F. (1992). Boundary analysis in sedimentation transport experiments: A procedure for obtaining sedimentation coefficient distributions using the time derivative of the concentration profile. *Anal. Biochem.* **203,** 295–301.

Steele, J. H. C., Tanford, C., and Reynolds, J. A. (1978). Determination of partial specific volumes for lipid-associated proteins. *Methods Enzymol.* **38,** 11–23.

Stellwagen, E. (2009). Gel filtration. *Methods Enzymol.* **463,** 373–386.

Timasheff, S. N., and Fasman, G. R. (eds.) (1971). *In* "Subunits in Biological Systems" Part A. Dekker, New York.

Timasheff, S. N., and Townend, R. (1970). *In* "Physical Principles and Techniques of Protein Chemistry," (S. J. Leach, ed.), **Part B,** p. 147. Academic Press, New York.

Tinoco, I., Sauer, K., Wang, J., and Puglisi, J. (2002). *Physical Chemistry: Principles and Applications in Biological Sciences.* 4th edn. Prentice-Hall.

Topf, M., and Sali, A. (2005). Combining electron microscopy and comparative protein structure modeling. *Curr. Opin. Struct. Biol.* **15,** 578–585.

Topf, M., Lasker, K., Webb, B., Wolfson, H., Chiu, W., and Sali, A. (2008). Protein structure fitting and refinement guided by cryo-EM density. *Structure* **16,** 295–307.

van Bruggen, E. J. F., and Wiebenga, E. H. (1962). Structure and properties of hemocyanins. I. Electron micrographs of hemocyanin and apohemocyanin from Helix pomatia at different pH values. *J. Mol. Biol.* **4,** 1–7.

Wen, J., Arakawa, T., and Philo, J. S. (1996). Size-exclusion chromatography with on-line light-scattering, absorbance, and refractive index detectors for studying proteins and their interactions. *Anal. Biochem.* **240,** 155–166.

Yang, J. T. (1961). The viscosity of macromolecules in relation to molecular conformation. *Adv. Protein Chem.* **16,** 323–400.

Yphantis, D. A. (1964). Equilibrium Ultracentrifugation of Dilute Solutions. *Biochemistry* **3,** 297–317.

第 40 章

翻译后修饰蛋白质的定性和定量

Adam R. Farley* and Andrew J. Link†

目录

摘要

蛋白质的翻译后修饰(posttranslational modification,PTM)在细胞生物学功能调节中发挥着决定性作用。PTM 通常发生在 mRNA 翻译后,是蛋白质的酶促共价化学修饰。这些修饰意义重大,因为它们会潜在地改变蛋白质的物理或化学性质、活性、定位或稳定性。一些 PTM 可以动态地添加或移除,从而作为一种可逆的机制来控制蛋白质功能和细胞信号。许多研究者致力于鉴定 PTM,并研究它们的生物学功能。本章将介绍质谱和蛋白质组学领域现存的以及新出现的,能够鉴定和定量 PTM 的方法。我们着重讨论研究最为普遍的修饰种类。除此之外,还将简要介绍串联质谱法中一些可用的工具和技术,这些技术会影响特定 PTM 的鉴定能力。

* 范德堡大学医学院,生物化学系(Nashville,Tennessee,USA)
† 范德堡大学医学院,分子生物学与免疫学系(Nashville,Tennessee,USA)

1. 引言

蛋白质翻译后修饰(PTM)在细胞生物调节中发挥着基本作用。PTM 是 mRNA 翻译后蛋白质的酶促共价化学修饰。蛋白质化学修饰非常重要,因为它们会潜在地改变蛋白质的物理或化学性质、组成、活性、细胞定位或稳定性。实际上,在氨基酸或蛋白质的 N 端或 C 端加入或移除化学基团会导致大部分蛋白质发生变化。一些 PTM 可以被动态地添加或移除,这是一种可逆的蛋白质功能调控机制。目前超过 400 个特定的蛋白质修饰已被鉴定,也许还有更多的修饰类型有待发现(Creasy and Cottrell, 2004)。迄今为止最常见的 PTM 有磷酸化、苏素化、泛素化、亚硝基化、甲基化、乙酰化、硫酸化、糖基化及酰基化(表 40.1)。

表 40.1　质谱中常见 PTM

PTM	标称质量漂移 Da	稳定性	相关生物功能
磷酸化			
pSer, pThr	+80	非常不稳定	细胞信号转导过程、酶活性、分子间作用
pTyr	+80	略不稳定	
糖基化			
O-糖基化	203、>800	略不稳定	调控元件、*O*-GlcNAc
N-糖基化	>800	略不稳定	蛋白质分泌、信号转导
蛋白质化			
泛素化	>1000	稳定	蛋白质降解信号
苏素化	>1000	稳定	蛋白质稳定性
硝化			
硝化、nTyr	+45	稳定	氧化性损伤
亚硝化、nSer、nCys	+29	稳定	细胞信号转导
甲基化	+14	稳定	基因表达
乙酰化	+42	稳定	组蛋白调节,蛋白质稳定性
硫酸化、sTyr	+80	非常不稳定	分子间相互作用
脱酰胺化	+1	稳定	分子间相互作用,样品处理伪迹
酰基化			
法尼酰	+204	稳定	膜束缚,分子间相互作用,细胞定位信号
豆蔻酰	+210	稳定	
棕榈酰	+238	略不稳定	
二硫键	−2	略不稳定	蛋白质结构和稳定性
烷基化、aCys	+57	稳定	样品处理
氧化、oMet	+16	稳定	样品处理

表 40.1 中包括附加质量漂移、预测质谱稳定性以及相关生物功能。

目前已有大量的科学研究致力于鉴定 PTM 并阐明它们的生物学功能。其中研究最为透彻的也许是真核组蛋白以及多种与转录调节相关的 PTM(Berger, 2007; Fuchs et al., 2009; Issad and Kuo, 2008; Olsson et al., 2007; Reid et al., 2009)。染色体

DNA和组蛋白组成了核小体，而核小体捆绑在一起组成了染色质丝(chromatin fiber)。组蛋白密码(histone code)假设染色质-DNA的相互作用是通过组蛋白上多种PTM协同调节的(Jenuwein and Allis，2001；Strahl and Allis，2000)。组蛋白质上赖氨酸的乙酰化最先被报道，并且与基因转录活性相关(Roth et al.，2001)。组蛋白尾部的甲基化、乙酰化、ADP-核糖基化、泛素化和磷酸化等修饰协同调节特定基因的表达程序(Godde and Ura，2008)。

磷酸化修饰，最普遍的PTM之一，是许多生化学家的研究主题。目前估计30%的人类蛋白质都发生了磷酸化(Cohen，2001；Hubbard and Cohen，1993)。例如，胰岛素/胰岛素样生长因子-1(IGF-1)信号通路中，酪氨酸激酶和磷酸酶将信号从细胞表面的配体-结合受体转导至下游靶标(Taniguchi et al.，2006)。

传统的检测蛋白质PTM的方法包括Edman降解法和薄层色谱法(thin-layer chromatography，TLC)。然而这些方法会有一些限制。例如，需要大量起始材料，并且对于鉴定罕见的或亚化学计量的PTM无能为力。由于大多数PTM都会导致与之对应的被修饰蛋白质的质量改变，因此，能够检测蛋白质分子质量改变的方法，即基于质谱的蛋白质组学，目前已普遍用于鉴定PTM。一些PTM，如磷酸化和甲基化，会增加蛋白质的质量，然而另外一些PTM，像信号肽的去除或二硫键形成，则使蛋白质的质量减少。依赖于所使用的质谱设备，本章所介绍的蛋白质组学方法具有高灵敏度优势，能够以小于百万分之一(<1 ppm，part per million)的精确度测量分子质量(Makarov et al.，2006；Lu et al.，2008；Scigelova and Makarov，2006)。设备制造商和理论研究者一直致力于提升仪器技术以及发展新的PTM鉴定方法 (Garcia et al.，2005；2007)，如近期这一领域内的研究进展包括，断裂肽段(fragmentation of peptide)的电子转移解离法(electron transfer dissociation，ETD)和能够精确测量未消化蛋白质质量的动态检测器(Coon et al.，2004；Mikesh et al.，2006；Pitteri et al.，2005；Syka et al.，2004)。

能够选择性分离可能发生PTM的蛋白质或多肽的富集方法可以与基于质谱的蛋白质组学方法联用。这些富集手段可以减少罕见修饰所带来的问题。可将众多可用的亲和富集策略主要分为两类：第一类是用抗体识别一个特定PTM或者带有特定修饰的肽段，如抗磷酸化酪氨酸的抗体可用于富集含有磷酸化酪氨酸残基的肽段(Blagoev et al.，2004；Rush et al.，2005；Zhang et al.，2005)；第二类方法基于固定化树脂对某种修饰的化学亲和作用，包括针对磷酸化的固定化金属亲和色谱法(IMAC)和针对糖基化的凝集素色谱法(Ito et al.，2009)，这些方法已经广泛使用并仍在发展之中。

另外一个能够有效鉴定PTM并应用普遍的蛋白质组学方法是二维凝胶电泳(two-dimensional gel electrophoresis，2D-GE)。PTM能够改变蛋白质的等电点及其在2D凝胶中的电泳迁移率。如果通过2D凝胶电泳发现了不同细胞种类或生长条件之间的这种改变，就可以将该蛋白质分离出来，并通过测序鉴定它的PTM。例如，一个蛋白质不同的磷酸化将改变它的等电点，并且可能会导致电荷异质性。这种发生不同磷酸化的蛋白质会表现为一串具有不同的等电点但是相似的分子质量的2D斑点。这种形式有时被形象的比喻为“项链上的一串珍珠”。多年来已经发明了许多揭示蛋白质PTM的特定蛋白质染色方法(Ge et al.，2004；Patton，2002)，包括直接检测胶中磷蛋白和糖蛋白的荧光方法(Ge et al.，2004；Steinberg et al.，2001；Schulenberg et al.，2003a，b，2004)。对于这些 2D 斑点，蛋白质可被胶内消化，然后回收的肽段通过质谱分析，以鉴定、验证并绘制可能的 PTM 图谱(Hayduk et al.，2004；Steinberg et al.，2003)。然而用 2D 凝胶电泳法鉴定 PTM 并非易事，因为修饰肽段的回收和分析常常会出现很多问题。

蛋白质组学已有多种工具来量化蛋白质及其特定 PTM 的绝对丰度或中度相对丰度(Paoletti and Washburn，2006)。目前已经发展多种体内和体外标记方法，可利用质谱定量 PTM，并精确测量细胞事件中 PTM 的变化(Goodlett et al.，2001；Gygi et al.，1999；Oda et al.，1999；Ong et al.，2002；Ross et al.，2004；Zhang et al.，2005)。PTM 的定量对于研究某一特定 PTM 的生物学意义有着至关重要的作用，这是因为简单的鉴定一个修饰的存在与否，有时并不足以提供足够的生物学信息来说明它的重要性。Matthies Mann 及其同事的一项研究发现，HeLa 细胞中 14%已鉴定的磷酸化位点，在表皮生长因子的刺激下增加了至少 2 倍，这说明了 PTM 定量的重要性(Olsen et al.，2006)。

然而，在使用基于质谱的蛋白质组学来鉴定 PTM 时，需考虑到某些局限性。某些 PTM，如丝氨酸、酪氨酸、苏氨酸的磷酸化，以及 *O*-糖基化或 *N*-糖基化是不稳定的，因此在样品制备过程中维持这些修饰比较困难。而且如果没有采用有效的分离方法，未修饰肽段或蛋白质会影响质谱分析。当样品中大部分蛋白质分子都未被修饰时，PTM 亚化学计量的检测将会异常艰难。对于质谱分析，有不同厂家的众多仪器可供选择，它们均有各自的优点和缺陷。通常的方法是将蛋白质消化为肽段，进而直接分析肽段。一个给定肽段的修饰将会降低离子化效率，从而会影响质量谱图，并阻碍序列鉴定。另外，由于许多肽段包含众多潜在 PTM 的氨基酸修饰位点，因此有时很难判断到底是哪一个氨基酸发生了修饰。除此之外，当使用碰撞诱导解离(collision induced dissociation，CID)来断裂含不稳定 PTM(如磷酸化和糖基化)的肽段时，不稳定的基团将会发生 β-消除反应，从而产生中性丢失碎片(neutral loss fragment)。这个反应在能量上比酰胺键断裂更有利。如此产生的质量谱图通常不能得到足够的测序离子，因而无法准确鉴定肽段或者被修饰的氨基酸。最后，稀有 PTM 的检测非常有挑战性，它的鉴定通常需要非常高灵敏度的质谱手段或者 PTM 富集策略。

对于使用任何一种质谱方法得到的蛋白质组学数据，需要格外关注所获得信息的丰度和复杂程度。典型的，在液相色谱和串联质谱联用分析消化蛋白质的异质混合物时，能够产生成百上千万的谱图。在所获得的质谱图中，对于观测到的峰有近乎无穷的 PTM 和相应加合肽的可能组合。大量的数据需要一种"in silico" 蛋白质数据库检索算法，从而将基因组数据库得到的理论谱与实验所得到的观测谱相匹配。搜索实验谱鉴定 PTM 时需要了解一些潜在修饰特性的"先验"知识，这是因为搜索时由于计算资源有限而限制了可以纳入考虑的修饰数量。例如，当仅考虑丝氨酸(S)、苏氨酸(T)、酪氨酸(Y)的磷酸化时(这种磷酸化增加 80 Da 标称质量)，所需的计算资源，比起搜索同样的数据集但是没有质量漂移的情况要高出指数数量级。这种情况的发生是由于算法不仅需要考虑没有任何修饰的肽段，还不得不考虑当蛋白质序列中 S、T、Y 残基发生修饰或未发生修饰的所有情况。为解决这个问题，许多团队一直致力于发展算法软件，用来从质谱数据中鉴定未能预料的 PTM(Chalkley et al.，2008；Hansen et al.，2001，2005；Tang et al.，2005)。这些算法可以计算推测的肽段序列和实验 MS/MS 前体间的质量差异，并将质量漂移定位到肽段的序列位置(Hansen et al., 2005)。

本章主要针对研究最频繁的一些修饰,着重介绍质谱和蛋白质组学领域的现存和新出现的鉴定PTM的技术方法,但这些方法的应用并不仅限于本章所介绍的内容。我们也会与讨论修饰类型一样,对于串联质谱法中可用的技术做一概述,这些技术会影响实验者鉴定特定PTM的能力。前期对于PTM的整体分析研究凸显了各种各样的困难——这些困难来自于从大规模筛选所得到的大批数据中分辨可用信息。本章会给出一个工作流程示例,来帮助研究者发展最适用于研究他们当前关心的问题和可用资源的方法。除此之外,我们将概述许多可用方法来进一步定量PTM。很明显,可供研究者选择的资源和技术越来越多,这些资源和技术中很多都不仅仅可用来鉴定PTM。

2. 用于鉴定PTM的富集技术

2.1 磷酸化

丝氨酸、苏氨酸、酪氨酸残基的可逆磷酸化也许是研究最为深入的PTM。蛋白质磷酸化信号网络介导细胞对与不同的应激因子、生长因子、细胞因子以及细胞间相互作用作出响应。磷酸化还影响多种细胞进程,如增殖、凋亡、迁移、转录和蛋白质翻译(White, 2008)。在肿瘤、自身免疫疾病、代谢紊乱和传染性疾病中都涉及蛋白激酶和磷酸酶的异常调节(Blume-Jensen and Hunter, 2001; Gatzka and Walsh, 2007; Sirard et al., 2007; Taniguchi et al., 2006)。一个磷酸化反应事件就会对细胞进程产生剧烈影响。例如,养分剥夺、环境应激、某些小RNA病毒感染都会激发eIF4E-结合蛋白的去磷酸化,进而导致eIF4E-结合活性显著提高,从而抑制翻译(Gingras et al., 2001)。

传统的鉴定磷酸化位点的手段包括使用^{32}P-标记的ATP(^{32}P-labeled ATP)或磷酸共培养细胞。磷酸化蛋白质组会摄取生长培养基中的放射性磷,继而通过一些手段,如2D-GE或高效液相色谱(HPLC)检测具有放射性的蛋白质。分离得到的蛋白质会被水解。所得的磷酸肽在TLC板中分离,随后利用Edman降解法进行测序。然而,这些方法非常费时,并需要大量相对纯的磷酸肽,而且必需使用大量放射性材料(McLachlin and Chait, 2001)。

由于以上缺陷,基于质谱的蛋白质组学迅速崛起,成为鉴定磷酸化的首选方法。近期一个蛋白质组研究通过比较大肠杆菌(*Escherichia coli*)、乳酸菌(*Lactococcus lactis*)和枯草芽孢杆菌(*Bacillus subtilis*)发现,在介导碳代谢作用的糖酵解途径中的几乎所有的酶都在不同的丝氨酸、苏氨酸和酪氨酸残基发生了磷酸化(Soufi et al., 2008)。有趣的是,他们还发现检测出的磷酸化位点表现出的进化保守性远远高于一级序列(Soufi et al., 2008)。另一个研究小鼠肝脏磷酸化蛋白质组的结果发现,虽然鉴定出的许多磷酸化位点在Swiss-Prot数据库中已有注释(Pan et al., 2008),然而鉴定位点中半数以上是新的,说明小鼠磷酸化蛋白质组中可能仍有许多磷酸化位点有待发现(Pan et al., 2008)。

质谱法能够从复杂的蛋白质混合物中鉴定出特定的磷酸化位点,但是这种方法也确实会有一些问题,如在样品量有限、样品复杂度高或样品中蛋白质浓度动态范围广的蛋白质组学应用中时(White, 2008)。而将这些困难更为复杂化的是,磷酸化通常是亚化学计量的,因此一个蛋白质来源的磷酸肽的浓度比其他肽段的浓度都要低。大量未修饰肽段抑制了质谱对磷酸肽的反应。这个现象会导致目的磷酸肽检测信号的缺失(McLachlin and Chait, 2001)。这可以通过多种富集技术减少与 PTM 变体相关的未修饰肽段含量,从而减少这种抑制性假象(suppression artifact)。

其中一种应用于磷酸化鉴定的富集技术是使用强阳离子交换(strong cation exchange,SCX)树脂来选择性分离磷酸肽。研究发现,在 pH 小于 2.6 时,胰蛋白酶消化的磷酸肽不能被 SCX 颗粒保留 (Beausoleil et al. , 2004),这可能是由于磷酸基团荷载了更多的负电特性。SCX 柱的流穿液可以用反相(RP)色谱柱分离,并用质谱分析(Lim and Kassel, 2006)。这种将磷酸肽从未修饰的相似物中分离出来的方法,可以帮助减轻上述的质谱检测中的抑制问题。这种富集技术的优势在于既能在线(on-line)也能离线(off-line)分离。而劣势之一是它依赖于 SCX 树脂与磷酸肽的不可结合性,这点与其他一些通过与磷酸化残基结合,并因而能够选择性地富集磷酸肽的方法不同。

固定化金属亲和层析(IMAC)是一种运用最为普遍的从复杂的消化蛋白质混合物中选择性分离磷酸肽的方法。这种方法通常利用一种金属螯合介质来结合三价金属离子,如 Fe^{3+} 或 Ga^{3+} (Sykora et al. , 2007)。这种带电树脂结合磷酸肽后,先用洗涤液(通常是乙酸溶液)去除未修饰肽段,接下来可用磷酸盐缓冲液或者高 pH 溶液洗脱磷酸肽。洗脱的磷酸肽可直接过 RP 柱脱盐用于下一步质谱分析,也可离线进行进一步富集或其他操作。然而,IMAC 法确实存在一些复杂因素。如果携带多磷酸化位点的磷酸肽丰度较大,它们会覆盖 IMAC 树脂,导致单磷酸化或双磷酸化的磷脂肽保留较少。并且,其他酸性肽段也会与 IMAC 柱发生亲和作用,从而与磷酸肽一起被富集。这一问题在应用于极度复杂的肽混合物(如全细胞提取物)时会更加严重。为了避免该问题,许多研究者试图通过化学还原反应来甲基酯化酸性残基和 C 端(Ficarro et al. , 2002)。然而,研究发现甲基酯化反应并不是定量的(Cirulli et al. , 2008)。这样,目的肽段的存在形式将是修饰过、部分修饰或未修饰 3 种。这增加了混合物的复杂程度,给定肽段的相对量实际上减少了(Cirulli et al. , 2008)。

另外一种类似于 IMAC 法的方法,使用二氧化钛(TiO_2)作为金属螯合树脂的替代物(Larsen et al. , 2005; Pinkse et al. , 2004; Thingholm et al. , 2006)。正如 IMAC 法中修饰肽段的磷酸基团与三价金属有亲和力一样,在酸性条件下磷酸基团同样与二氧化钛分子有亲和作用(Larsen et al. , 2005; Pinkse et al. , 2004; Thingholm et al. , 2006)。通过转换到高 pH 缓冲液中,磷酸肽可以从 TiO_2 基质中洗脱下来。这种方法的优点在于,柱制备时间短,比 IMAX 树脂洗涤循环数少。研究表明,尽管这两种方法使用同样的亲和原理,但是它们却具有互补性——两种方法分别能够检测到不同磷酸肽(Cantin et al. , 2007)。IMAC 的特点是针对多磷酸化位点的肽段具备高亲和力,而二氧化钛则优先结合单磷酸化多肽(Bodenmiller, et al. ,2007)。这表明在一个研究中同时使用两种方法能够最大限度覆盖磷酸化蛋白质组。

另外一类磷酸肽富集方法则利用化学方法在磷酸化位点引入亲和标签(Goshe et al. , 2001; Oda et al. , 2001)。该方法利用碱性环境,通过 β-消除反应从磷酸丝氨酸或磷酸苏氨酸残基中去除 H_3PO_4 (McLachlin andChait, 2003;Oda et al. , 2001);进而通过

Michael-like 加成反应，将一个二巯基化物加到双键上；接着用结合了生物素的烷化试剂处理巯基，得到的生物素化肽段可利用亲和素柱色谱来富集（图 40.1）（McLachlin and Chait，2003）。这个方法的一个难点在于，由于生物素与亲和素间的高亲和力，回收标签化的肽段成为问题。并且，这个方法能够富集磷酸丝氨酸、磷酸苏氨酸，却无法富集磷酸酪氨酸。*β*-消除反应后接 michael 加成反应同样会改变 *O* 联 *β*-*N*-乙酰葡糖胺（*O*-

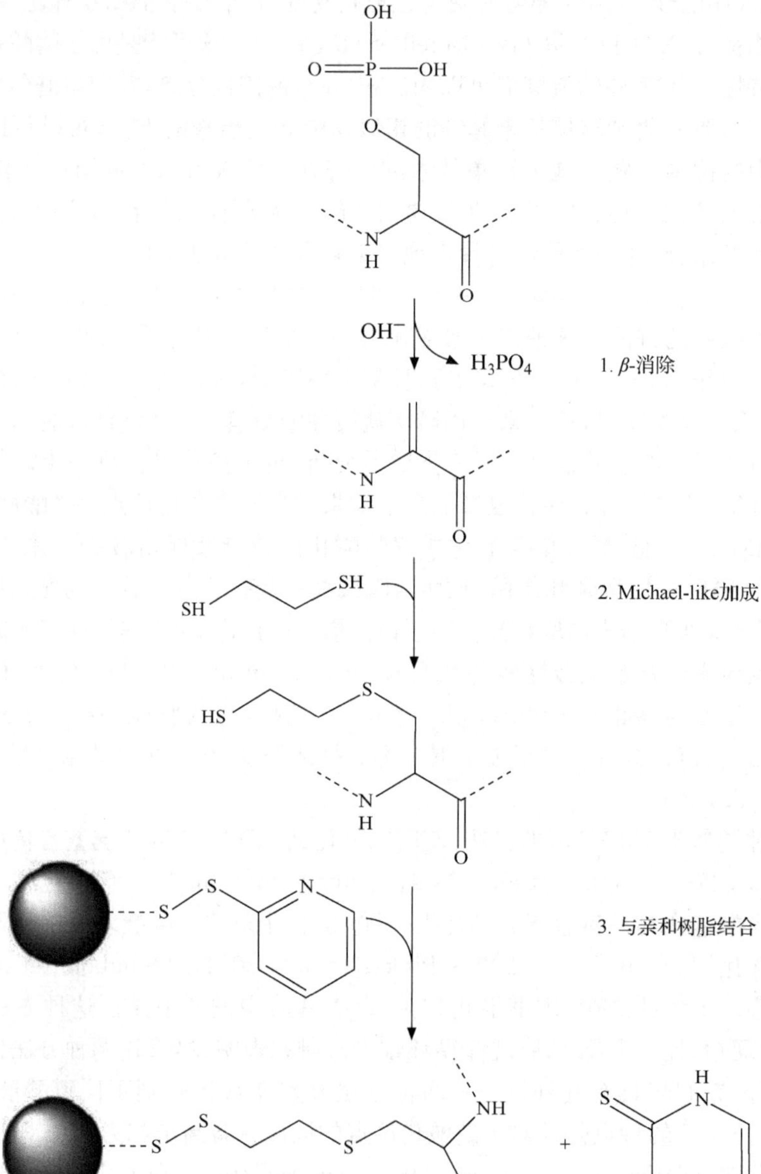

图 40.1　携带有磷酸丝氨酸位点蛋白质的化学修饰和亲和纯化。经 McLachlin 和 Chait (2003)允许后再版

GlcNAc)修饰,这样会与磷酸化竞争富集作用(Wells et al., 2002)。最后,在 β-消除反应的碱性环境下,会发生不需要的副反应,导致对肽段质量造成无法预料的影响,从而使下游的肽段质谱鉴定变得更加困难。

在质谱过程中,必须考虑磷蛋白的特定化学性质。发生在 S 或 T 氨基酸上的磷酸化是不稳定的。传统的断裂方法会导致磷酸丝氨酸和磷酸苏氨酸残基发生 H_3PO_4 或 HPO_3 选择性中性丢失,并且先于肽键的断裂绝大部分磷酸化修饰都发生了 β-消除反应,仅有一小部分磷酸化修饰伴随着肽链断裂而保留下来 (Bennett et al., 2002; Lee et al., 2001; Ma et al., 2001)。这会造成质量谱图中包含的测序离子变少,而且通常这些离子强度会变弱。最终较低的信噪比(图 40.2)会妨碍对肽段序列的解释。尽管磷酸酪氨酸也可能丢失磷酸基团,但是很少像磷酸丝氨酸或磷酸苏氨酸残基一样产生强烈的中性丢失离子。一些质谱仪使用 ETD 避免这种中性丢失问题,产生的谱图既适合于序列分析也适合于磷酸化残基测定。我们在介绍用于蛋白质组学鉴定 PTM 的设备时,将会进一步讨论这种断裂方法。

另外,中性丢失伪迹(neutral loss artifact)也可为研究人员提供便利。中性丢失迹象是肽段中含有磷酸化位点的一个显著的指示信号。质谱中观察到的中性丢失峰通常由于其形成的优先性而具有高强度。因此,如果对于+1 价电荷肽段,发现前体离子丢失 98 m/z (H_3PO_4)或 80 m/z(HPO_3),可以推断在肽段序列中存在一个磷酸丝氨酸或磷酸苏氨酸残基。现代质谱仪可以监测这种质量丢失。离子阱质谱仪能够分离中性丢失碎片,并开始另一轮断裂(MS^3 scan)(Beausoleil et al., 2004; Gruhler et al., 2005; Olsen and Mann, 2004; Ulintz et al., 2009)。这个附加分析步骤的结果就是提供了额外的序列覆盖范围,从而帮助鉴定磷酸肽,并将 PTM 匹配到特定氨基酸。另外一种 MS^3 扫描的替代方法就是运用于离子阱质谱仪的磷酸肽断裂"Pseudo MS^n"或称多级活化(MSA)(Schroeder et al., 2004)。这种方法在 MS/MS 扫描肽段产生的中性丢失产物引入了 CID。中性丢失离子产生的离子与初始 MS/MS 产物离子一起被捕获得到复合谱。在 MSA 中,中性丢失离子被转变成一些结构上有益的碎片离子,这种离子在数据库搜索算法中的分数将会出现升高现象(Schroeder et al., 2004; Ulintz et al., 2009)。

磷酸化给肽段引入一个负电荷,这也将影响质谱的分析。当阳离子模式下操作时,这个负电荷会减弱质谱仪响应(McLachlin and Chait, 2001),这会导致谱图质量变差,并使磷酸肽鉴定更加困难。而且,增加的负电荷会降低质谱分析前蛋白质混合物制备时的蛋白质水解作用。然而需要说明的一点是,Hanno Steen 与同事发现,在使用电喷雾电离(electrospray ionization,ESI)选择性研究磷酸肽时,没有证据能证明电离程度/探测效率会降低(Steen et al., 2006)。

作为一种替代方法,Steve Carr 和同事提出了前体离子扫描(precursor ion scanning)技术,可以用来避免阳离子模式运行质谱时产生的一些问题(Carr et al., 1996)。串联质谱是在阴离子模式下运行,并且磷酸化残基会产生特征性的碎片:PO_3—大小为−79 Da,PO_2—大小为−63 Da。当在前体离子扫描中发现以上事件中任何一个时,将会对前体离子进行 MS/MS 检测 (Zappacosta et al., 2006)。这种方法检测磷酸肽时比阳离子模式质谱灵敏度更高(Carr et al., 1996)。然而,阴离子谱解释较为困难,因此并未得到广泛

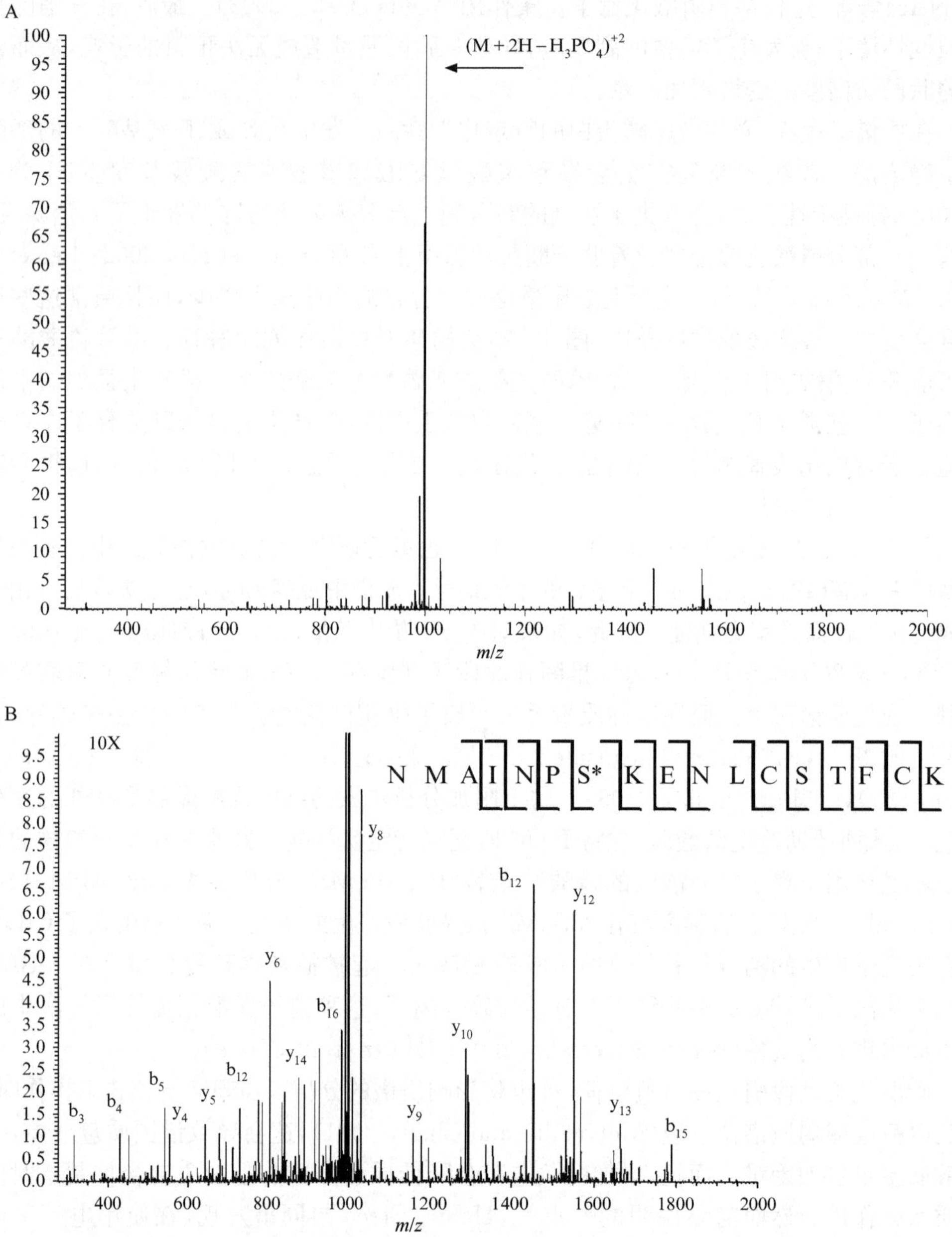

图 40.2 牛β-酪蛋白胰蛋白酶消化后磷酸肽的 MS/MS 谱图。A. 一个+2 价电荷状态(−49 Da)1048 m/z 的前体,在 999.2 m/z 处产生了一个强烈的中性丢失峰。这种现象在 B 中被放大 10 倍来显示测序离子峰

研究(Witze et al., 2007)。一种有趣的方法为在同一个实验中结合了阳离子模式和阴离子模式。在普通阴离子模式扫描前体离子,转换仪器极性,然后在阳离子模式下获得 MS/MS 碎片谱(Carr et al., 1996)。尽管鉴定磷酸化位点极具挑战性,但是许多蛋白质组学方法都可用来研究这些极具影响力的 PTM 的性质。

2.2　糖基化

糖基化是一种常见的PTM,并且已经证明能够影响酶的活性、蛋白质定位、稳定性、信号转导、细胞黏附和蛋白质相互作用(Spiro, 2002)。目前已经发现在肿瘤恶性转化和肿瘤发生时,生物体液中蛋白质和细胞表面的糖基化模式会发生变化(Durand and Seta, 2000)。一个蛋白质组中存在着大量糖基化修饰。*O*-糖基化蛋白质是在丝氨酸和苏氨酸位点发生修饰,而C-糖基化则靶向于色氨酸,*N*-糖基化靶向天冬酰胺。发生*N*-糖基化的蛋白质会有一些共同之处,如核心结构、一些去除N联结构的酶,并且普遍分布在细胞膜胞外区域(Medzihradszky, 2005)。*N*-糖基化位点有一个确定的共有序列(consensus sequence),即N-*X*-S/T,*X*是除脯氨酸之外的任何氨基酸(Pless and Lennarz, 1977)。另一个靶向丝氨酸和苏氨酸残基的修饰是O联*β*-*N*-乙酰葡糖胺(*O*-GlcNAc)。Gerald Hart和同事开创了这种动态核质(nucleocytoplasmic)PTM研究的先河(Holt and Hart, 1986)。发生这种修饰的许多靶向蛋白质也能够发生磷酸化修饰,推测这种修饰对蛋白质磷酸化修饰会有拮抗作用(Ahmad et al., 2006)。

质谱鉴定磷酸化的一些问题同样也出现在糖基化研究中。相对未被修饰的蛋白质,这些修饰在丰度上都倾向于亚化学计量。蛋白质糖基化和*O*-GlcNAc修饰在质谱中都是不稳定的,通常产生低质量的测序谱图。尽管*N*-糖基化的一种共有序列已经非常明确,然而在体内仅有部分含有这一共有序列的蛋白质发生了糖基化。

上面提到的可应用于磷酸化分析的替代的肽段断裂方法同样适用于糖基化。能够解决糖基化低丰度问题的富集技术也已存在(Mechref et al., 2008)。使用凝集素亲和层析(lectin affinity chromatography)可选择性地富集糖蛋白。凝集素是一种高度特异的糖结合蛋白,并能够与固相基质偶联。偶联好的树脂与复杂的水解蛋白质混合物混合,通过洗涤、洗脱即可分离到适用于蛋白质组学分析的糖肽组分。*O*-GlcNAc可用β-消除法及后续的Michael加成二硫苏糖醇或生物素-戊胺(biotin pentylamine)反应来富集,这种方法类似于前文磷酸化中所详述的内容(Wells et al., 2002)。另一种方法是*N*-联糖肽固相提取法(solid-phase extraction of *N*-linked glycopeptides, SPEG),这种方法使用肼化学法(hydrazine chemistry)直接将糖肽添加到固相支架上(Tian et al., 2007)。洗涤后,用肽-*N*-糖苷酶(peptide-*N*-glycosidase)处理来洗脱糖肽。凝集素亲和层析色谱法的优点在于,能够结合的糖蛋白范围非常广,通过不同糖苷酶洗脱能够有效分离不同类型的糖肽(Yang and Hancock, 2005)。也有专门的柱子,所包含的凝集素特异地结合一定类型的糖连接结构,能提供更高不同程度的选择性富集(Tian et al., 2007)。需要说明的是,使用糖苷酶洗脱糖肽是从肽段上切下寡糖,这使得原本可以通过质谱获得的结构信息丢失。但是这却大大简化了数据分析过程,因为糖基化的天然结构非常复杂,并且以多变的聚糖基化(polyglycosylated)形式存在。

2.3　泛素化和苏素化修饰

泛素是一个由76个氨基酸组成的蛋白质,能够通过其C端的甘氨酸残基结合于底物赖氨酸的α氨基基团。这个过程需要E1、E2、E3酶共同参与(Fang and Weissman,

2004)。泛素的序列含有 7 个赖氨酸,这 7 个赖氨酸能够被泛素化选择,从而形成泛素链(Fang and Weissman, 2004)。被进一步泛素化的泛素分子内部的赖氨酸能够决定泛素化修饰的生物学意义。例如,K48 连接的泛素链能引导被修饰蛋白质经由 26S 蛋白酶体降解,而 K63 的连接形式则参与到 DNA 损伤反应、蛋白质运输、NF-κB 信号通路的信号转导等过程(Ikeda and Dikic, 2008; Pickart and Fushman, 2004)。泛素化蛋白的周转非常迅速,这导致这种 PTM 处于低稳态水平(Peng et al., 2003)。而使泛素化位点的预测更加复杂化的是,几乎没有数据能够证明泛素化存在一个通用基序(Sliter et al., 2008)。

另一个类似泛素的小蛋白质分子就是苏素化修饰蛋白(SUMO)。尽管两种蛋白质一致性仅 18%,但是它们的三维结构却有相似性(Bayer et al., 1998)。苏素化修饰和泛素化共享相同的 E1、E2、E3 酶,将 SUMO 分子结合到一个保守基序内部的氨基酸残基上。苏素化修饰优先发生在 ψ-K-X-E 序列中,ψ 代表一个疏水性氨基酸(Rodriguez et al., 2001)。苏素化修饰靶向于大量参与各种不同细胞进程的蛋白质,如转录调节、核小体形成、细胞核孔复合物和 DNA 修复(Melchior et al., 2003)。苏素化修饰能够与泛素化竞争,从而阻止蛋白质被降解,稳定细胞所需的关键的酶。这种修饰还能够将蛋白质进行特定的细胞定位,如核孔复合体(Manza et al., 2004)。

目前已经发展了一些有效的富集方法来分离泛素化和其他苏素化修饰的蛋白质。其中最成功的一种是在泛素及类泛素分子的基因序列中整合入氨基末端表位标签(amino-terminal epitope tag)(Peng et al., 2003; Tagwerker et al., 2006)。目前已成功使用了多组氨酸标签,以及由多组氨酸标签和 FLAG 标签组成的串联亲和标签(Chang, 2006)。串联亲和标签纯化方法能够减少假阳性的出现率,但是无法完全消除。使用抗泛素类分子的抗体是一种选择,但是这种抗体应用于免疫沉淀中以分离泛素蛋白质的方法仍在发展中。也可利用泛素结合蛋白质以避免一些由抗体和亲和标签引起的问题(Kirkpatrick et al., 2005)。表位标签在简单模式系统,如酿酒酵母(*Saccharomyces cerevisiae*)中应用非常方便,因为编码未标签泛素的多个基因可被删除,使得细胞中仅有含表位标签的泛素分子。

事实上,泛素化和苏素化修饰都是蛋白质类 PTM,可采用多种质谱的手段鉴定靶蛋白。当胰酶消化泛素化蛋白质时,部分泛素分子被切割下来。剩下胰蛋白酶消化片段的泛素化位点上含有 2 个甘氨酸残基,通过一个异肽键与赖氨酸相连 (Peng et al., 2003)。这一肽段导致在赖氨酸残基处产生了一个 114 Da 的标称质量漂移,而且由于胰蛋白酶不能识别修饰过的赖氨酸,因而还丢失了一个胰蛋白酶酶切位点。对于其他苏素化修饰也有各自特征性的质量漂移,见表 40.2(Denison et al., 2005)。当搜索谱图寻找该类型的潜在 PTM 时,可以考虑这些特性。

使用基于质谱的蛋白质组学方法研究此类 PTM 的一个显而易见的问题就是质量漂移(mass shift)的冗余,如表 40.2 所示。从一个肽的鉴定谱图中可能无法分辨这是泛素化修饰还是苏素化修饰,因为这两种类型都能在赖氨酸残基处增加 114 Da。苏素化修饰会使肽段质量增加较大,这会影响肽段的电离,减弱电离效率。发生苏素化修饰肽段会使结果谱图变复杂,甚至无法解读。一个实验室发展了苏素化修饰模式识别软件(SUM-mOn),来寻找由复杂 PTM 产生的碎片离子模式,并鉴定修饰肽段及其相应的修饰位点

(Pedrioli et al., 2006)。SUMmOn 技术可以鉴定用户指定的一组断裂离子,也能够描述修饰肽段特性(Pedrioli et al., 2006)。

表 40.2　人体内和酵母内泛素样修饰及其相关标称质量残余

泛素样修饰	生物体	标称质量/Da	残余序列
SUMO-1	人	2137	(K)-ELGM…QTGG
SUMO-2,3	人	3552	(R)-FDGQ…QTGG
SUMO	酵母	485	(R)-EQIGG
URM1	酵母	2035	(K)-DYILE…LHGG
NEDD8	酵母	114	(R)-GG
NEDD8	人	114	(R)-GG
ISG15	人	114	(R)-GG

3. 蛋白质的硝化修饰

酪氨酸、色氨酸、甲硫氨酸、半胱氨酸侧链的硝化与亚硝化作用构成了蛋白质硝化 PTM 的主要部分。这些加成反应由发育、氧化应激及衰老过程中产生的活性氮介导。活性氮的增加是由一氧化氮和活性氧的过度反应或调控紊乱造成的(Yeo et al., 2008)。活性氮和活性氧能够靶向于 DNA、脂类和蛋白质(Barnes et al., 2003)。根据产生的自由基,活性氮将会优先与酪氨酸残基反应,形成 3-硝基酪氨酸或 3-亚硝基酪氨酸(Beckman et al., 1990)。酪氨酸的硝化修饰的特性也许可通过产生的加合物得到最好的描述。研究表明,酪氨酸硝化水平的增加与衰老相关的神经退行性疾病有关,而且可以作为氧化应激的一个生物标志物(Yeo et al., 2008)。在正常生理条件下,硝化酪氨酸加合物的形成会被存在的还原剂,如谷胱甘肽阻止(Chen et al., 2004)。酪氨酸硝化会将结合的羟基的 pK_a 从 10.1 改变至 7.2,并导致被修饰蛋白质结构和功能上的改变(Sokolovsky et al., 1967)。

目前没有能够直接分离硝化多肽和蛋白质的选择性富集策略。这可能是由于这种 PTM 的一氧化氮基团的化学活性较低。在有连二亚硫酸钠(dithionite,DTH)存在的还原环境中,这些相对惰性的部分可被转换成胺类,从而易于与标签基团反应(Yeo et al., 2008)。随后,标签化的多肽可通过蛋白质组学方法选择性分离和分析。目前应用最普遍的鉴定蛋白质硝化修饰的方法,是将 2D-GE 与某一给定的硝化加合物的特异性抗体的免疫印迹分析结合(Zhan and Desiderio, 2004)。蛋白质通过 2D-GE 实验被解析,并通过适当抗体直观的观察到发生此种修饰的蛋白质。进而将免疫印迹阳性的斑点从胶上切离,消化后利用质谱进行鉴定(Zhan and Desiderio, 2004)。对于酪氨酸硝化修饰,在搜索质谱数据鉴定加合位点时,可根据加合物的不同进行鉴别:硝化作用产生一个 45 Da 的标称质量漂移,而亚硝化作用产生一个 29 Da 的标称质量漂移。

4. 甲基化和乙酰化

赖氨酸和精氨酸的甲基化修饰(+14 Da)以及赖氨酸乙酰化修饰(+42 Da)这两种PTM类型在组蛋白(histone)密码中的作用正在被详加分析(Jenuwein and Allis, 2001; Strahl and Allis, 2000)。第一次发现与赖氨酸连接的乙酰基是在一项对组蛋白修饰的研究中(Jenuwein andAllis, 2001)。组蛋白乙酰化水平增高通常与基因转录的局部激活有关(Zhang et al., 2002)。而组蛋白赖氨酸甲基化则集中于被抑制基因的启动子区域(Berger, 2007)。研究发现,乙酰化是动态可逆的,而甲基化更稳定而且"长寿"(Bernstein and Allis, 2005)。尽管大量研究都集中在这些组蛋白上的PTM,但甲基化和乙酰化修饰在许多蛋白质上都会发生(Glozak et al., 2005; Grewal and Rice, 2004; Sadoul et al., 2008; Yang and Seto, 2008)。在真核生物中,N端乙酰化是最常见的PTM之一,大约85%真核蛋白都会发生(Polevoda and Sherman, 2000)。第一个发现的被乙酰化和去乙酰化调节的非组蛋白是p53蛋白(Gu and Roeder, 1997)。

与许多其他PTM一样,传统的鉴定甲基化和乙酰化的方法是利用能识别修饰的特异性抗体(antibody)。但是这个方法受限于免疫方法相关的交叉反应以及特异性问题。关于组蛋白,有一些从细胞核中选择性分离的方法(Garcia et al., 2007)。更通用的鉴定甲基化和乙酰化位点的方法是利用体外放射性标记分析。这一技术利用了乙酰基转移酶或甲基转移酶来催化加成放射性乙酰基或甲基供体。薄层色谱法(TLC)或HPLC分离之后进行微量测序,能够揭示放射性标记氨基酸(Sobel et al., 1994)。这种放射性标记方法有它的缺陷,它需要的纯的起始材料量非常高,并需要使用放射性检测修饰氨基酸。

目前没有一种有效的方法能够选择性富集甲基化或乙酰化修饰的肽段或蛋白质。另外,由于甲基化和乙酰化发生在碱性残基上,在利用胰酶作为蛋白酶时进行酶切的效率较低。尤其对于甲基化修饰这一问题更为严重,因为碱性残基可能在多个胺位点发生甲基化。要克服这个问题比较简单的选择就是使用另外的蛋白酶。然而,丢失的胰蛋白酶切位点也可能给研究者提供了帮助,它可以作为一个指示以说明该位点可能发生了修饰。串联质谱搜索算法能够考虑到乙酰化和甲基化修饰分别带来的42 Da和14 Da的平均质量漂移和28 Da双甲基化质量漂移以及42 Da的三甲基化质量漂移。由于三甲基化和乙酰化肽之间的质量漂移仅相差0.0363 Da,因此在研究三甲基化时可能发生错读。利用一个质量精确度和分辨率足够高的质谱仪可以分辨这一质量差异(Zhang et al., 2004)。

另一个鉴定乙酰化和甲基化的诊断工具是分析CID类型质谱中产生的亚胺(immonium)离子。含有未修饰赖氨酸的肽段通常在84m/z处产生一个特征性的亚胺离子峰(Trelle and Jensen, 2007)。当赖氨酸发生修饰时,会形成一个不同的具有独特m/z值亚胺离子(图40.3)。受限于发生的重排反应(rearrangement reaction),无法形成双甲基或三甲基化形式的亚胺。然而,三甲基形式会产生一个独特的中性丢失碎片,与前体相比少了59 Da,这是由于丢失了一个三甲胺(Zhang et al., 2004)。图40.3展示了发生的重排反应，以及不同亚胺离子及其相应的 m/z 值。这些独特的鉴别特征仅能通过 CID 质谱获得。

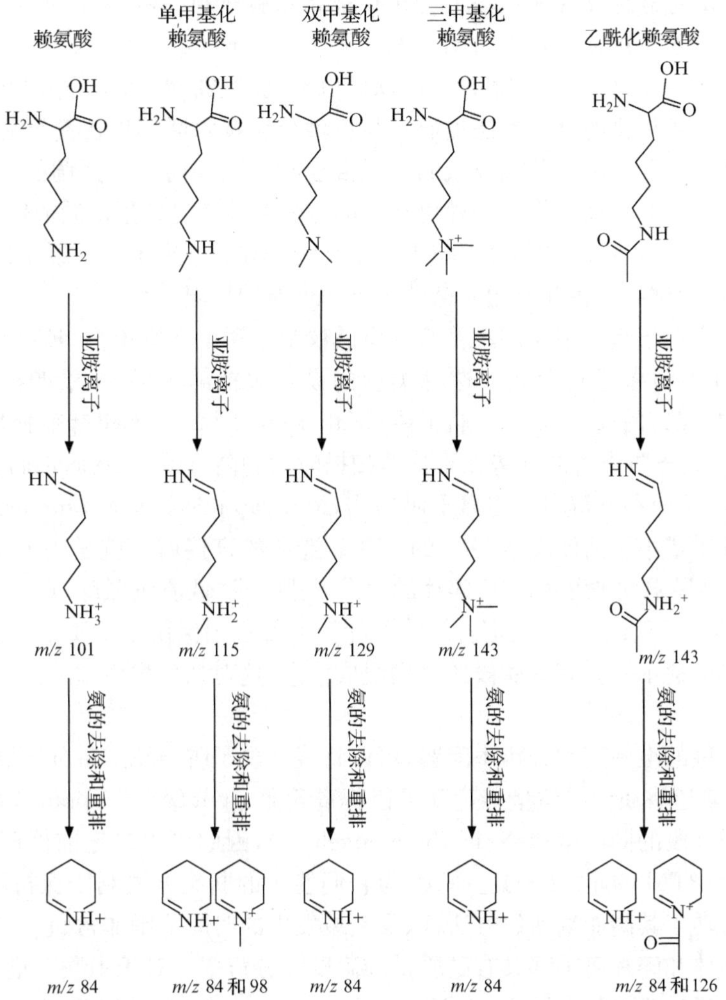

图 40.3　CID 过程中单甲基、双甲基及三甲基化赖氨酸产生亚胺离子的推荐结构。经 Zhang 等 (2004)许可后再版

5. 质谱分析

质谱仪器的多种设计和配置都支持蛋白质组的动态性质及其相关 PTM 的研究工作。对鉴定 PTM 而言，质谱仪的最重要的两个特征(feature)就是其质量准确度和分辨率。与蛋白质鉴定不同(其通常是基于鉴定同一蛋白质中的多个独立肽段)PTM 必须通过单独的 MS/MS 谱图来鉴定。John Yates 及其研究团队发展了一些方法，利用不同酶独立消化产生的重叠肽段增加序列覆盖度，以减少绘制修饰图谱时的不确定性(MacCoss et al., 2002; Wu et al., 2003)。尽管大量重复的肽段序列减少了不确定性,但是这一方法仍需要足够的起始材料以用于多次质谱分析。

由于PTM的鉴定及其在肽段上的定位通常依赖于单一的MS/MS谱,因此具备高质量准确度和分辨率的质谱仪有着明显的优势(Clauser et al., 1999; Haas et al., 2006; Mann and Kelleher, 2008)。质谱设备因肽段电离、肽段断裂、离子分离和信号检测方法的不同而异。基于质谱的分析方法也通常与色谱分离技术联用以提高灵敏度,可帮助给定生物样品中的多肽检测及分离复杂的肽段混合物。正如前文所强调的,许多色谱法都可以富集目的PTM,从而提供了一种更有效的方法来鉴定复杂蛋白质或肽段混合物中的修饰作用。很明显,设备配置和分离技术的结合为研究者带来了令人眼花缭乱的可能性。本部分中,我们尝试讨论目前所用质谱的优点和可能的局限。

可能目前蛋白质组学中应用最普遍的质谱仪都采用电喷雾电离(ESI)将肽段引入气相,进而通过下游设备进行分析。这种类型的设备包括离子阱、三重四极杆、飞行时间(TOF)、四极杆飞行时间(q-TOF)、轨道阱(Makarov, 2000)和傅里叶变换离子回旋共振(FT-ICR)等。离子阱设备的优势在于快速扫描时间和高灵敏度,然而它们受限于质量精确度(±0.1~1 Da)和分辨率。在离子阱质谱(ion trap mass spectrometer)中,CID的机制不支持捕获质量小于前体质量28%的碎片。造成的直接后果就是丢失了1/3的MS/MS数据。这种局限性被称为CID碎片的"1/3法则"或"低质量截除"(cut-off)。其他质谱仪,如q-TOF、三重四极杆、轨道阱及傅里叶变换设备则保留了低质量生成离子。低质量生成离子可能提示一些有关肽段的序列组成信息,这对从数据库中搜索到确定的PTM非常有用。

为解决有限的准确度和分辨率问题,可以将线性离子阱与轨道阱分析器结合起来,组成混合LTQ-轨道阱质谱。质量准确度可以提高至低ppm级(<5 ppm),并且增加的分辨率能够分辨肽段的同位素包络(isotopic envelope),因此可以确定前体肽的荷电状态。q-TOF是研究PTM的非常好的选择,因为它们使用的断裂方法利于保持不稳定的肽段修饰。这要归功于其高能量断裂方法,以及断裂发生的时间范围非常短。TOF质量分析器对于分析前体和碎片离子都具有高质量准确度和分辨率。对于串联质谱实验,TOF质谱分析器可以通过碰撞室分隔开(TOF-TOF)产生常规的MS/MS谱(Medzihradszky et al., 2000; Vestal and Campbell, 2005)。目前在可利用的质谱仪中,FT-ICR设备具备最高的准确度和分辨率。然而其高昂的价格对许多实验室来说是难以承受。除此之外,其低扫描率降低了设备的灵敏度,为获得一个可测的信号必须使用大量分析物。

一般来说,ESI是最适合鉴定酸性小肽的(Covey et al., 1991)。ESI通常产生+2价或+3价电荷状态的胰蛋白酶消化的肽段,而MALDI技术通常产生一个+1价电荷状态的离子。这种复杂性使得质谱图的解释变得更加困难,除非该设备在分辨肽段同位素簇和确定前体离子、碎片离子及电荷状态时具备高分辨率和质量准确度。通常会将这些设备与低流速色谱在线分离相结合,以获得较高灵敏度,并且能够快速从复杂蛋白质水解物中鉴定出肽段。但是这种在线方法的一个非常大的限制是,只有当肽段正在从色谱柱中洗脱下来时才能得到这一肽段的谱图。也就是说,一旦样品洗脱后进入设备,就不能对肽段进行重复分析,这导致数据获取的时间限制。更糟糕的是,同时洗脱的肽段会抑制相关肽段的电离。除此之外，未修饰肽段及其发生翻译后修饰的肽段通常有着相近的洗脱时间，这导致修饰肽段的信号减弱。

ESI 的一种替代方法是基质辅助激光解吸附电离(matrix assisted laser desorption ionization, MALDI)。MALDI 设备通常使用 TOF 分析器，但是也可使用其他质量分析仪。这种电离方法使用激光照射样品，样品由分析物(肽段)和紫外线吸收基质组成。基质通常是芳香族酸性组分，能够从激光中吸收能量。基质吸收的能量中一部分转移到分析物中，并共同解吸附到气相，气相中分析物被电离并进入到下游质谱仪进行分析。MALDI 既可用于肽段也可应用于整体蛋白质。当应用于后者时，未水解蛋白质上的 PTM 能够被鉴定。然而，这个方法需要事先了解一些修饰信息，来解释修饰造成的相对未修饰组分的质量漂移。此外，除了比 ESI 适合分析较大的分析物外，MALDI 也利于略偏碱性肽段的分析(Covey et al., 1991)。

与 ESI 在线色谱分离不同，MALDI 分析的肽段通常是离线分离。样品可以通过液相色谱法分离，然后点到 MALDI 靶盘(MALDI target plate)中(Lochnit and Geyer, 2004; Pflieger et al., 2008; Zhen et al., 2004)。目前有不同的方法可以用来点靶，其中可使用专门设计的自动化机器人。基质材料既可以与样品混合然后点靶，或者在点样品之前或之后直接将基质点到靶盘中。点的大小根据所使用靶盘的规格不同而异，一般从微升到亚微升不等。这个方法的离线特性去除了在线色谱分离的时间限制。这意味着研究者可以利用 MALDI 盘中的样品完成对同一个靶点的重复测量，直到样品被设备激光耗尽。

MALDI-TOF 设备的快速性以及主要产生+1 价离子的性质使得该设备成为快速测量肽段和蛋白质质量的便利选择。一个水解的蛋白质样品可以点到 MALDI 盘中，无需过多处理，短时间内就可得到相关肽段质量谱图。研究者可能从前期研究中了解到样品中存在什么蛋白质，因此对相应的 m/z 值也会有预期。这些已知的值可以与实验检测到的数值进行比较，得到的任何差异都可以归因于蛋白质上发生的修饰。这个方法简单、快速，并独立于序列算法。对于可疑的磷蛋白，可用碱性磷酸酶处理样品，并与 MALDI-TOF 联用鉴定磷酸肽(Larsen et al., 2001; Zhang et al., 1998)。磷酸酶处理前后肽图中的差异(80 Da)可以帮助鉴定磷酸肽。定位到特定修饰氨基酸通常需要对修饰肽进行串联质谱分析，这时要使用支持 MS/MS 的仪器 (如离子阱、q-TOF、TOF/TOF)。

6. CID、ECD 和 ETD 的对比

基于质谱的蛋白质组学分析依赖于气相中肽段在低碰撞能量下断裂，在质量谱图中形成峰。进而通过峰图确定肽段序列，再推断出相关蛋白质。完成肽段断裂最主要的方法就是碰撞诱导解离(collision induced dissociation,CID)(Swaney et al., 2008)。LTQ、轨道阱(orbitrap)、q-TOF、MALDI-TOF/TOF 及 FT-ICR 设备都能完成肽段的 CID 断裂。CID 最适用于小的、低电荷的、未修饰的肽阳离子(peptide cation)(Dongre et al., 1996; Good et al., 2007; Huang et al., 2005)。CID 中转移到肽段的碰撞能量造成肽段振动激发，并分布到肽链中的共价键中。如果 CID 中转移到肽段的内部能量超过了键断

裂的活化能垒,肽段便断裂。如果这些碎片在质谱仪的时间尺度内发生,则被检测到。这种断裂通常发生在肽链骨架的酰胺键上,由于这些位点的活化能垒较低,便产生了特征性的 b-和 y-产物离子,可在 CID 谱中观察到(Swaney et al., 2008)。

尽管 CID 能够有效生成用于肽段测序的一组离子,但是也存在一些限制从而减弱了断裂特定肽段的能力。内部碱性残基和脯氨酸能够阻止肽段骨架的随机质子化。这些残基会将酰胺键的解离转换到特定位点,能够抑制肽段断裂,从而导致测序离子多样性不足(Mikesh et al., 2006)。胰酶作为一种通用蛋白水解酶,通过产生在 C 端带有碱性残基的肽段而减轻了上述问题。不稳定的 PTM,如磷酸化和糖基化也表现出不同的低能量断裂途径。在这些情况下,会发生前面提到的中性丢失事件,导致产生的谱图序列覆盖性不足。一些 PTM 也会抑制肽段骨架的随机质子化,进而抑制经由 CID 的断裂(Tsaprailis et al., 1999)。

一种替代的断裂方法称为电子捕获解离(electron-capture dissociation,ECD),能够克服 CID 的一些局限。在 ECD 中,质子化的肽段被 FT-ICR 的潘宁阱(Penning trap)保留,并受到一束带有热能或接近热能的电子冲击。质子化肽段捕获热电子后会导致骨架断裂,而分子内振动能并未重新分布(Udeshi et al., 2007)。图 40.4 中描述了一种解释浸入热电子的肽段断裂过程的方式。ECD 断裂通常产生 c-和 z-离子系列,而 CID 则产生 b-和 y-离子。ECD 是与分子大小和序列无关的过程,可以用来断裂完整蛋白质。然而,对于有效的 ECD,样品必须处于高密度的热电子中。这种环境对于利用静电射频场分离离子的设备,在技术上较难实现,但是在使用静磁场的 FT-ICR 中比较容易。另外,用于测序的 ECD 需要在数分钟内进行大量扫描,并取平均值。这需要的样品量较大,且对复杂样品混合物中的蛋白质和多肽的检测不利。

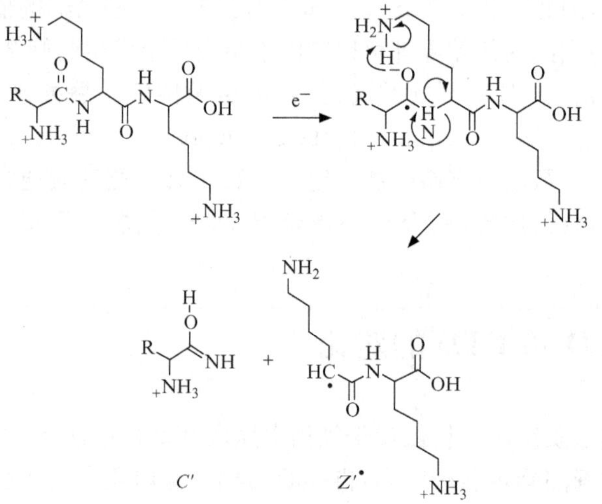

图 40.4 低能电子和多质子化肽段反应产生 c 和 z˙ 类离子断裂示意图

一个类似的断裂方法即电子转移解离(electron transfer disassociation,ETD)克服了 ECD 的缺陷。

ETD 使用多环芳香烃类的离子化自由基负离子，与气相中多质子化肽段反应。这些自由基负离子在质谱的线性四极杆离子阱中储存。自由基负离子转移一个电子到离子化的肽段上，诱发电荷减少的肽段以 ECD 类似的机制断裂，产生特征性的 c-和 z-序列离子（Syka et al.，2004）。ECD 和 ETD 的断裂模式与肽段长度、氨基酸组成和 PTM 的存在与否均无关（Udeshi et al.，2007）。这一断裂过程非常高效，并能在毫秒内完成。因此，ETD 的灵敏度高至可测量飞摩尔级的样品量，发生的时间尺度与目前的色谱分离技术一致（Syka et al.，2004）。该断裂技术的主要优势在于，它能够保持不稳定的 PTM，同时允许足够的酰胺键断裂，从而产生能够获得测序信息的谱图。然而，这一方法存在由于前体离子电荷减小而导致碎片离子产量降低的问题。

近期一项研究使用了 ETD 和 CID 混合方法（ETcaD），通过 CID 来靶向 ETD 未解离的电子转移产物离子。ETcaD 的序列覆盖度中位值为 88.9%，而单独使用 ETD 仅为 62.5%，CID 为 77.4%（Swaney et al.，2007）。其他一些研究利用 ETD 鉴定 PTM，如磷酸化修饰。一个研究组使用基于 CID 断裂方法鉴定了 1000 个以上的磷酸肽，但是仅能鉴定 383 个磷酸化位点，这主要是由于修饰肽段的中性丢失（Udeshi et al.，2007）。使用 ETD 改良的 LTQ，可以鉴定一个复杂混合物中 629 个蛋白质的 1252 个磷酸化位点。另一项对 ETD 和 CID 鉴定的磷酸肽重叠分析发现，两种方法产生的两个数据集中仅有 17.9%相同（Swaney et al.，2008）。这说明断裂并鉴定 PTM 位点的最好方法，也许就是将 CID 和 ETD 结合起来。图 40.5 展示了用两种断裂方法产生的典型谱图。在 CID 中出现了特有的 b-和 y-离子，而 ETD 产生了特有的 c-和 z-离子。

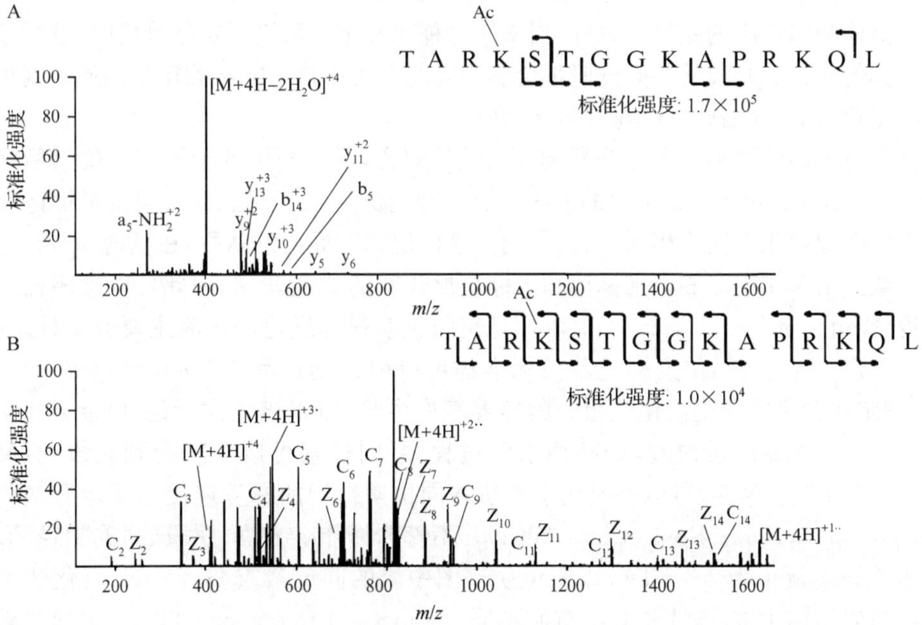

图 40.5　比较人组蛋白 H3 肽段的 CID 谱和 ETD 谱。A. 带有相应 b-和 y-离子系列的 CID 谱。B. 描述 ETD 谱及其相应 c-和 z-离子系列。经 Mikesh 等（2006）许可后再版

7. PTM的定量分析

当研究PTM的生物学意义时，如能了解一个特定修饰或一组PTM的相对或绝对丰度通常会有帮助。这样可以将不同的生物样品间的目的修饰进行直接比较。例如，将正常与疾病状态下细胞或组织内某一PTM的丰度进行比较。定量分析这些变化能够帮助深入了解PTM在细胞生长、疾病和凋亡等无数过程中扮演的角色。许多方法可以量化PTM，传统方法使用2D-GE和鉴别染色法来鉴定样品中蛋白质表达水平的差异。然而，这个方法分辨率低，并且可能会由于一些蛋白质染色能力的不同而导致产生假象(Ong and Mann, 2005)。2D-GE是最适宜用来分析蛋白质丰度的方法(Anderson and Anderson, 1998)。就在最近，基于质谱的方法减轻了基于凝胶的方法带来的问题。基于质谱的方法包括蛋白质或肽段标记策略、标签手段以及利用谱图计算的差异蛋白质组学法(Gygi et al., 1999; Ong et al., 2002; Washburn et al., 2001)。尽管这些方法更广泛应用于样品中蛋白质变化的定量分析，但是也可以用来定量分析不同生物样品中PTM的变化。

定量分析既可以是绝对的，如浓度或每个细胞拷贝数，也可以是相对地，如不同处理的样品中倍数变化。绝对浓度更加难以获得，但是更有利于分析，并且可以用来衍生相对测量。LC-MS/MS实验中，随着肽段依次从色谱柱上洗脱下来，可绘制肽段信号强度图谱。对于任何给定的组分，曲线下的面积都与肽段的丰度直接相关，可以进行无标记(label-free)的量化。然而，肽段的理化性质，如疏水性、电荷和大小，变化范围非常广，这会引起质谱检测器响应的差异。另外，当采用这种无标记方法进行定量分析时，洗脱条件的变化及其他非目的肽段的共同洗脱都会成为问题。使用这个方法测定蛋白质丰度可能与实际丰度相差3～5倍(Ong and Mann, 2005)。

为避免电离效率和MS-检测器响应相关的问题，可以利用基于稳定同位素稀释理论(stable isotope dilution theory)的方法。这一理论认为，一个稳定的、同位素标记的肽段与其天然类似物化学性质相同。因此，同位素标记和未标记的肽段，在色谱和MS检测中行为一致。由于质谱能够识别标记和未标记形式间的质量差异，因此可以检测相对的信号强度(Bantscheff et al., 2007)。利用稳定同位素稀释理论的策略主要有4种。第一，与目的PTM相应的同位素标记肽段标准物可以引入到样品中(Gerber et al., 2003)。第二，细胞在含主要同位素化纯组分的培养基中生长，可以被代谢标记(Ong and Mann, 2005)。第三，在使用蛋白酶，如胰酶水解过程中，同位素可以被整合到肽段中(Miyagi and Rao, 2007)。第四，可以通过化学方法将同位素标记的标签连接到特定氨基酸侧链上(Gygi et al., 1999; Ross et al., 2004)。不管选择什么方法，肽段的"重""轻"形式之间质量差异应最小为3～4 Da，以避免质谱图中峰的同位素重叠。另外，氘化肽段与其"轻"的类似物相比，色谱洗脱时间有所不同(Zhang and Regnier, 2002)。这导致需使用更加昂贵的^{13}C-和^{15}N-试剂。

运用稳定同位素的最基本的方法称为绝对定量法(absolute quantitation，AQUA)(Gerber et al., 2003)。在这一方法中，将合成的同位素标记肽段作为内标加入到肽段混合物中。Steve Gygi 和同事利用这个方法确定了非洲爪蟾(*Xenopus*)细胞周期中磷酸化的丰度变化(Stemmann et al., 2001)。这个方法需要为每个量化的 PTM 标记合成肽段,因此比较麻烦。标记的磷酸肽内标物易于获得,但并不是所有的修饰都这么简单,这限制了这个方法的广泛应用。内标物通常在蛋白质水解的前后加入,这样无法标准化消化步骤上游的样品制备时出现的变化。这一方法还需要对 PTM 有事先了解,从而能够合成相应肽段。也有必要了解修饰肽段的大体丰度,从而能够加入近似量的标记标准物。

为最小化样品制备的误差,细胞可以在不同条件(含同位素标记或不含同位素标记)下培养,并且在样品制备和分析之前收集细胞。样品制备时的任何误差都会对两种细胞群产生同样的影响。Mathias Mann 的实验室发展了这些方法中最流行的技术,称为细胞培养氨基酸稳定同位素标记(stable isotope labeling by amino acid in cell culture,SILAC) (Ong et al., 2002)。在 SILAC 方法中,培养基中含$^{13}C_6$-精氨酸和$^{13}C_6$-赖氨酸,它们能够标记胰酶酶切位点。因此除去 C 端碎片,每个胰蛋白酶酶切产物都包含一个标记的氨基酸。SILAC 法与完全代谢标记法相比优点在于,整合的标记数是确定的,并且独立于氨基酸序列。这种简易性使得 SILAC 的数据翻译比使用其他更复杂的标记方法简单。SILAC 最多只能比较 3 个培养条件,分别是未标记、$^{13}C_6$-标记或$^{13}C_6{}^{15}N_4$-标记氨基酸。SILAC 的其他局限性在于它只能用于特定的模式生物,或者是能够在含有确定同位素成分的培养基中生长的细胞系,并且非常昂贵。然而 SILAC 的高准确度使得该方法非常适合于研究 PTM(Olsen et al., 2006)。一个改进的 SILAC 法利用标记的 *S*-腺苷甲硫氨酸进行标记,来鉴定并相对定量蛋白质甲基化修饰(Ong et al., 2004)。

一种体内代谢标记法的替代方法是体外酶标记法。这种标记方法既可以在蛋白质消化过程中完成,也可以在蛋白质水解后通过额外反应步骤完成。当使用重水($H_2{}^{18}O$)时,胰蛋白酶或 Glu-C 将会引入两个^{18}O 原子。生成的 4 Da 漂移足以使同位素被分辨,并获得相对定量数据(Miyagi and Rao, 2007)。然而,一些蛋白酶,如蛋白内切酶 Lys-N,仅引入一个^{18}O 原子,产生的谱不足以分辨同位素峰重叠(Rao et al., 2005)。完全酶标记很难达到,并且不同肽段引入标记的速率不同,使得数据分析变得复杂(Ramos-Fernandez et al., 2007)。所以此方法在定量蛋白质组学中没有得到广泛应用(Ong et al., 2004)。

有效的化学标签(chemical tagging)技术能减轻酶标签方法的某些限制。最早的化学标签法是由 Ruedi Aebersold 实验室发展的,称为同位素编码亲和标签(isotope-coded affinity tag,ICAT)(Gygi et al., 1999)。ICAT 试剂最初由以下成分组成:一个靶向半胱氨酸的硫醇反应基团、带有 0 或 8 个氘原子的一个聚醚连接区(linker region)以及为亲和素柱亲和纯化准备的生物素基团。由于氘同位素与其轻形式相比在色谱柱中的行为不同,因此发展了^{13}C 和^{15}N 附加标签试剂(Bottari et al., 2004)。ICAT 反应在还原环境下进行,利用重或轻 ICAT 试剂将样品化学标记。然后,这两个样品混合,并选择一种蛋白酶将其水解。标记的肽段通过 ICAT 组分的亲和标签回收,并用质谱定量分析。这一方法仅选择含有半胱氨酸的肽段,因此有效简化了肽段混合物。然而大部分肽段不含半胱氨酸残基,并且大部分 PTM 在亲和纯化步骤中被丢弃,因此 ICAT 并没有广泛应用于 PTM 定量分析(Bottari et al., 2004)。

另外一类化学标签策略是利用肽段 N 端和赖氨酸残基的 ε-氨基的反应活性。同位素编码蛋白标记法(ICPL)、相对和绝对定量同位素标签法(isotope tag for relative and absolute quantification ,iTRAQ)及串联质量标签法(tandem mass tag, TMT)都是利用了氨基与特定化学基团的反应活性(Bottari et al. , 2004)。这些方法中最受公认的技术为 iTRAQ,其引入了等量异位(isobaric tag)标签,能够在串联质谱仪中断裂,在 113~121m/z 值处产生了独特的报告离子(Ong et al. , 2004)。通过对这些低质量碎片的峰面积进行积分来定量。具备检测低 m/z 碎片离子能力的质谱仪,如四极杆和 TOF,通常都可用于 iTRAQ 实验。商业化试剂盒允许一个实验检测 8 种状态。由于肽段的标记是等量的,因此它们在色谱分离中性质类似,并且在碎片图谱中显示出定量差异。通过 iTRAQ 方法,不同样品在不同条件下分离,经胰酶消化后,利用 iTRAQ 试剂进行标记。随后样品混合,并通过一个 MS/MS 实验进行分析。图 40.6 展示了一个经 4 种 iTRAQ 试剂标记后,按不同比例混合而得到的串联质谱图的例子(Ross et al. , 2004)。至于其他基于质谱的方法,有效的肽段分离非常重要,因为共同洗脱下来的相近质量的肽段也会对观测到的报告离子作出贡献,从而干扰定量分析。离子阱质谱法通常不适用于 iTRAQ 分析,因为得到的 MS/MS 数据中,iTRAQ 标签碎片产生的报告离子中的较小的 1/3 会丢失。利用脉冲 q 解离(pulsed q-dissociation,PQD)可缓解该问题,但是后者在蛋白质组学中应用有限 (Bantscheff et al. , 2008; Cunningham et al. , 2006; Griffin et al. , 2007)。

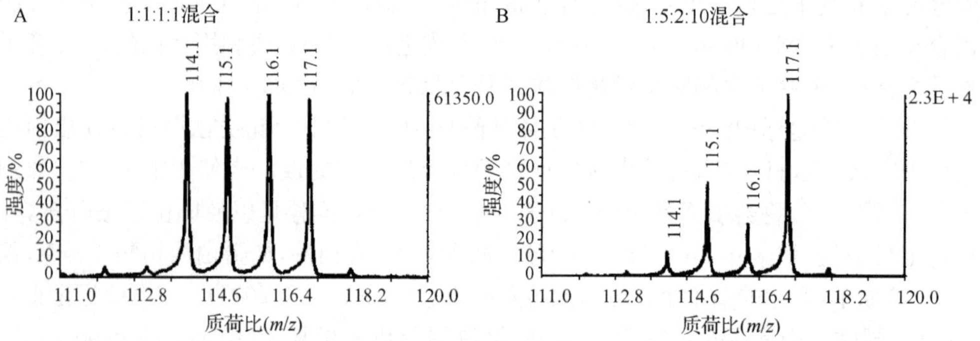

图 40.6 6 种蛋白质消化混合物按两种比例混合得到的 iTRAQ 报告离子系列

利用 iTRAQ 方法可以比较不同条件下蛋白质组的磷酸化水平。Forest White 和同事研究利用抗磷酸化抗体后接 IMAC 富集,进而 iTRAQ 标记的方法研究表皮生长因子(EGF)刺激随着时间对细胞磷酸化状态的影响(Zhang et al. , 2005)。这项研究在一次分析中调查了 4 个时间点(0min、5min、10min、30min)。他们能够量化 58 个蛋白质的 78 个位点的磷酸化相对变化(Zhang et al. , 2005)。这项实验方法强调了将 PTM 富集与定量相结合的功效,能够更加深入地了解细胞的生物学。但是很难确定在某一特定条件下一组肽段中哪些发生了磷酸化,这是因为未磷酸化肽段与磷酸化肽段在质谱检测响应中有差异。因此,尽管可以在不同条件下,将未修饰形式之间进行比较,或者将相同肽段的不同磷酸化水平进行比较,但是通过生成谱的报告离子峰的比值来比较修饰与未修饰形式并不可靠。

目前发展了有限数量的专门鉴定特定 PTM 的附加标签的方法。这些方法利用了化学修饰的氨基酸侧链选择性的化学反应。为了定量分析磷酸化修饰,磷酸的 β-消除以及随后的乙二硫醇衍生物的 Michael 加成都可用来引入同位素标签(Zhang et al., 2003)。肼化学法也可应用于糖基化的肽段,用同位素标记的标签替换碳水化合物基团。但这些方法仅对少数 PTM 有效。除此之外,如果参与的化学反应并不高效,生成的多肽混合物的复杂程度将会增加。这会导致肽段和相应 PTM 的鉴定出现问题,也会出现不准确的量化信息。

同位素标记和标签策略可能耗时、繁琐并且成本较高。除了先前讨论的色谱峰积分法,也有其他一些无标记定量方法可以用来定量分析 PTM。这些方法通常会涉及一些形式的谱图计数(spectral counting)和蛋白质长度的标准化(Washburn et al., 2001)。它们是否真正能够进行定量分析仍存在争议,因此这些方法更普遍作为差异蛋白质组学技术。谱图计数方法的理论基础是,随着给定样品中某一蛋白质丰度的增加,能分离出更多来源于该蛋白质的肽段 MS/MS 谱。通过比较实验组间收集的某一特定蛋白质的谱图的数量可推断出相对的定量分析。这一方法的使用被质疑是由于它并没有直接测量肽段的任何物理性质,并且假定每个蛋白质都发生线性反应(Bantscheff et al., 2007)。正如前面提到的,肽段的理化性质在一个消化样品中变化范围非常广,以至于它们在色谱和 MS 检测器的行为也大有不同。与标记和标签技术相比,这些方法提供了更大的动态范围,最适用于研究样品中大的或球状蛋白质的变化。然而,肽段中不确定线性反应和谱图计数的潜在低准确度都限制了这些方法的广泛应用(Old et al., 2005)。

为了将样品中蛋白质无标记定量分析的变异性最小化,可以比较多个样品中相同蛋白质的特定肽段或多种肽段。这推动了选择性反应监测(selected reaction monitoring, SRM)和 PTM 的多重反应监测(multiple reaction monitoring, MRM)技术的发展(Unwin et al., 2005, 2009; Williamson et al., 2006; Wolf-Yadlin et al., 2007)。在一个 SRM 实验中,多个实验组中的单一肽段前体及其碎片离子 m/z 值或瞬态(transition)被选择性监测,通常使用三重四极杆质谱(Lange et al., 2008)。要使蛋白质的量化具有较高的统计置信度,通常在 MRM 实验中检测 3～5 肽段及其瞬态。这些实验一般使用三重四极杆质谱,因四极杆的第一个和第三个四极杆在分离特定的瞬态时具有高分辨率和高占空比(high duty cycle)。多重瞬态被监测,随着时间每个特定瞬态都产生一组关于滞留时间和信号强度的谱图。瞬态的积分区域用来定量分析蛋白质。MRM 能够实现对复杂混合物中低丰度蛋白质的检测,并在高达 5 个数量级的动态范围内产生线性响应(Lange et al., 2008)。

虽然 MRM 可以用来选择性监测包含 PTM 的蛋白质(Williamson et al., 2006),然而,MRM 缺少鉴定混合物中蛋白质的能力,并且瞬态的选择通常是基于先前的实验数据或文献搜索。瞬态还必须进行优化,以便能在三重四极杆中的第二个发生有效断裂。尽管计算工具可能会有所帮助,但是研究还是可能因样品有限而受到限制。另外,三重四极杆利用 CID 断裂肽段,因此不稳定 PTM 可能会发生中性丢失。

MRM 的扩展应用包括使用同位素标记的合成肽(过程类似于 AQUA)来完成肽段绝对定量分析(Wolf-Yadlin et al., 2007)。总之,这种质谱中新出现的技术非常有潜力,能够为多种生物样品提供蛋白质和 PTM 的定量分析信息。

8. 展望

传统蛋白质组学研究采用自底向上(bottom-up)的方法，将整个蛋白质水解并用MS/MS策略确定肽段序列，而后从这些结果中来推断蛋白质身份。但是很少能实现对整个蛋白质的覆盖。因此，如果没有检测到发生修饰的肽段，就不能鉴定PTM。自顶向下(top-down)研究方法的目的是通过串联质谱分析整个蛋白质碎片信息进而确定一个蛋白质的完整的一级结构。将前体分子质量测量和碎片测序数据相结合可确定待测蛋白质的身份。自顶向下也能应用于某些特定的PTM测定，以及自底向上一般无法分析的剪接体的不同形式和降解产物的鉴定(Waanders et al., 2007)。自顶向下还能够分辨高度一致的基因序列的编码产物(Parks et al., 2007; Siuti et al., 2006)。另外，自顶向下还适用于PTM的鉴定。对全蛋白质的初步质谱分析，是观察相对于天然形式是否有质量漂移，从而确定蛋白质上是否发生了修饰。观察到的质量变化可以通过有限的修饰种类来解释。再结合MS/MS得到的额外的碎片数据，可以在肽段质量漂移的基础上进一步描述修饰的性质。

自顶向下蛋白质组学要求使用高分辨率和高质量准确度的设备，这使自顶向下 研究与FT-ICR和轨道阱质谱仪联系在一起——它们的分辨率分别>500 000和100 000(Macek et al., 2006)。这种高分辨能力可以精确测量电荷状态，这对测量完整蛋白质的质量来说是必要的。亚ppm或低ppm的质量准确度能够区分具有相同的标称质量的PTM，如乙酰化与三甲基化。最近，Andrea Armirotti及其同事以及Scott McLuckey研究组证明在q-TOF质谱仪上也能够执行自顶向下蛋白质组学研究(Armirotti et al., 2009; Liu et al., 2009)。这将自顶向下方法拓展到了成本昂贵的FT-ICR和轨道阱质谱仪之外，使这种方法面向了更多的研究者。自顶向下方法能够处理较宽泛的蛋白质大小范围。Parks等(2007)利用这个方法鉴定了*S. cerevisiae*中14～35 kDa内22个蛋白质。另一个研究组将这一范围进一步扩展——他们研究了一个115 kDa大小的心脏肌凝蛋白结合蛋白(cardiac myosinbinding protein)的PTM特性(Ge et al., 2009)。

除了用于确定一个生物样品中蛋白质身份，自顶向下蛋白质组学也适用于蛋白质和PTM的定量分析研究。自顶向下特别适用于定量分析PTM，因为PTM对全蛋白质的电离效率影响比对肽段的影响要小得多(Ge et al., 2009)。Neil Kelleher和同事用^{15}N标记策略对全蛋白质进行定量分析和鉴定，得到了50丰度比(abundance ratio)的结果(Du et al., 2006)。Matthias Mann则将SILAC方法的应用扩展到了220 kDa大小的蛋白质，并定量分析了一个28 kDa的信号蛋白质(Waanders et al., 2007)。他们也同时发现，对这一个28 kDa大小的蛋白质不同形式进行一对一混合物定量分析，结果有6%的标准偏差。与利用SILAC法测定肽段相比，这主要是受限于全蛋白质测定过程中的信噪比(Waanders et al., 2007)。

自顶向下蛋白质组学还未得到广泛应用。其在测量和鉴定大的全蛋白质上还存在技术挑战。自顶向下技术发展缓慢的原因有以下几点：全蛋白质的分离较为困难，需要较高灵敏度、有效断裂，缺少用于数据解释的计算机工具（Collier et al.，2008；Kelleher et al.，1999；Meng et al.，2002；Siuti and Kelleher，2007）。

自底向上蛋白质组学断裂蛋白质的优先方法是利用 CID 来产生碎片信息。对全蛋白质的 CID 则依赖于蛋白质的结构和大小（Wu et al.，2004；Zabrouskov et al.，2005）。CID 优先在蛋白质末端产生碎片。一种能够克服 CID 这种低内部序列覆盖问题的方法是利用自中而下（middle-down）的方法。这个方法利用限制性的蛋白质水解产生 3～20 kDa 的较大肽段。然而，这种方法消化肽段的回收是无法预知的，因此在蛋白质组学中发展缓慢（Ge et al.，2009）。使用兼容 ECD 的设备（FT-ICR），或者更近的、兼容 ETD（轨道阱）的设备缓解了自顶向下蛋白质组学中利用 CID 断裂全蛋白质时产生的问题（Bunger et al.，2008；Coon et al.，2005；Ge et al.，2002；McAlister et al.，2007；2008）。正如前面所提，ECD 和 ETD 是非大小依赖的，并且产生的全蛋白质断裂模式足以确定蛋白质序列。要使自顶向下方法得到更广泛的应用，蛋白质组覆盖度和设备灵敏度都需要进一步提升（Ferguson et al.，2009）。

确定蛋白质上 PTM 是一件非常艰难的工作。然而，正如前文概述的，有多种方法利用质谱帮助对 PTM 进行鉴定和定量分析。样品分离、富集策略、定量手段、仪器配置及数据分析工具对于整个过程的成功都起到了关键的作用。本章介绍了目前蛋白质组学领域中的许多技术和方法，它们都能达到 PTM 测定的目标。蛋白质的化学修饰非常重要，因为它们潜在的改变了蛋白质的许多性质。因此，非常有必要充分利用质谱的优势来确定 PTM 的位点并阐明它们的生物学功能。

致谢

感谢 Elizabeth M. Link 和 Kevin Schey 帮助对手稿的修改和建议。A. R. F. was supported by NIH training grant T32 CA009385 and GM64779. A. J. L. was supported by NIH grants GM64779 and AR055231。

（迟象阳　译　张晓鹏　校）

参考文献

Ahmad, I., Hoessli, D. C., Walker-Nasir, E., Choudhary, M. I., Rafik, S. M., and Shakoori, A. R. (2006). *J. Cell. Biochem.* **99,** 706–718.

Anderson, N. L., and Anderson, N. G. (1998). *Electrophoresis* **19,** 1853–1861.

Armirotti, A., Benatti, U., and Damonte, G. (2009). *Rapid Commun. Mass Spectrom.* **23,** 661–666.

Bantscheff, M., Schirle, M., Sweetman, G., Rick, J., and Kuster, B. (2007). *Anal. Bioanal. Chem.* **389,** 1017–1031.

Bantscheff, M., Boesche, M., Eberhard, D., Matthieson, T., Sweetman, G., and Kuster, B. (2008). *Mol. Cell. Proteomics* **7,** 1702–1713.

Barnes, P. J., Shapiro, S. D., and Pauwels, R. A. (2003). *Eur. Respir. J.* **22,** 672–688.

Bayer, P., Arndt, A., Metzger, S., Mahajan, R., Melchior, F., Jaenicke, R., and Becker, J. (1998). *J. Mol. Biol.* **280,** 275–286.

Beausoleil, S. A., Jedrychowski, M., Schwartz, D., Elias, J. E., Villen, J., Li, J., Cohn, M. A., Cantley, L. C., and Gygi, S. P. (2004). *Proc. Natl. Acad. Sci. USA* **101,** 12130–12135.

Beckman, J. S., Beckman, T. W., Chen, J., Marshall, P. A., and Freeman, B. A. (1990). *Proc. Natl. Acad. Sci. USA* **87,** 1620–1624.

Bennett, K. L., Stensballe, A., Podtelejnikov, A. V., Moniatte, M., and Jensen, O. N. (2002). *J. Mass Spectrom.* **37,** 179–190.
Berger, S. L. (2007). *Nature* **447,** 407–412.
Bernstein, E., and Allis, C. D. (2005). *Genes Dev.* **19,** 1635–1655.
Blagoev, B., Ong, S. E., Kratchmarova, I., and Mann, M. (2004). *Nat. Biotechnol.* **22,** 1139–1145.
Blume-Jensen, P., and Hunter, T. (2001). *Nature* **411,** 355–365.
Bodenmiller, B., Mueller, L. N., *et al.* (2007). *Nat. Methods* **4,** 231–237.
Bottari, P., Aebersold, R., *et al.* (2004). *Bioconjug. Chem.* **15,** 380–388.
Bunger, M. K., Cargile, B. J., *et al.* (2008). *Anal. Chem.* **80,** 1459–1467.
Cantin, G. T., Shock, T. R., Park, S. K., Madhani, H. D., and Yates, J. R. 3rd (2007). *Anal. Chem.* **79,** 4666–4673.
Carr, S. A., Huddleston, M. J., and Annan, R. S. (1996). *Anal. Biochem.* **239,** 180–192.
Chalkley, R. J., Baker, P. R., Medzihradszky, K. F., Lynn, A. J., and Burlingame, A. L. (2008). *Mol. Cell. Proteomics* **7,** 2386–2398.
Chang, I. F. (2006). *Proteomics* **6,** 6158–6166.
Chen, Y. R., Chen, C. L., Chen, W., Zweier, J. L., Augusto, O., Radi, R., and Mason, R. P. (2004). *J. Biol. Chem.* **279,** 18054–18062.
Cirulli, C., Chiappetta, G., Marino, G., Mauri, P., and Amoresano, A. (2008). *Anal. Bioanal. Chem.* **392,** 147–159.
Clauser, K. R., Baker, P., and Burlingame, A. L. (1999). *Anal. Chem.* **71,** 2871–2882.
Cohen, P. (2001). *Eur. J. Biochem.* **268,** 5001–5010.
Collier, T. S., Hawkridge, A. M., Georgianna, D. R., Payne, G. A., and Muddiman, D. C. (2008). *Anal. Chem.* **80,** 4994–5001.
Coon, J. J., Syka, J. E. P., Schwartz, J. C., Shabanowitz, J., and Hunt, D. F. (2004). *Int. J. Mass Spectrom.* **236,** 33–42.
Coon, J. J., Ueberheide, B., *et al.* (2005). *Proc. Natl. Acad. Sci. USA* **102,** 9463–9468.
Covey, T. R., Huang, E. C., and Henion, J. D. (1991). *Anal. Chem.* **63,** 1193–1200.
Creasy, D. M., and Cottrell, J. S. (2004). *Proteomics* **4,** 1534–1536.
Cunningham, C. Jr., Glish, G. L., and Burinsky, D. J. (2006). *J. Am. Soc. Mass Spectrom.* **17,** 81–84.
Denison, C., Kirkpatrick, D. S., and Gygi, S. P. (2005). *Curr. Opin. Chem. Biol.* **9,** 69–75.
Dongre, A. R., Jones, J. L., Somogyi, A., and Wysocki, V. H. (1996). *J. Am. Chem. Soc.* **118,** 8365–8374.
Du, Y., Parks, B. A., Sohn, S., Kwast, K. E., and Kelleher, N. L. (2006). *Anal. Chem.* **78,** 686–694.
Durand, G., and Seta, N. (2000). *Clin. Chem.* **46,** 795–805.
Fang, S., and Weissman, A. M. (2004). *Cell. Mol. Life Sci.* **61,** 1546–1561.
Ferguson, J. T., Wenger, C. D., Metcalf, W. W., and Kelleher, N. L. (2009). *J. Am. Soc. Mass Spectrom.* **20,** 1743–1750.
Ficarro, S. B., McCleland, M. L., Stukenberg, P. T., Burke, D. J., Ross, M. M., Shabanowitz, J., Hunt, D. F., and White, F. M. (2002). *Nat. Biotechnol.* **20,** 301–305.
Fuchs, S. M., Laribee, R. N., and Strahl, B. D. (2009). *Biochim. Biophys. Acta* **1789,** 26–36.
Garcia, B. A., Shabanowitz, J., and Hunt, D. F. (2005). *Methods* **35,** 256–264.
Garcia, B. A., Shabanowitz, J., and Hunt, D. F. (2007). *Curr. Opin. Chem. Biol.* **11,** 66–73.
Gatzka, M., and Walsh, C. M. (2007). *Autoimmunity* **40,** 442–452.
Ge, Y., Lawhorn, B. G., *et al.* (2002). *J. Am. Chem. Soc.* **124,** 672–678.
Ge, Y., Rajkumar, L., Guzman, R. C., Nandi, S., Patton, W. F., and Agnew, B. J. (2004). *Proteomics* **4,** 3464–3467.
Ge, Y., Rybakova, I. N., Xu, Q., and Moss, R. L. (2009). *Proc. Natl. Acad. Sci. USA* **106,** 12658–12663.
Gerber, S. A., Rush, J., Stemman, O., Kirschner, M. W., and Gygi, S. P. (2003). *Proc. Natl. Acad. Sci. USA* **100,** 6940–6945.
Gingras, A. C., Raught, B., Gygi, S. P., Niedzwiecka, A., Miron, M., Burley, S. K., Polakiewicz, R. D., Wyslouch-Cieszynska, A., Aebersold, R., and Sonenberg, N. (2001). *Genes Dev.* **15,** 2852–2864.
Glozak, M. A., Sengupta, N., Zhang, X., and Seto, E. (2005). *Gene* **363,** 15–23.
Godde, J. S., and Ura, K. (2008). *J. Biochem.* **143,** 287–293.

Good, D. M., Wirtala, M., McAlister, G. C., and Coon, J. J. (2007). *Mol. Cell. Proteomics* **6,** 1942–1951.

Goodlett, D. R., Keller, A., Watts, J. D., Newitt, R., Yi, E. C., Purvine, S., Eng, J. K., von Haller, P., Aebersold, R., and Kolker, E. (2001). *Rapid Commun. Mass Spectrom.* **15,** 1214–1221.

Goshe, M. B., Conrads, T. P., Panisko, E. A., Angell, N. H., Veenstra, T. D., and Smith, R. D. (2001). *Anal. Chem.* **73,** 2578–2586.

Grewal, S. I., and Rice, J. C. (2004). *Curr. Opin. Cell Biol.* **16,** 230–238.

Griffin, T. J., Xie, H., Bandhakavi, S., Popko, J., Mohan, A., Carlis, J. V., and Higgins, L. (2007). *J. Proteome Res.* **6,** 4200–4209.

Gruhler, A., Olsen, J. V., Mohammed, S., Mortensen, P., Faergeman, N. J., Mann, M., and Jensen, O. N. (2005). *Mol. Cell. Proteomics* **4,** 310–327.

Gu, W., and Roeder, R. G. (1997). *Cell* **90,** 595–606.

Gygi, S. P., Rist, B., Gerber, S. A., Turecek, F., Gelb, M. H., and Aebersold, R. (1999). *Nat. Biotechnol.* **17,** 994–999.

Haas, W., Faherty, B. K., Gerber, S. A., Elias, J. E., Beausoleil, S. A., Bakalarski, C. E., Li, X., Villen, J., and Gygi, S. P. (2006). *Mol. Cell. Proteomics* **5,** 1326–1337.

Hansen, B. T., Jones, J. A., Mason, D. E., and Liebler, D. C. (2001). *Anal. Chem.* **73,** 1676–1683.

Hansen, B. T., Davey, S. W., Ham, A. J., and Liebler, D. C. (2005). *J. Proteome Res.* **4,** 358–368.

Hayduk, E. J., Choe, L. H., and Lee, K. H. (2004). *Electrophoresis* **25,** 2545–2556.

Holt, G. D., and Hart, G. W. (1986). *J. Biol. Chem.* **261,** 8049–8057.

Huang, Y., Triscari, J. M., Tseng, G. C., Pasa-Tolic, L., Lipton, M. S., Smith, R. D., and Wysocki, V. H. (2005). *Anal. Chem.* **77,** 5800–5813.

Hubbard, M. J., and Cohen, P. (1993). *Trends Biochem. Sci.* **18,** 172–177.

Ikeda, F., and Dikic, I. (2008). *EMBO Rep.* **9,** 536–542.

Issad, T., and Kuo, M. (2008). *Trends Endocrinol. Metab.* **19,** 380–389.

Ito, S., Hayama, K., and Hirabayashi, J. (2009). *Methods Mol. Biol.* **534,** 195–203.

Jenuwein, T., and Allis, C. D. (2001). *Science* **293,** 1074–1080.

Kelleher, N. L., Lin, H. Y., Valaskovic, G. A., Aaserud, D. J., Fridriksson, E. K., and McLafferty, F. W. (1999). *J. Am. Chem. Soc.* **121,** 806–812.

Kirkpatrick, D. S., Denison, C., and Gygi, S. P. (2005). *Nat. Cell Biol.* **7,** 750–757.

Lange, V., Picotti, P., Domon, B., and Aebersold, R. (2008). *Mol. Syst. Biol.* **4,** 222.

Larsen, M. R., Sorensen, G. L., Fey, S. J., Larsen, P. M., and Roepstorff, P. (2001). *Proteomics* **1,** 223–238.

Larsen, M. R., Thingholm, T. E., Jensen, O. N., Roepstorff, P., and Jorgensen, T. J. (2005). *Mol. Cell. Proteomics* **4,** 873–886.

Lee, C. H., McComb, M. E., Bromirski, M., Jilkine, A., Ens, W., Standing, K. G., and Perreault, H. (2001). *Rapid Commun. Mass Spectrom.* **15,** 191–202.

Lim, K. B., and Kassel, D. B. (2006). *Anal. Biochem.* **354,** 213–219.

Lochnit, G., and Geyer, R. (2004). *Biomed. Chromatogr.* **18,** 841–848.

Lu, B., Motoyama, A., Ruse, C., Venable, J., and Yates, J. R. 3rd (2008). *Anal. Chem.* **80,** 2018–2025.

Ma, Y., Lu, Y., Zeng, H., Ron, D., Mo, W., and Neubert, T. A. (2001). *Rapid Commun. Mass Spectrom.* **15,** 1693–1700.

MacCoss, M. J., McDonald, W. H., Saraf, A., Sadygov, R., Clark, J. M., Tasto, J. J., Gould, K. L., Wolters, D., Washburn, M., Weiss, A., Clark, J. I., and Yates, J. R. 3rd (2002). *Proc. Natl. Acad. Sci. USA* **99,** 7900–7905.

Macek, B., Waanders, L. F., Olsen, J. V., and Mann, M. (2006). *Mol. Cell. Proteomics* **5,** 949–958.

Makarov, A. (2000). *Anal. Chem.* **72,** 1156–1162.

Makarov, A., Denisov, E., Kholomeev, A., Balschun, W., Lange, O., Strupat, K., and Horning, S. (2006). *Anal. Chem.* **78,** 2113–2120.

Mann, M., and Kelleher, N. L. (2008). *Proc. Natl. Acad. Sci. USA* **105,** 18132–18138.

Manza, L. L., Codreanu, S. G., Stamer, S. L., Smith, D. L., Wells, K. S., Roberts, R. L., and Liebler, D. C. (2004). *Chem. Res. Toxicol.* **17,** 1706–1715.

McAlister, G. C., Berggren, W. T., *et al.* (2008). *J. Proteome. Res.* **7,** 3127–3136.

McAlister, G. C., Phanstiel, D., *et al.* (2007). *Anal. Chem.* **79,** 3525–3534.

McLachlin, D. T., and Chait, B. T. (2001). *Curr. Opin. Chem. Biol.* **5,** 591–602.
McLachlin, D. T., and Chait, B. T. (2003). *Anal. Chem.* **75,** 6826–6836.
Mechref, Y., Madera, M., and Novotny, M. V. (2008). *Methods Mol. Biol.* **424,** 373–396.
Medzihradszky, K. F. (2005). *Methods Enzymol.* **405,** 116–138.
Medzihradszky, K. F., Campbell, J. M., Baldwin, M. A., Falick, A. M., Juhasz, P., Vestal, M. L., and Burlingame, A. L. (2000). *Anal. Chem.* **72,** 552–558.
Melchior, F., Schergaut, M., and Pichler, A. (2003). *Trends Biochem. Sci.* **28,** 612–618.
Meng, F., Cargile, B. J., Patrie, S. M., Johnson, J. R., McLoughlin, S. M., and Kelleher, N. L. (2002). *Anal. Chem.* **74,** 2923–2929.
Mikesh, L. M., Ueberheide, B., Chi, A., Coon, J. J., Syka, J. E., Shabanowitz, J., and Hunt, D. F. (2006). *Biochim. Biophys. Acta* **1764,** 1811–1822.
Miyagi, M., and Rao, K. C. (2007). *Mass Spectrom. Rev.* **26,** 121–136.
Oda, Y., Huang, K., Cross, F. R., Cowburn, D., and Chait, B. T. (1999). *Proc. Natl. Acad. Sci. USA* **96,** 6591–6596.
Oda, Y., Nagasu, T., and Chait, B. T. (2001). *Nat. Biotechnol.* **19,** 379–382.
Old, W. M., Meyer-Arendt, K., Aveline-Wolf, L., Pierce, K. G., Mendoza, A., Sevinsky, J. R., Resing, K. A., and Ahn, N. G. (2005). *Mol. Cell. Proteomics* **4,** 1487–1502.
Olsen, J. V., and Mann, M. (2004). *Proc. Natl. Acad. Sci. USA* **101,** 13417–13422.
Olsen, J. V., Blagoev, B., Gnad, F., Macek, B., Kumar, C., Mortensen, P., and Mann, M. (2006). *Cell* **127,** 635–648.
Olsson, A., Manzl, C., Strasser, A., and Villunger, A. (2007). *Cell Death Differ.* **14,** 1561–1575.
Ong, S. E., and Mann, M. (2005). *Nat. Chem. Biol.* **1,** 252–262.
Ong, S. E., Blagoev, B., Kratchmarova, I., Kristensen, D. B., Steen, H., Pandey, A., and Mann, M. (2002). *Mol. Cell. Proteomics* **1,** 376–386.
Ong, S. E., Mittler, G., and Mann, M. (2004). *Nat. Methods* **1,** 119–126.
Pan, C., Gnad, F., Olsen, J. V., and Mann, M. (2008). *Proteomics* **8,** 4534–4546.
Paoletti, A. C., and Washburn, M. P. (2006). *Biotechnol. Genet. Eng. Rev.* **22,** 1–19.
Parks, B. A., Jiang, L., Thomas, P. M., Wenger, C. D., Roth, M. J., Boyne, M. T. 2nd, Burke, P. V., Kwast, K. E., and Kelleher, N. L. (2007). *Anal. Chem.* **79,** 7984–7991.
Patton, W. F. (2002). *J. Chromatogr. B Analyt. Technol. Biomed. Life Sci.* **771,** 3–31.
Pedrioli, P. G., Raught, B., Zhang, X. D., Rogers, R., Aitchison, J., Matunis, M., and Aebersold, R. (2006). *Nat. Methods* **3,** 533–539.
Peng, J., Schwartz, D., Elias, J. E., Thoreen, C. C., Cheng, D., Marsischky, G., Roelofs, J., Finley, D., and Gygi, S. P. (2003). *Nat. Biotechnol.* **21,** 921–926.
Pflieger, D., Junger, M. A., Muller, M., Rinner, O., Lee, H., Gehrig, P. M., Gstaiger, M., and Aebersold, R. (2008). *Mol. Cell. Proteomics* **7,** 326–346.
Pickart, C. M., and Fushman, D. (2004). *Curr. Opin. Chem. Biol.* **8,** 610–616.
Pinkse, M. W., Uitto, P. M., Hilhorst, M. J., Ooms, B., and Heck, A. J. (2004). *Anal. Chem.* **76,** 3935–3943.
Pitteri, S. J., Chrisman, P. A., Hogan, J. M., and McLuckey, S. A. (2005). *Anal. Chem.* **77,** 1831–1839.
Pless, D. D., and Lennarz, W. J. (1977). *Proc. Natl. Acad. Sci. USA* **74,** 134–138.
Polevoda, B., and Sherman, F. (2000). *J. Biol. Chem.* **275,** 36479–36482.
Ramos-Fernandez, A., Lopez-Ferrer, D., and Vazquez, J. (2007). *Mol. Cell. Proteomics* **6,** 1274–1286.
Rao, K. C., Palamalai, V., Dunlevy, J. R., and Miyagi, M. (2005). *Mol. Cell. Proteomics* **4,** 1550–1557.
Reid, G., Gallais, R., and Metivier, R. (2009). *Int. J. Biochem. Cell Biol.* **41,** 155–163.
Rodriguez, M. S., Dargemont, C., and Hay, R. T. (2001). *J. Biol. Chem.* **276,** 12654–12659.
Ross, P. L., Huang, Y. N., Marchese, J. N., Williamson, B., Parker, K., Hattan, S., Khainovski, N., Pillai, S., Dey, S., Daniels, S., Purkayastha, S., Juhasz, P., *et al.* (2004). *Mol. Cell. Proteomics* **3,** 1154–1169.
Roth, S. Y., Denu, J. M., and Allis, C. D. (2001). *Annu. Rev. Biochem.* **70,** 81–120.
Rush, J., Moritz, A., Lee, K. A., Guo, A., Goss, V. L., Spek, E. J., Zhang, H., Zha, X. M., Polakiewicz, R. D., and Comb, M. J. (2005). *Nat. Biotechnol.* **23,** 94–101.
Sadoul, K., Boyault, C., Pabion, M., and Khochbin, S. (2008). *Biochimie* **90,** 306–312.
Schmidt, A., Kellermann, J., and Lottspeich, F. (2005). *Proteomics* **5,** 4–15.
Schroeder, M. J., Shabanowitz, J., Schwartz, J. C., Hunt, D. F., and Coon, J. J. (2004). *Anal. Chem.* **76,** 3590–3598.

Schulenberg, B., Aggeler, R., Beechem, J. M., Capaldi, R. A., and Patton, W. F. (2003a). *J. Biol. Chem.* **278,** 27251–27255.

Schulenberg, B., Beechem, J. M., and Patton, W. F. (2003b). *J. Chromatogr. B Analyt. Technol. Biomed. Life Sci.* **793,** 127–139.

Schulenberg, B., Goodman, T. N., Aggeler, R., Capaldi, R. A., and Patton, W. F. (2004). *Electrophoresis* **25,** 2526–2532.

Scigelova, M., and Makarov, A. (2006). *Proteomics* **6**(Suppl. 2), 16–21.

Sirard, J. C., Vignal, C., Dessein, R., and Chamaillard, M. (2007). *PLoS Pathog.* **3,** e152.

Siuti, N., and Kelleher, N. L. (2007). *Nat. Methods* **4,** 817–821.

Siuti, N., Roth, M. J., Mizzen, C. A., Kelleher, N. L., and Pesavento, J. J. (2006). *J. Proteome Res.* **5,** 233–239.

Sliter, D. A., Kubota, K., Kirkpatrick, D. S., Alzayady, K. J., Gygi, S. P., and Wojcikiewicz, R. J. (2008). *J. Biol. Chem.* **283,** 35319–35328.

Sobel, R. E., Cook, R. G., and Allis, C. D. (1994). *J. Biol. Chem.* **269,** 18576–18582.

Sokolovsky, M., Riordan, J. F., and Vallee, B. L. (1967). *Biochem. Biophys. Res. Commun.* **27,** 20–25.

Soufi, B., Gnad, F., Jensen, P. R., Petranovic, D., Mann, M., Mijakovic, I., and Macek, B. (2008). *Proteomics* **8,** 3486–3493.

Spiro, R. G. (2002). *Glycobiology* **12,** 43R–56R.

Steen, H., Jebanathirajah, J. A., *et al.* (2006). *Mol. Cell Proteomics* **5,** 172–181.

Steinberg, T. H., Pretty On Top, K., Berggren, K. N., Kemper, C., Jones, L., Diwu, Z., Haugland, R. P., and Patton, W. F. (2001). *Proteomics* **1,** 841–855.

Steinberg, T. H., Agnew, B. J., Gee, K. R., Leung, W. Y., Goodman, T., Schulenberg, B., Hendrickson, J., Beechem, J. M., Haugland, R. P., and Patton, W. F. (2003). *Proteomics* **3,** 1128–1144.

Stemmann, O., Zou, H., Gerber, S. A., Gygi, S. P., and Kirschner, M. W. (2001). *Cell* **107,** 715–726.

Strahl, B. D., and Allis, C. D. (2000). *Nature* **403,** 41–45.

Swaney, D. L., McAlister, G. C., and Coon, J. J. (2008). *Nat. Methods* **5,** 959–964.

Swaney, D. L., McAlister, G. C., Wirtala, M., Schwartz, J. C., Syka, J. E., and Coon, J. J. (2007). *Anal. Chem.* **79,** 477–485.

Syka, J. E., Coon, J. J., Schroeder, M. J., Shabanowitz, J., and Hunt, D. F. (2004). *Proc. Natl. Acad. Sci. USA* **101,** 9528–9533.

Sykora, C., Hoffmann, R., and Hoffmann, P. (2007). *Protein Pept. Lett.* **14,** 489–496.

Tagwerker, C., Flick, K., Cui, M., Guerrero, C., Dou, Y., Auer, B., Baldi, P., Huang, L., and Kaiser, P. (2006). *Mol. Cell. Proteomics* **5,** 737–748.

Tang, W. H., Halpern, B. R., Shilov, I. V., Seymour, S. L., Keating, S. P., Loboda, A., Patel, A. A., Schaeffer, D. A., and Nuwaysir, L. M. (2005). *Anal. Chem.* **77,** 3931–3946.

Taniguchi, C. M., Emanuelli, B., and Kahn, C. R. (2006). *Nat. Rev. Mol. Cell. Biol.* **7,** 85–96.

Tao, W. A., Wollscheid, B., O'Brien, R., Eng, J. K., Li, X. J., Bodenmiller, B., Watts, J. D., Hood, L., and Aebersold, R. (2005). *Nat. Methods* **2,** 591–598.

Thingholm, T. E., Jorgensen, T. J., Jensen, O. N., and Larsen, M. R. (2006). *Nat. Protoc.* **1,** 1929–1935.

Thompson, A., Schafer, J., Kuhn, K., Kienle, S., Schwarz, J., Schmidt, G., Neumann, T., Johnstone, R., Mohammed, A. K., and Hamon, C. (2003). *Anal. Chem.* **75,** 1895–1904.

Tian, Y., Zhou, Y., Elliott, S., Aebersold, R., and Zhang, H. (2007). *Nat. Protoc.* **2,** 334–339.

Trelle, M. B., and Jensen, O. N. (2007). *Expert Rev. Proteomics* **4,** 491–503.

Tsaprailis, G., Nair, H., Somogyi, A., Wysocki, V. H., Zhong, W., Futrell, J. H., Summerfield, S. G., and Gaskell, S. J. (1999). *J. Am. Chem. Soc.* **121,** 5142–5154.

Udeshi, N. D., Shabanowitz, J., Hunt, D. F., and Rose, K. L. (2007). *FEBS J.* **274,** 6269–6276.

Ulintz, P. J., Yocum, A. K., Bodenmiller, B., Aebersold, R., Andrews, P. C., and Nesvizhskii, A. I. (2009). *J. Proteome Res.* **8,** 887–899.

Unwin, R. D., Griffiths, J. R., Leverentz, M. K., Grallert, A., Hagan, I. M., and Whetton, A. D. (2005). *Mol. Cell. Proteomics* **4,** 1134–1144.

Unwin, R. D., Griffiths, J. R., and Whetton, A. D. (2009). *Nat. Protoc.* **4,** 870–877.
Vestal, M. L., and Campbell, J. M. (2005). *Methods Enzymol.* **402,** 79–108.
Waanders, L. F., Hanke, S., and Mann, M. (2007). *J. Am. Soc. Mass Spectrom.* **18,** 2058–2064.
Washburn, M. P., Wolters, D., and Yates, J. R. 3rd. (2001). *Nat. Biotechnol.* **19,** 242–247.
Wells, L., Vosseller, K., *et al.* (2002). *Mol. Cell Proteomics* **1,** 791–804.
White, F. M. (2008). *Curr. Opin. Biotechnol.* **19,** 404–409.
Williamson, B. L., Marchese, J., and Morrice, N. A. (2006). *Mol. Cell Proteomics* **5,** 337–346.
Witze, E. S., Old, W. M., Resing, K. A., and Ahn, N. G. (2007). *Nat. Methods* **4,** 798–806.
Wolf-Yadlin, A., Hautaniemi, S., Lauffenburger, D. A., and White, F. M. (2007). *Proc. Natl. Acad. Sci. USA* **104,** 5860–5865.
Wu, S. L., Jardine, I., *et al.* (2004). *Rapid Commun. Mass Spectrom.* **18,** 2201–2207.
Wu, C. C., MacCoss, M. J., Howell, K. E., and Yates, J. R. 3rd (2003). *Nat. Biotechnol.* **21,** 532–538.
Yang, Z., and Hancock, W. S. (2005). *J. Chromatogr. A* **1070,** 57–64.
Yang, X. J., and Seto, E. (2008). *Mol. Cell.* **31,** 449–461.
Yeo, W. S., Lee, S. J., Lee, J. R., and Kim, K. P. (2008). *BMB Rep.* **41,** 194–203.
Zabrouskov, V., Senko, M. W., *et al.* (2005). *J. Am. Soc Mass Spectrom.* **16,** 2027–2038.
Zappacosta, F., Collingwood, T. S., Huddleston, M. J., and Annan, R. S. (2006). *Mol. Cell. Proteomics* **5,** 2019–2030.
Zhan, X., and Desiderio, D. M. (2004). *Biochem. Biophys. Res. Commun.* **325,** 1180–1186.
Zhang, R., and Regnier, F. E. (2002). *J. Proteome Res.* **1,** 139–147.
Zhang, X., Herring, C. J., Romano, P. R., Szczepanowska, J., Brzeska, H., Hinnebusch, A. G., and Qin, J. (1998). *Anal. Chem.* **70,** 2050–2059.
Zhang, K., Williams, K. E., Huang, L., Yau, P., Siino, J. S., Bradbury, E. M., Jones, P. R., Minch, M. J., and Burlingame, A. L. (2002). *Mol. Cell. Proteomics* **1,** 500–508.
Zhang, H., Li, X. J., Martin, D. B., and Aebersold, R. (2003). *Nat. Biotechnol.* **21,** 660–666.
Zhang, K., Yau, P. M., Chandrasekhar, B., New, R., Kondrat, R., Imai, B. S., and Bradbury, M. E. (2004). *Proteomics* **4,** 1–10.
Zhang, Y., Wolf-Yadlin, A., Ross, P. L., Pappin, D. J., Rush, J., Lauffenburger, D. A., and White, F. M. (2005). *Mol. Cell. Proteomics* **4,** 1240–1250.
Zhen, Y., Xu, N., Richardson, B., Becklin, R., Savage, J. R., Blake, K., and Peltier, J. M. (2004). *J. Am. Soc. Mass Spectrom.* **15,** 803–822.

第 11 部分

其他技术

第 41 章

表达与纯化的平行方法

Scott A. Lesley*

摘要

蛋白质的性质是多种多样的,这使得使用平行方法表达和纯化蛋白质具有挑战性。平行方法尤其可以应用在需要一种目标蛋白质的多种衍生物,以及需要多个同系物时。典型的方案包括对目标的评价、目标的克隆和诱变、表达筛选、大规模的表达和纯化,以及对所产生蛋白质的分析和生物物理测试。本章介绍了一些用于平行蛋白质表达和纯化的策略及方法。

1. 引言

平行蛋白质纯化主要是一个逻辑学的挑战。有许多纯化方法可以用于蛋白质分离。一些方法从本质上比其他方法更经得起平行方法的检验(Graslund et al., 2008a; Kim et al., 2004; Lesley et al., 2002b)。多数平行纯化策略使用纯化标签,这样可以使简单的标准化亲和纯化的方法变得更容易。虽然在这个方案中描述了一个用蛋白酶切割 His 标签的方法,其他标签甚至无标签的方法都可以发展成为平行过程并适合于许多应用。本文并非包罗万象,只是意在介绍目前作者实验室使用的方法,作为一个讨论来阐明平行方法的主要方面。迄今为止该方法已经应用于上千种蛋白质,并且提供了适合多种应用的蛋白质。

* 诺华研究基金会基因组研究所(San Diego, California, USA)

2. 基于最终用途的策略

成功的蛋白质表达和纯化通常需要对多种表达构建体(expression construct)进行评价。许多重复截短型突变体和一些同源的蛋白质需要确定一个合适的构建体(construct)以进行重组表达。构建和鉴定这些突变体需要具有平行表达筛选和蛋白质鉴定的能力,这也是成功的重要障碍。这里"成功"的界定在很大程度上取决于该蛋白质的最终用途(end-use)。作为一种简单的抗原应用时,表达足够量的蛋白质(甚至以聚集的形式)用于免疫才足以宣称"成功"。更多的时候,生物化学研究或蛋白质结构应用的要求不仅是获得纯化的蛋白质,更要求该蛋白质折叠正确,并含有合适的辅助因子或翻译后修饰,而且主要是天然的均质状态。在定义任何纯化策略或评价过程之前,必须充分理解最终用途,并设计步骤以达到所需的参数。结晶学是对最终用途要求最严格的应用之一。通常,适合结晶的蛋白质也足以满足生物化学、免疫学和其他功能学研究的应用。这些蛋白质应该正确折叠(不仅可溶)、非聚合、均质、较少的非结构区域(unstructured region),并且表达水平足够应用于多个结晶实验。在大多数情况下,筛选多个目标蛋白质衍生物以及与目标蛋白质相关的蛋白质才能达到这些标准(图 41.1)。这些纯化的蛋白质需要进行平行处理,并对它们的性质进行平行鉴定。

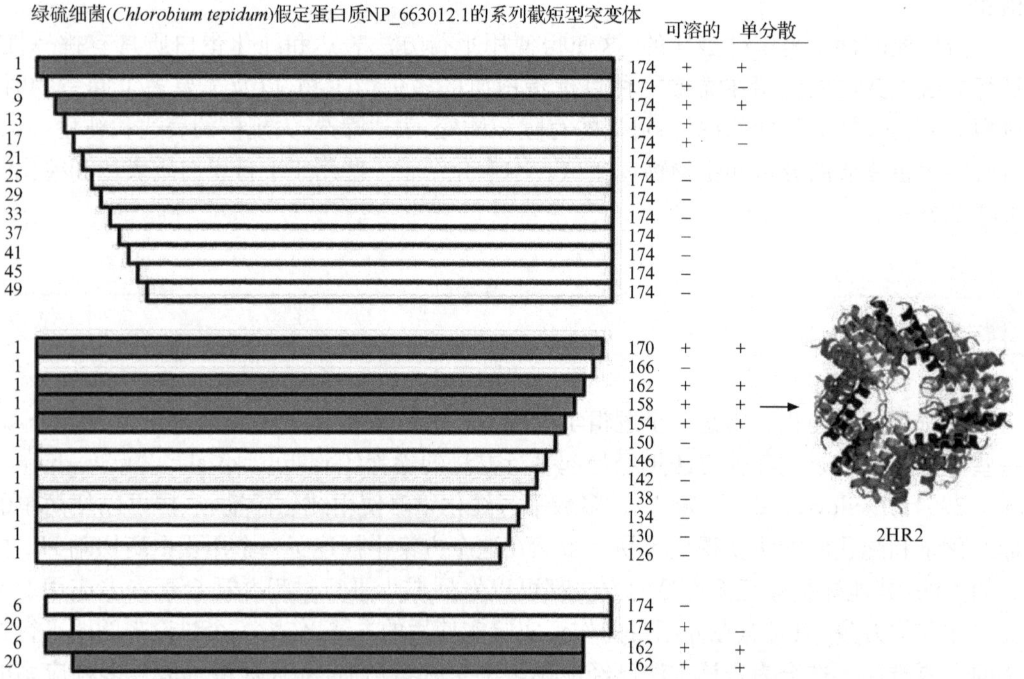

图 41.1　通过平行蛋白质表达、纯化和鉴定(characterization)鉴别合适的蛋白质表达构建体。平行地评价巢式的 N 端和 C 端截短突变体以判断它们是否适合结晶实验。可溶性且表达量大,并且 ANSEC 判定为单分散的蛋白质以灰色表示。其中一个构建体已经被用于结晶实验,并获得了高分辨率的结构

对感兴趣的蛋白质进行任何实验前都应进行生物信息学的评估。随着大量的基因组信息的获得，对那些功能信息很少甚至几乎没有的蛋白质进行比对，可以为蛋白质表达的设计指导提供有用的思路。软件的变化非常迅速，因此这里并不提供详细的分析方法，而是提供一些可作为通用方法的指导。因此，首要的任务是识别相关蛋白质，并进行比对以鉴定其保守区域。这些区域通常构成核心结构域，需要在表达构建体中予以保留，并且可以用于鉴定结构域的边界。基本局部比对搜寻工具(BLAST)(Altschul et al.，1990)是对相关序列进行简单检索的最常用的工具。NCBI（http://blast.ncbi.nlm.nih.gov/Blast.cgi? CMD=Web&PAGE_TYPE=BlastHome）提供了这一基本工具的多种版本，可查询大多数的基因组序列，并可使用。可以开发隐马尔可夫模型(hidden Markov model，HMM)用于更加复杂的搜索，不过简单的PSI-BLAST的查询通常足以找出最有用的最密切相关的序列。

大多数蛋白质已经进行过比对，并归类为家族。Pfam（http://pfam.sanger.ac.uk/）即为此类比对数据库，可提供相关蛋白质的大量有用的比较研究信息，包括结构域边界和序列保守性。UniProt(http://www.uniprot.org/)(Consortium，2008)同样是一个有用的汇总数据来源，包括对大多数蛋白质二级结构域的预测。配体对于蛋白质的稳定化处理和活性检测也是非常有用的工具。配体预测可以从注释显见，但是一些数据库，如KEGG(http://www.genome.jp/kegg/)(Kanehisa et al.，2008)和BioCyc(http://www.biocyc.org)(Karp et al.，2005)可以提供额外的配体建议。最后，简单的文献检索往往可以发现之前别人表达过的相关蛋白质，用以指导表达。虽然看似是一个简单的任务，然而急于获得在实验室已有系统中可以表达的构建体往往导致不去检索以往的文献而草率行事。还有许多其他有用且方便获得的生物信息学工具。基本建议是，了解你要表达的蛋白质以及与其密切相关的蛋白质信息，并且利用这些信息来设计实验。

把感兴趣的蛋白质的有用信息收集在一起后就可以设计其表达构建体了。最成功的方法不仅评价全长的开放阅读框(open reading frame，ORF)，而且平行构建并检测该ORF的多个截短型突变体。定义N端和C端的边界是至关重要的。我们已经观察到许多实例，蛋白质末端的一个或几个氨基酸的不同将完全改变蛋白质行为。即使了解序列保守性信息，也应该尝试多个N端和C端。

(1) 利用BLAST查询相关蛋白质的现有基因组序列，并进行序列比对。像Pfam等工具可以对这些查询提供方便的讨论，并且提供预审查比对(prevetted alignment)和结构域边界。合并文献检索中获得的信息。

(2) 识别N端和C端保守序列位置作为初始截短边界。在某些情况下，内部结构域边界可能更好。例如，激酶研究者通常研究催化结构域本身。

(3) 从这些初始边界开始，选择5～10个额外的N端和C端。最终表达构建体的集合应该是这些末端的矩阵组合。我们已经发现增加大约4个氨基酸可以提供一个有用的末端范围，且不会增加筛选的构建体数。对全长和空载体对照进行筛选的合适的筛选数量级是一个10×9矩阵组合(90个构建体)。

(4) 以最终用途为指标检查对边界的选择，确定保留了关键区域。

3. 用于构建表达构建体的平行克隆策略

有许多不同的方法可用于克隆和突变。每个实验室根据过去的经验都有其各自的喜好。然而,构建大量独特的表达克隆是艰巨的任务。一些克隆方法本质上更适合平行方法过程。一种常见方法是利用 lambda Int/Xis/IHF 在 att 位点的重组将 ORF 移入不同的受体载体中(Hatley et al., 2000)。Gateway ® 是这种方法的商业化形式,广泛应用于构建带有不同标签的表达载体,但通常会表达由重组位点编码的额外氨基酸。T 载体(Harrison et al., 1994)、拓扑异构酶联载体(Shuman, 1994)和 cre-lox 重组载体(Liu et al., 1998)同样适合平行克隆项目,但不是特别灵活,并且构建一个定制载体通常需要大量工作。我们的实验室使用以下两种方法,即不依赖于连接反应克隆(ligation-independent-cloning, LIC)(Aslanidis and de Jong, 1990)和聚合酶不完全引物延伸(polymerase incomplete primer extension, PIPE)(Klock et al., 2008)已经构建了上千种表达克隆。两种方法都为将 ORF 克隆入表达载体中提供了足够的灵活性,可使用常规引物,快捷且只需要最少量的试剂。这里将描述 PIPE 方法,该方法同样也提供构建截短型突变体的方便步骤。

PIPE 方法是基于 PCR 扩增产生未完全延伸产物的混合物,这些产物含有不同程度未配对的 5′端。这与 LIC 类似,利用有校对功能的聚合酶移除 3′端核苷酸。PCR 产物的未配对 5′端来源于合成的扩增引物。因此,寡核苷酸的设计决定了 5′端的悬臂,并可用于克隆策略。只需制备 5′端大约 15 个互补碱基的 PCR 产物插入片段和载体,将二者退火后转化,即可得到稳定的表达质粒(图 41.2)。

(1) 设计引物,标准是确保载体和插入片段含有合适的 15 个碱基互补区[见 Klock 等(2008)]。设计引物 5′端的前 15 个碱基为定向互补,以使得到的 PCR 片段可以依设计退火,并形成可进行有效转化的质粒。

(2) 准备 PCR 反应体系:10 μmol/L 的正向和反向引物各 5 μL、模板(每次 PCR 扩增 20~100 pg)5 μL、10×*Pfu* DNA 聚合酶(Stratagene)的反应缓冲液 5 μL、*Pfu* Turbo ® 的 DNA 聚合酶 2.5 单位、10 mmol/L dNTP 1μL,加水补足 50 μL 体积。

(3) PCR 条件:95℃孵育 2 min,然后 95℃,30 s;55℃,45 s;68℃,14 min 做 25 个循环,最后保持在 4℃。

(4) 通过凝胶电泳确认扩增成功。PCR 产物可能是微弱和弥散的,但这是可以接受的。

(5) 冰上放置 10~15 min 解冻 2 mL 分装的感受态细胞。96 孔板在冰上预冷 10~15 min。每个载体和 PCR 片段的反应体系取 2 μL 加入预冷的微孔板的孔中,用微量移液器混匀。每孔加入 20 μL 感受态细胞。用微量移液器上下吹吸一次以确保 DNA 与细胞混匀,冰上孵育 15 min。

(6) 将 96 孔板于 42℃水中水浴,热激感受态细胞 45 s。马上将 96 孔板移回冰上。每孔加入 100 μL LB 培养基(不含抗生素)。在 37℃,250 r/min 孵育感受态细胞 1 h 令之

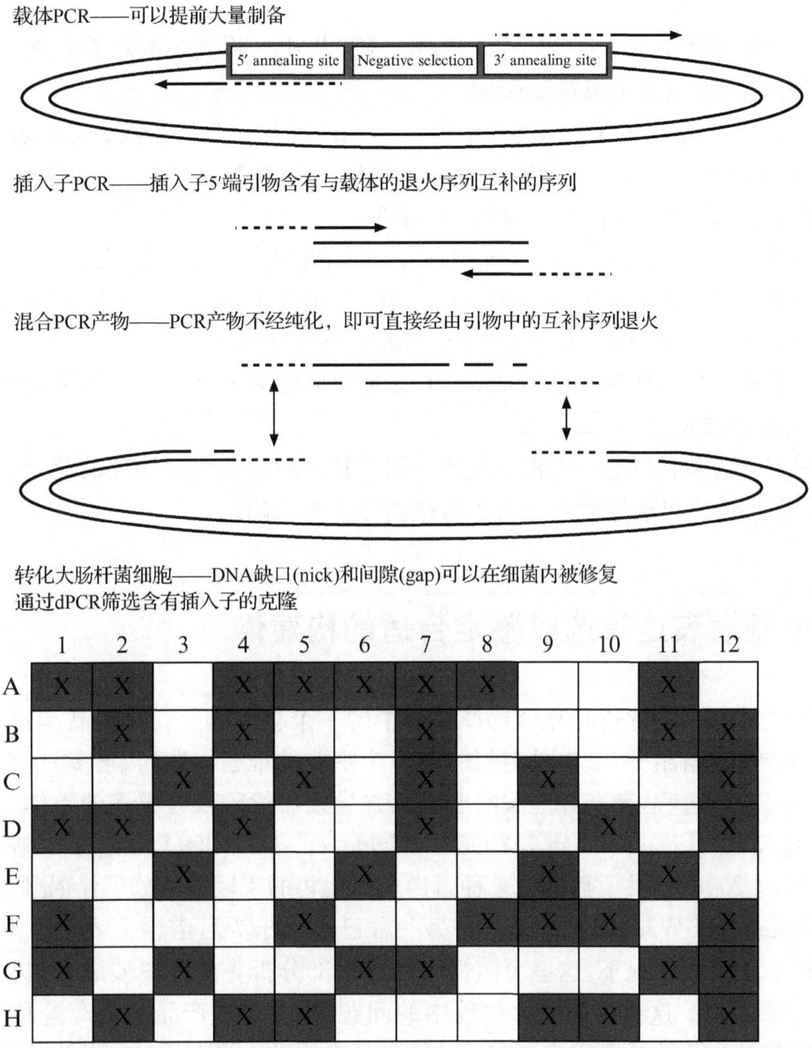

图 41.2 平行克隆过程。PIPE 克隆方法可用于多种表达构建体的简单平行克隆用于筛选，包括缺失突变体和点突变体。需要设计合适的引物用于载体和插入子的扩增。所获得的扩增产物简单混合，即可转化。单个菌落的筛选需要 dPCR 扩增，再用荧光染料检测 PCR 产物。通常，对大多数靶标而言，每一种尝试构建的构建子筛选两个克隆就足以获得含有插入子的克隆(图中用带阴影的 X 表示)，随后测序确认含有插入子的克隆

复苏。再取 100 μL 或 40 μL 复苏的感受态细胞，加入带有玻璃珠的选择性琼脂平板的各个孔中。手持平板，轻轻晃动，使玻璃珠均匀移动于整个培养孔的表面。翻转平板，将玻璃珠倒在盖子上，并弃之。平板在 37℃中倒置培养 12～16 h。

可以用传统方法筛选分离的克隆，如分离划线法。另外，大量的克隆可通过鉴定 PCR(diagnostic PCR，dPCR)或 SYBR-PCR 来筛选。

(1) 取 200 μL 含有合适抗生素的 LB 液体培养基到平底 96 孔板的孔中。无菌操作，每个转化分别挑选并转移 1～4 个分离的克隆到 96 孔板的单一孔中。在 37℃、250 r/min 孵

育该96孔板3～12 h。

(2) 每份培养物中取3 μL样品到96孔PCR板中。将其余的培养物放回摇床继续培养令其继续生长，以备未来甘油保种。

(3) PCR板上每个含有菌体的孔中加入47 μL PCR试剂混合液、一条基因特异的引物和一条载体特异的引物。引物应该设计成只有载体包含目标片段时才能被扩增。DNA片段在适合引物的条件下扩增30个循环。

(4) 加50 μL 10 mmol/L EDTA到平底96孔板中。转移5 μL各种PCR产物到每个孔中，并加入150 μL SYBR缓冲液[40 μL 10 000×SYBR Green I Dye(Sigma)稀释到20 mL 50 mmol/L Tris-HCl(pH 8.0)中，制成20×溶液]。

(5) 用未扩增样品作为阴性对照，利用荧光读板机测定每个样品的荧光值。激发波长：485 nm；发射波长：525 nm。

(6) SYBR结果的判定基于相对范围内阳性孔比阴性孔或对照孔的荧光值高4倍以上。dPCR阳性反应可通过凝胶分析或直接测序步骤来确认。

4. 小规模表达筛选以鉴定合适的构建体

对克隆的小规模的评价是克隆选择过程中的一个整体部分。获得高产量重组蛋白，并作为裂解物的可溶组分，常常是遇到的第一个主要的难题。然而，很多时候，这个单一的标准主导了决定过程，会造成虚假的成功感并导致后续阶段有更多的工作。筛选方法如融合报告基因(Lesley et al., 2002a; Waldo et al., 1999)和克隆印迹(Martinez Molina et al., 2008)提供了筛选上千种蛋白质衍生物的手段。与分子伴侣融合可以提高溶解度(Kapust and Waugh, 1999)，这是另一种已经用于为可溶性而界定合适的构建体边界的策略。在许多情况下，这些可溶性蛋白质是部分折叠的蛋白质的聚集物与异质混合物(图41.3A、B)。这将成为纯化过程中的问题，往往造成产品的低产量和不稳定，并且给获得特异的高活性蛋白质或蛋白质的结晶带来问题。蛋白质的部分水解可以用来确定稳定边界。获得的稳定片段通过质谱鉴定，可被用于界定后续表达构建体。加入目标蛋白质的配体也起到令其稳定的效果(图41.3C)。配体可以通过筛选方法来鉴定，如Thermofluor(Pantoliano et al., 2001)，或通过注释和实验预测。在可能的程度，额外的蛋白质分析应该在早期阶段进行，其分析结果被列为大规模研究而选择表达构建体的决策的考虑因素。考虑到这些告诫，表达筛选应该足以允许这些测试的规模实施。

小规模的表达筛选采用深孔微孔板作为一种便捷方式，用以繁殖足够的菌体以评估蛋白质表达。菌体的最大生长需要优化表达条件。尤其培养物的溶解氧是生长的限制因素，因此短柄平板摇床(short-throw plate shaker)和透气性平板盖子可提高最终产量。在每一步都必须注意将体积损失控制在最小，因为即便是很小的体积变化也会对最终产量产生非常大的影响。

(1) 准备所需的克隆，在含有850 μL含2%甘油和所需抗生素的TB的96孔深孔板中过夜培养。

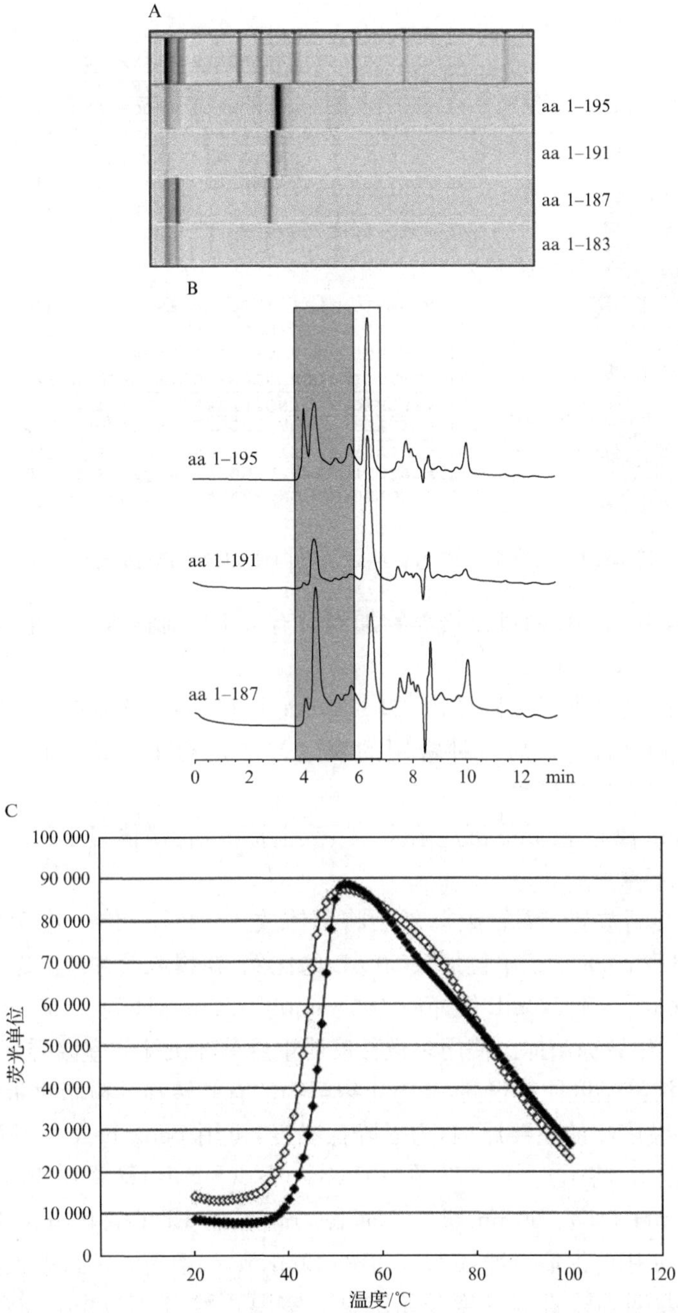

图 41.3　来自平行表达和纯化的蛋白质的分析谱。A. YP_958225.1 的系列截断体的毛细管电泳结果。B. YP_958225.1 的系列截断体的 ANSEC 结果显示样品之间可溶性单体(白色框中)与可溶性聚集体(灰色框中)的差异。C. Thermofluor 配体结合测试显示，与去辅基酶蛋白(apo enzyme)相比，在磷酸吡哆醛(pyridoxal phosphate，实心符号)存在的条件下 YP_164977.1(苏氨酸醛缩酶)的热稳定性增加。D. YP_843077.1 的胰蛋白酶部分酶解实验显示，通过 SDS-PAGE(图示酶切条带)可以看到稳定的片段。质谱分析可以用来识别原始蛋白质的稳定片段。两个质量(18032.201 Da 和 9017.601 Da)所对应的肽段(图中以下划线标出)，可用于后续亚克隆及进一步的表达研究

D

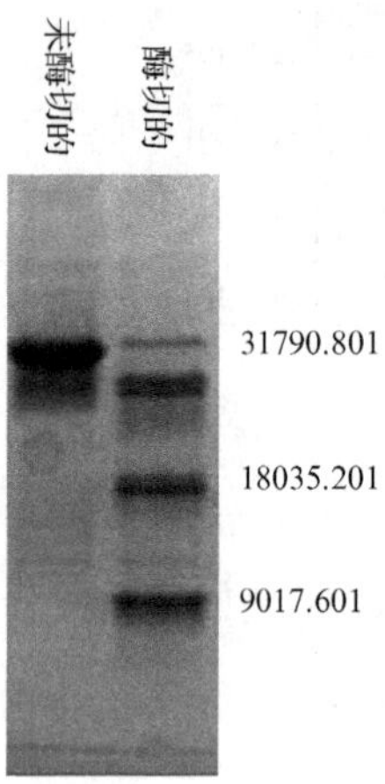


```
  1 MRGMMLGMLAETHIHSGAGRSEGFVDLPVA  30
 31 REAVTSYPVIAGSSLKGALRDAARERGMDE  60
 61 SIFGDQDRAGDVLVSDARLLLLPVRSLTGS  90
 91 YRWVTCPHILERLSRDMRLCGISDGFEGAS 120
121 VERGKACCTDDLNQIFLEEREFQRSNGIDG 150
151 ALIDALKKMVPHKQTASRLERQLVIISDDD 180
181 FGWFASYGLPVIARNKLDDNKKSKNLWYEE 210
211 ALAPDTLMYAMVFERKDGALGKVQSMFETK 240
241 PYLQLGGNETVGMGWFAVKILEQGEGR 267
```

```
  1 MRGMMLGMLAETHIHSGAGRSEGFVDLPVA  30
 31 REAVTSYPVIAGSSLKGALRDAARERGMDE  60
 61 SIFGDQDRAGDVLVSDARLLLLPVRSLTGS  90
 91 YRWVTCPHILERLSRDMRLCGISDGFEGAS 120
121 VERGKACCTDDLNQIFLEEREFQRSNGIDG 150
151 ALIDALKKMVPHKQTASRLERQLVIISDDD 180
181 FGWFASYGLPVIARNKLDDNKKSKNLWYEE 210
211 ALAPDTLMYAMVFERKDGALGKVQSMFETK 240
241 PYLQLGGNETVGMGWFAVKILEQGEGR 267
```

图 41.3 来自平行表达和纯化的蛋白质的分析谱(续图)

(2) 在深孔中,将 17 μL 的过夜培养物加到含有 2%甘油和所需抗生素的 1.25 mL TB 中。900 r/min,37℃摇 3 h。

(3) 加入适合的蛋白质表达诱导物(如 1 mmol/L IPTG),并且在 37℃继续摇 5 h。记录最终培养物的 $OD_{600\ nm}$。另一种常用的表达方法是利用自诱导培养基(Studier, 2005),而不需要加入表达诱导物。

(4) 3000 r/min、离心 15 min 沉淀菌体。丢弃上清液,将菌体置于−20℃冷冻过夜。冷冻对于促进裂解很重要。

(5) 在室温下短暂放置,解冻菌体,然后将菌体放入−20℃ 2 h。在第二次冷冻后,以原始表达培养物每个 $OD_{600\ nm}$单位加入 50 μL 的比例,在提取缓冲液[12 μL (300 kU) Ready Lyse (Epicentre) 于 50 mL 缓冲液 (50 mmol/L Tris pH 7.5、50 mmol/L 蔗糖、1 mmol/L EDTA)]中解冻菌体。使用多道移液器重悬菌体沉淀。室温孵育 30 min。

(6) 裂解后的溶液黏度往往很高,会阻止裂解物的有效转移及树脂对蛋白质的捕获。由于核酸是裂解物黏度高的主要原因,为了降低黏度,可用 Benzonase 核酸酶降解核酸。Benzonase 溶液的制备:将 1.5 μL(375 单位)Benzonase(Sigma)稀释在 50 mL 缓冲液中[10 mmol/L Tris(pH 7.5)、50 mmol/L NaCl、1 mmol/L EDTA、10 mmol/L $MgCl_2$]。加入体积为上一步使用的提取缓冲液 1.25 倍的 Benzonase 溶液。密封平板,颠倒翻转大约 5 次混匀,或者颠倒翻转直至黏度开始降低。室温再孵育 15 min,4000 r/min 离心 30 min。

(7) 准备一个 96 深孔板,每孔含有 150 μL 平衡缓冲液[50 mmol/L HEPES(pH 8.0)、50 mmol/L NaCl、10 mmol/L 咪唑、1 mmol/L TCEP]平衡的含有 50%亲和树脂(Nickel-NTA,用于 His 标签的蛋白质纯化)悬浮液。将裂解物离心后的上清液移取到树脂平板中,并小心避免混入残留的菌体碎片。密封平板,在 4℃混合孵育 60 min。

(8) 用 300 μL 的平衡缓冲液润湿 96 孔过滤板，保证足够的真空以在过滤网下留下一薄层液体。加入上一步中已经结合蛋白质的树脂，并使上清液流过过滤板。在每孔中加入 700 μL 的冲洗缓冲液[50 mmol/L HEPES(pH 8.0)、300 mmol/L NaCl、40 mmol/L 咪唑、10%甘油、1 mmol/L TCEP]，并使之流出。200 *g* 离心过滤板 1 min，以去除剩余的冲洗缓冲液。将一个收集盘放在过滤板下方。加入 150 μL 的洗脱缓冲液[50 mmol/L HEPES (pH 8.0)、300 mmol/L 咪唑、10%甘油、1 mmol/L TCEP]并孵育 5 min。将过滤板在 200 *g* 离心 5 min，收集纯化的蛋白质。在这步中避免树脂过度干燥是非常重要的，因为这可能会导致树脂床干裂，造成清洗不充分，以及洗脱出树脂本身。

5. 用于选择的蛋白质的分析测试

鉴定蛋白质制备物的质量与均质性的方法有很多。确定一种特定的表达构建体或纯化方法是否合适，需要借助于由这些方法获得的数据。许多这类测试对蛋白质的需求量很大。然而，在某些情况下，缩减的方法可以应用于小规模筛选以提供有用的蛋白质性质参数。表 41.1 中列出的一些分析方法可以应用于小量的蛋白质。

表 41.1　适用于小规模蛋白质筛选的分析方法

方法	蛋白质表征	备注
SDS-PAGE/CE	分子质量和纯度	毛细电泳(CE)方法迅速，需要的蛋白质体积最小，并且提供的电泳结果便于储存和比较
ANSEC	蛋白质聚集、单分散性、寡聚状态	需要在时间、样品与分辨率之间作出权衡
蛋白酶稳定法	稳定的片段和正确折叠方式的鉴定	可用于识别结构域边界和组成(formulation)
热稳定法	正确的折叠、最适的组成(formulation)、配体的结合	与差示扫描量热法相比，Thermofluor™ 和 Stargazer™方法适用小量的蛋白质
蛋白质浓度测定法	蛋白质的浓度	不同测定方法的灵敏度有所差异
紫外线/可见光光谱法	蛋白质浓度、共结合分子/配体预测	Nanodrop™仪器可以进行微升体积样品的波长扫描
色氨酸荧光法	蛋白质折叠	用于构建体比较

可溶性蛋白质的产生是成功纯化的第一步。在许多情况下，改变生长条件，如降低表达温度或改变表达构建体(如与诸如麦芽糖结合蛋白这样的高度可溶性分子伴侣融合)将极大地提高目标蛋白质产物的可溶性。然而，相对于其正确折叠产物，这些蛋白质经常形成活性和稳定性降低的可溶性聚集体。最好尽早识别和避免这些问题。分析型大小排阻色谱(analytical size exclusion chromatography，ANSEC)是一种方便的、预测性的方法，可以应用于平行测试模式。通过减小柱的尺寸并且增加流速，筛选方法可以达到的通量为每样品 13～18 min。将这种方法与 HPLC 自动进样器结合，小规模方法获得的一满板的 96 个纯化的蛋白质可以在一天之内完成筛选。本文提供的色谱方法用 Agilent

HP1100 运行 13.3 min，该设备带有具制冷功能的 384 孔制式的自动进样器。另一个分辨率稍高的方法运行 18 min，并且对分子质量很大的样品会更轻柔。

(1) 用 20 mmol/L Tris (pH 7.5)、200 mmol/L NaCl、0.25 mmol/L TCEP、3 mmol/L NaN_3 平衡合适的大小排阻柱(size exclusion column, Shodex 8×300 mm Protein KW-803 column with 6×50 mm Protein KW-G guard column)。流速为 1.0～1.5 mL/min。需要约 30 min。

(2) 柱中平衡适当，A_{280nm}基线稳定后，注射上样样品蛋白质 5～15 μL(视浓度而定)。合适的蛋白质分子质量标准和空白缓冲液，应该在样品之前以及大约 50 个样品(体积)之后上样。

(3) 图 41.3 A、B 给出了一个典型结果的比较图。虽然快流速和相对短的柱子无法实现高分辨率的蛋白质大小测定，但在图中很容易看到高分子质量聚合物的相对比例及蛋白质的单体状态。通常，相比那些被蛋白质聚集体污染的蛋白质，即使最初的纯化产量较小，也更加倾向于采用一致的单体状态的蛋白质。

为了在众多构建体中选出正确的那个，需要了解蛋白质的最终用途。例如，蛋白质结晶要求蛋白质是单分散、均质的，并且不含非结构区域。虽然许多构建体可能提供足够的可溶性蛋白质进入结晶实验，通过 SDS-PAGE、ANSEC、配体结合和蛋白酶稳定性的评估可以有效地将选择范围缩小至倾向的候选物。在小规模筛选阶段获得的信息越多，选择的决定就会做得越好。

6. 大规模平行表达

大规模蛋白质的平行表达纯化通常需要一些特殊的设备。表达纯化的规模应该适合蛋白质的最终用途。1 L 细菌表达物通常足以满足大多数实验室的需求。大多数情况下，简单利用多个 1 L 的摇瓶就足够了，但是在放大 10 倍或 100 倍时这种方法就难以应用。气升式发酵罐(airlift fermentor, http://www.gnfsystems.com)提供了表达 96 种不同蛋白质的方便手段，在规模上与常规的 1 L 摇瓶相当(图 41.4)(Lesley，2001)。细菌培养物的 $OD_{600\ nm}$值可达 25～30，可为后续的处理产生几克菌体。

裂解与纯化多个培养物是大规模的平行处理中的最大逻辑学挑战。定制自动操作系统对此有促进作用，但更多是通过简化裂解与纯化方法来实现。这里给出的方法用于纯化带有 His 标签的蛋白质，其含有 TEV 切割位点方便去除标签。我们发现这个方法即便不使用自动化也很可靠，且容易平行放大至许多蛋白质。我们实验室每年用这种方法处理超过 3000 种蛋白质。

(1) 直接取自发酵的含有表达蛋白质的菌体在室温下，每毫升加入 0.25 mg 卵清溶菌酶孵育 30 min，离心收集沉淀，将沉淀冻存直至使用。将约 3 g 沉淀在 80 mL 裂解缓冲液[50 mmol/L HEPES (pH 8.0)、50 mmol/L NaCl、10 mmol/L imidazole、1 mmol/L Tris (2-carboxyethyl) phosphine hydrochloride(TCEP)]中解冻以用于纯化。每份菌体沉淀依如下方法裂解。

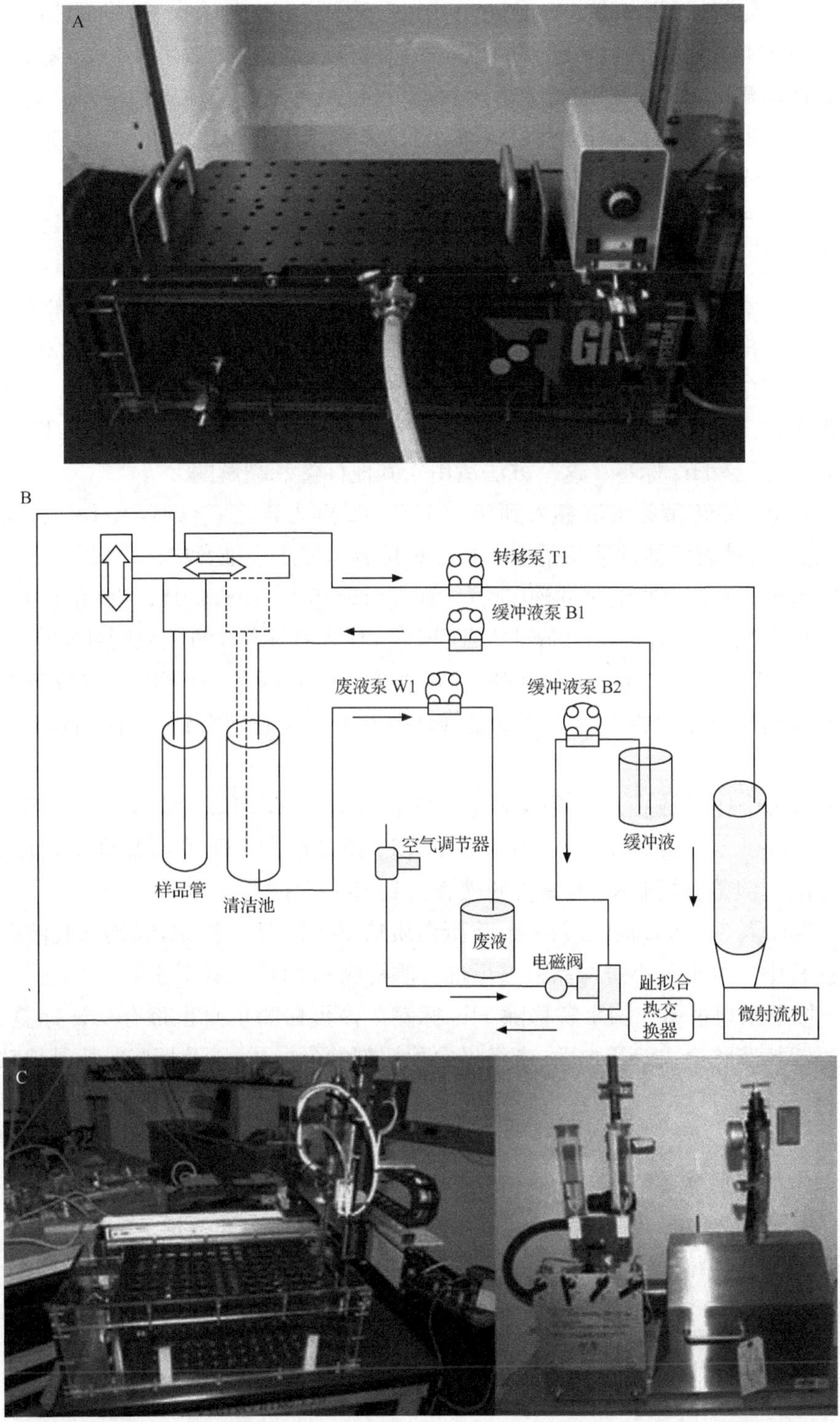

图 41.4　用于平行表达和纯化的用户定制设备。A. GNFermentor (GNF Systems)对 96 个培养物提供同时的高细胞密度的平行发酵；B. 自动化细胞重悬和裂解装置的示意图；C. 自动化悬浮和裂解装置为在 GNFermentor 中表达的样品提供平行过程

(2) 使用匀浆仪(Omni International)于35 000 r/min(最大设置)将菌体沉淀与裂解缓冲液均质匀浆,共作用约80 s。每个循环由探针接近匀浆底部超声6 s,随后探针在接近匀浆表面超声3 s的过程组成。两个过程都可以重悬并有效地裂解菌体。如果观察到裂解不充分,则可令裂解物通过微射流机(microfluidizer,Microfluidics公司)或法兰西压榨器(French press)。

(3) 裂解产物于32 000 *g* 离心30 min。澄清的裂解液准备用于亲和纯化。

在平行纯化中,传统的纯化方法会是一个明显的瓶颈。已有描述将HPLC用于多个样品处理的仪器和步骤(McMullan et al.,2005)。然而,对于大多数应用,优化亲和纯化可以提供足够的纯度及必要的通量。我们发现两步镍纯化与蛋白质水解去除纯化标签相结合是非常好的纯化方法,并且可以平行用于在不同规模的上百个样品中。已证明该方法提供的蛋白质纯品适合结晶实验和酶学筛选研究。我们的载体包含一个TEV蛋白酶裂解位点,之后是His标签。这个方法适用于其他标签和裂解酶。

(1) 将每一份澄清裂解液移入到两个1.5 mL重力自流式(gravity-fed)镍螯合树脂柱,该树脂柱已被裂解缓冲液预平衡。收集每份流出液于废液盘中。

(2) 加入7.5 mL冲洗缓冲液[50 mmol/L HEPES (pH 8.0)、300 mmol/L NaCl、40 mmol/L咪唑、10%甘油、1 mmol/L TCEP]。加入0.5 mL的洗脱缓冲液[20 mmol/L HEPES (pH 8.0)、300 mmol/L咪唑、10%甘油、1 mmol/L TCEP]。洗脱缓冲液的体积不应超过树脂床体积的1/3,其目的是推动缓冲液的洗脱前沿到树脂底部,以减小下一步的洗脱体积。

(3) 将每个柱子放在用消化缓冲液[20 mmol/L HEPES (pH 8.0)、200 mmol/L NaCl、40 mmol/L imidazole、1 mmol/L TCEP]预平衡的PD-10脱盐柱上。加2.5 mL洗脱缓冲液到镍螯合树脂中,收集洗脱液直接到PD-10柱上。

(4) 再加入3.5 mL消化缓冲液,将蛋白质从PD-10柱中洗脱,收集洗脱液到15 mL的一次性管中。取出一小份样品来进行蛋白质检测和SDS-PAGE分析。

(5) 接下来通过蛋白酶水解移除His标签。该蛋白酶本身也带有His标签。因此,后续流过镍树脂将会去除蛋白酶、未经蛋白酶切割的蛋白质,以及那些非特异地粘在镍树脂上的蛋白质,而目标蛋白质得以经过柱子流穿出来。从PD-10柱洗脱的每15 mg蛋白质需要加入1 mg带有His标签的TEV蛋白酶(Tropea et al.,2009)。用消化缓冲液将消化的总体积补足至9 mL。室温翻转混匀2 h或4℃过夜。

(6) 将每种消化的蛋白质混合物倒入1.5 mL用消化缓冲液预平衡的重力自流式镍螯合树脂柱中。将每份流穿液收集到50 mL锥形管中。消化后的混合物通过柱子后,树脂中再额外加入1.5 mL的消化缓冲液以移除残留的被切割的蛋白质,并收集到上述同一管中。获得的10.5 mL洗脱体积包含去除His标签的纯化的蛋白质。

7. 总结

平行蛋白质表达和纯化对于充分评估多个目标或一个目标的多个衍生物是必要的。这里描述的方法采用的是细菌表达系统。该系统是迄今为止最方便、最稳健的表达平台，但用来表达哺乳动物细胞的蛋白质时往往会出现问题。在很多情况下，关注感兴趣的结构域，并系统地优化表达构建体以鉴定出真正的结构域边界有助于获得表达量可观的有活性蛋白质(Graslund et al., 2008b; Klock et al., 2008)。鉴别合适的结构域边界是平行表达与纯化最好的应用之一。例如，激酶催化结构域已经被定义，在细菌中获得成功表达，并已在药物设计中做出了重大贡献(Marsden and Knapp, 2008)。尽管哺乳动物和杆状细菌表达系统较为困难和单调，但它们也可以实现平行处理方式。例如，BacMam (Kost and Condreay, 2002)的平台在探索多种表达系统方面提供了额外的灵活性。不管使用哪种表达平台，蛋白质表达的成功关键是要理解蛋白质从物理性质和活性角度的最终要求。在绝大多数情况下，在评估表达选择时，使用简单的溶解性和总表达水平作为唯一的选择标准。在表达构建体的结构域边界，哪怕很小的变化都可以造成蛋白质行为的巨大改变，从而不明显地改变了可凭借肉眼判断的可溶性得率(Klock et al., 2008)。将平行表达纯化与平行分析技术以及数据分析结合，可以提供最好的机会，用以鉴别成功的构建体和纯化方案的最好组合。

致谢

本部分描述的方法来自多人贡献。作者特别感谢 Health Klock、Mark Knuth、Carol Farr、Anna Grzechnik、Julie Feuerhelm、Daniel McMullan 及 Dennis Carlton 对本章的贡献。

(董韵竹　译　赵兴卉　校)

参考文献

Altschul, S. F., Gish, W., Miller, W., Myers, E. W., and Lipman, D. J. (1990). Basic local alignment search tool. *J. Mol. Biol.* **215,** 403–410.

Aslanidis, C., and de Jong, P. J. (1990). Ligation-independent cloning of PCR products (LIC-PCR). *Nucleic Acids Res.* **18,** 6069–6074.

Consortium, U. (2008). The universal protein resource (UniProt). *Nucleic Acids Res.* **36,** D190–D195.

Finn, R. D., Tate, J., Mistry, J., Coggill, P. C., Sammut, S. J., Hotz, H. R., Ceric, G., Forslund, K., Eddy, S. R., Sonnhammer, E. L., and Bateman, A. (2008). The Pfam protein families database. *Nucleic Acids Res.* **36,** D281–D288.

Graslund, S., Nordlund, P., Weigelt, J., Hallberg, B. M., Bray, J., Gileadi, O., Knapp, S., Oppermann, U., Arrowsmith, C., Hui, R., Ming, J., dhe-Paganon, S., *et al.* (2008a). Protein production and purification. *Nat. Methods* **5,** 135–146.

Graslund, S., Sagemark, J., Berglund, H., Dahlgren, L. G., Flores, A., Hammarstrom, M., Johansson, I., Kotenyova, T., Nilsson, M., Nordlund, P., and Weigelt, J. (2008b). The use of systematic N- and C-terminal deletions to promote production and structural studies of recombinant proteins. *Protein Expr. Purif.* **58,** 210–221.

Harrison, J., Molloy, P. L., and Clark, S. J. (1994). Direct cloning of polymerase chain reaction products in an XcmI T-vector. *Anal. Biochem.* **216,** 235–236.

Hatley, J. L., Temple, G. F., and Brasch, M. A. (2000). DNA cloning using *in vivo* site-specific recombination. *Genome Res.* **10,** 1788–1795.

Kanehisa, M., Araki, M., Goto, S., Hattori, M., Hirakawa, M., Itoh, M., Katayama, T., Kawashima, S., Okuda, S., Tokimatsu, T., and Yamanishi, Y. (2008). KEGG for linking genomes to life and the environment. *Nucleic Acids Res.* **36,** D480–D484.

Kapust, R. B., and Waugh, D. S. (1999). *Escherichia coli* maltose-binding protein is uncommonly effective at promoting the solubility of polypeptides to which it is fused. *Protein Sci.* **8,** 1668–1674.

Karp, P. D., Ouzounis, C. A., Moore-Kochlacs, C., Goldovsky, L., Kaipa, P., Ahren, D., Tsoka, S., Darzentas, N., Kunin, V., and Lopez-Bigas, N. (2005). Expansion of the BioCyc collection of pathway/genome databases to 160 genomes. *Nucleic Acids Res.* **33,** 6083–6089.

Kim, Y., Dementieva, I., Zhou, M., Wu, R., Lezondra, L., Quartey, P., Joachimiak, G., Korolev, O., Li, H., and Joachimiak, A. (2004). Automation of protein purification for structural genomics. *J. Struct. Funct. Genomics* **5,** 111–118.

Klock, H. E., Koesema, E. J., Knuth, M. W., and Lesley, S. A. (2008). Combining the polymerase incomplete primer extension method for cloning and mutagenesis with microscreening to accelerate structural genomics efforts. *Proteins* **71,** 982–994.

Kost, T. A., and Condreay, J. P. (2002). Recombinant baculoviruses as mammalian cell gene-delivery vectors. *Trends Biotechnol.* **20,** 173–180.

Lesley, S. A. (2001). High-throughput proteomics: Protein expression and purification in the postgenomic world. *Protein Expr. Purif.* **22,** 159–164.

Lesley, S. A., Graziano, J., Cho, C. Y., Knuth, M. W., and Klock, H. E. (2002a). Gene expression response to misfolded protein as a screen for soluble recombinant protein. *Protein Eng.* **15,** 153–160.

Lesley, S. A., Kuhn, P., Godzik, A., Deacon, A. M., Mathews, I., Kreusch, A., Spraggon, G., Klock, H. E., McMullan, D., Shin, T., Vincent, J., Robb, A., *et al.* (2002b). Structural genomics of the *Thermotoga maritima* proteome implemented in a high-throughput structure determination pipeline. *Proc. Natl. Acad. Sci. USA* **99,** 11664–11669.

Liu, Q., Li, M. Z., Leibham, D., Cortez, D., and Elledge, S. J. (1998). The univector plasmid-fusion system, a method for rapid construction of recombinant DNA without restriction enzymes. *Curr. Biol.* **8,** 1300–1309.

Marsden, B. D., and Knapp, S. (2008). Doing more than just the structure-structural genomics in kinase drug discovery. *Curr. Opin. Chem. Biol.* **12,** 40–45.

Martinez Molina, D., Cornvik, T., Eshaghi, S., Haeggstrom, J. Z., Nordlund, P., and Sabet, M. I. (2008). Engineering membrane protein overproduction in *Escherichia coli*. *Protein Sci.* **17,** 673–680.

McMullan, D., Canaves, J. M., Quijano, K., Abdubek, P., Nigoghossian, E., Haugen, J., Klock, H. E., Vincent, J., Hale, J., Paulsen, J., and Lesley, S. A. (2005). High-throughput protein production for X-ray crystallography and use of size exclusion chromatography to validate or refute computational biological unit predictions. *J. Struct. Funct. Genomics* **6,** 135–141.

Pantoliano, M. W., Petrella, E. C., Kwasnoski, J. D., Lobanove, V. S., Myslik, J., Graf, E., Carver, T., Asel, E., Springer, B. A., Lane, P., and Salemme, F. R. (2001). High-density miniaturized thermal shift assays as a general strategy for drug discovery. *J. Biomol. Screen.* **6,** 429–440.

Peng, S., Sommerfelt, M., Logan, J., Huang, Z., Jilling, T., Kirk, K., Hunter, E., and Sorscher, E. (1993). One-step affinity isolation of recombinant protein using the baculovirus/insect cell expression system. *Protein Expr. Purif.* **4,** 95–100.

Shuman, S. (1994). Novel approach to molecular cloning and polynucleotide synthesis using vaccinia DNA topoisomerase. *J. Biol. Chem.* **269,** 32678–32684.

Studier, F. W. (2005). Protein production by auto-induction in high density shaking cultures. *Protein Expr. Purif.* **41,** 207–234.

Tropea, J. E., Cherry, S., and Waugh, D. S. (2009). Expression and purification of soluble His(6)-tagged TEV protease. *Methods Mol. Biol.* **498,** 297–307.

Waldo, G. S., Standish, B. M., Berendzen, J., and Terwilliger, T. C. (1999). Rapid protein-folding assay using green fluorescent protein. *Nat. Biotechnol.* **17,** 691–695.

第 42 章

氧敏感蛋白的分离技术:以[4Fe-4S]-FNR 为例

Aixin Yan* and Patricia J. Kiley†

目录

摘要

许多生物氧化还原反应的关键酶需要金属中心或辅助因子以提供最佳的活性和功能。当金属中心为蛋白质结构和功能赋予独特的特性时,有的还造成蛋白质活性对环境中 O_2 的敏感,并且对蛋白质的分离和生化分析实验带来挑战。铁-硫(Fe-S)簇代表重要的一类金属中心,铁-硫蛋白在自然界中广泛分布。这里,我们以 FNR(一种来自大肠杆菌的调节性铁-硫蛋白)为例,描述氧不稳定蛋白质纯化的必备技术,并总结多种对它们进行生化分析的方法。这些方法可以很容易地应用于纯化其他氧不稳定蛋白质,推进我们对这类有趣的蛋白质的了解。

* 香港大学,生物科学学院(Hong Kong,Hong Kong SAR,China)
† 威斯康星大学麦迪逊分校,生物分子化学系(Madison,Wisconsin,USA)

1. 引言

生物学中的许多关键蛋白质含有 O_2-不稳定金属中心或辅助因子。这种蛋白质广泛分布于自然界的多种生理过程中,如在呼吸作用或光合作用这类生命维持过程中的氧化还原酶、用于 N_2固定的固氮酶、代谢途径中的脱水酶以及 DNA 复制和修复中的 DNA 解旋酶等(Beinert et al., 1997; Brzoska et al., 2006; Kiley and Beinert, 2003; Meyer, 2008)。虽然这种金属中心或辅助因子的存在为蛋白质结构功能提供了特别的多样性,其也可能致使蛋白质活性对氧化剂的敏感,如大气氧气(O_2)或它的活性氧的敏感。这些特性对在活性状态下分离蛋白质并进行后续体外分析提出了技术挑战。

在整个蛋白质纯化过程中,建立和保持厌氧环境是得到 O_2不稳定蛋白质(O_2-liable protein)的关键。19 世纪 60 年代首次报道了分离 O_2敏感蛋白质(O_2-sensitive protein)活性状态的成功方法,并且首次采用密封的台式手套箱,在其中利用抽真空和通入惰性气体去除氧气(Chase and Rabinowitz, 1968; Kajiyama et al., 1969; Vandecasteele and Burris, 1970)。尽管这种类型的设备显著地推进了对 O_2不稳定金属蛋白质的研究,当其在使用过程中需要连续地转移物质到操作室中时,其保持无 O_2环境的能力依然非常有限。这些早期的手套箱对于所使用的仪器类型也有限制,那些用于离心、层析和光谱的仪器因无法放入操作室而无法使用。结果是,分离蛋白质的产量常常很低,并且纯化的蛋白质经常呈现异质性,致使随后分析得到的一些生物物理和生物化学特性模棱两可。20 世纪 70 年代后期实验室厌氧培养室的发明和建设,为厌氧的使用提供了更大的灵活性以适应许多实验室的标准技术,解决了许多类似的问题(Gunsalus et al., 1980; Poston et al., 1971)。在过去几十年里,该设备的引进极大地推动了对 O_2不稳定蛋白质的分离与鉴定,使我们对这类蛋白质的了解呈指数性的增长。

在本章中,描述了我们在实验室分离 O_2-敏感铁-硫蛋白 FNR 所使用的方法,强调目前建立和保持无 O_2环境以用于 O_2不稳定蛋白质的纯化与研究的实践。铁-硫蛋白是一类古老的蛋白质,存在于所有生物界中(Beinert et al., 1997; Brzoska et al., 2006; Johnson et al., 2005; Kiley and Beinert, 2003; Meyer, 2008),并且许多含有 O_2-敏感的铁-硫簇。铁-硫蛋白质含有铁与硫协同组成的四面体结构,上述硫由无机硫或多肽链骨架中的半胱氨酸残基的巯基提供。这些金属中心的基本形式包括单核[Fe(Cys)4]复合物以及双核[2Fe-2S]、三核[3Fe-4S]和四核[4Fe-4S]簇,而在固氮酶和氢化酶中发现有更复杂的簇类型。尽管簇型的结构相对简单,围绕着这些铁-硫簇的蛋白质环境可以是非常显著不同的,导致簇稳定性或铁-硫中心的氧化还原能力差异很大(Dey et al., 2007)。除了众所周知的催化电子转移反应的作用外,铁-硫蛋白的已知功能已经扩展至作为介导转录的调节性因子,还参与基因表达的翻译控制(Cabiscol et al., 2000; Crack et al., 2008; Kiley and Beinert, 2003)。实例包括,在真核细胞中已经很好表征的 c-乌头酸酶(c-aconitase),在其酶蛋白形式下(c-乌头酸酶在细胞质中的酶蛋白形式也被称为铁调节蛋白,IRP1)可以结合特异的 RNA 序列(铁调节序列),并且控制蛋白质对铁的状态以及一些细菌转录因子(如 FNR、IscR 和 SoxR)做出响应而进行的翻译(Kennedy et al.，1992)。FNR，也许还有 IscR，可以利用其铁-硫簇的稳定性感应环境中的信号，并调节大肠杆菌中大量基因的表达(Johnson et al.，2005；Kiley and Beinert，2003)。

在大肠杆菌中，FNR 是一个全局性的转录因子，它通过改变在厌氧生长条件下上百种基因的表达谱来介导从需氧到厌氧的生存方式的转变(Constantinidou et al.，2006；Crainger et al.，2007；Kang et al.，2005；Salmon et al.，2003)。FNR 直接快速地感应 O_2 水平的能力归因于其$[4Fe\text{-}4S]^{2+}$簇，该簇与 FNR 通过 4 个残留的半胱氨酸残基，即 Cys20、Cys23、Cys29 和 Cys120 相连(Khoroshilova et al.，1995)。这种形式的蛋白质被称为 4Fe-FNR。在厌氧条件下，$[4Fe\text{-}4S]^{2+}$簇促进 FNR 的二聚化和随后特异位点的 DNA 结合以及转录调控(Lazazzera et al.，1993；1996)。当转换到有氧条件时，O_2 很快与$[4Fe\text{-}4S]^{2+}$反应并把它转化成$[2Fe\text{-}2S]^{2+}$簇。由此产生的蛋白质被称为 2Fe-FNR。2Fe-FNR 无法二聚化，因此没有结合 DNA 特异位点和转录调控的活性(Khoroshilova et al.，1997；Sutton et al.，2004)。由于通过 O_2 把$[4Fe\text{-}4S]^{2+}$簇转变成$[2Fe\text{-}2S]^{2+}$簇在体内和体外都足以令 FNR 失活，分离天然活性的 FNR 必须专门在厌氧条件下进行。

在此我们描述必要的技术和方法用来以高得率和高簇保有率分离天然 FNR 蛋白，所得 FNR 蛋白适用于动力学和多种光谱研究。我们也对各种用于在缺氧条件下鉴定纯化的 4Fe-FNR 方法进行了总结。我们期望这些技术和方法可以广泛应用于其他 O_2^- 不稳定蛋白质，并进一步促进这一类蛋白质的研究。

2. 4Fe-FNR 的厌氧分离

2.1　纯化 O_2 不稳定的 4Fe-FNR 的原理和程序

2.1.1　实现和维护无氧环境的一般准备

在蛋白质纯化之前，常用的程序必须适于为蛋白质纯化过程中使用的所有化学品、溶液和设备建立并保持无氧环境(Sutton and Kiley，2003)。这通常可以通过建立通气站(sparging station)和使用厌氧手套箱(Coy Laboratory Products 公司，Model A)来实现。一个通气站通常由氩气或氮气罐、提供铜擦洗(copper-scrubbed，Sargent-Welch furnace)气体的设备和一个定制的歧管组成(图 42.1)。通气系统通过将惰性气体分散入装有 O_2 敏感固体试剂[如连二亚硫酸钠(DTH)]的丁基橡胶密封的玻璃小瓶，去除化学品中的痕量 O_2，或去除用于蛋白质分离和鉴定的溶液中的溶解的 O_2。为了这个目的，歧管装备有多个管线，各条管线连有气体分散管(Upchurch Scientific)或针管(图 42.1)。标准针管也可用于通气。手套箱为蛋白质纯化过程中的储存和操作提供足够的空间。厌氧室(vinyl chamber)充满了由 80% N_2、10% CO_2 和 10% H_2 组成的气体混合物，可以使任何进入到箱中的 O_2 都与 H_2 通过钯催化剂反应，生成水被干燥剂吸收。在厌氧环境下，FPLC 或 HPLC 纯化系统用于纯化蛋白质是有优势的，因为密封条可以抵抗氧扩散，并且较新的设计也足够紧凑(体型小)，可在厌氧室内操作(假设最小产热)。此外，它们大部分都是自动化设计，在厌氧室中操作更容易。然而，如果使用较老款式的 FPLC，则需要将大多部分部件，包括泵、柱和检测系统放置在厌氧室之外并与厌氧室内的缓冲液及组分收集器通过不透氧的 PEEK 管(Upchurch Scientific)相连接(图 42.2)，所以整个系统的内部是保持厌氧的。溶液通过 FPLC 的路径，从位于厌氧室内的液体容器流到厌氧室外的泵和/或柱中，然后回到厌氧室内的组分收集器中(图 42.2)。大多数的溶液(如缓冲液)在通过空气阀进入厌氧室前，首先通入氩气至少 20 min，然后在厌氧室中至少平衡 12 h 后方可使用。所有玻璃器皿和塑料物品至少在厌氧室中平衡 24 h 后方可使用，以确保减少任何无意中引入厌氧室的氧气。

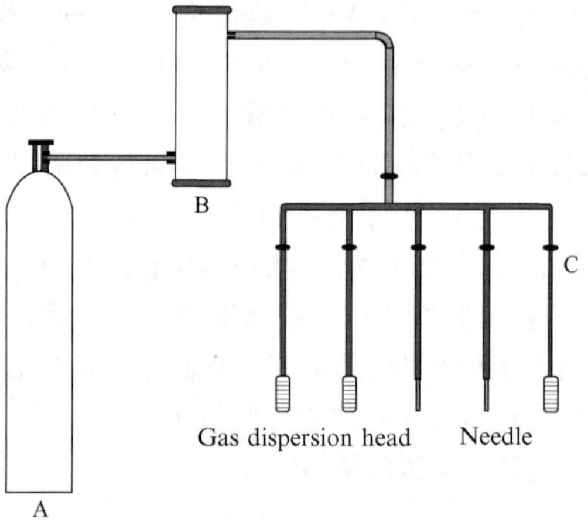

图 42.1 通气站和氩泵的连接图解。A. 氩泵；B. 铜-火炉仪器；C. 与气体散步或针头的多样连接

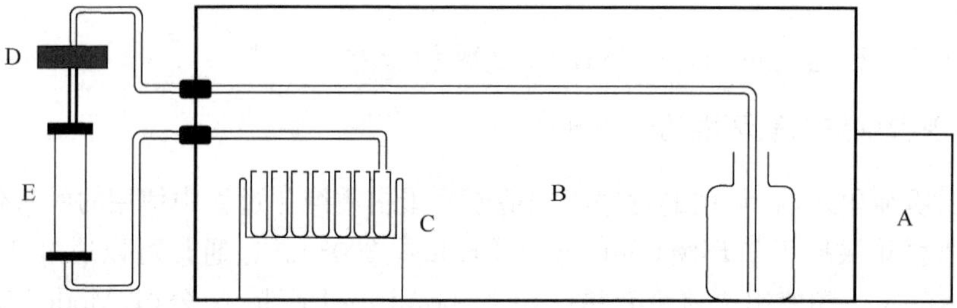

图 42.2 厌氧室与 FPLC 纯化系统连接的图解。A. 空气锁；B. 厌氧室；C. 组分收集器；D. FPLC 泵和控制器(Pharmacia LKB Controller LCC-501 plus)；E. 管子

2.1.2 FNR 的表达和[4Fe-4S]簇的组装

大肠杆菌菌株 PK872 用于获取 4Fe-FNR 的过表达。这个菌株是 PK22 的衍生[BL21(DE3) Δfnr, Δcrp](Lazazzera et al., 1993)。它含有 pPK823 质粒，并携带 pET11a(Novagen)质粒，该质粒中 *fnr* 的编码序列被克隆到的 *Nde*I-*Bam*HI 位点，因而 *fnr* 的转录受控于 T7 启动子，翻译受控于基因 10 核糖体结合位点。菌体的生长和 4Fe-FNR 的合成/成熟遵循 Sutton 和 Kiley(2003)所描述的步骤。通常，PK872 菌株生长在 4 个 2 L 摇瓶，200 r/min 37℃的有氧摇床中。每一瓶包含 1 L 的 M9 基本培养基，添加

0.2%葡萄糖、0.2%的酪蛋白氨基酸、1 mmol/L $MgCl_2$、100 μmol/L $CaCl_2$、2 μg/mL 硫胺素、20 μmol/L 柠檬酸铁铵（ferric ammonium citrate）和 50 μg/mL 氨苄青霉素。当细菌培养物 $OD_{600\ nm}$达到 0.3（Spectronic 20D+ 分光光度计）时，用 0.4 mmol/L 异丙基-β-D-半乳糖苷（IPTG）诱导 FNR 表达 1 h。为了促进内源的 Fe-S 簇系统将$[4Fe-4S]^{2+}$簇插入诱导阶段大量积累的 FNR 无辅基酶蛋白中，这些培养物倒入一个 9 L 大口玻璃瓶中，并在 4℃通入氩气过夜。我们很幸运地发现上述过程比在稳定厌氧环境中表达更有效，我们最近发现与有氧条件相比较，在厌氧条件下两个铁-硫簇的生物合成路径都被减弱（Mettert et al.，2008），可以提供这一现象的内在机制。为培养物通氩气的大口玻璃瓶配备了两孔瓶塞，分别插着两根玻璃管：第一根连接氩气罐的管线至气体分散管，触到接近玻璃瓶的底部；第二根较短（3～4 英寸），允许气体从通气容器中释放。经过过夜通气步骤，菌体很快倒入一个大小适合放入空气阀的容器（4 L 烧杯），并立即转移到厌氧室中，在这里菌体分配在已经在厌氧室平衡超过 24 h 的 500 mL 离心瓶中。在将离心瓶移出厌氧室前，将离心瓶上带 O 形密封环的盖子（Beckman）紧紧密封。菌体在 4℃ 8000 r/min 离心沉淀 15 min（Beckman Avanti J-25 离心机，JLA10.500 转头）。然后离心瓶返回厌氧室内，倒去上清液，重复步骤直至所有菌体都收集完毕。此时，无氧的菌体沉淀可以储存在−80℃或立即用于裂解。

2.1.3　菌体裂解物的制备

菌体裂解基本根据 Sutton 和 Kiley（2003）的描述，是将含有还原剂的厌氧菌体悬液以 20 000 psi 的压力通过法兰西压榨器（French press），并在收集瓶中持续注入氩气。这一步的最大技术挑战是维持缺氧条件。为了尽量减小菌体与 O_2的接触，一个预冷的法兰西压榨器容器和含有缺氧菌体沉淀的瓶子首先在空气阀中经过两个循环放入厌氧室。立刻用厌氧缓冲液冲洗法兰西压榨器容器两遍。通常，菌体沉淀在补加连二亚硫酸钠（DTH）和二硫苏糖醇（DTT）的厌氧缓冲液 A 中重悬（至原始体积的 0.5%）（表 42.1），并且用吸管立即转移到冲洗过的预冷法兰西压榨器容器中。将装有菌体悬液的法兰西压榨器容器密封，其样品出口管连接带帽的 18 号（18-gauge）针头，然后将整个容器从厌氧室中移出。一旦容器装配进法兰西压榨器，针头就被插入带有丁基橡胶盖子的玻璃瓶中，这个玻璃瓶预先用氩气通气，用于收集菌体裂解物。在 20 000 psi 压力下单通过法兰西压榨器之后，厌氧裂解物被收集到密封的玻璃瓶中，然后马上拿回厌氧室，转移至超速离心管中并且在移出厌氧室内前用气密盖密封。4℃、45 000 r/min 超速离心 60 min（Beckman Optima LE-80K，70.1 Ti rotor）以移除菌体碎片。然后将样品拿回厌氧室内，上清液作为 4Fe-FNR 蛋白质分离的来源。

2.1.4　蛋白质的纯化

[4Fe-4S]-FNR 的常规使用配备 5 mL BioRex-70 阳离子交换柱（BioRad Laboratories）的 FPLC（Pharmacia LCC-501 Plus 系统）纯化。缓冲液都放置于厌氧室内，通过厌氧室的端口，经由 PEEK 管泵出至外部 FPLC。在分离菌体裂解物之前，BioRex-70 柱用含有 DTT 和 DTH 的厌氧缓冲液 B 和 A 冲洗 1 h，并在缓冲液 A 中平衡。含有 FNR 的

菌体裂解液拿到厌氧室外之前首先被转移到一个超级环(superloop)中,密封好,并与上样环连接。4Fe-FNR 通过以流速 10 mL/h 的 0.1～0.55 mol/L KCl 的梯度洗脱,然后通过 PEEK 管泵回样品室内,PEEK 管连接厌氧室内的组分收集器。根据电导仪测量值,FNR 被约 0.4 mol/L 氯化钾洗脱下来。由于$[4Fe\text{-}4S]^{2+}$簇在 420 nm 对可见光有最大吸收峰,故其呈现独特的绿色。随后收集有色的组分,通过流过配备了 1 mL BioRex-70 阳离子交换树脂的重力流柱浓缩。柱子储存在厌氧室并用厌氧缓冲液 A 平衡。此外,由于还原剂 DTT 和 DTH 的存在会干扰随后 4Fe-FNR 的生物化学性质鉴定,这一步同样可用于去除蛋白质溶液中的这些还原剂。通过这个方法得到的 4Fe-FNR 呈现特殊的深绿色,并含有约 1.0 mmol/L 的蛋白质,其簇保有率约 80%。

表 42.1 用于纯化 FNR 的缓冲液成分

缓冲液	成分
A(低盐缓冲液)	50 mmol/L 磷酸盐(pH6.8),10%甘油,0.1 mol/L KCl
B(高盐缓冲液)	50 mmol/L 磷酸盐(pH6.8),10%甘油,1 mol/L KCl
C(无盐缓冲液)	50 mmol/L 磷酸盐(pH6.8),10%甘油
D(洗脱缓冲液)	50 mmol/L 磷酸盐(pH6.8),10%甘油,0.4 mol/L KCl
E(DTH 溶解缓冲液)	0.1mol/L Tris-HCl(pH7.9)

2.2 操作规程

逐步分离 4Fe-FNR 的操作规程总结如下①。

第一天

(1) 在下午早些时候,将菌种 PK827 接种于 100 mL 含有 1 mL 20%葡萄糖、50 μL 的 200 mg/mL 苄氨青霉素(Ap)的 LB 培养基,37℃培养过夜。

(2) 准备并高压灭菌 4 个 2 L 烧瓶,每瓶含有 1 L 1×M9(Miller, 1972)基本培养基。

第二天

(1) 在每 1 L 的 M9 培养基中加入:10 mL 20%的葡萄糖、10 mL 20%酪蛋白水解物(casamino acid)、2 mL 维生素 B_1(硫胺素)(2 mg/mL 储备液)、1 mL $MgSO_4$(1 mol/L 储备液)、100 μL $CaCl_2$(1 mol/L 储备液)、1mL 柠檬酸铁铵(10 mg/mL 储备液,过滤除菌)、250 μL Ap(200 mg/mL 储备液,过滤消毒)。

(2) 4 个摇瓶每个都接种 10 mL 过夜培养物到 1 L M9 完全培养基中。37℃、约 200 r/min摇至 $OD_{600\ nm}$值为 0.3。通过加 1 mL 0.4 mol/L IPTG 到每个摇瓶中(最终浓度为至 0.4 mmol/L)诱导 FNR 的合成,并再摇 1 h。

(3) 将菌体加入 9 L 瓶中,在 4℃通入氩气 14～16 h。

(4) 准备第二天要用的溶液和玻璃皿,放入厌氧室中(通常厌氧室配备标准移液设备和 tip 头、离心机、涡流器和离心管)。

① 本操作规程由 Kiley 课题组的几位成员创立和修正:B. Lazzaera, K. Khoroshilova, K. Voet, V. Sutton, L. Moore, E. Mettert, A. Yan

① 溶液。

缓冲液 A：准备 600 mL，分别分装 500 mL 和 100 mL 至螺丝帽玻璃瓶中（配方见表 42.1）。

缓冲液 B：准备 600 mL，分别分装 500 mL 和 100 mL 至螺丝帽玻璃瓶中（配方见表 42.1）。

缓冲液 C：100 mL 到螺丝帽玻璃瓶中（配方见表 42.1）。

缓冲液 E：100 mL 到螺丝帽玻璃瓶中（配方见表 42.1）。

水：100 mL 瓶。

调整氩气流以产生稳定气流，经过本章 2.1 节描述的定制的通气系统（图 42.1），利用置于缓冲溶液底部的分气管（Upchurch Scientific）向溶液中通入氩气 20 min。

② 放入厌氧室中的玻璃管和塑料制品有：两个超高速离心管和盖帽、组分收集管、装废液的烧杯、带有密封环的柱塞和帽、玻璃瓶（5 个或 6 个小号，2 个中号）和丁基橡胶帽、玻璃巴斯德移液管、4～6 个瓶帽带有 O 环的离心瓶、500mL 带刻度量筒、2 L 和 4 L 塑料烧杯、25mL 玻璃移液管、巴斯德吸管洗耳球、法兰西压榨器的针头和试管。

将这些物品经过空气阀放入厌氧室中，把缓冲液盖子打开并平衡 12 h。

第三天

(1) 将通气的菌体从 9 L 摇瓶倒入 4 L 塑料烧杯中，立即用保鲜膜和胶带封住。将烧杯放入厌氧室中，分装每份 450 mL 到 500 mL 离心瓶中并盖上盖子。

(2) 将离心瓶从厌氧室中取出，称重配平。不平衡的离心瓶子拿回厌氧室中调整内容物质量。在 8000 r/min、4℃离心 15 min。

(3) 离心后，将离心瓶送回厌氧室，移去上清。重复离心步骤，直到所有菌体都离心完毕。菌体沉淀应是军绿色。

(4) 在离心时，称取 154 mg DTT 和 150 mL DTH 分别到独立的 1.5 mL EP 管中，立即盖上盖子。将它们与离心后的离心瓶一起放入厌氧室内。

(5) 在厌氧室内，加 1.5 mL 的缓冲液 E 到 DTH 中，加 1.0 mL 的水到 DTT 中。加 300 μL DTH（终浓度 1.7 mmol/L）和 100 μL DTT（最后浓缩 1.0 mmol/L）到 100 mL 缓冲液 A 中。在含有 1.7 mmol/L DTH 和 1.0 mmol/L 的 DTT 的 20 mL 缓冲液 A 中重悬菌体。菌体悬液可以立即用于菌体裂解，也可转移到中型玻璃瓶中，用丁基橡胶瓶塞密封，在干冰上冷冻，然后移出厌氧室储藏在－80℃冰箱直到准备好纯化。

第四天

(1) 在 500 mL 的缓冲液 A 和缓冲液 B 中，分别加入上述新鲜配制的 1.5 mL DTH 和 0.5 mL DTT。

(2) 将泵的引头（pump lead）放入缓冲液中，使缓冲液 A 与泵 A 相连，缓冲液 B 与泵 B 相连。

(3) 将 BioRex-70 柱连入 FPLC 系统，确保柱中没有气泡。

(4) 开启 FPLC 程序，用 100％缓冲液 B(在厌氧室内)清洗柱子 1 h，流速 0.17 mL/min，然后用 100％缓冲液 A 再清洗 1 h。

(5) 将冷冻的菌体放入厌氧室内，在厌氧条件下融化菌体悬液（不要在厌氧室外融化菌体,否则氧气会进入玻璃瓶中)。

(6) 将法兰西压榨器容器放入厌氧室。用含有 DTT 和 DTH 的厌氧缓冲液 A 冲洗样品容器两次。在样品容器中装满重悬菌体,密封,将样品出口与带帽的 18 号针头相连,将样品容器与用于收集菌体裂解物的带丁基橡胶盖的玻璃瓶从厌氧室中取出。

(7) 将样品容器装入法兰西压榨器中,压榨器最好放在冷室中。为了从裂解提取物中排除氧气,将连接容器的针头插入收集瓶中,并在瓶中再扎入两根针管,一根用于轻轻加入氩气,另一根用于排出气体。在 4℃、20 000 psi 裂解菌体。

(8) 拔出针头,然后将菌体裂解液放入厌氧室中,将裂解液分到两个超速离心管中。把它们拿出厌氧室,在离心前称重配平。不平衡的离心管放入厌氧室中调整质量。

(9) 用 70.1 Ti 转子在 4℃、45 000 r/min 离心 60 min。

(10) 离心后,将离心管放入厌氧室,上清液倒入超级环(superloop)中然后密封。将超级环的另一端用缓冲液 A 充满并密封。将超级环从厌氧室内移出并与 FPLC 系统相连。

(11) 开启 FPLC 上样程序,并按照合适的次序加入相应缓冲液,以使 FNR 从 BioRex-70 柱中洗脱。

(12) 设定厌氧室内的组分收集器收集柱洗脱液。

第五天

浓缩与储存。

(1) 含有 4Fe-FNR 组分很容易根据其颜色识别。将这些组分倒入中等大小的烧瓶中,用缓冲液 C 以 1∶4 比例稀释。

(2) 构建一个 1 mL 的 BioRex-70 的重力柱,用 2 倍柱体积的缓冲液 B 清洗,再用 6 倍柱体积的缓冲液 C 清洗。

(3) 将蛋白质溶液加载到柱上,用 2 倍柱体积的缓冲 A 清洗,随后用 0.8 mol/L KCl 缓冲液(由缓冲液 B 和缓冲液 C 配成)洗脱。只收集有颜色的液滴。

(4) 将浓缩的 4Fe-FNR 分装到 0.5 mL 剪掉盖子的 EP 管中,然后将 EP 管放到小玻璃瓶中。玻璃小瓶用丁基橡胶塞盖上,并用铝盖(Bellco 公司)密封。储存在小玻璃瓶中的蛋白质样品,立即在干冰乙醇上冻结,通过空气闸放入厌氧室中。用这种方法,样品可在−80℃ 冰箱安全地储存几个月。解冻前,在转移入厌氧室时把密封的玻璃瓶放在干冰乙醇上是非常关键的,此步骤用以阻止解冻过程中将 O_2 引入玻璃瓶中。

2.3 用于特殊用途的蛋白质的分离

2.3.1 从纯化的 4Fe-FNR 中去除痕量 RNA 酶以用于体外转录分析

在经过两个 BioRex-70 阳离子交换柱后,纯化的 FNR 蛋白通过 SDS-PAGE 估计的纯度高于 95%。然而,这种制备物含有大量的 RNA 酶,足以在体外转录分析时降解 RNA 产物。RNA 酶活性随后可以通过与 Beckman HPLC 系统相连的大小排阻柱(HR-12 Superose, GE Healthcare)分离去除(Mettert and Kiley, 2007)。整个 HPLC 系统放置在厌氧室内并配置了 PEEK 管(Upchurch Scientific)。由于用这种方法分离的 FNR

将要用于体外转录分析，所有缓冲液溶液和组分收集管都要经过焦炭酸二乙酯(diethylpyrocarbonate, DEPC)和/或高压处理。根据硫化物分析判断，用体积排阻色谱纯化也可产出接近 100%的二聚化的 4Fe-FNR(Moore and Kiley, 2001)。

2.3.2　纯化^{57}Fe 标记的 4Fe-FNR 用于 Mössbauer 光谱分析

Mössbauer 光谱是一个强大的方法，可用于铁-硫簇的定性和定量分析 (Beinert et al., 1997)。它基于铁原子核的超精细分裂模式的能量级别，以及 γ 射线激发光谱或吸收光谱中铁原子核从基态跃迁至激发态所需要的能量来区别铁-硫簇类型。^{57}Fe 是到目前用 Mössbauer 广谱研究的最常见的元素，并且因为含有铁-硫的蛋白质在生物界系统中扮演了重要的角色，Mössbauer 光谱已被广泛用于表征这类蛋白质。为了制备富含^{57}Fe 的 4Fe-FNR，我们将 1×M9 培养基流经一个 Chelex 100(200～400 目，BioRad)柱(每1 L培养基用 40 g 树脂)以去除生长培养基中天然富余的^{56}Fe，并在生长培养基中以乙烯基硫酸氢二铵亚铁(ferrous ethylenediammonium sulfate)的形式补充^{57}Fe。制备无铁生长培养基和补充^{57}Fe 的步骤如下所述。

(1) 将 200 g Chelex 树脂和约 200 mL 水加入到烧杯中，准备 Chelex 100 柱。室温孵育 30 min 后，将树脂倒入 250 mL 重力柱中。使用前用 5 倍柱体积的水冲洗。再生柱子时需要用 2 倍柱体积的 1 mol/L HCl 冲洗，然后用 5 倍柱体积的水冲洗；之后再用 2 倍柱体积的 1 mol/L NaOH 和另外 5 倍柱体积的水冲洗，直到柱子洗出液的 pH 约为 7.0。

(2) 去除生长培养基中的铁：将 5 L 的 1×M9 培养基通过新制的或再生的 Chelex 100 柱。收集流出液，高压灭菌。使用后的柱子储存于 0.5 mol/L 的硫酸铵中。

(3) 菌体生长和含有^{57}Fe 标记的[4Fe-4S]$^{2+}$簇的 FNR 的分离。

① 将菌株 PK872 接种于 100 mL LB 培养基中。在培养基中加 1 mL 20%的葡萄糖和 50 μL 的 200 mg/mL 的氨苄青霉素，在 37℃培养过夜。

② 离心过夜的培养物以去除 LB 培养基。加 100 mL 除铁的 1×M9 培养基重悬菌体沉淀，4℃、6000 r/min 离心，倒出上清液。

③ 将沉淀重悬于 100 mL 1×M9 培养基中，接种 10 mL 菌体悬液到 1 L 除铁的 M9 基本培养基，除了铁被替换为 15 μL 含^{57}Fe 的乙烯基硫酸氢二铵亚铁(1 mol/L 储备液)，其他添加成分如上文所述。培养物在与上文所述纯化非^{57}Fe 标记的 FNR 一样的条件下培养，包括通入氩气以使^{57}Fe 标记的[4Fe-4S]$^{2+}$簇装配入 FNR。

④ 由于我们观察到一旦^{57}Fe 掺入 4Fe-FNR 中，在[4Fe-4S]簇中的^{57}Fe 和溶液中的^{56}Fe的交换就很难发生，因此用于随后纯化的缓冲液(A、B 和 C)是没有除铁的，并且纯化步骤和没有^{57}Fe 标记的 4Fe-FNR 的纯化步骤是一样的(本章 2.2 节)。

3. 含 FNR 的[4Fe-4S]$^{2+}$族蛋白质的特征

可以利用一些分析实验来表征纯化的 4Fe-FNR，包括蛋白质浓度测定、铁和硫的含量测定、簇的保有率和类型以及簇的氧化状态。通过 SDS-PAGE 来估计每份蛋白质制备物的纯度,通常大于 95%。蛋白质的浓度通过 Coomassie Plus 蛋白质分析试剂(Pierce 公司)测定,并除以因子 1.33 来校正,以将蛋白质浓度标准化至氨基酸分析测定结果(爱荷华州立大学蛋白质中心)。蛋白质中铁和硫的含量分析通过 Beinert 和其同事发明的方法测量(Beinert, 1983; Kennedy et al., 1984)。纯化的蛋白质中[4Fe-4S]$^{2+}$簇含量,通过每摩尔 FNR 蛋白质中硫的摩尔数计算。也同样可以通过[4Fe-4S]$^{2+}$簇在 405 nm 的光吸收值测定,已知其消光系数为 16 125 mol/(L・cm)(Sutton et al., 2004)。[4Fe-4S]$^{2+}$簇的保有率通过含有一个[4Fe-4S]$^{2+}$簇的 FNR 亚基的百分比来决定。在我们测定的超过 100 个 FNR 制备物中,我们特别观察到铁浓度要稍高于硫的浓度,原因可能是缓冲溶液中存在少量的铁元素污染,但这些铁并不与簇结合。因此,我们用硫的浓度来确定蛋白质制备物中[4Fe-4S]$^{2+}$簇蛋白质的浓度,这样可以较少地引入人为因素。

虽然[4Fe-4S]$^{2+}$簇呈现出可见光吸收光谱的特征(Khoroshilova et al., 1995),Fe-S 簇的类型和氧化状态只能通过利用^{57}Fe 标记的 FNR 蛋白质的 Mössbauer 光谱来测定(Khoroshilova et al., 1997)。最近,傅立叶变换离子回旋共振(FT-ICR)质谱已经用于鉴定结核分枝杆菌(*Mycobacterium tuberculosis*)中分离的无辅基酶蛋白(apo-)、[2Fe-2S]-及[4Fe-4S]-形式的腺苷酰硫酸还原酶(Carroll et al., 2005),虽然目前还不清楚这一方法的通用性如何。

3.1 铁和硫的分析①

铁的含量由 Kennedy 等(1984)描述的一个无灰化的快速过程测定。这个方法的原理是将样品蛋白质中所有的铁还原成 Fe^{2+},然后加入 Fe^{2+} 特异螯和物 ferene {5,5′-[3-(2-pyridyl)-1,2,4-triazine-5,6-diyl]bis-2-furansulfonic acid 的二钠盐,Sigma 公司},使它们形成 Fe^{2+}-ferene 复合物,该复合物在 593 nm 有高消光系数。在测量前准备 a、b、c 三种溶液(表 42.2)(Kennedy et al., 1984)。蛋白质稀释缓冲液(缓冲液 D,表 42.1)和半微量比色杯(路径长度 1 cm)至少在测量前一天放入厌氧室中。通常,加 5 μL 蛋白质样品和 95 μL 缓冲液 D 到厌氧室中的比色皿里;用石蜡膜(parafilm)覆盖比色皿,之后将其从厌氧室中取出。之后在比色皿中加入 100 μL 试剂 a,混匀;再加入 100 μL 试剂 b,混匀;用 parafilm 覆盖比色皿,30℃孵育 15 min。最后,加入 5 μL 试剂 c,混匀,然后在 593 nm 处测量吸光值。在这个测定中,1 ng 铁原子的分子吸光值为 0.119。

表 42.2 用于铁分析的缓冲液组分

试剂	组成
a	1.35 g SDS 溶解于 30 mL 水中,与 0.45 mL 饱和的去铁乙酸钠混合
b*	270 mg 抗坏血酸和 9 mg 偏亚硫酸钠($Na_2S_2O_5$)溶解于 5.6 mL 水中,与 0.4 mL 饱和乙酸混合
c	18 mg Ferene 溶解于 1 mL 水中

* 试剂 b 不稳定,必须约每两周配制一次,或者冷冻保存

① 我们的蛋白质制备物的 Fe 及 S 分析由我们的长期合作伙伴和朋友 Helmut Beinert 完成。他于 2007 年 12 月 21 日去世

硫的测定是利用试剂 *N*，*N*-二甲基对苯二胺（*N*，*N*-dimethyl-p-phenylenediamine，DMPD）与硫形成亚甲基蓝的半微量分析法，由 Beinert 于 1983 年发明。在这个方法中，会采取一些预防措施以避免 S^{2-} 以硫化氢气体的形式丢失，这是一个通常发生在强酸和/或存在氧化剂的环境下（如氯化铁）的副反应。预防措施包括：①整个过程的操作都在一个外径 10 mm 总体积 1.7 mL 的小玻璃管中进行，有一个锥形底部，并装有一个搅拌棒（10 mm×3 mm×3 mm）和一个玻璃塞；②在溶液为酸性或加入氧化剂时混合要轻柔，这个方法可减小管中液体的搅动和新的空气-水界面的形成，从而减少形成的硫化氢气体的逃逸；③溶液中加几滴酚酞，以监测轻柔混匀方法的混合效率；④用微量吸管将强酸性的 DMPD 溶液加入氢氧化锌悬液中，使较重的 DMPD 溶液在下层，较轻的溶液在上层。通常的方法如下。在测量前，玻璃管和水在厌氧室中平衡 24 h。然后每个玻璃管中加入 10 μL 蛋白质样品和 90 μL 水，盖上盖子将样品移出厌氧室。将玻璃管放在搅拌板上，加入 300 μL 新鲜制备的 1%的乙酸锌[$Zn(C_2H_3O_2)_2$]轻轻搅拌。然后，迅速加入 15 μL 12%NaOH 并大力搅拌，直到 NaOH 的纹影（schlieren）消失或酚酞的颜色均匀。室温孵育 5 min 后，75 μL 1%DMPD 溶液（在 5 mol/L HCl 中）位于蛋白质样品层下面的一层。轻轻搅拌溶液直到只有顶部 2 mm 的液层含有不溶性氢氧化锌或呈粉红色。然后在溶液中直接加入 10 μL 23 mmol/L $FeCl_3$（于 1.2 mol/L HCl 中），并快速搅拌达到溶液均匀（无色）。在 20～25℃孵育 30 min 后，离心 15～20 min 直到蛋白质结块。上清液转移至比色杯中，在 670 nm、710 nm 和 750 nm 测量吸收值。吸收值的比例大约应是 $A_{670\ nm}:A_{750\ nm}:A_{710\ nm}=3:2:1$。硫含量通过在 670 nm 的 34 500 mol/(L·cm) 消光系数来测量（Beinert，1983）。

3.2　ICP-MS 分析 ^{57}Fe 标记的 4Fe-FNR 中的 ^{57}Fe 含量

电感耦合等离子体质谱（ICP-MS）是一类质谱测定法，它对分析一系列金属有高敏感性，并且可以分辨同位素离子形态。这是一个分析大量自然的和实验的样品中 ^{57}Fe 的理想方法。我们的蛋白质制备物最近利用威斯康星州州立卫生实验室的一台 Thermoscientific ELEMENT 2 高分辨率 ICP-MS 进行了分析。具体而言，50 μL 1 μmol/L 蛋白质样品转移到无铁试管中，密封并移出厌氧室，然后提交分析。根据上面所述的步骤分离蛋白质，得率通常为 80%～90%，约 80%的蛋白质簇含有 ^{57}Fe。

3.3　$[4Fe\text{-}4S]^{2+}$ 簇的紫外线可见光分光光度分析

紫外线可见光谱通常使用 Lambda 2 紫外线可见光分光光度计（Perkin-Elmer 公司）获得（Sutton et al.，2004）。将带螺丝盖的石英比色皿（1 cm 路径长度，Starna 公司）放入厌氧室，打开盖子，平衡 24 h。这些比色皿 配有带 O 环的螺旋盖以防止氧气的进入，因此可用于标准分光光度计。在厌氧室中，适当稀释的蛋白质样品加入比色杯中，用螺丝盖密封并移出厌氧室。样品在波长 250～700 nm 扫描来获得蛋白质的完全吸收光谱，在 405 nm的吸光值用于利用消光系数 16 125 mol/(L·cm) 计算样品中 $[4Fe\text{-}4S]^{2+}$ 簇的浓度（Sutton et al.，2004）。

3.4 Mössbauer 光谱分析

为了进一步鉴定铁-硫簇的类型和氧化状态，在卡内基梅隆大学化学系进行了Mössbauer 光谱学分析（Khoroshilova et al.，1995；1997；Popescu et al.，1998）。Mössbauer 杯、盖，以及用于拧紧 Mössbauer 杯的工具在使用前 24 h 放入厌氧室。大约 400 μL 蛋白质溶液加入定制的 Mössbauer 杯中，封上盖子，立即在液氮中冷冻整个杯子。使用空气闸的手动循环模式，将液氮小心放入厌氧室中。在冷冻的样品移出室后，把样品转移到 Mössbauer 光谱仪中分析。

3.5 低温电子顺磁共振

电子顺磁共振（EPR）光谱是用来研究含有一个或多个不成对电子的化学物质的技术，这些化学物质，如有机和无机的自由基，或含有过渡金属离子的无机复合物。铁-硫簇含有不成对电子（Cammack and Cooper，1993），因此该技术对与研究铁-硫簇的特异氧化状态是很有用的。正如预期的，FNR 的[4Fe-4S]$^{2+}$簇对 EPR 没有反应，因此 EPR 不适合表征纯化的天然 4Fe-FNR 蛋白质的铁-硫簇类型和氧化状态。然而，它对研究其他含有顺磁离子的铁-硫簇蛋白质（如顺乌头酸酶）是一个强大并应用广泛的工具（Kennedy et al.，1984）。此外，Mössbauer 和 EPR 联用可以用于检测在簇的转换或一些蛋白质的销毁（destruction）过程中出现的铁-硫簇中间体。EPR 的样品制备与 Mössbauer 光谱分析，只需要一种特别的注射器以加载长管口的 EPR 管。一个 0.5 mL 的玻璃注射器配备一个长针管，用来吹打试管中约 200 μL（约 100 μmol/L）的蛋白质溶液，然后迅速在液氮中冷冻。

4. 总结

总之，通过将常规步骤修改成可以在无氧条件下进行的步骤，我们可以常规地在大肠杆菌中分离高纯度和高簇保有率的 4Fe-FNR 蛋白。应注意在整个蛋白质纯化过程中（包括菌体生长、蛋白质分离及蛋白质储存）都必须采取特别的预防措施以获得这类 O_2 不稳定蛋白质的满意得率。我们常规使用的方法是基于成熟地消除 O_2 暴露和维持无氧环境的方法，因此也应该适用于分离和/或表征其他 O_2 不稳定蛋白质。然而，为了最优化不同 O_2 不稳定蛋白质的表达，特别是如果它有一个不同的辅助因子，或者如果簇蛋白不能像在 FNR 中那样在转录后插入（Sutton and Kiley，2003），则需要对这个方法进行修改。其他研究氧气敏感金属中心蛋白质的替代方案，包括在有氧条件下纯化不含辅基的蛋白质，并通过合适的体外系统重建 O_2 不稳定中心（Crack et al.，2008），或使用氧气稳定的蛋白质变异体（Bates et al.，2000；Kiley and Reznikoff，1991）。然而，是否重建的铁-硫蛋白具有与天然分离的蛋白质全部相同的特征，这还仍是一个开放性的问题（Saunders et al.，2008）。尽管如此，纯化和表征更多 O_2 不稳定蛋白质和酶类，毫无疑问会帮助我们进一步拓宽对这一类有趣的蛋白质的认知。

（董韵竹 译 赵兴卉 校）

参考文献

Bates, D. M., Popescu, C. V., Khoroshilova, N., Vogt, K., Beinert, H., Munck, E., and Kiley, P. J. (2000). Substitution of leucine 28 with histidine in the *Escherichia coli* transcription factor FNR results in increased stability of the $[4Fe–4S]^{2+}$ cluster to oxygen. *J. Biol. Chem.* **275,** 6234–6240.

Beinert, H. (1983). Semi-micro methods for analysis of labile sulfide and of labile sulfide plus sulfane sulfur in unusually stable iron–sulfur proteins. *Anal. Biochem.* **131,** 373–378.

Beinert, H., Holm, R. H., and Münck, E. (1997). Iron–sulfur clusters: Nature's modular, multipurpose structures. *Science* **277,** 653–659.

Brzoska, K., Meczynska, S., and Kruszewski, M. (2006). Iron–sulfur cluster proteins: Electron transfer and beyond. *Acta Biochim. Pol.* **53,** 685–691.

Cabiscol, E., Tamarit, J., and Ros, J. (2000). Oxidative stress in bacteria and protein damage by reactive oxygen species. *Int. Microbiol.* **3,** 3–8.

Cammack, R., and Cooper, C. E. (1993). Electron paramagnetic resonance spectroscopy of iron complexes and iron-containing proteins. *Methods Enzymol.* **227,** 353–384.

Carroll, K. S., Gao, H., Chen, H., Leary, J. A., and Bertozzi, C. R. (2005). Investigation of the iron–sulfur cluster in *Mycobacterium tuberculosis* APS reductase: Implications for substrate binding and catalysis. *Biochemistry* **44,** 14647–14657.

Chase, T. Jr., and Rabinowitz, J. C. (1968). Role of pyruvate and S-adenosylmethioine in activating the pyruvate formate-lyase of *Escherichia coli. J. Bacteriol.* **96,** 1065–1078.

Constantinidou, C., Hobman, J. L., Griffiths, L., Patel, M. D., Penn, C. W., Cole, J. A., and Overton, T. W. (2006). A reassessment of the FNR regulon and transcriptomic analysis of the effects of nitrate, nitrite, NarXL, and NarQP as *Escherichia coli* K12 adapts from aerobic to anaerobic growth. *J. Biol. Chem.* **281,** 4802–4815.

Crack, J. C., Le Brun, N. E., Thomson, A. J., Green, J., and Jervis, A. J. (2008). Reactions of nitric oxide and oxygen with the regulator of fumarate and nitrate reduction, a global transcriptional regulator, during anaerobic growth of *Escherichia coli. Methods Enzymol.* **437,** 191–209.

Dey, A., Jenney, F. E. , Adams, M. W., Babini, E., Takahashi, Y., Fukuyama, K., Hodgson, K. O., Hedman, B., and Solomon, E. I. (2007). Solvent tuning of electrochemical potentials in the active sites of HiPIP versus ferredoxin. *Science* **318,** 1464–1468.

Gotto, J. W., and Yoch, D. C. (1982). Purification and Mn^{2+} activation of *Rhodospirillum rubrum* nitrogenase activating enzyme. *J. Bacteriol.* **152,** 714–721.

Grainger, D. C., Aiba, H., Hurd, D., Browning, D. F., and Busby, S. J. (2007). Transcription factor distribution in *Escherichia coli*: Studies with FNR protein. *Nucleic Acids Res.* **35,** 269–278.

Gunsalus, R. P., Tandon, S. M., and Wolfe, R. S. (1980). A procedure for anaerobic column chromatography employing an anaerobic Freter-type chamber. *Anal. Biochem.* **101,** 327–331.

Johnson, D. C., Dean, D. R., Smith, A. D., and Johnson, M. K. (2005). Structure, function, and formation of biological iron–sulfur clusters. *Annu. Rev. Biochem.* **74,** 247–281.

Kajiyama, S., Matsuki, T., and Nosoh, Y. (1969). Separation of the nitrogenase system of *azotobacter* into three components and purification of one of the components. *Biochem. Biophys. Res. Commun.* **37,** 711–717.

Kang, Y., Weber, K. D., Qiu, Y., Kiley, P. J., and Blattner, F. R. (2005). Genome-wide expression analysis indicates that FNR of *Escherichia coli* K-12 regulates a large number of genes of unknown function. *J. Bacteriol.* **187,** 1135–1160.

Kennedy, M. C., Kent, T. A., Emptage, M., Merkle, H., Beinert, H., and Münck, E. (1984). Evidence for the formation of a linear [3Fe-4S] cluster in partially unfolded aconitase. *J. Biol. Chem.* **259,** 14463–14471.

Kennedy, M. C., Mende-Mueller, L., Blondin, G. A., and Beinert, H. (1992). Purification and characterization of cytosolic aconitase from beef liver and its relationship to the iron-responsive element binding protein. *Proc. Natl. Acad. Sci. USA* **89,** 11730–11734.

Khoroshilova, N., Beinert, H., and Kiley, P. J. (1995). Association of a polynuclear iron–sulfur center with a mutant FNR protein enhances DNA binding. *Proc. Natl. Acad. Sci. USA* **92,** 2499–2503.

Khoroshilova, N., Popescu, C., Münck, E., Beinert, H., and Kiley, P. J. (1997). Iron–sulfur cluster disassembly in the FNR protein of *Escherichia coli* by O_2: [4Fe–4S] to [2Fe–2S] conversion with loss of biological activity. *Proc. Natl. Acad. Sci. USA* **94,** 6087–6092.

Kiley, P. J., and Beinert, H. (2003). The role of Fe–S proteins in sensing and regulation in bacteria. *Curr. Opin. Microbiol.* **6,** 181–185.

Kiley, P. J., and Reznikoff, W. S. (1991). Fnr mutants that activate gene expression in the presence of oxygen. *J. Bacteriol.* **173,** 16–22.

Lazazzera, B. A., Bates, D. M., and Kiley, P. J. (1993). The activity of the *Escherichia coli* transcription factor FNR is regulated by a change in oligomeric state. *Genes Dev.* **7,** 1993–2005.

Lazazzera, B. A., Beinert, H., Khoroshilova, N., Kennedy, M. C., and Kiley, P. J. (1996). DNA binding and dimerization of the Fe–S-containing FNR protein from *Escherichia coli* are regulated by oxygen. *J. Biol. Chem.* **271,** 2762–2768.

Mettert, E. L., and Kiley, P. J. (2007). Contributions of [4Fe–4S]-FNR and integration host factor to FNR transcriptional regulation. *J. Bacteriol.* **189,** 3036–3043.

Mettert, E. L., Outten, F. W., Wanta, B., and Kiley, P. J. (2008). The impact of O_2 on the Fe–S cluster biogenesis requirements of *Escherichia coli* FNR. *J. Mol. Biol.* **384,** 798–811.

Meyer, J. (2008). Iron–sulfur protein folds, iron–sulfur chemistry, and evolution. *J. Biol. Inorg. Chem.* **13,** 157–170.

Miller, J. H. (ed.) (1972). *In* "Experiments in Molecular Genetics", Cold Spring Harbor Laboratory Press, Plainview, NY.

Moore, L. J., and Kiley, P. J. (2001). Characterization of the dimerization domain in the FNR transcription factor. *J. Biol. Chem.* **276,** 45744–45750.

Popescu, C. V., Bates, D. M., Beinert, H., Münck, E., and Kiley, P. J. (1998). Mössbauer spectroscopy as a tool for the study of activation/inactivation of the transcription regulator FNR in whole cells of *Escherichia coli*. *Proc. Natl. Acad. Sci. USA* **95,** 13431–13435.

Poston, J. M.,, Stadtman, T. C., and Stadtman, E. R. (eds.) (1971). *In* An Anaerobic Laboratory, Academic Press, New York.

Raulfs, E. C., O'Carroll, I. P., Dos Santos, P. C., Unciuleac, M. C., and Dean, D. R. (2008). *In vivo* iron–sulfur cluster formation. *Proc. Natl. Acad. Sci. USA* **105,** 8591–8596.

Saari, L. L., Triplett, E. W., and Ludden, P. W. (1984). Purification and properties of the activating enzyme for iron protein of nitrogenase from the photosynthetic bacterium *Rhodospirillum rubrum*. *J. Biol. Chem.* **259,** 15502–15508.

Salmon, K., Hung, S. P., Mekjian, K., Baldi, P., Hatfield, G. W., and Gunsalus, R. P. (2003). Global gene expression profiling in *Escherichia coli* K12. The effects of oxygen availability and FNR. *J. Biol. Chem.* **278,** 29837–29855.

Saunders, A. H., Griffiths, A. E., Lee, K. H., Cicchillo, R. M., Tu, L., Stromberg, J. A., Krebs, C., and Booker, S. J. (2008). Characterization of quinolinate synthases from *Escherichia coli*, *Mycobacterium tuberculosis*, and *Pyrococcus horikoshii* indicates that [4Fe–4S] clusters are common cofactors throughout this class of enzymes. *Biochemistry* **47,** 10999–11012.

Sutton, V. R., and Kiley, P. J. (2003). Techniques for studying the oxygen-sensitive transcription factor FNR from Escherichia coli. *Methods Enzymol.* **370,** 300–312.

Sutton, V. R., Mettert, E. L., Beinert, H., and Kiley, P. J. (2004). Kinetic analysis of the oxidative conversion of the $[4Fe–4S]^{2+}$ cluster of FNR to a $[2Fe–2S]^{2+}$ cluster. *J. Bacteriol.* **186,** 8018–8025.

Vandecasteele, J. P., and Burris, R. H. (1970). Purification and properties of the constituents of the nitrogenase complex from *Clostridium pasteurianum*. *J. Bacteriol.* **101,** 794–801.

第 12 部分

结束语

第 43 章

纯化程序的再思考

Murray P. Deutscher*

目录

1. 介绍

你从事的每一次蛋白质纯化工作不仅可以为你提供经纯化的蛋白质，还可以提供关于此蛋白质的可观信息。因此，在蛋白质纯化过程中最有可能了解到蛋白质在不同条件下的稳定性，以及蛋白质的大小、荷电性，也许还有其亲和性。你还将可能了解蛋白质是否可以被浓缩、稀释、透析或接触各类试剂。此外，你还可以制备针对该蛋白质的抗体，对该蛋白质进行有限的序列分析或质谱分析，或检测其是否被共价修饰。最终，得自所纯化蛋白质的序列信息可以让你鉴定其编码基因，使得为生理和机制研究过表达该蛋白质和构建其突变体成为可能。

所有这些信息都会对你开发出一种最佳的纯化方案极有帮助。显然，在某些情况下你可能并不十分在意。但是，如果你计划在一些细节上研究被纯化的蛋白质，并且能够提前预知很多纯化细节，从长远来看一个快速而有效的(意即高纯度、高得率)纯化策略将为你节省大量的工作。利用你对该蛋白质的了解，通常可能对纯化过程进行极大地精简和优化。特别在经过长时间学习蛋白质纯化后，自然会采用自己已经明白会奏效的方法。尽管如此，花些时间重新思考蛋白质纯化的步骤是非常必要的。

显然，在很多情况下，过表达和标记感兴趣的蛋白质是获得额外物质的最简单途径。然而，有时由于生物体自身、基因调控、由过表达引起的生理问题，或标签造成的负效应，过表达也许不太可能或不容易实现。虽然这些特别的问题可能有方法解决，但仔细检查你纯化步骤的细节，通常会有好处。

如下是你可能要考虑的事情，在相关章节将帮助你思考这些问题。

(1) 我们使用的是否都是来源最好的材料？

① 获得大量的材料来源是否容易？

② 蛋白质是否与一个特定的亚细胞结构联系？那会是一个较好的起始材料。

③ 是否可能通过克隆该蛋白质的基因作为更好的来源？

* 迈阿密大学医学院，生物化学与分子生物学系(Miami，Florida，USA)

④ 蛋白质是否可以从克隆的基因中过表达？

(2) 纯化计划中的所有步骤是否都必需和有用？

① 我是否提取到了能获得的大部分的活性蛋白质？

② 假如已知这些新掺入的杂蛋白质可在随后的步骤中被去除，我是否可以在某一步更宽泛地收集组分？

③ 有些步骤是否会导致不必要的大量损失或相应的纯化效果不佳？是否有什么特殊原因保留这些步骤？

④ 假如在任何一步造成大量损失，是否知道原因？有什么预防措施？

⑤ 所有步骤是否都很经济？是否采用更便宜的纯化介质或步骤就足够了？

⑥ 是否可以删除任何费时的步骤？

(3) 各种纯化步骤是否以最合适的程序进行？

① 是否应该在过程起始阶段安排最适于大量物质的步骤，而将更适合较少量物质的步骤安排在其后？

② 是否可以通过改变步骤的顺序来避免浓缩或透析步骤？是否有必要在蛋白质加载于柱前浓缩样品？

③ 过程中最后一步的溶液条件是否适合蛋白质的储存？或者，是否需要改换溶液？

(4) 我是否应该在纯化过程中加入任何新步骤？

① 新步骤是否可以有效利用蛋白质结合属性(即亲和层析)？

② 我制备的抗体能否用于纯化？

③ 我是否充分利用了蛋白质的所有结构特性来决定纯化步骤？

(5) 纯化的规模是否适合材料的使用计划？

通过二维电泳或免疫沉淀，是否能以更少的步骤获得足够满足用途的材料？

(6) 兼顾速率、成本和精确度，我是否对我的蛋白质进行了最好的分析？在纯化过程中是否需要高精度分析？

(7) 如果我还没有这么做，我能否从研究相关蛋白质的纯化步骤的文献中学到东西？

这些问题的答案将告诉你是否纯化步骤或修改储存条件是有据可依的。

(董韵竹 译 赵兴卉 校)

第 44 章

蛋白质生物化学中重要的却鲜为人知(或易被忽略)的几点

Richard R. Burgess*

目录

摘要

即便在仔细进行的实验中,也存在很多微妙的、有时很隐蔽的人为作用,这些人为作用可以对结果产生很大影响。本章将集中讨论几个人为作用,涉及诸如 SDS 胶样品制备的过程、缓冲液、Ni-螯合亲和,以及离子交换层析、尿素的制备、塑料制品的使用和蛋白质样品的过滤。

1. 引言

我们当中许多做过蛋白质生物化学和蛋白质纯化的人,经常被同事叫去解决相关问题。我常常发现他们问题的答案是他们从来没有了解过的知识,但却是我经常遇到的。

* 威斯康星大学麦迪逊分校,McArdle 癌症研究实验室(Madison,Wisconsin,USA)

我们中的一些人教授蛋白质纯化的课程,并在教授课程过程中加入一些会帮助学生在实验中避免神秘问题的小知识。我们中的许多人审阅过多份关于蛋白质纯化的稿件,偶尔会发现某些人为现象一次又一次地重复出现,即使多年前该效应就已经被发现并报道。其中一个问题是,虽然这类人为现象被多次报道过,它们很少成为论文的主题,而只是隐藏在论文或图例的一句话或一段文字中,很少能被更多的读者发现。

其他时候,原始论文中并没有充分强调其重要性,没有经验的科学家虽然可能听说过这个问题,但大多数时间选择忽略,或是认为这实际上并不是一个问题。最终,年轻的科学家通常假设早于几年前的文献没有任何重要性,并单纯地忽略了在10～20年前就众所周知的问题。

在这里,我将列举一些这种潜在的人为现象,以及如何去避免它们。我希望这些模糊的和经常被遗忘的信息可以帮助读者。这些只是我想到的,或是给我留下特别深刻印象的几个例子,但是我确定在蛋白质生物化学领域的分区中还有很多同样重要的(如果不是更重要的话)例子。

如果你注意到其他类似的人为现象或有诀窍,或想要分享一些注意事项,我们非常乐意收到你们的来信(burgess@oncology. wisc. edu)。

2. SDS凝胶电泳样品的制备

你认为自己得到了比较纯的蛋白质,然后在SDS-聚丙烯酰胺凝胶分析时发现多个条带,这种现象很普遍。以我的经验,造成你的蛋白质看起来比实际纯度要不纯有3个值得注意的和常见的方面。虽然许多科学家非常清楚这些问题,如果知道有多少人没有意识到这些问题的话,你仍会感到吃惊。这份材料的一部分在*Novagen Newsletter in Novations*(Grabski and Burgess, 2001)的一篇短文中提到。

2.1 在室温下的蛋白酶

早期的SDS凝胶电泳中,通常把蛋白质加入由缓冲液和用于增加样品密度的甘油、使大多数蛋白质变性的SDS,以及还原二硫键的2-巯基乙醇所组成的样品缓冲液中。不久人们就认识到,许多蛋白酶含有二硫键,并且非常稳定,只能通过加热灭活以更好地使蛋白酶变性并还原蛋白酶(Pringle, 1975)。所以,在95～100℃加热样品5 min或更长时间就成为了标准。后来人们才知道必须立即加热,因为SDS可以容易地展开大多数蛋白质,通常包括感兴趣的蛋白质,但对一些蛋白酶却没作用。结果是,如果一个样品加入样品缓冲液中,但并没有马上加热,则蛋白酶会有时间降解感兴趣的蛋白质。如果需要确定你的蛋白质是否有这样的问题,一个简单的实验是将一部分纯化的蛋白质样品分别加入两份样品缓冲液中,混匀,立即加热其中一份,另一份在室温放置2～4 h后再加热。这两个样品随后在一块SDS凝胶中同时电泳,观察在没有立刻加热的样品中你的蛋白质是否有显著的降解。我们知道在蛋白质样品中即使只有1 pg蛋白酶,如果加入样品缓冲液后没有立即加热也可以造成大量蛋白质的降解。

2.2　100℃下 Asp-Pro 键的断裂

另有一个相关的问题是，在过高温度中加热太长时间造成蛋白质天冬氨酸-脯氨酸(Asp-Pro)肽键(DP 肽键)断裂。DP 肽键最容易在加热或酸性条件下断裂。我研究过一个蛋白质，如果在样品缓冲液中以 100°C 加热 5 min，5%会降解为几个较小的带。特别明显地，如果用免疫印迹分析凝胶，很容易检测到纳克级的降解片段。于是，我总会提醒学生做以下的实验。准备 6 个相同的试管，装有加入样品缓冲液的蛋白质。马上将一组 3 个试管在 95～100℃分别加热5 min、20 min 和 60 min。另 3 个试管在 75℃分别加热 5 min、20 min 和 60 min。将加热过的试管放到冰上并在 SDS 胶中电泳。经常(但不总是这样)在较高温度会发生明显的键断裂，特别是在长时间加热时。当然，我们可以分析序列以确定蛋白质是否包含 DP 肽键。最后，我们的实验室通常采用在 75℃加热 5 min，这样能够避免 DP 肽键断裂并可以完全灭活蛋白酶。DP 键特别不稳定；比其他 DX 序列要不稳定 8～20 倍，并且比缺乏 D 的肽键不稳定 100 倍(Volkin et al.，1995)。然而，许多蛋白质在样品缓冲液中 100℃加热几个小时后还是稳定的(Deutsch，1976)。

2.3　样品或 SDS 样品缓冲液中的角蛋白污染

有人多次给我看一个染色的 SDS 凝胶，并感叹他们就是不能去除纯蛋白质中的“杂质”。通常这个“杂质”是表观分子质量 55～65 kDa 的一簇蛋白质条带(Ochs，1983)。角蛋白在皮肤、皮屑等中无所不在。当在非还原条件下进行 SDS 凝胶电泳时(没有 2-巯基乙醇的样品缓冲液)，角蛋白跑在接近胶的最顶端，但在更常用的还原条件下，角蛋白在还原的 SDS 凝胶中做为一个异质的条带簇出现在 55～65 kDa 的地方。如果你怀疑有角蛋白污染，可以简单通过在非还原凝胶电泳来判断，并且表征的角蛋白条带应该看不到。最常见的问题是样品缓冲液自身通过接触皮肤或剥落的头皮屑而被污染。通常，这是一个相当轻微的污染，只能在银染的凝胶中看到。有时，在考马斯亮蓝染色的凝胶中也能看到。如果你怀疑这是一个问题，在凝胶泳道中只加样品缓冲液，而不加其他蛋白质。如果你看到角蛋白，那就意味着你的样品缓冲液中有角蛋白，则样品缓冲液需要重配。我们通常准备大量 4×SDS 样品缓冲液，把它们分装成 1 mL 份的，并在－80℃冷冻储藏。然后我们解冻一部分，适当稀释，并在一两天内使用。角蛋白偶尔也能在 Western Blot 中出现，这是由于用以制备多克隆抗体的抗原被角蛋白污染，并在众多从 SDS 凝胶中转移至硝酸纤维素膜的蛋白质中，与角蛋白发生反应。

3. 缓冲液

3.1　还原试剂可以变为氧化试剂

在缓冲液中加入还原剂有助于阻止空气氧化酶和其他蛋白质。通常加 0.1～1 mmol/L1，4-二硫苏糖醇(DTT，$HSCH_2CH_2OHCH_2OHCH_2SH$)(Cleland，1964)。通常这些缓冲液冷藏储存而且在短时间内使用，但是有些缓冲液可以用几个月。问题是随着时间地推移,还原试剂被空气中的氧气氧化,并变成氧化试剂。实际上,缓冲溶液中没有巯基剂(thiol agent)问题还要糟糕的多。你怎么能知道缓冲液是否还良好并还有有效的还原能力?一个简单的测试是将一小部分缓冲液与 Ellman's 试剂反应[5,5'-dithio-bis-(2-nitrobenzoic acid)或 DTNB](Ellman, 1959)。这种化学物质与自由巯基(如 DTT 的巯基)发生反应,并释放 2-硝基-5-硫代苯甲酸,呈黄色并在 412 nm 吸收光的摩尔消光系数为 14 150 mol/(L·cm)(Riddles et al., 1983)。溶液和对照缓冲液用新鲜 DTT 小心制备,读取它们的 $A_{412\,nm}$ 值。如果有超过 10%~20%的 DTT 被氧化,则该溶液应重新配制。令人吃惊的是,虽然这个效应已被世人知晓数十年,这个简单测试却并不常被使用。2-巯基乙醇的问题更明显,它比 DTT 在空气中更容易氧化,且通常使用时的浓度比 DTT 高 5~50 倍。

3.2 磺酰乙基缓冲液中的污染物

Ron Raines 在威斯康星大学麦迪逊分校的实验室发明了一个意想不到的和潜在的重要观察技术,并由 Smith 等记录在论文中。在研究 MES 缓冲液中核糖核酸酶 A 的活性时,他们注意到当缓冲液中的盐浓度降低时,核糖核酸酶 A 的活性也逐渐降低。最终他们发现 MES 和许多含磺酰乙基基团的缓冲液(sulfonylethyl buffer)都有污染物:低聚物(oligo),即乙烯基磺酸(vinylsulfonic acid),那是在化学缓冲液合成时的副产物。这个聚阴离子污染物模拟 RNA,在低盐浓度(0.05 mol/L NaCl)时与核糖核酸酶结合,并抑制其酶活性,K_i 值为 11 pmol/L。这是任何研究核酸结合蛋白的人都应该注意的。

4. 色谱

4.1 EDTA 与阴离子交换柱结合

最近,我实验室的 Robert Chumano 在盐梯度洗脱 MonoQ 阴离子交换树脂(GE Healthcare)时,观察到在 215 nm 吸收洗脱的一个尖峰。结果发现那是 EDTA,其与 MonoQ 紧密结合并在 Nall 浓度约 250 mmol/L 时洗脱 (R. Chumanov and R. Burgess, 未发表数据)。当我们的蛋白质/肽在 280 nm 缺少吸收光谱,或如果我们加少量的蛋白质样但想得到更高的灵敏度(大多数蛋白质在 215 nm 的吸收比在 280 nm 的吸收高至少 15 倍),我们通常会监控树脂柱在 215 nm 的读值(output)。EDTA 的二价或三价阴离子会和 MonoQ 树脂柱结合并不让人吃惊。让人吃惊的是,这种结合会将最初含有 0.1 mmol/L EDTA 的低盐平衡缓冲液中的 EDTA 完全耗尽。当盐分增加时,EDTA 洗脱峰的浓度最高可达 40 mmol/L。这对很多实验会产生意想不到的影响。例如,洗脱下来的 EDTA 组分会与很多需要体外酶分析(如转录或复制分析)所需的 Mg^{2+} 结合,并含有某些未知的酶抑制剂。树脂柱接近 EDTA 饱和时与蛋白质结合的能力会很低,特别是那些柱结合力很弱、在 NaCl 浓度低于 250 mmol/L 就会被洗脱下来的蛋白质。这种类型的结合早在十几年前就被发现并发表过(Sharpe and London, 1997),但是我们依然没有意识到这种影响会如此戏剧化。进一步的思考显示,多价阴离子(如硫酸盐和磷酸盐)会与阴离子交换树脂结合并洗脱,可能造成人为假象的产生。

4.2　样品中的 EDTA 可使镍-螯和亲和柱上的镍剥落

将 His6 标签的蛋白质从 Ni^{2+} 螯和柱上洗脱下的 3 种方法之一,是将 EDTA 流经柱子以有效地螯和并剥落 Ni^{2+},释放目标蛋白质(详见第 27 章)。然而,许多人习惯在含有 0.1～5 mmol/L 的 EDTA 裂解液中裂解大肠杆菌和其他生物材料。这个样品中的 EDTA浓度一般为 1 mmol/L 或更高,很容易减少甚至完全去除螯合的 Ni^{2+},降低柱结合 His 标签蛋白质的能力。当 Ni^{2+} 从柱上剥落时,层析柱会从亮蓝色变成白色。不过在这种层析柱中重新加载 Ni^{2+} 是很容易的。

5. 过滤过程中的蛋白质吸收

当我们通过稀释变性剂来重折叠蛋白质时,我们常常获得一些聚集物,造成样品光散射(light scattering)和浑浊(详见第 17 章)。在我们将稀释的样品加入离子交换柱前,将样品通过 0.22 μm 的醋酸纤维素过滤器以去除所有微粒物质。一次我们的纤维素过滤器用光了,一个学生就使用了实验室的另一种过滤器。不幸的是,那是个硝酸纤维素过滤器。由于蛋白质和滤器结合,所有的可溶性蛋白质都损失了。对于这个现象我们并不是很惊讶,因为蛋白质通常和硝酸纤维素过滤器都能很好地结合。事实上,这就是将 SDS 凝胶中的蛋白质转移到纤维素硝酸膜上,来进行 Western Blot 分析的原理。现在我们通常用特别的 PVDF 过滤单元(Stericup-GV 0.22 μm, 500 mL, Millipore 公司,货号# SCGVU05RE)可以很好地回收蛋白质。大多数滤膜,不管它们如何设计为“低蛋白质结合”,每平方厘米都将结合微克量的蛋白质,但有一些物质,如硝酸纤维素和聚苯乙烯可以结合更多的物质,应该避免用于对蛋白质过滤和储存。

6. 塑料制品中的化学物浸出

有一篇最近的报道(McDonald et al., 2008)很值得留意:标准水性缓冲液可以从常用的实验室一次性塑料制品中浸出某些化学物质,在某些情况下会对生物或生化实验产生很大的影响。一些化学物质,如油酸酰胺(oleamide),在模塑和其他过程中被用来做润滑剂。在水中清洗塑料制品能清除这些物质,在甲醇或 DMSO 中清洗效果更佳。

7. 尿素中的氰酸盐

尿素被广泛用做一种蛋白质变性剂,但很多人并没有意识到尿素溶液含有大量的氰酸铵(ammonium cyanate),其与尿素[$(H_2N)2C{=}O$]存在化学平衡,而尿素又与 $NH_4{}^+$ +

NCO^-存在平衡。异氰酸 H—N=C=O 可以与蛋白质的氨基基团反应(赖氨酸的 ε-氨基基团和蛋白质氨基末端,此外对于精氨酸和半胱氨酸的反应稍弱),形成氨甲酰蛋白质(carbamylated protein)(Stark,1965)。氨甲酰化可以改变蛋白质荷电,在一些情况下干扰蛋白质功能,锁住一些蛋白酶裂解反应,并在质谱分析中可见每个氨甲酰反应增加 43 Da质量。那么我们该怎么减少或避免这种现象的发生呢?可以通过混合树脂床(如 Bio-Rad AG 501-X8)处理尿素溶液,以去除这些污染离子。这个去离子的过程可以很容易地通过测量溶液的导电性来监测。不幸的是,这是一个化学平衡,氰酸铵很快(在几天内)又会在 8 mol/L 尿素溶液中以 0.5~3 mmol/L 的浓度出现,最终达到 20 mmol/L (Lin et al., 2004)。一些化学清除剂,如乙二胺(ethylenediamine)、甘氨酰甘氨酸(glycylglycine)或甘氨酰胺可在 8 mol/L 尿素、pH 8 的 Tris 中将 5~25 mmol/L 的氰酸盐降至低于 0.1 mmol/L(Lin et al., 2004)。也许尿素最好的通用使用方法是将缓冲液中的 NaII 用铵盐代替(如 25~50 mmol/L 氯化铵),以常规的离子效应推动反应平衡向减少氰酸盐产生的方向进行。异氰酸与蛋白质中氨基基团的反应在较低温度和酸性环境下会减慢,并且通过将蛋白质暴露于尿素中的时间降至最短,也可以最大可能地降低这种反应。

(董韵竹 译 赵兴卉 校)

参考文献

Cleland, W. W. (1964). Dithiothreitol, a new protective reagent for SH groups. *Biochemistry* **3,** 480–482.

Deutsch, D. G. (1976). Effect of prolonged 100 °C heat treatment in SDS upon peptide bond cleavage. *Anal. Biochem.* **71,** 300–303.

Ellman, G. L. (1959). Tissue sulfhydryl groups. *Arch. Biochem. Biophys.* **82,** 70–77.

Grabski, A., and Burgess, R. R. (2001). Preparation of protein samples for SDS-polyacrylamide gel electrophoresis: Procedures and tips. *inNovations* **13,** 10–12.

Lin, M.-F., Williams, C., Murray, M. V., Conn, G., and Ropp, P. A. (2004). Ion chromatographic quantification of cyanate in urea solutions: Estimation of the efficiency of cyanate scavengers for use in recombinant protein manufacturing. *J. Chromatogr. B* **803,** 353–362.

McDonald, G., Hudson, A., Dunn, S., You, H., Baker, G., Whittal, R., Martin, J., Jha, A., Edmondson, D., and Holt, A. (2008). Bioactive contaminants leach from disposable laboratory plasticware. *Science* **322,** 917.

Ochs, D. (1983). Protein contaminants of sodium dodecyl sulfate-polyacrylamide gels. *Anal. Biochem.* **135,** 470–474.

Pringle, J. R. (1975). Methods for avoiding proteolytic artefacts in studies of enzymes and other proteins from yeasts. *Methods Cell Biol.* **12,** 149–184.

Riddles, P. W., Blakeley, R. L., and Zerner, B. (1983). Reassessment of Ellman's reagent. *Meth. Enzymol.* **91,** 49–60.

Sharpe, J. C., and London, E. (1997). Inadvertent concentration of EDTA by ion exchange chromatography: Avoiding artifacts that can interfere with protein purification. *Anal. Biochem.* **250,** 124–125.

Smith, B. D., Soellner, M. B., and Raines, R. T. (2003). Potent inhibition of ribonuclease A by oligo(vinylsulfonic acid). *J. Biol. Chem.* **278,** 20934–20938.

Stark, G. R. (1965). Reactions of cyanate with functional groups of proteins: Reaction with amino and carboxyl groups. *Biochemistry* **4,** 1030–1036.

Volkin, D. B., Mach, H., and Middaugh, C. R. (1995). Degradative covalent reactions important to protein stability. (B. A. Shirley, ed.)Protein stability and folding: Theory and practice*Methods Mol. Biol.* **40,** 35–63.

索　引

D

H

J

K

L

M

N

O

P

Q

R

S

T

W

X

Y